전면 개정7판

철도교통 안전관리자
기출예상문제집

교통안전관리자 교재편찬회 편

- ☑ 교통관련법규
- ☑ 교통안전관리론
- ☑ 철도공학
- ☑ 철도신호

컴퓨터 기반시험 대비
기출복원문제 수록

독자와 함께 하는 ekoin
도서출판 범론사

머리말

　현대에 와서는 각종 위험과 사고로 인하여 인명피해는 물론 재산피해까지 동반하며 막대한 지장을 초래하는 상태에까지 이르렀다. 국가에서는 이러한 교통사고를 미연에 방지하고 교통안전 사회질서유지에도 기여할 수 있도록 하기 위하여 교통안전법을 제정하였으며 이에 따라 한국교통안전공단에서는 교통안전에 관한 전문적인 지식과 기술을 가진 자에게 자격을 부여하여 교통안전업무를 전담하게 함으로써 교통사고를 방지하고 국민의 생명과 재산 보호에 기여하기 위해 5개 분야(도로, 항만, 항공, 철도, 삭도)의 교통안전관리자 자격시험을 시행하고 있다.

　그 중에서도 "철도교통안전관리자" 자격시험제도는 시험과목으로 필수과목 3과목 - 교통안전법규(교통안전법, 철도안전법, 철도산업발전기본법), 교통안전관리론, 철도공학, 선택 1과목(열차운전, 전기이론, 신호일반 중 택1)을 실시하고 있다.

　본서는 철도교통안전관리자 자격증을 취득하기 위한 기출예상문제집으로 출제시험 문제 유형과 비슷한 적중예상문제도 풍부하게 담겨 있다. 또한, 자세한 해설이 포함되어 있어 이 자격시험에 합격하고자 하는 수험생들에게 많은 도움이 될 것으로 사료되며 또 "철도교통안전관리자" 시험을 보고자 하는 수험생을 위하여 다년간 수험생의 기억에 의해 기출문제복원과 새로 개정된 법령을 토대로 하여, 편리하게 공부할 수 있도록 구성하였다.

　철도는 친환경적인 현대 산업의 근간으로 빠르고 경제적인 이유 등으로 21세기 들어 또다시 부흥기를 맞이하고 있다. 철도는 우리 일상생활을 영위하는데 필수적인 요소로 날로 발전하고 있다. **컴퓨터기반시험**으로 출제의 변동사항이 있었다. 교통법규 50문항 중에서 교통안전법 12문항, 철도안전법 23문항, 철도발전산업기본법에서 15문항으로 출제가 철도차량운전규칙의 내용이 적용된 것으로 보여진다. 그래서 그동안 출제되었던 문제로 문제풀이 연습을 많이 하면 도움이 될 것이다. 또 "철도교통안전관리자" 자격증 취득자에게 한국철도공사 등 공기업 부문 취업 시 높은 가산점이 주어지며 국가평생교육진흥원에서 자격 취득 시 관련 학과에 16학점이 인정되는 실정이다.

- 컴퓨터기반시험 대비하여 많은 문제를 수록하였다.
- 질적인 면에서 각 과목별로 시험범위를 분석하여 핵심요약 및 용어정리를 상세한 해설로 수록하였고 출제되었던 문제를 수험생들의 기억에 의거하여 복원 수록하였다.
- 최근 교통안전법과 철도안전법, 철도산업발전기본법이 변경되어 개정법령에 의해 이론과 문제 등을 추가로 수정하여 반영하였다.

- 누구나 합격할 수 있도록 (필수과목 : 교통법규, 교통안전관리론, 철도공학, 선택과목 : 철도신호)로 구성된 이것을 한 권의 책으로 총 망라하여 수록하였다.
- 최근 철도안전법의 주요 기출문제를 요약정리하여 수록하였다.

끝으로 집필에 참여하시고 지도와 협조를 아끼지 않으신 학계 및 실무계의 여러분께 감사드리며, 아무쪼록 본서를 이해하고 공부한다면 고득점의 기쁨과 합격의 영광을 누릴 수 있으리라 생각되는 바이다.

2025년 3월
교통안전관리자교재편찬회

목 차

제1편 교통관련법규

제1장 교통안전법 ····· 11
- 개론 제1절 총 칙 ····· 11
  - 제2절 교통안전정책심의기구 ····· 16
  - 제3절 국가교통안전기본계획 등 ····· 18
  - 제4절 교통안전에 관한 기본시책 ····· 28
  - 제5절 교통안전에 관한 세부시책 ····· 31
  - 제6절 보 칙 ····· 60
  - 제7절 벌칙 등 ····· 64
- 교통안전법 기출 및 출제예상문제 ····· 68
  - 2018년 11월 24일 출제복원문제 ····· 103
  - 2019년 3월 24일 출제복원문제 ····· 112
  - 2019년 11월 3일 출제복원문제 ····· 120

제2장 철도안전법 ····· 133
- 개론 제1절 총 칙 ····· 133
  - 제2절 철도안전관리체계 ····· 137
  - 제3절 철도종사자의 안전관리 ····· 150
  - 제4절 철도시설 및 철도차량의 안전관리 ····· 209
  - 제5절 철도차량 운행안전 및 철도보호 ····· 236
  - 제6절 철도사고조사·처리 ····· 256
  - 제7절 철도안전기반 구축 ····· 258
  - 제8절 보 칙 ····· 268
  - 제9절 벌 칙 ····· 272
- 철도안전법 기출 및 출제예상문제 ····· 282

제3장 철도산업발전기본법 ····· 335
- 개론 제1절 총 칙 ····· 335
  - 제2절 철도산업 발전기반의 조성 ····· 337
  - 제3절 철도안전 및 이용자 보호 ····· 346
  - 제4절 철도산업구조개혁의 추진 ····· 347

제5절 공익적 기능의 유지 ………………………… 357
　　　제6절 보 칙 …………………………………………… 362
　　　제7절 벌칙 등 ………………………………………… 364
　　• 철도산업발전기본법 예상문제 ……………………… 366

◆ 교통법규 2020년 11월 1일 출제복원문제 ………………… 427

제2편 교통안전관리론

제1장 교통안전관리 개론 ………………………………… 453
　　　제1절 서 론 …………………………………………… 453
　　　제2절 교통사고와 구조 ……………………………… 459
　　　제3절 교통사고원인분석 …………………………… 461
　　　제4절 운행계획 ……………………………………… 465
　　　제5절 교통사고와 인간특성 ………………………… 470
　　　제6절 교통안전관리의 체계 ………………………… 482
　　　제7절 교통안전관리기법 …………………………… 488
　　　제8절 교통안전진단 ………………………………… 500

제2장 교통안전관리 예상문제 …………………………… 504

제3장 교통안전관리 기출문제 …………………………… 547
　　　2016년 출제복원문제 ……………………………… 547
　　　2017년 출제복원문제 ……………………………… 554
　　　2018년 11월 24일 출제복원문제 ………………… 565
　　　2019년 3월 24일 출제복원문제 ………………… 576
　　　2019년 11월 3일 출제복원문제 ………………… 585
　　　2020년 11월 1일 출제복원문제 ………………… 596

제3편 철도공학

제1장 자주 출제되는 용어 해설 ·········· 609
제2장 철도공학 예상문제 ·········· 622
    제1절 철도일반 ·········· 622
    제2절 선 로 ·········· 642
    제3절 분기기 및 장대 레일 ·········· 653
    제4절 선로설비 및 정차장 설비 ·········· 658
    제5절 선로보수 ·········· 666
제3장 철도공학 기출문제 ·········· 671
    2020년 11월 1일 출제복원문제 ·········· 671

제4편 철도신호

제1장 철도신호 ·········· 681
제2장 철도신호 기출예상문제 ·········· 700
    제1절 신호기장치 ·········· 700
    제2절 선로전환장치 ·········· 706
    제3절 궤도회로장치 ·········· 712
    제4절 폐색장치 ·········· 717
    제5절 연동장치 ·········· 722
    제6절 건널목 보안장치 ·········· 728
    제7절 종합열차운행관리 시스템 ·········· 732
    제8절 차상신호 등 ·········· 736
    2020년 11월 1일 출제복원문제 ·········· 744

제3장 철도신호 실력 테스트 ·········· 753

◆ 철도차량운전규칙 ·········· 785
◆ 철도안전법 중요 출제 포인트 ·········· 808

제1편 교통관련법규

- [ ] 제1장 교통안전법
- [ ] 제2장 철도안전법
- [ ] 제3장 철도산업발전기본법

제1장 교통안전법

제1절 총 칙

1. 법의 목적

동법은 교통안전에 관한 국가 또는 지방자치단체의 의무추진체계 및 시책 등을 규정하고 이를 종합적·계획적으로 추진함으로써 교통안전의 증진에 이바지함을 목적으로 한다(법 제1조).

2. 용어의 정의(법 제2조)

(1) 교통수단

사람이 이동하거나 화물을 운송하는 데 이용되는 것으로서 다음의 어느 하나에 해당하는 운송수단

① 「도로교통법」에 의한 차마 또는 노면전차, 「철도산업발전 기본법」에 의한 철도차량(도시철도를 포함) 또는 「궤도운송법」에 따른 궤도에 의하여 교통용으로 사용되는 용구 등 육상교통용으로 사용되는 모든 운송수단
② 「해사안전법」에 의한 선박 등 수상 또는 수중의 항행에 사용되는 모든 운송수단
③ 「항공안전법」에 의한 항공기 등 항공교통에 사용되는 모든 운송수단

(2) 교통시설

도로·철도·궤도·항만·어항·수로·공항·비행장 등 교통수단의 운행·운항 또는 항행에 필요한 시설과 그 시설에 부속되어 사람의 이동 또는 교통수단의 원활하고 안전한 운행·운항 또는 항행을 보조하는 교통안전표지·교통관제시설·항행안전시설 등의 시설 또는 공작물

(3) 교통체계

사람 또는 화물의 이동·운송과 관련된 활동을 수행하기 위하여 개별적으로 또는 서로 유기적으로 연계되어 있는 교통수단 및 교통시설의 이용·관리·운영체계 또는 이와 관련된 산업 및 제도 등

(4) 교통사업자

교통수단·교통시설 또는 교통체계를 운행·운항·설치·관리 또는 운영 등을 하는 자로서 다음의 어느 하나에 해당하는 자
① 여객자동차운수사업자, 화물자동차운수사업자, 철도사업자, 항공운송사업자, 해운업자 등 교통수단을 이용하여 운송관련 사업을 영위하는 자(교통수단운영자)
② 교통시설을 설치·관리 또는 운영하는 자(교통시설설치·관리자)
③ 교통수단운영자 및 교통시설설치·관리자 외에 교통수단 제조사업자, 교통관련 교육·연구·조사기관 등 교통수단·교통시설 또는 교통체계와 관련된 영리적·비영리적 활동을 수행하는 자

(5) 지정행정기관

교통수단·교통시설 또는 교통체계의 운행·운항·설치 또는 운영 등에 관하여 지도·감독을 행하거나 관련 법령·제도를 관장하는 「정부조직법」에 의한 중앙행정기관으로서 대통령령으로 정하는 행정기관

(6) 교통행정기관

법령에 의하여 교통수단·교통시설 또는 교통체계의 운행·운항·설치 또는 운영 등에 관하여 교통사업자에 대한 지도·감독을 행하는 지정행정기관의 장, 특별시장·광역시장·도지사·특별자치도지사 또는 시장·군수·자치구의 구청장

(7) 교통사고

교통수단의 운행·항행·운항과 관련된 사람의 사상 또는 물건의 손괴

(8) 교통수단안전점검

교통행정기관이 이 법 또는 관계법령에 따라 소관 교통수단에 대하여 교통안전에 관한 위험요인을 조사·점검 및 평가하는 모든 활동

(9) 교통시설안전진단

육상교통・해상교통 또는 항공교통의 안전과 관련된 조사・측정・평가업무를 전문적으로 수행하는 교통안전진단기관이 교통시설에 대하여 교통안전에 관한 위험요인을 조사・측정 및 평가하는 모든 활동

(10) 단지내도로

「공동주택관리법」 제2조 제1항 제3호에 따른 공동주택단지, 「고등교육법」 제2조에 따른 학교 등에 설치되는 통행로서 「도로교통법」 제2조 제1호에 따른 도로가 아닌 것을 말하며, 그 종류와 범위는 대통령령으로 정한다.

① 차도 ② 보도 ③ 자전거도로

❈ **지정행정기관**(영 제2조)
1. 기획재정부
2. 교육부
3. 법무부
4. 행정안전부
5. 문화체육관광부
6. 농림축산식품부
7. 산업통상자원부
8. 보건복지부
9. 고용노동부
10. 여성가족부
11. 국토교통부
12. 해양수산부
13. 경찰청
14. 국무총리가 교통안전정책상 특히 필요하다고 인정하여 지정하는 중앙행정기관

---

3. 국가 등의 의무

(1) 국가 등의 의무

1) 국가의 교통안전 종합시책의 수립・시행의무

국가는 국민의 생명・신체 및 재산을 보호하기 위하여 교통안전에 관한 종합적인 시책을 수립하고 이를 시행하여야 한다(법 제3조 제1항).

2) 지자체의 교통안전시책의 수립・시행의무

지방자치단체는 주민의 생명・신체 및 재산을 보호하기 위하여 그 관할구역 내의 교통안전에 관한 시책을 해당 지역의 실정에 맞게 수립하고 이를 시행하여야 한다(법 제3조 제2항).

3) 국가・지자체의 교통안전사항의 배려의무

국가 및 지방자치단체(이하 "국가등"이라 한다)는 제1항 및 제2항의 규정에 따른 교통안전에 관한 시책을 수립・시행하는 것 외에 지역개발・교육・문화 및 법무 등에 관

한 계획 및 정책을 수립하는 경우에는 교통안전에 관한 사항을 배려하여야 한다(법 제3조 제3항).

(2) 교통시설설치·관리자의 의무

교통시설설치·관리자는 해당 교통시설을 설치 또는 관리하는 경우 교통안전표지 그 밖의 교통안전시설을 확충·정비하는 등 교통안전을 확보하기 위한 필요한 조치를 강구하여야 한다(법 제4조).

(3) 교통수단 제조사업자의 의무

교통수단 제조사업자는 법령에서 정하는 바에 따라 그가 제조하는 교통수단의 구조·설비 및 장치의 안전성이 향상되도록 노력하여야 한다(법 제5조).

(4) 교통수단운영자의 의무

교통수단운영자는 법령에서 정하는 바에 따라 그가 운영하는 교통수단의 안전한 운행·항행·운항 등을 확보하기 위하여 필요한 노력을 하여야 한다(법 제6조).

(5) 차량운전자 등의 의무

1) 차량운전자 등의 안전운전의무

차량을 운전하는 자 등은 법령에서 정하는 바에 따라 해당 차량이 안전운행에 지장이 없는지를 점검하고 보행자와 자전거이용자에게 위험과 피해를 주지 아니하도록 안전하게 운전하여야 한다.(법 제7조 제1항).

2) 선박승무원 등의 안전운항의무

선박에 승선하여 항행업무 등에 종사하는 자(「도선법」에 의한 도선사를 포함하며, 이하 "선박승무원등"이라 한다)는 법령에서 정하는 바에 따라 해당 선박이 출항하기 전에 검사를 행하여야 하며, 기상조건·해상조건·항로표지 및 사고의 통보 등을 확인하고 안전운항을 하여야 한다.(법 제7조 제2항).

3) 항공승무원 등의 안전운항의무

항공기에 탑승하여 그 운항업무 등에 종사하는 자는 법령에서 정하는 바에 따라 해당 항공기의 운항 전 확인 및 항행안전시설의 기능장애에 관한보고 등을 행하고 안전운항을 하여야 한다(법 제7조 제3항).

(6) 보행자의 의무

보행자는 도로를 통행할 때 법령을 준수하여야 하고, 육상교통에 위험과 피해를 주지 아니하도록 노력하여야 한다(법 제8조).

4. 국가 등의 재정 및 금융조치

(1) 재정·금융상의 필요한 조치를 강구

국가 등은 교통안전에 관한 시책의 원활한 실시를 위하여 예산의 확보, 재정지원 등 재정·금융상의 필요한 조치를 강구하여야 한다(법 제9조 제1항).

(2) 교통안전장치 장착에 대한 지원

국가 등은 이 법에 따라 다음 각 호의 어느 하나에 해당하는 자에게 교통안전장치 장착을 의무화할 경우 이에 따른 비용을 대통령령으로 정하는 바에 따라 지원할 수 있다(법 제9조 제2항).
① 「여객자동차 운수사업법」에 따른 여객자동차운송사업자
② 「화물자동차 운수사업법」에 따른 화물자동차 운송사업자 또는 화물자동차 운송가맹사업자
③ 「도로교통법」에 따른 어린이통학버스(운행기록장치를 장착한 차량은 제외) 운영자

5. 정부의 국회에 대한 보고

정부는 매년 국회에 정기국회 개회 전까지 교통사고상황, 국가교통안전기본계획(법 제15조) 및 국가교통안전시행계획의 추진상황(법 제16조) 등에 관한 보고서를 제출하여야 한다.

6. 타 법률과의 관계

(1) 타 법률의 제·개정시의 관계

교통안전에 관하여 다른 법률을 제정하거나 개정하는 경우에는 이 법의 목적에 부합되도록 하여야 한다(법 제11조 제1항).

(2) 타 법률에 대한 일반법적 지위

교통안전에 관하여 다른 법률에 특별한 규정이 있는 경우를 제외하고는 이 법에서 정하는 바에 따른다(법 제11조 제2항).

제2절 교통안전정책심의기구

1. 국가교통위원회

교통안전에 관한 주요 정책과 제15조에 따른 국가교통안전기본계획 등은 「국가통합교통체계효율화법」 제106조에 따른 국가교통위원회에서 심의한다.

(1) 설치목적·소속(교통체계효율화법 제106조 제1항)

설치목적	국가교통체계에 관한 중요 정책 등과 다른 법령에서 정한 교통 관련 정책을 심의하기 위하여
소 속	국토교통부장관 소속으로 국가교통위원회를 둔다.

(2) 구 성

① 국가교통위원회는 위원장 1명과 부위원장 1명을 포함한 30명 이내의 위원으로 구성한다(교통체계효율화법 제107조 제1항).
② 국가교통위원회의 위원장은 국토교통부장관이 되고, 부위원장은 국토교통부 제2차관이 된다(교통체계효율화법 제107조 제2항).
③ 국가교통위원회의 위원은 다음 각 호의 사람이 되며, 위촉직 위원의 임기는 2년으로 한다(교통체계효율화법 제107조 제3항).
　㉠ 당연직 위원 : 대통령령으로 정하는 관계 행정기관의 차관(차관급 공무원을 포함)
　㉡ 위촉직 위원 : 교통 관련 분야에 관한 전문지식 및 경험이 풍부한 사람 중에서 위원장이 위촉하는 사람

(3) 운 영

① 국가교통위원회의 위원장은 위원회의 사무를 총괄하며 그 회의의 의장이 되며, 위원회의 위원장이 부득이한 사유로 직무를 수행할 수 없는 때에는 부위원장이, 위원회의 위원장 및 부위원장이 모두 부득이한 사유로 직무를 수행할 수 없는 때에는 위원장이 미리 지정한 위원이 위원장의 직무를 대행한다(교통체계효율화법 시행령 제105조 제1,2항).
② 위원회의 회의는 위원장이 소집한다(교통체계효율화법 시행령 제105조 제3항).
③ 위원회의 회의는 재적위원 과반수의 출석으로 개의하고, 출석위원 과반수의 찬성으로 의결한다(교통체계효율화법 시행령 제105조 제4항).

(4) 심의사항(교통체계효율화법 제23조 제2항)

위원회는 다음의 사항을 심의한다.

1. 국가기간교통망계획의 수립 및 변경
2. 중기투자계획의 수립 및 변경과 집행 실적 평가
3. 교통시설 개발사업의 투자재원 확보
4. 제12조 제2항에 따른 국가교통조사계획의 수립 및 변경

4의2. 개별교통조사에 관한 자료의 조정

5. 국가교통물류경쟁력지표 설정
6. 중기 연계교통체계구축계획의 수립 및 변경
7. 연계교통체계구축대책의 수립 및 변경
8. 제1종 교통물류거점의 지정 및 변경
9. 제44조 제1항에 따른 환승센터 및 복합환승센터 구축 기본계획의 수립 및 변경
10. 제45조 제1항 제2호에 따른 광역복합환승센터의 지정 및 같은 조 제5항에 따른 지정내용 중 중요 사항의 변경
11. 복합환승센터개발계획(국가기간복합환승센터의 경우만 해당한다)의 수립 및 변경
12. 지능형교통체계기본계획의 수립 및 변경
14. 교통체계와 관련된 제도의 개선
15. 대통령령으로 정하는 규모 이상의 국가기간교통시설 개발사업·교통체계지능화사업 또는 교통기술 연구·개발사업(시범사업을 포함한다) 등 국가교통정책의 종합조정
16. 다른 법령에 따라 국가교통위원회의 심의사항으로 정하고 있는 사항
17. 그 밖에 교통체계에 관한 국가의 중요 정책으로서 위원장이 심의에 부치는 사항

2. 지방교통위원회 등

지역별 교통안전에 관한 주요 정책과 제17조에 따른 지역교통안전기본계획은 「국가통합교통체계효율화법」 제110조에 따른 지방교통위원회 및 시장·군수·구청장 소속으로 설치하는 시·군·구 교통안전정책심의위원회에서 심의한다(법 제13조 제1항).

(1) 지방교통위원회

1) **설치목적·종류**(교통체계효율화법 제110조 제1항)

지방자체단체 소관 주요 교통정책 등을 심의하기 위하여 시·도지사 소속으로 지방교통위원회를 둔다.

2) **구성·운영**(교통체계효율화법 제110조 제2항)

지방교통위원회의 구성 및 운영 등에 필요한 사항은 대통령령으로 정하는 바에 따라 해당 지방자치단체의 조례로 정한다.

(2) 시·군·구교통안전위원회

시·군·구교통안전위원회의 위원장은 시장·군수·구청장이 되며, 시·군·구교통안전위원회의 구성 및 운영 등에 관하여 필요한 사항은 대통령령으로 정하는 바에 따라 해당 지방자치단체의 조례로 정한다(법 제13조 제2,3항).

3. 관계행정기관 등에 대한 협력요청

(1) 협력요청사유 등

국가교통위원회, 지방교통위원회 또는 시·군·구교통안전위원회는 안건의 심의를 위하여 필요하다고 인정하는 때에는 관계 행정기관의 장, 공공기관의 장 그 밖의 관계인에 대하여 자료의 제출, 의견의 진술 그 밖의 필요한 협력을 요청할 수 있다(법 제14조 제1항).

(2) 협력에 응할 의무

협력요청을 받은 자는 특별한 사유가 없는 한 이에 응하여야 한다(법 제14조 제2항).

제3절 국가교통안전기본계획 등

1. 정부의 교통안전계획

(1) 국가의 교통안전에 관한 계획

국토교통부장관은 국가의 전반적인 교통안전수준의 향상을 도모하기 위하여 교통안전에 관한 기본계획을 5년 단위로 수립하여야 한다.

1) 국가교통안전기본계획

① 수립목적·수립의무자·수립시기(법 제15조 제1항)

수립목적	국가의 전반적인 교통안전수준의 향상을 도모하기 위해
수립의무자	국토교통부장관
수립시기	5년마다

② 내용에 포함될 사항(법 제15조 제2항)
  ㉠ 교통안전에 관한 중·장기 종합정책방향
  ㉡ 육상교통·해상교통·항공교통 등 부문별 교통사고의 발생현황과 원인의 분석

ⓒ 교통수단・교통시설별 교통사고 감소목표
② 교통안전지식의 보급 및 교통문화 향상목표
⑩ 교통안전정책의 추진성과에 대한 분석・평가
ⓗ 교통안전정책의 목표달성을 위한 부문별 추진전략
ⓗ의2. 고령자, 어린이 등 「교통약자의 이동편의 증진법」 제2조 제1호에 따른 교통약자의 교통사고 예방에 관한 사항
ⓢ 부문별・기관별・연차별 세부 추진계획 및 투자계획
ⓞ 교통안전표지・교통관제시설・항행안전시설 등 교통안전시설의 정비・확충에 관한 계획
ⓩ 교통안전 전문인력의 양성
ⓒ 교통안전과 관련된 투자사업계획 및 우선순위
ⓚ 지정행정기관별 교통안전대책에 대한 연계와 집행력 보완방안
ⓣ 그 밖에 교통안전수준의 향상을 위한 교통안전시책에 관한 사항

③ **수립절차**(법 제15조 제3~5항; 영 제10조)
  ㉠ 지침의 작성・통보
  국토교통부장관은 국가교통안전기본계획의 수립을 위하여 지정기관별로 추진할 교통안전에 관한 주요 계획 또는 시책에 관한 사항이 포함된 국가교통안전기본계획의 수립・변경을 위한 지침을 작성, 계획연도 시작 전전년도 6월 말까지 지정행정기관장에게 통보해야 한다.
  ㉡ 소관별 계획안의 제출
  지정행정기관장은 통보받은 지침에 따라 소관별 교통안전에 관한 계획안을 계획연도 시작 전년도 2월 말까지 국토교통부장관에게 제출해야 한다.
  ㉢ 국가교통안전기본계획안의 작성・확정
  국토교통부장관은 소관별 계획안을 종합・조정하여 국가교통안전기본계획안을 작성한 후 국가교통위원회의 심의를 거쳐 계획연도 시작 전년도 6월 말까지 국가교통안전기본계획을 확정하여야 한다. 그리고 소관별 교통안전에 관한 계획안을 종합・조정하는 경우 다음의 사항을 검토해야 한다.
    ▶ 정책목표
    ▶ 정책과제의 추진시기
    ▶ 투자규모
    ▶ 정책과제의 추진에 필요한 해당기관별 협의사항
  ㉣ 확정계획의 통보・공고
  국토교통부장관은 확정된 국가교통안전기본계획을 확정된 날부터 20일 이내에 지정행정기관의 장과 시・도지사에게 통보하고, 이를 공고(인터넷 게재를 포함)하여야 한다.

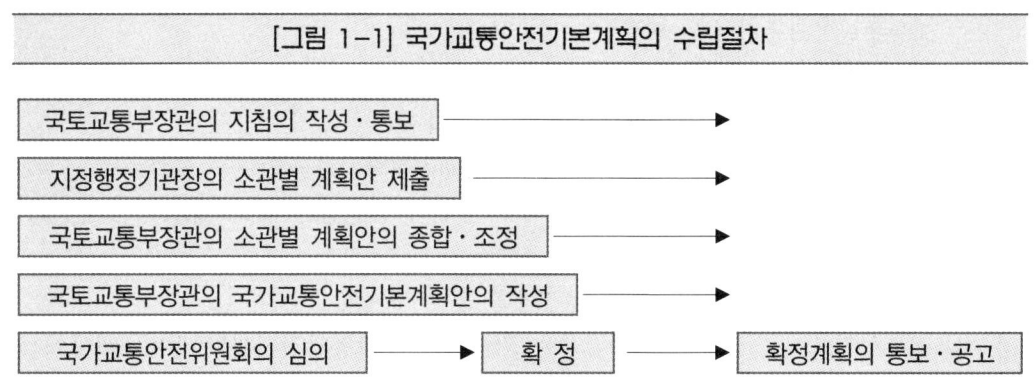

[그림 1-1] 국가교통안전기본계획의 수립절차

④ 변경절차

수립절차에 관한 규정을 준용한다. 다만, 대통령령으로 정하는 다음의 경미한 사항을 변경하는 경우에는 준용할 필요가 없다(법 제15조 제6항 ; 영 제11조).

㉠ 국가교통안전기본계획에서 정한 부문별 사업규모를 100분의 10 이내의 범위에서 변경하는 경우
㉡ 국가교통안전기본계획에서 정한 시행기한의 범위에서 단위사업의 시행시기를 변경하는 경우
㉢ 계산 착오, 오기, 누락, 그 밖에 국가교통안전기본계획의 기본방향에 영향을 미치지 아니하는 사항으로서 그 변경근거가 분명한 사항을 변경하는 경우

2) 국가교통안전시행계획

① 수립목적·수립의무자 등(법 제16조 제1항 ; 영 제12조 제1항)

수립목적	국가교통안전기본계획의 집행을 위해
수립의무자	지정행정기관의 장
수립대상	다음 연도의 소관별 교통안전시행계획안
수립시기	매년 10월 말까지
제출받는 기관	국토교통부장관

② 수립절차

㉠ 계획안의 조정·확정 등

국토교통부장관은 제출받은 소관별 교통안전시행계획안을 국가교통안전기본계획에 따라 다음의 사항을 검토한 후 종합·조정하여 국가교통안전시행계획안을 작성한 후 국가교통위원회의 심의를 거쳐 국가교통안전시행계획을 12월 말까지 확정한다(법 제16조 제2항 ; 영 제12조 제2항).

▶ 국가교통안전기본계획과의 부합 여부

▶ 기대효과
▶ 소요예산의 확보가능성
ⓒ 계획의 통보・공고
국토교통부장관은 확정된 국가교통안전시행계획을 지정행정기관의 장과 시・도지사에게 통보하고 이를 공고해야 한다(법 제16조 제3항 ; 영 제12조 제3항).

③ 변경절차
수립절차에 관한 규정은 변경절차에 준용한다. 다만, 대통령령으로 정하는 다음의 경미한 사항을 변경하는 경우에는 그러하지 아니하다(법 제16조 제4항 ; 영 제11조).
㉠ 국가교통안전시행계획에서 정한 부문별 사업규모를 100분의 10 이내의 범위에서 변경하는 경우
ⓒ 국가교통안전시행계획에서 정한 시행기한의 범위에서 단위사업의 시행시기를 변경하는 경우
ⓒ 계산 착오, 오기, 누락, 그 밖에 국가교통안전시행계획의 기본방향에 영향을 미치지 아니하는 사항으로서 그 변경 근거가 분명한 사항을 변경하는 경우

(2) 지역의 교통안전에 관한 계획

1) 지역교통안전기본계획

① 수립의무자・수립대상 등(법 제17조 제1항)

수립의무자	수립대상	수립근거	수립단위
시・도지사	시・도교통안전기본계획	국가교통안전기본계획	5년 단위
시장・군수・구청장	시・군・구교통안전기본계획	시・도교통안전기본계획	

② 수립시 필수적 포함사항

시・도교통안전기본계획이나 시・군・구교통안전기본계획에는 각각 다음의 사항이 포함되어야 한다(영 제13조 제1항).
㉠ 해당 지역의 육상교통안전에 관한 중・장기 종합정책방향
ⓒ 그 밖에 육상교통안전수준을 향상하기 위한 교통안전시책에 관한 사항

③ 지침의 작성・시달(의무사항은 아님)

국토교통부장관 또는 시・도지사는 시・도교통안전기본계획 또는 시・군・구교통안전기본계획의 수립에 관한 지침을 작성하여 시・도지사 및 시장・군수・구청장에게 통보할 수 있다(법 제17조 제2항).

④ **수립절차**(법 제17조 제3·4항 ; 영 제13조 제2·3항)

㉠ 심의·확정

시·도교통안전 기본계획	시·도지사가 지방교통위원회의 심의를 거쳐 계획연도 시작 전년도 10월 말까지 확정한다.
시·군·구교통안전 기본계획	시장·군수·구청장이 시·군·구교통안전위원회의 심의를 거쳐 계획연도 시작 전년도 10월 말까지 확정한다.

㉡ 제출·공고

시·도교통안전 기본계획	확정일로부터 20일 이내에 시·도지사 등이 국토교통부장관에게 제출 후 공고
시·군·구교통안전 기본계획	확정일로부터 20일 이내에 시장·군수·구청장이 시·도지사에게 제출 후 공고

⑤ **변경절차**

수립절차에 관한 규정은 변경절차에 준용하나 국토교통부령으로 정하는 다음의 경미한 사항을 변경하는 경우에는 그러하지 아니하다(법 제17조 제5항 ; 칙 제2조).
㉠ 시·도교통안전기본계획 또는 시·군·구교통안전기본계획에서 정한 부문별 사업 규모를 100분의 10 이내의 범위에서 변경하는 경우
㉡ 시·도교통안전기본계획 또는 시·군·구교통안전기본계획에서 정한 시행기한의 범위에서 단위 사업의 시행시기를 변경하는 경우
㉢ 계산 착오, 오기, 누락, 그 밖에 시·도교통안전기본계획 또는 시·군·구교통안전기본계획의 기본방향에 영향을 미치지 아니하는 사항으로서 그 변경 근거가 분명한 사항을 변경하는 경우

2) **지역교통안전시행계획**

① **수립의무자·수립목적 등**(법 제18조 제1항)

수립목적	수립의무자	수립대상	수립·시행 시기
소관 지역교통안전기본 계획을 집행하기 위해	시·도지사 및 시장·군수·구청장	다음 연도의 시·도교통안전시행계획과 시·군·구교통안전시행계획	매 년

② **수립절차**(법 제18조 제2항 ; 영 제14조 제1·2항)

시·군·구 교통안전시행계획	시장·군수·구청장이 12월 말까지 수립된 시행계획을 매년 1월 말까지 시·도지사에게 제출 후 공고
시·도 교통안전시행계획	시·도지사가 12월 말까지 수립된 시행계획을 매년 2월 말까지 국토교통부장관에게 제출 후 공고

3) 지역교통안전기본계획 등의 조정

① 국토교통부장관의 변경요구(법 제19조 제1항)

요 건	시·도교통안전기본계획 또는 시·도교통안전시행계획이 국가교통안전기본계획 또는 국가교통안전시행계획에 위배되는 경우
대상기관	해당 시·도지사
내 용	시·도교통안전기본계획 또는 시·도교통안전시행계획의 변경

② 시·도지사의 변경요구(법 제19조 제2항)

요 건	시·군·구교통안전기본계획 또는 시·군·구교통안전시행계획이 시·도교통안전기본계획 또는 시·도교통안전시행계획에 위배되는 경우
대상기관	해당 시장·군수·구청장
내 용	시·군·구교통안전기본계획 또는 시·군·구교통안전시행계획의 변경

(3) 계획수립의 협력요청

1) 협력요청의 절차

국토교통부장관, 지정행정기관의 장, 시·도지사 및 시장·군수·구청장은 국가교통안전기본계획 또는 국가교통안전시행계획, 지역교통안전기본계획 또는 지역교통안전시행계획의 수립·시행을 위하여 필요하다고 인정하는 때에는 관계 행정기관의 장, 공공기관의 장 그 밖의 관계인에 대하여 자료의 제출 그 밖의 필요한 협력을 요청할 수 있다(법 제20조 제1항).

2) 협력요청에 응할 의무

협력요청을 받은 자는 특별한 사유가 없으면 그 요청에 따라야 한다(법 제20조 제2항).

(4) 교통안전시행계획 추진실적의 제출 및 평가

1) 제출기관·제출시기 등(영 제14조 제2항, 제15조)

제출기관	제출대상	제출기한	제출받는 기관
시장·군수·구청장	전년도의 시·군·구교통안전시행계획 추진실적	매년 1월 말까지	시·도지사
시·도지사	시장·군수·구청장이 제출한 추진실적을 종합·정리한 것과 전년도의 시·도 교통안전시행계획 추진실적	매년 2월 말까지	국토교통부장관
지정행정기관의 장	전년도의 소관별 국가교통안전시행계획 추진실적	매년 3월 말까지	국토교통부장관

2) 지역교통안전시행계획 추진실적에 포함되어야 할 세부사항

시·도교통안전시행계획 또는 시·군·구교통안전시행계획의 추진실적에 포함되어야 하는 세부사항은 다음과 같다(칙 제3조).

① 지역교통안전시행계획의 단위사업별 추진실적(예산사업에는 사업량과 예산집행실적을 포함하고, 계획미달사업에는 그 사유와 대책을 포함)
② 지역교통안전시행계획의 추진상 문제점 및 대책
③ 교통사고현황
  ㉠ 교통수단 또는 교통시설의 종류별 현황
  ㉡ 연간 교통사고 건수, 사망자, 부상자 및 재산피해액의 내역
  ㉢ 교통사고의 분석
    ▶ 교통수단의 종류별 사고의 건수와 그 원인
    ▶ 유형별 사고의 건수와 그 원인
    ▶ 월별·요일별·시간별 및 장소별 사고의 건수와 그 원인
    ▶ 교통수단의 운전자와 피해자의 성별 및 연령층별로 구분한 사고의 건수와 그 원인
    ▶ 그 밖에 교통사고의 원인분석에 필요한 사항
  ㉣ 교통사고(「여객자동차 운수사업법 시행령」 제11조 및 「화물자동차 운수사업법 시행령」 제6조 제1항에 따른 중대한 교통사고인 경우만 해당) 발생 당시의 상황, 피해 내용, 현장 사진, 그 밖의 참고자료
  ㉤ 교통사고 예방대책

3) 추진실적의 평가 등

국토교통부장관은 국가교통안전시행계획 추진실적과 지역교통안전시행계획 추진실적을 종합·평가하여 그 결과를 국가교통안전위원회에 보고하여야 하며, 필요하다고 인정되는 경우에는 교통안전과 관련된 전문기관·단체에 자문을 하거나 조사·연구를 의뢰할 수 있다(영 제15조 제2항).

4) 합동평가회의의 개최

국가교통안전위원회는 추진실적 평가결과에 대하여 관계 지정행정기관의 장과 시·도지사 등이 참석하는 합동평가회의를 개최할 수 있다(영 제15조 제3항).

2. 교통시설설치·관리자 등의 교통안전관리규정

(1) 교통안전관리규정의 수립·제출

대통령령으로 정하는 다음의 교통시설설치·관리자 및 교통수단운영자는 그가 설치·관리하거나 운영하는 교통시설 또는 교통수단과 관련된 교통안전을 확보하기 위하여 "교통안전관리규정"을 정하여 관할교통행정기관에 제출하여야 한다. 이를 변경한 때에도 또한 같다(법 제21조 제1항 전단).

(2) 교통안전관리규정에 포함될 사항(법 제21조 제1항 ; 영 제18조)

① 교통안전의 경영지침에 관한 사항
② 교통안전목표 수립에 관한 사항
③ 교통안전 관련 조직에 관한 사항
④ 제54조의2에 따른 교통안전담당자 지정에 관한 사항
⑤ 안전관리대책의 수립 및 추진에 관한 사항
⑥ 그 밖에 교통안전에 관한 중요 사항으로서 대통령령으로 정하는 다음의 사항
　㉠ 교통안전과 관련된 자료·통계 및 정보의 보관·관리에 관한 사항
　㉡ 교통시설의 안전성평가에 관한 사항
　㉢ 사업장에 있는 교통안전 관련시설 및 장비에 관한 사항
　㉣ 교통수단의 관리에 관한 사항
　㉤ 교통업무에 종사하는 자의 관리에 관한 사항
　㉥ 교통안전의 교육·훈련에 관한 사항
　㉦ 교통사고원인의 조사·보고 및 처리에 관한 사항
　㉧ 그 밖에 교통안전관리를 위하여 국토교통부장관이 따로 정하는 사항

[표 1-1] 교통시설 설치·관리자 등의 범위(영 제16조, 영 별표 1)

1. 교통시설 설치·관리자

교통시설	설치·관리자
도 로	1) 「한국도로공사법」에 따른 한국도로공사 2) 「도로법」 제34조에 따라 관리청의 허가를 받아 도로공사를 시행하거나 유지하는 관리청이 아닌 자 3) 「유료도로법」 제6조에 따라 유료도로를 신설 또는 개축하여 통행료를 받는 비도로관리청 4) 「도로법」 제2조 및 제3조에 따른 도로 및 도로부속물에 대하여 「사회기반시설에 대한 민간투자법」에 따른 민간투자사업을 시행하고, 같은 법 제24조에 따라 이를 관리·운영하는 민간투자법인

2. 교통수단 운영자

교통수단	운 영 자
가. 자동차	다음 중 어느 하나에 해당하는 자 중 사업용으로 20대 이상의 자동차(피견인 자동차는 제외)를 사용하는 자 1) 「여객자동차 운수사업법」 제5조에 따라 여객자동차운송사업의 면허를 받거나 등록을 한 자 2) 「여객자동차 운수사업법」 제14조에 따라 여객자동차운수사업의 관리를 위탁받은 자 3) 「여객자동차 운수사업법」 제29조에 따라 자동차대여사업의 등록을 한 자 4) 「화물자동차 운수사업법」 제3조 및 같은 법 시행령 제3조 제1호에 따라 일반화물자동차운송사업의 허가를 받은 자
나. 삭도·궤도	「궤도운송법」 제4조에 따라 궤도사업의 허가를 받은 자 또는 제5조에 따라 전용궤도의 승인을 받은 전용궤도운영자

(3) 교통안전관리규정의 제출시기

1) 제출시기의 구분(영 제17조 제1항)

① **교통시설설치·관리자**(영 별표 1의 제1호 해당자)

별표 1 제1호의 어느 하나에 해당하게 된 날로부터 6개월 이내

② **교통수단운영자**(영 별표 1의 제2호 해당자)

별표 1 제2호의 어느 하나에 해당하게 된 날로부터 1년의 범위에서 국토교통부령으로 정하는 기간1) 이내

2) 변경규정의 제출시기

교통시설설치·관리자 등은 교통안전관리규정을 변경한 경우에는 변경한 날부터 3개월 이내에 변경된 교통안전관리규정을 관할 교통행정기관에 제출하여야 한다(영 제17조 제2항).

---

1) **국토교통부령으로 정하는 기간**(칙 제4조)
   1. 「여객자동차 운수사업법」 제5조에 따라 여객자동차운송사업의 면허를 받거나 등록을 한 자, 같은 법 제14조에 따라 여객자동차운수사업의 관리를 위탁받은 자 또는 같은 법 제29조에 따라 자동차대여사업의 등록을 한 자로서 200대 이상의 자동차를 보유한 자 : 6개월 이내
   2. 여객자동차운송사업자 등으로서 100대 이상 200대 미만의 자동차를 보유한 자 및 「궤도운송법」에 따라 궤도사업의 허가를 받은 자 및 전용궤도의 승인을 받은 자 : 9개월 이내
   3. 여객자동차운송사업자 등으로서 100대 미만의 자동차를 보유한 자, 「화물자동차 운수사업법」 제3조 및 같은 법 시행령 제3조 제1호에 따라 일반화물자동차운송사업의 허가를 받은 자 : 1년 이내

(4) 교통안전관리규정의 검토 등

1) 교통행정기관의 검토의무

교통행정기관은 교통시설설치·관리자 등이 제출한 교통안전관리규정이 동법(법 제21조 제1항 각 호)에서 정한 사항을 포함하여 적정하게 작성되었는지를 검토하여야 한다(영 제19조 제1항).

2) 검토결과의 구분(영 제19조 제2항)

적 합	조건부 적합	부적합
교통안전에 필요한 조치가 구체적이고 명료하게 규정되어 있어 교통시설 또는 교통수단의 안전성이 충분히 확보되어 있다고 인정되는 경우	교통안전의 확보에 중대한 문제가 있지는 아니하지만 부분적으로 보완이 필요하다고 인정되는 경우	교통안전의 확보에 중대한 문제가 있거나 교통안전관리규정 자체에 근본적인 결함이 인정되는 경우

3) 교통행정기관의 필요조치의무

교통행정기관은 교통시설설치·관리자 등이 제출한 교통안전관리규정이 조건부 적합 또는 부적합 판정을 받은 경우에는 교통안전관리규정의 변경을 명하는 등 필요한 조치를 하여야 한다(영 제19조 제3항).

(5) 교통안전관리규정의 준수의무

교통시설설치·관리자 등은 교통안전관리규정을 준수하여야 한다(법 제21조 제2항).

(6) 교통안전관리규정의 준수 여부에 대한 확인·평가

1) 교통행정기관의 확인·평가의무

교통행정기관은 국토교통부령으로 정하는 바에 따라 교통시설설치·관리자 등이 교통안전관리규정을 준수하고 있는지의 여부를 확인하고 이를 평가하여야 한다(법 제21조 제3항).

2) 확인·평가시한

교통안전관리규정 준수 여부의 확인·평가는 교통안전관리규정을 제출한 날을 기준으로 매 5년이 지난 날의 전후 100일 이내에 실시한다(칙 제5조 제1항).

3) 세부사항의 규정

위의 1) 외에 교통안전관리규정 준수 여부의 확인·평가에 필요한 세부사항은 국토교통부장관이 정한다(칙 제5조 제2항).

(7) 교통안전관리규정의 변경명령

교통행정기관은 교통안전을 확보하기 위하여 필요하다고 인정하는 때에는 교통안전관리규정의 변경을 명할 수 있다. 이 경우 변경명령을 받은 교통시설설치·관리자 등은 특별한 사유가 없으면 그 명령을 따라야 한다(법 제21조 제4항).

제4절 교통안전에 관한 기본시책

1. 교통시설의 정비 등

(1) 교통환경조성을 위한 시책의 강구의무

국가 등은 안전한 교통환경을 조성하기 위하여 교통시설의 정비(교통안전표지 그 밖의 교통안전시설에 대한 정비를 포함), 교통규제 및 관제의 합리화, 공유수면 사용의 적정화 등 필요한 시책을 강구하여야 한다(법 제22조 제1항).

(2) 보행자에 대한 배려의무

국가 등은 주거지·학교지역 및 상점가에 대하여 교통안전 기본시책을 강구할 때에 특히 보행자가 보호되도록 배려하여야 한다(법 제22조 제2항).

2. 교통안전지식의 보급 등

(1) 교통안전을 위한 시책의 강구의무

국가 등은 교통안전에 관한 지식을 보급하고 교통안전에 관한 의식을 제고하기 위하여 학교 그 밖의 교육기관을 통하여 교통안전교육의 진흥과 교통안전에 관한 홍보활동의 충실을 도모하는 등 필요한 시책을 강구하여야 한다(법 제23조 제1항).

(2) 국민의 조직활동촉진을 위한 시책의 강구의무

국가 등은 교통안전에 관한 국민의 건전하고 자주적인 조직활동이 촉진되도록 필요한 시책을 강구하여야 한다(법 제23조 제2항).

(3) 어린이 교통안전의 체험을 위한 교육시설 설치

① 국가 등은 어린이, 노인 및 장애인의 교통안전 체험을 위한 교육시설을 설치할 수 있다. 이 경우 해당 교육시설을 설치하고자 하는 교통행정기관의 장은 관계 행정기

관의 장과 협의하여야 한다(법 제23조 제3항).
② 국가 등은 어린이, 노인 및 장애인의 교통안전 체험을 위한 교육시설 설치를 지원하기 위하여 예산의 범위에서 재정적 지원을 할 수 있다(법 제23조 제4항).
③ 국가 및 시·도지사 등은 어린이, 노인 및 장애인의 교통안전 체험을 위한 교육시설을 설치할 때에는 다음의 설치 기준 및 방법에 따른다(영 제19조의2).
　㉠ 어린이등이 교통사고 예방법을 습득할 수 있도록 교통의 위험상황을 재현할 수 있는 영상장치 등 시설·장비를 갖출 것
　㉡ 어린이등이 자전거를 운전할 때 안전한 운전방법을 익힐 수 있는 체험시설을 갖출 것
　㉢ 어린이등이 교통시설의 운영체계를 이해할 수 있도록 보도·횡단보도 등의 시설을 관계 법령에 맞게 배치할 것
　㉣ 교통안전 체험시설에 설치하는 교통안전표지 등이 관계 법령에 따른 기준과 일치할 것

3. 교통수단의 안전운행 등의 확보

(1) 운전자 등에 대한 교육실시의무

국가 등은 차량의 운전자, 선박승무원 등 및 항공승무원 등이 해당 교통수단을 안전하게 운행할 수 있도록 필요한 교육을 받도록 하여야 한다(법 제24조 제1항).

(2) 국가 등의 관련시책 강구의무

국가 등은 운전자 등의 자격에 관한 제도의 합리화, 교통수단 운행체계의 개선, 운전자 등의 근무조건의 적정화와 복지향상 등을 위하여 필요한 시책을 강구하여야 한다(법 제24조 제2항).

4. 교통안전에 관한 정보의 수집·전파

국가 등은 기상정보 등 교통안전에 관한 정보를 신속하게 수집·전파하기 위하여 기상관측망과 통신시설의 정비 및 확충 등 필요한 시책을 강구하여야 한다(법 제25조).

5. 교통수단의 안전성 향상

국가 등은 교통수단의 안전성을 향상시키기 위하여 교통수단의 구조·설비 및 장비 등에 관한 안전상의 기술적 기준을 개선하고 교통수단에 대한 검사의 정확성을 확보하는 등 필요한 시책을 강구하여야 한다(법 제26조).

6. 교통질서의 유지

국가 등은 교통질서를 유지하기 위하여 교통질서 위반자에 대한 단속 등 필요한 시책을 강구하여야 한다(법 제27조).

7. 위험물의 안전운송

국가 등은 위험물의 안전운송을 위하여 운송시설 및 장비의 확보와 그 운송에 관한 제반기준의 제정 등 필요한 시책을 강구하여야 한다(법 제28조).

8. 긴급 구조체계의 정비 등

(1) 국가 등의 응급조치 관련시책의 강구의무

국가 등은 교통사고 부상자에 대한 응급조치 및 의료의 충실을 도모하기 위하여 구조체제의 정비 및 응급의료시설의 확충 등 필요한 시책을 강구하여야 한다(법 제29조 제1항).

(2) 국가 등의 해양사고 관련시책의 강구의무

국가 등은 해양사고 구조의 충실을 도모하기 위하여 해양사고 발생정보의 수집체제 및 해양사고 구조체제의 정비 등 필요한 시책을 강구하여야 한다(법 제29조 제2항).

9. 손해배상의 적정화

국가 등은 교통사고로 인한 피해자(그 유족을 포함)에 대한 손해배상의 적정화를 위하여 손해배상보장제도의 충실 등 필요한 시책을 강구하여야 한다(법 제30조).

10. 과학기술의 진흥 등

(1) 국가 등의 관련시책의 강구의무

국가 등은 교통안전에 관한 과학기술의 진흥을 위한 시험연구체제를 정비하고 연구·개발을 추진하며 그 성과의 보급 등 필요한 시책을 강구하여야 한다(법 제31조 제1항).

(2) 국가 등의 교통사고원인 관련시책의 강구의무

국가 등은 교통사고 원인을 과학적으로 규명하기 위하여 교통체계 등에 관한 종합적인 연구·조사의 실시 등 필요한 시책을 강구하여야 한다(법 제31조 제2항).

11. 교통안전에 관한 시책 강구상의 배려

국가 등은 교통안전에 관한 시책을 강구할 때 국민생활을 부당하게 침해하지 아니하도록 배려하여야 한다(법 제32조).

제5절 교통안전에 관한 세부시책

1. 교통수단안전점검

(1) 점검의 실시

교통행정기관은 소관 교통수단에 대한 교통안전 실태를 파악하기 위하여 주기적으로 또는 수시로 교통수단안전점검을 실시할 수 있다(법 제33조 제1항).

❊ 교통수단안전점검의 대상(영 제20조 제1항)

교통수단안전점검의 대상은 다음과 같다.
1. 「여객자동차 운수사업법」에 따른 여객자동차운송사업자가 보유한 자동차 및 그 운영에 관련된 사항
2. 「화물자동차 운수사업법」에 따른 화물자동차 운송사업자가 보유한 자동차 및 그 운영에 관련된 사항
3. 「건설기계관리법」에 따른 건설기계사업자가 보유한 건설기계(같은 법 제26조 제1항 단서에 따라 「도로교통법」에 따른 운전면허를 받아야 하는 건설기계에 한정) 및 그 운영에 관련된 사항
4. 「철도사업법」에 따른 철도사업자 및 전용철도운영자가 보유한 철도차량 및 그 운영에 관련된 사항
5. 「도시철도법」에 따른 도시철도운영자가 보유한 철도차량 및 그 운영에 관련된 사항
6. 「항공사업법」에 따른 항공운송사업자가 보유한 항공기(「항공안전법」 제3조 및 제4조를 적용받는 군용항공기 등과 국가기관등항공기는 제외) 및 그 운영에 관련된 사항
7. 그 밖에 국토교통부령으로 정하는 어린이 통학버스 및 위험물 운반자동차 등 교통수단안전점검이 필요하다고 인정되는 자동차 및 그 운영에 관련된 사항

---

(2) 개선대책의 수립·시행 및 권고

교통행정기관은 교통수단안전점검을 실시한 결과 교통안전을 저해하는 요인이 발견된 경우 그 개선대책을 수립·시행하여야 하며, 교통수단운영자에게 개선사항을 권고할 수 있다(법 제33조 제2항).

(3) 교통수단안전점검의 실시

① 교통행정기관은 교통수단안전점검을 효율적으로 실시하기 위하여 관련 교통수단운영

자로 하여금 필요한 보고를 하게 하거나 관련 자료를 제출하게 할 수 있으며, 필요한 경우 소속 공무원으로 하여금 교통수단운영자의 사업장 등에 출입하여 교통수단 또는 장부·서류나 그 밖의 물건을 검사하게 하거나 관계인에게 질문하게 할 수 있다(법 제33조 제3항).
② 사업장을 출입하여 검사하려는 경우에는 출입·검사 7일 전까지 검사일시·검사이유 및 검사내용 등을 포함한 검사계획을 교통수단운영자에게 통지하여야 한다. 다만, 증거인멸 등으로 검사의 목적을 달성할 수 없다고 판단되는 경우에는 검사일에 검사계획을 통지할 수 있다(법 제33조 제4항).
③ 출입·검사를 하는 공무원은 그 권한을 표시하는 증표를 내보이고 성명·출입시간 및 출입목적 등이 표시된 문서를 교부하여야 한다(법 제33조 제5항).
④ 국토교통부장관은 교통수단안전점검을 실시한 결과 교통안전을 저해하는 요인이 발견된 경우에는 그 결과를 소관 교통행정기관에 통보하여야 하며, 교통수단안전점검 결과를 통보받은 교통행정기관은 교통안전 저해요인을 제거하기 위하여 필요한 조치를 하고 국토교통부장관에게 그 조치의 내용을 통보하여야 한다(법 제33조 제7,8항).

(4) 필요적 교통수단안전점검의 실시

국토교통부장관은 대통령령으로 정하는 교통수단[2]과 관련하여 대통령령으로 정하는 기준 이상의 교통사고[3]가 발생한 경우 해당 교통수단에 대하여 교통수단안전점검을 실시하여야 한다(법 제33조 제6항).

(5) 교통수단안전점검의 항목

교통수단안전점검의 항목은 다음과 같다(영 제20조 제4항).

① 교통수단의 교통안전 위험요인 조사
② 교통안전 관계 법령의 위반 여부 확인
③ 교통안전관리규정의 준수 여부 점검

---

[2] "대통령령으로 정하는 교통수단"이란 다음의 어느 하나에 해당하는 자가 보유한 교통수단을 말한다.
  1. 「여객자동차 운수사업법」 제4조에 따른 여객자동차운송사업의 면허를 받거나 등록을 한 자(같은 법에 따른 수요응답형 여객자동차운송사업자 및 개인택시운송사업자 등 자동차 보유대수가 1대인 운송사업자는 제외)
  2. 「화물자동차 운수사업법」 제3조에 따라 화물자동차 운송사업의 허가를 받은 자(자동차 보유대수가 1대인 운송사업자는 제외)

[3] "대통령령으로 정하는 기준 이상의 교통사고"란 다음의 어느 하나에 해당하는 교통사고를 말한다.
  1. 1건의 사고로 사망자가 1명 이상 발생한 교통사고
  2. 1건의 사고로 중상자가 2명 이상 발생한 교통사고
  3. 자동차를 20대 이상 보유한 제2항 각 호의 어느 하나에 해당하는 자의 별표 3의2에 따른 교통안전도 평가지수가 국토교통부령으로 정하는 기준을 초과하여 발생한 교통사고

④ 그 밖에 국토교통부장관이 관계 교통행정기관의 장과 협의하여 정하는 사항

(6) 교통수단안전점검의 방법

① 교통행정기관의 장은 교통수단안전점검을 실시할 때에는 교통안전에 관한 전문지식과 경험이 있는 관계 공무원으로 하여금 이를 실시하도록 하여야 한다(영 제21조 제1항).
② 교통수단안전점검의 대상이 둘 이상의 교통행정기관의 소관 사항인 경우에는 해당 소관 기관이 공동으로 점검할 수 있다(영 제21조 제1항).
③ 교통행정기관의 장은 교통수단안전점검을 하기 위하여 필요하다고 인정되는 경우에는 교통안전과 관련된 전문기관·단체의 지원을 받을 수 있다(영 제21조 제1항).

(7) 교통안전 특별실태조사의 실시 등

① 지정행정기관의 장은 교통사고가 자주 발생하는 등 교통안전이 취약한 시(「제주특별자치도 설치 및 국제자유도시 조성을 위한 특별법」 제10조 제2항에 따른 행정시를 포함)·군·구에 대하여 필요하다고 인정하는 경우 해당 시·군·구의 교통체계에 대한 특별실태조사를 실시할 수 있다(법 제33조의2 제1항).
② 지정행정기관의 장은 특별실태조사를 실시한 결과 교통안전의 확보를 위하여 필요하다고 인정하는 경우에는 관할 교통행정기관에 대하여 교통시설 등의 교통체계를 개선할 것을 권고할 수 있으며 개선권고를 받은 관할 교통행정기관은 이행계획서를 작성하여 지정행정기관의 장에게 제출하여야 하고, 지정행정기관의 장은 이를 이행하는지 확인 또는 점검하여야 한다. 이 경우 지정행정기관의 장은 관할 교통행정기관에 개선권고의 이행에 필요한 행정적 지원을 할 수 있다(법 제33조의2 제2항).
③ 관할 교통행정기관은 이행계획서 및 이행결과보고서를 다음의 구분에 따라 지정행정기관의 장에게 제출하여야 한다.
  ㉠ 이행계획서 : 법 제33조의2 제2항에 따른 개선권고를 받은 날부터 3개월 이내
  ㉡ 이행결과보고서 : 매년 2월 말까지(이행계획서를 제출한 날이 속하는 연도의 다음 연도부터 지정행정기관의 장이 개선권고에 관한 이행이 완료되었다고 판단하는 날이 속하는 연도까지로 한정)

2. 교통시설안전진단

(1) 교통시설안전진단

1) 교통시설설치자

① 대통령령으로 정하는 일정 규모 이상의 도로·철도·공항의 교통시설을 설치하려는 자는 해당 교통시설의 설치 전에 등록한 교통안전진단기관에 의뢰하여 교통시

설안전진단을 받아야 한다(법 제34조 제1항).

② 교통시설안전진단을 받은 교통시설설치자는 해당 교통시설에 대한 공사계획 또는 사업계획 등에 대한 승인·인가·허가·면허 또는 결정 등을 받아야 하거나 신고 등을 하여야 하는 경우에는 대통령령으로 정하는 바에 따라 교통안전진단기관이 작성·교부한 교통시설안전진단보고서를 관련서류와 함께 관할 교통행정기관에 제출하여야 한다(법 제34조 제2항).

2) 교통시설설치·관리자

① 대통령령으로 정하는 교통시설의 교통시설설치·관리자는 해당 교통시설의 사용 개시(開始) 전에 교통안전진단기관에 의뢰하여 교통시설안전진단을 받아야 한다 (법 제34조 제3항).

② 교통시설안전진단을 받은 교통시설설치·관리자는 해당 교통시설의 사용 개시 전에 대통령령으로 정하는 바에 따라 교통안전진단기관이 작성·교부한 교통시설안전진단보고서를 관할 교통행정기관에 제출하여야 한다(법 제34조 제4항).

③ 교통행정기관은 대통령령으로 정하는 기준 이상의 교통사고[4]가 발생한 경우에는 교통시설설치·관리자로 하여금 해당 교통사고 발생 원인과 관련된 교통시설에 대하여 교통안전진단기관에 의뢰하여 교통시설안전진단을 받을 것을 서면(교통시설안전진단의 대상·일시 및 이유를 분명하게 밝혀야 함)으로 명할 수 있으며 교통행정기관은 교통시설안전진단을 받을 것을 명할 때에는 교통시설안전진단을 받아야 하는 날부터 30일 전까지 교통시설설치·관리자에게 이를 통보하여야 한다. 다만, 해당 교통시설로 인하여 교통사고를 초래할 중대한 위험요인이 있다고 인정되는 경우로서 긴급하게 교통시설안전진단을 받을 필요가 있다고 인정되는 경우에는 그 기간을 단축할 수 있다(법 제34조 제5항, 영 제30조).

④ 교통시설안전진단을 받은 교통시설설치·관리자는 교통안전진단기관이 작성·교부한 교통시설안전진단보고서를 관할 교통행정기관에 제출하여야 한다(법 제34조 제6항).

3) 교통안전 우수사업자 지정 등

① 국토교통부장관은 교통안전수준을 높이고 교통사고 감소에 기여한 교통수단운영

---

[4] "대통령령으로 정하는 기준 이상의 교통사고"란 다음의 구분에 따른 교통사고를 말한다. 다만,「항공·철도 사고조사에 관한 법률」제18조에 따라 항공·철도사고조사위원회가 항공사고 또는 철도사고와 관련하여 교통시설을 조사하고, 같은 법 제26조 제1항에 따라 항공·철도사고의 재발방지를 위한 대책을 관계 기관의 장에게 권고하거나 건의한 교통사고는 제외한다.
 1. 도로 : 법 제50조 제1항에 따라 교통시설의 결함 여부 등을 조사한 교통사고
 2. 철도 :「항공·철도 사고조사에 관한 법률」제18조에 따른 철도사고조사 결과 철도시설의 결함으로 1명 이상의 사망자가 발생한 교통사고
 3. 공항 :「항공·철도 사고조사에 관한 법률」제18조에 따른 항공사고조사 결과 공항 또는 공항시설의 결함으로 1명 이상의 사망자가 발생한 교통사고

자를 교통안전 우수사업자로 지정할 수 있으며 교통행정기관은 지정을 받은 자에 대하여 교통수단안전점검을 면제하는 등 국토교통부령으로 정하는 지원을 할 수 있다(법 제35조2 제1,2항).
② 국토교통부장관은 지정을 받은 자가 다음의 어느 하나에 해당하는 경우에는 지정을 취소할 수 있다. 다만, ㉠에 해당하는 경우에는 지정을 취소하여야 한다(법 제35조2 제3항).
㉠ 거짓이나 그 밖의 부정한 방법으로 지정을 받은 경우
㉡ 국토교통부령으로 정하는 기준 이상의 교통사고를 일으킨 경우
③ 우수사업자의 지정의 대상·기준·유효기간·절차·방법 등에 관하여 필요한 사항은 국토교통부령으로 정한다.

(2) 교통시설안전진단의 실시 등

1) 교통시설안전진단의 실시

교통시설안전진단은 해당 교통시설 등을 설계·시공 또는 감리한 자의 계열회사(「독점규제 및 공정거래에 관한 법률」 제2조 제3호에 따른 계열회사)인 등록한 교통안전진단기관이나 해당 교통사업자의 자회사(「상법」 제342조의2에 따른 자회사)인 교통안전진단기관에 의뢰하여서는 아니 된다. 다만, 교통시설 등에 대한 교통시설안전진단을 할 때에 다른 교통안전진단기관이 교통시설안전진단을 할 수 없거나 특별히 필요하다고 인정되는 경우로서 국토교통부령으로 정하는 경우에는 그러하지 아니하다(영 제25조 제1항).

2) 교통시설안전진단보고서

교통시설안전진단보고서에는 다음의 사항이 포함되어야 한다(영 제26조).
① 교통시설안전진단을 받아야 하는 자의 명칭 및 소재지
② 교통시설안전진단 대상의 종류
③ 교통시설안전진단의 실시기간과 실시자
④ 교통시설안전진단 대상의 상태 및 결함 내용
⑤ 교통안전진단기관의 권고사항
⑥ 그 밖에 교통안전관리에 필요한 사항

3) 교통시설안전진단지침

① 교통시설안전진단지침의 작성

국토교통부장관은 교통시설안전진단의 체계적이고 효율적인 실시를 위하여 대통령령으로 정하는 바에 따라 교통시설안전진단의 실시 항목·방법 및 절차, 교통시설안전진단을 실시하는 자의 자격 및 구성, 교통시설안전진단보고서의 작성 및 교통시설안전진단 결과의 사후 관리 등의 내용을 포함한 교통시설안전진단지침을 작성하여 이

를 관보에 고시하여야 하며 국토교통부장관은 교통시설안전진단지침을 작성하려면 미리 관계지정행정기관의 장과 협의하여야 한다. 교통안전진단기관은 교통시설안전진단을 실시하는 경우에는 교통시설안전진단지침에 따라야 한다(법 제38조).

② 교통시설안전진단지침의 내용

교통시설안전진단지침에는 다음의 사항이 포함되어야 한다(영 제31조).
㉠ 교통시설안전진단에 필요한 사전준비에 관한 사항
㉡ 교통시설안전진단 실시자의 자격 및 구성에 관한 사항
㉢ 교통시설안전진단의 대상 및 범위에 관한 사항
㉣ 교통시설안전진단의 항목에 관한 사항
㉤ 교통시설안전진단 방법 및 절차에 관한 사항
㉥ 교통시설안전진단보고서의 작성 및 사후관리에 관한 사항
㉦ 교통시설안전진단의 결과에 따른 조치에 관한 사항
㉧ 교통시설안전진단의 평가에 관한 사항

4) 교통시설안전진단 결과의 처리

교통행정기관은 교통시설안전진단을 받은 자가 제출한 교통시설안전진단보고서를 검토한 후 교통안전의 확보를 위하여 필요하다고 인정되는 경우에는 해당 교통시설안전진단을 받은 자에 대하여 다음의 어느 하나에 해당하는 사항을 권고하거나 관계법령에 따른 필요한 조치를 할 수 있다. 이 경우 교통행정기관은 교통시설안전진단을 받은 자가 권고사항을 이행하기 위하여 필요한 자료 제공 및 기술지원을 할 수 있다(법 제37조 제1항).

① 교통시설에 대한 공사계획 또는 사업계획 등의 시정 또는 보완
② 교통시설의 개선·보완 및 이용제한
③ 교통시설의 관리·운영 등과 관련된 절차·방법 등의 개선·보완
④ 그 밖에 교통안전에 관한 업무의 개선

5) 교통시설안전진단 실시결과의 평가 등

① 교통시설안전진단 실시결과의 평가

국토교통부장관은 교통시설안전진단의 기술수준을 향상시키고 부실진단을 방지하기 위하여 교통안전진단기관이 수행한 교통시설안전진단의 실시결과를 평가하여야 하며 관련 교통시설설치·관리자, 교통안전진단기관에 대하여 평가를 위하여 필요한 관련 자료의 제출을 요청할 수 있다. 이 경우 자료제출 요청을 받은 자는 특별한 사정이 없으면 그 요청에 따라야 한다(법 제45조).

② 교통시설안전진단 실시결과에 대한 평가의 대상

교통시설안전진단의 실시결과에 대한 평가의 대상은 다음과 같다(영 제34조 제1항).
㉠ 다른 교통시설안전진단보고서를 베껴 쓰거나 뚜렷하게 짧은 기간에 진단을 끝내는 등 국토교통부장관이 부실진단의 우려가 있다고 인정하는 경우
㉡ 법 제46조 제2항에 따른 교통시설안전진단 비용의 산정기준에 뚜렷하게 못 미치는 금액으로 도급계약을 체결하여 교통안전진단을 한 경우
㉢ 그 밖에 국토교통부장관이 교통시설의 안전을 위하여 필요하다고 인정하는 경우

③ 교통시설안전진단 실시결과에 대한 평가의 포함사항

교통시설안전진단의 실시결과에 대한 평가를 할 때에는 다음의 사항을 포함하여야 한다(영 제34조 제2항).
㉠ 교통시설에 대한 조사 결과 분석 및 안전성 평가 방법의 적정성
㉡ 교통시설안전진단의 실시결과에 따라 제시된 권고사항의 적정성
㉢ 그 밖에 국토교통부장관이 해당 교통시설의 안전을 위하여 필요하다고 인정하는 사항

④ 교통시설안전진단 비용의 부담

교통시설안전진단에 드는 비용은 교통시설안전진단을 받는 자가 부담한다(법 제46조).

(3) 교통안전진단기관

1) 교통안전진단기관의 등록 등

① 교통안전진단기관의 등록

교통시설안전진단을 실시하려는 자는 시·도지사에게 등록하여야 한다. 이 경우 시·도지사는 국토교통부령으로 정하는 바에 따라 교통안전진단기관등록증을 발급하여야 한다(법 제39조 제1항).

② 교통시설안전진단을 하려는 자의 요건

교통시설안전진단을 하려는 자는 다음의 요건을 갖추어야 한다(영 제32조 제1항).
㉠ 전문인력 : 별표 4에서 정하는 전문인력 인정기준에 따른 인력으로서 국토교통부령으로 정하는 교통시설안전진단 교육·훈련과정을 마친 자
㉡ 장비 : 교통안전에 관한 위험요인을 조사·측정하기 위하여 필요한 장비로서 국토교통부령으로 정하는 장비

[표 1-2] 교통시설안전진단 측정장비(칙 제11조; 칙 별표1)

분야	장비명
도로	1. 노면 미끄럼 저항 측정기 2. 반사성능측정기 3. 조도계 4. 평균휘도계 5. 거리 및 경사측정기 6. 속도 측정장비 7. 계수기 8. 위킹메저(Walking-measure) 9. 위성항법장치(GPS) 10. 그 밖의 부대설비(컴퓨터 포함) 및 프로그램
철도	해당 없음
항공	해당 없음

※ 위 표에 따른 교통안전진단 측정장비는 임대한 경우를 포함한다.

③ 등록의 구분

시·도지사는 등록신청을 받은 경우에는 요건을 갖추었는지를 검토한 후 다음의 구분에 따라 교통안전진단기관으로 등록하여야 한다(영 제32조 제3항).
  ㉠ 도로분야 ㉡ 철도분야 ㉢ 공항분야

④ 변경사항의 신고 등

교통안전진단기관은 등록사항 중 대통령령으로 정하는 사항5)이 변경된 때에는 국토교통부령으로 정하는 바에 따라 그 사실을 시·도지사에게 신고하여야 하며 교통안전진단기관은 계속하여 6개월 이상 휴업하거나 재개업 또는 폐업하고자 하는 때에는 국토교통부령으로 정하는 바에 따라 시·도지사에게 신고하여야 하며, 시·도지사는 폐업신고를 받은 때에는 그 등록을 말소하여야 한다(법 제40조).

⑤ 명의대여의 금지 등

교통안전진단기관은 타인에게 자기의 명칭 또는 상호를 사용하여 교통시설안전진단 업무를 영위하게 하거나 교통안전진단기관등록증을 대여하여서는 아니 된다(법 제42조).

2) 교통안전진단기관의 결격사유

다음의 어느 하나에 해당하는 자는 교통안전진단기관으로 등록할 수 없다(법 제41조).
① 피성년후견인 또는 피한정후견인
② 파산선고를 받고 복권되지 아니한 자
③ 이 법을 위반하여 징역형의 실형을 선고받고 그 집행이 종료(집행이 종료된 것으로 보는 경우를 포함)되거나 집행이 면제된 날부터 2년이 지나지 아니한 자
④ 이 법을 위반하여 징역형의 집행유예를 선고받고 그 유예기간 중에 있는 자

---

5) "대통령령으로 정하는 사항"이란 교통안전진단기관의 상호, 대표자, 사무소 소재지 또는 별표 4에서 정한 전문인력을 말한다.

⑤ 제43조에 따라 교통안전진단기관의 등록이 취소된 후 2년이 지나지 아니한 자. 다만, 제43조 제3호 중 제41조 제1호 및 제2호에 해당하여 등록이 취소된 경우는 제외한다.
⑥ 임원 중에 ①부터 ⑤까지의 어느 하나에 해당하는 자가 있는 법인

3) 등록의 취소 등
① 등록의 취소
시·도지사는 교통안전진단기관이 다음의 어느 하나에 해당하는 때에는 그 등록을 취소하거나 1년 이내의 기간을 정하여 영업의 정지를 명할 수 있다. 다만, 제1호부터 제5호까지의 어느 하나에 해당하는 때에는 그 등록을 취소하여야 한다(법 제43조 제1항).
㉠ 거짓이나 그 밖의 부정한 방법으로 등록을 한 때
㉡ 최근 2년간 2회의 영업정지처분을 받고 새로이 영업정지처분에 해당하는 사유가 발생한 때
㉢ 제41조 각 호의 어느 하나에 해당하게 된 때. 다만, 법인의 임원 중에 같은 조 제1호부터 제5호까지의 어느 하나에 해당하는 자가 있는 경우 6개월 이내에 해당 임원을 개임한 때에는 그러하지 아니하다.
㉣ 제42조의 규정을 위반하여 타인에게 자기의 명칭 또는 상호를 사용하게 하거나 교통안전진단기관등록증을 대여한 때
㉤ 영업정지처분을 받고 영업정지처분기간 중에 새로이 교통시설안전진단 업무를 실시한 때
㉥ 제39조 제2항의 규정에 따른 등록기준에 미달하게 된 때
㉦ 교통시설안전진단을 실시할 자격이 없는 자로 하여금 교통시설안전진단을 수행하게 한 때
㉧ 제45조에 따라 교통시설안전진단의 실시결과를 평가한 결과 안전의 상태를 사실과 다르게 진단하는 등 교통시설안전진단 업무를 부실하게 수행한 것으로 평가된 때

필요적 등록취소사유	임의적 등록취소사유 또는 1년 이내의 영업정지사유
○ 거짓 그 밖의 부정한 방법에 의한 등록시 ○ 최근 2년간 2회의 영업정지처분 후 새로이 영업정지처분에 해당하는 사유의 발생시 ○ 등록결격사유에의 해당[다만, 법인의 임원 중에 등록결격사유자(법 제41조 제1~5호)가 있는 경우 6개월 이내에 해당 임원을 개임한 경우에는 그러하지 아니한다] ○ 명의대여금지에 위반하여 타인에게 자기의 명칭·상호를 사용하게 하거나 교통안전진단기관등록증을 대여한 경우 ○ 영업정지처분기간 중에 새로이 교통시설안전진단업무를 실시한 때	○ 등록기준에의 미달시 ○ 교통안전진단을 실시할 자격이 없는 자로 하여금 교통안전진단을 수행하게 한 경우 ○ 교통안전진단의 실시결과를 평가한 결과 안전상태를 사실과 다르게 진단하는 등 교통안전진단업무를 부실하게 수행한 것으로 평가된 때

② 행정처분 후의 업무수행

등록의 취소 또는 영업정지처분을 받은 교통안전진단기관은 그 처분 당시에 이미 착수한 교통시설안전진단 업무는 이를 계속할 수 있으며 업무를 계속하는 자는 업무를 완료할 때까지 해당 업무에 관하여는 교통안전진단기관으로 본다. 이 경우 교통안전진단기관은 그 처분 받은 내용을 지체 없이 교통시설안전진단 실시를 의뢰한 자에게 통지하여야 한다(법 제44조).

③ 교통안전진단기관에 대한 지도·감독

시·도지사는 교통안전진단기관이 교통시설안전진단 업무를 적절하게 수행하고 있는지의 여부 등을 확인하기 위하여 교통안전진단기관으로 하여금 필요한 보고를 하게 하거나 관련 자료를 제출하게 할 수 있으며, 필요한 경우 소속 공무원으로 하여금 관련서류 그 밖의 물건을 점검·검사하게 하거나 관계인에게 질문을 하게 할 수 있다. 출입·검사를 하는 경우에는 검사일 7일 전까지 검사일시·검사이유 및 검사내용 등을 포함한 검사계획을 교통안전진단기관에 통지하여야 한다. 다만, 증거인멸 등으로 검사의 목적을 달성할 수 없거나 긴급한 사정이 있는 경우에는 검사일에 검사계획을 통지할 수 있다(법 제47조).

3. 교통안전사업에의 투자 등

(1) 국가 등의 비용 등의 확보의무

국가 등은 그가 설치·관리 또는 운영하는 교통시설에 대하여 그 설치·관리 또는 운영에 소요되는 비용 외에 교통안전 확보를 위한 투자비 등을 미리 확보하여야 한다(법 제48조 제1항).

(2) 지정행정기관장의 투자지침의 작성·고시의무

지정행정기관의 장은 교통안전 투자 등의 효과를 높일 수 있도록 대통령령으로 정하는 바에 따라 교통안전분야에 대한 투자우선순위 조정 등에 관한 사항이 포함된 교통안전분야 투자지침을 작성하여 이를 고시하여야 한다(법 제48조 제2항).

(3) 교통안전분야 투자지침의 내용

교통안전분야 투자지침에는 다음의 사항이 포함되어야 한다(영 제35조).
① 교통안전사업의 목표 및 추진방향
② 교통안전사업의 분야별·사업별 투자우선순위 및 그 조정방법
③ 그 밖에 교통안전사업의 투자의 효율성을 높이기 위하여 필요한 사항

4. 교통사고의 조사 등

(1) 교통사고조사 및 방지대책의 수립

1) 교통사고의 조사

교통사고가 발생한 경우 법령에 의하여 해당 교통사고를 조사·처리하는 권한을 가진 교통행정기관, 위원회 또는 관계공무원 등은 법령에 따라 정확하고 신속하게 교통사고의 원인을 규명하여야 한다(법 제49조 제1항).

2) 방지대책의 수립·시행 및 권고

교통사고의 원인을 조사·처리한 교통행정기관 등은 교통사고의 재발방지를 위한 대책을 수립·시행하거나 관계행정기관에 교통사고재발방지대책을 수립·시행할 것을 권고할 수 있다. 이 경우 교통행정기관 등은 관계행정기관에 권고 이행에 필요한 행정적·기술적 지원을 할 수 있다(법 제49조 제2항).

3) 이행계획서의 작성 및 제출

① 권고를 받은 관계행정기관의 장은 권고를 받은 날부터 30일 이내에 이행계획서를 작성하여 교통행정기관 등에 제출하여야 한다(법 제49조 제3항).
② 이행계획서를 제출한 관계행정기관의 장은 대통령령으로 정하는 바에 따라 이행결과보고서를 교통행정기관 등에 제출하여야 한다(법 제49조 제4항).
③ 권고를 받은 관계행정기관의 장은 권고 내용을 이행할 필요가 없다고 판단하는 경우에는 권고를 받은 날부터 30일 이내에 그 이유를 교통행정기관 등에 문서로 통보하여야 한다(법 제49조 제5항).

4) 이행결과보고서의 제출

3)의 ①에 따라 이행계획서를 제출한 관계행정기관의 장은 ④에 따라 이행계획서를 제출한 날부터 90일이 되는 날(이행계획서에서 정한 이행완료일이 이행계획서를 제출한 날부터 90일이 되는 날 이후인 경우에는 이행계획서에서 정한 이행완료일부터 30일이 되는 날)까지 이행결과보고서를 교통행정기관 등에 제출해야 한다. 다만, 부득이한 사유로 그 기한까지 이행결과보고서를 제출할 수 없는 경우에는 교통행정기관 등과 협의하여 제출기한을 연기할 수 있다(시행령 제35조의2).

(2) 교통시설을 관리하는 행정기관 등의 교통사고 원인조사(법 제50조 제1항)

1) 조사기관·조사요건·조사내용

① 조사기관

교통시설을 관리하는 행정기관, 교통시설설치·관리자를 지도·감독하는 교통행정기관

② 조사요건

소관 교통시설 안에서 대통령령으로 정하는 중대한 교통사고가 발생한 경우

③ 조사내용

해당 교통시설의 결함, 교통안전표지 등 교통안전시설의 미비 등으로 인해 교통사고가 발생하였는지의 여부 등 교통사고의 원인

2) 대통령령이 정하는 중대한 교통사고 등

① 개 념

"대통령령이 정하는 중대한 교통사고"란 교통시설 또는 교통수단의 결함으로 사망사고 또는 중상사고(의사의 최초진단결과 3주 이상의 치료가 필요한 상해를 입은 상해)가 발생하였다고 추정되는 교통사고를 각각 말한다(영 제36조 제1항).

② 교통사고 원인조사의 의뢰

지방자치단체의 장은 소관 교통시설 안에서 교통수단의 결함이 원인이 되어 중대한 교통사고가 발생하였다고 판단되는 경우에는 지정행정기관의 장에게 교통사고의 원인조사를 의뢰할 수 있다(영 제36조 제2항).

③ 자료의 보관·관리

교통시설(도로만 해당)을 관리하는 행정기관과 교통시설설치관리자(도로의 설치·관리자만 해당)를 지도·감독하는 교통행정기관은 지난 3년간 발생한 중대한 교통사고를 기준으로 교통사고의 누적지점과 구간에 관한 자료를 보관·관리하여야 한다(영 제36조 제3항).

3) 교통사고 원인조사의 대상·방법 등

① 대 상(영 제37조 제1항 ; 영 별표 5)

대상 도로	최근 3년간 다음 각 호의 어느 하나에 해당하는 교통사고가 발생하여 해당 구간의 교통시설에 문제가 있는 것으로 의심되는 도로 1. 사망사고 3건 이상 2. 중상사고 이상의 교통사고 10건 이상
대상 구간	○ 교차로 또는 횡단보도 및 그 경계선으로부터 150m까지의 구간 ○ 교차로나 횡단보도를 포함하지 아니한 도로로서 「국토의 계획 및 이용에 관한 법률」 제6조 제1호에 따른 도시지역의 경우에는 300m, 도시지역 외의 경우에는 500m의 도로구간

※ 비고
- 원인조사를 하여야 하는 대상 구간에서 음주운전이나 무면허운전 등 운전자의 과실로 교통사고가 발생한 것이 명백한 경우에는 위 표를 적용하지 아니한다.
- 교통사고원인조사 대상으로 선정된 구간에 교통시설 개선사업을 실시한 경우에는 그 다음 연도의 교통사고원인조사 대상에서 제외한다.

- 교차로나 횡단보도를 포함하는 도로 지점에서 교통사고원인조사를 실시한 경우에는 이를 포함하는 도로 구간에는 교통사고원인조사를 실시하지 아니할 수 있다.

② 교통사고 원인조사반(영 제37조 제2항)

설치기관	교통행정기관 등의 장
설치목적	교통사고원인조사를 하기 위하여 필요한 경우
구 성	○ 교통시설의 안전 또는 교통수단의 안전기준을 담당하는 관계공무원 ○ 해당 구역의 교통사고처리를 담당하는 경찰공무원 ○ 그 밖에 교통행정기관 등의 장이 교통사고 원인조사에 필요하다고 인정되는 자
법적 성격	임의적 설치기관(두어야만 하는 것이 아니라 둘 수 있는 기관)

③ 교통사고 원인조사보고서의 작성·제출(영 제37조 제3항)

제출의무자	교통시설의 안전 또는 교통수단의 안전기준을 담당하는 관계공무원으로서 교통행정기관 등의 장이 지정하는 자
제출시기	교통사고 원인조사가 끝난 후 지체없이
제출기관	교통행정기관 등의 장

④ 세부사항의 규정

①~③에서의 규정 외에 교통사고 원인조사에 필요한 세부사항은 국토교통부장관이 관계행정기관의 장과 협의하여 따로 정한다(영 제37조 제4항).

(3) 지정행정기관의 임의적 조사

교통수단의 안전기준을 관장하는 지정행정기관의 장은 대통령령으로 정하는 중대한 교통사고가 발생한 때에는 교통수단의 제작상의 결함 등으로 인하여 교통사고가 발생하였는지의 여부에 대하여 조사할 수 있다(법 제50조 제2항).

(4) 조사결과의 제출

교통사고의 원인을 조사하여야 하는 지방자치단체의 장은 그 결과를 소관 지정행정기관의 장에게 제출하여야 한다(법 제50조 제3항). 그리고 지방자치단체의 장이 교통안전정보관리체계에 제출한 소관 교통시설에 대한 교통사고의 원인조사결과는 소관 지정행정기관의 장에게 제출한 교통사고의 원인조사결과로 본다(영 제36조 제4항).

5. 교통사고 관련자료 등의 보관·관리

(1) 보관·관리의무자

1) 교통행정기관 등의 보관·관리의무

교통사고 또는 그 원인을 조사·처리한 교통행정기관 등은 교통사고조사와 관련된 자료·통계 또는 정보를 대통령령으로 정하는 바에 따라 보관·관리하여야 한다(법 제51조 제1항).

2) 운송사업자 등의 보관·관리의무

「여객자동차 운수사업법」 제19조·제55조·제64조 및 「보험업법」 제167조 등 관계법령에 따라 교통사고와 관련된 자료 또는 정보를 조사·취득·분석하는 자 중 대통령령으로 정하는 다음의 자는 그가 조사·취득·분석한 교통사고 관련자료 등을 대통령령으로 정하는 바에 따라 보관·관리하여야 한다.(법 제51조 제2항 ; 영 제39조)

① 한국교통안전공단
② 도로교통공단
③ 「한국도로공사법」에 따른 한국도로공사
④ 「보험업법」 제175조에 따라 설립된 손해보험협회에 소속된 손해보험회사
⑤ 「여객자동차 운수사업법」 제5조에 따라 여객자동차운송사업의 면허를 받거나 등록을 한 자
⑥ 「여객자동차 운수사업법」 제62조에 따른 공제조합
⑦ 「화물자동차 운수사업법」 제35조에 따라 화물자동차운수사업자로 구성된 협회가 설립한 연합회

(2) 보관기한·장소 등

① 교통사고와 관련된 자료·통계 또는 정보를 보관·관리하는 자는 교통사고가 발생한 날부터 5년간 이를 보관·관리하여야 한다(영 제38조 제1항).
② ①에 따라 교통사고관련자료 등을 보관·관리하는 자는 교통사고관련자료 등의 멸실 또는 손상에 대비하여 그 입력된 자료와 프로그램을 다른 기억매체에 따로 입력시켜 격리된 장소에 안전하게 보관·관리하여야 한다(영 제38조 제2항).

(3) 보관·관리의무자의 협력의무

교통사고 관련자료 등을 보관·관리하는 자는 관계교통행정기관이 해당 교통사고 관련자료 등의 제출을 요구하는 때에는 특별한 사유가 없으면 그 요구를 따라야 한다(법 제51조 제3항).

6. 교통안전정보관리체계의 구축 등

(1) 교통행정기관장의 구축·관리의무

교통행정기관의 장은 교통시설·교통수단 및 교통체계의 안전과 관련된 제반 교통안전에 관한 정보와 교통사고 관련자료 등을 통합적으로 유지·관리할 수 있도록 교통안전정보관리체계를 구축·관리하여야 한다(법 제52조 제1항).

(2) 국토교통부장관의 관리·운영의무

1) 목적·대상 등(영 제40조 제1항)

목 적	교통안전에 관한 정보와 교통사고 관련자료 등을 통합적으로 유지·관리할 수 있도록 하기 위해
대 상	국토교통부령으로 정하는 교통안전정보
관리운영의무	교통안전정보는 교통안전정보관리체계로 구축하여 관리·운영하여야 한다.

※ **국토교통부령으로 정하는 교통안전정보**(칙 제17조)
1. 교통사고 원인 분석(다만, 범죄의 수사와 관련된 사항은 제외)
2. 지역교통안전시행계획의 추진실적
3. 교통안전관리규정 준수 여부의 확인·평가 결과
4. 교통수단안전점검 및 교통시설안전진단의 실시결과
5. 교통수단의 운행기록등의 점검·분석 결과
6. 법 제57조 제1항에 따른 교통문화지수의 조사 결과
7. 「여객자동차 운수사업법」 제24조 제1항 또는 「화물자동차 운수사업법」 제8조 제1항 제2호에 따른 운전적성에 대한 정밀검사 결과
8. 자동차 주행거리 및 교통수단의 성능에 관한 정보
9. 전자지도 등 교통시설에 관한 정보
10. 그 밖에 교통안전에 필요한 정보

2) 임의적 표본조사

국토교통부장관은 교통안전정보관리체계에 구축된 교통안전정보에 관한 표본조사를 할 수 있다(영 제40조 제2항).

(3) 교통안전정보관리체계의 공유

1) 교통행정기관장의 공유의무

교통행정기관의 장은 교통안전정책에 효과적으로 활용하기 위하여 교통안전정보관리체계를 서로 공유할 수 있도록 하여야 한다(법 제52조 제2항).

2) 공유절차 · 방법 등

① 교통사고 관련자료 등 보관 · 관리자의 공유의무

교통사고 관련자료 등을 보관·관리하는 자는 교통안전정보관리체계와 연계하여 이를 공유하여야 한다(영 제41조 제1항).

② 협의회의 설치 · 운영

국토교통부장관은 교통안전정보관리체계를 공유하기 위하여 교통안전정보관리체계협의회를 설치하여 운영할 수 있다(영 제41조 제2항).

③ 필요사항의 규정

협의회는 교통사고 관련자료 등의 공유 항목과 그 범위, 이용방식 등 공유에 필요한 사항을 정할 수 있다(영 제41조 제3항).

④ 세부사항 규정

① ~ ③의 규정 외에 교통안전정보관리체계의 공유 및 협의회의 설치·운영에 필요한 세부사항은 국토교통부장관이 관계 교통행정기관의 장과 협의하여 따로 정한다(영 제41조 제4항).

7. 교통안전관리자

(1) 개 념

교통안전관리자란 교통수단운영자가 운영하는 교통수단의 안전한 운행 또는 운항과 관련된 기술적인 사항을 점검·관리하는 자를 말한다.

(2) 교통안전관리자 자격의 취득 등

1) 교통안전관리자 자격 제도의 운영

국토교통부장관은 교통수단의 운행·운항·항행 또는 교통시설의 운영·관리와 관련된 기술적인 사항을 점검·관리하는 교통안전관리자 자격 제도를 운영하여야 한다(법 제53조 제1항).

2) 교통안전관리자 자격의 취득

교통안전관리자 자격을 취득하려는 사람은 국토교통부장관이 실시하는 시험에 합격하여야 하며, 국토교통부장관은 시험에 합격한 사람에 대하여는 교통안전관리자 자격증명서를 교부한다(법 제53조 제2항).

3) 교통안전관리자 시험부정행위자에 대한 제재

① 국토교통부장관은 부정한 방법으로 교통안전관리자 자격 취득시험에 응시한 사람 또

는 시험에서 부정행위를 한 사람에 대하여는 그 시험을 정지시키거나 무효로 한다.
② 시험이 정지되거나 무효로 된 사람은 그 처분이 있은 날부터 2년간 교통안전관리자 자격 취득시험에 응시할 수 없다.

(3) 교통안전관리자의 종류·직무 등

1) 필요사항의 위임

교통안전관리자 자격의 종류 및 시험의 실시 등에 필요한 사항은 대통령령으로 정한다(법 제53조 제5항).

2) 교통안전관리자 자격의 종류

교통안전관리자 자격의 종류는 다음과 같다(영 제41조의2).

① 도로교통안전관리자
② 철도교통안전관리자
③ 항공교통안전관리자
④ 항만교통안전관리자
⑤ 삭도교통안전관리자

(4) 교통안전담당자

1) 교통안전담당자의 지정

대통령령으로 정하는 교통시설설치·관리자 및 교통수단운영자는 다음의 어느 하나에 해당하는 사람을 교통안전담당자로 지정하여 직무를 수행하게 하여야 하며, 법 제54조의2 제1항에 따라 교통안전담당자를 지정 또는 지정해지하거나 교통안전담당자가 퇴직한 경우에는 지체 없이 그 사실을 관할 교통행정기관에 알리고, 지정해지 또는 퇴직한 날부터 30일 이내에 다른 교통안전담당자를 지정해야 한다(법 제54조의2 제1항 ; 영 제44조 제2항, 제3항).

① 제53조에 따라 교통안전관리자 자격을 취득한 사람
②「산업안전보건법」제15조에 따른 안전관리자
③「자격기본법」에 따른 민간자격으로서 국토교통부장관이 교통사고 원인의 조사·분석과 관련된 것으로 인정하는 자격을 갖춘 사람

2) 교통안전담당자에 대한 교육

교통시설설치·관리자 및 교통수단운영자는 교통안전담당자로 하여금 교통안전에 관한 전문지식과 기술능력을 향상시키기 위하여 교육을 받도록 하여야 한다(법 제54조의2 제2항 ; 영 제44조의3).

교육 내용	• 신규교육 : 교통안전담당자의 직무를 시작한 날부터 6개월 이내에 1회 • 보수교육 : 교통안전담당자의 직무를 시작한 날이 속하는 연도를 기준으로 2년마다 1회
교육 시간	신규교육은 16시간으로, 보수교육은 회당 8시간으로 한다.
교육 연기	제1항에도 불구하고 교육대상자가 질병·부상 등으로 입원해 있는 등 정해진 기간 안에 교육을 받을 수 없는 부득이한 사유가 있는 경우에는 국토교통부장관이 정하는 바에 따라 6개월의 범위에서 교육을 연기할 수 있다.
교육계획 수립	한국교통안전공단은 다음 연도 교육일정 및 장소 등 계획을 수립해 매년 11월 30일까지 국토교통부장관에게 제출한 후 12월 31일까지 교통시설설치·관리자등에게 알려야 한다.
교육기관	1. 한국교통안전공단 2. 「여객자동차 운수사업법」 따른 운수종사자 연수기관
교육실적 보고	한국교통안전공단은 전년도 교육인원 등 실적을 다음 연도 2월 말일까지 국토교통부장관에게 제출해야 한다.
필요한 사항 고시	제1항부터 제6항까지에서 규정한 사항 외에 구체적인 교육 과목·내용 및 그 밖에 교육에 필요한 사항은 국토교통부장관이 정하여 고시한다.

3) 교통안전담당자의 직무

교통안전담당자의 직무는 다음과 같다(영 제44조의2 제1항).

① 교통안전관리규정의 시행 및 그 기록의 작성·보존
② 교통수단의 운행·운항 또는 항행 또는 교통시설의 운영·관리와 관련된 안전점검의 지도·감독
③ 교통시설의 조건 및 기상조건에 따른 안전 운행 등에 필요한 조치
④ 법 제24조 제1항에 따른 운전자등의 운행등 중 근무상태 파악 및 교통안전 교육·훈련의 실시
⑤ 교통사고 원인 조사·분석 및 기록 유지
⑥ 운행기록장치 및 차로이탈경고장치 등의 점검 및 관리

4) 필요조치의 요청

교통안전담당자는 교통안전을 위해 필요하다고 인정하는 경우에는 다음 각 호의 조치를 교통시설설치·관리자등에게 요청해야 한다. 다만, 교통안전담당자가 교통시설설치·관리자등에게 필요한 조치를 요청할 시간적 여유가 없는 경우에는 직접 필요한 조치를 하고, 이를 교통시설설치·관리자등에게 보고해야 한다(영 제44조의2 제3항).

① 국토교통부령으로 정하는 교통수단의 운행 등의 계획 변경(칙 제28조의2)
   ㉠ 운행교통수단의 대체
   ㉡ 운행교통수단의 대수 또는 운행횟수의 변경(교통수단에 심각한 결함이 발견된 경우에만 해당)

ⓒ 운행경로의 변경(교통시설에 심각한 결함이나 장애가 발생한 경우만 해당)
② 교통수단의 정비
③ 운전자등의 승무계획 변경
④ 교통안전 관련 시설 및 장비의 설치 또는 보완
⑤ 교통안전을 해치는 행위를 한 운전자등에 대한 징계 건의

(5) 교통안전관리자의 결격 및 자격취소 등

1) 교통안전관리자의 결격

다음에 해당하는 자는 교통안전관리자가 될 수 없다(법 제53조 제3항).

① 피성년후견인 또는 피한정후견인
② 금고 이상의 실형을 선고받고 그 집행이 종료(집행이 종료된 것으로 보는 경우를 포함한다)되거나 집행이 면제된 날부터 2년이 지나지 아니한 자
③ 금고 이상의 형의 집행유예를 선고받고 그 유예기간 중에 있는 자
④ 제54조의 규정에 따라 교통안전관리자 자격의 취소처분을 받은 날부터 2년이 지나지 아니한 자

2) 자격취소 등

① **취소권자**

시·도지사는 일정 사유에 해당하는 경우에는 자격을 취소해야 하거나 취소 또는 1년 이내의 자격정지를 명할 수 있다(법 제54조 제1항).

② **자격취소사유**(법 제54조 제1항)

필요적 자격취소사유	○ 결격사유의 어느 하나에 해당하게 된 때 ○ 거짓이나 그 밖의 부정한 방법으로 교통안전관리자 자격을 취득한 때
임의적 자격취소사유 또는 1년 이내의 자격정지사유	교통안전관리자가 직무를 행하면서 고의 또는 중대한 과실로 인하여 교통사고를 발생하게 한 때

③ **시·도지사의 취소 등 통지의무**

ⓐ 시·도지사는 자격의 취소 또는 정지처분을 한 때에는 국토교통부령이 정하는 바에 따라 해당 교통안전관리자에게 이를 통지하여야 한다(법 제54조 제2항).
ⓑ 교통안전관리자 자격의 취소통지에는 다음의 사항이 포함되어야 한다(칙 제28조 제1항).
  - 자격의 취소 또는 정지처분의 사유
  - 자격의 취소 또는 정지처분에 대하여 불복하는 경우 불복신청의 절차와 기간 등
  - 교통안전관리자 자격증명서의 반납에 관한 사항

④ 관할관청의 장의 취소통보의무

시·도지사는 교통안전관리자자격의 취소 또는 정지처분을 한 때에는 교통안전관리자 자격증명서를 회수하고, 그 처분을 받은 자의 성명과 취소 또는 정지사유를 한국교통안전공단에 통보하여야 한다. 이 경우 회수한 교통안전관리자 자격증명서는 취소처분을 받은 경우에는 폐기하고, 정지처분을 받은 경우에는 정지기간이 끝났을 때 지체없이 처분을 받은 자에게 돌려주어야 한다(칙 제28조 제2항).

⑤ 교통안전공단의 보고

한국교통안전공단은 교통안전관리자가 자격취소 등의 사유의 어느 하나에 해당한다는 사실을 알았을 때에는 지체없이 시·도지사에게 보고하여야 한다(칙 제28조 제3항).

⑥ 행정처분의 세부기준 및 절차

자격취소 등에 따른 행정처분의 세부기준 및 절차는 그 위반행위의 유형과 위반의 정도에 따라 다음과 같이 국토교통부령으로 정한다(법 제54조 제3항 ; 칙 제29조).

행정처분의 세부기준(칙 별표 3)

1. 일반기준
   가. 위반행위가 둘 이상인 경우에는 그 중 무거운 처분기준(무거운 처분기준이 같을 때에는 그 중 하나의 처분기준을 말한다. 이하 같다)에 따른다.
   나. 위반행위의 횟수에 따른 행정처분의 기준은 최근 2년간 같은 위반행위로 행정처분을 받은 경우에 적용한다. 이 경우 기준적용일은 최초의 위반행위가 있었던 날부터 같은 위반행위로 다시 적발된 날을 기준으로 한다.
   다. 행정처분권자는 위반사항의 내용으로 보아 그 위반 정도가 경미하거나 그 밖에 특별한 사유가 있다고 인정되는 경우에는 처분기준에도 불구하고 그 처분일수의 5분의 1의 범위에서 처분일수를 줄일 수 있다.
   라. 시·도지사는 행정처분 전에 일정기간을 정하여 위반사항의 개선 권고를 할 수 있다. 이 경우 개선 권고 기간 내에 위반사항이 개선되지 아니한 경우에는 제2호의 위반행위별 처분기준에 따라 행정처분을 하여야 한다.
2. 위반행위별 처분기준

위반행위	관련 법조문	행정처분기준		
		1차위반	2차위반	3차위반
가. 법 제53조 제3항 각 호의 어느 하나에 해당하게 된 때	법 제54조 제1항 제1호	자격취소		
나. 거짓 그 밖의 부정한 방법으로 교통안전관리자 자격을 취득한 때	법 제54조 제1항 제2호	자격취소		
다. 교통안전관리자가 직무를 행함에 있어서 고의 또는 중대한 과실로 인하여 교통사고를 발생하게 한 때	법 제54조 제1항 제3호	자격정지 (30일)	자격정지 (60일)	자격취소

3) 부정행위자에 대한 제재

① 국토교통부장관은 부정한 방법으로 시험에 응시한 사람 또는 시험에서 부정행위를 한 사람에 대하여는 그 시험을 정지시키거나 무효로 한다(법 제53조의2 제1항).
② 시험이 정지되거나 무효로 된 사람은 그 처분이 있은 날부터 2년간 시험에 응시할 수 없다(법 제53조의2 제2항).

8. 운행기록장치의 장착 및 운행기록의 활용 등

(1) 운행기록장치의 장착의무자

1) 원 칙(법 제55조 제1항 ; 규칙 제29조의2)

다음의 어느 하나에 해당하는 자는 그 운행하는 차량에 국토교통부령으로 정하는 기준에 적합한 운행기록장치[별표 4에서 정하는 기준을 갖춘 전자식 운행기록장치(Digital Tachograph)]를 장착하여야 한다.

① 「여객자동차 운수사업법」에 따른 여객자동차 운송사업자
② 「화물자동차 운수사업법」에 따른 화물자동차 운송사업자 및 화물자동차 운송가맹사업자
③ 「도로교통법」에 따른 어린이통학버스(운행기록장치를 장착한 차량은 제외) 운영자

2) 예 외(법 제55조 제1항 ; 규칙 제29조의3)

소형 화물차량 등 국토교통부령으로 정하는 차량은 그러하지 아니하다. "소형 화물차량 등 국토교통부령으로 정하는 차량"이란 다음의 어느 하나에 해당하는 차량을 말한다.

① 「화물자동차 운수사업법」 제2조 제3호에 따른 화물자동차운송사업용 자동차로서 최대 적재량 1톤 이하인 화물자동차
② 「자동차관리법 시행규칙」 제2조 제2항에 따른 경형·소형 특수자동차 및 구난형·특수작업형 특수자동차
③ 「여객자동차 운수사업법」 제3조에 따른 여객자동차운송사업에 사용되는 자동차로서 2002년 6월 30일 이전에 등록된 자동차

(2) 운행기록장치의 장착시기 및 보관기간(영 제45조)

① 운행차량에 운행기록장치를 장착하여야 하는 시기
  1. 이미 등록된 차량 :
    가. 법 제55조 제1항 제1호에 해당하는 교통사업자(개인택시 운송사업자는 제외한다)가 운행하는 차량 : 2012년 12월 31일
    나. 법 제55조 제1항 제2호에 해당하는 교통사업자 및 개인택시 운송 사업자가

운행하는 차량 : 2013년 12월 31일
  2. 법 제55조 제1항에 해당하는 교통사업자가 운행하는 차량으로서 2011년 1월 1일 이후 최초로 신규등록하는 차량 : 신규등록일
② 법 제55조 제2항에서 "대통령령으로 정하는 기간"은 6개월로 한다.
③ 법 제55조 제2항 단서에서 "대통령령으로 정하는 운행기록장치 장착의무자"
  1. 「여객자동차 운수사업법」 제4조에 따라 면허를 받은 노선 여객자동차운송사업자
  2. 「화물자동차 운수사업법」 제3조에 따라 허가를 받은 화물자동차 운송사업자 및 같은 법 제29조에 따라 허가를 받은 화물자동차 운송가맹사업자
④ 제3항 제2호에 따른 사업자가 주기적으로 제출해야 하는 운행기록은 차량의 운행기록으로 한정한다.
  1. 「자동차관리법」 제3조 제1항 제3호에 따른 화물자동차 중 최대적재량이 25톤 이상인 자동차
  2. 견인형 대형 특수자동차(「자동차관리법」 제3조 제1항 제4호에 따른 특수자동차 중 피견인차의 견인을 전용으로 하는 구조로 되어 있는 자동차로서 총중량이 10톤 이상인 자동차를 말한다)

(3) 보관의무

운행기록장치를 장착하여야 하는 자는 운행기록장치에 기록된 운행기록을 대통령령으로 정하는 기간(6개월) 동안 보관하여야 하며, 교통행정기관이 제출을 요청하는 경우 이에 따라야 한다. 다만, 대통령령으로 정하는 운행기록장치 장착의무자[6]는 교통행정기관의 제출요청과 관계없이 운행기록을 주기적으로 제출하여야 한다. 이 경우 운행기록장치 장착의무자는 운행기록장치에 기록된 운행기록을 임의로 조작하여서는 아니 된다(법 제55조 제2항).

(4) 교통행정기관의 의무

1) 결과제공의무

교통행정기관은 제출받은 운행기록을 점검·분석하여 그 결과를 해당 운행기록장치 장착의무자 및 차량운전자에게 제공하여야 한다(법 제55조 제3항).

2) 불리한 조치 금지의무

교통행정기관은 다음의 조치를 제외하고는 분석결과를 이용하여 운행기록장치 장착의무자 및 차량운전자에게 이 법 또는 다른 법률에 따른 허가·등록의 취소 등 어떠한 불리한 제재나 처벌을 하여서는 아니 된다(법 제55조 제4항).

---

[6] "대통령령으로 정하는 운행기록장치 장착의무자"란 「여객자동차 운수사업법」 제4조에 따라 면허를 받은 노선 여객자동차운송사업자를 말한다.

① 제33조에 따른 교통수단안전점검의 실시
② 교통수단 및 교통수단운영체계의 개선 권고
③ 최소휴게시간, 연속근무시간 및 속도제한장치 무단해제 확인

(5) 운행기록 등의 보관 및 제출방법 등

1) 운행기록 등의 보관 및 제출방법(칙 제30조 제1항)

① 보관방법

운행기록장치 또는 저장장치(개인용 컴퓨터, CD, 휴대용 플래시메모리 저장장치 등)에 보관

② 제출방법

운행기록을 한국교통안전공단의 운행기록 분석·관리 시스템에 입력하거나, 운행기록파일을 인터넷 또는 저장장치를 이용하여 제출

2) 운행기록 등의 제출(칙 제30조 제2,3항)

운행기록장치를 장착하여야 하는 자는 운행기록의 제출을 요청받으면 별표 5에서 정하는 배열순서에 따라 이를 제출하여야 하며 또한 법 제55조 제2항에 따라 월별 운행기록을 작성하여 다음 달 말일까지 교통행정기관에 제출하여야 한다.

3) 한국교통안전공단의 항목분석

한국교통안전공단은 운행기록장치 장착의무자가 제출한 운행기록을 점검하고 다음의 항목을 분석하여야 한다(칙 제30조 제4항).

① 과속 ② 급감속 ③ 급출발 ④ 회전 ⑤ 앞지르기 ⑥ 진로변경

4) 분석결과의 활용

운행기록 등의 분석결과는 다음의 자동차·운전자교통수단운영자에 대한 교통안전업무 등에 활용되어야 한다(칙 제30조 제5항).

① 자동차의 운행관리
② 차량운전자에 대한 교육·훈련
③ 교통수단운영자의 교통안전관리
④ 운행계통 및 운행경로 개선
⑤ 그 밖에 교통수단운영자의 교통사고 예방을 위한 교통안전정책의 수립

5) 차로이탈경고장치의 장착

제55조 제1항 제1호 또는 제2호에 따른 차량 중 국토교통부령으로 정하는 차량[7]은 국토교

---

[7] "국토교통부령으로 정하는 차량"이란 길이 9미터 이상의 승합자동차 및 차량총중량 20톤을 초과하는

통부령으로 정하는 기준[8])에 적합한 차로이탈경고장치를 장착하여야 한다(법 제55조의2).

6) 운행기록장치 등의 장착 여부에 관한 조사

① 국토교통부장관 또는 교통행정기관은 다음 각 호의 어느 하나에 해당하는 사항을 확인하기 위하여 관계공무원, 자동차안전단속원 또는 운행제한단속원으로 하여금 운행 중인 자동차를 조사하게 할 수 있다.
  1. 제55조 제1항을 위반하여 운행기록장치를 장착하지 아니하였거나 기준에 적합하지 아니한 운행기록장치를 장착하였는지 여부
  2. 제55조의2를 위반하여 차로이탈경고장치를 장착하지 아니하였거나 기준에 적합하지 아니한 차로이탈경고장치를 장착하였는지 여부
② 운행 중인 자동차의 소유자나 운전자는 정당한 사유 없이 제1항에 따른 조사를 거부·방해 또는 기피하여서는 아니 된다.
③ 제1항에 따라 조사를 하는 관계공무원등은 그 권한을 표시하는 증표를 지니고 이를 관계인에게 내보여야 한다.

9. 교통안전체험에 관한 연구·교육시설의 설치 등

(1) 설치권자·설치목적·설치대상(법 제56조 제1항)

설치권자	교통행정기관의 장이 설치·운영할 수 있음(임의적 설치)
설치목적	교통수단을 운전·운행하는 자의 교통안전의식과 안전운전능력을 효과적으로 향상시키고 현장에서 이를 적극적으로 실천할 수 있도록 하기 위함
설치대상	교통안전체험에 관한 연구·교육시설

(2) 시설의 법정요건

1) 개략적인 요건

교통안전체험에 관한 연구·교육시설 다음의 요건을 갖추어야 한다(영 제46조 제1항).

화물·특수자동차를 말한다. 다만, 다음의 어느 하나에 해당하는 자동차는 제외한다.
1. 4축 이상 자동차
2. 피견인자동차
3. 「자동차관리법 시행규칙」 별표 1 제2호에 따른 덤프형 화물자동차, 특수용도형 화물자동차, 구난형 특수자동차 및 특수작업형 특수자동차
4. 「여객자동차 운수사업법 시행령」 제3조 제1호 가목에 따른 시내버스운송사업(일반형에 한정), 같은 호 나목 및 다목에 따른 농어촌버스운송사업 및 마을버스운송사업에 사용되는 자동차
[8]) "국토교통부령으로 정하는 기준"이란 「자동차 및 자동차부품의 성능과 기준에 관한 규칙」 별표 6의 29에 따른 차로이탈경고장치 기준을 말한다.

① 시 설

고속주행에 따른 자동차의 변화와 특성을 체험할 수 있는 고속주행코스 및 통제시설 등 국토교통부령으로 정하는 시설

② 전문인력

국토교통부령으로 정하는 자격과 경력을 갖춘 자로서 교통안전체험에 관하여 국토교통부령으로 정하는 교육·훈련과정을 마친 자

③ 장 비

국토교통부령으로 정하는 교통안전체험용 자동차

2) **구체적 요건**(칙 제31조 제1항)

시 설	전문인력	장 비
가. 코스 | 종류 | 용도 | |---|---| | 일반 주행코스 | 중저속 상황에서의 기본 주행 및 응용 주행을 체험 | | 고속 주행코스 | 고속주행에 따른 운전자 및 자동차의 변화와 특성을 체험 | | 기초 훈련코스 | 자동차 운전에 대한 감각 등 안전주행에 필요한 기본적인 사항을 연수 | | 자유 훈련코스 | 회전 및 선회(旋回) 주행을 통하여 올바른 운전자세를 습득하고 자동차의 한계를 체험 | | 제동 훈련코스 | 도로 상태별 급제동에 따른 자동차의 특성과 한계를 체험 | | 위험회피 코스 | 위험 및 돌발 상황에서 운전자의 한계를 체험하고 위험회피 요령을 습득 | | 다목적 코스 | 부정형(不定形)의 노면 상태에서 화물자동차의 적재 상태가 운전에 미치는 영향을 체험 | 1) 각 코스는 고속주행, 급제동, 급가속 또는 선회 등을 할 때에 안전하도록 충분한 안전지대를 확보하여야 한다. 2) 코스마다 안전을 확보할 수 있는 통제시설을 갖추어야 한다.	가. 자격과 경력 : 다음 각 호의 어느 하나의 요건을 갖출 것 1) 「도로교통법」 제106조 제1항에 따른 전문학원 강사 자격을 갖춘 자로서 5년 이상의 강사경력이 있는 자 2) 「도로교통법」 제107조 제1항에 따른 기능검정원 자격을 갖춘 자로서 5년 이상의 기능검정원 경력이 있는 자 3) 자동차의 검사·정비·연구·교육 또는 그 밖의 교통안전업무(정부·지방자치단체 또는 공공기관의 업무만 해당)에 3년 이상 종사한 경력이 있는 자로서 교통안전체험교육에 사용되는 자동차를 운전할 수 있는 운전면허가 있는 자 나. 교육·훈련과정 : 국내 또는 국외의 교통안전체험 교육·훈련기관에서 실시하는 전문인력 양성과정을 마친 자	「자동차 안전기준에 관한 규칙」에 따른 바퀴잠김 방지식 제동장치(ABS : Anti-Lock Brake System)를 장착한 자동차 및 이를 장착하지 아니한 자동차, 그 밖에 교육·훈련 목적에 적합한 장치를 장착한 자동차 가. 효율적인 교육·훈련의 시행과 자동차 관리를 위하여 교육·훈련용 자동차임을 알 수 있는 표시를 하여야 한다. 나. 자동차에 대한 점검·정비 결과를 기록부로 작성하여 유지·관리하여야 한다. 다. 교육·훈련 중 발생하는 사고로 인한 응급환자 발생 시 환자이송 등 신속하게 대응할 수 있는 응급 및 구급 체계를 마련하여야 한다.

나. 정비시설 : 「자동차관리법 시행규칙」에 따른 자동차부분정비업 기준에 맞는 100제곱미터 이상인 정비시설(다른 사업장에 위탁하는 경우를 포함)

(3) 체험내용

교통안전체험연구·교육시설은 다음의 내용을 체험할 수 있도록 하여야 한다(영 제46조 제2항).

① 교통사고에 관한 모의실험
② 비상상황에 대한 대처능력 향상을 위한 실습 및 교정
③ 상황별 안전운전 실습

(4) 교통행정기관의 장의 권고

교통행정기관의 장은 교통사고를 일으킨 운전자가 소속된 교통수단운영자에게 해당 운전자가 국토교통부령으로 정하는 교육·훈련과정, 즉 교통안전체험에 관한 연구·교육시설에서 실시하는 다음의 칙 별표 7의 교육훈련과정에 참여하도록 권고할 수 있다(영 제46조 제3항 ; 칙 제31조 제2항).

(5) 중대 교통사고자에 대한 교육실시

차량의 운전자가 중대 교통사고를 일으킨 경우에는 국토교통부령으로 정하는 교육을 받아야 한다. 이 경우 교육의 내용에는 운전자의 안전운전능력을 효과적으로 향상시킬 수 있는 교통안전 체험교육이 포함되어야 한다(법 제56조의2).

❀ **교통안전법 시행규칙**(제31조의 2)

① 법 제56조의2 제1항 전단에서 "국토교통부령으로 정하는 교육"이란 별표 7 제1호의 기본교육과정을 말한다.
② 법 제56조의2 제2항에서 "중대 교통사고"란 차량운전자가 교통수단운영자의 차량을 운전하던 중 1건의 교통사고로 8주 이상의 치료를 요하는 의사의 진단을 받은 피해자가 발생한 사고를 말한다.
③ 차량운전자는 제2항에 따른 중대 교통사고가 발생하였을 때에는 「도로교통법」 제54조 제6항에 따른 교통사고조사에 대한 결과를 통지 받은 날부터 60일 이내에 교통안전 체험교육을 받아야 한다. 다만, 각 호에 해당하는 차량운전자의 경우에는 각 호에서 정한 기간 내에 교육을 받아야 한다.

1. 해당 차량운전자가 중대 교통사고 발생에 따른 구속 또는 금고 이상의 실형을 선고 받고 그 형이 집행 중인 경우에는 석방 또는 그 집행이 종료되거나 집행을 받지 아니하기로 확정된 날부터 60일 이내
2. 해당 차량운전자가 중대 교통사고 발생에 따른 상해를 받아 치료를 받아야 하는 경우에는 치료가 종료된 날부터 60일 이내
3. 중대 교통사고로 인하여 운전면허가 취소 또는 정지된 차량운전자의 경우에는 운전면허를 다시 취득하거나 정지기간이 만료되어 운전할 수 있는 날부터 60일 이내

④ 교통수단운영자는 제2항에 따른 중대 교통사고를 일으킨 차량운전자를 고용하려는 때에는 교통안전체험교육을 받았는지 여부를 확인하여야 한다.

(6) 교통안전 전문교육의 실시(법 제56조의3)

① 다음의 어느 하나에 해당하는 사람은 교통안전에 관한 전문성 및 직무능력 향상을 위하여 국토교통부장관이 실시하는 교통안전 전문교육을 정기적으로 받아야 한다.
  ㉠ 국토교통부령으로 정하는 교통행정기관에서 교통안전에 관한 업무를 담당하는 공무원
  ㉡ 교통시설설치·관리자의 직원
  ㉢ 「도로법」 제77조 제4항에 따른 운행제한단속원
② 제54조의2 제2항에 따라 교육을 받은 사람에게는 제1항에 따른 교육의 전부 또는 일부를 면제할 수 있다.
③ 국토교통부장관은 제1항에 따른 교통안전 전문교육을 대통령령으로 정하는 전문인력과 시설을 갖춘 기관 또는 단체에 위탁할 수 있다.
④ 교통안전 전문교육의 종류·대상 및 교육 면제, 그 밖에 교통안전 전문교육의 실시에 필요한 사항은 국토교통부령으로 정한다.

(7) 교통안전 전문교육의 위탁(영 제46조의2)

① 국토교통부장관은 법 제56조의3 제3항에 따라 같은 조 제1항에 따른 교통안전 전문교육을 다음 각 호의 기관 또는 단체에 위탁할 수 있다.
  1. 국토교통부 또는 특별시·광역시·특별자치시·도·특별자치도 소속의 공무원 교육기관
  2. 한국교통안전공단
  3. 그 밖에 국토교통부장관이 교통안전 전문교육을 위한 전문인력과 시설을 갖추었다고 인정하는 기관 또는 단체
② 국토교통부장관은 제1항에 따라 업무를 위탁하는 경우에는 위탁받는 기관과 위탁업무의 내용을 고시해야 한다.

1) 국토교통부령으로 정하는 교통행정기관(규칙 제31조의3)

1. 국토교통부장관
2. 시·도지사
3. 시장·군수·구청장

2) 국토교통부령으로 정하는 교통안전 전문교육

1. 공무원전문교육
2. 교통시설설치·관리자전문교육
3. 운행제한단속원전문교육

3) 국토교통부령으로 정하는 전문교육의 종류별 교육 대상 및 교육 이수시간

전문교육의 종류별 교육 대상 및 교육 이수시간(칙 별표 7의2)

종류	교육 대상	교육 이수시간(회당)
1. 공무원전문교육	가. 국토교통부에서 교통안전정책 업무를 담당하는 부서의 공무원 나. 지방국토관리청에서 영 제48조에 따른 업무를 담당하는 공무원 다. 지방자치단체에서 법, 영 및 이 규칙에 따른 업무를 담당하는 공무원	21시간 이상
2. 교통시설설치·관리자전문교육	가. 영 별표 1 제1호 1), 3) 및 4)에 따른 교통시설설치·관리자(법 제2조 제4호 나목에 따른 교통시설설치·관리자를 말한다. 이하 이 표에서 같다)의 직원 중 교통안전에 관한 업무를 담당하는 직원	14시간 이상
	나. 가목에 따른 교통시설설치·관리자 외의 교통시설설치·관리자의 직원 중 교통안전에 관한 업무를 담당하는 직원	2시간 이상
3. 운행제한단속원전문교육	「도로법」 제77조 제4항에 따른 운행제한단속원	14시간 이상

10. 교통문화지수의 조사

(1) 교통문화지수의 개념

교통문화지수란 국민의 교통안전의식의 수준 또는 교통문화의 수준을 객관적으로 측정하기 위한 지수를 말한다(법 제57조 제1항).

(2) 교통문화지수의 개발·조사·작성·공표권자

지정행정기관의 장은 소관 분야와 관련된 교통문화지수를 개발·조사·작성하여 그 결과를 공표할 수 있다(법 제57조 제1항).

(3) 교통문화지수의 조사항목 등

1) 조사항목

교통문화지수의 조사항목은 다음과 같다(영 제47조 제1항).

① 운전행태
② 교통안전
③ 보행행태(도로교통분야로 한정)
④ 그 밖에 국토교통부장관이 필요하다고 인정하여 정하는 사항

2) 조사방법

교통문화지수는 기초지방자치단체별 교통안전 실태와 교통사고 발생 정도를 조사하여 산정한다. 다만, 도로교통분야 외의 분야는 국토교통부장관이 조사방법을 다르게 정하여 조사할 수 있다(영 제47조 제2항).

3) 조사시 협조요청

국토교통부장관은 교통문화지수를 조사하기 위하여 필요하다고 인정되는 경우에는 해당 지방자치단체의 장에게 자료 및 의견의 제출 등 필요한 협조를 요청할 수 있다(영 제47조 제3항).

(4) 교통안전 시범도시의 지정 및 지원

지정행정기관의 장은 교통안전에 대한 지역 주민들의 관심을 높이고 효율적인 교통사고 예방대책의 도입 및 확산을 위하여 교통안전 시범도시를 지정할 수 있으며, 지정행정기관의 장은 지정된 교통안전 시범도시에 대하여 예산의 범위에서 교통안전시설의 개선사업 등 관련 사업비의 일부를 지원할 수 있다(법 제57조의2).

(5) 단지내도로의 교통안전

① 단지내도로를 설치·관리하는 자로서 대통령령으로 정하는 자는 단지내도로에서의 자동차의 통행방법을 정하여야 한다(제57조의3 제1항).
② 단지내도로설치·관리자는 정해진 통행방법을 단지내도로를 이용하는 자동차 운전자가 쉽게 알아볼 수 있도록 게시하여야 한다(제57조의3 제2항).
③ 단지내도로설치·관리자는 자동차의 안전운전 및 보행자 등의 안전을 위하여 대통령

령으로 정하는 안전시설물을 설치·관리하여야 한다(제57조의3 제3항).
④ 시장·군수·구청장은 단지내도로에서의 교통안전을 확보하기 위하여 관계공무원으로 하여금 교통안전 실태점검을 실시하게 할 수 있다. 이 경우 단지내도로에 접속되는 「도로교통법」 제2조 제1호에 따른 도로의 일부 구간을 실태점검의 범위에 포함시킬 수 있다(제57조의3 제4항).
⑤ 시장·군수·구청장은 타인의 토지를 출입하여 점검하려는 때에는 점검 1개월 전까지 점검일시·점검이유 등을 포함한 점검계획을 통지하여야 하며, 출입·점검을 하는 공무원(교통안전 실태점검 업무를 위탁한 경우 해당 교통안전 전문기관·단체의 점검수행자를 포함한다)은 그 권한을 표시하는 증표를 내보이고 성명·출입시간 및 출입목적 등이 표시된 문서를 교부하여야 한다(제57조의3 제5항).
⑥ 시장·군수·구청장은 실태점검을 실시하고 필요한 경우에는 다음의 조치를 취할 수 있다. 이 경우 미리 단지내도로설치·관리자의 의견을 들어야 한다(제57조의3 제6항).
  1. 단지내도로설치·관리자에 대한 단지내도로에서의 통행방법의 내용, 게시 장소·방법의 개선 및 단지내교통안전시설의 설치·보완 등 권고
  2. 접속구간의 개선 또는 관할 교통행정기관에 대한 접속구간의 개선 요청
⑦ 국가등은 단지내도로의 교통안전에 관한 시책을 강구하여야 하며, 필요한 경우 예산의 범위에서 단지내교통안전시설의 설치 또는 보완에 필요한 비용의 일부를 지원할 수 있다(제57조의3 제7항).
⑧ 단지내도로설치·관리자는 단지내도로에서 자동차로 인하여 발생한 사고로서 대통령령으로 정하는 중대한 사고가 발생한 경우에는 이를 시장·군수·구청장에게 통보하여야 한다(제57조의3 제8항).
⑨ 제1항부터 제8항까지의 규정에 따른 통행방법의 기준, 게시 장소·방법, 단지내교통안전시설의 설치·관리 기준, 실태점검의 대상·절차·방법·항목, 의견청취 절차 및 중대한 사고의 통보절차는 국토교통부령으로 정한다.

제6절 보 칙

1. 비밀유지 등

다음의 어느 하나에 해당하는 업무에 종사하는 자 또는 종사하였던 자는 그 직무상 알게 된 비밀을 타인에게 누설하거나 직무상 목적 외에 이를 사용하여서는 아니된다. 다만, 다른 법령에 특별한 규정이 있는 경우에는 그러하지 아니하다(법 제58조).

① 교통수단안전점검업무
② 교통시설안전진단업무

③ 교통사고원인조사업무
④ 교통사고 관련자료 등의 보관·관리업무
⑤ 운행기록 관련 업무

2. 권한의 위임 및 업무의 위탁

(1) 위임·재위임

1) 위 임

국토교통부장관 또는 지정행정기관의 장은 교통안전법에 따른 권한의 일부를 대통령령으로 정하는 바에 따라 소속기관의 장 또는 시·도지사에게 위임할 수 있다(법 제59조 제1항).

① 권한의 위임

국토교통부장관은 법 제59조 제1항에 따라 다음의 권한을 지방국토관리청장에게 위임한다.
㉠ 법 제19조 제1항에 따른 시·도교통안전기본계획 및 시·도교통안전시행계획의 변경 요구
㉡ 법 제33조에 따른 교통수단안전점검에 관한 국토교통부장관의 다음의 권한
  ⓐ 법 제33조 제1항에 따른 교통수단안전점검의 실시
  ⓑ 법 제33조 제2항에 따른 개선대책의 수립·시행과 개선사항의 권고
  ⓒ 법 제33조 제3항 및 제4항에 따른 보고·자료제출 명령(ⓐ에 따라 위임된 권한과 관련된 자료의 제출 명령으로 한정한다), 출입·검사 명령 등과 검사계획의 통지
  ⓓ 법 제33조 제7항에 따른 교통수단안전점검 결과의 통보
㉢ 법 제50조에 따른 중대한 교통사고에 대한 원인조사
㉣ 법 제51조에 따른 교통사고관련자료등의 보관·관리 및 제출 요구
㉤ 법 제55조의3에 따른 운행기록장치와 차로이탈경고장치의 장착 여부에 관한 조사 명령
㉥ 법 제65조에 따른 과태료 부과 및 징수(지방국토관리청장에게 위임된 권한과 관련된 과태료의 부과·징수로 한정한다)

2) 재위임

시·도지사는 국토교통부장관 또는 지정행정기관의 장으로부터 위임받은 권한의 일부를 국토교통부장관 또는 지정행정기관의 장의 승인을 얻어 시장·군수·구청장에게 재위임할 수 있다(법 제59조 제2항).

(2) 위 탁

1) 업무의 일부 위탁

국토교통부장관, 교통행정기관 또는 시장·군수·구청장은 이 법에 따른 업무의 일부를 대통령령으로 정하는 바에 따라 교통안전과 관련된 전문기관·단체에 위탁할 수 있다(법 제59조 제3항).

2) 위탁되는 권한

① 국토교통부장관 업무의 교통안전공단에의 위탁

국토교통부장관은 다음의 업무를 교통안전공단에 위탁한다(영 제48조 제1항).
㉠ 교통수단안전점검
㉡ 교통시설안전진단 실시결과의 평가와 평가에 필요한 관련 자료의 제출 요구
㉢ 시험의 실시 및 자격증명서의 발급

② 교통행정기관의 장 업무의 교통안전공단에의 위탁

교통행정기관의 장의 업무 중 다음에 관한 국토교통부장관의 업무와 ㉠ 및 ㉡에 관한 시·도지사 등의 업무를 교통안전공단에 위탁한다(영 제48조 제2항).
㉠ 교통안전관리규정의 접수 및 준수 여부에 대한 확인·평가
㉡ 교통안전정보관리체계의 구축·관리
㉢ 삭제 〈2017.9.19.〉
㉣ 운행기록 등(자동차의 운행기록 등만 해당)의 제출요청 및 점검·분석
㉤ 교통안전체험 연구·교육시설의 설치·운영
㉥ 교통문화지수의 개발·조사·작성 및 결과의 공표
㉦ 교통수단안전점검에 필요한 관련 자료의 제출 요구(제1항 제1호에 따라 위탁된 업무와 관련된 경우로 한정한다)
㉧ 특별실태조사의 실시, 교통체계 개선권고와 그 이행에 필요한 행정적 지원, 이행계획서의 접수와 그 이행의 확인·점검 및 이행결과보고서의 접수

③ 도로교통공단에의 위탁

교통행정기관의 장의 업무 중 다음에 관한 경찰청장의 업무를 도로교통공단에 위탁한다(영 제48조 제3항).
㉠ 교통사고 관련자료 등(교통안전공단·도로교통공단·한국도로공사·여객자동차운송사업의 면허를 받거나 등록을 한 자가 보관·관리하는 교통사고 관련자료 등은 제외)의 제출 요구
㉡ 도로교통사고에 관한 교통안전정보관리체계의 구축·관리
㉢ 교통안전체험 연구·교육시설의 설치·운영
㉣ 도로교통사고에 관한 교통문화지수의 조사·작성

※ 시장·군수·구청장은 법 제59조 제3항에 따라 법 제57조의3 제4항에 따른 교통안전 실태점검 업무를 한국교통안전공단에 위탁할 수 있다. 이 경우 위탁받은 기관과 위탁업무의 내용을 고시해야 한다.

3. 수수료(법 제60조, 칙 제32조)

(1) 부과대상자

① 교통안전진단기관의 등록(변경등록 포함)을 받고자 하는 자
② 교통안전관리자 자격시험의 응시자
③ 교통안전관리자 자격증의 교부(재교부 포함)를 받고자 하는 자

(2) 부과수수료

① 교통안전관리자 자격시험의 응시수수료 : 2만 원
② 교통안전관리자 자격증의 교부 및 재교부수수료 : 각각 2만 원

4. 청 문(법 제61조)

시·도지사는 다음의 어느 하나에 해당하는 처분을 하고자 하는 경우에는 청문을 실시하여야 한다.

① 교통안전진단기관 등록의 취소
② 교통안전관리자 자격의 취소

5. 벌칙적용에 있어서의 공무원 의제(법 제62조)

의제되는 자	○ 교통시설안전진단을 실시하는 교통안전진단기관의 임·직원 ○ 위탁받은 업무에 종사하는 교통안전과 관련된 전문기관·단체의 임·직원 ○ 자동차 안전진단 단속원 및 운행제한 단속원
의제의 효과	형법상의 공무원범죄 중 뇌물죄관련 조항(제129 ~ 132조 : 수뢰·사전수뢰죄·제3자 뇌물제공·수뢰 후 부정처사·사후수뢰·알선수뢰죄)의 적용에 있어서 이를 공무원으로 본다.

제7절 벌칙 등

1. 벌 칙(법 제63조)

해당자	○ 등록하지 아니하고 교통안전진단업무를 수행한 자 ○ 거짓이나 그 밖의 부정한 방법으로 교통안전진단기관의 등록을 한 자 ○ 타인에게 자기의 명칭 또는 상호를 사용하게 하거나 교통안전진단기관등록증을 대여한 자 및 교통안전진단기관의 명칭 또는 상호를 사용하거나 교통안전진단기관등록증을 대여받은 자 ○ 영업정지처분을 받고 그 영업정지기간 중에 새로이 교통안전진단업무를 수행한 자 ○ 직무상 비밀을 타인에게 누설하거나 직무상 목적 외에 이를 사용한 자
벌칙의 내용	2년 이하의 징역 또는 2천만 원 이하의 벌금

2. 양벌규정(법 제64조)

적용대상자	법인의 대표자, 법인·개인의 대리인·사용인 그 밖의 종업원
대상행위	법인·개인의 업무에 관해 제63조의 위반행위를 한 경우
적용의 효과 및 예외	그 행위자 이외에 법인·개인에게도 벌칙규정(법 제63조)상의 벌금형을 과한다. 다만 법인 또는 개인이 그 위반행위를 방지하기 위하여 해당 업무에 관하여 상당한 주의와 감독을 게을리하지 아니한 경우에는 그러하지 아니하다.

3. 과태료

(1) 과태료 부과대상자(법 제65조 제1·2항)

1) 1천만 원 이하의 과태료

① 교통안전진단을 받지 아니하거나 교통안전진단보고서를 거짓으로 제출한 자
② 운행기록장치를 장착하지 아니한 자
③ 운행기록장치에 기록된 운행기록을 임의로 조작한 자
④ 차로이탈경고장치를 장착하지 아니한 자

2) 500만 원 이하의 과태료

① 교통안전관리규정을 제출하지 아니하거나 이를 준수하지 아니하는 자 또는 변경명령에 따르지 아니하는 자
② 교통수단안전점검을 거부·방해 또는 기피한 자
③ 보고를 하지 아니하거나 거짓으로 보고한 자 또는 자료제출요청을 거부·기피·

방해하거나 관계공무원의 질문에 대하여 거짓으로 진술한 자
④ 신고를 하지 아니하거나 거짓으로 신고한 자
⑤ 신고를 하지 아니하고 교통시설안전진단 업무를 휴업·재개업 또는 폐업하거나 거짓으로 신고한 자
⑥ 보고를 하지 아니하거나 거짓으로 보고한 자 또는 자료제출요청을 거부·기피·방해한 자
⑦ 점검·검사를 거부·기피·방해하거나 질문에 대하여 거짓으로 진술한 자
⑧ 교통사고관련자료등을 보관·관리하지 아니한 자
⑨-1. 교통사고관련자료등을 제공하지 아니한 자
⑨-2. 교통안전담당자를 지정하지 아니한 자
⑨-3. 교육을 받게 하지 아니한 자
⑩ 운행기록을 보관하지 아니하거나 교통행정기관에 제출하지 아니한 자
⑩-2. 차로이탈경고장치 위반하여 조사를 거부·방해 또는 기피한 자
⑪ 위반하여 교육을 받지 아니한 자
⑫ 통행방법을 게시하지 아니한 자
⑬ 중대한 사고를 통보하지 아니한 자

(2) 과태료부과(법 제65조 제3항 ; 영 제49조)

1) 부과권자 : 국토교통부장관, 교통행정기관 또는 시장·군수·구청장

2) 부과절차

① 과태료 부과기준

[표 1-3] 과태료의 부과기준(영 제49조; 별표 9)
[시행일 : 2022. 11. 27.] 제2호 개별기준 제17호

1. 일반기준
   가. 하나의 위반행위가 둘 이상의 과태료 부과기준에 해당하는 경우에는 그 중 금액이 큰 과태료 부과기준을 적용한다.
   나. 위반행위의 횟수에 따른 과태료의 가중된 부과기준은 최근 1년간 같은 위반행위로 과태료 부과처분을 받은 경우에 적용한다. 이 경우 기간의 계산은 위반행위에 대하여 과태료 부과처분을 받은 날과 그 처분 후 다시 같은 위반행위를 하여 적발된 날을 기준으로 한다.
   다. 나목에 따라 가중된 부과처분을 하는 경우 가중처분의 적용 차수는 그 위반행위 전 부과처분 차수(나목에 따른 기간 내에 과태료 부과처분이 둘 이상 있었던 경우에는 높은 차수를 말한다)의 다음 차수로 한다.
   라. 부과권자는 다음의 어느 하나에 해당하는 경우에는 제2호의 개별기준에 따른 과태료 금액의 2분의 1의 범위에서 그 금액을 줄일 수 있다. 다만, 과태료를 체납하고 있는 위반행위자의 경우에는 그렇지 않다.

1) 위반행위자가 「질서위반행위규제법 시행령」 제2조의2 제1항 각 호의 어느 하나에 해당하는 경우
2) 위반행위가 사소한 부주의나 오류로 인한 것으로 인정되는 경우
3) 위반행위자의 법 위반상태를 시정하거나 해소하기 위한 노력이 인정되는 경우
4) 그 밖에 위반행위의 정도, 동기 및 결과 등을 고려하여 그 금액을 줄일 필요가 있다고 인정되는 경우

마. 부과권자는 다음의 어느 하나에 해당하는 경우에는 제2호의 개별기준에 따른 과태료 금액의 2분의 1의 범위에서 그 금액을 늘릴 수 있다. 다만, 법 제65조에 따른 과태료 금액의 상한을 넘을 수 없다.
1) 위반의 내용 및 정도가 중대하여 사회에 미치는 피해가 크다고 인정되는 경우
2) 최근 1년간 같은 위반행위로 3회를 초과하여 과태료 부과처분을 받은 경우
3) 그 밖에 위반행위의 정도, 위반행위의 동기와 그 결과 등을 고려하여 과태료 금액을 늘릴 필요가 있다고 인정되는 경우

2. 개별기준

위반행위	근거 법조문	과태료 금액		
		1차	2차	3차 이상
1. 법 제21조 제1항부터 제3항까지의 규정을 위반하여 교통안전관리규정을 제출하지 않거나 이를 준수하지 않은 경우 또는 변경명령에 따르지 않은 경우	법 제65조 제2항 제1호	200만원		
2. 법 제33조 제1항 또는 제6항에 따른 교통수단안전점검을 거부·방해 또는 기피한 경우	법 제65조 제2항 제2호	300만원		
3. 법 제33조 제3항을 위반하여 보고를 하지 않거나 거짓으로 보고한 경우 또는 자료제출요청을 거부·기피·방해하거나 관계공무원의 질문에 대하여 거짓으로 진술한 경우	법 제65조 제2항 제3호	300만원		
4. 법 제34조 제5항에 따른 교통시설안전진단을 받지 않거나 교통시설안전진단보고서를 거짓으로 제출한 경우	법 제65조 제1항 제2호	600만원		
5. 법 제40조 제1항에 따른 신고를 하지 않거나 거짓으로 신고한 경우	법 제65조 제2항 제4호	100만원		
6. 법 제40조 제2항에 따른 신고를 하지 않고 교통시설안전진단업무를 휴업·재개업 또는 폐업하거나 거짓으로 신고한 경우	법 제65조 제2항 제5호	100만원		
7. 법 제47조 제1항을 위반하여 보고를 하지 않거나 거짓으로 보고한 경우 또는 자료제출요청을 거부·기피·방해한 경우	법 제65조 제2항 제6호	300만원		
8. 법 제47조 제1항에 따른 점검·검사를 거부·기피·방해하거나 질문에 대하여 거짓으로 진술한 경우	법 제65조 제2항 제7호	300만원		
9. 법 제51조 제2항을 위반하여 교통사고관련 자료 등을 보관·관리하지 않은 경우	법 제65조 제2항 제8호	100만원		

10. 법 제51조 제3항을 위반하여 교통사고관련자료 등을 제공하지 않은 경우	법 제65조 제2항 제9호	100만원		
11. 법 제54조의2 제1항을 위반하여 교통안전담당자를 지정하지 않은 경우	법 제65조 제2항 제9호의2	500만원		
12. 법 제54조의2 제2항을 위반하여 교육을 받게 하지 않은 경우	법 제65조 제2항 제9호의3	50만원		
13. 법 제55조 제1항에 따른 운행기록장치를 장착하지 않은 경우	법 제65조 제1항 제3호	50만원	100만원	150만원
14. 법 제55조 제2항을 위반하여 운행기록을 보관하지 않거나 교통행정기관에 제출하지 않은 경우	법 제65조 제2항 제10호	50만원	100만원	150만원
15. 법 제55조 제2항 후단을 위반하여 운행기록장치에 기록된 운행기록을 임의로 조작한 경우	법 제65조 제1항 제3호의2	100만원		
15의2. 법 제55조의2에 따른 차로이탈경고장치를 장착하지 않은 경우	법 제65조 제1항 제4호	50만원	100만원	150만원
16. 법 제56조의2 제1항을 위반하여 교육을 받지 않은 경우	법 제65조 제2항 제11호	50만원		
17. 법 제57조의3 제2항을 위반하여 통행방법을 게시하지 않은 경우	법 제65조 제2항 제12호	100만원	300만원	500만원
18. 법 제57조의3 제8항을 위반하여 중대한 사고를 통보하지 않은 경우	법 제65조 제2항 제13호	100만원		

◆ 교통안전법 기출 및 출제예상문제

※ 수험생의 편의를 위해 기출문제를 그대로 수록하지 않고 변형하여 현재 시행 법률에 맞게 재구성하였습니다.

01 다음 중 교통안전법의 궁극적 목적으로 맞는 것은?
㉮ 국민경제 향상
㉯ 공공복리의 증진
㉰ 사회복지의 제고
㉱ 교통안전 증진

02 다음 중 교통안전법상의 교통수단에 해당되지 않는 것은? 기출 유사
㉮ 「도로교통법」에 의한 차마 또는 노면전차
㉯ 「해상교통안전법」에 의한 선박 등 수상 또는 수중의 항행에 사용되는 모든 운송수단
㉰ 「항공법」에 의한 항공기 등
㉱ 안전한 운행·운항 또는 항행을 보조하는 교통안전표지

해설 "교통수단"이라 함은 사람이 이동하거나 화물을 운송하는데 이용되는 것으로서 다음 각 목의 어느 하나에 해당하는 운송수단을 말한다.
1. 「도로교통법」에 의한 차마 또는 노면전차, 「철도산업발전 기본법」에 의한 철도차량(도시철도를 포함) 또는 「궤도운송법」에 따른 궤도에 의하여 교통용으로 사용되는 용구 등 육상교통용으로 사용되는 모든 운송수단
2. 「해사안전법」에 의한 선박 등 수상 또는 수중의 항행에 사용되는 모든 운송수단
3. 「항공안전법」에 의한 항공기 등 항공교통에 사용되는 모든 운송수단

정답 01. ㉱ 02. ㉱

03 다음 중 교통안전법상 용어의 정의로 잘못된 것은? 2017 기출

㉮ "교통사고"라 함은 교통수단의 운행·항행·운항과 관련된 사람의 사상 또는 물건의 손괴를 말한다.
㉯ "교통수단안전점검"이란 교통행정기관이 이 법 또는 관계법령에 따라 소관 교통수단에 대하여 교통안전에 관한 위험요인을 조사·점검 및 평가하는 모든 활동을 말한다.
㉰ "교통시설안전진단"이란 육상교통·해상교통 또는 항공교통의 안전과 관련된 조사·측정·평가업무를 전문적으로 수행하는 교통안전진단기관이 교통시설에 대하여 교통안전에 관한 위험요인을 조사·측정 및 평가하는 모든 활동을 말한다.
㉱ "교통체계"라 함은 도로·철도·궤도·항만·어항·수로·공항·비행장 등 교통수단의 운행·운항 또는 항행에 필요한 시설과 그 시설에 부속되어 사람의 이동 또는 교통수단의 원활하고 안전한 운행·운항 또는 항행을 보조하는 교통안전표지·교통관제시설·항행안전시설 등의 시설 또는 공작물을 말한다.

㉱는 교통시설을 말하며 "교통체계"라 함은 사람 또는 화물의 이동·운송과 관련된 활동을 수행하기 위하여 개별적으로 또는 서로 유기적으로 연계되어 있는 교통수단 및 교통시설의 이용·관리·운영체계 또는 이와 관련된 산업 및 제도 등을 말한다.

04 다음 중 교통안전법이 적용되는 교통사업자에 해당하지 않는 자는? 2017 기출

㉮ 여객자동차운수사업자 ㉯ 교통시설설치·관리자
㉰ 국토교통부 ㉱ 교통수단 제조사업자

"교통사업자"라 함은 교통수단·교통시설 또는 교통체계를 운행·운항·설치·관리 또는 운영 등을 하는 자로서 다음 각 목의 어느 하나에 해당하는 자를 말한다.
1. 여객자동차운수사업자, 화물자동차운수사업자, 철도사업자, 항공운송사업자, 해운업자 등 교통수단을 이용하여 운송 관련 사업을 영위하는 자(이하 "교통수단운영자"라 한다)
2. 교통시설을 설치·관리 또는 운영하는 자(이하 "교통시설설치·관리자"라 한다)
3. 교통수단운영자 및 교통시설설치·관리자 외에 교통수단 제조사업자, 교통관련 교육·연구·조사기관 등 교통수단·교통시설 또는 교통체계와 관련된 영리적·비영리적 활동을 수행하는 자

05 교통수단·교통시설 또는 교통체계를 운행·운항·설치·관리 또는 운영 등을 하는 자를 총칭하여 교통안전법상 무엇이라 하는가? 2017 기출

㉮ 교통시설설치·관리자 ㉯ 교통사업자
㉰ 교통수단운영자 ㉱ 교통수단 제조사업자

정답 03. ㉱ 04. ㉰ 05. ㉯

06 다음 중 교통안전법상의 교통사업자에 해당되는 것은 모두 몇 개인가?

| ○ 교통수단운영자 | ○ 교통시설설치·관리자 |
| ○ 교통수단제조업자 | ○ 교통관련 교육·연구·조사기관 |

㉮ 1개   ㉯ 2개
㉰ 3개   ㉱ 4개

교통사업자라 함은 교통수단·교통시설 또는 교통체계를 운행·운항·설치·관리 또는 운영 등을 하는 자로서 다음 각 목의 어느 하나에 해당하는 자를 말한다.
1. 여객자동차운수사업자, 화물자동차운수사업자, 철도사업자, 항공운송사업자, 해운업자 등 교통수산을 이용하여 운송 관련 사업을 영위하는 자
2. 교통시설을 설치·관리 또는 운영하는 자
3. 교통수단운영자 및 교통시설설치·관리자 외에 교통수단 제조사업자, 교통관련 교육·연구·조사기관 등 교통수단·교통시설 또는 교통체계와 관련된 영리적·비영리적 활동을 수행하는 자

07 다음 중 교통안전법상의 교통사업자에 해당하지 않는 자는?

㉮ 교통수단운영자   ㉯ 교통운전자
㉰ 교통시설설치·관리자   ㉱ 교통수단 제조사업자

08 다음에서 설명하고 있는 용어의 정의로 가장 적절한 것은?

| 교통행정기관이 교통안전법이나 관계법령에 따라 소관 교통수단에 대하여 교통안전에 관한 위험요인을 조사·점검·평가하는 모든 활동 |

㉮ 교통수단안전점검   ㉯ 교통시설안전진단
㉰ 교통안전관리자   ㉱ 교통안전체계

09 교통안전법에 의한 육상교통을 가장 바르게 설명한 것은?

㉮ 도로를 운행하는 자동차
㉯ 궤도에 의한 철도차량
㉰ 도로를 운행하는 모든 중기
㉱ 도로 또는 일반교통에 사용되는 차마, 철도 및 삭도·궤도 등에 의한 모든 운송수단

정답 06. ㉱ 07. ㉯ 08. ㉮ 09. ㉱

10 다음 중 교통안전법상의 용어에 대한 정의가 잘못된 것은 어느 것인가? 기출 유사

㉮ 교통사고 : 교통수단의 운행·항행·운항과 관련된 사람의 사상 또는 물건의 손괴
㉯ 교통시설 : 도로·철도·궤도·항만·어항·수로·공항·비행장 등 교통수단의 운행·운항 또는 항행에 필요한 시설과 그 시설에 부속되어 사람의 이동 또는 교통수단의 원활하고 안전한 운행·운항 또는 항행을 보조하는 교통안전표지·교통관제시설·항행안전시설 등의 시설 또는 공작물
㉰ 교통체계 : 사람 또는 화물의 이동·운송과 관련된 활동을 수행하기 위하여 개별적으로 또는 서로 유기적으로 연계되어 있는 교통수단 및 교통시설의 이용·관리·운영체계 또는 이와 관련된 산업 및 제도 등
㉱ 교통수단안전점검 : 육상교통·해상교통 또는 항공교통의 안전과 관련된 조사·측정·평가업무를 전문적으로 수행하는 교통안전진단기관이 교통수단·교통시설 또는 교통체계에 대하여 교통안전에 관한 위험요인을 조사·측정 및 평가하는 모든 활동

"교통수단안전점검"이란 교통행정기관이 이 법 또는 관계법령에 따라 소관 교통수단에 대하여 교통안전에 관한 위험요인을 조사·점검 및 평가하는 모든 활동을 말한다.

11 다음 중 교통시설에 속하지 않는 것은?

㉮ 교통안전표지 ㉯ 교통관제시설
㉰ 항행안전시설 ㉱ 도로교통법에 의한 차마

교통시설이라 함은 도로·철도·궤도·항만·어항·수로·공항·비행장 등 교통수단의 운행·운항 또는 항행에 필요한 시설과 그 시설에 부속되어 사람의 이동 또는 교통수단의 원활하고 안전한 운행·운항 또는 항행을 보조하는 교통안전표지·교통관제시설·항행안전시설 등의 시설 또는 공작물을 말한다.

12 다음 중 교통안전법상의 국가나 지자체의 의무가 아닌 것은? 기출 유사

㉮ 교통안전 종합시책의 수립·시행의무
㉯ 관할구역 내의 교통안전시책의 수립·시행의무
㉰ 안전운항의무
㉱ 교통안전사항의 배려의무

정답 10. ㉱ 11. ㉱ 12. ㉰

제3조(국가 등의 의무) ① 국가는 국민의 생명·신체 및 재산을 보호하기 위하여 교통안전에 관한 종합적인 시책을 수립하고 이를 시행하여야 한다.
② 지방자치단체는 주민의 생명·신체 및 재산을 보호하기 위하여 그 관할구역 내의 교통안전에 관한 시책을 당해 지역의 실정에 맞게 수립하고 이를 시행하여야 한다.
③ 국가 및 지방자치단체는 제1항 및 제2항의 규정에 따른 교통안전에 관한 시책을 수립·시행하는 것 외에 지역개발·교육·문화 및 법무 등에 관한 계획 및 정책을 수립하는 경우에는 교통안전에 관한 사항을 배려하여야 한다.

13 다음 중 교통안전법에 관한 설명으로 틀린 것은?

㉮ 보행자는 도로를 통행함에 있어 법령을 준수해야 하고, 육상교통에 위험·피해를 주지 않도록 노력해야 한다.
㉯ 국가 등은 교통안전에 관한 시책의 원활한 실시를 위해 예산확보, 재정지원 등 재정·금융상의 필요한 조치를 강구할 수 있다.
㉰ 정부는 매년 국회에 정기국회 개회 전까지 교통사고상황, 국가교통안전기본계획, 국가교통안전시행계획의 추진상황에 관한 보고서를 제출해야 한다.
㉱ 교통안전에 관해 다른 법률에 특별규정이 있는 경우를 제외하고는 이 법이 정하는 바에 의한다.

법 제9조(재정 및 금융조치) ① 국가등은 교통안전에 관한 시책의 원활한 실시를 위하여 예산의 확보, 재정지원 등 재정·금융상의 필요한 조치를 강구하여야 한다.

14 다음 중 교통안전법상의 차량운전자 등의 의무가 아닌 것은? 기출 유사

㉮ 교통안전 종합시책의 수립·시행의무   ㉯ 차량운전자 등의 안전운항의무
㉰ 선박승무원 등의 안전운항의무   ㉱ 항공승무원 등의 안전운항의무

제7조(차량 운전자 등의 의무) ① 차량을 운전하는 자 등은 법령이 정하는 바에 따라 당해 차량이 안전운행에 지장이 없는지를 점검하고 보행자와 자전거이용자에게 위험과 피해를 주지 아니하도록 안전하게 운전하여야 한다.
② 선박에 승선하여 항행업무 등에 종사하는 자(「도선법」에 의한 도선사를 포함)는 법령이 정하는 바에 따라 당해선박이 출항하기 전에 검사를 행하여야 하며, 기상조건·해상조건·항로표지 및 사고의 통보 등을 확인하고 안전운항을 하여야 한다.
③ 항공기에 탑승하여 그 운항업무 등에 종사하는 자는 법령이 정하는 바에 따라 당해항공기의 운항전 확인 및 항행안전시설의 기능장애에 관한 보고 등을 행하고 안전운항을 하여야 한다.

정답 13. ㉯ 14. ㉮

15 다음 중 교통안전법상의 관련자의 의무 등이 잘못 연결된 것은? 기출 유사

㉮ 교통수단 제조사업자는 법령이 정하는 바에 따라 그가 제조하는 교통수단의 구조·설비 및 장치의 안전성이 향상되도록 노력하여야 한다.
㉯ 교통수단운영자는 법령이 정하는 바에 따라 그가 운영하는 교통수단의 안전한 운행·항행·운항 등을 확보하기 위하여 필요한 노력을 하여야 한다.
㉰ 보행자는 도로를 통행함에 있어서 법령을 준수하여야 하고, 육상교통에 위험과 피해를 주지 아니하도록 노력하여야 한다.
㉱ 지방자치단체는 국민의 생명·신체 및 재산을 보호하기 위하여 교통안전에 관한 종합적인 시책을 수립하고 이를 시행하여야 한다.

㉱ 국가는 국민의 생명·신체 및 재산을 보호하기 위하여 교통안전에 관한 종합적인 시책을 수립하고 이를 시행하여야 한다.

16 교통안전에 관한 시책의 원활한 실시를 위해 예산의 확보, 재정지원 등 재정·금융상의 필요한 조치를 강구하여야 할 주체는?

㉮ 국 가
㉯ 지방자치단체
㉰ 지정행정기관의 장
㉱ 국가 등

17 다음 중 교통안전법상의 국가교통안전기본계획의 수립의무자는? 기출 유사

㉮ 대통령
㉯ 국토교통부장관
㉰ 국무총리
㉱ 시·도지사

국토교통부장관은 국가의 전반적인 교통안전수준의 향상을 도모하기 위하여 교통안전에 관한 기본계획을 5년 단위로 수립하여야 한다.

18 국토교통부장관은 국가의 전반적인 교통안전수준의 향상을 도모하기 위하여 교통안전에 관한 기본계획을 몇 년 단위로 수립하여야 하는가? 기출 유사

㉮ 1년
㉯ 5년
㉰ 10년
㉱ 20년

정답 15. ㉱ 16. ㉱ 17. ㉯ 18. ㉯

19 다음 중 교통안전법상의 국가교통안전기본계획의 내용에 포함되어야 할 사항이 아닌 것은? 기출 유사

㉮ 지역교통안전시행계획의 추진상 문제점 및 대책
㉯ 교통안전에 관한 중·장기 종합정책방향
㉰ 교통안전정책의 추진성과에 대한 분석·평가
㉱ 육상교통·해상교통·항공교통 등 부문별 교통사고의 발생현황과 원인의 분석

국가교통안전기본계획에는 다음 각 호의 사항이 포함되어야 한다.
1. 교통안전에 관한 중·장기 종합정책방향
2. 육상교통·해상교통·항공교통 등 부문별 교통사고의 발생현황과 원인의 분석
3. 교통수단·교통시설별 교통사고 감소목표
4. 교통안전지식의 보급 및 교통문화 향상목표
5. 교통안전정책의 추진성과에 대한 분석·평가
6. 교통안전정책의 목표달성을 위한 부문별 추진전략
7. 부문별·기관별·연차별 세부 추진계획 및 투자계획
8. 교통안전표지·교통관제시설·항행안전시설 등 교통안전시설의 정비·확충에 관한 계획
9. 교통안전 전문인력의 양성
10. 교통안전과 관련된 투자사업계획 및 우선순위
11. 지정행정기관별 교통안전대책에 대한 연계와 집행력 보완방안
12. 그 밖에 교통안전수준의 향상을 위한 교통안전시책에 관한 사항

20 다음 중 국가교통안전기본계획에 포함될 필수사항에 해당되지 않는 것의 개수는?

○ 교통안전에 관한 단기 종합정책방향
○ 부문별 교통사고의 발생현황과 원인의 분석
○ 교통안전지식의 보급 및 교통문화 향상목표
○ 부문별·기관별·월별 및 연차별 추진계획 및 투자계획
○ 지정행정기관별 교통안전대책에 대한 연계와 집행력 보완방안

㉮ 1개 ㉯ 2개
㉰ 3개 ㉱ 4개

정답 19. ㉮ 20. ㉯

21 다음 중 교통안전법상의 국가교통안전기본계획의 변경절차에 수립절차에 관한 규정을 준용할 필요가 없는 것에 해당되지 않는 것은?　기출 유사

㉮ 대통령령이 정하는 경미한 사항을 변경하는 경우
㉯ 국가교통안전기본계획에서 정한 시행기한의 범위에서 단위사업의 시행시기를 변경하는 경우
㉰ 국가교통안전기본계획에서 정한 부문별 사업규모를 100분의 30 이내의 범위에서 변경하는 경우
㉱ 계산 착오, 오기, 누락, 그 밖에 국가교통안전기본계획의 기본방향에 영향을 미치지 아니하는 사항으로서 그 변경근거가 분명한 사항을 변경하는 경우

수립절차에 관한 규정은 변경절차에 준용한다. 다만, 대통령령이 정하는 다음의 경미한 사항을 변경하는 경우에는 그러하지 아니하다(법 제16조 제4항 ; 영 제11조).
1. 국가교통안전시행계획에서 정한 부문별 사업규모를 100분의 10 이내의 범위에서 변경하는 경우
2. 국가교통안전시행계획에서 정한 시행기한의 범위에서 단위사업의 시행시기를 변경하는 경우
3. 계산 착오, 오기, 누락, 그 밖에 국가교통안전시행계획의 기본방향에 영향을 미치지 아니하는 사항으로서 그 변경 근거가 분명한 사항을 변경하는 경우

22 다음 ( ) 안에 들어갈 말로 맞는 것은?

> 국가교통안전기본계획 또는 국가교통안전시행계획에서 정한 부문별 사업규모를 ( ) 이내의 범위에서 변경하는 경우에는 국가교통안전기본계획 또는 국가교통안전시행계획 수립절차를 그 변경절차에 준용하지 아니하여도 된다.

㉮ 100분의 1　　　　㉯ 100분의 3
㉰ 100분의 5　　　　㉱ 100분의 10

23 교통안전법상 국가교통안전기본계획을 집행하기 위하여 지정행정기관이 매년 작성하여 국부장관에게 보고하여야 하는 것은?　2017 기출

㉮ 소관별 교통안전시행계획안
㉯ 지역교통안전시행계획안
㉰ 국가교통안전기본계획안
㉱ 지역교통안전기본계획안

정답　21. ㉰　22. ㉱　23. ㉮

법 제16조(국가교통안전시행계획) ① 지정행정기관의 장은 국가교통안전기본계획을 집행하기 위하여 매년 소관별 교통안전시행계획안을 수립하여 이를 국토교통부장관에게 제출하여야 한다.
② 국토교통부장관은 제1항의 규정에 따라 제출받은 소관별 교통안전시행계획안을 국가교통안전기본계획에 따라 종합·조정하여 국가교통안전시행계획안을 작성한 후 국가교통위원회의 심의를 거쳐 이를 확정한다.
③ 국토교통부장관은 제2항의 규정에 따라 확정된 국가교통안전시행계획을 지정행정기관의 장과 시·도지사에게 통보하고, 이를 공고하여야 한다.

24 다음 중 교통안전법상의 국가교통안전기본계획의 수립절차에 대한 과정을 옳게 배열한 것은? 기출 유사

㉮ 지침의 작성·통보 → 소관별 계획안의 제출 → 국가교통안전기본계획안의 작성·확정 → 확정계획의 통보·공고
㉯ 소관별 계획안의 제출 → 지침의 작성·통보 → 국가교통안전기본계획안의 작성·확정 → 확정계획의 통보·공고
㉰ 지침의 작성·통보 → 확정계획의 통보·공고 → 국가교통안전기본계획안의 작성·확정 → 소관별 계획안의 제출
㉱ 지침의 작성·통보 → 소관별 계획안의 제출 → 확정계획의 통보·공고 → 국가교통안전기본계획안의 작성·확정

25 다음 중 교통안전법상의 국가교통안전시행계획의 수립의무자는? 기출 유사

㉮ 대통령　　　　　　　　　　㉯ 지정행정기관의 장
㉰ 국무총리　　　　　　　　　㉱ 시·도지사

지정행정기관의 장은 국가교통안전기본계획을 집행하기 위하여 매년 소관별 교통안전시행계획안을 수립하여 이를 국토교통부장관에게 제출하여야 한다.

26 다음은 교통안전법상의 국가교통안전시행계획에 대한 설명이다. 잘못된 것은? 기출 유사

㉮ 수립목적 : 국가교통안전기본계획의 집행을 위함
㉯ 수립의무자 : 지정행정기관의 장
㉰ 수립대상 : 다음 연도의 소관별 교통안전시행계획안
㉱ 수립시기 : 매년 12월 말까지

정답　24. ㉮　25. ㉯　26. ㉱

27 시·도지사 및 시장·군수·구청장은 소관 지역교통안전기본계획을 집행하기 위하여 시·도교통안전시행계획과 시·군·구교통안전시행계획을 몇 년마다 수립·시행하여야 하는가? 기출 유사

㉮ 매년마다 ㉯ 3년마다
㉰ 5년마다 ㉱ 10년마다

- 시·도지사는 국가교통안전기본계획에 따라 시·도의 교통안전에 관한 기본계획을 5년 단위로 수립하여야 하며, 시장·군수·구청장은 시·도교통안전기본계획에 따라 시·군·구의 교통안전에 관한 기본계획을 5년 단위로 수립하여야 한다.
- 시·도지사 및 시장·군수·구청장은 소관지역교통안전계획을 집행하기 위하여 시·도교통안전시행계획과 시·군·구교통안전시행계획을 매년 수립·시행하여야 한다.

28 다음 중 교통안전법상의 지역교통안전기본계획 추진실적에 포함되어야 할 세부사항이 아닌 것은? 기출 유사

㉮ 지역교통안전시행계획의 단위사업별 추진실적
㉯ 지역교통안전시행계획의 추진상 문제점 및 대책
㉰ 교통사고현황
㉱ 교통안전에 관한 중·장기 종합정책방향

규칙 제3조(지역교통안전시행계획의 추진실적에 포함되어야 하는 세부사항 등) ① 「교통안전법 시행령」제14조 제3항에 따라 시·도교통안전시행계획 또는 시·군·구교통안전시행계획의 추진실적에 포함되어야 하는 세부사항은 다음과 같다.
1. 지역교통안전시행계획의 단위 사업별 추진실적(예산사업에는 사업량과 예산집행실적을 포함하고, 계획미달사업에는 그 사유와 대책을 포함)
2. 지역교통안전시행계획의 추진상 문제점 및 대책
3. 교통사고 현황 및 분석
   가. 연간 교통사고 발생건수 및 사상자 내역
   나. 교통수단별·교통시설별(관리청이 다른 경우 따로 구분) 교통안전정책 목표 달성 여부
   다. 교통약자에 대한 교통안전정책 목표 달성 여부
   라. 교통사고의 분석 및 대책
      1) 교통수단의 종류별 사고의 건수와 그 원인
      2) 유형별 사고의 건수와 그 원인
      3) 월별·요일별·시간별 및 장소별 사고의 건수와 그 원인
      4) 교통수단의 운전자와 피해자의 성별 및 연령층별로 구분한 사고의 건수와 그 원인
      5) 그 밖에 교통사고의 원인 분석에 필요한 사항
      6) 각 유형별 교통사고 예방 대책
   마. 법 제57조에 따른 교통문화지수 향상을 위한 노력
   바. 그 밖에 지역교통안전 수준의 향상을 위하여 각 지역별로 추진한 시책의 실적

정답 27. ㉮ 28. ㉱

29 다음 중 교통안전법상의 지역교통안전기본계획 추진실적에 포함되어야 할 세부사항 중 교통사고 및 현황분석의 내용에 포함되지 않는 것은? 기출 유사

㉮ 교통약자에 대한 교통안전정책 목표 달성여부
㉯ 연간 교통사고 발생건수 및 사상자내역
㉰ 지역교통안전시행계획의 단위사업별 추진실적
㉱ 교통사고의 분석

30 다음은 교통안전법상의 지역교통안전기본계획에 대한 설명이다. 잘못된 것은?

㉮ 시·도지사는 국가교통안전기본계획에 따라 시·도의 교통안전에 관한 기본계획을 3년 단위로 수립하여야 하며, 시장·군수·구청장은 시·도교통안전기본계획에 따라 시·군·구의 교통안전에 관한 기본계획을 3년 단위로 수립하여야 한다.
㉯ 국토교통부장관 또는 시·도지사는 시·도교통안전기본계획 또는 시·군·구교통안전기본계획의 수립에 관한 지침을 작성하여 시·도지사 및 시장·군수·구청장에게 통보할 수 있다.
㉰ 시·도지사가 시·도교통안전기본계획을 수립한 때에는 지방도교통위원회의 심의를 거쳐 이를 확정하고, 시장·군수·구청장이 시·군·구교통안전기본계획을 수립한 때에는 시·군·구교통안전위원회의 심의를 거쳐 이를 확정한다
㉱ 시·도지사는 시·도교통안전기본계획을 확정한 때에는 국토교통부장관에게 제출한 후 이를 공고하여야 하며, 시장·군수·구청장은 시·군·구교통안전기본계획을 확정한 때에는 시·도지사에게 제출한 후 이를 공고하여야 한다.

㉮ 3년이 아닌 5년이다.

31 교통시설설치·관리자 및 교통수단운영자가 교통시설 또는 교통수단과 관련된 교통안전을 확보하기 위하여 관할교통행정기관에 제출하여야 하는 것은? 기출 유사

㉮ 교통안전관리규정　　　　　㉯ 지역교통안전시행계획
㉰ 국가교통안전시행계획　　　㉱ 국가교통안전기본계획

대통령령이 정하는 교통시설설치·관리자 및 교통수단운영자는 그가 설치·관리하거나 운영하는 교통시설 또는 교통수단과 관련된 교통안전을 확보하기 위하여 다음 각 호의 사항을 포함한 규정을 정하여 관할교통행정기관에 제출하여야 한다. 이를 변경한 때에도 또한 같다.
1. 교통안전의 경영지침에 관한 사항
2. 교통안전목표 수립에 관한 사항

정답 29. ㉰　30. ㉮　31. ㉮

3. 교통안전 관련 조직에 관한 사항
4. 교통안전담당자 지정에 관한 사항
5. 안전관리대책의 수립 및 추진에 관한 사항
6. 그 밖에 교통안전에 관한 중요 사항으로서 대통령령이 정하는 사항

32 다음 ( ) 안에 들어갈 말로 맞게 연결된 것은?

> ○ 국가교통안전기본계획의 수립시기 : (ⓐ)마다
> ○ 국가교통안전시행계획의 수립시기 : (ⓑ)마다
> ○ 지역교통안전기본계획의 수립시기 : (ⓒ)마다
> ○ 지역교통안전시행계획의 수립시기 : (ⓓ)마다

	ⓐ	ⓑ	ⓒ	ⓓ
㉮	3년	매년	3년	매년
㉯	5년	매년	5년	매년
㉰	3년	매년	2년	매년
㉱	5년	매년	3년	매년

33 다음 중 교통안전법상의 교통안전관리규정에 포함될 사항이 아닌 것은? 기출 유사

㉮ 교통안전의 경영지침에 관한 사항
㉯ 교통안전목표 수립에 관한 사항
㉰ 지역교통안전시행계획의 단위사업별 추진실적
㉱ 교통안전담당자 지정에 관한 사항

34 교통안전법상 안전관리규정의 확인평가주기는? 2017 기출

㉮ 교통안전관리규정을 제출한 날을 기준으로 매 3년이 지난 날의 전후 100일 이내에 실시
㉯ 교통안전관리규정을 제출한 날을 기준으로 매 5년이 지난 날의 전후 50일 이내에 실시
㉰ 교통안전관리규정을 제출한 날을 기준으로 매 5년이 지난 날의 전후 100일 이내에 실시
㉱ 교통안전관리규정을 제출한 날을 기준으로 매 10년이 지난 날의 전후 100일 이내에 실시

정답 32. ㉯ 33. ㉰ 34. ㉰

규칙 제5조(교통안전관리규정 준수 여부의 확인·평가) ① 법 제21조 제3항에 따른 교통안전관리규정 준수 여부의 확인·평가는 영 제17조 제1항에 따라 <u>교통안전관리규정을 제출한 날을 기준으로 매 5년이 지난 날의 전후 100일 이내에 실시한다.</u>

35 다음 ( ) 안에 들어갈 말로 바르게 연결된 것은?

> 교통시설설치·관리자 등은 교통안전관리규정을 변경한 경우에는 변경한 날부터 (ⓐ) 이내에 변경된 교통안전관리규정을 (ⓑ)에 제출하여야 한다.

	ⓐ	ⓑ
㉮	1개월	지정행정기관
㉯	3개월	관할 교통행정기관
㉰	3개월	지정행정기관
㉱	1개월	관할 교통행정기관

36 다음 중 교통안전법상의 교통안전관리규정의 검토에 대한 설명이 잘못된 것은?

기출 유사

㉮ 교통행정기관은 교통시설설치·관리자 등이 제출한 교통안전관리규정이 동법(법 제21조 제1항 각 호)에서 정한 사항을 포함하여 적정하게 작성되었는지를 검토하여야 한다.
㉯ 교통행정기관은 교통시설설치·관리자 등이 제출한 교통안전관리규정이 조건부 적합 또는 부적합 판정을 받은 경우에는 교통안전관리규정의 변경을 명하는 등 필요한 조치를 하여야 한다.
㉰ 교통시설설치·관리자 등은 교통안전관리규정을 준수하여야 한다.
㉱ 교통안전관리규정 준수 여부의 확인·평가는 교통안전관리규정을 제출한 날을 기준으로 매 3년이 지난 날의 전후 60일 이내에 실시한다.

정답 35. ㉯ 36. ㉱

37 교통행정기관이 교통안전관리규정을 검토한 결과 그 내용이 다음과 같았다. 이를 가리키는 용어로 맞는 것은?

> 교통안전확보에 중대한 문제가 있지는 아니하지만 부분적으로는 보완이 필요하다고 인정되는 경우

㉮ 적합
㉯ 부분적합
㉰ 조건부 적합
㉱ 조건부 보완

38 다음 ( ) 안에 들어갈 말로 맞는 것은?

> (ⓐ)이(가) 국토교통부령이 정하는 바에 따라 행하는 교통안전관리규정 준수 여부에 대한 확인·평가는 교통시설설치·관리자 등이 교통안전관리규정을 제출한 날을 기준으로 매 (ⓑ)이 지난 날 전후 (ⓒ) 이내에 실시한다.

	ⓐ	ⓑ	ⓒ
㉮	지정행정기관	3년	100일
㉯	교통행정기관	3년	60일
㉰	지정행정기관	5년	90일
㉱	교통행정기관	5년	100일

규칙 제5조(교통안전관리규정 준수 여부의 확인·평가) ① 법 제21조 제3항에 따른 교통안전관리규정 준수 여부의 확인·평가는 영 제17조 제1항에 따라 교통안전관리규정을 제출한 날을 기준으로 매 5년이 지난 날의 전후 100일 이내에 실시한다.

39 다음 중 교통안전법상의 교통안전에 관한 기본시책에 해당되지 않는 것은?

기출 유사

㉮ 교통수단안전점검
㉯ 교통질서의 유지
㉰ 교통수단의 안전성 향상
㉱ 교통시설의 정비 등

정답 37. ㉰ 38. ㉱ 39. ㉮

40 다음 중 교통안전법상의 교통수단안전점검의 대상으로서 교통수단에 해당되지 않는 것은? 기출 유사

㉮ 「여객자동차운수사업법」에 따른 여객자동차운송사업자 및 여객자동차터미널사업자와 「화물자동차운송사업법」에 따른 화물자동차운송사업자가 보유한 자동차, 국토교통부령으로 정하는 어린이 통학버스 및 위험물 운반자동차 등 교통안전점검이 필요하다고 인정되는 자동차
㉯ 「철도산업발전기본법」에 따른 철도차량
㉰ 「항공법」에 따른 항공기
㉱ 「항공법」상의 적용특례(제2조의3 및 제2조의4)에 따라 그 적용을 받는 군용항공기 등과 국가기관 등 항공기

시행령 제20조(교통수단안전점검의 대상 등) ① 법 제33조 제1항에 따른 교통수단안전점검의 대상은 다음 각 호와 같다.
1. 「여객자동차 운수사업법」에 따른 여객자동차운송사업자가 보유한 자동차 및 그 운영에 관련된 사항
2. 「화물자동차 운수사업법」에 따른 화물자동차 운송사업자가 보유한 자동차 및 그 운영에 관련된 사항
3. 「건설기계관리법」에 따른 건설기계사업자가 보유한 건설기계(같은 법 제26조제1항 단서에 따라 「도로교통법」에 따른 운전면허를 받아야 하는 건설기계에 한정) 및 그 운영에 관련된 사항
4. 「철도사업법」에 따른 철도사업자 및 전용철도운영자가 보유한 철도차량 및 그 운영에 관련된 사항
5. 「도시철도법」에 따른 도시철도운영자가 보유한 철도차량 및 그 운영에 관련된 사항
6. 「항공사업법」에 따른 항공운송사업자가 보유한 항공기(「항공안전법」 제3조 및 제4조를 적용받는 군용항공기 등과 국가기관등항공기는 제외) 및 그 운영에 관련된 사항
7. 그 밖에 국토교통부령으로 정하는 어린이 통학버스 및 위험물 운반자동차 등 교통수단안전점검이 필요하다고 인정되는 자동차 및 그 운영에 관련된 사항

41 다음 중 교통안전법상의 교통안전점검의 항목에 해당되지 않는 것은? 기출 유사

㉮ 교통수단·교통시설 및 교통체계의 교통안전 위험요인조사
㉯ 교통안전 관계 법령의 위반 여부 확인
㉰ 지역교통안전시행계획의 준수여부 점검
㉱ 교통안전관리규정의 준수 여부 점검

시행령 제20조(교통수단안전점검의 대상 등) ④ 법 제33조에 따른 교통수단안전점검의 항목은 다음 각 호와 같다.
1. 교통수단의 교통안전 위험요인 조사
2. 교통안전 관계 법령의 위반 여부 확인
3. 교통안전관리규정의 준수 여부 점검
4. 그 밖에 국토교통부장관이 관계 교통행정기관의 장과 협의하여 정하는 사항

정답 40. ㉱ 41. ㉰

42 다음 중 교통시설안전진단보고서에 포함될 내용이 아닌 것은? 2017 기출

㉮ 교통시설안전진단 대상의 종류
㉯ 교통시설안전진단의 실시기간과 실시자
㉰ 교통시설안전진단 대상의 상태 및 결함 내용
㉱ 교통시설안전진단을 받아야 하는 자의 학력 및 가족사항

시행령 제26조(교통시설안전진단보고서) 법 제34조 제2항, 제4항 및 제6항에 따른 교통시설안전진단보고서에는 다음 각 호의 사항이 포함되어야 한다.
1. 교통시설안전진단을 받아야 하는 자의 명칭 및 소재지
2. 교통시설안전진단 대상의 종류
3. 교통시설안전진단의 실시기간과 실시자
4. 교통시설안전진단 대상의 상태 및 결함 내용
5. 교통안전진단기관의 권고사항
6. 그 밖에 교통안전관리에 필요한 사항

43 다음 중 교통안전법상 교통사고원인조사의 대상도로에 해당하지 않는 것은?
2017 기출

㉮ 최근 3년간 사망사고 3건 이상에 해당하는 교통사고가 발생하여 해당 구간의 교통시설에 문제가 있는 것으로 의심되는 도로
㉯ 교차로 또는 횡단보도 및 그 경계선으로부터 150m까지의 도로 지점
㉰ 교통사고원인조사 대상으로 선정된 구간에 교통시설 개선사업을 실시한 경우
㉱ 최근 3년간 중상사고 이상의 교통사고 10건 이상에 해당하는 교통사고가 발생하여 해당 구간의 교통시설에 문제가 있는 것으로 의심되는 도로

시행령 별표 5 교통사고원인조사의 대상

대상도로	대상구간
최근 3년간 다음 각 호의 어느 하나에 해당하는 교통사고가 발생하여 해당 구간의 교통시설에 문제가 있는 것으로 의심되는 도로 1. 사망사고 3건 이상 2. 중상사고 이상의 교통사고 10건 이상	1. 교차로 또는 횡단보도 및 그 경계선으로부터 150m까지의 도로 지점 2. 「국토의 계획 및 이용에 관한 법률」 제6조 제1호에 따른 도시지역의 경우에는 600m, 도시지역 외의 경우에는 1,000m의 도로 구간

비고
1. 원인조사를 하여야 하는 대상 구간에서 음주운전이나 무면허운전 등 운전자의 과실로 교통사고가 발생한 것이 명백한 경우에는 위 표를 적용하지 아니한다.
2. 교통사고원인조사 대상으로 선정된 구간에 교통시설 개선사업을 실시한 경우에는 그 다음 연도의 교통사고원인조사 대상에서 제외한다.
3. 교차로나 횡단보도를 포함하는 도로 지점에서 교통사고원인조사를 실시한 경우에는 이를 포함하는 도로 구간에는 교통사고원인조사를 실시하지 아니할 수 있다.

정답 42. ㉱ 43. ㉰

44 다음 중 교통안전법상의 교통안전점검의 방법에 대한 설명이 잘못된 것은?

기출 유사

㉮ 교통안전점검의 대상이 둘 이상의 교통행정기관의 소관 사항인 경우에도 해당 소관기관은 공동으로 점검할 수 없다.
㉯ 교통행정기관의 장은 교통안전점검을 하기 위하여 필요하다고 인정되는 경우에는 교통안전과 관련된 전문기관·단체의 지원을 받을 수 있다
㉰ 교통행정기관의 장은 교통수단안전점검을 실시할 때에는 교통안전에 관한 전문지식과 경험이 있는 관계 공무원으로 하여금 이를 실시하도록 하여야 한다.
㉱ 교통행정기관은 소관 교통수단·교통시설 또는 교통체계에 대한 교통수단안전점검을 실시한 결과 교통안전을 저해하는 요인이 발견된 경우에는 그 개선대책을 수립하고 이를 시행하여야 하며, 교통사업자에게 교통안전과 관련된 시설·설비의 확충 또는 운행체계의 정비 등 교통안전에 관한 개선사항을 권고할 수 있다.

규칙 제21조(교통수단안전점검의 방법) ① 교통행정기관의 장은 법 제33조 제1항 및 제6항에 따라 교통수단안전점검을 실시할 때에는 교통안전에 관한 전문지식과 경험이 있는 관계 공무원으로 하여금 이를 실시하도록 하여야 한다.
② 교통수단안전점검의 대상이 둘 이상의 교통행정기관의 소관 사항인 경우에는 해당 소관 기관이 공동으로 점검할 수 있다.
③ 교통행정기관의 장은 교통수단안전점검을 하기 위하여 필요하다고 인정되는 경우에는 교통안전과 관련된 전문기관·단체의 지원을 받을 수 있다.

45 다음 중 교통사고 관련 자료를 보관해야 하는 관리자에 해당하지 않는 자는?

2017 기출

㉮ 교통수단운영자　　　　　　㉯ 교통안전공단
㉰ 도로교통공단　　　　　　　㉱ 한국도로공사

시행령 제38조(교통사고관련자료등의 보관·관리) ① 교통사고와 관련된 자료·통계 또는 정보를 보관·관리하는 자는 교통사고가 발생한 날부터 5년간 이를 보관·관리하여야 한다.
② 교통사고관련자료등을 보관·관리하는 자는 교통사고관련자료등의 멸실 또는 손상에 대비하여 그 입력된 자료와 프로그램을 다른 기억매체에 따로 입력시켜 격리된 장소에 안전하게 보관·관리하여야 한다.

시행령 제39조(교통사고관련자료등을 보관·관리하는 자) 법 제51조 제2항에서 "대통령령이 정하는 자"란 다음 각 호의 자를 말한다.
1. 「교통안전공단법」에 따른 교통안전공단
2. 「도로교통법」 제120조에 따른 도로교통공단
3. 「한국도로공사법」에 따른 한국도로공사

정답　44. ㉮　45. ㉮

4. 「보험업법」 제175조에 따라 설립된 손해보험협회에 소속된 손해보험회사
5. 「여객자동차 운수사업법」 제4조에 따라 여객자동차운송사업의 면허를 받거나 등록을 한 자
6. 「여객자동차 운수사업법」 제61조에 따른 공제조합
7. 「화물자동차 운수사업법」 제35조에 따라 화물자동차운수사업자로 구성된 협회가 설립한 연합회

46 다음 중 교통안전법상 교통시설안전진단을 실시하고자 하는 자가 등록하여야 하는 곳은? 　　　　　　　　　　　　　　　　　　　　　　　　　　　　　기출 유사

㉮ 대통령　　　　　　　　　　　　　㉯ 국토교통부장관
㉰ 국무총리　　　　　　　　　　　　㉱ 시·도지사

시행령 제32조(교통안전진단기관의 등록 등) ② 법 제39조 제1항에 따라 교통안전진단기관으로 등록하려는 자는 등록신청서에 국토교통부령으로 정하는 서류를 첨부하여 시·도지사에게 제출하여야 한다.
③ 시·도지사는 제2항에 따른 등록신청을 받은 경우에는 제1항의 요건을 갖추었는지를 검토한 후 다음 각 호의 구분에 따라 교통안전진단기관으로 등록하여야 한다.
1. 도로분야　　2. 철도분야　　3. 공항분야

47 다음 중 교통안전법상 교통시설안전진단을 실시하고자 하는 자의 등록결격사유에 해당되지 않는 것은? 　　　　　　　　　　　　　　　　　　　　　　　기출 유사

㉮ 일반교통안전진단기관의 등록이 취소된 후 3년이 경과된 자
㉯ 피성년후견인 또는 피한정후견인
㉰ 파산선고를 받고 복권되지 아니한 자
㉱ 이 법을 위반하여 징역형의 집행유예 선고를 받고 그 유예기간 중에 있는 자

법 제41조(결격사유) 다음 각 호의 어느 하나에 해당하는 자는 교통안전진단기관으로 등록할 수 없다.
1. 피성년후견인 또는 피한정후견인
2. 파산선고를 받고 복권되지 아니한 자
3. 이 법을 위반하여 징역형의 실형을 선고받고 그 집행이 종료(집행이 종료된 것으로 보는 경우를 포함)되거나 집행이 면제된 날부터 2년이 경과되지 아니한 자
4. 이 법을 위반하여 징역형의 집행유예 선고를 받고 그 유예기간 중에 있는 자
5. 제43조에 따라 교통안전진단기관의 등록이 취소된 후 2년이 경과되지 아니한 자. 다만, 제43조 제3호 중 제41조 제1호 및 제2호에 해당하여 등록이 취소된 경우는 제외한다.
6. 임원 중에 제1호 내지 제5호의 어느 하나에 해당하는 자가 있는 법인

정답　46. ㉱　47. ㉮

48 다음 중 교통안전법상 교통시설안전진단을 받아야 할 의무대상자는? 기출 유사

㉮ 교통수단운영자
㉯ 교통시설설치·관리자
㉰ 한국교통안전공단
㉱ 특별교통안전진단기관

49 교통행정기관의 교통안전진단 실시결과 조치명령항목이 아닌 것은?

㉮ 교통시설에 대한 공사계획 또는 사업계획 등의 시정·보안
㉯ 교통시설·교통수단의 개선·보완 및 이용제한
㉰ 교통시설의 관리·운영 등과 관련된 절차·방법 등의 개선·보완
㉱ 운전자 등, 교통사업자 소속근로자 등에 대한 근무환경의 개선

법 제37조(교통시설안전진단 결과의 처리) ① 교통행정기관은 제34조 제1항, 제3항 및 제5항에 따른 교통시설안전진단을 받은 자가 제출한 교통시설안전진단보고서를 검토한 후 교통안전의 확보를 위하여 필요하다고 인정되는 경우에는 해당 교통시설안전진단을 받은 자에 대하여 다음 각 호의 어느 하나에 해당하는 사항을 권고하거나 관계법령에 따른 필요한 조치를 할 수 있다. 이 경우 교통행정기관은 교통시설안전진단을 받은 자가 권고사항을 이행하기 위하여 필요한 자료 제공 및 기술지원을 할 수 있다.
1. 교통시설에 대한 공사계획 또는 사업계획 등의 시정 또는 보완
2. 교통시설의 개선·보완 및 이용제한
3. 교통시설의 관리·운영 등과 관련된 절차·방법 등의 개선·보완
4. 삭제 〈2017.1.17.〉
5. 그 밖에 교통안전에 관한 업무의 개선

50 교통안전진단에 소요되는 비용은 누가 부담하는가? 기출 유사

㉮ 교통안전진단을 받는 자
㉯ 국토교통부장관
㉰ 시·도지사
㉱ 교통안전진단을 수행한 자

교통시설안전진단에 드는 비용은 교통시설안전진단을 받는 자가 부담한다.

정답 48. ㉯ 49. ㉱ 50. ㉮

51 다음 중 교통안전법상 국토교통부장관의 교통안전진단기관에 대한 필요적 등록취소사유에 해당되지 않는 것은? 기출 유사

㉮ 거짓 그 밖의 부정한 방법에 의한 등록시
㉯ 등록기준에의 미달
㉰ 최근 2년간 2회의 영업정지처분 후 새로이 영업정지처분에 해당하는 사유의 발생 시
㉱ 영업정지처분기간 중에 새로이 교통안전진단업무를 실시한 때

법 제43조(등록의 취소 등) ① 시·도지사는 교통안전진단기관이 다음 각 호의 어느 하나에 해당하는 때에는 그 등록을 취소하거나 1년 이내의 기간을 정하여 영업의 정지를 명할 수 있다. 다만, 제1호부터 제5호까지의 어느 하나에 해당하는 때에는 그 등록을 취소하여야 한다.
1. 거짓 그 밖의 부정한 방법으로 등록을 한 때
2. 최근 2년간 2회의 영업정지처분을 받고 새로이 영업정지처분에 해당하는 사유가 발생한 때
3. 제41조 각 호의 어느 하나에 해당하게 된 때. 다만, 법인의 임원 중에 동조 제1호 내지 제5호의 어느 하나에 해당하는 자가 있는 경우 6월 이내에 당해임원을 개임한 때에는 그러하지 아니하다.
4. 제42조의 규정을 위반하여 타인에게 자기의 명칭 또는 상호를 사용하게 하거나 교통안전진단기관등록증을 대여한 때
5. 영업정지처분을 받고 영업정지처분기간 중에 새로이 교통시설안전진단 업무를 실시한 때
6. 제39조 제2항의 규정에 따른 등록기준에 미달하게 된 때
7. 교통시설안전진단을 실시할 자격이 없는 자로 하여금 교통시설안전진단을 수행하게 한 때
8. 제45조에 따라 교통시설안전진단의 실시결과를 평가한 결과 안전의 상태를 사실과 다르게 진단하는 등 교통시설안전진단 업무를 부실하게 수행한 것으로 평가된 때

52 다음 ( ) 안에 들어갈 말로 바르게 연결된 것은?

등록의 취소 또는 (ⓐ)을 받은 (ⓑ)은 그 처분 당시에 이미 착수한 교통안전진단업무는 이를 계속할 수 있다. 이 경우 교통안전진단기관은 그 처분 받은 내용을 지체 없이 (ⓒ)에게 통지하여야 한다.

	ⓐ	ⓑ	ⓒ
㉮	영업정지처분	교통안전진단기관	교통행정기관
㉯	자격정지처분	교통안전진단기관	교통시설 안전진단 실시를 의뢰한 자
㉰	영업정지처분	교통안전진단기관	교통시설 안전진단 실시를 의뢰한 자
㉱	영업정지처분	교통안전진단기관	교통행정기관이나 교통시설 안전진단 실시를 의뢰한 자

정답 51. ㉯ 52. ㉰

법 제44조(행정처분 후의 업무수행) ① 제43조에 따라 등록의 취소 또는 영업정지처분을 받은 교통안전진단기관은 그 처분 당시에 이미 착수한 교통시설안전진단 업무는 이를 계속할 수 있다. 이 경우 교통안전진단기관은 그 처분 받은 내용을 지체 없이 교통시설안전진단 실시를 의뢰한 자에게 통지하여야 한다.

53 교통안전진단기관에 대한 지도·감독에 있어서 출입·검사를 하는 경우 원칙적으로 검사일 몇 일 전까지 검사일시 등을 통지해야 하는가?

㉮ 3일 전
㉯ 5일 전
㉰ 7일 전
㉱ 14일 전

54 다음 중 국토교통부령으로 정하는 교통안전정보에 해당되지 않는 것은? 기출 유사

㉮ 지역교통안전시행계획의 추진실적
㉯ 교통사고의 원인 중 죄의 수사와 관련된 사항
㉰ 교통안전관리규정 준수 여부의 확인·평가결과
㉱ 교통수단·교통시설 및 교통체계에 대한 교통안전진단의 실시결과

규칙 제17조(교통안전정보) 영 제40조 제1항에서 "국토교통부령으로 정하는 교통안전정보"란 다음 각 호와 같다.
1. 교통사고 원인 분석(다만, 범죄의 수사와 관련된 사항은 제외)
2. 지역교통안전시행계획의 추진실적
3. 교통안전관리규정 준수 여부의 확인·평가 결과
4. 교통수단안전점검 및 교통시설안전진단의 실시결과
5. 교통수단의 운행기록등의 점검·분석 결과
6. 법 제57조 제1항에 따른 교통문화지수의 조사 결과
7. 「여객자동차 운수사업법」 제24조 제1항 또는 「화물자동차 운수사업법」 제8조 제1항 제2호에 따른 운전적성에 대한 정밀검사 결과
8. 자동차 주행거리 및 교통수단의 성능에 관한 정보
9. 전자지도 등 교통시설에 관한 정보
10. 그 밖에 교통안전에 필요한 정보

정답 53. ㉰ 54. ㉯

55 교통안전도 평가지수에서 중상자나 중상사고에 대한 가중치는? 2017 기출

㉮ 0.3 ㉯ 0.7
㉰ 1.0 ㉱ 1.5

교통안전법 시행령 [별표 3의2] **교통안전도 평가지수**
1. 교통사고는 직전연도 1년간의 교통사고를 기준으로 하며, 다음 각 목과 같이 구분한다.
   가. 사망사고 : 교통사고가 주된 원인이 되어 교통사고 발생 시부터 30일 이내에 사람이 사망한 사고
   나. 중상사고 : 교통사고로 인하여 다친 사람이 의사의 최초 진단 결과 3주 이상의 치료가 필요한 상해를 입은 사고
   다. 경상사고 : 교통사고로 인하여 다친 사람이 의사의 최초 진단 결과 5일 이상 3주 미만의 치료가 필요한 상해를 입은 사고
2. 교통사고 발생건수 및 교통사고 사상자 수 산정 시 경상사고 1건 또는 경상자 1명은 '0.3', 중상사고 1건 또는 중상자 1명은 '0.7', 사망사고 1건 또는 사망자 1명은 '1'을 각각 가중치로 적용하되, 교통사고 발생건수의 산정 시, 하나의 교통사고로 여러 명이 사망 또는 상해를 입은 경우에는 가장 가중치가 높은 사고를 적용한다.

56 교통안전법 시행령상 교통안전도 평가지수에서 중상사고의 기준은 몇 주인가? 2017 기출

㉮ 2주 이상 ㉯ 3주 이상
㉰ 4주 이상 ㉱ 5주 이상

57 교통안전법상 직전연도 1년간의 교통사고를 기준으로 한 교통안전도 평가지수에서의 사망사고의 시기는? 2017 기출

㉮ 교통사고 발생 시부터 10일 이내 ㉯ 교통사고 발생 시부터 20일 이내
㉰ 교통사고 발생 시부터 30일 이내 ㉱ 교통사고 발생 시부터 40일 이내

58 교통수단운영자가 운영하는 교통수단의 안전한 운행 또는 운항과 관련된 기술적인 사항을 점검·관리하는 자를 무엇이라 하는가? 기출 유사

㉮ 교통안전관리자 ㉯ 교통수단운영자
㉰ 교통사업자 ㉱ 특별교통안전진단기관

정답 55. ㉯ 56. ㉯ 57. ㉰ 58. ㉮

59 다음 중 교통안전관리자시험의 실시기관에 해당하는 것은? 기출 유사
㉮ 국토교통부장관 ㉯ 한국교통안전공단
㉰ 국무총리 ㉱ 시·도지사

한국교통안전공단은 법 제53조 제2항에 따른 교통안전관리자 시험을 매년 실시하여야 하며, 시험을 실시하기 전에 교통안전관리자의 수급상황을 파악하여 시험의 실시에 관한 계획을 국토교통부장관에게 제출하여야 한다.

60 다음 중 교통안전관리자 시험부정행위자에 대한 제재로서 시험이 정지되거나 무효로 된 사람은 그 처분이 있은 날부터 몇 년간 응시 할 수 없는가?
㉮ 1년 ㉯ 2년
㉰ 3년 ㉱ 5년

제53조의2(부정행위자에 대한 제재) ① 국토교통부장관은 부정한 방법으로 제53조 제2항에 따른 시험에 응시한 사람 또는 시험에서 부정행위를 한 사람에 대하여는 그 시험을 정지시키거나 무효로 한다.
② 제1항에 따라 시험이 정지되거나 무효로 된 사람은 그 처분이 있은 날부터 2년간 제53조 제2항에 따른 시험에 응시할 수 없다.

61 다음 중 차로이탈경고장치나 운행기록장치 등의 장착 여부에 관한 조사로서 틀린 것은?

㉮ 국토교통부장관 또는 교통행정기관은 다음 각 호의 어느 하나에 해당하는 사항을 확인하기 위하여 관계공무원, 자동차안전단속원 또는 운행제한단속원으로 하여금 운행 중인 자동차를 조사하게 할 수 있다
㉯ 운행 중인 자동차의 소유자나 운전자는 정당한 사유 없이 조사를 거부·방해 또는 기피하여서는 아니 된다.
㉰ 운행 중인 자동차의 소유자나 운전자는 조사를 거부·방해 또는 기피 할 수 있다.
㉱ 조사를 하는 관계공무원등은 그 권한을 표시하는 증표를 지니고 이를 관계인에게 내보여야 한다.

제55조의3(운행기록장치 등의 장착 여부에 관한 조사) ① 국토교통부장관 또는 교통행정기관은 다음 각 호의 어느 하나에 해당하는 사항을 확인하기 위하여 관계공무원, 「자동차관리법」 제73조의2 제1항에 따른 자동차안전단속원 또는 「도로법」 제77조 제4항에 따른 운행제한단속원(이하 이 조에서 "관계공무원등"이라 한다)으로 하여금 운행 중인 자동차를 조사하게 할 수 있다.

1. 제55조 제1항을 위반하여 운행기록장치를 장착하지 아니하였거나 기준에 적합하지 아니한 운행기록장치를 장착하였는지 여부
2. 제55조의2를 위반하여 차로이탈경고장치를 장착하지 아니하였거나 기준에 적합하지 아니한 차로이탈경고장치를 장착하였는지 여부

② 운행 중인 자동차의 소유자나 운전자는 정당한 사유 없이 제1항에 따른 조사를 거부·방해 또는 기피하여서는 아니 된다.

③ 제1항에 따라 조사를 하는 관계공무원등은 그 권한을 표시하는 증표를 지니고 이를 관계인에게 내보여야 한다.

62 교통안전분야와 관련 있는 분야의 자격취득자로서 교통안전관리자시험의 일부면제자가 제출해야 하는 서류가 아닌 것은?

㉮ 자격증사본
㉯ 시험기관이 발행하는 과목 합격증명서
㉰ 경력증명서
㉱ 교통안전공단에서 시행하는 교육·훈련신청서류

63 다음 중 교통안전법령상 교통안전관리자 자격의 종류에 해당되지 않는 것은?

기출 유사

㉮ 도로교통안전관리자   ㉯ 항공교통안전관리자
㉰ 삭도교통안전관리자   ㉱ 해양교통안전관리자

 시행령 제41조의2(교통안전관리자 자격의 종류) 법 제53조 제1항에 따른 교통안전관리자 자격의 종류는 다음 각 호와 같다. [본조 신설 2018.12.24.]
1. 도로교통안전관리자
2. 철도교통안전관리자
3. 항공교통안전관리자
4. 항만교통안전관리자
5. 삭도교통안전관리자

64 다음 중 교통안전법령상 교통안전담당자의 직무에 해당되지 않는 것은? 기출 유사

㉮ 교통안전점검의 실시
㉯ 교통안전관리규정의 시행 및 그 기록의 작성·보존
㉰ 교통수단의 운행·운항 또는 항행과 관련된 안전점검의 지도 및 감독
㉱ 교통사고원인조사·분석 및 기록 유지

정답 62. ㉱ 63. ㉱ 64. ㉮

시행령 제44조의2(교통안전담당자의 직무) ① 교통안전담당자의 직무는 다음 각 호와 같다. <개정 2018.12.24.>
1. 교통안전관리규정의 시행 및 그 기록의 작성·보존
2. 교통수단의 운행·운항 또는 항행 또는 교통시설의 운영·관리와 관련된 안전점검의 지도·감독
3. 교통시설의 조건 및 기상조건에 따른 안전 운행등에 필요한 조치
4. 법 제24조 제1항에 따른 운전자등의 운행등 중 근무상태 파악 및 교통안전 교육·훈련의 실시
5. 교통사고 원인 조사·분석 및 기록 유지
6. 운행기록장치 및 차로이탈경고장치 등의 점검 및 관리

65 다음 중 교통안전법령상 교통안전담당자의 직무에 해당되지 않는 것은?   2017 기출
㉮ 사업장에 있는 교통안전 관련 시설 및 장비의 설치 또는 보완
㉯ 교통안전관리규정의 시행 및 그 기록의 작성·보존
㉰ 교통수단의 운행·운항 또는 항행과 관련된 안전점검의 지도 및 감독
㉱ 교통사고원인조사·분석 및 기록 유지

66 교통안전담당자는 교통안전을 위해 필요하다고 인정하는 경우에는 일정한 조치를 교통시설설치·관리자등에게 요청해야 한다. 다음 중 이러한 조치에 해당되지 않는 것은?   기출 유사
㉮ 교통사고원인조사·분석 및 기록 유지
㉯ 교통수단의 정비
㉰ 차량운전자 등의 승무계획 변경
㉱ 교통안전을 해치는 행위를 한 운전자등에 대한 징계 건의

시행령 제44조의2(교통안전담당자의 직무) ③ 교통안전담당자는 교통안전을 위해 필요하다고 인정하는 경우에는 다음 각 호의 조치를 교통시설설치·관리자등에게 요청해야 한다. 다만, 교통안전담당자가 교통시설설치·관리자등에게 필요한 조치를 요청할 시간적 여유가 없는 경우에는 직접 필요한 조치를 하고, 이를 교통시설설치·관리자등에게 보고해야 한다. <개정 2018.12.24.>
1. 국토교통부령으로 정하는 교통수단의 운행등의 계획 변경
2. 교통수단의 정비
3. 운전자등의 승무계획 변경
4. 교통안전 관련 시설 및 장비의 설치 또는 보완
5. 교통안전을 해치는 행위를 한 운전자등에 대한 징계 건의

정답 65. ㉮ 66. ㉮

67 다음 중 교통안전관리자의 결격사유에 해당하지 않는 것은? 2017 기출

㉮ 피성년후견인 또는 피한정후견인
㉯ 금고 이상의 형의 집행유예 선고를 받고 그 유예기간 중에 있거나 유예기간 경과 후 2년이 되지 아니한 자
㉰ 금고 이상의 실형을 선고받고 그 집행이 종료되거나 집행이 면제된 날부터 2년이 경과되지 아니한 자
㉱ 교통안전관리자 자격의 취소처분을 받은 날부터 2년이 경과되지 아니한 자

법 제53조(교통안전관리자 자격의 취득 등) ③ 다음 각 호의 어느 하나에 해당하는 자는 교통안전관리자가 될 수 없다.
1. 피성년후견인 또는 피한정후견인
2. 금고 이상의 실형을 선고받고 그 집행이 종료(집행이 종료된 것으로 보는 경우를 포함)되거나 집행이 면제된 날부터 2년이 경과되지 아니한 자
3. 금고 이상의 형의 집행유예 선고를 받고 그 유예기간 중에 있는 자
4. 제54조의 규정에 따라 교통안전관리자 자격의 취소처분을 받은 날부터 2년이 경과되지 아니한 자. 다만, 제54조 제1항 제1호 중 제53조 제3항 제1호에 해당하여 자격이 취소된 경우는 제외한다.

68 교통안전법상 일정한 교육과정을 수료한 자의 교통안전관리자 시험면제과목에 해당하지 않는 것은? 2017 기출

㉮ 교통법규 ㉯ 교통안전관리론
㉰ 자동차정비 ㉱ 자동차공학

시행규칙 제24조(시험의 일부 면제를 위한 교육 및 훈련 과정)
① 법 제53조 제4항 제2호에서 "국토교통부령으로 정하는 교육 및 훈련 과정을 마친 자"란 한국교통안전공단이 시행하는 교통법규·교통안전관리론 및 해당 분야별 시험과목과 관련된 교육 및 훈련을 받고 제6항에 따른 교육 및 훈련 과정 수료증을 교부받은 자를 말한다.
② 한국교통안전공단은 제1항에 따른 교육 및 훈련을 실시하려면 그 실시 계획을 국토교통부장관에게 보고하여야 하며, 교육 및 훈련 실시 60일 전에 교육 및 훈련 기간 및 장소 등을 일간신문 또는 한국교통안전공단 인터넷 홈페이지에 공고하여야 한다.
③ 제1항에 따른 교육 및 훈련을 받으려는 자는 별지 제16호 서식의 교통안전관리자 시험 일부 면제교육 및 훈련 신청서에 영 별표 8의 실무경험 요건을 증명할 수 있는 서류를 첨부하여 한국교통안전공단에 제출하여야 한다.
④ 제1항에 따른 교육 및 훈련 시간은 70시간 이상으로 한다.
⑤ 한국교통안전공단은 제1항에 따른 교육 및 훈련을 실시할 때에는 교통법규와 교통안전관리론의 교육 및 훈련 시간이 전체 교육 및 훈련 시간의 50퍼센트 이상이 되도록 하여야 한다. 다만, 교육 및 훈련 대상자의 특성 등을 고려하여 교통법규와 교통안전관리론에 대한 교육 및 훈련 시간을 10퍼센트의 범위에서 줄일 수 있다.
⑥ 한국교통안전공단은 제1항에 따른 교육 및 훈련을 받은 자에게 교육 및 훈련 과정 수료증을 교부하여야 한다.

정답 67. ㉯ 68. ㉮

⑦ 한국교통안전공단은 제6항에 따른 교육 및 훈련 과정 수료증을 교부받은 자가 시험에 응시하는 경우 그 수료증을 교부받은 날부터 2년간 2번의 시험에 대하여는 영 별표 6의 시험과목 중 교통법규를 제외한 시험과목을 면제한다.

69 다음 중 교통안전관리자의 자격취소 또는 정지처분을 할 수 있는 기관은? 기출 유사

㉮ 한국교통안전공단 ㉯ 국토교통부장관
㉰ 국무총리 ㉱ 시·도지사

법 제54조(교통안전관리자 자격의 취소 등) ① 시·도지사는 교통안전관리자가 다음 제1호 및 제2호의 어느 하나에 해당하는 때에는 그 자격을 취소하여야 하며, 제3호에 해당하는 때에는 교통안전관리자의 자격을 취소하거나 1년 이내의 기간을 정하여 해당 자격의 정지를 명할 수 있다.
1. 제53조 제3항 각 호의 어느 하나에 해당하게 된 때
2. 거짓 그 밖의 부정한 방법으로 교통안전관리자 자격을 취득한 때
3. 교통안전관리자가 직무를 행함에 있어서 고의 또는 중대한 과실로 인하여 교통사고를 발생하게 한 때

70 교통안전관리자에게 명할 수 있는 자격정지의 최대기간은?

㉮ 6월 ㉯ 1년
㉰ 1년 6월 ㉱ 2년

시·도지사가 명할 수 있는 자격정지의 최대기간은 1년 이내이다.

71 시·도지사는 일정 사유에 해당하는 경우에는 교통안전관리자의 자격을 취소해야 하거나 취소 또는 1년 이내의 자격정지를 명할 수 있다. 다음 중 이러한 사유에 해당되지 않는 것은? 기출 유사

㉮ 운행기록 등을 보관하지 아니한 때
㉯ 결격사유의 어느 하나에 해당하게 된 때
㉰ 거짓 그 밖의 부정한 방법으로 교통안전관리자 자격을 취득한 때
㉱ 교통안전관리자가 직무를 행함에 있어서 고의 또는 중대한 과실로 인하여 교통사고를 발생하게 한 때

정답 69. ㉱ 70. ㉯ 71. ㉮

72 시·도지사가 자격의 취소 또는 정지처분을 한 때에는 국토교통부령이 정하는 바에 따라 당해 교통안전관리자에게 이를 통지하여야 한다(법 제54조 제2항). 다음 중 교통안전관리자 자격의 취소통지에 포함되어야 하는 사항이 아닌 것은? 기출 유사

㉮ 자격의 회복방법에 대한 절차
㉯ 자격의 취소 또는 정지처분의 사유
㉰ 자격의 취소 또는 정지처분에 대하여 불복하는 경우 불복신청의 절차와 기간 등
㉱ 교통안전관리자 자격증명서의 반납에 관한 사항

규칙 제28조(자격의 취소 등) ① 법 제54조 제2항에 따른 교통안전관리자 자격의 취소 또는 정지처분의 통지에는 다음 각 호의 사항이 포함되어야 한다.
1. 자격의 취소 또는 정지처분의 사유
2. 자격의 취소 또는 정지처분에 대하여 불복하는 경우 불복신청의 절차와 기간 등
3. 교통안전관리자 자격증명서의 반납에 관한 사항

73 다음 중 교통안전법상 교통안전담당자를 지정하는 지정자에 해당하지 않는 자는?
2017 기출

㉮ 교통시설설치자 ㉯ 교통시설관리자
㉰ 교통수단운영자 ㉱ 교통시설생산자

교통안전법 제54조의2(교통안전담당자의 지정 등) ① 대통령령으로 정하는 교통시설설치·관리자 및 교통수단운영자는 다음 각 호의 어느 하나에 해당하는 사람을 교통안전담당자로 지정하여 직무를 수행하게 하여야 한다. [시행일 : 2018.12.27.]
1. 제53조에 따라 교통안전관리자 자격을 취득한 사람
2. 대통령령으로 정하는 자격을 갖춘 사람

74 자동차 등 운행기록 등을 보관의무자가 보관해야 하는 시기는? 기출 유사

㉮ 3개월 ㉯ 6개월
㉰ 1년   ㉱ 5년

운행기록장치를 장착하여야 하는 자는 운행기록장치에 기록된 운행기록을 대통령령으로 정하는 기간(6개월) 동안 보관하여야 하며, 교통행정기관이 제출을 요청하는 경우 이에 따라야 한다.

정답 72. ㉮ 73. ㉱ 74. ㉯

75 다음 중 교통안전법상 운행기록 분석결과를 활용할 수 없는 분야에 해당하는 것은? 2017 기출

㉮ 자동차의 운행관리
㉯ 차량운전자에 대한 교육·훈련
㉰ 운행계통 및 운행경로 개선
㉱ 과태료 부과 시 일반기준

운행기록의 분석 결과는 다음 각 호의 자동차·운전자·교통수단운영자에 대한 교통안전 업무 등에 활용되어야 한다(교통안전법 시행규칙 제30조 제5항).
1. 자동차의 운행관리
2. 차량운전자에 대한 교육·훈련
3. 교통수단운영자의 교통안전관리
4. 운행계통 및 운행경로 개선
5. 그 밖에 교통수단운영자의 교통사고 예방을 위한 교통안전정책의 수립

76 다음 중 교통안전법상 운행기록의 점검 및 분석사항이 아닌 것은? 2017 기출

㉮ 운행기록의 조작 및 교정인자의 위·변조 여부
㉯ 운행기록장치의 미작동 및 오류발생 여부
㉰ 운행기록장치의 오류발생 사유조사
㉱ 차량운전자에 대한 교육·훈련

자동차 운행기록 및 장치에 관한 관리지침 제8조(운행기록장치 및 운행기록의 점검 등) ① 공단은 접수된 운행기록이 범용자료저장방식 및 별표 2의 배열순서에 적합한지 등을 확인하여야 한다.
② 공단은 운송사업자의 운행기록장치 및 운행기록에 대한 <u>다음 각 호의 사항을 점검</u>할 수 있다.
  1. 운행기록의 조작 및 교정인자의 위·변조 여부
  2. 운행기록장치의 미작동 및 오류발생 여부
  3. 운행기록장치의 오류발생 사유조사
  4. 운행기록장치에 별표 2의 표기순서에 적합한 운행기록 저장여부
  5. 그 밖에 운행기록등에 문제가 있다고 판단되는 사항의 확인
③ 공단은 운행기록을 분석하는 과정에서 확인이 필요하다고 판단되는 경우에는 운송사업자에게 필요한 질문 또는 추가 자료의 제출을 요청하거나 운행기록장치에서 직접 운행기록을 확인할 수 있다.
④ 공단은 운행기록을 확인한 결과 운행기록이 오류, 누락 또는 부정확하다고 인정되는 경우에는 자료의 보완 또는 수정을 요청할 수 있다. 이 경우 공단은 제출된 운행기록을 운행기록 분석시스템에 입력을 하지 아니하고 운송사업자에게 반송하거나 폐기하여야 한다.

정답 75. ㉱ 76. ㉱

77 한국교통안전공단은 교통수단운영자가 제출한 운행기록 등을 점검하고 일정한 항목을 분석하여야 한다(칙 제30조 제3항). 이러한 항목에 포함되지 않는 것은?

기출 유사

㉮ 과속   ㉯ 주차
㉰ 급출발 ㉱ 진로변경

한국교통안전공단은 운행기록장치 장착의무자가 제출한 운행기록을 점검하고 다음 각 호의 항목을 분석하여야 한다.
1. 과속 2. 급감속 3. 급출발 4. 회전 5. 앞지르기 6. 진로변경

78 교통안전법상의 교통안전체험연구·교육시설은 일정한 내용을 체험할 수 있도록 하여야 한다(영 제46조 제2항). 다음 중 이러한 내용에 포함되지 않는 것은?

기출 유사

㉮ 교통안전점검의 실시
㉯ 교통사고에 관한 모의실험
㉰ 비상상황에 대한 대처능력 향상을 위한 실습 및 교정
㉱ 상황별 안전운전 실습

교통안전체험연구·교육시설은 다음 각 호의 내용을 체험할 수 있도록 하여야 한다.
1. 교통사고에 관한 모의 실험
2. 비상상황에 대한 대처능력 향상을 위한 실습 및 교정
3. 상황별 안전운전 실습

79 교통안전법상 안전체험교육이수를 요하는 자는 몇 주에 해당하는 중대교통사고를 초래한 자인가?

2017 기출

㉮ 4주   ㉯ 6주
㉰ 8주   ㉱ 10주

교통안전법 제56조의2(중대 교통사고자에 대한 교육실시) ① 차량의 운전자가 중대 교통사고(8주 이상의 치료를 요하는 피해자를 발생시킨 사고)를 일으킨 경우에는 국토교통부령으로 정하는 교육을 받아야 한다. 이 경우 교육의 내용에는 운전자의 안전운전능력을 효과적으로 배양할 수 있는 교통안전 체험교육이 포함되어야 한다.

정답 77. ㉯ 78. ㉮ 79. ㉰

80 교통안전체험에 관한 연구·교육시설의 설치 등에 대한 다음 설명 중 틀린 것은?

㉮ 교통행정기관의 장은 교통수단을 운전·운행하는 자의 교통안전의식과 안전운전능력을 효과적으로 배양하고 이를 현장에서 적극 실천할 수 있도록 교통안전체험에 관한 연구·교육시설을 설치·운영해야 한다.
㉯ 시설은 고속주행에 따른 자동차의 변화와 특성을 체험할 수 있는 고속주행코스 및 통제시설 등 국토교통부령으로 정하는 것이어야 한다.
㉰ 연구·교육시설은 교통사고에 관한 모의실험, 비상상황에 대한 대처능력향상을 위한 실습·교정, 상황별 안전운전실습을 체험할 수 있도록 하여야 한다.
㉱ 교통행정기관의 장은 교통사고를 일으킨 운전자가 소속된 교통수단운영자에게 해당 운전자가 국토교통부령으로 정하는 교육·훈련과정에 참여토록 권고할 수 있다.

법 제56조(교통안전체험에 관한 연구·교육시설의 설치 등) ① 교통행정기관의 장은 교통수단을 운전·운행하는 자의 교통안전의식과 안전운전능력을 효과적으로 배양하고 이를 현장에서 적극적으로 실천할 수 있도록 교통안전체험에 관한 연구·교육시설을 <u>설치·운영할 수 있다.</u>

81 국민의 교통안전의식의 수준 또는 교통문화의 수준을 객관적으로 측정하기 위한 지수를 무엇이라 하는가?   기출 유사

㉮ 교통의식지수   ㉯ 교통안전지수
㉰ 교통사고지수   ㉱ 교통문화지수

82 다음 중 교통안전법상의 교통문화지수의 조사항목에 해당되지 않는 것은?
    기출 유사

㉮ 교통사고   ㉯ 운전행태
㉰ 교통안전   ㉱ 보행행태(도로교통분야로 한정함)

법 제47조(교통문화지수의 조사 항목 등) ① 법 제57조 제1항에 따른 교통문화지수의 조사 항목은 다음 각 호와 같다.
  1. 운전행태
  2. 교통안전
  3. 보행행태(도로교통분야로 한정한다)
  4. 그 밖에 국토교통부장관이 필요하다고 인정하여 정하는 사항
② 교통문화지수는 기초지방자치단체별 교통안전 실태와 교통사고 발생 정도를 조사하여 산정한다. 다만, 도로교통분야 외의 분야는 국토교통부장관이 조사방법을 다르게 정하여 조사할 수 있다.
③ 국토교통부장관은 교통문화지수를 조사하기 위하여 필요하다고 인정되는 경우에는 해당 지방자치단체의 장에게 자료 및 의견의 제출 등 필요한 협조를 요청할 수 있다.

정답 80. ㉮   81. ㉱   82. ㉮

83 교통문화지수의 조사에 관한 다음 설명 중 틀린 것은?

㉮ 교통문화지수는 기초지방자치단체별 교통안전 실태와 교통사고 발생 정도를 조사하여 산정한다.
㉯ 교통문화지수의 조사항목 중 보행행태는 도로교통분야로 한정한다.
㉰ 도로교통분야 외의 분야는 국토교통부장관이 조사방법을 다르게 정하여 조사할 수는 없다.
㉱ 국토교통부장관은 교통문화지수의 조사를 위해 필요하다고 인정하는 경우에는 해당 지방자치단체의 장에게 자료 및 의견제출 등 필요한 협조를 요청할 수 있다.

84 다음 중 교통안전법상의 비밀유지의무를 부담하는 업무에 해당되지 않는 것은? 기출 유사

㉮ 교통안전점검업무
㉯ 교통사고 관련자료 등의 보관·관리업무
㉰ 교통안전교육업무
㉱ 교통사고원인조사업무

법 제58조(비밀유지 등) 다음 각 호의 어느 하나에 해당하는 업무에 종사하는 자 또는 종사하였던 자는 그 직무상 알게 된 비밀을 타인에게 누설하거나 직무상 목적 외에 이를 사용하여서는 아니된다. 다만, 다른 법령에 특별한 규정이 있는 경우에는 그러하지 아니하다.
1. 제33조 제1항 및 제6항에 따른 교통수단안전점검 업무
2. 제34조 제1항, 제3항 및 제5항에 따른 교통시설안전진단 업무
3. 제50조의 규정에 따른 교통사고원인조사업무
4. 제51조의 규정에 따른 교통사고관련자료등의 보관·관리업무
5. 제55조에 따른 운행기록 관련 업무

85 다음 중 교통안전법상 수수료의 부과대상자가 아닌 자는? 기출 유사

㉮ 교통안전체험 연구·교육시설의 설치·운영자
㉯ 일반교통안전진단기관의 등록(변경등록 포함)을 받고자 하는 자
㉰ 교통안전관리자 자격시험의 응시자
㉱ 교통안전관리자 자격증의 교부(재교부 포함)를 받고자 하는 자

법 제60조(수수료) 이 법의 규정에 따른 교통안전진단기관의 등록(변경등록을 포함), 교통안전관리자 자격시험의 응시, 교통안전관리자자격증의 교부(재교부를 포함)를 받고자 하는 자는 국토교통부령이 정하는 바에 따라 수수료를 납부하여야 한다.

정답 83. ㉰ 84. ㉰ 85. ㉮

86 다음 중 교통안전법상의 청문의 실시기관은?   기출 유사

㉮ 국토교통부장관   ㉯ 시·도지사
㉰ 건설교통부장관   ㉱ 국무총리

 제61조(청문) 시·도지사는 다음 각 호의 어느 하나에 해당하는 처분을 하고자 하는 경우에는 청문을 실시하여야 한다.
1. 제43조에 따른 교통안전진단기관 등록의 취소
2. 제54조 제1항의 규정에 따른 교통안전관리자 자격의 취소

87 다음 중 교통안전법상의 필요적 청문사항에 해당하는 것은?   기출 유사

㉮ 등록사항의 변경   ㉯ 교통안전진단기관의 등록취소
㉰ 영업의 정지명령   ㉱ 휴업·재개업·폐업의 신고 접수

88 다음 중 교통안전법상 과태료의 부과권자에 해당하는 자는?   2017 기출

㉮ 국토교통부장관   ㉯ 교통수단운영자
㉰ 교통시설설치자   ㉱ 국무총리

 과태료는 대통령령이 정하는 바에 따라 국토교통부장관 또는 교통행정기관이 부과·징수한다(법 제65조 제3항).

89 다음 중 교통안전법상의 과태료의 부과대상자가 아닌 자는?   기출 유사

㉮ 신고를 하지 아니하고 교통안전진단업무를 휴업·재개업 또는 폐업하거나 거짓으로 신고한 교통안전진단기관
㉯ 점검·검사를 거부·기피·방해하거나 질문에 대하여 거짓으로 진술한 교통안전진단기관
㉰ 교통안전진단을 받지 아니하거나 교통안전진단보고서를 거짓으로 제출한 자
㉱ 직무상 비밀을 타인에게 누설하거나 직무상 목적 외에 이를 사용한 자

 ㉱ 직무상 비밀을 타인에게 누설하거나 직무상 목적 외에 이를 사용한 자는 2년 이하의 징역 또는 2천만원 이하의 벌금에 처한다.

정답 86. ㉯ 87. ㉯ 88. ㉮ 89. ㉱

90 다음 중 교통안전법상 500만 원 이하의 과태료의 부과대상자가 아닌 자는?

기출 유사

㉮ 교통안전진단을 받지 아니하거나 교통안전진단보고서를 거짓으로 제출한 교통수단운영자
㉯ 교통안전관리규정을 제출하지 아니하거나 이를 준수하지 아니한 자 또는 변경명령에 따르지 아니하는 교통시설 설치·관리자 등
㉰ 신고를 하지 아니하고 교통안전진단업무를 휴업·재개업 또는 폐업하거나 거짓으로 신고한 일반교통안전진단기관
㉱ 점검·검사를 거부·기피·방해하거나 질문에 대하여 거짓으로 진술한 교통안전진단기관

㉮ 교통안전진단을 받지 아니하거나 교통안전진단보고서를 거짓으로 제출한 교통수단운영자는 1천만원 이하의 과태료에 처한다.

91 다음 중 교통안전법상 2년 이하의 징역 또는 2천만 원 이하의 벌금형 대상자가 아닌 것은?

기출 유사

㉮ 등록하지 아니하고 교통안전진단업무를 수행한 자
㉯ 타인에게 자기의 명칭 또는 상호를 사용하게 하거나 교통안전진단기관등록증을 대여한 자 및 교통안전진단기관의 명칭 또는 상호를 사용하거나 교통안전진단기관등록증을 대여받은 자
㉰ 교통안전관리규정을 제출하지 아니하거나 이를 준수하지 아니한 자 또는 변경명령에 따르지 아니하는 교통시설 설치·관리자 등
㉱ 영업정지처분을 받고 그 영업정지기간 중에 새로이 교통안전진단업무를 수행한 자

㉰ 교통안전관리규정을 제출하지 아니하거나 이를 준수하지 아니한 자 또는 변경명령에 따르지 아니하는 교통시설 설치·관리자 등은 500만 원 이하의 과태료에 처한다.

92 다음 중 교통안전법상 과태료를 1/2범위 내에서 감액이나 증액할 수 있는 사유에 해당하지 않는 것은?　　　　　　　　　　　　　　　　　　　　　　2017 기출

㉮ 위반행위가 사소한 부주의나 오류로 인한 것으로 인정되는 경우
㉯ 위반행위자의 법 위반상태를 시정하거나 해소하기 위한 노력이 인정되는 경우
㉰ 최근 1년간 같은 위반행위로 3회를 초과하여 과태료 부과처분을 받은 경우
㉱ 과태료를 체납하고 있는 위반행위자의 경우

시행령 [별표 9] 과태료의 부과 일반기준(제49조 관련)

가. 하나의 위반행위가 둘 이상의 과태료 부과기준에 해당하는 경우에는 그 중 금액이 큰 과태료 부과기준을 적용한다.
나. 위반행위의 횟수에 따른 과태료의 가중된 부과기준은 최근 1년간 같은 위반행위로 과태료 부과처분을 받은 경우에 적용한다. 이 경우 기간의 계산은 위반행위에 대하여 과태료 부과처분을 받은 날과 그 처분 후 다시 같은 위반행위를 하여 적발된 날을 기준으로 한다.
다. 나목에 따라 가중된 부과처분을 하는 경우 가중처분의 적용 차수는 그 위반행위 전 부과처분 차수(나목에 따른 기간 내에 과태료 부과처분이 둘 이상 있었던 경우에는 높은 차수를 말한다)의 다음 차수로 한다.
라. 부과권자는 다음의 어느 하나에 해당하는 경우에는 제2호의 개별기준에 따른 과태료 금액의 2분의 1의 범위에서 그 금액을 줄일 수 있다. 다만, 과태료를 체납하고 있는 위반행위자의 경우에는 그렇지 않다.
　1) 위반행위자가 「질서위반행위규제법 시행령」 제2조의2 제1항 각 호의 어느 하나에 해당하는 경우
　2) 위반행위가 사소한 부주의나 오류로 인한 것으로 인정되는 경우
　3) 위반행위자의 법 위반상태를 시정하거나 해소하기 위한 노력이 인정되는 경우
　4) 그 밖에 위반행위의 정도, 동기 및 결과 등을 고려하여 그 금액을 줄일 필요가 있다고 인정되는 경우
마. 부과권자는 다음의 어느 하나에 해당하는 경우에는 제2호의 개별기준에 따른 과태료 금액의 2분의 1의 범위에서 그 금액을 늘릴 수 있다. 다만, 법 제65조에 따른 과태료 금액의 상한을 넘을 수 없다.
　1) 위반의 내용 및 정도가 중대하여 사회에 미치는 피해가 크다고 인정되는 경우
　2) 최근 1년간 같은 위반행위로 3회를 초과하여 과태료 부과처분을 받은 경우
　3) 그 밖에 위반행위의 정도, 위반행위의 동기와 그 결과 등을 고려하여 과태료 금액을 늘릴 필요가 있다고 인정되는 경우

정답 92. ㉱

2018년 11월 24일 출제복원문제

01 교통안전법상 교통체계의 정의 중 다음의 괄호 안에 들어갈 용어는?

> "교통체계"라 함은 사람 또는 화물의 이동·운송과 관련된 활동을 수행하기 위하여 개별적으로 또는 서로 유기적으로 연계되어 있는 교통수단 및 교통시설의 (   ) 또는 이와 관련된 산업 및 제도 등을 말한다.

㉮ 이용·보존·운영체계 ㉯ 보존·이동·운영체계
㉰ 이용·관리·운영체계 ㉱ 이용·관리·활동체계

 "교통체계"라 함은 사람 또는 화물의 이동·운송과 관련된 활동을 수행하기 위하여 개별적으로 또는 서로 유기적으로 연계되어 있는 교통수단 및 교통시설의 <u>이용·관리·운영체계</u> 또는 이와 관련된 산업 및 제도 등을 말한다(교통안전법 제2조 제3호).

02 교통안전법의 주요 내용으로 다음 중 잘못된 것은?

㉮ 지방자치단체의 책임강조 ㉯ 운수업자의 안전의무
㉰ 교통사고 감소촉진 ㉱ 경찰공무원의 단속강화

03 교통안전법상 교통안전에 관한 주요정책의 심의 조정을 위해 지방기초단체에 설치하는 기구는?

㉮ 국가교통위원회 ㉯ 지방교통위원회
㉰ 시·군·구교통안전위원회 ㉱ 중앙교통위원회

 지역별 교통안전에 관한 주요 정책과 지역교통안전기본계획은 「국가통합교통체계효율화법」 제110조에 따른 지방교통위원회 및 시장·군수·구청장 소속으로 설치하는 시·군·구교통안전위원회에서 심의하며 시·군·구교통안전위원회의 위원장은 시장·군수·구청장이 된다(교통안전법 제13조).

04 다음 중 교통안전법령상 교통행정기관에 해당하지 않는 것은?

㉮ 지정행정기관의 장 ㉯ 시·도지사
㉰ 자치구의 구청장 ㉱ 특별행정기관

정답 01. ㉰ 02. ㉱ 03. ㉰ 04. ㉱

"교통행정기관"이라 함은 법령에 의하여 교통수단·교통시설 또는 교통체계의 운행·운항·설치 또는 운영 등에 관하여 교통사업자에 대한 지도·감독을 행하는 지정행정기관의 장, 특별시장·광역시장·도지사·특별자치도지사(시·도지사) 또는 시장·군수·구청장(자치구의 구청장)을 말한다(교통안전법 제2조 제6호).

05 다음 중 교통안전법령상 교통안전실태조사의 대상에 해당하는 것은?

㉮ 교통문화지수가 하위 100분의 40 이내
㉯ 교통문화지수가 하위 100분의 20 이내
㉰ 안전도평가도지수가 하위 100분의 40 이내
㉱ 안전도평가도지수가 하위 100분의 20 이내

교통안전법 제33조의2(교통안전 특별실태조사의 실시 등) ① 지정행정기관의 장은 교통사고가 자주 발생하는 등 교통안전이 취약한 시(「제주특별자치도 설치 및 국제자유도시 조성을 위한 특별법」 제10조 제2항에 따른 행정시를 포함)·군·구에 대하여 필요하다고 인정하는 경우 해당 시·군·구의 교통체계에 대한 특별실태조사를 실시할 수 있다.

시행규칙 제7조의3(특별실태조사의 대상 등) ① 법 제33조의2 제1항에 따른 특별실태조사는 법 제57조 제1항에 따른 **교통문화지수가 하위 100분의 20 이내**인 시(「제주특별자치도 설치 및 국제자유도시 조성을 위한 특별법」 제10조 제2항에 따른 행정시를 포함)·군·구를 대상으로 한다.

06 다음 중 교통안전법령상 주기 또는 기간이 5년이 아닌 것은?

㉮ 교통안전에 관한 기본계획 수립
㉯ 시·군·구의 교통안전에 관한 기본계획 수립
㉰ 교통사고와 관련된 자료·통계 또는 정보의 보관
㉱ 중대한 교통사고의 누적지점과 구간에 관한 자료 보관

- 교통안전법 제15조(국가교통안전기본계획) ① 국토교통부장관은 국가의 전반적인 교통안전수준의 향상을 도모하기 위하여 교통안전에 관한 기본계획을 5년 단위로 수립하여야 한다.
- 교통안전법 제17조(지역교통안전기본계획) ① 시·도지사는 국가교통안전기본계획에 따라 시·도의 교통안전에 관한 기본계획을 5년 단위로 수립하여야 하며, 시장·군수·구청장은 시·도교통안전기본계획에 따라 시·군·구의 교통안전에 관한 기본계획을 5년 단위로 수립하여야 한다.
- 교통안전법 시행령 제38조(교통사고관련자료등의 보관·관리) ① 법 제51조 제1항·제2항에 따라 교통사고와 관련된 자료·통계 또는 정보를 보관·관리하는 자는 교통사고가 발생한 날부터 5년간 이를 보관·관리하여야 한다.
- 교통안전법 시행령 제36조(중대한 교통사고 등) ① 법 제50조 제1항·제2항에서 "대통령령이 정하는 중대한 교통사고"란 교통시설 또는 교통수단의 결함으로 사망사고 또는 중상사고(의사의 최초진단결과 3주 이상의 치료가 필요한 상해를 입은 상해)가 발생하였다고 추정되는 교통사고를 각각 말한다.

정답 05. ㉯ 06. ㉱

③ 법 제50조 제1항에 따라 교통시설(도로만 해당)을 관리하는 행정기관과 교통시설설치·관리자(도로의 설치·관리자만 해당)를 지도·감독하는 교통행정기관은 지난 3년간 발생한 제1항에 따른 교통사고를 기준으로 교통사고의 누적지점과 구간에 관한 자료를 보관·관리하여야 한다.

07 교통안전법령상 중대 교통사고를 일으킨 경우 이수해야 하는 교통안전체험교육에 대한 설명으로 다음 중 잘못된 것은?

㉮ 교통안전체험교육의 내용에는 운전자의 안전운전능력을 효과적으로 배양할 수 있는 교통안전 체험교육이 포함되어야 한다.
㉯ 교통수단운영자는 중대 교통사고를 일으킨 차량운전자를 고용하려는 때에는 교통안전체험교육을 받았는지 여부를 확인하여야 한다.
㉰ "중대 교통사고"란 차량운전자가 교통수단운영자의 차량을 운전하던 중 1건의 교통사고로 8주 이상의 치료를 요하는 의사의 진단을 받은 피해자가 발생한 사고를 말한다.
㉱ 교통안전체험교육을 이수하지 않더라도 과태료를 부과하지 않는다.

㉱ 제56조의2 제1항을 위반하여 교육을 받지 아니한 자는 1천만원 이하의 과태료에 처한다(법 제65조).
- 교통안전법 제56조의2(중대 교통사고자에 대한 교육실시) ① 차량의 운전자가 중대 교통사고를 일으킨 경우에는 국토교통부령으로 정하는 교육을 받아야 한다. 이 경우 교육의 내용에는 운전자의 안전운전능력을 효과적으로 배양할 수 있는 교통안전 체험교육이 포함되어야 한다.
- 교통안전법 시행규칙 제31조의2(중대 교통사고의 기준 및 교육실시) ① 법 제56조의2 제1항 전단에서 "국토교통부령으로 정하는 교육"이란 별표 7 제1호의 기본교육과정을 말한다.
② 법 제56조의2 제2항에서 "중대 교통사고"란 차량운전자가 교통수단운영자의 차량을 운전하던 중 1건의 교통사고로 8주 이상의 치료를 요하는 의사의 진단을 받은 피해자가 발생한 사고를 말한다.
③ 차량운전자는 제2항에 따른 중대 교통사고가 발생하였을 때에는 「도로교통법」 제54조 제6항에 따른 교통사고조사에 대한 결과를 통지 받은 날부터 60일 이내에 교통안전 체험교육을 받아야 한다. 다만, 각 호에 해당하는 차량운전자의 경우에는 각 호에서 정한 기간 내에 교육을 받아야 한다.
 1. 해당 차량운전자가 중대 교통사고 발생에 따른 구속 또는 금고 이상의 실형을 선고받고 그 형이 집행 중인 경우에는 석방 또는 그 집행이 종료되거나 집행을 받지 아니하기로 확정된 날부터 60일 이내
 2. 해당 차량운전자가 중대 교통사고 발생에 따른 상해를 받아 치료를 받아야 하는 경우에는 치료가 종료된 날부터 60일 이내
 3. 중대 교통사고로 인하여 운전면허가 취소 또는 정지된 차량운전자의 경우에는 운전면허를 다시 취득하거나 정지기간이 만료되어 운전할 수 있는 날부터 60일 이내
④ 교통수단운영자는 제2항에 따른 중대 교통사고를 일으킨 차량운전자를 고용하려는 때에는 교통안전체험교육을 받았는지 여부를 확인하여야 한다.

08 교통안전법상 교통안전관리규정에 포함될 사항에 해당하지 않는 것은?

㉮ 교통안전의 경영지침에 관한 사항
㉯ 교통안전기관의 수익극대화
㉰ 교통안전목표 수립에 관한 사항
㉱ 안전관리대책의 수립 및 추진에 관한 사항

- 교통안전법 제21조(교통시설설치·관리자등의 교통안전관리규정) ① 대통령령으로 정하는 교통시설설치·관리자 및 교통수단운영자는 그가 설치·관리하거나 운영하는 교통시설 또는 교통수단과 관련된 교통안전을 확보하기 위하여 다음 각 호의 사항을 포함한 규정을 정하여 관할교통행정기관에 제출하여야 한다. 이를 변경한 때에도 또한 같다.
    1. 교통안전의 경영지침에 관한 사항
    2. 교통안전목표 수립에 관한 사항
    3. 교통안전 관련 조직에 관한 사항
    4. 제54조의2에 따른 교통안전담당자 지정에 관한 사항
    5. 안전관리대책의 수립 및 추진에 관한 사항
    6. 그 밖에 교통안전에 관한 중요 사항으로서 대통령령이 정하는 사항
  ② 교통시설설치·관리자등은 교통안전관리규정을 준수하여야 한다.
  ③ 교통행정기관은 국토교통부령이 정하는 바에 따라 교통시설설치·관리자등이 교통안전관리규정을 준수하고 있는지의 여부를 확인하고 이를 평가하여야 한다.
  ④ 교통행정기관은 교통안전을 확보하기 위하여 필요하다고 인정하는 때에는 교통안전관리규정의 변경을 명할 수 있다. 이 경우 변경명령을 받은 교통시설설치·관리자등은 특별한 사유가 없는 한 이에 응하여야 한다.

09 교통안전법령상 다음 중 교통수단안전점검의 항목이 아닌 것은?

㉮ 교통수단운행의 경제성검토
㉯ 교통수단의 교통안전 위험요인 조사
㉰ 교통안전 관계 법령의 위반 여부 확인
㉱ 교통안전관리규정의 준수 여부 점검

- 교통안전법 제33조에 따른 교통수단안전점검의 항목은 다음과 같다(시행령 제20조 제4항).
    1. 교통수단의 교통안전 위험요인 조사
    2. 교통안전 관계 법령의 위반 여부 확인
    3. 교통안전관리규정의 준수 여부 점검
    4. 그 밖에 국토교통부장관이 관계 교통행정기관의 장과 협의하여 정하는 사항

정답 08. ㉯ 09. ㉮

10 다음 중 교통안전관리자의 직무에 해당하지 않는 것은?

㉮ 교통수단의 운행·운항·항행과 관련된 기술적인 사항 점검·관리
㉯ 교통시설의 운영과 관련된 기술적인 사항 점검·관리
㉰ 교통시설의 관리와 관련된 기술적인 사항 점검·관리
㉱ 교통안전관리규정의 작성 제출

- 국토교통부장관은 교통수단의 운행·운항·항행 또는 교통시설의 운영·관리와 관련된 기술적인 사항을 점검·관리하는 교통안전관리자 자격 제도를 운영하여야 한다(교통안전법 제53조 제1항).
- 대통령령으로 정하는 교통시설설치·관리자 및 교통수단운영자는 그가 설치·관리하거나 운영하는 교통시설 또는 교통수단과 관련된 교통안전을 확보하기 위하여 교통안전관리규정을 정하여 관할교통행정기관에 제출하여야 한다(교통안전법 제21조 제1항).

11 교통안전법령상 교통수단운영자의 운행기록 보관기간은?

㉮ 3개월
㉯ 6개월
㉰ 9개월
㉱ 1년

- 운행기록장치 장착의무자는 운행기록장치에 기록된 운행기록을 대통령령으로 정하는 기간 동안 보관하여야 하며, 교통행정기관이 제출을 요청하는 경우 이에 따라야 한다. 다만, 대통령령으로 정하는 운행기록장치 장착의무자는 교통행정기관의 제출 요청에 관계없이 운행기록을 주기적으로 제출하여야 한다. 이 경우 운행기록장치 장착의무자는 운행기록장치에 기록된 운행기록을 임의로 조작하여서는 아니 된다(교통안전법 제55조 제2항).
- 법 제55조 제2항에서 "대통령령으로 정하는 기간"은 6개월로 한다(시행령 제45조 제2항).

12 교통안전법상 교통행정기관이 일정한 사항에 대하여 교통수단운영자의 사업장 등에 출입·검사하려는 경우 출입·검사계획을 교통수단운영자에게 미리 통지해야 하는 기간은?

㉮ 출입·검사 3일 전까지
㉯ 출입·검사 7일 전까지
㉰ 출입·검사 10일 전까지
㉱ 출입·검사 14일 전까지

정답 10. ㉱ 11. ㉯ 12. ㉯

교통행정기관은 교통수단안전점검을 효율적으로 실시하기 위하여 관련 교통수단운영자로 하여금 필요한 보고를 하게 하거나 관련 자료를 제출하게 할 수 있으며, 필요한 경우 소속 공무원으로 하여금 교통수단운영자의 사업장 등에 출입하여 교통수단 또는 장부·서류나 그 밖의 물건을 검사하게 하거나 관계인에게 질문하게 할 수 있다. 이 경우 사업장을 출입하여 검사하려는 경우에는 출입·검사 7일 전까지 검사일시·검사이유 및 검사내용 등을 포함한 검사계획을 교통수단운영자에게 통지하여야 한다. 다만, 증거인멸 등으로 검사의 목적을 달성할 수 없다고 판단되는 경우에는 검사일에 검사계획을 통지할 수 있다(교통안전법 제33조 제2,3항).

13 다음 중 교통안전법령상 교통안전도 평가지수의 산정식으로 옳은 것은?

㉮ 교통안전도 평가지수 =
$$\frac{(교통사고\ 발생건수 \times 0.4) + (교통사고\ 사상자\ 수 \times 0.6)}{자동차등록(면허)\ 대수} \times 10$$

㉯ 교통안전도 평가지수 =
$$\frac{(교통사고\ 발생건수 \times 0.6) + (교통사고\ 사상자\ 수 \times 0.4)}{자동차등록(면허)\ 대수} \times 10$$

㉰ 교통안전도 평가지수 =
$$\frac{(교통사고\ 발생건수 \times 0.6) + (교통사고\ 사상자\ 수 \times 0.8)}{자동차등록(면허)\ 대수} \times 10$$

㉱ 교통안전도 평가지수 =
$$\frac{(교통사고\ 발생건수 \times 0.8) + (교통사고\ 사상자\ 수 \times 0.6)}{자동차등록(면허)\ 대수} \times 10$$

14 교통안전법령상 교통시설이나 수단의 안전 및 교통정보와 사건관련 자료 등을 통합적으로 유지관리하기 위하여 구축하는 체계에 해당하는 것은?

㉮ 교통안전정보관리체계
㉯ 교통안전수단점검체계
㉰ 교통안전관리운영체계
㉱ 교통시설안전체계

 교통행정기관의 장은 교통시설·교통수단 및 교통체계의 안전과 관련된 제반 교통안전에 관한 정보와 교통사고 관련 자료 등을 통합적으로 유지·관리할 수 있도록 교통안전정보관리체계를 구축·관리하여야 한다(교통안전법 제52조 제1항).

정답 13. ㉮ 14. ㉮

15 다음 중 교통안전법령상 교통수단안전점검의 대상에 해당하지 않는 교통사고기준은?

㉮ 1건의 사고로 사망자가 1명 이상 발생한 교통사고
㉯ 1건의 사고로 중상자가 2명 이상 발생한 교통사고
㉰ 자동차를 20대 이상 보유한 자의 교통안전도 평가지수가 국토교통부령으로 정하는 기준을 초과하여 발생한 교통사고
㉱ 1건의 사고로 경상자가 10명 이상 발생한 교통사고

- 국토교통부장관은 대통령령으로 정하는 교통수단과 관련하여 대통령령으로 정하는 기준 이상의 교통사고가 발생한 경우 해당 교통수단에 대하여 교통수단안전점검을 실시하여야 한다(교통안전법 제33조 제6항).
- 법 제33조 제6항에서 "대통령령으로 정하는 기준 이상의 교통사고"란 다음의 어느 하나에 해당하는 교통사고를 말한다(시행령 제20조 제3항).
  1. 1건의 사고로 사망자가 1명 이상 발생한 교통사고
  2. 1건의 사고로 중상자가 2명 이상 발생한 교통사고
  3. 자동차를 20대 이상 보유한 제2항 각 호의 어느 하나에 해당하는 자의 별표 3의2에 따른 교통안전도 평가지수가 국토교통부령으로 정하는 기준을 초과하여 발생한 교통사고

16 다음 중 교통안전법령상 운행기록장치를 장착할 필요가 없는 사업자는?

㉮ 여객자동차 운송사업자
㉯ 화물자동차 운송사업자
㉰ 화물자동차 운송가맹사업자
㉱ 경형・소형 특수자동차 운송사업자

- 다음의 어느 하나에 해당하는 자는 그 운행하는 차량에 국토교통부령으로 정하는 기준에 적합한 운행기록장치를 장착하여야 한다. 다만, 소형 화물차량 등 국토교통부령으로 정하는 차량은 그러하지 아니하다(교통안전법 제55조 제1항).
  1. 「여객자동차 운수사업법」에 따른 여객자동차 운송사업자
  2. 「화물자동차 운수사업법」에 따른 화물자동차 운송사업자 및 화물자동차 운송가맹사업자
- 법 제55조 제1항 단서에서 "소형 화물차량 등 국토교통부령으로 정하는 차량"이란 다음의 어느 하나에 해당하는 차량을 말한다(시행규칙 제29조의3).
  1. 「화물자동차 운수사업법」 제2조 제3호에 따른 화물자동차운송사업용 자동차로서 최대 적재량 1톤 이하인 화물자동차
  2. 「자동차관리법 시행규칙」 별표 1에 따른 경형・소형 특수자동차 및 구난형・특수작업형 특수자동차
  3. 「여객자동차 운수사업법」 제3조에 따른 여객자동차운송사업에 사용되는 자동차로서 2002년 6월 30일 이전에 등록된 자동차

정답 15. ㉱ 16. ㉱

17 다음 중 교통안전법령상 차로이탈경고장치의 설치의무가 없는 자동차는?

㉮ 길이 9미터 이상의 승합자동차
㉯ 피견인자동차
㉰ 차량 총중량 20톤을 초과하는 화물자동차
㉱ 차량 총중량 20톤을 초과하는 특수자동차

- 교통안전법 제55조의2(차로이탈경고장치의 장착) 제55조 제1항 제1호 또는 제2호에 따른 차량 중 국토교통부령으로 정하는 차량은 국토교통부령으로 정하는 기준에 적합한 차로이탈경고장치를 장착하여야 한다.
- 시행규칙 제30조의2(차로이탈경고장치의 장착) ① 법 제55조의2에서 "국토교통부령으로 정하는 차량"이란 길이 9미터 이상의 승합자동차 및 차량총중량 20톤을 초과하는 화물·특수자동차를 말한다. 다만, 다음 각 호의 어느 하나에 해당하는 자동차는 제외한다.
  1. 4축 이상 자동차
  2. 피견인자동차
  3. 「자동차관리법 시행규칙」 별표 1 제2호에 따른 덤프형 화물자동차, 특수용도형 화물자동차, 구난형 특수자동차 및 특수작업형 특수자동차
  4. 「여객자동차 운수사업법 시행령」 제3조 제1호 가목에 따른 시내버스운송사업(일반형에 한정한다), 같은 호 나목 및 다목에 따른 농어촌버스운송사업 및 마을버스운송사업에 사용되는 자동차

18 다음 중 교통안전법령상 시·도지사의 처분 시 반드시 청문을 해야 하는 경우는?

㉮ 교통체계의 개선권고
㉯ 교통안전관리자 자격의 취소
㉰ 과태료 부과
㉱ 교통수단운영자 사업장의 출입·검사

- 교통안전법 제61조(청문) 시·도지사는 다음의 어느 하나에 해당하는 처분을 하고자 하는 경우에는 청문을 실시하여야 한다.
  1. 제43조에 따른 교통안전진단기관 등록의 취소
  2. 제54조 제1항의 규정에 따른 교통안전관리자 자격의 취소

19 교통안전법령상 교통행정기관이 운행기록 분석결과를 토대로 할 수 있는 조치에 해당하지 않는 것은?

㉮ 교통수단운영체계의 개선 권고   ㉯ 연속근무시간 확인
㉰ 교통안전진단의 실시   ㉱ 최소휴게시간 확인

정답 17. ㉯ 18. ㉯ 19. ㉰

교통행정기관은 다음의 조치를 제외하고는 운행기록 분석결과를 이용하여 운행기록장치 장착의무자 및 차량운전자에게 이 법 또는 다른 법률에 따른 허가·등록의 취소 등 어떠한 불리한 제재나 처벌을 하여서는 아니 된다(교통안전법 제55조 제4항).
1. 제33조 제1항 및 제6항에 따른 교통수단안전점검의 실시
2. 삭제 <2012. 6. 1.>
3. 교통수단 및 교통수단운영체계의 개선 권고
4. 최소휴게시간, 연속근무시간 및 속도제한장치 무단해제 확인

20 교통안전법령상 교통사고관련 자료를 보관해야 하는 관리자가 아닌 것은?

㉮ 한국교통안전공단

㉯ 교통안전관리자

㉰ 한국도로공사

㉱ 손해보험협회에 소속된 손해보험회사

교통안전법 시행령 제39조(교통사고관련자료 등을 보관·관리하는 자) 법 제51조 제2항에서 "대통령령이 정하는 자"란 다음 각 호의 자를 말한다.
1. 「한국교통안전공단법」에 따른 한국교통안전공단
2. 「도로교통법」 제120조에 따른 도로교통공단
3. 「한국도로공사법」에 따른 한국도로공사
4. 「보험업법」 제175조에 따라 설립된 손해보험협회에 소속된 손해보험회사
5. 「여객자동차 운수사업법」 제4조에 따라 여객자동차운송사업의 면허를 받거나 등록을 한 자
6. 「여객자동차 운수사업법」 제61조에 따른 공제조합
7. 「화물자동차 운수사업법」 제35조에 따라 화물자동차운수사업자로 구성된 협회가 설립한 연합회

정답 20. ㉯

2019년 3월 24일 출제복원문제

01 교통안전법상의 용어에 대한 정의이다. 다음의 괄호 안에 들어갈 용어로 적당한 것은?

> ( )라 함은 사람 또는 화물의 이동·운송과 관련된 활동을 수행하기 위하여 개별적으로 또는 서로 유기적으로 연계되어 있는 교통수단 및 교통시설의 이용·관리·운영체계 또는 이와 관련된 산업 및 제도 등을 말한다.

㉮ 교통체계   ㉯ 교통시설
㉰ 교통사업자 ㉱ 교통수단

㉮ 교통체계 : 사람 또는 화물의 이동·운송과 관련된 활동을 수행하기 위하여 개별적으로 또는 서로 유기적으로 연계되어 있는 교통수단 및 교통시설의 이용·관리·운영체계 또는 이와 관련된 산업 및 제도 등을 말한다(법 제2조 제3호).
㉯ 교통시설 : 도로·철도·궤도·항만·어항·수로·공항·비행장 등 교통수단의 운행·운항 또는 항행에 필요한 시설과 그 시설에 부속되어 사람의 이동 또는 교통수단의 원활하고 안전한 운행·운항 또는 항행을 보조하는 교통안전표지·교통관제시설·항행안전시설 등의 시설 또는 공작물을 말한다(법 제2조 제2호).
㉰ 교통사업자 : 교통수단·교통시설 또는 교통체계를 운행·운항·설치·관리 또는 운영 등을 하는 자를 말한다(법 제2조 제4호).
㉱ 교통수단 : 사람이 이동하거나 화물을 운송하는 데 이용되는 운송수단을 말한다(법 제2조 제1호).

02 다음 중 정부가 장착비용을 지원하는 첨단안전장치에 해당하는 것은?

㉮ 지능형최고속도 제한장치   ㉯ 자동제동장치
㉰ 차로이탈경고장치   ㉱ 적응순환제어장치

국가 및 지방자치단체는 차로이탈경고장치를 장착하여야 하는 자에게 차로이탈경고장치의 장착비용을 예산의 범위에서 보조하거나 융자할 수 있다(영 제4조 제1항).

03 다음 중 국가교통안전기본계획의 심의기구에 해당하는 것은?

㉮ 국무총리실   ㉯ 행정안전부
㉰ 지방경찰청장   ㉱ 국가교통위원회

국토교통부장관은 제출받은 소관별 교통안전에 관한 계획안을 종합·조정하여 국가교통안전기본계획안을 작성한 후 국가교통위원회의 심의를 거쳐 이를 확정한다(법 제15조 제4항).

정답 01. ㉮ 02. ㉰ 03. ㉱

04 다음 중 국토교통부장관이 소관별 교통안전계획의 조정시 검토사항이 아닌 것은?

㉮ 소용예산의 확보 가능성
㉯ 국가교통안전기본계획과의 부합 여부
㉰ 기대효과
㉱ 정책목표

※ **국토교통부장관이 소관별 교통안전시행계획안을 종합·조정할 때 검토할 사항**(영 제12조 제2항)
1. 국가교통안전기본계획과의 부합 여부
2. 기대 효과
3. 소요예산의 확보 가능성

05 시설관리자 등의 교통안전관리규정 준수여부의 확인·평가는 교통안전관리규정을 제출한 날을 기준으로 언제 이내에 실시되어야 하는가?

㉮ 제출한 날을 기준으로 매 5년이 지난 날의 전후 100일 이내
㉯ 제출한 날을 기준으로 매 5년이 지난 날의 전후 150일 이내
㉰ 제출한 날을 기준으로 매 7년이 지난 날의 전후 100일 이내
㉱ 제출한 날을 기준으로 매 7년이 지난 날의 전후 150일 이내

교통안전관리규정 준수 여부의 확인·평가는 교통안전관리규정을 제출한 날을 기준으로 매 5년이 지난 날의 전후 100일 이내에 실시한다(규칙 제5조 제1항).

06 다음 중 교통수단 안전점검의 대상이 아닌 것은?

㉮ 여객자동차운송사업자가 보유한 자동차
㉯ 해운업자가 운행하는 선박
㉰ 건설기계사업자가 보유한 건설기계
㉱ 항공운송사업자가 보유한 항공기

※ **교통수단안전점검의 대상 등**(영 제20조 제1항)
1. 여객자동차운송사업자가 보유한 자동차 및 그 운영에 관련된 사항
2. 화물자동차 운송사업자가 보유한 자동차 및 그 운영에 관련된 사항
3. 건설기계사업자가 보유한 건설기계(운전면허를 받아야 하는 건설기계에 한정한다) 및 그 운영에 관련된 사항
4. 철도사업자 및 전용철도운영자가 보유한 철도차량 및 그 운영에 관련된 사항
5. 도시철도운영자가 보유한 철도차량 및 그 운영에 관련된 사항

정답 04. ㉱ 05. ㉮ 06. ㉯

6. 항공운송사업자가 보유한 항공기(군용항공기 등과 국가기관등항공기는 제외한다) 및 그 운영에 관련된 사항
7. 그 밖에 국토교통부령으로 정하는 어린이 통학버스 및 위험물 운반자동차 등 교통수단안전점검이 필요하다고 인정되는 자동차 및 그 운영에 관련된 사항

07. 교통안전담당자를 지정해야 하는 지정권자와 지정인원에 대한 설명으로 다음 중 옳은 것은?

㉮ 지정권자 : 교통시설설치·관리자, 지정인원 : 1명 이상
㉯ 지정권자 : 교통행정기관, 지정인원 : 1명 이상
㉰ 지정권자 : 교통수단운영자, 지정인원 : 3명 이상
㉱ 지정권자 : 국가교통위원회, 지정인원 : 3명 이상

※ 교통안전담당자를 지정해야 하는 교통시설설치·관리자 및 교통수단운영자의 범위와 교통안전담당자의 지정 인원(영 별표 8의2)

사업 구분		교통안전담당자 지정 인원
1. 교통시설설치·관리자	가. 「한국도로공사법」에 따른 한국도로공사 나. 「도로법」 제2조 제1호 및 제2호에 따른 도로 및 도로부속물에 대해 「사회기반시설에 대한 민간투자법」에 따른 민간투자사업을 시행하고, 같은 법 제24조에 따라 이를 관리·운영하는 법인 다. 「도로법」 제36조에 따라 도로관리청의 허가를 받아 도로공사를 시행하거나 유지하는 자로서 도로관리청이 아닌 자 라. 「유료도로법」 제6조에 따라 유료도로를 신설 또는 개축해 통행료를 받는 비도로관리청	1명 이상
2. 교통수단운영자	다음 중 어느 하나에 해당하는 자로서 사업용으로 20대 이상의 자동차(피견인자동차 및 다목의 일반화물자동차 운송사업의 허가를 받은 자가 위·수탁으로 관리하는 자동차는 제외한다)를 사용하는 자 가. 「여객자동차 운수사업법」 제4조에 따라 여객자동차운송사업의 면허를 받거나 등록을 한 자 나. 「여객자동차 운수사업법」 제13조에 따라 여객자동차운송사업의 관리를 위탁받은 자 다. 「화물자동차 운수사업법」 제3조 및 같은 법 시행령 제3조 제1호에 따라 일반화물자동차 운송사업의 허가를 받은 자	1명 이상

정답 07. ㉮

08 운행기록장치 장착 면제의 대상차량이 아닌 것은?

㉮ 화물자동차운송사업용 자동차로서 최대 적재량 1톤 이하인 화물자동차
㉯ 경형·소형 특수자동차 및 구난형·특수작업형 특수자동차
㉰ 여객자동차운송사업에 사용되는 자동차로서 2002년 6월 30일 이전에 등록된 자동차
㉱ 여객자동차운송사업에 사용되는 자동차로서 마을버스

❋ **운행기록장치 장착면제 차량**(규칙 제29조의4)
1. 화물자동차운송사업용 자동차로서 최대 적재량 1톤 이하인 화물자동차
2. 경형·소형 특수자동차 및 구난형·특수작업형 특수자동차
3. 여객자동차운송사업에 사용되는 자동차로서 2002년 6월 30일 이전에 등록된 자동차

09 교통시설설치·관리자등이 교통안전담당자를 지정할 경우, 알려야 하는 기관에 해당하는 것은?

㉮ 지방경찰청장
㉯ 관할 교통행정기관
㉰ 교통수단운영자
㉱ 국토교통부

교통시설설치·관리자등은 교통안전담당자를 지정 또는 지정해지하거나 교통안전담당자가 퇴직한 경우에는 지체 없이 그 사실을 관할 교통행정기관에 알리고, 지정해지 또는 퇴직한 날부터 30일 이내에 다른 교통안전담당자를 지정해야 한다(영 제44조 제3항).

10 교통행정기관이 교통수단안전점검을 위해 교통사업자의 사업장을 출입할 경우 검사계획의 사전통지 기간은?

㉮ 출입·검사 3일 전
㉯ 출입·검사 5일 전
㉰ 출입·검사 7일 전
㉱ 출입·검사 10일 전

사업장을 출입하여 검사하려는 경우에는 출입·검사 7일 전까지 검사일시·검사이유 및 검사내용 등을 포함한 검사계획을 교통수단운영자에게 통지하여야 한다. 다만, 증거인멸 등으로 검사의 목적을 달성할 수 없다고 판단되는 경우에는 검사일에 검사계획을 통지할 수 있다(법 제33조 제4항).

정답 08. ㉱ 09. ㉯ 10. ㉰

11 교통안전도 평가지수 산정시 교통사고 발생건수의 가중치와 교통사고 사상자수의 가중치를 바르게 나열된 것은?

㉮ 0.2, 0.5
㉯ 0.4, 0.6
㉰ 0.5, 1.0
㉱ 0.7, 1.5

교통안전도 평가지수 = $\dfrac{(교통사고\ 발생건수 \times 0.4) + (교통사고\ 사상자\ 수 \times 0.6)}{자동차등록(면허)\ 대수} \times 10$

12 교통사고와 관련된 자료·통계 또는 정보를 보관·관리하는 자의 교통사고 발생 후 관련 자료의 보관기간은?

㉮ 교통사고가 발생한 날부터 1년간
㉯ 교통사고가 발생한 날부터 3년간
㉰ 교통사고가 발생한 날부터 5년간
㉱ 교통사고가 발생한 날부터 7년간

교통사고와 관련된 자료·통계 또는 정보를 보관·관리하는 자는 교통사고가 발생한 날부터 5년간 이를 보관·관리하여야 한다(영 제38조 제1항).

13 교통안전담당자의 직무에 해당하지 않는 것은?

㉮ 교통안전관리규정의 시행 및 그 기록의 작성·보존
㉯ 교통시설의 운영·관리와 관련된 안전점검의 지도·감독
㉰ 교통수단 안전점검의 실시
㉱ 교통사고 원인 조사·분석 및 기록 유지

❈ **교통안전담당자의 직무**(영 제44조의2 제1항)
1. 교통안전관리규정의 시행 및 그 기록의 작성·보존
2. 교통수단의 운행·운항 또는 항행 또는 교통시설의 운영·관리와 관련된 안전점검의 지도·감독
3. 교통시설의 조건 및 기상조건에 따른 안전 운행 등에 필요한 조치
4. 운전자등의 운행등 중 근무상태 파악 및 교통안전 교육·훈련의 실시
5. 교통사고 원인 조사·분석 및 기록 유지
6. 운행기록장치 및 차로이탈경고장치 등의 점검 및 관리

정답 11. ㉯ 12. ㉰ 13. ㉰

14 교통문화지수의 조사항목에 해당하는 것은?

㉮ 교통안전도 평가지수
㉯ 운전행태
㉰ 교통안전관리규정
㉱ 교통안전점검

❊ **교통문화지수의 조사 항목**(영 제47조 제1항)
1. 운전행태
2. 교통안전
3. 보행행태(도로교통분야로 한정한다)
4. 그 밖에 국토교통부장관이 필요하다고 인정하여 정하는 사항

15 교통행정기관이 운행기록장치 장착의무자와 차량운전자에게 분석결과를 토대로 가능한 조치에 해당하지 않는 것은?

㉮ 교통수단 안전점검의 실시
㉯ 교통수단운영체계의 개선 권고
㉰ 속도제한장치 무단해제 확인
㉱ 교통수단 안전진단의 실시

교통행정기관은 다음의 조치를 제외하고는 분석결과를 이용하여 운행기록장치 장착의무자 및 차량운전자에게 이 법 또는 다른 법률에 따른 허가·등록의 취소 등 어떠한 불리한 제재나 처벌을 하여서는 아니 된다(법 제55조 제4항).
1. 교통수단안전점검의 실시
2. 교통수단 및 교통수단운영체계의 개선 권고
3. 최소휴게시간, 연속근무시간 및 속도제한장치 무단해제 확인

16 교통안전관리규정에 포함될 사항이 아닌 것은?

㉮ 교통수익증대를 위한 교통효율화
㉯ 교통안전의 경영지침에 관한 사항
㉰ 교통안전목표 수립에 관한 사항
㉱ 안전관리대책의 수립 및 추진에 관한 사항

❀ **교통안전관리규정에 포함될 사항**(법 제21조 제1항)
1. 교통안전의 경영지침에 관한 사항
2. 교통안전목표 수립에 관한 사항
3. 교통안전 관련 조직에 관한 사항
4. 교통안전담당자 지정에 관한 사항
5. 안전관리대책의 수립 및 추진에 관한 사항
6. 그 밖에 교통안전에 관한 중요 사항으로서 대통령령이 정하는 사항

17 중대교통사고를 유발한 운전자의 교통안전 체험교육의 이수기간에 대한 설명으로 틀린 것은?

㉮ 차량의 운전자가 중대 교통사고를 일으킨 경우에는 국토교통부령으로 정하는 교육을 받아야 한다.
㉯ "중대 교통사고"란 차량운전자가 교통수단운영자의 차량을 운전하던 중 1건의 교통사고로 8주 이상의 치료를 요하는 의사의 진단을 받은 피해자가 발생한 사고를 말한다.
㉰ 차량운전자는 중대 교통사고가 발생하였을 때에는 교통사고조사에 대한 결과를 통지 받은 날부터 90일 이내에 교통안전 체험교육을 받아야 한다.
㉱ 해당 차량운전자가 중대 교통사고 발생에 따른 상해를 받아 치료를 받아야 하는 경우에는 치료가 종료된 날부터 60일 이내에 교통안전 체험교육을 받아야 한다.

차량운전자는 중대 교통사고가 발생하였을 때에는 교통사고조사에 대한 결과를 통지 받은 날부터 60일 이내에 교통안전 체험교육을 받아야 한다(규칙 제31조의2 제3항).

18 교통수단 안전점검의 효율적 실시를 위해 교통행정기관이 교통수단 운영자 등에 대해 할 수 있는 조치에 해당하지 않는 것은?

㉮ 관련 자료의 제출요구
㉯ 교통수단운영자의 사업장 등에 대한 출입
㉰ 교통수단 또는 장부·서류 등의 검사
㉱ 교통수단운영자의 사업장 등에 대한 압수수색

교통행정기관은 교통수단안전점검을 효율적으로 실시하기 위하여 관련 교통수단운영자로 하여금 필요한 보고를 하게 하거나 관련 자료를 제출하게 할 수 있으며, 필요한 경우 소속 공무원으로 하여금 교통수단운영자의 사업장 등에 출입하여 교통수단 또는 장부·서류나 그 밖의 물건을 검사하게 하거나 관계인에게 질문하게 할 수 있다(법 제33조 제3항).

정답 17. ㉰ 18. ㉱

19 다음 중 교통안전 우수사업자의 지정기준 등에 대한 설명으로 틀린 것은?

㉮ 최근 3년간 영 별표 3의2에 따른 교통안전도 평가지수가 1 미만이고 동종의 운송사업자 중 교통안전도 평가지수가 상위 100분의 5 이내이어야 한다.
㉯ 최근 3년간 「여객자동차 운수사업법 시행령」 제8조 제1호에 해당하는 규모나 발생 빈도의 교통사고를 발생시키지 아니하여야 한다.
㉰ 국토교통부장관은 지정기준에 적합한 자 중 특별시장·광역시장·특별자치시장·도지사·특별자치도지사의 추천을 받아 교통안전 우수사업자를 지정한다.
㉱ 교통안전 우수사업자 지정의 유효기간은 지정받은 날부터 3년으로 한다.

교통안전 우수사업자 지정의 유효기간은 지정받은 날부터 1년으로 한다(규칙 제8조의2 제4항).

20 다음 중 교통행정기관의 제출 요청이 없더라도 주기적으로 운행기록을 제출해야 하는 업종에 해당하는 것은?

㉮ 개인택시   ㉯ 일반화물차
㉰ 시외버스   ㉱ 전세버스

운행기록장치를 장착하여야 하는 자는 운행기록장치에 기록된 운행기록을 6개월 동안 보관하여야 하며, 교통행정기관이 제출을 요청하는 경우 이에 따라야 한다. 다만, 노선 여객자동차운송사업자는 교통행정기관의 제출 요청에 관계없이 운행기록을 주기적으로 제출하여야 한다. 이 경우 운행기록장치 장착의무자는 운행기록장치에 기록된 운행기록을 임의로 조작하여서는 아니 된다(법 제55조 제2항).

2019년 11월 3일 출제복원문제

01 다음 중 교통안전법상의 "교통수단"을 규정하고 있는 법이 아닌 것은?
㉮ 도로교통법 ㉯ 항공안전법
㉰ 해사안전법 ㉱ 해양법

- 교통안전법 제2조(정의) 이 법에서 사용하는 용어의 뜻은 다음과 같다.
  1. "교통수단"이라 함은 사람이 이동하거나 화물을 운송하는데 이용되는 것으로서 다음 각 목의 어느 하나에 해당하는 운송수단을 말한다.
     가. 「도로교통법」에 의한 차마, 「철도산업발전 기본법」에 의한 철도차량(도시철도를 포함) 또는 「궤도운송법」에 따른 궤도에 의하여 교통용으로 사용되는 용구 등 육상교통용으로 사용되는 모든 운송수단
     나. 「해사안전법」에 의한 선박 등 수상 또는 수중의 항행에 사용되는 모든 운송수단
     다. 「항공안전법」에 의한 항공기 등 항공교통에 사용되는 모든 운송수단

02 다음 중 교통안전법상의 "지정행정기관"에 해당하지 않는 것은?
㉮ 국회(입법부) ㉯ 행정안전부
㉰ 국토교통부   ㉱ 경찰청

- "지정행정기관"이라 함은 교통수단·교통시설 또는 교통체계의 운행·운항·설치 또는 운영 등에 관하여 지도·감독을 행하거나 관련 법령·제도를 관장하는 「정부조직법」에 의한 중앙행정기관으로서 대통령령이 정하는 행정기관을 말한다(교통안전법 제2조 제5호).
- 교통안전법 시행령 제2조(지정행정기관) 「교통안전법」제2조 제5호에 따른 지정행정기관은 다음 각 호와 같다.
  1. 기획재정부   2. 교육부   3. 법무부   4. 행정안전부
  5. 문화체육관광부 6. 농림축산식품부 7. 산업통상자원부 8. 보건복지부
  8의2. 환경부   9. 고용노동부   10. 여성가족부   11. 국토교통부
  12. 해양수산부 12의2. 삭제 <2017. 7. 26.>   13. 경찰청
  14. 국무총리가 교통안전정책상 특히 필요하다고 인정하여 지정하는 중앙행정기관

03 다음 중 교통안전법상의 지방자치단체의 의무가 아닌 것은?
㉮ 교통안전에 관한 시책의 수립 및 시행
㉯ 주민의 생명·신체 및 재산을 보호
㉰ 교통시설의 설치 또는 관리
㉱ 지역개발·교육·문화 및 법무 등에 관한 계획 및 정책을 수립하는 경우의 교통안전에 관한 사항의 배려

정답 01. ㉱ 02. ㉮ 03. ㉰

- 교통안전법 제3조(국가 등의 의무) ① 국가는 국민의 생명·신체 및 재산을 보호하기 위하여 교통안전에 관한 종합적인 시책을 수립하고 이를 시행하여야 한다.
  ② 지방자치단체는 주민의 생명·신체 및 재산을 보호하기 위하여 그 관할구역 내의 교통안전에 관한 시책을 당해 지역의 실정에 맞게 수립하고 이를 시행하여야 한다.
  ③ 국가 및 지방자치단체(이하 "국가등"이라 한다)는 제1항 및 제2항의 규정에 따른 교통안전에 관한 시책을 수립·시행하는 것 외에 지역개발·교육·문화 및 법무 등에 관한 계획 및 정책을 수립하는 경우에는 교통안전에 관한 사항을 배려하여야 한다.
- 교통안전법 제4조(교통시설설치·관리자의 의무) 교통시설설치·관리자는 당해 교통시설을 설치 또는 관리함에 있어서 교통안전표지 그 밖의 교통안전시설을 확충·정비하는 등 교통안전을 확보하기 위한 필요한 조치를 강구하여야 한다.

04 다음 중 교통안전법상 국가교통안전기본계획 등을 심의하는 기관은?
㉮ 국가교통위원회   ㉯ 지방교통위원회
㉰ 시·군·구교통안전위원회   ㉱ 지정행정기관

- 교통안전법 제12조(교통안전에 관한 주요 정책 등 심의) 교통안전에 관한 주요 정책과 제15조에 따른 국가교통안전기본계획 등은 「국가통합교통체계효율화법」 제106조에 따른 국가교통위원회에서 심의한다.

05 교통안전법상 국가교통안전기본계획의 수립권자에 해당하는 것은?
㉮ 국가교통위원회   ㉯ 국무총리
㉰ 지방자치단체   ㉱ 국토교통부장관

- 교통안전법 제15조(국가교통안전기본계획) ① 국토교통부장관은 국가의 전반적인 교통안전수준의 향상을 도모하기 위하여 교통안전에 관한 기본계획을 5년 단위로 수립하여야 한다.

06 다음 중 교통안전법상 국가교통안전기본계획에 포함될 사항이 아닌 것은?
㉮ 교통안전에 관한 중·장기 종합정책방향
㉯ 교통안전의 경영지침에 관한 사항
㉰ 교통안전지식의 보급
㉱ 교통안전 전문인력의 양성

㉯ 교통안전의 경영지침에 관한 사항은 교통시설설치·관리자등의 교통안전관리규정에 포함될 사항이다.

■ 국가교통안전기본계획에는 다음 각 호의 사항이 포함되어야 한다(교통안전법 제15조).
  1. 교통안전에 관한 중·장기 종합정책방향
  2. 육상교통·해상교통·항공교통 등 부문별 교통사고의 발생현황과 원인의 분석
  3. 교통수단·교통시설별 교통사고 감소목표
  4. 교통안전지식의 보급 및 교통문화 향상목표
  5. 교통안전정책의 추진성과에 대한 분석·평가
  6. 교통안전정책의 목표달성을 위한 부문별 추진전략
  7. 부문별·기관별·연차별 세부 추진계획 및 투자계획
  8. 교통안전표지·교통관제시설·항행안전시설 등 교통안전시설의 정비·확충에 관한 계획
  9. 교통안전 전문인력의 양성
  10. 교통안전과 관련된 투자사업계획 및 우선순위
  11. 지정행정기관별 교통안전대책에 대한 연계와 집행력 보완방안
  12. 그 밖에 교통안전수준의 향상을 위한 교통안전시책에 관한 사항

07 교통안전법 시행령상 국토교통부장관이 국가교통안전기본계획의 수립과 관련 소관별 교통안전에 관한 계획안을 종합·조정하는 경우에 검토하여야 할 사항에 해당되지 않는 것은?

㉮ 정책목표
㉯ 정책과제의 추진시기
㉰ 투자규모
㉱ 소요예산의 확보 가능성

■ 교통안전법 시행령 제10조(국가교통안전기본계획의 수립) ① 국토교통부장관은 국가교통안전기본계획의 수립 또는 변경을 위한 지침을 작성하여 계획연도 시작 전전년도 6월 말까지 지정행정기관의 장에게 통보하여야 한다.
  ② 지정행정기관의 장은 수립지침에 따라 소관별 교통안전에 관한 계획안을 작성하여 계획연도 시작 전년도 2월 말까지 국토교통부장관에게 제출하여야 한다.
  ③ 국토교통부장관은 소관별 교통안전에 관한 계획안을 종합·조정하여 계획연도 시작 전년도 6월 말까지 국가교통안전기본계획을 확정하여야 한다. 소관별 교통안전에 관한 계획안을 종합·조정하는 경우에는 다음 각 호의 사항을 검토하여야 한다.
    1. 정책목표
    2. 정책과제의 추진시기
    3. 투자규모
    4. 정책과제의 추진에 필요한 해당 기관별 협의사항

■ 교통안전법 시행령 제12조(국가교통안전시행계획의 수립) ① 지정행정기관의 장은 다음 연도의 소관별 교통안전시행계획안을 수립하여 매년 10월 말까지 국토교통부장관에게 제출하여야 한다.
  ② 국토교통부장관은 소관별 교통안전시행계획안을 종합·조정할 때에는 다음 각 호의 사항을 검토하여야 한다.
    1. 국가교통안전기본계획과의 부합 여부
    2. 기대 효과
    3. 소요예산의 확보 가능성
  ③ 국토교통부장관은 국가교통안전시행계획을 12월 말까지 확정하여 지정행정기관의 장과 시·도지사에게 통보하여야 한다.

정답 07. ㉱

08 교통안전법상 "교통안전관리규정"에 포함되는 사항이 아닌 것은?

㉮ 교통안전 전문인력의 양성에 관한 사항
㉯ 교통안전의 경영지침에 관한 사항
㉰ 교통안전목표 수립에 관한 사항
㉱ 안전관리대책의 수립 및 추진에 관한 사항

- 교통안전법 제21조(교통시설설치·관리자등의 교통안전관리규정) ① 대통령령으로 정하는 교통시설설치·관리자 및 교통수단운영자는 그가 설치·관리하거나 운영하는 교통시설 또는 교통수단과 관련된 교통안전을 확보하기 위하여 다음 각 호의 사항을 포함한 규정을 정하여 관할교통행정기관에 제출하여야 한다. 이를 변경한 때에도 또한 같다.
  1. 교통안전의 경영지침에 관한 사항
  2. 교통안전목표 수립에 관한 사항
  3. 교통안전 관련 조직에 관한 사항
  4. 제54조의2에 따른 교통안전담당자 지정에 관한 사항
  5. 안전관리대책의 수립 및 추진에 관한 사항
  6. 그 밖에 교통안전에 관한 중요 사항으로서 대통령령이 정하는 사항
② 교통시설설치·관리자등은 교통안전관리규정을 준수하여야 한다.
③ 교통행정기관은 국토교통부령이 정하는 바에 따라 교통시설설치·관리자등이 교통안전관리규정을 준수하고 있는지의 여부를 확인하고 이를 평가하여야 한다.
④ 교통행정기관은 교통안전을 확보하기 위하여 필요하다고 인정하는 때에는 교통안전관리규정의 변경을 명할 수 있다. 이 경우 변경명령을 받은 교통시설설치·관리자등은 특별한 사유가 없는 한 이에 응하여야 한다.

09 교통안전법상 교통행정기관이 실시하는 교통수단안전점검의 대상 등에 해당하지 않는 것은?

㉮ 「도로교통법」에 따른 어린이통학버스
㉯ 「고압가스 안전관리법 시행령」에 따른 고압가스를 운송하기 위하여 필요한 탱크를 설치한 화물자동차
㉰ 쓰레기 운반전용의 화물자동차
㉱ 피견인자동차와 긴급자동차를 제외한 최대적재량 8톤 이하의 화물자동차

- 교통안전법 제33조(교통수단안전점검) ① 교통행정기관은 소관 교통수단에 대한 교통안전 실태를 파악하기 위하여 주기적으로 또는 수시로 교통수단안전점검을 실시할 수 있다.

- 교통안전법 시행령 제20조(교통수단안전점검의 대상 등) ① 법 제33조 제1항에 따른 교통수단안전점검의 대상은 다음 각 호와 같다.
  1. 「여객자동차 운수사업법」에 따른 여객자동차운송사업자가 보유한 자동차 및 그 운영에 관련된 사항
  2. 「화물자동차 운수사업법」에 따른 화물자동차 운송사업자가 보유한 자동차 및 그 운영에 관련된 사항

정답 08. ㉮ 09. ㉱

3. 「건설기계관리법」에 따른 건설기계사업자가 보유한 건설기계(같은 법 제26조제1항 단서에 따라 「도로교통법」에 따른 운전면허를 받아야 하는 건설기계에 한정한다) 및 그 운영에 관련된 사항
4. 「철도사업법」에 따른 철도사업자 및 전용철도운영자가 보유한 철도차량 및 그 운영에 관련된 사항
5. 「도시철도법」에 따른 도시철도운영자가 보유한 철도차량 및 그 운영에 관련된 사항
6. 「항공사업법」에 따른 항공운송사업자가 보유한 항공기(「항공안전법」 제3조 및 제4조를 적용받는 군용항공기 등과 국가기관등항공기는 제외한다) 및 그 운영에 관련된 사항
7. 그 밖에 국토교통부령으로 정하는 어린이 통학버스 및 위험물 운반자동차 등 교통수단안전점검이 필요하다고 인정되는 자동차 및 그 운영에 관련된 사항

- 교통안전법 시행규칙 제6조(교통수단안전점검 대상이 되는 자동차 등) ① 영 제20조 제1항 제7호에서 "국토교통부령으로 정하는 어린이 통학버스 및 위험물 운반자동차 등 교통수단안전점검이 필요하다고 인정되는 자동차"란 다음 각 호의 자동차를 말한다.
  1. 「도로교통법」 제2조 제23호에 따른 어린이통학버스
  2. 「고압가스 안전관리법 시행령」 제2조에 따른 고압가스를 운송하기 위하여 필요한 탱크를 설치한 화물자동차(그 화물자동차가 피견인자동차인 경우에는 연결된 견인자동차를 포함한다)
  3. 「위험물안전관리법 시행령」 제3조에 따른 지정수량 이상의 위험물을 운반하기 위하여 필요한 탱크를 설치한 화물자동차(그 화물자동차가 피견인자동차인 경우에는 연결된 견인자동차를 포함한다)
  4. 「화학물질관리법」 제2조 제7호에 따른 유해화학물질을 운반하기 위하여 필요한 탱크를 설치한 화물자동차(그 화물자동차가 피견인자동차인 경우에는 연결된 견인자동차를 포함한다)
  5. 쓰레기 운반전용의 화물자동차
  6. 피견인자동차와 긴급자동차를 제외한 최대적재량 8톤 이상의 화물자동차

10 다음 중 교통안전법상 국토교통부장관이 교통수단안전점검을 실시하여야 하는 경우가 아닌 것은?

㉮ 1건의 사고로 사망자가 1명 이상 발생한 교통사고
㉯ 1건의 사고로 중상자가 2명 이상 발생한 교통사고
㉰ 1건의 사고로 경상자가 6명 이상 발생한 교통사고
㉱ 자동차를 20대 이상 보유하여 「화물자동차 운수사업법」에 따라 일반화물자동차 운송사업의 허가를 받은 자의 교통안전도 평가지수가 1을 초과하는 경우

- 교통안전법 제33조(교통수단안전점검) ① 교통행정기관은 소관 교통수단에 대한 교통안전 실태를 파악하기 위하여 주기적으로 또는 수시로 교통수단안전점검을 실시할 수 있다.
  ⑥ 제1항에도 불구하고 국토교통부장관은 대통령령으로 정하는 교통수단과 관련하여 대통령령으로 정하는 기준 이상의 교통사고가 발생한 경우 해당 교통수단에 대하여 교통수단안전점검을 실시하여야 한다.

- 교통안전법 시행령 제20조(교통수단안전점검의 대상 등) ② 법 제33조 제6항에서 "대통령령으로 정하는 교통수단"이란 다음 각 호의 어느 하나에 해당하는 자가 보유한 교통수단을 말한다.

정답 10. ㉯

1. 「여객자동차 운수사업법」 제4조에 따른 여객자동차운송사업의 면허를 받거나 등록을 한 자(같은 법에 따른 수요응답형 여객자동차운송사업자 및 개인택시운송사업자 등 자동차 보유대수가 1대인 운송사업자는 제외한다)
2. 「화물자동차 운수사업법」 제3조에 따라 화물자동차 운송사업의 허가를 받은 자(자동차 보유대수가 1대인 운송사업자는 제외한다)

③ 법 제33조 제6항에서 "대통령령으로 정하는 기준 이상의 교통사고"란 다음 각 호의 어느 하나에 해당하는 교통사고를 말한다.
1. 1건의 사고로 사망자가 1명 이상 발생한 교통사고
2. 1건의 사고로 중상자가 2명 이상 발생한 교통사고
3. 자동차를 20대 이상 보유한 제2항 각 호의 어느 하나에 해당하는 자의 별표 3의2에 따른 교통안전도 평가지수가 국토교통부령으로 정하는 기준을 초과하여 발생한 교통사고

■ 교통안전법 시행규칙 제7조의2(교통안전도 평가지수) 영 제20조 제3항 제3호에서 "국토교통부령으로 정하는 기준"이란 다음 각 호와 같다.
1. 자동차를 20대 이상 보유하여 「여객자동차 운수사업법」 제4조에 따른 여객자동차운송사업의 면허를 받거나 등록을 한 자
  가. 시내버스운송사업, 농어촌버스운송사업, 특수여객자동차운송사업 및 마을버스운송사업의 경우 : 2.5
  나. 시외버스운송사업 및 일반택시운송사업의 경우 : 2
  다. 전세버스운송사업의 경우 : 1
2. 자동차를 20대 이상 보유하여 「화물자동차 운수사업법」 제3조에 따라 일반화물자동차운송사업의 허가를 받은 자 : 1

11 다음 중 교통안전법상 교통수단안전점검의 항목에 해당하지 않는 것은?

㉮ 교통안전 확보를 위한 교통수단운영자의 재정 건전성에 대한 확인
㉯ 교통수단의 교통안전 위험요인 조사
㉰ 교통안전 관계 법령의 위반 여부 확인
㉱ 교통안전관리규정의 준수 여부 점검

■ 교통안전법 제33조(교통수단안전점검) ① 교통행정기관은 소관 교통수단에 대한 교통안전 실태를 파악하기 위하여 주기적으로 또는 수시로 교통수단안전점검을 실시할 수 있다.

■ 교통안전법 시행령 제20조(교통수단안전점검의 대상 등) ④ 법 제33조에 따른 교통수단안전점검의 항목은 다음 각 호와 같다.
1. 교통수단의 교통안전 위험요인 조사
2. 교통안전 관계 법령의 위반 여부 확인
3. 교통안전관리규정의 준수 여부 점검
4. 그 밖에 국토교통부장관이 관계 교통행정기관의 장과 협의하여 정하는 사항

정답 11. ㉮

12 교통안전법령상 자동차를 20대 이상 보유한 여객자동차운송사업의 면허를 받거나 등록을 한 자가 국토교통부장관으로부터 교통수단안전점검을 받기위한 요건으로서 교통안전도평가지수기준이 2.5가 아닌 경우는?

㉮ 일반택시운송사업 ㉯ 시내버스운송사업
㉰ 특수여객자동차운송사업 ㉱ 마을버스운송사업

- 교통안전법 시행규칙 제7조의2(교통안전도 평가지수) 영 제20조 제3항 제3호에서 "국토교통부령으로 정하는 기준"이란 다음 각 호와 같다.
  1. 자동차를 20대 이상 보유하여 「여객자동차 운수사업법」 제4조에 따른 여객자동차운송사업의 면허를 받거나 등록을 한 자
     가. 시내버스운송사업, 농어촌버스운송사업, 특수여객자동차운송사업 및 마을버스운송사업의 경우 : 2.5
     나. 시외버스운송사업 및 일반택시운송사업의 경우 : 2
     다. 전세버스운송사업의 경우 : 1
  2. 자동차를 20대 이상 보유하여 「화물자동차 운수사업법」 제3조에 따라 일반화물자동차운송사업의 허가를 받은 자 : 1

13 교통안전법상 교통시설안전진단을 실시하려는 자는 누구에게 등록하여야 하는가?

㉮ 국토교통부장관 ㉯ 시·도지사
㉰ 소관지역 경찰서장 ㉱ 교통안전관리공단

- 교통안전법 제39조(교통안전진단기관의 등록 등) ① 교통시설안전진단을 실시하려는 자는 시·도지사에게 등록하여야 한다. 이 경우 시·도지사는 국토교통부령으로 정하는 바에 따라 교통안전진단기관등록증을 발급하여야 한다.

14 다음 중 교통안전법상 교통안전관리자의 결격사유로 볼 수 없는 것은?

㉮ 피성년후견인
㉯ 금고 이상의 실형을 선고받고 그 집행이 종료된 날로부터 2년이 경과되지 아니한 자
㉰ 교통안전관리자 자격의 취소처분을 받은 날부터 5년이 경과되지 아니한 자
㉱ 금고 이상의 형의 집행유예 선고를 받고 그 유예기간 중에 있는 자

- 교통안전법 제53조(교통안전관리자 자격의 취득 등) ③ 다음 각 호의 어느 하나에 해당하는 자는 교통안전관리자가 될 수 없다.
  1. 피성년후견인 또는 피한정후견인
  2. 금고 이상의 실형을 선고받고 그 집행이 종료(집행이 종료된 것으로 보는 경우를 포함)되거나 집행이 면제된 날부터 2년이 경과되지 아니한 자
  3. 금고 이상의 형의 집행유예 선고를 받고 그 유예기간 중에 있는 자

정답 12. ㉮ 13. ㉯ 14. ㉰

4. 제54조의 규정에 따라 교통안전관리자 자격의 취소처분을 받은 날부터 2년이 경과되지 아니한 자. 다만, 제54조 제1항 제1호 중 제53조 제3항 제1호에 해당하여 자격이 취소된 경우는 제외한다.

15 다음 중 교통안전법상 교통안전담당자의 지정 등에 관한 설명으로 틀린 것은?

㉮ 대통령령으로 정하는 교통시설설치·관리자 및 교통수단운영자는 교통안전담당자를 지정하여 직무를 수행하게 하여야 한다.
㉯ 대통령령으로 정하는 교통시설설치·관리자 및 교통수단운영자는 교통안전담당자로 하여금 교통안전에 관한 전문지식과 기술능력을 향상시키기 위하여 교육을 받도록 하여야 한다.
㉰ 대통령령으로 정하는 교통시설설치·관리자 및 교통수단운영자는 교통안전담당자를 지정 또는 지정해지하거나 교통안전담당자가 퇴직한 경우에는 지체 없이 그 사실을 관할 교통행정기관에 알려야 한다.
㉱ 대통령령으로 정하는 교통시설설치·관리자 및 교통수단운영자는 지정된 교통안전담당자 지정해지 또는 퇴직한 날부터 60일 이내에 다른 교통안전담당자를 지정해야 한다.

- 교통안전법 제54조의2(교통안전담당자의 지정 등) ① 대통령령으로 정하는 교통시설설치·관리자 및 교통수단운영자는 다음 각 호의 어느 하나에 해당하는 사람을 교통안전담당자로 지정하여 직무를 수행하게 하여야 한다.
  1. 제53조에 따라 교통안전관리자 자격을 취득한 사람
  2. 대통령령으로 정하는 자격을 갖춘 사람
  ② 제1항에 따른 교통시설설치·관리자 및 교통수단운영자는 교통안전담당자로 하여금 교통안전에 관한 전문지식과 기술능력을 향상시키기 위하여 교육을 받도록 하여야 한다.
  ③ 교통안전담당자의 직무, 지정 방법 및 교통안전담당자에 대한 교육에 필요한 사항은 대통령령으로 정한다.

- 교통안전법 시행령 제44조(교통안전담당자의 지정) ① 법 제54조의2 제1항에 따라 같은 항에 따른 교통안전담당자를 지정해야 하는 교통시설설치·관리자등의 범위와 그 지정 인원은 별표 8의2와 같다.
  ② 법 제54조의2 제1항 제2호에서 "대통령령으로 정하는 자격을 갖춘 사람"이란 다음 각 호의 어느 하나에 해당하는 사람을 말한다.
  1. 「산업안전보건법」 제17조에 따른 안전관리자
  2. 「자격기본법」에 따른 민간자격으로서 국토교통부장관이 교통사고 원인의 조사·분석과 관련된 것으로 인정하는 자격을 갖춘 사람
  ③ 교통시설설치·관리자등은 법 제54조의2 제1항에 따라 교통안전담당자를 지정 또는 지정해지하거나 교통안전담당자가 퇴직한 경우에는 지체 없이 그 사실을 관할 교통행정기관에 알리고, 지정해지 또는 퇴직한 날부터 30일 이내에 다른 교통안전담당자를 지정해야 한다.

정답 15. ㉱

- 교통안전법 시행령 제44조의3(교통안전담당자에 대한 교육) ① 교통시설설치·관리자등은 법 제54조의2 제2항에 따라 교통안전담당자로 하여금 한국교통안전공단이 실시하는 다음 각 호의 구분에 따른 교육을 받도록 해야 한다.
    1. 신규교육 : 교통안전담당자의 직무를 시작한 날부터 6개월 이내에 1회
    2. 보수교육 : 교통안전담당자의 직무를 시작한 날이 속하는 연도를 기준으로 2년마다 1회
  ② 제1항에 따른 신규교육은 16시간으로, 보수교육은 회당 8시간으로 한다.
  ③ 한국교통안전공단은 다음 연도 교육일정 및 장소 등 계획을 수립해 매년 11월 30일까지 국토교통부장관에게 제출한 후 12월 31일까지 교통시설설치·관리자등에게 알려야 한다.
  ④ 한국교통안전공단은 전년도 교육인원 등 실적을 다음 연도 2월 말일까지 국토교통부장관에게 제출해야 한다.
  ⑤ 제1항부터 제4항까지에서 규정한 사항 외에 구체적인 교육 과목·내용 및 그 밖에 교육에 필요한 사항은 한국교통안전공단이 정해서 공고해야 한다.

16. 다음 중 교통안전법상 교통안전담당자의 직무에 해당하지 않는 것은?

㉮ 교통안전관리규정의 시행 및 그 기록의 작성·보존
㉯ 교통시설의 조건 및 기상조건에 따른 안전 운행등에 필요한 조치
㉰ 운행기록장치 및 차로이탈경고장치 등의 점검 및 관리
㉱ 교통안전을 해치는 행위를 한 운전자등에 대한 징계

- 교통안전법 시행령 제44조의2(교통안전담당자의 직무) ① 교통안전담당자의 직무는 다음 각 호와 같다.
    1. 교통안전관리규정의 시행 및 그 기록의 작성·보존
    2. 교통수단의 운행·운항 또는 항행 또는 교통시설의 운영·관리와 관련된 안전점검의 지도·감독
    3. 교통시설의 조건 및 기상조건에 따른 안전 운행등에 필요한 조치
    4. 법 제24조제1항에 따른 운전자등의 운행등 중 근무상태 파악 및 교통안전 교육·훈련의 실시
    5. 교통사고 원인 조사·분석 및 기록 유지
    6. 운행기록장치 및 차로이탈경고장치 등의 점검 및 관리
  ② 삭제 <2018. 12. 24.>
  ③ 교통안전담당자는 교통안전을 위해 필요하다고 인정하는 경우에는 다음 각 호의 조치를 교통시설설치·관리자등에게 요청해야 한다. 다만, 교통안전담당자가 교통시설설치·관리자등에게 필요한 조치를 요청할 시간적 여유가 없는 경우에는 직접 필요한 조치를 하고, 이를 교통시설설치·관리자등에게 보고해야 한다. <개정 2008. 2. 29., 2013. 3. 23., 2018. 12. 24.>
    1. 국토교통부령으로 정하는 교통수단의 운행등의 계획 변경
    2. 교통수단의 정비
    3. 운전자등의 승무계획 변경
    4. 교통안전 관련 시설 및 장비의 설치 또는 보완
    5. 교통안전을 해치는 행위를 한 운전자등에 대한 징계 건의
  ④ 삭제 <2018. 12. 24.>

정답 16. ㉱

17 다음 중 교통안전법상 전자식 운행기록장치(Digital Tachograph)를 장착하여야 하는 사업자에 해당하지 않는 자는?

㉮ 「여객자동차 운수사업법」에 따른 여객자동차 운송사업자
㉯ 「여객자동차 운수사업법」에 따른 여객자동차 운송가맹사업자
㉰ 「화물자동차 운수사업법」에 따른 화물자동차 운송사업자
㉱ 「화물자동차 운수사업법」에 따른 화물자동차 운송가맹사업자

- 교통안전법 제55조(운행기록장치의 장착 및 운행기록의 활용 등) ① 다음 각 호의 어느 하나에 해당하는 자는 그 운행하는 차량에 국토교통부령으로 정하는 기준에 적합한 운행기록장치를 장착하여야 한다. 다만, 소형 화물차량 등 국토교통부령으로 정하는 차량은 그러하지 아니하다.
  1. 「여객자동차 운수사업법」에 따른 여객자동차 운송사업자
  2. 「화물자동차 운수사업법」에 따른 화물자동차 운송사업자 및 화물자동차 운송가맹사업자

- 교통안전법 시행규칙 제29조의2(운행기록장치의 장착) ① 법 제55조 제1항에서 "국토교통부령으로 정하는 기준에 적합한 운행기록장치"란 별표 4에서 정하는 기준을 갖춘 전자식 운행기록장치(Digital Tachograph)를 말한다.
  ② 법 제5조에 따라 교통수단제조사업자는 그가 제조하는 차량(법 제55조 제1항에 따라 운행기록장치를 장착하여야 하는 차량만 해당한다)에 대하여 제1항에 따른 전자식 운행기록장치를 장착할 수 있다.

- 교통안전법 시행규칙 제29조의3(운행기록장치 장착면제 차량) 법 제55조 제1항 단서에서 "소형 화물차량 등 국토교통부령으로 정하는 차량"이란 다음 각 호의 어느 하나에 해당하는 차량을 말한다.
  1. 「화물자동차 운수사업법」 제2조 제3호에 따른 화물자동차운송사업용 자동차로서 최대 적재량 1톤 이하인 화물자동차
  2. 「자동차관리법 시행규칙」 별표 1에 따른 경형·소형 특수자동차 및 구난형·특수작업형 특수자동차
  3. 「여객자동차 운수사업법」 제3조에 따른 여객자동차운송사업에 사용되는 자동차로서 2002년 6월 30일 이전에 등록된 자동차

18 다음 중 교통안전법상 차로이탈경고장치를 의무적으로 장착해야 하는 경우가 아닌 것은?

㉮ 농어촌버스운송사업 및 마을버스운송사업에 사용되는 자동차
㉯ 9미터 이상의 승합자동차
㉰ 차량총중량 20톤을 초과하는 화물자동차
㉱ 차량총중량 20톤을 초과하는 특수자동차

- 교통안전법 제55조의2(차로이탈경고장치의 장착) 제55조 제1항 제1호 또는 제2호에 따른 차량 중 국토교통부령으로 정하는 차량은 국토교통부령으로 정하는 기준에 적합한 차로이탈경고장치를 장착하여야 한다.

정답 17. ㉯ 18. ㉮

- 교통안전법 시행규칙 제30조의2(차로이탈경고장치의 장착) ① 법 제55조의2에서 "국토교통부령으로 정하는 차량"이란 길이 9미터 이상의 승합자동차 및 차량총중량 20톤을 초과하는 화물·특수자동차를 말한다. 다만, 다음 각 호의 어느 하나에 해당하는 자동차는 제외한다.
  1. 4축 이상 자동차
  2. 피견인자동차
  3. 「자동차관리법 시행규칙」 별표 1 제2호에 따른 덤프형 화물자동차, 특수용도형 화물자동차, 구난형 특수자동차 및 특수작업형 특수자동차
  4. 「여객자동차 운수사업법 시행령」 제3조 제1호 가목에 따른 시내버스운송사업(일반형에 한정), 같은 호 나목 및 다목에 따른 농어촌버스운송사업 및 마을버스운송사업에 사용되는 자동차

19. 교통안전법상 중대 교통사고자에 대한 교육실시에 관한 설명으로 다음 중 잘못된 것은?

㉮ "중대 교통사고"란 차량운전자가 교통수단운영자의 차량을 운전하던 중 1건의 교통사고로 8주 이상의 치료를 요하는 의사의 진단을 받은 피해자가 발생한 사고를 말한다.
㉯ 교육의 내용에는 운전자의 안전운전능력을 효과적으로 배양할 수 있는 교통안전 체험교육이 포함되어야 한다.
㉰ 차량운전자는 중대 교통사고가 발생하였을 때에는 교통사고조사에 대한 결과를 통지 받은 날부터 90일 이내에 교통안전 체험교육을 받아야 한다.
㉱ 교통수단운영자는 중대 교통사고를 일으킨 차량운전자를 고용하려는 때에는 교통안전체험교육을 받았는지 여부를 확인하여야 한다.

- 교통안전법 제56조의2(중대 교통사고자에 대한 교육실시) ① 제55조 제1항 제1호 또는 제2호에 따른 차량의 운전자가 중대 교통사고를 일으킨 경우에는 국토교통부령으로 정하는 교육을 받아야 한다. 이 경우 교육의 내용에는 운전자의 안전운전능력을 효과적으로 배양할 수 있는 교통안전 체험교육이 포함되어야 한다.
  ② 제1항에 따른 중대 교통사고의 기준 및 교육실시에 필요한 사항은 국토교통부령으로 정한다.

- 교통안전법 시행규칙 제31조의2(중대 교통사고의 기준 및 교육실시) ① 법 제56조의2 제1항 전단에서 "국토교통부령으로 정하는 교육"이란 별표 7 제1호의 기본교육과정을 말한다.
  ② 법 제56조의2 제2항에서 "중대 교통사고"란 차량운전자가 교통수단운영자의 차량을 운전하던 중 1건의 교통사고로 8주 이상의 치료를 요하는 의사의 진단을 받은 피해자가 발생한 사고를 말한다.
  ③ 차량운전자는 제2항에 따른 중대 교통사고가 발생하였을 때에는 「도로교통법」 제54조 제6항에 따른 교통사고조사에 대한 결과를 통지 받은 날부터 60일 이내에 교통안전 체험교육을 받아야 한다. 다만, 각 호에 해당하는 차량운전자의 경우에는 각 호에서 정한 기간 내에 교육을 받아야 한다.
    1. 해당 차량운전자가 중대 교통사고 발생에 따른 구속 또는 금고 이상의 실형을 선고받고 그 형이 집행 중인 경우에는 석방 또는 그 집행이 종료되거나 집행을 받지 아니하기로 확정된 날부터 60일 이내

정답 19. ㉰

2. 해당 차량운전자가 중대 교통사고 발생에 따른 상해를 받아 치료를 받아야 하는 경우에는 치료가 종료된 날부터 60일 이내
3. 중대 교통사고로 인하여 운전면허가 취소 또는 정지된 차량운전자의 경우에는 운전면허를 다시 취득하거나 정지기간이 만료되어 운전할 수 있는 날부터 60일 이내
④ 교통수단운영자는 제2항에 따른 중대 교통사고를 일으킨 차량운전자를 고용하려는 때에는 교통안전체험교육을 받았는지 여부를 확인하여야 한다.

20 다음 중 교통안전법상 과태료부과기준에 대한 설명으로 잘못된 것은?

㉮ 하나의 위반행위가 둘 이상의 과태료 부과기준에 해당하는 경우에는 그 중 금액이 큰 과태료 부과기준을 적용한다.
㉯ 위반행위의 횟수에 따른 과태료의 가중된 부과기준은 최근 1년간 같은 위반행위로 과태료 부과처분을 받은 경우에 적용한다.
㉰ 위반행위가 사소한 부주의나 오류로 인한 것으로 인정되는 경우에는 과태료 금액의 2분의 1의 범위에서 그 금액을 줄일 수 있다.
㉱ 어떠한 경우에도 과태료 액수의 증액은 허용되지 아니한다.

■ 교통안전법 시행령 [별표 9]
과태료의 부과의 일반기준(제49조 관련)

가. 하나의 위반행위가 둘 이상의 과태료 부과기준에 해당하는 경우에는 그 중 금액이 큰 과태료 부과기준을 적용한다.
나. 위반행위의 횟수에 따른 과태료의 가중된 부과기준은 최근 1년간 같은 위반행위로 과태료 부과처분을 받은 경우에 적용한다. 이 경우 기간의 계산은 위반행위에 대하여 과태료 부과처분을 받은 날과 그 처분 후 다시 같은 위반행위를 하여 적발된 날을 기준으로 한다.
다. 나목에 따라 가중된 부과처분을 하는 경우 가중처분의 적용 차수는 그 위반행위 전 부과처분 차수(나목에 따른 기간 내에 과태료 부과처분이 둘 이상 있었던 경우에는 높은 차수를 말한다)의 다음 차수로 한다.
라. 부과권자는 다음의 어느 하나에 해당하는 경우에는 제2호의 개별기준에 따른 과태료 금액의 2분의 1의 범위에서 그 금액을 줄일 수 있다. 다만, 과태료를 체납하고 있는 위반행위자의 경우에는 그렇지 않다.
  1) 위반행위자가 「질서위반행위규제법 시행령」 제2조의2 제1항 각 호의 어느 하나에 해당하는 경우
  2) 위반행위가 사소한 부주의나 오류로 인한 것으로 인정되는 경우
  3) 위반행위자의 법 위반상태를 시정하거나 해소하기 위한 노력이 인정되는 경우
  4) 그 밖에 위반행위의 정도, 동기 및 결과 등을 고려하여 그 금액을 줄일 필요가 있다고 인정되는 경우
마. 부과권자는 다음의 어느 하나에 해당하는 경우에는 제2호의 개별기준에 따른 과태료 금액의 2분의 1의 범위에서 그 금액을 늘릴 수 있다. 다만, 법 제65조에 따른 과태료 금액의 상한을 넘을 수 없다.
  1) 위반의 내용 및 정도가 중대하여 사회에 미치는 피해가 크다고 인정되는 경우
  2) 최근 1년간 같은 위반행위로 3회를 초과하여 과태료 부과처분을 받은 경우
  3) 그 밖에 위반행위의 정도, 위반행위의 동기와 그 결과 등을 고려하여 과태료 금액을 늘릴 필요가 있다고 인정되는 경우

정답 20. ㉱

21 다음 중 교통행정기관의 요청이 없더라도 주기적으로 운행기록을 제출하여야 하는 업종에 해당하는 것은?

㉮ 「화물자동차 운수사업법」에 따른 화물자동차 운송사업자
㉯ 「화물자동차 운수사업법」에 따른 화물자동차 운송가맹사업자
㉰ 「여객자동차 운수사업법」에 따른 개인택시 운송 사업자
㉱ 「여객자동차 운수사업법」에 따라 면허를 받은 노선 여객자동차운송사업자

- 교통안전법 제55조(운행기록장치의 장착 및 운행기록의 활용 등) ② 운행기록장치 장착의무자는 운행기록장치에 기록된 운행기록을 대통령령으로 정하는 기간 동안 보관하여야 하며, 교통행정기관이 제출을 요청하는 경우 이에 따라야 한다. 다만, 대통령령으로 정하는 운행기록장치 장착의무자는 교통행정기관의 제출 요청에 관계없이 운행기록을 주기적으로 제출하여야 한다. 이 경우 운행기록장치 장착의무자는 운행기록장치에 기록된 운행기록을 임의로 조작하여서는 아니 된다.

- 교통안전법 시행령 제45조(운행기록장치의 장착시기 및 보관기간) ③ 법 제55조 제2항 단서에서 "대통령령으로 정하는 운행기록장치 장착의무자"란 「여객자동차 운수사업법」 제4조에 따라 면허를 받은 노선 여객자동차운송사업자를 말한다.

정답 21. ㉱

제2장 철도안전법

제1절 총 칙

1. 목 적

동법은 철도안전을 확보하기 위하여 필요한 사항을 규정하고 철도안전 관리체계를 확립함으로써 공공복리의 증진에 이바지함을 목적으로 한다(법 제1조).

2. 용어의 정의(법 제2조)

용 어	정 의
철 도	여객 또는 화물을 운송하는 데 필요한 철도시설과 철도차량 및 이와 관련된 운영·지원체계가 유기적으로 구성된 운송체계
전용철도	다른 사람의 수요에 따른 영업을 목적으로 하지 아니하고 자신의 수요에 따라 특수 목적을 수행하기 위하여 설치하거나 운영하는 철도
철도시설	다음에 해당하는 시설(부지를 포함)을 말한다. 가. 철도의 선로(선로에 부대되는 시설을 포함), 역시설(물류시설·환승시설 및 편의시설 등을 포함) 및 철도운영을 위한 건축물·건축설비 나. 선로 및 철도차량을 보수·정비하기 위한 선로보수기지, 차량정비기지 및 차량유치시설 다. 철도의 전철전력설비, 정보통신설비, 신호 및 열차제어설비 라. 철도노선간 또는 다른 교통수단과의 연계운영에 필요한 시설 마. 철도기술의 개발·시험 및 연구를 위한 시설 바. 철도경영연수 및 철도전문인력의 교육훈련을 위한 시설 사. 철도의 건설 및 유지보수에 필요한 자재를 가공·조립·운반 또는 보관하기 위하여 당해 사업기간 중에 사용되는 시설 아. 철도의 건설 및 유지보수를 위한 공사에 사용되는 진입도로·주차장·야적장·토석채취장 및 사토장과 그 설치 또는 운영에 필요한 시설 자. 철도의 건설 및 유지보수를 위하여 당해 사업기간 중에 사용되는 장비와 그 정비·점검 또는 수리를 위한 시설 차. 그 밖에 철도안전관련시설·안내시설 등 철도의 건설·유지보수 및 운영을 위하여 필요한 시설로서 국토교통부장관이 정하는 시설

철도운영	철도와 관련된 다음에 해당하는 것을 말한다. 가. 철도 여객 및 화물 운송 나. 철도차량의 정비 및 열차의 운행관리 다. 철도시설·철도차량 및 철도부지 등을 활용한 부대사업개발 및 서비스
철도차량	선로를 운행할 목적으로 제작된 동력차·객차·화차 및 특수차
철도용품	철도시설 및 철도차량 등에 사용되는 부품·기기·장치 등
열 차	선로를 운행할 목적으로 철도운영자가 편성하여 열차번호를 부여한 철도차량
선 로	철도차량을 운행하기 위한 궤도와 이를 받치는 노반(路盤) 또는 인공구조물로 구성된 시설
철도운영자	철도운영에 관한 업무를 수행하는 자
철도시설관리자	철도시설의 건설 또는 관리에 관한 업무를 수행하는 자
철도종사자	다음에 해당하는 자를 말한다. 가. 철도차량의 운전업무에 종사하는 사람(운전업무종사자) 나. 철도차량의 운행을 집중 제어·통제·감시하는 업무에 종사하는 사람 다. 여객에게 승무(乘務) 서비스를 제공하는 사람(여객승무원) 라. 여객에게 역무(驛務) 서비스를 제공하는 사람(여객역무원) 마. 철도차량의 운행선로 또는 그 인근에서 철도시설의 건설 또는 관리와 관련한 작업의 협의·지휘·감독·안전관리 등의 업무에 종사하도록 철도운영자 또는 철도시설관리자가 지정한 사람 바. 철도차량 운행선로 또는 그 인근에서 철도시설의 건설 또는 관리와 관련한 작업의 일정을 조정하고 해당 선로를 운행하는 열차의 운행일정을 조정하는 사람 사. 그 밖에 철도운영 및 철도시설관리와 관련하여 철도차량의 운행안전 및 질서유지와 철도차량 및 철도시설의 점검 정비 등에 관한 업무에 종사하는 사람으로서 대통령령으로 정하는 사람 1. 철도사고, 철도준사고 및 운행장애(이하 "철도사고등"이라 한다)가 발생한 현장에서 조사·수습·복구 등의 업무를 수행하는 사람 2. 철도차량의 운행선로 또는 그 인근에서 철도시설의 건설 또는 관리와 관련된 작업의 현장감독업무를 수행하는 사람 3. 철도시설 또는 철도차량을 보호하기 위한 순회점검업무 또는 경비업무를 수행하는 사람 4. 정거장에서 철도신호기·선로전환기 또는 조작판 등을 취급하거나 열차의 조성업무를 수행하는 사람 5. 철도에 공급되는 전력의 원격제어장치를 운영하는 사람 6. 「사법경찰관리의 직무를 수행할 자와 그 직무범위에 관한 법률」 제5조 제11호에 따른 철도경찰 사무에 종사하는 국가공무원 7. 철도차량 및 철도시설의 점검·정비 업무에 종사하는 사람
철도사고	철도운영 또는 철도시설관리와 관련하여 사람이 죽거나 다치거나 물건이 파손되는 사고로 국토교통부령으로 정하는 것
철도준사고	철도안전에 중대한 위해를 끼쳐 철도사고로 이어질 수 있었던 것으로 국토교통부령으로 정하는 것
운행장애	철도사고 및 철도준사고 외에 철도차량의 운행에 지장을 주는 것으로서 국토교통부령으로 정하는 것
정거장	여객의 승하차(여객 이용시설 및 편의시설을 포함), 화물의 적하(積荷), 열차의 조성(組成 : 철도차량을 연결하거나 분리하는 작업), 열차의 교차통행 또는 대피를 목적으로 사용되는 장소

선로전환기	철도차량의 운행선로를 변경시키는 기기
철도차량정비	철도차량(철도차량을 구성하는 부품·기기·장치를 포함한다)을 점검·검사, 교환 및 수리하는 행위
철도차량정비 기술자	철도차량정비에 관한 자격, 경력 및 학력 등을 갖추어 국토교통부장관의 인정을 받은 사람

(1) 철도사고의 범위

「철도안전법」(이하 "법"이라 한다) 제2조 제11호에서 "국토교통부령으로 정하는 것"이란 다음 각 호의 어느 하나에 해당하는 것을 말한다.

1. 철도교통사고 : 철도차량의 운행과 관련된 사고로서 다음 각 목의 어느 하나에 해당하는 사고
   가. 충돌사고 : 철도차량이 다른 철도차량 또는 장애물(동물 및 조류는 제외한다)과 충돌하거나 접촉한 사고
   나. 탈선사고 : 철도차량이 궤도를 이탈하는 사고
   다. 열차화재사고 : 철도차량에서 화재가 발생하는 사고
   라. 기타철도교통사고 : 가목부터 다목까지의 사고에 해당하지 않는 사고로서 철도차량의 운행과 관련된 사고
2. 철도안전사고 : 철도시설 관리와 관련된 사고로서 다음 각 목의 어느 하나에 해당하는 사고. 다만, 「재난 및 안전관리 기본법」 제3조 제1호 가목에 따른 자연재난으로 인한 사고는 제외한다.
   가. 철도화재사고 : 철도역사, 기계실 등 철도시설에서 화재가 발생하는 사고
   나. 철도시설파손사고 : 교량·터널·선로, 신호·전기·통신 설비 등의 철도시설이 파손되는 사고
   다. 기타철도안전사고 : 가목 및 나목에 해당하지 않는 사고로서 철도시설 관리와 관련된 사고

(2) 철도준사고의 범위

법 제2조 제12호에서 "국토교통부령으로 정하는 것"이란 다음 각 호의 어느 하나에 해당하는 것을 말한다.

1. 운행허가를 받지 않은 구간으로 열차가 주행하는 경우
2. 열차가 운행하려는 선로에 장애가 있음에도 진행을 지시하는 신호가 표시되는 경우. 다만, 복구 및 유지 보수를 위한 경우로서 관제 승인을 받은 경우에는 제외한다.
3. 열차 또는 철도차량이 승인 없이 정지신호를 지난 경우
4. 열차 또는 철도차량이 역과 역사이로 미끄러진 경우

5. 열차운행을 중지하고 공사 또는 보수작업을 시행하는 구간으로 열차가 주행한 경우
6. 안전운행에 지장을 주는 레일 파손이나 유지보수 허용범위를 벗어난 선로 뒤틀림이 발생한 경우
7. 안전운행에 지장을 주는 철도차량의 차륜, 차축, 차축베어링에 균열 등의 고장이 발생한 경우
8. 철도차량에서 화약류 등 「철도안전법 시행령」(이하 "영"이라 한다) 제45조에 따른 위험물 또는 제78조 제1항에 따른 위해물품이 누출된 경우
9. 제1호부터 제8호까지의 준사고에 준하는 것으로서 철도사고로 이어질 수 있는 것

(3) 운행장애의 범위

법 제2조 제13호에서 "국토교통부령으로 정하는 것"이란 다음 각 호의 어느 하나에 해당하는 것을 말한다.

1. 관제의 사전승인 없는 정차역 통과
2. 다음 각 목의 구분에 따른 운행 지연. 다만, 다른 철도사고 또는 운행장애로 인한 운행 지연은 제외한다.
   가. 고속열차 및 전동열차 : 20분 이상
   나. 일반여객열차 : 30분 이상
   다. 화물열차 및 기타열차 : 60분 이상

3. 국가 등의 책무

(1) 국가와 지방자치단체의 책무

국가와 지방자치단체는 국민의 생명·신체 및 재산을 보호하기 위하여 철도안전시책을 마련하여 성실히 추진하여야 한다(법 제4조 제1항).

(2) 철도운영자 등의 책무

철도운영자 및 철도시설관리자(철도운영자등)는 철도운영이나 철도시설관리를 할 때에는 법령에서 정하는 바에 따라 철도안전을 위하여 필요한 조치를 하고, 국가나 지방자치단체가 시행하는 철도안전시책에 적극 협조하여야 한다(법 제4조 제2항).

4. 다른 법률과의 관계

철도안전에 관하여 다른 법률에 특별한 규정이 있는 경우를 제외하고는 이 법이 정하는 바에 따른다(법 제3조).

5. 조약과의 관계

국제철도(대한민국을 포함한 둘 이상의 국가에 걸쳐 운행되는 철도를 말한다)를 이용한 화물 및 여객 운송에 관하여 대한민국과 외국 간 체결된 조약에 이 법과 다른 규정이 있는 때에는 그 조약의 규정에 따른다. 다만, 이 법의 규정내용이 조약의 안전기준보다 강화된 기준을 포함하는 때에는 그러하지 아니하다(법 제3조의 2).

제2절 철도안전관리체계

1. 철도안전종합계획

(1) 수립의무자·수립시기(법 제5조 제1항)

수립의무자	국토교통부장관
수립시기	5년마다 철도안전에 관한 종합계획을 수립하여야 한다.

(2) 철도안전종합계획에 포함되어야 할 사항(법 제5조 제2항)

① 철도안전종합계획의 추진목표 및 방향
② 철도안전시설의 확충·개량 및 점검 등에 관한 사항
③ 철도차량의 정비 및 점검 등에 관한 사항
④ 철도안전관련 법령의 정비 등 제도개선에 관한 사항
⑤ 철도안전관련 전문인력의 양성 및 수급관리에 관한 사항
⑥ 철도종사자의 안전 및 근무환경 향상에 관한 사항
⑦ 철도안전관련 교육훈련에 관한 사항
⑧ 철도안전관련 연구 및 기술개발에 관한 사항
⑨ 그 밖의 철도안전에 관한 사항으로서 국토교통부장관이 필요하다고 인정하는 사항

(3) 수립절차

1) 심의·협의

① 국토교통부장관은 철도안전종합계획을 수립하는 때에는 미리 관계 중앙행정기관의 장 및 철도운영자 등과 협의한 후 철도산업위원회의 심의를 거쳐야 한다. 수립된 철도안전종합계획을 변경(대통령령이 정하는 경미한 사항의 변경[9])을 제외)

---

[9] "대통령령이 정하는 경미한 사항의 변경"이라 함은 다음 각 호의 어느 하나에 해당하는 변경을 말한다.
  1. 철도안전종합계획에서 정한 총사업비를 당초 계획의 100분의 10 이내에서의 변경

하고자 하는 때에도 또한 같다(법 제5조 제3항).

2) 자료제출요구

국토교통부장관은 철도안전종합계획을 수립 또는 변경하기 위하여 필요하다고 인정하는 경우에는 관계 중앙행정기관의 장 및 특별시장·광역시장·특별자치시장·도지사 또는 특별자치도지사에게 관련자료의 제출을 요구할 수 있다. 자료제출의 요구를 받은 관계 중앙행정기관의 장 또는 시·도지사는 특별한 사유가 없는 한 이에 응하여야 한다(법 제5조 제4항).

3) 관보 고시

국토교통부장관은 철도안전종합계획을 수립 또는 변경한 때에는 이를 관보에 고시하여야 한다(법 제5조 제5항).

(4) 시행계획

1) 수립·추진의 주체

국토교통부장관, 시·도지사 및 철도운영자 등은 철도안전종합계획에 따라 소관별로 철도안전종합계획의 단계적 시행에 필요한 연차별 시행계획을 수립·추진하여야 한다(법 제6조 제1항).

2) 시행계획의 수립절차

① 관계행정기관의 장의 시행계획 제출의무

특별시장·광역시장·특별자치시장·도지사 또는 특별자치도지사와 철도운영자 및 철도시설관리자는 다음연도의 시행계획을 매년 10월말까지 국토교통부장관에게 제출하여야 하며, 또한 전년도 시행계획의 추진실적을 매년 2월말까지 국토교통부장관에게 제출하여야 한다(영 제5조 제1,2항).

② 시행계획의 수정 요청

국토교통부장관은 시·도지사 및 철도운영자 등이 제출한 다음 연도의 시행계획이 철도종합안전계획에 위반되거나 철도안전종합계획의 원활한 추진을 위하여 그 보완이 필요하다고 인정되는 때에는 시·도지사 및 철도운영자 등에게 시행계획의 수정을 요청할 수 있고, 수정요청을 받은 시·도지사 및 철도운영자 등은 특별한 사유가 없는 한 이를 시행계획에 반영하여야 한다(영 제5조 제3,4항).

---

2. 철도안전종합계획에서 정한 시행기한 내에 단위사업의 시행시기의 변경
3. 법령의 개정, 행정구역의 변경 등과 관련하여 철도안전종합계획을 변경하는 등 당초 수립된 철도안전종합계획의 기본방향에 영향을 미치지 아니하는 사항의 변경

(5) 철도안전투자의 공시

1) 예산규모 공시

철도운영자는 철도차량의 교체, 철도시설의 개량 등 철도안전 분야에 투자하는 예산 규모를 매년 공시하여야 한다(법 제6조의2 제1항).

2) 철도안전투자의 공시 기준 등

① 철도운영자는 철도안전투자의 예산 규모를 공시하는 경우에는 다음의 기준에 따라야 한다(규칙 제1조의2 제1항).
   ㉠ 예산 규모에는 다음의 예산이 모두 포함되도록 할 것 : 철도차량 교체에 관한 예산, 철도시설 개량에 관한 예산, 안전설비의 설치에 관한 예산, 철도안전 교육훈련에 관한 예산, 철도안전 연구개발에 관한 예산, 철도안전 홍보에 관한 예산, 그 밖에 철도안전에 관련된 예산으로서 국토교통부장관이 정해 고시하는 사항
   ㉡ 다음의 사항이 모두 포함된 예산 규모를 공시할 것 : 과거 3년간 철도안전투자의 예산 및 그 집행 실적, 해당 년도 철도안전투자의 예산, 향후 2년간 철도안전투자의 예산
   ㉢ 국가의 보조금, 지방자치단체의 보조금 및 철도운영자의 자금 등 철도안전투자 예산의 재원을 구분해 공시할 것
   ㉣ 그 밖에 철도안전투자와 관련된 예산으로서 국토교통부장관이 정해 고시하는 예산을 포함해 공시할 것
② 철도운영자는 철도안전투자의 예산 규모를 매년 5월말까지 공시해야 한다.
③ 제공시는 구축된 철도안전정보종합관리시스템과 해당 철도운영자의 인터넷 홈페이지에 게시하는 방법으로 한다.
④ ①부터 ③까지에서 규정한 사항 외에 철도안전투자의 공시 기준 및 절차 등에 관해 필요한 사항은 국토교통부장관이 정해 고시한다.

2. 안전관리체계의 승인

(1) 국토교통부장관의 승인

철도운영자등은 철도운영을 하거나 철도시설을 관리하려는 경우에는 인력, 시설, 차량, 장비, 운영절차, 교육훈련 및 비상대응계획 등 철도 및 철도시설의 안전관리에 관한 유기적 체계(안전관리체계)를 갖추어 국토교통부장관의 승인을 받아야 한다(법 제7조 제1항).

(2) 안전관리체계 승인 신청 절차 등

① 철도운영자 및 철도시설관리자가 안전관리체계를 승인받으려는 경우에는 철도운용

또는 철도시설 관리 개시 예정일 90일 전까지 철도안전관리체계 승인신청서에 다음의 서류를 첨부하여 국토교통부장관에게 제출하여야 한다(규칙 제2조 제1항).
  ㉠ 철도사업면허증 사본
  ㉡ 조직·인력의 구성, 업무 분장 및 책임에 관한 서류
  ㉢ 다음의 사항을 적시한 철도안전관리시스템에 관한 서류
    ⓐ 철도안전관리시스템 개요 ⓑ 철도안전경영 ⓒ 문서화 ⓓ 위험관리 ⓔ 요구사항 준수 ⓕ 철도사고 조사 및 보고 ⓖ 내부 점검 ⓗ 비상대응 ⓘ 교육훈련 ⓙ 안전정보 ⓚ 안전문화
  ㉣ 다음의 사항을 적시한 열차운행체계에 관한 서류
    ⓐ 철도운영 개요 ⓑ 철도사업면허 ⓒ 열차운행 조직 및 인력 ⓓ 열차운행 방법 및 절차 ⓔ 열차 운행계획 ⓕ 승무 및 역무 ⓖ 철도관제업무 ⓗ 철도보호 및 질서 유지 ⓘ 열차운영 기록관리 ⓙ 위탁 계약자 감독 등 위탁업무 관리에 관한 사항
  ㉤ 다음의 사항을 적시한 유지관리체계에 관한 서류
    ⓐ 유지관리 개요 ⓑ 유지관리 조직 및 인력 ⓒ 유지관리 방법 및 절차[종합시험운행 실시 결과(완료된 결과)를 반영한 유지관리 방법을 포함한다] ⓓ 유지관리 이행계획 ⓔ 유지관리 기록 ⓕ 유지관리 설비 및 장비 ⓖ 유지관리 부품 ⓗ 철도차량 제작 감독 ⓘ 위탁 계약자 감독 등 위탁업무 관리에 관한 사항 ⓑ 종합시험운행 실시 결과 보고서
② 철도운영자등이 승인받은 안전관리체계를 변경하려는 경우에는 변경된 철도운용 또는 철도시설 관리 개시 예정일 30일 전(변경사항의 경우에는 90일 전)까지 철도안전관리체계 변경승인신청서에 다음의 서류를 첨부하여 국토교통부장관에게 제출하여야 한다(규칙 제2조 제2항).
  ㉠ 안전관리체계의 변경내용과 증빙서류 ㉡ 변경 전후의 대비표 및 해설서
③ 철도운영자등이 안전관리체계의 승인 또는 변경승인을 신청하는 경우 서류는 철도운용 또는 철도시설 관리 개시 예정일 14일 전까지 제출할 수 있다(규칙 제2조 제3항).
④ 국토교통부장관은 안전관리체계의 승인 또는 변경승인 신청을 받은 경우에는 15일 이내에 승인 또는 변경승인에 필요한 검사 등의 계획서를 작성하여 신청인에게 통보하여야 한다(규칙 제2조 제4항).

(3) 전용철도 운영자의 의무

전용철도의 운영자는 자체적으로 안전관리체계를 갖추고 지속적으로 유지하여야 한다(법 제7조 제2항).

(4) 국토교통부장관의 변경승인

철도운영자등은 승인받은 안전관리체계를 변경(안전관리기준의 변경에 따른 안전관리체

계의 변경을 포함한다.)하려는 경우에는 국토교통부장관의 변경승인을 받아야 한다. 다만, 경미한 사항을 변경하려는 경우에는 국토교통부장관에게 신고하여야 한다(법 제7조 제3항).
① 경미한 사항이란 다음의 어느 하나에 해당하는 사항을 제외한 변경사항을 말한다(규칙 제3조 제1항).
  ㉠ 안전 업무를 수행하는 전담조직의 변경(조직 부서명의 변경은 제외한다)
  ㉡ 열차운행 또는 유지관리 인력의 감소
  ㉢ 철도차량 또는 다음의 어느 하나에 해당하는 철도시설의 증가
    ⓐ 교량, 터널, 옹벽 ⓑ 선로(레일) ⓒ 역사, 기지, 승강장안전문 ⓓ 전차선로, 변전설비, 수전실, 수·배전선로 ⓕ 통신선로설비, 열차무선설비, 전송설비 ⓔ 연동장치, 열차제어장치, 신호기장치, 선로전환기장치, 궤도회로장치, 건널목보안장치
  ㉣ 철도노선의 신설 또는 개량
  ㉤ 사업의 합병 또는 양도·양수
  ㉥ 유지관리 항목의 축소 또는 유지관리 주기의 증가
  ㉦ 위탁 계약자의 변경에 따른 열차운행체계 또는 유지관리체계의 변경
② 철도운영자등은 경미한 사항을 변경하려는 경우에는 철도안전관리체계 변경신고서에 다음의 서류를 첨부하여 국토교통부장관에게 제출하여야 한다(규칙 제3조 제2항).
  ㉠ 안전관리체계의 변경내용과 증빙서류
  ㉡ 변경 전후의 대비표 및 해설서
③ 국토교통부장관은 신고를 받은 때에는 첨부서류를 확인한 후 철도안전관리체계 변경신고확인서를 발급하여야 한다(규칙 제3조 제3항).

(5) 승인 또는 변경승인의 신청여부 결정
① 국토교통부장관은 안전관리체계의 승인 또는 변경승인의 신청을 받은 경우에는 해당 안전관리체계가 안전관리기준에 적합한지를 검사한 후 승인 여부를 결정하여야 한다(법 제7조 제4항).
② **안전관리체계의 승인 방법 및 증명서 발급 등**
  ㉠ 안전관리체계의 승인 또는 변경승인을 위한 검사는 다음에 따른 서류검사와 현장검사로 구분하여 실시한다. 다만, 서류검사만으로 안전관리에 필요한 기술기준에 적합 여부를 판단할 수 있는 경우에는 현장검사를 생략할 수 있다(규칙 제4조 제1항).
    ⓐ 서류검사 : 철도운영자등이 제출한 서류가 안전관리기준에 적합한지 검사
    ⓑ 현장검사 : 안전관리체계의 이행가능성 및 실효성을 현장에서 확인하기 위한 검사
  ㉡ 국토교통부장관은 도시철도 또는 도시철도건설사업 또는 도시철도운송사업을 위탁받은 법인이 건설·운영하는 도시철도에 대하여 안전관리체계의 승인 또는 변

경승인을 위한 검사를 하는 경우에는 해당 도시철도의 관할 시·도지사와 협의할 수 있다. 이 경우 협의 요청을 받은 시·도지사는 협의를 요청받은 날부터 20일 이내에 의견을 제출하여야 하며, 그 기간 내에 의견을 제출하지 아니하면 의견이 없는 것으로 본다(규칙 제4조 제2항).
ⓒ 국토교통부장관은 검사 결과 안전관리기준에 적합하다고 인정하는 경우에는 철도안전관리체계 승인증명서를 신청인에게 발급하여야 한다(규칙 제4조 제3항).
ⓔ 검사에 관한 세부적인 기준, 절차 및 방법 등은 국토교통부장관이 정하여 고시한다(규칙 제4조 제4항).

(6) 철도운영 및 철도시설의 안전관리에 필요한 기술기준 고시

① 국토교통부장관은 철도안전경영, 위험관리, 사고 조사 및 보고, 내부점검, 비상대응계획, 비상대응훈련, 교육훈련, 안전정보관리, 운행안전관리, 차량·시설의 유지관리(차량의 기대수명에 관한 사항을 포함한다) 등 철도운영 및 철도시설의 안전관리에 필요한 기술기준을 정하여 고시하여야 한다(법 제7조 제5항).
② 국토교통부장관은 안전관리기준을 정할 때 전문기술적인 사항에 대해 철도기술심의위원회의 심의를 거칠 수 있으며, 안전관리기준을 정한 경우에는 이를 관보에 고시해야 한다(규칙 제5조).

3. 안전관리체계의 유지 등

(1) 안전관리체계 유지

철도운영자등은 철도운영을 하거나 철도시설을 관리하는 경우에는 승인받은 안전관리체계를 지속적으로 유지하여야 한다(법 제8조 제1항).

(2) 정기 또는 수시검사

국토교통부장관은 안전관리체계 위반 여부 확인 및 철도사고 예방 등을 위하여 철도운영자등이 안전관리체계를 지속적으로 유지하는지 다음의 검사를 통해 국토교통부령으로 정하는 바에 따라 점검·확인할 수 있다(법 제8조 제2항).
① 정기검사 : 철도운영자등이 국토교통부장관으로부터 승인 또는 변경승인 받은 안전관리체계를 지속적으로 유지하는지를 점검·확인하기 위하여 정기적으로 실시하는 검사
② 수시검사 : 철도운영자등이 철도사고 및 운행장애 등을 발생시키거나 발생시킬 우려가 있는 경우에 안전관리체계 위반사항 확인 및 안전관리체계 위해요인 사전예방을 위해 수행하는 검사

(3) 시정조치 명령

국토교통부장관은 검사 결과 안전관리체계가 지속적으로 유지되지 아니하거나 그 밖에 철도안전을 위하여 긴급히 필요하다고 인정하는 경우에는 국토교통부령으로 정하는 바에 따라 시정조치를 명할 수 있다(법 제8조 제3항).

(4) 안전관리체계의 유지·검사 등

① 국토교통부장관은 정기검사를 1년마다 1회 실시해야 한다(규칙 제6조 제1항).
② 국토교통부장관은 정기검사 또는 수시검사를 시행하려는 경우에는 검사 시행일 7일 전까지 다음의 내용이 포함된 검사계획을 검사 대상 철도운영자등에게 통보하여야 한다. 다만, 철도사고, 철도준사고 및 운행장애 등의 발생 등으로 긴급히 수시검사를 실시하는 경우에는 사전 통보를 하지 아니할 수 있고, 검사 시작 이후 검사계획을 변경할 사유가 발생한 경우에는 철도운영자등과 협의하여 검사계획을 조정할 수 있다(규칙 제6조 제2항).
　㉠ 검사반의 구성 ㉡ 검사 일정 및 장소 ㉢ 검사 수행 분야 및 검사 항목
　㉣ 중점 검사 사항 ㉤ 그 밖에 검사에 필요한 사항
③ 국토교통부장관은 다음의 사유로 철도운영자등이 안전관리체계 정기검사의 유예를 요청한 경우에 검사 시기를 유예하거나 변경할 수 있다(규칙 제6조 제3항).
　㉠ 검사 대상 철도운영자등이 사법기관 및 중앙행정기관의 조사 및 감사를 받고 있는 경우
　㉡ 항공·철도사고조사위원회가 철도사고에 대한 조사를 하고 있는 경우
　㉢ 대형 철도사고의 발생, 천재지변, 그 밖의 부득이한 사유가 있는 경우
④ 국토교통부장관은 정기검사 또는 수시검사를 마친 경우에는 다음의 사항이 포함된 검사 결과보고서를 작성하여야 한다(규칙 제6조 제4항).
　㉠ 안전관리체계의 검사 개요 및 현황 ㉡ 안전관리체계의 검사 과정 및 내용
　㉢ 시정조치 사항 ㉣ 제출된 시정조치계획서에 따른 시정조치명령의 이행 정도
　㉤ 철도사고에 따른 사망자·중상자의 수 및 철도사고 등에 따른 재산피해액
⑤ 국토교통부장관은 철도운영자등에게 시정조치를 명하는 경우에는 시정에 필요한 적정한 기간을 주어야 한다(규칙 제6조 제5항).
⑥ 철도운영자등이 시정조치명령을 받은 경우에 14일 이내에 시정조치계획서를 작성하여 국토교통부장관에게 제출하여야 하고, 시정조치를 완료한 경우에는 지체 없이 그 시정내용을 국토교통부장관에게 통보하여야 한다(규칙 제6조 제6항).
⑦ 정기검사 또는 수시검사에 관한 세부적인 기준·방법 및 절차는 국토교통부장관이 정하여 고시한다(규칙 제6조 제7항).

4. 승인의 취소 등

(1) 승인의 취소 및 업무의 정지

국토교통부장관은 안전관리체계의 승인을 받은 철도운영자등이 다음의 어느 하나에 해당하는 경우에는 그 승인을 취소하거나 6개월 이내의 기간을 정하여 업무의 제한이나 정지를 명할 수 있다. 다만, ①에 해당하는 경우에는 그 승인을 취소하여야 한다(법 제9조 제1항).

① 거짓이나 그 밖의 부정한 방법으로 승인을 받은 경우
② 변경승인을 받지 아니하거나 변경신고를 하지 아니하고 안전관리체계를 변경한 경우
③ 안전관리체계를 지속적으로 유지하지 아니하여 철도운영이나 철도시설의 관리에 중대한 지장을 초래한 경우
④ 시정조치명령을 정당한 사유 없이 이행하지 아니한 경우

(2) 처분기준(규칙 별표1)

안전관리체계 관련 처분기준

1. 일반기준
   가. 위반행위의 횟수에 따른 행정처분의 가중된 부과기준은 최근 2년간 같은 위반행위로 행정처분을 받은 경우에 적용한다. 이 경우 기간의 계산은 위반행위에 대하여 행정처분을 받은 날과 그 처분 후 다시 같은 위반행위를 하여 적발된 날을 기준으로 한다.
   나. 가목에 따라 가중된 부과처분을 하는 경우 가중처분의 적용 차수는 그 위반행위 전 부과처분 차수(가목에 따른 기간 내에 행정처분이 둘 이상 있었던 경우에는 높은 차수를 말한다)의 다음 차수로 한다.
   다. 위반행위가 둘 이상인 경우로서 그에 해당하는 각각의 처분기준이 다른 경우에는 그 중 무거운 처분기준(무거운 처분기준이 같을 때에는 그 중 하나의 처분기준을 말한다)에 따르며, 둘 이상의 처분기준이 같은 업무제한·정지인 경우에는 무거운 처분기준의 2분의 1 범위에서 가중할 수 있되, 각 처분기준을 합산한 기간을 초과할 수 없다.
   라. 국토교통부장관은 다음의 어느 하나에 해당하는 경우에는 제2호의 개별기준에 따른 업무제한·정지 기간의 2분의 1 범위에서 그 기간을 줄일 수 있다.
      1) 위반행위가 사소한 부주의나 오류로 인한 것으로 인정되는 경우
      2) 위반행위자가 법 위반상태를 시정하거나 해소하기 위한 노력이 인정되는 경우
      3) 그 밖에 위반행위의 정도, 위반행위의 동기와 그 결과 등을 고려하여 업무제한·정지 기간을 줄일 필요가 있다고 인정되는 경우
   마. 국토교통부장관은 다음의 어느 하나에 해당하는 경우에는 제2호의 개별기준에 따른 업무제한·정지 기간의 2분의 1 범위에서 그 기간을 늘릴 수 있다. 다만, 법 제9조 제1항에 따른 업무제한·정지 기간의 상한을 넘을 수 없다.
      1) 위반의 내용 및 정도가 중대하여 공중에게 미치는 피해가 크다고 인정되는 경우
      2) 법 위반상태의 기간이 6개월 이상인 경우
      3) 그 밖에 위반행위의 정도, 위반행위의 동기와 그 결과 등을 고려하여 업무제한·정지 기간을 늘릴 필요가 있다고 인정되는 경우

2. 개별기준

위반행위	근거 법조문	처분 기준
가. 거짓이나 그 밖의 부정한 방법으로 승인을 받은 경우 　1) 1차 위반	법 제9조 제1항 제1호	승인취소
나. 법 제7조 제3항을 위반하여 변경승인을 받지 않고 안전관리체계를 변경한 경우 　1) 1차 위반 　2) 2차 위반 　3) 3차 위반 　4) 4차 이상 위반	법 제9조 제1항 제2호	업무정지(업무제한) 10일 업무정지(업무제한) 20일 업무정지(업무제한) 40일 업무정지(업무제한) 80일
다. 법 제7조 제3항을 위반하여 변경신고를 하지 않고 안전관리체계를 변경한 경우 　1) 1차 위반 　2) 2차 위반 　3) 3차 이상 위반	법 제9조 제1항 제2호	경고 업무정지(업무제한) 10일 업무정지(업무제한) 20일
라. 법 제8조 제1항을 위반하여 안전관리체계를 지속적으로 유지하지 않아 철도운영이나 철도시설의 관리에 중대한 지장을 초래한 경우 　1) 철도사고로 인한 사망자 수 　　가) 1명 이상 3명 미만 　　나) 3명 이상 5명 미만 　　다) 5명 이상 10명 미만 　　라) 10명 이상 　2) 철도사고로 인한 중상자 수 　　가) 5명 이상 10명 미만 　　나) 10명 이상 30명 미만 　　다) 30명 이상 50명 미만 　　라) 50명 이상 100명 미만 　　마) 100명 이상 　3) 철도사고 또는 운행장애로 인한 재산피해액 　　가) 5억원 이상 10억원 미만 　　나) 10억원 이상 20억원 미만 　　다) 20억원 이상	법 제9조 제1항 제3호	 업무정지(업무제한) 30일 업무정지(업무제한) 60일 업무정지(업무제한) 120일 업무정지(업무제한) 180일 업무정지(업무제한) 15일 업무정지(업무제한) 30일 업무정지(업무제한) 60일 업무정지(업무제한) 120일 업무정지(업무제한) 180일 업무정지(업무제한) 15일 업무정지(업무제한) 30일 업무정지(업무제한) 60일
마. 법 제8조 제3항에 따른 시정조치명령을 정당한 사유 없이 이행하지 않은 경우 　1) 1차 위반 　2) 2차 위반 　3) 3차 위반 　4) 4차 이상 위반	법 제9조 제1항 제4호	업무정지(업무제한) 20일 업무정지(업무제한) 40일 업무정지(업무제한) 80일 업무정지(업무제한) 160일

비고
1. "사망자"란 철도사고가 발생한 날부터 30일 이내에 그 사고로 사망한 경우를 말한다.
2. "중상자"란 철도사고로 인해 부상을 입은 날부터 7일 이내 실시된 의사의 최초 진단결과 24시간 이상 입원 치료가 필요한 상해를 입은 사람(의식불명, 시력상실을 포함)을 말한다.
3. "재산피해액"이란 시설피해액(인건비와 자재비등 포함), 차량피해액(인건비와 자재비등 포함), 운임환불 등을 포함한 직접손실액을 말한다.

(3) 과징금

국토교통부장관은 철도운영자등에 대하여 업무의 제한이나 정지를 명하여야 하는 경우로서 그 업무의 제한이나 정지가 철도 이용자 등에게 심한 불편을 주거나 그 밖에 공익을 해할 우려가 있는 경우에는 업무의 제한이나 정지를 갈음하여 30억원 이하의 과징금을 부과할 수 있다(법 제9조의2 제1항).

(4) 과징금의 부과기준(영 별표1)

안전관리체계 관련 과징금의 부과기준

1. 일반기준
   가. 위반행위의 횟수에 따른 과징금의 가중된 부과기준은 최근 2년간 같은 위반행위로 과징금 부과처분을 받은 경우에 적용한다. 이 경우 기간의 계산은 위반행위에 대하여 과징금 부과처분을 받은 날과 그 처분 후 다시 같은 위반행위를 하여 적발된 날을 기준으로 한다.
   나. 가목에 따라 가중된 부과처분을 하는 경우 가중처분의 적용 차수는 그 위반행위 전 부과처분 차수(가목에 따른 기간 내에 과징금 부과처분이 둘 이상 있었던 경우에는 높은 차수를 말한다)의 다음 차수로 한다.
   다. 위반행위가 둘 이상인 경우로서 각 처분내용이 모두 업무정지인 경우에는 각 처분기준에 따른 과징금을 합산한 금액을 넘지 않는 범위에서 무거운 처분기준에 해당하는 과징금 금액의 2분의 1의 범위에서 가중할 수 있다.
   라. 국토교통부장관은 다음의 어느 하나에 해당하는 경우에는 제2호의 개별기준에 따른 과징금 금액의 2분의 1 범위에서 그 금액을 줄일 수 있다. 다만, 과징금을 체납하고 있는 위반행위자의 경우에는 그렇지 않다.
      1) 위반행위가 사소한 부주의나 오류로 인한 것으로 인정되는 경우
      2) 위반행위자가 법 위반상태를 시정하거나 해소하기 위한 노력이 인정되는 경우
      3) 그 밖에 사업 규모, 사업 지역의 특수성, 위반행위의 정도, 위반행위의 동기와 그 결과 및 위반 횟수 등을 고려하여 과징금 금액을 줄일 필요가 있다고 인정되는 경우
   마. 국토교통부장관은 다음의 어느 하나에 해당하는 경우에는 제2호의 개별기준에 따른 과징금 금액의 2분의 1 범위에서 그 금액을 늘릴 수 있다. 다만, 법 제9조의2 제1항에 따른 과징금 금액의 상한을 넘을 경우 상한금액으로 한다.
      1) 위반의 내용 및 정도가 중대하여 공중에게 미치는 피해가 크다고 인정되는 경우
      2) 법 위반상태의 기간이 6개월 이상인 경우

3) 그 밖에 사업 규모, 사업 지역의 특수성, 위반행위의 정도, 위반행위의 동기와 그 결과 및 위반 횟수 등을 고려하여 과징금 금액을 늘릴 필요가 있다고 인정되는 경우

2. 개별기준

(단위 : 백만원)

위반행위	근거 법조문	과징금 금액
가. 법 제7조 제3항을 위반하여 변경승인을 받지 않고 안전관리체계를 변경한 경우	법 제9조 제1항 제2호	
1) 1차 위반		120
2) 2차 위반		240
3) 3차 위반		480
4) 4차 이상 위반		960
나. 법 제7조 제3항을 위반하여 변경신고를 하지 않고 안전관리체계를 변경한 경우	법 제9조 제1항 제2호	
1) 1차 위반		경고
2) 2차 위반		120
3) 3차 이상 위반		240
다. 법 제8조 제1항을 위반하여 안전관리체계를 지속적으로 유지하지 않아 철도운영이나 철도시설의 관리에 중대한 지장을 초래한 경우	법 제9조 제1항 제3호	
1) 철도사고로 인한 사망자 수		
가) 1명 이상 3명 미만		360
나) 3명 이상 5명 미만		720
다) 5명 이상 10명 미만		1,440
라) 10명 이상		2,160
2) 철도사고로 인한 중상자 수		
가) 5명 이상 10명 미만		180
나) 10명 이상 30명 미만		360
다) 30명 이상 50명 미만		720
라) 50명 이상 100명 미만		1,440
마) 100명 이상		2,160
3) 철도사고 또는 운행장애로 인한 재산피해액		
가) 5억원 이상 10억원 미만		180
나) 10억원 이상 20억원 미만		360
다) 20억원 이상		720
라. 법 제8조 제3항에 따른 시정조치명령을 정당한 사유 없이 이행하지 않은 경우	법 제9조 제1항 제4호	
1) 1차 위반		240
2) 2차 위반		480
3) 3차 위반		960
4) 4차 이상 위반		1,920

비고
1. "사망자"란 철도사고가 발생한 날부터 30일 이내에 그 사고로 사망한 사람을 말한다.
2. "중상자"란 철도사고로 인해 부상을 입은 날부터 7일 이내 실시된 의사의 최초 진단결과 24시간 이상 입원 치료가 필요한 상해를 입은 사람(의식불명, 시력상실을 포함)를 말한다.
3. "재산피해액"이란 시설피해액(인건비와 자재비등 포함), 차량피해액(인건비와 자재비등 포함), 운임환불 등을 포함한 직접손실액을 말한다.
4. 위 표의 다목 1)부터 3)까지의 규정에 따른 과징금을 부과하는 경우에 사망자, 중상자, 재산피해가 동시에 발생한 경우는 각각의 과징금을 합산하여 부과한다. 다만, 합산한 금액이 법 제9조의2 제1항에 따른 과징금 금액의 상한을 초과하는 경우에는 법 제9조의2 제1항에 따른 상한금액을 과징금으로 부과한다.
5. 위 표 및 제4호에 따른 과징금 금액이 해당 철도운영자등의 전년도(위반행위가 발생한 날이 속하는 해의 직전 연도를 말한다) 매출액의 100분의 4를 초과하는 경우에는 전년도 매출액의 100분의 4에 해당하는 금액을 과징금으로 부과한다.

(5) 과징금의 징수

국토교통부장관은 과징금을 내야 할 자가 납부기한까지 과징금을 내지 아니하는 경우에는 국세 체납처분의 예에 따라 징수한다(법 제9조의2 제3항).

(6) 과징금의 부과 및 납부

① 국토교통부장관은 과징금을 부과할 때에는 그 위반행위의 종류와 해당 과징금의 금액을 명시하여 이를 납부할 것을 서면으로 통지하여야 한다(영 제7조 제1항).
② 통지를 받은 자는 통지를 받은 날부터 20일 이내에 국토교통부장관이 정하는 수납기관에 과징금을 내야 한다. 다만, 천재지변이나 그 밖의 부득이한 사유로 그 기간에 과징금을 낼 수 없는 경우에는 그 사유가 없어진 날부터 7일 이내에 내야 한다(영 제7조 제2항).
③ 과징금을 받은 수납기관은 그 과징금을 낸 자에게 영수증을 내주어야 한다(영 제7조 제3항).
④ 과징금의 수납기관은 과징금을 받으면 지체 없이 그 사실을 국토교통부장관에게 통보하여야 한다(영 제7조 제4항).

(7) 철도운영자등에 대한 안전관리 수준평가

① 국토교통부장관은 철도운영자등의 자발적인 안전관리를 통한 철도안전 수준의 향상을 위하여 철도운영자등의 안전관리 수준에 대한 평가를 실시할 수 있다(법 제9조의3 제1항).
　㉠ 사고 분야
　　ⓐ 철도교통사고 건수 ⓑ 철도안전사고 건수 ⓒ 운행장애 건수 ⓓ 사상자 수

ⓒ 철도안전투자 분야 : 철도안전투자의 예산 규모 및 집행 실적
　　ⓒ 안전관리 분야
　　　　ⓐ 안전성숙도 수준
　　　　ⓑ 정기검사 이행실적
　　ⓔ 그 밖에 안전관리 수준평가에 필요한 사항으로서 국토교통부장관이 정해 고시하는 사항
② 국토교통부장관은 안전관리 수준평가를 실시한 결과 그 평가결과가 미흡한 철도운영자등에 대하여 검사를 시행하거나 시정조치 등 개선을 위하여 필요한 조치를 명할 수 있다(법 제9조의3 제2항). 국토교통부장관은 매년 3월말까지 안전관리 수준평가를 실시한다(규칙 제8조 제2항).
③ 안전관리 수준평가의 대상, 기준, 방법, 절차 등에 필요한 사항은 국토교통부령으로 정한다(법 제9조의3 제3항).
④ 안전관리 수준평가는 서면평가의 방법으로 실시한다. 다만, 국토교통부장관이 필요하다고 인정하는 경우에는 현장평가를 실시할 수 있다(규칙 제8조 제3항).
⑤ 국토교통부장관은 안전관리 수준평가 결과를 해당 철도운영자등에게 통보해야 한다. 이 경우 해당 철도운영자등이 지방공사인 경우에는 해당 지방공사의 업무를 관리·감독하는 지방자치단체의 장에게도 함께 통보할 수 있다(규칙 제8조 제4항).

(8) 철도안전 우수운영자 지정

① 국토교통부장관은 안전관리 수준평가 결과에 따라 철도운영자등을 대상으로 철도안전 우수운영자를 지정할 수 있다(법 제9조의4 제1항).
② 철도안전 우수운영자로 지정을 받은 자는 철도차량, 철도시설이나 관련 문서 등에 철도안전 우수운영자로 지정되었음을 나타내는 표시를 할 수 있다(법 제9조의4 제2항).
③ 지정을 받은 자가 아니면 철도차량, 철도시설이나 관련 문서 등에 우수운영자로 지정되었음을 나타내는 표시를 하거나 이와 유사한 표시를 하여서는 아니 된다(법 제9조의4 제3항).
④ 국토교통부장관은 우수운영자로 지정되었음을 나타내는 표시를 하거나 이와 유사한 표시를 한 자에 대하여 해당 표시를 제거하게 하는 등 필요한 시정조치를 명할 수 있다(법 제9조의4 제4항).
⑤ 철도안전 우수운영자 지정의 대상, 기준, 방법, 절차 등에 필요한 사항은 국토교통부령으로 정한다(법 제9조의4 제5항).

(9) 우수운영자 지정의 취소

　국토교통부장관은 철도안전 우수운영자 지정을 받은 자가 다음의 어느 하나에 해당하는

경우에는 그 지정을 취소할 수 있다. 다만, ① 또는 ②에 해당하는 경우에는 지정을 취소하여야 한다(법 제9조의5).

① 거짓이나 그 밖의 부정한 방법으로 철도안전 우수운영자 지정을 받은 경우
② 안전관리체계의 승인이 취소된 경우
③ 지정기준에 부적합하게 되는 등 그 밖에 국토교통부령(계산 착오, 자료의 오류 등으로 안전관리 수준평가 결과가 최상위 등급이 아닌 것으로 확인된 경우, 국토교통부장관이 정해 고시하는 표시가 아닌 다른 표시를 사용한 경우)으로 정하는 사유가 발생한 경우

제3절 철도종사자의 안전관리

1. 철도차량운전면허

(1) 의 의

① 철도차량을 운전하고자 하는 자는 국토교통부장관으로부터 철도차량운전면허를 받아야 한다. 다만, 교육훈련 또는 운전면허시험을 위하여 철도차량을 운전하는 경우 등 대통령령이 정하는 경우[10]에는 그러하지 아니하다(법 제10조 제1항).
② 「도시철도법」에 따른 노면전차를 운전하려는 사람은 철도차량 운전면허 외에 「도로교통법」 제80조에 따른 운전면허를 받아야 한다(법 제10조 제2항).

(2) 운전면허의 종류

철도차량의 종류별 운전면허는 다음과 같다.
① 고속철도차량운전면허
② 제1종 전기차량운전면허
③ 제2종 전기차량운전면허
④ 디젤차량운전면허
⑤ 철도장비운전면허
⑥ 노면전차(路面電車) 운전면허

---

10) "대통령령이 정하는 경우"라 함은 다음 각 호의 어느 하나에 해당하는 경우를 말한다.
　1. 운전교육훈련기관에서 실시하는 교육훈련을 받기 위하여 철도차량을 운전하는 경우
　2. 운전면허시험을 치르기 위하여 철도차량을 운전하는 경우
　3. 철도차량을 제작·조립·정비하기 위한 공장 안의 선로에서 철도차량을 운전하여 이동하는 경우
　4. 철도사고 등의 복구를 위하여 열차운행이 중지된 선로에서 사고복구용 특수차량을 운전하여 이동하는 경우

[표 2-1] 철도차량운전면허 종류별 운전이 가능한 철도차량(별표1, 제11조 관련)

운전면허의 종류	운전할 수 있는 철도차량의 종류
고속철도차량 운전면허	○ 고속철도차량 ○ 철도장비 운전면허에 의하여 운전할 수 있는 차량
제1종 전기차량 운전면허	○ 전기기관차 ○ 철도장비 운전면허에 의하여 운전할 수 있는 차량
제2종 전기차량 운전면허	○ 전기동차 ○ 철도장비 운전면허에 의하여 운전할 수 있는 차량
디젤차량운전면허	○ 디젤기관차 ○ 디젤동차 ○ 증기기관차 ○ 철도장비 운전면허에 의하여 운전할 수 있는 차량
철도장비운전면허	○ 철도건설과 유지보수에 필요한 기계나 장비 ○ 철도시설의 검측장비 ○ 철도·도로를 모두 운행할 수 있는 철도복구장비 ○ 전용철도에서 시속 25킬로미터 이하로 운전하는 차량 ○ 사고복구용기중기
노면전차 운전면허	○ 노면전차

[비고]
1. 시속 100킬로미터 이상으로 운행하는 철도시설의 검측장비 운전은 고속철도차량운전면허, 제1종 전기차량운전면허, 제2종 전기차량운전면허, 디젤차량 운전면허 중 어느 하나의 운전면허가 있어야 한다.
2. 선로를 시속 200킬로미터 이상의 최고운행 속도로 주행할 수 있는 철도차량을 고속철도차량으로 구분한다.
3. 동력장치가 집중되어 있는 철도차량을 기관차, 동력장치가 분산되어 있는 철도차량을 동차로 구분한다.
4. 도로 위에 부설한 레일 위를 주행하는 철도차량은 노면전차로 구분한다.
5. 철도차량 운전면허(철도장비 운전면허는 제외한다) 소지자는 철도차량 종류에 관계없이 차량기지 내에서 시속 25킬로미터 이하로 운전하는 철도차량을 운전할 수 있다. 이 경우 다른 운전면허의 철도차량을 운전하는 때에는 국토교통부장관이 정하는 교육훈련을 받아야 한다.
6. "전용철도"란 「철도사업법」 제2조 제5호에 따른 전용철도를 말한다.

(3) 운전면허의 결격사유

① 다음에 해당하는 자는 운전면허를 받을 자격이 없다(법 제11조).
   1. 19세 미만인 사람
   2. 철도차량 운전상의 위험과 장해를 일으킬 수 있는 정신질환자 또는 뇌전증환자로서 대통령령으로 정하는 다음의 사람
      ㉠ 말을 하지 못하는 사람
      ㉡ 한쪽 다리의 발목 이상을 잃은 사람
      ㉢ 한쪽 팔 또는 한쪽 다리 이상을 쓸 수 없는 사람
      ㉣ 다리·머리·척추 또는 그 밖의 신체장애로 인하여 걷지 못하거나 앉아 있을 수 없는 사람

ⓜ 한쪽 손 이상의 엄지손가락을 잃었거나 엄지손가락을 제외한 손가락을 3개 이상 잃은 사람
3. 철도차량 운전상의 위험과 장해를 일으킬 수 있는 약물 또는 알코올 중독자로서 대통령령으로 정하는 위 2.의 사람
4. 두 귀의 청력을 완전히 상실한 사람, 두 눈의 시력을 완전히 상실한 사람, 그 밖에 위 2.의 신체장애인
5. 운전면허가 취소된 날부터 2년이 지나지 아니하였거나 운전면허의 효력정지기간 중인 사람

② 국토교통부장관은 제1항에 따른 결격사유의 확인을 위하여 개인정보를 보유하고 있는 기관의 장에게 해당 정보의 제공을 요청할 수 있다. 이 경우 요청을 받은 기관의 장은 특별한 사유가 없으면 이에 따라야 한다.

③ 제2항에 따라 요청하는 대상기관과 개인정보의 내용 및 제공방법 등에 필요한 사항은 대통령령으로 정한다.

1) 운전면허를 받을 수 없는 사람

운전면허를 받을 수 없는 사람은 법 제11조 제2호 및 제3호에서 "대통령령으로 정하는 사람"이란 해당 분야 전문의가 정상적인 운전을 할 수 없다고 인정하는 사람을 말한다(영 제12조).

2) 운전면허의 결격사유 관련 개인정보의 제공 요청

① 국토교통부장관은 법 제11조 제2항 전단에 따라 운전면허의 결격사유 확인을 위하여 다음 각 호의 기관의 장에게 해당 기관이 보유하고 있는 개인정보의 제공을 요청할 수 있다(영 제12조의2).
1. 보건복지부장관
2. 병무청장
3. 시·도지사 또는 시장·군수·구청장(자치구의 구청장을 말한다. 이하 같다)
4. 육군참모총장, 해군참모총장, 공군참모총장 또는 해병대사령관

② 국토교통부장관이 법 제11조 제2항 전단에 따라 이 조 제1항 각 호의 대상기관의 장에게 요청할 수 있는 개인정보의 내용

운전면허의 결격사유 확인을 위하여 요청할 수 있는 개인정보의 내용(제12조의2 제2항 관련)

보유기관	개인정보의 내용	근거 법조문
1. 보건복지부장관 또는 시·도지사	마약류 중독자로 판명되거나 마약류 중독으로 치료보호기관에서 치료 중인 사람에 대한 자료	「마약류 관리에 관한 법률」 제40조

2. 병무청장	정신질환 및 뇌전증으로 신체등급이 5급 또는 6급으로 판정된 사람에 대한 자료	「병역법」 제12조
3. 특별자치시장·특별자치도지사·시장·군수 또는 구청장	가. 시각장애인 또는 청각장애인으로 등록된 사람에 대한 자료	「장애인복지법」 제32조
	나. 정신질환으로 6개월 이상 입원·치료 중인 사람에 대한 자료	「정신건강증진 및 정신질환자 복지서비스 지원에 관한 법률」 제43조 및 제44조
4. 육군참모총장, 해군참모총장, 공군참모총장 또는 해병대사령관	군 재직 중 정신질환 또는 뇌전증으로 전역 조치된 사람에 대한 자료	「군인사법」 제37조

③ 제1항 각 호의 대상기관의 장은 법 제11조 제2항 후단에 따라 개인정보를 제공하는 경우에는 국토교통부령으로 정하는 서식에 따라 서면 또는 전자적 방법으로 제공해야 한다.

2. 운전면허의 신체검사

(1) 의 의

운전면허를 받고자 하는 자는 철도차량 운전에 적합한 신체상태를 갖추고 있는지의 여부를 판정하기 위하여 국토교통부장관이 실시하는 신체검사에 합격하여야 한다(법 제12조 제1항).

신체검사 항목 및 불합격 기준(규칙 별표2)

1. 운전면허 또는 관제자격증명 취득을 위한 신체검사

검사 항목	불합격 기준
가. 일반 결함	1) 신체 각 장기 및 각 부위의 악성종양 2) 중증인 고혈압증(수축기 혈압 180mmHg 이상이고, 확장기 혈압 110mmHg 이상인 사람) 3) 이 표에서 달리 정하지 아니한 법정 감염병 중 직접 접촉, 호흡기 등을 통하여 전파가 가능한 감염병
나. 코·구강·인후 계통	의사소통에 지장이 있는 언어장애나 호흡에 장애를 가져오는 코, 구강, 인후, 식도의 변형 및 기능장애
다. 피부 질환	다른 사람에게 감염될 위험성이 있는 만성 피부질환자 및 한센병 환자
라. 흉부 질환	1) 업무수행에 지장이 있는 급성 및 만성 늑막질환 2) 활동성 폐결핵, 비결핵성 폐질환, 중증 만성천식증, 중증 만성기관지염, 중증 기관지확장증 3) 만성폐쇄성 폐질환

마. 순환기 계통	1) 심부전증 2) 업무수행에 지장이 있는 발작성 빈맥(분당 150회 이상)이나 기질성 부정맥 3) 심한 방실전도장애 4) 심한 동맥류 5) 유착성 심낭염 6) 폐성심 7) 확진된 관상동맥질환(협심증 및 심근경색증)	
바. 소화기 계통	1) 빈혈증 등의 질환과 관계있는 비장종대 2) 간경변증이나 업무수행에 지장이 있는 만성 활동성 간염 3) 거대결장, 게실염, 회장염, 궤양성 대장염으로 고치기 어려운 경우	
사. 생식이나 비뇨기 계통	1) 만성 신장염 2) 중증 요실금 3) 만성 신우염 4) 고도의 수신증이나 농신증 5) 활동성 신결핵이나 생식기 결핵 6) 고도의 요도협착 7) 진행성 신기능장애를 동반한 양측성 신결석 및 요관결석 8) 진행성 신기능장애를 동반한 만성신증후군	
아. 내분비 계통	1) 중증의 갑상샘 기능 이상 2) 거인증이나 말단비대증 3) 애디슨병 4) 그 밖에 쿠싱증후근 등 뇌하수체의 이상에서 오는 질환 5) 중증인 당뇨병(식전 혈당 140 이상) 및 중증의 대사질환(통풍 등)	
자. 혈액이나 조혈 계통	1) 혈우병 2) 혈소판 감소성 자반병 3) 중증의 재생불능성 빈혈 4) 용혈성 빈혈(용혈성 황달) 5) 진성적혈구 과다증 6) 백혈병	
차. 신경 계통	1) 다리·머리·척추 등 그 밖에 이상으로 앉아 있거나 걷지 못하는 경우 2) 중추신경계 염증성 질환에 따른 후유증으로 업무수행에 지장이 있는 경우 3) 업무에 적응할 수 없을 정도의 말초신경질환 4) 머리뼈 이상, 뇌 이상이나 뇌 순환장애로 인한 후유증(신경이나 신체증상)이 남아 업무수행에 지장이 있는 경우 5) 뇌 및 척추종양, 뇌기능장애가 있는 경우 6) 전신성·중증 근무력증 및 신경근 접합부 질환 7) 유전성 및 후천성 만성근육질환 8) 만성 진행성·퇴행성 질환 및 탈수조성 질환(유전성 무도병, 근위축성 측색경화증, 보행실조증, 다발성경화증)	
카. 사지	1) 손의 필기능력과 두 손의 악력이 없는 경우 2) 난치의 뼈·관절 질환이나 기형으로 업무수행에 지장이 있는 경우 3) 한쪽 팔이나 한쪽 다리 이상을 쓸 수 없는 경우(운전업무에만 해당한다)	
타. 귀	귀의 청력이 500Hz, 1000Hz, 2000Hz에서 측정하여 측정치의 산술평균이 두 귀 모두 40dB 이상인 사람	

파. 눈	1) 두 눈의 나안(맨눈) 시력 중 어느 한쪽의 시력이라도 0.5 이하인 경우(다만, 한쪽 눈의 시력이 0.7 이상이고 다른 쪽 눈의 시력이 0.3 이상인 경우는 제외한다)로서 두 눈의 교정시력 중 어느 한쪽의 시력이라도 0.8 이하인 경우(다만, 한쪽 눈의 교정시력이 1.0 이상이고 다른 쪽 눈의 교정시력이 0.5 이상인 경우는 제외한다) 2) 시야의 협착이 1/3 이상인 경우 3) 안구 및 그 부속기의 기질성·활동성·진행성 질환으로 인하여 시력 유지에 위협이 되고, 시기능장애가 되는 질환 4) 안구 운동장애 및 안구진탕 5) 색각이상(색약 및 색맹)
하. 정신 계통	1) 업무수행에 지장이 있는 지적장애 2) 업무에 적응할 수 없을 정도의 성격 및 행동장애 3) 업무에 적응할 수 없을 정도의 정신장애 4) 마약·대마·향정신성 의약품이나 알코올 관련 장애 등 5) 뇌전증 6) 수면장애(폐쇄성 수면 무호흡증, 수면발작, 몽유병, 수면 이상증 등)이나 공황장애

비고
1. 철도차량 운전면허 소지자가 다른 종류의 철도차량 운전면허를 취득하려는 경우에는 운전면허 취득을 위한 신체검사를 받은 것으로 본다.
2. 도시철도 관제자격증명을 취득한 사람이 철도 관제자격증명을 취득하려는 경우에는 관제자격증명 취득을 위한 신체검사를 받은 것으로 본다.
3. 철도차량 운전면허 소지자가 관제자격증명을 취득하려는 경우 또는 관제자격증명 취득자가 철도차량 운전면허를 취득하려는 경우에는 관제자격증명 또는 운전면허 취득을 위한 신체검사를 받은 것으로 본다.

2. 운전업무종사자 등에 대한 신체검사

검사 항목	불합격 기준	
	최초검사·특별검사	정기검사
가. 일반 결함	1) 신체 각 장기 및 각 부위의 악성종양	1) 업무수행에 지장이 있는 악성종양
	2) 중증인 고혈압증(수축기 혈압 180mmHg 이상이고, 확장기 혈압 110mmHg 이상인 경우)	2) 조절되지 아니하는 중증인 고혈압증
	3) 이 표에서 달리 정하지 아니한 법정 감염병 중 직접 접촉, 호흡기 등을 통하여 전파가 가능한 감염병	3) 이 표에서 달리 정하지 아니한 법정 감염병 중 직접 접촉, 호흡기 등을 통하여 전파가 가능한 감염병
나. 코·구강·인후 계통	의사소통에 지장이 있는 언어장애나 호흡에 장애를 가져오는 코·구강·인후·식도의 변형 및 기능장애	의사소통에 지장이 있는 언어장애나 호흡에 장애를 가져오는 코·구강·인후·식도의 변형 및 기능장애
다. 피부 질환	다른 사람에게 감염될 위험성이 있는 만성 피부질환자 및 한센병 환자	

라. 흉부 질환	1) 업무수행에 지장이 있는 급성 및 만성 늑막질환 2) 활동성 폐결핵, 비결핵성 폐질환, 중증 만성천식증, 중증 만성기관지염, 중증 기관지확장증 3) 만성 폐쇄성 폐질환	1) 업무수행에 지장이 있는 활동성 폐결핵, 비결핵성 폐질환, 만성 천식증, 만성 기관지염, 기관지확장증 2) 업무수행에 지장이 있는 만성 폐쇄성 폐질환	
마. 순환기 계통	1) 심부전증 2) 업무수행에 지장이 있는 발작성 빈맥(분당 150회 이상)이나 기질성 부정맥 3) 심한 방실전도장애 4) 심한 동맥류 5) 유착성 심낭염 6) 폐성심 7) 확진된 관상동맥질환(협심증 및 심근경색증)	1) 업무수행에 지장이 있는 심부전증 2) 업무수행에 지장이 있는 발작성 빈맥(분당 150회 이상)이나 기질성 부정맥 3) 업무수행에 지장이 있는 심한 방실전도장애 4) 업무수행에 지장이 있는 심한 동맥류 5) 업무수행에 지장이 있는 유착성 심낭염 6) 업무수행에 지장이 있는 폐성심 7) 업무수행에 지장이 있는 관상동맥질환(협심증 및 심근경색증)	
바. 소화기 계통	1) 빈혈증 등의 질환과 관계있는 비장종대 2) 간경변증이나 업무수행에 지장이 있는 만성 활동성 간염 3) 거대결장, 게실염, 회장염, 궤양성 대장염으로 난치인 경우	업무수행에 지장이 있는 만성 활동성 간염이나 간경변증	
사. 생식이나 비뇨기 계통	1) 만성 신장염 2) 중증 요실금 3) 만성 신우염 4) 고도의 수신증이나 농신증 5) 활동성 신결핵이나 생식기 결핵 6) 고도의 요도협착 7) 진행성 신기능장애를 동반한 양측성 신결석 및 요관결석 8) 진행성 신기능장애를 동반한 만성 신증후군	1) 업무수행에 지장이 있는 만성 신장염 2) 업무수행에 지장이 있는 진행성 신기능장애를 동반한 양측성 신결석 및 요관결석	
아. 내분비 계통	1) 중증의 갑상샘 기능 이상 2) 거인증이나 말단비대증 3) 애디슨병 4) 그 밖에 쿠싱증후근 등 뇌하수체의 이상에서 오는 질환 5) 중증인 당뇨병(식전 혈당 140 이상) 및 중증의 대사질환(통풍 등)	업무수행에 지장이 있는 당뇨병, 내분비질환, 대사질환(통풍 등)	

자. 혈액이나 조혈 계통	1) 혈우병 2) 혈소판 감소성 자반병 3) 중증의 재생불능성 빈혈 4) 용혈성 빈혈(용혈성 황달) 5) 진성적혈구 과다증 6) 백혈병	1) 업무수행에 지장이 있는 혈우병 2) 업무수행에 지장이 있는 혈소판 감소성 자반병 3) 업무수행에 지장이 있는 재생불능성 빈혈 4) 업무수행에 지장이 있는 용혈성 빈혈(용혈성 황달) 5) 업무수행에 지장이 있는 진성적혈구 과다증 6) 업무수행에 지장이 있는 백혈병
차. 신경 계통	1) 다리·머리·척추 등 그 밖에 이상으로 앉아 있거나 걷지 못하는 경우 2) 중추신경계 염증성 질환에 따른 후유증으로 업무수행에 지장이 있는 경우 3) 업무에 적응할 수 없을 정도의 말초신경질환 4) 머리뼈 이상, 뇌 이상이나 뇌 순환장애로 인한 후유증(신경 이나 신체증상)이 남아 업무수행에 지장이 있는 경우 5) 뇌 및 척추종양, 뇌기능장애가 있는 경우 6) 전신성·중증 근무력증 및 신경근 접합부 질환 7) 유전성 및 후천성 만성근육질환 8) 만성 진행성·퇴행성 질환 및 탈수조성 질환(유전성 무도병, 근위축성 측색경화증, 보행 실조증, 다발성 경화증)	1) 다리·머리·척추 등 그 밖에 이상으로 앉아 있거나 걷지 못하는 경우 2) 중추신경계 염증성 질환에 따른 후유증으로 업무수행에 지장이 있는 경우 3) 업무에 적응할 수 없을 정도의 말초신경질환 4) 머리뼈 이상, 뇌 이상이나 뇌 순환장애로 인한 후유증(신경이나 신체증상)이 남아 업무수행에 지장이 있는 경우 5) 뇌 및 척추종양, 뇌기능장애가 있는 경우 6) 전신성·중증 근무력증 및 신경근 접합부 질환 7) 유전성 및 후천성 만성근육질환 8) 업무수행에 지장이 있는 만성 진행성·퇴행성 질환 및 탈수조성 질환(유전성 무도병, 근위축성 측색경화증, 보행 실조증, 다발성 경화증)
카. 사지	1) 손의 필기능력과 두 손의 악력이 없는 경우 2) 난치의 뼈·관절 질환이나 기형으로 업무수행에 지장이 있는 경우 3) 한쪽 팔이나 한쪽 다리 이상을 쓸 수 없는 경우(운전업무에만 해당한다)	1) 손의 필기능력과 두 손의 악력이 없는 경우 2) 난치의 뼈·관절 질환이나 기형으로 업무수행에 지장이 있는 경우 3) 한쪽 팔이나 한쪽 다리 이상을 쓸 수 없는 경우(운전업무에만 해당한다)
타. 귀	귀의 청력이 500Hz, 1000Hz, 2000Hz 에서 측정하여 측정치의 산술평균이 두 귀 모두 40dB 이상인 경우	귀의 청력이 500Hz, 1000Hz, 2000Hz 에서 측정하여 측정치의 산술평균이 두 귀 모두 40dB 이상인 경우

파. 눈	1) 두 눈의 나안 시력 중 어느 한쪽의 시력이라도 0.5 이하인 경우(다만, 한쪽 눈의 시력이 0.7 이상이고 다른 쪽 눈의 시력이 0.3 이상인 경우는 제외한다)로서 두 눈의 교정시력 중 어느 한쪽의 시력이라도 0.8 이하인 경우(다만, 한쪽 눈의 교정시력이 1.0 이상이고 다른 쪽 눈의 교정시력이 0.5 이상인 경우는 제외한다) 2) 시야의 협착이 1/3 이상인 경우 3) 안구 및 그 부속기의 기질성, 활동성, 진행성 질환으로 인하여 시력 유지에 위협이 되고, 시기능장애가 되는 질환 4) 안구 운동장애 및 안구진탕 5) 색각이상(색약 및 색맹)	1) 두 눈의 나안 시력 중 어느 한쪽의 시력이라도 0.5 이하인 경우(다만, 한쪽 눈의 시력이 0.7 이상이고 다른 쪽 눈의 시력이 0.3 이상인 경우는 제외한다)로서 두 눈의 교정시력 중 어느 한쪽의 시력이라도 0.8 이하인 경우(다만, 한쪽 눈의 교정시력이 1.0 이상이고 다른 쪽 눈의 교정시력이 0.5 이상인 경우는 제외한다) 2) 시야의 협착이 1/3 이상인 경우 3) 안구 및 그 부속기의 기질성, 활동성, 진행성 질환으로 인하여 시력 유지에 위협이 되고, 시기능장애가 되는 질환 4) 안구 운동장애 및 안구진탕 5) 색각이상(색약 및 색맹)
하. 정신 계통	1) 업무수행에 지장이 있는 지적장애 2) 업무에 적응할 수 없을 정도의 성격 및 행동장애 3) 업무에 적응할 수 없을 정도의 정신장애 4) 마약·대마·향정신성 의약품이나 알코올 관련 장애 등 5) 뇌전증 6) 수면장애(폐쇄성 수면 무호흡증, 수면발작, 몽유병, 수면 이상증 등)이나 공황장애	1) 업무수행에 지장이 있는 지적장애 2) 업무에 적응할 수 없을 정도의 성격 및 행동장애 3) 업무에 적응할 수 없을 정도의 정신장애 4) 마약·대마·향정신성 의약품이나 알코올 관련 장애 등 5) 뇌전증 6) 업무수행에 지장이 있는 수면장애(폐쇄성 수면 무호흡증, 수면발작, 몽유병, 수면 이상증 등)이나 공황장애

(2) 신체검사 실시 의료기관

신체검사를 실시할 수 있는 의료기관은 다음과 같다.
① 「의료법」 제3조 제2항 제1호 가목의 의원
② 「의료법」 제3조 제2항 제3호 가목의 병원
③ 「의료법」 제3조 제2항 제3호 마목의 종합병원

3. 운전적성검사

(1) 의 의

운전면허를 받으려는 사람은 철도차량 운전에 적합한 적성을 갖추고 있는지를 판정받기 위하여 국토교통부장관이 실시하는 적성검사에 합격하여야 하며, 운전적성검사에 불합격한 사람 또는 운전적성검사 과정에서 부정행위를 한 사람은 다음의 구분에 따른 기간 동안 운전적성검사를 받을 수 없다(법 제15조 제1,2항).

① 운전적성검사에 불합격한 사람 : 검사일부터 3개월
② 운전적성검사 과정에서 부정행위를 한 사람 : 검사일부터 1년

1) 적성검사의 항목 및 불합격기준(규칙 별표4).

적성검사 항목 및 불합격 기준(제16조 제2항 관련)

검사대상	검사항목		불합격기준
	문답형 검사	반응형 검사	
1. 고속철도차량 · 제1종전기차량 · 제2종전기차량 · 디젤차량 · 노면전차 · 철도장비 운전업무종사자	• 인성 − 일반성격 − 안전성향	• 주의력 − 복합기능 − 선택주의 − 지속주의 • 인식 및 기억력 − 시각변별 − 공간지각 • 판단 및 행동력 − 추론 − 민첩성	• 문답형 검사항목 중 안전성향 검사에서 부적합으로 판정된 사람 • 반응형 검사 평가점수가 30점 미만인 사람
2. 철도교통관제사 자격증명 응시자	• 인성 − 일반성격 − 안전성향	• 주의력 − 복합기능 − 선택주의 • 인식 및 기억력 − 시각변별 − 공간지각 − 작업기억 • 판단 및 행동력 − 추론 − 민첩성	• 문답형 검사항목 중 안전성향 검사에서 부적합으로 판정된 사람 • 반응형 검사 평가점수가 30점 미만인 사람

비고 :
1. 문답형 검사 판정은 적합 또는 부적합으로 한다.
2. 반응형 검사 점수 합계는 70점으로 한다.
3. 안전성향검사는 전문의(정신건강의학) 진단결과로 대체할 수 있으며, 부적합 판정을 받은 자에 대해서는 당일 1회에 한하여 재검사를 실시하고 그 재검사 결과를 최종적인 검사결과로 할 수 있다.
4. 철도차량 운전면허 소지자가 다른 종류의 철도차량 운전면허를 취득하려는 경우에는 운전적성검사를 받은 것으로 본다. 다만, 철도장비 운전면허 소지자(2020년 10월 8일 이전에 적성검사를 받은 사람만 해당한다)가 다른 종류의 철도차량 운전면허를 취득하려는 경우에는 적성검사를 받아야 한다.
5. 도시철도 관제자격증명을 취득한 사람이 철도 관제자격증명을 취득하려는 경우에는 관제적성검사를 받은 것으로 본다.

(2) 적성검사기관

1) 적성검사기관의 지정절차

① 적성검사기관으로 지정을 받고자 하는 자는 국토교통부장관에게 지정신청을 하여야 한다(영 제13조 제1항).
② 국토교통부장관은 적성검사기관의 지정신청을 받은 경우에는 지정기준을 갖추었는지의 여부, 적성검사기관의 운영계획, 철도차량운전자의 수급상황 등을 종합적으로 심사한 후 그 지정여부를 결정하여야 한다(영 제13조 제2항).
③ 국토교통부장관은 적성검사기관을 지정한 때에는 그 사실을 관보에 고시하여야 한다(영 제13조 제3항).
④ 제1항부터 제3항까지의 규정에 따른 운전적성검사기관 지정절차에 관한 세부적인 사항은 국토교통부령으로 정한다.(영 제13조 제4항).

2) 적성검사기관의 지정기준

적성검사기관의 지정기준은 다음과 같다(영 제14조 제1항).
① 적성검사 업무의 통일성 유지와 원활한 적성검사 업무 수행을 위한 상설 전담조직을 갖출 것
② 적성검사 업무를 수행할 수 있는 전문검사 인력을 3인 이상 확보할 것
③ 적성검사 시행에 필요한 사무실과 검사장 및 검사 장비를 갖출 것
④ 적성검사기관의 운영 등에 관한 업무규정을 갖출 것

운전적성검사기관 또는 관제적성검사기관의 세부 지정기준(규칙 별표5)

1. 검사인력
    가. 자격기준

등급	자격자	학력 및 경력자
책임검사관	1) 정신건강임상심리사 1급 자격을 취득한 사람 2) 정신건강임상심리사 2급 자격을 취득한 사람으로서 2년 이상 적성검사 분야에 근무한 경력이 있는 사람 3) 임상심리사 1급 자격을 취득한 사람 4) 임상심리사 2급 자격을 취득한 사람으로서 2년 이상 적성검사 분야에 근무한 경력이 있는 사람	1) 심리학 관련 분야 박사학위를 취득한 사람 2) 심리학 관련 분야 석사학위 취득한 사람으로서 2년 이상 적성검사 분야에 근무한 경력이 있는 사람 3) 대학을 졸업한 사람(법령에 따라 이와 같은 수준 이상의 학력이 있다고 인정되는 사람을 포함한다)으로서 선임검사관 경력이 2년 이상 있는 사람
선임검사관	1) 정신건강임상심리사 2급 자격을 취득한 사람 2) 임상심리사 2급 자격을 취득한 사람	1) 심리학 관련 분야 석사학위를 취득한 사람 2) 심리학 관련 분야 학사학위 취득한 사람으로서 2년 이상 적성검사 분야에 근무한 경력이 있는 사람

		3) 대학을 졸업한 사람(법령에 따라 이와 같은 수준 이상의 학력이 있다고 인정되는 사람을 포함한다)으로서 검사관 경력이 5년 이상 있는 사람
검사관		학사학위 이상 취득자

비고 : 가목의 자격기준 중 책임검사관 및 선임검사관의 경력은 해당 자격·학위·졸업 또는 학력을 취득·인정받기 전과 취득·인정받은 후의 경력을 모두 포함한다.

  나. 보유기준
     1) 운전적성검사 또는 관제적성검사(이하 이 표에서 "적성검사"라 한다) 업무를 수행하는 상설 전담조직을 1일 50명을 검사하는 것을 기준으로 하며, 책임검사관과 선임검사관 및 검사관은 각각 1명 이상 보유하여야 한다.
     2) 1일 검사인원이 25명 추가될 때마다 적성검사를 진행할 수 있는 검사관을 1명씩 추가로 보유하여야 한다.

2. 시설 및 장비
  가. 시설기준
     1) 1일 검사능력 50명(1회 25명) 이상의 검사장($70m^2$ 이상이어야 한다)을 확보하여야 한다. 이 경우 분산된 검사장은 제외한다.
  나. 장비기준
     1) 별표 4 또는 별표 13에 따른 문답형 검사 및 반응형 검사를 할 수 있는 검사장비와 프로그램을 갖추어야 한다.
     2) 적성검사기관 공동으로 활용할 수 있는 프로그램(별표 4 및 별표 13에 따른 문답형 검사 및 반응형 검사)을 개발할 수 있어야 한다.

3. 업무규정
  가. 조직 및 인원
  나. 검사 인력의 업무 및 책임
  다. 검사체제 및 절차
  라. 각종 증명의 발급 및 대장의 관리
  마. 장비운용·관리계획
  바. 자료의 관리·유지
  사. 수수료 징수기준
  아. 그 밖에 국토교통부장관이 적성검사 업무수행에 필요하다고 인정하는 사항

4. 일반사항
  가. 국토교통부장관은 2개 이상의 운전적성검사기관 또는 관제적성검사기관을 지정한 경우에는 모든 운전적성검사기관 또는 관제적성검사기관에서 실시하는 적성검사의 방법 및 검사항목 등이 동일하게 이루어지도록 필요한 조치를 하여야 한다.
  나. 국토교통부장관은 철도차량운전자 등의 수급계획과 운영계획 및 검사에 필요한 프로그램개발 등을 종합 검토하여 필요하다고 인정하는 경우에는 1개 기관만 지정할 수 있다. 이 경우 전국의 분산된 5개 이상의 장소에서 검사를 할 수 있어야 한다.

3) 적성검사기관의 변경사항 통지

① 운전적성검사기관은 그 명칭·대표자·소재지나 그 밖에 운전적성검사 업무의 수행에 중대한 영향을 미치는 사항의 변경이 있는 경우에는 해당 사유가 발생한 날부터 15일 이내에 국토교통부장관에게 그 사실을 알려야 한다.

② 국토교통부장관은 제1항에 따라 통지를 받은 때에는 그 사실을 관보에 고시하여야 한다(영 제15조 제1,2항).

4) 운전적성검사 판정서 발급

운전적성검사기관은 정당한 사유 없이 운전적성검사 업무를 거부하여서는 아니 되고, 거짓이나 그 밖의 부정한 방법으로 운전적성검사 판정서를 발급하여서는 아니 된다(법 제15조 제6항).

5) 운전적성검사기관 또는 관제적성검사기관의 지정절차 등(영 제17조)

① 운전적성검사기관 또는 관제적성검사기관으로 지정받으려는 자는 별지 제10호 서식의 적성검사기관 지정신청서에 다음의 서류를 첨부하여 국토교통부장관에게 제출하여야 한다. 이 경우 국토교통부장관은 「전자정부법」 제36조 제1항에 따른 행정정보의 공동이용을 통하여 법인 등기사항증명서(신청인이 법인인 경우만 해당한다)를 확인하여야 한다.

　㉠ 운영계획서
　㉡ 정관이나 이에 준하는 약정(법인 그 밖의 단체만 해당한다)
　㉢ 운전적성검사 또는 관제적성검사를 담당하는 전문인력의 보유 현황 및 학력·경력·자격 등을 증명할 수 있는 서류
　㉣ 운전적성검사시설 또는 관제적성검사시설 내역서
　㉤ 운전적성검사장비 또는 관제적성검사장비 내역서
　㉥ 운전적성검사기관 또는 관제적성검사기관에서 사용하는 직인의 인영

② 국토교통부장관은 제1항에 따라 운전적성검사기관 또는 관제적성검사기관의 지정신청을 받은 경우에는 영 제13조 제2항(영 제20조의3에서 준용하는 경우를 포함한다)에 따라 그 지정 여부를 종합적으로 심사한 후 지정에 적합하다고 인정되는 경우 적성검사기관 지정서를 신청인에게 발급해야 한다.

(3) 운전적성검사기관의 지정취소 및 업무정지

① 국토교통부장관은 운전적성검사기관이 다음의 어느 하나에 해당할 때에는 지정을 취소하거나 6개월 이내의 기간을 정하여 업무의 정지를 명할 수 있다. 다만, ㉠ 및 ㉡에 해당할 때에는 지정을 취소하여야 한다(법 제15조의2 제1항).

　㉠ 거짓이나 그 밖의 부정한 방법으로 지정을 받았을 때

ⓒ 업무정지 명령을 위반하여 그 정지기간 중 운전적성검사 업무를 하였을 때
ⓒ 지정기준에 맞지 아니하게 되었을 때
ⓔ 정당한 사유 없이 운전적성검사 업무를 거부하였을 때
ⓜ 거짓이나 그 밖의 부정한 방법으로 운전적성검사 판정서를 발급하였을 때
② 지정취소 및 업무정지의 세부기준(법 제15조의2 제2항)

[표 2-2] 운전적성검사기관 및 관제적성검사기관의 지정취소 및 업무정지의 기준

위반사항	해당 법조문	처분기준			
		1차 위반	2차 위반	3차 위반	4차 위반
1. 거짓이나 그 밖의 부정한 방법으로 지정을 받은 경우	법 제15조의2 제1항 제1호	지정취소			
2. 업무정지 명령을 위반하여 그 정지기간 중 운전적성검사업무 또는 관제적성검사업무를 한 경우	법 제15조의2 제1항 제2호	지정취소			
3. 법 제15조 제5항 또는 제21조의6 제4항에 따른 지정기준에 맞지 아니하게 된 경우	법 제15조의2 제1항 제3호	경고 또는 보완명령	업무정지 1개월	업무정지 3개월	지정취소
4. 정당한 사유 없이 운전적성검사 업무 또는 관제적성검사업무를 거부한 경우	법 제15조의2 제1항 제4호	경고	업무정지 1개월	업무정지 3개월	지정취소
5. 법 제15조 제6항을 위반하여 거짓이나 그 밖의 부정한 방법으로 운전적성검사 판정서 또는 관제적성검사 판정서를 발급한 경우	법 제15조의2 제1항 제5호	업무정지 1개월	업무정지 3개월	지정취소	

[비고]
1. 위반행위가 둘 이상인 경우로서 그에 해당하는 각각의 처분기준이 다른 경우에는 그 중 무거운 처분기준에 따르며, 위반행위가 둘 이상인 경우로서 그에 해당하는 각각의 처분기준이 같은 경우에는 무거운 처분기준의 2분의 1까지 가중할 수 있되, 각 처분기준을 합산한 기간을 초과할 수 없다.
2. 위반행위의 횟수에 따른 행정처분의 가중된 부과기준은 최근 1년간 같은 위반행위로 행정처분을 받은 경우에 적용한다. 이 경우 기간의 계산은 위반행위에 대하여 행정처분을 받은 날과 그 처분 후 다시 같은 위반행위를 하여 적발된 날을 기준으로 한다.
3. 비고 제2호에 따라 가중된 행정처분을 하는 경우 가중처분의 적용 차수는 그 위반행위 전 부과처분 차수(비고 제2호에 따른 기간 내에 행정처분이 둘 이상 있었던 경우에는 높은 차수를 말한다)의 다음 차수로 한다.
4. 처분권자는 위반행위의 동기·내용 및 위반의 정도 등 다음 각 목에 해당하는 사유를 고려하여 그 처분을 감경할 수 있다. 이 경우 그 처분이 업무정지인 경우에는 그 처분기준의 2분의 1 범위에서 감경할 수 있고, 지정취소인 경우(거짓이나 그 밖의 부정한 방법으로 지정을 받은 경우나 업무정지 명령을 위반하여 그 정지기간 중 적성검사업무를 한 경우는 제외한다)에는 3개월의 업무정지 처분으로 감경할 수 있다.
　가. 위반행위가 고의나 중대한 과실이 아닌 사소한 부주의나 오류로 인한 것으로 인정되는 경우
　나. 위반의 내용·정도가 경미하여 이해관계인에게 미치는 피해가 적다고 인정되는 경우

③ 국토교통부장관은 지정이 취소된 운전적성검사기관이나 그 기관의 설립·운영자 및 임원이 그 지정이 취소된 날부터 2년이 지나지 아니하고 설립·운영하는 검사기관을 운전적성검사기관으로 지정하여서는 아니 된다(법 제15조의2 제3항).

4. 운전교육훈련

(1) 의 의

운전면허를 받고자 하는 자는 철도차량의 운전에 필요한 지식·능력 습득을 위하여 국토교통부장관이 실시하는 교육훈련을 받아야 하며, 국토교통부장관은 철도차량 운전에 관한 전문교육훈련기관을 지정하여 교육훈련을 실시하게 할 수 있다(법 제16조 제1,3항).

(2) 운전교육훈련기관

1) 운전교육훈련기관의 지정절차

① 운전교육훈련기관으로 지정을 받으려는 자는 국토교통부장관에게 지정 신청을 하여야 한다(영 제16조 제1항).
② 국토교통부장관은 운전교육훈련기관의 지정 신청을 받은 경우에는 지정기준을 갖추었는지 여부, 운전교육훈련기관의 운영계획 및 운전업무종사자의 수급 상황 등을 종합적으로 심사한 후 그 지정 여부를 결정하여야 한다(영 제16조 제2항).
③ 국토교통부장관은 운전교육훈련기관을 지정한 때에는 그 사실을 관보에 고시하여야 한다(영 제16조 제3항).

2) 운전교육훈련기관의 지정기준

운전교육훈련기관의 지정기준은 다음과 같다(영 제17조 제1항).
① 교육훈련 업무 수행에 필요한 상설 전담조직을 갖출 것
② 철도차량운전면허의 종류별로 교육훈련 업무를 수행할 수 있는 전문인력을 확보할 것
③ 교육훈련 시행에 필요한 사무실·교육장 및 교육 장비를 갖출 것
④ 교육훈련기관의 운영 등에 관한 업무규정을 갖출 것

3) 교육훈련기관의 변경사항 통지

① 운전교육훈련기관은 그 명칭·대표자·소재지 그 밖에 교육훈련 업무의 수행에 중대한 영향을 미치는 사항의 변경이 있는 때에는 당해 사유가 발생한 날부터 15일 이내에 국토교통부장관에게 그 사실을 통지하여야 한다(영 제18조 제1항).

운전면허 취득을 위한 교육훈련 과정별 교육시간 및 교육훈련과목(규칙 별표7)

1. 일반응시자

교육과정	교육과목 및 시간	
	이론교육	기능교육
가. 디젤차량 운전면허 (810)	• 철도관련법(50) • 철도시스템 일반(60) • 디젤 차량의 구조 및 기능(170) • 운전이론 일반(30) • 비상시 조치(인적오류 예방 포함) 등(30)	• 현장실습교육 • 운전실무 및 모의운행 훈련 • 비상시 조치 등
	340시간	470시간
나. 제1종 전기 차량 운전면허 (810)	• 철도관련법(50) • 철도시스템 일반(60) • 전기기관차의 구조 및 기능(170) • 운전이론 일반(30) • 비상시 조치(인적오류 예방 포함) 등(30)	• 현장실습교육 • 운전실무 및 모의운행 훈련 • 비상시 조치 등
	340시간	470시간
다. 제2종 전기 차량 운전면허 (680)	• 철도관련법(50) • 도시철도시스템 일반(50) • 전기동차의 구조 및 기능(110) • 운전이론 일반(30) • 비상시 조치(인적오류 예방 포함) 등(30)	• 현장실습교육 • 운전실무 및 모의운행 훈련 • 비상시 조치 등
	270시간	410시간
라. 철도장비 운전면허 (340)	• 철도관련법(50) • 철도시스템 일반(40) • 기계·장비의 구조 및 기능(60) • 비상시 조치(인적오류 예방 포함) 등(20)	• 현장실습교육 • 운전실무 및 모의운행 훈련 • 비상시 조치 등
	170시간	170시간
마. 노면전차 운전면허 (440)	• 철도관련법(50) • 노면전차 시스템 일반(40) • 노면전차의 구조 및 기능(80) • 비상시 조치(인적오류 예방 포함) 등(30)	• 현장실습교육 • 운전실무 및 모의운행 훈련 • 비상시 조치 등
	200시간	240시간

* 이론교육의 과목별 교육시간은 100분의 20 범위 내에서 조정 가능.

2. 운전면허 소지자   ( ) : 시간

소지면허	교육과목 및 시간		
	교육과정	이론교육	기능교육
가. 디젤차량운전면허·제1종전기차량 운전면허·제2종전기차량 운전면허	고속철도 차량 운전면허 (420)	• 고속철도 시스템 일반(15) • 고속전기차량의 구조 및 기능(85) • 고속철도 운전이론 일반(10) • 고속철도 운전관련 규정(20) • 비상시 조치(인적오류 예방 포함) 등(10)	• 현장실습교육 • 운전실무 및 모의운행 훈련 • 비상시 조치 등
		140시간	280시간
나. 디젤차량 운전면허	1) 제1종 전기 차량 운전면허 (85)	• 전기기관차의 구조 및 기능(40) • 비상시 조치(인적오류 예방 포함) 등(10)	• 현장실습교육 • 운전실무 및 모의운행 훈련
		50시간	35시간
	2) 제2종 전기 차량 운전면허 (85)	• 도시철도 시스템 일반(10) • 전기동차의 구조 및 기능(30) • 비상시 조치(인적오류 예방 포함) 등(10)	• 현장실습교육 • 운전실무 및 모의운행 훈련
		50시간	35시간
	3) 노면전차 운전면허 (60)	• 노면전차 시스템 일반(10) • 노면전차의 구조 및 기능(25) • 비상시 조치(인적오류 예방 포함) 등(5)	• 현장실습교육 • 운전실무 및 모의운행 훈련
		40시간	20시간
다. 제1종 전기 차량 운전면허	1) 디젤차량 운전면허 (85)	• 디젤 차량의 구조 및 기능(40) • 비상시 조치(인적오류 예방 포함) 등(10)	• 현장실습교육 • 운전실무 및 모의운행 훈련
		50시간	35시간
	2) 제2종 전기 차량 운전면허 (85)	• 도시철도 시스템 일반(10) • 전기동차의 구조 및 기능(30) • 비상시 조치(인적오류 예방 포함) 등(10)	• 현장실습교육 • 운전실무 및 모의운행 훈련
		50시간	35시간
	3) 노면전차 운전면허 (50)	• 노면전차 시스템 일반(10) • 노면전차의 구조 및 기능(15) • 비상시 조치(인적오류 예방 포함) 등(5)	• 현장실습교육 • 운전실무 및 모의운행 훈련
		30시간	20시간

라. 제2종 전기 차량 운전면허	1) 디젤차량 운전면허 (130)	• 철도시스템 일반(10) • 디젤 차량의 구조 및 기능(45) • 비상시 조치(인적오류 예방 포함) 등(5)	• 현장실습교육 • 운전실무 및 모의운행 훈련
		60시간	70시간
	2) 제1종 전기 차량 운전면허 (130)	• 철도시스템 일반(10) • 전기기관차의 구조 및 기능(45) • 비상시 조치(인적오류 예방 포함) 등(5)	• 현장실습교육 • 운전실무 및 모의운행 훈련
		60시간	70시간
	3) 노면전차 운전면허 (50)	• 노면전차 시스템 일반(10) • 노면전차의 구조 및 기능(15) • 비상시 조치(인적오류 예방 포함) 등(5)	• 현장실습교육 • 운전실무 및 모의운행 훈련
		30시간	20시간
마. 철도장비 운전면허	1) 디젤차량 운전면허 (460)	• 철도관련법(30) • 철도시스템 일반(30) • 디젤차량의 구조 및 기능(100) • 운전이론(30) • 비상시 조치(인적오류 예방 포함) 등(10)	• 현장실습교육 • 운전실무 및 모의운행 훈련 • 비상시 조치 등
		200시간	260시간
	2) 제1종 전기 차량 운전면허 (460)	• 철도관련법(30) • 철도시스템 일반(30) • 전기기관차의 구조 및 기능(100) • 운전이론(30) • 비상시 조치(인적오류 예방 포함) 등(10)	• 현장실습교육 • 운전실무 및 모의운행 훈련 • 비상시 조치 등
		200시간	260시간
	3) 제2종 전기 차량 운전면허 (340)	• 철도관련법(30) • 도시철도시스템 일반(30) • 전기동차의 구조 및 기능(70) • 운전이론(30) • 비상시 조치(인적오류 예방 포함) 등(10)	• 현장실습교육 • 운전실무 및 모의운행 훈련 • 비상시 조치 등
		170시간	170시간
	4) 노면전차 운전면허 (220)	• 철도관련법(30) • 노면전차시스템 일반(20) • 노면전차의 구조 및 기능(60) • 비상시 조치(인적오류 예방 포함) 등(10)	• 현장실습교육 • 운전실무 및 모의운행 훈련 • 비상시 조치 등
		120시간	100시간

바. 노면전차 운전면허	1) 디젤차량 운전면허 (320)	• 철도관련법(30) • 철도시스템 일반(30) • 디젤 차량의 구조 및 기능(100) • 운전이론(30) • 비상시 조치(인적오류 예방 포함) 등(10)	• 현장실습교육 • 운전실무 및 모의운행 훈련 • 비상시 조치 등
		200시간	120시간
	2) 제1종 전기 차량 운전면허 (320)	• 철도관련법(30) • 철도시스템 일반(30) • 전기기관차의 구조 및 기능(100) • 운전이론(30) • 비상시 조치(인적오류 예방 포함) 등(10)	• 현장실습교육 • 운전실무 및 모의운행 훈련 • 비상시 조치 등
		200시간	120시간
	3) 제2종 전기 차량 운전면허 (275)	• 철도관련법(30) • 도시철도시스템 일반(30) • 전기동차의 구조 및 기능(70) • 운전이론(30) • 비상시 조치(인적오류 예방 포함) 등(10)	• 현장실습교육 • 운전실무 및 모의운행 훈련 • 비상시 조치 등
		170시간	105시간
	4) 철도장비 운전면허 (165)	• 철도관련법(30) • 철도시스템 일반(20) • 기계·장비의 구조 및 기능(60) • 비상시 조치(인적오류 예방 포함) 등(10)	• 현장실습교육 • 운전실무 및 모의운행 훈련 • 비상시 조치 등
		120시간	45시간

* 이론교육의 과목별 교육시간은 100분의 20 범위 내에서 조정 가능.

3. 관제자격증명 취득자   ( ) : 시간

소지면허	교육과목 및 시간		
	교육과정	이론교육	기능교육
가. 철도 관제 자격증명	1) 디젤차량 운전면허 (260)	• 디젤 차량의 구조 및 기능(100) • 운전이론(30) • 비상시 조치(인적오류 예방 포함) 등(10)	• 현장실습교육 • 운전실무 및 모의운행 훈련 • 비상시 조치 등
		140시간	120시간

		2) 제1종 전기 차량 운전면허 (260)	• 전기기관차의 구조 및 기능(100) • 운전이론(30) • 비상시 조치(인적오류 예방 포함) 등(10)	• 현장실습교육 • 운전실무 및 모의운행 훈련 • 비상시 조치 등
			140시간	120시간
		3) 제2종 전기 차량 운전면허 (215)	• 전기동차의 구조 및 기능(70) • 운전이론(30) • 비상시 조치(인적오류 예방 포함) 등(10)	• 현장실습교육 • 운전실무 및 모의운행 훈련 • 비상시 조치 등
			110시간	105시간
		4) 철도장비 운전면허 (115)	• 기계·장비의 구조 및 기능(60) • 비상시 조치(인적오류 예방 포함) 등(10)	• 현장실습교육 • 운전실무 및 모의운행 훈련 • 비상시 조치 등
			70시간	45시간
		5) 노면전차 운전면허 (170)	• 노면전차의 구조 및 기능(60) • 비상시 조치(인적오류 예방 포함) 등(10)	• 현장실습교육 • 운전실무 및 모의운행 훈련 • 비상시 조치 등
			70시간	100시간
	나. 도시철도 관제자격증명	1) 디젤차량 운전면허 (290)	• 철도시스템 일반(30) • 디젤 차량의 구조 및 기능(100) • 운전이론(30) • 비상시 조치(인적오류 예방 포함) 등(10)	• 현장실습교육 • 운전실무 및 모의운행 훈련 • 비상시 조치 등
			170시간	120시간
		2) 제1종 전기 차량 운전면허 (290)	• 철도시스템 일반(30) • 전기기관차의 구조 및 기능(100) • 운전이론(30) • 비상시 조치(인적오류 예방 포함) 등(10)	• 현장실습교육 • 운전실무 및 모의운행 훈련 • 비상시 조치 등
			170시간	120시간
		3) 제2종 전기 차량 운전면허 (215)	• 전기동차의 구조 및 기능(70) • 운전이론(30) • 비상시 조치(인적오류 예방 포함) 등(10)	• 현장실습교육 • 운전실무 및 모의운행 훈련 • 비상시 조치 등
			110시간	105시간
		4) 철도장비 운전면허 (135)	• 철도시스템 일반(20) • 기계·장비의 구조 및 기능(60) • 비상시 조치(인적오류 예방 포함) 등(10)	• 현장실습교육 • 운전실무 및 모의운행 훈련 • 비상시 조치 등
			90시간	45시간

	5) 노면전차 운전면허 (170)	• 노면전차의 구조 및 기능(60) • 비상시 조치(인적오류 예방 포함) 등(10)	• 현장실습교육 • 운전실무 및 모의운행 훈련 • 비상시 조치 등
		70시간	100시간

* 이론교육의 과목별 교육시간은 100분의 20 범위 내에서 조정 가능

4. 철도차량 운전 관련 업무경력자

( ) : 시간

경력	교육과목 및 시간		
	교육과정	이론교육	기능교육
가. 철도차량 운전업무 보조 경력 1년 이상(철도장비의 경우 철도장비운전 업무수행경력 3년 이상)	디젤 또는 제1종 차량 운전면허 (290)	• 철도관련법(30) • 철도시스템 일반(20) • 디젤 차량 또는 전기기관차의 구조 및 기능(100) • 운전이론 일반(20) • 비상시 조치(인적오류 예방 포함) 등(20)	• 현장실습교육 • 운전실무 및 모의운행 훈련 • 비상시 조치 등
		190시간	100시간
나. 철도차량 운전업무 보조 경력 1년 이상 또는 전동차 차장 경력이 2년 이상	1) 제2종 전기 차량 운전면허 (290)	• 철도관련법(30) • 도시철도시스템 일반(30) • 전기동차의 구조 및 기능(90) • 운전이론 일반(30) • 비상시 조치(인적오류 예방 포함) 등(10)	• 현장실습교육 • 운전실무 및 모의운행 훈련 • 비상시 조치 등
		190시간	100시간
	2) 노면전차 운전면허 (140)	• 철도관련법(20) • 노면전차시스템 일반(10) • 노면전차의 구조 및 기능(40) • 비상시 조치(인적오류 예방 포함) 등(10)	• 현장실습교육 • 운전실무 및 모의운행 훈련 • 비상시 조치 등
		80시간	60시간
다. 철도차량 운전업무 보조 경력 1년 이상	철도장비 운전면허 (100)	• 철도관련법(20) • 철도시스템 일반(10) • 기계·장비의 구조 및 기능(40) • 비상시 조치(인적오류 예방 포함) 등(10)	• 현장실습교육 • 운전실무 및 모의운행 훈련 • 비상시 조치 등
		80시간	20시간

경력	교육과정	이론교육	기능교육
라. 철도건설 및 유지보수에 필요한 기계 또는 장비작업경력 1년 이상	철도장비 운전면허 (185)	• 철도관련법(20) • 철도시스템 일반(20) • 기계·장비의 구조 및 기능(70) • 비상시 조치(인적오류 예방 포함) 등(10)	• 현장실습교육 • 운전실무 및 모의운행 훈련 • 비상시 조치 등
		120시간	65시간

* 이론교육의 과목별 교육시간은 100분의 20 범위 내에서 조정 가능.

5. 철도 관련 업무경력자

( ) : 시간

경력	교육과목 및 시간		
	교육과정	이론교육	기능교육
철도운영자에 소속되어 철도 관련 업무에 종사한 경력 3년 이상인 사람	1) 디젤 또는 제1종 차량 운전면허(395)	• 철도관련법(30) • 철도시스템 일반(30) • 디젤 차량 또는 전기기관차의 구조 및 기능(150) • 운전이론 일반(20) • 비상시 조치(인적오류 예방 포함) 등(20)	• 현장실습교육 • 운전실무 및 모의운행 훈련 • 비상시 조치 등
		250시간	145시간
	2) 제2종 전기차량 운전면허 (340)	• 철도관련법(30) • 도시철도시스템 일반(30) • 전기동차의 구조 및 기능(100) • 운전이론 일반(20) • 비상시 조치(인적오류 예방 포함) 등(20)	• 현장실습교육 • 운전실무 및 모의운행 훈련 • 비상시 조치 등
		200시간	140시간
	3) 철도장비 운전면허 (215)	• 철도관련법(30) • 철도시스템 일반(20) • 기계·장비의 구조 및 기능(70) • 비상시 조치(인적오류 예방 포함) 등(10)	• 현장실습교육 • 운전실무 및 모의운행 훈련 • 비상시 조치 등
		130시간	85시간
	4) 노면전차 운전면허 (215)	• 철도관련법(30) • 노면전차시스템 일반(20) • 노면전차의 구조 및 기능(70) • 비상시 조치(인적오류 예방 포함) 등(10)	• 현장실습교육 • 운전실무 및 모의운행 훈련 • 비상시 조치 등
		130시간	85시간

* 이론교육의 과목별 교육시간은 100분의 20 범위 내에서 조정 가능.

6. 버스 운전 경력자   ( ) : 시간

경력	교육과목 및 시간		
	교육과정	이론교육	기능교육
「여객자동차운수사업법 시행령」 제3조 제1호에 따른 노선 여객자동차운송사업에 종사한 경력이 1년 이상인 사람	노면전차 운전면허 (250)	• 철도관련법(30) • 노면전차시스템 일반(20) • 노면전차의 구조 및 기능 (70) • 비상시 조치(인적오류 예방 포함) 등(10)	• 현장실습교육 • 운전실무 및 모의운행 훈련 • 비상시 조치 등
		130시간	120시간

* 이론교육의 과목별 교육시간은 100분의 20 범위 내에서 조정 가능.

7. 일반사항
  가. 철도관련법은 「철도안전법」과 그 하위법령 및 철도차량운전에 필요한 규정을 말한다.
  나. 고속철도차량 운전면허를 취득하기 위해 교육훈련을 받으려는 사람은 법 제21조에 따른 디젤차량, 제1종 전기차량 또는 제2종 전기차량의 운전업무 수행경력이 3년 이상 있어야 한다. 이 경우 운전업무 수행경력이란 운전업무종사자로서 운전실에 탑승하여 전방 선로감시 및 운전관련 기기를 실제로 취급한 기간을 말한다.
  다. 모의운행훈련은 전(全) 기능 모의운전연습기를 활용한 교육훈련과 병행하여 실시하는 기본기능 모의운전연습기 및 컴퓨터지원교육시스템을 활용한 교육훈련을 포함한다.
  라. 노면전차 운전면허를 취득하기 위한 교육훈련을 받으려는 사람은 「도로교통법」 제80조에 따른 운전면허를 소지하여야 한다.
  마. 법 제16조 제3항에 따른 운전훈련교육기관으로 지정받은 대학의 장은 해당 대학의 철도운전 관련 학과의 정규과목 이수를 제1호부터 제5호까지의 규정에 따른 이론교육의 과목 이수로 인정할 수 있다.
  바. 제1호부터 제6호까지에 동시에 해당하는 자에 대해서는 이론교육·기능교육 훈련 시간의 합이 가장 적은 기준을 적용한다.

교육훈련기관의 세부 지정기준(규칙 별표8)

1. 인력기준
   가. 자격기준

등 급	학력 및 경력
책임교수	1) 박사학위 소지자로서 철도교통에 관한 업무에 10년 이상 또는 철도차량 운전 관련 업무에 5년 이상 근무한 경력이 있는 사람 2) 석사학위 소지자로서 철도교통에 관한 업무에 15년 이상 또는 철도차량 운전 관련 업무에 8년 이상 근무한 경력이 있는 사람 3) 학사학위 소지자로서 철도교통에 관한 업무에 20년 이상 또는 철도차량 운전 관련 업무에 10년 이상 근무한 경력이 있는 사람 4) 철도 관련 4급 이상의 공무원 경력 또는 이와 같은 수준 이상의 자격 및 경력이 있는 사람 5) 대학의 철도차량 운전 관련 학과에서 조교수 이상으로 재직한 경력이 있는 사람 6) 선임교수 경력이 3년 이상 있는 사람
선임교수	1) 박사학위 소지자로서 철도교통에 관한 업무에 5년 이상 또는 철도차량 운전 관련 업무에 3년 이상 근무한 경력이 있는 사람 2) 석사학위 소지자로서 철도교통에 관한 업무에 10년 이상 또는 철도차량 운전 관련 업무에 5년 이상 근무한 경력이 있는 사람 3) 학사학위 소지자로서 철도교통에 관한 업무에 15년 이상 또는 철도차량 운전 관련 업무에 8년 이상 근무한 경력이 있는 사람 4) 철도차량 운전업무에 5급 이상의 공무원 경력 또는 이와 같은 수준 이상의 자격 및 경력이 있는 사람 5) 대학의 철도차량 운전 관련 학과에서 전임강사 이상으로 재직한 경력이 있는 사람 6) 교수 경력이 3년 이상 있는 사람
교 수	1) 학사학위 소지자로서 철도차량 운전업무수행자에 대한 지도교육 경력이 2년 이상 있는 사람 2) 전문학사학위 소지자로서 철도차량 운전업무수행자에 대한 지도교육 경력이 3년 이상 있는 사람 3) 고등학교 졸업자로서 철도차량 운전업무수행자에 대한 지도교육 경력이 5년 이상 있는 사람 4) 철도차량 운전과 관련된 교육기관에서 강의 경력이 1년 이상 있는 사람

비고 :
1. "철도교통에 관한 업무"란 철도운전·안전·차량·기계·신호·전기·시설에 관한 업무를 말한다.
2. "철도차량운전 관련 업무"란 철도차량 운전업무수행자에 대한 안전관리·지도교육 및 관리감독 업무를 말한다.
3. 교수의 경우 해당 철도차량 운전업무 수행경력이 3년 이상인 사람으로서 학력 및 경력의 기준을 갖추어야 한다.
4. 고속철도차량 교수의 경우 종전 철도청에서 실시한 교수요원 양성과정(해외교육 이수자를 포함한다) 이수자 중 학력 및 경력 미달자도 고속철도차량 교수를 할 수 있다.
5. 해당 철도차량 운전업무 수행경력이 있는 사람으로서 현장 지도교육의 경력은 운전업무 수행경력으로 합산할 수 있다.
6. 책임교수·선임교수의 학력 및 경력란 1)부터 3)까지의 "근무한 경력" 및 교수의 학력 및 경력란 1)부터 3)까지의 "지도교육 경력"은 해당 학위를 취득 또는 졸업하기 전과 취득 또는 졸업한 후의 경력을 모두 포함한다.

나. 보유기준
　1) 1회 교육생 30명을 기준으로 철도차량 운전면허 종류별 전임 책임교수, 선임교수, 교수를 각 1명 이상 확보하여야 하며, 운전면허 종류별 교육인원이 15명 추가될 때마다 운전면허 종류별 교수 1명 이상을 추가로 확보하여야 한다. 이 경우 추가로 확보하여야 하는 교수는 비전임으로 할 수 있다.
　2) 두 종류 이상의 운전면허 교육을 하는 지정기관의 경우 책임교수는 1명만 둘 수 있다.

2. 시설기준
　가. 강의실
　　- 면적은 교육생 30명 이상 한 번에 수용할 수 있어야 한다(60제곱미터 이상). 이 경우 1제곱미터당 수용인원은 1명을 초과하지 아니하여야 한다.
　나. 기능교육장
　　1) 전 기능 모의운전연습기·기본기능 모의운전연습기 등을 설치할 수 있는 실습장을 갖추어야 한다.
　　2) 30명이 동시에 실습할 수 있는 컴퓨터지원시스템 실습장(면적 90㎡ 이상)을 갖추어야 한다.
　다. 그 밖에 교육훈련에 필요한 사무실·편의시설 및 설비를 갖출 것

3. 장비기준
　가. 실제차량
　　- 철도차량 운전면허별로 교육훈련기관으로 지정받기 위하여 고속철도차량·전기기관차·전기동차·디젤기관차·철도장비·노면전차를 각각 보유하고, 이를 운용할 수 있는 선로, 전기·신호 등의 철도시스템을 갖출 것
　나. 모의운전연습기

장비명	성능기준	보유기준	비고
전 기능 모의운전연습기	• 운전실 및 제어용 컴퓨터시스템 • 선로영상시스템 • 음향시스템 • 고장처치시스템 • 교수제어대 및 평가시스템	1대 이상 보유	
	• 플랫홈시스템 • 구원운전시스템 • 진동시스템	권장	
기본기능 모의운전연습기	• 운전실 및 제어용 컴퓨터시스템 • 선로영상시스템 • 음향시스템 • 고장처치시스템	5대 이상 보유	1회 교육수요(10명 이하)가 적어 실제차량으로 대체하는 경우 1대 이상으로 조정할 수 있음
	• 교수제어대 및 평가시스템	권장	

비고:
1. "전 기능 모의운전연습기"란 실제차량의 운전실과 유사하게 제작한 장비를 말한다.
2. "기본기능 모의운전연습기"란 철도차량의 운전훈련에 꼭 필요한 부분만을 제작한 장비를 말한다.

3. "보유"란 교육훈련을 위하여 설비나 장비를 필수적으로 갖추어야 하는 것을 말한다.
4. "권장"이란 원활한 교육의 진행을 위하여 설비나 장비를 향후 갖추어야 하는 것을 말한다.
5. 교육훈련기관으로 지정받기 위하여 철도차량 운전면허 종류별로 모의운전연습기나 실제차량을 갖추어야 한다. 다만, 부득이한 경우 등 국토교통부장관이 인정하는 경우에는 기본기능 모의운전연습기의 보유기준은 조정할 수 있다.

다. 컴퓨터지원교육시스템

성능기준	보유기준	비 고
• 운전 기기 설명 및 취급법 • 운전 이론 및 규정 • 신호(ATS, ATC, ATO, ATP) 및 제동이론 • 차량의 구조 및 기능 • 고장처치 목록 및 절차 • 비상 시 조치 등	지원교육프로그램 및 컴퓨터 30대 이상 보유	컴퓨터지원교육시스템은 차종별 프로그램만 갖추면 다른 차종과 공유하여 사용할 수 있음

비고 : "컴퓨터지원교육시스템"이란 컴퓨터의 멀티미디어 기능을 활용하여 운전·차량·신호 등을 학습할 수 있도록 제작된 프로그램 및 이를 지원하는 컴퓨터시스템 일체를 말한다.

라. 제1종 전기차량 운전면허 및 제2종 전기차량 운전면허의 경우는 팬터그래프, 변압기, 컨버터, 인버터, 견인전동기, 제동장치에 대한 설비교육이 가능한 실제 장비를 추가로 갖출 것. 다만, 현장교육이 가능한 경우에는 장비를 갖춘 것으로 본다.

4. 국토교통부장관이 정하는 필기시험 출제범위에 적합한 교재를 갖출 것

5. 교육훈련기관 업무규정의 기준
   가. 교육훈련기관의 조직 및 인원
   나. 교육생 선발에 관한 사항
   다. 연간 교육훈련계획 : 교육과정 편성, 교수인력의 지정 교과목 및 내용 등
   라. 교육기관 운영계획
   마. 교육생 평가에 관한 사항
   바. 실습설비 및 장비 운용방안
   사. 각종 증명의 발급 및 대장의 관리
   아. 교수인력의 교육훈련
   자. 기술도서 및 자료의 관리·유지
   차. 수수료 징수에 관한 사항
   카. 그 밖에 국토교통부장관이 철도전문인력 교육에 필요하다고 인정하는 사항

운전교육훈련기관의 지정취소 및 업무정지기준(규칙 별표9)

위반사항	근거 법조문	처분기준 1차 위반	2차 위반	3차 위반	4차 위반
1. 거짓이나 그 밖의 부정한 방법으로 지정을 받은 경우	법 제16조 제5항 제1호	지정취소			
2. 업무정지 명령을 위반하여 그 정지기간 중 운전교육훈련업무를 한 경우	법 제16조 제5항 제2호	지정취소			
3. 법 제16조 제4항에 따른 지정기준에 맞지 아니한 경우	법 제16조 제5항 제3호	경고 또는 보완명령	업무정지 1개월	업무정지 3개월	지정취소
4. 정당한 사유 없이 운전교육훈련업무를 거부한 경우	법 제16조 제5항 제4호	경고	업무정지 1개월	업무정지 3개월	지정취소
5. 법 제16조 제5항을 위반하여 거짓이나 그 밖의 부정한 방법으로 운전교육훈련 수료증을 발급한 경우	법 제16조 제5항 제5호	업무정지 1개월	업무정지 3개월	지정취소	

비고 :
1. 위반행위가 둘 이상인 경우로서 그에 해당하는 각각의 처분기준이 다른 경우에는 그 중 무거운 처분기준에 따르며, 위반행위가 둘 이상인 경우로서 그에 해당하는 각각의 처분기준이 같은 경우에는 무거운 처분기준의 2분의 1까지 가중할 수 있되, 각 처분기준을 합산한 기간을 초과할 수 없다.
2. 위반행위의 횟수에 따른 행정처분의 가중된 부과기준은 최근 1년간 같은 위반행위로 행정처분을 받은 경우에 적용한다. 이 경우 기간의 계산은 위반행위에 대하여 행정처분을 받은 날과 그 처분 후 다시 같은 위반행위를 하여 적발된 날을 기준으로 한다.
3. 비고 제2호에 따라 가중된 행정처분을 하는 경우 가중처분의 적용 차수는 그 위반행위 전 부과처분 차수(비고 제2호에 따른 기간 내에 행정처분이 둘 이상 있었던 경우에는 높은 차수를 말한다)의 다음 차수로 한다.
4. 처분권자는 위반행위의 동기·내용 및 위반의 정도 등 다음 각 목에 해당하는 사유를 고려하여 그 처분을 감경할 수 있다. 이 경우 그 처분이 업무정지인 경우에는 그 처분기준의 2분의 1 범위에서 감경할 수 있고, 지정취소인 경우(거짓이나 그 밖의 부정한 방법으로 지정을 받은 경우나 업무정지 명령을 위반하여 정지기간 중 교육훈련업무를 한 경우는 제외한다)에는 3개월의 업무정지 처분으로 감경할 수 있다.
  가. 위반행위가 고의나 중대한 과실이 아닌 사소한 부주의나 오류로 인한 것으로 인정되는 경우
  나. 위반의 내용·정도가 경미하여 이해관계인에게 미치는 피해가 적다고 인정되는 경우

② 국토교통부장관은 운전적성검사기관 또는 관제적성검사기관의 지정을 취소하거나 업무정지의 처분을 한 경우에는 지체 없이 운전적성검사기관 또는 관제적성검사기관에 지정기관 행정처분서를 통지하고, 그 사실을 관보에 고시하여야 한다(규칙 제19조 제1항).

5. 운전면허시험

(1) 의 의

① 운전면허를 받으려는 사람은 국토교통부장관이 실시하는 철도차량 운전면허시험에 합격하여야 한다.
② 운전면허시험은 제11조 제1항 제2호부터 제5호까지의 결격사유에 해당하지 아니하는 사람으로서 제12조에 따른 신체검사 및 운전적성검사에 합격한 후 운전교육훈련을 받은 사람이 응시할 수 있다.
③ 운전면허시험의 과목, 절차 등에 관하여 필요한 사항은 국토교통부령으로 정한다.

(2) 운전면허시험

1) 운전면허시험의 과목 및 합격기준

① 철도차량 운전면허시험은 운전면허의 종류별로 필기시험과 기능시험으로 구분하여 시행하며 이 경우 기능시험은 실제차량 또는 모의운전연습기를 활용하여 시행한다. 기능시험은 필기시험을 합격한 경우에 한하여 응시할 수 있다(칙 제24조 제1,2항).
② 필기시험에 합격한 자에 대하여는 필기시험에 합격한 날부터 2년이 되는 날이 속하는 연도의 12월 31일까지 실시하는 운전면허시험에 있어 필기시험의 합격을 유효한 것으로 본다(칙 제24조 제3항).

철도차량 운전면허시험의 과목 및 합격기준(규칙 별표10)

1. 운전면허 시험의 응시자별 면허시험 과목
   가. 일반응시자·철도차량 운전 관련 업무경력자·철도 관련 업무 경력자·버스 운전 경력자

응시면허	필기시험	기능시험
디젤차량 운전면허	• 철도 관련 법 • 철도시스템 일반 • 디젤차량의 구조 및 기능 • 운전이론 일반 • 비상 시 조치 등	• 준비점검 • 제동취급 • 제동기 외의 기기 취급 • 신호준수, 운전취급, 신호·선로 숙지 • 비상 시 조치 등
제1종 전기차량 운전면허	• 철도 관련 법 • 철도시스템 일반 • 전기기관차의 구조 및 기능 • 운전이론 일반 • 비상 시 조치 등	• 준비점검 • 제동취급 • 제동기 외의 기기 취급 • 신호준수, 운전취급, 신호·선로 숙지 • 비상 시 조치 등
제2종 전기차량 운전면허	• 철도 관련 법 • 도시철도시스템 일반 • 전기동차의 구조 및 기능	• 준비점검 • 제동취급 • 제동기 외의 기기 취급

소지면허		필기시험	기능시험
		• 운전이론 일반 • 비상 시 조치 등	• 신호준수, 운전취급, 신호·선로 숙지 • 비상 시 조치 등
철도장비 운전면허		• 철도 관련 법 • 철도시스템 일반 • 기계·장비차량의 구조 및 기능 • 비상 시 조치 등	• 준비점검 • 제동취급 • 제동기 외의 기기 취급 • 신호준수, 운전취급, 신호·선로 숙지 • 비상 시 조치 등
노면전차 운전면허		• 철도 관련 법 • 노면전차 시스템 일반 • 노면전차의 구조 및 기능 • 비상 시 조치 등	• 준비점검 • 제동취급 • 제동기 외의 기기 취급 • 신호준수, 운전취급, 신호·선로 숙지 • 비상 시 조치 등

비고
"철도 관련 법"은 「철도안전법」과 그 하위 법령 및 철도차량 운전에 필요한 규정을 말한다.

나. 운전면허 소지자

소지면허	응시면허	필기시험	기능시험
1) 디젤차량 운전면허 제1종 전기차량 운전면허 제2종 전기차량 운전면허	고속철도차량 운전면허	• 고속철도 시스템 일반 • 고속철도차량의 구조 및 기능 • 고속철도 운전이론 일반 • 고속철도 운전 관련 규정 • 비상 시 조치 등	• 준비점검 • 제동 취급 • 제동기 외의 기기 취급 • 신호 준수, 운전 취급, 신호·선로 숙지 • 비상 시 조치 등
	주) 고속철도차량 운전면허시험 응시자는 디젤차량, 제1종 전기차량 또는 제2종 전기차량에 대한 운전업무 수행 경력이 3년 이상 있어야 한다.		
2) 디젤차량 운전면허	제1종 전기차량 운전면허	• 전기기관차의 구조 및 기능	• 준비점검 • 제동 취급 • 제동기 외의 기기 취급 • 비상 시 조치 등
	주) 디젤차량 운전업무수행 경력이 2년 이상 있고 별표 7 제2호에 따른 교육훈련을 받은 사람은 필기시험 및 기능시험을 면제한다.		
	제2종 전기차량 운전면허	• 도시철도 시스템 일반 • 전기동차의 구조 및 기능	• 준비점검 • 제동 취급 • 제동기 외의 기기 취급 • 비상 시 조치 등
	주) 디젤차량 운전업무수행 경력이 2년 이상 있고 별표 7 제2호에 따른 교육훈련을 받은 사람은 필기시험을 면제한다.		
	노면전차 운전면허	• 노면전차 시스템 일반 • 노면전차의 구조 및 기능	• 준비점검 • 제동 취급 • 제동기 외의 기기 취급 • 비상 시 조치 등

		주) 디젤차량 운전업무수행 경력이 2년 이상 있고 별표 7 제2호에 따른 교육훈련을 받은 사람은 필기시험을 면제한다.	
3) 제1종 전기차량 운전면허	디젤차량 운전면허	• 디젤차량의 구조 및 기능	• 준비점검 • 제동 취급 • 제동기 외의 기기 취급 • 비상 시 조치 등
		주) 제1종 전기차량 운전업무수행 경력이 2년 이상 있고 별표 7 제2호에 따른 교육훈련을 받은 사람은 필기시험 및 기능시험을 면제한다.	
	제2종 전기차량 운전면허	• 도시철도 시스템 일반 • 전기동차의 구조 및 기능	• 준비점검 • 제동 취급 • 제동기 외의 기기 취급 • 비상 시 조치 등
		주) 제1종 전기차량 운전업무수행 경력이 2년 이상 있고 별표 7 제2호에 따른 교육훈련을 받은 사람은 필기시험을 면제한다.	
	노면전차 운전면허	• 노면전차 시스템 일반 • 노면전차의 구조 및 기능	• 준비점검 • 제동 취급 • 제동기 외의 기기 취급 • 비상 시 조치 등
		주) 제1종 전기차량 운전업무수행 경력이 2년 이상 있고 별표 7 제2호에 따른 교육훈련을 받은 사람은 필기시험을 면제한다.	
4) 제2종 전기차량 운전면허	디젤차량 운전면허	• 철도시스템 일반 • 디젤차량의 구조 및 기능	• 준비점검 • 제동 취급 • 제동기 외의 기기 취급 • 비상 시 조치 등
		주) 제2종 전기차량 운전업무수행 경력이 2년 이상 있고 별표 7 제2호에 따른 교육훈련을 받은 사람은 필기시험을 면제한다.	
	제1종 전기차량 운전면허	• 철도시스템 일반 • 전기기관차의 구조 및 기능	• 준비점검 • 제동 취급 • 제동기 외의 기기 취급 • 비상 시 조치 등
		주) 제2종 전기차량 운전업무수행 경력이 2년 이상 있고 별표 7 제2호에 따른 교육훈련을 받은 사람은 필기시험을 면제한다.	
	노면전차 운전면허	• 노면전차 시스템 일반 • 노면전차의 구조 및 기능	• 준비점검 • 제동 취급 • 제동기 외의 기기 취급 • 비상 시 조치 등
		주) 제2종 전기차량 운전업무수행 경력이 2년 이상 있고 별표 7 제2호에 따른 교육훈련을 받은 사람은 필기시험을 면제한다.	

5) 철도장비 운전면허	디젤차량 운전면허	• 철도 관련 법 • 철도시스템 일반 • 디젤차량의 구조 및 기능	• 준비점검 • 제동 취급 • 제동기 외의 기기 취급 • 신호 준수, 운전 취급, 신호·선로 숙지 • 비상 시 조치 등
	제1종 전기차량 운전면허	• 철도 관련 법 • 철도시스템 일반 • 전기기관차의 구조 및 기능	
	제2종 전기차량 운전면허	• 철도 관련 법 • 도시철도 시스템 일반 • 전기동차의 구조 및 기능	
	노면전차 운전면허	• 철도 관련 법 • 노면전차 시스템 일반 • 노면전차의 구조 및 기능	
6) 노면전차 운전면허	디젤차량 운전면허	• 철도 관련 법 • 철도시스템 일반 • 디젤차량의 구조 및 기능 • 운전이론 일반	• 준비점검 • 제동 취급 • 제동기 외의 기기 취급 • 신호 준수, 운전 취급, 신호·선로 숙지 • 비상 시 조치 등
	제1종 전기차량 운전면허	• 철도 관련 법 • 철도시스템 일반 • 전기기관차의 구조 및 기능 • 운전이론 일반	
	제2종 전기차량 운전면허	• 철도 관련 법 • 도시철도 시스템 일반 • 전기동차의 구조 및 기능 • 운전이론 일반	
	철도장비 운전면허	• 철도 관련 법 • 철도시스템 일반 • 기계·장비차량의 구조 및 기능	

비고 : 운전면허 소지자가 다른 종류의 운전면허를 취득하기 위하여 운전면허시험에 응시하는 경우에는 신체검사 및 적성검사의 증명서류를 운전면허증 사본으로 갈음한다. 다만, 철도장비 운전면허 소지자의 경우에는 적성검사 증명서류를 첨부하여야 한다.

다. 관제자격증명 취득자

소지면허	응시면허	필기시험	기능시험
1) 철도 관제 자격증명	디젤차량 운전면허	• 디젤차량의 구조 및 기능 • 운전이론 일반 • 비상 시 조치 등	• 준비점검 • 제동 취급 • 제동기 외의 기기 취급 • 신호 준수, 운전 취급, 신호·선로 숙지 • 비상 시 조치 등
	제1종 전기차량 운전면허	• 전기기관차의 구조 및 기능 • 운전이론 일반 • 비상 시 조치 등	

	제2종 전기차량 운전면허	• 전기동차의 구조 및 기능 • 운전이론 일반 • 비상 시 조치 등	
	철도장비 운전면허	• 기계・장비차량의 구조 및 기능 • 비상 시 조치 등	
	노면전차 운전면허	• 노면전차의 구조 및 기능 • 비상 시 조치 등	
2) 도시철도 관제 자격증명	디젤차량 운전면허	• 철도시스템 일반 • 디젤차량의 구조 및 기능 • 운전이론 일반 • 비상 시 조치 등	• 준비점검 • 제동 취급 • 제동기 외의 기기 취급 • 신호 준수, 운전 취급, 신호・선로 숙지 • 비상 시 조치 등
	제1종 전기차량 운전면허	• 철도시스템 일반 • 전기기관차의 구조 및 기능 • 운전이론 일반 • 비상 시 조치 등	
	제2종 전기차량 운전면허	• 전기동차의 구조 및 기능 • 운전이론 일반 • 비상 시 조치 등	
	철도장비 운전면허	• 철도시스템 일반 • 기계・장비차량의 구조 및 기능 • 비상 시 조치 등	
	노면전차 운전면허	• 노면전차의 구조 및 기능 • 비상 시 조치 등	

2. 철도차량 운전면허 시험의 합격기준은 다음과 같다.
   가. 필기시험 합격기준은 과목당 100점을 만점으로 하여 매 과목 40점 이상(철도 관련 법의 경우 60점 이상), 총점 평균 60점 이상 득점한 사람
   나. 기능시험의 합격기준은 시험 과목당 60점 이상, 총점 평균 80점 이상 득점한 사람

3. 기능시험은 실제차량이나 모의운전연습기를 활용한다.

4. 제1호 나목 및 다목에 동시에 해당하는 경우에는 나목을 우선 적용한다. 다만, 응시자가 원하는 경우에는 다목의 규정을 적용할 수 있다.

2) 운전면허시험 시행계획의 공고

한국교통안전공단은 운전면허시험을 실시하려는 때에는 매년 11월 30일까지 필기시험 및 기능시험의 일정・응시과목 등을 포함한 다음 해의 운전면허시험 시행계획을 인터넷 홈페이지 등에 공고하여야 한다(규칙 제25조 제1항).

3) 응시원서의 제출 등
   ① 운전면허시험에 응시하려는 사람은 필기시험 응시 전까지 별지 제15호 서식의 철도차량 운전면허시험 응시원서에 다음 각 호의 서류를 첨부하여 한국교통안전공단에 제출해야 한다. 다만, 제3호의 서류는 기능시험 응시 전까지 제출할 수 있다.
   1. 신체검사의료기관이 발급한 신체검사 판정서(운전면허시험 응시원서 접수일 이전 2년 이내인 것에 한정한다)
   2. 운전적성검사기관이 발급한 운전적성검사 판정서(운전면허시험 응시원서 접수일 이전 10년 이내인 것에 한정한다)
   3. 운전교육훈련기관이 발급한 운전교육훈련 수료증명서
   3의2. 법 제16조 제3항에 따라 운전교육훈련기관으로 지정받은 대학의 장이 발급한 철도운전관련 교육과목 이수 증명서(별표 7 제6호 바목에 따라 이론교육 과목의 이수로 인정받으려는 경우에만 해당한다)
   4. 철도차량 운전면허증의 사본(철도차량 운전면허 소지자가 다른 철도차량 운전면허를 취득하고자 하는 경우에 한정한다)
   5. 관제자격증명서 사본[제38조의12 제2항에 따라 관제자격증명서를 발급받은 사람(이하 "관제자격증명 취득자"라 한다)만 제출한다]
   6. 운전업무 수행 경력증명서(고속철도차량 운전면허시험에 응시하는 경우에 한정한다)
   ② 한국교통안전공단은 제1항 제1호부터 제5호까지의 서류를 영 제63조 제1항 제7호에 따라 관리하는 정보체계에 따라 확인할 수 있는 경우에는 그 서류를 제출하지 않도록 할 수 있다.
   ③ 한국교통안전공단은 제1항에 따라 운전면허시험 응시원서를 접수한 때에는 별지 제16호 서식의 철도차량 운전면허시험 응시원서 접수대장에 기록하고 별지 제15호 서식의 운전면허시험 응시표를 응시자에게 발급하여야 한다. 다만, 응시원서 접수 사실을 영 제63조 제1항 제7호에 따라 관리하는 정보체계에 따라 관리하는 경우에는 응시원서 접수 사실을 철도차량 운전면허시험 응시원서 접수대장에 기록하지 아니할 수 있다.
   ④ 한국교통안전공단은 운전면허시험 응시원서 접수마감 7일 이내에 시험일시 및 장소를 한국교통안전공단 게시판 또는 인터넷 홈페이지 등에 공고하여야 한다.

4) 운전면허시험 응시표의 재발급
   운전면허시험 응시표를 발급받은 사람이 응시표를 잃어버리거나 헐어서 못 쓰게 된 경우에는 사진(3.5센티미터×4.5센티미터) 1장을 첨부하여 교통안전공단에 재발급을 신청하여야 하고, 교통안전공단은 응시원서 접수 사실을 확인한 후 운전면허시험 응시표를 신청인에게 재발급하여야 한다(칙 제27조).

5) 시험실시결과의 게시 등

① 한국교통안전공단은 운전면허시험을 실시하여 합격자를 결정한 때에는 한국교통안전공단 게시판 또는 인터넷 홈페이지에 게재하여야 한다(칙 제28조 제1항).
② 한국교통안전공단은 운전면허시험을 실시한 경우에는 운전면허 종류별로 필기시험 및 기능시험 응시자 및 합격자 현황 등의 자료를 국토교통부장관에게 보고하여야 한다(칙 제28조 제2항).

(3) 운전면허증의 발급 등

1) 운전면허증의 교부

① 국토교통부장관은 운전면허시험에 합격한 사람이 철도차량 운전면허증 발급일을 기준으로 제11조 제1항 각 호의 결격사유에 해당하지 아니하는 경우에는 국토교통부령으로 정하는 바에 따라 운전면허증을 발급하여야 한다.(법 제18조 제1항).
② 운전면허를 발급받은 사람이 운전면허증을 잃어버렸거나 운전면허증이 헐어서 쓸 수 없게 되었을 때 또는 운전면허증의 기재사항이 변경되었을 때에는 국토교통부령으로 정하는 바에 따라 운전면허증의 재발급이나 기재사항의 변경을 신청할 수 있다(법 제18조 제2항).

2) 운전면허의 갱신

① 운전면허의 유효기간은 10년으로 한다(법 제19조 제1항).
② 운전면허취득자로서 유효기간 이후에도 그 운전면허의 효력을 계속시키고자 하는 자는 운전면허의 유효기간 만료 전에 국토교통부령이 정하는 바에 의하여 운전면허의 갱신을 받아야 한다(법 제19조 제2항).[11]
③ 국토교통부장관은 운전면허의 갱신을 신청한 자가 다음에 해당하는 경우에는 이를 갱신한 후 운전면허증을 갱신교부하여야 한다(법 제19조 제3항).
  ㉠ 운전면허의 갱신을 신청하는 날 전 10년 이내에 국토교통부령이 정하는 철도차량 운전업무에 종사한 경력[12]이 있거나 국토교통부령이 정하는 바에 의하여 이와 같은 수준 이상의 경력[13]이 있다고 인정되는 경우

---

[11] 철도차량 운전면허를 갱신하고자 하는 자는 운전면허의 유효기간 만료일 전 6월 이내에 철도차량운전면허 갱신신청서에 다음의 서류를 첨부하여 한국교통안전공단에 제출하여야 한다. 이 경우 갱신받은 운전면허의 유효기간은 종전 운전면허 유효기간의 만료일 다음 날부터 기산한다.
  1. 철도차량 운전면허증
  2. 법 제19조 제3항 각 호의 규정에 해당함을 증명하는 서류
[12] "국토교통부령이 정하는 철도차량 운전업무에 종사한 경력"이라 함은 운전면허의 유효기간 내에 6월 이상 해당 철도차량을 운전한 경력을 말한다.
[13] "이와 같은 수준 이상의 경력"이라 함은 다음 각 호의 어느 하나에 해당하는 업무에 2년 이상 종사한 경력을 말한다.

ⓒ 국토교통부령이 정하는 교육훈련을 받은 경우[14]
④ 운전면허취득자가 운전면허의 갱신을 받지 아니한 때에는 당해 운전면허의 유효기간이 만료되는 날의 다음날부터 그 운전면허의 효력이 정지된다(법 제19조 제4항).
⑤ 운전면허의 효력이 정지된 자가 6월 이내의 범위에서 대통령령이 정하는 기간[15] 내에 운전면허의 갱신을 신청하여 운전면허의 갱신을 받지 아니한 때에는 그 기간이 종료되는 날의 다음날부터 당해 운전면허의 효력은 실효된다(법 제19조 제5항).
⑥ 국토교통부장관은 운전면허취득자에게 당해 운전면허의 유효기간 만료 전에 국토교통부령이 정하는 바에 의하여 운전면허갱신에 관한 내용을 통지하여야 한다(법 제19조 제6항).
⑦ 국토교통부장관은 운전면허의 효력이 실효된 자가 운전면허를 다시 취득하고자 하는 경우 대통령령이 정하는 바에 의하여 운전면허취득절차의 일부를 면제할 수 있다(법 제19조 제7항).

- 운전면허 취득절차의 일부 면제

  법 제19조 제7항에 따라 운전면허의 효력이 실효된 사람이 운전면허가 실효된 날부터 3년 이내에 실효된 운전면허와 동일한 운전면허를 취득하려는 경우에는 다음 각 호의 구분에 따라 운전면허 취득절차의 일부를 면제한다.
  1. 법 제19조 제3항 각 호에 해당하지 아니하는 경우 : 법 제16조에 따른 운전교육훈련 면제
  2. 법 제19조 제3항 각 호에 해당하는 경우 : 법 제16조에 따른 운전교육훈련과 법 제17조에 따른 운전면허시험 중 필기시험 면제

3) 운전면허증의 대여 금지

누구든지 운전면허증을 다른 사람에게 빌려주거나 빌리거나 이를 알선하여서는 아니 된다(법 제19조의2).

4) 운전면허의 취소·정지 등

① 국토교통부장관은 운전면허취득자가 다음에 해당하는 때에는 운전면허를 취소하거나 1년 이내의 기간을 정하여 운전면허의 효력을 정지시킬 수 있다. 다만, ㉠ 내지 ㉣에 해당하는 때에는 운전면허를 취소하여야 한다(법 제20조 제1항).
  ㉠ 거짓 그 밖의 부정한 방법으로 운전면허를 받은 때
  ㉡ 제11조 제2호 내지 제4호에 해당하게 된 때

---

1. 관제업무
2. 교육훈련기관에서의 운전교육훈련업무
3. 철도운영자 등에 소속되어 철도차량운전자를 지도·교육·관리 또는 감독하는 업무
14) "국토교통부령으로 정하는 교육훈련을 받은 경우"란 운전교육훈련기관이나 철도운영자등이 실시한 철도차량 운전에 필요한 교육훈련을 운전면허 갱신신청일 전까지 20시간 이상 받은 경우를 말한다.
15) "대통령령이 정하는 기간"이라 함은 6월을 말한다.

ⓒ 운전면허의 효력정지기간중 철도차량을 운전한 때
　　ⓔ 운전면허증을 다른 사람에게 빌려주었을 때
　　ⓜ 철도차량을 운전중 고의 또는 중과실로 철도사고를 일으킨 때
　　ⓗ 술을 마시거나 약물을 사용한 상태에서 철도차량을 운전하였을 때
　　ⓢ 술을 마시거나 약물을 사용한 상태에서 업무를 하였다고 인정할 만한 상당한 이유가 있음에도 불구하고 국토교통부장관 또는 시·도지사의 확인 또는 검사를 거부하였을 때
　　ⓞ 이 법 또는 이 법에 의하여 철도의 안전 및 보호와 질서유지를 위하여 행한 명령·처분을 위반한 때
② 국토교통부장관이 운전면허의 취소 및 효력정지처분을 한 때에는 국토교통부령이 정하는 바에 의하여 그 내용을 당해 운전면허취득자와 운전면허취득자를 고용하고 있는 철도운영자 등에게 알려야 한다(법 제20조 제2항).
③ 운전면허의 취소 또는 효력정지통지를 받은 운전면허취득자는 그 통지를 받은 날부터 15일 이내에 운전면허증을 국토교통부장관에게 반납하여야 한다(법 제20조 제3항).
④ 국토교통부장관은 운전면허의 효력을 정지받은 자로부터 운전면허증을 반납 받은 때에는 이를 보관하였다가 정지기간이 끝난 즉시 돌려주어야 한다(법 제20조 제4항).
⑤ 제1항에 따른 취소 및 효력정지 처분의 세부기준 및 절차는 그 위반의 유형 및 정도에 따라 국토교통부령으로 정한다.
⑥ 국토교통부장관은 국토교통부령으로 정하는 바에 따라 운전면허의 발급, 갱신, 취소 등에 관한 자료를 유지·관리하여야 한다.

운전면허취소·효력정지 처분의 세부기준(제35조 관련)(규칙 별표10의2)

처분대상	근거 법조문	처분기준			
		1차 위반	2차 위반	3차 위반	4차 위반
1. 거짓이나 그 밖의 부정한 방법으로 운전면허를 받은 경우	법 제20조 제1항 제1호	면허취소			
2. 법 제11조 제2호부터 제4호까지의 규정에 해당하는 경우 　가. 철도차량 운전상의 위험과 장해를 일으킬 수 있는 정신질환자 또는 뇌전증환자로서 해당 분야 전문의가 정상적인 운전을 할 수 없다고 인정하는 사람 　나. 철도차량 운전상의 위험과 장해를 일으킬 수 있는 약물(「마약류 관리에 관한 법률」 제2조 제1호에 따른 마약류 및 「화학물질관리법」	법 제20조 제1항 제2호	면허취소			

	제22조 제1항에 따른 환각물질을 말한다) 또는 알코올 중독자로서 해당 분야 전문의가 정상적인 운전을 할 수 없다고 인정하는 사람 다. 두 귀의 청력을 완전히 상실한 사람, 두 눈의 시력을 완전히 상실한 사람 라. 삭제 〈2021.6.23.〉 마. 삭제 〈2021.6.23.〉 바. 삭제 〈2021.6.23.〉 사. 삭제 〈2021.6.23.〉 아. 삭제 〈2021.6.23.〉					
3. 운전면허의 효력정지 기간 중 철도차량을 운전한 경우		법 제20조 제1항 제3호	면허취소			
4. 운전면허증을 타인에게 대여한 경우		법 제20조 제1항 제4호	면허취소			
5. 철도차량을 운전 중 고의 또는 중과실로 철도사고를 일으킨 경우	사망자가 발생한 경우	법 제20조 제1항 제5호	면허취소			
	부상자가 발생한 경우		효력정지 3개월	면허취소		
	1천만원 이상 물적 피해가 발생한 경우		효력정지 2개월	효력정지 3개월	면허취소	
5의2. 법 제40조의2 제1항을 위반한 경우		법 제20조 제1항 제5호의2	경고	효력정지 1개월	효력정지 2개월	효력정지 3개월
5의3. 법 제40조의2 제5항을 위반한 경우		법 제20조 제1항 제5호의2	효력정지 1개월	면허취소		
6. 법 제41조 제1항을 위반하여 술에 만취한 상태(혈중 알코올농도 0.1퍼센트 이상)에서 운전한 경우		법 제20조 제1항 제6호	면허취소			
7. 법 제41조 제1항을 위반하여 술을 마신 상태의 기준(혈중 알코올농도 0.02퍼센트 이상)을 넘어서 운전을 하다가 철도사고를 일으킨 경우		법 제20조 제1항 제6호	면허취소			
8. 법 제41조 제1항을 위반하여 약물을 사용한 상태에서 운전한 경우		법 제20조 제1항 제6호	면허취소			
9. 법 제41조 제1항을 위반하여 술을 마신 상태(혈중 알코올농도 0.02퍼센트 이상 0.1퍼센트 미만)에서 운전한 경우		법 제20조 제1항 제6호	효력정지 3개월	면허취소		

10. 법 제41조 제2항을 위반하여 술을 마시거나 약물을 사용한 상태에서 업무를 하였다고 인정할 만한 상당한 이유가 있음에도 불구하고 확인이나 검사 요구에 불응한 경우	법 제20조 제1항 제7호	면허취소			
11. 철도차량 운전규칙을 위반하여 운전을 하다가 열차운행에 중대한 차질을 초래한 경우	법 제20조 제1항 제8호	효력정지 1개월	효력정지 2개월	효력정지 3개월	면허취소

비고 :
1. 위반행위가 둘 이상인 경우로서 그에 해당하는 각각의 처분기준이 다른 경우에는 그 중 무거운 처분기준에 따르며, 위반행위가 둘 이상인 경우로서 그에 해당하는 각각의 처분기준이 같은 경우에는 무거운 처분기준의 2분의 1까지 가중할 수 있되, 각 처분기준을 합산한 기간을 초과할 수 없다.
2. 위반행위의 횟수에 따른 행정처분의 기준은 최근 1년간 같은 위반행위로 행정처분을 받은 경우에 적용한다. 이 경우 행정처분 기준의 적용은 같은 위반행위에 대하여 최초로 행정처분을 한 날과 그 처분 후의 위반행위가 다시 적발된 날을 기준으로 한다.
3. 국토교통부장관은 다음 어느 하나에 해당하는 경우에는 위 표 제5호, 제5호의2, 제5호의3 및 제11호에 따른 효력정지기간(위반행위가 둘 이상인 경우에는 비고 제1호에 따른 효력정지기간을 말한다)을 2분의 1의 범위에서 이를 늘리거나 줄일 수 있다. 다만, 효력정지기간을 늘리는 경우에도 1년을 넘을 수 없다.
    1) 효력정지기간을 줄여서 처분할 수 있는 경우
        가) 철도안전에 대한 위험을 피하기 위한 부득이한 사유가 있는 경우
        나) 그 밖에 위반행위의 정도, 위반행위의 동기와 그 결과 등을 고려하여 처분을 줄일 필요가 있다고 인정되는 경우
    2) 효력정지기간을 늘려서 처분할 수 있는 경우
        가) 고의 또는 중과실에 의해 위반행위가 발생한 경우
        나) 다른 열차의 운행안전 및 여객·공중(公衆)에 상당한 영향을 미친 경우
        다) 그 밖에 위반행위의 정도, 위반행위의 동기와 그 결과 등을 고려하여 처분을 늘릴 필요가 있다고 인정되는 경우

5) 운전업무 실무수습

① 철도차량의 운전업무에 종사하려는 사람은 다음의 운전업무 실무수습을 모두 이수하여야 한다(법 제21조 ; 칙 제37조 제1항).

② 철도운영자등은 운전업무 실무수습의 항목 및 교육시간 등에 관한 실무수습 계획을 수립하여 시행하여야 한다. 다만, 운전업무 실무수습을 이수한 사람으로서 운전할 구간 또는 철도차량의 변경으로 인하여 다시 운전업무 실무수습을 이수하여야 하는 사람에 대해서는 별도의 실무수습 계획을 수립하여 시행할 수 있다(칙 제37조 제2항).

③ 철도운영자등은 실무수습 계획을 수립한 경우에는 그 내용을 한국교통안전공단에 통보하여야 한다(칙 제38조 제1항).

실무수습 · 교육의 세부기준(제37조 관련)(규칙 별표11)

1. 운전면허취득 후 실무수습 · 교육 기준

   가. 철도차량 운전면허 실무수습 이수경력이 없는 사람

면허종별	실무수습 · 교육항목	실무수습 · 교육시간 또는 거리
제1종 전기차량 운전면허	• 선로 · 신호 등 시스템 • 운전취급 관련 규정 • 제동기 취급 • 제동기 외의 기기취급 • 속도관측 • 비상시 조치 등	400시간 이상 또는 8,000킬로미터 이상
디젤차량 운전면허		400시간 이상 또는 8,000킬로미터 이상
제2종 전기차량 운전면허		400시간 이상 또는 6,000킬로미터 이상(단, 무인운전 구간의 경우 200시간 이상 또는 3,000킬로미터 이상)
철도장비 운전면허		300시간 이상 또는 3,000킬로미터 이상 (입환(入換)작업을 위해 원격제어가 가능한 장치를 설치하여 시속 25킬로미터 이하로 동력차를 운전할 경우 150시간 이상)
노면전차 운전면허		300시간 이상 또는 3,000킬로미터 이상

   나. 철도차량 운전면허 실무수습 이수경력이 있는 사람

면허종별	실무수습 · 교육항목	실무수습 · 교육시간 또는 거리
고속철도차량 운전면허	• 선로 · 신호 등 시스템 • 운전취급 관련 규정 • 제동기 취급 • 제동기 외의 기기취급 • 속도관측 • 비상시조치 등	200시간 이상 또는 10,000킬로미터 이상
제1종 전기차량 운전면허		200시간 이상 또는 4,000킬로미터 이상
디젤차량 운전면허		200시간 이상 또는 4,000킬로미터 이상
제2종 전기차량 운전면허		200시간 이상 또는 3,000킬로미터 이상(단, 무인운전 구간의 경우 100시간 이상 또는 1,500킬로미터 이상)
철도장비 운전면허		150시간 이상 또는 1,500킬로미터 이상
노면전차 운전면허		150시간 이상 또는 1,500킬로미터 이상

2. 그 밖의 철도차량 운행을 위한 실무수습·교육 기준
   가. 운전업무종사자가 운전업무 수행경력이 없는 구간을 운전하려는 때에는 60시간 이상 또는 1,200킬로미터 이상의 실무수습·교육을 받아야 한다. 다만, 철도장비 운전업무를 수행하는 경우는 30시간 이상 또는 600킬로미터 이상으로 한다.
   나. 운전업무종사자가 기기취급방법, 작동원리, 조작방식 등이 다른 철도차량을 운전하려는 때는 해당 철도차량의 운전면허를 소지하고 30시간 이상 또는 600킬로미터 이상의 실무수습·교육을 받아야 한다.
   다. 연장된 신규 노선이나 이설선로의 경우에는 수습구간의 거리에 따라 다음과 같이 실무수습 교육을 실시한다. 다만, 제75조 제10항에 따라 영업시운전을 생략할 수 있는 경우에는 영상자료 등 교육자료를 활용한 선로견습으로 실무수습을 실시할 수 있다.
      1) 수습구간이 10킬로미터 미만 : 1왕복 이상
      2) 수습구간이 10킬로미터 이상~20킬로미터 미만 : 2왕복 이상
      3) 수습구간이 20킬로미터 이상 : 3왕복 이상
   라. 철도장비 운전면허 취득 후 원격제어가 가능한 장치를 설치한 동력차의 운전을 위한 실무수습·교육을 150시간 이상 이수한 사람이 다른 철도장비 운전업무에 종사하려는 경우 150시간 이상의 실무수습·교육을 받아야 한다.

3. 일반사항
   가. 제1호 및 제2호에서 운전실무수습·교육의 시간은 교육시간, 준비점검시간 및 차량점검시간과 실제운전시간을 모두 포함한다.
   나. 실무수습 교육거리는 선로견습, 시운전, 실제 운전거리를 포함한다.

4. 제1호부터 제3호까지에서 규정한 사항 외에 운전업무 실무수습의 방법·평가 등에 관하여 필요한 세부사항은 국토교통부장관이 정하여 고시한다.

6) 무자격자의 운전업무 금지 등

철도운영자등은 운전면허를 받지 아니하거나(운전면허가 취소되거나 그 효력이 정지된 경우를 포함) 실무수습을 이수하지 아니한 사람을 철도차량의 운전업무에 종사하게 하여서는 아니 된다(법 제21조의2).

6. 관제자격증명 등

(1) 관제자격증명

1) 의 의

① 관제업무에 종사하려는 사람은 국토교통부장관으로부터 철도교통관제사 자격증명을 받아야 한다(법 제21조의3).
② 관제자격증명은 대통령령으로 정하는 바에 따라 관제업무의 종류별로 받아야 한다.

2) 관제자격증명의 결격사유

다음의 어느 하나에 해당하는 사람은 관제자격증명을 받을 수 없다(법 제21조의4, 제11조).

① 19세 미만인 사람
② 관제업무의 위험과 장해를 일으킬 수 있는 정신질환자 또는 뇌전증환자로서 대통령령으로 정하는 사람
③ 관제업무상의 위험과 장해를 일으킬 수 있는 약물(「마약류 관리에 관한 법률」 제2조 제1호에 따른 마약류 및 「화학물질관리법」 제22조 제1항에 따른 환각물질) 또는 알코올 중독자로서 대통령령으로 정하는 사람
④ 두 귀의 청력을 완전히 상실한 사람, 두 눈의 시력을 완전히 상실한 사람, 그 밖에 대통령령으로 정하는 신체장애인
⑤ 관제자격증명이 취소된 날부터 2년이 지나지 아니하였거나 운전면허의 효력정지 기간 중인 사람

(2) 관제자격증명취득의 요건

1) 신체검사

관제자격증명을 받으려는 사람은 관제업무에 적합한 신체상태를 갖추고 있는지 판정받기 위하여 국토교통부장관이 실시하는 신체검사에 합격하여야 한다(법 제21조의5 제1항).

2) 관제적성검사

관제자격증명을 받으려는 사람은 관제업무에 적합한 적성을 갖추고 있는지 판정받기 위하여 국토교통부장관이 실시하는 적성검사에 합격하여야 한다(법 제21조의6 제1항).

3) 관제교육훈련

관제자격증명을 받으려는 사람은 관제업무의 안전한 수행을 위하여 국토교통부장관이 실시하는 관제업무에 필요한 지식과 능력을 습득할 수 있는 교육훈련을 받아야 한다. 다만, 다음의 어느 하나에 해당하는 사람에게는 국토교통부령으로 정하는 바에 따라 관제교육훈련의 일부를 면제할 수 있다(법 제21조의7 제1항).

① 「고등교육법」 제2조에 따른 학교에서 국토교통부령으로 정하는 관제업무 관련 교과목을 이수한 사람
② 다음의 어느 하나에 해당하는 업무에 대하여 5년 이상의 경력을 취득한 사람
　㉠ 철도차량의 운전업무
　㉡ 철도신호기·선로전환기·조작판의 취급업무
　㉢ 관제자격증명을 받은 후 제21조의3 제2항에 따른 다른 종류의 관제자격증명을 받으려는 사람

관제교육훈련의 과목 및 교육훈련시간(규칙 별표11의2)

1. 관제교육훈련의 과목 및 교육훈련시간

관제자격증명 종류	관제교육훈련 과목	교육훈련시간
가. 철도 관제자격증명	• 열차운행계획 및 실습 • 철도관제(노면전차 관제를 포함한다)시스템 운용 및 실습 • 열차운행선 관리 및 실습 • 비상 시 조치 등	360시간
나. 도시철도 관제자격증명	• 열차운행계획 및 실습 • 도시철도관제(노면전차 관제를 포함한다)시스템 운용 및 실습 • 열차운행선 관리 및 실습 • 비상 시 조치 등	280시간

2. 관제교육훈련의 일부 면제
   가. 법 제21조의7 제1항 제1호에 따라 「고등교육법」 제2조에 따른 학교에서 제1호에 따른 관제교육훈련 과목 중 어느 하나의 과목과 교육내용이 동일한 교과목을 이수한 사람에게는 해당 관제교육훈련 과목의 교육훈련을 면제한다. 이 경우 교육훈련을 면제받으려는 사람은 해당 교과목의 이수 사실을 증명할 수 있는 서류를 관제교육훈련기관에 제출하여야 한다.
   나. 법 제21조의7 제1항 제2호에 따라 철도차량의 운전업무 또는 철도신호기·선로전환기·조작판의 취급업무에 5년 이상의 경력을 취득한 사람에 대한 철도 관제자격증명 또는 도시철도 관제자격증명의 교육훈련시간은 105시간으로 한다. 이 경우 교육훈련을 면제받으려는 사람은 해당 경력을 증명할 수 있는 서류를 관제교육훈련기관에 제출하여야 한다.
   다. 법 제21조의7 제1항 제3호에 따라 도시철도 관제자격증명을 취득한 사람에 대한 철도 관제자격증명의 교육훈련시간은 80시간으로 한다. 이 경우 교육 훈련을 면제받으려는 사람은 도시철도 관제자격증명서 사본을 관제교육훈련기관에 제출해야 한다.

3. 삭제 〈2019.10.23.〉

관제교육훈련기관의 세부 지정기준(규칙 별표11의3)

1. 인력기준
   가. 자격기준

등급	학력 및 경력
책임교수	1) 박사학위 소지자로서 철도교통에 관한 업무에 10년 이상 또는 철도교통관제 업무에 5년 이상 근무한 경력이 있는 사람 2) 석사학위 소지자로서 철도교통에 관한 업무에 15년 이상 또는 철도교통관제 업무에 8년 이상 근무한 경력이 있는 사람 3) 학사학위 소지자로서 철도교통에 관한 업무에 20년 이상 또는 철도교통관제 업무에 10년 이상 근무한 경력이 있는 사람

	4) 철도 관련 4급 이상의 공무원 경력 또는 이와 같은 수준 이상의 자격 및 경력이 있는 사람 5) 대학의 철도교통관제 관련 학과에서 조교수 이상으로 재직한 경력이 있는 사람 6) 선임교수 경력이 3년 이상 있는 사람
선임교수	1) 박사학위 소지자로서 철도교통에 관한 업무에 5년 이상 또는 철도교통관제 업무나 철도차량 운전 관련 업무에 3년 이상 근무한 경력이 있는 사람 2) 석사학위 소지자로서 철도교통에 관한 업무에 10년 이상 또는 철도교통관제 업무나 철도차량 운전 관련 업무에 5년 이상 근무한 경력이 있는 사람 3) 학사학위 소지자로서 철도교통에 관한 업무에 15년 이상 또는 철도교통관제 업무나 철도차량 운전 관련 업무에 8년 이상 근무한 경력이 있는 사람 4) 철도 관련 5급 이상의 공무원 경력 또는 이와 같은 수준 이상의 자격 및 경력이 있는 사람 5) 대학의 철도교통관제 관련 학과에서 전임강사 이상으로 재직한 경력이 있는 사람 6) 교수 경력이 3년 이상 있는 사람
교 수	철도교통관제 업무에 1년 이상 또는 철도차량 운전업무에 3년 이상 근무한 경력이 있는 사람으로서 다음의 어느 하나에 해당하는 학력 및 경력을 갖춘 사람 1) 학사학위 소지자로서 철도교통관제사나 철도차량 운전업무수행자에 대한 지도교육 경력이 2년 이상 있는 사람 2) 전문학사학위 소지자로서 철도교통관제사나 철도차량 운전업무수행자에 대한 지도교육 경력이 3년 이상 있는 사람 3) 고등학교 졸업자로서 철도교통관제사나 철도차량 운전업무수행자에 대한 지도교육 경력이 5년 이상 있는 사람 4) 철도교통관제와 관련된 교육기관에서 강의 경력이 1년 이상 있는 사람

비고
1. 철도교통에 관한 업무란 철도운전·신호취급·안전에 관한 업무를 말한다.
2. 철도교통에 관한 업무 경력에는 책임교수의 경우 철도교통관제 업무 3년 이상, 선임교수의 경우 철도교통관제 업무 2년 이상이 포함되어야 한다.
3. 철도차량운전 관련 업무란 철도차량 운전업무수행자에 대한 안전관리·지도교육 및 관리감독 업무를 말한다.
4. 철도차량 운전업무나 철도교통관제 업무 수행경력이 있는 사람으로서 현장 지도교육의 경력은 운전업무나 관제업무 수행경력으로 합산할 수 있다.
5. 책임교수·선임교수의 학력 및 경력란 1)부터 3)까지의 "근무한 경력" 및 교수의 학력 및 경력란 1)부터 3)까지의 "지도교육 경력"은 해당 학위를 취득 또는 졸업하기 전과 취득 또는 졸업한 후의 경력을 모두 포함한다.

나. 보유기준
  1회 교육생 30명을 기준으로 철도교통관제 전임 책임교수 1명, 비전임 선임교수, 교수를 각 1명 이상 확보하여야 하며, 교육인원이 15명 추가될 때마다 교수 1명 이상을 추가로 확보하여야 한다. 이 경우 추가로 확보하여야 하는 교수는 비전임으로 할 수 있다.

2. 시설기준
 가. 강의실
  면적 60제곱미터 이상의 강의실을 갖출 것. 다만, 1제곱미터당 교육인원은 1명을 초과하지 아니하여야 한다.
나. 실기교육장
1) 모의관제시스템을 설치할 수 있는 실습장을 갖출 것
2) 30명이 동시에 실습할 수 있는 면적 90제곱미터 이상의 컴퓨터지원시스템 실습장을 갖출 것
다. 그 밖에 교육훈련에 필요한 사무실·편의시설 및 설비를 갖출 것

3. 장비기준
가. 모의관제시스템

장 비 명	성능기준	보유기준
전 기능 모의관제시스템	• 제어용 서버 시스템 • 대형 표시반 및 Wall Controller 시스템 • 음향시스템 • 관제사 콘솔 시스템 • 교수제어대 및 평가시스템	1대 이상 보유

나. 컴퓨터지원교육시스템

장 비 명	성능기준	보유기준
컴퓨터지원교육시스템	• 열차운행계획 • 철도관제시스템 운용 및 실무 • 열차운행선 관리 • 비상 시 조치 등	관련 프로그램 및 컴퓨터 30대 이상 보유

비고 :
1. 컴퓨터지원교육시스템이란 컴퓨터의 멀티미디어 기능을 활용하여 관제교육훈련을 시행할 수 있도록 제작된 기본기능 모의관제시스템 및 이를 지원하는 컴퓨터시스템 일체를 말한다.
2. 기본기능 모의관제시스템이란 철도 관제교육훈련에 꼭 필요한 부분만을 제작한 시스템을 말한다.

4. 관제교육훈련에 필요한 교재를 갖출 것

5. 다음 각 목의 사항을 포함한 업무규정을 갖출 것
가. 관제교육훈련기관의 조직 및 인원
나. 교육생 선발에 관한 사항
다. 연간 교육훈련계획: 교육과정 편성, 교수인력의 지정 교과목 및 내용 등
라. 교육기관 운영계획
마. 교육생 평가에 관한 사항
바. 실습설비 및 장비 운용방안
사. 각종 증명의 발급 및 대장의 관리
아. 교수인력의 교육훈련
자. 기술도서 및 자료의 관리·유지
차. 수수료 징수에 관한 사항
카. 그 밖에 국토교통부장관이 관제교육훈련에 필요하다고 인정하는 사항

① 국토교통부장관은 관제교육훈련기관이 지정기준에 적합한지의 여부를 2년마다 심사하여야 한다(규칙 제38조의5 제2항).
② 관제교육훈련기관의 변경사항 통지에 관하여는 운전면허 규정을 준용한다. 이 경우 "운전교육훈련기관"은 "관제교육훈련기관"으로 본다(규칙 제38조의5 제3항).

4) 관제자격증명시험

관제자격증명을 받으려는 사람은 관제업무에 필요한 지식 및 실무역량에 관하여 국토교통부장관이 실시하는 학과시험 및 실기시험에 합격하여야 하며 관제자격증명시험에 응시하려는 사람은 신체검사와 관제적성검사에 합격한 후 관제교육훈련을 받아야 한다. 관제자격증명시험의 과목, 방법 및 절차 등에 필요한 사항은 국토교통부령으로 정한다. 다만 국토교통부장관은 다음의 어느 하나에 해당하는 사람에게는 국토교통부령으로 정하는 바에 따라 관제자격증명시험의 일부를 면제할 수 있다(법 제21조의8).

① 운전면허를 받은 사람
② 관제자격증명을 받은 후 제21조의3 제2항에 따른 다른 종류의 관제자격증명에 필요한 시험에 응시하려는 사람

관제자격증명시험의 과목 및 합격기준 등(규칙 별표11의4)

1. 과목

관제자격증명 종류	학과시험 과목	실기시험 과목
가. 철도 관제자격증명	• 철도 관련 법 • 관제 관련 규정 • 철도시스템 일반 • 철도교통 관제 운영 • 비상 시 조치 등	• 열차운행계획 • 철도관제 시스템 운용 및 실무 • 열차운행선 관리 • 비상 시 조치 등
나. 도시철도 관제자격증명	• 철도 관련 법 • 관제 관련 규정 • 도시철도시스템 일반 • 도시철도교통 관제 운영 • 비상 시 조치 등	• 열차운행계획 • 도시철도관제 시스템 운용 및 실무 • 도시열차운행선 관리 • 비상 시 조치 등

비고
1. 위 표의 학과시험 과목란 및 실기시험 과목란의 "관제"는 노면전차 관제를 포함한다.
2. 위 표의 "철도 관련 법"은 「철도안전법」, 같은 법 시행령 및 시행규칙과 관련 지침을 포함한다.
3. "관제 관련 규정"은 「철도차량운전규칙」 또는 「도시철도운전규칙」, 이 규칙 제76조 제4항에 따른 규정 등 철도교통 운전 및 관제에 필요한 규정을 말한다.

2. 시험의 일부 면제
　　가. 철도차량 운전면허 소지자
　　　　제1호의 학과시험 과목 중 철도 관련 법 과목 및 철도·도시철도 시스템 일반 과목 면제

나. 관제자격증명 취득자
    1) 학과시험 과목
        제1호 가목의 철도 관제자격증명 학과시험 과목 중 철도 관련 법 과목 및 관제 관련 규정 과목 면제
    2) 실기시험 과목
        열차운행계획, 철도관제시스템 운용 및 실무 과목 면제

3. 합격기준
    가. 학과시험 합격기준 : 과목당 100점을 만점으로 하여 시험 과목당 40점 이상(관제 관련 규정의 경우 60점 이상), 총점 평균 60점 이상 득점할 것
    나. 실기시험의 합격기준 : 시험 과목당 60점 이상, 총점 평균 80점 이상 득점할 것

(3) 관제자격증명서의 대여 금지

누구든지 관제자격증명서를 다른 사람에게 빌려주거나 빌리거나 이를 알선하여서는 아니 된다(법 제21조의10).

(4) 관제자격증명의 취소·정지 등

국토교통부장관은 관제자격증명을 받은 사람이 다음의 어느 하나에 해당할 때에는 관제자격증명을 취소하거나 1년 이내의 기간을 정하여 관제자격증명의 효력을 정지시킬 수 있다. 다만, ①부터 ④까지의 어느 하나에 해당할 때에는 관제자격증명을 취소하여야 한다(법 제21조의11 제1항).

① 거짓이나 그 밖의 부정한 방법으로 관제자격증명을 취득하였을 때
② 관제자격 결격사유의 어느 하나에 해당하게 되었을 때
③ 관제자격증명의 효력정지 기간 중에 관제업무를 수행하였을 때
④ 제21조의10을 위반하여 관제자격증명서를 다른 사람에게 빌려주었을 때
⑤ 관제업무 수행 중 고의 또는 중과실로 철도사고의 원인을 제공하였을 때
⑥ 철도종사자의 준수사항을 위반하였을 때
⑦ 술을 마시거나 약물을 사용한 상태에서 관제업무를 수행하였을 때
⑧ 술을 마시거나 약물을 사용한 상태에서 관제업무를 하였다고 인정할 만한 상당한 이유가 있음에도 불구하고 국토교통부장관 또는 시·도지사의 확인 또는 검사를 거부하였을 때

관제자격증명의 취소 또는 효력정지 처분의 세부기준(규칙 별표11의5)

위반사항 및 내용		근거 법조문	처분기준			
			1차위반	2차위반	3차위반	4차위반
1. 거짓이나 그 밖의 부정한 방법으로 관제자격증명을 취득한 경우		법 제21조의11 제1항 제1호	자격증명 취소			
2. 법 제21조의4에서 준용하는 법 제11조 제2호부터 제4호까지의 어느 하나에 해당하게 된 경우		법 제21조의11 제1항 제2호	자격증명 취소			
3. 관제자격증명의 효력정지 기간 중에 관제업무를 수행한 경우		법 제21조의11 제1항 제3호	자격증명 취소			
4. 법 제21조의10을 위반하여 관제자격증명서를 다른 사람에게 대여한 경우		법 제21조의11 제1항 제4호	자격증명 취소			
5. 관제업무 수행 중 고의 또는 중과실로 철도사고의 원인을 제공한 경우	사망자가 발생한 경우	법 제21조의11 제1항 제5호	자격증명 취소			
	부상자가 발생한 경우		효력정지 3개월	자격증명 취소		
	1천만원 이상 물적 피해가 발생한 경우		효력정지 15일	효력정지 3개월	자격증명 취소	
6. 법 제40조의2 제2항 제1호를 위반한 경우		법 제21조의11 제1항 제6호	효력정지 1개월	효력정지 2개월	효력정지 3개월	효력정지 4개월
7. 법 제40조의2 제2항 제2호를 위반한 경우		법 제21조의11 제1항 제6호	효력정지 1개월	자격증명 취소		
8. 법 제41조 제1항을 위반하여 술을 마신 상태(혈중 알코올농도 0.1퍼센트 이상)에서 관제업무를 수행한 경우		법 제21조의11 제1항 제7호	자격증명 취소			
9. 법 제41조 제1항을 위반하여 술을 마신 상태(혈중 알코올농도 0.02퍼센트 이상 0.1퍼센트 미만)에서 관제업무를 수행하다가 철도사고의 원인을 제공한 경우		법 제21조의11 제1항 제7호	자격증명 취소			
10. 법 제41조 제1항을 위반하여 술을 마신 상태(혈중 알코올농도 0.02퍼센트 이상 0.1퍼센트 미만)에서 관제업무를 수행한 경우(제9호의 경우는 제외한다)		법 제21조의11 제1항 제7호	효력정지 3개월	자격증명 취소		

| 11. 법 제41조 제1항을 위반하여 약물을 사용한 상태에서 관제업무를 수행한 경우 | 법 제21조의11 제1항 제7호 | 자격증명 취소 | | | |
| 12. 법 제41조 제2항을 위반하여 술을 마시거나 약물을 사용한 상태에서 관제업무를 하였다고 인정할 만한 상당한 이유가 있음에도 불구하고 국토교통부장관 또는 시·도지사의 확인 또는 검사를 거부한 경우 | 법 제21조의11 제1항 제8호 | 자격증명 취소 | | | |

비고
1. 위반행위가 둘 이상인 경우로서 그에 해당하는 각각의 처분기준이 다른 경우에는 그 중 무거운 처분기준에 따르며, 위반행위가 둘 이상인 경우로서 그에 해당하는 각각의 처분기준이 같은 경우에는 무거운 처분기준의 2분의 1까지 가중할 수 있되, 각 처분기준을 합산한 기간을 초과할 수 없다.
2. 위반행위의 횟수에 따른 행정처분의 가중된 부과기준은 최근 1년간 같은 위반행위로 행정처분을 받은 경우에 적용한다. 이 경우 기간의 계산은 위반행위에 대하여 행정처분을 받은 날과 그 처분 후 다시 같은 위반행위를 하여 적발된 날을 기준으로 한다.
3. 비고 제2호에 따라 가중된 행정처분을 하는 경우 가중처분의 적용 차수는 그 위반행위 전 부과처분 차수(비고 제2호에 따른 기간 내에 행정처분이 둘 이상 있었던 경우에는 높은 차수를 말한다)의 다음 차수로 한다.

(5) 관제업무 실무수습

① 관제업무에 종사하려는 사람은 다음의 관제업무 실무수습을 모두 이수하여야 한다(법 제22조 ; 칙 제39조 제1항).
  ㉠ 관제업무를 수행할 구간의 철도차량 운행의 통제·조정 등에 관한 관제업무 실무수습
  ㉡ 관제업무 수행에 필요한 기기 취급방법 및 비상 시 조치방법 등에 대한 관제업무 실무수습
② 철도운영자등은 관제업무 실무수습의 항목 및 교육시간 등에 관한 실무수습 계획을 수립하여 시행하여야 한다. 이 경우 총 실무수습 시간은 100시간 이상으로 하여야 한다. 다만 관제업무 실무수습을 이수한 사람으로서 관제업무를 수행할 구간 또는 관제업무 수행에 필요한 기기의 변경으로 인하여 다시 관제업무 실무수습을 이수하여야 하는 사람에 대해서는 별도의 실무수습 계획을 수립하여 시행할 수 있다(칙 제39조 제2,3항).
③ 철도운영자등은 실무수습 계획을 수립한 경우에는 그 내용을 교통안전공단에 통보하여야 한다(칙 제39조의2 제1항).
④ 철도운영자등은 관제업무에 종사하려는 사람이 관제업무 실무수습을 이수한 경우에는 관제업무종사자 실무수습 관리대장에 실무수습을 받은 구간 등을 기록하고 그 내용을 교통안전공단에 통보하여야 한다(칙 제39조의2 제2항).

⑤ 철도운영자등은 관제업무에 종사하려는 사람이 제관제업무 실무수습을 받은 구간 외의 다른 구간에서 관제업무를 수행하게 하여서는 아니 된다(칙 제39조의2 제3항).

(6) 무자격자의 관제업무 금지 등

철도운영자등은 관제자격증명을 받지 아니하거나(관제자격증명이 취소되거나 그 효력이 정지된 경우를 포함) 실무수습을 이수하지 아니한 사람을 관제업무에 종사하게 하여서는 아니 된다(법 제22조의2).

7. 운전업무종사자 등의 관리

(1) 의 의

철도차량 운전·관제업무 등 대통령령으로 정하는 업무16)에 종사하는 철도종사자는 정기적으로 신체검사와 적성검사를 받아야 한다(법 제23조 제1항).

(2) 구체적 내용

1) 운전업무종사자 등에 대한 신체검사의 실시 등(칙 제40조)
① 철도종사자에 대하여 실시하는 신체검사는 다음과 같이 구분하여 실시한다.
㉠ 최초검사 : 해당 업무를 수행하기 전에 실시하는 신체검사
㉡ 정기검사 : 최초검사를 받은 후 2년마다 실시하는 신체검사
㉢ 특별검사 : 법 제23조 제1항의 규정에 의한 철도종사자가 철도사고 등을 일으키거나 질병 등의 사유로 해당 업무를 적절히 수행하기가 어렵다고 철도운영자 등이 인정하는 경우에 실시하는 신체검사
② 운전업무종사자 또는 관제업무종사자는 운전면허의 신체검사 또는 관제자격증명의 신체검사를 받은 날에 최초검사를 받은 것으로 본다. 다만, 해당 신체검사를 받은 날부터 2년 이상이 지난 후에 운전업무나 관제업무에 종사하는 사람은 최초검사를 받아야 한다.
③ 정기검사는 최초검사 또는 정기검사를 받은 날부터 2년이 되는 날(신체검사유효기간만료일) 전 3월 이내에 실시한다. 이 경우 정기검사의 유효기간은 신체검사 유효기간만료일의 다음날부터 기산한다.

---

16) "대통령령으로 정하는 업무에 종사하는 철도종사자"란 다음 각 호의 어느 하나에 해당하는 철도종사자를 말한다.
 1. 운전업무종사자
 2. 관제업무종사자
 3. 정거장에서 철도신호기·선로전환기 및 조작판 등을 취급하는 업무를 수행하는 사람

2) 운전업무종사자 등에 대한 적성검사의 실시 등(칙 제41조)
① 철도종사자에 대하여 실시하는 적성검사는 다음과 같이 구분하여 실시한다.
㉠ 최초검사 : 해당업무를 수행하기 전에 실시하는 적성검사
㉡ 정기검사 : 최초검사를 받은 후 10년(50세 이상인 경우에는 5년)마다 실시하는 적성검사
㉢ 특별검사 : 철도종사자가 철도사고 등을 일으키거나 질병 등의 사유로 해당 업무를 적절히 수행하기 어렵다고 철도운영자등이 인정하는 경우에 실시하는 적성검사
② 운전업무종사자 또는 관제업무종사자는 운전적성검사 또는 관제적성검사를 받은 날에 최초검사를 받은 것으로 본다. 다만, 해당 운전적성검사 또는 관제적성검사를 받은 날부터 10년(50세 이상인 경우에는 5년) 이상이 지난 후에 운전업무나 관제업무에 종사하는 사람은 최초검사를 받아야 한다.
③ 정기검사는 최초검사나 정기검사를 받은 날부터 10년(50세 이상인 경우에는 5년)이 되는 날(적성검사 유효기간 만료일) 전 12개월 이내에 실시한다. 이 경우 정기검사의 유효기간은 적성검사 유효기간 만료일의 다음날부터 기산한다.

운전업무종사자등의 적성검사 항목 및 불합격기준(규칙 별표13)

검사대상		검사주기	검사항목		불합격기준
			문답형 검사	반응형 검사	
1. 영 제21조 제1호의 운전업무 종사자	고속철도차량 · 제1종 전기차량 · 제2종 전기차량 · 디젤 차량 · 노면전차 · 철도장비 운전업무 종사자	정기검사	• 인성 -일반성격 -안전성향 -스트레스	• 주의력 -복합기능 -선택주의 -지속주의 • 인식 및 기억력 -시각변별 -공간지각 • 판단 및 행동력 -민첩성	• 문답형 검사항목 중 안전성향 검사에서 부적합으로 판정된 사람 • 반응형 검사 항목 중 부적합(E등급)이 2개 이상인 사람
		특별검사	• 인성 -일반성격 -안전성향 -스트레스	• 주의력 -복합기능 -선택주의 -지속주의 • 인식 및 기억력 -시각변별 -공간지각 • 판단 및 행동력 -추론 -민첩성	• 문답형 검사항목 중 안전성향 검사에서 부적합으로 판정된 사람 • 반응형 검사 항목 중 부적합(E등급)이 2개 이상인 사람

2. 영 제21조 제2호의 관제업무종사자	정기검사	• 인성 −일반성격 −안전성향 −스트레스	• 주의력 −복합기능 −선택주의 • 인식 및 기억력 −시각변별 −공간지각 −작업기억 • 판단 및 행동력 −민첩성	• 문답형 검사항목 중 안전성향 검사에서 부적합으로 판정된 사람 • 반응형 검사 항목 중 부적합(E등급)이 2개 이상인 사람
	특별검사	• 인성 −일반성격 −안전성향 −스트레스	• 주의력 −복합기능 −선택주의 • 인식 및 기억력 −시각변별 −공간지각 −작업기억 • 판단 및 행동력 −추론 −민첩성	• 문답형 검사항목 중 안전성향 검사에서 부적합으로 판정된 사람 • 반응형 검사 항목 중 부적합(E등급)이 2개 이상인 사람
3. 영 제21조 제3호의 정거장에서 철도신호기·선로전환기 및 조작판 등을 취급하는 업무를 수행하는 사람	최초검사	• 인성 −일반성격 −안전성향	• 주의력 −복합기능 −선택주의 • 인식 및 기억력 −시각변별 −공간지각 −작업기억 • 판단 및 행동력 −추론 −민첩성	• 문답형 검사항목 중 안전성향 검사에서 부적합으로 판정된 사람 • 반응형 검사 평가점수가 30점 미만인 사람
	정기검사	• 인성 −일반성격 −안전성향 −스트레스	• 주의력 −복합기능 −선택주의 • 인식 및 기억력 −시각변별 −공간지각 −작업기억 • 판단 및 행동력 −민첩성	• 문답형 검사항목 중 안전성향 검사에서 부적합으로 판정된 사람 • 반응형 검사 항목 중 부적합(E등급)이 2개 이상인 사람
	특별검사	• 인성 −일반성격 −안전성향 −스트레스	• 주의력 −복합기능 −선택주의 • 인식 및 기억력 −시각변별 −공간지각 −작업기억	• 문답형 검사항목 중 안전성향 검사에서 부적합으로 판정된 사람 • 반응형 검사 항목 중 부적합(E등급)이 2개 이상인 사람

| | | • 판단 및 행동력
-추론
-민첩성 | |

비고 :
1. 문답형 검사 판정은 적합 또는 부적합으로 한다.
2. 반응형 검사 점수 합계는 70점으로 한다. 다만, 정기검사와 특별검사는 검사항목별 등급으로 평가한다.
3. 특별검사의 복합기능(운전) 및 시각변별(관제/신호) 검사는 시뮬레이터 검사기로 시행한다.
4. 안전성향검사는 전문의(정신건강의학) 진단결과로 대체 할 수 있으며, 부적합 판정을 받은 자에 대해서는 당일 1회에 한하여 재검사를 실시하고 그 재검사 결과를 최종적인 검사결과로 할 수 있다.

(3) 철도종사자에 대한 안전교육 및 직무교육

① 철도운영자등 또는 철도운영자등과의 계약에 따라 철도운영이나 철도시설 등의 업무에 종사하는 사업주는 자신이 고용하고 있는 철도종사자에 대하여 정기적으로 철도안전에 관한 교육을 실시하여야 한다(법 제24조 제1항).
② 철도운영자등은 자신이 고용하고 있는 철도종사자가 적정한 직무수행을 할 수 있도록 정기적으로 직무교육을 실시하여야 한다(법 제24조 제2항).
③ 철도운영자등은 제1항에 따른 사업주의 안전교육 실시 여부를 확인하여야 하고, 확인 결과 사업주가 안전교육을 실시하지 아니한 경우 안전교육을 실시하도록 조치하여야 한다.(법 제24조 제3항).
④ 철도운영자등이 실시하여야 하는 교육의 대상, 내용 및 그 밖에 필요한 사항은 국토교통부령으로 정한다(법 제24조 제4항).

철도종사자에 대한 안전교육의 내용(규칙 별표13의2)

교 육 내 용	교육방법
• 철도안전법령 및 안전관련 규정 • 철도운전 및 관제이론 등 분야별 안전업무수행 관련 사항 • 철도사고 사례 및 사고예방대책 • 철도사고 및 운행장애 등 비상 시 응급조치 및 수습복구대책 • 안전관리의 중요성 등 정신교육 • 근로자의 건강관리 등 안전·보건관리에 관한 사항 • 철도안전관리체계 및 철도안전관리시스템(Safety Management System) • 위기대응체계 및 위기대응 매뉴얼 등	강의 및 실습

(4) 철도차량정비기술자의 인정 등

① 철도차량정비기술자로 인정을 받으려는 사람은 국토교통부장관에게 자격 인정을 신

청하여야 한다(법 제24조의2 제1항).
② 국토교통부장관은 신청인이 대통령령으로 정하는 자격, 경력 및 학력 등 철도차량정비기술자의 인정 기준에 해당하는 경우에는 철도차량정비기술자로 인정하여야 한다(법 제24조의2 제2항).
③ 국토교통부장관은 제1항에 따른 신청인을 철도차량정비기술자로 인정하면 철도차량정비기술자로서의 등급 및 경력 등에 관한 증명서(이하 "철도차량정비경력증"이라 한다)를 그 철도차량정비기술자에게 발급하여야 한다.
④ 제1항부터 제3항까지의 규정에 따른 인정의 신청, 철도차량정비경력증의 발급 및 관리 등에 필요한 사항은 국토교통부령으로 정한다.

철도직무교육의 내용·시간·방법(규칙 별표13의3)

1. 철도직무교육의 내용 및 시간

   가. 법 제2조 제10호 가목에 따른 운전업무종사자

교육내용	교육시간
1) 철도시스템 일반 2) 철도차량의 구조 및 기능 3) 운전이론 4) 운전취급 규정 5) 철도차량 기기취급에 관한 사항 6) 직무관련 기타사항 등	5년마다 35시간 이상

   나. 법 제2조 제10호 나목에 따른 관제업무 종사자

교육내용	교육시간
1) 열차운행계획 2) 철도관제시스템 운용 3) 열차운행선 관리 4) 관제 관련 규정 5) 직무관련 기타사항 등	5년마다 35시간 이상

   다. 법 제2조 제10호 다목에 따른 여객승무원

교육내용	교육시간
1) 직무관련 규정 2) 여객승무 위기대응 및 비상시 응급조치 3) 통신 및 방송설비 사용법 4) 고객응대 및 서비스 매뉴얼 등 5) 여객승무 직무관련 기타사항 등	5년마다 35시간 이상

라. 영 제3조 제4호에 따른 철도신호기·선로전환기·조작판 취급자

교육내용	교육시간
1) 신호관제 장치 2) 운전취급 일반 3) 전기·신호·통신 장치 실무 4) 선로전환기 취급방법 5) 직무관련 기타사항 등	5년마다 21시간 이상

마. 영 제3조 제4호에 따른 열차의 조성업무 수행자

교육내용	교육시간
1) 직무관련 규정 및 안전관리 2) 무선통화 요령 3) 철도차량 일반 4) 선로, 신호 등 시스템의 이해 5) 열차조성 직무관련 기타사항 등	5년마다 21시간 이상

바. 영 제3조 제5호에 따른 철도에 공급되는 전력의 원격제어장치 운영자

교육내용	교육시간
1) 변전 및 전차선 일반 2) 전력설비 일반 3) 전기·신호·통신 장치 실무 4) 비상전력 운용계획, 전력공급원격제어장치(SCADA) 5) 직무관련 기타사항 등	5년마다 21시간 이상

사. 영 제3조 제7호에 따른 철도차량 점검·정비 업무 종사자

교육내용	교육시간
1) 철도차량 일반 2) 철도시스템 일반 3) 「철도안전법」 및 철도안전관리체계(철도차량 중심) 4) 철도차량 정비 실무 5) 직무관련 기타사항 등	5년마다 35시간 이상

아. 영 제3조 제7호에 따른 철도시설 중 전기·신호·통신 시설 점검·정비 업무 종사자

교육내용	교육시간
1) 철도전기, 철도신호, 철도통신 일반 2) 「철도안전법」 및 철도안전관리체계(전기분야 중심) 3) 철도전기, 철도신호, 철도통신 실무 4) 직무관련 기타사항 등	5년마다 21시간 이상

자. 영 제3조 제7호에 따른 철도시설 중 궤도·토목·건축 시설 점검·정비 업무 종사자

교육내용	교육시간
1) 궤도, 토목, 시설, 건축 일반 2) 「철도안전법」 및 철도안전관리체계(시설분야 중심) 3) 궤도, 토목, 시설, 건축 일반 실무 4) 직무관련 기타사항 등	5년마다 21시간 이상

2. 철도직무교육의 주기 및 교육 인정 기준
   가. 철도직무교육의 주기는 철도직무교육 대상자로 신규 채용되거나 전직된 연도의 다음 년도 1월 1일부터 매 5년이 되는 날까지로 한다. 다만, 휴직·파견 등으로 6개월 이상 철도직무를 수행하지 아니한 경우에는 철도직무의 수행이 중단된 연도의 1월 1일부터 철도직무를 다시 시작하게 된 연도의 12월 31일까지의 기간을 제외하고 직무교육의 주기를 계산한다.
   나. 철도직무교육 대상자는 질병이나 자연재해 등 부득이한 사유로 철도직무교육을 제1호에 따른 기간 내에 받을 수 없는 경우에는 철도운영자등의 승인을 받아 철도직무교육을 받을 시기를 연기할 수 있다. 이 경우 철도직무교육 대상자가 승인받은 기간 내에 철도직무교육을 받은 경우에는 제1호에 따른 기간 내에 철도직무교육을 받은 것으로 본다.
   다. 철도운영자등은 철도직무교육 대상자가 다른 법령에서 정하는 철도직무에 관한 교육을 받은 경우에는 해당 교육시간을 제1호에 따른 철도직무교육시간으로 인정할 수 있다.
   라. 철도차량정비기술자가 법 제24조의4에 따라 받은 철도차량정비기술교육훈련은 위 표에 따른 철도직무교육으로 본다.

3. 철도직무교육의 실시방법
   가. 철도운영자등은 업무현장 외의 장소에서 집합교육의 방식으로 철도직무교육을 실시해야 한다. 다만, 철도직무교육시간의 10분의 5의 범위에서 다음의 어느 하나에 해당하는 방법으로 철도직무교육을 실시할 수 있다.
      1) 부서별 직장교육
      2) 사이버교육 또는 화상교육 등 전산망을 활용한 원격교육
   나. 가목에도 불구하고 재해·감염병 발생 등 부득이한 사유가 있는 경우로서 국토교통부장관의 승인을 받은 경우에는 철도직무교육시간의 10분의 5를 초과하여 가목1) 또는 2)에 해당하는 방법으로 철도직무교육을 실시할 수 있다.
   다. 철도운영자등은 가목 1)에 따른 부서별 직장교육을 실시하려는 경우에는 매년 12월 31일까지 다음 해에 실시될 부서별 직장교육 실시계획을 수립해야 하고, 교육내용 및 이수현황 등에 관한 사항을 기록·유지해야 한다.
   라. 철도운영자등은 필요한 경우 다음의 어느 하나에 해당하는 기관에게 철도직무교육을 위탁하여 실시할 수 있다.
      1) 다른 철도운영자등의 교육훈련기관
      2) 운전 또는 관제 교육훈련기관
      3) 철도관련 학회·협회
      4) 그 밖에 철도직무교육을 실시할 수 있는 비영리 법인 또는 단체
   마. 철도운영자등은 철도직무교육시간의 10분의 3 이하의 범위에서 철도운영기관의 실정에 맞게 교육내용을 변경하여 철도직무교육을 실시할 수 있다.

바. 2가지 이상의 직무에 동시에 종사하는 사람의 교육시간 및 교육내용은 다음과 같이 한다.
   1) 교육시간 : 종사하는 직무의 교육시간 중 가장 긴 시간
   2) 교육내용 : 종사하는 직무의 교육내용 가운데 전부 또는 일부를 선택
4. 제1호부터 제3호까지에서 규정한 사항 외에 철도직무교육에 필요한 사항은 국토교통부장관이 정하여 고시한다.

철도차량정비기술자의 인정 기준(영 별표 1의2)

1. 철도차량정비기술자는 자격, 경력 및 학력에 따라 등급별로 구분하여 인정하되, 등급별 세부기준은 다음 표와 같다.

등급구분	역량지수
1등급 철도차량정비기술자	80점 이상
2등급 철도차량정비기술자	60점 이상 80점 미만
3등급 철도차량정비기술자	40점 이상 60점 미만
4등급 철도차량정비기술자	10점 이상 40점 미만

2. 제1호에 따른 역량지수의 계산식은 다음과 같다.

역량지수 = 자격별 경력점수 + 학력점수

가. 자격별 경력점수

국가기술자격 구분	점수
기술사 및 기능장	10점/년
기 사	8점/년
산업기사	7점/년
기 능 사	6점/년
국가기술자격증이 없는 경우	3점/년

1) 철도차량정비기술자의 자격별 경력에 포함되는「국가기술자격법」에 따른 국가기술자격의 종목은 국토교통부장관이 정하여 고시한다. 이 경우 둘 이상의 다른 종목 국가기술자격을 보유한 사람의 경우 그 중 점수가 높은 종목의 경력점수만 인정한다.
2) 경력점수는 다음 업무를 수행한 기간에 따른 점수의 합을 말하며, 마) 및 바)의 경력의 경우 100분의 50을 인정한다.
   가) 철도차량의 부품·기기·장치 등의 마모·손상, 변화 상태 및 기능을 확인하는 등 철도차량 점검 및 검사에 관한 업무
   나) 철도차량의 부품·기기·장치 등의 수리, 교체, 개량 및 개조 등 철도차량 정비 및 유지관리에 관한 업무
   다) 철도차량 정비 및 유지관리 등에 관한 계획수립 및 관리 등에 관한 행정 업무
   라) 철도차량의 안전에 관한 계획수립 및 관리, 철도차량의 점검·검사, 철도 차량에 대한 설계·기술검토·규격관리 등에 관한 행정업무

마) 철도차량 부품의 개발 등 철도차량 관련 연구 업무 및 철도관련 학과 등에서의 강의 업무
바) 그 밖에 기계설비·장치 등의 정비와 관련된 업무
3) 2)를 적용할 때 다음의 어느 하나에 해당하는 경력은 제외한다.
  가) 18세 미만인 기간의 경력(국가기술자격을 취득한 이후의 경력은 제외한다)
  나) 주간학교 재학 중의 경력(「직업교육훈련 촉진법」 제9조에 따른 현장실습 계약에 따라 산업체에 근무한 경력은 제외한다)
  다) 이중취업으로 확인된 기간의 경력
  라) 철도차량정비업무 외의 경력으로 확인된 기간의 경력
4) 경력점수는 월 단위까지 계산한다. 이 경우 월 단위의 기간으로 산입되지 않는 일수의 합이 30일 이상인 경우 1개월로 본다.

나. 학력점수

학력 구분	점 수	
	철도차량정비 관련 학과	철도차량정비 관련 학과 외의 학과
석사 이상	25점	10점
학 사	20점	9점
전문학사(3년제)	15점	8점
전문학사(2년제)	10점	7점
고등학교 졸업	5점	

1) "철도차량정비 관련 학과"란 철도차량 유지보수와 관련된 학과 및 기계·전기·전자·통신 관련 학과를 말한다. 다만, 대상이 되는 학력점수가 둘 이상인 경우 그 중 점수가 높은 학력점수에 따른다.
2) 철도차량정비 관련 학과의 학위 취득자 및 졸업자의 학력 인정 범위는 다음과 같다.
  가) 석사 이상
    (1) 「고등교육법」에 따른 학교에서 철도차량정비 관련 학과의 석사 또는 박사 학위과정을 이수하고 졸업한 사람
    (2) 그 밖에 관계 법령에 따라 국내 또는 외국에서 (1)과 같은 수준 이상의 학력이 있다고 인정되는 사람
  나) 학사
    (1) 「고등교육법」에 따른 학교에서 철도차량정비 관련 학과의 학사 학위과정을 이수하고 졸업한 사람
    (2) 그 밖에 관계 법령에 따라 국내 또는 외국에서 (1)과 같은 수준의 학력이 있다고 인정되는 사람
  다) 전문학사(3년제)
    (1) 「고등교육법」에 따른 학교에서 철도차량정비 관련 학과의 전문학사 학위과정을 이수하고 졸업한 사람(철도차량정비 관련 학과의 학위과정 3년을 이수한 사람을 포함한다)
    (2) 그 밖의 관계 법령에 따라 국내 또는 외국에서 (1)과 같은 수준의 학력이 있다고 인정되는 사람

라) 전문학사(2년제)
  (1) 「고등교육법」에 따른 4년제 대학, 2년제 대학 또는 전문대학에서 2년 이상 철도차량정비 관련 학과의 교육과정을 이수한 사람
  (2) 그 밖에 관계 법령에 따라 국내 또는 외국에서 (1)과 같은 수준의 학력이 있다고 인정되는 사람
마) 고등학교 졸업
  (1) 「초·중등교육법」에 따른 해당 학교에서 철도차량정비 관련 학과의 고등학교 과정을 이수하고 졸업한 사람
  (2) 그 밖에 관계 법령에 따라 국내 또는 외국에서 (1)과 같은 수준의 학력이 있다고 인정되는 사람

3) 철도차량정비 관련 학과 외의 학위 취득자 및 졸업자의 학력 인정 범위는 다음과 같다.
  가) 석사 이상
    (1) 「고등교육법」에 따른 학교에서 석사 또는 박사 학위과정을 이수하고 졸업한 사람
    (2) 그 밖에 관계 법령에 따라 국내 또는 외국에서 (1)과 같은 수준 이상의 학력이 있다고 인정되는 사람
  나) 학사
    (1) 「고등교육법」에 따른 학교에서 학사 학위과정을 이수하고 졸업한 사람
    (2) 그 밖에 관계 법령에 따라 국내 또는 외국에서 (1)과 같은 수준의 학력이 있다고 인정되는 사람
  다) 전문학사(3년제)
    (1) 「고등교육법」에 따른 학교에서 전문학사 학위과정을 이수하고 졸업한 사람(전문학사 학위과정 3년을 이수한 사람을 포함한다)
    (2) 그 밖의 관계 법령에 따라 국내 또는 외국에서 (1)과 같은 수준의 학력이 있다고 인정되는 사람
  라) 전문학사(2년제)
    (1) 「고등교육법」에 따른 4년제 대학, 2년제 대학 또는 전문대학에서 2년 이상 교육과정을 이수한 사람
    (2) 그 밖에 관계 법령에 따라 국내 또는 외국에서 (1)과 같은 수준의 학력이 있다고 인정되는 사람
  마) 고등학교 졸업
    (1) 「초·중등교육법」에 따른 해당 학교에서 고등학교 과정을 이수하고 졸업한 사람
    (2) 그 밖에 관계 법령에 따라 국내 또는 외국에서 (1)과 같은 수준의 학력이 있다고 인정되는 사람

(5) 철도차량정비기술자의 명의 대여금지 등

① 철도차량정비기술자는 자기의 성명을 사용하여 다른 사람에게 철도차량정비 업무를 수행하게 하거나 철도차량정비경력증을 빌려 주어서는 아니 된다(법 제24조의3 제1항).
② 누구든지 다른 사람의 성명을 사용하여 철도차량정비 업무를 수행하거나 다른 사람의 철도차량정비경력증을 빌려서는 아니 된다(법 제24조의3 제2항).

③ 누구든지 금지된 행위를 알선해서는 아니 된다(법 제24조의3 제3항).

(6) 철도차량정비기술교육훈련

① 철도차량정비기술자는 업무 수행에 필요한 소양과 지식을 습득하기 위하여 대통령령으로 정하는 바에 따라 국토교통부장관이 실시하는 교육·훈련(정비교육훈련)을 받아야 한다(법 제24조의4 제1항).
  ㉠ 정비교육훈련의 실시기준은 다음과 같다(영 제21조의3 제1항).
    ⓐ 교육내용 및 교육방법 : 철도차량정비에 관한 법령, 기술기준 및 정비기술 등 실무에 관한 이론 및 실습 교육
    ⓑ 교육시간 : 철도차량정비업무의 수행기간 5년마다 35시간 이상
  ㉡ 정비교육훈련에 필요한 구체적인 사항은 국토교통부령으로 정한다(영 제21조의3 제2항).
② 국토교통부장관은 철도차량정비기술자를 육성하기 위하여 철도차량정비 기술에 관한 전문 교육훈련기관(정비교육훈련기관)을 지정하여 정비교육훈련을 실시하게 할 수 있다(법 제24조의4 제2항).
③ 정비교육훈련기관 지정기준 및 절차(영 제21조의4)
  ㉠ 정비교육훈련기관의 지정기준은 다음과 같다.
    ⓐ 정비교육훈련 업무 수행에 필요한 상설 전담조직을 갖출 것
    ⓑ 정비교육훈련 업무를 수행할 수 있는 전문인력을 확보할 것
    ⓒ 정비교육훈련에 필요한 사무실, 교육장 및 교육 장비를 갖출 것
    ⓓ 정비교육훈련기관의 운영 등에 관한 업무규정을 갖출 것
  ㉡ 정비교육훈련기관으로 지정을 받으려는 자는 지정기준을 갖추어 국토교통부장관에게 정비교육훈련기관 지정 신청을 해야 한다.
  ㉢ 국토교통부장관은 정비교육훈련기관 지정 신청을 받으면 지정기준을 갖추었는지 여부 및 철도차량정비기술자의 수급 상황 등을 종합적으로 심사한 후 그 지정 여부를 결정해야 한다.
  ㉣ 국토교통부장관은 정비교육훈련기관을 지정한 때에는 다음의 사항을 관보에 고시해야 한다.
    ⓐ 정비교육훈련기관의 명칭 및 소재지
    ⓑ 대표자의 성명
    ⓒ 그 밖에 정비교육훈련에 중요한 영향을 미친다고 국토교통부장관이 인정하는 사항
  ㉤ ㉠부터 ㉣까지에서 규정한 사항 외에 정비교육훈련기관의 지정기준 및 절차 등에 관한 세부적인 사항은 국토교통부령으로 정한다.
④ 정비교육훈련기관은 정당한 사유 없이 정비교육훈련 업무를 거부하여서는 아니 되고, 거짓이나 그 밖의 부정한 방법으로 정비교육훈련 수료증을 발급하여서는 아니

된다(법 제24조의4 제4항).
⑤ 정비교육훈련기관의 변경사항 통지 등(영 제21조의5)
  ㉠ 정비교육훈련기관은 정비교육훈련기관의 명칭 및 소재지, 대표자의 성명이 변경된 때에는 그 사유가 발생한 날부터 15일 이내에 국토교통부장관에게 그 내용을 통지해야 한다.
  ㉡ 국토교통부장관은 통지를 받은 때에는 그 내용을 관보에 고시해야 한다.

(7) 철도차량정비기술자의 인정취소 등
  ① 국토교통부장관은 철도차량정비기술자가 다음의 어느 하나에 해당하는 경우 그 인정을 취소하여야 한다(법 제24조의5 제1항).
    ㉠ 거짓이나 그 밖의 부정한 방법으로 철도차량정비기술자로 인정받은 경우
    ㉡ 자격기준에 해당하지 아니하게 된 경우
    ㉢ 철도차량정비 업무 수행 중 고의로 철도사고의 원인을 제공한 경우
  ② 국토교통부장관은 철도차량정비기술자가 다음의 어느 하나에 해당하는 경우 1년의 범위에서 철도차량정비기술자의 인정을 정지시킬 수 있다(법 제24조의5 제2항).
    ㉠ 다른 사람에게 철도차량정비경력증을 빌려 준 경우
    ㉡ 철도차량정비 업무 수행 중 중과실로 철도사고의 원인을 제공한 경우

제4절 철도시설 및 철도차량의 안전관리

1. 승하차용 출입문 설비의 설치

철도시설관리자는 선로로부터의 수직거리가 1,135mm 이상인 승강장에 열차의 출입문과 연동되어 열리고 닫히는 승하차용 출입문 설비를 설치하여야 한다. 다만, 여러 종류의 철도차량이 함께 사용하는 승강장 등 다음 승강장의 경우에는 그러하지 아니하다(법 제25조의2, 규칙 제43조 제2항).

① 여러 종류의 철도차량이 함께 사용하는 승강장으로서 열차 출입문의 위치가 서로 달라 승강장안전문을 설치하기 곤란한 경우
② 열차가 정차하지 않는 선로 쪽 승강장으로서 승객의 선로 추락 방지를 위해 안전난간 등의 안전시설을 설치한 경우
③ 여객의 승하차 인원, 열차의 운행 횟수 등을 고려하였을 때 승강장안전문을 설치할 필요가 없다고 인정되는 경우

2. 철도차량 형식승인

(1) 의 의

국내에서 운행하는 철도차량을 제작하거나 수입하려는 자는 국토교통부령으로 정하는 바에 따라 해당 철도차량의 설계에 관하여 국토교통부장관의 형식승인을 받아야 하며 형식승인을 받은 자가 승인받은 사항을 변경하려는 경우에는 국토교통부장관의 변경승인을 받아야 한다. 다만, 국토교통부령으로 정하는 경미한 사항[17]을 변경하려는 경우에는 국토교통부장관에게 신고하여야 한다(법 제26조 제1,2항).

(2) 형식승인검사

1) 의 의

국토교통부장관은 형식승인 또는 변경승인을 하는 경우에는 해당 철도차량이 국토교통부장관이 정하여 고시하는 철도차량의 기술기준에 적합한지에 대하여 형식승인검사를 하여야 하며 누구든지 형식승인을 받지 아니한 철도차량을 운행하여서는 아니 된다(법 제26조 제3,5항).

2) 형식승인검사의 전부 또는 일부 면제

국토교통부장관은 다음의 어느 하나에 해당하는 경우에는 형식승인검사의 전부 또는 일부를 면제할 수 있다(법 제26조 제4항).

① 시험·연구·개발 목적으로 제작 또는 수입되는 철도차량으로서 대통령령으로 정하는 철도차량에 해당하는 경우
② 수출 목적으로 제작 또는 수입되는 철도차량으로서 대통령령으로 정하는 철도차량에 해당하는 경우
③ 대한민국이 체결한 협정 또는 대한민국이 가입한 협약에 따라 형식승인검사가 면제되는 철도차량의 경우
④ 그 밖에 철도시설의 유지·보수 또는 철도차량의 사고복구 등 특수한 목적을 위하여 제작 또는 수입되는 철도차량으로서 국토교통부장관이 정하여 고시하는 경우

---

[17] "국토교통부령으로 정하는 경미한 사항을 변경하려는 경우"란 다음 각 호의 어느 하나에 해당하는 변경을 말한다.
  1. 철도차량의 구조안전 및 성능에 영향을 미치지 아니하는 차체 형상의 변경
  2. 철도차량의 안전에 영향을 미치지 아니하는 설비의 변경
  3. 중량분포에 영향을 미치지 아니하는 장치 또는 부품의 배치 변경
  4. 동일 성능으로 입증할 수 있는 부품의 규격 변경
  5. 그 밖에 철도차량의 안전 및 성능에 영향을 미치지 아니한다고 국토교통부장관이 인정하는 사항의 변경

(3) 형식승인의 취소 등

1) 형식승인의 취소

① 국토교통부장관은 형식승인을 받은 자가 다음의 어느 하나에 해당하는 경우에는 그 형식승인을 취소할 수 있다. 다만, ㉠에 해당하는 경우에는 그 형식승인을 취소하여야 한다(법 제26조의2 제1항).
㉠ 거짓이나 그 밖의 부정한 방법으로 형식승인을 받은 경우
㉡ 기술기준에 중대하게 위반되는 경우
㉢ 변경승인명령을 이행하지 아니한 경우
② 거짓이나 그 밖의 부정한 방법으로 형식승인을 받음을 이유로 형식승인이 취소된 경우는 그 취소된 날부터 2년간 동일한 형식의 철도차량에 대하여 새로 형식승인을 받을 수 없다(법 제26조의2 제3항).

2) 변경승인 명령

국토교통부장관은 형식승인이 기술기준에 위반(㉡에 해당하는 경우는 제외)된다고 인정하는 경우에는 그 형식승인을 받은 자에게 국토교통부령으로 정하는 바에 따라 변경승인을 받을 것을 명하여야 한다(법 제26조의2 제2항).

3. 철도차량 제작자승인

(1) 의 의

형식승인을 받은 철도차량을 제작(외국에서 대한민국에 수출할 목적으로 제작하는 경우를 포함)하려는 자는 국토교통부령으로 정하는 바에 따라 철도차량의 제작을 위한 인력, 설비, 장비, 기술 및 제작검사 등 철도차량의 적합한 제작을 위한 유기적 체계를 갖추고 있는지에 대하여 국토교통부장관의 제작자승인을 받아야 한다(법 제26조의3 제1항).

(2) 제작자승인검사

1) 의 의

국토교통부장관은 제작자승인을 하는 경우에는 해당 철도차량 품질관리체계가 국토교통부장관이 정하여 고시하는 철도차량의 제작관리 및 품질유지에 필요한 기술기준에 적합한지에 대하여 국토교통부령으로 정하는 바에 따라 제작자승인검사를 하여야 한다(법 제26조의3 제2항).

2) 제작자승인검사의 전부 또는 일부 면제

국토교통부장관은 대한민국이 체결한 협정 또는 대한민국이 가입한 협약에 따라 제

작자승인이 면제되는 경우 등 대통령령으로 정하는 경우18)에는 제작자승인 대상에서 제외하거나 제작자승인검사의 전부 또는 일부를 면제할 수 있다(법 제26조의3 제3항).

(3) 결격사유

다음의 어느 하나에 해당하는 자는 철도차량 제작자승인을 받을 수 없다(법 제26조의4).
① 피성년후견인
② 파산선고를 받고 복권되지 아니한 사람
③ 이 법 또는 대통령령으로 정하는 철도 관계 법령을 위반하여 징역형의 실형을 선고받고 그 집행이 종료(집행이 종료된 것으로 보는 경우를 포함한다)되거나 집행이 면제된 날부터 2년이 경과되지 아니한 사람
④ 이 법 또는 대통령령으로 정하는 철도 관계 법령을 위반하여 징역형의 집행유예 선고를 받고 그 유예기간 중에 있는 사람
⑤ 제작자승인이 취소된 후 2년이 경과되지 아니한 자
⑥ 임원 중에 ①부터 ⑤까지의 어느 하나에 해당하는 사람이 있는 법인

(4) 승 계

1) 의 의

철도차량 제작자승인을 받은 자가 그 사업을 양도하거나 사망한 때 또는 법인의 합병이 있는 때에는 양수인, 상속인 또는 합병 후 존속하는 법인이나 합병에 의하여 설립되는 법인은 제작자승인을 받은 자의 지위를 승계한다(법 제26조의5 제1항).

2) 승계의 신고

철도차량 제작자승인의 지위를 승계하는 자는 승계일부터 1개월 이내에 국토교통부령으로 정하는 바에 따라 그 승계사실을 국토교통부장관에게 신고하여야 한다(법 제26조의5 제2항).

3) 제작자승인의 의제

철도차량 제작자승인의 결격사유의 어느 하나에 해당하는 상속인이 피상속인이 사망한 날부터 3개월 이내에 그 사업을 다른 사람에게 양도한 경우에는 피상속인의 사망일부터 양도일까지의 기간 동안 피상속인의 제작자승인은 상속인의 제작자승인으로 본다(법 제26조의5 제3항).

---

18) "대한민국이 체결한 협정 또는 대한민국이 가입한 협약에 따라 제작자승인이 면제되는 경우 등 대통령령으로 정하는 경우"란 대한민국이 체결한 협정 또는 대한민국이 가입한 협약에 따라 제작자승인이 면제되거나 제작자승인검사의 전부 또는 일부가 면제되는 경우를 말한다.

(5) 철도차량 완성검사

1) 의 의

철도차량 제작자승인을 받은 자는 제작한 철도차량을 판매하기 전에 해당 철도차량이 형식승인을 받은 대로 제작되었는지를 확인하기 위하여 국토교통부장관이 시행하는 완성검사를 받아야 하며 국토교통부장관은 철도차량이 완성검사에 합격한 경우에는 철도차량제작자에게 국토교통부령으로 정하는 완성검사필증을 발급하여야 한다(법 제26조의6 제1,2항).

2) 철도차량 완성검사의 구분

철도차량 완성검사는 다음의 구분에 따라 실시한다(칙 제57조 제1항).

① **완성차량검사** : 안전과 직결된 주요 부품의 안전성 확보 등 철도차량이 철도차량기술기준에 적합하고 형식승인 받은 설계대로 제작되었는지를 확인하는 검사

② **주행시험** : 철도차량이 형식승인 받은 대로 성능과 안전성을 확보하였는지 운행선로 시운전 등을 통하여 최종 확인하는 검사

(6) 철도차량 제작자승인의 취소 등

국토교통부장관은 철도차량 제작자승인을 받은 자가 다음의 어느 하나에 해당하는 경우에는 그 승인을 취소하거나 6개월 이내의 기간을 정하여 업무의 제한이나 정지를 명할 수 있다. 다만, ① 또는 ⑤에 해당하는 경우에는 제작자승인을 취소하여야 한다(법 제26조의7 제1항).

① 거짓이나 그 밖의 부정한 방법으로 제작자승인을 받은 경우
② 변경승인을 받지 아니하거나 변경신고를 하지 아니하고 철도차량을 제작한 경우
③ 시정조치명령을 정당한 사유 없이 이행하지 아니한 경우
④ 제작 또는 판매중지명령을 이행하지 아니하는 경우
⑤ 업무정지 기간 중에 철도차량을 제작한 경우

※ 제1항에 따른 철도차량 제작자승인의 취소, 업무의 제한 또는 정지의 기준 및 절차 등에 관하여 필요한 사항은 국토교통부령으로 정한다(법 제26조의7 제2항).

4. 철도용품

(1) 철도용품 형식승인

1) 의 의

국토교통부장관이 정하여 고시하는 철도용품을 제작하거나 수입하려는 자는 국토교

통부령으로 정하는 바에 따라 해당 철도용품의 설계에 대하여 국토교통부장관의 형식승인을 받아야 하며 누구든지 형식승인을 받지 아니한 철도용품(국토교통부장관이 정하여 고시하는 철도용품만 해당)을 철도시설 또는 철도차량 등에 사용하여서는 아니 된다(법 제27조 제1, 3항).

2) 형식승인검사

국토교통부장관은 형식승인을 하는 경우 해당 철도용품이 국토교통부장관이 정하여 고시하는 철도용품의 기술기준에 적합한지에 대하여 국토교통부령으로 정하는 바에 따라 형식승인검사를 하여야 한다(법 제27조 제2항).

3) 철도용품 형식승인검사의 방법 및 증명서 발급 등

① 철도용품 형식승인검사는 다음의 구분에 따라 실시한다(칙 제62조 제1항).
  ㉠ 설계적합성 검사 : 철도용품의 설계가 철도용품기술기준에 적합한지 여부에 대한 검사
  ㉡ 합치성 검사 : 철도용품이 부품단계, 구성품단계, 완성품단계에서 ㉠에 따른 설계와 합치하게 제작되었는지 여부에 대한 검사
  ㉢ 용품형식 시험 : 철도용품이 부품단계, 구성품단계, 완성품단계, 시운전단계에서 철도용품기술기준에 적합한지 여부에 대한 시험
② 국토교통부장관은 형식승인검사 결과 철도용품기술기준에 적합하다고 인정하는 경우에는 철도용품 형식승인증명서 또는 철도용품 형식변경승인증명서에 형식승인자료집을 첨부하여 신청인에게 발급하여야 한다(칙 제62조 제2항).
③ 국토교통부장관은 철도용품 형식승인증명서 또는 철도용품 형식변경승인증명서를 발급할 때에는 해당 철도용품이 장착될 철도차량 또는 철도시설을 지정할 수 있다(칙 제62조 제3항).
④ 철도용품 형식승인증명서 또는 철도용품 형식변경승인증명서를 발급받은 자가 해당 증명서를 잃어버렸거나 헐어 못쓰게 되어 재발급 받으려는 경우에는 철도용품 형식승인증명서 재발급 신청서에 헐어 못쓰게 된 증명서(헐어 못쓰게 된 경우만 해당)를 첨부하여 국토교통부장관에게 제출하여야 한다(칙 제62조 제4항).

(2) 철도용품 제작자승인

1) 의 의

형식승인을 받은 철도용품을 제작(외국에서 대한민국에 수출할 목적으로 제작하는 경우를 포함)하려는 자는 국토교통부령으로 정하는 바에 따라 철도용품의 제작을 위한 인력, 설비, 장비, 기술 및 제작검사 등 철도용품의 적합한 제작을 위한 유기적 체계를 갖추고 있는지에 대하여 국토교통부장관으로부터 제작자승인을 받아야 한다(법 제27

조의2 제1항).

2) 제작자승인검사

① 국토교통부장관은 제작자승인을 하는 경우에는 해당 철도용품 품질관리체계가 국토교통부장관이 정하여 고시하는 철도용품의 제작관리 및 품질유지에 필요한 기술기준에 적합한지에 대하여 국토교통부령으로 정하는 바에 따라 철도용품 제작자승인검사를 하여야 한다(법 제27조의2 제2항).

② 제작자승인을 받은 자는 해당 철도용품에 대하여 국토교통부령으로 정하는 바에 따라 형식승인을 받은 철도용품임을 나타내는 형식승인표시를 하여야 한다(법 제27조의2 제3항).

3) 철도용품 제작자승인검사의 방법 및 증명서 발급 등

① 철도용품 제작자승인검사는 다음의 구분에 따라 실시한다(칙 제66조 제1항).
  ㉠ 품질관리체계의 적합성검사 : 해당 철도용품의 품질관리체계가 철도용품제작자승인기준에 적합한지 여부에 대한 검사
  ㉡ 제작검사 : 해당 철도용품에 대한 품질관리체계 적용 및 유지 여부 등을 확인하는 검사

② 국토교통부장관은 제작자승인검사 결과 철도용품제작자승인기준에 적합하다고 인정하는 경우에는 다음의 서류를 신청인에게 발급하여야 한다(칙 제66조 제2항).
  ㉠ 철도용품 제작자승인증명서 또는 철도용품 제작자변경승인증명서
  ㉡ 제작할 수 있는 철도용품의 형식에 대한 목록을 적은 제작자승인지정서

③ 철도용품 제작자승인증명서 또는 철도용품 제작자변경승인증명서를 발급받은 자가 해당 증명서를 잃어버렸거나 헐어 못쓰게 되어 재발급 받으려는 경우에는 철도용품 제작자승인증명서 재발급 신청서에 헐어 못쓰게 된 증명서(헐어 못쓰게 된 경우만 해당)를 첨부하여 국토교통부장관에게 제출하여야 한다(칙 제66조 제3항).

4) 검사 업무의 위탁

국토교통부장관은 다음 각 호의 업무를 대통령령으로 정하는 바에 따라 관련 기관 또는 단체에 위탁할 수 있다(제27조의3).

1. 제26조 제3항에 따른 철도차량 형식승인검사
2. 제26조의3 제2항에 따른 철도차량 제작자승인검사
3. 제26조의6 제1항에 따른 철도차량 완성검사
4. 제27조 제2항에 따른 철도용품 형식승인검사
5. 제27조의2 제2항에 따른 철도용품 제작자승인검사

5. 형식승인 등의 사후관리 등

(1) 형식승인 등의 사후관리

1) 국토교통부장관의 조치

국토교통부장관은 형식승인을 받은 철도차량 또는 철도용품의 안전 및 품질의 확인·점검을 위하여 필요하다고 인정하는 경우에는 소속 공무원으로 하여금 다음의 조치를 하게 할 수 있다(법 제31조 제1항).

① 철도차량 또는 철도용품이 제26조 제3항 또는 제27조 제2항에 따른 기술기준에 적합한지에 대한 조사
② 철도차량 또는 철도용품 형식승인 및 제작자승인을 받은 자의 관계 장부 또는 서류의 열람·제출
③ 철도차량 또는 철도용품에 대한 수거·검사
④ 철도차량 또는 철도용품의 안전 및 품질에 대한 전문연구기관에의 시험·분석 의뢰
⑤ 그 밖에 철도차량 또는 철도용품의 안전 및 품질에 대한 긴급한 조사를 위하여 국토교통부령으로 정하는 사항[19]

2) 철도용품의 소유자·점유자·관리인 등의 의무

철도차량 또는 철도용품 형식승인 및 제작자승인을 받은 자와 철도차량 또는 철도용품의 소유자·점유자·관리인 등은 정당한 사유 없이 조사·열람·수거 등을 거부·방해·기피하여서는 아니 된다(법 제31조 제2항).

3) 공무원의 증표제시의무

조사·열람 또는 검사 등을 하는 공무원은 그 권한을 표시하는 증표를 지니고 이를 관계인에게 내보여야 한다. 이 경우 그 증표에 관하여 필요한 사항은 국토교통부령으로 정한다(법 제31조 제3항).

4) 철도차량 완성검사를 받은 자의 조치

철도차량 완성검사를 받은 자가 해당 철도차량을 판매하는 경우 다음의 조치를 하여야 한다(법 제31조 제4항).

① 철도차량정비에 필요한 부품을 공급할 것

---

[19] "국토교통부령으로 정하는 사항"이란 다음 각 호의 어느 하나에 해당하는 사항을 말한다.
  1. 사고가 발생한 철도차량 또는 철도용품에 대한 철도운영 적합성 조사
  2. 장기 운행한 철도차량 또는 철도용품에 대한 철도운영 적합성 조사
  3. 철도차량 또는 철도용품에 결함이 있는지의 여부에 대한 조사
  4. 그 밖에 철도차량 또는 철도용품의 안전 및 품질에 관하여 국토교통부장관이 필요하다고 인정하여 고시하는 사항

② 철도차량을 구매한 자에게 철도차량정비에 필요한 기술지도·교육과 정비매뉴얼 등 정비 관련 자료를 제공할 것

5) 철도차량정비에 관련된 사항

정비에 필요한 부품의 종류 및 공급하여야 하는 기간, 기술지도·교육 대상과 방법, 철도차량정비 관련 자료의 종류 및 제공 방법 등에 필요한 사항은 국토교통부령으로 정한다(법 제31조 제5항).

6) 이행명령

국토교통부장관은 철도차량 완성검사를 받아 해당 철도차량을 판매한 자가 조치를 이행하지 아니한 경우에는 그 이행을 명할 수 있다(법 제31조 제6항).

(2) 제작 또는 판매 중지 등

1) 국토교통부장관의 조치

국토교통부장관은 형식승인을 받은 철도차량 또는 철도용품이 다음의 어느 하나에 해당하는 경우에는 그 철도차량 또는 철도용품의 제작·수입·판매 또는 사용의 중지를 명할 수 있다. 다만, ①에 해당하는 경우에는 제작·수입·판매 또는 사용의 중지를 명하여야 한다(법 제32조 제1항).

① 형식승인이 취소된 경우
② 변경승인 이행명령을 받은 경우
③ 완성검사를 받지 아니한 철도차량을 판매한 경우(판매 또는 사용의 중지명령만 해당)
④ 형식승인을 받은 내용과 다르게 철도차량 또는 철도용품을 제작·수입·판매한 경우

2) 시정조치 이행의무 등

중지명령을 받은 철도차량 또는 철도용품의 제작자는 국토교통부령으로 정하는 바에 따라 해당 철도차량 또는 철도용품의 회수 및 환불 등에 관한 시정조치계획을 작성하여 국토교통부장관에게 제출하고 이 계획에 따른 시정조치를 하여야 한다. 다만, 1)의 ② 및 ③에 해당하는 경우로서 그 위반경위, 위반정도 및 위반효과 등이 국토교통부령으로 정하는 경미한 경우[20]에는 그러하지 아니하다(법 제32조 제2항).

---

20) "국토교통부령으로 정하는 경미한 경우"란 다음 각 호의 어느 하나에 해당하는 경우를 말한다.
 1. 구조안전 및 성능에 영향을 미치지 아니하는 형상의 변경 위반
 2. 안전에 영향을 미치지 아니하는 설비의 변경 위반
 3. 중량분포에 영향을 미치지 아니하는 장치 또는 부품의 배치 변경 위반
 4. 동일 성능으로 입증할 수 있는 부품의 규격 변경 위반
 5. 안전, 성능 및 품질에 영향을 미치지 아니하는 제작과정의 변경 위반
 6. 그 밖에 철도차량 또는 철도용품의 안전 및 성능에 영향을 미치지 아니한다고 국토교통부장관이

3) 면제신청

제2항 단서에 따라 시정조치의 면제를 받으려는 제작자는 대통령령으로 정하는 바에 따라 국토교통부장관에게 그 시정조치의 면제를 신청하여야 한다.

4) 시정조치 진행상황 보고의무

철도차량 또는 철도용품의 제작자는 시정조치를 하는 경우에는 국토교통부령으로 정하는 바에 따라 해당 시정조치의 진행 상황을 국토교통부장관에게 보고하여야 한다(법 제32조 제4항).

(3) 표준화

국토교통부장관은 철도의 안전과 호환성의 확보 등을 위하여 철도차량 및 철도용품의 표준규격을 정하여 철도운영자등 또는 철도차량을 제작·조립 또는 수입하려는 자 등에게 권고할 수 있다. 다만, 「산업표준화법」에 따른 한국산업표준이 제정되어 있는 사항에 대하여는 그 표준에 따른다. 표준규격의 제정·개정 등의 필요한 사항은 국토교통부령에 따른다(법 제34조 1,2항).

6. 종합시험운행

(1) 의 의

철도시설관리자는 철도노선을 새로 건설하거나 기존노선을 개량하여 운영하고자 할 때에는 철도시설의 설치상태 및 열차운행체계의 점검과 철도종사자의 업무숙달 등을 위하여 정상운행을 하기 전에 종합시험운행을 실시하여야 한다(법 제38조 제1항).

(2) 종합시험운행의 실시시기·절차 등

① 철도시설관리자가 실시하는 종합시험운행은 당해 철도노선의 영업을 개시하기 전에 실시한다(칙 제75조 제1항).
② 종합시험운행은 철도운영자와 합동으로 실시한다. 이 경우 철도운영자는 종합시험운행의 원활한 실시를 위하여 철도시설관리자로부터 철도차량, 소요인력 등의 지원 요청이 있는 경우 특별한 사유가 없는 한 이에 응하여야 한다(칙 제75조 제2항).
③ 철도시설관리자는 종합시험운행을 실시하기 전에 철도운영자와 상호 협의하여 다음의 사항이 포함된 종합시험운행계획을 수립하여야 한다(칙 제75조 제3항).
㉠ 종합시험운행의 방법 및 절차
㉡ 평가항목 및 평가기준 등

인정하여 고시하는 경우

ⓒ 종합시험운행의 일정
ⓔ 종합시험운행의 실시조직 및 소요인원
ⓜ 종합시험운행에 사용되는 시험기기 및 장비
ⓗ 종합시험운행을 실시하는 자에 대한 교육훈련계획
ⓢ 안전관리조직 및 안전관리계획
ⓞ 비상대응계획
ⓩ 그 밖에 종합시험운행의 효율적인 실시와 안전 확보를 위하여 필요한 사항
④ 철도시설관리자는 종합시험운행을 실시하기 전에 철도운영자와 합동으로 당해 철도노선에 설치된 철도시설물에 대한 기능 및 성능점검결과를 설명한 서류에 대한 검토 등 사전검토를 하여야 한다(칙 제75조 제4항).
⑤ 종합시험운행은 다음의 절차로 구분하여 순서대로 실시한다(칙 제75조 제5항).
㉠ 시설물검증시험 : 당해 철도노선에서 허용되는 최고속도까지 단계적으로 철도차량의 속도를 증가시키면서 철도시설의 안전상태, 철도차량의 운행적합성 또는 철도시설물과의 연계성(Interface), 철도시설물의 정상작동 여부 등을 확인·점검하는 시험
㉡ 영업시운전 : 시설물검증시험이 완료된 후 영업개시에 대비하기 위하여 열차운행계획에 의한 실제 영업상태를 가정하고 열차운행체계 및 철도종사자의 업무숙달 등을 점검하는 시험
⑥ 철도시설관리자는 기존 노선을 개량한 철도노선에 대한 종합시험운행을 실시하는 경우에는 철도운영자와 협의하여 종합시험운행일정을 조정하거나 그 절차의 일부를 생략할 수 있다(칙 제75조 제6항).
⑦ 철도시설관리자는 종합시험운행을 실시하는 때에는 안전관리책임자를 지정하여 다음의 업무를 수행하도록 하여야 한다(칙 제75조 제9항).
㉠ 「산업안전보건법」 등 관련 법령에서 정한 안전조치사항의 점검·확인
㉡ 종합시험운행을 실시하기 전의 안전점검 및 종합시험운행 중 안전관리 감독
㉢ 종합시험운행에 사용되는 철도차량에 대한 안전통제
㉣ 종합시험운행에 사용되는 안전장비의 점검·확인
㉤ 종합시험운행 참여자에 대한 안전교육

(3) 종합시험운행 결과의 검토 및 개선명령 등

① 실시되는 종합시험운행의 결과에 대한 검토는 다음의 절차로 구분하여 순서대로 실시한다(칙 제75조의2 제1항).
㉠ 법 제25조 제1항에 따른 기술기준에의 적합여부 검토
㉡ 철도시설 및 열차운행체계의 안전성 여부 검토
㉢ 정상운행 준비의 적절성 여부 검토

② 국토교통부장관은 「도시철도법」 제3조 제2호에 따른 도시철도 또는 같은 법 제24조 또는 제42조에 따라 도시철도건설사업 또는 도시철도운송사업을 위탁받은 법인이 건설·운영하는 도시철도에 대하여 ①에 따른 검토를 하는 경우에는 해당 도시철도의 관할 시·도지사와 협의할 수 있다. 이 경우 협의 요청을 받은 시·도지사는 협의를 요청받은 날부터 7일 이내에 의견을 제출하여야 하며, 그 기간 내에 의견을 제출하지 아니하면 의견이 없는 것으로 본다(칙 제75조의2 제2항).

③ 국토교통부장관은 ①에 따른 검토 결과 해당 철도시설의 개선·보완이 필요하거나 열차운행체계 또는 운행준비에 대한 개선·보완이 필요한 경우에는 법 제38조 제2항에 따라 철도운영자등에게 이를 개선·시정할 것을 명할 수 있다(칙 제75조의2 제3항).

(4) 철도차량정비 또는 원상복구 명령 등(규칙 제75조의8)

① 국토교통부장관은 철도운영자등에게 철도차량정비 또는 원상복구를 명하는 경우에는 그 시정에 필요한 기간을 주어야 한다.

② 국토교통부장관은 철도운영자등에게 철도차량정비 또는 원상복구를 명하는 경우 대상 철도차량 및 사유 등을 명시하여 서면(전자문서를 포함한다)으로 통지해야 한다.

③ 철도운영자등은 국토교통부장관으로부터 철도차량정비 또는 원상복구 명령을 받은 경우에는 그 명령을 받은 날부터 14일 이내에 시정조치계획서를 작성하여 서면으로 국토교통부장관에게 제출해야 하고, 시정조치를 완료한 경우에는 지체 없이 그 시정내용을 국토교통부장관에게 서면으로 통지해야 한다.

④ 철도사고 또는 운행장애 등
   ㉠ 철도차량의 고장 등 철도차량 결함으로 인해 보고대상이 되는 열차사고 또는 위험사고가 발생한 경우
   ㉡ 철도차량의 고장 등 철도차량 결함에 따른 철도사고로 사망자가 발생한 경우
   ㉢ 동일한 부품·구성품 또는 장치 등의 고장으로 인해 보고대상이 되는 지연운행이 1년에 3회 이상 발생한 경우
   ㉣ 그 밖에 철도 운행안전 확보 등을 위해 국토교통부장관이 정하여 고시하는 경우

(5) 정비조직인증의 신청 등(규칙 제75조의9)

① 정비조직인증기준
   ㉠ 정비조직의 업무를 적절하게 수행할 수 있는 인력을 갖출 것
   ㉡ 정비조직의 업무범위에 적합한 시설·장비 등 설비를 갖출 것
   ㉢ 정비조직의 업무범위에 적합한 철도차량 정비매뉴얼, 검사체계 및 품질관리체계 등을 갖출 것

② 철도차량 정비조직의 인증을 받으려는 자는 철도차량 정비업무 개시예정일 60일 전

까지 철도차량 정비조직인증 신청서에 정비조직인증기준을 갖추었음을 증명하는 자료를 첨부하여 국토교통부장관에게 제출해야 한다.
③ 철도차량 정비조직의 인증을 받은 자(이하 "인증정비조직")가 인증정비조직의 변경인증을 받으려면 변경내용의 적용 예정일 30일 전까지 인증정비조직 변경인증 신청서에 다음의 서류를 첨부하여 국토교통부장관에게 제출해야 한다.
  ㉠ 변경하고자 하는 내용과 증명서류
  ㉡ 변경 전후의 대비표 및 설명서
④ ① 및 ②에서 정한 사항 외에 정비조직인증에 관한 세부적인 기준·방법 및 절차 등은 국토교통부장관이 정하여 고시한다.

(6) 정비조직인증서의 발급 등(규칙 제75조의10)

① 국토교통부장관은 철도차량 정비조직인증 또는 변경인증의 신청을 받으면 정비조직인증기준에 적합한지 여부를 확인해야 한다.
② 국토교통부장관은 확인 결과 정비조직인증기준에 적합하다고 인정하는 경우에는 철도차량 정비조직인증서에 철도차량정비의 종류·범위·방법 및 품질관리절차 등을 정한 운영기준(이하 "정비조직운영기준")을 첨부하여 신청인에게 발급해야 한다.
③ 인증정비조직은 정비조직운영기준에 따라 정비조직을 운영해야 한다.
④ 세부적인 기준, 절차 및 방법과 정비조직운영기준 등에 관한 세부 사항은 국토교통부장관이 정하여 고시한다.
⑤ 국토교통부장관은 철도차량 정비조직인증서를 발급한 때에는 그 사실을 관보에 고시해야 한다.

(7) 정비조직인증기준의 경미한 변경 등(규칙 제75조의11)

① 경미한 사항이란 다음의 어느 하나에 해당하는 정비조직을 말한다.
  ㉠ 철도차량 정비업무에 상시 종사하는 사람이 50명 미만의 조직
  ㉡ 소기업 중 해당 기업의 주된 업종이 운수 및 창고업에 해당하는 기업(통계청장이 고시하는 한국표준산업분류의 대분류에 따른 운수 및 창고업을 말한다)
  ㉢ 전용철도 노선에서만 운행하는 철도차량을 정비하는 조직
② 경미한 사항의 변경이란 다음의 어느 하나에 해당하는 사항의 변경을 말한다.
  ㉠ 철도차량 정비를 위한 사업장을 기준으로 철도차량 정비와 관련된 업무를 수행하는 인력의 100분의 10 이하 범위에서의 변경
  ㉡ 철도차량 정비를 위한 사업장을 기준으로 철도차량 정비에 직접 사용되는 토지 면적의 1만제곱미터 이하 범위에서의 변경
  ㉢ 그 밖에 철도차량 정비의 안전 및 품질 등에 중대한 영향을 초래하지 않는 설비

또는 장비 등의 변경
③ 인증정비조직은 다음의 어느 하나에 해당하는 경우 정비조직인증의 변경에 관한 신고(이하 이 조에서 "인증변경신고")를 하지 않을 수 있다.
　㉠ 철도차량 정비를 위한 사업장을 기준으로 철도차량 정비와 관련된 업무를 수행하는 인력이 100분의 5 이하 범위에서 변경되는 경우
　㉡ 철도차량 정비를 위한 사업장을 기준으로 철도차량 정비에 직접 사용되는 면적이 3천제곱미터 이하 범위에서 변경되는 경우
　㉢ 철도차량 정비를 위한 설비 또는 장비 등의 교체 또는 개량
　㉣ 그 밖에 철도차량 정비의 안전 및 품질 등에 영향을 초래하지 않는 사항의 변경
④ 인증정비조직은 인증정비조직의 경미한 사항의 변경에 관한 신고를 하려면 인증정비조직 변경신고서에 다음의 서류를 첨부하여 국토교통부장관에게 제출해야 한다.
　㉠ 변경 예정인 내용과 증명서류
　㉡ 변경 전후의 대비표 및 설명서
⑤ 국토교통부장관은 인증정비조직 변경신고서를 받은 때에는 정비조직인증기준에 적합한지 여부를 확인한 후 인증정비조직 변경신고확인서를 발급해야 한다.
⑥ ②부터 ⑤까지의 규정에서 정한 사항 외에 인증변경신고에 관한 세부적인 방법 및 절차 등은 국토교통부장관이 정하여 고시한다.

(8) 인증정비조직의 인증 취소 등(규칙 제75조의12)

① 철도사고 및 중대한 운행장애란 다음의 어느 하나에 해당하는 경우를 말한다.
　㉠ 철도사고로 사망자가 발생한 경우
　㉡ 철도사고 또는 운행장애로 5억원 이상의 재산피해가 발생한 경우
② 정비조직인증의 취소, 업무의 제한 또는 정지 등 처분기준은 별표 17과 같다.
③ 국토교통부장관은 제2항에 따른 처분을 한 경우에는 지체 없이 그 인증정비조직에 지정기관 행정처분서를 통지하고 그 사실을 관보에 고시해야 한다.

7. 철도차량의 개조 등

(1) 의 의

　철도차량을 소유하거나 운영하는 자는 철도차량 최초 제작 당시와 다르게 구조, 부품, 장치 또는 차량성능 등에 대한 개량 및 변경 등을 임의로 하고 운행하여서는 아니 된다(법 제38조의2 제1항).

(2) 개조승인 등

1) 개조승인 및 신고

소유자등이 철도차량을 개조하여 운행하려면 철도차량의 기술기준에 적합한지에 대하여 국토교통부령으로 정하는 바에 따라 국토교통부장관의 개조승인을 받아야 한다. 다만, 국토교통부령으로 정하는 경미한 사항을 개조하는 경우에는 국토교통부장관에게 개조신고를 하여야 한다(법 제38조의2 제2항).

2) 개조작업수행자

소유자등이 철도차량을 개조하여 개조승인을 받으려는 경우에는 국토교통부령으로 정하는 바에 따라 적정 개조능력이 있다고 인정되는 자가 개조 작업을 수행하도록 하여야 한다(법 제38조의2 제3항).

(3) 개조승인검사

국토교통부장관은 개조승인을 하려는 경우에는 해당 철도차량이 제26조 제3항에 따라 고시하는 철도차량의 기술기준에 적합한지에 대하여 개조승인검사를 하여야 한다(법 제38조의2 제4항).

8. 철도차량의 운행제한

(1) 의 의

국토교통부장관은 다음의 어느 하나에 해당하는 사유가 있다고 인정되면 소유자등에게 철도차량의 운행제한을 명할 수 있다(법 제38조의3 제1항).

① 소유자등이 개조승인을 받지 아니하고 임의로 철도차량을 개조하여 운행하는 경우
② 철도차량이 철도차량의 기술기준에 적합하지 아니한 경우

(2) 국토교통부장관의 통보의무

국토교통부장관은 운행제한을 명하는 경우 사전에 그 목적, 기간, 지역, 제한내용 및 대상 철도차량의 종류와 그 밖에 필요한 사항을 해당 소유자등에게 통보하여야 한다(법 제38조의3 제2항).

9. 준용규정
철도차량 운행제한에 대한 과징금의 부과·징수에 관하여는 제9조의2를 준용한다. 이 경우 "철도운영자등"은 "소유자등"으로, "업무의 제한이나 정지"는 "철도차량의 운행제한"으로 본다(제38조의4).

철도차량의 운행제한 관련 과징금의 부과기준(영 별표4)

1. 일반기준
   가. 위반행위의 횟수에 따른 과징금의 가중된 부과기준은 최근 2년간 같은 위반행위로 과징금 부과처분을 받은 경우에 적용한다. 이 경우 기간의 계산은 위반행위에 대하여 과징금 부과처분을 받은 날과 그 처분 후 다시 같은 위반행위를 하여 적발된 날을 기준으로 한다.
   나. 가목에 따라 가중된 부과처분을 하는 경우 가중처분의 적용 차수는 그 위반행위 전 부과처분 차수(가목에 따른 기간 내에 과징금 부과처분이 둘 이상 있었던 경우에는 높은 차수를 말한다)의 다음 차수로 한다.
   다. 위반행위가 둘 이상인 경우로서 각 처분내용이 모두 운행제한인 경우에는 각 처분기준에 따른 과징금을 합산한 금액을 넘지 않는 범위에서 무거운 처분기준에 해당하는 과징금 금액의 2분의 1의 범위에서 가중할 수 있다.
   라. 국토교통부장관은 다음의 어느 하나에 해당하는 경우에는 제2호의 개별기준에 따른 과징금 금액의 2분의 1 범위에서 그 금액을 줄일 수 있다. 다만, 과징금을 체납하고 있는 위반행위자의 경우에는 그렇지 않다.
      1) 위반행위가 사소한 부주의나 오류로 인한 것으로 인정되는 경우
      2) 위반행위자가 법 위반상태를 시정하거나 해소하기 위한 노력이 인정되는 경우
      3) 그 밖에 위반행위의 정도, 위반행위의 동기와 그 결과 등을 고려하여 과징금을 줄일 필요가 있다고 인정되는 경우
   마. 국토교통부장관은 다음의 어느 하나에 해당하는 경우에는 제2호의 개별기준에 따른 과징금 금액의 2분의 1 범위에서 그 금액을 늘릴 수 있다. 다만, 법 제9조의2 제1항에 따른 과징금 금액의 상한을 넘을 수 없다.
      1) 위반의 내용 및 정도가 중대하여 공중에게 미치는 피해가 크다고 인정되는 경우
      2) 법 위반상태의 기간이 6개월 이상인 경우
      3) 그 밖에 위반행위의 정도, 위반행위의 동기와 그 결과 등을 고려하여 과징금을 늘릴 필요가 있다고 인정되는 경우

2. 개별기준

위반행위	근거 법조문	과징금 금액 (단위 : 백만원)			
		1차 위반	2차 위반	3차 위반	4차 이상 위반
가. 철도차량이 법 제26조 제3항에 따른 철도차량의 기술기준에 적합하지 않은 경우	법 제38조의3 제1항 제2호	-	5	15	30
나. 법 제38조의2 제2항 본문을 위반하여 소유자등이 개조승인을 받지 않고 임의로 철도차량을 개조하여 운행하는 경우	법 제38조의3 제1항 제1호	5	15	30	50

철도차량의 운행제한 관련 처분기준(규칙 별표16)

1. 일반기준
   가. 위반행위의 횟수에 따른 행정처분의 가중된 부과기준은 최근 2년 동안 같은 위반행위로 행정처분을 받은 경우에 적용한다. 이 경우 기간의 계산은 위반행위에 대하여 행정처분을 받은 날과 그 처분 후 다시 같은 위반행위를 하여 적발된 날을 기준으로 한다.
   나. 가목에 따라 가중된 부과처분을 하는 경우 가중처분의 적용 차수는 그 위반행위 전 부과처분 차수(가목에 따른 기간 내에 행정처분이 둘 이상 있었던 경우에는 높은 차수를 말한다)의 다음 차수로 한다.
   다. 위반행위가 둘 이상인 경우로서 각 처분내용이 모두 운행제한·정지인 경우에는 그 중 무거운 처분기준에 해당하는 운행제한·정지 기간의 2분의 1의 범위에서 가중할 수 있다. 다만, 가중하는 경우에도 각 처분기준에 따른 운행제한·정지 기간을 합산한 기간 및 6개월을 넘을 수 없다.
   라. 국토교통부장관은 다음의 어느 하나에 해당하는 경우에는 제2호의 개별기준에 따른 운행제한·정지 기간의 2분의 1 범위에서 그 기간을 줄일 수 있다.
      1) 위반행위가 사소한 부주의나 오류로 인한 것으로 인정되는 경우
      2) 위반행위자가 법 위반상태를 시정하거나 해소하기 위한 노력이 인정되는 경우
      3) 그 밖에 위반행위의 정도, 위반행위의 동기와 그 결과 등을 고려하여 운행제한·정지 기간을 줄일 필요가 있다고 인정되는 경우
   마. 국토교통부장관은 다음의 어느 하나에 해당하는 경우에는 제2호의 개별기준에 따른 운행제한·정지 기간의 2분의 1 범위에서 그 기간을 늘릴 수 있다. 다만, 늘리는 경우에도 6개월을 넘을 수 없다.
      1) 위반의 내용 및 정도가 중대하여 공중에게 미치는 피해가 크다고 인정되는 경우
      2) 법 위반상태의 기간이 6개월 이상인 경우
      3) 그 밖에 위반행위의 정도, 위반행위의 동기와 그 결과 등을 고려하여 운행제한·정지 기간을 늘릴 필요가 있다고 인정되는 경우

2. 개별기준

위반 행위	근거 법조문	처 분 기 준			
		1차 위반	2차 위반	3차 위반	4차 위반
가. 철도차량이 법 제26조 제3항에 따른 철도차량의 기술기준에 적합하지 않은 경우	법 제38조의3 제1항 제2호	시정명령	해당 철도차량 운행정지 1개월	해당 철도차량 운행정지 2개월	해당 철도차량 운행정지 4개월
나. 소유자등이 법 제38조의2 제2항 본문을 위반하여 개조승인을 받지 않고 임의로 철도차량을 개조하여 운행하는 경우	법 제38조의3 제1항 제1호	해당 철도차량 운행정지 1개월	해당 철도차량 운행정지 2개월	해당 철도차량 운행정지 4개월	해당 철도차량 운행정지 6개월

10. 철도차량의 이력관리

(1) 소유자등의 이력관리

소유자등은 보유 또는 운영하고 있는 철도차량과 관련한 제작, 운용, 철도차량정비 및 폐차 등 이력을 관리하여야 한다(법 제38조의5 제1항).

(2) 이력관리사항 고시

이력을 관리하여야 할 철도차량, 이력관리 항목, 전산망 등 관리체계, 방법 및 절차 등에 필요한 사항은 국토교통부장관이 정하여 고시한다(법 제38조의5 제2항).

(3) 철도차량 이력에 관한 금지사항

누구든지 관리하여야 할 철도차량의 이력에 대하여 다음의 행위를 하여서는 아니 된다(법 제38조의5 제3항).
① 이력사항을 고의 또는 과실로 입력하지 아니하는 행위
② 이력사항을 위조·변조하거나 고의로 훼손하는 행위
③ 이력사항을 무단으로 외부에 제공하는 행위

(4) 이력에 관한 보고

소유자등은 이력을 국토교통부장관에게 정기적으로 보고하여야 한다(법 제38조의5 제4항).

(5) 이력의 체계적 관리

국토교통부장관은 보고된 철도차량과 관련한 제작, 운용, 철도차량정비 및 폐차 등 이력을 체계적으로 관리하여야 한다(법 제38조의5 제5항).

11. 철도차량의 정비 등

(1) 철도차량정비 등

① 철도운영자등은 운행하려는 철도차량의 부품, 장치 및 차량성능 등이 안전한 상태로 유지될 수 있도록 철도차량정비가 된 철도차량을 운행하여야 한다(법 제38조의6 제1항).
② 국토교통부장관은 철도차량을 운행하기 위하여 철도차량을 정비하는 때에 준수하여야 할 항목, 주기, 방법 및 절차 등에 관한 기술기준(철도차량정비기술기준)을 정하여 고시하여야 한다(법 제38조의6 제2항).

③ 국토교통부장관은 철도차량이 다음의 어느 하나에 해당하는 경우에 철도운영자등에게 해당 철도차량에 대하여 국토교통부령으로 정하는 바에 따라 철도차량정비 또는 원상복구를 명할 수 있다. 다만, ⓒ 또는 ⓒ에 해당하는 경우에는 국토교통부장관은 철도운영자등에게 철도차량정비 또는 원상복구를 명하여야 한다(법 제38조의6 제3항).
㉠ 철도차량기술기준에 적합하지 아니하거나 안전운행에 지장이 있다고 인정되는 경우
㉡ 소유자등이 개조승인을 받지 아니하고 철도차량을 개조한 경우
㉢ 국토교통부령으로 정하는 철도사고 또는 운행장애 등이 발생한 경우

(2) 철도차량 정비조직인증

① 철도차량정비를 하려는 자는 철도차량정비에 필요한 인력, 설비 및 검사체계 등에 관한 기준(정비조직인증기준)을 갖추어 국토교통부장관으로부터 인증을 받아야 한다. 다만, 국토교통부령으로 정하는 경미한 사항의 경우에는 그러하지 아니하다(법 제38조의7 제1항).
② 정비조직의 인증을 받은 자(인증정비조직)가 인증받은 사항을 변경하려는 경우에는 국토교통부장관의 변경인증을 받아야 한다. 다만, 국토교통부령으로 정하는 경미한 사항을 변경하는 경우에는 국토교통부장관에게 신고하여야 한다(법 제38조의7 제2항).
③ 국토교통부장관은 정비조직을 인증하려는 경우에는 국토교통부령으로 정하는 바에 따라 철도차량정비의 종류·범위·방법 및 품질관리절차 등을 정한 세부 운영기준(정비조직운영기준)을 해당 정비조직에 발급하여야 한다(법 제38조의7 제3항).
④ 정비조직인증기준, 인증절차, 변경인증절차 및 정비조직운영기준 등에 필요한 사항은 국토교통부령으로 정한다(법 제38조의7 제4항).

(3) 결격사유

다음의 어느 하나에 해당하는 자는 정비조직의 인증을 받을 수 없다. 법인인 경우에는 임원 중 다음의 어느 하나에 해당하는 사람이 있는 경우에도 또한 같다(법 제38조의8).
① 피성년후견인 및 피한정후견인
② 파산선고를 받은 자로서 복권되지 아니한 자
③ 정비조직의 인증이 취소된 후 2년이 지나지 아니한 자
④ 이 법을 위반하여 징역 이상의 실형을 선고받고 그 집행이 끝나거나 그 집행이 면제된 날부터 2년이 지나지 아니한 사람
⑤ 이 법을 위반하여 징역 이상의 형의 집행유예를 선고받고 그 유예기간 중에 있는 사람

(4) 인증정비조직의 준수사항(법 제38조의9)

① 철도차량정비기술기준을 준수할 것

② 정비조직인증기준에 적합하도록 유지할 것
③ 정비조직운영기준을 지속적으로 유지할 것
④ 중고 부품을 사용하여 철도차량정비를 할 경우 그 적정성 및 이상 여부를 확인할 것
⑤ 철도차량정비가 완료되지 않은 철도차량은 운행할 수 없도록 관리할 것

(5) 인증정비조직의 인증 취소 등

① 국토교통부장관은 인증정비조직이 다음의 어느 하나에 해당하면 인증을 취소하거나 6개월 이내의 기간을 정하여 업무의 제한이나 정지를 명할 수 있다. 다만, ㉠, ㉡(고의에 의한 경우로 한정한다) 및 ㉣에 해당하는 경우에는 그 인증을 취소하여야 한다(법 제38조의10 제1항).
　㉠ 거짓이나 그 밖의 부정한 방법으로 인증을 받은 경우
　㉡ 고의 또는 중대한 과실로 국토교통부령으로 정하는 철도사고 및 중대한 운행장애를 발생시킨 경우
　㉢ 변경인증을 받지 아니하거나 변경신고를 하지 아니하고 인증받은 사항을 변경한 경우
　㉣ 결격사유에 해당하게 된 경우
　㉤ 준수사항을 위반한 경우
② 정비조직인증의 취소, 업무의 제한 또는 정지의 기준 및 절차 등에 필요한 사항은 국토교통부령으로 정한다(법 제38조의10 제2항).

(6) 인증정비조직 관련 과징금의 부과기준

인증정비조직 관련 과징금의 부과기준(영 별표 4의2)

1. 일반기준
　가. 위반행위의 횟수에 따른 과징금의 가중된 부과기준은 최근 2년간 같은 위반행위로 과징금 부과처분을 받은 경우에 적용한다. 이 경우 기간의 계산은 위반행위에 대하여 과징금 부과처분을 받은 날과 그 처분 후 다시 같은 위반행위를 하여 적발된 날을 기준으로 한다.
　나. 가목에 따라 가중된 부과처분을 하는 경우 가중처분의 적용 차수는 그 위반행위 전 부과처분 차수(가목에 따른 기간 내에 과징금 부과처분이 둘 이상 있었던 경우에는 높은 차수를 말한다)의 다음 차수로 한다.
　다. 위반행위가 둘 이상인 경우로서 각 처분내용이 업무정지에 갈음하여 부과하는 과징금인 경우에는 각 처분기준에 따른 과징금을 합산한 금액을 넘지 않는 범위에서 가장 무거운 처분기준에 해당하는 과징금 금액의 2분의 1의 범위까지 늘릴 수 있다.
　라. 국토교통부장관은 다음의 어느 하나에 해당하는 경우에는 제2호의 개별기준에 따른 과징금 금액의 2분의 1의 범위에서 그 금액을 줄일 수 있다. 다만, 과징금을 체납하고 있

는 위반행위자의 경우에는 그렇지 않다.
1) 위반행위가 사소한 부주의나 오류로 인한 것으로 인정되는 경우
2) 위반행위자가 법 위반상태를 시정하거나 해소하기 위한 노력이 인정되는 경우
3) 그 밖에 위반행위의 정도, 위반행위의 동기와 그 결과 등을 고려하여 과징금을 줄일 필요가 있다고 인정되는 경우

마. 국토교통부장관은 다음의 어느 하나에 해당하는 경우에는 제2호의 개별기준에 따른 과징금 금액의 2분의 1의 범위에서 그 금액을 늘릴 수 있다. 다만, 법 제9조의2 제1항에 따른 과징금 금액의 상한을 넘을 수 없다.
1) 위반의 내용 및 정도가 중대하여 공중에게 미치는 피해가 크다고 인정되는 경우
2) 법 위반상태의 기간이 6개월 이상인 경우
3) 그 밖에 위반행위의 정도, 위반행위의 동기와 그 결과 등을 고려하여 과징금을 늘릴 필요가 있다고 인정되는 경우

2. 개별기준

가. 법 제38조의10 제1항 제2호 관련

위반행위	근거 법조문	과징금 금액
인증정비조직의 중대한 과실로 철도사고 및 중대한 운행장애를 발생시킨 경우 1) 철도사고로 인하여 다음의 인원이 사망한 경우 　가) 1명 이상 3명 미만 　나) 3명 이상 5명 미만 　다) 5명 이상 10명 미만 　라) 10명 이상 2) 철도사고 또는 운행장애로 인하여 다음의 재산피해액이 발생한 경우 　가) 5억원 이상 10억원 미만 　나) 10억원 이상 20억원 미만 　다) 20억원 이상	법 제38조의10 제1항 제2호	 2억원 6억원 12억원 20억원 1억원 2억원 6억원

나. 법 제38조의10 제1항 제3호 및 제5호 관련

위반행위	근거 법조문	과징금 금액 (단위 : 백만원)			
		1차 위반	2차 위반	3차 위반	4차 이상 위반
1) 법 제38조의7 제2항을 위반하여 변경인증을 받지 않거나 변경신고를 하지 않고 인증받은 사항을 변경한 경우	법 제38조의10 제1항 제3호	5	15	30	50
2) 법 제38조의9에 따른 준수사항을 위반한 경우	법 제38조의10 제1항 제5호	5	15	30	50

인증정비조직 관련 처분기준(규칙 별표17)

1. 일반기준
   가. 위반행위의 횟수에 따른 행정처분의 가중된 부과기준은 최근 2년간 같은 위반행위로 행정처분을 받은 경우에 적용한다. 이 경우 기간의 계산은 위반행위에 대하여 행정처분을 받은 날과 그 처분 후 다시 같은 위반행위를 하여 적발된 날을 기준으로 한다.
   나. 가목에 따라 가중된 부과처분을 하는 경우 가중처분의 적용 차수는 그 위반행위 전 부과처분 차수(가목에 따른 기간 내에 행정처분이 둘 이상 있었던 경우에는 높은 차수를 말한다)의 다음 차수로 한다.
   다. 위반행위가 둘 이상인 경우로서 그에 해당하는 각각의 처분기준이 다른 경우에는 그 중 무거운 처분기준(무거운 처분기준이 같을 때에는 그 중 하나의 처분기준을 말한다)에 따르며, 둘 이상의 처분기준이 같은 업무제한·정지인 경우에는 무거운 처분기준의 2분의 1의 범위에서 가중할 수 있되, 각 처분기준을 합산한 기간을 초과할 수 없다.
   라. 국토교통부장관은 다음의 어느 하나에 해당하는 경우에는 제2호의 개별기준에 따른 업무제한·정지 기간의 2분의 1의 범위에서 그 기간을 줄일 수 있다.
      1) 위반행위가 사소한 부주의나 오류로 인한 것으로 인정되는 경우
      2) 위반행위자가 법 위반상태를 시정하거나 해소하기 위한 노력이 인정되는 경우
      3) 그 밖에 위반행위의 정도, 위반행위의 동기와 그 결과 등을 고려하여 업무제한·정지 기간을 줄일 필요가 있다고 인정되는 경우
   마. 국토교통부장관은 다음의 어느 하나에 해당하는 경우에는 제2호의 개별기준에 따른 업무제한·정지 기간의 2분의 1의 범위에서 그 기간을 늘릴 수 있다. 다만, 법 제38조10 제1항에 따른 업무제한·정지 기간의 상한을 넘을 수 없다.
      1) 위반의 내용 및 정도가 중대하여 공중에게 미치는 피해가 크다고 인정되는 경우
      2) 법 위반상태의 기간이 6개월 이상인 경우
      3) 그 밖에 위반행위의 정도, 위반행위의 동기와 그 결과 등을 고려하여 업무제한·정지 기간을 늘릴 필요가 있다고 인정되는 경우

2. 개별기준
   가. 법 제38조의10 제1항 제1호, 제3호, 제4호 및 제5호 관련

위반행위	근거 법조문	처 분 기 준			
		1차 위반	2차 위반	3차 위반	4차 이상 위반
1) 거짓이나 그 밖의 부정한 방법으로 인증을 받은 경우	법 제38조의10 제1항 제1호	인증 취소	-	-	-
2) 법 제38조의7 제2항을 위반하여 변경인증을 받지 않거나 변경신고를 하지 않고 인증받은 사항을 변경한 경우	법 제38조의10 제1항 제3호	업무정지 (업무제한) 1개월	업무정지 (업무제한) 2개월	업무정지 (업무제한) 4개월	업무정지 (업무제한) 6개월

3) 법 제38조의8 제1호 및 제2호에 따른 결격사유에 해당하게 된 경우	법 제38조의10 제1항 제4호	인증 취소	–	–	–
4) 법 제38조의9에 따른 준수사항을 위반한 경우	법 제38조의10 제1항 제5호	업무정지 (업무제한) 1개월	업무정지 (업무제한) 2개월	업무정지 (업무제한) 4개월	업무정지 (업무제한) 6개월

나. 법 제38조의10 제1항 제2호 관련

위반행위	근거 법조문	처 분 기 준
1) 인증정비조직의 고의에 따른 철도사고로 사망자가 발생하거나 운행장애로 5억원 이상의 재산피해가 발생한 경우	법 제38조의10 제1항 제2호	인증 취소

2) 인증정비조직의 중대한 과실로 철도사고 및 운행장애를 발생시킨 경우
  가) 철도사고로 인한 사망자 수
    (1) 1명 이상 3명 미만
    (2) 3명 이상 5명 미만
    (3) 5명 이상 10명 미만
    (4) 10명 이상
  나) 철도사고 또는 운행장애로 인한 재산피해액
    (1) 5억원 이상 10억원 미만
    (2) 10억원 이상 20억원 미만
    (3) 20억원 이상
	법 제38조의10 제1항 제2호	
		
		업무정지(업무제한) 1개월
		업무정지(업무제한) 2개월
		업무정지(업무제한) 4개월
		업무정지(업무제한) 6개월
		
		업무정지(업무제한) 15일
		업무정지(업무제한) 1개월
		업무정지(업무제한) 2개월

12. 정밀안전진단

(1) 철도차량 정밀안전진단

① 소유자등은 철도차량이 제작된 시점(완성검사필증을 발급받은 날부터 기산한다)부터 국토교통부령으로 정하는 일정기간 또는 일정주행거리가 경과하여 노후된 철도차량을 운행하려는 경우 일정기간마다 물리적 사용가능 여부 및 안전성능 등에 대한 진단(정밀안전진단)을 받아야 한다(법 제38조의12 제1항).

② 국토교통부장관은 철도사고 및 중대한 운행장애 등이 발생된 철도차량에 대하여는 소유자등에게 정밀안전진단을 받을 것을 명할 수 있다. 이 경우 소유자등은 특별한 사유가 없으면 이에 따라야 한다(법 제38조의12 제2항).

③ 국토교통부장관은 정밀안전진단 대상이 특정 시기에 집중되는 경우나 그 밖의 부득이한 사유로 소유자등이 정밀안전진단을 받을 수 없다고 인정될 때에는 그 기간을 연장하거나 유예할 수 있다(법 제38조의12 제3항).

④ 소유자등은 정밀안전진단 대상이 정밀안전진단을 받지 아니하거나 정밀안전진단 결과 또는 제38조의14 제1항에 따른 정밀안전진단 결과에 대한 평가 계속 사용이 적합하지 아니하다고 인정되는 경우에는 해당 철도차량을 운행해서는 아니 된다(법 제38조의12 제4항).

⑤ 소유자등은 국토교통부장관이 지정한 전문기관(정밀안전진단기관)으로부터 정밀안전진단을 받아야 한다(법 제38조의12 제5항).

(2) 정밀안전진단기관의 지정 등

① 국토교통부장관은 원활한 정밀안전진단 업무 수행을 위하여 정밀안전진단기관을 지정하여야 한다(법 제38조의13 제1항).

② 정밀안전진단기관의 지정기준, 지정절차 등에 필요한 사항은 국토교통부령으로 정한다(법 제38조의13 제2항).

③ 국토교통부장관은 정밀안전진단기관이 다음의 어느 하나에 해당하는 경우에 그 지정을 취소하거나 6개월 이내의 기간을 정하여 그 업무의 전부 또는 일부의 정지를 명할 수 있다. 다만, ㉠부터 ㉢까지의 어느 하나에 해당하는 경우에는 그 지정을 취소하여야 한다(법 제38조의13 제3항).
  ㉠ 거짓이나 그 밖의 부정한 방법으로 지정을 받은 경우
  ㉡ 업무정지명령을 위반하여 업무정지 기간 중에 정밀안전진단 업무를 한 경우
  ㉢ 정밀안전진단 업무와 관련하여 부정한 금품을 수수하거나 그 밖의 부정한 행위를 한 경우
  ㉣ 정밀안전진단 결과를 조작한 경우
  ㉤ 정밀안전진단 결과를 거짓으로 기록하거나 고의로 결과를 기록하지 아니한 경우
  ㉥ 성능검사 등을 받지 아니한 검사용 기계·기구를 사용하여 정밀안전진단을 한 경우
  ㉦ 제38조의14 제1항에 따라 정밀안전진단 결과를 평가한 결과 고의 또는 중대한 과실로 사실과 다르게 진단하는 등 정밀안전진단 업무를 부실하게 수행한 것으로 평가된 경우

④ 제3항에 따른 처분의 세부기준과 그 밖에 필요한 사항은 국토교통부령으로 정한다.

(3) 정밀안전진단 결과의 평가

① 국토교통부장관은 정밀안전진단기관의 부실 진단을 방지하기 위하여 제38조의12 제1항 및 제2항에 따라 소유자등이 정밀안전진단을 받은 경우 정밀안전진단기관이 수행

한 해당 정밀안전진단의 결과를 평가할 수 있다.
② 국토교통부장관은 정밀안전진단기관 또는 소유자등에게 제1항에 따른 평가에 필요한 자료를 제출하도록 요구할 수 있다. 이 경우 자료의 제출을 요구받은 자는 특별한 사유가 없으면 이에 따라야 한다.
③ 제1항에 따른 평가의 대상, 방법, 절차 등에 필요한 사항은 국토교통부령으로 정한다.(법 제38조의14)

(4) 준용규정

정밀안전진단기관에 대한 과징금의 부과·징수에 관하여는 제9조의2를 준용한다. 이 경우 "제9조 제1항"은 "제38조의13 제3항"으로, "철도운영자등"은 "정밀안전진단기관"으로 본다(법 제38조의15).

(5) 정밀안전진단기관의 업무

> ❈ **정밀안전진단기관의 업무 범위**(규칙 제75조의18)
> ① 해당 업무분야의 철도차량에 대한 정밀안전진단 시행
> ② 정밀안전진단의 항목 및 기준에 대한 조사·검토
> ③ 정밀안전진단의 항목 및 기준에 대한 제정·개정 요청
> ④ 정밀안전진단의 기록 보존 및 보호에 관한 업무
> ⑤ 그 밖에 국토교통부장관이 필요하다고 인정하는 업무

(6) 정밀안전진단기관 관련 과징금의 부과기준

정밀안전진단기관 관련 과징금의 부과기준(영 별표4의3)

1. 일반기준
   가. 위반행위의 횟수에 따른 과징금의 가중된 부과기준은 최근 2년간 같은 위반행위로 과징금 부과처분을 받은 경우에 적용한다. 이 경우 기간의 계산은 위반행위에 대하여 과징금 부과처분을 받은 날과 그 처분 후 다시 같은 위반행위를 하여 적발된 날을 기준으로 한다.
   나. 가목에 따라 가중된 부과처분을 하는 경우 가중처분의 적용 차수는 그 위반행위 전 부과처분 차수(가목에 따른 기간 내에 과징금 부과처분이 둘 이상 있었던 경우에는 높은 차수를 말한다)의 다음 차수로 한다.
   다. 위반행위가 둘 이상인 경우로서 각 처분내용이 업무정지에 갈음하여 부과하는 과징금인 경우에는 각 처분기준에 따른 과징금을 합산한 금액을 넘지 않는 범위에서 가장 무거운 처분기준에 해당하는 과징금 금액의 2분의 1의 범위까지 늘릴 수 있다.
   라. 국토교통부장관은 다음의 어느 하나에 해당하는 경우에는 제2호의 개별기준에 따른 과징금 금액의 2분의 1의 범위에서 그 금액을 줄일 수 있다. 다만, 과징금을 체납하고 있

는 위반행위자의 경우에는 그렇지 않다.
1) 위반행위가 사소한 부주의나 오류로 인한 것으로 인정되는 경우
2) 위반행위자가 법 위반상태를 시정하거나 해소하기 위한 노력이 인정되는 경우
3) 그 밖에 위반행위의 정도, 위반행위의 동기와 그 결과 등을 고려하여 과징금을 줄일 필요가 있다고 인정되는 경우
마. 국토교통부장관은 다음의 어느 하나에 해당하는 경우에는 제2호의 개별기준에 따른 과징금 금액의 2분의 1의 범위에서 그 금액을 늘릴 수 있다. 다만, 법 제9조의2 제1항에 따른 과징금 금액의 상한을 넘을 수 없다.
1) 위반의 내용 및 정도가 중대하여 공중에게 미치는 피해가 크다고 인정되는 경우
2) 법 위반상태의 기간이 6개월 이상인 경우
3) 그 밖에 위반행위의 정도, 위반행위의 동기와 그 결과 등을 고려하여 과징금을 늘릴 필요가 있다고 인정되는 경우

2. 개별기준

위반행위	근거 법조문	과징금 금액 (단위 : 백만원)			
		1차 위반	2차 위반	3차 위반	4차 이상 위반
1) 법 제38조의13 제3항 제4호를 위반하여 정밀안전진단 결과를 조작한 경우	법 제38조의13 제3항 제4호 및 제38조의15	15	50		
2) 법 제38조의13 제3항 제5호를 위반하여 정밀안전진단 결과를 거짓으로 기록하거나 고의로 결과를 기록하지 않은 경우	법 제38조의13 제3항 제5호 및 제38조의15	15	50		
3) 법 제38조의13 제3항 제6호를 위반하여 성능검사 등을 받지 않은 검사용 기계·기구를 사용하여 정밀안전진단을 한 경우	법 제38조의13 제3항 제6호 및 제38조의15	5	15	30	50
4) 법 제38조의14 제1항에 따라 정밀안전진단결과를 평가한 결과 고의 또는 중대한 과실로 사실과 다르게 진단하는 등 정밀안전진단 업무를 부실하게 수행한 것으로 평가된 경우	법 제38조의13 제3항 제7호 및 제38조의15	15	50		

정밀안전진단기관의 지정취소 및 업무정지의 기준(규칙 별표18)

1. 일반기준
  가. 위반행위의 횟수에 따른 행정처분의 가중된 부과기준은 최근 2년간 같은 위반행위로 행정처분을 받은 경우에 적용한다. 이 경우 기간의 계산은 위반행위에 대하여 행정처분을 받은 날과 그 처분 후 다시 같은 위반행위를 하여 적발된 날을 기준으로 한다.
  나. 가목에 따라 가중된 부과처분을 하는 경우 가중처분의 적용 차수는 그 위반행위 전 부

과처분 차수(가목에 따른 기간 내에 행정처분이 둘 이상 있었던 경우에는 높은 차수를 말한다)의 다음 차수로 한다.
다. 위반행위가 둘 이상인 경우로서 그에 해당하는 각각의 처분기준이 다른 경우에는 그 중 무거운 처분기준(무거운 처분기준이 같을 때에는 그 중 하나의 처분기준을 말한다)에 따르며, 위반행위가 둘 이상인 경우로서 그에 해당하는 각각의 처분기준이 업무정지인 경우에는 처분기준의 2분의 1까지 가중할 수 있되, 각 처분기준을 합산한 기간을 초과할 수 없다.
라. 국토교통부장관은 위반행위의 동기·내용 및 위반의 정도 등 다음의 어느 하나에 해당하는 사유를 고려하여 그 처분을 감경할 수 있다. 이 경우 그 처분이 업무정지인 경우에는 그 처분기준의 2분의 1의 범위에서 감경할 수 있고, 지정취소인 경우(법 제38조의13 제3항 제1호부터 제3호까지에 해당하는 경우는 제외한다)에는 6개월의 업무정지 처분으로 감경할 수 있다.
  1) 위반행위가 고의나 중대한 과실이 아닌 사소한 부주의나 오류로 인한 것으로 인정되는 경우
  2) 위반의 내용·정도가 경미하여 이해관계인에게 미치는 피해가 적다고 인정되는 경우

2. 개별기준

위반사항	근거 법조문	처분기준			
		1차 위반	2차 위반	3차 위반	4차 이상 위반
가. 거짓이나 그 밖의 부정한 방법으로 지정을 받은 경우	법 제38조의13 제3항 제1호	지정 취소			
나. 업무정지명령을 위반하여 업무정지 기간 중에 정밀안전진단 업무를 한 경우	법 제38조의13 제3항 제2호	지정 취소			
다. 정밀안전진단 업무와 관련하여 부정한 금품을 수수하거나 그 밖의 부정한 행위를 한 경우	법 제38조의13 제3항 제3호	지정 취소			
라. 정밀안전진단 결과를 조작한 경우	법 제38조의13 제3항 제4호	업무 정지 2개월	업무 정지 6개월	지정 취소	
마. 정밀안전진단 결과를 거짓으로 기록하거나 고의로 결과를 기록하지 않은 경우	법 제38조의13 제3항 제5호	업무 정지 2개월	업무 정지 6개월	지정 취소	
바. 성능검사 등을 받지 않은 검사용 기계·기구를 사용하여 정밀안전진단을 한 경우	법 제38조의13 제3항 제6호	업무 정지 1개월	업무 정지 2개월	업무 정지 4개월	업무 정지 6개월
사. 법 제38조의14 제1항에 따라 정밀안전진단 결과를 평가한 결과 고의 또는 중대한 과실로 사실과 다르게 진단하는 등 정밀안전진단 업무를 부실하게 수행한 것으로 평가된 경우	법 제38조의13 제3항 제7호	업무 정지 2개월	업무 정지 6개월	지정 취소	

제5절 철도차량 운행안전 및 철도보호

1. 철도차량의 운행

(1) 철도교통관제

1) 의 의
   ① 철도차량을 운행하는 자는 국토교통부장관이 지시하는 이동·출발·정지 등의 명령과 운행 기준·방법·절차 및 순서 등에 따라야 한다(법 제39조의2 제1항).
   ② 국토교통부장관은 철도차량의 안전하고 효율적인 운행을 위하여 철도시설의 운용상태 등 철도차량의 운행과 관련된 조언과 정보를 철도종사자 또는 철도운영자등에게 제공할 수 있다(법 제39조의2 제2항).
   ③ 국토교통부장관은 철도차량의 안전한 운행을 위하여 철도시설 내에서 사람, 자동차 및 철도차량의 운행제한 등 필요한 안전조치를 취할 수 있다(법 제39조의2 제3항).

2) 철도교통관제업무의 대상 및 내용 등
   ① 다음의 어느 하나에 해당하는 경우에는 철도교통관제업무의 대상에서 제외한다(칙 제76조 제1항).
      ㉠ 정상운행을 하기 전의 신설선 또는 개량선에서 철도차량을 운행하는 경우
      ㉡ 철도차량을 보수·정비하기 위한 차량정비기지 및 차량유치시설에서 철도차량을 운행하는 경우
   ② 국토교통부장관이 행하는 관제업무의 내용은 다음과 같다(칙 제76조 제2항).
      ㉠ 철도차량의 운행에 대한 집중 제어·통제 및 감시
      ㉡ 철도시설의 운용상태 등 철도차량의 운행과 관련된 조언과 정보의 제공 업무
      ㉢ 철도보호지구에서 제한행위에 해당하는 행위를 할 경우 열차운행 통제 업무
      ㉣ 철도사고등의 발생 시 사고복구, 긴급구조·구호 지시 및 관계 기관에 대한 상황 보고·전파 업무
      ㉤ 그 밖에 국토교통부장관이 철도차량의 안전운행 등을 위하여 지시한 사항
   ③ 철도운영자등은 철도사고 등이 발생하거나 철도시설 또는 철도차량 등이 정상적인 상태에 있지 아니하다고 의심되는 경우에는 이를 신속히 국토교통부장관에 통보하여야 한다(칙 제76조 제3항).

(2) 영상기록장치의 장착 등

1) 영상기록장치의 설치·운영 등
   ① 철도운영자등은 철도차량의 운행상황 기록, 교통사고 상황 파악, 안전사고 방지, 범죄 예방 등을 위하여 다음 각 호의 철도차량 또는 철도시설에 영상기록장치를

설치·운영하여야 한다. 이 경우 영상기록장치의 설치 기준, 방법 등은 대통령령으로 정한다(법 제39조의3 제1항).
  ㉠ 철도차량 중 대통령령으로 정하는 동력차 및 객차
  ㉡ 승강장 등 대통령령으로 정하는 안전사고의 우려가 있는 역 구내
  ㉢ 대통령령으로 정하는 차량정비기지
  ㉣ 변전소 등 대통령령으로 정하는 안전확보가 필요한 철도시설
  ㉤ 「건널목 개량촉진법」 제2조 제3호에 따른 건널목으로서 대통령령으로 정하는 안전확보가 필요한 건널목
② 철도운영자등은 제1항에 따라 영상기록장치를 설치하는 경우 운전업무종사자, 여객 등이 쉽게 인식할 수 있도록 대통령령으로 정하는 바에 따라 안내판 설치 등 필요한 조치를 하여야 한다(법 제39조의3 제2항).
③ 철도운영자등은 설치 목적과 다른 목적으로 영상기록장치를 임의로 조작하거나 다른 곳을 비추어서는 아니 되며, 운행기간 외에는 영상기록(음성기록을 포함)을 하여서는 아니 된다(법 제39조의3 제3항).
④ 철도운영자등은 다음의 어느 하나에 해당하는 경우 외에는 영상기록을 이용하거나 다른 자에게 제공하여서는 아니 된다(법 제39조의3 제4항).
  ㉠ 교통사고 상황 파악을 위하여 필요한 경우
  ㉡ 범죄의 수사와 공소의 제기 및 유지에 필요한 경우
  ㉢ 법원의 재판업무수행을 위하여 필요한 경우
⑤ 철도운영자등은 영상기록장치에 기록된 영상이 분실·도난·유출·변조 또는 훼손되지 아니하도록 대통령령으로 정하는 바에 따라 영상기록장치의 운영·관리 지침을 마련하여야 한다(법 제39조의3 제5항).
⑥ 영상기록장치의 설치·관리 및 영상기록의 이용·제공 등은 「개인정보 보호법」에 따라야 한다(법 제39조의3 제6항).
⑦ 제4항에 따른 영상기록의 제공과 그 밖에 영상기록의 보관 기준 및 보관 기간 등에 필요한 사항은 국토교통부령으로 정한다.

2) 영상기록장치의 설치 기준 및 방법(시행령 제30조의 2)
① 법 제39조의3 제1항 제1호에 따른 동력차에는 다음의 기준에 따라 영상기록장치를 설치해야 한다.
  ㉠ 다음의 상황을 촬영할 수 있는 영상기록장치를 각각 설치할 것
    ⓐ 선로변을 포함한 철도차량 전방의 운행 상황
    ⓑ 운전실의 운전조작 상황
  ㉡ ㉠에도 불구하고 다음의 어느 하나에 해당하는 철도차량의 경우에는 ㉠ ⓑ의 상황을 촬영할 수 있는 영상기록장치는 설치하지 않을 수 있다.

ⓐ 운행정보의 기록장치 등을 통해 철도차량의 운전조작 상황을 파악할 수 있는 철도차량
ⓑ 무인운전 철도차량
ⓒ 전용철도의 철도차량

② 법 제39조의3 제1항 제1호에 따른 객차에는 다음의 기준에 따라 영상기록장치를 설치해야 한다.
㉠ 영상기록장치의 해상도는 범죄 예방 및 범죄 상황 파악 등에 지장이 없는 정도일 것
㉡ 객차 내에 사각지대가 없도록 설치할 것
㉢ 여객 등이 영상기록장치를 쉽게 인식할 수 있는 위치에 설치할 것

③ 법 제39조의3 제1항 제2호부터 제4호까지의 규정에 따른 시설에는 다음의 기준에 따라 영상기록장치를 설치해야 한다.
㉠ 다음의 상황을 촬영할 수 있는 영상기록장치를 모두 설치할 것
ⓐ 여객의 대기·승하차 및 이동 상황
ⓑ 철도차량의 진출입 및 운행 상황
ⓒ 철도시설의 운영 및 현장 상황
㉡ 철도차량 또는 철도시설이 충격을 받거나 화재가 발생한 경우 등 정상적이지 않은 환경에서도 영상기록장치가 최대한 보호될 수 있을 것

3) 영상기록장치 설치 안내

철도운영자등은 법 제39조의3 제2항에 따라 운전업무종사자 및 여객 등 「개인정보 보호법」 제2조 제3호에 따른 정보주체가 쉽게 인식할 수 있는 운전실 및 객차 출입문 등에 다음의 사항이 표시된 안내판을 설치해야 한다.

① 영상기록장치의 설치 목적
② 영상기록장치의 설치 위치, 촬영 범위 및 촬영 시간
③ 영상기록장치 관리 책임 부서, 관리책임자의 성명 및 연락처
④ 그 밖에 철도운영자등이 필요하다고 인정하는 사항

4) 영상기록장치의 운영·관리 지침

철도운영자등은 법 제39조의3 제5항에 따라 영상기록장치에 기록된 영상이 분실·도난·유출·변조 또는 훼손되지 않도록 다음의 사항이 포함된 영상기록장치 운영·관리 지침을 마련해야 한다.

① 영상기록장치의 설치 근거 및 설치 목적
② 영상기록장치의 설치 대수, 설치 위치 및 촬영 범위

③ 관리책임자, 담당 부서 및 영상기록에 대한 접근 권한이 있는 사람
④ 영상기록의 촬영 시간, 보관기간, 보관장소 및 처리방법
⑤ 철도운영자등의 영상기록 확인 방법 및 장소
⑥ 정보주체의 영상기록 열람 등 요구에 대한 조치
⑦ 영상기록에 대한 접근 통제 및 접근 권한의 제한 조치
⑧ 영상기록을 안전하게 저장·전송할 수 있는 암호화 기술의 적용 또는 이에 상응하는 조치
⑨ 영상기록 침해사고 발생에 대응하기 위한 접속기록의 보관 및 위조·변조 방지를 위한 조치
⑩ 영상기록에 대한 보안프로그램의 설치 및 갱신
⑪ 영상기록의 안전한 보관을 위한 보관시설의 마련 또는 잠금장치의 설치 등 물리적 조치
⑫ 그 밖에 영상기록장치의 설치·운영 및 관리에 필요한 사항

5) 영상기록의 보관기준 및 보관기간
① 철도운영자등은 영상기록장치에 기록된 영상기록을 영상기록장치 운영·관리 지침에서 정하는 보관기간 동안 보관하여야 한다. 이 경우 보관기간은 3일 이상의 기간이어야 한다(칙 제76조의3 제1항).
② 철도운영자등은 보관기간이 지난 영상기록을 삭제하여야 한다. 다만, 보관기간 내에 법 제39조의3 제4항 각 호의 어느 하나에 해당하여 영상기록에 대한 제공을 요청 받은 경우에는 해당 영상기록을 제공하기 전까지는 영상기록을 삭제해서는 아니 된다(칙 제76조의3 제2항).

(3) 열차운행의 일시중지

① 철도운영자는 다음에 해당하는 경우로서 열차의 안전운행에 지장이 있다고 인정하는 때에는 열차운행을 일시중지할 수 있다(법 제40조 제1항).
  ㉠ 지진·태풍·폭우·폭설 등 천재지변 또는 악천후로 인하여 재해가 발생하였거나 재해가 발생할 것으로 예상되는 경우
  ㉡ 그 밖의 열차운행에 중대한 장애가 발생하였거나 발생할 것으로 예상되는 경우
② 철도종사자는 철도사고 및 운행장애의 징후가 발견되거나 발생 위험이 높다고 판단되는 경우에는 관제업무종사자에게 열차운행을 일시 중지할 것을 요청할 수 있다. 이 경우 요청을 받은 관제업무종사자는 특별한 사유가 없으면 즉시 열차운행을 중지하여야 한다(법 제40조 제2항).
③ 철도종사자는 열차운행의 중지 요청과 관련하여 고의 또는 중대한 과실이 없는 경우에는 민사상 책임을 지지 아니한다(법 제40조 제3항).

④ 누구든지 열차운행의 중지를 요청한 철도종사자에게 이를 이유로 불이익한 조치를 하여서는 아니 된다(법 제40조 제4항).

(4) 철도종사자의 준수사항

1) 운전업무종사자의 준수사항

운전업무종사자는 철도차량의 운전업무 수행 중 다음의 사항을 준수하여야 한다(법 제40조의2 제1항).

① 철도차량 출발 전 국토교통부령으로 정하는 조치 사항[21]을 이행할 것
② 국토교통부령으로 정하는 철도차량 운행에 관한 안전 수칙[22]을 준수할 것

2) 관제업무종사자의 준수사항

관제업무종사자는 관제업무 수행 중 다음의 사항을 준수하여야 한다(법 제40조의2 제2항).

① 운전업무종사자 등에게 열차 운행에 관한 정보를 제공할 것
② 철도사고, 철도준사고 및 운행장애 발생 시 국토교통부령으로 정하는 조치 사항[23]

---

21) "철도차량 출발 전 국토교통부령으로 정하는 조치사항"이란 다음 각 호를 말한다.
　1. 철도차량이 「철도산업발전기본법」 제3조 제2호 나목에 따른 차량정비기지에서 출발하는 경우 다음 각 목의 기능에 대하여 이상 여부를 확인할 것
　　가. 운전제어와 관련된 장치의 기능
　　나. 제동장치 기능
　　다. 그 밖에 운전 시 사용하는 각종 계기판의 기능
　2. 철도차량이 역시설에서 출발하는 경우 여객의 승하차 여부를 확인할 것. 다만, 여객승무원이 대신하여 확인하는 경우에는 그러하지 아니하다.
22) "국토교통부령으로 정하는 철도차량 운행에 관한 안전 수칙"이란 다음 각 호를 말한다.
　1. 철도신호에 따라 철도차량을 운행할 것
　2. 철도차량의 운행 중에 휴대전화 등 전자기기를 사용하지 아니할 것. 다만, 다음 각 목의 어느 하나에 해당하는 경우로서 철도운영자가 운행의 안전을 저해하지 아니하는 범위에서 사전에 사용을 허용한 경우에는 그러하지 아니하다.
　　가. 철도사고등 또는 철도차량의 기능장애가 발생하는 등 비상상황이 발생한 경우
　　나. 철도차량의 안전운행을 위하여 전자기기의 사용이 필요한 경우
　　다. 그 밖에 철도운영자가 철도차량의 안전운행에 지장을 주지 아니한다고 판단하는 경우
　3. 철도운영자가 정하는 구간별 제한속도에 따라 운행할 것
　4. 열차를 후진하지 아니할 것. 다만, 비상상황 발생 등의 사유로 관제업무종사자의 지시를 받는 경우에는 그러하지 아니하다.
　5. 정거장 외에는 정차를 하지 아니할 것. 다만, 정지신호의 준수 등 철도차량의 안전운행을 위하여 정차를 하여야 하는 경우에는 그러하지 아니하다.
　6. 운행구간의 이상이 발견된 경우 관제업무종사자에게 즉시 보고할 것
　7. 관제업무종사자의 지시를 따를 것
23) "국토교통부령으로 정하는 조치사항"이란 다음 각 호를 말한다.
　1. 철도사고등이 발생하는 경우 여객 대피 및 철도차량 보호 조치 여부 등 사고현장 현황을 파악할 것
　2. 철도사고등의 수습을 위하여 필요한 경우 다음 각 목의 조치를 할 것
　　가. 사고현장의 열차운행 통제

을 이행할 것

3) 작업책임자의 준수사항

작업책임자는 철도차량의 운행선로 또는 그 인근에서 철도시설의 건설 또는 관리와 관련된 작업 수행 중 다음의 사항을 준수하여야 한다(법 제40조의2 제3항).

① 국토교통부령으로 정하는 바에 따라 작업 수행 전에 작업원을 대상으로 안전교육을 실시할 것
② 국토교통부령으로 정하는 작업안전에 관한 조치 사항을 이행할 것

4) 철도운행안전관리자의 준수사항

철도운행안전관리자는 철도차량의 운행선로 또는 그 인근에서 철도시설의 건설 또는 관리와 관련된 작업 수행 중 다음의 사항을 준수하여야 한다(법 제40조의2 제4항).

① 작업일정 및 열차의 운행일정을 작업수행 전에 조정할 것
② 작업일정 및 열차의 운행일정을 작업과 관련하여 관할 역의 관리책임자(정거장에서 철도신호기·선로전환기 또는 조작판 등을 취급하는 사람을 포함한다) 및 관제업무종사자와 협의하여 조정할 것
③ 국토교통부령으로 정하는 열차운행 및 작업안전에 관한 조치 사항을 이행할 것

5) 철도사고등의 발생 시 후속조치 등

① 철도사고 등이 발생하는 경우 해당 철도차량의 운전업무종사자와 여객승무원은 철도사고 등의 현장을 이탈하여서는 아니 되며, 철도차량 내 안전 및 질서유지를 위하여 승객 구호조치 등 국토교통부령으로 정하는 후속조치를 이행하여야 한다. 다만, 의료기관으로의 이송이 필요한 경우 등 국토교통부령으로 정하는 경우에는 그러하지 아니하다(법 제40조의2 제5항).
② 운전업무종사자와 여객승무원은 다음의 후속조치를 이행하여야 한다. 이 경우 운전업무종사자와 여객승무원은 후속조치에 대하여 각각의 역할을 분담하여 이행할 수 있다(칙 제76조의8 제1항).
  ㉠ 관제업무종사자 또는 인접한 역시설의 철도종사자에게 철도사고등의 상황을 전파할 것

나. 의료기관 및 소방서 등 관계기관에 지원 요청
다. 사고 수습을 위한 철도종사자의 파견 요청
라. 2차 사고 예방을 위하여 철도차량이 구르지 아니하도록 하는 조치 지시
마. 안내방송 등 여객 대피를 위한 필요한 조치 지시
바. 전차선(電車線, 선로를 통하여 철도차량에 전기를 공급하는 장치를 말한다)의 전기공급 차단 조치
사. 구원(救援)열차 또는 임시열차의 운행 지시
아. 열차의 운행간격 조정

ⓒ 철도차량 내 안내방송을 실시할 것. 다만, 방송장치로 안내방송이 불가능한 경우에는 확성기 등을 사용하여 안내하여야 한다.
ⓒ 여객의 안전을 확보하기 위하여 필요한 경우 철도차량 내 여객을 대피시킬 것
ⓒ 2차 사고 예방을 위하여 철도차량이 구르지 아니하도록 하는 조치를 할 것
ⓒ 여객의 안전을 확보하기 위하여 필요한 경우 철도차량의 비상문을 개방할 것
ⓑ 사상자 발생 시 응급환자를 응급처치하거나 의료기관에 긴급히 이송되도록 지원할 것

(5) 철도종사자의 음주제한

1) 의 의

① 다음의 어느 하나에 해당하는 철도종사자(실무수습 중인 사람을 포함)는 술을 마시거나 약물을 사용한 상태에서 업무를 하여서는 아니 된다(법 제41조 제1항).
  ㉠ 운전업무종사자
  ㉡ 관제업무종사자
  ㉢ 여객승무원
  ㉣ 철도운행안전관리자
  ㉤ 철도차량의 운행선로 또는 그 인근에서 철도시설의 건설 또는 관리와 관련한 작업의 현장감독업무를 수행하는 사람
  ㉥ 정거장에서 철도신호기·선로전환기 및 조작판 등을 취급하거나 열차의 조성(組成 : 철도차량을 연결하거나 분리하는 작업)업무를 수행하는 사람
  ㉦ 철도차량 및 철도시설의 점검·정비 업무에 종사하는 사람

② 국토교통부장관 또는 시·도지사는 철도안전과 위험방지를 위하여 필요하다고 인정하거나 철도종사자가 술을 마시거나 약물을 사용한 상태에서 업무를 하였다고 인정할 만한 상당한 이유가 있을 때에는 철도종사자에 대하여 술을 마셨거나 약물을 사용하였는지 확인 또는 검사할 수 있다. 이 경우 그 철도종사자는 국토교통부장관 또는 시·도지사의 확인 또는 검사를 거부하여서는 아니 된다(법 제41조 제2항).

2) 음주제한의 기준

확인 또는 검사 결과 철도종사자가 술을 마시거나 약물을 사용하였다고 판단하는 기준은 다음의 구분과 같다(법 제41조 제3항).

① **술** : 혈중 알코올농도가 0.02퍼센트(㉤ ~ ㉦까지의 철도종사자는 0.03퍼센트) 이상인 경우
② **약물** : 양성으로 판정된 경우

(6) 철도종사자의 흡연 금지

철도종사자(제21조에 따른 운전업무 실무수습을 하는 사람을 포함한다)는 업무에 종사하는 동안에는 열차 내에서 흡연을 하여서는 아니 된다(제40조의3).

2. 위해물품

(1) 위해물품의 휴대금지

누구든지 무기, 화약류, 허가물질, 제한물질, 금지물질, 유해화학물질 또는 인화성이 높은 물질 등 공중(公衆)이나 여객에게 위해를 끼치거나 끼칠 우려가 있는 물건 또는 물질을 열차에서 휴대하거나 적재(積載)할 수 없다. 다만, 국토교통부장관 또는 시·도지사의 허가를 받은 경우 또는 국토교통부령으로 정하는 특정한 직무를 수행하기 위한 경우에는 그러하지 아니하다.

(2) 위해물품의 종류 등

1) 위해물품의 종류

철도운영자 등은 위해물품에 대하여 휴대 또는 적재의 적정성, 포장 및 안전조치의 적정성 등을 검토하여 휴대 또는 적재를 허가할 수 있다. 이 경우 당해 위해물품에 대하여는 위해물품임을 나타낼 수 있는 표지를 포장 외면 등 잘 보이는 곳에 부착하여야 한다(칙 제78조 제2항).

화약류	「총포·도검·화약류 등의 안전관리에 관한 법률」에 의한 화약·폭약·화공품과 그 밖에 폭발성이 있는 물질	
고압가스	섭씨 50° 미만의 임계온도를 가진 물질, 섭씨 50°에서 300킬로파스칼을 초과하는 절대압력(진공을 영으로 하는 압력을 말한다. 이하 같다)을 가진 물질, 섭씨 21.1°에서 280킬로파스칼을 초과하거나 섭씨 54.4°에서 730킬로파스칼을 초과하는 절대압력을 가진 물질 또는 섭씨 37.8°에서 280킬로파스칼을 초과하는 절대가스압력(진공을 영으로 하는 가스압력을 말한다)을 가진 액체상태의 인화성 물질	
인화성액체	밀폐식인화점 측정법에 의한 인화점이 섭씨 60.5° 이하인 액체 또는 개방식인화점 측정법에 의한 인화점이 섭씨 65.6° 이하인 액체	
가연성 물질류	가연성 고체	화기 등에 의하여 용이하게 점화되며 화재를 조장할 수 있는 가연성 고체
	자연발화성 물질	통상적인 운송상태에서 마찰·습기흡수·화학변화 등으로 인하여 자연발열 또는 자연발화하기 쉬운 물질
	그 밖의 가연성 물질	물과 작용하여 인화성가스를 발생하는 물질
산화성 물질류	산화성 물질	다른 물질을 산화시키는 성질을 가진 물질로서 유기과산화물외의 것
	유기과산화물	다른 물질을 산화시키는 성질을 가진 유기물질

독물류	독물	사람이 그 물질을 흡입·접촉 또는 체내에 섭취한 경우에 강력한 독작용 또는 자극을 일으키는 물질
	병독을 옮기기 쉬운 물질	살아있는 병원체 및 살아있는 병원체를 함유하거나 병원체가 부착되어 있다고 인정되는 물질
방사성 물질		「원자력안전법」 제2조의 규정에 의한 핵물질 및 방사성물질 또는 이로 인하여 오염된 물질로서 방사능의 농도가 매 kg당 74킬로베크렐(매 그램당 0.002마이크로큐리) 이상인 것
부식성 물질		생물체의 조직에 접촉한 경우 화학반응에 의하여 조직에 심한 위해를 주는 물질 또는 열차의 차체·적하물 등에 접촉한 경우 물질적 손상을 주는 물질
마취성 물질		객실승무원이 정상근무를 할 수 없도록 극도의 고통이나 불편함을 발생시키는 마취성이 있는 물질 또는 그와 유사한 성질을 가진 물질
총포·도검류 등		「총포·도검·화약류 등 단속법」에 의한 총포·도검 및 이에 준하는 흉기류
그 밖의 유해물질		위 위해물품 외 화학변화 등에 의하여 사람에게 위해를 주거나 열차 안에 적재된 물건에 물질적인 손상을 줄 수 있는 물질

3. 위험물의 탁송 및 운송금지

(1) 의 의

누구든지 점화, 점폭약류를 붙인 폭약, 니트로글리세린과 건조한 기폭약, 뇌홍질화연에 속하는 것 등 대통령령이 정하는 위험물[24]을 탁송할 수 없으며, 철도운영자는 이를 철도로 운송할 수 없다(법 제43조).

(2) 위험물의 운송

① 대통령령으로 정하는 위험물의 운송을 위탁하여 철도로 운송하려는 자와 이를 운송하는 철도운영자는 국토교통부령으로 정하는 바에 따라 철도운행상의 위험 방지 및 인명(人命) 보호를 위하여 위험물을 안전하게 포장·적재·관리·운송하여야 한다(법 제44조 제1항).

② 철도로 위험물을 탁송하는 자는 위험물의 안전한 운송을 위하여 철도운영자의 안전조치에 따라야 한다(법 제44조 제2항).

---

24) "대통령령이 정하는 위험물"이라 함은 다음 각 호의 위험물을 말한다.
  1. 점화(點火) 또는 점폭약류(點爆藥類)를 붙인 폭약
  2. 니트로글리세린
  3. 건조한 기폭약(起爆藥)
  4. 뇌홍질화연(雷汞窒化鉛)에 속하는 것
  5. 그 밖에 사람에게 위해를 주거나 물건에 손상을 줄 수 있는 물질로서 국토교통부장관이 정하여 고시하는 위험물

(3) 위험물 포장 및 용기의 검사 등(법 제44조의2)

① 위험물을 철도로 운송하는 데 사용되는 포장 및 용기(부속품을 포함한다. 이하 이 조에서 같다)를 제조·수입하여 판매하려는 자 또는 이를 소유하거나 임차하여 사용하는 자는 국토교통부장관이 실시하는 포장 및 용기의 안전성에 관한 검사에 합격하여야 한다.
② 제1항에 따른 위험물 포장 및 용기의 검사의 합격기준·방법 및 절차 등에 필요한 사항은 국토교통부령으로 정한다.
③ 국토교통부장관은 제1항에도 불구하고 다음 각 호의 어느 하나에 해당하는 경우에는 국토교통부령으로 정하는 바에 따라 위험물 포장 및 용기의 안전성에 관한 검사의 전부 또는 일부를 면제할 수 있다.
  1. 「고압가스 안전관리법」 제17조에 따른 검사에 합격하거나 검사가 생략된 경우
  2. 「선박안전법」 제41조 제2항에 따른 검사에 합격한 경우
  3. 「항공안전법」 제71조 제1항에 따른 검사에 합격한 경우
  4. 대한민국이 체결한 협정 또는 대한민국이 가입한 협약에 따라 검사하여 외국 정부 등이 발행한 증명서가 있는 경우
  5. 그 밖에 국토교통부령으로 정하는 경우
④ 국토교통부장관은 위험물 포장 및 용기에 관한 전문검사기관(이하 "위험물 포장·용기검사기관"이라 한다)을 지정하여 제1항에 따른 검사를 하게 할 수 있다.
⑤ 위험물 포장·용기검사기관의 지정 기준·절차 등에 필요한 사항은 국토교통부령으로 정한다.
⑥ 국토교통부장관은 위험물 포장·용기검사기관이 다음 각 호의 어느 하나에 해당하는 경우에는 그 지정을 취소하거나 6개월 이내의 기간을 정하여 그 업무의 전부 또는 일부의 정지를 명할 수 있다. 다만, 제1호 또는 제2호에 해당하는 경우에는 그 지정을 취소하여야 한다.
  1. 거짓이나 그 밖의 부정한 방법으로 위험물 포장·용기검사기관으로 지정받은 경우
  2. 업무정지 기간 중에 제1항에 따른 검사 업무를 수행한 경우
  3. 제2항에 따른 포장 및 용기의 검사방법·합격기준 등을 위반하여 제1항에 따른 검사를 한 경우
  4. 제5항에 따른 지정기준에 맞지 아니하게 된 경우
⑦ 제6항에 따른 처분의 세부기준 등에 필요한 사항은 국토교통부령으로 정한다.

(4) 위험물취급에 관한 교육 등(법 제44조의3)

① 위험물취급자는 자신이 고용하고 있는 종사자(철도로 운송하는 위험물을 취급하는 종사자에 한정한다)가 위험물취급에 관하여 국토교통부장관이 실시하는 교육(이하 "위험

물취급안전교육"이라 한다)을 받도록 하여야 한다. 다만, 종사자가 다음 각 호의 어느 하나에 해당하는 경우에는 위험물취급안전교육의 전부 또는 일부를 면제할 수 있다.
1. 제24조 제1항에 따른 철도안전에 관한 교육을 통하여 위험물취급에 관한 교육을 이수한 철도종사자
2. 「화학물질관리법」 제33조에 따른 유해화학물질 안전교육을 이수한 유해화학물질 취급 담당자
3. 「위험물안전관리법」 제28조에 따른 안전교육을 이수한 위험물의 안전관리와 관련된 업무를 수행하는 자
4. 「고압가스 안전관리법」 제23조에 따른 안전교육을 이수한 운반책임자
5. 그 밖에 국토교통부령으로 정하는 경우

② 제1항에 따른 교육의 대상·내용·방법·시기 등 위험물취급안전교육에 필요한 사항은 국토교통부령으로 정한다.

③ 국토교통부장관은 제1항에 따른 교육을 효율적으로 하기 위하여 위험물취급안전교육을 수행하는 전문교육기관(이하 "위험물취급전문교육기관"이라 한다)을 지정하여 위험물취급안전교육을 실시하게 할 수 있다.

④ 교육시설·장비 및 인력 등 위험물취급전문교육기관의 지정기준 및 운영 등에 필요한 사항은 국토교통부령으로 정한다.

⑤ 국토교통부장관은 위험물취급전문교육기관이 다음 각 호의 어느 하나에 해당하는 경우에는 그 지정을 취소하거나 6개월 이내의 기간을 정하여 그 업무의 전부 또는 일부의 정지를 명할 수 있다. 다만, 제1호 또는 제2호에 해당하는 경우에는 그 지정을 취소하여야 한다.
1. 거짓이나 그 밖의 부정한 방법으로 위험물취급전문교육기관으로 지정받은 경우
2. 업무정지 기간 중에 위험물취급안전교육을 수행한 경우
3. 제4항에 따른 지정기준에 맞지 아니하게 된 경우

⑥ 제5항에 따른 처분의 세부기준 및 절차 등에 필요한 사항은 국토교통부령으로 정한다.

4. 철도보호지구 안에서의 행위제한

(1) 신고의무

① 철도경계선(가장 바깥쪽 궤도의 끝선)으로부터 30미터 이내[「도시철도법」 제2조 제2호에 따른 도시철도 중 노면전차의 경우에는 10미터 이내]의 지역에서 다음의 어느 하나에 해당하는 행위를 하려는 자는 대통령령으로 정하는 바에 따라 국토교통부장관 또는 시·도지사에게 신고하여야 한다(법 제45조 제1항).
㉠ 토지의 형질변경 및 굴착(掘鑿)
㉡ 토석, 자갈 및 모래의 채취

ⓒ 건축물의 신축·개축(改築)·증축 또는 인공구조물의 설치
ⓓ 나무의 식재(대통령령으로 정하는 경우만 해당)
ⓔ 그 밖에 철도시설을 파손하거나 철도차량의 안전운행을 방해할 우려가 있는 행위로서 대통령령으로 정하는 행위

② 노면전차 철도보호지구의 바깥쪽 경계선으로부터 20미터 이내의 지역에서 굴착, 인공구조물의 설치 등 철도시설을 파손하거나 철도차량의 안전운행을 방해할 우려가 있는 행위로서 대통령령으로 정하는 행위를 하려는 자는 대통령령으로 정하는 바에 따라 국토교통부장관 또는 시·도지사에게 신고하여야 한다(법 제45조 제2항).

(2) 조치명령

① 국토교통부장관 또는 시·도지사는 철도차량의 안전운행 및 철도 보호를 위하여 필요하다고 인정할 때에는 (1)의 행위를 하는 자에게 그 행위의 금지 또는 제한을 명령하거나 대통령령으로 정하는 필요한 조치를 하도록 명령할 수 있다(법 제45조 제3항).

② 국토교통부장관 또는 시·도지사는 철도차량의 안전운행 및 철도 보호를 위하여 필요하다고 인정할 때에는 토지, 나무, 시설, 건축물, 그 밖의 공작물의 소유자나 점유자에게 다음의 조치를 하도록 명령할 수 있다(법 제45조 제4항).
ⓐ 시설등이 시야에 장애를 주면 그 장애물을 제거할 것
ⓑ 시설등이 붕괴하여 철도에 위해(危害)를 끼치거나 끼칠 우려가 있으면 그 위해를 제거하고 필요하면 방지시설을 할 것
ⓒ 철도에 토사 등이 쌓이거나 쌓일 우려가 있으면 그 토사 등을 제거하거나 방지시설을 할 것

(3) 조치명령의 요구

철도운영자등은 철도차량의 안전운행 및 철도 보호를 위하여 필요한 경우 국토교통부장관 또는 시·도지사에게 해당 행위 금지·제한 또는 조치 명령을 할 것을 요청할 수 있다(법 제45조 제5항).

(4) 손실보상

① 국토교통부장관, 시·도지사 또는 철도운영자등은 행위의 금지·제한 또는 조치 명령으로 인하여 손실을 입은 자가 있을 때에는 그 손실을 보상하여야 한다(법 제46조 제1항).
② 손실의 보상에 관하여는 국토교통부장관, 시·도지사 또는 철도운영자등이 그 손실을 입은 자와 협의하여야 한다(법 제46조 제2항).
③ 협의가 성립되지 아니하거나 협의를 할 수 없을 때에는 대통령령으로 정하는 바에 따라 「공익사업을 위한 토지 등의 취득 및 보상에 관한 법률」에 따른 관할 토지수용

위원회에 재결(裁決)을 신청할 수 있다(법 제46조 제3항).
④ 제3항의 재결에 대한 이의신청에 관하여는 「공익사업을 위한 토지 등의 취득 및 보상에 관한 법률」 제83조부터 제86조까지의 규정을 준용한다(법 제46조 제4항).

5. 금지행위

(1) 여객열차에서의 금지행위

1) 여객은 여객열차에서 다음의 어느 하나에 해당하는 행위를 하여서는 아니 된다(법 제47조 제1항).
   ① 정당한 사유없이 국토교통부령이 정하는 여객출입금지장소[25]에 출입하는 행위
   ② 정당한 사유없이 운행 중에 비상정지버튼을 누르거나 철도차량의 측면에 있는 승강용 출입문을 여는 등 철도차량의 장치 또는 기구 등을 조작하는 행위
   ③ 여객열차 밖에 있는 사람에게 위험을 끼칠 염려가 있는 물건을 여객열차 밖으로 던지는 행위
   ④ 흡연하는 행위
   ⑤ 철도종사자와 여객 등에게 성적(性的) 수치심을 일으키는 행위
   ⑥ 술을 마시거나 약물을 복용하고 다른 사람에게 위해를 주는 행위
   ⑦ 그 밖의 공중 또는 여객에게 위해를 끼치는 행위로서 국토교통부령이 정하는 행위[26]

2) 여객은 여객열차에서 다른 사람을 폭행하여 열차운행에 지장을 초래하여서는 아니 된다(법 제47조 제2항).

(2) 금지행위에 대한 조치

운전업무종사자, 여객승무원 또는 여객역무원은 금지행위를 한 사람에 대하여 필요한 경우 다음의 조치를 할 수 있다(법 제47조 제3항).

① 금지행위의 제지

---

[25] "국토교통부령이 정하는 여객출입금지장소"라 함은 다음 각 호의 장소를 말한다.
   1. 운전실
   2. 기관실
   3. 발전실
   4. 방송실
[26] "국토교통부령이 정하는 행위"라 함은 다음 각 호의 어느 하나에 해당하는 행위를 말한다.
   1. 여객에게 위해를 끼칠 우려가 있는 동·식물을 안전조치 없이 여객열차에 동승하거나 휴대하는 행위
   2. 타인에게 전염의 우려가 있는 법정 전염병자가 철도종사자의 허락 없이 여객열차에 타는 행위
   3. 철도종사자의 허락 없이 여객에게 기부를 청하거나 물품을 판매·배부 또는 연설·권유 등을 하여 여객에게 불편을 끼치는 행위

② 금지행위의 녹음・녹화 또는 촬영

(2-1) 철도운영자는 국토교통부령으로 정하는 바에 따라 제1항 각 호에 따른 여객열차에서의 금지행위에 관한 사항을 여객에게 안내하여야 한다(법 제47조 제4항).

(3) 철도 보호 및 질서유지를 위한 금지행위

1) 누구든지 정당한 사유 없이 철도 보호 및 질서유지를 해치는 다음의 어느 하나에 해당하는 행위를 하여서는 아니 된다(법 제48조 제1항).
   ① 철도시설 또는 철도차량을 손괴하여 철도차량운행에 위험을 발생하게 하는 행위
   ② 철도차량을 향하여 돌 그 밖의 위험한 물건을 던져 철도차량운행에 위험을 발생하게 하는 행위
   ③ 궤도의 중심으로부터 양측으로 폭 3미터 이내의 장소에 철도차량의 운행안전에 지장을 초래할 물건을 방치하는 행위
   ④ 철도교량 등 국토교통부령이 정하는 구역 또는 시설[27]에 국토교통부령이 정하는 폭발물 또는 인화성이 높은 물건[28] 등을 적치하는 행위
   ⑤ 선로(철도와 교차된 도로를 제외한다) 또는 국토교통부령이 정하는 철도시설[29] 안에 철도운영자 등의 승낙없이 통행하거나 출입하는 행위
   ⑥ 역시설 등 공중이 이용하는 철도시설 또는 철도차량 안에서 폭언 또는 고성방가 등 소란을 피우는 행위
   ⑦ 철도시설 안에 국토교통부령이 정하는 유해물[30] 또는 열차운행에 지장을 줄 수 있는 오물을 버리는 행위
   ⑧ 역시설 또는 철도차량 안에서 노숙하는 행위
   ⑨ 열차가 운행 중 타고 내리거나 고의적으로 승강용 출입문의 개폐를 방해하여 열

---

[27] "국토교통부령이 정하는 구역 또는 시설"이라 함은 다음 각 호의 구역 또는 시설을 말한다.
  1. 정거장 및 선로(정거장 또는 선로를 지지하는 구조물 및 그 주변지역을 포함한다)
  2. 철도역사
  3. 철도교량
  4. 철도터널
[28] "국토교통부령이 정하는 폭발물 또는 인화성이 높은 물건"이라 함은 위험물로서 주변의 물건을 손괴할 수 있는 폭발력을 지니거나 화재를 유발하거나 유해한 연기를 발생하여 여객 또는 공중에게 위해를 끼칠 우려가 있는 물건 또는 물질을 말한다.
[29] "국토교통부령이 정하는 철도시설"이라 함은 다음 각 호의 철도시설을 말한다.
  1. 위험물을 적하 또는 보관하는 장소
  2. 신호・통신기기 설치장소 및 전력기기・관제설비 설치장소
  3. 철도운전용 급유시설물이 있는 장소
  4. 철도차량정비시설
[30] "국토교통부령이 정하는 유해물"이라 함은 철도시설 또는 철도차량을 훼손하거나 정상적인 기능・작동을 방해하여 열차운행에 지장을 줄 수 있는 산업폐기물・생활폐기물을 말한다.

차운행에 지장을 주는 행위
⑩ 정당한 사유 없이 열차 승강장의 비상정지버튼을 작동시켜 열차운행에 지장을 주는 행위
⑪ 그 밖의 철도시설 또는 철도차량에서 공중의 안전을 위하여 질서유지가 필요하다고 인정되어 국토교통부령이 정하는 금지행위[31]

2) 제1항의 금지행위를 한 사람에 대한 조치에 관하여는 제47조 제3항을 준용한다(법 제48조 제2항).

6. 여객 등의 안전 및 보안

(1) 의 의

① 국토교통부장관은 철도차량의 안전운행 및 철도시설의 보호를 위하여 필요한 경우에는 「사법경찰관리의 직무를 수행할 자와 그 직무범위에 관한 법률」 제5조 제11호에 규정된 사람으로 하여금 여객열차에 승차하는 사람의 신체·휴대물품 및 수하물에 대한 보안검색을 실시하게 할 수 있다(법 제48조의2 제1항).
② 국토교통부장관은 보안검색 정보 및 그 밖의 철도보안·치안 관리에 필요한 정보를 효율적으로 활용하기 위하여 철도보안정보체계를 구축·운영하여야 한다(법 제48조의2 제2항).
③ 국토교통부장관은 철도보안·치안을 위하여 필요하다고 인정하는 경우에는 차량 운행정보 등을 철도운영자에게 요구할 수 있고, 철도운영자는 정당한 사유 없이 그 요구를 거절할 수 없다(법 제48조의2 제3항).
④ 국토교통부장관은 철도보안정보체계를 운영하기 위하여 철도차량의 안전운행 및 철도시설의 보호에 필요한 최소한의 정보만 수집·관리하여야 한다(법 제48조의2 제4항).
⑤ 보안검색의 실시방법과 절차 및 보안검색장비 종류 등에 필요한 사항과 철도보안정보체계 및 정보 확인 등에 필요한 사항은 국토교통부령으로 정한다(법 제48조의2 제5항).

(2) 보안검색의 실시 방법 및 절차 등

1) 보안검색의 실시 범위

보안검색의 실시 범위는 다음의 구분에 따른다(칙 제85조의2 제1항).

---

[31] "국토교통부령이 정하는 금지행위"라 함은 다음 각 호의 어느 하나에 해당하는 행위를 말한다.
　1. 흡연이 금지된 철도시설 또는 철도차량 안에서 흡연하는 행위
　2. 철도종사자의 허락 없이 철도시설 또는 철도차량에서 광고물을 부착하거나 배포하는 행위
　3. 역시설(물류시설·환승시설·편의시설을 포함한다)에서 철도종사자의 허락없이 기부를 청하거나 물품을 판매·배부 또는 연설·권유를 하는 행위
　4. 철도종사자의 허락없이 선로변에서 총포를 이용하여 수렵하는 행위

① **전부검색** : 국가의 중요 행사 기간이거나 국가 정보기관으로부터 테러 위험 등의 정보를 통보받은 경우 등 국토교통부장관이 보안검색을 강화하여야 할 필요가 있다고 판단하는 경우에 국토교통부장관이 지정한 보안검색 대상 역에서 보안검색 대상 전부에 대하여 실시

② **일부검색** : 법 제42조에 따른 휴대·적재 금지 위해물품을 휴대·적재하였다고 판단되는 사람과 물건에 대하여 실시하거나 전부검색으로 시행하는 것이 부적합하다고 판단되는 경우에 실시

2) 보안검색의 방법

위해물품을 탐지하기 위한 보안검색은 검색장비를 사용하여 검색한다. 다만, 다음의 어느 하나에 해당하는 경우에는 여객의 동의를 받아 직접 신체나 물건을 검색하거나 특정 장소로 이동하여 검색을 할 수 있다(칙 제85조의2 제2항).

① 검색장비의 경보음이 울리는 경우
② 위해물품을 휴대하거나 숨기고 있다고 의심되는 경우
③ 검색장비를 통한 검색 결과 그 내용물을 판독할 수 없는 경우
④ 검색장비의 오류 등으로 제대로 작동하지 아니하는 경우
⑤ 보안의 위협과 관련한 정보의 입수에 따라 필요하다고 인정되는 경우

3) 보안검색 실시계획의 통보

국토교통부장관은 보안검색을 실시하게 하려는 경우에 사전에 철도운영자등에게 보안검색 실시계획을 통보하여야 한다. 다만, 범죄가 이미 발생하였거나 발생할 우려가 있는 경우 등 긴급한 보안검색이 필요한 경우에는 사전 통보를 하지 아니할 수 있다(칙 제85조의2 제3항).

4) 안내문 게시

보안검색 실시계획을 통보받은 철도운영자등은 여객이 해당 실시계획을 알 수 있도록 보안검색 일정·장소·대상 및 방법 등을 안내문에 게시하여야 한다(칙 제85조의2 제4항).

5) 사전설명의무 등

철도특별사법경찰관리가 보안검색을 실시하는 경우에는 검색 대상자에게 자신의 신분증을 제시하면서 소속과 성명을 밝히고 그 목적과 이유를 설명하여야 한다. 다만, 다음의 어느 하나에 해당하는 경우에는 사전 설명 없이 검색할 수 있다(칙 제85조의2 제5항).

① 보안검색 장소의 안내문 등을 통하여 사전에 보안검색 실시계획을 안내한 경우
② 의심물체 또는 장시간 방치된 수하물로 신고된 물건에 대하여 검색하는 경우

(3) 보안검색 직무장비 및 사용기준

직무장비의 종류는 다음의 구분에 따른다(칙 제85조의3 제1항).

① 위해물품을 검색·탐지·분석하기 위한 장비 : 엑스선 검색장비, 금속탐지장비(문형 금속탐지장비와 휴대용 금속탐지장비를 포함), 폭발물 탐지장비, 폭발물흔적탐지장비, 액체폭발물탐지장비 등

② 직무 수행 시 안전을 위하여 착용·휴대하는 장비 : 방검복, 방탄복, 방폭 담요 등

(4) 보안검색장비의 성능인증 등

① 보안검색을 하는 경우에는 국토교통부장관으로부터 성능인증을 받은 보안검색장비를 사용하여야 한다(법 제48조의3 제1항).
② 성능인증을 위한 기준·방법·절차 등 운영에 필요한 사항은 국토교통부령으로 정한다(법 제48조의3 제2항).
③ 국토교통부장관은 성능인증을 받은 보안검색장비의 운영, 유지관리 등에 관한 기준을 정하여 고시하여야 한다(법 제48조의3 제3항).
④ 국토교통부장관은 성능인증을 받은 보안검색장비가 운영 중에 계속하여 성능을 유지하고 있는지를 확인하기 위하여 국토교통부령으로 정하는 바에 따라 정기적으로 또는 수시로 점검을 실시하여야 한다(법 제48조의3 제4항).
⑤ 국토교통부장관은 성능인증을 받은 보안검색장비가 다음의 어느 하나에 해당하는 경우에는 그 인증을 취소할 수 있다. 다만, ㉠에 해당하는 때에는 그 인증을 취소하여야 한다(법 제48조의3 제5항).
㉠ 거짓이나 그 밖의 부정한 방법으로 인증을 받은 경우
㉡ 보안검색장비가 성능인증 기준에 적합하지 아니하게 된 경우

(5) 시험기관의 지정 등

① 국토교통부장관은 성능인증을 위하여 보안검색장비의 성능을 평가하는 시험(이하 "성능시험")을 실시하는 기관(이하 "시험기관")을 지정할 수 있다(법 제48조의4 제1항).
② 시험기관의 지정을 받으려는 법인이나 단체는 국토교통부령으로 정하는 지정기준을 갖추어 국토교통부장관에게 지정신청을 하여야 한다(법 제48조의4 제2항).
③ 국토교통부장관은 시험기관으로 지정받은 법인이나 단체가 다음의 어느 하나에 해당하는 경우에는 그 지정을 취소하거나 1년 이내의 기간을 정하여 그 업무의 전부 또는 일부의 정지를 명할 수 있다. 다만, ㉠ 또는 ㉡에 해당하는 때에는 그 지정을 취소하여야 한다(법 제48조의4 제3항).
㉠ 거짓이나 그 밖의 부정한 방법을 사용하여 시험기관으로 지정을 받은 경우

ⓒ 업무정지 명령을 받은 후 그 업무정지 기간에 성능시험을 실시한 경우
ⓒ 정당한 사유 없이 성능시험을 실시하지 아니한 경우
ⓔ 기준·방법·절차 등을 위반하여 성능시험을 실시한 경우
ⓜ 시험기관 지정기준을 충족하지 못하게 된 경우
ⓗ 성능시험 결과를 거짓으로 조작하여 수행한 경우

④ 국토교통부장관은 인증업무의 전문성과 신뢰성을 확보하기 위하여 보안검색장비의 성능 인증 및 점검 업무를 대통령령으로 정하는 기관(이하 "인증기관")에 위탁할 수 있다(법 제48조의4 제4항).

시험기관의 지정기준(규칙 별표19)

1. 다음 각 목의 요건을 모두 갖춘 법인 또는 단체일 것
   가. 「공공기관의 운영에 관한 법률」 제4조에 따른 공공기관일 것
   나. 「보안업무규정」 제10조에 따른 비밀취급 인가를 받은 기관일 것
   다. 「국가표준기본법」 제23조 및 같은 법 시행령 제16조 제2항에 따른 인정기구(이하 "인정기구"라 한다)에서 인정받은 시험기관일 것

2. 다음 각 목의 요건을 갖춘 기술인력을 보유할 것. 다만, 나목 또는 다목의 인력이 라목에 따른 위험물안전관리자의 자격을 보유한 경우에는 라목의 기준을 갖춘 것으로 본다.
   가. 「보안업무규정」 제8조에 따른 비밀취급 인가를 받은 인력을 보유할 것
   나. 인정기구에서 인정받은 시험기관에서 시험업무 경력이 3년 이상인 사람 2명 이상
   다. 보안검색에 사용하는 장비의 시험·평가 또는 관련 연구 경력이 3년 이상인 사람 2명 이상
   라. 「위험물안전관리법」 제15조 제1항에 따른 위험물안전관리자 자격 보유자 1명 이상

3. 다음 각 목의 시설 및 장비를 모두 갖출 것
   가. 다음의 시설을 모두 갖춘 시험실
      1) 항온항습 시설
      2) 철도보안검색장비 성능시험 시설
      3) 화학물질 보관 및 취급을 위한 시설
      4) 그 밖에 국토교통부장관이 정하여 고시하는 시설
   나. 엑스선검색장비 이미지품질평가용 시험용 장비(테스트 키트)
   다. 엑스선검색장비 표면방사선량률 측정장비
   라. 엑스선검색장비 연속동작시험용 시설
   마. 엑스선검색장비 등 대형장비용 온도·습도시험실(장비)
   바. 폭발물검색장비·액체폭발물검색장비·폭발물흔적탐지장비 시험용 유사폭발물 시료
   사. 문형금속탐지장비·휴대용금속탐지장비·시험용 금속물질 시료
   아. 휴대용 금속탐지장비 및 시험용 낙하시험 장비
   자. 시험데이터 기록 및 저장 장비
   차. 그 밖에 국토교통부장관이 정하여 고시하는 장비

시험기관의 지정취소 및 업무정지의 기준(규칙 별표20)

1. 일반기준
    가. 위반행위가 둘 이상인 경우 또는 한 개의 위반행위가 둘 이상의 처분기준에 해당하는 경우에는 그 중 무거운 처분기준을 적용한다.
    나. 위반행위의 횟수에 따른 행정처분의 기준은 최근 3년 동안 같은 위반행위로 처분을 받은 경우에 적용한다. 이 경우 기간의 계산은 위반행위에 대해서 처분을 받은 날과 그 처분 후 다시 같은 위반행위를 해서 적발된 날을 기준으로 한다.
    다. 나목에 따라 가중된 행정처분을 하는 경우 가중처분의 적용 차수는 그 위반행위 전 처분 차수(나목에 따른 기간 내에 행정처분이 둘 이상 있었던 경우에는 높은 차수를 말한다)의 다음 차수로 한다.
    라. 국토교통부장관은 다음의 어느 하나에 해당하는 경우에는 제2호의 개별기준에 따른 업무정지 기간의 2분의 1의 범위에서 그 기간을 줄일 수 있다.
        1) 위반행위가 사소한 부주의나 오류로 인한 것으로 인정되는 경우
        2) 위반행위자의 법 위반상태를 시정하거나 해소하기 위한 노력이 인정되는 경우
        3) 그 밖에 위반행위의 정도, 위반행위의 동기와 그 결과 등을 고려해서 처분기간을 감경할 필요가 있다고 인정되는 경우
    마. 국토교통부장관은 다음의 어느 하나에 해당하는 경우에는 제2호의 개별기준에 따른 업무정지 기간의 2분의 1의 범위에서 그 기간을 늘릴 수 있다.
        1) 위반의 내용 및 정도가 중대해서 공중에게 미치는 피해가 크다고 인정되는 경우
        2) 법 위반 상태의 기간이 3개월 이상인 경우
        3) 그 밖에 위반행위의 정도, 위반행위의 동기와 그 결과 등을 고려해서 업무정지 기간을 늘릴 필요가 있다고 인정되는 경우

2. 개별기준

위반행위 또는 사유	근거 법조문	처분기준		
		1차 위반	2차 위반	3차 이상 위반
가. 거짓이나 그 밖의 부정한 방법을 사용해서 시험기관으로 지정을 받은 경우	법 제48조의4 제3항 제1호	지정취소		
나. 업무정지 명령을 받은 후 그 업무정지 기간에 성능시험을 실시한 경우	법 제48조의4 제3항 제2호	지정취소		
다. 정당한 사유 없이 성능시험을 실시하지 않은 경우	법 제48조의4 제3항 제3호	업무정지 (30일)	업무정지 (60일)	지정취소
라. 법 제48조의3 제2항에 따른 기준·방법·절차 등을 위반하여 성능시험을 실시한 경우	법 제48조의4 제3항 제4호	업무정지 (60일)	업무정지 (120일)	지정취소
마. 법 제48조의4 제2항에 따른 시험기관 지정기준을 충족하지 못하게 된 경우	법 제48조의4 제3항 제5호	경고	경고	지정취소
바. 성능시험 결과를 거짓으로 조작해서 수행한 경우	법 제48조의4 제3항 제6호	업무정지 (90일)	지정 취소	

(6) 직무장비의 휴대 및 사용 등

① 철도특별사법경찰관리는 이 법 및 「사법경찰관리의 직무를 수행할 자와 그 직무범위에 관한 법률」에 따른 직무를 수행하기 위하여 필요하다고 인정되는 상당한 이유가 있을 때에는 합리적으로 판단하여 필요한 한도에서 직무장비를 사용할 수 있다(법 제48조의5 제1항).
② 직무장비란 철도특별사법경찰관리가 휴대하여 범인검거와 피의자 호송 등의 직무수행에 사용하는 수갑, 포승, 가스분사기, 가스발사총 및 전자충격기, 경비봉을 말한다(법 제48조의5 제2항).
③ 철도특별사법경찰관리가 제1항에 따라 직무수행 중 직무장비를 사용할 때 사람의 생명이나 신체에 위해를 끼칠 수 있는 직무장비를 사용하는 경우에는 사전에 필요한 안전교육과 안전검사를 받은 후 사용하여야 한다(법 제48조의5 제3항).
④ 제2항 및 제3항에 따른 직무장비의 사용기준, 안전교육과 안전검사 등에 관하여 필요한 사항은 국토교통부령으로 정한다(법 제48조의5 제4항).

7. 철도종사자의 직무상 지시 준수

(1) 열차 또는 철도시설을 이용하는 사람은 이 법에 따라 철도의 안전·보호와 질서유지를 위하여 하는 철도종사자의 직무상 지시에 따라야 하며 누구든지 폭행·협박으로 철도종사자의 직무집행을 방해하여서는 아니 된다(법 제49조 제1항, 제2항).

(2) 철도종사자의 권한표시

① 철도종사자는 복장·모자·완장·증표 등으로 그가 직무상 지시를 할 수 있는 사람임을 표시하여야 한다(영 제51조 제1항).
② 철도운영자등은 철도종사자가 표시를 할 수 있도록 복장·모자·완장·증표 등의 지급 등 필요한 조치를 하여야 한다(영 제51조 제2항).

8. 사람 또는 물건에 대한 퇴거 조치 등

철도종사자는 다음의 어느 하나에 해당하는 사람 또는 물건을 열차 밖이나 대통령령으로 정하는 지역 밖으로 퇴거시키거나 철거할 수 있다(법 제50조).

① 여객열차에서 위해물품을 휴대한 사람 및 그 위해물품
② 운송 금지 위험물을 탁송하거나 운송하는 자 및 그 위험물
③ 행위 금지·제한 또는 조치 명령에 따르지 아니하는 사람 및 그 물건
④ 여객열차에서의 금지행위를 한 사람 및 그 물건

⑤ 철도 보호 및 질서유지를 위한 금지행위 한 사람 및 그 물건
⑥ 보안검색에 따르지 아니한 사람
⑦ 철도종사자의 직무상 지시를 따르지 아니하거나 직무집행을 방해하는 사람

(1) 퇴거지역의 범위(영 제52조)

① 정거장
② 철도신호기·철도차량정비소·통신기기·전력설비 등의 설비가 설치되어 있는 장소의 담장이나 경계선 안의 지역
③ 화물을 적하하는 장소의 담장이나 경계선 안의 지역

제6절 철도사고조사·처리

1. 철도사고 등의 발생시 조치

(1) 의 의

① 철도운영자 등은 철도사고 등이 발생하였을 때에는 사상자 구호, 유류품 관리, 여객 수송 및 철도시설 복구 등 인명 및 재산피해를 최소화하고 열차를 정상적으로 운행할 수 있도록 필요한 조치를 하여야 한다(법 제60조 제1항).
② 철도사고등이 발생하였을 때의 사상자 구호, 여객 수송 및 철도시설 복구 등에 필요한 사항은 대통령령으로 정한다(법 제60조 제2항).
③ 국토교통부장관은 사고 보고를 받은 후 필요하다고 인정하는 경우에는 철도운영자등에게 사고 수습 등에 관하여 필요한 지시를 할 수 있다. 이 경우 지시를 받은 철도운영자등은 특별한 사유가 없으면 지시에 따라야 한다(법 제60조 제3항).

(2) 철도사고 등의 발생시 조치사항

철도사고 등이 발생한 경우 철도운영자 등이 준수하여야 하는 사항은 다음과 같다(영 제56조).

① 사고수습 또는 복구 작업을 하는 때에는 인명의 구조 및 보호에 가장 우선순위를 둘 것
② 사상자가 발생한 경우에는 안전관리체계에 포함된 비상대응계획에서 정한 절차에 따라 응급처치, 의료기관으로 긴급이송, 유관기관과의 협조 등 필요한 조치를 신속히 할 것
③ 철도차량 운행이 곤란한 경우에는 비상대응절차에 따라 대체교통수단을 마련하는 등 필요한 조치를 할 것

2. 철도사고 등 의무보고

(1) 의 의

① 철도운영자 등은 사상자가 많은 사고 등 대통령령이 정하는 철도사고 등32)이 발생한 때에는 국토교통부령이 정하는 바에 의하여 즉시 국토교통부장관에게 보고하여야 한다(법 제61조 제1항).
② 철도운영자 등은 ①에 의한 철도사고 등을 제외한 철도사고 등이 발생한 때에는 국토교통부령이 정하는 바에 의하여 사고내용을 조사하여 그 결과를 국토교통부장관에게 보고하여야 한다(법 제61조 제2항).

(2) 철도사고 등의 보고의무

① 철도운영자 등은 철도사고 등이 발생한 때에는 다음의 사항을 국토교통부장관에게 즉시 보고하여야 한다(칙 제86조 제1항).
  ㉠ 사고발생 일시 및 장소
  ㉡ 사상자 등 피해사항
  ㉢ 사고발생 경위
  ㉣ 사고수습 및 복구계획 등
② 철도운영자 등은 철도사고 등이 발생한 때에는 다음의 구분에 따라 국토교통부장관에게 이를 보고하여야 한다(칙 제86조 제2항).
  ㉠ 사고발생현황 등 초기보고
  ㉡ 사고수습・복구상황 등 중간보고
  ㉢ 사고수습・복구결과 등 종결보고

(3) 철도차량 등에 발생한 고장 등 보고 의무

① 철도차량 또는 철도용품에 대하여 형식승인을 받거나 철도차량 또는 철도용품에 대하여 제작자승인을 받은 자는 그 승인받은 철도차량 또는 철도용품이 설계 또는 제작의 결함으로 인하여 국토교통부령으로 정하는 고장, 결함 또는 기능장애가 발생한 것을 알게 된 경우에는 국토교통부령으로 정하는 바에 따라 국토교통부장관에게 그 사실을 보고하여야 한다(법 제61조의2 제1항).
② 철도차량 정비조직인증을 받은 자가 철도차량을 운영하거나 정비하는 중에 국토교통부령

---

32) "대통령령이 정하는 철도사고 등"이라 함은 다음 각 호의 어느 하나에 해당하는 사고를 말한다.
  1. 열차의 충돌이나 탈선사고
  2. 철도차량이나 열차에서 화재가 발생하여 운행을 중지시킨 사고
  3. 철도차량이나 열차의 운행과 관련하여 3인 이상의 사상자가 발생한 사고
  4. 철도차량이나 열차의 운행과 관련하여 5천만 원 이상의 재산피해가 발생한 사고

으로 정하는 고장, 결함 또는 기능장애가 발생한 것을 알게 된 경우에는 국토교통부령으로 정하는 바에 따라 국토교통부장관에게 그 사실을 보고하여야 한다(법 제61조의2 제2항).

(4) 철도안전 자율보고

① 철도안전을 해치거나 해칠 우려가 있는 사건·상황·상태 등을 발생시켰거나 철도안전위험요인이 발생한 것을 안 사람 또는 철도안전위험요인이 발생할 것이 예상된다고 판단하는 사람은 국토교통부장관에게 그 사실을 보고할 수 있다(법 제61조의3 제1항).
② 국토교통부장관은 보고를 한 사람의 의사에 반하여 보고자의 신분을 공개해서는 아니 되며, 철도안전 자율보고를 사고예방 및 철도안전 확보 목적 외의 다른 목적으로 사용해서는 아니 된다(법 제61조의3 제2항).
③ 누구든지 철도안전 자율보고를 한 사람에 대하여 이를 이유로 신분이나 처우와 관련하여 불이익한 조치를 하여서는 아니 된다(법 제61조의3 제3항).
④ ①부터 ③까지에서 규정한 사항 외에 철도안전 자율보고에 포함되어야 할 사항, 보고 방법 및 절차는 국토교통부령으로 정한다(법 제61조의3 제4항).

제7절 철도안전기반 구축

1. 국토교통부장관의 의무 등

(1) 철도안전기술의 진흥

국토교통부장관은 철도안전에 관한 기술의 진흥을 위하여 연구·개발의 촉진 및 그 성과의 보급 등 필요한 시책을 강구하여야 한다(법 제68조).

(2) 철도운행안전관리자의 배치 등

① 철도운영자등은 철도차량의 운행선로 또는 그 인근에서 철도시설의 건설 또는 관리와 관련한 작업을 시행할 경우 철도운행안전관리자를 배치하여야 한다. 다만, 철도운영자등이 자체적으로 작업 또는 공사 등을 시행하는 경우 등 대통령령으로 정하는 경우에는 그러하지 아니하다(법 제69조의2 제1항).
② 철도운행안전관리자의 배치기준, 방법 등에 관하여 필요한 사항은 국토교통부령으로 정한다(법 제69조의2 제2항).

(3) 철도안전 전문인력의 정기교육

① 철도안전 전문인력의 분야별 자격을 부여받은 사람은 직무 수행의 적정성 등을 유지

할 수 있도록 정기적으로 교육을 받아야 한다(법 제69조의3 제1항).
② 철도운영자등은 정기교육을 받지 아니한 사람을 관련 업무에 종사하게 하여서는 아니 된다(법 제69조의3 제2항).
③ 철도안전 전문인력에 대한 정기교육의 주기, 교육 내용, 교육 절차 등에 관하여 필요한 사항은 국토교통부령으로 정한다(법 제69조의3 제3항).

철도안전 전문인력의 정기교육(규칙 별표28)

1. 정기교육의 주기 : 3년
2. 정기교육 시간 : 15시간 이상
3. 교육 내용 및 절차
   가. 철도운행안전관리자

교육과목	교육내용	교육절차
직무전문 교육	철도운행선 안전관리자로서 전문지식과 업무수행능력 배양 1) 열차운행선 지장작업의 순서와 절차 및 철도운행안전협의사항, 기타 안전조치 등에 관한 사항 2) 선로지장작업 관련 사고사례 분석 및 예방 대책 3) 철도인프라(정거장, 선로, 전철전력시스템, 열차제어시스템) 4) 일반 안전 및 직무 안전관리 등	강의 및 토의
철도안전 관련법령	철도안전법령 및 관련규정의 이해 1) 철도안전 정책 2) 철도안전법 및 관련 규정 3) 열차운행선 지장작업에 따른 관련 규정 및 취급절차 등 4) 운전취급관련 규정 등	강의 및 토의
실무실습	철도운행안전관리자의 실무능력 배양 1) 열차운행조정 협의 2) 선로작업의 시행 절차 3) 작업시행 전 작업원 안전교육(작업원, 건널목임시관리원, 열차감시원, 전기철도안전관리자) 4) 이례운전취급에 따른 안전조치 요령 등	토의 및 실습

나. 전기철도분야 안전전문기술자

교육과목	교육내용	교육절차
직무전문 교육	전기철도에 대한 직무전문지식의 습득과 전문운용능력 배양 1) 전기철도공학 및 전기철도구조물공학 2) 철도 송·변전 및 철도배전설비 3) 전기철도 설계기준 및 급전제어규정 4) 전기철도 급전계통 특성 이해 5) 전기철도 고장장애 복구·대책 수립 6) 전기철도 사고사례 및 안전관리 등	강의 및 토의

교육과목	교육내용	교육절차
철도안전 관련법령	철도안전법령 및 관련 행정규칙의 준수 및 이해도 향상 1) 철도안전정책 2) 철도안전법령 및 행정규칙 3) 열차운행선로 지장작업 업무 요령	강의 및 토의
실무실습	전기철노설비의 운용 및 안전확보를 위한 전문실무실습 1) 가공·강체전차선로 시공 및 유지보수 2) 철도 송·변전 및 철도배전설비 시공 및 유지보수 3) 전기철도 시설물 점검방법 등	현장실습

다. 철도신호분야 안전전문기술자

교육과목	교육내용	교육절차
직무전문 교육	철도신호에 대한 직무전문지식의 습득과 운용능력 배양 1) 신호기장치, 선로전환기장치, 궤도회로 및 연동장치 등 2) 신호 설계기준 및 신호설비 유지보수 세칙 3) 선로전환기 동작계통 및 연동도표 이해 4) 철도신호 장애 복구·대책 수립 요령 5) 철도신호 품질안전 및 안전관리 등	강의 및 토의
철도안전 관련법령	철도안전법령 및 관련 행정규칙의 준수 및 이해도 향상 1) 철도안전 정책 2) 철도안전 법령 및 행정규칙 3) 열차운행선로 지장작업 업무요령	강의 및 토의
실무실습	철도신호 설비의 운용 및 안전 확보를 위한 전문실무실습 1) 신호기, 선로전환기, 궤도회로 및 연동장치 유지보수 실습 2) 철도신호 시설물 점검요령 실습	현장실습

라. 철도시설분야 안전전문기술자

교육과목	교육내용	교육절차
직무전문 교육	철도시설(궤도)에 대한 전문지식의 습득과 운용능력 배양 1) 철도공학 : 궤도보수, 궤도장비, 궤도역학 2) 선로일반 : 궤도구조, 궤도재료, 인접분야인터페이스 3) 궤도설계 : 궤도설계기준, 궤도구조, 궤도재료, 궤도설계기법, 궤도와 구조물인터페이스 4) 용접이론 : 레일용접 관련지침 및 공법해설 5) 시설안전·재해업무 관련 규정 6) 사고사례 및 안전관리 등	강의 및 토의
철도안전 관련법령	철도안전법령 및 관련 행정규칙의 준수 및 이해도 향상 1) 철도안전법령 및 행정규칙 2) 선로지장취급절차, 열차 방호 요령 3) 철도차량 운전규칙, 열차운전 취급절차 규정 4) 선로유지관리지침 및 보선작업지침 해설	강의 및 토의
실무실습	철도시설의 운용 및 안전 확보를 위한 전문실무실습 1) 선로시공 및 보수 일반 2) 중대형 보선장비 제원 및 작업 견학	현장실습

마. 철도차량분야 안전전문기술자

교육과목	교육내용	교육절차
직무전문 교육	철도차량에 대한 직무전문지식의 습득과 운용능력 배양 1) 철도차량시스템 일반 2) 철도차량 신뢰성 및 품질관리 3) 철도차량 리스크(위험도) 평가 4) 철도차량 시험 및 검사 5) 철도 사고 사례 및 안전관리 등	강의 및 토의
철도안전 관련법령	철도안전법령 및 관련 행정규칙의 준수 및 이해도 향상 1) 철도안전 정책 2) 철도안전 법령 및 행정규칙 3) 철도차량 관련 표준 및 정비관련 규정	강의 및 토의
실무실습	철도차량의 운용 및 안전 확보를 위한 전문실무실습 1) 철도차량의 안전조치(작업 전/작업 후) 2) 철도차량 기능검사 및 응급조치 3) 철도차량 기술검토, 제작검사	현장실습

비고
1. 정기교육은 철도안전 전문인력의 분야별 자격을 취득한 날 또는 종전의 정기교육 유효기간 만료일부터 3년이 되는 날 전 1년 이내에 받아야 한다. 이 경우 그 정기교육의 유효기간은 자격 취득 후 3년이 되는 날 또는 종전 정기교육 유효기간 만료일의 다음 날부터 기산한다.
2. 철도안전 전문인력이 제1호 전단에 따른 기간이 지난 후에 정기교육을 받은 경우 그 정기교육의 유효기간은 정기교육을 받은 날부터 기산한다.

ⓐ 철도안전 전문인력의 정기교육은 안전전문기관에서 실시한다(규칙 제92조의7 제2항).
ⓑ 철도안전 전문인력의 정기교육에 필요한 세부사항은 국토교통부장관이 정하여 고시한다(규칙 제92조의7 제3항).

철도운행안전관리자의 배치기준 등(규칙 별표27)

1. 철도운영자등은 작업 또는 공사가 다음 각 목의 어느 하나에 해당하는 경우에는 작업 또는 공사 구간 별로 철도운행안전관리자를 1명 이상 별도로 배치해야 한다. 다만, 열차의 운행 빈도가 낮아 위험이 적은 경우에는 국토교통부장관과 사전 협의를 거쳐 작업책임자가 철도운행안전관리자 업무를 수행하게 할 수 있다.
   가. 도급 및 위탁 계약 방식의 작업 또는 공사
      1) 철도운영자등이 도급(공사)계약 방식으로 시행하는 작업 또는 공사
      2) 철도운영자등이 자체 유지·보수 작업을 전문용역업체 등에 위탁하여 6개월 이상 장기간 수행하는 작업 또는 공사
   나. 철도운영자등이 직접 수행하는 작업 또는 공사로서 4명 이상의 직원이 수행하는 작업 또는 공사

2. 철도운영자등은 작업 또는 공사의 효율적인 수행을 위해서는 제1호에도 불구하고 제1호 가목 2) 및 같은 호 나목에 따른 작업 또는 공사에 대해 철도운행안전관리자를 작업 또는 공사를 수행하는 직원으로 지정할 수 있고, 제1호 각 목에 따른 작업 또는 공사에 대해 철도운행안전관리자 2명 이상이 3개 이상의 인접한 작업 또는 공사 구간을 관리하게 할 수 있다.

(4) 철도운행안전관리자의 자격 취소·정지

① 철도운행안전관리자 자격의 취소 또는 효력정지 처분의 세부기준(규칙 별표29)

철도운행안전관리자 자격취소·효력정지 처분의 세부기준(규칙 별표29)

1. 일반기준
   가. 위반행위가 둘 이상인 경우로서 그에 해당하는 각각의 처분기준이 다른 경우에는 그 중 무거운 처분기준에 따르며, 위반행위가 둘 이상인 경우로서 그에 해당하는 각각의 처분기준이 같은 경우에는 무거운 처분기준의 2분의 1까지 가중하되, 각 처분기준을 합산한 기간을 초과할 수 없다.
   나. 위반행위의 횟수에 따른 행정처분의 기준은 최근 1년간 같은 위반행위로 행정처분을 받은 경우에 적용한다. 이 경우 행정처분 기준의 적용은 같은 위반행위에 대하여 최초로 행정처분을 한 날과 그 처분 후의 위반행위가 다시 적발된 날을 기준으로 한다.

2. 개별기준

위반사항 및 내용	근거 법조문	처분기준		
		1차 위반	2차 위반	3차 위반
가. 거짓이나 그 밖의 부정한 방법으로 철도운행안전관리자 자격을 받은 경우	법 제69조의4 제1항 제1호	자격취소		
나. 철도운행안전관리자 자격의 효력정지 기간 중 철도운행안전관리자 업무를 수행한 경우	법 제69조의4 제1항 제2호	자격취소		
다. 철도운행안전관리자 자격을 다른 사람에게 대여한 경우	법 제69조의4 제1항 제3호	자격취소		
라. 철도운행안전관리자의 업무 수행 중 고의 또는 중과실로 인한 철도사고가 일어난 경우	법 제69조의4 제1항 제4호			
1) 사망자가 발생한 경우		자격취소		
2) 부상자가 발생한 경우		효력정지 6개월	자격취소	
3) 1천만 원 이상 물적 피해가 발생한 경우		효력정지 3개월	효력정지 6개월	자격취소

마. 법 제41조 제1항을 위반한 경우			
1) 법 제41조 제1항을 위반하여 약물을 사용한 상태에서 철도운행안전관리자 업무를 수행한 경우	법 제69조의4 제1항 제5호	자격취소	
2) 법 제41조 제1항을 위반하여 술에 만취한 상태(혈중 알코올농도 0.1퍼센트 이상)에서 철도운행안전관리자 업무를 수행한 경우		자격취소	
3) 법 제41조 제1항을 위반하여 술을 마신 상태의 기준(혈중 알코올농도 0.03퍼센트 이상)을 넘어서 철도운행안전관리자 업무를 하다가 철도사고를 일으킨 경우		자격취소	
4) 법 제41조 제1항을 위반하여 술을 마신 상태(혈중 알코올농도 0.03퍼센트 이상 0.1퍼센트 미만)에서 철도운행안전관리자 업무를 수행한 경우		효력정지 3개월	자격취소
바. 법 제41조 제2항을 위반하여 술을 마시거나 약물을 사용한 상태에서 업무를 하였다고 인정할 만한 상당한 이유가 있음에도 불구하고 확인이나 검사 요구에 불응한 경우	법 제69조의4 제1항 제6호	자격취소	

② 철도운행안전관리자 자격의 취소 및 효력정지 처분의 통지 등에 관하여는 운전면허의 규정을 준용한다. 이 경우 "운전면허"는 "철도운행안전관리자 자격"으로, "철도차량 운전면허 취소·효력정지 처분 통지서"는 "철도운행안전관리자 자격 취소·효력정지 처분 통지서"로, "운전면허시험기관"은 "안전전문기관"으로, "한국교통안전공단"은 "해당 안전전문기관"으로, "운전면허증"은 "철도운행안전관리자 자격증명서"로 본다(규칙 제92조의8 제2항).

(5) 철도안전 전문인력 분야별 자격의 대여 등 금지

누구든지 제69조 제3항에 따른 철도안전 전문인력 분야별 자격을 다른 사람에게 빌려주거나 빌리거나 이를 알선하여서는 아니 된다(법 제69조의4).

(6) 철도운행안전관리자 자격 취소·정지

① 국토교통부장관은 철도운행안전관리자가 다음 각 호의 어느 하나에 해당할 때에는 철도운행안전관리자 자격을 취소하거나 1년 이내의 기간을 정하여 철도운행안전관리자 자격을 정지시킬 수 있다. 다만, ⊙부터 ⓒ까지의 규정에 해당할 때에는 철도운행안전관리자 자격을 취소하여야 한다.

⊙ 거짓이나 그 밖의 부정한 방법으로 철도운행안전관리자 자격을 받았을 때

ⓛ 철도운행안전관리자 자격의 효력정지기간 중에 철도운행안전관리자 업무를 수행하였을 때
　　ⓒ 제69조의4를 위반하여 철도운행안전관리자 자격을 다른 사람에게 빌려주었을 때
　　ⓔ 철도운행안전관리자의 업무 수행 중 고의 또는 중과실로 인한 철도사고가 일어났을 때
　　ⓜ 제41조 제1항을 위반하여 술을 마시거나 약물을 사용한 상태에서 철도운행안전관리자 업무를 하였을 때
　　ⓗ 제41조 제2항을 위반하여 술을 마시거나 약물을 사용한 상태에서 업무를 하였다고 인정할 만한 상당한 이유가 있음에도 불구하고 국토교통부장관 또는 시·도지사의 확인 또는 검사를 거부하였을 때
② 국토교통부장관은 철도안전전문기술자가 제69조의4를 위반하여 철도안전전문기술자 자격을 다른 사람에게 빌려주었을 때에는 그 자격을 취소하여야 한다(법 제69조의4 제3항).
③ 철도운행안전관리자 자격의 취소 또는 효력정지의 기준 및 절차 등에 관하여는 운전면허의 취소, 정지의 규정을 준용한다. 이 경우 "운전면허"는 "철도운행안전관리자 자격"으로, "운전면허증"은 "철도운행안전관리자 자격증명서"로 본다(법 제69조의4 제3항).

(7) 철도안전 전문인력

1) 철도안전 전문인력의 구분

① **철도안전 전문인력의 자격 부여**(영 제59조 제1항)

국토교통부장관은 철도안전 전문인력의 자격을 다음과 같이 구분하여 부여할 수 있다.
　ⓐ 철도운행안전관리자
　ⓑ 철도안전전문기술자
　　ⓐ 철도전차선분야 철도안전전문기술자
　　ⓑ 철도신호분야 철도안전전문기술자
　　ⓒ 철도궤도분야 철도안전전문기술자
　　ⓓ 철도차량 분야 철도안전전문기술자

② **철도안전전문인력의 업무범위**(영 제59조 제2항)

자격을 부여받은 철도안전전문인력의 업무범위는 다음과 같다.
　ⓐ 철도운행안전관리자의 업무
　　ⓐ 철도차량의 운행선로 또는 그 인근에서 철도시설의 건설 또는 관리와 관련한 작업을 수행하는 경우에 작업일정의 조정 또는 작업에 필요한 안전장비·안전시설 등의 점검
　　ⓑ ⓐ에 의한 작업이 수행되는 선로를 운행하는 열차가 있는 경우 당해 열차에

대한 운행일정의 조정
ⓒ 열차접근경보시설 또는 열차접근감시인의 배치에 관한 계획의 수립·시행 및 확인
ⓓ 철도차량운전자 또는 관제업무종사자와의 연락체계 구축 등
ⓛ 철도안전전문기술자의 업무
ⓐ 철도안전전문기술자 : 해당 철도시설의 건설이나 관리와 관련된 설계·시공·감리·안전점검 업무나 레일용접 등의 업무
ⓑ 철도안전전문기술자 : 철도차량의 설계·제작·개조·시험검사·정밀안전진단·안전점검 등에 관한 품질관리 및 감리 등의 업무

2) 철도안전 전문인력의 자격기준 등

① 철도운행안전관리자의 자격을 부여받으려는 사람은 국토교통부장관이 인정한 교육훈련기관에서 국토교통부령으로 정하는 교육훈련을 수료하여야 한다(영 제60조 제1항).
② 자격을 부여받고자 하는 자는 국토교통부령이 정하는 바에 따라 국토교통부장관에게 자격부여신청을 하여야 한다(영 제60조의2 제1항).
③ 국토교통부장관은 자격부여신청을 한 자가 당해 자격기준에 적합한 경우에는 자격의 구분에 따라 자격증명서를 교부하여야 한다(영 제60조의2 제2항).
④ 국토교통부장관은 자격부여신청을 한 자가 당해 자격기준에 적합한지의 여부를 확인하기 위하여 그가 소속된 업체 등에 관계 자료의 제출을 요청할 수 있다(영 제60조의2 제3항).
⑤ 국토교통부장관은 철도안전 전문인력의 자격부여에 관한 자료를 유지·관리하여야 한다(영 제60조의2 제4항).

철도안전전문기술자의 자격기준(영 별표5)

구분	자격 부여 범위
1. 특급	가. 「전력기술관리법」, 「전기공사업법」, 「정보통신공사업법」이나 「건설기술 진흥법」(이하 "관계법령"이라 한다)에 따른 특급기술자·특급기술인·특급감리원·수석감리사 또는 특급전기공사기술자로서 다음의 어느 하나에 해당하는 사람 1) 「국가기술자격법」에 따른 철도의 해당 기술 분야의 기술사 또는 기사자격 취득자 2) 3년 이상 철도의 해당 기술 분야에 종사한 경력이 있는 사람 나. 별표 1의2에 따른 1등급 철도차량정비기술자로서 경력에 포함되는 기술자격의 종목과 관련된 기술사, 기능장 또는 기사자격 취득자
2. 고급	가. 관계법령에 따른 특급기술자·특급기술인·특급감리원·수석감리사 또는 특급공사기술자로서 1년 6개월 이상 철도의 해당 기술 분야에 종사한 경력이 있는 사람 나. 관계법령에 따른 고급기술자·고급기술인·고급감리원·감리사 또는 고급전기공사기술자로서 다음의 어느 하나에 해당하는 사람

	1) 「국가기술자격법」에 따른 철도의 해당 기술 분야의 기사 또는 산업기사 자격 취득자 2) 3년 이상 철도의 해당 기술 분야에 종사한 경력이 있는 사람 다. 별표 1의2에 따른 2등급 철도차량정비기술자로서 경력에 포함되는 기술자격의 종목과 관련된 기사 또는 산업기사 자격 취득자

3. 중급	가. 관계법령에 따른 고급기술사·고급기술인·고급감리원·감리사 또는 고급전기공사기술자로서 1년 6개월 이상 철도의 해당 기술 분야에 종사한 경력이 있는 사람
	나. 관계법령에 따른 중급기술자·중급기술인·중급감리원 또는 중급전기공사기술자로서 다음의 어느 하나에 해당하는 사람
	  1) 「국가기술자격법」에 따른 철도의 해당 기술 분야의 기사, 산업기사 또는 기능사 자격 취득자
	  2) 3년 이상 철도의 해당 기술 분야에 종사한 경력이 있는 사람
	다. 별표 1의2에 따른 3등급 철도차량정비기술자로서 경력에 포함되는 기술자격의 종목과 관련된 기사, 산업기사 또는 기능사 자격 취득자

4. 초급	가. 관계법령에 따른 중급기술자·중급기술인·중급감리원 또는 중급전기공사기술자로서 1년 6개월 이상 철도의 해당 기술 분야에 종사한 경력이 있는 사람
	나. 관계법령에 따른 초급기술자·초급기술인·초급감리원·감리사보 또는 초급전기공사 기술자로서 다음의 어느 하나에 해당하는 사람
	  1) 「국가기술자격법」에 따른 철도의 해당 기술 분야의 기사, 산업기사 또는 기능사 자격 취득자
	  2) 3년 이상 철도의 해당 기술 분야에 종사한 경력이 있는 사람
	다. 국토교통부령으로 정하는 철도의 해당 기술 분야의 설계·감리·시공·안전점검 관련 교육과정을 수료하고 수료 시 시행하는 검정시험에 합격한 사람
	라. 「국가기술자격법」에 따른 용접자격을 취득한 사람으로서 국토교통부장관이 지정한 전문기관 또는 단체의 레일용접인정자격시험에 합격한 사람
	마. 별표 1의2에 따른 4등급 철도차량정비기술자로서 경력에 포함되는 기술자격의 종목과 관련된 기사, 산업기사 또는 기능사 자격 취득자

(8) 철도안전 전문인력의 교육훈련

① 철도안전 전문인력의 교육훈련(규칙 별표24)

대상자	교육시간	교육내용	교육시기
철도운행 안전 관리자	120시간(3주) - 직무관련 : 100시간 - 교양교육 : 20시간	- 열차운행의 통제와 조정 - 안전관리 일반 - 관계법령 - 비상 시 조치 등	- 철도운행안전관리자로 인정받으려는 경우
철도안전 전문 기술자 (초급)	120시간(3주) - 직무관련 : 100시간 - 교양교육 : 20시간	- 기초전문 직무교육 - 안전관리 일반 - 관계법령 - 실무실습	- 철도안전전문 초급기술자로 인정받으려는 경우

② 교육훈련의 방법·절차 등에 관하여 필요한 세부사항은 국토교통부장관이 정한다(규칙 제91조 제2항).

(9) 철도안전 전문인력의 자격부여 절차 등

① 자격을 부여받으려는 사람은 국토교통부령으로 정하는 바에 따라 국토교통부장관에게 자격부여 신청을 하여야 한다(영 제60조의2 제1항).
② 국토교통부장관은 자격부여 신청을 한 사람이 해당 자격기준에 적합한 경우에는 전문인력의 구분에 따라 자격증명서를 발급하여야 한다(영 제60조의2 제2항).
③ 국토교통부장관은 자격부여 신청을 한 사람이 해당 자격기준에 적합한지를 확인하기 위하여 그가 소속된 기관이나 업체 등에 관계 자료 제출을 요청할 수 있다(영 제60조의2 제3항).
④ 국토교통부장관은 철도안전 전문인력의 자격부여에 관한 자료를 유지·관리하여야 한다(영 제60조의2 제4항).
⑤ 자격부여 절차와 방법, 자격증명서 발급 및 자격의 관리 등에 필요한 사항은 국토교통부령으로 정한다(영 제60조의2 제5항).

(10) 철도안전 전문인력 자격부여 절차의 세부사항

① 철도안전 전문인력의 자격을 부여받으려는 자는 철도안전 전문인력 자격부여(증명서 재발급) 신청서에 다음의 서류를 첨부하여 지정받은 안전전문기관에 제출하여야 한다(규칙 제92조 제1항).
　㉠ 경력을 확인할 수 있는 자료
　㉡ 교육훈련 이수증명서(해당자에 한정한다)
　㉢ 전기공사 기술자, 전력기술인, 정보통신기술자 경력수첩 또는 건설기술경력증 사본(해당자에 한정한다)
　㉣ 국가기술자격증 사본(해당자에 한정한다)
　㉤ 이 법에 따른 철도차량정비경력증 사본(해당자에 한정한다)
　㉥ 사진(3.5센티미터×4.5센티미터)
② 안전전문기관은 신청인이 자격기준에 적합한 경우에는 철도안전 전문인력 자격증명서를 신청인에게 발급하여야 한다(규칙 제92조 제2항).
③ 철도안전 전문인력 자격증명서를 발급받은 사람이 철도안전 전문인력 자격증명서를 잃어버렸거나 헐어 못 쓰게 된 때에는 안전전문기관에 철도안전 전문인력 자격증명서의 재발급을 신청하고, 안전전문기관은 자격부여 사실을 확인한 후 철도안전 전문인력 자격증명서 신청인에게 재발급하여야 한다(규칙 제92조 제3항).
④ 안전전문기관은 해당 분야 자격 취득자의 자격증명서 발급 등에 관한 자료를 유지·관리하여야 한다(규칙 제92조 제4항).

(11) 철도안전지식의 보급 등

국토교통부장관은 철도안전에 관한 지식의 보급과 철도안전의식을 고취시키기 위한 필요한 시책을 마련하여 추진하여야 한다(법 제70조).

(12) 철도안전정보의 종합관리 등

① 국토교통부장관은 이 법에 따른 철도안전시책을 효율적으로 추진하기 위하여 철도안전에 관한 정보를 종합관리하고, 관계 지방자치단체의 장 또는 철도운영자등, 운전적성검사기관, 관제적성검사기관, 운전교육훈련기관, 관제교육훈련기관, 인증기관, 시험기관, 안전전문기관, 위험물 포장·용기검사기관, 위험물취급전문교육기관 및 제77조 제2항에 따라 업무를 위탁받은 기관 또는 단체(이하 "철도관계기관등"이라 한다)에 그 정보를 제공할 수 있다(법 제71조 제1항).

② 국토교통부장관은 정보의 종합관리를 위하여 관계 지방자치단체의 장 또는 철도관계기관 등에 필요한 자료의 제출을 요청할 수 있으며 이 경우 요청을 받은 자는 특별한 이유가 없으면 요청에 응하여야 한다(법 제71조 제2항).

2. 재정지원 등

(1) 재정지원

정부는 다음의 기관 또는 단체에 대하여 보조 등 재정적 지원을 할 수 있다(법 제72조).

① 운전적성검사기관, 관제적성검사기관 또는 정밀안전진단기관
② 운전교육훈련기관, 관제교육훈련기관 또는 정비교육훈련기관
③ 인증기관, 시험기관, 안전전문기관 및 철도안전에 관한 단체
④ 업무를 위탁받은 기관 또는 단체

(2) 철도횡단교량 개축·개량 지원

국가는 철도의 안전을 위하여 철도횡단교량의 개축 또는 개량에 필요한 비용의 일부를 지원할 수 있다(법 제72조의2 제1항).

제8절 보 칙

1. 보고 및 검사

① 국토교통부장관이나 관계 지방자치단체는 다음의 어느 하나에 해당하는 경우 대통령령으로 정하는 바에 따라 철도관계기관등에 대하여 필요한 사항을 보고하게 하거나 자료의 제출을 명할 수 있다(법 제73조 제1항).

1. 철도안전 종합계획 또는 시행계획의 수립 또는 추진을 위하여 필요한 경우
1의2. 제6조의2 제1항에 따른 철도안전투자의 공시가 적정한지를 확인하려는 경우
2. 제8조 제2항에 따른 점검·확인을 위하여 필요한 경우
2의2. 제9조의3 제1항에 따른 안전관리 수준평가를 위하여 필요한 경우
3. 운전적성검사기관, 관제적성검사기관, 운전교육훈련기관, 관제교육훈련기관, 안전전문기관, 정비교육훈련기관, 정밀안전진단기관, 인증기관, 시험기관, 위험물 포장·용기검사기관 및 위험물취급전문교육기관의 업무 수행 또는 지정기준 부합 여부에 대한 확인이 필요한 경우
4. 철도운영자등의 제21조의2, 제22조의2 또는 제23조 제3항에 따른 철도종사자 관리의무 준수 여부에 대한 확인이 필요한 경우
4의2. 제31조 제4항에 따른 조치의무 준수 여부를 확인하려는 경우
5. 제38조 제2항에 따른 검토를 위하여 필요한 경우
5의2. 제38조의9에 따른 준수사항 이행 여부를 확인하려는 경우
6. 제40조에 따라 철도운영자가 열차운행을 일시 중지한 경우로서 그 결정 근거 등의 적정성에 대한 확인이 필요한 경우
7. 제44조 제2항에 따른 철도운영자의 안전조치 등이 적정한지에 대한 확인이 필요한 경우
7의2. 제44조의2 제1항에 따라 위험물 포장 및 용기의 안전성에 대한 확인이 필요한 경우
7의3. 제44조의3 제1항에 따른 철도로 운송하는 위험물을 취급하는 종사자의 위험물취급안전교육 이수 여부에 대한 확인이 필요한 경우
8. 제61조에 따른 보고와 관련하여 사실 확인 등이 필요한 경우
9. 제68조, 제69조 제2항 또는 제70조에 따른 시책을 마련하기 위하여 필요한 경우
10. 제72조의2 제1항에 따른 비용의 지원을 결정하기 위하여 필요한 경우

② 국토교통부장관은 필요하다고 인정하는 때에는 소속공무원으로 하여금 철도관계기관 등의 사무소 또는 사업장에 출입하여 관계자에게 질문하게 하거나 서류를 검사하게 할 수 있다(법 제73조 제2항).

③ 출입·검사를 하는 공무원은 국토교통부령이 정하는 바에 따라 그 권한을 표시하는 증표를 지니고 이를 관계인에게 내보여야 한다(법 제73조 제3항).

④ 국토교통부장관 또는 관계 지방자치단체의 장은 보고 또는 자료의 제출을 명하는 때에는 7일 이상의 기간을 주어야 한다. 다만, 공무원이 철도사고 등이 발생한 현장에 출동하는 등 긴급한 상황인 경우에는 그러하지 아니하다(영 제61조 제1항).

2. 수수료(법 제74조)

① 이 법에 따른 교육훈련, 면허, 검사, 진단, 성능인증 및 성능시험 등을 신청하는 자

는 국토교통부령으로 정하는 수수료를 내야 한다. 다만, 이 법에 따라 국토교통부장관의 지정을 받은 운전적성검사기관, 관제적성검사기관, 운전교육훈련기관, 관제교육훈련기관, 정비교육훈련기관, 정밀안전진단기관, 인증기관, 시험기관, 안전전문기관, 위험물 포장·용기검사기관 및 위험물취급전문교육기관(이하 이 조에서 "대행기관"이라 한다) 또는 제77조 제2항에 따라 업무를 위탁받은 기관(이하 이 조에서 "수탁기관"이라 한다)의 경우에는 대행기관 또는 수탁기관이 정하는 수수료를 대행기관 또는 수탁기관에 내야 한다.

② 제1항 단서에 따라 수수료를 정하려는 대행기관 또는 수탁기관은 그 기준을 정하여 국토교통부장관의 승인을 받아야 한다. 승인받은 사항을 변경하려는 경우에도 또한 같다.

3. 청문

국토교통부장관은 다음 각 호의 어느 하나에 해당하는 처분을 하는 경우에는 청문을 하여야 한다(법 제75조).

1. 제9조 제1항에 따른 안전관리체계의 승인 취소
2. 제15조의2에 따른 운전적성검사기관의 지정취소(제16조 제5항, 제21조의6 제5항, 제21조의7 제5항, 제24조의4 제5항 또는 제69조 제7항에서 준용하는 경우를 포함한다)
4. 제20조 제1항에 따른 운전면허의 취소 및 효력정지
4의2. 제21조의11 제1항에 따른 관제자격증명의 취소 또는 효력정지
4의3. 제24조의5 제1항에 따른 철도차량정비기술자의 인정 취소
5. 제26조의2 제1항(제27조 제4항에서 준용하는 경우를 포함한다)에 따른 형식승인의 취소
6. 제26조의7(제27조의2 제4항에서 준용하는 경우를 포함한다)에 따른 제작자승인의 취소
7. 제38조의10 제1항에 따른 인증정비조직의 인증 취소
8. 제38조의13 제3항에 따른 정밀안전진단기관의 지정 취소
8의2. 제44조의2 제6항에 따른 위험물 포장·용기검사기관의 지정 취소 또는 업무정지
8의3. 제44조의3 제5항에 따른 위험물취급전문교육기관의 지정 취소 또는 업무정지
9. 제48조의4 제3항에 따른 시험기관의 지정 취소
10. 제69조의5 제1항에 따른 철도운행안전관리자의 자격 취소
11. 제69조의5 제2항에 따른 철도안전전문기술자의 자격 취소

4. 통보 및 징계권고

① 국토교통부장관은 이 법 등 철도안전과 관련된 법규의 위반에 따른 범죄혐의가 있다고 인정할 만한 상당한 이유가 있을 때에는 관할 수사기관에 그 내용을 통보할 수 있다(법 제75조의2 제1항).

② 국토교통부장관은 이 법 등 철도안전과 관련된 법규의 위반에 따라 사고가 발생했다고 인정할 만한 상당한 이유가 있을 때에는 사고에 책임이 있는 사람을 징계할 것을 해당 철도운영자등에게 권고할 수 있다. 이 경우 권고를 받은 철도운영자등은 이를 존중하여야 하며 그 결과를 국토교통부장관에게 통보하여야 한다(법 제75조의2 제2항).

5. 벌칙 적용에서 공무원 의제

다음 각 호의 어느 하나에 해당하는 사람은 「형법」 제129조부터 제132조까지의 규정을 적용할 때에는 공무원으로 본다(법 제76조).

1. 운전적성검사 업무에 종사하는 운전적성검사기관의 임직원 또는 관제적성검사 업무에 종사하는 관제적성검사기관의 임직원
2. 운전교육훈련 업무에 종사하는 운전교육훈련기관의 임직원 또는 관제교육훈련 업무에 종사하는 관제교육훈련기관의 임직원
2의2. 정비교육훈련 업무에 종사하는 정비교육훈련기관의 임직원
2의3. 정밀안전진단 업무에 종사하는 정밀안전진단기관의 임직원
2의4. 제27조의3에 따라 위탁받은 검사 업무에 종사하는 기관 또는 단체의 임직원
2의5. 제48조의4에 따른 성능시험 업무에 종사하는 시험기관의 임직원 및 성능인증·점검 업무에 종사하는 인증기관의 임직원
2의6. 제69조 제5항에 따른 철도안전 전문인력의 양성 및 자격관리 업무에 종사하는 안전전문기관의 임직원
2의7. 제44조의2 제4항에 따른 위험물 포장·용기검사 업무에 종사하는 위험물 포장·용기검사기관의 임직원
2의8. 제44조의3 제3항에 따른 위험물취급안전교육 업무에 종사하는 위험물취급전문교육기관의 임직원
3. 제77조 제2항에 따라 위탁업무에 종사하는 철도안전 관련 기관 또는 단체의 임직원

6. 권한의 위임·위탁

① 국토교통부장관은 이 법에 의한 권한의 일부를 대통령령이 정하는 바에 의하여 시·도지사에게 위임할 수 있다(법 제77조 제1항).
② 국토교통부장관은 이 법에 따른 업무의 일부를 대통령령으로 정하는 바에 따라 철도안전 관련 기관 또는 단체에 위탁할 수 있다(법 제77조 제2항).

제9절 벌 칙

1. 무기징역 또는 5년 이상의 징역 등의 벌칙

① 무기징역 또는 5년 이상의 징역(법 제78조 제1항)
  ㉠ 사람이 탑승하여 운행 중인 철도차량에 불을 놓아 소훼(燒燬)한 사람
  ㉡ 사람이 탑승하여 운행 중인 철도차량을 탈선 또는 충돌하게 하거나 파괴한 사람
② 철도시설 또는 철도차량을 파손하여 철도차량 운행에 위험을 발생하게 한 사람은 10년 이하의 징역 또는 1억원 이하의 벌금에 처한다(법 제78조 제2항).
③ 과실로 ①의 죄를 지은 사람은 1년 이하의 징역 또는 1천만원 이하의 벌금에 처한다(법 제78조 제3항).
④ 과실로 ②의 죄를 지은 사람은 1천만원 이하의 벌금에 처한다(법 제78조 제4항).
⑤ 업무상 과실이나 중대한 과실로 ①의 죄를 지은 사람은 3년 이하의 징역 또는 3천만원 이하의 벌금에 처한다(법 제78조 제5항).
⑥ 업무상 과실이나 중대한 과실로 ②의 죄를 지은 사람은 2년 이하의 징역 또는 2천만원 이하의 벌금에 처한다(법 제78조 제6항).
⑦ ①항 및 ②항의 미수범은 처벌한다(법 제78조 제7항).

2. 벌 칙

(1) 5년 이하의 징역 또는 5천만 원 이하의 벌금(법 제79조 제1항)

폭행·협박으로 철도종사자의 직무집행을 방해한 자

(2) 3년 이하의 징역 또는 3천만 원 이하의 벌금(법 제79조 제2항)

1. 안전관리체계의 승인을 받지 아니하고 철도운영을 하거나 철도시설을 관리한 자
2. 철도차량 제작자승인을 받지 아니하고 철도차량을 제작한 자
3. 철도용품 제작자승인을 받지 아니하고 철도용품을 제작한 자
3의2. 개조승인을 받지 아니하고 철도차량을 임의로 개조하여 운행한 자
3의3. 적정 개조능력이 있다고 인정되지 아니한 자에게 철도차량 개조 작업을 수행하게 한 자
3의4. 국토교통부장관의 운행제한 명령을 따르지 아니하고 철도차량을 운행한 자
4. 철도사고등 발생 시 사람을 사상(死傷)에 이르게 하거나 철도차량 또는 철도시설을 파손에 이르게 한 자
5. 술을 마시거나 약물을 사용한 상태에서 업무를 한 사람
6. 탁송 및 운송 금지 위험물을 탁송하거나 운송한 자

7. 위험물을 운송한 자
8. 철도보호 및 질서유지를 위한 금지행위를 한 자

(3) 2년 이하의 징역 또는 2천만 원 이하의 벌금(법 제79조 제3항)

1. 거짓이나 그 밖의 부정한 방법으로 안전관리체계의 승인을 받은 자
2. 철도운영이나 철도시설의 관리에 중대하고 명백한 지장을 초래한 자
3. 거짓이나 그 밖의 부정한 방법으로 지정을 받은 자
4. 업무정지 기간 중에 해당 업무를 한 자
5. 거짓이나 그 밖의 부정한 방법으로 형식승인을 받은 자
6. 형식승인을 받지 아니한 철도차량을 운행한 자
7. 거짓이나 그 밖의 부정한 방법으로 제작자승인을 받은 자
8. 거짓이나 그 밖의 부정한 방법으로 제작자승인의 면제를 받은 자
9. 완성검사를 받지 아니하고 철도차량을 판매한 자
10. 업무정지 기간 중에 철도차량 또는 철도용품을 제작한 자
11. 형식승인을 받지 아니한 철도용품을 철도시설 또는 철도차량 등에 사용한 자
12. 중지명령에 따르지 아니한 자
13. 종합시험운행을 실시하지 아니하거나 실시한 결과를 국토교통부장관에게 보고하지 아니하고 철도노선을 정상운행한 자
13의2. 철도차량정비가 되지 않은 철도차량임을 알면서 운행한 자
13의3. 철도차량정비 또는 원상복구 명령에 따르지 아니한 자
13의4. 거짓이나 그 밖의 부정한 방법으로 철도차량 정비조직의 인증을 받은 자
13의5. 고의 또는 중대한 과실로 철도사고 또는 중대한 운행장애를 발생시킨 자
13의6. 정밀안전진단을 받지 아니하거나 정밀안전진단 결과 또는 정밀안전진단 결과에 대한 평가 결과 계속 사용이 적합하지 아니하다고 인정된 철도차량을 운행한 자
13의7. 특별한 사유 없이 열차운행을 중지하지 아니한 자
13의8. 철도종사자에게 불이익한 조치를 한 자
14. 삭제 〈2017.8.9.〉
15. 확인 또는 검사에 불응한 자
16. 정당한 사유 없이 위해물품을 휴대하거나 적재한 사람
17. 철도보호구역에서 행위제한에 따르는 신고를 하지 아니하거나 명령에 따르지 아니한 자
18. 운행 중 비상정지버튼을 누르거나 승강용 출입문을 여는 행위를 한 사람
19. 철도안전 자율보고를 한 사람에게 불이익한 조치를 한 자

(4) 1년 이하의 징역 또는 1천만 원 이하의 벌금(법 제79조 제4항)

1. 운전면허를 받지 아니하고(운전면허가 취소되거나 그 효력이 정지된 경우를 포함) 철도차량을 운전한 사람
2. 거짓이나 그 밖의 부정한 방법으로 운전면허를 받은 사람
2의2. 거짓이나 그 밖의 부정한 방법으로 관제자격증명을 받은 사람
2의3. 거짓이나 그 밖의 부정한 방법으로 철도차량정비기술자로 인정받은 사람
2의4. 제19조의2를 위반하여 운전면허증을 다른 사람에게 빌려주거나 빌리거나 이를 알선한 사람
3. 실무수습을 이수하지 아니하고 철도차량의 운전업무에 종사한 사람
3의2. 운전면허를 받지 아니하거나(운전면허가 취소되거나 그 효력이 정지된 경우를 포함) 실무수습을 이수하지 아니한 사람을 철도차량의 운전업무에 종사하게 한 철도운영자등
3의3. 관제자격증명을 받지 아니하고(관제자격증명이 취소되거나 그 효력이 정지된 경우를 포함) 관제업무에 종사한 사람
3의4. 제21조의10을 위반하여 관제자격증명서를 다른 사람에게 빌려주거나 빌리거나 이를 알선한 사람
4. 실무수습을 이수하지 아니하고 관제업무에 종사한 사람
4의2. 관제자격증명을 받지 아니하거나(관제자격증명이 취소되거나 그 효력이 정지된 경우를 포함) 실무수습을 이수하지 아니한 사람을 관제업무에 종사하게 한 철도운영자등
5. 신체검사와 적성검사를 받지 아니하거나 신체검사와 적성검사에 합격하지 아니하고 업무를 한 사람 및 그로 하여금 그 업무에 종사하게 한 자
5의2. 다음의 어느 하나에 해당하는 사람
    가. 다른 사람에게 자기의 성명을 사용하여 철도차량정비 업무를 수행하게 하거나 자신의 철도차량정비경력증을 빌려 준 사람
    나. 다른 사람의 성명을 사용하여 철도차량정비 업무를 수행하거나 다른 사람의 철도차량정비경력증을 빌린 사람
    다. 가. 및 나.의 행위를 알선한 사람
6. 형식승인을 받지 아니한 철도차량 또는 철도용품을 판매한 자
6의2. 이행 명령에 따르지 아니한 자
7. 종합시험운행 결과를 허위로 보고한 자
7의2. 정비조직의 인증을 받지 아니하고 철도차량정비를 한 자
8. 지시를 따르지 아니한 자
9. 설치 목적과 다른 목적으로 영상기록장치를 임의로 조작하거나 다른 곳을 비춘 자 또는 운행기간 외에 영상기록을 한 자

10. 영상기록을 목적 외의 용도로 이용하거나 다른 자에게 제공한 자
11. 안전성 확보에 필요한 조치를 하지 아니하여 영상기록장치에 기록된 영상정보를 분실·도난·유출·변조 또는 훼손당한 자
12. 술을 마시거나 약물을 복용하고 다른 사람에게 위해를 주는 행위를 한 사람
13. 거짓이나 부정한 방법으로 철도운행안전관리자 자격을 받은 사람
14. 철도운행안전관리자를 배치하지 아니하고 철도시설의 건설 또는 관리와 관련한 작업을 시행한 철도운영자
15. 정기교육을 받지 아니하고 업무를 한 사람 및 그로 하여금 그 업무에 종사하게 한 자
16. 제69조의4를 위반하여 철도안전 전문인력의 분야별 자격을 다른 사람에게 빌려주거나 빌리거나 이를 알선한 사람

(5) 500만원 이하의 벌금(법 제79조 제4항)

철도종사자와 여객 등에게 성적(性的) 수치심을 일으키는 행위를 위반한 자

(6) 형의 가중

① 무기징역 또는 5년 이상의 징역에 해당하는 죄를 지어 사람을 사망에 이르게 한 자는 사형, 무기징역 또는 7년 이상의 징역에 처한다(법 제80조 제1항).
② 폭행·협박으로 철도종사자의 직무집행을 방해한 자, 정당한 사유 없이 위해물품을 휴대하거나 적재한 사람 또는 신고를 하지 아니하거나 명령에 따르지 아니한 죄를 범하여 열차운행에 지장을 준 자는 그 죄에 규정된 형의 2분의 1까지 가중한다(법 제80조 제2항).
③ 정당한 사유 없이 위해물품을 휴대하거나 적재한 사람 또는 신고를 하지 아니하거나 명령에 따르지 아니한 죄를 범하여 사람을 사상에 이르게 한 자는 5년 이하의 징역 또는 5천만원 이하의 벌금에 처한다(법 제80조 제3항).

(7) 양벌규정

법인의 대표자나 법인 또는 개인의 대리인, 사용인, 그 밖의 종업원이 그 법인 또는 개인의 업무에 관하여 제78조 제2항, 같은 조 제3항 제1호부터 제7호까지, 같은 항 제9호, 같은 조 제4항 제1호, 같은 항 제3호부터 제9호까지 또는 제79조(제78조 제3항 제9호의 가중죄를 범한 경우만 해당)의 어느 하나에 해당하는 위반행위를 하면 그 행위자를 벌하는 외에 그 법인 또는 개인에게도 해당 조문의 벌금형을 과한다. 다만, 법인 또는 개인이 그 위반행위를 방지하기 위하여 해당 업무에 관하여 상당한 주의와 감독을 게을리하지 아니한 경우에는 그러하지 아니한다(법 제81조).

3. 과태료

① 다음 각 호의 어느 하나에 해당하는 자에게는 1천만원 이하의 과태료를 부과한다.
1. 제7조 제3항(제26조의8 및 제27조의2 제4항에서 준용하는 경우를 포함한다)을 위반하여 안전관리체계의 변경승인을 받지 아니하고 안전관리체계를 변경한 사
2. 제8조 제3항(제26조의8 및 제27조의2 제4항에서 준용하는 경우를 포함한다)을 위반하여 정당한 사유 없이 시정조치 명령에 따르지 아니한 자

2의2. 제9조의4 제4항을 위반하여 시정조치 명령을 따르지 아니한 자

4. 제26조 제2항(제27조 제4항에서 준용하는 경우를 포함한다)을 위반하여 변경승인을 받지 아니한 자
5. 제26조의5 제2항(제27조의2 제4항에서 준용하는 경우를 포함한다)에 따른 신고를 하지 아니한 자
6. 제27조의2 제3항을 위반하여 형식승인표시를 하지 아니한 자
7. 제31조 제2항을 위반하여 조사·열람·수거 등을 거부, 방해 또는 기피한 자
8. 제32조 제2항 또는 제4항을 위반하여 시정조치계획을 제출하지 아니하거나 시정조치의 진행 상황을 보고하지 아니한 자
9. 제38조 제2항에 따른 개선·시정 명령을 따르지 아니한 자

9의2. 제38조의5 제3항을 위반한 다음 각 목의 어느 하나에 해당하는 자
  가. 이력사항을 고의로 입력하지 아니한 자
  나. 이력사항을 위조·변조하거나 고의로 훼손한 자
  다. 이력사항을 무단으로 외부에 제공한 자

9의3. 제38조의7 제2항을 위반하여 변경인증을 받지 아니한 자
9의4. 제38조의9에 따른 준수사항을 지키지 아니한 자
9의5. 제38조의12 제2항에 따른 정밀안전진단 명령을 따르지 아니한 자
9의6. 제38조의14 제2항 후단을 위반하여 특별한 사유 없이 자료를 제출하지 아니하거나 거짓으로 제출한 자

10. 제39조의2 제3항에 따른 안전조치를 따르지 아니한 자

10의2. 제39조의3 제1항을 위반하여 영상기록장치를 설치·운영하지 아니한 자

13의2. 제48조의3 제1항을 위반하여 국토교통부장관의 성능인증을 받은 보안검색장비를 사용하지 아니한 자

14. 제49조 제1항을 위반하여 철도종사자의 직무상 지시에 따르지 아니한 사람
15. 제61조 제1항 및 제61조의2 제1항·제2항에 따른 보고를 하지 아니하거나 거짓으로 보고한 자
16. 제73조 제1항에 따른 보고를 하지 아니하거나 거짓으로 보고한 자
17. 제73조 제1항에 따른 자료제출을 거부, 방해 또는 기피한 자

18. 제73조 제2항에 따른 소속 공무원의 출입·검사를 거부, 방해 또는 기피한 자
② 다음 각 호의 어느 하나에 해당하는 자에게는 500만원 이하의 과태료를 부과한다.
  1. 제7조 제3항(제26조의8 및 제27조의2 제4항에서 준용하는 경우를 포함한다)을 위반하여 안전관리체계의 변경신고를 하지 아니하고 안전관리체계를 변경한 자
  2. 제24조 제1항을 위반하여 안전교육을 실시하지 아니한 자 또는 제24조제2항을 위반하여 직무교육을 실시하지 아니한 자
  2의2. 제24조 제3항을 위반하여 안전교육 실시 여부를 확인하지 아니하거나 안전교육을 실시하도록 조치하지 아니한 철도운영자등
  3. 제26조 제2항(제27조 제4항에서 준용하는 경우를 포함한다)을 위반하여 변경신고를 하지 아니한 자
  4. 제38조의2 제2항 단서를 위반하여 개조신고를 하지 아니하고 개조한 철도차량을 운행한 자
  5. 제38조의5 제3항 제1호를 위반하여 이력사항을 과실로 입력하지 아니한 자
  6. 제38조의7 제2항을 위반하여 변경신고를 하지 아니한 자
  7. 제40조의2에 따른 준수사항을 위반한 자
  7의2. 제44조 제1항에 따른 위험물취급의 방법, 절차 등을 따르지 아니하고 위험물취급을 한 자(위험물을 철도로 운송한 자는 제외한다)
  7의3. 제44조의2 제1항에 따른 검사를 받지 아니하고 포장 및 용기를 판매 또는 사용한 자
  7의4. 제44조의3 제1항을 위반하여 자신이 고용하고 있는 종사자가 위험물취급안전교육을 받도록 하지 아니한 위험물취급자
  8. 제47조 제1항 제1호 또는 제3호를 위반하여 여객출입 금지장소에 출입하거나 물건을 여객열차 밖으로 던지는 행위를 한 사람
  8의2. 제47조 제3항을 위반하여 여객열차에서의 금지행위에 관한 사항을 안내하지 아니한 자
  9. 제48조 제5호를 위반하여 철도시설(선로는 제외한다)에 승낙 없이 출입하거나 통행한 사람
  10. 제48조 제7호·제9호 또는 제10호를 위반하여 철도시설에 유해물 또는 오물을 버리거나 열차운행에 지장을 준 사람
  11. 제48조의3 제2항에 따른 보안검색장비의 성능인증을 위한 기준·방법·절차 등을 위반한 인증기관 및 시험기관
  12. 제61조 제2항에 따른 보고를 하지 아니하거나 거짓으로 보고한 자
③ 다음 각 호의 어느 하나에 해당하는 자에게는 300만원 이하의 과태료를 부과한다.
  1. 제9조의4 제3항을 위반하여 우수운영자로 지정되었음을 나타내는 표시를 하거나 이와 유사한 표시를 한 자

4. 제20조 제3항(제21조의11 제2항에서 준용하는 경우를 포함한다)을 위반하여 운전면허증을 반납하지 아니한 사람
④ 다음 각 호의 어느 하나에 해당하는 자에게는 100만원 이하의 과태료를 부과한다.
   1. 제40조의3을 위반하여 업무에 종사하는 동안에 열차 내에서 흡연을 한 사람
   2. 제47조 제1항 제4호를 위반하여 여객열차에서 흡연을 한 사람
   3. 제48조 제5호를 위반하여 선로에 승낙 없이 출입하거나 통행한 사람
   4. 제48조 제1항 제6호를 위반하여 폭언 또는 고성방가 등 소란을 피우는 행위를 한 사람
⑤ 다음 각 호의 어느 하나에 해당하는 자에게는 50만원 이하의 과태료를 부과한다.
   1. 제45조 제4항을 위반하여 조치명령을 따르지 아니한 자
   2. 제47조 제1항 제7호를 위반하여 공중이나 여객에게 위해를 끼치는 행위를 한 사람
⑥ 제1항부터 제5항까지에 따른 과태료는 대통령령으로 정하는 바에 따라 국토교통부장관 또는 시·도지사가 부과·징수한다.

※ 과태료 규정의 적용 특례

제82조의 과태료에 관한 규정을 적용할 때 제9조의2(제26조의8, 제27조의2 제4항, 제38조의4, 제38조의11 및 제38조의15에서 준용하는 경우를 포함한다)에 따라 과징금을 부과한 행위에 대해서는 과태료를 부과할 수 없다(제83조).

1) 과태료 부과기준(영 별표6)

과태료 부과기준(영 별표6)

1. 일반기준
   가. 위반행위의 횟수에 따른 과태료의 가중된 부과기준은 최근 1년간 같은 위반행위로 과태료 부과처분을 받은 경우에 적용한다. 이 경우 기간의 계산은 위반행위에 대하여 과태료 부과처분을 받은 날과 그 처분 후 다시 같은 위반행위를 하여 적발된 날을 기준으로 한다.
   나. 가목에 따라 가중된 부과처분을 하는 경우 가중처분의 적용 차수는 그 위반행위 전 부과처분 차수(가목에 따른 기간 내에 과태료 부과처분이 둘 이상 있었던 경우에는 높은 차수를 말한다)의 다음 차수로 한다.
   다. 하나의 행위가 둘 이상의 위반행위에 해당하는 경우에는 그 중 무거운 과태료의 부과기준에 따른다.
   라. 부과권자는 다음의 어느 하나에 해당하는 경우에는 제2호에 따른 과태료 금액의 2분의 1 범위에서 그 금액을 줄일 수 있다. 다만, 과태료를 체납하고 있는 위반행위자의 경우에는 그렇지 않다.
      1) 삭제 〈2020.10.8.〉
      2) 위반행위가 사소한 부주의나 오류로 인한 것으로 인정되는 경우
      3) 위반행위자가 법 위반상태를 시정하거나 해소하기 위해 노력한 것이 인정되는 경우
      4) 그 밖에 위반행위의 정도, 위반행위의 동기와 그 결과 등을 고려하여 과태료를 줄일 필요가 있다고 인정되는 경우

마. 부과권자는 다음의 어느 하나에 해당하는 경우에는 제2호의 개별기준에 따른 과태료 금액의 2분의 1 범위에서 그 금액을 늘릴 수 있다. 다만, 법 제82조 제1항부터 제5항까지의 규정에 따른 과태료 금액의 상한을 넘을 수 없다.
1) 위반의 내용·정도가 중대하여 공중(公衆)에게 미치는 피해가 크다고 인정되는 경우
2) 그 밖에 위반행위의 정도, 위반행위의 동기와 그 결과 등을 고려하여 늘릴 필요가 있다고 인정되는 경우

2. 개별기준

위반행위	근거 법조문	과태료 금액 (단위 : 만원)		
		1회 위반	2회 위반	3회 이상 위반
가. 법 제7조 제3항(법 제26조의8 및 제27조의2 제4항에서 준용하는 경우를 포함한다)을 위반하여 안전관리체계의 변경승인을 받지 않고 안전관리체계를 변경한 경우	법 제82조 제1항 제1호	300	600	900
나. 법 제7조 제3항(법 제26조의8 및 제27조의2 제4항에서 준용하는 경우를 포함한다)을 위반하여 안전관리체계의 변경신고를 하지 않고 안전관리체계를 변경한 경우	법 제82조 제2항 제1호	150	300	450
다. 법 제8조 제3항(법 제26조의8 및 제27조의2 제4항에서 준용하는 경우를 포함한다)을 위반하여 정당한 사유 없이 시정조치 명령에 따르지 않은 경우	법 제82조 제1항 제2호	300	600	900
라. 법 제9조의4 제3항을 위반하여 우수운영자로 지정되었음을 나타내는 표시를 하거나 이와 유사한 표시를 한 경우	법 제82조 제3항 제1호	90	180	270
마. 법 제9조의4 제4항을 위반하여 시정조치 명령을 따르지 않은 경우	법 제82조 제1항 제2호의2	300	600	900
바. 법 제20조 제3항(법 제21조의11 제2항에서 준용하는 경우를 포함한다)을 위반하여 운전면허증을 반납하지 않은 경우	법 제82조 제3항 제4호	90	180	270
사. 법 제24조 제1항을 위반하여 안전교육을 실시하지 않거나 같은 조 제2항을 위반하여 직무교육을 실시하지 않은 경우	법 제82조 제2항 제2호	150	300	450
아. 법 제24조 제3항을 위반하여 철도운영자 등이 안전교육 실시 여부를 확인하지 않거나 안전교육을 실시하도록 조치하지 않은 경우	법 제82조 제2항 제2호의2	150	300	450
자. 법 제26조 제2항 본문(법 제27조 제4항에서 준용하는 경우를 포함한다)을 위반하여 변경승인을 받지 않은 경우	법 제82조 제1항 제4호	300	600	900
차. 법 제26조 제2항 단서(법 제27조 제4항에서 준용하는 경우를 포함한다)를 위반하여 변경신고를 하지 않은 경우	법 제82조 제2항 제3호	150	300	450

카. 법 제26조의5 제2항(법 제27조의2 제4항에서 준용하는 경우를 포함한다)에 따른 신고를 하지 않은 경우	법 제82조 제1항 제5호	300	600	900
타. 법 제27조의2 제3항을 위반하여 형식승인 표시를 하지 않은 경우	법 제82조 제1항 제6호	300	600	900
파. 법 제31조 제2항을 위반하여 조사·열람·수거 등을 거부, 방해 또는 기피한 경우	법 제82조 제1항 제7호	300	600	900
하. 법 제32조 제2항 또는 제4항을 위반하여 시정조치계획을 제출하지 않거나 시정조치의 진행 상황을 보고하지 않은 경우	법 제82조 제1항 제8호	300	600	900
거. 법 제38조 제2항에 따른 개선·시정 명령을 따르지 않은 경우	법 제82조 제1항 제9호	300	600	900
너. 법 제38조의2 제2항 단서를 위반하여 개조신고를 하지 않고 개조한 철도차량을 운행한 경우	법 제82조 제2항 제4호	150	300	450
더. 제38조의5 제3항을 위반한 다음의 어느 하나에 해당하는 경우 1) 이력사항을 고의로 입력하지 않은 경우 2) 이력사항을 위조·변조하거나 고의로 훼손한 경우 3) 이력사항을 무단으로 외부에 제공한 경우	법 제82조 제1항 제9호의2	300	600	900
러. 법 제38조의5 제3항 제1호를 위반하여 이력사항을 과실로 입력하지 않은 경우	법 제82조 제2항 제5호	150	300	450
머. 법 제38조의7 제2항을 위반하여 변경인증을 받지 않은 경우	법 제82조 제1항 제9호의3	300	600	900
버. 법 제38조의7 제2항을 위반하여 변경신고를 하지 않은 경우	법 제82조 제2항 제6호	150	300	450
서. 법 제38조의9에 따른 준수사항을 지키지 않은 경우	법 제82조 제1항 제9호의4	300	600	900
어. 법 제38조의12 제2항에 따른 정밀안전진단 명령을 따르지 않은 경우	법 제82조 제1항 제9호의5	300	600	900
저. 법 제38조의14 제2항 후단을 위반하여 특별한 사유 없이 자료를 제출하지 않거나 거짓으로 제출한 경우	법 제82조 제1항 제9호의6	300	600	900
처. 법 제39조의2 제3항에 따른 안전조치를 따르지 않은 경우	법 제82조 제1항 제10호	300	600	900
커. 법 제39조의3 제1항을 위반하여 영상기록장치를 설치·운영하지 않은 경우	법 제82조 제1항 제10호의2	300	600	900
터. 법 제40조의2에 따른 준수사항을 위반한 경우	법 제82조 제2항 제7호	150	300	450

퍼. 법 제40조의3을 위반하여 업무에 종사하는 동안에 열차 내에서 흡연을 한 경우	법 제82조 제4항 제1호	30	60	90
허. 법 제45조 제4항을 위반하여 조치명령을 따르지 않은 경우	법 제82조 제5항 제1호	15	30	45
고. 법 제47조 제1항 제1호 또는 제3호를 위반하여 여객출입 금지장소에 출입하거나 물건을 여객열차 밖으로 던지는 행위를 한 경우	법 제82조 제2항 제8호	150	300	450
노. 법 제47조 제1항 제4호를 위반하여 여객열차에서 흡연을 한 경우	법 제82조 제4항 제2호	30	60	90
도. 법 제47조 제1항 제7호를 위반하여 공중이나 여객에게 위해를 끼치는 행위를 한 경우	법 제82조 제5항 제2호	15	30	45
로. 법 제47조 제3항에 따른 여객열차에서의 금지행위에 관한 사항을 안내하지 않은 경우	법 제82조 제2항 제8호의2	150	300	450
모. 법 제48조 제5호를 위반하여 철도시설(선로는 제외한다)에 승낙 없이 출입하거나 통행한 경우	법 제82조 제2항 제9호	150	300	450
보. 법 제48조 제5호를 위반하여 선로에 승낙 없이 출입하거나 통행한 경우	법 제82조 제4항 제3호	30	60	90
소. 법 제48조 제7호・제9호 또는 제10호를 위반하여 철도시설에 유해물 또는 오물을 버리거나 열차운행에 지장을 준 경우	법 제82조 제2항 제10호	150	300	450
오. 법 제48조의3 제1항을 위반하여 국토교통부장관의 성능인증을 받은 보안검색장비를 사용하지 않은 경우	법 제82조 제1항 제13호의2	300	600	900
조. 인증기관 및 시험기관이 법 제48조의3 제2항에 따른 보안검색장비의 성능인증을 위한 기준・방법・절차 등을 위반한 경우	법 제82조 제2항 제11호	150	300	450
초. 법 제49조 제1항을 위반하여 철도종사자의 직무상 지시에 따르지 않은 경우	법 제82조 제1항 제14호	300	600	900
코. 법 제61조 제1항에 따른 보고를 하지 않거나 거짓으로 보고한 경우	법 제82조 제1항 제15호	300	600	900
토. 법 제61조 제2항에 따른 보고를 하지 않거나 거짓으로 보고한 경우	법 제82조 제2항 제12호	150	300	450
포. 법 제61조의2 제1항・제2항에 따른 보고를 하지 않거나 거짓으로 보고한 경우	법 제82조 제1항 제15호	300	600	900
호. 법 제73조 제1항에 따른 보고를 하지 않거나 거짓으로 보고한 경우	법 제82조 제1항 제16호	300	600	900
구. 법 제73조 제1항에 따른 자료제출을 거부, 방해 또는 기피한 경우	법 제82조 제1항 제17호	300	600	900
누. 법 제73조 제2항에 따른 소속 공무원의 출입・검사를 거부, 방해 또는 기피한 경우	법 제82조 제1항 제18호	300	600	900

◆ 철도안전법 기출 및 출제예상문제

01 철도안전법의 궁극적 목적에 해당하는 것은?

㉮ 철도안전의 확보
㉯ 시민의 안전확보
㉰ 철도안전관리체계의 확립
㉱ 공공복리의 증진

 이 법은 철도안전을 확보하기 위하여 필요한 사항을 규정하고 철도안전 관리체계를 확립함으로써 공공복리의 증진에 이바지함을 목적으로 한다(법 제1조).

02 다음 중 철도안전법의 목표로서 적당하지 않는 것은?

㉮ 철도안전을 확보
㉯ 철도안전관리체계를 확립
㉰ 공공복리의 증진에 기여
㉱ 철도산업의 경제성 증대

 이 법은 철도안전을 확보하기 위하여 필요한 사항을 규정하고 철도안전 관리체계를 확립함으로써 공공복리의 증진에 이바지함을 목적으로 한다(법 제1조).

03 다음 중 철도안전법상의 용어의 정의로 잘못된 것은?

㉮ "철도시설관리자"라 함은 철도운영에 관한 업무를 수행하는 자를 말한다.
㉯ "철도"라 함은 여객 또는 화물을 운송하는 데 필요한 철도시설과 철도차량 및 이와 관련된 운영·지원체계가 유기적으로 구성된 운송체계를 말한다.
㉰ "철도사고"란 철도운영 또는 철도시설관리와 관련하여 사람이 죽거나 다치거나 물건이 파손되는 사고를 말한다.
㉱ "선로"라 함은 철도차량을 운행하기 위한 궤도와 이를 받치는 노반 또는 공작물로 구성된 시설을 말한다.

 "철도시설관리자"란 철도시설의 건설 또는 관리에 관한 업무를 수행하는 자를 말한다.

정답 01. ㉱ 02. ㉱ 03. ㉮

04 다음 중 괄호 안에 들어갈 용어로 올바른 것은?

> 철도사고 및 철도준사고 외에 철도차량의 운행에 지장을 주는 것으로서 국토교통부령으로 정하는 것을 ( )라고 말한다.

㉮ 철도사고 ㉯ 운행장애
㉰ 철도고장 ㉱ 운행사고

 운행장애는 철도사고 및 철도준사고 외에 철도차량의 운행에 지장을 주는 것으로서 국토교통부령으로 정하는 것을 말한다(법 제2조 제13호).

05 다음 중 열차의 정의로 바른 것은? 기출

㉮ 철도시설 및 철도차량 등에 사용되는 부품·기기·장치 등
㉯ 선로를 운행할 목적으로 철도운영자가 편성하여 열차번호를 부여한 철도차량
㉰ 철도차량을 운행하기 위한 궤도와 이를 받치는 노반(路盤) 또는 인공구조물로 구성된 시설
㉱ 여객 또는 화물을 운송하는 데 필요한 철도시설과 철도차량 및 이와 관련된 운영·지원체계가 유기적으로 구성된 운송체계

 "열차"란 선로를 운행할 목적으로 철도운영자가 편성하여 열차번호를 부여한 철도차량을 말한다.

06 다음 중 괄호 안에 들어갈 용어로 올바른 것은?

> 여객의 승강, 화물의 적하(積荷), 열차의 조성(組成), 열차의 교행(交行) 또는 대피를 목적으로 사용되는 장소를 ( )이라 말한다.

㉮ 정거장 ㉯ 선로전환기
㉰ 승강장 ㉱ 선로

07 다음 중 철도종사자에 해당하지 않는 자는? 기출

㉮ 철도차량의 운전업무에 종사하는 사람
㉯ 철도차량을 이용하는 사람
㉰ 철도차량의 운행을 집중 제어·통제·감시하는 업무(관제업무)에 종사하는 사람
㉱ 여객에게 역무(驛務) 서비스를 제공하는 사람

정답 04. ㉯ 05. ㉯ 06. ㉮ 07. ㉯

"철도종사자"란 다음의 어느 하나에 해당하는 사람을 말한다.
가. 철도차량의 운전업무에 종사하는 사람(운전업무종사자)
나. 철도차량의 운행을 집중 제어·통제·감시하는 업무(관제업무)에 종사하는 사람
다. 여객에게 승무(乘務) 서비스를 제공하는 사람(여객승무원)
라. 여객에게 역무(驛務) 서비스를 제공하는 사람
마. 그 밖에 철도운영 및 철도시설관리와 관련하여 철도차량의 안전운행 및 질서유지와 철도차량 및 철도시설의 점검·정비 등에 관한 업무에 종사하는 사람으로서 대통령령으로 정하는 사람

08 철도운영 및 철도시설관리와 관련하여 철도차량의 안전운행 및 질서유지와 철도차량 및 철도시설의 점검·정비 등에 관한 업무에 종사하는 사람으로서 대통령령으로 정하는 사람도 철도종사자에 해당한다. 다음 중 이러한 사람에 해당하지 않는 사람은?

㉮ 철도사고 또는 운행장애가 발생한 현장에서 조사·수습·복구 등의 업무를 수행하는 사람
㉯ 철도시설 또는 철도차량을 보호하기 위한 순회점검업무 또는 경비업무를 수행하는 사람
㉰ 철도에 공급되는 전력의 원격제어장치를 운영하는 사람
㉱ 철도용품을 생산하는 사람

영 제3조(안전운행 또는 질서유지 철도종사자) 「철도안전법」 제2조 제10호 마목에서 "대통령령으로 정하는 사람"이란 다음 각 호의 어느 하나에 해당하는 사람을 말한다.
1. 철도사고 또는 운행장애가 발생한 현장에서 조사·수습·복구 등의 업무를 수행하는 사람
2. 철도차량의 운행선로 또는 그 인근에서 철도시설의 건설 또는 관리와 관련된 작업의 현장감독업무를 수행하는 사람
3. 철도시설 또는 철도차량을 보호하기 위한 순회점검업무 또는 경비업무를 수행하는 사람
4. 정거장에서 철도신호기·선로전환기 또는 조작판 등을 취급하거나 열차의 조성업무를 수행하는 사람
5. 철도에 공급되는 전력의 원격제어장치를 운영하는 사람
6. 「사법경찰관리의 직무를 수행할 자와 그 직무범위에 관한 법률」 제5조제11호에 따른 철도공안 사무에 종사하는 국가공무원
7. 철도차량 및 철도시설의 점검·정비 업무에 종사하는 사람

09 다른 사람의 수요에 따른 영업을 목적으로 하지 아니하고 자신의 수요에 따라 특수 목적을 수행하기 위하여 설치하거나 운영하는 철도를 무엇이라 하는가?

㉮ 철도시설 ㉯ 철도차량
㉰ 전용철도 ㉱ 특수철도

정답 08. ㉱ 09. ㉰

"전용철도"란 다른 사람의 수요에 따른 영업을 목적으로 하지 아니하고 자신의 수요에 따라 특수 목적을 수행하기 위하여 설치하거나 운영하는 철도를 말한다(철도사업법 제2조 제5호).

10 철도운영 또는 철도시설관리와 관련하여 사람이 죽거나 다치거나 물건이 파손되는 사고를 무엇이라 하는가?   기출

㉮ 철도사고 ㉯ 운행장애
㉰ 철도파손 ㉱ 교통사고

 "철도사고"란 철도운영 또는 철도시설관리와 관련하여 사람이 죽거나 다치거나 물건이 파손되는 사고로 국토교통부령으로 정하는 것을 말한다.

11 다음 중 용어의 정의가 잘못된 것은?

㉮ 열차 – 선로를 운행할 목적으로 철도운영자가 편성하여 열차번호를 부여한 철도차량
㉯ 선로 – 철도차량을 운행하기 위한 궤도와 이를 받치는 노반 또는 인공구조물로 구성된 시설
㉰ 선로전환기 – 철도차량을 운행선로를 변경시키는 기기
㉱ 운행장애 – 철도사고를 포함하여 철도차량의 운행에 지장을 초래하는 것

 "운행장애"는 철도사고 및 철도준사고 외에 철도차량의 운행에 지장을 주는 것으로서 국토교통부령으로 정하는 것을 말한다(법 제2조 제13호).

12 다음 중 철도안전법상의 용어의 정의로 잘못된 것은?   기출

㉮ "철도사고"라 함은 철도운영 또는 철도시설관리와 관련하여 발생한 사람이 죽거나 다치거나 물건이 파손되는 것을 말한다.
㉯ "운행장애"라 함은 철도사고 및 철도준사고 외에 철도차량의 운행에 지장을 주는 것으로서 국토교통부령으로 정하는 것을 말한다.
㉰ "선로"라 함은 여객 또는 화물을 운송하는 데 필요한 철도시설과 철도차량 및 이와 관련된 운영·지원체계가 유기적으로 구성된 운송체계를 말한다.
㉱ "철도운영자"라 함은 철도운영에 관한 업무를 수행하는 자를 말한다.

 "선로"란 철도차량을 운행하기 위한 궤도와 이를 받치는 노반(路盤) 또는 인공구조물로 구성된 시설을 말한다.

정답 10. ㉮ 11. ㉱ 12. ㉰

13 다음 중 정거장의 용도에 해당하지 않는 것은?

㉮ 열차의 교차통행 ㉯ 여객의 대피
㉰ 열차의 조성 ㉱ 화물의 적하

"정거장"이란 여객의 승하차(여객 이용시설 및 편의시설을 포함), 화물의 적하(積下), 열차의 조성(組成 : 철도차량을 연결하거나 분리하는 작업), 열차의 교차통행 또는 대피를 목적으로 사용되는 장소를 말한다.

14 다음 철도차량정비의 행위로 볼 수 없는 것은?

㉮ 철도차량 점검·검사 ㉯ 철도차량 교환
㉰ 철도차량 수리 ㉱ 철도차량 교체

철도차량정비는 철도차량(철도차량을 구성하는 부품·기기·장치를 포함한다)을 점검·검사, 교환 및 수리하는 행위를 말한다(법 제2조 제13호).

15 다음 철도차량정비기술자가 갖추어야 할 요건이 아닌 것은?

㉮ 철도차량정비에 관한 자격
㉯ 철도차량정비에 관한 기능
㉰ 철도차량정비에 관한 경력
㉱ 철도차량정비에 관한 학력

철도차량정비기술자는 철도차량정비에 관한 자격, 경력 및 학력 등을 갖추어 국토교통부장관의 인정을 받은 사람을 말한다(법 제2조 제14호).

16 철도안전법에 관해 "다른 법률"에 특별규정이 있는 경우에 적용되어야 할 법은?

㉮ 양 법 중 신법이 우선 적용된다.
㉯ 철도안전법이 우선 적용된다.
㉰ "다른 법률"이 우선 적용된다.
㉱ 양 법이 경합 적용된다.

철도안전에 관하여 다른 법률에 특별한 규정이 있는 경우를 제외하고는 이 법에서 정하는 바에 따른다(법 제3조).

정답 13. ㉯ 14. ㉱ 15. ㉯ 16. ㉰

17 다음 중 철도안전 종합계획에 포함되어야 하는 사항이 아닌 것은?

㉮ 철도안전 종합계획의 추진 목표 및 방향
㉯ 철도안전 관련 교육훈련에 관한 사항
㉰ 철도차량의 정비 및 점검 등에 관한 사항
㉱ 국민의 생명·신체 및 재산을 보호하기 위한 철도안전시책에 관한 사항

철도안전 종합계획에는 다음의 사항이 포함되어야 한다.
1. 철도안전 종합계획의 추진 목표 및 방향
2. 철도안전에 관한 시설의 확충, 개량 및 점검 등에 관한 사항
3. 철도차량의 정비 및 점검 등에 관한 사항
4. 철도안전 관계 법령의 정비 등 제도개선에 관한 사항
5. 철도안전 관련 전문 인력의 양성 및 수급관리에 관한 사항
6. 철도종사자의 안전 및 근무환경 향상에 관한 사항
7. 철도안전 관련 교육훈련에 관한 사항
8. 철도안전 관련 연구 및 기술개발에 관한 사항
9. 그 밖에 철도안전에 관한 사항으로서 국토교통부장관이 필요하다고 인정하는 사항

18 다음 중 철도안전종합계획의 수립의무자와 수립시기로 맞게 연결된 것은? 기출

	수립의무자	수립시기
㉮	국토교통부장관	5년
㉯	국토교통부장관	3년
㉰	시·도지사	3년
㉱	철도운영자	1년

국토교통부장관은 5년마다 철도안전에 관한 철도안전 종합계획을 수립하여야 한다(법 제5조 제1항).

19 국토교통부장관이 철도안전 종합계획을 변경할 때에 철도산업위원회의 심의를 거치지 않아도 되는 경우는?

㉮ 철도안전종합계획에서 정한 총사업비를 원래 계획의 100분의 10 이내에서 변경
㉯ 철도안전종합계획에서 정한 총사업비를 원래 계획의 100분의 20 이내에서 변경
㉰ 철도안전종합계획에서 정한 총사업비를 원래 계획의 100분의 30 이내에서 변경
㉱ 철도안전종합계획에서 정한 총사업비를 원래 계획의 100분의 40 이내에서 변경

국토교통부장관은 철도안전 종합계획을 수립할 때에는 미리 관계 중앙행정기관의 장 및 철도운영자등과 협의한 후 철도산업위원회의 심의를 거쳐야 한다. 수립된 철도안전 종합계획을 변경

(대통령령으로 정하는 경미한 사항의 변경은 제외)할 때에도 또한 같다(법 제5조 제3항).
영 제4조(철도안전 종합계획의 경미한 변경) 법 제5조 제3항 후단에서 "대통령령으로 정하는 경미한 사항의 변경"이란 다음 각 호의 어느 하나에 해당하는 변경을 말한다.
1. 법 제5조 제1항에 따른 철도안전 종합계획에서 정한 총사업비를 원래 계획의 100분의 10 이내에서의 변경
2. 철도안전 종합계획에서 정한 시행기한 내에 단위사업의 시행시기의 변경
3. 법령의 개정, 행정구역의 변경 등과 관련하여 철도안전 종합계획을 변경하는 등 당초 수립된 철도안전 종합계획의 기본방향에 영향을 미치지 아니하는 사항의 변경

20 다음 중 철도안전 종합계획의 수립 시 반드시 포함될 사항이 아닌 것의 개수로 맞는 것은?

> ○ 철도안전 종합계획의 추진 목표 및 방향
> ○ 철도안전의 경영지침에 관한 사항
> ○ 철도안전 관계 법령의 정비 등 제도개선에 관한 사항
> ○ 철도종사자의 안전 및 근무환경 향상에 관한 사항

㉮ 1개 ㉯ 2개
㉰ 3개 ㉱ 4개

21 다음 연도 철도안전시행계획 및 전년도 시행계획 추진실적의 국토교통부장관에의 제출기한으로 맞게 연결된 것은? 기출

	철도안전 시행계획	전년도 시행계획 추진실적
㉮	매년 3월말	매년 1월말
㉯	매년 5월말	매년 2월말
㉰	매년 9월말	매년 1월말
㉱	매년 10월말	매년 2월말

영 제5조(시행계획 수립절차 등) ① 법 제6조에 따라 특별시장·광역시장·특별자치시장·도지사 또는 특별자치도지사와 철도운영자 및 철도시설관리자는 다음 연도의 시행계획을 매년 10월 말까지 국토교통부장관에게 제출하여야 한다.
② 시·도지사 및 철도운영자등은 전년도 시행계획의 추진실적을 매년 2월 말까지 국토교통부장관에게 제출하여야 한다.

정답 20. ㉮ 21. ㉱

22 다음 철도안전법상 철도안전 종합계획에 대한 설명으로 틀린 것은? 기출

㉮ 국토교통부장관은 10년마다 철도안전에 관한 철도안전 종합계획을 수립하여야 한다.
㉯ 국토교통부장관은 철도안전종합계획을 수립하는 때에는 미리 관계 중앙행정기관의 장 및 철도운영자 등과 협의한 후 철도산업위원회의 심의를 거쳐야 한다.
㉰ 국토교통부장관은 철도안전 종합계획을 수립하거나 변경하기 위하여 필요하다고 인정하면 관계 중앙행정기관의 장 또는 특별시장·광역시장·특별자치시장·도지사·특별자치도지사에게 관련 자료의 제출을 요구할 수 있다.
㉱ 국토교통부장관은 철도안전 종합계획을 수립 또는 변경한 때에는 이를 관보에 고시하여야 한다.

국토교통부장관은 5년마다 철도안전에 관한 종합계획을 수립하여야 한다(법 제5조 제1항).

23 다음은 철도안전법 총칙에 관한 설명이다. 잘못된 것은?

㉮ 철도안전에 관하여 다른 법률에 특별한 규정이 있는 경우를 제외하고는 이 법이 정하는 바에 따른다.
㉯ 이 법은 철도안전을 확보하기 위하여 필요한 사항을 규정하고 철도안전관리체계를 확립함으로써 공공복리의 증진에 기여함을 목적으로 한다.
㉰ 철도운영자 및 철도시설관리자는 국민의 생명·신체 및 재산을 보호하기 위하여 철도안전시책을 마련하여 성실히 추진하여야 한다.
㉱ 철도운영자 및 철도시설관리자는 철도운영 또는 철도시설관리를 함에 있어서 법령이 정하는 바에 따라 철도안전을 위하여 필요한 조치를 하고, 국가 또는 지방자치단체가 시행하는 철도안전시책에 적극 협조하여야 한다.

국가와 지방자치단체는 국민의 생명·신체 및 재산을 보호하기 위하여 철도안전시책을 마련하여 성실히 추진하여야 한다(법 제4조 제1항).

24 철도안전법상의 철도안전에 관한 종합계획을 수립하여야 자는 다음 중 누구인가?

㉮ 국토교통부장관   ㉯ 국무총리
㉰ 대통령   ㉱ 시·도지사

정답 22. ㉮ 23. ㉰ 24. ㉮

25 국토교통부장관은 몇 년마다 철도안전에 관한 종합계획을 수립하여야 하는가?

㉮ 1년 ㉯ 3년
㉰ 5년 ㉱ 10년

26 철도차량의 교체, 철도시설의 개량 등 철도안전 분야에 투자하는 예산 규모를 매년 공시하여야 하는 자는?

㉮ 국토교통부장관 ㉯ 관계 지방자치단체장
㉰ 국무총리 ㉱ 철도운영자

철도운영자는 철도차량의 교체, 철도시설의 개량 등 철도안전 분야에 투자하는 예산 규모를 매년 공시하여야 한다(법 제6조의2 제1항).

27 다음 철도안전투자의 공시 기준 등에 관한 내용으로 틀린 것은?

㉮ 철도운영자는 철도안전투자의 예산 규모를 공시하여야 한다.
㉯ 철도운영자는 철도안전투자의 예산 규모를 매년 12월말까지 공시해야 한다.
㉰ 공시는 구축된 철도안전정보종합관리시스템과 해당 철도운영자의 인터넷 홈페이지에 게시하는 방법으로 한다.
㉱ 철도안전투자의 공시 기준 및 절차 등에 관해 필요한 사항은 국토교통부장관이 정해 고시한다.

철도운영자는 철도안전투자의 예산 규모를 매년 5월말까지 공시해야 한다(규칙 제1조의2 제2항).

28 철도안전체계에 대한 승인 시 국토교통부장관에게 제출해야 하는 기간은?   기출

㉮ 철도시설 관리 개시 예정일 60일 전까지
㉯ 철도시설 관리 개시 예정일 90일 전까지
㉰ 철도시설 관리 개시 예정일 120일 전까지
㉱ 철도시설 관리 개시 예정일 150일 전까지

철도운영자 및 철도시설관리자가 「철도안전법」 제7조 제1항에 따른 안전관리체계를 승인받으려는 경우에는 철도운용 또는 철도시설 관리 개시 예정일 90일 전까지 별지 제1호 서식의 철도안전관리체계 승인신청서에 다음 각 호의 서류를 첨부하여 국토교통부장관에게 제출하여야 한다(규칙 제2조 제1항).

정답 25. ㉰ 26. ㉱ 27. ㉯ 28. ㉯

29 국토교통부장관의 안전관리체계에 대한 검사가 필요로 하는 사유로 바른 것은? 기출

㉮ 철도운영자등이 안전관리체계를 지속적으로 유지하는지를 점검·확인하기 위하여
㉯ 철도운영자등이 안전관리체계를 위반한 경우 처벌하기 위해서
㉰ 철도운영자등이 안전관리체계를 승인받도록 하기 위해서
㉱ 철도운영자등의 안전관리체계에 대한 승인취소를 하기 위해서

국토교통부장관은 철도운영자등이 안전관리체계를 지속적으로 유지하는지를 점검·확인하기 위하여 국토교통부령으로 정하는 바에 따라 정기 또는 수시로 검사할 수 있다(법 제8조 제2항).

30 철도운영자 등의 안전관리체계검사의 유예요청사유에 해당하지 않는 것은? 기출

㉮ 검사 대상 철도운영자등이 사법기관 및 중앙행정기관의 조사 및 감사를 받고 있는 경우
㉯ 항공·철도사고조사위원회가 철도사고에 대한 조사를 하고 있는 경우
㉰ 철도운영자 등이 민형사상의 소송 계속 중에 있는 경우
㉱ 대형 철도사고의 발생, 천재지변, 그 밖의 부득이한 사유가 있는 경우

국토교통부장관은 다음 각 호의 사유로 철도운영자등이 안전관리체계 정기검사의 유예를 요청한 경우에 검사 시기를 유예하거나 변경할 수 있다(규칙 제6조 제3항).
1. 검사 대상 철도운영자등이 사법기관 및 중앙행정기관의 조사 및 감사를 받고 있는 경우
2. 「항공·철도 사고조사에 관한 법률」 제4조 제1항에 따른 항공·철도사고조사위원회가 같은 법 제19조에 따라 철도사고에 대한 조사를 하고 있는 경우
3. 대형 철도사고의 발생, 천재지변, 그 밖의 부득이한 사유가 있는 경우

31 철도안전관리체계의 승인을 받은 철도운영자 등에 대한 필요적 승인취소사유에 해당하는 것은? 기출

㉮ 거짓이나 그 밖의 부정한 방법으로 승인을 받은 경우
㉯ 변경승인을 받지 아니하거나 변경신고를 하지 아니하고 안전관리체계를 변경한 경우
㉰ 안전관리체계를 지속적으로 유지하지 아니하여 철도운영이나 철도시설의 관리에 중대한 지장을 초래한 경우
㉱ 시정조치명령을 정당한 사유 없이 이행하지 아니한 경우

정답 29. ㉮ 30. ㉰ 31. ㉮

국토교통부장관은 안전관리체계의 승인을 받은 철도운영자등이 다음 각 호의 어느 하나에 해당하는 경우에는 그 승인을 취소하거나 6개월 이내의 기간을 정하여 업무의 제한이나 정지를 명할 수 있다. 다만, 제1호에 해당하는 경우에는 그 승인을 취소하여야 한다(규칙 제9조 제1항).
1. 거짓이나 그 밖의 부정한 방법으로 승인을 받은 경우
2. 제7조 제3항을 위반하여 변경승인을 받지 아니하거나 변경신고를 하지 아니하고 안전관리체계를 변경한 경우
3. 제8조 제1항을 위반하여 안전관리체계를 지속적으로 유지하지 아니하여 철도운영이나 철도시설의 관리에 중대한 지장을 초래한 경우
4. 제8조 제3항에 따른 시정조치명령을 정당한 사유 없이 이행하지 아니한 경우

32 국토교통부장관은 안전관리체계의 승인을 받은 철도운영자등이 일정한 사유에 해당하는 때에는 그 승인을 취소하거나 6개월 이내의 기간을 정하여 업무의 제한이나 정지를 명할 수 있다. 다음 중 이러한 사유에 해당하지 않는 것은?

㉮ 거짓이나 그 밖의 부정한 방법으로 승인을 받은 경우
㉯ 안전관리체계를 지속적으로 유지하지 아니하여 철도운영이나 철도시설의 관리에 중대한 지장을 초래한 경우
㉰ 변경신고를 하고 안전관리체계를 변경한 경우
㉱ 시정조치명령을 정당한 사유 없이 이행하지 아니한 경우

법 제9조(승인의 취소 등) ① 국토교통부장관은 안전관리체계의 승인을 받은 철도운영자등이 다음 각 호의 어느 하나에 해당하는 경우에는 그 승인을 취소하거나 6개월 이내의 기간을 정하여 업무의 제한이나 정지를 명할 수 있다. 다만, 제1호에 해당하는 경우에는 그 승인을 취소하여야 한다.
1. 거짓이나 그 밖의 부정한 방법으로 승인을 받은 경우
2. 제7조 제3항을 위반하여 변경승인을 받지 아니하거나 변경신고를 하지 아니하고 안전관리체계를 변경한 경우
3. 제8조 제1항을 위반하여 안전관리체계를 지속적으로 유지하지 아니하여 철도운영이나 철도시설의 관리에 중대한 지장을 초래한 경우
4. 제8조 제3항에 따른 시정조치명령을 정당한 사유 없이 이행하지 아니한 경우

33 다음 중 안전관리체계의 승인취소를 반드시 해야 하는 경우는? 기출

㉮ 변경승인을 받지 아니하거나 변경신고를 하지 아니하고 안전관리체계를 변경한 경우
㉯ 안전관리체계를 지속적으로 유지하지 아니하여 철도운영이나 철도시설의 관리에 중대한 지장을 초래한 경우
㉰ 거짓이나 그 밖의 부정한 방법으로 승인을 받은 경우
㉱ 시정조치명령을 정당한 사유 없이 이행하지 아니한 경우

34 안전관리체계를 지속적으로 유지하지 않아 철도운영이나 철도시설의 관리에 중대한 지장을 초래한 경우로서 사망자가 10명 이상인 경우 과징금은? 기출

㉮ 2억 원   ㉯ 6억 원
㉰ 12억 원   ㉱ 20억 원

❋ 철도사고로 인한 사망자 수와 관련한 과징금
1. 1명 이상 3명 미만 : 2억 원   2. 3명 이상 5명 미만 : 6억 원
3. 5명 이상 10명 미만 : 12억 원   4. 10명 이상 : 20억 원

35 다음 중 괄호 안에 들어갈 과징금의 액수로 옳은 것은?

> 국토교통부장관은 제9조 제1항에 따라 철도운영자등에 대하여 업무의 제한이나 정지를 명하여야 하는 경우로서 그 업무의 제한이나 정지가 철도 이용자 등에게 심한 불편을 주거나 그 밖에 공익을 해할 우려가 있는 경우에는 업무의 제한이나 정지를 갈음하여 (   ) 이하의 과징금을 부과할 수 있다.

㉮ 1억 원   ㉯ 10억 원
㉰ 30억 원   ㉱ 50억 원

국토교통부장관은 철도운영자등에 대하여 업무의 제한이나 정지를 명하여야 하는 경우로서 그 업무의 제한이나 정지가 철도 이용자 등에게 심한 불편을 주거나 그 밖에 공익을 해할 우려가 있는 경우에는 업무의 제한이나 정지를 갈음하여 30억원 이하의 과징금을 부과할 수 있다(법 제9조의2 제1항).

36 다음 철도운영자 등에 대한 안전관리 수준평가에 관한 것으로 틀린 것은? 기출

㉮ 국토교통부장관은 철도운영자등의 자발적인 안전관리를 통한 철도안전 수준의 향상을 위하여 철도운영자등의 안전관리 수준에 대한 평가를 하여야 한다.
㉯ 국토교통부장관은 안전관리 수준평가를 실시한 결과 그 평가결과가 미흡한 철도운영자등에 대하여 검사를 시행할 수 있다.
㉰ 국토교통부장관은 안전관리 수준평가를 실시한 결과 그 평가결과가 미흡한 철도운영자등에 대하여 시정조치 등 개선을 위하여 필요한 조치를 명할 수 있다.
㉱ 안전관리 수준평가의 대상, 기준, 방법, 절차 등에 필요한 사항은 국토교통부령으로 정한다.

국토교통부장관은 철도운영자등의 자발적인 안전관리를 통한 철도안전 수준의 향상을 위하여 철도운영자등의 안전관리 수준에 대한 평가를 실시할 수 있다(법 제9조의3 제1항).

정답 34. ㉱   35. ㉰   36. ㉮

37 다음 철도안전 우수운영자의 지정에 관한 내용으로 틀린 것은?

㉮ 철도안전 우수운영자로 지정을 받은 자는 철도차량, 철도시설이나 관련 문서 등에 철도안전 우수운영자로 지정되었음을 나타내는 표시를 할 수 있다.
㉯ 관할 지방자치단체장은 안전관리 수준평가 결과에 따라 철도운영자등을 대상으로 철도안전 우수운영자를 지정할 수 있다.
㉰ 지정을 받은 자가 아니면 철도차량, 철도시설이나 관련 문서 등에 우수운영자로 지정되었음을 나타내는 표시를 하거나 이와 유사한 표시를 하여서는 아니 된다.
㉱ 국토교통부장관은 우수운영자로 지정되지 않은 자가 우수운영자로 지정되었음을 나타내는 표시를 하거나 이와 유사한 표시를 한 자에 대하여 해당 표시를 제거하게 하는 등 필요한 시정조치를 명할 수 있다.

 국토교통부장관은 안전관리 수준평가 결과에 따라 철도운영자등을 대상으로 철도안전 우수운영자를 지정할 수 있다(법 제9조의4 제1항).

38 다음 철도안전 우수운영자 지정을 취소할 수 있는 경우가 아닌 것은?

㉮ 거짓으로 철도안전 우수운영자 지정을 받은 경우
㉯ 부정한 방법으로 철도안전 우수운영자 지정을 받은 경우
㉰ 철도관련 관리인원이 부족한 경우
㉱ 안전관리체계의 승인이 취소된 경우

 ※ **철도안전 우수운영자 지정을 취소할 수 있는 경우**(법 제9조의5)
1. 거짓이나 그 밖의 부정한 방법으로 철도안전 우수운영자 지정을 받은 경우
2. 안전관리체계의 승인이 취소된 경우
3. 지정기준에 부적합하게 되는 등 그 밖에 국토교통부령으로 정하는 사유가 발생한 경우

39 다음 철도차량의 종류별 운전면허에 속하지 않는 것은?

㉮ 디젤차량 운전면허   ㉯ 제3종 전기차량 운전면허
㉰ 철도장비 운전면허   ㉱ 노면전차(路面電車) 운전면허

 ※ **철도차량의 종류별 운전면허**(영 제11조)
1. 고속철도차량 운전면허
2. 제1종 전기차량 운전면허
3. 제2종 전기차량 운전면허
4. 디젤차량 운전면허
5. 철도장비 운전면허
6. 노면전차(路面電車) 운전면허

40 다음 철도차량 운전면허를 가진 사람이 도로교통법상의 운전면허가 있어야 하는 사람은?

㉮ 디젤차량을 운전하려는 사람
㉯ 고속철도차량을 운전하려는 사람
㉰ 철도장비를 운전하려는 사람
㉱ 노면전차를 운전하려는 사람

노면전차를 운전하려는 사람은 운전면허 외에 「도로교통법」에 따른 운전면허를 받아야 한다(법 제10조 제2항).

41 다음 중 철도종사자의 안전관리에 관한 설명으로 잘못된 것은?

㉮ 「도시철도법」 제2조 제2호에 따른 노면전차를 운전하려는 사람은 철도차량 운전면허를 받으면 되고 「도로교통법」 제80조에 따른 운전면허를 받을 필요는 없다.
㉯ 운전면허를 받으려는 사람은 철도차량 운전에 적합한 신체상태를 갖추고 있는지를 판정받기 위하여 국토교통부장관이 실시하는 신체검사에 합격하여야 한다.
㉰ 운전면허를 받으려는 사람은 철도차량 운전에 적합한 적성을 갖추고 있는지를 판정받기 위하여 국토교통부장관이 실시하는 적성검사에 합격하여야 한다.
㉱ 운전면허를 받으려는 사람은 철도차량의 안전한 운행을 위하여 국토교통부장관이 실시하는 운전에 필요한 지식과 능력을 습득할 수 있는 교육훈련을 받아야 한다.

「도시철도법」 제2조 제2호에 따른 노면전차를 운전하려는 사람은 철도차량 운전면허 외에 「도로교통법」 제80조에 따른 운전면허를 받아야 한다(법 제10조 제2항).

42 철도종사자의 신체검사 관련 설명 중 잘못된 것은?   기출

㉮ 운전면허를 받으려는 사람은 철도차량 운전에 적합한 신체상태를 갖추고 있는지를 판정받기 위하여 국토교통부장관이 실시하는 신체검사에 합격하여야 한다.
㉯ 국토교통부장관은 신체검사를 실시할 수 있는 의료기관에서 실시하게 할 수 있다.
㉰ 운전면허의 신체검사 또는 관제자격증명의 신체검사를 받으려는 사람은 신체검사 판정서에 성명·주민등록번호 등 본인의 기록사항을 작성하여 국토교통부장관에게 제출하여야 한다.
㉱ 신체검사의료기관은 신체검사 판정서의 각 신체검사 항목별로 신체검사를 실시한 후 합격여부를 기록하여 신청인에게 발급하여야 한다.

정답 40. ㉱ 41. ㉮ 42. ㉰

운전면허의 신체검사 또는 관제자격증명의 신체검사를 받으려는 사람은 신체검사 판정서에 성명·주민등록번호 등 본인의 기록사항을 작성하여 신체검사 실시 의료기관에 제출하여야 한다(규칙 제12조 제1항).

43 다음의 괄호 안에 들어갈 숫자의 합은 얼마인가? 기출

> 운전적성검사에 불합격한 사람 또는 운전적성검사 과정에서 부정행위를 한 사람은 다음 각 호의 구분에 따른 기간 동안 운전적성검사를 받을 수 없다.
> 1. 운전적성검사에 불합격한 사람 : 검사일부터 (　)월
> 2. 운전적성검사 과정에서 부정행위를 한 사람 : 검사일부터 (　)년

㉮ 2　　　　　　　　　　　　　㉯ 4
㉰ 6　　　　　　　　　　　　　㉱ 8

 운전적성검사에 불합격한 사람 또는 운전적성검사 과정에서 부정행위를 한 사람은 다음의 구분에 따른 기간 동안 운전적성검사를 받을 수 없다(법 제15조 제2항).
1. 운전적성검사에 불합격한 사람 : 검사일부터 3개월
2. 운전적성검사 과정에서 부정행위를 한 사람 : 검사일부터 1년

44 철도종사자에 대한 적성검사 중 정기검사의 시행주기는? 기출

㉮ 최초검사를 받은 후 3년　　　㉯ 최초검사를 받은 후 5년
㉰ 최초검사를 받은 후 8년　　　㉱ 최초검사를 받은 후 10년

 철도종사자에 대한 적성검사는 다음 각 호와 같이 구분하여 실시한다(규칙 제41조 제1항).
1. 최초검사 : 해당 업무를 수행하기 전에 실시하는 적성검사
2. 정기검사 : 최초검사를 받은 후 10년(50세 이상인 경우에는 5년)마다 실시하는 적성검사
3. 특별검사 : 철도종사자가 철도사고등을 일으키거나 질병 등의 사유로 해당 업무를 적절히 수행하기 어렵다고 철도운영자등이 인정하는 경우에 실시하는 적성검사

45 다음 중 운전적성검사기관의 지정기준으로 잘못된 것은?

㉮ 운전적성검사 업무의 통일성을 유지하고 운전적성검사 업무를 원활히 수행하는 데 필요한 상설 전담조직을 갖출 것
㉯ 운전적성검사 업무를 수행할 수 있는 전문검사인력을 1명 이상 확보할 것
㉰ 운전적성검사 시행에 필요한 사무실, 검사장과 검사 장비를 갖출 것
㉱ 운전적성검사기관의 운영 등에 관한 업무규정을 갖출 것

정답 43. ㉯　44. ㉱　45. ㉯

영 제14조(운전적성검사기관 지정기준) ① 운전적성검사기관의 지정기준은 다음 각 호와 같다.
1. 운전적성검사 업무의 통일성을 유지하고 운전적성검사 업무를 원활히 수행하는데 필요한 상설 전담조직을 갖출 것
2. 운전적성검사 업무를 수행할 수 있는 전문검사인력을 3명 이상 확보할 것
3. 운전적성검사 시행에 필요한 사무실, 검사장과 검사 장비를 갖출 것
4. 운전적성검사기관의 운영 등에 관한 업무규정을 갖출 것

46 다음 중 운전적성검사기관의 필요적 지정취소사유에 해당하는 것은? 기출

㉮ 운전적성검사기관의 지정기준에 맞지 아니하게 되었을 때
㉯ 정당한 사유 없이 운전적성검사 업무를 거부하였을 때
㉰ 업무정지 명령을 위반하여 그 정지기간 중 운전적성검사 업무를 하였을 때
㉱ 거짓이나 그 밖의 부정한 방법으로 운전적성검사 판정서를 발급하였을 때

 법 제15조의2(운전적성검사기관의 지정취소 및 업무정지) ① 국토교통부장관은 운전적성검사기관이 다음 각 호의 어느 하나에 해당할 때에는 지정을 취소하거나 6개월 이내의 기간을 정하여 업무의 정지를 명할 수 있다. 다만, 제1호 및 제2호에 해당할 때에는 지정을 취소하여야 한다.
1. 거짓이나 그 밖의 부정한 방법으로 지정을 받았을 때
2. 업무정지 명령을 위반하여 그 정지기간 중 운전적성검사 업무를 하였을 때
3. 지정기준에 맞지 아니하게 되었을 때
4. 정당한 사유 없이 운전적성검사 업무를 거부하였을 때
5. 제15조 제6항을 위반하여 거짓이나 그 밖의 부정한 방법으로 운전적성검사 판정서를 발급하였을 때

47 다음 중 철도차량 운전면허시험에 관한 설명으로 잘못된 것은?

㉮ 운전면허를 받으려는 사람은 국토교통부장관이 실시하는 철도차량 운전면허시험에 합격하여야 한다.
㉯ 국토교통부장관은 운전면허시험에 합격하여 운전면허를 받은 사람에게 국토교통부령으로 정하는 바에 따라 철도차량 운전면허증을 발급하여야 한다.
㉰ 운전면허를 받은 사람은 다른 사람에게 그 운전면허증을 대여하여서는 아니 된다.
㉱ 운전면허시험에 응시하려는 사람은 신체검사 및 운전적성검사에 합격하기 전에 운전교육훈련을 받아야 한다.

 운전면허시험에 응시하려는 사람은 신체검사 및 운전적성검사에 합격한 후 운전교육훈련을 받아야 한다.

정답 46. ㉰ 47. ㉱

48 다음 중 운전면허증의 재발급이나 기재사항의 변경을 신청할 수 있는 경우가 아닌 것은?

㉮ 운전면허증을 잃어버린 경우
㉯ 운전면허증이 헐어서 쓸 수 없게 된 경우
㉰ 운전면허증의 기재사항이 변경된 경우
㉱ 운전면허증을 타인에게 대여한 경우

운전면허를 받은 사람이 운전면허증을 잃어버렸거나 운전면허증이 헐어서 쓸 수 없게 되었을 때 또는 운전면허증의 기재사항이 변경되었을 때에는 국토교통부령으로 정하는 바에 따라 운전면허증의 재발급이나 기재사항의 변경을 신청할 수 있다(법 제18조 제2항).

49 철도차량운전면허의 종류에 해당하지 않는 것은? 기출

㉮ 노면전차(路面電車) 운전면허   ㉯ 디젤차량 운전면허
㉰ 고속철도차량 운전면허   ㉱ 제4종 전기차량 운전면허

철도차량의 종류별 운전면허는 다음과 같다(영 제11조 제1항).
1. 고속철도차량 운전면허   2. 제1종 전기차량 운전면허
3. 제2종 전기차량 운전면허   4. 디젤차량 운전면허
5. 철도장비 운전면허   6. 노면전차(路面電車) 운전면허

50 다음 중 철도차량의 종류별 운전면허에 해당하지 않는 것은?

㉮ 고속철도차량 운전면허   ㉯ 디젤차량 운전면허
㉰ 특수차량 운전면허   ㉱ 노면전차 운전면허

51 철도차량을 운전하려는 사람이 철도차량 운전면허 없이 운전할 수 있는 경우에 해당하지 않는 것은? 기출

㉮ 철도사고 등을 복구한 후 최초로 열차운행을 하여 이동하는 경우
㉯ 운전교육훈련기관에서 실시하는 운전교육훈련을 받기 위하여 철도차량을 운전하는 경우
㉰ 운전면허시험을 치르기 위하여 철도차량을 운전하는 경우
㉱ 철도차량을 제작·조립·정비하기 위한 공장 안의 선로에서 철도차량을 운전하여 이동하는 경우

정답 48. ㉱ 49. ㉱ 50. ㉰ 51. ㉮

법 제10조(철도차량 운전면허) ① 철도차량을 운전하려는 사람은 국토교통부장관으로부터 철도차량 운전면허를 받아야 한다. 다만, 제16조에 따른 교육훈련 또는 제17조에 따른 운전면허시험을 위하여 철도차량을 운전하는 경우 등 대통령령으로 정하는 경우에는 그러하지 아니하다.

영 제10조(운전면허 없이 운전할 수 있는 경우) ① 법 제10조 제1항 단서에서 "대통령령으로 정하는 경우"란 다음 각 호의 어느 하나에 해당하는 경우를 말한다.
1. 법 제16조 제3항에 따른 철도차량 운전에 관한 전문 교육훈련기관(이하 "운전교육훈련기관"이라 한다)에서 실시하는 운전교육훈련을 받기 위하여 철도차량을 운전하는 경우
2. 법 제17조 제1항에 따른 운전면허시험(이하 이 조에서 "운전면허시험"이라 한다)을 치르기 위하여 철도차량을 운전하는 경우
3. 철도차량을 제작·조립·정비하기 위한 공장 안의 선로에서 철도차량을 운전하여 이동하는 경우
4. 철도사고 등을 복구하기 위하여 열차운행이 중지된 선로에서 사고복구용 특수차량을 운전하여 이동하는 경우

52 다음 중 운전면허의 결격사유에 해당하지 않는 것은?

㉮ 19세 미만인 사람
㉯ 두 귀 중 한 귀의 청력을 완전히 상실한 사람
㉰ 철도차량 운전상의 위험과 장해를 일으킬 수 있는 정신질환자 또는 뇌전증환자로서 대통령령으로 정하는 사람
㉱ 운전면허가 취소된 날부터 2년이 지나지 아니하였거나 운전면허의 효력정지기간 중인 사람

제11조(운전면허의 결격사유) 다음 각 호의 어느 하나에 해당하는 사람은 운전면허를 받을 수 없다.
1. 19세 미만인 사람
2. 철도차량 운전상의 위험과 장해를 일으킬 수 있는 정신질환자 또는 뇌전증환자로서 대통령령으로 정하는 사람
3. 철도차량 운전상의 위험과 장해를 일으킬 수 있는 약물(「마약류 관리에 관한 법률」 제2조 제1호에 따른 마약류 및 「화학물질관리법」 제22조 제1항에 따른 환각물질을 말한다. 이하 같다) 또는 알코올 중독자로서 대통령령으로 정하는 사람
4. 두 귀의 청력을 완전히 상실한 사람, 두 눈의 시력을 완전히 상실한 사람, 그 밖에 대통령령으로 정하는 신체장애인
5. 운전면허가 취소된 날부터 2년이 지나지 아니하였거나 운전면허의 효력정지기간 중인 사람

정답 52. ㉯

53 운전면허의 결격사유로서 대통령령으로 정하는 신체장애인에 해당되지 않는 사람은?

㉮ 말을 하지 못하는 사람
㉯ 한쪽 다리의 발목 이상을 잃은 사람
㉰ 다리·머리·척추 또는 그 밖의 신체장애로 인하여 걷지 못하거나 앉아 있을 수 없는 사람
㉱ 한쪽 손 이상의 엄지손가락을 잃었거나 엄지손가락을 제외한 손가락을 2개 이상 잃은 사람

"대통령령으로 정하는 신체장애인"이란 다음 각 호의 어느 하나에 해당하는 사람을 말한다(영 제12조 제2항).
1. 말을 하지 못하는 사람
2. 한쪽 다리의 발목 이상을 잃은 사람
3. 한쪽 팔 또는 한쪽 다리 이상을 쓸 수 없는 사람
4. 다리·머리·척추 또는 그 밖의 신체장애로 인하여 걷지 못하거나 앉아 있을 수 없는 사람
5. 한쪽 손 이상의 엄지손가락을 잃었거나 엄지손가락을 제외한 손가락을 3개 이상 잃은 사람

54 운전면허의 갱신을 받지 아니하여 운전면허의 효력이 정지된 사람의 철도운전면허 갱신 신청기간은 얼마인가? 기출

㉮ 1개월　　　　　　　　　　㉯ 3개월
㉰ 6개월　　　　　　　　　　㉱ 1년

법 제19조(운전면허의 갱신) ① 운전면허의 유효기간은 10년으로 한다.
② 운전면허 취득자로서 제1항에 따른 유효기간 이후에도 그 운전면허의 효력을 유지하려는 사람은 운전면허의 유효기간 만료 전에 국토교통부령으로 정하는 바에 따라 운전면허의 갱신을 받아야 한다.
③ 국토교통부장관은 제2항 및 제5항에 따라 운전면허의 갱신을 신청한 사람이 다음 각 호의 어느 하나에 해당하는 경우에는 운전면허증을 갱신하여 발급하여야 한다.
　1. 운전면허의 갱신을 신청하는 날 전 10년 이내에 국토교통부령으로 정하는 철도차량의 운전업무에 종사한 경력이 있거나 국토교통부령으로 정하는 바에 따라 이와 같은 수준 이상의 경력이 있다고 인정되는 경우
　2. 국토교통부령으로 정하는 교육훈련을 받은 경우
④ 운전면허 취득자가 제2항에 따른 운전면허의 갱신을 받지 아니하면 그 운전면허의 유효기간이 만료되는 날의 다음 날부터 그 운전면허의 효력이 정지된다.
⑤ 제4항에 따라 운전면허의 효력이 정지된 사람이 6개월의 범위에서 대통령령으로 정하는 기간 내에 운전면허의 갱신을 신청하여 운전면허의 갱신을 받지 아니하면 그 기간이 만료되는 날의 다음 날부터 그 운전면허는 효력을 잃는다.
영 제19조(운전면허 갱신 등) ① 법 제19조 제4항에 따라 운전면허의 효력이 정지된 사람이 제2항에 따른 기간 내에 운전면허 갱신을 받은 경우 해당 운전면허의 유효기간은 갱신 받기 전 운전면허의 유효기간 만료일 다음 날부터 기산한다.
② 법 제19조 제5항에서 "대통령령으로 정하는 기간"이란 6개월을 말한다.

정답 53. ㉱　54. ㉰

55 다음 중 철도차량 운전면허의 갱신에 대한 설명으로 틀린 것은?

㉮ 운전면허의 유효기간은 5년으로 한다.
㉯ 운전면허 취득자로서 유효기간 이후에도 그 운전면허의 효력을 유지하려는 사람은 운전면허의 유효기간 만료 전에 국토교통부령으로 정하는 바에 따라 운전면허의 갱신을 받아야 한다.
㉰ 운전면허 취득자가 운전면허의 갱신을 받지 아니하면 그 운전면허의 유효기간이 만료되는 날의 다음 날부터 그 운전면허의 효력이 정지된다.
㉱ 운전면허의 효력이 정지된 사람이 6개월의 범위에서 대통령령으로 정하는 기간 내에 운전면허의 갱신을 신청하여 운전면허의 갱신을 받지 아니하면 그 기간이 만료되는 날의 다음 날부터 그 운전면허는 효력을 잃는다.

운전면허의 유효기간은 10년으로 한다(법 제19조 제1항).

56 철도차량 운전면허시험에 대한 설명으로 적절하지 않은 것은?

㉮ 운전면허시험에 응시하고자 하는 사람은 신체검사 및 운전적성검사에 합격한 후 교육훈련을 받아야 한다.
㉯ 철도차량 운전면허시험은 운전면허의 종류별로 필기시험과 기능시험으로 구분하여 시행한다.
㉰ 기능시험은 필기시험을 합격한 경우에만 응시할 수 있다.
㉱ 필기시험에 합격한 사람에 대해서는 필기시험에 합격한 날부터 1년이 되는 날이 속하는 해의 12월 31일까지 실시하는 운전면허시험에 있어 필기시험의 합격을 유효한 것으로 본다.

필기시험에 합격한 사람에 대해서는 필기시험에 합격한 날부터 2년이 되는 날이 속하는 해의 12월 31일까지 실시하는 운전면허시험에 있어 필기시험의 합격을 유효한 것으로 본다.

57 다음 중 철도차량 운전면허의 필요적 취소사유에 해당하지 않는 것은? 기출

㉮ 거짓이나 그 밖의 부정한 방법으로 운전면허를 받았을 때
㉯ 운전면허의 효력정지기간 중 철도차량을 운전하였을 때
㉰ 운전면허증을 다른 사람에게 빌려주었을 때
㉱ 술을 마시거나 약물을 사용한 상태에서 철도차량을 운전하였을 때

정답 55. ㉮ 56. ㉱ 57. ㉱

법 제20조(운전면허의 취소·정지 등) ① 국토교통부장관은 운전면허 취득자가 다음 각 호의 어느 하나에 해당할 때에는 운전면허를 취소하거나 1년 이내의 기간을 정하여 운전면허의 효력을 정지시킬 수 있다. 다만, 제1호부터 제4호까지의 규정에 해당할 때에는 운전면허를 취소하여야 한다.
1. 거짓이나 그 밖의 부정한 방법으로 운전면허를 받았을 때
2. 제11조 제2호부터 제4호까지의 규정에 해당하게 되었을 때
3. 운전면허의 효력정지기간 중 철도차량을 운전하였을 때
4. 제19조의2를 위반하여 운전면허증을 다른 사람에게 빌려주었을 때
5. 철도차량을 운전 중 고의 또는 중과실로 철도사고를 일으켰을 때
5의2. 제40조의2 제1항 또는 제5항을 위반하였을 때
6. 제41조 제1항을 위반하여 술을 마시거나 약물을 사용한 상태에서 철도차량을 운전하였을 때
7. 제41조 제2항을 위반하여 술을 마시거나 약물을 사용한 상태에서 업무를 하였다고 인정할 만한 상당한 이유가 있음에도 불구하고 국토교통부장관 또는 시·도지사의 확인 또는 검사를 거부하였을 때
8. 이 법 또는 이 법에 따라 철도의 안전 및 보호와 질서유지를 위하여 한 명령·처분을 위반하였을 때

58 운전면허의 취소 또는 효력정지 통지를 받은 운전면허 취득자는 그 통지를 받은 날부터 몇 일 이내에 운전면허증을 국토교통부장관에게 반납하는가?

㉮ 7일
㉯ 10일
㉰ 15일
㉱ 20일

운전면허의 취소 또는 효력정지 통지를 받은 운전면허 취득자는 그 통지를 받은 날부터 15일 이내에 운전면허증을 국토교통부장관에게 반납하여야 한다(법 제20조 제3항).

59 관제자격증명시험 응시원서 제출 시 포함될 사항에 해당하지 않는 것은?   기출

㉮ 신체검사의료기관이 발급한 신체검사 판정서
㉯ 관제적성검사기관이 발급한 관제적성검사 판정서
㉰ 관제교육훈련기관이 발급한 관제교육훈련 수료증명서
㉱ 국가전문자격의 자격증 정본

관제자격증명시험에 응시하려는 사람은 관제자격증명시험 응시원서에 다음의 서류를 첨부하여 교통안전공단에 제출하여야 한다(규칙 제38조의10 제1항).
1. 신체검사의료기관이 발급한 신체검사 판정서(관제자격증명시험 응시원서 접수일 이전 2년 이내인 것에 한정)

정답 58. ㉰ 59. ㉱

2. 관제적성검사기관이 발급한 관제적성검사 판정서(관제자격증명시험 응시원서 접수일 이전 10년 이내인 것에 한정)
3. 관제교육훈련기관이 발급한 관제교육훈련 수료증명서
4. 철도차량 운전면허증의 사본(철도차량 운전면허 소지자에 한정)
5. 「국가기술자격법」 제2조 제1호에 따른 국가기술자격의 자격증 사본(제38조의9에 따른 국가기술자격을 가진 사람에 한정)

60 다음 중 관제자격증명에 대한 설명으로 잘못된 것은?

㉮ 관제업무에 종사하려는 사람은 국토교통부장관으로부터 철도교통관제사 자격증명을 받아야 한다.
㉯ 관제자격증명을 받으려는 사람은 관제업무에 적합한 신체상태를 갖추고 있는지 판정받기 위하여 국토교통부장관이 실시하는 신체검사에 합격하여야 한다.
㉰ 관제자격증명을 받으려는 사람은 관제업무에 적합한 적성을 갖추고 있는지 판정받기 위하여 국토교통부장관이 실시하는 적성검사에 합격하여야 한다.
㉱ 관제자격증명을 받은 사람은 다른 사람에게 그 관제자격증명서를 대여할 수 있다.

 법 제21조의10(관제자격증명서의 대여 금지) 누구든지 운전면허증을 다른 사람에게 빌려주거나 빌리거나 이를 알선하여서는 아니 된다.

61 다음 중 관제자격증명에 대한 설명으로 잘못된 것은?

㉮ 국토교통부장관은 관제적성검사에 관한 전문기관을 지정하여 관제적성검사를 하게 할 수 있다.
㉯ 관제자격증명을 받으려는 사람은 관제업무의 안전한 수행을 위하여 국토교통부장관이 실시하는 관제업무에 필요한 지식과 능력을 습득할 수 있는 교육훈련을 받아야 한다.
㉰ 철도차량의 운전업무에 대하여 5년 이상의 경력을 취득한 사람은 관제자격증명시험의 일부를 면제받을 수 있다.
㉱ 관제업무에 종사하려는 사람은 국토교통부령으로 정하는 바에 따라 실무수습을 이수하여야 한다.

 철도차량의 운전업무에 대하여 5년 이상의 경력을 취득한 사람은 국토교통부령으로 정하는 바에 따라 관제교육훈련의 일부를 면제받을 수 있는 것이지 관제자격증명시험의 일부를 면제받을 수는 없다.

62 관제업무를 수행하기 위해 필요한 직무의 수습기간은? 2017 기출

㉮ 100시간 이상
㉯ 150시간 이상
㉰ 180시간 이상
㉱ 200시간 이상

규칙 제39조(관제업무 실무수습) ① 법 제22조에 따라 관제업무에 종사하려는 사람은 다음 각 호의 관제업무 실무수습을 모두 이수하여야 한다.
1. 관제업무를 수행할 구간의 철도차량 운행의 통제·조정 등에 관한 관제업무 실무수습
2. 관제업무 수행에 필요한 기기 취급방법 및 비상 시 조치방법 등에 대한 관제업무 실무수습
② 철도운영자등은 제1항에 따른 관제업무 실무수습의 항목 및 교육시간 등에 관한 실무수습 계획을 수립하여 시행하여야 한다. 이 경우 총 실무수습 시간은 100시간 이상으로 하여야 한다.

63 대통령령으로 정하는 업무에 종사하는 철도종사자는 정기적으로 신체검사와 적성검사를 받아야 한다. 다음 중 이러한 철도종사자에 해당하지 않는 사람은?

㉮ 철도운영자
㉯ 운전업무종사자
㉰ 관제업무종사자
㉱ 정거장에서 철도신호기·선로전환기 및 조작판 등을 취급하는 업무를 수행하는 사람

영 제21조(신체검사 등을 받아야 하는 철도종사자) 법 제23조 제1항에서 "대통령령으로 정하는 업무에 종사하는 철도종사자"란 다음 각 호의 어느 하나에 해당하는 철도종사자를 말한다.
1. 운전업무종사자
2. 관제업무종사자
3. 정거장에서 철도신호기·선로전환기 및 조작판 등을 취급하는 업무를 수행하는 사람

64 철도종사자에 대하여 실시하는 적성검사의 구분으로 바르지 못한 것은?

㉮ 최초검사
㉯ 정기검사
㉰ 특별검사
㉱ 수시검사

정답 62. ㉮ 63. ㉮ 64. ㉱

65 철도종사자가 최초검사를 받은 후 10년마다 실시하는 적성검사를 무엇이라 하는가?

㉮ 최초검사 ㉯ 정기검사
㉰ 특별검사 ㉱ 통상검사

철도종사자에 대하여 실시하는 적성검사는 다음과 같이 구분하여 실시한다.
1. 최초검사 : 해당업무를 수행하기 전에 실시하는 적성검사
2. 정기검사 : 최초검사를 받은 후 10년(50세 이상인 경우 5년)마다 실시하는 적성검사
3. 특별검사 : 철도종사자가 철도사고 등을 일으키거나 질병 등의 사유로 해당업무를 적절히 수행하기 어렵다고 철도운영자 등이 인정하는 경우에 실시하는 적성검사

66 다음 중 종합시험운행에 대한 설명으로 잘못된 것은? 2017 기출

㉮ 철도운영자등은 철도노선을 새로 건설하거나 기존노선을 개량하여 운영하려는 경우에는 정상운행을 하기 전에 종합시험운행을 실시한 후 그 결과를 국토교통부장관에게 보고하여야 한다.
㉯ 철도운영자등이 실시하는 종합시험운행은 해당 철도노선의 영업을 개시한 후에 실시한다.
㉰ 종합시험운행은 철도운영자와 합동으로 실시한다.
㉱ 도시설관리자는 종합시험운행을 실시하기 전에 철도운영자와 합동으로 해당 철도노선에 설치된 철도시설물에 대한 기능 및 성능 점검결과를 설명한 서류에 대한 검토 등 사전검토를 하여야 한다.

철도운영자등이 실시하는 종합시험운행은 해당 철도노선의 영업을 개시하기 전에 실시한다(규칙 제75조 제1항).

67 신설이나 개량된 노선의 종합시험운행의 실시시기는? 2017 기출

㉮ 해당 철도노선의 영업을 개시하기 전
㉯ 철도노선을 새로 건설한 후
㉰ 해당 철도노선의 영업을 개시한 후
㉱ 해당 철도노선의 영업을 종료한 후

철도운영자등이 철도노선을 새로 건설하거나 기존노선을 개량하여 운영하려는 경우 실시하는 종합시험운행은 해당 철도노선의 영업을 개시하기 전에 실시한다(철도안전법 시행규칙 제75조 제1항).

정답 65. ㉯ 66. ㉯ 67. ㉮

68 다음 중 종합시험운행계획에 포함될 사항이 아닌 것은?

㉮ 종합시험운행의 일정
㉯ 비상대응계획
㉰ 철도시설물에 대한 기능 및 성능 점검결과
㉱ 평가항목 및 평가기준 등

철도시설관리자는 종합시험운행을 실시하기 전에 철도운영자와 협의하여 다음 각 호의 사항이 포함된 종합시험운행계획을 수립하여야 한다(규칙 제75조 제3항).
1. 종합시험운행의 방법 및 절차
2. 평가항목 및 평가기준 등
3. 종합시험운행의 일정
4. 종합시험운행의 실시 조직 및 소요인원
5. 종합시험운행에 사용되는 시험기기 및 장비
6. 종합시험운행을 실시하는 사람에 대한 교육훈련계획
7. 안전관리조직 및 안전관리계획
8. 비상대응계획
9. 그 밖에 종합시험운행의 효율적인 실시와 안전 확보를 위하여 필요한 사항

69 철도운영자등이 종합시험운행을 실시하는 때에는 안전관리책임자를 지정하여 일정한 업무를 수행하도록 하여야 하는 바 다음 중 이러한 업무에 해당하지 않는 것은?

㉮ 종합시험운행에 사용되는 안전장비의 점검·확인
㉯ 종합시험운행을 실시하는 사람에 대한 교육훈련계획서 작성
㉰ 종합시험운행에 사용되는 철도차량에 대한 안전 통제
㉱ 종합시험운행을 실시하기 전의 안전점검 및 종합시험운행 중 안전관리 감독

철도운영자등이 종합시험운행을 실시하는 때에는 안전관리책임자를 지정하여 다음 각 호의 업무를 수행하도록 하여야 한다(규칙 제75조 제9항).
1. 「산업안전보건법」 등 관련 법령에서 정한 안전조치사항의 점검·확인
2. 종합시험운행을 실시하기 전의 안전점검 및 종합시험운행 중 안전관리 감독
3. 종합시험운행에 사용되는 철도차량에 대한 안전 통제
4. 종합시험운행에 사용되는 안전장비의 점검·확인
5. 종합시험운행 참여자에 대한 안전교육

70 다음 철도차량정비 또는 원상복구 명령 등에 관한 설명으로 틀린 것은?

㉮ 국토교통부장관은 철도운영자등에게 철도차량정비 또는 원상복구를 명하는 경우에는 그 즉시 복구하도록 해야 한다.
㉯ 국토교통부장관은 철도운영자등에게 철도차량정비 또는 원상복구를 명하는 경우 대상 철도차량 및 사유 등을 명시하여 서면(전자문서를 포함한다.)으로 통지해야 한다.
㉰ 철도운영자등은 국토교통부장관으로부터 철도차량정비 또는 원상복구 명령을 받은 경우에는 그 명령을 받은 날부터 14일 이내에 시정조치계획서를 작성하여 서면으로 국토교통부장관에게 제출해야 한다.
㉱ 시정조치를 완료한 경우에는 지체 없이 그 시정내용을 국토교통부장관에게 서면으로 통지해야 한다.

국토교통부장관은 철도운영자등에게 철도차량정비 또는 원상복구를 명하는 경우에는 그 시정에 필요한 기간을 주어야 한다(규칙 제75조의8 제1항).

71 다음 철도사고 또는 운행장애 등에 해당하지 않는 것은?

㉮ 철도차량의 고장 등 철도차량 결함에 따른 철도사고로 사망자가 발생한 경우
㉯ 철도차량의 고장 등 철도차량 결함으로 인해 보고대상이 되는 열차사고 또는 위험사고가 발생한 경우
㉰ 동일한 부품·구성품 또는 장치 등의 고장으로 인해 보고대상이 되지 않는 지연운행이 5년에 5회 이상 발생한 경우
㉱ 그 밖에 철도 운행안전 확보 등을 위해 국토교통부장관이 정하여 고시하는 경우

❈ **철도사고 또는 운행장애 등**(규칙 제75조의8 제4항)
1. 철도차량의 고장 등 철도차량 결함으로 인해 보고대상이 되는 열차사고 또는 위험사고가 발생한 경우
2. 철도차량의 고장 등 철도차량 결함에 따른 철도사고로 사망자가 발생한 경우
3. 동일한 부품·구성품 또는 장치 등의 고장으로 인해 보고대상이 되는 지연운행이 1년에 3회 이상 발생한 경우
4. 그 밖에 철도 운행안전 확보 등을 위해 국토교통부장관이 정하여 고시하는 경우

정답 70. ㉮ 71. ㉰

72 다음 철도차량 정비조직인증기준에 적합하지 않은 것은?

㉮ 정비조직의 업무를 적절하게 수행할 수 있는 인력을 갖출 것
㉯ 정비조직의 업무범위에 적합한 시설·장비 등 설비를 갖출 것
㉰ 정비조직의 업무범위에 적합한 철도차량 정비매뉴얼, 검사체계 및 품질관리체계 등을 갖출 것
㉱ 정비조직 사고에 대비한 보험에 가입할 것

❋ **정비조직인증기준**(규칙 제75조의9 제1항)
1. 정비조직의 업무를 적절하게 수행할 수 있는 인력을 갖출 것
2. 정비조직의 업무범위에 적합한 시설·장비 등 설비를 갖출 것
3. 정비조직의 업무범위에 적합한 철도차량 정비매뉴얼, 검사체계 및 품질관리체계 등을 갖출 것

73 철도차량 정비조직의 인증을 받으려는 자는 철도차량 정비업무 개시예정일 며칠 전까지 철도차량 정비조직인증 신청서를 제출하여야 하는가?

㉮ 15일 ㉯ 30일
㉰ 60일 ㉱ 90일

철도차량 정비조직의 인증을 받으려는 자는 철도차량 정비업무 개시예정일 60일 전까지 철도차량 정비조직인증 신청서에 정비조직인증기준을 갖추었음을 증명하는 자료를 첨부하여 국토교통부장관에게 제출해야 한다(규칙 제75조의9 제2항).

74 다음 정비조직인증서의 발급 등에 관한 내용으로 틀린 것은?

㉮ 국토교통부장관은 철도차량 정비조직인증 또는 변경인증의 신청을 받으면 정비조직인증기준에 적합한지 여부를 확인해야 한다.
㉯ 인증정비조직은 정비조직운영기준에 따라 정비조직을 운영해야 한다.
㉰ 국토교통부장관은 철도차량 정비조직인증서를 발급한 때에는 그 사실을 관보에 고시해야 한다.
㉱ 세부적인 기준, 절차 및 방법과 정비조직운영기준 등에 관한 세부 사항은 교통안전공단이사장이 정하여 고시한다.

세부적인 기준, 절차 및 방법과 정비조직운영기준 등에 관한 세부 사항은 국토교통부장관이 정하여 고시한다(규칙 제75조의10 제4항).

정답 72. ㉱ 73. ㉰ 74. ㉱

75 철도사고 및 중대한 운행장애에 해당하지 않는 것은?

㉮ 철도사고로 부상자가 발생한 경우
㉯ 철도사고로 사망자가 발생한 경우
㉰ 철도사고로 5억원 이상의 재산피해가 발생한 경우
㉱ 운행장애로 5억원 이상의 재산피해가 발생한 경우

❀ **철도사고 및 중대한 운행장애**(규칙 제75조의12 제1항)
1. 철도사고로 사망자가 발생한 경우
2. 철도사고 또는 운행장애로 5억원 이상의 재산피해가 발생한 경우

76 다음 중 철도시설의 유지·관리 등에 대한 설명으로 틀린 것은?

㉮ 철도시설관리자는 국토교통부장관이 정하여 고시하는 기술기준에 맞게 철도시설을 설치하여야 한다.
㉯ 철도시설관리자는 철도시설의 기술기준에 맞도록 주기적으로 철도시설을 점검·보수하는 등 유지·관리하여야 한다.
㉰ 철도시설관리자가 철도시설을 점검할 때에는 철도시설의 종류별 특성·기능 등에 관한 기준의 사항에 대하여 세부사항을 정하여 시행하여야 한다.
㉱ 철도시설관리자는 철도시설을 유지·관리하기 위하여 점검·보수 등을 시행한 경우에도 개인정보보호를 위해 그 시행기록을 보존하여서는 아니 된다.

철도시설관리자는 철도시설을 유지·관리하기 위하여 점검·보수 등을 시행한 경우에는 그 시행기록을 보존하여야 한다(규칙 제42조 제3항).

77 다음 철도차량정비기술자의 인정 등에 관한 내용으로 틀린 것은?

㉮ 철도차량정비기술자로 인정을 받으려는 사람은 한국교통안전공단에 자격 인정을 신청하여야 한다.
㉯ 국토교통부장관은 신청인이 대통령령으로 정하는 자격, 경력 및 학력 등 철도차량정비기술자의 인정 기준에 해당하는 경우에는 철도차량정비기술자로 인정하여야 한다.
㉰ 국토교통부장관은 신청인을 철도차량정비기술자로 인정하면 철도차량정비기술자로서의 등급 및 경력 등에 관한 증명서를 그 철도차량정비기술자에게 발급하여야 한다.
㉱ 철도차량정비기술자 인정의 신청, 철도차량정비경력증의 발급 및 관리 등에 필요한 사항은 국토교통부령으로 정한다.

철도차량정비기술자로 인정을 받으려는 사람은 국토교통부장관에게 자격 인정을 신청하여야 한다(법 제24조의2 제1항).

78 다음 1등급 철도차량정비기술자의 역량지수는?

㉮ 90점 이상 ㉯ 80점 이상
㉰ 70점 이상 ㉱ 60점 이상

 ❁ **역량지수**(영 별표 1의2)

등급구분	역량지수
1등급 철도차량정비기술자	80점 이상
2등급 철도차량정비기술자	60점 이상 80점 미만
3등급 철도차량정비기술자	40점 이상 60점 미만
4등급 철도차량정비기술자	10점 이상 40점 미만

79 다음 철도차량정비훈련의 교육내용이 아닌 것은?

㉮ 철도차량정비에 관한 법령
㉯ 기술기준 등 실무에 관한 이론
㉰ 정비기술 등 실무에 관한 이론
㉱ 선로교육

 교육내용 및 교육방법 : 철도차량정비에 관한 법령, 기술기준 및 정비기술 등 실무에 관한 이론 및 실습 교육(영 제21조의3 제1항)

80 다음 철도차량정비훈련의 교육시간은?

㉮ 철도차량정비업무의 수행기간 5년마다 35시간 이상
㉯ 철도차량정비업무의 수행기간 5년마다 30시간 이상
㉰ 철도차량정비업무의 수행기간 5년마다 25시간 이상
㉱ 철도차량정비업무의 수행기간 5년마다 20시간 이상

 교육시간 : 철도차량정비업무의 수행기간 5년마다 35시간 이상(영 제21조의3 제1항)

81 다음 정비교육훈련기관의 지정기준이 아닌 것은?

㉮ 정비교육훈련 업무 수행에 필요한 상설 전담조직을 갖출 것
㉯ 정비교육훈련 업무를 수행할 수 있는 전문인력을 확보할 것
㉰ 정비교육훈련에 필요한 사무실, 교육장 및 교육 장비를 갖출 것
㉱ 정비교육훈련생이 머무를 수 있는 숙소 등을 갖출 것

❀ **정비교육훈련기관의 지정기준**(영 제21조의4)
1. 정비교육훈련 업무 수행에 필요한 상설 전담조직을 갖출 것
2. 정비교육훈련 업무를 수행할 수 있는 전문인력을 확보할 것
3. 정비교육훈련에 필요한 사무실, 교육장 및 교육 장비를 갖출 것
4. 정비교육훈련기관의 운영 등에 관한 업무규정을 갖출 것

82 정비교육훈련기관 지정기준 및 절차에 관한 내용으로 틀린 것은?

㉮ 정비교육훈련기관으로 지정을 받으려는 자는 지정기준을 갖추어 국토교통부장관에게 정비교육훈련기관 지정 신청을 해야 한다.
㉯ 국토교통부장관은 정비교육훈련기관 지정 신청을 받으면 지정기준을 갖추었는지 여부 및 철도차량정비기술자의 수급 상황 등을 종합적으로 심사한 후 그 지정 여부를 결정해야 한다.
㉰ 정비교육훈련기관의 지정기준 및 절차 등에 관한 세부적인 사항은 교통안전공단에서 정한다.
㉱ 국토교통부장관은 정비교육훈련기관을 지정한 때에는 정비교육훈련기관의 명칭 및 소재지 등의 사항을 관보에 고시해야 한다.

정비교육훈련기관의 지정기준 및 절차 등에 관한 세부적인 사항은 국토교통부령으로 정한다(영 제21조의4 제5항).

83 정비교육훈련기관은 대표자의 성명이 변경된 때에는 사유가 발생한 날부터 며칠 이내에 국토교통부장관에게 통지하여야 하는가?

㉮ 7일 이내
㉯ 15일 이내
㉰ 30일 이내
㉱ 90일 이내

정비교육훈련기관은 정비교육훈련기관의 명칭 및 소재지, 대표자의 성명이 변경된 때에는 그 사유가 발생한 날부터 15일 이내에 국토교통부장관에게 그 내용을 통지해야 한다(영 제21조의5 제1항).

정답 81. ㉱ 82. ㉰ 83. ㉯

84 다음 철도차량정비기술자의 명의 대여금지 등에 관한 내용으로 틀린 것은?

㉮ 철도차량정비기술자는 자기의 성명을 사용하여 다른 사람에게 철도차량정비 업무를 수행하게 하여서는 아니 된다.
㉯ 철도차량정비기술자는 다른 사람에게 철도차량정비경력증을 빌려 주어서는 아니 된다.
㉰ 철도차량정비기술자는 다른 사람의 철도차량정비경력증을 빌릴 수 있다.
㉱ 누구든지 철도차량정비기술자의 금지된 행위를 알선해서는 아니 된다.

누구든지 다른 사람의 성명을 사용하여 철도차량정비 업무를 수행하거나 다른 사람의 철도차량정비경력증을 빌려서는 아니 된다(법 제24조의3 제2항).

85 다음 철도차량정비기술자의 인정을 취소하는 경우가 아닌 것은?

㉮ 거짓이나 그 밖의 부정한 방법으로 철도차량정비기술자로 인정받은 경우
㉯ 자격기준에 해당하지 아니하게 된 경우
㉰ 철도차량정비 업무 수행 중 고의로 철도사고의 원인을 제공한 경우
㉱ 보수교육을 받지 아니한 경우

❋ **철도차량정비기술자의 인정을 취소하는 경우**(법 제24조의5 제1항)
1. 거짓이나 그 밖의 부정한 방법으로 철도차량정비기술자로 인정받은 경우
2. 자격기준에 해당하지 아니하게 된 경우
3. 철도차량정비 업무 수행 중 고의로 철도사고의 원인을 제공한 경우

86 영상기록장치의 설치 운영 등에 관한 설명으로 잘못된 것은? 2017 기출

㉮ 철도운영자등은 철도차량의 운행상황 기록, 교통사고 상황 파악 등을 위하여 철도차량 중 대통령령으로 정하는 동력차에 영상기록장치를 설치하여야 한다.
㉯ 철도운영자등은 영상기록장치를 설치하는 경우 운전업무종사자·여객 등이 쉽게 인식할 수 있도록 대통령령으로 정하는 바에 따라 안내판 설치 등 필요한 조치를 하여야 한다.
㉰ 철도운영자등은 설치 목적과 다른 목적으로 영상기록장치를 임의로 조작하거나 다른 곳을 비추어서는 아니 되며, 운행기간 외에는 영상기록(음성기록을 포함)을 하여서는 아니 된다.
㉱ 국토교통부장관은 영상기록장치에 기록된 영상이 분실·도난·유출·변조 또는 훼손되지 아니하도록 대통령령으로 정하는 바에 따라 영상기록장치의 운영·관리 지침을 마련하여야 한다.

정답 84. ㉰ 85. ㉱ 86. ㉱

제39조의3(영상기록장치의 설치·운영 등) ① 철도운영자등은 철도차량의 운행상황 기록, 교통사고 상황 파악, 안전사고 방지, 범죄 예방 등을 위하여 다음 각 호의 철도차량 또는 철도시설에 영상기록장치를 설치·운영하여야 한다. 이 경우 영상기록장치의 설치 기준, 방법 등은 대통령령으로 정한다.
　1. 철도차량 중 대통령령으로 정하는 동력차 및 객차
　2. 승강장 등 대통령령으로 정하는 안전사고의 우려가 있는 역 구내
　3. 대통령령으로 정하는 차량정비기지
　4. 변전소 등 대통령령으로 정하는 안전확보가 필요한 철도시설
② 철도운영자등은 제1항에 따라 영상기록장치를 설치하는 경우 운전업무종사자, 여객 등이 쉽게 인식할 수 있도록 대통령령으로 정하는 바에 따라 안내판 설치 등 필요한 조치를 하여야 한다.
③ 철도운영자등은 설치 목적과 다른 목적으로 영상기록장치를 임의로 조작하거나 다른 곳을 비추어서는 아니 되며, 운행기간 외에는 영상기록(음성기록을 포함한다. 이하 같다)을 하여서는 아니 된다.
④ 철도운영자등은 다음 각 호의 어느 하나에 해당하는 경우 외에는 영상기록을 이용하거나 다른 자에게 제공하여서는 아니 된다.
　1. 교통사고 상황 파악을 위하여 필요한 경우
　2. 범죄의 수사와 공소의 제기 및 유지에 필요한 경우
　3. 법원의 재판업무수행을 위하여 필요한 경우
⑤ 철도운영자등은 영상기록장치에 기록된 영상이 분실·도난·유출·변조 또는 훼손되지 아니하도록 대통령령으로 정하는 바에 따라 영상기록장치의 운영·관리 지침을 마련하여야 한다.
⑥ 영상기록장치의 설치·관리 및 영상기록의 이용·제공 등은 「개인정보 보호법」에 따라야 한다.
⑦ 제4항에 따른 영상기록의 제공과 그 밖에 영상기록의 보관 기준 및 보관 기간 등에 필요한 사항은 국토교통부령으로 정한다.

87 철도운영자는 일정한 사유에 해당하는 때에는 영상기록을 이용하거나 다른 자에게 제공할 수 있는바 이러한 사유에 해당하지 않는 것은?

㉮ 교통사고 관련자가 요구하는 경우
㉯ 교통사고 상황 파악을 위하여 필요한 경우
㉰ 범죄의 수사와 공소의 제기 및 유지에 필요한 경우
㉱ 법원의 재판업무수행을 위하여 필요한 경우

88 철도운영자는 영상기록장치를 설치하는 경우 운전실 출입문 등 운전업무종사자가 쉽게 인식할 수 있는 곳에 안내판을 설치하여야 하는바 이러한 안내판에 표시될 내용이 아닌 것은?

㉮ 영상기록장치의 설치 목적　　㉯ 개인정보제공 동의서
㉰ 영상기록장치 관리 책임 부서　㉱ 영상기록장치의 설치 위치

정답　87. ㉮　88. ㉯

철도운영자는 운전실 출입문 등 운전업무종사자가 쉽게 인식할 수 있는 곳에 다음 각 호의 사항이 표시된 안내판을 설치하여야 한다(철도안전법 시행령 제31조).
1. 영상기록장치의 설치 목적
2. 영상기록장치의 설치 위치, 촬영 범위 및 촬영 시간
3. 영상기록장치 관리 책임 부서, 관리책임자의 성명 및 연락처
4. 그 밖에 철도운영자가 필요하다고 인정하는 사항

89 철도기술심의위원회의 심의사항에 해당되지 않는 것은?

㉮ 형식승인 대상 철도용품의 선정·변경 및 취소
㉯ 철도안전에 관한 전문기관이나 단체의 지정
㉰ 철도안전에 관한 법률의 제정
㉱ 기술기준의 제정·개정 또는 폐지

국토교통부장관은 다음의 사항을 심의하게 하기 위하여 철도기술심의위원회를 설치한다(규칙 제44조).
1. 기술기준의 제정·개정 또는 폐지
2. 형식승인 대상 철도용품의 선정·변경 및 취소
3. 철도차량·철도용품 표준규격의 제정·개정 또는 폐지
4. 철도안전에 관한 전문기관이나 단체의 지정
5. 그 밖에 국토교통부장관이 필요로 하는 사항

90 다음 중 철도차량의 형식승인에 대한 설명으로 잘못된 것은?

㉮ 국내에서 운행하는 철도차량을 제작하거나 수입하려는 자는 국토교통부령으로 정하는 바에 따라 해당 철도차량의 설계에 관하여 국토교통부장관의 형식승인을 받아야 한다.
㉯ 형식승인을 받은 자가 승인받은 사항을 변경하려는 경우에는 국토교통부장관에게 변경승인을 받을 필요가 없다.
㉰ 국토교통부장관은 형식승인 또는 변경승인을 하는 경우에는 해당 철도차량이 국토교통부장관이 정하여 고시하는 철도차량의 기술기준에 적합한지에 대하여 형식승인검사를 하여야 한다.
㉱ 누구든지 형식승인을 받지 아니한 철도차량을 운행하여서는 아니 된다.

형식승인을 받은 자가 승인받은 사항을 변경하려는 경우에는 국토교통부장관의 변경승인을 받아야 한다. 다만, 국토교통부령으로 정하는 경미한 사항을 변경하려는 경우에는 국토교통부장관에게 신고하여야 한다(법 제26조 제2항).

91 철도차량의 형식승인을 받은 자가 승인받은 사항을 변경하려는 경우 국토교통부장관의 변경승인이 아닌 신고로서 충분한 경우에 해당하지 않는 것은?

㉮ 철도차량의 구조안전 및 성능에 영향을 미치지 아니하는 차체 형상의 변경
㉯ 철도차량의 안전에 영향을 미치지 아니하는 설비의 변경
㉰ 중량분포에 영향을 미치지 아니하는 장치 또는 부품의 배치 변경
㉱ 동일 성능으로는 입증할 수 없는 부품의 규격 변경

규칙 제47조(철도차량 형식승인의 경미한 사항 변경) ① 법 제26조 제2항 단서에서 "국토교통부령으로 정하는 경미한 사항을 변경하려는 경우"란 다음 각 호의 어느 하나에 해당하는 변경을 말한다.
1. 철도차량의 구조안전 및 성능에 영향을 미치지 아니하는 차체 형상의 변경
2. 철도차량의 안전에 영향을 미치지 아니하는 설비의 변경
3. 중량분포에 영향을 미치지 아니하는 장치 또는 부품의 배치 변경
4. 동일 성능으로 입증할 수 있는 부품의 규격 변경

92 다음 중 철도차량의 형식승인 검사방법에 해당하지 않는 것은?   2017 기출

㉮ 신뢰도 검사   ㉯ 설계적합성 검사
㉰ 합치성 검사   ㉱ 용품형식 시험

철도용품 형식승인검사는 다음의 구분에 따라 실시한다(규칙 제62조 제1항).
1. 설계적합성 검사 : 철도용품의 설계가 철도용품기술기준에 적합한지 여부에 대한 검사
2. 합치성 검사 : 철도용품이 부품단계, 구성품단계, 완성품단계에서 제1호에 따른 설계와 합치하게 제작되었는지 여부에 대한 검사
3. 용품형식 시험 : 철도용품이 부품단계, 구성품단계, 완성품단계, 시운전단계에서 철도용품기술기준에 적합한지 여부에 대한 시험

93 철도용품 형식승인 검사 중 철도용품이 부품단계, 구성품단계, 완성품단계에서 설계적합성 검사에 따른 설계와 합치하게 제작되었는지 여부에 대하여 행해지는 검사를 무엇이라 하는가?

㉮ 용품형식 시험   ㉯ 안전도 검사
㉰ 설계적합성 검사   ㉱ 합치성 검사

정답 91. ㉱ 92. ㉮ 93. ㉱

94 다음 중 형식승인검사의 전부 또는 일부의 면제사유에 해당되지 않는 것은?

㉮ 시험·연구·개발 목적으로 제작 또는 수입되는 철도차량으로서 대통령령으로 정하는 철도차량에 해당하는 경우
㉯ 수출 목적으로 제작 또는 수입되는 철도차량으로서 대통령령으로 정하는 철도차량에 해당하는 경우
㉰ 대한민국이 체결한 협정 또는 대한민국이 가입한 협약에 따라 형식승인검사가 면제되는 철도차량의 경우
㉱ 중량분포에 영향을 미치지 아니하는 장치 또는 부품을 장치한 철도차량의 경우

국토교통부장관은 다음의 어느 하나에 해당하는 경우에는 형식승인검사의 전부 또는 일부를 면제할 수 있다(법 제26조 제4항).
1. 시험·연구·개발 목적으로 제작 또는 수입되는 철도차량으로서 대통령령으로 정하는 철도차량에 해당하는 경우
2. 수출 목적으로 제작 또는 수입되는 철도차량으로서 대통령령으로 정하는 철도차량에 해당하는 경우
3. 대한민국이 체결한 협정 또는 대한민국이 가입한 협약에 따라 형식승인검사가 면제되는 철도차량의 경우
4. 그 밖에 철도시설의 유지·보수 또는 철도차량의 사고복구 등 특수한 목적을 위하여 제작 또는 수입되는 철도차량으로서 국토교통부장관이 정하여 고시하는 경우

95 철도차량 제작자승인의 지위를 승계하는 자는 승계일부터 몇 개월 이내에 국토교통부령으로 정하는 바에 따라 그 승계사실을 국토교통부장관에게 신고하여야 하는가?

㉮ 1개월
㉯ 2개월
㉰ 3개월
㉱ 4개월

철도차량 제작자승인의 지위를 승계하는 자는 승계일부터 1개월 이내에 국토교통부령으로 정하는 바에 따라 그 승계사실을 국토교통부장관에게 신고하여야 한다(법 제26조의5 제2항).

96 다음 중 철도차량 완성검사에 대한 설명으로 잘못된 것은?

㉮ 철도차량 제작자승인을 받고자 하는 자는 제작한 철도차량을 판매한 후에 해당 철도차량이 형식승인을 받은 대로 제작되었는지를 확인하기 위하여 국토교통부 장관이 시행하는 완성검사를 받아야 한다.
㉯ 안전과 직결된 주요 부품의 안전성 확보 등 철도차량이 철도차량기술기준에 적합하고 형식승인 받은 설계대로 제작되었는지를 확인하는 검사를 완성차량검사라 한다.
㉰ 철도차량이 형식승인 받은 대로 성능과 안전성을 확보하였는지 운행선로 시운전 등을 통하여 최종 확인하는 검사를 주행시험이라 한다.
㉱ 국토교통부장관은 검사 결과 철도차량이 철도차량기술기준에 적합하고 형식승인 받은 설계대로 제작되었다고 인정하는 경우에는 철도차량 완성검사필증을 신청인에게 발급하여야 한다.

철도차량 제작자승인을 받은 자는 제작한 철도차량을 판매하기 전에 해당 철도차량이 형식승인을 받은 대로 제작되었는지를 확인하기 위하여 국토교통부장관이 시행하는 완성검사를 받아야 한다(법 제26조의6 제1항).

97 다음 중 철도용품 형식승인에 대한 설명으로 잘못된 것은?

㉮ 국토교통부장관이 정하여 고시하는 철도용품을 제작하거나 수입하려는 자는 국토교통부령으로 정하는 바에 따라 해당 철도용품의 설계에 대하여 국토교통부장관의 형식승인을 받아야 한다.
㉯ 국토교통부장관은 형식승인을 하는 경우에는 해당 철도용품이 국토교통부장관이 정하여 고시하는 철도용품의 기술기준에 적합한지에 대하여 국토교통부령으로 정하는 바에 따라 형식승인검사를 하여야 한다.
㉰ 누구든지 형식승인을 받지 아니한 철도용품을 철도시설 또는 철도차량 등에 사용하여서는 아니 된다.
㉱ 국토교통부장관은 철도용품 형식승인 또는 변경승인 신청을 받은 경우에 7일 이내에 승인 또는 변경승인에 필요한 검사 등의 계획서를 작성하여 신청인에게 통보하여야 한다.

국토교통부장관은 철도용품 형식승인 또는 변경승인 신청을 받은 경우에 15일 이내에 승인 또는 변경승인에 필요한 검사 등의 계획서를 작성하여 신청인에게 통보하여야 한다(규칙 제60조 제3항).

정답 96. ㉮ 97. ㉱

98 국토교통부장관은 형식승인을 받은 철도차량 또는 철도용품의 안전 및 품질의 확인·점검을 위하여 필요하다고 인정하는 경우에는 소속 공무원으로 하여금 일정한 조치를 하게 할 수 있는바 다음 중 이러한 조치에 해당하지 않는 것은?

㉮ 철도차량 또는 철도용품 형식승인 및 제작자승인을 받은 자의 관계 장부 또는 서류의 열람·제출
㉯ 철도차량 또는 철도용품에 대한 직접 폐기
㉰ 철도차량 또는 철도용품에 대한 수거·검사
㉱ 철도차량 또는 철도용품의 안전 및 품질에 대한 전문연구기관에의 시험·분석 의뢰

국토교통부장관은 형식승인을 받은 철도차량 또는 철도용품의 안전 및 품질의 확인·점검을 위하여 필요하다고 인정하는 경우에는 소속 공무원으로 하여금 다음의 조치를 하게 할 수 있다(법 제31조).
1. 철도차량 또는 철도용품이 기술기준에 적합한지에 대한 조사
2. 철도차량 또는 철도용품 형식승인 및 제작자승인을 받은 자의 관계 장부 또는 서류의 열람·제출
3. 철도차량 또는 철도용품에 대한 수거·검사
4. 철도차량 또는 철도용품의 안전 및 품질에 대한 전문연구기관에의 시험·분석 의뢰
5. 그 밖에 철도차량 또는 철도용품의 안전 및 품질에 대한 긴급한 조사를 위하여 국토교통부령으로 정하는 사항

99 다음 철도차량의 이력관리에 관한 내용으로 틀린 것은?

㉮ 소유자등은 보유 또는 운영하고 있는 철도차량과 관련한 제작, 운용, 철도차량정비 및 폐차 등 이력을 관리하여야 한다.
㉯ 이력을 관리하여야 할 철도차량, 이력관리 항목, 전산망 등 관리체계, 방법 및 절차 등에 필요한 사항은 국토교통부장관이 정하여 고시한다.
㉰ 소유자등은 이력을 국토교통부장관에게 매월 보고하여야 한다.
㉱ 국토교통부장관은 보고된 철도차량과 관련한 제작, 운용, 철도차량정비 및 폐차 등 이력을 체계적으로 관리하여야 한다.

소유자등은 이력을 국토교통부장관에게 정기적으로 보고하여야 한다(법 제38조의5 제4항).

정답 98. ㉯ 99. ㉰

100 다음 철도차량의 이력에 관하여 금지하는 행위가 아닌 것은?

㉮ 이력사항을 너무 많은 내용을 입력하는 행위
㉯ 이력사항을 고의 또는 과실로 입력하지 아니하는 행위
㉰ 이력사항을 위조·변조하거나 고의로 훼손하는 행위
㉱ 이력사항을 무단으로 외부에 제공하는 행위

누구든지 관리하여야 할 철도차량의 이력에 대하여 다음의 행위를 하여서는 아니 된다(법 제38조의5 제3항).
1. 이력사항을 고의 또는 과실로 입력하지 아니하는 행위
2. 이력사항을 위조·변조하거나 고의로 훼손하는 행위
3. 이력사항을 무단으로 외부에 제공하는 행위

101 다음 철도차량정비 또는 원상복구를 명할 수 있는 경우가 아닌 것은?

㉮ 철도차량기술기준에 적합하지 아니하거나 안전운행에 지장이 있다고 인정되는 경우
㉯ 개조승인의 내용과 다르게 개조한 경우
㉰ 소유자등이 개조승인을 받지 아니하고 철도차량을 개조한 경우
㉱ 국토교통부령으로 정하는 철도사고 또는 운행장애 등이 발생한 경우

국토교통부장관은 철도차량이 다음의 어느 하나에 해당하는 경우에 철도운영자등에게 해당 철도차량에 대하여 국토교통부령으로 정하는 바에 따라 철도차량정비 또는 원상복구를 명할 수 있다. 다만, 2. 또는 3.에 해당하는 경우에는 국토교통부장관은 철도운영자등에게 철도차량정비 또는 원상복구를 명하여야 한다(법 제38조의6 제3항).
1. 철도차량기술기준에 적합하지 아니하거나 안전운행에 지장이 있다고 인정되는 경우
2. 소유자등이 개조승인을 받지 아니하고 철도차량을 개조한 경우
3. 국토교통부령으로 정하는 철도사고 또는 운행장애 등이 발생한 경우

102 다음 철도차량 정비조직의 인증의 결격사유가 아닌 것은?

㉮ 피한정후견인
㉯ 피성년후견인
㉰ 파산선고를 받은 자로서 복권되지 아니한 자
㉱ 정비조직의 인증이 취소된 후 5년이 지나지 아니한 자

정답 100. ㉮ 101. ㉯ 102. ㉱

❀ **철도차량 정비조직의 인증의 결격사유**(법 제38조의8)
1. 피성년후견인 및 피한정후견인
2. 파산선고를 받은 자로서 복권되지 아니한 자
3. 정비조직의 인증이 취소된 후 2년이 지나지 아니한 자
4. 이 법을 위반하여 징역 이상의 실형을 선고받고 그 집행이 끝나거나 그 집행이 면제된 날부터 2년이 지나지 아니한 사람
5. 이 법을 위반하여 징역 이상의 형의 집행유예를 선고받고 그 유예기간 중에 있는 사람

103 다음 철도차량 인증정비조직의 준수사항이 아닌 것은?

㉮ 철도이력을 효과적으로 관리할 것
㉯ 철도차량정비기술기준을 준수할 것
㉰ 정비조직인증기준에 적합하도록 유지할 것
㉱ 정비조직운영기준을 지속적으로 유지할 것

 ❀ **철도차량 인증정비조직의 준수사항**(법 제38조의9)
1. 철도차량정비기술기준을 준수할 것
2. 정비조직인증기준에 적합하도록 유지할 것
3. 정비조직운영기준을 지속적으로 유지할 것
4. 중고 부품을 사용하여 철도차량정비를 할 경우 그 적정성 및 이상 여부를 확인할 것
5. 철도차량정비가 완료되지 않은 철도차량은 운행할 수 없도록 관리할 것

104 다음 열차운행의 일시중지에 관한 내용으로 틀린 것은?

㉮ 철도운영자는 열차의 안전운행에 지장이 있다고 인정하는 경우에는 열차운행을 일시 중지할 수 있다.
㉯ 철도종사자는 철도사고 및 운행장애의 징후가 발견되거나 발생 위험이 높다고 판단되는 경우에는 관제업무종사자에게 열차운행을 일시 중지할 것을 요청할 수 있다.
㉰ 철도종사자는 열차운행의 중지 요청과 관련하여 고의 또는 중대한 과실이 없는 경우에도 민사상 책임을 진다.
㉱ 누구든지 열차운행의 중지를 요청한 철도종사자에게 이를 이유로 불이익한 조치를 하여서는 아니 된다.

 철도종사자는 열차운행의 중지 요청과 관련하여 고의 또는 중대한 과실이 없는 경우에는 민사상 책임을 지지 아니한다(법 제40조 제3항).

105 다음 중 운전업무종사자의 준수사항이 아닌 것은?

㉮ 철도차량 출발 전 국토교통부령으로 정하는 조치 사항을 이행할 것
㉯ 국토교통부령으로 정하는 철도차량 운행에 관한 안전 수칙을 준수할 것
㉰ 국토교통부령으로 정하는 바에 따라 운전업무종사자 등에게 열차 운행에 관한 정보를 제공할 것
㉱ 철도사고등이 발생하는 경우 현장을 이탈하여서는 아니될 것

법 제40조의2(철도종사자의 준수사항) ① 운전업무종사자는 철도차량의 운전업무 수행 중 다음 각 호의 사항을 준수하여야 한다.
 1. 철도차량 출발 전 국토교통부령으로 정하는 조치 사항을 이행할 것
 2. 국토교통부령으로 정하는 철도차량 운행에 관한 안전 수칙을 준수할 것
② 관제업무종사자는 관제업무 수행 중 다음 각 호의 사항을 준수하여야 한다.
 1. 국토교통부령으로 정하는 바에 따라 운전업무종사자 등에게 열차 운행에 관한 정보를 제공할 것
 2. 철도사고, 철도준사고 및 운행장애 발생 시 국토교통부령으로 정하는 조치 사항을 이행할 것
③ 철도사고 등이 발생하는 경우 해당 철도차량의 운전업무종사자와 여객승무원은 철도사고 등의 현장을 이탈하여서는 아니 되며, 철도차량 내 안전 및 질서유지를 위하여 승객 구호조치 등 국토교통부령으로 정하는 후속조치를 이행하여야 한다. 다만, 의료기관으로의 이송이 필요한 경우 등 국토교통부령으로 정하는 경우에는 그러하지 아니하다.

106 다음 중 탁송 및 운송 금지 위험물[점화류(點火類) 또는 점폭약류(點爆藥類)를 붙인 폭약, 니트로글리세린, 건조한 기폭약(起爆藥), 뇌홍질화연(雷汞窒化鉛)에 속하는 것 등 대통령령으로 정하는 위험물] 등에 해당하지 않는 것은?

㉮ 점화 또는 점폭약류를 붙인 폭약
㉯ 용기가 파손될 경우 내용물이 누출되어 철도차량·레일·기구 또는 다른 화물 등을 부식시키거나 침해할 우려가 있는 것
㉰ 뇌홍질화연에 속하는 것
㉱ 건조한 기폭약

영 제44조(탁송 및 운송 금지 위험물 등) 법 제43조에서 "점화류(點火類) 또는 점폭약류(點爆藥類)를 붙인 폭약, 니트로글리세린, 건조한 기폭약(起爆藥), 뇌홍질화연(雷汞窒化鉛)에 속하는 것 등 대통령령으로 정하는 위험물"이란 다음 각 호의 위험물을 말한다.
1. 점화 또는 점폭약류를 붙인 폭약
2. 니트로글리세린
3. 건조한 기폭약
4. 뇌홍질화연에 속하는 것
5. 그 밖에 사람에게 위해를 주거나 물건에 손상을 줄 수 있는 물질로서 국토교통부장관이 정하여 고시하는 위험물

정답 105. ㉰ 106. ㉯

107 다음 중 열차에서 휴대가 금지되는 위해물품에 해당하지 않는 것은?   2017 기출

㉮ 방사성 물질
㉯ 총포・도검류 등
㉰ 고압가스
㉱ 장난감 권총

108 술을 마시거나 약물을 사용한 상태에서 업무를 하여서는 아니 되는 철도종사자에 해당하지 않는 사람은?

㉮ 철도차량의 운행선로 또는 그 인근에 거주하는 자
㉯ 관제업무종사자
㉰ 여객승무원
㉱ 철도차량 및 철도시설의 점검・정비 업무에 종사하는 사람

법 제41조(철도종사자의 음주 제한 등) ① 다음 각 호의 어느 하나에 해당하는 철도종사자(실무수습 중인 사람을 포함한다)는 술(「주세법」 제3조 제1호에 따른 주류를 말한다. 이하 같다)을 마시거나 약물을 사용한 상태에서 업무를 하여서는 아니 된다.
1. 운전업무종사자
2. 관제업무종사자
3. 여객승무원
4. 철도운행안전관리자
5. 철도차량의 운행선로 또는 그 인근에서 철도시설의 건설 또는 관리와 관련한 작업의 현장감독업무를 수행하는 사람
6. 정거장에서 철도신호기・선로전환기 및 조작판 등을 취급하거나 열차의 조성(組成 : 철도차량을 연결하거나 분리하는 작업을 말한다)업무를 수행하는 사람
7. 철도차량 및 철도시설의 점검・정비 업무에 종사하는 사람

109 확인 또는 검사 결과 운전업무종사자가 술을 마셨다고 판단되는 기준은?

㉮ 혈중 알코올농도가 0.01퍼센트 이상
㉯ 혈중 알코올농도가 0.02퍼센트 이상
㉰ 혈중 알코올농도가 0.03퍼센트 이상
㉱ 혈중 알코올농도가 0.04퍼센트 이상

정답 107. ㉱ 108. ㉮ 109. ㉯

110 혈중 알코올농도가 0.03퍼센트 이상인 경우에만 술을 마셨다고 판단되는 철도종사자에 해당되지 않는 사람은?

㉮ 철도차량의 운행선로 또는 그 인근에서 철도시설의 건설 또는 관리와 관련한 작업의 현장감독업무를 수행하는 사람
㉯ 정거장에서 철도신호기·선로전환기 및 조작판 등을 취급하거나 열차의 조성업무를 수행하는 사람
㉰ 여객승무원
㉱ 철도차량 및 철도시설의 점검·정비 업무에 종사하는 사람

확인 또는 검사 결과 철도종사자가 술을 마시거나 약물을 사용하였다고 판단하는 기준은 다음 각 호의 구분과 같다(법 제41조 제2항).
1. 술 : 혈중 알코올농도가 0.02퍼센트(법 제41조 제1항 제5호부터 제7호까지의 철도종사자는 0.03퍼센트) 이상인 경우
2. 약물 : 양성으로 판정된 경우

111 다음의 괄호 안에 들어갈 숫자가 바르게 나열된 것은?

> ※ 철도보호지구
> 1. 가장 바깥쪽 궤도의 끝선인 철도경계선으로부터 (　)미터 이내
> 2. 「도시철도법」 제2조 제2호에 따른 도시철도 중 노면전차의 경우에는 (　)미터 이내

㉮ 20, 10　　　　　　　　　㉯ 30, 20
㉰ 30, 10　　　　　　　　　㉱ 40, 20

철도경계선(가장 바깥쪽 궤도의 끝선)으로부터 30미터 이내[「도시철도법」 제2조 제2호에 따른 도시철도 중 노면전차의 경우에는 10미터 이내]의 지역을 철도보호지구라 한다.

112 철도보호지구에서 일정한 행위를 하려는 자는 대통령령으로 정하는 바에 따라 국토교통부장관 또는 시·도지사에게 신고하여야 한다. 다음 중 이러한 사유에 해당되지 않는 것은?

㉮ 토지의 형질변경 및 굴착(掘鑿)
㉯ 토석, 자갈 및 모래의 채취
㉰ 건축물의 신축
㉱ 건축물의 리모델링

철도경계선(가장 바깥쪽 궤도의 끝선)으로부터 30미터 이내[「도시철도법」 제2조 제2호에 따른 도시철도 중 노면전차의 경우에는 10미터 이내]의 지역(철도보호지구)에서 다음 각 호의 어느 하나에 해당하는 행위를 하려는 자는 대통령령으로 정하는 바에 따라 국토교통부장관 또는 시·도지사에게 신고하여야 한다(법 제45조 제1항).
1. 토지의 형질변경 및 굴착(掘鑿)
2. 토석, 자갈 및 모래의 채취
3. 건축물의 신축·개축(改築)·증축 또는 인공구조물의 설치
4. 나무의 식재(대통령령으로 정하는 경우만 해당한다)
5. 그 밖에 철도시설을 파손하거나 철도차량의 안전운행을 방해할 우려가 있는 행위로서 대통령령으로 정하는 행위

113 철도보호지구에서의 대통령령으로 정하는 안전조치에 해당하지 않는 것은?

2017 기출

㉮ 선로 옆의 제방 등에 대한 흙막이공사 시행
㉯ 신호기를 가리거나 신호기를 보는데 지장을 주는 시설이나 설비 등의 철거
㉰ 선로나 정거장 주변의 주거환경에 대한 개선조치
㉱ 안전울타리나 안전통로 등 안전시설의 설치

법 제45조(철도보호지구에서의 행위제한 등) ③ 국토교통부장관 또는 시·도지사는 철도차량의 안전운행 및 철도 보호를 위하여 필요하다고 인정할 때에는 제1항 또는 제2항의 행위를 하는 자에게 그 행위의 금지 또는 제한을 명령하거나 대통령령으로 정하는 필요한 조치를 하도록 명령할 수 있다.

영 제49조(철도 보호를 위한 안전조치) 법 제45조 제3항에서 "대통령령으로 정하는 필요한 조치"란 다음 각 호의 어느 하나에 해당하는 조치를 말한다.
1. 공사로 인하여 약해질 우려가 있는 지반에 대한 보강대책 수립·시행
2. 선로 옆의 제방 등에 대한 흙막이공사 시행
3. 굴착공사에 사용되는 장비나 공법 등의 변경
4. 지하수나 지표수 처리대책의 수립·시행
5. 시설물의 구조 검토·보강
6. 먼지나 티끌 등이 발생하는 시설·설비나 장비를 운용하는 경우 방진막, 물을 뿌리는 설비 등 분진방지시설 설치
7. 신호기를 가리거나 신호기를 보는데 지장을 주는 시설이나 설비 등의 철거
8. 안전울타리나 안전통로 등 안전시설의 설치
9. 그 밖에 철도시설의 보호 또는 철도차량의 안전운행을 위하여 필요한 안전조치

정답 113. ㉰

114 국토교통부장관 또는 시·도지사가 철도차량의 안전운행 및 철도 보호를 위하여 필요하다고 인정할 경우 토지, 나무, 시설, 건축물, 그 밖의 공작물의 소유자나 점유자에게 명령할 수 있는 조치에 해당하지 않는 것은?

㉮ 시설 등이 시야에 장애를 주면 그 장애물을 제거할 것
㉯ 행위의 금지·제한 또는 조치 명령으로 인하여 손실을 입은 자가 있을 때 손실보상을 할 것
㉰ 시설 등이 붕괴하여 철도에 위해(危害)를 끼치거나 끼칠 우려가 있으면 그 위해를 제거하고 필요하면 방지시설을 할 것
㉱ 철도에 토사 등이 쌓이거나 쌓일 우려가 있으면 그 토사 등을 제거하거나 방지시설을 할 것

국토교통부장관 또는 시·도지사는 철도차량의 안전운행 및 철도 보호를 위하여 필요하다고 인정할 때에는 토지, 나무, 시설, 건축물, 그 밖의 공작물의 소유자나 점유자에게 다음 각 호의 조치를 하도록 명령할 수 있다(법 제45조 제4항).
1. 시설 등이 시야에 장애를 주면 그 장애물을 제거할 것
2. 시설 등이 붕괴하여 철도에 위해(危害)를 끼치거나 끼칠 우려가 있으면 그 위해를 제거하고 필요하면 방지시설을 할 것
3. 철도에 토사 등이 쌓이거나 쌓일 우려가 있으면 그 토사 등을 제거하거나 방지시설을 할 것

115 다음 중 여객의 열차에서의 금지행위에 해당하지 않는 것은?

㉮ 정당한 사유 없이 국토교통부령으로 정하는 여객출입 금지장소에 출입하는 행위
㉯ 흡연하는 행위
㉰ 철도종사자와 여객 등에게 성적(性的) 수치심을 일으키는 행위
㉱ 핸드폰 통화 중 목소리를 크게 하는 행위

여객은 여객열차에서 다음 각 호의 어느 하나에 해당하는 행위를 하여서는 아니 된다(법 제48조).
1. 정당한 사유 없이 국토교통부령으로 정하는 여객출입 금지장소에 출입하는 행위
2. 정당한 사유 없이 운행 중에 비상정지버튼을 누르거나 철도차량의 옆면에 있는 승강용 출입문을 여는 등 철도차량의 장치 또는 기구 등을 조작하는 행위
3. 여객열차 밖에 있는 사람을 위험하게 할 우려가 있는 물건을 여객열차 밖으로 던지는 행위
4. 흡연하는 행위
5. 철도종사자와 여객 등에게 성적(性的) 수치심을 일으키는 행위
6. 술을 마시거나 약물을 복용하고 다른 사람에게 위해를 주는 행위
7. 그 밖에 공중이나 여객에게 위해를 끼치는 행위로서 국토교통부령으로 정하는 행위

정답 114. ㉯ 115. ㉱

116 국토교통부령으로 정하는 폭발물 또는 인화성이 높은 물건 등을 쌓아 놓는 행위가 금지되는 구역에 해당하지 않는 것은?

㉮ 철도 교량
㉯ 철도 터널
㉰ 정거장 및 선로
㉱ 정거장 주변의 주택가

제48조 제4호에서 "국토교통부령으로 정하는 구역 또는 시설"이란 다음 각 호의 구역 또는 시설을 말한다(규칙 제81조).
1. 정거장 및 선로(정거장 또는 선로를 지지하는 구조물 및 그 주변지역을 포함)
2. 철도 역사
3. 철도 교량
4. 철도 터널

117 누구든지 궤도의 중심으로부터 양측으로 폭 몇 미터 이내의 장소에 철도차량의 안전 운행에 지장을 주는 물건을 방치하는 행위를 하여서는 아니 되는가?

㉮ 2미터
㉯ 3미터
㉰ 5미터
㉱ 10미터

누구든지 정당한 사유 없이 철도 보호 및 질서유지를 해치는 다음의 어느 하나에 해당하는 행위를 하여서는 아니 된다(법 제48조).
1. 철도시설 또는 철도차량을 파손하여 철도차량 운행에 위험을 발생하게 하는 행위
2. 철도차량을 향하여 돌이나 그 밖의 위험한 물건을 던져 철도차량 운행에 위험을 발생하게 하는 행위
3. 궤도의 중심으로부터 양측으로 폭 3미터 이내의 장소에 철도차량의 안전 운행에 지장을 주는 물건을 방치하는 행위
4. 철도교량 등 국토교통부령으로 정하는 시설 또는 구역에 국토교통부령으로 정하는 폭발물 또는 인화성이 높은 물건 등을 쌓아 놓는 행위
5. 선로(철도와 교차된 도로는 제외) 또는 국토교통부령으로 정하는 철도시설에 철도운영자등의 승낙 없이 출입하거나 통행하는 행위
6. 역시설 등 공중이 이용하는 철도시설 또는 철도차량에서 폭언 또는 고성방가 등 소란을 피우는 행위
7. 철도시설에 국토교통부령으로 정하는 유해물 또는 열차운행에 지장을 줄 수 있는 오물을 버리는 행위
8. 역시설 또는 철도차량에서 노숙(露宿)하는 행위
9. 열차운행 중에 타고 내리거나 정당한 사유 없이 승강용 출입문의 개폐를 방해하여 열차운행에 지장을 주는 행위
10. 정당한 사유 없이 열차 승강장의 비상정지버튼을 작동시켜 열차운행에 지장을 주는 행위
11. 그 밖에 철도시설 또는 철도차량에서 공중의 안전을 위하여 질서유지가 필요하다고 인정되어 국토교통부령으로 정하는 금지행위

118 철도종사자가 사람 또는 물건을 열차 밖이나 대통령령으로 정하는 지역 밖으로 퇴거시키거나 철거할 수 있는 경우에 해당하지 않는 것은?

㉮ 여객열차에서 위해물품을 휴대한 사람 및 그 위해물품
㉯ 운송 금지 위험물을 탁송하거나 운송하는 자 및 그 위험물
㉰ 철도종사자의 직무상 지시를 따르지 아니하거나 직무집행을 방해하는 사람
㉱ 술에 취한 사람

철도종사자는 다음의 어느 하나에 해당하는 사람 또는 물건을 열차 밖이나 대통령령으로 정하는 지역 밖으로 퇴거시키거나 철거할 수 있다(법 제50조).
1. 제42조를 위반하여 여객열차에서 위해물품을 휴대한 사람 및 그 위해물품
2. 제43조를 위반하여 운송 금지 위험물을 탁송하거나 운송하는 자 및 그 위험물
3. 제45조 제3항 또는 제4항에 따른 행위 금지·제한 또는 조치 명령에 따르지 아니하는 사람 및 그 물건
4. 제47조를 위반하여 금지행위를 한 사람 및 그 물건
5. 제48조를 위반하여 금지행위를 한 사람 및 그 물건
6. 제48조의2에 따른 보안검색에 따르지 아니한 사람
7. 제49조를 위반하여 철도종사자의 직무상 지시를 따르지 아니하거나 직무집행을 방해하는 사람

119 다음 보안검색장비의 성능인증 등에 관한 내용으로 틀린 것은?

㉮ 보안검색을 하는 경우에는 국토교통부장관으로부터 성능인증을 받은 보안검색장비를 사용하여야 한다.
㉯ 성능인증을 위한 기준·방법·절차 등 운영에 필요한 사항은 국토교통부령으로 정한다.
㉰ 교통안전공단은 성능인증을 받은 보안검색장비의 운영, 유지관리 등에 관한 기준을 정하여 고시하여야 한다.
㉱ 국토교통부장관은 성능인증을 받은 보안검색장비가 운영 중에 계속하여 성능을 유지하고 있는지를 확인하기 위하여 국토교통부령으로 정하는 바에 따라 정기적으로 또는 수시로 점검을 실시하여야 한다.

국토교통부장관은 성능인증을 받은 보안검색장비의 운영, 유지관리 등에 관한 기준을 정하여 고시하여야 한다(법 제48조의3 제3항).

120 국토교통부장관은 성능인증을 받은 보안검색장비가 인증을 취소할 수 있는 것이 아닌 것은?

㉮ 거짓으로 인증을 받은 경우
㉯ 부정한 방법으로 인증을 받은 경우
㉰ 보안검색장비가 성능인증 기준에 적합하지 아니하게 된 경우
㉱ 보안검색장비의 수량이 적은 경우

국토교통부장관은 성능인증을 받은 보안검색장비가 다음의 어느 하나에 해당하는 경우에는 그 인증을 취소할 수 있다. 다만, 1.에 해당하는 때에는 그 인증을 취소하여야 한다(법 제48조의3 제5항).
1. 거짓이나 그 밖의 부정한 방법으로 인증을 받은 경우
2. 보안검색장비가 성능인증 기준에 적합하지 아니하게 된 경우

121 보안검색장비 성능 시험기관의 지정 등에 관한 내용으로 틀린 것은?

㉮ 국토교통부장관은 성능인증을 위하여 보안검색장비의 성능을 평가하는 시험을 실시하는 기관을 지정할 수 있다.
㉯ 시험기관의 지정을 받으려는 법인이나 단체는 교통안전공단이 정하는 지정기준을 갖추어 국토교통부장관에게 지정신청을 하여야 한다.
㉰ 국토교통부장관은 시험기관으로 지정받은 법인이나 단체가 부정으로 지정받은 경우 지정을 취소하여야 한다.
㉱ 국토교통부장관은 인증업무의 전문성과 신뢰성을 확보하기 위하여 보안검색장비의 성능 인증 및 점검 업무를 대통령령으로 정하는 기관에 위탁할 수 있다.

시험기관의 지정을 받으려는 법인이나 단체는 국토교통부령으로 정하는 지정기준을 갖추어 국토교통부장관에게 지정신청을 하여야 한다(법 제48조의4 제2항).

122 국토교통부장관은 시험기관으로 지정받은 법인이나 단체에 대하여 그 지정을 취소하거나 1년 이내의 기간을 정하여 그 업무의 전부 또는 일부의 정지를 명할 수 있는 경우가 아닌 것은?

㉮ 거짓이나 그 밖의 부정한 방법을 사용하여 시험기관으로 지정을 받은 경우
㉯ 정당한 사유 없이 성능시험을 실시하지 아니한 경우
㉰ 시험기관 지정기준을 충족하지 못하게 된 경우
㉱ 성능시험 결과를 늦게 제출한 경우

정답 120. ㉱ 121. ㉯ 122. ㉱

국토교통부장관은 시험기관으로 지정받은 법인이나 단체가 다음의 어느 하나에 해당하는 경우에는 그 지정을 취소하거나 1년 이내의 기간을 정하여 그 업무의 전부 또는 일부의 정지를 명할 수 있다. 다만, 1. 또는 2.에 해당하는 때에는 그 지정을 취소하여야 한다(법 제48조의4 제3항).
1. 거짓이나 그 밖의 부정한 방법을 사용하여 시험기관으로 지정을 받은 경우
2. 업무정지 명령을 받은 후 그 업무정지 기간에 성능시험을 실시한 경우
3. 정당한 사유 없이 성능시험을 실시하지 아니한 경우
4. 기준·방법·절차 등을 위반하여 성능시험을 실시한 경우
5. 시험기관 지정기준을 충족하지 못하게 된 경우
6. 성능시험 결과를 거짓으로 조작하여 수행한 경우

123 다음 철도특별사법경찰관리의 직무장비가 아닌 것은?

㉮ 권총
㉯ 전자충격기
㉰ 경비봉
㉱ 포승

직무장비란 철도특별사법경찰관리가 휴대하여 범인검거와 피의자 호송 등의 직무수행에 사용하는 수갑, 포승, 가스분사기, 전자충격기, 경비봉을 말한다(법 제48조의5 제2항).

124 다음 중 국토교통부장관이 행하는 철도교통관제업무의 대상에서 제외되는 것이 아닌 것은?
2017 기출

㉮ 정상운행을 하기 전의 신설선에서 철도차량을 운행하는 경우
㉯ 정상운행을 시작한 후 개량선에서 철도차량을 운행하는 경우
㉰ 철도차량을 보수·정비하기 위한 차량정비기지에서 철도차량을 운행하는 경우
㉱ 철도차량을 보수·정비하기 위한 차량유치시설에서 철도차량을 운행하는 경우

다음의 어느 하나에 해당하는 경우에는 국토교통부장관이 행하는 철도교통관제업무의 대상에서 제외한다(규칙 제76조 제1항).
1. 정상운행을 하기 전의 신설선 또는 개량선에서 철도차량을 운행하는 경우
2. 「철도산업발전 기본법」 제3조 제2호 나목에 따른 철도차량을 보수·정비하기 위한 차량정비기지 및 차량유치시설에서 철도차량을 운행하는 경우

정답 123. ㉮ 124. ㉯

125 다음 중 국토교통부장관이 행하는 관제업무의 내용에 해당하지 않는 것은?

2017 기출

㉮ 철도승객 유치를 위한 홍보
㉯ 철도차량의 운행과 관련된 조언과 정보의 제공 업무
㉰ 철도차량의 운행에 대한 집중 제어·통제 및 감시
㉱ 철도사고등의 발생 시 사고복구업무

국토교통부장관이 행하는 관제업무의 내용은 다음과 같다(규칙 제76조 제2항).
1. 철도차량의 운행에 대한 집중 제어·통제 및 감시
2. 철도시설의 운용상태 등 철도차량의 운행과 관련된 조언과 정보의 제공 업무
3. 철도보호지구에서 법 제45조 제1항 각호의 어느 하나에 해당하는 행위를 할 경우 열차운행 통제 업무
4. 철도사고등의 발생 시 사고복구, 긴급구조·구호 지시 및 관계 기관에 대한 상황 보고·전파 업무
5. 그 밖에 국토교통부장관이 철도차량의 안전운행 등을 위하여 지시한 사항

126 철도운영자 등이 국토교통부장관에게 즉시 보고해야 할 철도사고에 해당되지 않는 것은?

2017 기출

㉮ 열차의 충돌이나 탈선사고
㉯ 철도차량이나 열차에서 화재가 발생하여 운행을 중지시킨 사고
㉰ 철도차량이나 열차의 운행과 관련하여 3명 이상 사상자가 발생한 사고
㉱ 철도차량이나 열차의 운행과 관련하여 3천만원 이상의 재산피해가 발생한 사고

법 제61조(철도사고등 의무보고) ① 철도운영자등은 사상자가 많은 사고 등 대통령령으로 정하는 철도사고등이 발생하였을 때에는 국토교통부령으로 정하는 바에 따라 즉시 국토교통부장관에게 보고하여야 한다.

영 제57조(국토교통부장관에게 즉시 보고하여야 하는 철도사고등) 법 제61조 제1항에서 "사상자가 많은 사고 등 대통령령으로 정하는 철도사고등"이란 다음 각 호의 어느 하나에 해당하는 사고를 말한다.
1. 열차의 충돌이나 탈선사고
2. 철도차량이나 열차에서 화재가 발생하여 운행을 중지시킨 사고
3. 철도차량이나 열차의 운행과 관련하여 3명 이상 사상자가 발생한 사고
4. 철도차량이나 열차의 운행과 관련하여 5천만원 이상의 재산피해가 발생한 사고

127 다음 중 철도운영자 등이 즉시 국토교통부장관에게 보고하여야 하는 철도사고 등에 해당하지 않는 것은?
2017 기출

㉮ 열차의 충돌이나 탈선사고
㉯ 철도차량이나 열차에서 화재가 발생하여 운행을 중지시킨 사고
㉰ 철도차량이나 열차의 운행과 관련하여 1명 이상 사상자가 발생한 사고
㉱ 철도차량이나 열차의 운행과 관련하여 5천만원 이상의 재산피해가 발생한 사고

128 다음 중 철도운영자가 열차운행을 일시 중지할 수 있는 경우가 아닌 것은?
2017 기출

㉮ 천재지변 또는 악천후로 인하여 재해가 발생한 경우
㉯ 천재지변 또는 악천후로 인하여 재해가 발생할 것으로 예상되는 경우
㉰ 열차운행에 중대한 장애가 발생하였거나 발생할 것으로 예상되는 경우
㉱ 열차이용자의 일시 중지요구가 있는 경우

법 제40조(열차운행의 일시 중지) 철도운영자는 다음 각 호의 어느 하나에 해당하는 경우로서 열차의 안전운행에 지장이 있다고 인정하는 경우에는 열차운행을 일시 중지할 수 있다.
1. 지진, 태풍, 폭우, 폭설 등 천재지변 또는 악천후로 인하여 재해가 발생하였거나 재해가 발생할 것으로 예상되는 경우
2. 그 밖에 열차운행에 중대한 장애가 발생하였거나 발생할 것으로 예상되는 경우

129 철도운행안전관리자의 배치기준, 방법 등에 관하여 필요한 사항을 규정하고 있는 것은?

㉮ 대통령령　　　　　　　　　　㉯ 국토교통부령
㉰ 교통안전공단 규정　　　　　　㉱ 철도공사 규정

철도운행안전관리자의 배치기준, 방법 등에 관하여 필요한 사항은 국토교통부령으로 정한다(법 제69조의2 제2항).

130 다음 철도안전 전문인력이 받아야 할 교육은?

㉮ 정기교육　　　　　　　　　　㉯ 수시교육
㉰ 임시교육　　　　　　　　　　㉱ 보수교육

철도안전 전문인력의 분야별 자격을 부여받은 사람은 직무 수행의 적정성 등을 유지할 수 있도록 정기적으로 교육을 받아야 한다(법 제69조의3 제1항).

정답　127. ㉰　128. ㉱　129. ㉯　130. ㉮

131 다음 철도운행안전관리자 자격을 취소하여야 하는 때가 아닌 것은?

㉮ 거짓이나 그 밖의 부정한 방법으로 철도운행안전관리자 자격을 받았을 때
㉯ 철도운행안전관리자 자격의 효력정지기간 중에 철도운행안전관리자 업무를 수행하였을 때
㉰ 철도운행안전관리자 자격을 다른 사람에게 대여하였을 때
㉱ 술을 마시거나 약물을 사용한 상태에서 철도운행안전관리자 업무를 하였을 때

제69조의5(철도안전 전문인력 분야별 자격의 취소·정지) ① 국토교통부장관은 철도운행안전관리자가 다음 각 호의 어느 하나에 해당할 때에는 철도운행안전관리자 자격을 취소하거나 1년 이내의 기간을 정하여 철도운행안전관리자 자격을 정지시킬 수 있다. 다만, 제1호부터 제3호까지의 규정에 해당할 때에는 철도운행안전관리자 자격을 취소하여야 한다.
1. 거짓이나 그 밖의 부정한 방법으로 철도운행안전관리자 자격을 받았을 때
2. 철도운행안전관리자 자격의 효력정지기간 중에 철도운행안전관리자 업무를 수행하였을 때
3. 제69조의4를 위반하여 철도운행안전관리자 자격을 다른 사람에게 빌려주었을 때
4. 철도운행안전관리자의 업무 수행 중 고의 또는 중과실로 인한 철도사고가 일어났을 때
5. 제41조 제1항을 위반하여 술을 마시거나 약물을 사용한 상태에서 철도운행안전관리자 업무를 하였을 때
6. 제41조 제2항을 위반하여 술을 마시거나 약물을 사용한 상태에서 업무를 하였다고 인정할 만한 상당한 이유가 있음에도 불구하고 국토교통부장관 또는 시·도지사의 확인 또는 검사를 거부하였을 때
② 국토교통부장관은 철도안전전문기술자가 제69조의4를 위반하여 철도안전전문기술자 자격을 다른 사람에게 빌려주었을 때에는 그 자격을 취소하여야 한다.
③ 제1항에 따른 철도운행안전관리자 자격의 취소 또는 효력정지의 기준 및 절차 등에 관하여는 제20조 제2항부터 제6항까지를 준용한다. 이 경우 "운전면허"는 "철도운행안전관리자 자격"으로, "운전면허증"은 "철도운행안전관리자 자격증명서"로 본다.

132 다음 중 철도안전전문기술자에 해당하지 않는 자는?

㉮ 철도운행안전관리자
㉯ 전기철도 분야 철도안전전문기술자
㉰ 철도신호 분야 철도안전전문기술자
㉱ 철도궤도 분야 철도안전전문기술자

※ **철도안전 전문인력의 구분**
1. 철도운행안전관리자
2. 철도안전전문기술자
  가. 전기철도 분야 철도안전전문기술자
  나. 철도신호 분야 철도안전전문기술자
  다. 철도궤도 분야 철도안전전문기술자

133 다음 중 정부가 재정적 지원을 할 수 있는 단체에 속하지 않는 것은?

㉮ 철도승객의 권익보호단체 ㉯ 운전적성검사기관
㉰ 철도안전에 관한 단체 ㉱ 운전교육훈련기관

정부는 다음의 기관 또는 단체에 보조 등 재정적 지원을 할 수 있다(법 제72조).
1. 운전적성검사기관 또는 관제적성검사기관
2. 운전교육훈련기관 또는 관제교육훈련기관
3. 인증기관, 시험기관, 안전전문기관 및 철도안전에 관한 단체
4. 업무를 위탁받은 기관 또는 단체

134 국토교통부장관이 처분을 하는 경우 반드시 청문을 하여야 하는 경우에 해당하지 않는 것은?

㉮ 운전적성검사기관의 지정취소 ㉯ 품질인증의 취소
㉰ 운전면허의 취소 및 효력정지 ㉱ 제작자승인의 취소

제75조(청문) 국토교통부장관은 다음 각 호의 어느 하나에 해당하는 처분을 하는 경우에는 청문을 하여야 한다.
1. 제9조 제1항에 따른 안전관리체계의 승인 취소
2. 제15조의2에 따른 운전적성검사기관의 지정취소
4. 제20조 제1항에 따른 운전면허의 취소 및 효력정지
4의2. 제21조의11 제1항에 따른 관제자격증명의 취소 또는 효력정지
4의3. 제24조의5 제1항에 따른 철도차량정비기술자의 인정 취소
5. 제26조의2 제1항(제27조제 4항에서 준용하는 경우를 포함한다)에 따른 형식승인의 취소
6. 제26조의7(제27조의2 제4항에서 준용하는 경우를 포함한다)에 따른 제작자승인의 취소
7. 제38조의10 제1항에 따른 인증정비조직의 인증 취소
8. 제38조의13 제3항에 따른 정밀안전진단기관의 지정 취소
9. 제48조의4 제3항에 따른 시험기관의 지정 취소
10. 제69조의5 제1항에 따른 철도운행안전관리자의 자격 취소
11. 제69조의5 제2항에 따른 철도안전전문기술자의 자격 취소

135 사람이 탑승하여 운행 중인 철도차량을 탈선 또는 충돌하게 하거나 파괴한 사람에 대한 벌칙은?

㉮ 무기징역 또는 5년 이상의 징역
㉯ 5년 이하의 징역 또는 5천만원 이하의 벌금
㉰ 3년 이하의 징역 또는 3천만원 이하의 벌금
㉱ 1년 이하의 징역 또는 1천만원 이하의 벌금

무기징역 또는 5년 이상의 징역(법 제78조 제1항)
1. 사람이 탑승하여 운행 중인 철도차량에 불을 놓아 소훼(燒燬)한 사람
2. 사람이 탑승하여 운행 중인 철도차량을 탈선 또는 충돌하게 하거나 파괴한 사람

136 폭행이나 협박으로 철도업무종사자의 업무를 방해한 자의 처벌의 정도로 바른 것은? 2017 기출

㉮ 1년 이하의 징역 또는 1천만원 이하의 벌금
㉯ 2년 이하의 징역 또는 2천만원 이하의 벌금
㉰ 3년 이하의 징역 또는 3천만원 이하의 벌금
㉱ 5년 이하의 징역 또는 5천만원 이하의 벌금

법 제79조(벌칙) ① 제49조 제2항을 위반하여 폭행·협박으로 철도종사자의 직무집행을 방해한 자는 5년 이하의 징역 또는 5천만원 이하의 벌금에 처한다.

137 다음 중 3년 이하의 징역 또는 3천만원 이하의 벌금에 처하는 경우에 해당하지 않는 것은?

㉮ 안전관리체계의 승인을 받지 아니하고 철도운영을 하거나 철도시설을 관리한 자
㉯ 술을 마시거나 약물을 사용한 상태에서 업무를 한 사람
㉰ 탁송 및 운송 금지 위험물을 탁송하거나 운송한 자
㉱ 거짓이나 그 밖의 부정한 방법으로 안전관리체계의 승인을 받은 자

거짓이나 그 밖의 부정한 방법으로 안전관리체계의 승인을 받은 자는 2년 이하의 징역 또는 2천만 원 이하의 벌금에 처한다(법 제79조 제3항).

138 다음 중 500만 원 이하의 벌금에 처하는 경우에 해당하는 사람은?

㉮ 술을 마시거나 약물을 복용하고 다른 사람에게 위해를 주는 행위를 한 사람
㉯ 철도종사자와 여객 등에게 성적(性的) 수치심을 일으키는 행위를 한 사람
㉰ 형식승인을 받지 아니한 철도용품을 철도시설 또는 철도차량 등에 사용한 사람
㉱ 완성검사를 받지 아니하고 철도차량을 판매한 사람

철도종사자와 여객 등에게 성적(性的) 수치심을 일으키는 행위를 한 자는 500만원 이하의 벌금에 처한다(법 제79조 제5항).

정답 136. ㉱ 137. ㉱ 138. ㉯

제3장 철도산업발전기본법

제1절 총 칙

1. 법의 연혁과 목적

(1) 연 혁

1) 제 정

국가나 사회적으로 중요성이 부각되고 있는 철도산업의 육성과 발전을 촉진하기 위하여 철도산업발전기본계획의 수립, 철도시설의 투자확대, 전문인력의 양성 등 제도적 지원 장치를 마련하는 한편, 철도산업의 경쟁력을 강화하고 공공성을 확보하기 위하여 철도시설부문은 국가의 투자책임 하에 국가철도공단에서 건설·관리하고, 철도운영부문은 한국철도공사에서 운영·관리하도록 구조개혁의 기본틀을 마련하려는 의도에서 법률 제6955호로서 2003년 7월 29일에 제정하고 2003년 10월 30일자로 시행하게 되었다.

2) 일부개정

현재까지 8차에 걸쳐서 개정되었으며 4차와 8차 개정을 제외하고는 전부 타법의 개정으로 인한 개정이었다.

(2) 목 적

동법은 철도산업의 경쟁력을 높이고 발전기반을 조성함으로써 철도산업의 효율성 및 공익성의 향상과 국민경제의 발전에 이바지함을 목적으로 한다(법 제1조).

2. 적용범위

동법은 다음에 해당하는 철도에 대하여 적용한다. 다만, 제2장(철도산업 발전기반의 조성)의 규정은 모든 철도에 대하여 적용한다(법 제2조).

① 국가 및 한국고속철도건설공단법에 의하여 설립된 한국고속철도건설공단이 소유·건설·운영 또는 관리하는 철도
② 국가철도공단 및 한국철도공사가 소유·건설·운영 또는 관리하는 철도

3. 용어의 정의(법 제3조)

용 어	정 의
철 도	여객 또는 화물을 운송하는 데 필요한 철도시설과 철도차량 및 이와 관련된 운영·지원체계가 유기적으로 구성된 운송체계
철도시설	다음에 해당하는 시설(부지를 포함)을 말한다. 가. 철도의 선로(선로에 부대되는 시설을 포함한다), 역시설(물류시설·환승시설 및 편의시설 등을 포함한다) 및 철도운영을 위한 건축물·건축설비 나. 선로 및 철도차량을 보수·정비하기 위한 선로보수기지, 차량정비기지 및 차량유치시설 다. 철도의 전철전력설비, 정보통신설비, 신호 및 열차제어설비 라. 철도노선간 또는 다른 교통수단과의 연계운영에 필요한 시설 마. 철도기술의 개발·시험 및 연구를 위한 시설 바. 철도경영연수 및 철도전문인력의 교육훈련을 위한 시설 사. 그 밖에 철도의 건설·유지보수 및 운영을 위한 시설로서 대통령령으로 정하는 시설
철도운영	철도와 관련된 다음에 해당하는 것을 말한다. 가. 철도 여객 및 화물 운송 나. 철도차량의 정비 및 열차의 운행관리 다. 철도시설·철도차량 및 철도부지 등을 활용한 부대사업개발 및 서비스
철도차량	선로를 운행할 목적으로 제작된 동력차·객차·화차 및 특수차
선 로	철도차량을 운행하기 위한 궤도와 이를 받치는 노반 또는 공작물로 구성된 시설
철도시설의 건설	철도시설의 신설과 기존 철도시설의 직선화·전철화·복선화 및 현대화 등 철도시설의 성능 및 기능향상을 위한 철도시설의 개량을 포함한 활동
철도시설의 유지보수	기존 철도시설의 현상유지 및 성능향상을 위한 점검·보수·교체·개량 등 일상적인 활동
철도산업	철도운송·철도시설·철도차량 관련산업과 철도기술개발관련산업 그 밖에 철도의 개발·이용·관리와 관련된 산업
철도시설 관리자	철도시설의 건설 및 관리 등에 관한 업무를 수행하는 자로서 다음에 해당하는 자를 말한다. 가. 관리청 나. 국가철도공단 다. 철도시설관리권을 설정받은 자 라. 가목 내지 다목의 자로부터 철도시설의 관리를 대행·위임 또는 위탁받은 자
철도운영자	한국철도공사 등 철도운영에 관한 업무를 수행하는 자
공익서비스	철도운영자가 영리목적의 영업활동과 관계없이 국가 또는 지방자치단체의 정책이나 공공목적 등을 위하여 제공하는 철도서비스

(1) 철도시설

대통령령이 정하는 시설

1. 철도의 건설 및 유지보수에 필요한 자재를 가공·조립·운반 또는 보관하기 위하여 당해 사업기간중에 사용되는 시설
2. 철도의 건설 및 유지보수를 위한 공사에 사용되는 진입도로·주차장·야적장·토석채취장 및 사토장과 그 설치 또는 운영에 필요한 시설
3. 철도의 건설 및 유지보수를 위하여 당해 사업기간중에 사용되는 장비와 그 정비·점검 또는 수리를 위한 시설
4. 그 밖에 철도안전관련시설·안내시설 등 철도의 건설·유지보수 및 운영을 위하여 필요한 시설로서 국토교통부장관이 정하는 시설

(영 제2조)

제2절 철도산업 발전기반의 조성

1. 철도산업시책의 기본방향

① 국가는 철도산업시책을 수립하여 시행함에 있어서 효율성과 공익적 기능을 고려하여야 한다(법 제4조 제1항).
② 국가는 에너지이용의 효율성, 환경친화성 및 수송효율성이 높은 철도의 역할이 국가의 건전한 발전과 국민의 교통편익 증진을 위하여 필수적인 요소임을 인식하여 적정한 철도수송분담의 목표를 설정하여 유지하고 이를 위한 철도시설을 확보하는 등 철도산업발전을 위한 여러 시책을 마련하여야 한다(법 제4조 제2항).
③ 국가는 철도산업시책과 철도투자·안전 등 관련 시책을 효율적으로 추진하기 위하여 필요한 조직과 인원을 확보하여야 한다(법 제4조 제3항).

2. 철도산업위원회

(1) 설치목적·소속(법 제6조 제1항)

설치목적	철도산업에 관한 기본계획 및 중요정책 등을 심의·조정하기 위하여
소 속	국토교통부

(2) 구 성(영 제6,7,8,9조)

① 위원회는 위원장을 포함한 25인 이내의 위원으로 구성하며 위원장은 국토교통부장관

이 된다.
② 위원회의 위원은 다음의 자가 되며, 임기는 2년으로 하되, 연임할 수 있다.
　㉠ 기획재정부차관·교육부차관·과학기술정보통신부차관·행정안전부차관·산업통상자원부차관·고용노동부차관·국토교통부차관·해양수산부차관 및 공정거래위원회부위원장
　㉡ 국가철도공단의 이사장
　㉢ 한국철도공사의 사장
　㉣ 철도산업에 관한 전문성과 경험이 풍부한 자 중에서 위원회의 위원장이 위촉하는 자
③ 위원회의 위원장은 위원회의 회의를 소집하고, 그 의장이 되며, 위원회의 회의는 재적위원 과반수의 출석과 출석위원 과반수의 찬성으로 의결한다.
④ 위원회에 간사 1인을 두되, 간사는 국토교통부장관이 국토교통부소속공무원 중에서 지명한다.
⑤ 위원회에 상정할 안건을 미리 검토하고 위원회가 위임한 안건을 심의하기 위하여 위원회에 분과위원회를 둔다.
⑥ 위원회의 위원장의 직무
　㉠ 위원회의 위원장은 위원회를 대표하며, 위원회의 업무를 총괄한다.
　㉡ 위원회의 위원장이 부득이한 사유로 직무를 수행할 수 없는 때에는 위원회의 위원장이 미리 지명한 위원이 그 직무를 대행한다.

(3) 심의·조정사항(법 제6조 제2항)
① 철도산업의 육성·발전에 관한 중요정책 사항
② 철도산업구조개혁에 관한 중요정책 사항
③ 철도시설의 건설 및 관리 등 철도시설에 관한 중요정책 사항
④ 철도안전과 철도운영에 관한 중요정책 사항
⑤ 철도시설관리자와 철도운영자간 상호협력 및 조정에 관한 사항
⑥ 이 법 또는 다른 법률에서 위원회의 심의를 거치도록 한 사항
⑦ 그 밖에 철도산업에 관한 중요한 사항으로서 위원장이 부의하는 사항

(4) 위원의 해촉
위원회의 위원장은 제6조 제2항 제4호에 따른 위원이 다음 각 호의 어느 하나에 해당하는 경우에는 해당 위원을 해촉(解囑)할 수 있다(제6조의2).
1. 심신장애로 인하여 직무를 수행할 수 없게 된 경우
2. 직무와 관련된 비위사실이 있는 경우
3. 직무태만, 품위손상이나 그 밖의 사유로 인하여 위원으로 적합하지 아니하다고 인정

되는 경우
4. 위원 스스로 직무를 수행하는 것이 곤란하다고 의사를 밝히는 경우

(5) 실무위원회(영 제10조)

① 실무위원회의 구성 등
  ㉠ 위원회의 심의·조정사항과 위원회에서 위임한 사항의 실무적인 검토를 위하여 위원회에 실무위원회를 둔다.
  ㉡ 실무위원회는 위원장을 포함한 20인 이내의 위원으로 구성한다.
  ㉢ 실무위원회의 위원장은 국토교통부장관이 국토교통부의 3급 공무원 또는 고위공무원단에 속하는 일반직공무원 중에서 지명한다.
② 실무위원회의 위원은 다음 각 호의 자가 된다.
  1. 기획재정부·교육부·과학기술정보통신부·행정안전부·산업통상자원부·고용노동부·국토교통부·해양수산부 및 공정거래위원회의 3급 공무원, 4급 공무원 또는 고위공무원단에 속하는 일반직공무원 중 그 소속기관의 장이 지명하는 자 각 1인
  2. 국가철도공단의 임직원 중 국가철도공단이사장이 지명하는 자 1인
  3. 한국철도공사의 임직원 중 한국철도공사사장이 지명하는 자 1인
  4. 철도산업에 관한 전문성과 경험이 풍부한 자중에서 실무위원회의 위원장이 위촉하는 자
③ 제4항 제4호의 규정에 의한 위원의 임기는 2년으로 하되, 연임할 수 있다.
④ 실무위원회에 간사 1인을 두되, 간사는 국토교통부장관이 국토교통부소속 공무원중에서 지명한다.
⑤ 제8조의 규정은 실무위원회의 회의에 관하여 이를 준용한다.

(6) 실무위원회 위원의 해촉 등(제10조의2)

① 제10조 제4항 제1호부터 제3호까지의 규정에 따라 위원을 지명한 자는 위원이 다음 각 호의 어느 하나에 해당하는 경우에는 그 지명을 철회할 수 있다.
  1. 심신장애로 인하여 직무를 수행할 수 없게 된 경우
  2. 직무와 관련된 비위사실이 있는 경우
  3. 직무태만, 품위손상이나 그 밖의 사유로 인하여 위원으로 적합하지 아니하다고 인정되는 경우
  4. 위원 스스로 직무를 수행하는 것이 곤란하다고 의사를 밝히는 경우
② 실무위원회의 위원장은 제10조 제4항 제4호에 따른 위원이 제1항 각 호의 어느 하나에 해당하는 경우에는 해당 위원을 해촉할 수 있다.

(6) 철도산업구조개혁기획단(영 제11조)

① 위원회의 활동을 지원하고 철도산업의 구조개혁 그 밖에 철도정책과 관련되는 다음 각호의 업무를 지원·수행하기 위하여 국토교통부장관소속하에 철도산업구조개혁기획단(이하 "기획단"이라 한다)을 둔다.
　1. 철도산업구조개혁기본계획 및 분야별 세부추진계획의 수립
　2. 철도산업구조개혁과 관련된 철도의 건설·운영주체의 정비
　3. 철도산업구조개혁과 관련된 인력조정·재원확보대책의 수립
　4. 철도산업구조개혁과 관련된 법령의 정비
　5. 철도산업구조개혁추진에 따른 철도운임·철도시설사용료·철도수송시장 등에 관한 철도산업정책의 수립
　6. 철도산업구조개혁추진에 따른 공익서비스비용의 보상, 세제·금융지원 등 정부지원정책의 수립
　7. 철도산업구조개혁추진에 따른 철도시설건설계획 및 투자재원조달대책의 수립
　8. 철도산업구조개혁추진에 따른 전기·신호·차량 등에 관한 철도기술개발정책의 수립
　9. 철도산업구조개혁추진에 따른 철도안전기준의 정비 및 안전정책의 수립
　10. 철도산업구조개혁추진에 따른 남북철도망 및 국제철도망 구축정책의 수립
　11. 철도산업구조개혁에 관한 대외협상 및 홍보
　12. 철도산업구조개혁추진에 따른 각종 철도의 연계 및 조정
　13. 그 밖에 철도산업구조개혁과 관련된 철도정책 전반에 관하여 필요한 업무
② 기획단은 단장 1인과 단원으로 구성한다.
③ 기획단의 단장은 국토교통부장관이 국토교통부의 3급 공무원 또는 고위공무원단에 속하는 일반직공무원 중에서 임명한다.
④ 국토교통부장관은 기획단의 업무수행을 위하여 필요하다고 인정하는 때에는 관계 행정기관, 한국철도공사 등 관련 공사, 국가철도공단 등 특별법에 의하여 설립된 공단 또는 관련 연구기관에 대하여 소속 공무원·임직원 또는 연구원을 기획단으로 파견하여 줄 것을 요청할 수 있다.
⑤ 기획단의 조직 및 운영에 관하여 필요한 세부적인 사항은 국토교통부장관이 정한다.

3. 철도산업발전기본계획의 수립

(1) 수립목적·수립의무자·수립시기(법 제5조 제1항)

수립목적	철도산업의 육성과 발전을 촉진하기 위하여
수립의무자	국토교통부장관
수립시기	5년 단위

(2) 내용

① 철도수송분담의 목표
② 철도안전 및 철도서비스에 관한 사항
③ 다른 교통수단과의 연계수송에 관한 사항
④ 철도산업의 국제협력 및 해외시장 진출에 관한 사항
⑤ 철도산업시책의 추진체계
⑥ 그 밖에 철도산업의 육성 및 발전에 관한 사항으로서 국토교통부장관이 필요하다고 인정하는 사항

(3) 포함되어야 할 사항(법 제5조 제2항)

① 철도산업 육성시책의 기본방향에 관한 사항
② 철도산업의 여건 및 동향전망에 관한 사항
③ 철도시설의 투자·건설·유지보수 및 이를 위한 재원확보에 관한 사항
④ 각종 철도간의 연계수송 및 사업조정에 관한 사항
⑤ 철도운영체계의 개선에 관한 사항
⑥ 철도산업 전문인력의 양성에 관한 사항
⑦ 철도기술의 개발 및 활용에 관한 사항
그 밖에 철도산업의 육성 및 발전에 관한 사항으로서 대통령령으로 정하는 사항

(4) 수립절차

1) 심의·협의

① 국토교통부장관은 철도산업의 육성과 발전을 촉진하기 위하여 5년 단위로 철도산업발전기본계획(이하 "기본계획"이라 한다)을 수립하여 시행하여야 한다.
② 기본계획에는 다음 각 호의 사항이 포함되어야 한다.
   1. 철도산업 육성시책의 기본방향에 관한 사항
   2. 철도산업의 여건 및 동향전망에 관한 사항
   3. 철도시설의 투자·건설·유지보수 및 이를 위한 재원확보에 관한 사항
   4. 각종 철도간의 연계수송 및 사업조정에 관한 사항
   5. 철도운영체계의 개선에 관한 사항
   6. 철도산업 전문인력의 양성에 관한 사항
   7. 철도기술의 개발 및 활용에 관한 사항
   8. 그 밖에 철도산업의 육성 및 발전에 관한 사항으로서 대통령령으로 정하는 사항

③ 기본계획은 「국가통합교통체계효율화법」 제4조에 따른 국가기간교통망계획, 같은 법 제6조에 따른 중기 교통시설투자계획 및 「국토교통과학기술 육성법」 제4조에 따른 국토교통과학기술 연구개발 종합계획과 조화를 이루도록 하여야 한다.
④ 국토교통부장관은 기본계획을 수립하고자 하는 때에는 미리 기본계획과 관련이 있는 행정기관의 장과 협의한 후 제6조에 따른 철도산업위원회의 심의를 거쳐야 한다. 수립된 기본계획을 변경(대통령령으로 정하는 경미한 변경은 제외한다)하고자 하는 때에도 또한 같다.
⑤ 국토교통부장관은 제4항에 따라 기본계획을 수립 또는 변경한 때에는 이를 관보에 고시하여야 한다.
⑥ 관계행정기관의 장은 수립·고시된 기본계획에 따라 연도별 시행계획을 수립·추진하고, 해당 연도의 계획 및 전년도의 추진실적을 국토교통부장관에게 제출하여야 한다.
⑦ 제6항에 따른 연도별 시행계획의 수립 및 시행절차에 관하여 필요한 사항은 대통령령으로 정한다.

2) 관계행정기관의 장의 제출의무

관계행정기관의 장은 수립·고시된 기본계획에 따라 연도별 시행계획을 수립·추진하고, 당해 연도의 계획 및 전년도의 추진실적을 국토교통부장관에게 제출하여야 한다(법 제5조 제6항).

3) 관계행정기관 등에의 협조요청 등

위원회 및 실무위원회는 그 업무를 수행하기 위하여 필요한 때에는 관계행정기관 또는 단체 등에 대하여 자료 또는 의견의 제출 등의 협조를 요청하거나 관계공무원 또는 관계전문가 등을 위원회 및 실무위원회에 참석하게 하여 의견을 들을 수 있다.

4) 수당 등(영 제13조)

위원회와 실무위원회의 위원 중 공무원이 아닌 위원 및 위원회와 실무위원회에 출석하는 관계전문가에 대하여는 예산의 범위 안에서 수당·여비 그 밖의 필요한 경비를 지급할 수 있다.

5) 운영세칙(영 제14조)

이 영에서 규정한 사항 외에 위원회 및 실무위원회의 운영에 관하여 필요한 사항은 위원회의 의결을 거쳐 위원회의 위원장이 정한다.

4. 철도산업의 육성

(1) 국가의 의무

　1) 철도시설 투자의 확대

　　① 국가는 철도시설 투자를 추진함에 있어 사회적·환경적 편익을 고려하여야 한다(법 제7조 제1항).
　　② 국가는 각종 국가계획에 철도시설 투자의 목표치와 투자계획을 반영하여야 하며, 매년 교통시설 투자예산에서 철도시설 투자예산의 비율이 지속적으로 높아지도록 노력하여야 한다(법 제7조 제2항).

　2) 철도산업의 지원(영 제8조)

　　국가 및 지방자치단체는 철도산업의 육성·발전을 촉진하기 위하여 철도산업에 대한 재정·금융·세제·행정상의 지원을 할 수 있다.

　3) 철도산업전문인력의 교육·훈련 등(영 제9조)

　　① 국토교통부장관은 철도산업에 종사하는 자의 자질향상과 새로운 철도기술 및 그 운영기법의 향상을 위한 교육·훈련방안을 마련하여야 한다.
　　② 국토교통부장관은 국토교통부령으로 정하는 바에 의하여 철도산업전문연수기관과 협약을 체결하여 철도산업에 종사하는 자의 교육·훈련프로그램에 대한 행정적·재정적 지원 등을 할 수 있다.
　　③ 제2항에 따른 철도산업전문연수기관은 매년 전문인력수요조사를 실시하고 그 결과와 전문인력의 수급에 관한 의견을 국토교통부장관에게 제출할 수 있다.
　　④ 국토교통부장관은 새로운 철도기술과 운영기법의 향상을 위하여 특히 필요하다고 인정하는 때에는 정부투자기관·정부출연기관 또는 정부가 출자한 회사 등으로 하여금 새로운 철도기술과 운영기법의 연구·개발에 투자하도록 권고할 수 있다.

　4) 철도산업교육과정의 확대 등(영 제10조)

　　① 국토교통부장관은 철도산업전문인력의 수급의 변화에 따라 철도산업교육과정의 확대 등 필요한 조치를 관계중앙행정기관의 장에게 요청할 수 있다.
　　② 국가는 철도산업종사자의 자격제도를 다양화하고 질적 수준을 유지·발전시키기 위하여 필요한 시책을 수립·시행하여야 한다.
　　③ 국토교통부장관은 철도산업 전문인력의 원활한 수급 및 철도산업의 발전을 위하여 특성화된 대학 등 교육기관을 운영·지원할 수 있다.

5) 철도기술의 진흥 등(영 제11조)

① 국토교통부장관은 철도기술의 진흥 및 육성을 위하여 철도기술전반에 대한 연구 및 개발에 노력하여야 한다.
② 국토교통부장관은 제1항에 따른 연구 및 개발을 촉진하기 위하여 이를 전문으로 연구하는 기관 또는 단체를 지도・육성하여야 한다.
③ 국가는 철도기술의 진흥을 위하여 철도시험・연구개발시설 및 부지 등 국유재산을 과학기술분야정부출연연구기관등의설립・운영및육성에관한법률에 의한 한국철도기술연구원에 무상으로 대부・양여하거나 사용・수익하게 할 수 있다.

6) 철도산업의 정보화 촉진(영 제12조)

① 국토교통부장관은 철도산업에 관한 정보를 효율적으로 처리하고 원활하게 유통하기 위하여 대통령령으로 정하는 바에 의하여 철도산업정보화기본계획을 수립・시행하여야 한다.
② 국토교통부장관은 철도산업에 관한 정보를 효율적으로 수집・관리 및 제공하기 위하여 대통령령으로 정하는 바에 의하여 철도산업정보센터를 설치・운영하거나 철도산업에 관한 정보를 수집・관리 또는 제공하는 자 등에게 필요한 지원을 할 수 있다.

7) 국제협력 및 해외진출 촉진(영 제13조)

① 국토교통부장관은 철도산업에 관한 국제적 동향을 파악하고 국제협력을 촉진하여야 한다.
② 국가는 철도산업의 국제협력 및 해외시장 진출을 추진하기 위하여 다음 각 호의 사업을 지원할 수 있다.
　1. 철도산업과 관련된 기술 및 인력의 국제교류
　2. 철도산업의 국제표준화와 국제공동연구개발
　3. 그 밖에 국토교통부장관이 철도산업의 국제협력 및 해외시장 진출을 촉진하기 위하여 필요하다고 인정하는 사업

8) 철도산업정보화기본계획의 내용 등(영 제15조)

① 법 제12조 제1항의 규정에 의한 철도산업정보화기본계획에는 다음 각 호의 사항이 포함되어야 한다.
　1. 철도산업정보화의 여건 및 전망
　2. 철도산업정보화의 목표 및 단계별 추진계획
　3. 철도산업정보화에 필요한 비용
　4. 철도산업정보의 수집 및 조사계획
　5. 철도산업정보의 유통 및 이용활성화에 관한 사항

6. 철도산업정보화와 관련된 기술개발의 지원에 관한 사항
7. 그 밖에 국토교통부장관이 필요하다고 인정하는 사항
② 국토교통부장관은 법 제12조 제1항의 규정에 의하여 철도산업정보화기본계획을 수립 또는 변경하고자 하는 때에는 위원회의 심의를 거쳐야 한다.

9) 철도산업정보센터의 업무 등(영 제16조)
① 법 제12조 제2항의 규정에 의한 철도산업정보센터는 다음 각 호의 업무를 행한다.
　1. 철도산업정보의 수집·분석·보급 및 홍보
　2. 철도산업의 국제동향 파악 및 국제협력사업의 지원
② 국토교통부장관은 법 제12조 제2항의 규정에 의하여 철도산업에 관한 정보를 수집·관리 또는 제공하는 자에게 예산의 범위 안에서 운영에 소요되는 비용을 지원할 수 있다

10) 협회의 설립(영 제13조의2)
① 철도산업에 관련된 기업, 기관 및 단체와 이에 관한 업무에 종사하는 자는 철도산업의 건전한 발전과 해외진출을 도모하기 위하여 철도협회(이하 "협회"라 한다)를 설립할 수 있다.
② 협회는 법인으로 한다.
③ 협회는 국토교통부장관의 인가를 받아 주된 사무소의 소재지에 설립등기를 함으로써 성립한다.
④ 협회는 철도 분야에 관한 다음 각 호의 업무를 한다.
　1. 정책 및 기술개발의 지원
　2. 정보의 관리 및 공동활용 지원
　3. 전문인력의 양성 지원
　4. 해외철도 진출을 위한 현지조사 및 지원
　5. 조사·연구 및 간행물의 발간
　6. 국가 또는 지방자치단체 위탁사업
　7. 그 밖에 정관으로 정하는 업무
⑤ 국가, 지방자치단체 및 「공공기관의 운영에 관한 법률」에 따른 철도 분야 공공기관은 협회에 위탁한 업무의 수행에 필요한 비용의 전부 또는 일부를 예산의 범위에서 지원할 수 있다.
⑥ 협회의 정관은 국토교통부장관의 인가를 받아야 하며, 정관의 기재사항과 협회의 운영 등에 필요한 사항은 대통령령으로 정한다.
⑦ 협회에 관하여 이 법에 규정한 것 외에는 「민법」 중 사단법인에 관한 규정을 준용한다.

제3절 철도안전 및 이용자 보호

1. 철도안전

① 국가는 국민의 생명·신체 및 재산을 보호하기 위하여 철도안전에 필요한 법적·제도적 장치를 마련하고 이에 필요한 재원을 확보하도록 노력하여야 한다(법 제14조 제1항).
② 철도시설관리자는 그 시설을 설치 또는 관리함에 있어서 법령이 정하는 바에 따라 당해 시설의 안전한 상태를 유지하고, 당해 시설과 이를 이용하려는 철도차량간의 종합적인 성능검증 및 안전상태 점검 등 안전확보에 필요한 조치를 하여야 한다(법 제14조 제2항).
③ 철도운영자 또는 철도차량 및 장비 등의 제조업자는 법령이 정하는 바에 따라 철도의 안전한 운행 또는 그 제조하는 철도차량 및 장비 등의 구조·설비 및 장치의 안전성을 확보하고 이의 향상을 위하여 노력하여야 한다(법 제14조 제3항).
④ 국가는 객관적이고 공정한 철도사고조사를 추진하기 위한 전담기구와 전문인력을 확보하여야 한다(법 제14조 제4항).

2. 철도서비스의 품질개선 등

① 철도운영자는 그가 제공하는 철도서비스의 품질을 개선하기 위하여 노력하여야 한다(법 제15조 제1항).
② 국토교통부장관은 철도서비스의 품질을 개선하고 이용자의 편익을 높이기 위하여 철도서비스의 품질을 평가하여 시책에 반영하여야 한다(법 제15조 제2항).
③ 국토교통부장관은 철도서비스의 품질평가를 2년마다 실시한다. 다만, 필요한 경우에는 품질평가일 2주전까지 철도운영자에게 품질평가계획을 통보한 후 수시품질평가를 실시할 수 있다(칙 제3조 제1항).
④ 국토교통부장관은 객관적인 품질평가를 위하여 적정 철도서비스의 수준, 평가항목 및 평가지표를 정하여야 한다(칙 제3조 제2항).
⑤ 국토교통부장관은 품질평가의 결과를 확정하기 전에 철도산업위원회의 심의를 거쳐야 한다(칙 제3조 제3항).

3. 철도이용자의 권익보호 등

국가는 철도이용자의 권익보호를 위하여 다음의 시책을 강구하여야 한다(법 제16조).

① 철도이용자의 권익보호를 위한 홍보·교육 및 연구
② 철도이용자의 생명·신체 및 재산상의 위해 방지
③ 철도이용자의 불만 및 피해에 대한 신속·공정한 구제조치
④ 그 밖에 철도이용자 보호와 관련된 사항

제4절 철도산업구조개혁의 추진

1. 기본시책

(1) 철도산업구조개혁의 기본방향

1) 철도산업의 구조개혁 추진

국가는 철도산업의 경쟁력을 강화하고 발전기반을 조성하기 위하여 철도시설 부문과 철도운영 부문을 분리하는 철도산업의 구조개혁을 추진하여야 한다(법 제17조 제1항).

2) 상호협력체계 구축 등 필요한 조치 마련

국가는 철도시설 부문과 철도운영 부문간의 상호 보완적 기능이 발휘될 수 있도록 대통령령이 정하는 바에 의하여 상호협력체계 구축 등 필요한 조치를 마련하여야 한다(법 제17조 제2항).

3) 업무절차서의 교환 등

① 철도시설관리자와 철도운영자는 철도시설관리와 철도운영에 있어 상호협력이 필요한 분야에 대하여 업무절차서를 작성하여 정기적으로 이를 교환하고, 이를 변경한 때에는 즉시 통보하여야 한다(영 제23조 제1항).
② 철도시설관리자와 철도운영자는 상호협력이 필요한 분야에 대하여 정기적으로 합동점검을 하여야 한다(영 제23조 제2항).
③ 철도시설관리자·철도운영자 등 선로를 관리 또는 사용하는 자는 제1항의 규정에 의한 선로배분지침을 준수하여야 한다.
④ 국토교통부장관은 철도차량 등의 운행정보의 제공, 철도차량 등에 대한 운행통제, 적법운행 여부에 대한 지도·감독, 사고발생시 사고복구 지시 등 철도교통의 안전과 질서를 유지하기 위하여 필요한 조치를 할 수 있도록 철도교통관제시설을 설치·운영하여야 한다.

4) 선로배분지침의 수립 등(영 제24조)

수립·고시 의무자	국토교통부장관
수립목적	철도시설관리자와 철도운영자가 안전하고 효율적으로 선로를 사용할 수 있도록 하기 위하여
포함될 사항	○ 여객열차와 화물열차에 대한 선로용량의 배분 ○ 지역간 열차와 지역내 열차에 대한 선로용량의 배분 ○ 선로의 유지보수·개량 및 건설을 위한 작업시간 ○ 철도차량의 안전운행에 관한 사항 ○ 그 밖에 선로의 효율적 활용을 위하여 필요한 사항

(2) 철도산업구조개혁 기본계획의 수립

1) 수립의무자 · 수립목적(법 제18조 제1항)

수립의무자	국토교통부장관
수립목적	철도산업의 구조개혁을 효율적으로 추진하기 위하여

2) 포함될 사항(법 제18조 제2항)

① 철도산업구조개혁의 목표 및 기본방향에 관한 사항
② 철도산업구조개혁의 추진방안에 관한 사항
③ 철도의 소유 및 경영구조의 개혁에 관한 사항
④ 철도산업구조개혁에 따른 대내외 여건조성에 관한 사항
⑤ 철도산업구조개혁에 따른 자산·부채·인력 등에 관한 사항
⑥ 철도산업구조개혁에 따른 철도관련 기관·단체 등의 정비에 관한 사항

[포함될 사항](영 제25조)
① 철도서비스 시장의 구조개편에 관한 사항
② 철도요금·철도시설사용료 등 가격정책에 관한 사항
③ 철도안전 및 서비스향상에 관한 사항
④ 철도산업구조개혁의 추진체계 및 관계기관의 협조에 관한 사항
⑤ 철도산업구조개혁의 중장기 추진방향에 관한 사항
⑥ 그 밖에 국토교통부장관이 철도산업구조개혁의 추진을 위하여 필요하다고 인정하는 사항

3) 수립절차

① 심의·협의

국토교통부장관은 구조개혁계획을 수립하고자 하는 때에는 미리 구조개혁계획과 관련이 있는 행정기관의 장과 협의한 후 위원회의 심의를 거쳐야 한다. 수립한 구조개혁계획을 변경(대통령령이 정하는 경미한 변경[54]을 제외)하고자 하는 경우에도 또한 같다(법 제18조 제3항).

② 관보 고시

국토교통부장관은 구조개혁계획을 수립 또는 변경한 때에는 이를 관보에 고시하여야 한다(법 제18조 제4항).

---

54) "대통령령이 정하는 경미한 변경"이라 함은 철도산업구조개혁기본계획 추진기간의 1년의 기간 내에서의 변경을 말한다.

③ 관계행정기관의 장의 제출의무(영 제27조)
  ㉠ 관계행정기관의 장은 당해 연도의 시행계획을 전년도 11월말까지 국토교통부장관에게 제출하여야 한다.
  ㉡ 관계행정기관의 장은 전년도 시행계획의 추진실적을 매년 2월말까지 국토교통부장관에게 제출하여야 한다.

(3) 관리청
  ① 철도의 관리청은 국토교통부장관으로 한다(법 제19조 제1항).
  ② 국토교통부장관은 이 법과 그 밖의 철도에 관한 법률에 규정된 철도시설의 건설 및 관리 등에 관한 그의 업무의 일부를 대통령령이 정하는 바에 의하여 국가철도공단으로 하여금 대행하게 할 수 있으며, 그 대행업무는 다음과 같다(법 제19조 제2항 ; 영 제28조).
  ㉠ 국가가 추진하는 철도시설 건설사업의 집행
  ㉡ 국가 소유의 철도시설에 대한 사용료 징수 등 관리업무의 집행
  ㉢ 철도시설의 안전유지, 철도시설과 이를 이용하는 철도차량간의 종합적인 성능검증·안전상태점검 등 철도시설의 안전을 위하여 국토교통부장관이 정하는 업무
  ㉣ 그 밖에 국토교통부장관이 철도시설의 효율적인 관리를 위하여 필요하다고 인정한 업무

(4) 철도시설 및 운영(법 제20, 21조)

	철도시설	철도운영
원 칙	철도산업의 구조개혁을 추진함에 있어서 철도시설은 국가가 소유하는 것을 원칙으로 한다.	철도산업의 구조개혁을 추진함에 있어서 철도운영 관련사업은 시장경제원리에 따라 국가 외의 자가 영위하는 것을 원칙으로 한다.
수립·시행의 시책	◦ 철도시설에 대한 투자 계획수립 및 재원조달 ◦ 철도시설의 건설 및 관리 ◦ 철도시설의 유지보수 및 적정한 상태 유지 ◦ 철도시설의 안전관리 및 재해대책 ◦ 그 밖에 다른 교통시설과의 연계성확보 등 철도시설의 공공성 확보에 필요한 사항	◦ 철도운영부문의 경쟁력 강화 ◦ 철도운영서비스의 개선 ◦ 열차운영의 안전진단 등 예방조치 및 사고조사 등 철도운영의 안전확보 ◦ 공정한 경쟁여건의 조성 ◦ 그 밖에 철도이용자 보호와 열차운행원칙 등 철도운영에 필요한 사항
설립기관	국가철도공단 : 국가는 철도시설 관련업무를 체계적이고 효율적으로 추진하기 위하여 그 집행조직으로서 철도청 및 고속철도건설공단의 관련 조직을 통·폐합하여 특별법에 의하여 국가철도공단을 설립한다.	한국철도공사 : 국가는 철도운영 관련사업을 효율적으로 경영하기 위하여 철도청 및 고속철도건설공단의 관련조직을 전환하여 특별법에 의하여 한국철도공사를 설립한다.

2. 자산·부채 및 인력의 처리

(1) 철도자산

1) 철도자산의 구분(법 제22조)

국토교통부장관은 철도산업의 구조개혁을 추진함에 있어서 철도청과 고속철도건설공단의 철도자산을 다음과 같이 구분하여야 하며, 철도자산을 구분하는 때에는 기획재정부장관과 미리 협의하여 그 기준을 정한다.

① **운영자산**

철도청과 고속철도건설공단이 철도운영 등을 주된 목적으로 취득하였거나 관련 법령 및 계약 등에 의하여 취득하기로 한 재산·시설 및 그에 관한 권리

② **시설자산**

철도청과 고속철도건설공단이 철도의 기반이 되는 시설의 건설 및 관리를 주된 목적으로 취득하였거나 관련 법령 및 계약 등에 의하여 취득하기로 한 재산·시설 및 그에 관한 권리

③ **기타자산** : ① 및 ②의 철도자산을 제외한 자산

2) 철도자산의 처리

① **철도자산처리계획**(법 제23조 제1항 ; 영 제29조)

㉠ 수 립

국토교통부장관은 대통령령이 정하는 바에 의하여 철도산업의 구조개혁을 추진하기 위한 철도자산의 처리계획을 위원회의 심의를 거쳐 수립하여야 한다.

㉡ 포함될 내용
  ⓐ 철도자산의 개요 및 현황에 관한 사항
  ⓑ 철도자산의 처리방향에 관한 사항
  ⓒ 철도자산의 구분기준에 관한 사항
  ⓓ 철도자산의 인계·이관 및 출자에 관한 사항
  ⓔ 철도자산처리의 추진일정에 관한 사항
  ⓕ 그 밖에 국토교통부장관이 철도자산의 처리를 위하여 필요하다고 인정하는 사항

② **철도자산의 인계·이관**

㉠ 국가는 국유재산법의 규정에 불구하고 철도자산처리계획에 의하여 철도공사에 운영자산을 현물출자한다(법 제23조 제2항).

㉡ 철도공사는 현물출자받은 운영자산과 관련된 권리와 의무를 포괄하여 승계한다(법 제23조 제3항).

ⓒ 국토교통부장관은 철도자산처리계획에 의하여 철도청장으로부터 다음의 철도자산을 이관받으며, 그 관리업무를 국가철도공단, 철도공사, 관련 기관 및 단체 또는 대통령이 정하는 민간법인55)에 위탁하거나 그 자산을 사용·수익하게 할 수 있다(법 제23조 제4항).
  ⓐ 철도청의 시설자산(건설 중인 시설자산을 제외)
  ⓑ 철도청의 기타자산
ⓔ 국가철도공단은 철도자산처리계획에 의하여 다음의 철도자산과 그에 관한 권리와 의무를 포괄하여 승계한다. 이 경우 ⓐ 및 ⓑ의 철도자산이 완공된 때에는 국가에 귀속된다(법 제23조 제5항).
  ⓐ 철도청이 건설 중인 시설자산
  ⓑ 고속철도건설공단이 건설 중인 시설자산 및 운영자산
  ⓒ 고속철도건설공단의 기타자산
ⓜ 철도청장 또는 고속철도건설공단이사장이 철도자산의 인계·이관 등을 하고자 하는 때에는 그에 관한 서류를 작성하여 국토교통부장관의 승인을 얻어야 한다(법 제23조 제6항).
ⓗ 철도자산의 인계·이관 등의 시기(영 제32조 제2항)
  ⓐ 한국철도공사가 철도자산을 출자받는 시기 : 한국철도공사의 설립등기일
  ⓑ 국토교통부장관이 철도자산을 이관받는 시기 : 2004년 1월 1일
  ⓒ 국가철도공단이 철도자산을 인계받는 시기 : 2004년 1월 1일
ⓢ 인계·이관 등의 대상이 되는 철도자산의 평가기준일(영 제32조 제3항)
  인계·이관 등을 받는 날의 전일로 한다. 다만, 한국철도공사에 출자되는 철도자산의 평가기준일은 「국유재산법」이 정하는 바에 의한다.
ⓞ 인계·이관 등의 대상이 되는 철도자산의 평가가액(영 제32조 제4항)
  평가기준일의 자산의 장부가액으로 한다. 다만, 한국철도공사에 출자되는 철도자산의 평가방법은 「국유재산법」이 정하는 바에 의한다.

③ **민간위탁계획 및 계약의 체결**
  ㉠ 철도자산 관리업무의 민간위탁계획(영 제30조)
    ⓐ 수 립
      국토교통부장관은 철도자산의 관리업무를 민간법인에 위탁하고자 하는 때에는 위원회의 심의를 거쳐 민간위탁계획을 수립하여야 한다.
    ⓑ 포함될 사항
      ○ 위탁대상 철도자산

---

55) "대통령령이 정하는 민간법인"이라 함은 민법에 의하여 설립된 비영리법인과 상법에 의하여 설립된 주식회사를 말한다.

○ 위탁의 필요성·범위 및 효과
○ 수탁기관의 선정절차
ⓒ 민간위탁계약의 체결(영 제31조)
ⓐ 계약의 체결
국토교통부장관은 철도자산의 관리업무를 위탁하고자 하는 때에는 민간위탁계획에 따라 사업계획을 제출한 자 중에서 당해 철도자산을 관리하기에 적합하다고 인정되는 자를 선정하여 위탁계약을 체결하여야 한다.
ⓑ 포함될 사항
○ 위탁대상 철도자산
○ 위탁대상 철도자산의 관리에 관한 사항
○ 위탁계약기간(계약기간의 수정·갱신 및 위탁계약의 해지에 관한 사항을 포함한다)
○ 위탁대가의 지급에 관한 사항
○ 위탁업무에 대한 관리 및 감독에 관한 사항
○ 위탁업무의 재위탁에 관한 사항
○ 그 밖에 국토교통부장관이 필요하다고 인정하는 사항

(2) 철도부채

1) 철도부채의 구분

국토교통부장관은 기획재정부장관과 미리 협의하여 철도청과 고속철도건설공단의 철도부채를 다음과 같이 구분하여야 한다(법 제24조 제1항).

① **운영부채** : 운영자산과 직접 관련된 부채
② **시설부채** : 시설자산과 직접 관련된 부채
③ **기타부채**

① 및 ②의 철도부채를 제외한 부채로서 철도사업특별회계가 부담하고 있는 철도부채 중 공공자금관리기금에 대한 부채

2) 철도부채의 승계

운영부채는 철도공사가, 시설부채는 국가철도공단이 각각 포괄하여 승계하고, 기타부채는 일반회계가 포괄하여 승계한다(법 제24조 제2항).

3) 철도부채의 인계

철도청장 또는 고속철도건설공단이사장이 철도부채를 인계하고자 하는 때에는 인계

에 관한 서류를 작성하여 국토교통부장관의 승인을 얻어야 한다(법 제24조 제3항 ; 영 제33조).

① 철도부채의 인계시기
- ○ 한국철도공사가 운영부채를 인계받는 시기 : 한국철도공사의 설립등기일
- ○ 국가철도공단이 시설부채를 인계받는 시기 : 2004년 1월 1일
- ○ 일반회계가 기타부채를 인계받는 시기 : 2004년 1월 1일

② 인계하는 철도부채의 평가기준일 : 인계일의 전일
③ 인계하는 철도부채의 평가가액 : 평가기준일의 부채의 장부가액

(3) 고용승계 등

① 철도공사 및 국가철도공단은 철도청 직원중 공무원 신분을 계속 유지하는 자를 제외한 철도청 직원 및 고속철도건설공단 직원의 고용을 포괄하여 승계한다(법 제25조 제1항).
② 국가는 철도청 직원 중 철도공사 및 국가철도공단 직원으로 고용이 승계되는 자에 대하여는 근로여건 및 퇴직급여의 불이익이 발생하지 않도록 필요한 조치를 한다(법 제25조 제2항).

3. 철도시설관리권 등

(1) 철도시설관리권

1) 철도시설관리권의 성질

국토교통부장관은 철도시설을 관리하고 그 철도시설을 사용하거나 이용하는 자로부터 사용료를 징수할 수 있는 권리를 설정할 수 있는 바 이를 도시설관리권이라 하며, 이러한 철도시설관리권은 물권으로 보며, 이 법에 특별한 규정이 있는 경우를 제외하고는 민법 중 부동산에 관한 규정이 준용된다(법 제26, 27조).

2) 권리의 변동 및 저당권 설정의 특례

철도시설관리권 또는 철도시설관리권을 목적으로 하는 저당권의 설정·변경·소멸 및 처분의 제한은 국토교통부에 비치하는 철도시설관리권등록부에 등록함으로써 그 효력이 발생하며, 저당권이 설정된 철도시설관리권은 그 저당권자의 동의가 없으면 처분할 수 없다(법 제28, 29조).

3) 철도시설 관리대장

① 철도시설을 관리하는 자는 그가 관리하는 철도시설의 관리대장을 작성·비치하여

야 하며, 철도시설관리대장은 철도노선별로 작성하되, 다음의 사항을 기재하여야 한다(법 제30조 ; 칙 제4조 제1항).
- ㉠ 철도노선 및 철도시설의 현황 및 도면
- ㉡ 철도시설의 신설·증설·개량 등의 변동현황
- ㉢ 그 밖에 철도시설의 관리를 위하여 필요한 사항

② 도면 중 평면도는 철도시설 부근의 지형·방위·해발고도 등을 표시하여 축척 1,200분의 1로 작성하되, 다음의 사항을 기재하여야 한다(칙 제4조 제2항).
- ㉠ 철도시설 및 그 경계선
- ㉡ 행정구역의 명칭 및 경계선
- ㉢ 철도시설의 위치 및 배치현황
- ㉣ 도로·공항·항만 등 철도접근교통시설
- ㉤ 철도주변의 장애물 분포현황
- ㉥ 그 밖에 철도시설의 관리를 위하여 필요한 사항

(2) 철도시설의 사용

1) 철도시설 사용의 형태

① **철도시설의 사용허가**

철도시설을 사용하고자 하는 자는 관리청의 허가를 받아 사용할 수 있으며 이때의 관리청의 허가의 기준·절차·기간 등에 관한 사항은 '국유재산법'에 따른다(영 제34조).

② **사용허가에 따른 철도시설의 사용료 등**
- ㉠ 철도시설을 사용하려는 자가 법 제31조 제1항에 따라 관리청의 허가를 받아 철도 시설을 사용하는 경우 같은 조 제2항 본문에 따라 관리청이 징수할 수 있는 철도 시설의 사용료는 「국유재산법」 제32조에 따른다.
- ㉡ 관리청은 법 제31조 제2항 단서에 따라 지방자치단체가 직접 공용·공공용 또는 비영리 공익사업용으로 철도시설을 사용하려는 경우에는 다음의 구분에 따른 기 준에 따라 사용료를 면제할 수 있다.
    - ⓐ 철도시설을 취득하는 조건으로 사용하려는 경우로서 사용허가기간이 1년 이내 인 사용허가의 경우 : 사용료의 전부
    - ⓑ 제1호에서 정한 사용허가 외의 사용허가의 경우 : 사용료의 100분의 60
- ㉢ 사용허가에 따른 철도시설 사용료의 징수기준 및 절차 등에 관하여 이 영에서 규 정된 것을 제외하고는 「국유재산법」에 따른다.

2) 철도시설 사용료(영 제31조)

① 철도시설을 사용하고자 하는 자는 대통령령으로 정하는 바에 따라 관리청의 허가

를 받거나 철도시설관리자와 시설사용계약을 체결하거나 그 시설사용계약을 체결한 자(이하 "시설사용계약자"라 한다)의 승낙을 얻어 사용할 수 있다.
② 철도시설관리자 또는 시설사용계약자는 제1항에 따라 철도시설을 사용하는 자로부터 사용료를 징수할 수 있다. 다만, 「국유재산법」 제34조에도 불구하고 지방자치단체가 직접 공용·공공용 또는 비영리 공익사업용으로 철도시설을 사용하고자 하는 경우에는 대통령령으로 정하는 바에 따라 그 사용료의 전부 또는 일부를 면제할 수 있다.
③ 제2항에 따라 철도시설 사용료를 징수하는 경우 철도의 사회경제적 편익과 다른 교통수단과의 형평성 등이 고려되어야 한다.
④ 철도시설 사용료의 징수기준 및 절차 등에 관하여 필요한 사항은 대통령령으로 정한다.

3) 철도시설의 사용계약

① 법 제31조 제1항에 따른 철도시설의 사용계약에는 다음 각 호의 사항이 포함되어야 한다.
  1. 사용기간·대상시설·사용조건 및 사용료
  2. 대상시설의 제3자에 대한 사용승낙의 범위·조건
  3. 상호책임 및 계약위반시 조치사항
  4. 분쟁 발생시 조정절차
  5. 비상사태 발생시 조치
  6. 계약의 갱신에 관한 사항
  7. 계약내용에 대한 비밀누설금지에 관한 사항
② 법 제3조 제2호 가목부터 라목까지에서 규정한 철도시설(이하 "선로등"이라 한다)에 대한 법 제31조 제1항에 따른 사용계약(이하 "선로등사용계약"이라 한다)을 체결하려는 경우에는 다음 각 호의 기준을 모두 충족해야 한다.
  1. 해당 선로등을 여객 또는 화물운송 목적으로 사용하려는 경우일 것
  2. 사용기간이 5년을 초과하지 않을 것
③ 선로등에 대한 제1항 제1호에 따른 사용조건에는 다음 각 호의 사항이 포함되어야 하며, 그 사용조건은 제24조 제1항에 따른 선로배분지침에 위반되는 내용이어서는 안 된다.
  1. 투입되는 철도차량의 종류 및 길이
  2. 철도차량의 일일운행횟수·운행개시시각·운행종료시각 및 운행간격
  3. 출발역·정차역 및 종착역
  4. 철도운영의 안전에 관한 사항
  5. 철도여객 또는 화물운송서비스의 수준

④ 철도시설관리자는 법 제31조 제1항에 따라 철도시설을 사용하려는 자와 사용계약을 체결하여 철도시설을 사용하게 하려는 경우에는 미리 그 사실을 공고해야 한다.

4) 사용계약에 따른 선로등의 사용료 등(영 제36조)

① 철도시설관리자는 제35조 제1항 제1호에 따른 선로등의 사용료를 정하는 경우에는 다음 각 호의 한도를 초과하지 않는 범위에서 선로등의 유지보수비용 등 관련 비용을 회수할 수 있도록 해야 한다. 다만, 「사회기반시설에 대한 민간투자법」 제26조에 따라 사회기반시설관리운영권을 설정받은 철도시설관리자는 같은 법에서 정하는 바에 따라 선로등의 사용료를 정해야 한다.
1. 국가 또는 지방자치단체가 건설사업비의 전액을 부담한 선로등 : 해당 선로등에 대한 유지보수비용의 총액
2. 제1호의 선로등 외의 선로등 : 해당 선로등에 대한 유지보수비용 총액과 총건설사업비(조사비·설계비·공사비·보상비 및 그 밖에 건설에 소요된 비용의 합계액에서 국가·지방자치단체 또는 법 제37조 제1항에 따라 수익자가 부담한 비용을 제외한 금액을 말한다)의 합계액

② 철도시설관리자는 제1항 각 호 외의 부분 본문에 따라 선로등의 사용료를 정하는 경우에는 다음 각 호의 사항을 고려할 수 있다.〈개정 2022.7.4.〉
1. 선로등급·선로용량 등 선로등의 상태
2. 운행하는 철도차량의 종류 및 중량
3. 철도차량의 운행시간대 및 운행횟수
4. 철도사고의 발생빈도 및 정도
5. 철도서비스의 수준
6. 철도관리의 효율성 및 공익성

(3) 선로등사용계약 체결의 절차(영 제37조)

① 제35조 제2항의 규정에 의한 선로등사용계약을 체결하고자 하는 자(이하 "사용신청자"라 한다)는 선로등의 사용목적을 기재한 선로등사용계약신청서에 다음 각호의 서류를 첨부하여 철도시설관리자에게 제출하여야 한다.
1. 철도여객 또는 화물운송사업의 자격을 증명할 수 있는 서류
2. 철도여객 또는 화물운송사업계획서
3. 철도차량·운영시설의 규격 및 안전성을 확인할 수 있는 서류

② 철도시설관리자는 제1항의 규정에 의하여 선로등사용계약신청서를 제출받은 날부터 1월 이내에 사용신청자에게 선로등사용계약의 체결에 관한 협의일정을 통보하여야 한다.

③ 철도시설관리자는 사용신청자가 철도시설에 관한 자료의 제공을 요청하는 경우에는 특별한 이유가 없는 한 이에 응하여야 한다.

④ 철도시설관리자는 사용신청자와 선로등사용계약을 체결하고자 하는 경우에는 미리 국토교통부장관의 승인을 받아야 한다. 선로등사용계약의 내용을 변경하는 경우에도 또한 같다.

(4) 선로등사용계약의 갱신(영 제38조)

① 선로등사용계약을 체결하여 선로등을 사용하고 있는 자(이하 "선로등사용계약자"라 한다)는 그 선로등을 계속하여 사용하고자 하는 경우에는 사용기간이 만료되기 10월 전까지 선로등사용계약의 갱신을 신청하여야 한다.
② 철도시설관리자는 제1항의 규정에 의하여 선로등사용계약자가 선로등사용계약의 갱신을 신청한 때에는 특별한 사유가 없는 한 그 선로등의 사용에 관하여 우선적으로 협의하여야 한다. 이 경우 제35조 제4항의 규정은 이를 적용하지 아니한다.
③ 제35조 제1항 내지 제3항, 제36조 및 제37조의 규정은 선로등사용계약의 갱신에 관하여 이를 준용한다.

(5) 철도시설의 사용승낙(영 제39조)

① 제35조 제1항의 규정에 의한 철도시설의 사용계약을 체결한 자(이하 이 조에서 "시설사용계약자"라 한다)는 그 사용계약을 체결한 철도시설의 일부에 대하여 법 제31조 제1항의 규정에 의하여 제3자에게 그 사용을 승낙할 수 있다. 이 경우 철도시설관리자와 미리 협의하여야 한다.
② 시설사용계약자는 제1항의 규정에 의하여 제3자에게 사용승낙을 한 경우에는 그 내용을 철도시설관리자에게 통보하여야 한다.

제5절 공익적 기능의 유지

1. 공익서비스비용

(1) 비용의 부담

1) 의 의

철도운영자의 공익서비스 제공으로 발생하는 비용은 대통령령이 정하는 바에 따라 국가 또는 당해 철도서비스를 직접 요구한 자(원인제공자)가 부담하여야 한다(법 제32조 제1항).

2) 국가부담비용의 지급

철도운영자는 국가부담비용의 지급을 신청하고자 하는 때에는 국토교통부장관이 지정하는 기간 내에 국가부담비용지급신청서에 다음의 서류를 첨부하여 국토교통부장관에게 제출하여야 하며, 국토교통부장관은 국가부담비용지급신청서를 제출받은 때에는 이를 검토하여 매 반기마다 반기초에 국가부담비용을 지급하여야 한다(영 제41조).

① 국가부담비용지급신청액 및 산정내역서
② 당해 연도의 예상수입·지출명세서
③ 최근 2년간 지급받은 국가부담비용내역서
④ 원가계산서

3) 국가부담비용의 정산

국가부담비용을 지급받은 철도운영자는 당해 반기가 끝난 후 30일 이내에 국가부담비용정산서에 다음의 서류를 첨부하여 국토교통부장관에게 제출하여야 하며, 국토교통부장관은 국가부담비용정산서를 제출받은 때에는 전문기관 등으로 하여금 이를 확인하게 할 수 있다(영 제42조).

① 수입·지출명세서
② 수입·지출증빙서류
③ 그 밖에 현금흐름표 등 회계관련 서류

4) 회계의 구분 등(영 제43조)

① 국가부담비용을 지급받는 철도운영자는 법 제32조 제2항 제2호의 규정에 의한 노선 및 역에 대한 회계를 다른 회계와 구분하여 경리하여야 한다.
② 국가부담비용을 지급받는 철도운영자의 회계연도는 정부의 회계연도에 따른다.

(2) 공익서비스비용의 범위

원인제공자가 부담하는 공익서비스비용의 범위는 다음과 같다(법 제32조 제2항).

① 철도운영자가 다른 법령에 의하거나 국가정책 또는 공공목적을 위하여 철도운임·요금을 감면할 경우 그 감면액
② 철도운영자가 경영개선을 위한 적절한 조치를 취하였음에도 불구하고 철도이용수요가 적어 수지균형의 확보가 극히 곤란하여 벽지의 노선 또는 역의 철도서비스를 제한 또는 중지하여야 되는 경우로서 공익목적을 위하여 기초적인 철도서비스를 계속함으로써 발생되는 경영손실
③ 철도운영자가 국가의 특수목적사업을 수행함으로써 발생되는 비용

(3) 공익서비스비용 보상예산의 확보

① 철도운영자는 매년 3월말까지 국가가 법 제32조 제1항의 규정에 의하여 다음 연도에 부담하여야 하는 공익서비스비용의 추정액, 당해 공익서비스의 내용 그 밖의 필요한 사항을 기재한 국가부담비용추정서를 국토교통부장관에게 제출하여야 한다. 이 경우 철도운영자가 국가부담비용의 추정액을 산정함에 있어서는 보상계약 등을 고려하여야 한다(영 제40조 제1항).
② 국토교통부장관은 국가부담비용추정서를 제출받은 때에는 관계행정기관의 장과 협의하여 다음 연도의 국토교통부소관 일반회계에 국가부담비용을 계상하여야 한다(영 제40조 제2항).
③ 국토교통부장관은 국가부담비용을 정하는 때에는 국가부담비용의 추정액, 전년도에 부담한 국가부담비용, 관련법령의 규정 또는 보상계약 등을 고려하여야 한다(영 제40조 제3항).

(4) 공익서비스 제공에 따른 보상계약의 체결

① 원인제공자는 철도운영자와 공익서비스비용의 보상에 관한 계약을 체결하여야 한다(법 제33조 제1항).
② 보상계약에는 다음의 사항이 포함되어야 한다(법 제33조 제2항).
　㉠ 철도운영자가 제공하는 철도서비스의 기준과 내용에 관한 사항
　㉡ 공익서비스 제공과 관련하여 원인제공자가 부담하여야 하는 보상내용 및 보상방법 등에 관한 사항
　㉢ 계약기간 및 계약기간의 수정·갱신과 계약의 해지에 관한 사항
　㉣ 그 밖에 원인제공자와 철도운영자가 필요하다고 합의하는 사항
③ 원인제공자는 철도운영자와 보상계약을 체결하기 전에 계약내용에 관하여 국토교통부장관 및 기획재정부장관과 미리 협의하여야 한다(법 제33조 3항).
④ 국토교통부장관은 공익서비스비용의 객관성과 공정성을 확보하기 위하여 필요한 때에는 국토교통부령이 정하는 바에 의하여 전문기관을 지정하여 그 기관으로 하여금 공익서비스비용의 산정 및 평가 등의 업무를 담당하게 할 수 있다(법 제33조 제4항).[56]
⑤ 보상계약체결에 관하여 원인제공자와 철도운영자의 협의가 성립되지 아니하는 때에는 원인제공자 또는 철도운영자의 신청에 의하여 위원회가 이를 조정할 수 있다(법 제33조 제5항).

---

56) 전문기관으로 지정될 수 있는 기관은 다음과 같다.
　1. 주식회사의 외부감사에 관한 법률 제3조의 규정에 의한 감사인의 자격이 있는 회계법인
　2. 정부출연연구기관 등의 설립·운영 및 육성에 관한 법률에 의한 정부출연연구기관중 교통관련 연구기관

2. 특정노선 폐지 등의 승인

(1) 특정노선 폐지 등의 승인 및 승인의 제한

1) 특정노선 폐지 등의 승인

철도시설관리자와 철도운영자(승인신청자)는 다음에 해당하는 경우에 국토교통부장관의 승인을 얻어 특정노선 및 역의 폐지와 관련 철도서비스의 제한 또는 중지 등 필요한 조치를 취할 수 있다(법 제34조 제1항).

① 승인신청자가 철도서비스를 제공하고 있는 노선 또는 역에 대하여 철도의 경영개선을 위한 적절한 조치를 취하였음에도 불구하고 수지균형의 확보가 극히 곤란하여 경영상 어려움이 발생한 경우
② 보상계약체결에도 불구하고 공익서비스비용에 대한 적정한 보상이 이루어지지 아니한 경우
③ 원인제공자가 공익서비스비용을 부담하지 아니한 경우
④ 원인제공자가 조정에 따르지 아니한 경우

2) 승인의 제한 등

국토교통부장관은 다음에 해당하는 경우에는 승인을 하지 아니할 수 있으며, 국토교통부장관은 승인을 하지 아니함에 따라 철도운영자인 승인신청자가 경영상 중대한 영업손실을 받은 경우에는 그 손실을 보상할 수 있다(법 제35조 제1항).

① 노선 폐지 등의 조치가 공익을 현저하게 저해한다고 인정하는 경우
② 노선 폐지 등의 조치가 대체교통수단 미흡 등으로 교통서비스 제공에 중대한 지장을 초래한다고 인정하는 경우

(2) 승인의 절차

1) 승인신청서의 제출

승인신청자는 다음의 사항이 포함된 승인신청서를 국토교통부장관에게 제출하여야 한다(법 제34조 제2항).

① 폐지하고자 하는 특정 노선 및 역 또는 제한·중지하고자 하는 철도서비스의 내용
② 특정 노선 및 역을 계속 운영하거나 철도서비스를 계속 제공하여야 할 경우의 원인제공자의 비용부담 등에 관한 사항
③ 그 밖에 특정 노선 및 역의 폐지 또는 철도서비스의 제한·중지 등과 관련된 사항

2) 서류의 첨부

철도시설관리자와 철도운영자가 국토교통부장관에게 승인신청서를 제출하는 때에는

다음의 사항을 기재한 서류를 첨부하여야 한다(영 제44조).

① 승인신청 사유
② 등급별·시간대별 철도차량의 운행빈도, 역수, 종사자수 등 운영현황
③ 과거 6월 이상의 기간 동안의 1일 평균 철도서비스 수요
④ 과거 1년 이상의 기간 동안의 수입·비용 및 영업손실액에 관한 회계보고서
⑤ 향후 5년 동안의 1일 평균 철도서비스 수요에 대한 전망
⑥ 과거 5년 동안의 공익서비스비용의 전체규모 및 법 제32조 제1항의 규정에 의한 원인제공자가 부담한 공익서비스 비용의 규모
⑦ 대체수송수단의 이용가능성

3) 실태조사

① 국토교통부장관은 승인신청을 받은 때에는 당해 노선 및 역의 운영현황 또는 철도서비스의 제공현황에 관하여 실태조사를 실시하여야 한다(영 제45조 제1항).
② 국토교통부장관은 필요한 경우에는 관계 지방자치단체 또는 관련 전문기관을 실태조사에 참여시킬 수 있다(영 제45조 제2항).
③ 국토교통부장관은 실태조사의 결과를 위원회에 보고하여야 한다(영 제45조 제3항).

4) 특정노선 폐지 등의 공고

국토교통부장관은 승인을 한 때에는 그 승인이 있는 날부터 1월 이내에 폐지되는 특정노선 및 역 또는 제한·중지되는 철도서비스의 내용과 그 사유를 국토교통부령이 정하는 바에 따라 공고하여야 한다(영 제46조).[57]

(3) 특정노선 폐지 등에 따른 수송대책의 수립

국토교통부장관 또는 관계행정기관의 장은 특정노선 및 역의 폐지 또는 철도서비스의 제한·중지 등의 조치로 인하여 영향을 받는 지역 중에서 대체수송수단이 없거나 현저히 부족하여 수송서비스에 심각한 지장이 초래되는 지역에 대하여는 다음의 사항이 포함된 수송대책을 수립·시행하여야 한다(영 제47조).

① 수송여건 분석
② 대체수송수단의 운행횟수 증대, 노선조정 또는 추가투입
③ 대체수송에 필요한 재원조달
④ 그 밖에 수송대책의 효율적 시행을 위하여 필요한 사항

---

[57] 공고는 관보 또는 정기간행물의 등록 등에 관한 법률 제7조 제1항의 규정에 의하여 보급지역을 전국으로 하여 등록한 2 이상의 일반일간신문에 게재하는 방법에 의한다.

(4) 철도서비스의 제한 또는 중지에 따른 신규운영자의 선정

국토교통부장관은 철도운영자인 승인신청자(기존운영자)가 제한 또는 중지하고자 하는 특정 노선 및 역에 관한 철도서비스를 새로운 철도운영자(신규운영자)로 하여금 제공하게 하는 것이 타당하다고 인정하는 때에는 신규운영자를 선정할 수 있다. 국토교통부장관은 신규운영자를 선정하고자 하는 때에는 원인제공자와 협의하여 경쟁에 의한 방법으로 신규운영자를 선정하여야 하며, 원인제공자는 신규운영자와 보상계약을 체결하여야 하며, 기존운영자는 당해 철도서비스 등에 관한 인수인계서류를 작성하여 신규운영자에게 제공하여야 한다(영 제47조).

3. 비상사태시 처분

국토교통부장관은 천재·지변·전시·사변, 철도교통의 심각한 장애 그 밖에 이에 준하는 사태의 발생으로 인하여 철도서비스에 중대한 차질이 발생하거나 발생할 우려가 있다고 인정하는 경우에는 필요한 범위 안에서 철도시설관리자·철도운영자 또는 철도이용자에게 다음의 사항에 관한 조정·명령 그 밖의 필요한 조치를 할 수 있으며, 조치를 한 사유가 소멸되었다고 인정하는 때에는 지체없이 이를 해제하여야 한다(법 제36조).

① 지역별·노선별·수송대상별 수송 우선순위 부여 등 수송통제
② 철도시설·철도차량 또는 설비의 가동 및 조업
③ 대체수송수단 및 수송로의 확보
④ 임시열차의 편성 및 운행
⑤ 철도서비스 인력의 투입
⑥ 철도이용의 제한 또는 금지
⑦ 그 밖에 철도서비스의 수급안정을 위하여 대통령령이 정하는 사항[58]

제6절 보 칙

1. 철도건설 등의 비용부담

철도시설관리자는 지방자치단체·특정한 기관 또는 단체가 철도시설건설사업으로 인하

---

[58] "대통령령이 정하는 사항"이라 함은 다음 각 호의 사항을 말한다.
  1. 철도시설의 임시사용
  2. 철도시설의 사용제한 및 접근 통제
  3. 철도시설의 긴급복구 및 복구지원
  4. 철도역 및 철도차량에 대한 수색 등

여 현저한 이익을 받는 경우에는 국토교통부장관의 승인을 얻어 그 이익을 받는 자로 하여금 그 비용의 일부를 부담하게 할 수 있으며, 수익자가 부담하여야 할 비용은 철도시설관리자와 수익자가 협의하여 정한다. 이 경우 협의가 성립되지 아니하는 때에는 철도시설관리자 또는 수익자의 신청에 의하여 위원회가 이를 조정할 수 있다(법 제37조).

2. 권한의 위임 및 위탁

(1) 의 의

국토교통부장관은 이 법에 따른 권한의 일부를 대통령령으로 정하는 바에 따라 특별시장·광역시장·도지사·특별자치도지사 또는 지방교통관서의 장에 위임하거나 관계 행정기관·국가철도공단·철도공사·정부출연연구기관에게 위탁할 수 있다. 다만, 철도시설유지보수 시행업무는 철도공사에 위탁한다(법 제38조).

(2) 철도산업정보센터의 설치·운영업무의 위탁

국토교통부장관은 철도산업정보센터의 설치·운영업무를 다음의 자 중에서 국토교통부령이 정하는 자에게 위탁한다(영 제50조 제1항).[59]

① 정부출연연구기관 등의 설립·운영 및 육성에 관한 법률 또는 과학기술분야 정부출연연구기관 등의 설립·운영 및 육성에 관한 법률에 의한 정부출연연구기관
② 국가철도공단

(3) 철도시설유지보수 시행업무의 위탁

국토교통부장관은 철도시설유지보수 시행업무를 철도청장에게 위탁한다(영 제50조 제2항).

(4) 철도교통관제시설의 관리업무 및 철도교통관제업무의 위탁

국토교통부장관은 철도교통관제시설의 관리업무 및 철도교통관제업무를 다음의 자 중에서 국토교통부령이 정하는 자에게 위탁한다. 국토교통부장관은 한국철도공사에 철도교통관제업무를 위탁하는 경우에는 한국철도공사로부터 철도교통관제업무에 종사하는 자의 독립성이 보장될 수 있도록 필요한 조치를 하여야 한다(영 제50조 제3항).[60]

① 국가철도공단
② 철도운영자

---

59) 국토교통부장관은 철도산업정보센터의 설치·운영업무를 국가철도공단에 위탁한다.
60) 국토교통부장관은 철도교통관제시설의 관리업무 및 철도교통관제업무를 한국철도공사에 위탁한다.

3. 청문

국토교통부장관은 특정 노선 및 역의 폐지와 이와 관련된 철도서비스의 제한 또는 중지에 대한 승인을 하고자 하는 때에는 청문을 실시하여야 한다(법 제39조).

제7절 벌칙 등

1. 벌칙

(1) 3년 이하의 징역 또는 5천만 원 이하의 벌금

국토교통부장관의 승인을 얻지 아니하고 특정 노선 및 역을 폐지하거나 철도서비스를 제한 또는 중지한 자는 3년 이하의 징역 또는 5천만 원 이하의 벌금에 처한다(법 제40조 제1항).

(2) 2년 이하의 징역 또는 3천만 원 이하의 벌금

다음에 해당하는 자는 2년 이하의 징역 또는 3천만 원 이하의 벌금에 처한다(법 제40조 제2항).

① 거짓이나 그 밖의 부정한 방법으로 허가를 받은 자
② 허가를 받지 아니하고 철도시설을 사용한 자
③ 조정·명령 등의 조치를 위반한 자

2. 양벌규정

법인의 대표자나 법인 또는 개인의 대리인, 사용인, 그 밖의 종업원이 그 법인 또는 개인의 업무에 관하여 위반행위를 하면 그 행위자를 벌하는 외에 그 법인 또는 개인에게도 해당 조문의 벌금형을 과(科)한다. 다만, 법인 또는 개인이 그 위반행위를 방지하기 위하여 해당 업무에 관하여 상당한 주의와 감독을 게을리하지 아니한 경우에는 그러하지 아니하다(법 제41조).

3. 과태료

① 비상사태시 처분과 관련하여 철도이용의 제한 또는 금지 규정을 위반한 자는 1천만 원 이하의 과태료에 처하며, 과태료는 대통령령으로 정하는 바에 따라 국토교통부장관이 부과·징수한다(법 제42조).
② 국토교통부장관이 과태료를 부과하는 때에는 당해 위반행위를 조사·확인한 후 위반사실·과태료 금액·이의제기의 방법 및 기간 등을 서면으로 명시하여 이를 납부할

것을 과태료처분대상자에게 통지하여야 한다(영 제51조 제1항).
③ 국토교통부장관은 과태료를 부과하고자 하는 때에는 10일 이상의 기간을 정하여 과태료처분대상자에게 구술 또는 서면에 의한 의견진술의 기회를 주어야 한다. 이 경우 지정된 기일까지 의견진술이 없는 때에는 의견이 없는 것으로 본다(영 제51조 제2항).
④ 국토교통부장관은 과태료의 금액을 정함에 있어서는 당해 위반행위의 동기·정도·횟수 등을 참작하여야 한다(영 제51조 제3항).

◆ 철도산업발전기본법 예상문제

01 철도산업발전기본법의 궁극적 목적으로 맞는 것은?

㉮ 철도산업의 경쟁력제고   ㉯ 철도산업의 발전기반의 조성
㉰ 철도산업의 효율성 및 공익성 향상   ㉱ 국민경제발전에 이바지

 이 법은 철도산업의 경쟁력을 높이고 발전기반을 조성함으로써 철도산업의 효율성 및 공익성의 향상과 국민경제의 발전에 이바지함을 목적으로 한다(법 제1조).

02 다음 ( ) 안에 들어갈 말로 적당치 않은 것은?

> 철도시설의 건설이라 함은 철도시설의 신설과 기존 철도시설의 ( )·( )·( ) 및 ( ) 등 철도시설의 성능 및 기능향상을 위한 철도시설의 개량을 포함한 활동을 말한다.

㉮ 직선화   ㉯ 전철화
㉰ 고속화   ㉱ 현대화

 철도시설의 건설이라 함은 철도시설의 신설과 기존 철도시설의 직선화·전철화·복선화 및 현대화 등 철도시설의 성능 및 기능향상을 위한 철도시설의 개량을 포함한 활동을 말한다(법 제3조 제6호).

03 다음 중 철도차량에 속하지 아니하는 것은?

㉮ 동력차   ㉯ 수송차
㉰ 객차   ㉱ 특수차

 철도차량이라 함은 선로를 운행할 목적으로 제작된 동력차·객차·화차 및 특수차를 말한다(법 제3조 제4호).

 정답 01. ㉱ 02. ㉰ 03. ㉯

04 다음 중 철도시설관리자에 포함되지 않는 것은?

㉮ 관리청인 철도청장
㉯ 국가철도공단
㉰ 철도시설관리권을 설정받은 자
㉱ 철도시설관리를 대행·위임·위탁받은 자

 철도시설관리자라 함은 철도시설의 건설 및 관리 등에 관한 업무를 수행하는 자로서 다음에 해당하는 자를 말한다(법 제3조 제9호).
1. 관리청
2. 국가철도공단
3. 철도시설관리권을 설정받은 자
4. 철도시설의 관리를 대행·위임 또는 위탁받은 자

05 동법의 적용범위에 관한 다음 설명 중 ( ) 안에 들어갈 말로 바르지 못한 것은?

> ○ 국가 및 (   )이 소유·건설·운영·관리하는 철도
> ○ (   ) 및 (   )가 소유·건설·운영·관리하는 철도

㉮ 한국고속철도건설공단　　　　㉯ 국가철도공단
㉰ 한국철도관리공단　　　　　　㉱ 한국철도공사

 이 법은 다음에 해당하는 철도에 대하여 적용한다. 다만, 철도산업 발전기반의 조성의 규정은 모든 철도에 대하여 적용한다(법 제2조).
1. 국가 및 한국고속철도건설공단법에 의하여 설립된 한국고속철도건설공단이 소유·건설·운영 또는 관리하는 철도
2. 국가철도공단 및 한국철도공사가 소유·건설·운영 또는 관리하는 철도

06 다음 ( ) 안에 들어갈 말로 바르게 연결된 것은?

> 철도라 함은 여객 또는 화물을 운송하는 데 필요한 (ⓐ)과 (ⓑ) 및 이와 관련된 (ⓒ)가 유기적으로 구성된 운송체계를 말한다.

	ⓐ	ⓑ	ⓒ
㉮	철도시설	철도장비	운영·지원체계
㉯	철도시설	철도차량	운영·관리체계
㉰	철도시설	철도차량	운영·지원체계
㉱	철도시설	철도장비	운영·관리체계

정답　04. ㉮　05. ㉰　06. ㉰

철도라 함은 여객 또는 화물을 운송하는 데 필요한 철도시설과 철도차량 및 이와 관련된 운영·지원체계가 유기적으로 구성된 운송체계를 말한다(법 제2조 제1호).

07 다음 중 철도산업발전기본법상의 철도시설 중 역시설에 해당되지 않는 것은?
㉮ 물류시설
㉯ 환승시설
㉰ 차량유치시설
㉱ 편의시설

철도의 선로(선로에 부대되는 시설을 포함한다), 역시설(물류시설·환승시설 및 편의시설 등을 포함한다) 및 철도운영을 위한 건축물·건축설비(법 제3조 제2호 가목)

08 다음 ( ) 안에 들어갈 말로 바르게 연결된 것은?

> 국가는 철도산업시책을 수립하여 시행함에 있어서 (ⓐ)과 (ⓑ)을(를) 고려해야 한다.

	ⓐ	ⓑ
㉮	경제성	국민의 교통편익
㉯	효율성	민주성
㉰	효율성	공익적 기능
㉱	경제성	공익적 기능

국가는 철도산업시책을 수립하여 시행함에 있어서 효율성과 공익적 기능을 고려하여야 한다(법 제4조 제1항).

09 철도산업발전기본계획의 수립절차 및 수립시기를 순서대로 맞게 연결된 것은?
㉮ 국토교통부장관, 3년 단위
㉯ 국토교통부장관, 5년 단위
㉰ 철도청장, 3년 단위
㉱ 철도청장, 5년 단위

국토교통부장관은 철도산업의 육성과 발전을 촉진하기 위하여 5년 단위로 철도산업발전기본계획을 수립하여 시행하여야 한다(법 제5조 제1항).

정답 07. ㉰ 08. ㉰ 09. ㉯

10 다음 ( ) 안에 들어갈 말로 순서대로 바르게 연결된 것은?

> 기본계획은 (   ), (   ), (   )과 조화를 이루도록 해야 한다.

㉮ 국가기간교통망계획, 교통시설관리계획, 국가교통기술개발계획
㉯ 국가기간교통망계획, 교통시설투자계획, 국가교통기술개발계획
㉰ 국가기간교통망계획, 교통시설수송계획, 국가교통기술연구계획
㉱ 국가기간교통망계획, 교통시설정비계획, 국가교통기술개발계획

 기본계획은 국가기간교통망계획, 중기 교통시설투자계획 및 국가교통기술개발계획과 조화를 이루도록 하여야 한다(법 제5조 제3항).

11 철도산업발전기본계획의 수립절차로 맞는 것은?

㉮ 수립 – 협의 – 심의 – 고시
㉯ 협의 – 수립 – 심의 – 고시
㉰ 협의 – 심의 – 수립 – 고시
㉱ 심의 – 협의 – 수립 – 고시

 국토교통부장관은 기본계획을 수립하고자 하는 때에는 미리 기본계획과 관련이 있는 행정기관의 장과 협의한 후 철도산업위원회의 심의를 거쳐야 한다. 수립된 기본계획을 변경하고자 하는 때에도 또한 같다(법 제5조 제4항). 국토교통부장관은 기본계획을 수립 또는 변경한 때에는 이를 관보에 고시하여야 한다(법 제5조 제5항).

12 관계행정기관의 장이 당해 연도의 철도산업발전시행계획 및 전년도 철도산업발전시행계획 추진실적을 국토교통부장관에게 제출해야 하는 기한이 각각 순서대로 맞게 연결된 것은?

㉮ 전년도 3월말까지, 매년 12월말까지
㉯ 전년도 10월말까지, 매년 1월말까지
㉰ 전년도 11월말까지, 매년 2월말까지
㉱ 전년도 12월말까지, 매년 3월말까지

 관계행정기관의 장은 당해 연도의 시행계획을 전년도 11월말까지 국토교통부장관에게 제출하여야 한다. 관계행정기관의 장은 전년도 시행계획의 추진실적을 매년 2월말까지 국토교통부장관에게 제출하여야 한다(영 제5조).

정답 10. ㉯ 11. ㉰ 12. ㉰

13 철도산업위원회의 법적 성격으로 맞는 것은?

㉮ 임의적 심의·조정기관 ㉯ 임의적 심사기관
㉰ 필수적 심의·조정기관 ㉱ 필수적 심사기관

 철도산업에 관한 기본계획 및 중요정책 등을 심의·조정하기 위하여 국토교통부에 철도산업위원회를 둔다(법 제6조 제1항).

14 철도산업발전 기본계획상의 경미한 사항을 변경하는 경우에는 동법상의 일정절차를 거치지 않아도 되는데 이에 해당되지 않는 것은?

㉮ 철도시설 투자사업규모의 100분의 1의 범위 내 변경
㉯ 철도시설 투자사업 총투자비용의 100분의 1의 범위 내 변경
㉰ 철도시설 투자사업기간의 1년의 기간 내 변경
㉱ 철도시설 투자사업기간의 2년의 기간 내 변경

 ❋ **철도산업발전기본계획의 경미한 변경**(영 제4조)
1. 철도시설투자사업 규모의 100분의 1의 범위 안에서의 변경
2. 철도시설투자사업 총투자비용의 100분의 1의 범위 안에서의 변경
3. 철도시설투자사업 기간의 2년의 기간 내에서의 변경

15 다음 중 철도산업위원회의 심의·조정사항에 해당되는 것은 모두 몇 개인가?

- 철도이용자의 권익보호를 위한 홍보·교육·연구에 관한 사항
- 철도산업구조개혁에 관한 중요한 사항
- 철도시설관리자와 철도운영자간 상호협력 및 조정에 관한 사항
- 철도서비스의 품질개선에 관한 중요사항
- 철도안전과 철도운영에 관한 중요정책사항

㉮ 1개 ㉯ 2개
㉰ 3개 ㉱ 5개

 ❋ **위원회의 사항을 심의·조정사항**(법 제6조 제2항)
1. 철도산업의 육성·발전에 관한 중요정책 사항
2. 철도산업구조개혁에 관한 중요정책 사항
3. 철도시설의 건설 및 관리 등 철도시설에 관한 중요정책 사항
4. 철도안전과 철도운영에 관한 중요정책 사항
5. 철도시설관리자와 철도운영자간 상호협력 및 조정에 관한 사항
6. 이 법 또는 다른 법률에서 위원회의 심의를 거치도록 한 사항
7. 그 밖에 철도산업에 관한 중요한 사항으로서 위원장이 부의하는 사항

정답 13. ㉰ 14. ㉰ 15. ㉰

16 철도산업위원회에 관한 설명 중 틀린 것의 개수는?

> ○ 위원회는 국토교통부장관을 위원장으로 하는 30인 이내의 위원으로 구성한다.
> ○ 위원회에 상정안건을 사전검토하고 위원회가 위임한 안건을 심의하기 위해 실무위원회를 둘 수 있다.
> ○ 위원의 임기는 2년으로 하되 연임이 가능하다.
> ○ 원장이 부득이한 사유로 직무수행이 불가한 경우 부위원장이 직무대행을 한다.

㉮ 1개   ㉯ 2개
㉰ 3개   ㉱ 4개

- 위원회는 위원장을 포함한 25인 이내의 위원으로 구성한다(법 제6조 제3항).
- 위원회에 상정할 안건을 미리 검토하고 위원회가 위임한 안건을 심의하기 위하여 위원회에 분과위원회를 둔다(법 제6조 제4항).
- 위원의 임기는 2년으로 하되, 연임할 수 있다(영 제6조 제3항).
- 위원회의 위원장이 부득이한 사유로 직무를 수행할 수 없는 때에는 위원회의 위원장이 미리 지명한 위원이 그 직무를 대행한다(영 제7조 제2항).

17 철도산업위원회의 회의에 관한 설명 중 틀린 것은?

㉮ 위원장은 회의소집권이 있으며 그 의장이 된다.
㉯ 위원회의 회의는 재적과반수의 출석과 출석 과반수의 찬성으로 의결한다.
㉰ 위원회는 회의록을 작성·비치하고 3년 동안 보관해야 한다.
㉱ 위원회에 간사 1인을 두되, 간사는 국토교통부 소속공무원 중에서 지명한다.

위원회는 회의록을 작성·비치하여야 한다(영 제8조 제3항).

18 철도산업위원회 실무위원회 구성에 관한 다음 설명 중 틀린 것은?

㉮ 실무위원회는 위원장을 포함한 25인 이내의 위원으로 구성한다.
㉯ 위원장은 국토교통부장관이 국토교통부의 3급 공무원 또는 고위공무원단에 속하는 일반직 공무원 중에서 지명한다.
㉰ 위원의 임기는 2년으로 하되, 연임이 가능하다.
㉱ 위원회에 간사 1인을 두되, 간사는 국토교통부장관이 국토교통부소속 공무원 중에서 지명한다.

실무위원회는 위원장을 포함한 20인 이내의 위원으로 구성한다(영 제10조 제2항).

정답 16. ㉰   17. ㉰   18. ㉮

19 철도산업위원회의 위원이 될 수 없는 자는 모두 몇 명인가?

○ 기획재정부차관	○ 외교통상부차관
○ 산업통상자원부차관	○ 교육부차관
○ 한국철도관리공단 이사장	○ 국가철도공단 이사장
○ 한국철도공사 사장	

㉮ 1명 ㉯ 2명
㉰ 3명 ㉱ 4명

❀ **위원회의 위원**(영 제6조 제2항)
1. 기획재정부차관·교육부차관·과학기술정보통신부차관·행정안전부차관·산업통상자원부차관·고용노동부차관·국토교통부차관·해양수산부차관 및 공정거래위원회부위원장
2. 국가철도공단의 이사장
3. 한국철도공사의 사장

20 철도산업위원회 실무위원회의 위원자격에 대한 다음 설명 중 ( ) 안에 들어갈 말로 바른 것은?

기획재정부·교육부·안전행정부·산업통상자원부·고용고용노동부·국토교통부·공정거래위원회의 (ⓐ) 공무원, (ⓑ) 공무원 또는 고위공무원단에 속하는 (ⓒ) 공무원 중 그 소속기관장이 지명하는 자 1인

	ⓐ	ⓑ	ⓒ
㉮	1급	2급	특수직
㉯	3급	4급	일반직
㉰	2급	3급	일반직
㉱	3급	4급	경력직

❀ **실무위원회의 위원**(영 제10조 제4항)
1. 기획재정부·교육부·과학기술정보통신부·행정안전부·산업통상자원부·고용노동부·국토교통부·해양수산부 및 공정거래위원회의 3급 공무원, 4급 공무원 또는 고위공무원단에 속하는 일반직공무원중 그 소속기관의 장이 지명하는 자 각 1인
2. 국가철도공단의 임직원 중 국가철도공단이사장이 지명하는 자 1인
3. 한국철도공사의 임직원 중 한국철도공사사장이 지명하는 자 1인
4. 철도산업에 관한 전문성과 경험이 풍부한 자중에서 실무위원회의 위원장이 위촉하는 자

정답 19. ㉯ 20. ㉯

21 철도산업구조개혁기획단의 구성에 관한 다음 설명 중 틀린 것의 개수는?

> ○ 철도산업위원회의 활동을 지원하고 철도산업의 구조개혁 그 밖에 철도청장과 관련되는 일정 업무를 지원·수행하기 위해 국토교통부장관 소속하에 둔다.
> ○ 기획단은 단장 1인을 포함한 20인 이내의 단원으로 구성한다.
> ○ 단장은 국토교통부장관이 국토교통부의 3급 공무원, 고위공무원단에 속하는 일반직 공무원 중에서 임명한다.
> ○ 기획단의 조직·운영에 관해 필요한 세부사항은 대통령령으로 정한다.

㉮ 1개 ㉯ 2개
㉰ 3개 ㉱ 4개

- 위원회의 활동을 지원하고 철도산업의 구조개혁 그 밖에 철도정책과 관련되는 업무를 지원·수행하기 위하여 국토교통부장관소속하에 철도산업구조개혁기획단을 둔다(영 제11조 제1항).
- 기획단은 단장 1인과 단원으로 구성한다(영 제11조 제2항).
- 기획단의 단장은 국토교통부장관이 국토교통부의 3급 공무원 또는 고위공무원단에 속하는 일반직공무원 중에서 임명한다(영 제11조 제3항).
- 기획단의 조직 및 운영에 관하여 필요한 세부적인 사항은 국토교통부장관이 정한다(영 제11조 제5항).

22 철도산업의 육성에 관한 다음 설명 중 (   ) 안에 들어갈 말로 바르게 연결된 것은?

> 국가는 철도시설 투자를 추진함에 있어 (   )을 고려해야 한다.

㉮ 경제적·사회적 편익 ㉯ 사회적·환경적 편익
㉰ 경제적·환경적 편익 ㉱ 경제적·사회적·이용자의 편익

국가는 철도시설 투자를 추진함에 있어 사회적·환경적 편익을 고려하여야 한다(법 제7조 제1항).

23 다음 (   ) 안에 들어갈 말로 바른 것은?

> 국토교통부장관은 (   )의 변화에 따라 철도산업교육과정의 확대 등 필요조치를 관계중앙행정기관의 장에게 요청할 수 있다.

㉮ 철도산업환경
㉯ 철도산업전문인력의 수급
㉰ 철도시설 및 철도산업의 첨단화에 따른 환경
㉱ 철도산업구조

정답 21. ㉯ 22. ㉯ 23. ㉯

국토교통부장관은 철도산업전문인력의 수급의 변화에 따라 철도산업교육과정의 확대 등 필요한 조치를 관계중앙행정기관의 장에게 요청할 수 있다(법 제10조 제1항).

24 철도산업전문인력의 교육·훈련에 관한 다음 설명 중 틀린 것은?

㉮ 국토교통부장관은 철도산업종사자의 자질향상과 새로운 철도기술 및 그 운영기법의 향상을 위한 교육·훈련방안을 마련해야 한다.
㉯ 국토교통부장관이 철도산업전문연수기관과 협약을 체결한 경우에는 교육·훈련프로그램 중 지원대상이 되는 프로그램의 명칭, 협약체결기관의 산정방법, 협약체결신청방법 등에 관한 사항을 관보 또는 정기간행물의 등록 등에 관한 법률에 의해 보급지역을 전국으로 하여 등록한 2 이상의 일반일간신문에 공고해야 한다.
㉰ 철도산업 전문연수기관은 매년 전문인력수요조사를 실시하고 그 결과와 전문인력의 수급에 관한 의견을 국토교통부장관에게 제출할 수 있다.
㉱ 국토교통부장관은 새로운 철도기술과 운영기법의 향상을 위해 특히 필요하다고 인정하는 경우 정부투자기관·정부출연기관·정부가 출자한 회사 등으로 하여금 새로운 철도기술과 운영기법의 연구·개발에 투자하도록 권고할 수 있다.

국토교통부장관은 철도산업전문연수기관과 협약을 체결하고자 하는 경우에는 교육·훈련프로그램중 지원대상이 되는 교육·훈련프로그램의 명칭, 협약체결기관의 선정방법, 협약체결신청방법 등에 관한 사항을 관보 또는 보급지역을 전국으로 하여 등록한 2 이상의 일반일간신문에 공고하여야 한다(규칙 제2조 제3항).

25 다음 중 철도산업종사자의 자격제도를 다양화하고 질적 수준을 유지·발전시키기 위해 필요한 시책을 수행·시행해야 할 자는?

㉮ 국가
㉯ 국가·지자체
㉰ 국토교통부장관
㉱ 철도청장

국가는 철도산업종사자의 자격제도를 다양화하고 질적 수준을 유지·발전시키기 위하여 필요한 시책을 수립·시행하여야 한다(법 제10조 제2항).

정답 24. ㉯ 25. ㉮

26 다음 중 철도산업정보화기본계획에 포함될 내용에 해당되지 않는 것은 모두 몇 개인가?

> ○ 철도산업정보화의 여건 · 전망
> ○ 철도산업정보의 수집 · 조사 · 보안계획
> ○ 철도산업정보의 유통 및 이용활성화에 관한 사항
> ○ 철도산업정보화에 필요한 인력지원계획 및 비용

㉮ 1개   ㉯ 2개
㉰ 3개   ㉱ 4개

❊ **철도산업정보화기본계획에 포함되어야 할 사항**(영 제15조 제1항)
1. 철도산업정보화의 여건 및 전망
2. 철도산업정보화의 목표 및 단계별 추진계획
3. 철도산업정보화에 필요한 비용
4. 철도산업정보의 수집 및 조사계획
5. 철도산업정보의 유통 및 이용활성화에 관한 사항
6. 철도산업정보화와 관련된 기술개발의 지원에 관한 사항
7. 그 밖에 국토교통부장관이 필요하다고 인정하는 사항

27 국토교통부장관이 철도산업정보화기본계획의 수립 · 변경시 반드시 거쳐야 할 절차는?

㉮ 관련 중앙행정기관장과의 협의
㉯ 관계공무원 또는 관계전문가 등의 의견수렴
㉰ 철도산업위원회의 심의
㉱ 철도산업정보화위원회의 심의

국토교통부장관은 철도산업정보화기본계획을 수립 또는 변경하고자 하는 때에는 위원회의 심의를 거쳐야 한다(영 제15조 제2항).

28 철도산업정보센터에 관한 다음 설명 중 틀린 것은?

㉮ 철도산업정보센터의 설치 · 운영권자는 국토교통부장관이다.
㉯ 철도산업정보센터는 철도산업에 관한 정보를 효율적으로 수집 · 관리 및 제공하기 위해 설치 · 운영된다.
㉰ 철도산업정보센터는 철도산업정보의 수집 · 분석 · 보급 · 홍보업무 및 철도산업의 국제동향파악 및 국제협력사업의 지원업무를 행한다.
㉱ 국토교통부장관은 철도산업정보를 수집 · 관리 · 제공하는 자에게 예산범위 내에서 운영에 소요되는 비용을 지원해야 한다.

정답 26. ㉯ 27. ㉱ 28. ㉱

국토교통부장관은 철도산업에 관한 정보를 수집·관리 또는 제공하는 자에게 예산의 범위 안에서 운영에 소요되는 비용을 지원할 수 있다(영 제16조 제2항).

29 철도안전에 관한 다음 설명 중 틀린 것은?

㉮ 국가는 국민의 생명·신체·재산을 보호하기 위해 철도안전에 필요한 법적·제도적 장치를 마련하고 이에 필요한 재원을 확보해야 한다.
㉯ 철도시설관리자는 그 시설을 설치·관리함에 있어서 법령이 정하는 바에 따라 당해 시설의 안전상태를 유지하고, 당해 시설과 이를 이용하려는 철도차량간의 종합적인 성능검증 및 안전상태점검 등 안전확보에 필요한 조치를 해야 한다.
㉰ 철도운영자 또는 철도차량 및 장비 등의 제조업자는 법령이 정하는 바에 따라 철도의 안전운행 또는 그 제조하는 철도차량 및 장비 등의 구조·설비·장치의 안전성을 확보하고 이의 향상을 위해 노력해야 한다.
㉱ 국가는 객관적이고 공정한 철도사고조사를 촉진키 위해 전담기구와 전문인력을 확보해야 한다.

 국가는 국민의 생명·신체 및 재산을 보호하기 위하여 철도안전에 필요한 법적·제도적 장치를 마련하고 이에 필요한 재원을 확보하도록 노력하여야 한다(법 제14조 제1항).

30 철도서비스의 품질개선에 관한 다음 설명 중 틀린 것은?

㉮ 철도운영자는 그가 제공하는 철도서비스의 품질개선을 위해 노력해야 한다.
㉯ 국토교통부장관은 철도서비스의 품질개선 및 이용자의 편익을 높이기 위해 철도서비스의 품질을 평가하여 시책에 반영해야 한다.
㉰ 국토교통부장관은 필요한 경우 품질평가일 2주 전까지 철도운영자에게 품질평가계획을 통보한 후 수시품질평가를 실시할 수 있다.
㉱ 국토교통부장관은 품질평가결과를 확정하기 전에 철도서비스 품질평가위원회의 심의를 거쳐야 한다.

 국토교통부장관은 품질평가의 결과를 확정하기 전에 철도산업위원회의 심의를 거쳐야 한다(규칙 제3조 제3항).

31 다음 ( ) 안에 들어갈 말로 순서대로 바르게 연결된 것은?

> 국가는 철도산업의 경쟁력을 강화하고 발전기반의 조성을 위해 (　　　)과 (　　　)을 분리하는 철도산업의 구조개혁을 추진해야 한다.

㉮ 철도산업부문, 철도운영부문　　㉯ 철도시설부문, 철도운영부문
㉰ 철도운송부문, 철도시설부문　　㉱ 철도차량부문, 철도서비스부문

국가는 철도산업의 경쟁력을 강화하고 발전기반을 조성하기 위하여 철도시설 부문과 철도운영 부문을 분리하는 철도산업의 구조개혁을 추진하여야 한다(법 제17조 제1항).

32 다음 ( ) 안에 들어갈 말로 바른 것은?

> 국토교통부장관은 철도시설관리자와 철도운영자가 안전하고 효율적으로 선로를 사용할 수 있도록 하기 위해 (　　　)을 수립·고시하여야 한다.

㉮ 선로분배지침　　㉯ 선로배분지침
㉰ 선로구분지침　　㉱ 선로사용지침

국토교통부장관은 철도시설관리자와 철도운영자가 안전하고 효율적으로 선로를 사용할 수 있도록 하기 위하여 선로용량의 배분에 관한 지침(선로배분지침)을 수립·고시하여야 한다(영 제24조 제1항).

33 다음 ( ) 안에 들어갈 말로 바른 것은?

> 철도시설관리자와 철도운영자는 철도시설관리와 철도운영에 있어 상호협력이 필요한 분야에 대해 (　　　)을 작성하여 정기적으로 이를 교환하고, 이를 변경한 때에는 즉시 통보해야 한다.

㉮ 업무협력서　　㉯ 업무절차서
㉰ 업무계획서　　㉱ 업무교환서

철도시설관리자와 철도운영자는 철도시설관리와 철도운영에 있어 상호협력이 필요한 분야에 대하여 업무절차서를 작성하여 정기적으로 이를 교환하고, 이를 변경한 때에는 즉시 통보하여야 한다(영 제23조 제1항).

정답　31. ㉯　32. ㉯　33. ㉯

34 철도산업구조개혁기본계획에 관한 다음 설명 중 틀린 것은?

㉮ 국토교통부장관은 철도산업의 구조개혁을 효율적으로 추진하기 위해 철도산업구조개혁기본계획을 수립하여야 한다.
㉯ 국토교통부장관은 구조개혁계획을 수립하고자 하는 때에는 사전에 구조개혁계획과 관련 있는 행정기관의 장과 협의한 후 철도산업위원회의 심의를 거쳐야 한다.
㉰ 관계행정기관의 장은 당해 연도 연도별 시행계획을 전년도 12월말까지 국토교통부장관에게 제출해야 한다.
㉱ 관계행정기관의 장은 전년도 시행계획의 추진실적을 매년 2월말까지 국토교통부장관에게 제출해야 한다.

관계행정기관의 장은 당해 연도의 시행계획을 전년도 11월말까지 국토교통부장관에게 제출하여야 한다(영 제27조 제1항).

35 철도산업구조개혁 기본계획의 경미한 변경의 경우에는 동법 소정의 일정 절차를 밟지 않아도 되는데 다음 중 이에 해당되는 것은?

㉮ 철도산업구조개혁 기본계획 추진기간의 3월의 기간 내에서의 변경
㉯ 철도산업구조개혁 기본계획 추진기간의 6월의 기간 내에서의 변경
㉰ 철도산업구조개혁 기본계획 추진기간의 9월의 기간 내에서의 변경
㉱ 철도산업구조개혁 기본계획 추진기간의 1년의 기간 내에서의 변경

경미한 변경이라 함은 철도산업구조개혁기본계획 추진기간의 1년의 기간 내에서의 변경을 말한다(영 제26조).

36 관리청에 관한 다음 설명 중 맞는 것의 개수는?

> ○ 철도의 관리청은 국토교통부장관으로 한다.
> ○ 관리청은 관계 법령에 의해 철도시설의 건설 및 관리 등에 관한 그의 업무 일부를 대통령령이 정하는 바에 의해 한국철도시설관리공단으로 하여금 대행케 할 수 있다.
> ○ 관리청업무의 대행범위로는 국가추진 철도시설 건설사업의 집행, 국가소유 철도시설 사용료 징수 등 관리업무집행, 철도시설안전을 위해 국토교통부장관이 정할 업무집행 등이 있다.
> ○ 관리청의 업무대행자는 그 대행의 범위 안에서 동법과 그 밖의 철도에 관한 법률의 적용에 있어서는 그 철도의 관리청으로 추정된다.

㉮ 1개 ㉯ 2개
㉰ 3개 ㉱ 4개

정답 34. ㉰ 35. ㉱ 36. ㉯

- 철도의 관리청은 국토교통부장관으로 한다(법 제19조 제1항).
- 국토교통부장관은 이 법과 그 밖의 철도에 관한 법률에 규정된 철도시설의 건설 및 관리 등에 관한 그의 업무의 일부를 대통령령이 정하는 바에 의하여 설립되는 국가철도공단으로 하여금 대행하게 할 수 있다. 이 경우 대행하는 업무의 범위·권한의 내용 등에 관하여 필요한 사항은 대통령령으로 정한다(법 제19조 제2항).
- 국토교통부장관이 국가철도공단으로 하여금 대행하게 하는 경우 그 대행업무는 다음과 같다 (영 제28조).
  1. 국가가 추진하는 철도시설 건설사업의 집행
  2. 국가 소유의 철도시설에 대한 사용료 징수 등 관리업무의 집행
  3. 철도시설의 안전유지, 철도시설과 이를 이용하는 철도차량간의 종합적인 성능검증·안전상태점검 등 철도시설의 안전을 위하여 국토교통부장관이 정하는 업무
  4. 그 밖에 국토교통부장관이 철도시설의 효율적인 관리를 위하여 필요하다고 인정한 업무
- 국가철도공단은 국토교통부장관의 업무를 대행하는 경우에 그 대행하는 범위안에서 이 법과 그 밖의 철도에 관한 법률의 적용에 있어서는 그 철도의 관리청으로 본다(법 제19조 제3항).

37 다음 ( ) 안에 들어갈 말로 바른 것은?

국가는 철도시설 관련업무를 체계적이고 효율적으로 추진하기 위해 그 (ⓐ)으로서 철도청 및 (ⓑ)의 관련 조직을 통·폐합하여 특별법에 의해 (ⓒ)을 설립한다.

	ⓐ	ⓑ	ⓒ
㉮	운영조직	고속철도관리공단	한국도시철도공사
㉯	집행조직	고속철도건설공단	국가철도공단
㉰	추진조직	고속철도건설공단	한국도시철도공사
㉱	집행조직	고속철도관리공단	한국철도공사

국가는 철도시설 관련업무를 체계적이고 효율적으로 추진하기 위하여 그 집행조직으로서 철도청 및 고속철도건설공단의 관련 조직을 통·폐합하여 특별법에 의하여 국가철도공단을 설립한다(법 제20조 제3항).

정답 37. ㉯

38 철도시설 및 철도운영에 관한 다음 설명 중 틀린 것은?

㉮ 철도산업의 구조개혁추진에 있어서 철도시설은 국가가 소유하는 것을 원칙으로 한다.
㉯ 철도산업의 구조개혁추진에 있어서 철도운영 관련사업은 시장경제의 원리에 따라 국가 외의 자가 영위하는 것을 원칙으로 한다.
㉰ 국토교통부장관이 철도운영에 대해 수립·시행할 시책 중에는 공정한 경쟁여건의 조성에 관한 것도 포함된다.
㉱ 국가는 철도운영 관련사업의 효율적 경영을 위해 철도청 및 고속철도관리공단의 관련 조직을 전환하여 특별법에 의해 한국철도공사를 설립한다.

철도산업의 구조개혁을 추진함에 있어서 철도운영 관련사업은 시장경제원리에 따라 국가외의 자가 영위하는 것을 원칙으로 한다(법 제21조 제1항).

39 철도산업발전기본법상 철도자산의 구분항목으로 바르지 않은 것은?

㉮ 운영자산　　　　　　　　㉯ 관리자산
㉰ 시설자산　　　　　　　　㉱ 기타자산

❀ **철도자산**(법 제23조 제5항)
1. 철도청이 건설중인 시설자산
2. 고속철도건설공단이 건설중인 시설자산 및 운영자산
3. 고속철도건설공단의 기타자산

40 다음 ( ) 안에 들어갈 말로 바른 것은?

> 국토교통부장관은 철도자산을 구분하는 경우 (　　　　)(와)과 사전 협의하여 그 기준을 정한다.

㉮ 산업통상자원부장관　　　　㉯ 행정안전부장관
㉰ 기획재정부장관　　　　　　㉱ 국무총리

국토교통부장관은 철도자산을 구분하는 때에는 기획재정부장관과 미리 협의하여 그 기준을 정한다(법 제22조 제2항).

41 철도자산의 처리에 관한 다음 설명 중 틀린 것은?

㉮ 국토교통부장관은 대통령령이 정하는 바에 의해 철도산업의 구조개혁을 추진하기 위한 철도자산처리계획을 위원회의 심의를 거쳐 수립해야 한다.
㉯ 국토교통부장관은 국유재산법규정에 따라 철도자산처리계획에 의해 철도공사에 운영자산을 현물출자한다.
㉰ 국토교통부장관은 철도자산처리계획에 의해 철도청장으로부터 철도자산을 이관받으며, 그 관리업무를 국가철도공단, 철도공사, 관련 기관 및 단체 또는 대통령령 소정의 민간법인에 위탁하거나 그 자산을 사용·수익하게 할 수 있다.
㉱ 철도청장 또는 고속철도건설공단이사장이 철도자산의 인계·이관 등을 하고자 하는 때에는 그에 관한 서류를 작성하여 국토교통부장관의 승인을 얻어야 한다.

국가는 국유재산법의 규정에 불구하고 철도자산처리계획에 의하여 철도공사에 운영자산을 현물출자한다(법 제23조 제2항).

42 다음 중 국토교통부장관이 철도자산처리계획에 의해 철도청장으로부터 이관받는 철도자산에 속하지 않는 것의 개수는?

○ 철도청의 시설자산
○ 철도청이 건설 중인 시설자산
○ 철도청의 기타 자산

㉮ 0개 ㉯ 1개
㉰ 2개 ㉱ 3개

국토교통부장관은 철도자산처리계획에 의하여 철도청장으로부터 다음의 철도자산을 이관받으며, 그 관리업무를 국가철도공단, 철도공사, 관련 기관 및 단체 또는 대통령령이 정하는 민간법인에 위탁하거나 그 자산을 사용·수익하게 할 수 있다(법 제23조 제4항).
1. 철도청의 시설자산(건설중인 시설자산을 제외한다)
2. 철도청의 기타자산

정답 41. ㉯ 42. ㉯

43 국가철도공단은 철도자산처리계획에 의해 일정한 철도자산과 그에 관한 권리·의무를 포괄승계하는데 다음의 철도자산 중 그 완공시 국가에 귀속되는 것의 개수는?

> ○ 철도청의 시설자산
> ○ 철도청이 건설 중인 시설자산
> ○ 고속철도건설공단이 건설 중인 시설자산 및 운영자산
> ○ 고속철도건설공단의 기타 자산

㉮ 1개 ㉯ 2개
㉰ 3개 ㉱ 4개

국가철도공단은 철도자산처리계획에 의하여 다음의 철도자산과 그에 관한 권리와 의무를 포괄하여 승계한다. 이 경우 1. 및 2.의 철도자산이 완공된 때에는 국가에 귀속된다(법 제23조 제5항).
1. 철도청이 건설중인 시설자산
2. 고속철도건설공단이 건설중인 시설자산 및 운영자산
3. 고속철도건설공단의 기타자산

44 철도부채의 처리에 관한 다음 설명 중 틀린 것은?

㉮ 국토교통부장관은 기획재정부장관과 사전협의하여 철도청과 고속철도건설공단의 철도부채를 운영부채, 시설부채, 기타부채로 구분해야 한다.
㉯ 운영부채는 철도공사가, 시설부채는 국가철도공단이, 기타부채는 고속철도건설공단이 포괄승계한다.
㉰ 철도청장 또는 고속철도건설공단이사장이 철도부채를 인계하고자 하는 때에는 인계에 관한 서류를 작성하여 국토교통부장관의 승인을 얻어야 한다.
㉱ 철도부채의 인계시기와 인계하는 철도부채 등의 평가방법 및 평가기준일 등에 관한 사항은 대통령령으로 정한다.

운영부채는 철도공사가, 시설부채는 국가철도공단이 각각 포괄하여 승계하고, 기타부채는 일반회계가 포괄하여 승계한다(법 제24조 제2항).

45 다음은 철도부채 중 기타부채에 관한 설명이다. ( ) 안에 들어갈 말로 바른 것은?

> 철도부채 중 운영부채, 시설부채를 제외한 부채로서 철도사업특별회계가 부담하고 있는 철도부채 중 (　　) 에 대한 부채

㉮ 공공관리기금 ㉯ 공공자금관리기금
㉰ 공공관리회계기금 ㉱ 공공자금회계기금

정답 43. ㉰ 44. ㉯ 45. ㉯

기타부채 : 운영부채 및 시설부채의 철도부채를 제외한 부채로서 철도사업특별회계가 부담하고 있는 철도부채 중 공공자금관리기금에 대한 부채(법 제24조 제1항 제3호)

46 철도청직원 중 공무원신분을 계속 유지하는 자를 제외한 철도청직원 및 고속철도건설공단 직원의 고용을 포괄승계하는 자는?

㉮ 철도청 및 철도공사
㉯ 철도공사 및 국가철도공단
㉰ 철도공사 및 고속철도시설공단
㉱ 철도공사 및 철도관리공단

 철도공사 및 국가철도공단은 철도청 직원 중 공무원 신분을 계속 유지하는 자를 제외한 철도청 직원 및 고속철도건설공단 직원의 고용을 포괄하여 승계한다(법 제25조 제1항).

47 철도부채의 인계절차 및 시기에 관한 다음 설명에 대해 옳고 그른 것을 순서대로 바르게 연결한 것은?

> ○ 철도청장 또는 한국고속철도건설공단, 이사장이 철도부채의 인계에 관한 승인을 얻고자 하는 경우 일정사항이 기재된 승인신청서에 필요 서류를 첨부하여 국토교통부장관에게 제출해야 한다.
> ○ 운영부채는 한국철도공사가 그 공사의 설립등기일의 익일에 인계받는다.
> ○ 시설부채는 국가철도공단이 그 공단의 설립일에 인계받는다.
> ○ 기타부채는 일반회계가 2004년 1월 1일에 인계받는다.
> ○ 인계하는 철도부채의 평가기준일은 각 철도부채의 인계일의 전일로 한다.
> ○ 인계하는 철도부채의 평가가액은 평가기준일의 부채의 장부가액으로 한다.

㉮ ○, ○, ×, ○, ○, ○
㉯ ○, ×, ×, ○, ○, ○
㉰ ○, ○, ×, ×, ○, ○
㉱ ○, ×, ×, ×, ○, ○

 ❋ **철도부채의 인계절차 및 시기**(영 제33조)
① 철도청장 또는 한국고속철도건설공단이사장이 철도부채의 인계에 관한 승인을 얻고자 하는 때에는 인계 부채의 범위·목록 및 가액이 기재된 승인신청서에 인계에 필요한 서류를 첨부하여 국토교통부장관에게 제출하여야 한다.
② 철도부채의 인계시기는 다음과 같다.
  1. 한국철도공사가 운영부채를 인계받는 시기 : 한국철도공사의 설립등기일
  2. 국가철도공단이 시설부채를 인계받는 시기 : 2004년 1월 1일
  3. 일반회계가 기타부채를 인계받는 시기 : 2004년 1월 1일
③ 인계하는 철도부채의 평가기준일은 인계일의 전일로 한다.
④ 인계하는 철도부채의 평가가액은 평가기준일의 부채의 장부가액으로 한다.

정답 46. ㉯ 47. ㉯

48 철도산업발전기본법상 국토교통부장관에 의해 설정되는 철도시설을 관리하고 그 철도시설을 사용하거나 이용하는 자로부터 사용료를 징수할 수 있는 권리를 무엇이라 하는가?

㉮ 철도시설관리·징수권
㉯ 철도시설관리권
㉰ 철도시설감독권
㉱ 철도시설관리·감독권

국토교통부장관은 철도시설을 관리하고 그 철도시설을 사용하거나 이용하는 자로부터 사용료를 징수할 수 있는 권리(철도시설관리권)를 설정할 수 있다(법 제26조 제1항).

49 철도시설관리권에 관한 다음 내용 중 ( ) 안에 들어갈 말로 바르게 연결된 것은?

> 철도시설관리권은 이를 (ⓐ)으로 보며, 철도산업발전기본법에 특별규정이 있는 경우를 제외하고는 민법 중 (ⓑ)에 관한 규정을 준용한다.

	ⓐ	ⓑ
㉮	지적재산권	동 산
㉯	물 권	부동산
㉰	채 권	지명채권
㉱	절대권	산업소유권

철도시설관리권은 이를 물권으로 보며, 이 법에 특별한 규정이 있는 경우를 제외하고는 민법 중 부동산에 관한 규정을 준용한다(법 제27조).

50 철도시설관리대장에 관한 다음 설명 중 맞는 것은?

㉮ 철도시설을 관리하는 자는 그가 관리하는 철도시설의 관리대장을 작성·비치할 수 있다.
㉯ 철도시설관리대장의 작성·비치 및 기재사항 등에 관하여 필요한 사항은 대통령령으로 정한다.
㉰ 철도시설관리대장은 철도시설별로 작성하되, 일정사항을 기재해야 한다.
㉱ 철도시설관리대장에의 기재사항에 있어 도면 중 평면도는 철도시설 부근의 지형·방위·해발고도 등을 표시하여 축척 1,200분의 1로 작성한다.

정답 48. ㉯ 49. ㉯ 50. ㉱

- 철도시설을 관리하는 자는 그가 관리하는 철도시설의 관리대장을 작성·비치하여야 한다(법 제30조 제1항).
- 철도시설 관리대장의 작성·비치 및 기재사항 등에 관하여 필요한 사항은 국토교통부령으로 정한다(법 제30조 제2항).
- 철도시설관리대장은 철도노선별로 작성하되, 다음의 사항을 기재하여야 한다(규칙 제4조 제1항).
  1. 철도노선 및 철도시설의 현황 및 도면
  2. 철도시설의 신설·증설·개량 등의 변동현황
  3. 그 밖에 철도시설의 관리를 위하여 필요한 사항

51 철도시설관리권에 관한 다음 설명 중 틀린 것은?

㉮ 국토교통부장관은 철도시설관리권을 설정할 수 있는 권한이 있다.
㉯ 철도시설관리권의 설정을 받은 자는 대통령령이 정하는 바에 따라 국토교통부장관에게 등록해야 하며 변경시에도 마찬가지이다.
㉰ 저당권이 설정된 철도시설관리권은 저당권자의 동의하에 처분할 수 있다.
㉱ 철도시설관리권 또는 철도시설관리권을 목적으로 하는 저당권의 변동 및 처분제한은 당사자의 계약에 의해 그 효력이 발생한다.

철도시설관리권 또는 철도시설관리권을 목적으로 하는 저당권의 설정·변경·소멸 및 처분의 제한은 국토교통부에 비치하는 철도시설관리권등록부에 등록함으로써 그 효력이 발생한다(법 제29조 제1항).

52 철도시설의 사용에 관한 다음 설명 중 틀린 것은?

㉮ 철도시설을 사용하고자 하는 자는 대통령령이 정하는 바에 따라 관리청의 허가를 받거나 철도시설관리자와 사용계약을 체결하거나 그 시설사용계약자의 승낙을 얻어 사용할 수 있다.
㉯ 철도시설관리자 또는 시설사용계약자는 철도시설을 사용한 자로부터 사용료를 징수할 수 있으나 대통령령이 정하는 바에 의해 그 사용료의 전부·일부를 면제할 수 있다.
㉰ 철도시설 사용료를 징수함에 있어 철도의 사회·경제적 편익과 다른 교통수단과의 형평성 등이 고려되어야 한다.
㉱ 철도시설사용에 관한 관리청의 허가기준·절차·내용 등에 관한 사항은 국토교통부령이 정하는 바에 의한다.

철도시설 사용료의 징수기준 및 절차 등에 관하여 필요한 사항은 대통령령으로 정한다(법 제31조 제1항).

53 철도선로 등 사용계약에 있어서 그 최장 사용기간은?

㉮ 1년
㉯ 3년
㉰ 5년
㉱ 7년

 철도시설(선로등)에 대한 사용계약(선로등사용계약)은 당해 선로등을 여객 또는 화물운송을 목적으로 사용하고자 하는 경우에 한한다. 이 경우 그 사용기간은 5년을 초과할 수 없다(영 제35조 제2항).

54 선로 등 사용계약에 있어서의 사용조건에 포함될 사항이 아닌 것은?

㉮ 투입되는 철도차량의 종류·장비 및 길이·무게
㉯ 철도차량의 일일운행횟수·운행개시시각·운행종료시각 및 운행간격
㉰ 출발역·정차역 및 종착역
㉱ 철도여객 또는 화물운송서비스의 수준

 ❋ **선로 등 사용계약에 있어서 사용조건에 포함되어야 할 사항**(영 제35조 제3항)
1. 투입되는 철도차량의 종류 및 길이
2. 철도차량의 일일운행횟수·운행개시시각·운행종료시각 및 운행간격
3. 출발역·정차역 및 종착역
4. 철도운영의 안전에 관한 사항
5. 철도여객 또는 화물운송서비스의 수준

55 선로 등의 사용료의 한도에 관한 다음 설명 중 ( ) 안에 들어갈 말로 바른 것은?

국가 또는 지자체가 건설사업비의 전액을 부담한 선로 등외의 선로 등 : 당해 선로 등에 대한 (㉠) 총액과 (㉡)의 합계액

	㉠	㉡
㉮	건설비용	유지보수비용
㉯	유지보수비용	유효건설사업비
㉰	유지보수비용	총건설사업비
㉱	총건설비용	유지보수비용

정답 53. ㉰ 54. ㉮ 55. ㉰

❖ **선로등의 사용료**(영 제36조 제1항)
1. 국가 또는 지방자치단체가 건설사업비의 전액을 부담한 선로등 : 당해 선로등에 대한 유지보수비용의 총액
2. 선로등외의 선로등 : 당해 선로등에 대한 유지보수비용 총액과 총건설사업비(조사비·설계비·공사비·보상비 및 그 밖에 건설에 소요된 비용의 합계액에서 국가·지방자치단체 또는 수익자가 부담한 비용을 제외한 금액을 말한다)의 합계액

56 다음 중 사용신청자가 선로 등 사용계약신청서에 첨부하여 철도시설관리자에게 제출해야 할 첨부서류에 해당되지 않는 것은?

㉮ 철도여객 또는 화물운송사업의 자격을 증명할 수 있는 서류
㉯ 철도여객 또는 화물운송사업계획서
㉰ 운행하는 철도차량의 종류 및 중량을 나타내는 서류
㉱ 철도차량·운영시설의 규격 및 안전성을 확인할 수 있는 서류

선로등사용계약을 체결하고자 하는 자(사용신청자)는 선로등의 사용목적을 기재한 선로등사용계약신청서에 다음의 서류를 첨부하여 철도시설관리자에게 제출하여야 한다(영 제37조 제1항).
1. 철도여객 또는 화물운송사업의 자격을 증명할 수 있는 서류
2. 철도여객 또는 화물운송사업계획서
3. 철도차량·운영시설의 규격 및 안전성을 확인할 수 있는 서류

57 다음 ( ) 안에 들어갈 말로 바른 것은?

> ○ 철도시설관리자의 사용신청자에의 선로 등 사용계약체결에 관한 협의일정 통보시한 : 사용신청자로부터 선로 등 사용계약서를 제출받은 날로부터 (㉠) 이내
> ○ 선로 등 사용계약자의 선로 등 사용계약의 갱신신청기한 : 사용기간이 만료되기 (㉡) 전까지

	㉠	㉡
㉮	30일	9월
㉯	1월	10월
㉰	1월	9월
㉱	30일	10월

- 철도시설관리자는 선로등사용계약신청서를 제출받은 날부터 1월 이내에 사용신청자에게 선로등사용계약의 체결에 관한 협의일정을 통보하여야 한다(영 제37조 제2항).
- 선로등사용계약을 체결하여 선로등을 사용하고 있는 자(선로등사용계약자)는 그 선로등을 계속하여 사용하고자 하는 경우에는 사용기간이 만료되기 10월전까지 선로등사용계약의 갱신을 신청하여야 한다(영 제38조 제1항).

58 원인제공자가 부담하는 공익서비스비용의 범위에 해당되지 않는 것은?

㉮ 철도운영자가 다른 법령에 의하거나 국가정책 또는 공공목적을 위하여 철도운임·요금을 증액할 경우 그 증가액
㉯ 철도운영자가 다른 법령에 의하거나 국가정책 또는 공공목적을 위하여 철도운임·요금을 감면할 경우 그 감면액
㉰ 철도운영자가 경영개선을 위한 적절한 조치를 취하였음에도 불구하고 철도이용수요가 적어 수지균형의 확보가 극히 곤란하여 벽지의 노선 또는 역의 철도서비스를 제한 또는 중지하여야 되는 경우로서 공익목적을 위하여 기초적인 철도서비스를 계속함으로써 발생되는 경영손실
㉱ 철도운영자가 국가의 특수목적사업을 수행함으로써 발생되는 비용

❀ **원인제공자가 부담하는 공익서비스비용의 범위**(법 제32조 제2항)
1. 철도운영자가 다른 법령에 의하거나 국가정책 또는 공공목적을 위하여 철도운임·요금을 감면할 경우 그 감면액
2. 철도운영자가 경영개선을 위한 적절한 조치를 취하였음에도 불구하고 철도이용수요가 적어 수지균형의 확보가 극히 곤란하여 벽지의 노선 또는 역의 철도서비스를 제한 또는 중지하여야 되는 경우로서 공익목적을 위하여 기초적인 철도서비스를 계속함으로써 발생되는 경영손실
3. 철도운영자가 국가의 특수목적사업을 수행함으로써 발생되는 비용

59 공익서비스비용 보상예산의 확보에 관한 다음 내용 중 ( ) 안에 들어갈 말로 바르게 연결된 것은?

> ○ 철도운영자는 매년 (㉠)까지 국가부담비용추정서를 국토교통부장관에게 제출해야 한다.
> ○ 국토교통부장관이 국가부담비용추정서를 제출받은 때에는 관계행정기관장과 협의하여 다음 연도의 국토교통부소관 (㉡)에 그 비용을 계상해야 한다.

	㉠	㉡
㉮	1월말	일반회계
㉯	2월말	특별회계
㉰	3월말	일반회계
㉱	4월말	특별회계

정답 58. ㉮ 59. ㉰

- 철도운영자는 매년 3월말까지 국가가 다음 연도에 부담하여야 하는 공익서비스비용(국가부담비용)의 추정액, 당해 공익서비스의 내용 그 밖의 필요한 사항을 기재한 국가부담비용추정서를 국토교통부장관에게 제출하여야 한다(영 제40조 제1항).
- 국토교통부장관은 국가부담비용추정서를 제출받은 때에는 관계행정기관의 장과 협의하여 다음 연도의 국토교통부소관 일반회계에 국가부담비용을 계상하여야 한다(영 제40조 제2항).

60 다음 중 철도운영자가 국가부담비용의 지급신청시 국가부담비용지급신청서에 첨부해야 할 서류에 해당되지 않는 것은?

㉮ 국가부담비용지급신청액・산정내역서
㉯ 당해 연도의 예상수입・지출명세서
㉰ 최근 3년간 지급받은 국가부담비용내역서
㉱ 원가계산서

철도운영자는 국가부담비용의 지급을 신청하고자 하는 때에는 국토교통부장관이 지정하는 기간 내에 국가부담비용지급신청서에 다음의 서류를 첨부하여 국토교통부장관에게 제출하여야 한다(영 제41조 제1항).
1. 국가부담비용지급신청액 및 산정내역서
2. 당해 연도의 예상수입・지출명세서
3. 최근 2년간 지급받은 국가부담비용내역서
4. 원가계산서

61 다음 ( ) 안에 들어갈 말로 바르게 연결된 것은?

> 국토교통부장관은 철도운영자의 국가부담비용지급신청서를 제출받은 때에는 이를 검토하여 매 (ⓐ)마다 (ⓑ)에 국가부담비용을 지급하여야 한다.

	ⓐ	ⓑ
㉮	분기	분기초
㉯	반기	반기초
㉰	분기	분기말
㉱	반기	반기말

국토교통부장관은 국가부담비용지급신청서를 제출받은 때에는 이를 검토하여 매 반기마다 반기초에 국가부담비용을 지급하여야 한다(영 제41조 제2항).

정답 60. ㉰ 61. ㉯

62 다음 ( ) 안에 들어갈 말로 바른 것은?

> 국가부담비용을 지급받은 철도운영자는 당해 (ⓐ)가 끝난 후 (ⓑ) 이내에 국가부담비용정산서에 일정서류를 첨부하여 국토교통부장관에게 제출해야 한다.

	ⓐ	ⓑ
㉮	분기	15일
㉯	반기	15일
㉰	분기	30일
㉱	반기	30일

국가부담비용을 지급받은 철도운영자는 당해 반기가 끝난 후 30일 이내에 국가부담비용정산서에 수입·지출명세서, 수입·지출증빙서류, 그 밖에 현금흐름표 등 회계관련 서류를 첨부하여 국토교통부장관에게 제출하여야 한다(영 제42조 제1항).

63 공익서비스제공에 따른 보상계약의 체결에 관한 설명 중 틀린 것은?
㉮ 원인제공자는 철도운영자와 공익서비스비용보상에 관한 계약을 체결해야 한다.
㉯ 원인제공자는 철도운영자와 보상계약을 체결한 후 계약내용에 관해 국토교통부장관 또는 기획재정부장관과 사전협의해야 한다.
㉰ 국토교통부장관은 공익서비스이용의 객관성과 공정성을 확보하기 위해 필요한 때에는 국토교통부령이 정하는 바에 의해 전문기관을 지정, 그 기관으로 하여금 공익서비스의 산정 및 평가 등의 업무를 담당하게 할 수 있다.
㉱ 보상계약체결에 관해 원인제공자와 철도운영자의 협의가 미성립시 원인제공자 또는 철도운영자의 신청에 의해 철도산업위원회가 이를 조정할 수 있다.

원인제공자는 철도운영자와 보상계약을 체결하기 전에 계약내용에 관하여 국토교통부장관 및 기획재정부장관과 미리 협의하여야 한다(법 제33조 제3항).

정답 62. ㉱ 63. ㉯

64
다음 중 철도시설관리자와 철도운영자가 특정노선폐지 등의 승인신청을 할 수 있는 사유에 해당되지 않는 것의 개수는?

> ○ 승인신청자가 철도서비스를 제공하고 있는 노선 또는 역에 대해 철도경영개선을 위한 적절한 조치를 취하였음에도 수지균형의 확보가 곤란한 경우
> ○ 공익서비스제공에 따른 보상계약체결에도 불구하고 공익서비스이용에 대한 적정한 보상이 이루어지지 아니한 경우
> ○ 원인제공자가 공익서비스비용을 부담하지 아니한 경우
> ○ 공익서비스제공에 따른 보상계약의 체결에 있어 협의가 미성립시 원인제공자가 철도산업위원회의 조정에 따르지 아니한 경우

㉮ 1개　　　　　　　　　㉯ 2개
㉰ 3개　　　　　　　　　㉱ 4개

철도시설관리자와 철도운영자는 다음에 해당하는 경우에 국토교통부장관의 승인을 얻어 특정노선 및 역의 폐지와 관련 철도서비스의 제한 또는 중지 등 필요한 조치를 취할 수 있다(법 제34조 제1항).
1. 승인신청자가 철도서비스를 제공하고 있는 노선 또는 역에 대하여 철도의 경영개선을 위한 적절한 조치를 취하였음에도 불구하고 수지균형의 확보가 극히 곤란하여 경영상 어려움이 발생한 경우
2. 보상계약체결에도 불구하고 공익서비스비용에 대한 적정한 보상이 이루어지지 아니한 경우
3. 원인제공자가 공익서비스비용을 부담하지 아니한 경우
4. 원인제공자가 조정에 따르지 아니한 경우

65
특정노선폐지 등의 승인신청서에 첨부할 서류에 관한 다음 내용 중 ( ) 안에 들어갈 말로 순서대로 바르게 연결된 것은?

> ○ 과거 (　　) 이상의 기간 동안의 1일 평균 철도서비스의 수요기재서류
> ○ 과거 (　　) 이상의 기간 동안의 수입·비용 및 영업손실액에 관한 회계보고서
> ○ 향후 (　　) 동안의 1일 평균 철도서비스 수요에 대한 전망에 관한 서류
> ○ 과거 (　　) 동안의 공익서비스비용의 전체규모 및 원인제공자가 부담한 공익서비스 비용규모에 관한 서류

㉮ 1월 - 1년 - 3년 - 3년　　　㉯ 3월 - 1년 - 5년 - 5년
㉰ 5월 - 1년 - 3년 - 3년　　　㉱ 6월 - 1년 - 5년 - 5년

❀ **특정노선 폐지 등의 승인신청서의 첨부서류**(영 제44조)
1. 승인신청 사유
2. 등급별·시간대별 철도차량의 운행빈도, 역수, 종사자수 등 운영현황
3. 과거 6월 이상의 기간 동안의 1일 평균 철도서비스 수요

정답　64. ㉮　65. ㉱

4. 과거 1년 이상의 기간 동안의 수입·비용 및 영업손실액에 관한 회계보고서
5. 향후 5년 동안의 1일 평균 철도서비스 수요에 대한 전망
6. 과거 5년 동안의 공익서비스비용의 전체규모 및 원인제공자가 부담한 공익서비스 비용의 규모
7. 대체수송수단의 이용가능성

66 다음 특정노선폐지에 관한 실태조사에 관한 내용으로 틀린 것은?

㉮ 국토교통부장관은 승인신청을 받은 때에는 당해 노선 및 역의 운영현황 또는 철도서비스의 제공현황에 관하여 실태조사를 실시하여야 한다.
㉯ 국토교통부장관은 필요한 경우에는 관계 지방자치단체를 실태조사에 참여시킬 수 있다.
㉰ 국토교통부장관은 필요한 경우에는 관련 전문기관을 실태조사에 참여시킬 수 있다.
㉱ 국토교통부장관은 실태조사의 결과를 위원회에 통보하여야 한다.

국토교통부장관은 실태조사의 결과를 위원회에 보고하여야 한다(영 제45조 제3항).

67 특정노선폐지 등의 승인에 관한 다음 설명 중 틀린 것은?

㉮ 철도시설관리자와 철도운영자는 국토교통부장관의 승인을 얻어 특정 노선 및 역의 폐지와 관련 철도서비스의 제한 또는 중지 등 필요조치를 취할 수 있다.
㉯ 국토교통부장관은 승인신청서가 제출된 경우 원인제공자 및 관계 행정기관장과 협의 후 위원회의 심의를 거쳐 승인 여부를 결정하고, 그 결과를 신청자에게 통보해야 하며 그 승인사실을 관보에 공고해야 한다.
㉰ 국토교통부장관은 노선폐지 등의 조치가 공익을 저해하거나 노선폐지 등의 조치가 대체교통수단 미흡 등으로 교통서비스 제공에 지장을 초래한다고 인정되는 경우 승인을 유예할 수 있다.
㉱ 국토교통부장관은 승인을 하지 아니함에 따라 철도운영자인 승인신청자가 경영상 중대한 영업손실을 받은 경우 그 손실을 보상할 수 있다.

국토교통부장관은 특정노선 폐지 등의 승인에 해당되는 경우에도 다음에 해당하는 경우에는 승인을 하지 아니할 수 있다(법 제35조 제1항).
1. 제노선 폐지 등의 조치가 공익을 현저하게 저해한다고 인정하는 경우
2. 노선 폐지 등의 조치가 대체교통수단 미흡 등으로 교통서비스 제공에 중대한 지장을 초래한다고 인정하는 경우

정답 66. ㉱ 67. ㉰

68 특정노선폐지 등의 공고시한으로 맞는 것은?

㉮ 특정노선의 폐지승인일로부터 14일 이내
㉯ 특정노선의 폐지승인일로부터 30일 이내
㉰ 특정노선의 폐지승인일로부터 1월 이내
㉱ 특정노선의 폐지승인일로부터 2월 이내

국토교통부장관은 승인을 한 때에는 그 승인이 있은 날부터 1월 이내에 폐지되는 특정노선 및 역 또는 제한·중지되는 철도서비스의 내용과 그 사유를 국토교통부령이 정하는 바에 따라 공고하여야 한다(영 제46조).

69 다음 중 특정노선폐지 등에 따라 수립·시행될 수송대책에 포함될 내용이 아닌 것은?

㉮ 수송여건의 분석
㉯ 대중교통과의 연계에 관한 사항
㉰ 대체수송에 필요한 재원의 조달
㉱ 그 밖에 수송대책의 효율적 시행을 위해 필요한 사항

❈ **특정노선 폐지 등에 따른 수송대책의 수립에 포함되어야 할 사항**(영 제47조)
1. 수송여건 분석
2. 대체수송수단의 운행횟수 증대, 노선조정 또는 추가투입
3. 대체수송에 필요한 재원조달
4. 그 밖에 수송대책의 효율적 시행을 위하여 필요한 사항

70 철도산업발전기본법상의 비상사태시 처분에 관한 다음 설명 중 틀린 것은?

㉮ 비상사태에 해당되는 경우로는 천재·지변·전시·사변, 철도교통의 심각한 장애 그 밖에 이에 준하는 사태를 들 수 있다.
㉯ 국토교통부장관은 비상사태로 인해 철도서비스에 중대한 차질이 발생하거나 발생우려가 있다고 인정하는 경우 필요조치를 할 수 있다.
㉰ 국토교통부장관은 필요조치의 시행을 위해 관계 행정기관의 장에게 필요한 협조요청을 할 수 있으며 관계 행정기관장은 이에 협조해야 한다.
㉱ 국토교통부장관은 필요조치사유가 소멸되었다고 인정하는 때에는 철도산업위원회의 심의를 거쳐 즉시 비상사태를 해제해야 한다.

국토교통부장관은 비상사태 조치를 한 사유가 소멸되었다고 인정하는 때에는 지체없이 이를 해제하여야 한다(법 제36조 제3항).

정답 68. ㉰ 69. ㉯ 70. ㉱

71 특정노선폐지 등의 승인에 의한 철도서비스의 제한 또는 중지에 따른 신규운영자의 선정에 관한 설명으로 틀린 것은?

㉮ 국토교통부장관은 철도운영자인 승인신청자(이하 "기존운영자")가 제한 또는 중지하고자 하는 특정 노선 및 역에 관한 철도서비스를 새로운 철도운영자(이하 "신규운영자")로 하여금 제공하게 하는 것이 타당하다고 인정하는 때에는 신규운영자를 선정할 수 있다.
㉯ 국토교통부장관은 신규운영자를 선정하고자 하는 때에는 원인제공자와 협의하여 수의계약방식으로 신규운영자를 선정하여야 한다.
㉰ 원인제공자는 신규운영자와 보상계약을 체결하여야 하며, 기존운영자는 당해 철도서비스 등에 관한 인수인계서류를 작성하여 신규운영자에게 제공하여야 한다.
㉱ 신규운영자 선정의 구체적인 방법, 인수인계절차 그 밖의 필요한 사항은 국토교통부령으로 정한다.

국토교통부장관은 신규운영자를 선정하고자 하는 때에는 원인제공자와 협의하여 경쟁에 의한 방법으로 신규운영자를 선정하여야 한다(영 제48조 제2항).

72 국토교통부장관은 비상사태시 철도서비스의 수급안정을 위해 대통령령이 정하는 사항에 관해 조정·명령 등 필요한 조치를 취할 수 있는 바 다음 중 대통령령 소정의 사항에 해당되지 않는 것은?

㉮ 철도시설의 임시사용
㉯ 철도시설의 사용 및 접근금지
㉰ 철도시설의 긴급복구 및 복구지원
㉱ 철도역 및 철도차량에 대한 수색 등

❀ **비상사태시 처분**(영 제49조)
1. 철도시설의 임시사용
2. 철도시설의 사용제한 및 접근 통제
3. 철도시설의 긴급복구 및 복구지원
4. 철도역 및 철도차량에 대한 수색 등

73 철도건설 등의 비용부담에 있어서 수익자가 부담해야 할 비용에 관해 협의 미성립시 철도시설관리자나 수익자의 신청에 의해 조정권한을 가지는 기관은?

㉮ 철도청　　　　　　　　　　㉯ 철도공사
㉰ 철도산업위원회　　　　　　㉱ 고속철도시설공단

정답 71. ㉯　72. ㉯　73. ㉰

수익자가 부담하여야 할 비용은 철도시설관리자와 수익자가 협의하여 정한다. 이 경우 협의가 성립되지 아니하는 때에는 철도시설관리자 또는 수익자의 신청에 의하여 위원회가 이를 조정할 수 있다(법 제37조 제2항).

74 다음 중 국토교통부장관이 철도공사에 위탁하는 업무는?

㉮ 철도산업정보센터의 설치·운영업무
㉯ 철도시설유지보수 시행업무
㉰ 철도교통관제시설의 관리업무
㉱ 철도교통관제업무

 국토교통부장관은 이 법에 따른 권한의 일부를 특별시장·광역시장·도지사·특별자치도지사 또는 지방교통관서의 장에 위임하거나 관계 행정기관·국가철도공단·철도공사·정부출연연구기관에게 위탁할 수 있다. 다만, 철도시설유지보수 시행업무는 철도공사에 위탁한다(법 제38조).

75 철도산업발전기본법상 필수적 청문사항에 해당하는 것은?

㉮ 국토교통부장관이 철도산업구조개혁 기본계획을 수립하는 경우
㉯ 국토교통부장관이 비상사태시 처분을 하고자 하는 경우
㉰ 국토교통부장관이 철도건설 등의 비용부담에 대해 철도시설관리자에게 승인을 하고자 하는 경우
㉱ 국토교통부장관이 특정노선 및 역의 폐지와 이와 관련된 철도서비스의 제한 또는 중지에 대한 승인을 하고자 하는 경우

 국토교통부장관은 특정 노선 및 역의 폐지와 이와 관련된 철도서비스의 제한 또는 중지에 대한 승인을 하고자 하는 때에는 청문을 실시하여야 한다(법 제39조).

76 다음 중 철도산업발전기본법상 가장 무겁게 처벌되는 경우는?

㉮ 국토교통부장관의 승인을 얻지 아니하고 특정노선 및 역을 폐지하거나 철도서비스를 제한 또는 중지한 자
㉯ 사위 기타 부정한 방법으로 철도시설 사용허가를 받은 자
㉰ 철도시설 사용허가를 받지 아니하고 철도시설을 사용한 자
㉱ 비상사태시의 국토교통부장관의 대체수송수단 및 수송료의 확보에 관한 조정·명령 등의 조치를 위반한 자

정답 74. ㉯ 75. ㉱ 76. ㉮

국토교통부장관의 승인을 얻지 아니하고 특정 노선 및 역을 폐지하거나 철도서비스를 제한 또는 중지한 자는 3년 이하의 징역 또는 5천만원 이하의 벌금에 처한다(법 제40조 제1항).

77 다음 중 처벌의 종류가 다른 하나는?

㉮ 비상사태시 철도이용의 제한 또는 금지에 관한 국토교통부장관의 조정·명령 등의 조치위반
㉯ 비상사태시 수송통제에 관한 국토교통부장관의 조정·명령 등의 조치위반시
㉰ 비상사태시 철도서비스 인력투입에 관한 조정·명령 등의 위반시
㉱ 비상사태시 임시열차의 편성·운행에 관한 국토교통부장관의 조정·명령 등의 위반시

㉮는 1천만원 이하의 과태료에 해당한고 나머지는 2년 이하의 징역 또는 3천만원 이하의 벌금에 해당한다(법 제40조 제2항, 제42조 제1항).

78 다음 과태료의 부과 및 징수에 관한 내용으로 틀린 것은?

㉮ 과태료는 대통령령으로 정하는 바에 따라 국토교통부장관이 부과·징수한다.
㉯ 국토교통부장관이 과태료를 부과하는 때에는 당해 위반행위를 조사·확인한 후 위반사실·과태료 금액·이의제기의 방법 및 기간 등을 서면으로 명시하여 이를 납부할 것을 과태료처분대상자에게 통지하여야 한다.
㉰ 국토교통부장관은 과태료를 부과하고자 하는 때에는 30일 이상의 기간을 정하여 과태료처분대상자에게 구술 또는 서면에 의한 의견진술의 기회를 주어야 한다.
㉱ 국토교통부장관은 과태료의 금액을 정함에 있어서는 당해 위반행위의 동기·정도·횟수 등을 참작하여야 한다.

국토교통부장관은 과태료를 부과하고자 하는 때에는 10일 이상의 기간을 정하여 과태료처분대상자에게 구술 또는 서면에 의한 의견진술의 기회를 주어야 한다(영 제51조 제2항).

79 다음 중 철도산업발전기본법의 목표로서 적당하지 않는 것은?

㉮ 철도산업의 효율성 향상
㉯ 철도산업의 공익성 향상
㉰ 국민경제의 발전에 이바지
㉱ 철도산업의 수익성 증대

정답 77. ㉮ 78. ㉰ 79. ㉱

이 법은 철도산업의 경쟁력을 높이고 발전기반을 조성함으로써 철도산업의 효율성 및 공익성의 향상과 국민경제의 발전에 이바지함을 목적으로 한다(법 제1조).

80 다음 중 철도산업발전기본법의 용어의 정의로 잘못된 것은?

㉮ "철도운영"이라 함은 철도운송·철도시설·철도차량 관련산업과 철도기술개발관련산업 그 밖에 철도의 개발·이용·관리와 관련된 산업을 말한다.
㉯ "공익서비스"라 함은 철도운영자가 영리목적의 영업활동과 관계없이 국가 또는 지방자치단체의 정책이나 공공목적 등을 위하여 제공하는 철도서비스를 말한다.
㉰ "철도차량"이라 함은 선로를 운행할 목적으로 제작된 동력차·객차·화차 및 특수차를 말한다.
㉱ "철도시설의 유지보수"라 함은 기존 철도시설의 현상유지 및 성능향상을 위한 점검·보수·교체·개량 등 일상적인 활동을 말한다.

철도운영이라 함은 철도와 관련된 다음에 해당하는 것을 말한다(법 제3조 제3호).
1. 철도 여객 및 화물 운송
2. 철도차량의 정비 및 열차의 운행관리
3. 철도시설·철도차량 및 철도부지 등을 활용한 부대사업개발 및 서비스

81 다음 중 철도산업발전기본법의 용어의 정의로 잘못된 것은?

㉮ "철도시설관리자"라 함은 한국철도공사 등 철도운영에 관한 업무를 수행하는 자를 말한다.
㉯ "철도산업"이라 함은 철도운송·철도시설·철도차량 관련산업과 철도기술개발관련산업 그 밖에 철도의 개발·이용·관리와 관련된 산업을 말한다.
㉰ "철도"라 함은 여객 또는 화물을 운송하는 데 필요한 철도시설과 철도차량 및 이와 관련된 운영·지원체계가 유기적으로 구성된 운송체계를 말한다.
㉱ "철도차량"이라 함은 선로를 운행할 목적으로 제작된 동력차·객차·화차 및 특수차를 말한다.

철도시설관리자라 함은 철도시설의 건설 및 관리 등에 관한 업무를 수행하는 자로서 다음에 해당하는 자를 말한다(법 제3조 제9호).
1. 관리청
2. 국가철도공단
3. 철도시설관리권을 설정받은 자
4. 철도시설의 관리를 대행·위임 또는 위탁받은 자

정답 80. ㉮ 81. ㉮

82 다음 중 괄호 안에 들어갈 용어로 올바른 것은?

> 철도운영자가 영리목적의 영업활동과 관계없이 국가 또는 지방자치단체의 정책이나 공공목적 등을 위하여 제공하는 철도서비스를 (   )라고 말한다.

㉮ 철도시설의 유지보수
㉯ 철도운영
㉰ 운영서비스
㉱ 공익서비스

공익서비스라 함은 철도운영자가 영리목적의 영업활동과 관계없이 국가 또는 지방자치단체의 정책이나 공공목적 등을 위하여 제공하는 철도서비스를 말한다(법 제3조 제11호).

83 다음 중 철도산업발전기본법상의 철도운영에 해당되지 않는 것은?

㉮ 철도 여객 및 화물 운송
㉯ 철도직원노조와의 임금협상
㉰ 철도차량의 정비 및 열차의 운행관리
㉱ 철도시설·철도차량 및 철도부지 등을 활용한 부대사업개발 및 서비스

철도운영이라 함은 철도와 관련된 다음에 해당하는 것을 말한다(법 제3조 제3호).
1. 철도 여객 및 화물 운송
2. 철도차량의 정비 및 열차의 운행관리
3. 철도시설·철도차량 및 철도부지 등을 활용한 부대사업개발 및 서비스

84 다음 중 철도산업발전기본법상의 철도시설에 해당되지 않는 것은?

㉮ 철도의 전철전력설비, 정보통신설비, 신호 및 열차제어설비
㉯ 철도기술의 개발·시험 및 연구를 위한 시설
㉰ 철도시설관리자 등의 기숙시설
㉱ 철도경영연수 및 철도전문인력의 교육훈련을 위한 시설

❀ **철도시설**(법 제3조 제2호)
1. 철도의 선로(선로에 부대되는 시설을 포함한다), 역시설(물류시설·환승시설 및 편의시설 등을 포함한다) 및 철도운영을 위한 건축물·건축설비
2. 선로 및 철도차량을 보수·정비하기 위한 선로보수기지, 차량정비기지 및 차량유치시설
3. 철도의 전철전력설비, 정보통신설비, 신호 및 열차제어설비
4. 철도노선간 또는 다른 교통수단과의 연계운영에 필요한 시설
5. 철도기술의 개발·시험 및 연구를 위한 시설
6. 철도경영연수 및 철도전문인력의 교육훈련을 위한 시설
7. 그 밖에 철도의 건설·유지보수 및 운영을 위한 시설로서 대통령령이 정하는 시설

정답 82. ㉱ 83. ㉯ 84. ㉰

85 다음 중 철도산업발전기본법상의 철도시설관리자에 해당되지 않는 자는?

㉮ 국가철도공단
㉯ 철도시설관리권을 설정받은 자
㉰ 철도시설의 관리를 대행·위임 또는 위탁받은 자
㉱ 한국철도공사 등 철도운영에 관한 업무를 수행하는 자

철도시설관리자라 함은 철도시설의 건설 및 관리 등에 관한 업무를 수행하는 자로서 다음에 해당하는 자를 말한다(법 제3조 제9호).
1. 관리청
2. 국가철도공단
3. 철도시설관리권을 설정받은 자
4. 철도시설의 관리를 대행·위임 또는 위탁받은 자

86 철도산업발전기본법상 여객 또는 화물을 운송하는 데 필요한 철도시설과 철도차량 및 이와 관련된 운영·지원체계가 유기적으로 구성된 운송체계를 무엇이라 하는가?

㉮ 철도
㉯ 철도시설
㉰ 정거장
㉱ 철도운송체계

철도: 여객 또는 화물을 운송하는 데 필요한 철도시설과 철도차량 및 이와 관련된 운영·지원체계가 유기적으로 구성된 운송체계를 말한다(법 제3조 제1호).

87 다음은 철도산업발전기본법상의 철도산업시책의 기본방향에 대한 설명이다. 잘못된 것은?

㉮ 국가는 철도산업시책을 수립하여 시행함에 있어서 효율성과 공익적 기능을 고려하여야 한다.
㉯ 철도운영자는 철도산업시책과 철도투자·안전 등 관련 시책을 효율적으로 추진하기 위하여 필요한 조직과 인원을 확보하여야 한다.
㉰ 국가는 에너지이용의 효율성, 환경친화성 및 수송효율성이 높은 철도의 역할이 국가의 건전한 발전과 국민의 교통편익 증진을 위하여 필수적인 요소임을 인식하여 적정한 철도수송분담의 목표를 설정하여 유지하고 이를 위한 철도시설을 확보하는 등 철도산업발전을 위한 여러 시책을 마련하여야 한다.
㉱ 국토교통부장관은 철도산업의 육성과 발전을 촉진하기 위하여 5년 단위로 철도산업발전기본계획을 수립하여 시행하여야 한다.

정답 85. ㉱ 86. ㉮ 87. ㉯

국가는 철도산업시책과 철도투자·안전 등 관련 시책을 효율적으로 추진하기 위하여 필요한 조직과 인원을 확보하여야 한다(법 제4조 제3항).

88 다음 중 괄호 안에 들어갈 숫자로 올바른 것은?

> 국토교통부장관은 철도산업의 육성과 발전을 촉진하기 위하여 (   ) 단위로 철도산업발전기본계획을 수립하여 시행하여야 한다.

㉮ 1년 ㉯ 3년
㉰ 5년 ㉱ 10년

국토교통부장관은 철도산업의 육성과 발전을 촉진하기 위하여 5년 단위로 철도산업발전기본계획(기본계획)을 수립하여 시행하여야 한다(법 제5조 제1항).

89 다음 중 철도산업발전기본법상 철도산업발전기본계획의 수립주체는 누구인가?

㉮ 대통령 ㉯ 국무총리
㉰ 국토교통부장관 ㉱ 철도운영자

국토교통부장관은 철도산업의 육성과 발전을 촉진하기 위하여 5년 단위로 철도산업발전기본계획(기본계획)을 수립하여 시행하여야 한다(법 제5조 제1항).

90 다음 중 철도산업발전기본법상의 철도산업발전기본계획에 포함되어야 할 사항이 아닌 것은?

㉮ 철도산업 육성시책의 기본방향에 관한 사항
㉯ 철도시설의 투자·건설·유지보수 및 이를 위한 재원확보에 관한 사항
㉰ 철도산업 전문인력의 양성에 관한 사항
㉱ 기본계획의 당해 연도의 계획 및 전년도의 추진실적에 관한 사항

❀ **기본계획에 포함되어야 할 사항**(법 제5조 제2항)
1. 철도산업 육성시책의 기본방향에 관한 사항
2. 철도산업의 여건 및 동향전망에 관한 사항
3. 철도시설의 투자·건설·유지보수 및 이를 위한 재원확보에 관한 사항
4. 각종 철도간의 연계수송 및 사업조정에 관한 사항
5. 철도운영체계의 개선에 관한 사항
6. 철도산업 전문인력의 양성에 관한 사항

7. 철도기술의 개발 및 활용에 관한 사항
8. 그 밖에 철도산업의 육성 및 발전에 관한 사항으로서 대통령령이 정하는 사항

91 다음 중 철도산업발전기본법상의 철도산업발전기본계획에 포함되어야 할 사항이 아닌 것은?

㉮ 기본계획의 수립 또는 변경에 관한 사항
㉯ 철도기술의 개발 및 활용에 관한 사항
㉰ 각종 철도간의 연계수송 및 사업조정에 관한 사항
㉱ 철도산업 육성시책의 기본방향에 관한 사항

❊ **기본계획에 포함되어야 할 사항**(법 제5조 제2항)
1. 철도산업 육성시책의 기본방향에 관한 사항
2. 철도산업의 여건 및 동향전망에 관한 사항
3. 철도시설의 투자·건설·유지보수 및 이를 위한 재원확보에 관한 사항
4. 각종 철도간의 연계수송 및 사업조정에 관한 사항
5. 철도운영체계의 개선에 관한 사항
6. 철도산업 전문인력의 양성에 관한 사항
7. 철도기술의 개발 및 활용에 관한 사항
8. 그 밖에 철도산업의 육성 및 발전에 관한 사항으로서 대통령령이 정하는 사항

92 철도산업발전기본법상 철도산업에 관한 기본계획 및 중요정책 등을 심의·조정하기 위하여 국토교통부에 두는 위원회는 다음 중 어느 것인가?

㉮ 공정거래위원회 ㉯ 철도산업위원회
㉰ 철도교통위원회 ㉱ 분과위원회

철도산업에 관한 기본계획 및 중요정책 등을 심의·조정하기 위하여 국토교통부에 철도산업위원회를 둔다(법 제6조 제1항).

93 철도산업발전기본법상 철도산업에 관한 기본계획 및 중요정책 등을 심의·조정하기 위하여 설치되는 철도산업위원회는 어느 소속인가?

㉮ 기획재정부 ㉯ 국무총리
㉰ 국토교통부 ㉱ 시·도지사

철도산업에 관한 기본계획 및 중요정책 등을 심의·조정하기 위하여 국토교통부에 철도산업위원회를 둔다(법 제6조 제1항).

정답 91. ㉮ 92. ㉯ 93. ㉰

94 다음은 철도산업발전기본법상의 철도산업위원회에 대한 설명이다. 잘못된 것은?

㉮ 위원회의 위원장은 위원회의 회의를 소집하고, 그 의장이 된다.
㉯ 위원회는 회의록을 작성·비치하여야 한다.
㉰ 위원회에 간사 1인을 두되, 간사는 국토교통부장관이 국토교통부소속공무원 중에서 지명한다.
㉱ 위원회의 회의는 재적위원 과반수의 찬성으로 의결한다.

위원회의 회의는 재적위원 과반수의 출석과 출석위원 과반수의 찬성으로 의결한다(영 제8조 제2항).

95 다음은 철도산업발전기본법상의 철도산업위원회에 대한 설명이다. 잘못된 것은?

㉮ 철도산업에 관한 기본계획 및 중요정책 등을 심의·조정하기 위하여 국토교통부에 철도산업위원회를 둔다.
㉯ 위원회는 위원장을 포함한 25인 이내의 위원으로 구성한다.
㉰ 위원회에 상정할 안건을 미리 검토하고 위원회가 위임한 안건을 심의하기 위하여 위원회에 분과위원회를 둔다.
㉱ 철도산업위원회의 위원장은 위원 중에서 호선한다.

철도산업위원회의 위원장은 국토교통부장관이 된다(영 제6조 제1항).

96 다음 중 철도산업발전기본법상의 철도산업위원회의 위원에 해당되지 않는 자는?

㉮ 한국은행장
㉯ 공정거래위원회부위원장
㉰ 기획재정부차관
㉱ 한국철도공사의 사장

❀ **위원회의 위원**(영 제6조 제2항)
1. 기획재정부차관·교육부차관·과학기술정보통신부차관·행정안전부차관·산업통상자원부차관·고용노동부차관·국토교통부차관·해양수산부차관 및 공정거래위원회부위원장
2. 국가철도공단의 이사장
3. 한국철도공사의 사장
4. 철도산업에 관한 전문성과 경험이 풍부한 자중에서 위원회의 위원장이 위촉하는 자

정답 94. ㉱ 95. ㉱ 96. ㉮

97 다음 중 철도산업발전기본법상의 철도산업위원회의 위원에 해당되지 않는 자는?

㉮ 행정안전부차관 ㉯ 국가철도공단의 임직원
㉰ 교육부차관 ㉱ 한국철도공사의 사장

❀ **위원회의 위원**(영 제6조 제2항)
1. 기획재정부차관 · 교육부차관 · 과학기술정보통신부차관 · 행정안전부차관 · 산업통상자원부차관 · 고용노동부차관 · 국토교통부차관 · 해양수산부차관 및 공정거래위원회부위원장
2. 국가철도공단의 이사장
3. 한국철도공사의 사장
4. 철도산업에 관한 전문성과 경험이 풍부한 자중에서 위원회의 위원장이 위촉하는 자

98 다음은 철도산업발전기본법상의 실무위원회의 구성 등에 대한 설명이다. 잘못된 것은?

㉮ 철도산업위원회의 심의 · 조정사항과 철도산업위원회에서 위임한 사항의 실무적인 검토를 위하여 철도산업위원회에 실무위원회를 둔다.
㉯ 실무위원회는 위원장을 포함한 5인 이내의 위원으로 구성한다.
㉰ 실무위원회의 위원장은 국토교통부장관이 국토교통부의 3급 공무원 또는 고위공무원단에 속하는 일반직공무원 중에서 지명한다.
㉱ 실무위원회에 간사 1인을 두되, 간사는 국토교통부장관이 국토교통부소속 공무원 중에서 지명한다.

실무위원회는 위원장을 포함한 20인 이내의 위원으로 구성한다(영 제10조 제2항).

99 다음 중 철도산업발전기본법상의 철도산업위원회의 심의 · 조정사항에 해당되지 않는 것은?

㉮ 철도산업구조개혁에 관한 중요정책 사항
㉯ 철도시설관리자와 철도운영자간 상호협력 및 조정에 관한 사항
㉰ 각종 철도간의 연계수송 및 사업조정에 관한 사항
㉱ 철도산업의 육성 · 발전에 관한 중요정책 사항

❀ **위원회의 심의 · 조정사항**(법 제6조 제2항)
1. 철도산업의 육성 · 발전에 관한 중요정책 사항
2. 철도산업구조개혁에 관한 중요정책 사항
3. 철도시설의 건설 및 관리 등 철도시설에 관한 중요정책 사항
4. 철도안전과 철도운영에 관한 중요정책 사항
5. 철도시설관리자와 철도운영자간 상호협력 및 조정에 관한 사항
6. 이 법 또는 다른 법률에서 위원회의 심의를 거치도록 한 사항
7. 그 밖에 철도산업에 관한 중요한 사항으로서 위원장이 부의하는 사항

정답 97. ㉯ 98. ㉯ 99. ㉰

100 다음 중 철도산업발전기본법상의 철도산업위원회의 심의·조정사항에 해당되지 않는 것은?

㉮ 철도산업의 육성·발전에 관한 중요정책 사항
㉯ 철도안전과 철도운영에 관한 중요정책 사항
㉰ 철도시설관리자와 철도운영자간 상호협력 및 조정에 관한 사항
㉱ 철도시설의 투자·건설·유지보수 및 이를 위한 재원확보에 관한 사항

❀ **위원회의 심의·조정사항**(법 제6조 제2항)
1. 철도산업의 육성·발전에 관한 중요정책 사항
2. 철도산업구조개혁에 관한 중요정책 사항
3. 철도시설의 건설 및 관리 등 철도시설에 관한 중요정책 사항
4. 철도안전과 철도운영에 관한 중요정책 사항
5. 철도시설관리자와 철도운영자간 상호협력 및 조정에 관한 사항
6. 이 법 또는 다른 법률에서 위원회의 심의를 거치도록 한 사항
7. 그 밖에 철도산업에 관한 중요한 사항으로서 위원장이 부의하는 사항

101 철도산업발전기본법상의 철도산업위원회는 위원장을 포함한 몇 인 이내의 위원으로 구성되는가?

㉮ 10인   ㉯ 15인
㉰ 25인   ㉱ 30인

위원회는 위원장을 포함한 25인 이내의 위원으로 구성한다(법 제6조 제3항).

102 다음은 철도산업발전기본법상의 철도산업의 육성에 대한 설명이다. 잘못된 것은?

㉮ 국가는 각종 국가계획에 철도시설 투자의 목표치와 투자계획을 반영하여야 하며, 매년 교통시설 투자예산에서 철도시설 투자예산의 비율이 지속적으로 높아지도록 노력하여야 한다.
㉯ 국가 및 지방자치단체는 철도산업의 육성·발전을 촉진하기 위하여 철도산업에 대한 재정·금융·세제·행정상의 지원을 할 수 있다.
㉰ 국토교통부장관은 철도산업에 종사하는 자의 자질향상과 새로운 철도기술 및 그 운영기법의 향상을 위한 교육·훈련방안을 마련하여야 한다.
㉱ 국가는 철도시설 투자를 추진함에 있어 사회적·환경적 편익을 고려하여서는 아니 된다.

국가는 철도시설 투자를 추진함에 있어 사회적·환경적 편익을 고려하여야 한다(법 제7조 제1항).

정답 100. ㉱ 101. ㉰ 102. ㉱

103 다음은 철도산업발전기본법상의 철도산업의 육성에 대한 설명이다. 잘못된 것은?

㉮ 철도운영자는 철도산업 전문인력의 원활한 수급 및 철도산업의 발전을 위하여 특성화된 대학 등 교육기관을 운영·지원해야 한다.
㉯ 국가는 철도산업종사자의 자격제도를 다양화하고 질적 수준을 유지·발전시키기 위하여 필요한 시책을 수립·시행하여야 한다.
㉰ 국토교통부장관은 철도기술의 진흥 및 육성을 위하여 철도기술전반에 대한 연구 및 개발에 노력하여야 한다.
㉱ 국토교통부장관은 철도산업에 관한 국제적 동향을 파악하고 국제협력을 촉진하여야 한다.

국토교통부장관은 철도산업 전문인력의 원활한 수급 및 철도산업의 발전을 위하여 특성화된 대학 등 교육기관을 운영·지원할 수 있다(법 제10조 제3항).

104 철도산업발전기본법상 철도산업정보화기본계획을 수립·시행하여야 하는 주체는?

㉮ 철도공사
㉯ 철도운영자
㉰ 국토교통부장관
㉱ 국무총리

국토교통부장관은 철도산업에 관한 정보를 효율적으로 처리하고 원활하게 유통하기 위하여 대통령령이 정하는 바에 의하여 철도산업정보화기본계획을 수립·시행하여야 한다(법 제12조 제1항).

105 국토교통부장관은 철도산업에 관한 정보를 효율적으로 수집·관리 및 제공하기 위하여 대통령령이 정하는 바에 의하여 철도산업정보센터를 설치·운영할 수 있다. 다음 중 철도산업정보센터의 업무에 해당되지 않는 것은?

㉮ 철도산업정보의 수집·분석·보급 및 홍보
㉯ 철도산업구조개혁과 관련된 법령의 정비
㉰ 철도산업의 국제동향 파악
㉱ 철도산업의 국제협력사업의 지원

❀ **철도산업정보센터의 업무**(영 제16조 제2항)
1. 철도산업정보의 수집·분석·보급 및 홍보
2. 철도산업의 국제동향 파악 및 국제협력사업의 지원

106 다음 중 철도산업발전기본법상 철도산업정보센터의 업무에 해당되지 않는 것은?

㉮ 철도산업의 국제동향 파악
㉯ 철도산업의 국제협력사업의 지원
㉰ 철도산업정보의 수집·분석·보급 및 홍보
㉱ 철도산업정보화에 필요한 비용의 조달

107 다음 중 철도산업발전기본법상 철도산업정보화기본계획에 포함될 내용에 해당되지 않는 것은?

㉮ 철도산업구조개혁과 관련된 인력조정·재원확보대책의 수립
㉯ 철도산업정보화의 여건 및 전망
㉰ 철도산업정보화의 목표 및 단계별 추진계획
㉱ 철도산업정보화에 필요한 비용

❀ **철도산업정보화기본계획의 내용**(영 제15조 제1항)
1. 철도산업정보화의 여건 및 전망
2. 철도산업정보화의 목표 및 단계별 추진계획
3. 철도산업정보화에 필요한 비용
4. 철도산업정보의 수집 및 조사계획
5. 철도산업정보의 유통 및 이용활성화에 관한 사항
6. 철도산업정보화와 관련된 기술개발의 지원에 관한 사항
7. 그 밖에 국토교통부장관이 필요하다고 인정하는 사항

108 다음 중 철도산업발전기본법상 철도산업정보화기본계획에 포함될 내용에 해당되지 않는 것은?

㉮ 철도산업정보의 수집 및 조사계획
㉯ 철도산업정보화와 관련된 기술개발의 지원에 관한 사항
㉰ 철도산업의 국제동향 파악 및 국제협력사업의 지원
㉱ 철도산업정보화의 여건 및 전망

정답 106. ㉱   107. ㉮   108. ㉰

109 다음은 철도산업발전기본법상의 철도안전 및 이용자 보호에 대한 설명이다. 잘못된 것은?

㉮ 국가는 국민의 생명·신체 및 재산을 보호하기 위하여 철도안전에 필요한 법적·제도적 장치를 마련하고 이에 필요한 재원을 확보하도록 노력하여야 한다.

㉯ 철도운영자는 객관적이고 공정한 철도사고조사를 추진하기 위한 전담기구와 전문인력을 확보하여야 한다.

㉰ 철도시설관리자는 그 시설을 설치 또는 관리함에 있어서 법령이 정하는 바에 따라 당해 시설의 안전한 상태를 유지하고, 당해 시설과 이를 이용하려는 철도차량간의 종합적인 성능검증 및 안전상태 점검 등 안전확보에 필요한 조치를 하여야 한다.

㉱ 철도운영자 또는 철도차량 및 장비 등의 제조업자는 법령이 정하는 바에 따라 철도의 안전한 운행 또는 그 제조하는 철도차량 및 장비 등의 구조·설비 및 장치의 안전성을 확보하고 이의 향상을 위하여 노력하여야 한다.

국가는 객관적이고 공정한 철도사고조사를 추진하기 위한 전담기구와 전문인력을 확보하여야 한다(법 제14조 제4항).

110 다음은 철도산업발전기본법상의 철도안전 및 이용자 보호에 대한 설명이다. 잘못된 것은?

㉮ 철도운영자는 그가 제공하는 철도서비스의 품질을 개선하기 위하여 노력하여야 한다.

㉯ 국토교통부장관은 철도서비스의 품질을 개선하고 이용자의 편익을 높이기 위하여 철도서비스의 품질을 평가하여 시책에 반영하여야 한다.

㉰ 국가는 객관적이고 공정한 철도사고조사를 추진하기 위한 전담기구와 전문인력을 확보하여야 한다.

㉱ 국가는 그 시설을 설치 또는 관리함에 있어서 법령이 정하는 바에 따라 당해 시설의 안전한 상태를 유지하고, 당해 시설과 이를 이용하려는 철도차량간의 종합적인 성능검증 및 안전상태 점검 등 안전확보에 필요한 조치를 하여야 한다.

철도시설관리자는 그 시설을 설치 또는 관리함에 있어서 법령이 정하는 바에 따라 당해 시설의 안전한 상태를 유지하고, 당해 시설과 이를 이용하려는 철도차량간의 종합적인 성능검증 및 안전상태 점검 등 안전확보에 필요한 조치를 하여야 한다(법 제14조 제2항).

정답 109. ㉯ 110. ㉱

111 다음 중 철도산업발전기본법상의 철도안전 및 이용자 보호에 대한 설명으로 잘못된 것은?

㉮ 철도시설관리자는 철도이용자의 권익보호를 위하여 일정한 시책을 강구하여야 한다.
㉯ 국가는 국민의 생명·신체 및 재산을 보호하기 위하여 철도안전에 필요한 법적·제도적 장치를 마련하고 이에 필요한 재원을 확보하도록 노력하여야 한다.
㉰ 국토교통부장관은 철도서비스의 품질을 개선하고 이용자의 편익을 높이기 위하여 철도서비스의 품질을 평가하여 시책에 반영하여야 한다.
㉱ 철도시설관리자는 그 시설을 설치 또는 관리함에 있어서 법령이 정하는 바에 따라 당해 시설의 안전한 상태를 유지하고, 당해 시설과 이를 이용하려는 철도차량간의 종합적인 성능검증 및 안전상태 점검 등 안전확보에 필요한 조치를 하여야 한다.

국가는 철도이용자의 권익보호를 위하여 필요한 시책을 강구하여야 한다(법 제16조).

112 다음 중 철도산업발전기본법상 국가가 철도이용자의 권익보호를 위하여 강구해야 할 시책에 포함되지 않는 것은?

㉮ 철도이용자의 권익보호를 위한 홍보·교육 및 연구
㉯ 철도이용자의 생명·신체 및 재산상의 위해 방지
㉰ 철도산업정보의 수집·분석·보급 및 홍보
㉱ 철도이용자의 불만 및 피해에 대한 신속·공정한 구제조치

국가는 철도이용자의 권익보호를 위하여 다음의 시책을 강구하여야 한다(법 제16조).
1. 철도이용자의 권익보호를 위한 홍보·교육 및 연구
2. 철도이용자의 생명·신체 및 재산상의 위해 방지
3. 철도이용자의 불만 및 피해에 대한 신속·공정한 구제조치
4. 그 밖에 철도이용자 보호와 관련된 사항

113 다음 중 철도산업발전기본법상 국가가 철도이용자의 권익보호를 위하여 강구해야 할 시책에 포함되지 않는 것은?

㉮ 철도이용자의 불만 및 피해에 대한 신속·공정한 구제조치
㉯ 철도산업의 국제동향 파악 및 국제협력사업의 지원
㉰ 철도이용자의 생명·신체 및 재산상의 위해 방지
㉱ 철도이용자의 권익보호를 위한 홍보·교육 및 연구

정답 111. ㉮ 112. ㉰ 113. ㉯

국가는 철도이용자의 권익보호를 위하여 다음의 시책을 강구하여야 한다(법 제16조).
1. 철도이용자의 권익보호를 위한 홍보·교육 및 연구
2. 철도이용자의 생명·신체 및 재산상의 위해 방지
3. 철도이용자의 불만 및 피해에 대한 신속·공정한 구제조치
4. 그 밖에 철도이용자 보호와 관련된 사항

114 다음 중 철도산업발전기본법상의 철도산업구조개혁의 추진과 관련된 기본시책에 관한 설명으로 잘못된 것은?

㉮ 철도의 관리청은 국토교통부장관으로 한다.
㉯ 국가는 철도산업의 경쟁력을 강화하고 발전기반을 조성하기 위하여 철도시설 부문과 철도운영 부문을 분리하는 철도산업의 구조개혁을 추진하여야 한다.
㉰ 국가는 철도시설 부문과 철도운영 부문간의 상호 보완적 기능이 발휘될 수 있도록 상호협력체계 구축 등 필요한 조치를 마련하여야 한다.
㉱ 철도산업의 구조개혁을 추진함에 있어서 철도시설은 사인이 소유하는 것을 원칙으로 한다.

철도산업의 구조개혁을 추진함에 있어서 철도시설은 국가가 소유하는 것을 원칙으로 한다(법 제20조 제1항).

115 다음 중 철도산업발전기본법상의 철도산업구조개혁의 추진과 관련된 기본시책에 관한 설명으로 잘못된 것은?

㉮ 국가는 철도산업의 경쟁력을 강화하고 발전기반을 조성하기 위하여 철도시설 부문과 철도운영 부문을 결합하는 철도산업의 구조개혁을 추진하여야 한다.
㉯ 국가는 철도시설 부문과 철도운영 부문간의 상호 보완적 기능이 발휘될 수 있도록 상호협력체계 구축 등 필요한 조치를 마련하여야 한다.
㉰ 철도의 관리청은 국토교통부장관으로 한다.
㉱ 철도산업의 구조개혁을 추진함에 있어서 철도시설은 국가가 소유하는 것을 원칙으로 한다.

국가는 철도산업의 경쟁력을 강화하고 발전기반을 조성하기 위하여 철도시설 부문과 철도운영 부문을 분리하는 철도산업의 구조개혁을 추진하여야 한다(법 제17조 제1항).

116
다음 중 철도산업발전기본법상의 철도산업구조개혁기본계획의 수립 등에 관한 설명으로 잘못된 것은?

㉮ 국토교통부장관은 철도산업의 구조개혁을 효율적으로 추진하기 위하여 철도산업구조개혁기본계획을 수립하여야 한다.
㉯ 국토교통부장관은 구조개혁계획을 수립 또는 변경한 때에는 이를 관보에 고시하여야 한다.
㉰ 관계행정기관의 장은 당해 연도의 시행계획을 전년도 12월말까지 국토교통부장관에게 제출하여야 한다.
㉱ 관계행정기관의 장은 전년도 시행계획의 추진실적을 매년 2월말까지 국토교통부장관에게 제출하여야 한다.

관계행정기관의 장은 당해 연도의 시행계획을 전년도 11월말까지 국토교통부장관에게 제출하여야 한다(영 제27조 제1항).

117
다음 중 철도산업의 구조개혁을 효율적으로 추진하기 위하여 철도산업구조개혁기본계획을 수립하여야 주체로 올바른 것은?

㉮ 교통안전관리공단   ㉯ 국토교통부장관
㉰ 철도운영자   ㉱ 한국철도공사

국토교통부장관은 철도산업의 구조개혁을 효율적으로 추진하기 위하여 철도산업구조개혁기본계획을 수립하여야 한다(법 제18조 제1항).

118
다음 중 철도산업발전기본법상의 철도산업구조개혁기본계획에 포함될 사항이 아닌 것은?

㉮ 철도산업구조개혁의 목표 및 기본방향에 관한 사항
㉯ 철도산업구조개혁의 추진방안에 관한 사항
㉰ 철도의 소유 및 경영구조의 개혁에 관한 사항
㉱ 철도시설의 유지보수 및 적정한 상태유지에 관한 사항

❀ **구조개혁계획에 포함되어야 할 사항**(법 제18조 제2항)
1. 철도산업구조개혁의 목표 및 기본방향에 관한 사항
2. 철도산업구조개혁의 추진방안에 관한 사항
3. 철도의 소유 및 경영구조의 개혁에 관한 사항

정답 116. ㉰ 117. ㉯ 118. ㉱

4. 철도산업구조개혁에 따른 대내외 여건조성에 관한 사항
5. 철도산업구조개혁에 따른 자산·부채·인력 등에 관한 사항
6. 철도산업구조개혁에 따른 철도관련 기관·단체 등의 정비에 관한 사항
7. 그 밖에 철도산업구조개혁을 위하여 필요한 사항으로서 대통령령이 정하는 사항

119 다음 중 철도산업발전기본법상의 철도산업구조개혁기본계획에 포함될 사항이 아닌 것은?

㉮ 열차운영의 안전진단 등 예방조치 및 사고조사 등 철도운영의 안전확보에 관한 사항
㉯ 철도산업구조개혁에 따른 대내외 여건조성에 관한 사항
㉰ 철도산업구조개혁의 목표 및 기본방향에 관한 사항
㉱ 철도산업구조개혁에 따른 철도관련 기관·단체 등의 정비에 관한 사항

❀ **구조개혁계획에 포함되어야 할 사항**(법 제18조 제2항)
1. 철도산업구조개혁의 목표 및 기본방향에 관한 사항
2. 철도산업구조개혁의 추진방안에 관한 사항
3. 철도의 소유 및 경영구조의 개혁에 관한 사항
4. 철도산업구조개혁에 따른 대내외 여건조성에 관한 사항
5. 철도산업구조개혁에 따른 자산·부채·인력 등에 관한 사항
6. 철도산업구조개혁에 따른 철도관련 기관·단체 등의 정비에 관한 사항
7. 그 밖에 철도산업구조개혁을 위하여 필요한 사항으로서 대통령령이 정하는 사항

120 국토교통부장관은 구조개혁계획을 수립하고자 하는 때에는 미리 구조개혁계획과 관련이 있는 행정기관의 장과 협의한 후 위원회의 심의를 거쳐야 하지만 대통령령이 정하는 경미한 변경하고자 하는 경우에는 예외를 인정한다. 다음 중 대통령령이 정하는 경미한 변경에 해당하는 것은?

㉮ 철도산업구조개혁기본계획 추진기간의 3년의 기간 내에서의 변경
㉯ 철도산업구조개혁기본계획 추진기간의 5년의 기간 내에서의 변경
㉰ 철도산업구조개혁기본계획 추진기간의 1년의 기간 내에서의 변경
㉱ 철도산업구조개혁기본계획 추진기간의 2년의 기간 내에서의 변경

철도산업구조개혁기본계획의 경미한 변경은 철도산업구조개혁기본계획 추진기간의 1년의 기간 내에서의 변경을 말한다(영 제26조).

정답 119. ㉮ 120. ㉰

121 다음 중 철도산업발전기본법상의 철도의 관리청은 어디인가?

㉮ 안전행정부장관 ㉯ 국토교통부장관
㉰ 철도공사 ㉱ 국무총리

 철도의 관리청은 국토교통부장관으로 한다(법 제19조 제1항).

122 다음 중 괄호 안에 들어갈 용어로 올바른 것은?

> 철도산업의 구조개혁을 추진함에 있어서 철도시설은 (　　　)가 소유하는 것을 원칙으로 한다.

㉮ 철도운영자 ㉯ 국가
㉰ 교통안전관리공단 ㉱ 한국철도공사

 철도산업의 구조개혁을 추진함에 있어서 철도시설은 국가가 소유하는 것을 원칙으로 한다(법 제20조 제1항).

123 다음 중 철도산업발전기본법상의 국토교통부장관이 철도시설에 대하여 수립·시행해야 할 시책에 해당되지 않는 것은?

㉮ 철도시설에 대한 투자 계획수립 및 재원조달
㉯ 철도시설의 유지보수 및 적정한 상태유지
㉰ 철도시설의 안전관리 및 재해대책
㉱ 열차운영의 안전진단 등 예방조치 및 사고조사 등 철도운영의 안전확보

 국토교통부장관은 철도시설에 대한 다음의 시책을 수립·시행한다(법 제20조 제2항).
1. 철도시설에 대한 투자 계획수립 및 재원조달
2. 철도시설의 건설 및 관리
3. 철도시설의 유지보수 및 적정한 상태유지
4. 철도시설의 안전관리 및 재해대책
5. 그 밖에 다른 교통시설과의 연계성확보 등 철도시설의 공공성 확보에 필요한 사항

124 다음 중 철도산업발전기본법상의 국토교통부장관이 철도시설에 대하여 수립·시행해야 할 시책에 해당되지 않는 것은?

㉮ 철도산업구조개혁에 따른 철도관련 기관·단체 등의 정비에 관한 사항
㉯ 철도시설의 건설 및 관리
㉰ 철도시설의 유지보수 및 적정한 상태유지
㉱ 철도시설에 대한 투자 계획수립 및 재원조달

 국토교통부장관은 철도시설에 대한 다음의 시책을 수립·시행한다(법 제20조 제2항).
1. 철도시설에 대한 투자 계획수립 및 재원조달
2. 철도시설의 건설 및 관리
3. 철도시설의 유지보수 및 적정한 상태유지
4. 철도시설의 안전관리 및 재해대책
5. 그 밖에 다른 교통시설과의 연계성확보 등 철도시설의 공공성 확보에 필요한 사항

125 다음 중 괄호 안에 들어갈 용어로 올바른 것은?

> 국가는 철도시설 관련업무를 체계적이고 효율적으로 추진하기 위하여 그 집행조직으로서 철도청 및 고속철도건설공단의 관련 조직을 통·폐합하여 특별법에 의하여 (   )을 설립한다.

㉮ 한국철도공사 ㉯ 교통안전관리공단
㉰ 국가철도공단 ㉱ 철도산업위원회

 국가는 철도시설 관련업무를 체계적이고 효율적으로 추진하기 위하여 그 집행조직으로서 철도청 및 고속철도건설공단의 관련 조직을 통·폐합하여 특별법에 의하여 국가철도공단을 설립한다(법 제20조 제3항).

126 다음 중 철도산업발전기본법상의 국토교통부장관이 철도운영에 관하여 수립·시행해야 할 시책에 해당되지 않는 것은?

㉮ 철도운영부문의 경쟁력 강화
㉯ 철도의 소유 및 경영구조의 개혁에 관한 사항
㉰ 열차운영의 안전진단 등 예방조치 및 사고조사 등 철도운영의 안전확보
㉱ 공정한 경쟁여건의 조성

 국토교통부장관은 철도운영에 대한 다음의 시책을 수립·시행한다(법 제21조 제2항).
1. 철도운영부문의 경쟁력 강화
2. 철도운영서비스의 개선

3. 열차운영의 안전진단 등 예방조치 및 사고조사 등 철도운영의 안전확보
4. 공정한 경쟁여건의 조성
5. 그 밖에 철도이용자 보호와 열차운행원칙 등 철도운영에 필요한 사항

127 다음 중 철도산업발전기본법상의 국토교통부장관이 철도운영에 관하여 수립·시행해야 할 시책에 해당되지 않는 것은?

㉮ 열차운영의 안전진단 등 예방조치 및 사고조사 등 철도운영의 안전확보
㉯ 공정한 경쟁여건의 조성
㉰ 철도운영부문의 경쟁력 강화
㉱ 철도시설의 유지보수 및 적정한 상태유지

국토교통부장관은 철도운영에 대한 다음의 시책을 수립·시행한다(법 제21조 제2항).
1. 철도운영부문의 경쟁력 강화
2. 철도운영서비스의 개선
3. 열차운영의 안전진단 등 예방조치 및 사고조사 등 철도운영의 안전확보
4. 공정한 경쟁여건의 조성
5. 그 밖에 철도이용자 보호와 열차운행원칙 등 철도운영에 필요한 사항

128 다음 중 국가가 철도운영 관련사업을 효율적으로 경영하기 위하여 철도청 및 고속철도건설공단의 관련조직을 전환하여 특별법에 의하여 설치하는 기관은?

㉮ 한국철도공사　　　　　　　　　㉯ 국가철도공단
㉰ 교통안전관리공단　　　　　　　㉱ 철도운영위원회

국가는 철도운영 관련사업을 효율적으로 경영하기 위하여 철도청 및 고속철도건설공단의 관련조직을 전환하여 특별법에 의하여 한국철도공사를 설립한다(법 제21조 제3항).

129 다음 중 철도산업발전기본법상의 철도자산의 구분에 해당되지 않는 것은?

㉮ 운영자산
㉯ 고정자산
㉰ 시설자산
㉱ 운영자산·시설자산을 제외한 기타자산

철도자산의 구분 : 운영자산, 시설자산, 기타자산(법 제22조 제1항)

130 다음 중 국토교통부장관이 국가철도공단으로 하여금 대행하게 하는 대행업무에 해당되지 않는 것은?

㉮ 국가가 추진하는 철도시설 건설사업의 집행
㉯ 국가 소유의 철도시설에 대한 사용료 징수 등 관리업무의 집행
㉰ 철도산업구조개혁의 목표 및 기본방향의 설정
㉱ 철도시설의 안전유지, 철도시설과 이를 이용하는 철도차량간의 종합적인 성능검증·안전상태점검 등 철도시설의 안전을 위하여 국토교통부장관이 정하는 업무

국토교통부장관이 국가철도공단으로 하여금 대행하게 하는 경우 그 대행업무는 다음과 같다(영 제28조).
1. 국가가 추진하는 철도시설 건설사업의 집행
2. 국가 소유의 철도시설에 대한 사용료 징수 등 관리업무의 집행
3. 철도시설의 안전유지, 철도시설과 이를 이용하는 철도차량간의 종합적인 성능검증·안전상태점검 등 철도시설의 안전을 위하여 국토교통부장관이 정하는 업무
4. 그 밖에 국토교통부장관이 철도시설의 효율적인 관리를 위하여 필요하다고 인정한 업무

131 다음 중 괄호 안에 들어갈 용어로 올바른 것은?

> 철도청과 고속철도건설공단이 철도운영 등을 주된 목적으로 취득하였거나 관련 법령 및 계약 등에 의하여 취득하기로 한 재산·시설 및 그에 관한 권리를 (   )이라 한다.

㉮ 가변자산   ㉯ 기타자산
㉰ 시설자산   ㉱ 운영자산

운영자산 : 철도청과 고속철도건설공단이 철도운영 등을 주된 목적으로 취득하였거나 관련 법령 및 계약 등에 의하여 취득하기로 한 재산·시설 및 그에 관한 권리(법 제22조 제1항 제1호)

132 다음 중 괄호 안에 들어갈 용어로 올바른 것은?

> 철도청과 고속철도건설공단이 철도의 기반이 되는 시설의 건설 및 관리를 주된 목적으로 취득하였거나 관련 법령 및 계약 등에 의하여 취득하기로 한 재산·시설 및 그에 관한 권리를 (   )이라 한다.

㉮ 시설자산   ㉯ 운영자산
㉰ 기타자산   ㉱ 고정자산

정답 130. ㉰   131. ㉱   132. ㉮

시설자산 : 철도청과 고속철도건설공단이 철도의 기반이 되는 시설의 건설 및 관리를 주된 목적으로 취득하였거나 관련 법령 및 계약 등에 의하여 취득하기로 한 재산·시설 및 그에 관한 권리(법 제22조 제1항 제2호)

133 다음 중 철도산업발전기본법상의 철도자산의 처리에 관한 설명으로 잘못된 것은?

㉮ 국토교통부장관은 철도산업의 구조개혁을 추진하기 위한 철도자산의 처리계획을 위원회의 심의를 거쳐 수립하여야 한다.
㉯ 국가는 국유재산법의 규정에 불구하고 철도자산처리계획에 의하여 철도공사에 운영자산을 현물출자한다.
㉰ 철도공사는 국가로부터 현물출자받은 운영자산과 관련된 권리와 의무를 특정하여 승계한다.
㉱ 철도청장 또는 고속철도건설공단이사장이 철도자산의 인계·이관 등을 하고자 하는 때에는 그에 관한 서류를 작성하여 국토교통부장관의 승인을 얻어야 한다.

 철도공사는 현물출자받은 운영자산과 관련된 권리와 의무를 포괄하여 승계한다(법 제23조 제3항).

134 다음 중 철도자산처리계획에 의하여 국가철도공단이 포괄하여 승계하는 자산 등이 아닌 것은?

㉮ 철도청이 건설 중인 시설자산
㉯ 철도청이 건설을 완료한 시설자산
㉰ 고속철도건설공단이 건설 중인 시설자산 및 운영자산
㉱ 고속철도건설공단의 기타자산

 국가철도공단은 철도자산처리계획에 의하여 다음의 철도자산과 그에 관한 권리와 의무를 포괄하여 승계한다. 이 경우 1. 및 2.의 철도자산이 완공된 때에는 국가에 귀속된다(법 제23조 제5항).
1. 철도청이 건설중인 시설자산
2. 고속철도건설공단이 건설중인 시설자산 및 운영자산
3. 고속철도건설공단의 기타자산

135 다음 중 철도자산처리계획에 의하여 국가철도공단이 포괄하여 승계하는 자산 등에 해당하는 것은?

㉮ 철도청이 건설을 완료한 시설자산
㉯ 고속철도건설공단이 건설을 완료한 시설자산 및 운영자산
㉰ 철도공사의 운영자산
㉱ 고속철도건설공단의 기타자산

국가철도공단은 철도자산처리계획에 의하여 다음의 철도자산과 그에 관한 권리와 의무를 포괄하여 승계한다. 이 경우 1. 및 2.의 철도자산이 완공된 때에는 국가에 귀속된다(법 제23조 제5항).
1. 철도청이 건설중인 시설자산
2. 고속철도건설공단이 건설중인 시설자산 및 운영자산
3. 고속철도건설공단의 기타자산

136 다음 중 철도산업발전기본법상의 철도자산처리계획의 내용에 포함되어야 하는 사항이 아닌 것은?

㉮ 철도자산 관리업무의 민간위탁계획에 관한 사항
㉯ 철도자산의 개요 및 현황에 관한 사항
㉰ 철도자산의 인계·이관 및 출자에 관한 사항
㉱ 철도자산처리의 추진일정에 관한 사항

❀ **철도자산처리계획의 내용**(영 제29조)
1. 철도자산의 개요 및 현황에 관한 사항
2. 철도자산의 처리방향에 관한 사항
3. 철도자산의 구분기준에 관한 사항
4. 철도자산의 인계·이관 및 출자에 관한 사항
5. 철도자산처리의 추진일정에 관한 사항
6. 그 밖에 국토교통부장관이 철도자산의 처리를 위하여 필요하다고 인정하는 사항

137 다음 중 철도산업발전기본법상의 철도자산 관리업무의 민간위탁계획에 포함되어야 하는 사항이 아닌 것은?

㉮ 위탁대상 철도자산
㉯ 위탁의 필요성·범위 및 효과
㉰ 위탁대가의 지급에 관한 사항
㉱ 수탁기관의 선정절차

❀ **민간위탁계획에 포함되어야 할 사항**(영 제30조 제3항)
1. 위탁대상 철도자산
2. 위탁의 필요성·범위 및 효과
3. 수탁기관의 선정절차

138 다음 중 철도산업발전기본법상의 철도자산의 관리업무를 위탁하고자 하는 때에 민간위탁계약체결에 포함되어야 하는 사항이 아닌 것은?

㉮ 위탁대상 철도자산의 관리에 관한 사항

㉯ 수탁기관의 선정절차

㉰ 위탁대가의 지급에 관한 사항

㉱ 위탁업무의 재위탁에 관한 사항

❀ **제31조(민간위탁계약의 체결)**
① 국토교통부장관은 법 제23조 제4항의 규정에 의하여 철도자산의 관리업무를 위탁하고자 하는 때에는 제30조 제4항의 규정에 의하여 고시된 민간위탁계획에 따라 사업계획을 제출한 자중에서 당해 철도자산을 관리하기에 적합하다고 인정되는 자를 선정하여 위탁계약을 체결하여야 한다. [개정 2008.2.29 제20722호(국토해양부와 그 소속기관 직제), 2013.3.23 제24443호(국토교통부와 그 소속기관 직제)]
② 제1항의 규정에 의한 위탁계약에는 다음 각호의 사항이 포함되어야 한다. [개정 2008.2.29 제20722호(국토해양부와 그 소속기관 직제), 2013.3.23 제24443호(국토교통부와 그 소속기관 직제)]
  1. 위탁대상 철도자산
  2. 위탁대상 철도자산의 관리에 관한 사항
  3. 위탁계약기간(계약기간의 수정·갱신 및 위탁계약의 해지에 관한 사항을 포함한다)
  4. 위탁대가의 지급에 관한 사항
  5. 위탁업무에 대한 관리 및 감독에 관한 사항
  6. 위탁업무의 재위탁에 관한 사항
  7. 그 밖에 국토교통부장관이 필요하다고 인정하는 사항

139 다음 중 철도산업발전기본법상의 철도자산의 관리업무를 위탁하고자 하는 때에 민간위탁계약체결에 포함되어야 하는 사항이 아닌 것은?

㉮ 수탁기관의 선정절차

㉯ 위탁계약기간(계약기간의 수정·갱신 및 위탁계약의 해지에 관한 사항을 포함한다.)

㉰ 위탁대상 철도자산

㉱ 위탁업무에 대한 관리 및 감독에 관한 사항

정답 138. ㉯ 139. ㉮

제3장 철도산업발전기본법 ▶▶ 419

140 다음 중 철도산업발전기본법상의 철도부채의 구분에 해당되지 않는 것은?
㉮ 운영부채 ㉯ 고정부채
㉰ 시설부채 ㉱ 운영부채와 시설부채를 제외한 기타부채

철도부채 : 운영부채, 시설부채, 기타부채(법 제24조 제1항)

141 다음 중 철도산업발전기본법상의 운영부채의 포괄승계기관은?
㉮ 철도공사 ㉯ 국가철도공단
㉰ 국토교통부장관 ㉱ 철도청

운영부채는 철도공사가, 시설부채는 국가철도공단이 각각 포괄하여 승계하고, 기타부채는 일반회계가 포괄하여 승계한다(법 제24조 제2항).

142 다음 중 철도산업발전기본법상의 시설부채의 포괄승계기관은?
㉮ 국토교통부장관 ㉯ 철도공사
㉰ 국가철도공단 ㉱ 철도청

운영부채는 철도공사가, 시설부채는 국가철도공단이 각각 포괄하여 승계하고, 기타부채는 일반회계가 포괄하여 승계한다(법 제24조 제2항).

143 다음 중 철도산업발전기본법상의 철도시설관리권 등에 관한 설명으로 잘못된 것은?
㉮ 철도시설관리권은 이를 물권으로 보며, 이 법에 특별한 규정이 있는 경우를 제외하고는 민법중 부동산에 관한 규정을 준용한다.
㉯ 저당권이 설정된 철도시설관리권은 그 저당권자의 동의가 없더라도 처분할 수 있다.
㉰ 철도시설관리권 또는 철도시설관리권을 목적으로 하는 저당권의 설정·변경·소멸 및 처분의 제한은 국토교통부에 비치하는 철도시설관리권등록부에 등록함으로써 그 효력이 발생한다.
㉱ 철도시설을 관리하는 자는 그가 관리하는 철도시설의 관리대장을 작성·비치하여야 한다.

저당권이 설정된 철도시설관리권은 그 저당권자의 동의가 없으면 처분할 수 없다(법 제27조).

정답 140. ㉯ 141. ㉮ 142. ㉰ 143. ㉯

144 다음 중 철도산업발전기본법상의 철도시설관리권 등에 관한 설명으로 잘못된 것은?

㉮ 철도시설관리권 또는 철도시설관리권을 목적으로 하는 저당권의 설정·변경·소멸 및 처분의 제한은 국토교통부에 비치하는 철도시설관리권등록부에 등록함으로써 그 효력이 발생한다.
㉯ 저당권이 설정된 철도시설관리권은 그 저당권자의 동의가 없으면 처분할 수 없다.
㉰ 철도시설관리권은 이를 물권으로 보며, 이 법에 특별한 규정이 있는 경우를 제외하고는 민법 중 부동산에 관한 규정을 준용한다.
㉱ 철도시설 사용료를 징수함에 있어 철도의 사회경제적 편익은 고려되어야 하지만 다른 교통수단과의 형평성 등은 고려되어질 필요가 없다.

철도시설 사용료를 징수함에 있어 철도의 사회경제적 편익과 다른 교통수단과의 형평성 등이 고려되어야 한다(법 제31조 제3항).

145 다음 중 철도산업발전기본법상의 철도시설관리권 등에 관한 설명으로 잘못된 것은?

㉮ 철도시설관리권은 이를 채권으로 보며, 이 법에 특별한 규정이 있는 경우를 제외하고는 민법 중 동산에 관한 규정을 준용한다.
㉯ 철도시설관리권 또는 철도시설관리권을 목적으로 하는 저당권의 설정·변경·소멸 및 처분의 제한은 국토교통부에 비치하는 철도시설관리권등록부에 등록함으로써 그 효력이 발생한다.
㉰ 철도시설을 관리하는 자는 그가 관리하는 철도시설의 관리대장을 작성·비치하여야 한다.
㉱ 저당권이 설정된 철도시설관리권은 그 저당권자의 동의가 없으면 처분할 수 없다.

철도시설관리권은 이를 물권으로 보며, 이 법에 특별한 규정이 있는 경우를 제외하고는 민법중 부동산에 관한 규정을 준용한다(법 제27조).

정답 144. ㉱ 145. ㉮

146 다음 중 철도산업발전기본법상의 원인제공자가 부담하는 공익서비스비용의 범위에 해당되지 않는 것은?

㉮ 철도운영자가 다른 법령에 의하거나 국가정책 또는 공공목적을 위하여 철도운임·요금을 감면할 경우 그 감면액
㉯ 철도운영자가 국가의 특수목적사업을 수행함으로써 발생되는 비용
㉰ 철도운영자가 자기사업의 경영구조개선을 위해 소비한 비용
㉱ 철도운영자가 경영개선을 위한 적절한 조치를 취하였음에도 불구하고 철도이용수요가 적어 수지균형의 확보가 극히 곤란하여 벽지의 노선 또는 역의 철도서비스를 제한 또는 중지하여야 되는 경우로서 공익목적을 위하여 기초적인 철도서비스를 계속함으로써 발생되는 경영손실

❋ **원인제공자가 부담하는 공익서비스비용의 범위**(법 제32조 제2항)
1. 철도운영자가 다른 법령에 의하거나 국가정책 또는 공공목적을 위하여 철도운임·요금을 감면할 경우 그 감면액
2. 철도운영자가 경영개선을 위한 적절한 조치를 취하였음에도 불구하고 철도이용수요가 적어 수지균형의 확보가 극히 곤란하여 벽지의 노선 또는 역의 철도서비스를 제한 또는 중지하여야 되는 경우로서 공익목적을 위하여 기초적인 철도서비스를 계속함으로써 발생되는 경영손실
3. 철도운영자가 국가의 특수목적사업을 수행함으로써 발생되는 비용

147 철도산업발전기본법상 철도운영자의 공익서비스 제공으로 발생하는 비용은 누가 부담하는가?

㉮ 국가철도공단
㉯ 국가 또는 당해 철도서비스를 직접 요구한 자
㉰ 철도공사
㉱ 국토교통부

철도운영자의 공익서비스 제공으로 발생하는 비용은 대통령령이 정하는 바에 따라 국가 또는 당해 철도서비스를 직접 요구한 자가 부담하여야 한다(법 제32조 제1항).

정답 146. ㉰ 147. ㉯

148 철도산업발전기본법상 철도시설관리자와 철도운영자는 일정한 경우에 해당하는 경우에 국토교통부장관의 승인을 얻어 특정노선 및 역의 폐지와 관련 철도서비스의 제한 또는 중지 등 필요한 조치를 취할 수 있다. 다음 중 이러한 경우에 해당되지 않는 것은?

㉮ 승인신청자가 철도서비스를 제공하고 있는 노선 또는 역에 대하여 철도의 경영개선을 위한 적절한 조치를 취하였음에도 불구하고 수지균형의 확보가 극히 곤란하여 경영상 어려움이 발생한 경우
㉯ 보상계약체결에도 불구하고 공익서비스비용에 대한 적정한 보상이 이루어지지 아니한 경우
㉰ 원인제공자가 공익서비스비용을 부담하지 아니한 경우
㉱ 원인제공자가 조정에 따른 경우

철도시설관리자와 철도운영자는 다음에 해당하는 경우에 국토교통부장관의 승인을 얻어 특정노선 및 역의 폐지와 관련 철도서비스의 제한 또는 중지 등 필요한 조치를 취할 수 있다(법 제34조 제1항).
1. 승인신청자가 철도서비스를 제공하고 있는 노선 또는 역에 대하여 철도의 경영개선을 위한 적절한 조치를 취하였음에도 불구하고 수지균형의 확보가 극히 곤란하여 경영상 어려움이 발생한 경우
2. 보상계약체결에도 불구하고 공익서비스비용에 대한 적정한 보상이 이루어지지 아니한 경우
3. 원인제공자가 공익서비스비용을 부담하지 아니한 경우
4. 원인제공자가 조정에 따르지 아니한 경우

149 철도산업발전기본법상 국토교통부장관은 천재·지변·전시·사변, 철도교통의 심각한 장애 그 밖에 이에 준하는 사태의 발생으로 인하여 철도서비스에 중대한 차질이 발생하거나 발생할 우려가 있다고 인정하는 경우에는 필요한 범위 안에서 철도시설관리자·철도운영자 또는 철도이용자에게 일정한 사항에 관한 조정·명령 그 밖의 필요한 조치를 할 수 있다. 다음 중 이러한 사항에 해당되지 않는 것은?

㉮ 과태료 부과
㉯ 지역별·노선별·수송대상별 수송 우선순위 부여 등 수송통제
㉰ 철도서비스 인력의 투입
㉱ 철도이용의 제한 또는 금지

국토교통부장관은 천재·지변·전시·사변, 철도교통의 심각한 장애 그 밖에 이에 준하는 사태의 발생으로 인하여 철도서비스에 중대한 차질이 발생하거나 발생할 우려가 있다고 인정하는 경우에는 필요한 범위 안에서 철도시설관리자·철도운영자 또는 철도이용자에게 다음의 사항에 관한 조정·명령 그 밖의 필요한 조치를 할 수 있다(법 제36조 제1항).
1. 지역별·노선별·수송대상별 수송 우선순위 부여 등 수송통제

정답 148. ㉱ 149. ㉮

2. 철도시설·철도차량 또는 설비의 가동 및 조업
3. 대체수송수단 및 수송로의 확보
4. 임시열차의 편성 및 운행
5. 철도서비스 인력의 투입
6. 철도이용의 제한 또는 금지
7. 그 밖에 철도서비스의 수급안정을 위하여 대통령령이 정하는 사항

150 다음 중 철도산업발전기본법상 국토교통부장관의 필요적 청문사유에 해당하는 것은?

㉮ 특정 노선 및 역의 폐지와 이와 관련된 철도서비스의 제한 또는 중지에 대한 승인을 하고자 하는 때
㉯ 철도산업의 구조개혁을 효율적으로 추진하기 위하여 철도산업구조개혁기본계획을 수립할 때
㉰ 철도산업의 육성·발전에 관한 중요정책 사항을 결정할 때
㉱ 철도산업의 육성과 발전을 촉진하기 위하여 5년 단위로 철도산업발전기본계획을 수립할 때

국토교통부장관은 특정 노선 및 역의 폐지와 이와 관련된 철도서비스의 제한 또는 중지에 대한 승인을 하고자 하는 때에는 청문을 실시하여야 한다(법 제39조).

151 다음 중 철도산업발전기본법상 국토교통부장관의 승인을 얻지 아니하고 특정 노선 및 역을 폐지하거나 철도서비스를 제한 또는 중지한 자의 벌칙은?

㉮ 1년 이하의 징역 또는 1천만 원 이하의 벌금
㉯ 1년 이하의 징역 또는 3천만 원 이하의 벌금
㉰ 3년 이하의 징역 또는 5천만 원 이하의 벌금
㉱ 1천만 원 이하의 과태료

국토교통부장관의 승인을 얻지 아니하고 특정 노선 및 역을 폐지하거나 철도서비스를 제한 또는 중지한 자는 3년 이하의 징역 또는 5천만원 이하의 벌금에 처한다(법 제40조 제1항).

152 철도산업발전기본법 내용 중 국가철도공단이나 한국철도공사가 소유·건설·운영 또는 관리하는 철도를 포함한 모든 철도에 대하여 적용되는 것은? 2017 기출

㉮ 제2장 철도산업발전 기반의 조성   ㉯ 제3장 철도안전 및 이용자 보호
㉰ 제4장 제3절 철도시설 관리권 등   ㉱ 제4장 제4절 공익적 기능의 유지

정답 150. ㉮ 151. ㉰ 152. ㉮

❖ **적용범위**
동법은 다음에 해당하는 철도에 대하여 적용한다. 다만, 제2장(철도산업발전기반의 조성)의 규정은 모든 철도에 대하여 적용한다(법 제2조).
① 국가 및 한국고속철도건설공단법에 의하여 설립된 한국고속철도건설공단이 소유·건설·운영 또는 관리하는 철도
② 국가철도공단 및 한국철도공사가 소유·건설·운영 또는 관리하는 철도

153 철도산업발전기본법상 철도산업위원회의 심의·조정사항으로 법령에 명시된 사항이 아닌 것은? 2017 기출

㉮ 철도안전과 철도운영에 관한 중요 정책 사항
㉯ 철도차량의 제작 및 관리 등 철도차량에 관한 정책사항
㉰ 철도시설관리자와 철도운영자간 상호 협력 및 조정에 관한 사항
㉱ 철도산업 구조개혁에 관한 중요 정책 사항

❖ **철도산업위원회의 심의·조정사항**
1. 철도산업의 육성·발전에 관한 중요정책 사항
2. 철도산업구조개혁에 관한 중요정책 사항
3. 철도시설의 건설 및 관리 등 철도시설에 관한 중요정책 사항
4. 철도안전과 철도운영에 관한 중요정책 사항
5. 철도시설관리자와 철도운영자간 상호협력 및 조정에 관한 사항
6. 이 법 또는 다른 법률에서 위원회의 심의를 거치도록 한 사항
7. 그 밖에 철도산업에 관한 중요한 사항으로서 위원장이 부의하는 사항

154 ( )는 그 시설을 설치 또는 관리함에 있어서 당해 시설의 안전한 상태를 유지하고, 당해 시설과 이를 이용하려는 철도차량간의 종합적인 성능검증 및 안전상태 점검 등 안전확보에 필요한 조치를 하여야 한다. ( )에 맞는 것은? 2017 기출

㉮ 국가
㉯ 철도운영자
㉰ 철도시설관리자
㉱ 철도차량 제조업자

❖ **제14조(철도안전)**
① 국가는 국민의 생명·신체 및 재산을 보호하기 위하여 철도안전에 필요한 법적·제도적 장치를 마련하고 이에 필요한 재원을 확보하도록 노력하여야 한다.
② 철도시설관리자는 그 시설을 설치 또는 관리함에 있어서 법령이 정하는 바에 따라 당해 시설의 안전한 상태를 유지하고, 당해 시설과 이를 이용하려는 철도차량간의 종합적인 성능검증 및 안전상태 점검 등 안전확보에 필요한 조치를 하여야 한다.
③ 철도운영자 또는 철도차량 및 장비 등의 제조업자는 법령이 정하는 바에 따라 철도의 안전한 운행 또는 그 제조하는 철도차량 및 장비 등의 구조·설비 및 장치의 안전성을 확보하고 이의 향상을 위하여 노력하여야 한다.

정답 153. ㉯ 154. ㉰

155 다음 중 철도시설에 해당하지 않는 것은?   2017 기출

㉮ 철도의 선로
㉯ 철도운영을 위한 건축물・건축설비
㉰ 신호 및 열차제어설비
㉱ 철도승무원 통근버스

"철도시설"이라 함은 다음 각목의 1에 해당하는 시설(부지를 포함)을 말한다(철도산업발전기본법 제3조 제2호).
가. 철도의 선로(선로에 부대되는 시설을 포함), 역시설(물류시설・환승시설 및 편의시설 등을 포함) 및 철도운영을 위한 건축물・건축설비
나. 선로 및 철도차량을 보수・정비하기 위한 선로보수기지, 차량정비기지 및 차량유치시설
다. 철도의 전철전력설비, 정보통신설비, 신호 및 열차제어설비
라. 철도노선간 또는 다른 교통수단과의 연계운영에 필요한 시설
마. 철도기술의 개발・시험 및 연구를 위한 시설
바. 철도경영연수 및 철도전문인력의 교육훈련을 위한 시설
사. 그 밖에 철도의 건설・유지보수 및 운영을 위한 시설로서 대통령령이 정하는 시설

156 다음 중 철도산업정보화기본계획에 포함될 사항에 해당하지 않는 것은?   2017 기출

㉮ 철도산업정보화의 여건 및 전망
㉯ 철도산업정보의 수집 및 조사계획
㉰ 철도산업정보의 유통 및 이용활성화에 관한 사항
㉱ 철도안전 종합계획의 추진 목표 및 방향

철도산업정보화기본계획에는 다음의 사항이 포함되어야 한다(철도산업발전기본법 시행령 제15조 제2항).
1. 철도산업정보화의 여건 및 전망
2. 철도산업정보화의 목표 및 단계별 추진계획
3. 철도산업정보화에 필요한 비용
4. 철도산업정보의 수집 및 조사계획
5. 철도산업정보의 유통 및 이용활성화에 관한 사항
6. 철도산업정보화와 관련된 기술개발의 지원에 관한 사항
7. 그 밖에 국토교통부장관이 필요하다고 인정하는 사항

정답   155. ㉱   156. ㉱

157 철도산업위원회의 심의조정사항에 해당하지 않는 것은?   2017 기출

㉮ 철도산업구조개혁에 관한 중요정책 사항
㉯ 철도산업정보화의 여건 및 전망
㉰ 철도시설의 건설 및 관리 등 철도시설에 관한 중요정책 사항
㉱ 철도시설관리자와 철도운영자간 상호협력 및 조정에 관한 사항

철도산업발전기본법 시행령 제6조(철도산업위원회) ① 철도산업에 관한 기본계획 및 중요정책 등을 심의·조정하기 위하여 국토교통부에 철도산업위원회를 둔다.
② 위원회는 다음 각 호의 사항을 심의·조정한다.
  1. 철도산업의 육성·발전에 관한 중요정책 사항
  2. 철도산업구조개혁에 관한 중요정책 사항
  3. 철도시설의 건설 및 관리 등 철도시설에 관한 중요정책 사항
  4. 철도안전과 철도운영에 관한 중요정책 사항
  5. 철도시설관리자와 철도운영자간 상호협력 및 조정에 관한 사항
  6. 이 법 또는 다른 법률에서 위원회의 심의를 거치도록 한 사항
  7. 그 밖에 철도산업에 관한 중요한 사항으로서 위원장이 부의하는 사항
③ 위원회는 위원장을 포함한 25인 이내의 위원으로 구성한다.

158 철도교통의 비상사태시 국토교통부장관이 하는 조정 및 명령사항에 해당하지 않는 것은?   2017 기출

㉮ 임시열차의 편성 및 운행
㉯ 철도서비스 인력의 투입
㉰ 철도교통의 장애 발생자에 대한 체포 구금
㉱ 철도이용의 제한 또는 금지

국토교통부장관은 천재·지변·전시·사변, 철도교통의 심각한 장애 그 밖에 이에 준하는 사태의 발생으로 인하여 철도서비스에 중대한 차질이 발생하거나 발생할 우려가 있다고 인정하는 경우에는 필요한 범위 안에서 철도시설관리자·철도운영자 또는 철도이용자에게 다음 각 호의 사항에 관한 조정·명령 그 밖의 필요한 조치를 할 수 있다(철도산업발전기본법 시행령 제36조 제1항).
1. 지역별·노선별·수송대상별 수송 우선순위 부여 등 수송통제
2. 철도시설·철도차량 또는 설비의 가동 및 조업
3. 대체수송수단 및 수송로의 확보
4. 임시열차의 편성 및 운행
5. 철도서비스 인력의 투입
6. 철도이용의 제한 또는 금지
7. 그 밖에 철도서비스의 수급안정을 위하여 대통령령이 정하는 사항

정답 157. ㉯   158. ㉰

 교통법규 2020년 11월 1일 출제복원문제

01 다음 중 교통안전법의 목적으로 맞는 것은?
㉮ 국민경제 향상
㉯ 공공복리의 증진
㉰ 사회복지의 제고
㉱ 교통안전 증진

 제1조(목적) 이 법은 교통안전에 관한 국가 또는 지방자치단체의 의무·추진체계 및 시책 등을 규정하고 이를 종합적·계획적으로 추진함으로써 교통안전 증진에 이바지함을 목적으로 한다.

02 교통수단·교통시설 또는 교통체계를 운행·운항·설치·관리 또는 운영 등을 하는 자를 총칭하여 교통안전법상 무엇이라 하는가?
㉮ 교통시설설치·관리자
㉯ 교통사업자
㉰ 교통수단운영자
㉱ 교통수단 제조사업자

- 제4조(교통시설설치·관리자의 의무) 교통시설설치·관리자는 해당 교통시설을 설치 또는 관리하는 경우 교통안전표지 그 밖의 교통안전시설을 확충·정비하는 등 교통안전을 확보하기 위한 필요한 조치를 강구하여야 한다.
- 제5조(교통수단 제조사업자의 의무) 교통수단 제조사업자는 법령에서 정하는 바에 따라 그가 제조하는 교통수단의 구조·설비 및 장치의 안전성이 향상되도록 노력하여야 한다.
- 제6조(교통수단운영자의 의무) 교통수단운영자는 법령에서 정하는 바에 따라 그가 운영하는 교통수단의 안전한 운행·항행·운항 등을 확보하기 위하여 필요한 노력을 하여야 한다.

03 운행기록요청이 없더라도 운행기록을 제출해야 하는 경우는?
㉮ 대통령령으로 정하는 운행기록장치 장착의무자는 교통행정기관의 제출 요청과 관계없이 운행기록을 주기적으로 제출하여야 한다.
㉯ 운행기록장치에 기록된 운행기록을 대통령령으로 정하는 기간 동안 보관하지 않아도 된다.
㉰ 운행기록장치 장착의무자는 운행기록장치에 기록된 운행기록을 임의로 조작하여 제출하여도 된다.
㉱ 교통행정기관은 제출받은 운행기록을 점검·분석하여 그 결과를 해당 운행기록장치 장착의무자 및 차량운전자에게 제공하지 않아도 된다.

 제55조(운행기록장치의 장착 및 운행기록의 활용 등) ① 다음 각 호의 어느 하나에 해당하는 자는 그 운행하는 차량에 국토교통부령으로 정하는 기준에 적합한 운행기록장치를 장착하여야 한다. 다만, 소형 화물차량 등 국토교통부령으로 정하는 차량은 그러하지 아니하다. <개정

정답 01. ㉱ 02. ㉯ 03. ㉮

2013.3.23., 2020.6.9.>
1. 「여객자동차 운수사업법」에 따른 여객자동차 운송사업자
2. 「화물자동차 운수사업법」에 따른 화물자동차 운송사업자 및 화물자동차 운송가맹사업자
3. 「도로교통법」 제52조에 따른 어린이통학버스(제1호에 따라 운행기록장치를 장착한 차량은 제외한다) 운영자

② 제1항에 따라 운행기록장치를 장착하여야 하는 자(이하 "운행기록장치 장착의무자"라 한다)는 운행기록장치에 기록된 운행기록을 대통령령으로 정하는 기간 동안 보관하여야 하며, 교통행정기관이 제출을 요청하는 경우 이에 따라야 한다. 다만, 대통령령으로 정하는 운행기록장치 장착의무자는 교통행정기관의 제출 요청과 관계없이 운행기록을 주기적으로 제출하여야 한다. 이 경우 운행기록장치 장착의무자는 운행기록장치에 기록된 운행기록을 임의로 조작하여서는 아니 된다. <개정 2017.3.21., 2017.10.24., 2020.6.9.>

③ 교통행정기관은 제2항에 따라 제출받은 운행기록을 점검·분석하여 그 결과를 해당 운행기록장치 장착의무자 및 차량운전자에게 제공하여야 한다.

④ 교통행정기관은 다음 각 호의 조치를 제외하고는 제3항에 따른 분석결과를 이용하여 운행기록장치 장착의무자 및 차량운전자에게 이 법 또는 다른 법률에 따른 허가·등록의 취소 등 어떠한 불리한 제재나 처벌을 하여서는 아니 된다. <개정 2017.1.17.>
1. 제33조 제1항 및 제6항에 따른 교통수단안전점검의 실시
2. 삭제 <2012.6.1.>
3. 교통수단 및 교통수단운영체계의 개선 권고
4. 최소휴게시간, 연속근무시간 및 속도제한장치 무단해제 확인

⑤ 운행기록의 보관·제출방법·분석·활용 등에 필요한 사항은 국토교통부령으로 정한다. <개정 2013.3.23.>

04 다음 중 교통안전진단의 종류에 해당하지 않는 것은?

㉮ 교통시설에 대한 공사계획 또는 사업계획 등의 시정 또는 보완
㉯ 교통시설·교통수단의 개선·보완 및 이용제한
㉰ 교통시설의 관리, 교통수단의 운행, 교통체계의 운영 등과 관련된 절차·방법 등의 개선·보완
㉱ 운전자 등, 교통사업자 소속 근로자 등에 대한 기술지원관리를 할 수 없다.

교통행정기관은 교통안전진단을 받은 자가 제출한 교통안전진단보고서를 검토한 후 교통안전의 확보를 위하여 필요하다고 인정되는 경우에는 해당 교통안전진단을 받은 자에 대하여 다음의 어느 하나에 해당하는 사항을 권고하거나 관계법령에 따른 필요한 조치를 할 수 있다. 이 경우 교통행정기관은 교통안전진단을 받은 자가 권고사항을 이행하기 위하여 필요한 자료제공 및 기술지원을 할 수 있다(법 제37조).
① 교통시설에 대한 공사계획 또는 사업계획 등의 시정 또는 보완
② 교통시설·교통수단의 개선·보완 및 이용제한
③ 교통시설의 관리, 교통수단의 운행, 교통체계의 운영 등과 관련된 절차·방법 등의 개선·보완
④ 운전자 등, 교통사업자 소속 근로자 등에 대한 근무환경의 개선
⑤ 그 밖에 교통안전에 관한 업무의 개선

정답 04. ㉱

05 다음 중 1,000만원 과태료 부과의 일반기준에 대한 설명으로 잘못된 것은?

㉮ 교통안전진단을 받지 아니하거나 교통안전진단보고서를 거짓으로 제출한 자
㉯ 운행기록장치를 장착하지 아니한 자
㉰ 운행기록장치에 기록된 운행기록을 임의로 조작한 자
㉱ 교통수단안전점검을 거부·방해 또는 기피한 자

■ **과태료 부과대상자**(법 제65조 제1·2항)
1) 1천만 원 이하의 과태료
   ① 교통안전진단을 받지 아니하거나 교통안전진단보고서를 거짓으로 제출한 자
   ② 운행기록장치를 장착하지 아니한 자
   ③ 운행기록장치에 기록된 운행기록을 임의로 조작한 자
2) 500만 원 이하의 과태료
   ① 교통안전관리규정을 제출하지 아니하거나 이를 준수하지 아니하는 자 또는 변경명령에 따르지 아니하는 자
   ② 교통수단안전점검을 거부·방해 또는 기피한 자
   ③ 보고를 하지 아니하거나 거짓으로 보고한 자 또는 자료제출요청을 거부·기피·방해하거나 관계공무원의 질문에 대하여 거짓으로 진술한 자
   ④ 신고를 하지 아니하거나 거짓으로 신고한 자
   ⑤ 신고를 하지 아니하고 교통시설안전진단 업무를 휴업·재개업 또는 폐업하거나 거짓으로 신고한 자
   ⑥ 보고를 하지 아니하거나 거짓으로 보고한 자 또는 자료제출요청을 거부·기피·방해한 자
   ⑦ 점검·검사를 거부·기피·방해하거나 질문에 대하여 거짓으로 진술한 자
   ⑧ 교통사고관련자료 등을 보관·관리하지 아니한 자
   ⑨-1. 교통사고관련자료 등을 제공하지 아니한 자
   ⑨-2. 교통안전담당자를 지정하지 아니한 자
   ⑨-3. 교육을 받게 하지 아니한 자
   ⑩ 운행기록을 보관하지 아니하거나 교통행정기관에 제출하지 아니한 자
   ⑪ 위반하여 교육을 받지 아니한 자
   ⑫ 통행방법을 게시하지 아니한 자
   ⑬ 중대한 사고를 통보하지 아니한 자

06 교통행정기관이 교통사고 관련 자료를 사고가 발생한 날부터 보관해야 하는 기간은?

㉮ 5년   ㉯ 3년
㉰ 1년   ㉱ 2년

제38조(교통사고 관련자료 등의 보관·관리) ① 법 제51조 제1항·제2항에 따라 교통사고와 관련된 자료·통계 또는 정보(이하 "교통사고 관련자료 등"이라 한다)를 보관·관리하는 자는 교통사고가 발생한 날부터 5년간 이를 보관·관리하여야 한다.
② 제1항에 따라 교통사고 관련자료 등을 보관·관리하는 자는 교통사고 관련자료 등의 멸실 또는 손상에 대비하여 그 입력된 자료와 프로그램을 다른 기억매체에 따로 입력시켜 격리된 장소에 안전하게 보관·관리하여야 한다.

정답 05. ㉱   06. ㉮

07 다음 중 교통안전관리규정의 제출시기가 지나지 않는 경우에 해당되지 않는 것은?

㉮ 해당하게 된 날부터 6개월 이내
㉯ 해당하게 된 날부터 1년의 범위에서 국토교통부령으로 정하는 기간 이내
㉰ 변경한 날부터 3개월 이내에 변경된 교통안전관리규정을 관할 교통행정기관에 제출하여야 한다.
㉱ 변경한 날부터 6개월 이내에 변경된 교통안전관리규정을 관할 교통행정기관에 제출하여야 한다.

제17조(교통안전관리규정의 제출시기) ① 교통시설설치·관리자 등이 법 제21조 제1항에 따른 교통안전관리규정(이하 "교통안전관리규정"이라 한다)을 제출하여야 하는 시기는 다음 각 호의 구분에 따른다.
  1. 교통시설설치·관리자 : 별표 1 제1호의 어느 하나에 해당하게 된 날부터 6개월 이내
  2. 교통수단운영자 : 별표 1 제2호의 어느 하나에 해당하게 된 날부터 1년의 범위에서 국토교통부령으로 정하는 기간 이내
② 교통시설설치·관리자 등은 교통안전관리규정을 변경한 경우에는 변경한 날부터 3개월 이내에 변경된 교통안전관리규정을 관할 교통행정기관에 제출하여야 한다.

교통시설설치·관리자등의 범위(제16조 관련)

1. 교통시설설치·관리자

교통시설	설치·관리자
도로	1) 「한국도로공사법」에 따른 한국도로공사 2) 「도로법」 제36조에 따라 관리청의 허가를 받아 도로공사를 시행하거나 유지하는 관리청이 아닌 자 3) 「유료도로법」 제6조에 따라 유료도로를 신설 또는 개축하여 통행료를 받는 비도로관리청 4) 「도로법」 제2조 제1호 및 제2호에 따른 도로 및 도로부속물에 대하여 「사회기반시설에 대한 민간투자법」에 따른 민간투자사업을 시행하고, 같은 법 제24조에 따라 이를 관리·운영하는 민간투자법인

2. 교통수단운영자

교통수단	운영자
가. 자동차	다음 중 어느 하나에 해당하는 자 중 사업용으로 20대 이상의 자동차(피견인 자동차는 제외한다)를 사용하는 자 1) 「여객자동차 운수사업법」 제5조에 따라 여객자동차운송사업의 면허를 받거나 등록을 한 자 2) 「여객자동차 운수사업법」 제14조에 따라 여객자동차운수사업의 관리를 위탁받은 자 3) 「여객자동차 운수사업법」 제29조에 따라 자동차대여사업의 등록을 한 자 4) 「화물자동차 운수사업법」 제3조 및 같은 법 시행령 제3조제1호에 따라 일반화물자동차운송사업의 허가를 받은 자
나. 궤도	「궤도운송법」 제4조에 따라 궤도사업의 허가를 받은 자 또는 제5조에 따라 전용궤도의 승인을 받은 전용궤도운영자

정답 07. ㉱

08 다음 중 교통안전행정기관에 해당하지 않는 기관은?

㉮ 특별시장 ㉯ 시·도지사
㉰ 시장·군수·구청장 ㉱ 한국교통안전공단

"교통행정기관"이라 함은 법령에 의하여 교통수단·교통시설 또는 교통체계의 운행·운항·설치 또는 운영 등에 관하여 교통사업자에 대한 지도·감독을 행하는 지정행정기관의 장, 특별시장·광역시장·도지사·특별자치도지사(이하 "시·도지사"라 한다) 또는 시장·군수·구청장(자치구의 구청장을 말한다. 이하 같다)을 말한다.

09 사람 또는 화물의 이동·운송과 관련된 활동을 수행하기 위하여 개별적으로 또는 서로 유기적으로 연계되어 있는 교통수단 및 교통시설의 이용·관리·운영체계 또는 이와 관련된 산업 및 제도 등을 의미하는 것은?

㉮ 교통시설 ㉯ 교통정책
㉰ 교통체계 ㉱ 교통수단

사람 또는 화물의 이동·운송과 관련된 활동을 수행하기 위하여 개별적으로 또는 서로 유기적으로 연계되어 있는 교통수단 및 교통시설의 이용·관리·운영체계 또는 이와 관련된 산업 및 제도 등을 의미한다(법 제2조).

10 다음 중 기간이 5년에 해당되지 않는 것은?

㉮ 교통안전에 관한 기본계획 수립
㉯ 시·도 교통안전기본계획이나 시·군·구 교통안전기본계획
㉰ 교통안전 특별실태조사의 실시
㉱ 교통안전관리규정의 준수 여부에 대한 확인·평가

국토교통부장관은 국가의 전반적인 교통안전수준의 향상을 도모하기 위하여 교통안전에 관한 기본계획을 5년 단위로 수립하여야 한다.
교통안전관리규정 준수 여부의 확인·평가는 교통안전관리규정을 제출한 날을 기준으로 매 5년이 지난날의 전후 100일 이내에 실시한다(칙 제5조 제1항).

수립의무자·수립대상 등(법 제17조 제1항)

수립의무자	수립대상	수립근거	수립단위
시·도지사	시·도교통안전기본계획	국가교통안전기본계획	5년 단위
시장·군수·구청장	시·군·구교통안전기본계획	시·도교통안전기본계획	

교통사고와 관련된 자료·통계 또는 정보를 보관·관리하는 자는 교통사고가 발생한 날부터 5년간 이를 보관·관리하여야 한다(영 제38조 제1항).

11 다음 중 반드시 청문을 실시해야 하는 경우는?

㉮ 교통안전진단기관 등록의 취소
㉯ 벌칙 적용에서의 공무원 의제
㉰ 양벌규정
㉱ 교통안전정보관리체계의 구축

법 제61조(청문) 시·도지사는 다음 각 호의 어느 하나에 해당하는 처분을 하고자 하는 경우에는 청문을 실시하여야 한다.
1. 제43조에 따른 교통안전진단기관 등록의 취소
2. 제54조 제1항의 규정에 따른 교통안전관리자 자격의 취소

12 시·도지사는 국가교통안전기본계획에 따라 시·도의 교통안전에 관한 기본계획을 몇 년 단위로 수립하여야 하는가?

㉮ 3년
㉯ 2년
㉰ 1년
㉱ 5년

제17조(지역교통안전기본계획) ① 시·도지사는 국가교통안전기본계획에 따라 시·도의 교통안전에 관한 기본계획(이하 "시·도교통안전기본계획"이라 한다)을 5년 단위로 수립하여야 하며, 시장·군수·구청장은 시·도교통안전기본계획에 따라 시·군·구의 교통안전에 관한 기본계획(이하 "시·군·구교통안전기본계획"이라 한다)을 5년 단위로 수립하여야 한다.

13 다음 중 지역교통안전기본계획의 경미한 사항을 변경하는 경우에 해당하지 않는 것은?

㉮ 시·군·구의 교통안전에 관한 기본계획에서 정한 부문별 사업규모를 100분의 10 이내의 범위에서 변경하는 경우
㉯ 시·도 교통안전기본계획 또는 시·군·구 교통안전기본계획에서 정한 시행기한의 범위에서 단위 사업의 시행시기를 변경하는 경우
㉰ 교통안전 관련 시설 및 장비의 설치 또는 보완
㉱ 계산 착오, 오기(誤記), 누락, 그 밖에 시·도 교통안전기본계획 또는 시·군·구 교통안전기본계획의 기본방향에 영향을 미치지 아니하는 사항으로서 그 변경근거가 분명한 사항을 변경하는 경우

시행규칙 제2조(경미한 사항의 변경) 「교통안전법」 제17조 제5항 단서에서 "국토교통부령이 정하는 경미한 사항을 변경하는 경우"란 다음 각 호의 어느 하나에 해당하는 경우를 말한다.
1. 법 제17조 제1항에 따른 시·도의 교통안전에 관한 기본계획(또는 시·군·구의 교통안전에 관한 기본계획에서 정한 부문별 사업규모를 100분의 10 이내의 범위에서 변경하는 경우
2. 시·도 교통안전기본계획 또는 시·군·구 교통안전기본계획에서 정한 시행기한의 범위에서 단위 사업의 시행시기를 변경하는 경우

정답 11. ㉮ 12. ㉱ 13. ㉰

3. 계산 착오, 오기(誤記), 누락, 그 밖에 시·도 교통안전기본계획 또는 시·군·구 교통안전기본계획의 기본방향에 영향을 미치지 아니하는 사항으로서 그 변경 근거가 분명한 사항을 변경하는 경우

14 교통안전관리규정의 검토와 관련 "교통안전의 확보에 중대한 문제가 있지는 아니하지만 부분적으로 보완이 필요하다고 인정되는 경우"의 판단으로 옳은 것은?

㉮ 교통수단의 교통안전 위험요인 조사
㉯ 교통안전관리규정의 변경을 명하는 등 필요한 조치
㉰ 교통안전 관계 법령의 위반 여부 확인
㉱ 교통안전관리규정의 준수 여부 점검

시행령 제19조(교통안전관리규정의 검토 등) ① 교통행정기관은 교통시설설치·관리자 등이 제출한 교통안전관리규정이 법 제21조 제1항 각 호에서 정한 사항을 포함하여 적정하게 작성되었는지를 검토하여야 한다.
② 제1항에 따른 교통안전관리규정에 대한 검토 결과는 다음 각 호와 같이 구분한다.
 1. 적합 : 교통안전에 필요한 조치가 구체적이고 명료하게 규정되어 있어 교통시설 또는 교통수단의 안전성이 충분히 확보되어 있다고 인정되는 경우
 2. 조건부 적합 : 교통안전의 확보에 중대한 문제가 있지는 아니하지만 부분적으로 보완이 필요하다고 인정되는 경우
 3. 부적합 : 교통안전의 확보에 중대한 문제가 있거나 교통안전관리규정 자체에 근본적인 결함이 있다고 인정되는 경우

15 다음 중 철도종사자에 해당하지 않는 자는?

㉮ 운전업무종사자
㉯ 관제업무종사자
㉰ 여객을 상대로 승무 및 역무서비스를 제공하는 자
㉱ 철도경영에 관한 조언업무를 수행하는 자

10. "철도종사자"란 다음 각 목의 어느 하나에 해당하는 사람을 말한다.
 가. 철도차량의 운전업무에 종사하는 사람(이하 "운전업무종사자"라 한다)
 나. 철도차량의 운행을 집중 제어·통제·감시하는 업무(이하 "관제업무"라 한다)에 종사하는 사람
 다. 여객에게 승무(乘務) 서비스를 제공하는 사람(이하 "여객승무원"이라 한다)
 라. 여객에게 역무(驛務) 서비스를 제공하는 사람(이하 "여객역무원"이라 한다)
 마. 철도차량의 운행선로 또는 그 인근에서 철도시설의 건설 또는 관리와 관련한 작업의 협의·지휘·감독·안전관리 등의 업무에 종사하도록 철도운영자 또는 철도시설관리자가 지정한 사람(이하 "작업책임자"라 한다)
 바. 철도차량의 운행선로 또는 그 인근에서 철도시설의 건설 또는 관리와 관련한 작업의 일정을 조정하고 해당 선로를 운행하는 열차의 운행일정을 조정하는 사람(이하 "철도운행안전관리자"라 한다)

정답 14. ㉯ 15. ㉱

사. 그 밖에 철도운영 및 철도시설관리와 관련하여 철도차량의 안전운행 및 질서유지와 철도차량 및 철도시설의 점검·정비 등에 관한 업무에 종사하는 사람으로서 대통령령으로 정하는 사람

16 철도안전에 관한 종합계획을 몇 년마다 수립하여야 하는가?

㉮ 1년 ㉯ 3년
㉰ 5년 ㉱ 10년

제5조(철도안전 종합계획) ① 국토교통부장관은 5년마다 철도안전에 관한 종합계획(이하 "철도안전 종합계획"이라 한다)을 수립하여야 한다. 〈개정 2013.3.23.〉
② 철도안전 종합계획에는 다음 각 호의 사항이 포함되어야 한다. 〈개정 2013.3.23., 2020.12.22.〉
  1. 철도안전 종합계획의 추진 목표 및 방향
  2. 철도안전에 관한 시설의 확충, 개량 및 점검 등에 관한 사항
  3. 철도차량의 정비 및 점검 등에 관한 사항
  4. 철도안전 관계 법령의 정비 등 제도개선에 관한 사항
  5. 철도안전 관련 전문 인력의 양성 및 수급관리에 관한 사항
  6. 철도종사자의 안전 및 근무환경 향상에 관한 사항
  7. 철도안전 관련 교육훈련에 관한 사항
  8. 철도안전 관련 연구 및 기술개발에 관한 사항
  9. 그 밖에 철도안전에 관한 사항으로서 국토교통부장관이 필요하다고 인정하는 사항
③ 국토교통부장관은 철도안전 종합계획을 수립할 때에는 미리 관계 중앙행정기관의 장 및 철도운영자등과 협의한 후 기본법 제6조제1항에 따른 철도산업위원회의 심의를 거쳐야 한다. 수립된 철도안전 종합계획을 변경(대통령령으로 정하는 경미한 사항의 변경은 제외한다)할 때에도 또한 같다. 〈개정 2013.3.23.〉
④ 국토교통부장관은 철도안전 종합계획을 수립하거나 변경하기 위하여 필요하다고 인정하면 관계 중앙행정기관의 장 또는 특별시장·광역시장·특별자치시장·도지사·특별자치도지사(이하 "시·도지사"라 한다)에게 관련 자료의 제출을 요구할 수 있다. 자료 제출 요구를 받은 관계 중앙행정기관의 장 또는 시·도지사는 특별한 사유가 없으면 이에 따라야 한다. 〈개정 2013.3.23.〉
⑤ 국토교통부장관은 제3항에 따라 철도안전 종합계획을 수립하거나 변경하였을 때에는 이를 관보에 고시하여야 한다. 〈개정 2013.3.23.〉

17 철도운영자 등의 안전관리체계검사의 유예요청사유에 해당하지 않는 것은?

㉮ 검사 대상 철도운영자등이 사법기관 및 중앙행정기관의 조사 및 감사를 받고 있는 경우
㉯ 항공·철도사고조사위원회가 철도사고에 대한 조사를 하고 있는 경우
㉰ 철도운영자 등이 민형사상의 소송 계속 중에 있는 경우
㉱ 대형 철도사고의 발생, 천재지변, 그 밖의 부득이한 사유가 있는 경우

정답 16. ㉰ 17. ㉰

국토교통부장관은 다음 각 호의 사유로 철도운영자등이 안전관리체계 정기검사의 유예를 요청한 경우에 검사 시기를 유예하거나 변경할 수 있다(규칙 제6조 제3항).
1. 검사 대상 철도운영자등이 사법기관 및 중앙행정기관의 조사 및 감사를 받고 있는 경우
2. 「항공·철도 사고조사에 관한 법률」 제4조 제1항에 따른 항공·철도사고조사위원회가 같은 법 제19조에 따라 철도사고에 대한 조사를 하고 있는 경우
3. 대형 철도사고의 발생, 천재지변, 그 밖의 부득이한 사유가 있는 경우

18 철도안전관리체계의 승인을 받은 철도운영자 등에 대한 필요적 승인취소사유에 해당하는 것은?

㉮ 거짓이나 그 밖의 부정한 방법으로 승인을 받은 경우
㉯ 변경승인을 받지 아니하거나 변경신고를 하지 아니하고 안전관리체계를 변경한 경우
㉰ 안전관리체계를 지속적으로 유지하지 아니하여 철도운영이나 철도시설의 관리에 중대한 지장을 초래한 경우
㉱ 시정조치명령을 정당한 사유 없이 이행하지 아니한 경우

 국토교통부장관은 안전관리체계의 승인을 받은 철도운영자등이 다음 각 호의 어느 하나에 해당하는 경우에는 그 승인을 취소하거나 6개월 이내의 기간을 정하여 업무의 제한이나 정지를 명할 수 있다. 다만, 제1호에 해당하는 경우에는 그 승인을 취소하여야 한다(규칙 제9조 제1항).
1. 거짓이나 그 밖의 부정한 방법으로 승인을 받은 경우
2. 제7조 제3항을 위반하여 변경승인을 받지 아니하거나 변경신고를 하지 아니하고 안전관리체계를 변경한 경우
3. 제8조 제1항을 위반하여 안전관리체계를 지속적으로 유지하지 아니하여 철도운영이나 철도시설의 관리에 중대한 지장을 초래한 경우
4. 제8조 제3항에 따른 시정조치명령을 정당한 사유 없이 이행하지 아니한 경우

19 다음 철도안전 우수운영자의 지정에 관한 내용으로 틀린 것은?

㉮ 철도안전 우수운영자로 지정을 받은 자는 철도차량, 철도시설이나 관련 문서 등에 철도안전 우수운영자로 지정되었음을 나타내는 표시를 할 수 있다.
㉯ 관할 지방자치단체장은 안전관리 수준평가 결과에 따라 철도운영자등을 대상으로 철도안전 우수운영자를 지정할 수 있다.
㉰ 지정을 받은 자가 아니면 철도차량, 철도시설이나 관련 문서 등에 우수운영자로 지정되었음을 나타내는 표시를 하거나 이와 유사한 표시를 하여서는 아니 된다.
㉱ 국토교통부장관은 우수운영자로 지정되지 않은 자가 우수운영자로 지정되었음을 나타내는 표시를 하거나 이와 유사한 표시를 한 자에 대하여 해당 표시를 제거하게 하는 등 필요한 시정조치를 명할 수 있다.

정답 18. ㉮ 19. ㉯

제9조의4(철도안전 우수운영자 지정) ① 국토교통부장관은 제9조의3에 따른 안전관리 수준평가 결과에 따라 철도운영자등을 대상으로 철도안전 우수운영자를 지정할 수 있다.
② 제1항에 따른 철도안전 우수운영자로 지정을 받은 자는 철도차량, 철도시설이나 관련 문서 등에 철도안전 우수운영자로 지정되었음을 나타내는 표시를 할 수 있다.
③ 제1항에 따른 지정을 받은 자가 아니면 철도차량, 철도시설이나 관련 문서 등에 우수운영자로 지정되었음을 나타내는 표시를 하거나 이와 유사한 표시를 하여서는 아니 된다.
④ 국토교통부장관은 제3항을 위반하여 우수운영자로 지정되었음을 나타내는 표시를 하거나 이와 유사한 표시를 한 자에 대하여 해당 표시를 제거하게 하는 등 필요한 시정조치를 명할 수 있다.
⑤ 제1항에 따른 철도안전 우수운영자 지정의 대상, 기준, 방법, 절차 등에 필요한 사항은 국토교통부령으로 정한다.

제9조의5(우수운영자 지정의 취소) 국토교통부장관은 제9조의4에 따라 철도안전 우수운영자 지정을 받은 자가 다음 각 호의 어느 하나에 해당하는 경우에는 그 지정을 취소할 수 있다. 다만, 제1호 또는 제2호에 해당하는 경우에는 지정을 취소하여야 한다.
1. 거짓이나 그 밖의 부정한 방법으로 철도안전 우수운영자 지정을 받은 경우
2. 제9조에 따라 안전관리체계의 승인이 취소된 경우
3. 제9조의4 제5항에 따른 지정기준에 부적합하게 되는 등 그 밖에 국토교통부령으로 정하는 사유가 발생한 경우

20 다음 중 운전적성검사기관의 필요적 지정취소사유에 해당하는 것은?

㉮ 운전적성검사기관의 지정기준에 맞지 아니하게 되었을 때
㉯ 정당한 사유 없이 운전적성검사 업무를 거부하였을 때
㉰ 업무정지 명령을 위반하여 그 정지기간 중 운전적성검사 업무를 하였을 때
㉱ 거짓이나 그 밖의 부정한 방법으로 운전적성검사 판정서를 발급하였을 때

제15조의2(운전적성검사기관의 지정취소 및 업무정지) ① 국토교통부장관은 운전적성검사기관이 다음 각 호의 어느 하나에 해당할 때에는 지정을 취소하거나 6개월 이내의 기간을 정하여 업무의 정지를 명할 수 있다. 다만, 제1호 및 제2호에 해당할 때에는 지정을 취소하여야 한다.
1. 거짓이나 그 밖의 부정한 방법으로 지정을 받았을 때
2. 업무정지 명령을 위반하여 그 정지기간 중 운전적성검사 업무를 하였을 때
3. 제15조 제5항에 따른 지정기준에 맞지 아니하게 되었을 때
4. 제15조 제6항을 위반하여 정당한 사유 없이 운전적성검사 업무를 거부하였을 때
5. 제15조 제6항을 위반하여 거짓이나 그 밖의 부정한 방법으로 운전적성검사 판정서를 발급하였을 때
② 제1항에 따른 지정취소 및 업무정지의 세부기준 등에 관하여 필요한 사항은 국토교통부령으로 정한다.
③ 국토교통부장관은 제1항에 따라 지정이 취소된 운전적성검사기관이나 그 기관의 설립·운영자 및 임원이 그 지정이 취소된 날부터 2년이 지나지 아니하고 설립·운영하는 검사기관을 운전적성검사기관으로 지정하여서는 아니 된다.

정답 20. ㉰

21 다음 중 종합시험운행계획에 포함될 사항이 아닌 것은?

㉮ 종합시험운행의 일정
㉯ 비상대응계획
㉰ 철도시설물에 대한 기능 및 성능 점검결과
㉱ 평가항목 및 평가기준 등

철도시설관리자는 종합시험운행을 실시하기 전에 철도운영자와 협의하여 다음 각 호의 사항이 포함된 종합시험운행계획을 수립하여야 한다(규칙 제75조 제3항).
1. 종합시험운행의 방법 및 절차
2. 평가항목 및 평가기준 등
3. 종합시험운행의 일정
4. 종합시험운행의 실시 조직 및 소요인원
5. 종합시험운행에 사용되는 시험기기 및 장비
6. 종합시험운행을 실시하는 사람에 대한 교육훈련계획
7. 안전관리조직 및 안전관리계획
8. 비상대응계획
9. 그 밖에 종합시험운행의 효율적인 실시와 안전 확보를 위하여 필요한 사항

22 다음 철도차량정비훈련의 교육시간은?

㉮ 철도차량정비업무의 수행기간 5년마다 35시간 이상
㉯ 철도차량정비업무의 수행기간 5년마다 30시간 이상
㉰ 철도차량정비업무의 수행기간 5년마다 25시간 이상
㉱ 철도차량정비업무의 수행기간 5년마다 20시간 이상

교육시간 : 철도차량정비업무의 수행기간 5년마다 35시간 이상(영 제21조의3 제1항)

23 궤도의 중심으로부터 양측으로 폭 몇 미터 이내의 장소에 철도차량의 안전 운행에 지장을 주는 물건을 방치하는 행위를 하여서는 아니 되는가?

㉮ 2미터 ㉯ 3미터
㉰ 5미터 ㉱ 10미터

누구든지 정당한 사유 없이 철도 보호 및 질서유지를 해치는 다음의 어느 하나에 해당하는 행위를 하여서는 아니 된다(법 제48조).
1. 철도시설 또는 철도차량을 파손하여 철도차량 운행에 위험을 발생하게 하는 행위
2. 철도차량을 향하여 돌이나 그 밖의 위험한 물건을 던져 철도차량 운행에 위험을 발생하게 하는 행위

정답 21. ㉰ 22. ㉮ 23. ㉯

3. 궤도의 중심으로부터 양측으로 폭 3미터 이내의 장소에 철도차량의 안전 운행에 지장을 주는 물건을 방치하는 행위
4. 철도교량 등 국토교통부령으로 정하는 시설 또는 구역에 국토교통부령으로 정하는 폭발물 또는 인화성이 높은 물건 등을 쌓아 놓는 행위
5. 선로(철도와 교차된 도로는 제외) 또는 국토교통부령으로 정하는 철도시설에 철도운영자등의 승낙 없이 출입하거나 통행하는 행위
6. 역시설 등 공중이 이용하는 철도시설 또는 철도차량에서 폭언 또는 고성방가 등 소란을 피우는 행위
7. 철도시설에 국토교통부령으로 정하는 유해물 또는 열차운행에 지장을 줄 수 있는 오물을 버리는 행위
8. 역시설 또는 철도차량에서 노숙(露宿)하는 행위
9. 열차운행 중에 타고 내리거나 정당한 사유 없이 승강용 출입문의 개폐를 방해하여 열차운행에 지장을 주는 행위
10. 정당한 사유 없이 열차 승강장의 비상정지버튼을 작동시켜 열차운행에 지장을 주는 행위
11. 그 밖에 철도시설 또는 철도차량에서 공중의 안전을 위하여 질서유지가 필요하다고 인정되어 국토교통부령으로 정하는 금지행위

24 다음 중 국토교통부장관이 행하는 철도교통관제업무의 대상에서 제외되는 것이 아닌 것은?

㉮ 정상운행을 하기 전의 신설선에서 철도차량을 운행하는 경우
㉯ 정상운행을 시작한 후 개량선에서 철도차량을 운행하는 경우
㉰ 철도차량을 보수·정비하기 위한 차량정비기지에서 철도차량을 운행하는 경우
㉱ 철도차량을 보수·정비하기 위한 차량유치시설에서 철도차량을 운행하는 경우

다음의 어느 하나에 해당하는 경우에는 국토교통부장관이 행하는 철도교통관제업무의 대상에서 제외한다(규칙 제76조 제1항).
1. 정상운행을 하기 전의 신설선 또는 개량선에서 철도차량을 운행하는 경우
2. 「철도산업발전 기본법」 제3조 제2호 나목에 따른 철도차량을 보수·정비하기 위한 차량정비기지 및 차량유치시설에서 철도차량을 운행하는 경우

25 철도운행안전관리자 자격을 취소하여야 하는 때가 아닌 것은?

㉮ 거짓이나 그 밖의 부정한 방법으로 철도운행안전관리자 자격을 받았을 때
㉯ 철도운행안전관리자 자격의 효력정지기간 중에 철도운행안전관리자 업무를 수행하였을 때
㉰ 철도운행안전관리자 자격을 다른 사람에게 대여하였을 때
㉱ 철도운행안전관리자의 업무 수행 중 고의 또는 중과실로 인한 철도사고가 일어났을 때

정답 24. ㉯ 25. ㉱

국토교통부장관은 철도운행안전관리자가 다음의 어느 하나에 해당할 때에는 철도운행안전관리자 자격을 취소하거나 1년 이내의 기간을 정하여 철도운행안전관리자 자격을 정지시킬 수 있다. 다만, 1.부터 3.까지의 규정에 해당할 때에는 철도운행안전관리자 자격을 취소하여야 한다(법 제69조의4 제1항).
1. 거짓이나 그 밖의 부정한 방법으로 철도운행안전관리자 자격을 받았을 때
2. 철도운행안전관리자 자격의 효력정지기간 중에 철도운행안전관리자 업무를 수행하였을 때
3. 철도운행안전관리자 자격을 다른 사람에게 대여하였을 때
4. 철도운행안전관리자의 업무 수행 중 고의 또는 중과실로 인한 철도사고가 일어났을 때
5. 술을 마시거나 약물을 사용한 상태에서 철도운행안전관리자 업무를 하였을 때
6. 술을 마시거나 약물을 사용한 상태에서 업무를 하였다고 인정할 만한 상당한 이유가 있음에도 불구하고 국토교통부장관 또는 시·도지사의 확인 또는 검사를 거부하였을 때

26 철도산업발전기본계획의 수립절차 및 수립시기를 순서대로 맞게 연결된 것은?

㉮ 국토교통부장관, 3년 단위 ㉯ 국토교통부장관, 5년 단위
㉰ 철도청장, 3년 단위 ㉱ 철도청장, 5년 단위

 국토교통부장관은 철도산업의 육성과 발전을 촉진하기 위하여 5년 단위로 철도산업발전기본계획을 수립하여 시행하여야 한다(법 제5조 제1항).

27 철도산업발전기본계획의 수립절차로 맞는 것은?

㉮ 수립 - 협의 - 심의 - 고시 ㉯ 협의 - 수립 - 심의 - 고시
㉰ 협의 - 심의 - 수립 - 고시 ㉱ 심의 - 협의 - 수립 - 고시

 국토교통부장관은 기본계획을 수립하고자 하는 때에는 미리 기본계획과 관련이 있는 행정기관의 장과 협의한 후 철도산업위원회의 심의를 거쳐야 한다. 수립된 기본계획을 변경하고자 하는 때에도 또한 같다(법 제5조 제4항). 국토교통부장관은 기본계획을 수립 또는 변경한 때에는 이를 관보에 고시하여야 한다(법 제5조 제5항).

28 철도산업위원회 실무위원회 구성에 관한 다음 설명 중 틀린 것은?

㉮ 실무위원회는 위원장을 포함한 25인 이내의 위원으로 구성한다.
㉯ 위원장은 국토교통부장관이 국토교통부의 3급 공무원 또는 고위공무원단에 속하는 일반직 공무원 중에서 지명한다.
㉰ 위원의 임기는 2년으로 하되, 연임이 가능하다.
㉱ 위원회에 간사 1인을 두되, 간사는 국토교통부장관이 국토교통부소속 공무원 중에서 지명한다.

정답 26. ㉯ 27. ㉰ 28. ㉮

실무위원회는 위원장을 포함한 20인 이내의 위원으로 구성한다(영 제10조 제2항).

29 철도안전에 관한 다음 설명 중 틀린 것은?
㉮ 국가는 국민의 생명·신체·재산을 보호하기 위해 철도안전에 필요한 법적·제도적 장치를 마련하고 이에 필요한 재원을 확보해야 한다.
㉯ 철도시설관리자는 그 시설을 설치·관리함에 있어서 법령이 정하는 바에 따라 당해 시설의 안전상태를 유지하고, 당해 시설과 이를 이용하려는 철도차량간의 종합적인 성능검증 및 안전상태점검 등 안전확보에 필요한 조치를 해야 한다.
㉰ 철도운영자 또는 철도차량 및 장비 등의 제조업자는 법령이 정하는 바에 따라 철도의 안전운행 또는 그 제조하는 철도차량 및 장비 등의 구조·설비·장치의 안전성을 확보하고 이의 향상을 위해 노력해야 한다.
㉱ 국가는 객관적이고 공정한 철도사고조사를 촉진키 위해 전담기구와 전문인력을 확보해야 한다.

 국가는 국민의 생명·신체 및 재산을 보호하기 위하여 철도안전에 필요한 법적·제도적 장치를 마련하고 이에 필요한 재원을 확보하도록 노력하여야 한다(법 제14조 제1항).

30 철도시설 및 철도운영에 관한 다음 설명 중 틀린 것은?
㉮ 철도산업의 구조개혁추진에 있어서 철도시설은 국가가 소유하는 것을 원칙으로 한다.
㉯ 철도산업의 구조개혁추진에 있어서 철도운영 관련사업은 시장경제의 원리에 따라 국가 외의 자가 영위하는 것을 원칙으로 한다.
㉰ 국토교통부장관이 철도운영에 대해 수립·시행할 시책 중에는 공정한 경쟁여건의 조성에 관한 것도 포함된다.
㉱ 국가는 철도운영 관련사업의 효율적 경영을 위해 철도청 및 고속철도관리공단의 관련 조직을 전환하여 특별법에 의해 한국철도공사를 설립한다.

 철도산업의 구조개혁을 추진함에 있어서 철도운영 관련사업은 시장경제원리에 따라 국가외의 자가 영위하는 것을 원칙으로 한다(법 제21조 제1항).

31. 철도시설의 사용에 관한 다음 설명 중 틀린 것은?

㉮ 철도시설을 사용하고자 하는 자는 대통령령이 정하는 바에 따라 관리청의 허가를 받거나 철도시설관리자와 사용계약을 체결하거나 그 시설사용계약자의 승낙을 얻어 사용할 수 있다.

㉯ 철도시설관리자 또는 시설사용계약자는 철도시설을 사용한 자로부터 사용료를 징수할 수 있으나 대통령령이 정하는 바에 의해 그 사용료의 전부·일부를 면제할 수 있다.

㉰ 철도시설 사용료를 징수함에 있어 철도의 사회·경제적 편익과 다른 교통수단과의 형평성 등이 고려되어야 한다.

㉱ 철도시설사용에 관한 관리청의 허가기준·절차·내용 등에 관한 사항은 국토교통부령이 정하는 바에 의한다.

제31조(철도시설 사용료) ① 철도시설을 사용하고자 하는 자는 대통령령으로 정하는 바에 따라 관리청의 허가를 받거나 철도시설관리자와 시설사용계약을 체결하거나 그 시설사용계약을 체결한 자(이하 "시설사용계약자"라 한다)의 승낙을 얻어 사용할 수 있다. <개정 2020.6.9.>
② 철도시설관리자 또는 시설사용계약자는 제1항에 따라 철도시설을 사용하는 자로부터 사용료를 징수할 수 있다. 다만, 대통령령으로 정하는 바에 의하여 그 사용료의 전부 또는 일부를 면제할 수 있다. <개정 2020.6.9.>
③ 제2항에 따라 철도시설 사용료를 징수하는 경우 철도의 사회경제적 편익과 다른 교통수단과의 형평성 등이 고려되어야 한다. <개정 2020.6.9.>
④ 철도시설 사용료의 징수기준 및 절차 등에 관하여 필요한 사항은 대통령령으로 정한다.

32. 철도시설관리자의 사용신청자에의 선로 등 사용계약체결에 관한 협의일정 통보시 한은 사용신청자로부터 선로 등 사용계약서를 제출받은 날로부터 얼마 이내 하여야 하는가?

㉮ 2월 ㉯ 1월
㉰ 3월 ㉱ 6월

- 철도시설관리자는 선로등사용계약신청서를 제출받은 날부터 1월 이내에 사용신청자에게 선로등사용계약의 체결에 관한 협의일정을 통보하여야 한다(영 제37조 제2항).
- 선로등사용계약을 체결하여 선로등을 사용하고 있는 자(선로등사용계약자)는 그 선로등을 계속하여 사용하고자 하는 경우에는 사용기간이 만료되기 10월전까지 선로등사용계약의 갱신을 신청하여야 한다(영 제38조 제1항).

정답 31. ㉱ 32. ㉯

33 국토교통부장관은 비상사태시 철도서비스의 수급안정을 위해 대통령령이 정하는 사항에 관해 조정·명령 등 필요한 조치를 취할 수 있는 바 다음 중 해당되지 않는 것은?

㉮ 철도시설의 임시사용
㉯ 철도시설의 사용 및 접근금지
㉰ 철도시설의 긴급복구 및 복구지원
㉱ 철도역 및 철도차량에 대한 수색 등

❋ **비상사태시 처분**(영 제49조)
1. 철도시설의 임시사용
2. 철도시설의 사용제한 및 접근 통제
3. 철도시설의 긴급복구 및 복구지원
4. 철도역 및 철도차량에 대한 수색 등

34 과태료의 부과 및 징수에 관한 내용으로 틀린 것은?

㉮ 과태료는 대통령령으로 정하는 바에 따라 국토교통부장관이 부과·징수한다.
㉯ 국토교통부장관이 과태료를 부과하는 때에는 당해 위반행위를 조사·확인한 후 위반사실·과태료 금액·이의제기의 방법 및 기간 등을 서면으로 명시하여 이를 납부할 것을 과태료처분대상자에게 통지하여야 한다.
㉰ 국토교통부장관은 과태료를 부과하고자 하는 때에는 30일 이상의 기간을 정하여 과태료처분대상자에게 구술 또는 서면에 의한 의견진술의 기회를 주어야 한다.
㉱ 국토교통부장관은 과태료의 금액을 정함에 있어서는 당해 위반행위의 동기·정도·횟수 등을 참작하여야 한다.

① 국토교통부장관이 법 제42조 제2항의 규정에 의하여 과태료를 부과하는 때에는 당해 위반행위를 조사·확인한 후 위반사실·과태료 금액·이의제기의 방법 및 기간 등을 서면으로 명시하여 이를 납부할 것을 과태료처분대상자에게 통지하여야 한다. <개정 2008.2.29., 2013.3.23.>
② 국토교통부장관은 제1항의 규정에 의하여 과태료를 부과하고자 하는 때에는 10일 이상의 기간을 정하여 과태료처분대상자에게 구술 또는 서면에 의한 의견진술의 기회를 주어야 한다. 이 경우 지정된 기일까지 의견진술이 없는 때에는 의견이 없는 것으로 본다. <개정 2008.2.29., 2013.3.23.>
③ 국토교통부장관은 과태료의 금액을 정함에 있어서는 당해 위반행위의 동기·정도·횟수 등을 참작하여야 한다. <개정 2008.2.29., 2013.3.23.>
④ 과태료의 징수절차는 국토교통부령으로 정한다.

정답 33. ㉯ 34. ㉰

35. 운전면허의 갱신을 받지 아니하여 운전면허의 효력이 정지된 사람의 철도운전면허 갱신 신청기간은 얼마인가?

㉮ 1개월 ㉯ 3개월
㉰ 6개월 ㉱ 1년

법 제19조(운전면허의 갱신) ① 운전면허의 유효기간은 10년으로 한다.
② 운전면허 취득자로서 제1항에 따른 유효기간 이후에도 그 운전면허의 효력을 유지하려는 사람은 운전면허의 유효기간 만료 전에 국토교통부령으로 정하는 바에 따라 운전면허의 갱신을 받아야 한다.
③ 국토교통부장관은 제2항 및 제5항에 따라 운전면허의 갱신을 신청한 사람이 다음 각 호의 어느 하나에 해당하는 경우에는 운전면허증을 갱신하여 발급하여야 한다.
  1. 운전면허의 갱신을 신청하는 날 전 10년 이내에 국토교통부령으로 정하는 철도차량의 운전업무에 종사한 경력이 있거나 국토교통부령으로 정하는 바에 따라 이와 같은 수준 이상의 경력이 있다고 인정되는 경우
  2. 국토교통부령으로 정하는 교육훈련을 받은 경우
④ 운전면허 취득자가 제2항에 따른 운전면허의 갱신을 받지 아니하면 그 운전면허의 유효기간이 만료되는 날의 다음 날부터 그 운전면허의 효력이 정지된다.
⑤ 제4항에 따라 운전면허의 효력이 정지된 사람이 6개월의 범위에서 대통령령으로 정하는 기간 내에 운전면허의 갱신을 신청하여 운전면허의 갱신을 받지 아니하면 그 기간이 만료되는 날의 다음 날부터 그 운전면허는 효력을 잃는다.

영 제19조(운전면허 갱신 등) ① 법 제19조 제4항에 따라 운전면허의 효력이 정지된 사람이 제2항에 따른 기간 내에 운전면허 갱신을 받은 경우 해당 운전면허의 유효기간은 갱신 받기 전 운전면허의 유효기간 만료일 다음 날부터 기산한다.
② 법 제19조 제5항에서 "대통령령으로 정하는 기간"이란 6개월을 말한다.

36. 관제자격증명시험 응시원서 제출시 포함될 사항에 해당하지 않는 것은?

㉮ 신체검사의료기관이 발급한 신체검사 판정서
㉯ 관제적성검사기관이 발급한 관제적성검사 판정서
㉰ 관제교육훈련기관이 발급한 관제교육훈련 수료증명서
㉱ 국가전문자격의 자격증 정본

관제자격증명시험에 응시하려는 사람은 관제자격증명시험 응시원서에 다음의 서류를 첨부하여 교통안전공단에 제출하여야 한다(규칙 제38조의10 제1항).
1. 신체검사의료기관이 발급한 신체검사 판정서(관제자격증명시험 응시원서 접수일 이전 2년 이내인 것에 한정)
2. 관제적성검사기관이 발급한 관제적성검사 판정서(관제자격증명시험 응시원서 접수일 이전 10년 이내인 것에 한정)
3. 관제교육훈련기관이 발급한 관제교육훈련 수료증명서
4. 철도차량 운전면허증의 사본(철도차량 운전면허 소지자에 한정)
5. 「국가기술자격법」 제2조 제1호에 따른 국가기술자격의 자격증 사본(제38조의9에 따른 국가기술자격을 가진 사람에 한정)

정답 35. ㉰ 36. ㉱

37 다음 중 종합시험운행에 대한 설명으로 잘못된 것은?

㉮ 철도운영자등은 철도노선을 새로 건설하거나 기존노선을 개량하여 운영하려는 경우에는 정상운행을 하기 전에 종합시험운행을 실시한 후 그 결과를 국토교통부장관에게 보고하여야 한다.
㉯ 철도운영자등이 실시하는 종합시험운행은 해당 철도노선의 영업을 개시한 후에 실시한다.
㉰ 종합시험운행은 철도운영자와 합동으로 실시한다.
㉱ 도시설관리자는 종합시험운행을 실시하기 전에 철도운영자와 합동으로 해당 철도노선에 설치된 철도시설물에 대한 기능 및 성능 점검결과를 설명한 서류에 대한 검토 등 사전검토를 하여야 한다.

철도운영자등이 실시하는 종합시험운행은 해당 철도노선의 영업을 개시하기 전에 실시한다(규칙 제75조 제1항).

38 다음 중 열차에서 휴대가 금지되는 위해물품에 해당하지 않는 것은?

㉮ 방사성 물질　　　　　　　　　㉯ 총포 · 도검류 등
㉰ 고압가스　　　　　　　　　　　㉱ 장난감 권총

제78조(위해물품의 종류 등) ① 법 제42조 제2항에 따른 위해물품의 종류는 다음 각 호와 같다. <개정 2016.8.10.>
1. 화약류 : 「총포 · 도검 · 화약류 등의 안전관리에 관한 법률」에 따른 화약 · 폭약 · 화공품과 그 밖에 폭발성이 있는 물질
2. 고압가스 : 섭씨 50도 미만의 임계온도를 가진 물질, 섭씨 50도에서 300킬로파스칼을 초과하는 절대압력(진공을 0으로 하는 압력을 말한다. 이하 같다)을 가진 물질, 섭씨 21.1도에서 280킬로파스칼을 초과하거나 섭씨 54.4도에서 730킬로파스칼을 초과하는 절대압력을 가진 물질이나, 섭씨 37.8도에서 280킬로파스칼을 초과하는 절대가스압력(진공을 0으로 하는 가스압력을 말한다)을 가진 액체상태의 인화성 물질
3. 인화성 액체 : 밀폐식 인화점 측정법에 따른 인화점이 섭씨 60.5도 이하인 액체나 개방식 인화점 측정법에 따른 인화점이 섭씨 65.6도 이하인 액체
4. 가연성 물질류 : 다음 각 목에서 정하는 물질
  가. 가연성고체 : 화기 등에 의하여 용이하게 점화되며 화재를 조장할 수 있는 가연성 고체
  나. 자연발화성 물질 : 통상적인 운송상태에서 마찰 · 습기흡수 · 화학변화 등으로 인하여 자연발열하거나 자연발화하기 쉬운 물질
  다. 그 밖의 가연성물질 : 물과 작용하여 인화성 가스를 발생하는 물질
5. 산화성 물질류 : 다음 각 목에서 정하는 물질
  가. 산화성 물질 : 다른 물질을 산화시키는 성질을 가진 물질로서 유기과산화물 외의 것
  나. 유기과산화물 : 다른 물질을 산화시키는 성질을 가진 유기물질
6. 독물류 : 다음 각 목에서 정하는 물질

가. 독물 : 사람이 흡입·접촉하거나 체내에 섭취한 경우에 강력한 독작용이나 자극을 일으키는 물질
나. 병독을 옮기기 쉬운 물질 : 살아 있는 병원체 및 살아 있는 병원체를 함유하거나 병원체가 부착되어 있다고 인정되는 물질
7. 방사성 물질 : 「원자력안전법」제2조에 따른 핵물질 및 방사성물질이나 이로 인하여 오염된 물질로서 방사능의 농도가 킬로그램당 74킬로베크렐(그램당 0.002마이크로큐리) 이상인 것
8. 부식성 물질 : 생물체의 조직에 접촉한 경우 화학반응에 의하여 조직에 심한 위해를 주는 물질이나 열차의 차체·적하물 등에 접촉한 경우 물질적 손상을 주는 물질
9. 마취성 물질 : 객실승무원이 정상근무를 할 수 없도록 극도의 고통이나 불편함을 발생시키는 마취성이 있는 물질이나 그와 유사한 성질을 가진 물질
10. 총포·도검류 등 : 「총포·도검·화약류 등 단속법」에 따른 총포·도검 및 이에 준하는 흉기류
11. 그 밖의 유해물질 : 제1호부터 제10호까지 외의 것으로서 화학변화 등에 의하여 사람에게 위해를 주거나 열차 안에 적재된 물건에 물질적인 손상을 줄 수 있는 물질
② 철도운영자등은 제1항에 따른 위해물품에 대하여 휴대나 적재의 적정성, 포장 및 안전조치의 적정성 등을 검토하여 휴대나 적재를 허가할 수 있다. 이 경우 해당 위해물품이 위해물품임을 나타낼 수 있는 표지를 포장 바깥면 등 잘 보이는 곳에 붙여야 한다.

39 철도보호지구에서의 대통령령으로 정하는 안전조치에 해당하지 않는 것은?

㉮ 선로 옆의 제방 등에 대한 흙막이공사 시행
㉯ 신호기를 가리거나 신호기를 보는데 지장을 주는 시설이나 설비 등의 철거
㉰ 선로나 정거장 주변의 주거환경에 대한 개선조치
㉱ 안전울타리나 안전통로 등 안전시설의 설치

법 제45조(철도보호지구에서의 행위제한 등) ③ 국토교통부장관 또는 시·도지사는 철도차량의 안전운행 및 철도 보호를 위하여 필요하다고 인정할 때에는 제1항 또는 제2항의 행위를 하는 자에게 그 행위의 금지 또는 제한을 명령하거나 대통령령으로 정하는 필요한 조치를 하도록 명령할 수 있다.

영 제49조(철도 보호를 위한 안전조치) 법 제45조 제3항에서 "대통령령으로 정하는 필요한 조치"란 다음 각 호의 어느 하나에 해당하는 조치를 말한다.
1. 공사로 인하여 약해질 우려가 있는 지반에 대한 보강대책 수립·시행
2. 선로 옆의 제방 등에 대한 흙막이공사 시행
3. 굴착공사에 사용되는 장비나 공법 등의 변경
4. 지하수나 지표수 처리대책의 수립·시행
5. 시설물의 구조 검토·보강
6. 먼지나 티끌 등이 발생하는 시설·설비나 장비를 운용하는 경우 방진막, 물을 뿌리는 설비 등 분진방지시설 설치
7. 신호기를 가리거나 신호기를 보는데 지장을 주는 시설이나 설비 등의 철거
8. 안전울타리나 안전통로 등 안전시설의 설치
9. 그 밖에 철도시설의 보호 또는 철도차량의 안전운행을 위하여 필요한 안전조치

정답 39. ㉰

40 궤도의 중심으로부터 양측으로 폭 몇 미터 이내의 장소에 철도차량의 안전 운행에 지장을 주는 물건을 방치하는 행위를 하여서는 아니 되는가?

㉮ 2미터 ㉯ 3미터
㉰ 5미터 ㉱ 10미터

누구든지 정당한 사유 없이 철도 보호 및 질서유지를 해치는 다음의 어느 하나에 해당하는 행위를 하여서는 아니 된다(법 제48조).
1. 철도시설 또는 철도차량을 파손하여 철도차량 운행에 위험을 발생하게 하는 행위
2. 철도차량을 향하여 돌이나 그 밖의 위험한 물건을 던져 철도차량 운행에 위험을 발생하게 하는 행위
3. 궤도의 중심으로부터 양측으로 폭 3미터 이내의 장소에 철도차량의 안전 운행에 지장을 주는 물건을 방치하는 행위
4. 철도교량 등 국토교통부령으로 정하는 시설 또는 구역에 국토교통부령으로 정하는 폭발물 또는 인화성이 높은 물건 등을 쌓아 놓는 행위
5. 선로(철도와 교차된 도로는 제외) 또는 국토교통부령으로 정하는 철도시설에 철도운영자등의 승낙 없이 출입하거나 통행하는 행위
6. 역시설 등 공중이 이용하는 철도시설 또는 철도차량에서 폭언 또는 고성방가 등 소란을 피우는 행위
7. 철도시설에 국토교통부령으로 정하는 유해물 또는 열차운행에 지장을 줄 수 있는 오물을 버리는 행위
8. 역시설 또는 철도차량에서 노숙(露宿)하는 행위
9. 열차운행 중에 타고 내리거나 정당한 사유 없이 승강용 출입문의 개폐를 방해하여 열차운행에 지장을 주는 행위
10. 정당한 사유 없이 열차 승강장의 비상정지버튼을 작동시켜 열차운행에 지장을 주는 행위
11. 그 밖에 철도시설 또는 철도차량에서 공중의 안전을 위하여 질서유지가 필요하다고 인정되어 국토교통부령으로 정하는 금지행위

41 다음 중 국토교통부장관이 행하는 철도교통관제업무의 대상에서 제외되는 것이 아닌 것은?

㉮ 정상운행을 하기 전의 신설선에서 철도차량을 운행하는 경우
㉯ 정상운행을 시작한 후 개량선에서 철도차량을 운행하는 경우
㉰ 철도차량을 보수·정비하기 위한 차량정비기지에서 철도차량을 운행하는 경우
㉱ 철도차량을 보수·정비하기 위한 차량유치시설에서 철도차량을 운행하는 경우

다음의 어느 하나에 해당하는 경우에는 국토교통부장관이 행하는 철도교통관제업무의 대상에서 제외한다(규칙 제76조 제1항).
1. 정상운행을 하기 전의 신설선 또는 개량선에서 철도차량을 운행하는 경우
2. 「철도산업발전 기본법」 제3조 제2호 나목에 따른 철도차량을 보수·정비하기 위한 차량정비기지 및 차량유치시설에서 철도차량을 운행하는 경우

정답 40. ㉯ 41. ㉯

42 다음 중 철도운영자가 열차운행을 일시 중지할 수 있는 경우가 아닌 것은?

㉮ 천재지변 또는 악천후로 인하여 재해가 발생한 경우
㉯ 천재지변 또는 악천후로 인하여 재해가 발생할 것으로 예상되는 경우
㉰ 열차운행에 중대한 장애가 발생하였거나 발생할 것으로 예상되는 경우
㉱ 열차이용자의 일시 중지요구가 있는 경우

법 제40조(열차운행의 일시 중지) 철도운영자는 다음 각 호의 어느 하나에 해당하는 경우로서 열차의 안전운행에 지장이 있다고 인정하는 경우에는 열차운행을 일시 중지할 수 있다.
1. 지진, 태풍, 폭우, 폭설 등 천재지변 또는 악천후로 인하여 재해가 발생하였거나 재해가 발생할 것으로 예상되는 경우
2. 그 밖에 열차운행에 중대한 장애가 발생하였거나 발생할 것으로 예상되는 경우

43 국토교통부장관이 처분을 하는 경우 반드시 청문을 하여야 하는 경우에 해당하지 않는 것은?

㉮ 운전적성검사기관의 지정취소
㉯ 품질인증의 취소
㉰ 운전면허의 취소 및 효력정지
㉱ 제작자승인의 취소

국토교통부장관은 다음의 어느 하나에 해당하는 처분을 하는 경우에는 청문을 하여야 한다(법 제75조).
1. 안전관리체계의 승인 취소
2. 운전적성검사기관의 지정취소
3. 운전면허의 취소 및 효력정지
4. 관제자격증명의 취소 또는 효력정지
5. 철도차량정비기술자의 인정 취소
6. 형식승인의 취소
7. 제작자승인의 취소
8. 인증정비조직의 인증 취소
9. 정밀안전진단기관의 지정 취소
10. 시험기관의 지정 취소

44 다음 중 철도산업발전기본법상 철도산업발전기본계획의 수립주체는 누구인가?

㉮ 대통령
㉯ 국무총리
㉰ 국토교통부장관
㉱ 철도운영자

국토교통부장관은 철도산업의 육성과 발전을 촉진하기 위하여 5년 단위로 철도산업발전기본계획(기본계획)을 수립하여 시행하여야 한다(법 제5조 제1항).

45 철도산업발전기본계획에 포함되어야 할 사항이 아닌 것은?

㉮ 기본계획의 수립 또는 변경에 관한 사항
㉯ 철도기술의 개발 및 활용에 관한 사항
㉰ 각종 철도간의 연계수송 및 사업조정에 관한 사항
㉱ 철도산업 육성시책의 기본방향에 관한 사항

❀ **기본계획에 포함되어야 할 사항**(법 제5조 제2항)
1. 철도산업 육성시책의 기본방향에 관한 사항
2. 철도산업의 여건 및 동향전망에 관한 사항
3. 철도시설의 투자·건설·유지보수 및 이를 위한 재원확보에 관한 사항
4. 각종 철도간의 연계수송 및 사업조정에 관한 사항
5. 철도운영체계의 개선에 관한 사항
6. 철도산업 전문인력의 양성에 관한 사항
7. 철도기술의 개발 및 활용에 관한 사항
8. 그 밖에 철도산업의 육성 및 발전에 관한 사항으로서 대통령령이 정하는 사항

46 국가철도공단이나 한국철도공사가 소유·건설·운영 또는 관리하는 철도를 포함한 모든 철도에 대하여 적용되는 것은?

㉮ 철도산업발전 기반의 조성
㉯ 철도안전 및 이용자 보호
㉰ 철도시설 관리권
㉱ 공익적 기능의 유지

❀ **적용범위**
동법은 다음에 해당하는 철도에 대하여 적용한다. 다만, 제2장(철도산업발전기반의 조성)의 규정은 모든 철도에 대하여 적용한다(법 제2조).
① 국가 및 한국고속철도건설공단법에 의하여 설립된 한국고속철도건설공단이 소유·건설·운영 또는 관리하는 철도
② 국가철도공단 및 한국철도공사가 소유·건설·운영 또는 관리하는 철도

47 철도산업위원회의 심의·조정사항으로 법령에 명시된 사항이 아닌 것은?

㉮ 철도안전과 철도운영에 관한 중요 정책 사항
㉯ 철도차량의 제작 및 관리 등 철도차량에 관한 정책사항
㉰ 철도시설관리자와 철도운영자간 상호 협력 및 조정에 관한 사항
㉱ 철도산업 구조개혁에 관한 중요 정책 사항

정답 45. ㉮ 46. ㉮ 47. ㉯

철도산업발전기본법 시행령 제6조(철도산업위원회) ① 철도산업에 관한 기본계획 및 중요정책 등을 심의·조정하기 위하여 국토교통부에 철도산업위원회를 둔다.
② 위원회는 다음 각 호의 사항을 심의·조정한다.
    1. 철도산업의 육성·발전에 관한 중요정책 사항
    2. 철도산업구조개혁에 관한 중요정책 사항
    3. 철도시설의 건설 및 관리 등 철도시설에 관한 중요정책 사항
    4. 철도안전과 철도운영에 관한 중요정책 사항
    5. 철도시설관리자와 철도운영자간 상호협력 및 조정에 관한 사항
    6. 이 법 또는 다른 법률에서 위원회의 심의를 거치도록 한 사항
    7. 그 밖에 철도산업에 관한 중요한 사항으로서 위원장이 부의하는 사항
③ 위원회는 위원장을 포함한 25인 이내의 위원으로 구성한다.

48 다음 중 철도시설에 해당하지 않는 것은?

㉠ 철도의 선로
㉡ 철도운영을 위한 건축물·건축설비
㉢ 신호 및 열차제어설비
㉣ 철도승무원 통근버스

 "철도시설"이라 함은 다음 각목의 1에 해당하는 시설(부지를 포함)을 말한다(철도산업발전기본법 제3조 제2호).
가. 철도의 선로(선로에 부대되는 시설을 포함), 역시설(물류시설·환승시설 및 편의시설 등을 포함) 및 철도운영을 위한 건축물·건축설비
나. 선로 및 철도차량을 보수·정비하기 위한 선로보수기지, 차량정비기지 및 차량유치시설
다. 철도의 전철전력설비, 정보통신설비, 신호 및 열차제어설비
라. 철도노선간 또는 다른 교통수단과의 연계운영에 필요한 시설
마. 철도기술의 개발·시험 및 연구를 위한 시설
바. 철도경영연수 및 철도전문인력의 교육훈련을 위한 시설
사. 그 밖에 철도의 건설·유지보수 및 운영을 위한 시설로서 대통령령이 정하는 시설

49 다음 철도종사자의 직무상 지시의 준수에 관한 내용으로 틀린 것은?

㉠ 누구든지 폭행·협박으로 철도종사자의 직무집행을 방해하여서는 아니 된다.
㉡ 철도종사자는 이 법에 따라 철도의 안전·보호와 질서유지를 위하여 하는 철도운영자의 직무상 지시에 따라야 한다.
㉢ 철도종사자는 복장·모자·완장·증표 등으로 그가 직무상 지시를 할 수 있는 사람임을 표시하여야 한다.
㉣ 철도운영자등은 철도종사자가 표시를 할 수 있도록 복장·모자·완장·증표 등의 지급 등 필요한 조치를 하여야 한다.

정답 48. ㉣ 49. ㉡

법 제49조 제1항, 제2항
① 열차 또는 철도시설을 이용하는 사람은 이 법에 따라 철도의 안전·보호와 질서유지를 위하여 하는 철도종사자의 직무상 지시에 따라야 한다.
② 누구든지 폭행·협박으로 철도종사자의 직무집행을 방해하여서는 아니 된다.

영 제51조 제1항, 제2항
① 법 제49조에 따른 철도종사자는 복장·모자·완장·증표 등으로 그가 직무상 지시를 할 수 있는 사람임을 표시하여야 한다.
② 철도운영자등은 철도종사자가 제1항에 따른 표시를 할 수 있도록 복장·모자·완장·증표 등의 지급 등 필요한 조치를 하여야 한다.

50 철도의 안전운행을 방해할 우려가 있는 행위를 신고할 경우 노면전차 철도보호지구의 바깥쪽 경계선으로부터 몇 m 이내의 지역인가?

㉮ 20m 이내　　　　　　　　　㉯ 30m 이내
㉰ 40m 이내　　　　　　　　　㉱ 50m 이내

노면전차 철도보호지구의 바깥쪽 경계선으로부터 20미터 이내의 지역에서 굴착, 인공구조물의 설치 등 철도시설을 파손하거나 철도차량의 안전운행을 방해할 우려가 있는 행위로서 대통령령으로 정하는 행위를 하려는 자는 국토교통부장관 또는 시·도지사에게 신고하여야 한다(법 제45조 제2항).

정답 50. ㉮

제2편 교통안전관리론

- [ ] 제1장 교통안전관리 개론
- [ ] 제2장 교통안전관리 예상문제
- [ ] 제3장 교통안전관리 기출문제

제1장 교통안전관리 개론

제1절 서 론

① 교통 및 교통사고

1. 교통의 본질

(1) 교통의 정의

현대사회의 생활은 교통과 떨어지려야 떨어질 수 없는 밀접한 관계에 있다. 그러나 교통의 정의는 한마디로 표현하기 어렵고 각기 견해에 따라 다르지만 교통안전관리에서의 일반적 정의는 다음과 같다.

「교통이란 교통기관(통로, 운반구, 동력)을 이용한 사람이나 물건의 공간적 이동」이라고 정의된다. 그러나 우리가 일상 쓰는 '교통'이란 용어는 영어의 교통(Traffic)이나 운수(Transportation)와 구별이 안되거나 혼용되고 있으며 한자의 의미로서는 의사소통(Communication)을 포함하기도 한다.

❈ **광의의 정의**(사전적 의미 - 국어대사전, 이희승 편)

교통이란
① 오고가는 일, 왕래
② 서로 떨어진 지역간에 있어서의 사람의 왕복, 화물의 수송, 기차 또는 자동차 등의 운행하는 일의 총칭
③ 의사의 통달이라고 한다.

❈ **교통과 운수를 구분한 정의**

교통(Traffic)과 운수(Transportation)를 구별하여 'Traffic은 거리공간의 장해를 극복하여 시간과 거리를 단축시키는 것이며, 운수(Transportation)는 사람과 화물의 장소적 전이에 의해 그 수요와 공급의 균형을 기하는 것'이라고 정의한다(박동언 교수). 그리고 교통기관의 3대 요소인 통로, 운반구, 동력을 포괄하는 개념으로 운수기술(Transportation engineering)이라고 하여 교통(Traffic)을 하나의 보조적 업무를 내포하는 의미로 사용하기도 한다.

---

(2) 교통수단의 범위

1) 교통안전확보를 위한 범위(협의적 범위)

육상통로(열차, 자동차, 삭도), 선박교통(선박, 항만하역), 항공교통(비행기) 등만을 대상으로 한다.

2) 일상적 범위

육상교통, 선박교통, 항공교통을 들 수 있으나 보다 광의적으로는 파이프 라인(pipe line), 에스컬레이터, 컨베이어(conveyor) 벨트까지 포함한다.

(3) 교통수단의 결정

교통 또는 운수는 교통기관의 3대요소인 ① 통로, ② 운반구, ③ 동력이 결합되어 사람이나 물건의 공간적 이동의 기능을 하게 되나 통로이동의 양과 질에 따라 교통수단이 결정된다. 즉, 항공교통은 신속성은 있으나 경제성이 없으며 선박교통은 대량수송으로 인한 경제성이 있으나 신속성이 결여되어 있기 때문이다.

2. 교통의 기능

(1) 사회적 기능의 측면

① 공공성

교통기능이 사회적 공기(公器)로서의 역할을 해야 할 것을 요구한다(철도, 버스, 여객선, 항공). 공공성의 특색으로는 "편의성, 보급성, 서비스성" 등을 들 수 있다. 그리고 교통수단의 사용자(또는 경영자) 개인의 사적 이익만을 추구해서는 아니된다는 것을 의미한다.

② 대량성

철도나 선박에서 그 특색을 찾아볼 수 있다. 즉, 안전하고 값싼 교통의 실현이다.

(2) 서비스기능의 측면

① 교통이 추구하는 목표

신속성, 정확성, 안전성, 경제성, 쾌적성, 편의성, 보급성

② 교통수단의 연계

㉠ 일괄수송방식, 즉 도로와 해상을 보다 합리적으로 결합하는 교통수단으로서 중·장거리 카페리가 발달하고 있다.

ⓒ 철도의 대량성기능과 트럭의 서비스기능을 결합하여 문전 대 문전(door to door)을 경제적으로 실현하는 것이다.

3. 교통사고

① 교통사고란 교통수단의 운행과정에서 고의성이 없는 어떤 불안전한 행동이나 조건이 외적 요인으로 선행되어 운행을 저해하거나 또는 운행할 수 없는 상태가 되면서 인명에 피해를 주거나 재산상의 손실을 야기시키는 것을 말한다.
② 교통사고는 교통사고를 발생시키는 여러 가지 요인들이 직·간접으로 결합되어 발생하고 있다.

❈ 교통사고의 주요요인
- 인적 요인(Human Factors) – 교통사고의 제1의 요인이다.
- 교통수단 요인 – 운반구
- 환경요인(Environmental Factors)
※ 사고요인 중 직접적 원인으로 가장 많은 비율을 점하고 있는 것이 인적 요인이라 할 수 있다.

[표 2-1] 교통사고의 요인별 관여율

(%, 총사고건수에 대한 비율)

구 분	관여율(확실한 것)	관여율(확실한 것과 가능한 것)
인적 요인	84.8%	96.7%
환경적 요인	17.9%	33.8%
차량적 요인	6.0%	17.9%

② 교통안전관리

1. 교통안전관리의 의의

교통수단을 이용하여 사람과 물자를 장소적으로 이동시키는 과정에서 위험요인이 없는 것을 교통안전이라 하므로 교통안전관리란 교통안전을 확보하기 위하여 계획, 조직, 통제 등의 제기능을 통해서 기업의 자원을 교통안전활동에 배분, 조정, 통합하는 과정을 말한다.
교통안전관리를 통하여 교통사고를 예방하면 국민의 생명과 재산이 보호됨으로써 공공복리에 기여하게 된다. 교통안전관리를 대상별로 세분화한다면 운전자관리, 차량관리, 운행관리, 도로환경관리, 직장환경관리, 안전시설관리 등으로 구분할 수 있으며 이와 같은 관리가 효율적으로 이루어져야 교통안전이 증진된다. 교통안전관리는 관리대상이 사람, 자동차, 도로, 교통환경 등으로 복잡하기 때문에 종합적인 접근방법을 적용해야 한다. 운전자 및 보행자의 특성, 자동차의 특성, 도로와 교통환경의 특성에 따라 관리방법이 달라져야 효과가 있다. 교통사고는 운전자나 보행자뿐만 아니라 도로환경과 자동차의 결함 등이 복합적으로 작용하기 때문에 어느 한가지의 요소만으로 문제해결에 접근할 수 없다. 그러나 그 중에서도 교통사고의 주요원인은 운전자의 과실이기 때문에 운전자관리에 초점을 맞추어야 한다. 특히 직업운전자로서 사회적 책임이 무거운 사업용자동차운전자는 특별관리가 요청된다.

2. 교통안전관리의 목표와 원칙

(1) 교통안전관리의 목표

교통안전관리의 목적을 한마디로 말한다면 국민복지증진을 위한 교통안전의 확보라고 할 수 있으며 교통안전관리의 궁극적인 가치는 복지사회의 실현이고, 복지사회의 실현을 위해서는 교통의 효율화, 주택보급의 확대, 생산성의 향상, 여가시설의 충실화 등이 달성되어야 한다.

(2) 교통사고 방지를 위해 요구되는 원칙

1) 정상적인 컨디션과 정돈된 환경유지의 원칙

마음이 산만하거나 정리정돈이 안된 경우 운전시 정상적인 행동을 취할 수 없다. 따라서 운전자는 항상 심신을 정돈하고, 상쾌하고 맑은 기분을 갖도록 해야 한다.

2) 운전자의 관리자에 대한 신뢰의 원칙

관리자가 운전자로부터 신뢰를 받지 못하면 통솔력에 치명적인 손상을 가져오므로 관리자는 권위의식보다는 희생과 봉사의 정신으로 솔선수범하는 자세를 견지해야 한다.

3) 안전한 환경조성의 원칙

운전환경과 운전조건이 개선되어 운전자가 안심하고 운전할 수 있도록 해야 한다.

4) 무리한 행동 배제의 원칙

과속운전이나 끼어들기 등 무리한 행동은 사고발생이라는 필연적인 결과를 초래하므로 운전자는 이러한 행동을 배제해야 한다.

5) 사고요인의 등치성 원칙

교통사고의 경우, 우선 어떤 요인이 발생한다면 그것이 근원이 되어 다음 요인이 발생하게 되고, 또 그것이 다음 요인을 발생시키는 것과 같이 여러 가지 요인이 유기적으로 관련되어 있다. 그런데 연속된 이 요인들 중에서 어느 하나만이라도 발생하지 않았다면 연쇄반응은 일어나지 않았을 것이며, 따라서 교통사고는 일어나지 않았을 것이다. 다시 말하면 교통사고의 발생에는 교통사고 요인을 구성하는 각종 요소가 똑같은 비중을 지닌다고 볼 수 있으며, 이러한 원리를 사고요인의 등치성 원칙이라고 한다.

6) 방어확인의 원칙

운전자는 위험한 자동차를 피하고 위험한 도로에 접근하면 일시정지하고 좌·우를 확인하여 안전한지를 확인한 후 이동해야 한다. 또한 위험한 횡단보도, 커브길, 주택가 이면도로 등 시야가 불량한 지역에서 속도를 줄이고 주의환기하면서 운전하는 것은 방어확인 원칙의 적합한 사례가 된다.

❋ **하인리히(H. W. Heinrich)의 법칙**

1930년경에 하인리히란 사람이 노동재해를 분석하면서 인간이 일으키는 같은 종류의 재해에 대하여 330건을 수집한 후 이 가운데 300건은 보통의 상해를 수반하는 재해, 29건은 가벼운 상해를 수반하는 재해, 그리고 1건은 중대한 상해를 수반하는 재해를 낳고 있다는 점을 알아냈다. 이 사실로부터 하인리히는 30건의 상해를 수반하는 재해를 방지하기 위해서는 그 하부에 있는 300건의 상해를 수반하는 재해를 제거해야 한다고 주장했다.
1 : 29 : 300이라는 수치가 과연 타당한가에 대한 의문은 있으나, 이러한 수치의 의미는 특히 사고가 발생한 후 사고방지대책을 강구하는 것이 아니라, 적극적으로 위험을 사전에 예방하려 한다는 점에서 그 중요성을 둘 수 있다.

❋ **욕조곡선(고장률의 유형)의 원리**

초기에는 부품 등에 내재하는 결함, 사용자의 미숙 등으로 고장률이 높게 상승하지만 중기에는 부품의 적응 및 사용자의 숙련 등으로 고장률이 점차 감소하다가 말기에는 부품의 노화 등으로 고장률이 점차 상승한다는 원리로서 그 곡선의 형태가 욕조의 형태를 띤다고 하여 욕조곡선의 원리라고 한다.

---

3. 교통사고 예방의 접근방법

사고는 많은 사람에게 불가항력적이며 우발적이다. 따라서 사고를 예방하기 위해서는 불안전행위와 조건을 과학적으로 통제하여야 한다.

(1) 안전관리와 기본업무

불안전한 행위와 조건들을 탐지하고 분석하여 위험요소를 사전에 제거하는 것이다.

(2) 위험요소 제거 6단계

1) 조직의 구성

안전관리업무를 수행할 수 있는 조직의 구성, 안전관리책임자의 임명, 안전계획의 수립 및 추진 등의 단계이다.

2) 위험요소의 탐지

안전점검 또는 진단사고, 원인의 규명, 종사원 교통활동 및 태도분석을 통하여 불안전행위와 위험한 환경조건 등 위험요소를 발견하는 단계이다.

3) 원인분석

발견된 위험요소는 면밀히 분석하여 원인규명을 하는 단계이다.

4) 개선대안의 제시

분석을 통하여 도출된 원인을 토대로 효과적으로 실현할 수 있는 대안을 제시하는 단계이다.

5) 대안의 채택 및 시행

당해 기업이 실행하기에 가장 알맞은 대안을 선택하고 시행하는 단계이다.

6) 환 류(Feed back)

과정상의 문제점과 미비점을 보완하여야 하는 단계이다.

(3) 사고예방을 위한 접근방법

사고예방을 위한 접근방법은 다양하고 복잡할 수밖에 없다. 이러한 방법들을 개발하고 발전시키는 것이 안전관리론인 것이다.

첫째, 기술적 접근방법(외적 표현)
① 교통기관의 기술개발을 통하여 안전도를 향상시키는 것이다.
② 하드웨어의 개발을 통한 안전의 확보라고 할 수 있다.
③ 운반구 및 동력제작의 기술발전이 교통수단의 안전도를 향상시킨다.
④ 교통수단을 조작하는 교통종사원의 기술숙련도 향상을 통한 안전운행 역시 기술적 접근방법이라 할 수 있다.

둘째, 관리적 접근방법(정신적·내적 표현)
① 교통의 기술면에서 교통기관을 효율적으로 관리하고 통제할 수 있도록 적합시키는

방법론이다.
② 경영관리기법을 통한 전사적 안전관리, 통계학을 이용한 사고유형 또는 원인의 분석, 품질관리기법을 원용한 통계적 관리기법, 인간형태학적 접근, 인체생리학적 접근 등이다.

셋째, 제도적 접근방법
① 제도적 접근방법은 기술적(하드웨어) 접근방법이나 관리적 접근방법을 통하여 개발된 기법의 효율성을 제고하기 위하여 제도적 장치를 마련하는 행위이다.
② 법령의 제정을 통한 안전기준의 마련이나 안전수칙 또는 원칙을 정하여 준수토록 하면서 제도적으로 안전을 확보하고자 하는 것이다.
③ 제도적 접근방법은 기술적·관리적인 면에서 개발된 기법을 효율성있게 제고하기 위한 행위이다.

제2절 교통사고와 구조

1 교통사고의 개념

교통사고(Transportation Accident)라 함은 도로상의 차량이나 전차, 철도의 열차, 항공기, 해상의 선박 등의 각종 교통기관이 그 본래의 사용방법에 따라 운행 중에 타인의 차량, 사람, 기차, 항공기, 전차 등 고속교통기관이나 사람 또는 기물 등과 충돌·접촉하거나 전복, 전도, 접촉의 위험을 야기함으로써 사람을 사상케 하거나 기물을 손괴하여 재산상의 손실과 교통상의 위험을 발생케 하는 모든 경우를 포함하는 것으로 정의된다.

2 교통사고의 분류

교통사고는 도로상을 운행하는 자동차에 의해 발생되는 자동차 교통사고와 철도나 궤도를 운행하는 기차와 전동차 등에 의해서 직·간접으로 발생되는 철·궤도 교통사고, 해상을 운행하는 선박에 의해서 발생되는 해상 교통사고 그리고 항공기에 의해서 발생되는 항공 교통사고로 분류된다.

③ 사고요인의 등가성(사고요인의 등치성원리)

1. 사고요인의 등치성원리의 개념

교통사고방지를 위해서는 동일 또는 유사반복사고(類似反復事故)를 되풀이하지 않는 일이 무엇보다도 중요한 것이라고 본다. 교통사고는 예측할 수 없는 것이므로 지난날의 경험을 참고로 하지 않을 수가 없다. 이제까지 일어나고 있는 교통사고를 조사해 보면 같은 종류의 것으로 판단되는 것이 매우 많은 것이므로 교통사고는 반복되는 것이라고 지적되고 있다.

① 첫째로 동일노선, 동일장소에서 일어나고 있다는 것이다.
② 동일노선, 동일장소에서는 사고발생 후에 일단 그것을 조사해서 대책을 세운다고 하더라도 계속해서 같은 종류의 교통사고가 일어나고 있다는 점이다.
③ 교통사고는 연속적으로 하나하나 요인이 만들어지나 그 중 하나라도 없으면 연쇄반응은 일어나지 않는다. 즉 사고는 일어나지 않는다.
④ 교통사고 발생시에는 사고를 구성하는 각종 요소가 꼭 같은 비중을 차지한다는 것이 사고요인의 등치성원리이다.

2. 사고요인의 배열

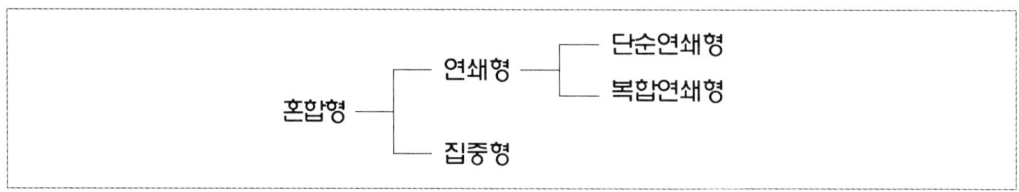

요인의 배열이라는 것을 모형(Model)적으로 생각하면 연쇄형과 집중형으로 크게 나누어 볼 수 있다. 물론 실제상으로 나타나고 있는 교통사고의 사례에서 보면 위의 연쇄형과 집중형으로 혼합되고 있는 이른바 혼합형적인 것이 많이 있으며 또 같은 연쇄형이라도 그것은 단순연쇄형과 복합연쇄형의 2가지로 분류될 수가 있다.

제3절 교통사고원인분석

교통사고는 한 가지 요인에 의해서 발생되는 경우도 있지만 대부분의 경우는 여러 가지 요인이 복합적으로 작용하고 있어 그 요인을 명확히 규명하기 쉽지 않다. 그러나 일반적으로 교통사고의 요인은 크게 운전자 및 보행자의 법규위반이나 기타 과실에 의한 "인적요인"과 차량의 구조, 장비의 정비 및 검사제도 그리고 차량의 보안기술수준 등의 불량 및 미비와 관련된 "차량요인", 도로, 철도 및 궤도, 항로 그리고 해로 천후, 기후, 일광 등의 "자연환경"요인과 교통량 기타 교통법, 사회제도 등에 관계된 기타 주요환경요인 등으로 구분해서 말할 수 있다.

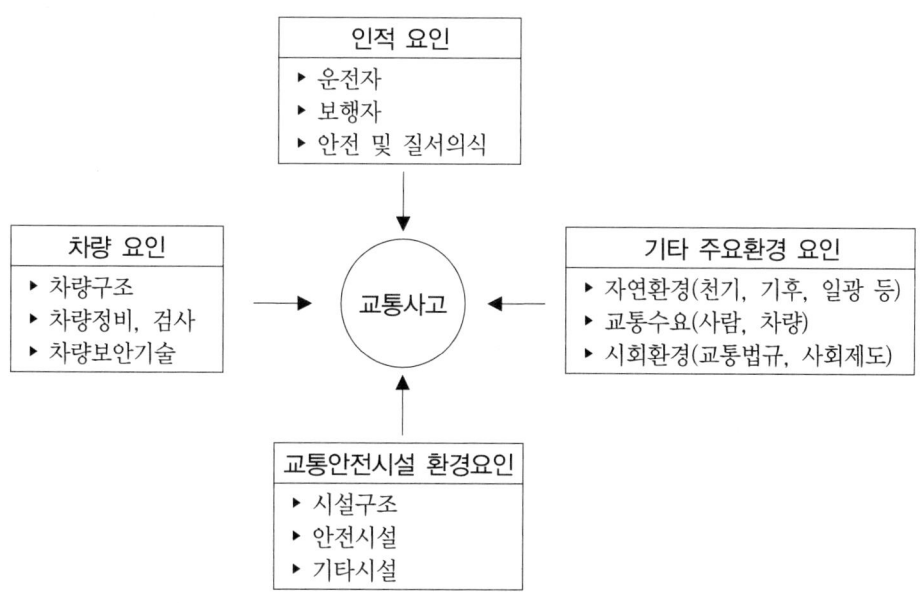

[그림 2-1] 교통사고 원인의 요인분석도

1 교통사고의 요인

1. 인적요인(운전자)

(1) 운전자에 관한 인적 요소

① 운전자의 심리 ② 생 리
③ 습 관 ④ 준법정신

⑤ 질서의식 ⑥ 직업관
⑦ 연 령 ⑧ 학 력
⑨ 운전경력 및 운전기술 등이다.

운전자에 관한 사고를 줄이기 위해 교육을 실시하고 홍보, 지도단속, 벌금 및 처벌 등의 행정처분 등의 법적 제재도 가하고 있지만 이들 여러 수단이 운전자의 형태를 고치는 데 결정적이고 명확한 효과를 얻어내지는 못하는 것이 현실이다.

(2) 운전자의 운전습관과 교통사고

운전태도에 따라 운전자의 습관성을 살펴보면, 넓고 평탄한 도로나 항로, 철도 및 항공로 등이 나오는 제한속도를 좀 더 올리고 싶어하는 습성이 많이 있다고 하며, 또 불쾌한 일이 있어도 자연히 운전습성이 나빠지는 경향이 있다는 것으로 보아 차량운전자는 그의 외적 환경요인에 상당히 민감한 운전습성을 보이고 있다. 따라서 이러한 운전습성이 교통사고와 직·간접적으로 연결되고 있음을 주시해야 할 것이다.

(3) 운전자의 가정생활·질병과 교통사고

운전자의 가정생활·질병과 교통사고는 밀접한 관계가 있다.

2. 차량요인

(1) 차량 등의 정비불량에 의한 교통사고

(2) 차량 등의 검사제도 및 검사상의 문제점

① 국내에서 운행되고 있는 자동차는 외국에 비해 적재량이 매우 높은 것이 사실이다. 따라서 이로 인한 주행거리의 과다, 과적운행의 빈발로 자동차가 받는 피로도는 극심하여 이로 인한 각종 부품의 이완, 마모, 절단, 절손 및 균열 등으로 교통사고의 "직접적인 원인"이 되고 있음을 감안해 볼 때 현행 정기점검제도의 보완 및 필요성이 대두되고 있다.

② 1984년도 자동차검사장에서 검사결과 자동차장치별 불합격률을 보면 5.0%, 조향장치, 전기장치, 연료장치가 각각 3.5%의 순으로 나타나 있다.

③ 한편 자동차사고 중 정비불량이 원인이 되고 있는 차량에 대한 차량과 차량검사 경과기간의 관계를 보면 4년 이하의 차령이 전체 정비불량 사고건수의 69.8%나 차지하고 있고 그 중 차종별로 보면 화물 자동차의 정비불량이 많은 것으로 되어 있는 실정이다.

④ 이와 같이 자동차의 제작년도가 오래된 차량일수록 정비불량으로 인한 사고가 많이

발생하는 것으로 보아 차량의 노후도와 교통사고는 밀접한 관계가 있음을 보여주고 있다. 또한 정비불량으로 인한 사고의 대부분이 검사경과 후 4개월 이내에 많이 발생하는 것으로 보아 아직도 자동차부품 중에는 불량부품이 산재되어 있을 뿐만 아니라 부품의 내구력에도 문제가 있음을 시사해 주고 있다. 더욱이 우리나라 자동차교통사고의 치사율은 약 4.2%로 미국의 3배에 달하고 그 원인의 대부분은 "차량안전도"가 선진국 수준에 미달되었기 때문이다.

3. 환경요인 등

(1) 자연환경요인

교통사고를 유발시키는 자연적 요인으로는 기상 및 일광상태를 들 수가 있다. 기상상태의 불량과 안전시설의 불량은 교통사고에 많은 영향을 미치며 비, 눈, 일광에 의한 명암상태와 교통사고와는 높은 상관관계가 있는 것으로 나타나고 있다.

(2) 기타 사회환경 및 제도요인

교통사고를 유발시키는 요인으로서 교통도덕관념을 중요한 요소로 들 수 있다. 교통사고는 기계문명의 발달에 따른 필요불가결한 것으로서 그 위험성으로 인한 사고의 책임이 사회와 그 구성원 모두에게 있다. 따라서 운전자에게만 책임을 전적으로 전가한다는 데에도 한계가 있다고 할 수 있으며 모든 사회구성원이 교통사고에 대한 인식과 더불어 자율적인 안전정신을 가져야만 한다. 외국과 달리 우리나라의 교통안전교육은 아주 초보적인 단계에 머물러 있어 교통안전의식이 희박한 상태에 있다. 이 점과 더불어 교통안전교육의 중요성이 증대되고 있다.

② 교통사고 정보시스템

1. 사고자료 File 작성

교통사고조사양식이나 기타 설문조사로부터 수집된 사고자료는 컴퓨터에 입력하여 교통량의 조사 분석에서 다루었던 것과 같은 기본 프로그램(Master Program)을 이용하여 File을 작성하고 성취프로그램(Performance Program)을 이용하여 구현하고자 하는 사고정보 자료를 도출할 수 있다.

2. 교통사고정보의 효율적 활용

교통사고보고서는 교통정보 System의 특수목적, 정보 System의 일례로서 교통사고에 관한 운전자의 인적 요소, 차량의 기계적 성능, 안전시설의 기하학적 구조 등의 복합적 정보를 수록한 양식으로 교통사고에 관한 제(諸)지표를 구할 수 있을 뿐만 아니라 교통안전대책과 관련하여 교통사고에 관한 정보를 필요로 하는 사회적 대상들의 요구를 어느 정도 충족시켜 줄 수가 있다.

(1) 경찰기관

여기서는 교통사고 보고정보를 교통경찰관, 운전자, 차량 및 도서시설에 대한 행정적, 사법적인 목적, 즉 교통사고처리를 위한 교통경찰관의 질적 향상을 위한 자체 교육, 사고운전자를 발견하여 그에 대한 행정 및 형사적 조치결정, 사고차량에 대한 행정처분, 교통안전시설의 확충과 수정 및 교통법규보완 등의 다목적으로 이용하고 있다.

(2) 운수행정당국

이 당국은 운전자와 차량에 대한운전면허규정, 안전운전교육, 재정부담, 차량의 정비와 검사규정 및 차량규제 승인 등의 다목적으로 교통사고 정보를 활용하고 있다.

(3) 교통안전협회

'협회'는 운전자와 일반국민에 대한 교통안전의식을 높이기 위한 홍보와 교육의 주업무를 통하여 사고대책을 강구하기 위해 사고보고서를 이용하고 있다.

(4) 교육기관

운전자 및 일반국민에 대한 적절한 교통안전교육 및 사고예방효과를 위한 교육 Program을 설정하는 데 이용하고 있다. 이와 같이 많은 기관과 대상자들이 교통사고방지와 교통사고 안전대책을 수립하기 위해 사고조사보고서를 활용하고 있으며, 사고보고서는 단순히 통계보고양식에만 그칠 것이 아니라 정보의 "정확성, 타당성 및 활용성"을 고려하여 체계적으로 구성되어 있어 사고안전대책의 수립에 큰 기여를 할 수 있어야 하겠다.

3. 안전대책 경제성분석 및 종합평가

(1) 안전대책의 사후평가

종래의 안전시설관리의 약점은 실시된 안전대책에 관한 적절한 Follow up이 행하여지고 있지 않은 점일 것이다. 감소사건수의 예측은 완전한 것이 아니기 때문에 자주 예기치 않은 부작용이 생겨 사고전보다도 더욱 나쁜 사고발생상황을 나타낼 경우가 있다. 따라서 안전대책의 실시 후에도 계속하여 당해 장소의 사고조사를 하여 안전대책이 기대하는 것과 같이 효과를 발휘하고 있는가의 여부를 살펴볼 필요가 있다.

실시된 안전대책의 사고감소율은 다음 식에 의하여 계산된다.

$$사고감소율 = 100 \times \frac{(사전사고율 - 사후사고율)}{사전사고율}$$

(2) 교통안전계획의 종합평가

이 작업은 교통안전계획 전체를 다음과 같은 점에서 평가하는 것을 목적으로 한다.

1) 효 과

계획당초의 목적이 완수되었는가, 계획에 요한 비용은 경제적으로 보아 사용되었는가 등을 살펴보는 것이다.

2) 목적의 타당성

당초의 목적이 타당한 것이었는가, 앞으로의 목적은 어떻게 되어 있는가를 평가한다.

3) 기준치 및 평가

위험장소의 발견, 안전대책의 책정작업 등에 사용된 기준치방법은 적절한가, 즉 감소사고건수의 예측방법은 현행대로 좋은가, 안전대책의 비용, 교통사고비용에 관한 Data는 현실적인 것인가, 사고 Data의 수집보고가 확실하고 또한 정확한 것인가 등이다.

제4절 운행계획

1 운행계획의 수립과 목표

목표, 즉 계획이 없는 관리란 있을 수 없으며 계획은 실시과정에서 시행착오가 나타날 수 있으므로 이를 시정하면서 보다 높은 목표를 설정하는 것이 교통안전관리의 첫걸음이다. 교통사고는 계획성 없는 직업할당 등으로 사고발생을 유발하는 예가 많다.

다음 [그림 2-2]는 관리를 시행할 경우의 기본적인 기초개념을 나타낸 것이다.

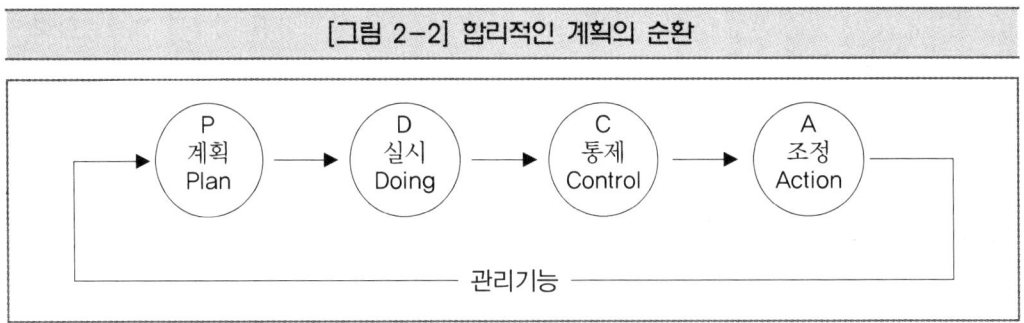

[그림 2-2] 합리적인 계획의 순환

과학적인 운행계획을 위해서는 P, D, C, A 즉, 계획→실시→통제→조정의 순환이 제대로 사이클링되지 않으면 안 된다.

특히 교통안전관리에서는 계획단계에 정력을 쏟지 않으면 안 된다. 계획에 있어서는 ① 종사원, ② 업무량, ③ 차량장비 등 이상 세 가지 여건을 안전하면서 효율적으로 조합시키는 데 중점을 두어야 한다. 그런데 운송업에서 그것이 종사원별로 조합되지 않으면 안 된다는 특성을 가지고 있으며, 또 적어도 주간계획 그리고 될 수 있는 대로 월간계획을 수립할 수 있지 않으면 아니 된다.

❷ 운행계획 수립시의 문제점

1. 피로와 사고

피로가 원인으로 일어나는 사고는 가장 비참한 결과를 초래하는 경우가 많다.

① 운전전의 작업피로가 운전에 영향을 미칠 경우
② 연속운전 중에 피로가 생길 경우
③ 작업 이외의 원인에 의한 운전전의 피로가 운전에 영향을 미치는 경우 등이 생각될 수 있다.

2. 경영자세와 교통안전관리

교통안전관리자에게 있어서 딜레마는 운행계획에 필요한 정보를 세밀하게 분석·검토하여 보다 좋은 조합을 해 보고자 하더라도 작업에 적합한 차량이나 치수가 없다든가 적격한 운전자가 없다는 데 있을 것인데 이와 같은 문제는 언제든지 발생할 수 있다. 그러나 이 문제는 교통안전관리에 대한 문제인 것이 아니라 경영에 관한 문제인 것이다. 그러나 이익을 착실히 신장시키고 있는 기업이라면 기업내외의 정세분석을 하고 적정한 차량이나 인원을 확보하게 될 것이다. 따라서 교통안전관리자의 진가는 최소한의 차량과 인원을 어떻게 하면 유효적절하게 사용하면서 안전하고 효과적으로 업무를 성취해 갈 수 있는가에 달려있을 것이다.

3. 계획과 운전자

장거리 운행 중에 졸음으로 말미암아 대추돌사고를 일으킨 경우 그 내용을 조사해 보면 그 운전자는 전날밤 술을 마시고 도박으로 거의 밤샘을 하다시피 하고는, 낮에는 다른 운전에 종사했다가 저녁때가 되어서 예기치 않은 새로운 운행지시를 받고 운전했던 사실이 판명된 바 이것은 무모한 관리라고 하지 않을 수가 없을 것이다.

위와 같은 사안에서 운전자도 예기치 못한 운행계획이 사고의 한 원인이 되고 있음을 알 수 있다. 따라서 계획을 수립하는 단계에서는 때로는 운전자를 불러서 자체 상황 등을 확인해 볼 필요가 있을 것이다. 계획은 적어도 주간계획, 될 수 있다면 월간계획을 세우는 것이 좋을 것이다. 그리고 계획은 운전자 가족들도 알게 하는 것이 좋을 것이다. 가령 심야에 걸치는 운행이 있을 경우에는 전일부터 운전자의 몸가짐에 대해서 가족의 협력이 반드시 필요할 것이다.

4. 교통사고의 조사분석

(1) 교통사고 조사의 범위

사고원인의 조사범위는 사고에 대한 직접원인만이 아니라 간접원인, 잠재적 요인에까지 미치지 않으면 아니된다.

간접요인은 도로, 철도 및 궤도, 항로, 해상 등 시설환경적 요인, 차량, 선박, 항공기 등 교통장비적 원인 및 인적 요인으로 계상되는 경우는 많다. 잠재원인은 가정·직장 등의 트러블, 신체상태가 나쁘다든가, 경제적인 걱정거리 등과 같은 잠재적인 고민 등을 들수 있으며 운전자·보행자 등이 이런 것에 정신을 쏟게 됨으로써 교통안전관리를 소홀히하는 일이 있어서는 아니될 것이다.

예를 들면 도로교통의 경우 운전자들의 운전을 ① 서행운전 ② 정상운전 ③ 과속운전 등으로 나누어 본다면 여유시간을 4초 이상 유지할 수 있는 것과 같은 것이 서행운전인 것이며, 2초 정도의 운전을 정상운전이라고 생각할 수 있을 것이며, 1초 정도인 경우를 과속운행이라고 볼 수 있는 것이므로 이들에 대한 원인조사도 빠뜨리는 일이 있어서는 아니된다. 그리고 여유시간에 대해서는 0.5초 정도가 있다면 인간의 대응은 일단 불가능하지는 않더라도 아주 위험한 운전으로 되는 것이며 여유시간 1초 이내에서는 일순간은 "깜짝"하게 되는 것과 같은 준사고(near accident) 상태가 되고 마는 것이다.

또 충분한 여유시간은 가지고 있더라도 졸음운전이나 옆보기운전에 의해서 아주 짧은 시간으로써 여유시간이 없거나 거의 없는 상태라면 사고는 피할 수 없게 된다. 위험한 상태를 재빨리 인지하더라도 판단을 잘못하거나, 중대한 조작착오가 있게 되면 사고로 되고 만다.

사고 전의 원인조사는 잠재원인, 간접원인으로부터 시작해서 사고 직전의 인지, 판단 및 조작에 이르기까지를 계통적으로 실시할 필요가 있게 된다.

사고시의 상태, 즉 당사자의 진행방향, 충돌지점, 차량 등의 충돌접촉부위 및 방향, 2차 충돌의 유무, 차량 등의 파손상황 등을 정확하게 파악하는 일은 사고원인규명에 중대한 열쇠가 될 것이다. 특히 사고에 의한 인신피해정도의 대소는 사고발생전의 조건에 의해서 오히려 차량 등이 어떤 관계로 충돌했는가, 피해자가 중대한 피해를 받는 것과 같은 2차 충돌이 있었는가 어떤가, 구급과 같은 사고시 또는 사고 후의 상태에 의해서 결정되는 경우가 많은 것이므로 사고원인의 조사를 하기 위한 사고현장의 조사에 있어서는 이상과 같은 점들을 충분히 유의해서 하지 않으면 아니된다.

(2) 사고원인의 조사항목으로 반드시 검토되어야 할 사항은 다음과 같다.

① 전방시계(視界)가 좋지 못했다.
② 너무 서둘렀다.
③ 상대방과의 거리감각을 잘못 인지했다.
④ 상대방이 속도를 감속해주리라 생각했다.
⑤ 상대가 피해주리라 생각했다.
⑥ 차량 등이 제대로 가속하리라 생각했다.
⑦ 추월금지규칙이 없었다.
⑧ 교통로가 좁았다.

(3) 사고발생경향과 통계분석

교통사고분석요령은 효과적인 사고방지대책을 수립하기 위해서 필요한 과학적이며 실증적인 분석을 하자는 데 있는 것으로써 분석기법으로서는 다음과 같은 것이 있다.

1) 통계적 분석

① 노선별 분석
② 차종별 분석
③ 조직별 분석

2) 사례적 분석

① 개별적 사고분석
② 교통환경분석
③ 운전자 적성분석

④ 차량의 안전도분석

　이상과 같은 것에 대해서 사고분석을 하더라도 나타난 현재적 분석보다는 잠재적 원인분석을 적출하는 데 힘쓰지 않으면 아니된다. 사고분석은 지금 발생되고 있는 사고원인을 규명하지 않으면 아니될 것은 너무나도 당연한 것이지만 동일 또는 유사원인에 의한 사고가 재발하는 일이 없도록 하기 위해서 현재 사고에 관련된 간접적이거나 2차원적인 사고원인으로써 잠재원인의 적출에 힘쓰지 않으면 아니된다. 하지만 현실적으로는 눈앞에 놓여 있는 사고에만 집착해서 가장 중요한 잠재원인이 간과되는 경우가 있다.

(4) 사고의 심층분석

　교통사고의 심층분석을 위해서는 객관적인 사고자료의 분석 이외에도 설문지를 통한 조사, 면접을 통한 면접조사 등을 실시하여 심층분석을 할 수 있다.

1) 기초적인 사고분석

① 지역 내의 사고발생 특성파악에 관한 사고분석

○ 연도별추이 ○ 월별추이 ○ 요일별추이 ○ 시간대별추이 ○ 기후별추이	○ 지형별추이 ○ 노선별추이 ○ 도로형태별추이 ○ 도로폭원의 추이 ○ 노면상태별추이	○ 사고유형별추이 ○ 사고당사자별추이 ○ 행동유형별추이 ○ 운전자·보행자추이 ○ 성별·연령별추이 ○ 면허취득 후 경과년수별추이 ○ 인신손상 정도별추이 ○ 인신손상 주부위별추이

② 지역간 평가에 대한 사고분석

　지역간 평가는 주로 상대평가이다.

③ 노선(구간)평가에 대한 사고분석

　노선연장과 교통량에 대한 기준화 – 척도[지표 : 건/㎞ , 건/1,000㎞(노선연장)]

④ 사고다발지점에 대한 사고분석

　○ 통계적 분석
　○ 사고발생상황도
　○ 현장상황도 등을 통한 객관적 및 잠재적 추가 조사분석을 행할 수 있다.

⑤ 사고율을 나타내는 지표

　○ 백만진입차량대수 사고율(MEV : Million Entering Vehicles)
　○ 1억주행차량대 – ㎞/당 사고율(HMVK : Hundred Millon Vehicle Kilometers/ton-㎞)

- 등록차량 : 10,000대당 사고율
- 인구 10만명당 사고율
- 시간, 일, 요일, 월 및 연간 발생된 사고건수, 사상자, 부상자 및 치사율에 의한 사고율

⑥ 사고의 심각도(Severity) 판정지표

재산피해사고상당법(EPDO : Equivallent Property-Damage Only) 즉,

> EPDO사고건수 = (사망사고건수) × (사망사고심각도) + (부상사고건수) × (부상사고심각도) + (재산피해사고건수) × PDO 또는
>
> EPDO사고건수 = 6(사망사고건수 + 부상사고건수) + PDO사고건수
>
> EPDO사고율 = $\dfrac{\text{EPDO사고건수}}{\text{통행량의 측정치}}$

제5절 교통사고와 인간특성

1 인간행동의 특성

1. 교통사고의 인적 요인

조사결과에 의하면 교통사고원인의 80 ~ 90%가 인간행동의 착오 또는 불안전성으로 인한 것으로 나타나고 있다.

우리나라의 각종 교통수단별 교통사고의 인적 요인을 보면 다음과 같다.

[표 2-2] 각 교통수단별 사고원인분석

(단위 : %)

사고원인 교통수단	인적 요인	운반구결함
도로교통	99.5	0.5
철도교통	36.3	28.9
선박교통	72.8	15.1
항공교통	82.3	11.8

사고원인의 분석은 사고요인이 연쇄적으로 반응되는 과정이므로 이 과정이 구명(究明)되지 않으면 진정한 원인파악이 불가능한 것이고, 안전대책 또는 효과를 거둘 수가 없을 것이다.

2. 교통기관과 인간

다음 그림에서와 같이 교통기관(통로, 운반구, 동력)과 인간이 유기적인 관련을 맺으면서 교통행위가 이루어지게 된다.
① 인적 측면에서 조종자(운전자)와 이용자(보행자)가 있는가 하면
② 물적 측면에서는 교통수단(운반구)과 교통환경(통로)이 있다.

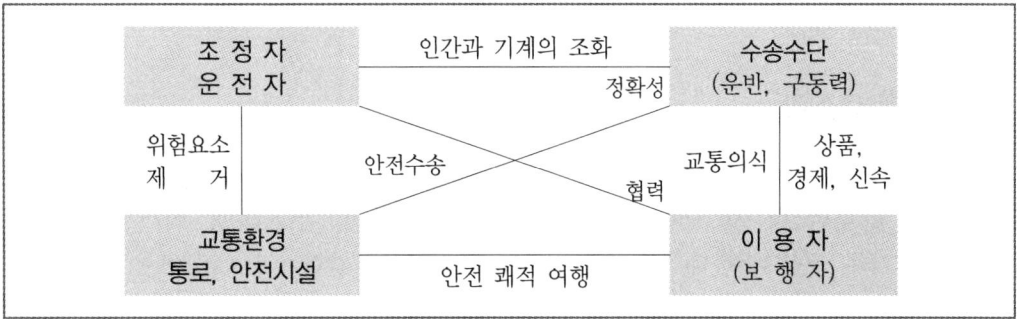

이러한 교통의 장을 이루고 있는 요소들이 순기능적으로 결합될 때 안전운행이 가능한 것이다. 아무리 훌륭한 교통기관이라 할지라도 인간의 행동특성에 적합하지 않다면 안전한 교통기관이라고 할 수는 없을 것이다. 따라서 교통안전을 위해서는 인간과 교통기관이 모두 안전해야만 한다. 그러나 인간은 항상 동일한 상태로 긴장상태를 유지할 수가 없는 가변성이 있기 때문에 인간 - 교통기관의 시스템이 안전할 수만은 없다.

인간에게는 인간이기 때문에 변화가 있는 것이므로 이를 본질적으로 보완할 수 있는 장치, 다시 말하면 인간의 과오가 있더라도 교통기관의 안전성으로 보완되어질 수 있는 방식, 즉 Fail Safe가 되어 있어야 한다.

❈ 인간행위의 가변적 요인
1. 기능상 - 시력, 반사신경의 저하 등 "생체기능의 저하"
2. 작업능률 - 객관적으로 측정할 수 있는 "효율의 저하"
3. 생리적 - 긴장수준의 저하
4. 심리적 - 심적 포화, 피로감, 위화감에 의한 작업의욕의 저하

교통의 장에서 인적 요인에 의한 교통사고의 상관성을 인간행동의 법칙에서 찾아보면 $B = f(P \cdot E)$의 공식이 성립한다.
[B : Behavior(행동), P : Person(인간), E : Environment(환경)]
즉 인간의 행동은 인간과 환경과의 관계에 의해서 결정된다는 법칙이다.

❖ 인간과 환경이 행동을 규제하는 요인

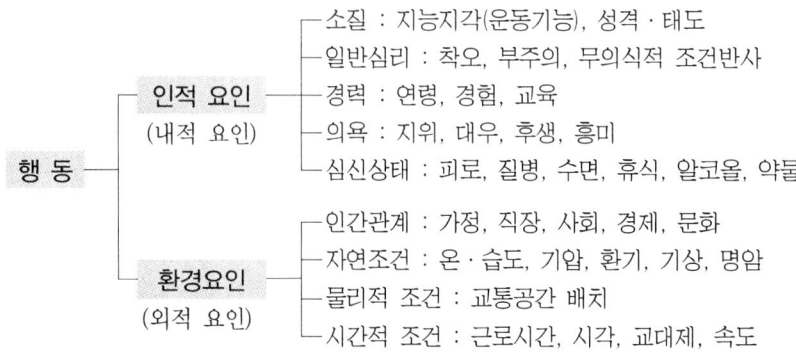

3. 인간행동시스템

일반적으로 사람이 어떤 목적을 가지고 운전행동을 하는 데 있어서 외부의 정보는 시·청각을 주체로 하여 이루어진다. 이는 모든 정보는 인체의 5감(五感)에 의해서 파악되지 않으면 안된다는 것을 뜻한다. 즉, 외부로부터의 정보는 감각기관(오관)에서 입(入)하여 신경계를 통하여 뇌에 전달되고 뇌에서는 입수된 정보를 종합, 판단하고 행동기관(손, 발, 등)에 지령하여 운전조작을 하게 된다. 그런데 인간은 감각기관에 들어오는 갖가지 정보를 인지하고 이것을 학습된 지식으로 판단하면서 행위로 옮기는 데 얼마간의 시간이 걸리게 된다. 인지 0.3초, 판단 0.3초, 조작 0.4초가 걸린다고 한다(合 1초).

그러나 운행과정에 입수된 돌발적인 정보에 대한 순간동작은 인지→판단→조작의 결과라기보다는 본능적인 반사 또는 무의식적인 작용인 경우가 많다. 이러한 조건반사적 행동은 학습(훈련)에 의해서 향상될 수가 있다.

❖ 운전(행동)상의 사고요인분석

원 인	건수	백분비	원 인 동 작
인지, 지연, 판단	196	51	졸음, 다른 것에 정신이 팔림 등
판단착오	142	37	상대가 피하거나 정지하거나 양보할 것으로 믿고 행동하는 것과 같은 경우
불가항력	36	7	전연 예기치 못했던 돌발적인 제3자 유발적인 경우
조작착오	19	5	순간적인 착오로 조작이 잘못됨
계	385	100	

인지, 판단, 조작의 과정을 방해하는 것으로 노이즈(Noise)라는 것이 있는데, 이것은 어떤 환경에서의 정보적출을 방해하는 것을 말한다. 가령 교통에 필요한 정보 이외의 정보에 정신이 팔리는 것 등이다.

인간의 욕구는 기본적으로 ① 물욕, ② 사회적 욕구, ③ 자아 욕구(명예) 등 세 가지가 있는데 인간행동이 가변적인 것은 이들 욕구의 충족 본능에 의해서 설명된다.

이러한 인간의 욕구와 교통수단과의 관계를 생각해 보면 교통수단을 움직이는 조정자(운전자)는 폐쇄된 독립적인 공간에서 활동하는 것과 같은 결과가 되어 욕구가 억제되거나 저지된다. 따라서 욕구불만이 운행과정에서 노출되어 사고를 야기시키는 경우가 있다.

> ❈ 인간의 태도의 기능
>
> 태도는 하나의 가정적인 가공물(hypothetical construct)이지 관찰과 식별이 가능한 어떤 형태를 취하고 있는 것은 아니다. 또한 태도는 매우 지속적이고 시간과 공간을 뛰어넘는 일관성을 지닌다. 올포트(G·W Allport)는 "태도란 어떤 대상에 대해 지속적으로 호의적 또는 비호의적으로 반응하려는 학습된 사전적 경향(predisposition)"으로 정의를 내리고 있다. 이러한 태도는 일반적으로 인지적 요소인 신념, 감정적 요소인 정서, 그리고 행동의도 요소의 세 가지로 구성되어 있다. D. Katz에 의하면 태도는 행위자로 하여금 바람직한 욕구를 달성하게 하는 도구적 기능, 사람들로 하여금 불안이나 위협에서 벗어나 자아를 보호하게 하는 자기 방어적 기능, 타인들에게 자신이 생각하기에 스스로 어떤 사람인가를 나타냄으로써 자기정체성을 형성하거나 강화하는 자기표현의 기능, 그리고 사람들이 그들의 세계를 이해하는 데 도움을 줄 기준으로 작용하는 환경인식의 기능을 수행한다고 한다.
> 태도는 그것을 지닌 개인이 타인 혹은 대상들에 대해 보이는 반응에 관한 정보를 제공하며, 많은 제약이 존재하지만 태도는 행동이 가능하다면 의도된 행동을 일으킨다는 점에서 중요성을 가진다고 할 수 있다. 그리고 태도는 또한 개인의 신체적인 건강과도 관련되는 것으로 알려지고 있다.

② 교통종사원의 적성과 사고발생의 관계

1. 교통의 환경적응성

교통은 즉시성과 이동성을 지니고 있기 때문에 조종자(운전자)가 아무리 자율과 자제력에 의하여 올바른 교통행위를 한다 할지라도 항시 공간이 변화하는 형태 즉 환경 자체가 달라지기 때문에 이에 적절히 대응하지 않으면 안된다. 더구나 속도와 더불어 큰 중량을 가지고 막대한 동력을 발휘하는 기계(교통수단)를 안전하게 운행한다는 것은 고도의 적응성이 요구되는 행위이다.

2. 의학적 검사기준(WHO의 지침)

WHO(세계보건기구)의 지침에 의한 운전자(자동차)의 의학적 검사기준을 살펴보면 일반 신체적 조건, 각종 질병, 음주, 약물에 대해 규정하여 대형차량이나 긴급 및 직업운전자에 대한 기준을 더 엄격히 하고 있다.

[표 2-3] WHO의 지침에 의한 운전자의 의학적 검사기준

검사항목	제1군	제2군	비 고
① 시 력 시 야 복 시 색식별력	0.5(콘택트렌즈불가) 현저한 결손 불가 불가 국가에 따라 가(可) 또는 불가(不可)	0.4(콘택트렌즈가) 현저한 결손 불가 불가	기타 장애는 전문의의 의견에 따른다. 원칙적으로 안과의. 단 특별히 훈련된 검사관도 좋다.
② 청 력	운전 중의 보청기착용은 금지		
③ 신체개요 ④ 심 장	현저한 신체적 장애는 부적격		④~⑥은 경중에 대한 전문의의 진단결과에 따라 제1군은 금지 내지 부적격
⑤ 고 혈 압	강압제 복용기간은 운전금지	강압제 복용기간에는 의사의 정기적 검진 하에 운전	
⑥ 내분비질환	당뇨병에 관해서는 식사, 인슐린병용 치료시는 금지, 타치료시에도 장기운 전금지		
⑦ 신경계질환	간질의 발작을 일으켰던 자는 부적격	복약하 1~2년 기간 무발작이면 가, 단 6개월~1년마다 진단서 요함	적합 여부는 ④~⑥에 준함
⑧ 정신장해	부적합, Conversion hysteria 부적격	전문의에 의해서 결정	⑦에 준함
⑨ 급성전염병	절대금지		
⑩ 혈 액 병	정밀검사결과에 따라 금지 내지 부적합		
⑪ 피부질환	성병이완 중에 금지		
⑫ 위장질환			
⑬ 비뇨기질환	만성질환은 교통안전을 때로는 저해함		
⑭ 주 정 (음 주)	알코올중독자 부적격 혈중농도 50㎎(100㎖ 중) 이상 부적격	혈중농도 50㎎(100㎖ 중) 이상 부적격	
⑮ 약 제	만성중독과 기벽은 부적격 운전 중 처방해서는 안됨		운전에의 영향 여부를 약제의 레벨에 명기

주) ① 제1군 : 3,500㎏ 이하의 대형차 운전자, 직업운전자, 승객, 공적 용도의 긴급차의 운전자
　　② 제2군 : 3,500㎏ 이하의 소형차 운전자, 시속 40㎞ 이상의 motor cycle 운전자
[자료] 산해당, 자동차의 안전, 자동차공학전서(제16권) 175p.

WHO의 의학적 검사기준은 자동차운전자에 관한 것이지만 철도, 항공기 조종자에게 보다 더 엄격한 기준이 적용되어야 할 것은 분명한 것이며 선박직원의 경우도 자동차운전자의 경우와 크게 다를 수 없을 것이다.

3. 심리적 검사와 인간공학적 검사

우리나라에서 사용되고 있는 검사방법은 "지필검사와 기기에 의한 기기테스트방법"이 있다.

검 사 명		측 정 내 용
기기검사	속도추정반응검사	초조감, 정서적 안전도, 속도감각, 공간지각능력
	중복작업반응검사	침착성, 긴장상태의 판단능력(판단속도 및 판단의 정확성)
	처치판단검사	주의력, 동작의 정확성, 주의력 배분, 주의의 지속성
	원근거리추정검사	원근거리 추정능력, 피로의 정도
	초초반응검사	시각과 청각, 수족의 협응에 따른 반응검출
지필검사	지능검사	학습능력, 적응능력, 판단능력
	지각속도검사	시각적 판단능력(판단속도 및 판단의 정확성)
	운동능력검사	반응속도(동작속도 및 동작의 정확성)
	지각속도와 운동능력	시각과 동작과의 협응차이
	성격(Uchidakraepelin 검사)	정서적 불안정, 이상성격소유, 긴장의 결여, 의지해소, 충동적 성향, 준법정신의 결여

❈ 정밀적성검사 실시결과
1. 완전한 부적격자에 대해서는 취업을 규제한다.
2. 기준미달자에게는 필요한 교정 교육을 따로 실시한다.
3. 고령자 등에 대해서는 필요시마다 정밀검사를 실시하고 결과에 따라서 개별지도와 교육이 실시되어야 한다.

4. 적성과 사고와의 관계

교통종사자로서 적성이 부적격한 자에게는 항시 사고발생의 개연성이 있는 것이라고 볼 수 있다. 비록 그가 아직까지 많은 사고를 내지 않았다 하더라도 교육과 지도를 소홀히해서는 아니될 것이다.

사고다발자들의 일반적 특성을 보면
① 반응촉진 근육동작에 대한 충동을 제어하지 못하여 언제든지 "조기반응"경향이 있다.
② 중복작업면에 있어서 자극을 정확하게 지각하고 그것에 기준해서 통제된 "반응동작을 하는 데 곤란"을 나타내 보인다.
③ 인간관계에 있어서 "비협조적 태도"를 보인다(비판, 비꼬기, 고집).
④ 정서적으로 충동적이며 "자극에 민감하고 흥분을 잘하며 주관적 판단과 자기통제력이 박약"하다.
⑤ 과도한 긴장으로 억압적인 경향이 강하며 막연한 불안감을 가지고 있다.

이상에서 사고다발자의 특성을 살펴보았지만 사고다발자란 같은 조건하에서 사고를 많이 유발하는 자를 말(사고의 편재성)하며 또한 이들이 어느 기간 동안에 일으킨 사고기록은 다른 일정기간 동안에도 사고기록의 상대적 서열이 거의 변하지 않는다고 한다(사고경향). 따라서 "사고경향은 고정된 것"이라 할 수 있다. 사고다발자를 배제하기 위해서는 채용 당시에 우수한 자질(적성적격자)을 갖춘 자를 채용해야 할 것이며, 기채용된 자에 대하여는 교정교육을 통하여 교정하고 완전히 부적격하다고 판단될 경우에는 보직을 변경해야 할 것이다.

5. 교통종사원의 피로와 사고발생의 관계

과로운전은 ① 열악한 근로조건, ② 신체조건의 열악, ③ 피로누적, ④ 과로(운전) 사고 등의 경로를 거친다. 열악한 근로조건에서 과도한 근로시간은 신체적 조건을 열악하게 하고 나아가 운행 중의 피로를 누적시키게 되어 과로운전현상을 낳게 되는데 과로운전은 운전조작상 기술의 변화를 가져와 다음과 같은 증세를 나타내게 한다.

① 운전리듬이 깨진다. : 적시에 필요한 조작이 이루어지지 않고 지연되는 횟수가 증가하며 이의 보충을 위해 급히 다음 조작이 일어나게 되어 운전의 유연한 연결이 감소된다.
② 교통표지 계기관측 측면 및 후방의 관찰회수가 감소하고 운전자의 시야가 좁아진다. 따라서 생략되는 운전조작내용이 증가하여 운전이 단순해진다.
③ 신체에 국부적인 통증이 생겨나며 이에 따라 주의력이 분산되는 결과를 가져온다.
④ 피로에 의한 사고유발 과정 : 뇌의 산소부족 → 중추신경피로 → 감각둔화, 지각저하 → 근육수축의 조정기능 약화 → 감각자극차단 → 인지의 지연, 판단의 오류, 조작의 오류 → 졸음운행 → 사고위험)

6. 지역환경과 사고와의 관계

현대 사회가 교통에 대해서 가장 크게 기대하고 있는 본질적인 문제는 안전하고도 값싼 교통인데 안전하고도 값싼 교통은 언제나 한 나라의 문화수준을 나타내는 지표라고 믿고 있기 때문이며 합리적이면서 과학적인 교통체계를 유지한다는 것은 교통현대화를 위한 기본이다.

① 현재의 적성검사에서는 시력, 동체시력, 반응시간, 심신기능에만 중점을 두고 측정하고 있으나 지역특성을 고려해서 합리적으로 조절되어야 할 것이다.
② 그리고 미래의 교통은 공간적 이동을 주제로 하면서 물자 등의 이동에 따르는 수급관계에 작용해서 물가평준화 등에 이바지해야 할 것이므로 교통품질이나 종사자의 능력평가는 지역사회의 특성에 맞추어 검토되어야 할 것이다.
③ 물적 유통 또는 물류(Physical distribution)에 따르는 문제들이 지역사회를 중심으로 전개되어야 비로소 본래의 교통기능이 달성될 수 있을 것이다.

❀ 교통안전과 관련된 비용
1. 자동차보유고정비 - 차량비, 세금보험료, 공채구입비, 법정점검비, 감가상각비, 주차 또는 차고지의 임대료 등
2. 운행·주행하는 데서 누적되는 변동비 - 연료비, 유지비, 타이어 또는 튜브비, 수리비, 부품비, 소모품비

---

7. 교통종사원의 환경과 사고와의 관계

인간은 자연환경 속에서 태어나서 실제로 활동하는 곳(특히 교통환경)은 인위적으로 만들어진 환경에서 살고 있다.

인위적 환경은 자연환경과는 달리 규범이 적용되므로 이 규범이 준행되지 않을 때는 무질서와 혼란이 있기 마련이다. 또한 인간에게는 인위적 규제에 의한 속박에서 벗어나려는 충동성이 있으므로 모든 규범이 준행되기를 기대한다는 것이 무리인 것이다. 따라서 인간이 활동하는 환경에는 무질서와 혼란이 상존하기 마련이다. 그러므로 교통환경에 있어서 교통단속을 위한 투입역량과 그 외적 효과 사이에는 다음 그림과 같이 "단속효과"를 올리는 데는 일정수준 이상의 활동량이 필요하며, 일정량의 투입을 넘으면 그 효과는 점차 감소하여 포화상태가 된다. 이러한 사실은 종래부터 단속지수(일정기간, 일정지역에서의 사망자 수 혹은 중대사고 건수와 단속건수와의 비)에 있어서 나타나는 현상이며, 안전지도, 캠페인 등에서도 일반적으로 나타나는 특징이다.

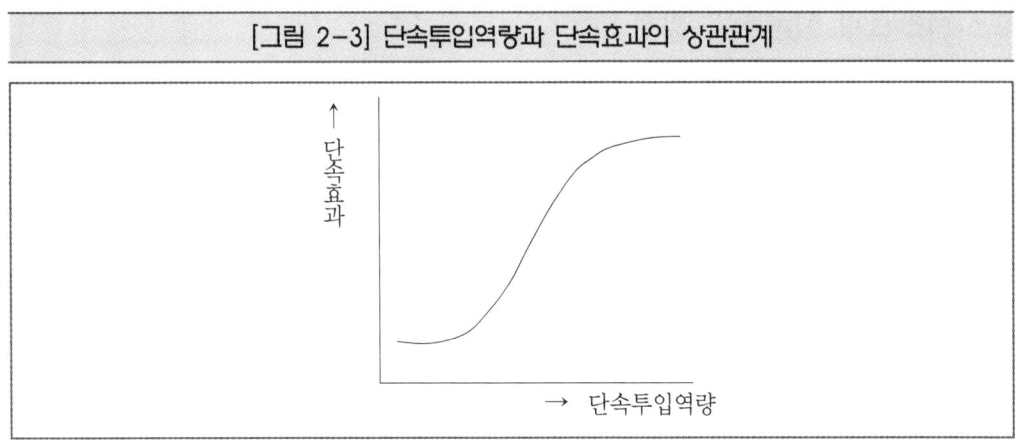

[그림 2-3] 단속투입역량과 단속효과의 상관관계

그러면 교통종사원의 환경과 사고와의 관계를 살펴보기로 한다.

(1) 근로시간

과다한 근무시간과 적정한 휴식시간의 배합이 없이는 결국 교통종사원의 신체적 조건을 열악하게 하고, 피로가 누적되고, 그 결과 신체기능의 저하를 가져와 교통사고를 유발하는 요소가 된다.

※ ILO(국제노동기구) 노면 운송에 있어서의 노동시간 및 휴식시간에 관한 조약은 1일 근무시간 9시간 이내 주 48시간으로 규정하고 있다.

(2) 임금제도

임금이 안고 있는 문제점은 임금수준 자체에 있다기보다는 임금구조상에 있다. 즉 기본급은 낮은 반면 각종 수당(운행수당, 연장근무수당, 야근수당, 주·월차수당, 휴일근무수당 등)이 합산되어 일정액의 임금이 지급되므로 제수당을 받기 위하여 과도한 근무를 하지 않을 수 없다. 일부 교통수단(택시, 버스, 화물차량, 선박)은 도급제운영을 하는 곳도 있어 자기 몫의 수입을 올리기 위한 과속, 과로운행이 습관화되고 있어 교통안전의 적신호가 되고 있다.

(3) 복지후생

교통종사원의 안정된 생활, 즐거운 직장은 교통의 명랑화와 안전운행의 기본이 된다. 복지후생시설을 확대하여 생활의 질과 직업관 등의 의식구조를 개선해 나가야 한다.

(4) 가정환경

가정환경은 교통종사원의 교통행위에 많은 영향을 주게 된다. 가정생활의 불안정과 불규칙성 등으로 인한 결함은 사고의 발생뿐만 아니라 사고의 강도에까지도 밀접하게 관련을 맺고 있다.

[표 2-4] 사고와 가정생활과의 관계

구 분	가정생활 불안정	가정생활의 불규칙성
중대과실운전자	38.2%	40.0%
중과실운전자	20.0%	21.7%
경과실운전자	15.4%	13.5%

8. 불안전행위와 사고와의 관계

교통사고는 사고발생 당시의 상황이 불안전한 상태, 즉 인간 - 운반구(차량 등) - 교통환경 중 어느 요소가 불안전한 상태에 있고, 여기에 운전자의 불안전행위가 겹칠 때 사고가 발생하는 것이다.

교통환경은 인위적인 환경으로 구성되어 있으며 교통행위(운행)는 빠른 속도로 시간적, 공간적으로 변화하는 환경에 신속히 대응해야 하므로 특수한 지식과 합리적인 작업행동이 절실히 요구되고 있다. 따라서 약간의 실수나 불안전한 행동이 용납되지 않는 작업인 것이다.

교통안전을 위해서는 가변적이고 불확실한 인간의 행동특성을 보완하여 사고를 방지할 수 있는 외적 조건(인간 - 운반구 - 환경)이 안전해야 하지만 외적 조건에는 불안전 요소가 많은 것이 현실이다. 또한 외적 조건의 안전성확보는 기술개발을 통하여 극복해야 하나 현실적으로는 그것의 불안전상태를 받아들이지 않을 수 없다.

일반적으로 불안전행위는 사람의 습관, 태도, 의식결여에서 비롯되며 다음과 같은 상태를 경험하게 된다.

① 의식에 착오가 있었을 경우
② 의식했던 대로 행동이 되지 않았을 경우
③ 의식이 없이 행동을 했을 경우

불안전행위를 유발하는 요인은 여러 가지가 있지만 음주운전의 경우 쉽게 경험하게 된다. 알코올이 인체에 미치는 영향을 보면 다음과 같다.

첫째, 알코올로 인한 뇌의 기능저하 순서를 보면 ① 판단추리, ② 물리적 반응, ③ 언어, 시각장애를 가져온다.

둘째, 신체적 기능인 조작능력면에서는 주시력(측방시력, 원·근판단력, 야간주시력)과 기계조작(운전행위) 기능이 시간상으로 길어지고 저하된다.

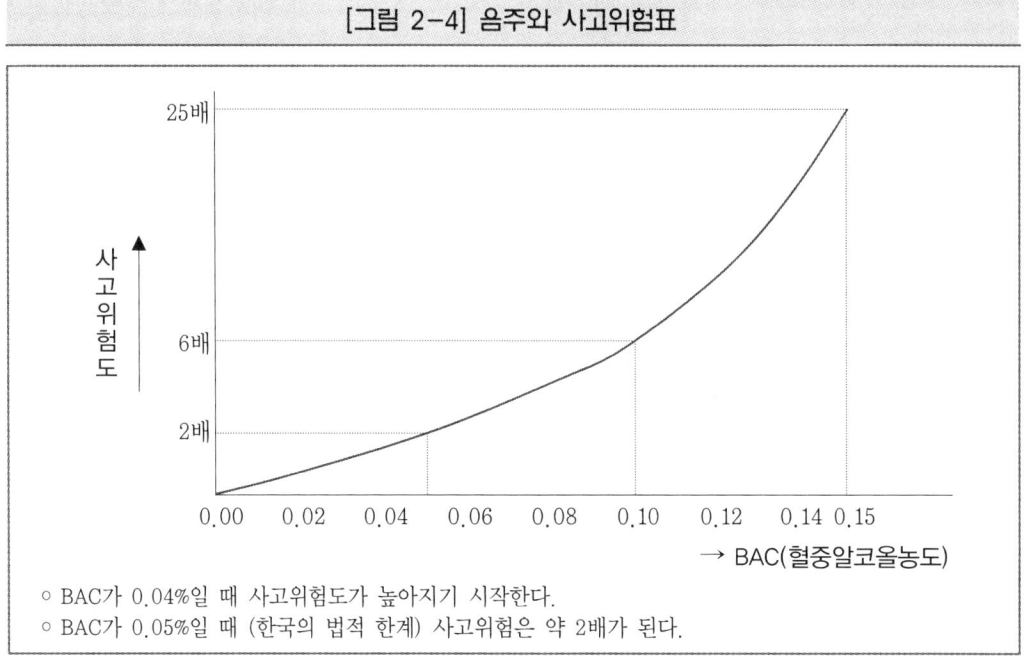

[그림 2-4] 음주와 사고위험표

○ BAC가 0.04%일 때 사고위험도가 높아지기 시작한다.
○ BAC가 0.05%일 때 (한국의 법적 한계) 사고위험은 약 2배가 된다.

9. 이용자의 특성

 교통의 장(場)을 이루고 있는 한 요소로서 이용자 또는 보행자의 비중을 무시할 수 없다. 교통의 본래의 기능은 이용자의 수송에 있지만 교통의 장에 나타난 보행자는 도로교통의 주도권을 차량에서 빼앗기고 이제는 피해자의 위치에 서게 되었다. 일반적으로 이용자 또는 보행자의 피해를 줄이기 위해서는 수송수단 및 시설 등의 안전장치가 요구되지만 지속적인 지도와 단속도 필요하다. 교통단속을 하게 되면 할로효과(Halo Effect)라는 것이 있는데, 이것은 교통단속을 할 때 발생하는 단속의 파급효과가 일정기간 지속되며 인접 지역까지 그 효과가 영향을 미치는 것을 말한다. 즉 어느 특정지점 또는 지역에서 일정기간 동안 단속을 실시하면 그 후 단속을 중지하여도 일정기간 동안 그 효과가 지속되며 인접지역에서도 단속효과가 나타나는 것을 말한다.

(1) 보행자의 보행의 행태

① 급히 서두르는 경향이 있으며,
② 자동차의 통행이 적다고 해서 신호를 무시하고 횡단하거나,
③ 횡단보도를 이용하기 보다는 현위치에서 횡단하고자 하며,
④ 자동차가 모든 것을 양보해 줄 것으로 믿고 있었다.

 이와 같이 보행자의 행동특성은 보행자의 안전의식이 결여되어 있거나 안전한 횡단 또

는 보행방법을 알고 있으면서도 그대로 행하지 않고 제멋대로 행동하려 함을 알 수 있다. 결국 보행과 교통사고의 연계에 있어서 보행자과실을 어느 정도 인정하지 않을 수 없는 것이다. 그러나 차량의 운전자는 보행자의 보호를 최우선으로 하여야 하며, 횡단보도 앞에서의 일단정지 또는 서행 등 제규칙을 준수해야 할 것이다.

(2) 노약자의 행동특성

① 신체기관, 감각기능이 쇠퇴하여 민첩성의 결여, 청력약화, 시력감퇴 등으로 위험감지에 있어서 더디다.
② 자기중심적이고 신경질적이며 신체적 쇠약 등으로 육교를 오르내리는 것을 싫어한다.
③ 신체의 노쇠로 몸을 제대로 가누지 못하며 조그마한 충격에도 넘어지기 쉽고 넘어지면 중상을 입는 경우가 허다하다.

(3) 어린이의 행동특성

① 한 가지 일에 열중하면 주위의 일이 눈이나 귀에 들어오지 않는다. 예를 들면,
　㉠ 굴러가는 공을 잡으려고 차도에 뛰어들거나
　㉡ 노는 데 정신이 팔리면 차가 와도 모른다.
② 사물을 이해하는 방법이 단순하다.
③ 감정에 따라 행동의 변화가 심하게 달라진다.
④ 추상적인 말을 잘 이해하지 못한다. 즉 "위험해요", "주의해요"의 말을 잘 알아듣지 못한다는 것이다.
⑤ 응용력이 부족하다.
⑥ 어른에 의지하기 쉽고 어른의 흉내를 잘 낸다.
⑦ 숨기를 좋아하고 신기한 것에 대한 호기심을 가진다.
⑧ 위험상황에 대한 대처능력이 부족하고 동일한 충격에도 큰 피해를 입는다.

[표 2-5] 유아의 보행 중에 발생한 교통사고의 원인별 분류

사고의 원인	비 율(%)
① 갑자기 도로에 뛰어듦	62.9
② 차의 바로 앞이나 뒤에서의 횡단	27.3
③ 신호무시	3.0
④ 노상유희	2.5
⑤ 보호자 없이 혼자서 보행	1.6
⑥ 기 타	2.7

제6절 교통안전관리의 체계

1 교통안전의 의의

교통안전이란 교통수단의 운행과정에서 안전운행에 위협을 주는 내적 및 외적 요소를 사전에 제거하여 교통사고를 미연에 방지하는 행위인 것이다. 그러므로 운수업체에서는 여객과 화물에 대한 수송계약을 맺으면 그 임무수행이 끝날 때까지 안전은 수송기관이 책임져야 되므로 안전관리가 필요한 것이다.

2 교통안전의 조직

교통안전조직은 교통안전에 참여하는 모든 기관이 포함되어야 하며 참여기관은 교통안전이라는 목적을 실현하기 위하여 유기적으로 결합되고 조직화되어야 한다. 교통안전법은 정부 각 부처에 분산되어 있는 교통안전업무를 종합하여 유기적이고 통일적으로 실현하기 위하여 제정된 법이며 관계기관을 통하여 교통기관에 참여하고 있는 기업체를 통제·유도하도록 하고 있다.

1. 행정기관

(1) 국가교통위원회

교통안전에 관한 주요 정책과 제15조에 따른 국가교통안전기본계획 등은 「국가통합교통체계효율화법」 제106조에 따른 국가교통위원회에서 심의한다.

(2) 지역교통위원회

지방자체단체 소관 주요 교통정책 등을 심의하기 위하여 시·도지사 소속으로 지방교통위원회를 둔다.

2. 운수사업체

운수업체내에서 교통사고 방지를 위한 안전관리업무를 담당할 기구로 안전관리조직이 필요하다. 안전관리조직은 일반적인 조직론에서와 같이 라인(line)형, 스텝(staff)형, 라인스텝혼합형으로 구분할 수가 있다. 어떠한 형의 안전관리조직이건 다음과 같은 요소들이 고려되어야 한다.

① 안전관리조직은 안전관리 목적달성의 수단이라는 것
② 안전관리조직은 안전관리 목적달성에 지장이 없는 한 단순할 것

③ 안전관리조직은 인간을 목적달성을 위한 수단의 요소로 인식할 것
④ 안전관리조직은 구성원을 능률적으로 조절할 수 있어야 할 것
⑤ 안전관리조직은 그 운영자에게 통제상의 정보를 제공할 수 있어야 할 것
⑥ 안전관리조직은 구성원 상호간을 연결할 수 있는 공식적 조직(formal organization)이어야 할 것
⑦ 안전관리조직은 환경의 변화에 끊임없이 순응할 수 있는 유기체조직이어야 할 것

(1) 라인형 조직(line system / line organization)

안전문제의 계획에서부터 실시에 이르기까지 업무지시와 병행해서 명령계통을 통하여 시달되고 감독되는 것으로 "강력한 추진력"을 발휘할 수 있는 장점이 있다.
그러나 안전에 관하여 무관심하거나 비협조적이면 유명무실하게 된다.

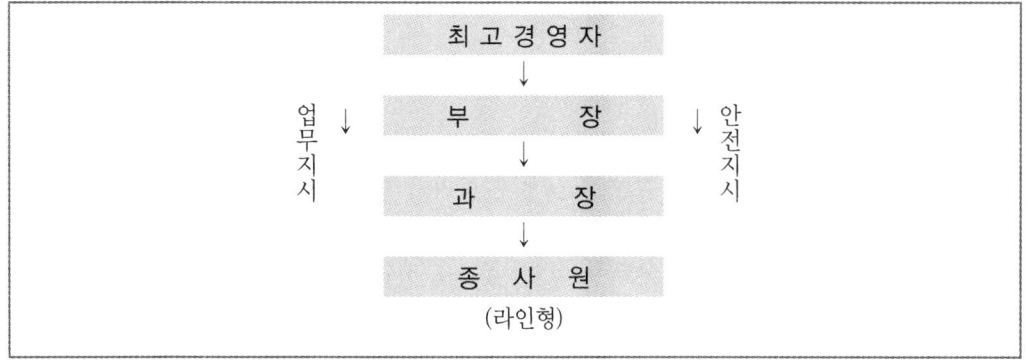

(라인형)

(2) 참모형 조직(staff system / staff organization)

이 조직은 안전활동을 전담하는 부서를 두고 안전에 관한 계획, 조사, 검토, 독려, 보고 등의 업무를 관장하게 하는 제도이다. 이 부서는 안전업무에 대한 방안을 건의하고 조언하는 데 그친다. 안전관리자가 안전에 대한 지식과 기술 그리고 경험이 풍부한 때는 안전업무가 비약적으로 발전되나 그렇지 못할 때는 라인형보다 못한 때가 많다.

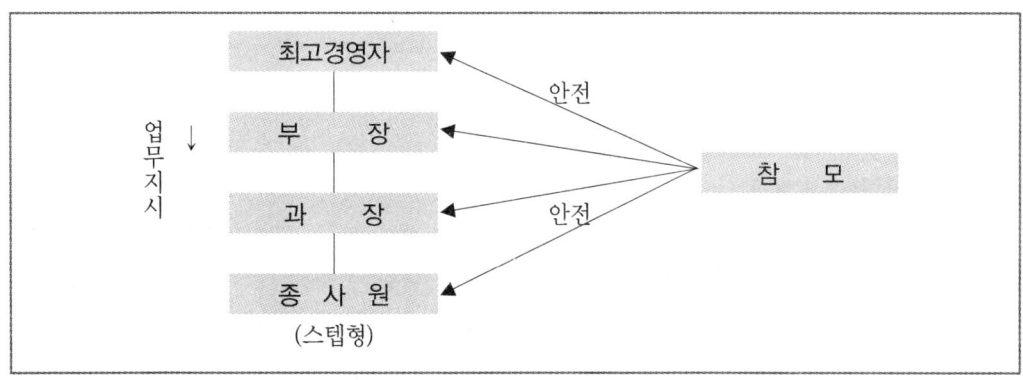

(스텝형)

(3) 라인스텝형 조직

이 조직은 라인형과 스텝형의 장점만을 골라서 혼합한 것이다. 대규모조직에 적합하다.

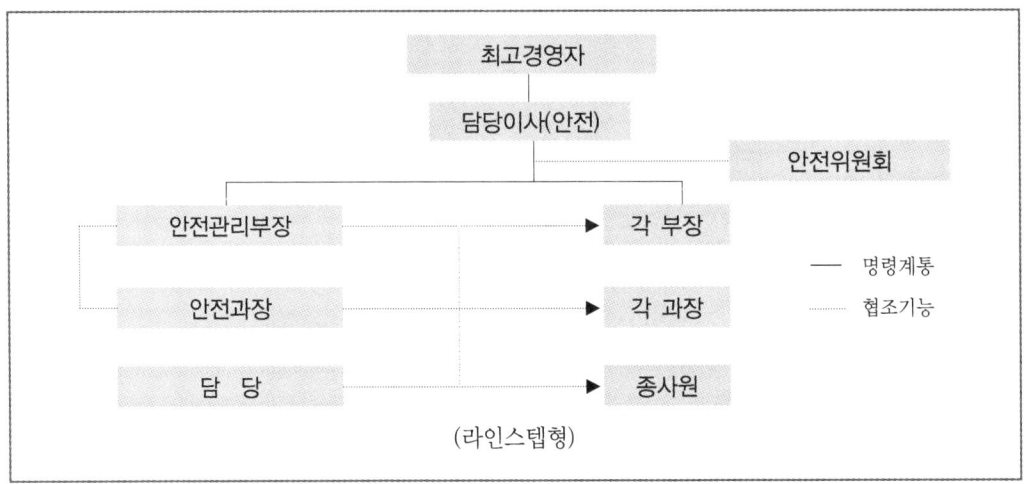

(라인스텝형)

이상에서 안전관리조직에 관한 일반적인 내용을 살펴보았다. 어떤 형태의 조직이 유용한 것인가 하는 것은 각 업체의 규모와 실정에 따라서 달라져야 할 것이다. 그러나 교통안전법에 의하여 교통안전조직의 핵심을 이루고 있는 교통안전관리자는 그 업무 성격으로 보아 라인과 참모기능을 동시에 가지고 있으므로 그 기능이 충분히 발휘될 수 있도록 조직과 직위를 부여해야 할 것이다.

3. 합리적인 교통안전관리체제

우리나라의 운수업체의 규모 인력구성 영업부서 및 관리부서의 실정으로 보아 현실적으로 타당성 있는 안전관리조직의 예를 찾아보면 다음과 같이 될 것이다.

첫째, 교통안전에 관한 모든 책임의 귀속은 최고경영자에게 있다.

둘째, 안전위원회는 운수사업체에 있어서 안전문제에 관한 종합적인 심의기관으로서 기능을 하고 이의 구성은 중역전원, 각 부장 및 교통종사원의 부문별 대표가 포함되도록 조직한다.

셋째, 담당이사는 교통재해를 비롯해서 노동재해 등까지도 포함하는 재해(disaster)를 방지할 것을 담당하는 이사로서 필요한 업무를 실시하는 집행기관으로서 그의 지휘·명령 하에 교통안전관리자가 일상적인 관리업무를 추진할 수 있도록 한다.

즉, 교통안전관리자의 소속·계가 어떤 부서인가를 불문하고 기업 내의 교통업무종사원에 대해서 교통안전의 확보를 위해 부여되는 권한의 범위 내에서 지시·명령 또는 지도할 수 있도록 조직을 편성하고 그 기능을 충분히 발휘할 수 있도록 하여야 한다.

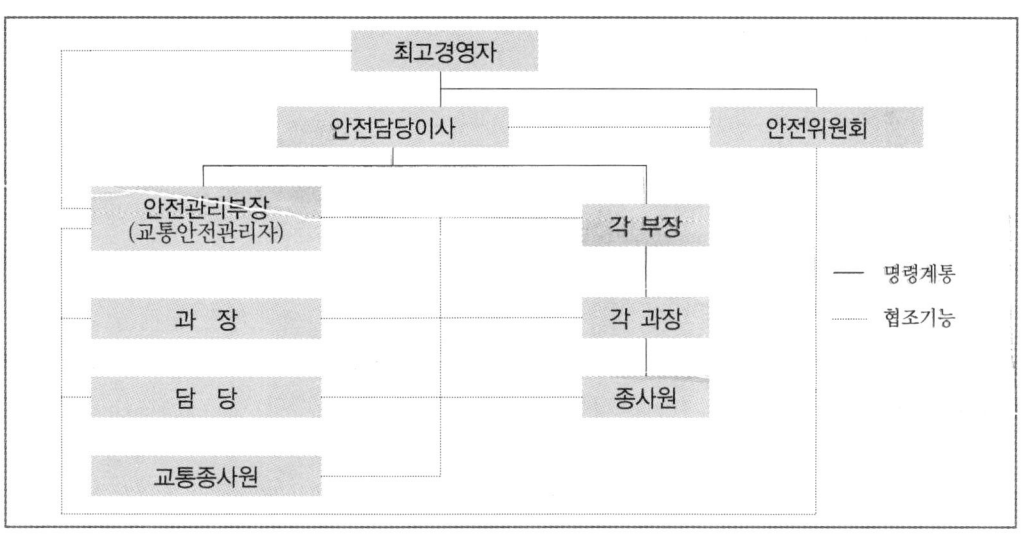

 넷째, 교통안전관리자는 사업장내 교통업무종사원들에게 지도·감독권을 수행하기 위해서는 필요한 범위 내에서 권한행사를 해야 한다. 그러므로 다른 부서에 소속하는 교통업무종사원에 대해서 권한을 함부로 행사하여서는 아니된다. 그 이유는 사업체 본래의 공식적 조직에 명령계통을 침해해서는 아니되기 때문이다. 이와 같이 조직이 편성되면 조직의 내부규정을 만들어 업무의 한계와 책임의 소재를 명확히 할 필요가 있다.

③ 교통안전관리자의 직무와 역할

1. 교통안전관리자의 역할

 운수사업체의 교통안전업무의 총체적인 책임은 사업주(경영자)에게 있으나 그 사업주를 보좌하여 실질적인 업무 즉 계획의 수립·시행과 사고의 분석, 종사원의 안전측면에서의 관리 및 교육 등을 추진하는 자는 교통안전관리자이다.

(1) 교통안전관리자

 교통안전관리자는 교통안전법 제53조의 규정에 의하여 설치된 법적인 조직체인 동시에 인격체로서의 성질을 가진다. 그러므로 교통안전관리자는 교통안전의 전문가로서 사업체 내의 교통안전업무를 전담할 목적으로 설치된 것이다. 따라서 교통안전관리자는 업체 내의 개별안전업무(교육·훈련, 정비, 운행 또는 운항업무 등) 또는 타 부서의 교통안전관련 업무를 지휘하고 감독하여 업무를 총괄하는 조직인 것이다. 그러므로 교통안전관리자의 업무 내지 그 역할은 사업체내의 교통안전에 관한 제반업무를 관리하는 것이다. 종전의 교통안전업무는 교통의 하드웨어(Hard ware) 측면이 강조되어 교통안전시설, 운반구의 정비기능, 조직의 숙련성이 주요문제로 되었다. 그러나 요즘의 경향은 교통안전의 관리적 기능(soft ware)의 중요성이 강조되고 있으며 관리적 기능은 하드웨어 즉, 스킬(skill)의 기능을 포괄하는 개념으로 이해되고 있다.

(2) 관리(management)란 어떠한 것인가?

전통적 관리론의 선구자라고 일컬어지는 페이욜(H. Fayol)은 관리란 "예측하며, 조직하며, 명령하며, 조정하며 통제하는 것"이라고 하였다. 즉, 그는 예측이란 장래를 예견해서 활동계획을 정하는 것이며 조직이란 기업의 물적 및 인적 이중의 조직을 형성하는 것이며 또 명령이란 기업구성원으로 하여금 제기기의 직능을 수행하는 것 더 나아가서 조정이란 모든 활동 및 노력을 연결, 통일 조화시키는 것을 의미하며 통제란 모든 활동을 미리 정해진 계획 및 주어진 명령에 따라 행해지도록 감시하는 것이라고 하여 소위 5요소설을 주장하였다. 데이비스(R. C. Davis)는 "관리란 기능(Function) 또는 과정(process)이며 조직의 목적을 달성하기 위하여 타인의 활동을 계획하며, 조직하며, 통제하는 일을 의미한다."라고 하여 관리기능을 계획(plan), 조직(organization), 통제(control)의 3대 기능으로 압축하고 있다. 오늘날 관리이론이 이론면에서 뿐만 아니라 특히 실제적인 측면에서 추구될 때 곧잘 pian(P), Do(D), see(S) 또는 plan(P)·Organization(O)·Control(C)라는 약어로 불리우지는 매니지먼트 사이클(management cycle)이 운운되어지는 것은 관리기능은 실은 계획(P), 조직(O), 통제(C)의 3대 기능으로 집약되어지는 것이 일반적이기 때문이다. 관리기능은 전반관리(계획·조직·통계)와 부문관리(이사·판매·판매안전관리)로 구분할 수 있으며 전자는 수직적 기능, 후자는 수평적 기능이라고 한다. 일반적으로 관리(management)는 수직적 기능을 의미한다. 그러나 안전관리(safety management)는 수평적 기능에 속하므로 교통안전관리자는 안전업무에 관한한 수직적 기능의 수행과 동시에 수평적 기능으로서 타기능과 상호관련 하에 협조와 균형을 유지하여야 한다.

2. 교통안전관리자의 직무

교통안전관리자의 직무는 수평적 관리기능에 속한다. 업체 내에서 발생하는 안전에 관한 제반업무를 계획하고 실행하며 결과를 분석하는 작업은 어느 기업에서나 공통적으로 행하여지는 일반적인 과정의 하나일 것이다.

교통안전관리자의 직무는 교통안전에 관한 계획의 수립으로부터 출발한다. 교통안전계획은 운수업체의 교통안전업무를 업체 스스로가 추진한다는 기본전제하에 교통안전관리업무의 체계화·조직화하고 추진일정을 부여하여 문서화한 것이다. 따라서 단순히 일상업무의 나열이 아닌 전체 업무 속에서 교통안전업무가 유기적으로 관련을 갖도록 의도적으로 계획되어야 한다.

(1) 교통안전계획에 포함되어야 할 중요내용

교통안전계획에 포함되어야 할 중요한 내용들을 살펴보면 교통사고 예방에 초점을 맞춘 내용들임을 알 수 있다.

첫째는 교통종사원에 대한 교육·훈련계획이다.

교육·훈련은 광의로는 우수 인력의 양성과 확보까지를 포함한다. 사고원인의 대부분이 운전자 등 교통종사원의 과실에 기인되고 있음을 볼 때 교육·훈련의 중요성은 아무리 강조해도 부족하다 할 것이다. 그러나 교육에 관한 많은 인적·물적 투자에도 불구하고 그 효과는 기대에 미치지 못하고 있는 것이 오늘날의 실정이다. 교통안전관리자는 이제까지 노출된 문제점들을 분석하여 효과적인 교육이 되도록 개선하여야 할 것이다.

둘째는 점검·정비계획이다.

운반구 또는 동력장치의 결함이나 정비불량에 의한 교통사고의 발생이 많이 나타나지 않고 있지만 이는 운반구 또는 동력장치의 안전도가 양호해서 그런 것은 아닌 것 같다.

셋째는 노선 및 항로의 점검계획이다.

교통사고는 심층적으로 분석하여 보면 도로 등 노선의 결함과 결합하여 일어나는 사고가 의외로 많은 것을 알 수 있다. 그러므로 노선 또는 항로의 결함을 탓하기에 앞서 취약지점을 미리 점검하고 사전에 예방조치를 취하여야 할 것이다.

(2) 실무적 측면에서 주요 직무내용

교통안전법규에서 열거된 주요 직무내용을 실무적 측면에서 기술하면 다음과 같은 것을 들 수 있다.

1) 운행·운항의 지도·감독

교통안전관리자는 안전운행을 위하여 첫째, 안전점검의 지도·감독은 물론 운행기록(운행자기기록기 또는 그래프)을 분석하고 안전운행기법을 지도해야 하며, 둘째, 종사원의 운행 중 근무태도, 습관, 특성 등을 면밀히 점검하고 통계적 관리기법에 의한 변화를 추적하고 정상궤도를 벗어난 변화에 대해서는 그 원인을 밝히고 분석하고 사전에 예방조치를 취하여야 한다. 그러기 위해서는 종사원의 법규위반 자체단속반에 의한 점검단속은 물론 종사원의 심리적 태도의 변화까지 체크할 수 있어야 한다. 셋째, 교통안전관리자는 운행에 필요한 충분한 정보를 제공할 수 있어야 한다(도로, 선로, 항로, 기상 등의 정보가 적기에 제공되도록 하여야 한다).

2) 종사원교육과 과로방지

인적 요인에 의한 사고를 감소시키기 위해서도 종사원에 대한 교육·훈련의 강화는 필수적이다. 따라서 교육성과를 높이기 위한 다양한 교육방법을 개발하여 종사원의 태도변화를 가져올 수 있는 교육이 되어야 한다. 또한 운행·운항계획을 수립할 때 종사원이 근무로 인하여 피로가 누적되지 않도록 배려하여야 한다. 아울러 근무시간의 배정도 일정기간 동안씩 같은 시간대에 근무할 수 있도록 하여 규칙적인 생활리듬이 유지되도록 하는 것도 한 가지 방법이 될 것이다.

3) 교통사고 원인의 조사·분석 및 사고통계의 유지

교통안전관리자는 소속해 있는 업체에서 발생한 교통사고에 대한 원인의 조사와 분석을 하여야 한다. 현재 경찰에서 공식적으로 사고조사를 하고 있으나 이는 법적 책임규명을 위한 것이나, 교통안전관리자에게 필요한 것은 사고책임의 소재도 중요한 것이지만 사고예방을 위하여 더욱 필요한 것은 사고발생에 직·간접으로 작용했던 여러 가지 요인들을 찾아내고 이러한 요인들이 어떻게 결합되어 사고발생에까지 연결되었는가를 규명하기 위하여 독자적인 사고조사가 필요한 것이다. 이와 같이 사고원인은 개별적 사고에 대해서 심층적으로 원인을 분석할 수도 있으나 우발적으로 발생하는 사고의 양을 통계적으로 분석하여 일반적인 사고의 유형 및 특성 등

제7절 교통안전관리기법

1 교통안전교육기법

1. 교육내용

(1) 자기통제(self-control)

자기통제란 교통수단의 사회적인 의미·기능, 교통참가자의 의무·책임, 각종의 사회적 제한에 대해 충분히 인식하고 자기의 욕구·감정을 통제하게 하는 것을 말한다.

(2) 준법정신

준법정신을 갖게 하기 위해서는 교통법령에 대한 지식과 그 의미를 이해하고 적법한 교통습관을 형성케 해야 한다.

(3) 안전운전 태도

안전운전에 대한 심리적 마음가짐을 말한다.

(4) 인간관계적응성

다른 교통참가자를 동반자로서 받아 들여 그들과 의사소통을 하게 하거나 적절한 인간관계를 맺도록 하는 것을 말한다.

(5) 안전운전기술

안전운전에 대한 인지·판단·결정기능과 위험감수능력과 위험발견의 기능 등을 체득케 하려는 것이다.

(6) 운전(조작)기능

자동차는 완벽하게 컨트롤할 수 있는 기능과 교통위험을 회피할 수 있는 능력을 배양케 하려는 것이다.

2. 운전자교육의 원리

(1) 개별성의 원리

대상자 각 개인별로 그 수준에 맞는 교육을 실시해야 한다는 것이다.

(2) 자발성의 원리

교육대상과 자신의 자발적인 성장욕구를 자극하고 지원하도록 교육이 이루어져야 한다는 것이다.

(3) 일관성의 원리

교육이 반복하여 일관되게 실시되어야 한다는 것이다.

(4) 종합성의 원리

교육은 대상자의 모든 환경을 포괄하는 종합적인 것이 되어야 한다는 것이다.

(5) 집단교육의 원리

교육은 교육대상자의 현 상태에 즉응하여 그것에 부합되도록 이루어져야 한다는 것으로 동일한 단계에 있는 운전자들에 대한 집단교육이 가능하고 필요하다는 것이다.

(6) 반복성의 원리

교육은 일관성 있게 반복되어 이루어져야 한다는 것이다.

(7) 생활교육의 원리

교육은 교육장소만이 아닌 일상생활상의 교육이 되어야 한다는 것이다.

(8) 가정적·직장적 분위기하에서의 교육원리

운전자에게 절대적 영향력을 미치는 가정·직장환경에 이르기까지 세심한 주의와 노력을 기울여 교육을 해야 한다는 것이다.

3. 운전자 교육방법에 따른 분류

(1) 개별교육

① 개별실습
② 카운슬링 : 안전운전의 능력은 있는데 의식결여로 실행하지 않은 운전자에게 효과적인 방법으로 그 실시에 있어서는 운전자 스스로가 안전운전자가 되고자 한다는 자기성장의 원칙이 존중되어야 한다.
③ 일상지도
④ 태코그래프에 의한 지도 : 태코그래프에 의한 객관적이고 정밀한 개별교육방법이다.

(2) 소집단교육

소집단교육이란 10명 전후의 소집단을 대상으로 실시하는 교육을 말한다.

1) 사례연구법

사례연구법의 실시순서는 보통 다음과 같이 이루어진다.

① 5분 정도의 사례제시　　② 35분간의 사실확정
③ 20분간 문제점발견　　　④ 20분간 원인분석
⑤ 20분간 대책의 결정　　　⑥ 20분간 평가

2) 과제연구법

보통 세미나방식이라고도 하며 이 방법에서 중요한 역할을 하는 자는 보고자와 조언자이다. 그러나 조언자가 반드시 외부인일 필요는 없다.

3) 분할연기법

소집단 구성원들에게 서로 다른 역할의 연기를 시킴으로써 하나의 문제에 대한 지식·태도를 체득시키는 방법이다.

4) 밀봉토의법(6·6방식)

6명의 구성원이 각자 1분씩, 합계 6분간에 마치 꿀벌이 꿀을 모으듯 대화하게 하는 방법이다.

5) 패널 디스커션(panel discussion)

몇 명의 선발된 사람들이 토론을 통해 문제를 다각도로 검토하는 방법이다.

6) 공개토론법

7) 발견적 토의법

어떤 문제에 대한 집단토의를 발전시켜 보다 깊고 넓은 관점에서 올바른 결론에 조달케 하는 방법이다.

8) 심포지엄

입장을 달리하는 구성원들이 공통된 주제에 대해 자유롭게 토의하면서 지식을 습득하는 방법이다.

9) 기술연구

개인의 기술적 경향이나 학습을 시정하려는 목적으로 실시되는 방법이다.

10) 드라이버 콘테스트(driver contest)

경쟁이 목적이 아닌 운전자들에게 지식·기능을 연마시키려는 목적으로 하는 것이다.

11) 학습교육

(3) 집합교육

집합교육이란 전체를 대상으로 실시하는 교육훈련을 말한다.

① 강 의　　② 시 범
③ 토 론　　④ 실 습

4. 교통안전교육의 3단계

① 1단계 : 교육계획의 수립단계

② 2단계 : 교육실시단계
③ 3단계 : 교육평가단계

2 교통안전지도기법

1. 운전적성의 파악과 활용

(1) 운전적성의 개념

운전적성이란 자동차운전을 안전하고 능숙하게 하는 능력을 말한다.

(2) 운전적성검사의 종류

① 속도예상반응검사 : 초조성을 조사하는 검사
② 중복작업반응검사 : 손발의 반응의 정확성을 조사하는 검사
③ 처치판단검사 : 좌우 주의력의 배분을 조사하는 검사
④ 동체시력검사 : 움직이는 대상에 대한 시력검사

(3) 운전적성검사에 따른 구체적 지도

2. 직무상 훈련기법

기 법	내 용
브레인스토밍법(brain storming technique)	자유분방한 분위기에서 각자 아이디어를 내게 하는 기법
시그니피컨트법(Significant technique)	유사성 비교를 통해 아이디어를 찾는 기법
노모그램법(nomogram method technique)	도해적으로 아이디어를 찾는 기법
희망열거법	희망사항을 열거함으로써 아이디어를 찾는 기법
체크리스트법(checklist technique)	항목별로 체크함으로써 조사해 나가는 기법
바이오닉스법(bionics technique)	자연계나 동·식물의 모양·활동 등을 관찰·이용해서 아이디어를 찾는 기법
고든법(gordon technique)	문제의 해결책을 그 문제되는 대상 자체가 아닌 그 관련 부분에서 찾는 기법
인풋·아웃풋기법(input-output technique)	투입되는 것과 산출되는 것의 비교를 통해 아이디어를 찾는 방법으로 자동시스템의 설계에 효과가 있는 기법
초점법	인풋·아웃풋기법과 동일한 기법에 속하는 것으로 먼저 산출쪽을 결정하고 나서 투입쪽은 무결정으로 임의의 것을 강제적으로 결합해 가는 것

3. 운전자지도방법

(1) 복무규율

운수규칙이나 도로교통법상의 관계사항 등이 복무규율에 해당된다.

(2) 교대근무제

① 일반적인 운행계획이나 작업명령에서의 실제 운전시간은 2주간을 평균해서 1주 48시간, 1일의 실제 운전시간은 11시간이 된다.
② 동시에 2명 이상의 운전자가 승무하는 화물자동차에 승무할 경우에는 12시간, 격일 근무일 때에는 16시간을 초과하지 말아야 하며 초과할 경우에는 2시간을 넘지 않아야 한다.

(3) 승무지도

관리자, 관리보조자, 지도운전자가 실시계획에 입각해서 수립된 체크리스트에 의해 기록하게 된다.

(4) 승객접대지도

(5) 적재지도

적재작업을 정형화하며 일상관리·일상지도를 해야 한다.

(6) 운전경로구역의 지도

실제 노선을 수시로 답사, 안전운행계획을 마련해서 이에 의해 구역지도가 이루어져야 한다.

(7) 운전인계·인수지도

(8) 사고위반보고와 지도

(9) 고장·수리지도

(10) 직장 인간관계의 지도

(11) 직장순시지도

(12) 운전자승무지도

(13) 교통사고발생 빈도관리

> ※ 교통사고 관련 확률
> 1. 발생률(빈도)
>   (1) 대당 사고발생률(천대당, 만대당)
>   (2) 주행거리(km, 마일)당 사고발생률
> 2. 강도율(强度率)
>   (1) 사망률 = $\dfrac{\text{사망자수}}{\text{사고건수}} \times 100$ (2) 중상률 = $\dfrac{\text{중상자수}}{\text{사고건수}} \times 100$
>   (3) 경상률 = $\dfrac{\text{경상자수}}{\text{사고건수}} \times 100$
> 3. 교통사고지수(자동차에 한한다)
>   사고지수 = $\dfrac{\text{사고건수}}{\text{보유대수}} \times 100$

4. 상벌제도

상벌제도는 안전운전이라는 행동면에 영향을 주기 위한 것으로 인간의 의식이나 심리를 매체로 하여 안전운전을 이루려는 절차(process)이다.

5. 자율적 안전관리활동

자율적 안전관리를 위해서는 운전자 및 관리자 개개인의 자발적 의욕도 중요하지만 참된 자율적 안전관리체계는 자동화된 안전관리제도라고 볼 것이다. 자동화된 안전관리체계란 관리활동에서의 Feed Back System(피드백시스템 ; 자동환류체계)이며 사고에 즉응하여 자동적으로 반응하는 체계를 말한다.

6. 현장안전회의

(1) 개 념

현장안전회의란 직장에서 행하는 안전미팅을 말한다.

(2) 회의의 진행

1) 도입(제1단계) : 직장체조, 무사고기의 게양, 인사, 목표제창으로 시작되는 단계이다.
2) 점검정비(제2단계) : 자동차나 물품의 정비, 건강·복지 등의 점검을 하는 단계를 말한다.

3) 운행지시(제3단계) : 전달사항, 연락사항, 당일 기상정보와 운행시 주의사항, 안전수칙 요령주지, 위험장소의 지정, 운행경로의 명시 등이 이루어지는 단계이다.

4) 위험예지(제4단계) : 당일 운행에 관한 위험을 가상한 위험예측활동과 위험예지훈련이 이루어지는 단계이다.

5) 확인(제5단계) : 위험에 대한 대책과 팀목표의 확인이 이루어지는 단계이다. 예컨대, "오늘도 안전운행, 무사고 좋아" 등

7. 동기부여

(1) 사기앙양과 동기부여

안전관리를 위한 동기부여는 한 개인의 사기가 앙양될 때 가능하며 사기측정에는 다음의 4가지가 관련된다.

1) 직무에 대한 태도

직무에 대한 태도는 소속감을 만족시켜 줄 뿐만 아니라 조직에 대한 정신적 일체감을 형성시켜 주는 요인이 된다. 그 구체적 실례는 다음과 같다.

① 직무에 대한 흥미・적성
② 직무의 공정한 배분
③ 배속의 공정 : 능력에 맞는 보직결정을 말한다.
④ 신상필벌 : 직무만족을 결정지어 주는 중요한 요인이 된다.
⑤ 승진・승급의 공정
⑥ 인사고과의 공정
⑦ 급여의 공정
⑧ 직무와 개인적 이익의 합치

2) 관리자 및 감독자에 대한 태도

관리자 및 감독자에 대한 태도는 사기에 커다란 영향을 주며 조직에 대한 정서적 일체감형성에 중요한 요인이 된다. 그 예로서 다음의 것들이 있다.

① 책임・권한의 명확성
② 계획의 일관성
③ 의사소통의 결함 여부
④ 리더십의 유형
⑤ 관리자・감독자의 인간성
⑥ 감독자의 참여도 등

3) 동료에 관한 태도

동료에 관한 태도란 동료들간에 어느 정도로 조화된 인간관계가 형성되고 있으며 그것이 사기에 어느 정도로 영향을 미치느냐 하는 것을 말한다. 그 예로는 다음과 같은 것이 있다.

① 동료로부터의 인정과 신뢰도
② 동료와의 협조 등

4) 조직 외의 영향

조직 외의 요인이 자기가 소속하고 있는 부서의 사기에 미치는 영향을 말한다. 이에 해당하는 것은 다음과 같다.

① 가정의 안정성
② 소속집단 외의 다른 집단에 대한 매력 등

(2) 동기부여를 위한 제도의 운영

1) 안전장려금지급제도

2) 안전경쟁운동제도

① **제도실시상의 주안점** : 이 제도를 실시함에 있어서 가장 중요한 점은 경쟁을 위한 규율을 확립해야 한다는 점이다.
② **채점방식** : 득점방식과 감점방식이 있으나 보통은 감점방식을 많이 사용한다.
③ **실시기간** : 너무 장기간 계속되면 종업원의 신경이 너무 예민하게 될 우려가 있으므로 3개월 정도의 기간 안에서 연내 2~3회 정도 실시하는 것이 좋다. 일정기간을 무사고로 설정하는 방법도 있다.

3) 안전제안제도

① **실시의 전제** : 실시 전에 안전교육이 완료되어 일정수준 이상의 안전개념이 정립되어 있어야 한다.

② **실시의 조건**
  ㉠ 안전제안에 대해 충분한 보상을 해줄 수 있을 만큼 예산이나 제도적 조치가 이루어진 후일 것
  ㉡ 구두로 낸 아이디어도 수락되어 반드시 채택된다는 것을 기본방침으로 수립한 후에 실시할 것

8. 상 담

(1) 개 념

상담이란 직업적, 성격적, 사회적 문제를 갖고 있는 운전자를 대상으로 전문적인 상담자의 입장에서 인간적인 공감대를 형성한 가운데 내담자로 하여금 자기 자신과 환경에 대한 이해를 증진케 대화를 함으로써 효율적인 의사결정 및 긍정적 방향으로의 심리적 특성 변화를 유도하는 과정을 말한다.

(2) 상담의 기능

① 운전자의 정서적 안정에 기여할 수 있다.
② 상담과정에서 중대한 결함의 발견시 승무계획을 변경, 사고를 미연에 방지할 수 있다.
③ 상담과정에서 획득한 운전자에 대한 정보를 토대로 효과적인 지도를 할 수 있게 된다.
④ 상담을 통한 관리자와 운전자간에 일체감의 형성으로 직장분위기 조성에 긍정적으로 작용한다.

(3) 상담원리 및 절차

1) 상담의 기본원리

① **개별화의 원리** : 상담은 상담받은 자의 개성과 개인차를 인정하는 범위 내에서 이뤄져야 한다는 원리이다.
② **의도적 감정표현의 원리** : 내담자가 자유롭게 감정표현을 하도록 분위기조성을 해주어야 한다는 원리이다.
③ **통제된 정서관여의 원리** : 상담자는 내담자의 정서변화에 민감하게 반응하여 대응책을 마련할 태세를 갖추고 적극적으로 관여해야 한다는 원리이다.
④ **수용의 원리** : 상담자는 내담자 중심으로 욕구와 권리를 존중하여 내담자를 수용적으로 대해야 한다는 원리이다.
⑤ **비심판적 태도의 원리** : 상담자는 내담자의 잘못이나 내담자가 안고 있는 문제에 대해 비판적이어서는 안된다는 원리이다.
⑥ **자기결정의 원리** : 상담자는 내담자가 스스로 문제를 해결해 나갈 수 있도록 도와주어야 한다는 원리이다.
⑦ **비밀보장의 원리** : 상담자는 내담자에 관한 비밀을 외부에 누설해서는 안된다는 원리이다.

2) 상담절차

① **정기상담계획의 작성단계**

정기상담의 준비절차 중 가장 우선적으로 해야 할 것으로 이러한 정기상담계획을 세우기 전에 사전결정된 사항은 상담자를 누구를 할 것인가와 상담횟수이다.

② **구체적인 상담의 단계**

㉠ 준비단계 : 상담에 필요한 각종 자료의 준비, 상담신청카드의 작성이 이루어지는 단계이다.
㉡ 상담초기단계 : 내담자와의 신뢰감형성의 단계로 면접의 성격 및 상담절차에 관

한 설명이 이루어진다.
ⓒ 상담중심단계 : 상담자가 내담자의 말을 경청하고 관찰하면서 개인의 문제를 파악·분석하고 치료방법을 모색하는 단계이다.
ⓔ 상담종결단계
  ▶ 상담의 성공 : 상담이 성공하여 내담자 스스로 문제해결의 노력을 할 수 있는 경우이다.
  ▶ 상담의 중단 : 내담자의 개인적 사정으로 상담을 더 이상 진행시킬 수 없어 중단할 경우이다.
  ▶ 상담의 실패 : 상담의 진전이 별로 없어서 내담자가 상담을 중단하는 경우이다.

3) 상담면접의 기록

면접기록이란 상담자와 내담자간의 상담을 기록한 것으로서 면접기록이 필요한 이유는 면접과정의 특성 및 내담자의 문제의 핵심에 관한 이해와 반응의 효과성을 검토하기 위해서이다.

❈ 상담면접의 주요기법 요약

1. 상담면접의 시작 : 신뢰감, 라포 형성(라포 : 상담자와 내담자 사이의 신뢰감, 친화감)
2. 반영 : 새로운 용어로 부연, 느낌의 반영, 감정의 반영, 행동 및 태도의 반영
3. 수용 : 내담자에게 주의를 기울이고 있으며 내담자의 말을 받아들이고 있다는 상담자의 태도와 반응
4. 구조화 : 상담과정의 본질, 제한조건 및 방향에 대하여 상담자가 정의를 내려주는 것
5. 환언(바꾸어 말하기) : 내담자가 한말을 간략하게 반복함으로써 내담자의 생각을 구체화
6. 경청 : 주의깊게 들음
7. 요약 : 여러 생각과 감정을 상담이 끝날 무렵 정리하는 것
8. 명료화 : 내담자가 말하고자 하는 의미를 상담자가 생각하고 이 생각한 바를 다시 내담자에게 말해준다.
9. 해석 : 내담자로 하여금 자기의 문제를 새로운 각도에서 이해하도록 그의 생활경험과 행동의 의미를 설명하는 것

---

③ 안전관리 통제기법

1. 안전감독제

(1) 일일관찰

일일관찰이란 제일선 감독자에 의해 수행되는 안전감독을 말하는데 사고예방에 있어서 중요한 역할을 한다.

(2) 검 열

현장즉각조치나 사후교정조치를 수반한 안전검열은 사고예방이나 사고발생 후의 대책수립에서 중요한 역할을 한다.

(3) 직무안전분석

직무안전분석이란 안전절차분석까지를 포함하여 각 작업에 대해 행해줘야 할 업무나 사용될 공구·설비와 작업상태에 관해 정확하고 상세하게 분석·기술하는 것을 말한다.

(4) 직무기준의 수립

직무기준이란 일반적인 또는 특수한 작업수행상의 성질에 따라 수립된 안전기준이나 규칙을 말하는데 직무기준은 곧 안전기준이 됨에 유의해야 한다.

(5) 감독자의 자기진단제

감독자의 자기 책임의 불이행을 예방하기 위한 것으로 다음 사항이 진단항목이 될 수 있다.

① 자기의 지시가 애매하지 않고 명확했는가
② 지시 후 지시사항을 확인했는가
③ 경험 유무에 따라 각각에 맞게 직무수행을 시켰는가
④ 무면허 차량운전을 허가 또는 지시했는가

2. 안전효과의 확인과 피드백(Feed Back)

안전관리기법의 실행효과를 계속적으로 확인할 수 있도록 또한 실행상의 여러 가지 결함 등을 제거하기 위해 피드백과정이 필요하다.

3. 안전점검의 시행

안전점검의 방법으로는 체크리스트방법이 활용될 수 있다. 점검자를 기준으로 할 때 자가체크나 외부전문가에 의한 진단이 있을 수 있다.

4. 안전당번제도

안전당번으로 정해진 자가 미비점으로 지적된 사항을 당번일지에 기입해 두는 제도로서 이 제도의 실시를 위해서는 안전교육이 충분히 이루어져 당번을 맡은 자가 무엇이 위험한 상태인가를 판단할 수 있어야 한다.

5. 안전무결제도

안전작업절차나 규칙 등을 잊지 않고 준수할 수 있도록 습관화시키기 위해 작업순서를 암기하게 하거나 큰 소리로 낭독하게 하는 방법이 사용된다.

6. 안전추가지도방법

안전 및 기능향상을 위한 것으로 신입사원이나 작업원이 교육을 마치고 현장에 배치되었을 때 현장상황의 점검과 함께 주기적인 추가지도가 이루어져야 한다.

제8절 교통안전진단

1 의 의

교통안전의 확보를 위해서는 현재 시행되고 있는 안전관리상태가 어떠한 위치에 있는가를 확인할 필요가 있으며 노출되어 있는 문제점과 문제점으로 노출은 되어 있지 않으나 교통안전에 위험을 줄 수 있는 잠재적 요인들은 무엇인가 또한 안전에 영향을 미치는 위험요인들간의 상호관계는 어떠한가 등을 파악할 필요가 있다. 그래야만 사고의 예방대책의 수립이 가능해지는 것이다.

2 정부의 안전진단방법

1. 진단의 대상

진단대상은 ① 교통기관, ② 교통기관의 일부관리자, ③ 운송사업체 등이다. 교통기관을 세분하면 다음과 같다.

(1) 통 로

도로, 수로, 항공로, 철도, 삭도 등의 교통시설을 말하며 도로에는 교통안전표지, 신호시설, 중앙분리대, 방책, 가드레일 등, 도로표지 등의 시설물이 포함되며 수로에는 항만시설, 수로표지시설, 항공로에는 비행장시설과 항공보안시설, 철도시설에는 신호 및 보안시설이 있다.

(2) 운반구

교통수단인 자동차, 선박, 철도, 항공기, 삭도 등이 있다.

(3) 동 력

운반구를 움직이는 동력(엔진)을 말한다.

2. 진단의 방법

① 자료의 수집
  ㉠ 사고기록·위반기록
  ㉡ 인사기록·노사관계자료
  ㉢ 근무조건 및 임금자료
  ㉣ 정비 및 운행기록자료
  ㉤ 적성 및 건강진단자료
  ㉥ 기타 현황파악을 위한 자료
② 자료의 분석 및 평가
③ 문제점 또는 결함요인의 적출
④ 각 요인들간의 상관관계분석
  ㉠ 요인변수의 유형추출
  ㉡ 요인분석(Factor Analysis)기법에 의한 상관관계분석
⑤ 진단의 지침 또는 기본 모델의 작성
⑥ 지침 또는 모델에 의한 예비진단의 실시
⑦ 모델의 수정 및 규범적 모델의 개발
⑧ 실지진단의 실시

3. 안전진단

안전진단이나 경영진단 등은 대체로 [그림 2-5]와 같은 순서에 따라 진행한다.

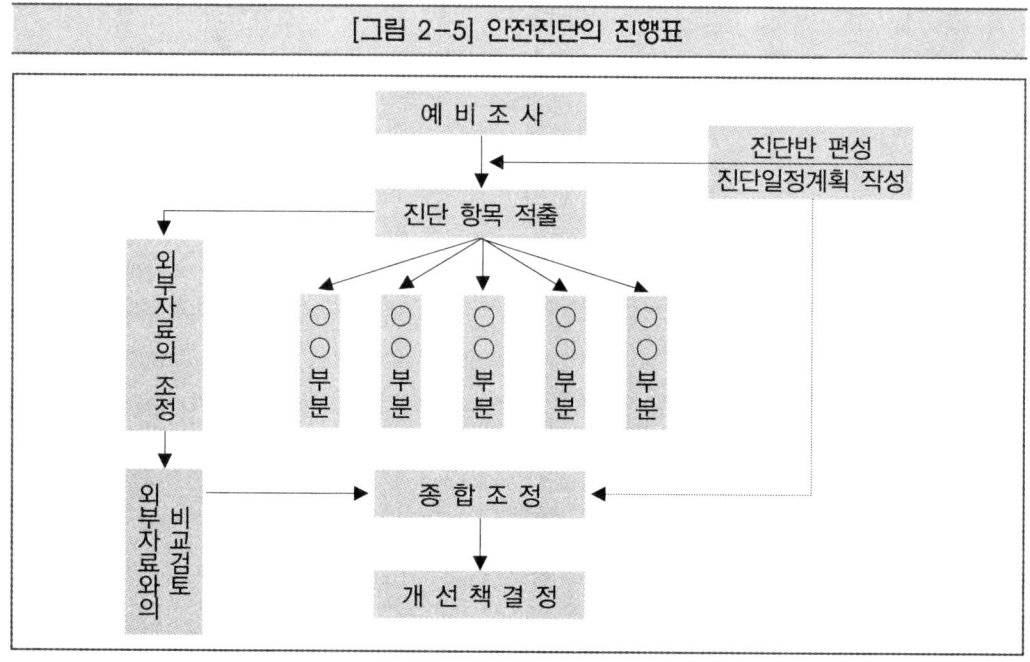

[그림 2-5] 안전진단의 진행표

(1) 제1단계 : 예비조사

진단목적을 효율적으로 달성하기 위해 필요한 자료의 정비, 진단반, 진단일정 등을 준비한다.

(2) 제2단계 : 경영성적·안전능률의 향상·저해요인 및 문제점 적출

안전진단은 단순히 부분진단의 결과를 집성하는 것이 아니며, 경영을 종합적인 관점에서 각 부문간의 조정을 전제로 하여 이루어져야 한다. 따라서 경영 각 부분에 대하여 진단하고 잠재한 흠결을 적출하기에 앞서 해당 기업의 근본적인 흠결 즉, 경영성적·안전능률의 향상을 저해하고 있는 요인 및 가장 큰 문제점을 찾아내는 것이다.

(3) 제3단계 : 부문별 세부진단

부문별 세부진단을 실시하여 불합리한 점이 발견되면 제1단계의 목적에 비추어서 구체적인 원인과 그 소재를 명백히 한다.

(4) 제4단계 : 각 부문결과 종합조정

3단계 작업이 완료되면 각 부문결과를 종합·조정한다. 이 종합·조정에 있어서는 각 부문 진단결과에 대한 개선책의 불균형을 시정하고 외부적 조건 등에 따라 장래의 예측까지도 포함한 개선책이 마련된다.

(5) 제5단계 : 개선 목표달성의 대책강구

종합조정의 결과에서 해당 기업의 중심적인 개선목표와 각 부문에 대한 개선목표가 명확화됨으로 이에 따라 개선목표를 달성하기 위한 대책을 강구하는 것이 진단의 최종단계이다. 또한 개선책을 확정할 경우에는 정확성을 반드시 확인하여야 한다.

4. 진단결과보고서의 작성

교통행정기관은 교통안전진단을 받은 자가 제출한 교통안전진단보고서를 검토한 후 교통안전의 확보를 위하여 필요하다고 인정되는 경우에는 당해 교통안전진단을 받은 자에 대하여 다음의 어느 하나에 해당하는 사항을 권고하거나 관계법령에 따른 필요한 조치를 할 수 있다. 이 경우 교통행정기관은 교통안전진단을 받은 자가 권고사항을 이행하기 위하여 필요한 자료제공 및 기술지원을 할 수 있다(법 제37조).

① 교통시설에 대한 공사계획 또는 사업계획 등의 시정 또는 보완
② 교통시설·교통수단의 개선·보완 및 이용제한
③ 교통시설의 관리, 교통수단의 운행, 교통체계의 운영 등과 관련된 절차·방법 등의 개선·보완
④ 운전자 등, 교통사업자 소속 근로자 등에 대한 근무환경의 개선
⑤ 그 밖에 교통안전에 관한 업무의 개선

제2장 교통안전관리 예상문제

01 다음 사항 중에서 틀린 것은?
- ㉮ 운수란 사람과 화물의 장소적 이동에 의해 그 수요와 균형을 기한다.
- ㉯ 현대자동차의 대중화를 일반화한 사람은 다임러(Daimlar)이다.
- ㉰ 자동차의 시조는 1885년에 등장했다.
- ㉱ 교통수단은 pipe line이다.

 근대 자동차의 대중화를 연 사람은 미국의 핸리포드이고, 1885년 독일의 다임러는 4cycle 내연기관 자동차, 칼벤츠는 2cycle 가솔린 자동차를 만들었다.

02 교통기관의 3대요소가 아닌 것은?
- ㉮ 동 력
- ㉯ 운반구
- ㉰ 통 로
- ㉱ 이용자

 교통의 구성요소에는 운전자(조종자), 운반구(교통수단), 교통환경(통로), 이용자 등이 있다.

03 교통의 발달과정 중 해상발달과정의 순서로 바른 것은?
- ㉮ 범선 – 기선 – 쾌속정
- ㉯ 뗏목 – 범선 – 기선
- ㉰ 뗏목 – 기선 – 여객선
- ㉱ 범선 – 여객선 – 쾌속정

 해상교통은 뗏목에서부터 시작하여 범선, 기선으로 발달해 왔다.

정답 01. ㉯ 02. ㉱ 03. ㉯

04 교통안전의 목적이다. 틀린 것은?
㉮ 인명존중 ㉯ 사회복지증진
㉰ 경제성 ㉱ 수송효율의 극대화

 교통안전의 목적은 인명의 존중, 사회복지의 증진, 경제성의 향상 등이다.

05 사고발생 요인 중 가장 많은 비중을 차지하고 있는 것은?
㉮ 교통수단의 요인 ㉯ 환경요인
㉰ 인적 요인 ㉱ 횡단보도요인

 인적 요인 84.8%, 환경요인 17.9%, 차량요인 6.0%

06 위험요소 제거를 위하여 거치는 단계 중 안전관리 책임자를 임명하고, 안전계획을 수립·추진하는 단계는?
㉮ 위험요소의 분석 ㉯ 조직의 구성
㉰ 개선대안 제시 ㉱ 위험요소 탐지

 안전관리 책임자를 임명하고 안전계획을 수립하는 단계는 조직을 구성하는 단계이다.

07 교통사고의 주요 요인이 아닌 것은?
㉮ 인적 요인 ㉯ 교통수단요인
㉰ 법적 요인 ㉱ 환경요인

 교통사고의 주요요인에는 인적요인, 환경요인, 차량요인 등이 있다.

08 교통기관의 기술개발을 통하여 안전도를 향상시키고 운반구 및 동력제작기술의 발전을 도모하는 것은?
㉮ 관리적 접근방법 ㉯ 제도적 접근방법
㉰ 기술적 접근방법 ㉱ 선택적 접근방법

정답 04. ㉱ 05. ㉰ 06. ㉯ 07. ㉰ 08. ㉰

❋ 기술적 접근방법(외적 표현)
① 교통기관의 기술개발을 통하여 안전도를 향상시키는 것이다.
② 하드웨어의 개발을 통한 안전의 확보라고 할 수 있다.
③ 운반구 및 동력제작의 기술발전이 교통수단의 안전도를 향상시킨다.
④ 교통수단을 조작하는 교통종사원의 기술숙련도 향상을 위한 또는 통한 안전운행 역시 기술적 접근방법이라 할 수 있다.

09 다음 중 교통안전시설이 아닌 것은?

㉮ 수 로   ㉯ 어 항
㉰ 어업무선국   ㉱ 등 대

교통안전시설은 도로, 철도, 궤도, 항만시설, 어항시설, 수로, 공항, 비행장 및 항공보안에 관련되는 시설물에 구축 또는 부착되어 차량, 선박, 항공기의 안전운행 및 운항을 보조하는 공작물을 말한다.

10 교통안전계획수립 시 거쳐야 할 단계가 아닌 것은?

㉮ 목표의 설정   ㉯ 계획 전체의 수립
㉰ 계획운영   ㉱ 문제인식

교통안전계획을 수립하려면 먼저 문제를 인식하고 목표를 설정하며 계획을 수립하는 것이다.

11 교통수단의 3가지 구성요소가 아닌 것은?

㉮ 터미널 등 주차장   ㉯ 교통로
㉰ 교통동력   ㉱ 교통용구

교통수단의 3가지 구성요소는 동력, 운반구(용구), 통로(교통로)이다.

12 하인리히의 재해 발생비율을 「중대한 사고 : 경미한 사고 : 재해를 수반하지 않는 사고」의 비율순서로 바르게 나타낸 것은?

㉮ 1 : 29 : 300   ㉯ 1 : 39 : 400
㉰ 1 : 49 : 500   ㉱ 1 : 59 : 600

정답 09. ㉰ 10. ㉰ 11. ㉮ 12. ㉮

하인리히 재해비율은 중대한 사고 1 : 경미한 사고 29 : 재해를 수반하지 않는 사고 300의 비율이다.

13 교통사고 발생에 영향을 미치는 각 요인은 사고발생에 대하여 같은 비중을 지닌다는 원리는?

㉮ 배치성 원리
㉯ 차등성 원리
㉰ 등치성 원리
㉱ 동인성 원리

 교통사고 발생시에는 사고를 구성하는 각종 요소가 꼭 같은 비중을 차지한다는 것이 사고요인의 등치성 원리이다.

14 조직 내의 직무가 표준화되어 있어야 한다는 원칙은?

㉮ 전문화의 원칙
㉯ 권한과 책임의 원칙
㉰ 공식화의 원칙
㉱ 명령통일의 원칙

 공식화의 원칙 : 구성원의 직무나 행위를 정형화함으로써 직무활동에 대한 예측 및 조정·통제가 용이하게 된다.

15 역사적 흐름에 맞게 나열된 인적자원 관리법의 변천사는?

㉮ 인간관계 관리법 - 참여적 관리법 - 과학적 관리법
㉯ 과학적 관리법 - 인간관계 관리법 - 참여적 관리법
㉰ 참여적 관리법 - 과학적 관리법 - 인간관계 관리법
㉱ 과학적 관리법 - 참여적 관리법 - 인간관계 관리법

 과학적 관리법은 19세기말 테일러가 발표한 기법이고 인간관계 관리법은 1927년 메이요의 호손실험으로 비롯되었고 이후 참여적 관리법으로 발전하였다.

16 다음 중 매슬로우(A. Maslow)의 욕구단계설에 대한 설명으로 바르지 못한 것은?

㉮ 상위단계의 욕구는 하위단계의 욕구가 충족되어야만 동기부여가 된다.
㉯ 하위욕구가 충족되면 하위욕구의 충족을 위한 요인은 더 이상 동기부여 요인이 될 수 없다.
㉰ 한 가지 이상의 욕구가 동시에 작용할 수도 있다.
㉱ 기본적으로 만족-진행 모형이다.

 매슬로우의 욕구단계설에서는 한 가지 이상의 욕구가 동시에 작용할 수 없다.

17 교통사고 예방을 위한 법규나 관리규정 등을 제정하여 안전관리의 효율성을 제고하기 위한 접근방법은?

㉮ 인도적 접근방법
㉯ 기술적 접근방법
㉰ 과학적 접근방법
㉱ 제도적 접근방법

 제도적 접근방법은 법령의 제정을 통한 안전기준의 마련이나 안전수칙 또는 원칙을 정하여 준수토록 하면서 제도적으로 안전을 확보하고자 하는 것이다.

18 자동차 교통사고의 정의는?

㉮ 도로법에서 정한 도로상에서 운행 중에 차와 사람, 차와 차, 차와 물체 등이 접촉 전복, 전도하여 인명의 사상, 기물의 손괴를 발생시킨 사고를 말한다.
㉯ 자동차관리법에서 정한 운행 중에 사고가 발생한 인명사고를 말한다.
㉰ 도로법에 의해 발생한 모든 사고를 말한다.
㉱ 궤도법에 의한 운행상의 모든 사고를 말한다.

 교통사고(Transportation Accident)라 함은 도로상의 차량이나 전차, 철도의 열차, 항공기, 해상의 선박 등의 각종 교통기관이 그 본래의 사용방법에 따라 운행 중에 타인의 차량, 사람, 기차, 항공기, 전차 등 고속교통기관이나 사람 또는 기물 등과 충돌·접촉하거나 전복, 전도, 접촉의 위험을 야기함으로써 사람을 사상케 하거나 기물을 손괴하여 재산상의 손실과 교통상의 위험을 발생케 하는 모든 경우를 포함하는 것으로 정의된다.

19 다음 중 교통사고를 유발시키는 결정적 요소는?

㉮ 교통의 사회적 환경
㉯ 운전자 소질
㉰ 배치차량의 선정
㉱ 운행경로의 미조사

교통사고를 유발하는 대부분의 원인은 운전자의 부주의에 의한 것이 대부분이다. 즉, 운전자의 소질에 비롯한 것이다.

20 사고의 여러 요인들 중에서 하나만이라도 발생하지 않으면 사고가 발생하지 않는다는 원리는?

㉮ 사고원인 집중성 원리 ㉯ 사고원인 단일성 원리
㉰ 사고원인 분리성 원리 ㉱ 사고원인 등치성 원리

 등치성 원리는 교통사고는 연속적으로 하나하나 요인이 만들어지나 그 중 하나라도 없으면 연쇄반응은 일어나지 않는다는 것이다.

21 교통안전을 원활히 하기 위해 종업원들의 업무성격에 대하여 표창과 징벌의 양면을 두는 제도는?

㉮ 포상제도 ㉯ 감봉제도
㉰ 상벌제도 ㉱ 특진제도

 표창과 징벌을 두는 제도는 상벌(賞罰)제도이다.

22 상벌제도심사위원회의 구성으로 가장 바람직한 것은?

㉮ 노사 쌍방간의 동수로 구성 ㉯ 노조에서 결정
㉰ 경영자가 직접 결정 ㉱ 전종업원들의 투표로 결정

 상벌심사위원회는 노사의 같은 인원으로 구성하여야 한쪽으로 치우치지 않는다.

23 사고요인의 등치성원리는 어디에 중점을 둔 것인가?

㉮ 교통사고의 원인 ㉯ 종사원의 건강
㉰ 도로환경 ㉱ 운행조건

 등치성의 원리는 사고가 동일노선, 동일장소에서 일어나고 있다는 것으로 교통사고 원인에 관한 내용이다.

정답 20. ㉱ 21. ㉰ 22. ㉮ 23. ㉮

24 레이-오프(lay off-system)란?

㉮ 종사원이 징계의 사유로 휴직하는 것   ㉯ 일시 해고 또는 조건부 해고
㉰ 명령불복종 해고   ㉱ 경영주의 일방적 해고

레이-오프(lay-off)는 일시해고로 기업이 경영 부진으로 인원을 삭감하여야 할 때에, 나중에 재고용할 것을 약속하고 종업원을 일시적으로 해고하는 것을 말한다.

25 운송사업체의 최고경영진의 마음가짐에 해당하지 않는 것은?

㉮ 감독자와 운전자는 계급을 떠나서 인간적 관계를 맺는다.
㉯ 안전관계회의에는 항시 참석한다.
㉰ 권위있는 지도력과 안전관리에 대한 지속적 관심을 표시한다.
㉱ 상벌을 시행할 때는 참석하지 않는다.

경영자는 종업원에게 상을 줄 때나 벌을 줄 때에도 참여하여야 한다.

26 다음 중 메이요(E. Mayo) 교수의 호손실험의 결과는?

㉮ 공장 및 작업관리의 과학화 중요성   ㉯ 비공식집단의 중요성
㉰ 인간의 동기부여의 중요성   ㉱ 리더십이론의 중요성

호손실험(Hawthon experiment)의 결과 공식조직보다는 비공식조직이 작업자의 태도와 성과를 결정하는 주요 요인이라는 것이 밝혀졌다.

27 교통사업자가 자체적으로 교통사고를 조사하는 본질적인 이유로 옳은 것은?

㉮ 사고발생에 직접·간접적으로 작용했던 요인들을 찾아내어 사고와의 관계를 규명하고, 또 다른 교통사고 예방을 위하여
㉯ 사고발생 원인을 규명하여 책임한계를 명확히 하고, 사고책임자를 처벌하기 위하여
㉰ 경찰의 사고조사가 세밀하지 못하므로
㉱ 교통안전법에 따라 교통사고 상황을 보고하도록 하고 있으므로

교통사업자, 교통안전관리자는 교통사고 발생한 내용을 기록하고 조사하여 다른 교통사고를 예방하기 위하여 노력하여야 한다.

28 사고의 기본원인을 제공하는 4M에 대한 사고방지대책을 잘못 나타낸 것은?

㉮ 인간(Man) : 능동적인 의욕, 위험예지, 리더십, 의사소통 등
㉯ 기계(Machine) : 안전설계, 위험방호, 표시장치 등
㉰ 매개체(Media) : 작업정보, 작업환경, 건강관리 등
㉱ 관리(Management) : 관리조직, 평가 및 훈련, 직장활동 등

매개체(media) : 작업정보, 작업방법을 몰라서 발생하는 에러이다. 따라서 사고방지대책은 작업에 대한 정보와 방법을 제시하는 것이다.

29 다음 중 교통사고의 간접원인이 아닌 것은?

㉮ 도로 등 시설환경적 원인
㉯ 차량 등 교통장비적 원인
㉰ 제2당사자의 인적 요인
㉱ 가정·직장 등의 불화

❋ **교통사고의 간접원인·잠재원인**

간접원인	잠재원인
○ 도로 등 시설환경 원인 ○ 차량 등 교통수단, 장비적 요인 ○ 제2 당사자의 인적 요인	○ 가정·직장에서의 트러블 ○ 신체상태의 나쁨 ○ 경제적 걱정

30 교통사고의 원인 중 가장 많은 것은?

㉮ 차량적 원인
㉯ 인적 요인
㉰ 교통환경요인
㉱ 정원·적재의 초과

교통사고를 유발하는 대부분의 원인은 운전자의 부주의에 의한 것이 대부분이다.

31 교통사고의 인적 요인 중 가장 많은 것은?

㉮ 운전자 과속
㉯ 운전자 음주
㉰ 운전자 부주의
㉱ 운전시 과로운전

교통사고를 유발하는 대부분의 원인은 운전자의 부주의에 의한 것이 대부분이다.

정답 28. ㉰ 29. ㉱ 30. ㉯ 31. ㉰

32 분석기법 중 통계적 분석이 아닌 것은?

㉮ 노선별 분석 ㉯ 차량의 안전도 분석
㉰ 차종별 분석 ㉱ 조직별 분석

 차량의 안전도분석은 사례적 분석에 해당된다. 그 외 사례적 분석에는 개별적 분석, 교통환경분석, 운전자 적성분석이 있다.

33 교통사고의 분석기법 중 사례적 분석이 아닌 것은?

㉮ 차종별 분석 ㉯ 교통환경분석
㉰ 차량의 안전도분석 ㉱ 운전자 적성분석

 차종별, 노선별, 조직별 분석은 통계적 분석기법이다.

34 P-D-C-A계획을 올바르게 설명한 것은?

㉮ 실시 - 통제 - 조정 - 계획 ㉯ 조정 - 통제 - 실시 - 계획
㉰ 계획 - 실시 - 통제 - 조정 ㉱ 통제 - 계획 - 실시 - 조정

 과학적이고 합리적인 안전운행계획을 위해서는 PDCA의 순환이 제대로 이루어져야 한다.

35 운행계획의 목표에 포함되지 않는 것은?

㉮ 초보운전자에게 경험축적을 위해 힘든 구간을 할당한다.
㉯ 연속해서 기착시간이 늦어서는 안된다.
㉰ 출근해서 자기의 행선지를 알게 되어서는 안된다.
㉱ 경험이 미흡한 자에게 힘든 구간에 대한 정보를 제공한다.

 초보운전자에게는 비교적 편하고 안전한 구간을 할당하고 숙련된 운전자에게 힘든 구간을 할당하는 것이 바람직하다.

36 인간행위의 가변요인이 아닌 것은?

㉮ 생체기능의 저하 ㉯ 작업능률의 평준화
㉰ 생리적 긴장수준의 저하 ㉱ 작업의욕의 저하

정답 32. ㉯ 33. ㉮ 34. ㉰ 35. ㉮ 36. ㉯

인간행위의 가변적 요인에는 생체기능, 작업능률, 생리적 요인, 심리적 요인 등이 있다.

37 인간의 행동을 규제하는 외적 환경요인이 아닌 것은?
㉮ 자연조건 ㉯ 심리적 조건
㉰ 물리적 조건 ㉱ 시간적 조건

 자연조건, 물리적 조건, 시간적 조건은 외적 환경요인이고, 심리적 조건은 내적 환경요인이다.

38 인간의 행동을 규제하는 내적 요인이 아닌 것은?
㉮ 소질관계 ㉯ 경력관계
㉰ 인간관계 ㉱ 심신상태

 인간관계는 외적 요인에 해당하고 소질, 심신상태, 경력 등은 내적 요인에 해당한다.

39 다음 중 인간의 환경요인(외적 조건)은?
㉮ 심신상태 ㉯ 조건반사
㉰ 인간관계 ㉱ 지능지각

 환경요인은 ① 인간관계, ② 자연조건, ③ 물리적 조건, ④ 시간적 조건이고, 인적 요인은 소질, 일반심리, 경력, 의욕, 심신상태이다.

40 심리학자 캇츠(D. Katz)가 말하는 '스스로를 더욱 강화시키고, 자기 자신의 정체성을 가지게 하는 태도'의 기능은?
㉮ 적응기능 ㉯ 가치표현적 기능
㉰ 자기방어적 기능 ㉱ 지시적 기능

 D. Katz에 의하면 태도는 행위자로 하여금 바람직한 욕구를 달성하게 하는 도구적 기능, 사람들로 하여금 불안이나 위협에서 벗어나 자아를 보호하게 하는 자기 방어적 기능, 타인들에게 자신이 생각하기에 스스로 어떤 사람인가를 나타냄으로써 자기정체성을 형성하거나 강화하는 자기표현의 기능, 그리고 사람들이 그들의 세계를 이해하는 데 도움을 줄 기준으로 작용하는 환경인식의 기능을 수행한다고 한다.

41 검사 중 기기검사가 아닌 것은?

㉮ 중복작업반응검사
㉯ 처치판단검사
㉰ 원근거리추정검사
㉱ 지각속도검사

지필검사와 기기검사의 종류는 다음과 같다.

지필검사	① 지능검사 ③ 운동능력검사	② 지각속도검사 ④ 성격검사
기기검사	① 속도추정반응검사 ③ 중복작업반응검사 ⑤ 원근거리추정검사	② 초조반응검사 ④ 처치판단검사

42 사고다발자의 일반적 특성이 아닌 것은?

㉮ 근육층이 제어하지 못하여 언제든지 조기반응 경향
㉯ 인간관계 비협조적
㉰ 정서적으로 충동적이며 자극에 민감
㉱ 자기통제력이 강하다.

사고다발자는 정서적으로 충동적이며 자극에 민감하고 흥분을 잘하며 주관적 판단과 자기통제력이 박약하다.

43 페일 세이프(fail safe)에 대한 용어설명으로 맞는 것은?

㉮ 자동차운송의 배차계획
㉯ 인간 또는 기계의 실패로 안전사고가 발생하지 않도록 2중 또는 3중으로 통제를 가하는 것
㉰ 업무분담에 따른 폐해방지제도
㉱ 교통사고 처리지침

페일 세이프(fail-safe)는 시스템에 고장이 발생하여도 안전한 상태를 유지 또는 안전한 상태로 천이시키는 특성을 말한다.

44 비공식조직에서 조직원 상호간의 감정적 거리를 측정하여 집단의 상호 관계를 파악하는 방법을 무엇이라 하는가?

㉮ 조하리의 창 ㉯ 브레인스토밍
㉰ 소시오메트리 ㉱ 그레이프바인

 소시오메트리(sociometry)는 소집단 구성원간의 사회관계를 수량적으로 측정하여 집단 내의 인간관계를 표현한다. 소시오메트리는 모레노(J. Moreno)에 의해 개발된 개념이다. 모레노는 집단 역학을 집중적으로 연구한 학자로 집단행동을 진단 평가하고 개선하는데 크게 기여하였다.
소시오메트리에서는 조직의 각 구성원들에게 누구를 좋아하는가 또는 누구와 대화하고 싶은가를 물어서 구성원들 간의 호의와 비호의의 양상이라고 할 수 있는 소시오메트리 구조를 파악한다. 이것을 일목요연하게 그림으로 표현한 것이 개발한 소시오그램(sociogram), 집단행동을 개선하는 방법으로 역할연기(role playing) 등 여러 가지를 제시하였다.

45 업무나 계층이 조직 내에서 얼마나 나누어져 있는가를 뜻하는 것은?

㉮ 복잡성 ㉯ 공식화
㉰ 집권화 ㉱ 전문화

 조직구조의 기본변수 중 복잡성(complexity)은 과업의 분화정도를 뜻하는 것으로 수평적 분화와 수직적 분화로 구분할 수 있다. 조직의 업무가 얼마나 나누어져 있는가는 전문화와 관련이 있다.

46 합리적인 의사결정을 위한 의사결정과정을 적절히 나열한 것은?

㉮ 문제의 인식 – 정보의 수집·분석 – 대안의 탐색 및 평가 – 대안 선택 – 실행 – 결과평가
㉯ 문제의 인식 – 대안의 탐색 및 평가 – 정보의 수집·분석 – 대안 선택 – 실행 – 결과평가
㉰ 문제의 인식 – 대안의 탐색 및 평가 – 대안 선택 – 정보의 수집·분석 – 실행 – 결과평가
㉱ 문제의 인식 – 대안 선택 – 대안의 탐색 및 평가 – 정보의 수집·분석 – 실행 – 결과평가

 합리적인 의사결정과정 : 문제의 인식 → 정보의 수집·분석 → 대안의 탐색 및 평가 → 대안 선택 → 실행 → 평가

정답 44. ㉰ 45. ㉱ 46. ㉮

47 다음은 집단의사결정의 장점을 열거한 것이다. 부적절하다고 생각되는 것은?

㉮ 구성원 상호간의 지적 자극
㉯ 일의 전문화
㉰ 시간, 에너지의 절약
㉱ 시너지 효과의 발생

❀ 집단의사결정의 장·단점

장 점	단 점
○ 많은 지식, 사실, 관점의 이용	○ 시간과 에너지의 낭비
○ 구성원 상호간의 지적 자극	○ 특정 구성원에 의한 지배가능성
○ 일의 전문화	○ 최적안의 폐기가능성
○ 구성원의 결정에 대한 만족과 지지	○ 의견불일치로 인한 갈등과 악의
○ 커뮤니케이션 기능수행	○ 신속하고 결단력 있는 행동방해

48 집단행동유형은 공식적 집단과 비공식적 집단으로 나누어지는데 이에 대한 설명 중 비공식집단의 내용은?

㉮ 조직에서 의도적으로 형성된 것이 아닌 구성원들의 공동관심사나 정적 유대에 의해 자연발생적으로 형성된 집단이다.
㉯ 집단형성의 기초는 능률 혹은 비용의 논리이다.
㉰ 조직도상에 나타나게 된다.
㉱ 존속기간은 대체로 항구적이다.

㉯,㉰,㉱는 공식조직의 내용이다.

49 다음 중 공식집단의 특성에 속하지 않은 것은?

㉮ 권력, 권한, 책임, 의무 등이 비교적 명확하게 규정되어 있다.
㉯ 커뮤니케이션 경로도 비교적 뚜렷하게 되어 있다.
㉰ 감정의 논리에 의하여 인간적 요소를 가장 잘 수용한다.
㉱ 구성원의 직무가 명확하고 집단의 목표나 계층도 잘 규정되어 있다.

감정의 논리에 의하여 인간관계를 수용하는 것은 비공식조직의 특성이다.

정답 47. ㉰ 48. ㉮ 49. ㉰

50 조직구성원들이 집단목표를 달성하도록 영향력을 행사하는 능력을 무엇이라고 하는가?

㉮ 커뮤니케이션 ㉯ 매니지먼트
㉰ 리더십 ㉱ 모티베이션

 리더십은 조직구성원들이 집단목표를 달성하기 위해 자발적이고 열성적으로 공헌하도록 그들에게 동기를 부여하는 영향력, 기술 또는 과정이라고 할 수 있다.

51 리더십연구의 전개과정을 순서대로 나열한 것은?

㉮ 상황이론-행동이론-특성이론 ㉯ 행동이론-특성이론-상황이론
㉰ 특성이론-행동이론-상황이론 ㉱ 특성이론-상황이론-유효성이론

 리더십은 어떤 상황에서 목표달성을 위해 어떤 개인이 다른 개인, 집단이 행위에 영향력을 행사하는 과정으로 리더십 특성이론은 1930년대와 1940년대에 연구되어진 영역으로 리더간에는 신체적인 특성(신장, 외모, 힘), 성격(자신감, 정서적 안정성, 지배성향), 능력(지능, 언어의 유창성, 독창성, 통찰력) 등에 있어 차이가 있다는 것이다. 이후 리더십의 행동이론, 리더십의 상황이론으로 전개되었고 현재는 리더십의 새로운 패러다임으로 전개되고 있다.

52 비공식 조직(informal organization)이란?

㉮ 개인과 개인간의 인간적인 접촉에 의하여 자동적으로 발생하는 조직
㉯ 합리적 조직
㉰ 조직의 도표
㉱ 명령계통에 의한 조직

 비공식조직은 공식화되지 않은 조직으로 개인과 개인간의 인간적인 접촉에 의하여 자유롭고 자생적으로 발생하는 조직이다.

53 효과적인 조직이 되기 위한 가장 기본적인 요건은?

㉮ 계획수립 ㉯ 의사결정
㉰ 의사소통 ㉱ 통제방법

 조직 전체의 효율을 높이기 위해 분업화와 부문화가 이루어지면 세분된 작업활동 간에 조정이 필요하다. 그리고 효과적인 조정이 되기 위해서는 의사소통(communication)이 전제가 되어야 한다.

정답 50. ㉰ 51. ㉰ 52. ㉮ 53. ㉰

54 네트워크 조직(network organization)에 관한 설명으로 옳은 것은?

㉮ 자원의 흐름을 관리하는데 시장기구보다는 행정과정에 더 의존한다.
㉯ 구성요소들은 상호 의존성을 지니지만 정보는 공유하지 않고 서로의 협동에도 한계를 유지한다.
㉰ 여러 지점에 걸쳐 널려있는 여러 조직들의 자산을 집합적으로 활용한다.
㉱ 네트워크 조직들은 그들 간에 체결된 계약상의 규정대로 행위를 하고 다른 자발적인 행위는 하지 않는다.

네트워크 조직은 자신의 조직은 핵심적인 전략기능 위주로 합리적으로 편제하고 여타의 부수적 기능은 주변의 다른 조직들의 자원을 집합적으로 활용할 수 있도록 상호 연계된 조직이다.

55 교통안전관리의 3대 기능에 포함되지 않는 것은?

㉮ 계획기능   ㉯ 시행기능
㉰ 개선기능   ㉱ 단속기능

교통안전관리의 3대 기능에는 계획, 개선, 단속기능이 있다.

56 다음 중 보행자의 심리라 할 수 없는 것은?

㉮ 보행자는 급히 서두르는 것이 보통이다.
㉯ 횡단보도가 있는데도 아무데서나 횡단하고자 한다.
㉰ 안전의식에 대한 면허와 같은 것이 없다.
㉱ 횡단보도를 찾아서 횡단하려는 심리가 크다.

보행자는 횡단보도를 찾기 보다는 가까운 도로를 횡단하려는 심리가 있다.

57 안전관리에 대한 용어설명으로 맞는 것은?

㉮ 재해로부터 인간의 생명과 재산을 보호하기 위한 계획적이고 체계적인 제반활동
㉯ 자동차의 운송관리계획
㉰ 교통정보에 대한 관리
㉱ 운전자에 대한 교육훈련

정답 54. ㉰ 55. ㉯ 56. ㉱ 57. ㉮

안전관리는 생산성의 향상과 손실의 최소화를 위하여 행하는 것으로 비능률적 요소인 사고가 발생하지 않은 상태를 유지하기 위한 활동, 즉 재해로부터 인간의 생명과 재산을 보호하기 위한 계획적이고 체계적 제반 활동이다.

58 다음 중 라인과 스태프에 대한 설명으로 틀린 것은?

㉮ 스태프는 전문적인 권한을 행사하는 조직이다.
㉯ 라인은 경영활동의 집행을 담당한다.
㉰ 라인은 조직의 목표달성을 위해 부하를 감독하고 작업결과에 대하여 책임을 지는 조직이다.
㉱ 스태프는 라인에 지원과 조언의 전문적인 서비스를 제공하는 조직이다.

 라인은 지휘 명령계통이라는 두 가지 뜻을 포함하며, 생산활동에 직접 종사하는 사람 직위 부문 및 이와 연결되는 지휘 명령계통상에 위치하는 각급 경영자 관리자를 말한다. 이에 대하여 스태프는 라인의 경영자 관리자가 맡은 바 경영관리활동을 효율적으로 할 수 있도록 전문적인 입장에서 돕는 기능, 직위, 사람, 부문을 말한다. 따라서 전문적인 권한을 행사하는 조직은 라인조직이다.

59 쿤츠(H. Koontz)가 분류한 경영학의 접근방법 중 조직행동론과 가장 관계가 깊은 것은?

㉮ 인간상호 접근법
㉯ 집단행동 접근법
㉰ 사회기술시스템 접근법
㉱ 시스템 접근법

 쿤츠(H. Koontz)가 분류한 경영학의 접근법에는 경험적(또는 사례) 접근법, 인간상호 접근법, 집단행동 접근법, 협동적 사회시스템 접근법, 사회기술시스템 접근법, 의사결정이론 접근법, 시스템 접근법, 관리적(또는 경영과학) 접근법, 컨틴전시 접근법, 관리역할 접근법, 운영적 접근법 등 11가지가 있다. 이 중 조직행동론과 관계가 깊은 것은 집단행동 접근법이다.

60 시스템이란 목적을 가진 여러 요소가 유기적으로 상호작용하는 결합체를 말한다. 다음 중 시스템의 속성과 거리가 먼 것은?

㉮ 실용성
㉯ 전체성
㉰ 구조성
㉱ 기능성

 시스템(system)이란 어떤 하나의 목적을 가지고 이를 성취하기 위해 여러 구성인자가 유기적으로 연결되어 상호작용하는 결합체를 말한다. 그러므로 시스템을 하나의 실체로 볼 때 그 속성으로는 전체성, 목적성, 구조성, 기능성 등 네 가지가 흔히 언급된다.

61 바나드가 주장한 조직의 존속을 위해 필요한 3요소로 바르게 짝지어진 것은?

㉮ 공통목적, 창의성, 분업의 원칙
㉯ 분업의 원칙, 의사소통, 단결의 원칙
㉰ 의사소통, 공통목적, 공헌의욕
㉱ 공통목적, 공헌의욕, 합리성

바나드(C. Barnard)는 그의 저서인 〈경영자의 기능〉(1938년)에서 조직의 존속을 위해서는 공통목적, 의사소통, 공헌의욕이 필요하다고 주장하였다.

62 다음 중 H. Simon의 조직이론에서 인간행동을 분석하는 기본 가설은?

㉮ 합리적 경제인 가설
㉯ 사회인 가설
㉰ 관리인 가설
㉱ 복잡인 가설

관리인 가설은 사이몬(H. Simon)이 제시한 의사결정자에 대한 모형을 말한다.

63 시스템이론의 추상적인 내용을 구체화시켜 주는 조직연구의 접근법으로 모든 상황에서 모든 조직에 유효성을 가져다주는 유일한 조직이론은 존재하지 않는다는 사고 하에서, 상황과 조직 특성간의 적합적 관계를 다루려는 이론은?

㉮ 상황이론
㉯ 행동과학이론
㉰ 수정경영이론
㉱ 시스템 경영이론

상황이론(contingency theory)은 모든 상황에서 모든 조직에 유효성을 가져다주는 유일한 조직이론은 존재하지 않는다는 사고 하에서, 상황과 조직 특성간의 적합적 관계를 다루려는 이론을 말한다.

64 바나드(C. I. Barnard)는 조직의 목표달성도를 (   )이라고 하였고, 개인의 동기만족도를 (   )이라고 하였다. (   ) 안에 알맞은 말을 순서대로 짝지은 것은?

㉮ 능률 – 유효성
㉯ 유효성 – 능률
㉰ 효율 – 생산성
㉱ 생산성 – 효율

조직에서는 반드시 일반목적이 중간목적으로 세분화되는 전문화가 이루어진다. 바나드는 기업의 '유효성'이 바로 이 전문화에 의하여 좌우된다고 말하고 있다. 한편 조직의 공헌자들은 권한의 유무에 대하여 의식하지 않고서도 명령을 수용하는 일정한 범위, 즉 '무관심권'이라는 범위가 있으며, 그 범위의 크기는 각 개인이 받는 유인에 대한 만족, 즉 '능률'에 따라 달라진다.

정답 61. ㉰ 62. ㉰ 63. ㉮ 64. ㉯

65 사이몬이 〈관리행동〉이라는 저서에서 주장한 조직적 의사결정에 관한 내용 중 올바르게 연결된 것은?

㉮ 제한된 합리성 – 관리인
㉯ 완전한 합리성 – 관리인
㉰ 제한된 합리성 – 경제인
㉱ 객관적 합리성 – 경제인

사이몬(H. A. Simon)은 경제학에서 가정하고 있는 초합리적인 경제인을 비현실적인 것으로 파악하고, 현실적인 합리성은 제한된 합리성에 불과하다고 본다. 이 제한된 합리성은 주관적으로 합리적이라고 생각한다는 의미에서 '주관적 합리성'이라고 부를 수 있다. 사이몬은 제한된 합리성 밖에 달성할 수 없는 현실의 인간을 '관리인(administrative man)'이라고 하여 '경제인(economic man)'과 구분하였다.

66 조직의 사회적 성격을 규명하고 개인 간의 유기적 관련성을 중시하며 조직의 인간적 측면을 강조하게 된 계기는?

㉮ 메이요의 호손실험
㉯ 포드의 동시관리
㉰ 테일러의 과학적 관리법
㉱ 페이욜의 일반경영이론

메이요(E. Mayo) 등의 호손실험을 계기로 등장한 인간관계론은 인간의 정서적·심리적 측면에 주의를 기울여 인간을 물질적인 요인뿐만 아니라 정신적인 요인에 의해서도 영향을 받는다는 사실을 발견하였다. 또한 인간관계론은 전통적 관리론에서 경시되어 온 비공식조직의 존재와 그 기능을 밝히고 있다.

67 조직구조를 설계할 때 고려해야 할 주요 요인과 거리가 먼 것은?

㉮ 전문화   ㉯ 분권화
㉰ 공식화   ㉱ 단순화

조직설계의 기본변수로는 복잡성(complexity), 집권화(centralization) 또는 분권화, 공식화(formalization)를 들 수 있다. 복잡성은 과업의 분화정도를 나타내는 것으로 분화 또는 전문화라고도 한다. 공식화는 조직내의 직무가 표준화되어 있는 정도를 나타낸다. 집권화 또는 부문화는 의사결정권한의 배분 정도를 의미하는데, 의사결정의 권한이 하위계층에 위양되어 있는 경우 분권적 조직이 된다.

정답 65. ㉮ 66. ㉮ 67. ㉱

68 기업의 조직화에 대한 설명으로 잘못된 것은?

㉮ 조직의 형태는 직능형 조직, 라인과 스탭형 조직, 사업부제형 조직, 그리드형 조직 등이 있다.
㉯ 라인과 스탭형 조직은 사업부제형 조직의 결점을 보완하여 라인과 스텝의 기능을 분화하고 실제작업부문과 지원부문으로 분리한 조직으로서 직능형 조직 다음에 등장한 형태이다.
㉰ 사업부제형 조직은 기본적으로 상품별 사업부제와 지역별 사업부제의 두 가지 유형이 있으며, 라인과 스탭형 조직과 같은 집권조직에 비해 분권적인 조직이라는 특징이 있다.
㉱ 그리드형 조직은 자사의 경영자와 모회사 사업본부의 지시를 받는 자회사로 되어 있다.

라인과 스탭형(Line & Staff) 조직은 조직의 기본적인 기능을 수행하는 라인(Line)과 이들 라인을 원조하는 보조적 기능을 수행하는 스탭(Staff)을 결합시킨 조직형태이다. 스탭은 라인에 대하여 전문적인 조언과 서비스를 제공하고 적절한균형(checks and balance)을 유지한다. 이 조직형태는 현태의 대부분의 기업들이 채용하고 있지만 기업이 규모가 확대되면 사업부제 조직이나 그리드형 조직을 채택하는 경향이 있다.
㉯ 라인과 스탭형 조직은 직능형 조직의 단점을 보완하고 라인과 스탭의 기능을 나누어 세분화함으로써 물류관련 작업기능과 지원 및 기획기능을 명확히 구별할 수 있는 조직형태이다.

69 환경변황에 신축적으로 대응할 수 있고, 업무조정이 용이하며 과업에 집중이 가능하며 또한 책임소재가 명확한 조직유형은?

㉮ 기능별 조직   ㉯ 사업부제 조직
㉰ 라인조직   ㉱ 매트릭스 조직

사업부제 조직(divisional organization)은 경영활동을 제품별 지역별 또는 고객별 사업부로 분화하고, 독립성을 인정하여 권한과 책임을 위양함으로써 의사결정의 분권화가 이루어지는 조직이다. 이 조직은 기술혁신에 의한 제품의 다양화가 이루어짐에 따라 등장하게 되었다. 따라서 사업부제 조직은 환경변화에 신축적으로 대응할 수 있고 업무의 조정이 용이하다.

70 다음 중 경영학의 발전순서를 바르게 배열한 것은?

| 가. 인간관계론 | 나. 경영관리론 |
| 다. 과학적 관리론 | 라. 행동과학적 관리론 |

㉮ 다-나-가-라   ㉯ 나-다-라-가
㉰ 다-가-나-라   ㉱ 나-가-다-라

정답 68. ㉯ 69. ㉯ 70. ㉮

경영학의 발전은 테일러(1911년)와 포드의 과학적 관리론에 이어 페이욜의 경영관리론(1916년), 메이요와 뢰슬리스버거의 인간관계론(1932년)으로 이어졌고, 경영의 근대이론으로 행동과학, 경영과학, 조직행위론 등이 있다.

71 다음 중 테일러(F.W.Taylor)의 과학적 관리법에 관한 설명으로 옳지 않은 것은?

㉮ 전반적인 경영관리론의 모태가 되었다.
㉯ 금전적인 동기부여만을 지나치게 강조하여 인간성을 무시하였다.
㉰ 표준작업량을 기준으로 고임금-저노무비를 적용하였다.
㉱ 시스템을 합리적으로 운영하기 위해서 차별적 성과급제, 직능적 직장제도, 계획부제도 등을 주장하였다.

 테일러는 <과학적 관리의 원칙>(1911년)에서 테일러 시스템(Taylor system), 또는 테일러리즘(Taylorism)으로 불리는 과학적 관리법을 창안함으로써 능률 향상에 큰 기여를 하였다. 과학적 관리법의 기본정신은 노동자에게는 높은 임금과 자본가에게는 높은 이윤을 얻게 한다는 것이며, 일류인간(the first class man)을 만드는 것을 목표로 하였다.
㉮ 전반적인 경영관리론의 모태가 된 것은 페이욜의 관리론이다. 테일러의 과학적 관리법은 공장의 생산관리 및 노무관리에 불과하다는 비판을 받고 있다.

72 페이욜이 제시한 14가지 관리일반원칙 중에서도 가장 핵심이 되는 것으로, 오늘날처럼 규모가 커진 기업경영을 위한 필수적인 전제가 되는 원칙은?

㉮ 명령통일의 법칙　　　　　　　㉯ 보수적정화의 원칙
㉰ 계층화의 원칙　　　　　　　　㉱ 분업의 원칙

 분업(division of labor)은 구성원들로 하여금 한정된 분야에서 일하게 하여 일의 범주를 줄여주기 때문에 일의 능률을 증진시켜준다. 그리고 분업은 보다 전문적인 지식과 기술을 가지고 모든 유형의 작업을 수행할 수 있게 한다. 대규모 기업경영에서 필수적인 전제가 되는 것은 분업의 원칙이다.

73 다음 중 페이욜의 관리순환과정을 올바르게 제시한 것은?

㉮ 계획 - 조정 - 조직 - 보고 - 통제
㉯ 계획 - 조직 - 명령 - 조정 - 통제
㉰ 계획 - 충원 - 조직 - 조정 - 통제
㉱ 계획 - 동기부여 - 조정 - 조직 - 통제

정답　71. ㉮　72. ㉱　73. ㉯

페이욜(H. Fayol)은 경영활동을 기술적·상업적·재무적·보전적·회계적·관리적 활동 등 여섯 가지로 구분하였다. 관리는 관리적 활동을 의미하는데, 이는 '계획하고, 조직하며, 명령하고, 조정하며, 통제하는 것'이라고 하였다. 이것이 오늘날 관리원칙의 골자를 이루는 관리 5요소이다.

74 테일러((F.W.Taylor)는 그의 과학적 관리법이 효율적으로 운영되기 위해서는 네 가지 관리원칙의 적용이 필요하다고 보았다. 다음 중 테일러의 관리원칙이 아닌 것은?

㉮ 진정한 과학의 개발 ㉯ 근로자의 과학적 선발
㉰ 경영자와 근로자의 협동 ㉱ 저가격·고임금

 테일러의 4가지 관리원칙은 ① 모든 직무에 대하여 과학적 방법 사용, ② 관리를 통하여 과학적으로 사람을 선발·훈련·개발, ③ 사용자와 근로자 간의 협동(조화), ④ 관리자와 근로자 간에 작업분화의 필요 등이다.
㉱의 저가격·고임금은 포드 시스템의 내용이다.

75 다음 중 인간관계론의 내용과 관련이 없는 것은?

㉮ 개인은 경제적 요인에 의해서뿐만 아니라 다양한 사회심리적 요인에 의하여 동기화된다.
㉯ 종업원의 만족의 증가가 조직의 유효성을 가져온다.
㉰ 조직 내의 여러 계층간 효율적인 의사소통경로를 개발해야 한다.
㉱ 공식조직이 조직의 생산성을 향상시키는 것은 물론 종업원의 동기부여에 큰 영향을 미친다.

 하버드대학교의 메이요(E. Mayo), 뢰슬리스버거(F. J. Roethlisberger)는 호손실험을 통해 비공식조직이 종업원의 동기부여에 큰 영향을 미친다는 것을 확인하였다.

76 운전자의 생리과정이 올바르게 된 것은?

㉮ 인지 – 판단 – 제거 ㉯ 판단 – 인지 – 조작
㉰ 인지 – 판단 – 조작 ㉱ 조작 – 인지 – 판단

 운전자의 반응과정을 보면 먼저 사실을 인지하고 인지를 바탕으로 판단하여 운전을 조작하게 된다.

77 사고발생시 취할 단계로 적당한 것은?

㉮ 사고보고 – 부상자치료 – 현장보존 – 정보수집
㉯ 사고보고 – 부상자치료 – 정보수집 – 현장보존
㉰ 현장보존 – 부상자 응급치료 – 사고보고 – 정보수집
㉱ 부상자 응급치료 – 현장보존 – 사고보고 – 정보수집

 교통사고 발생시 조치요령 : 연속적인 사고의 방지(현장보존), 부상자 구호, 경찰에 신고, 정보 수집의 순으로 조치하여야 한다.

78 모델의 단순화 작업이다. 틀린 것은?

㉮ 변수를 상수로 처리한다.   ㉯ 변수를 제거한다.
㉰ 선형관계를 이용한다.   ㉱ 우연요인을 고려한다.

 ❋ 모델의 단순화와 복잡화 요소

단순화	① 가정 제약요인을 엄격하게 한다. ② 우연 요인을 무시한다.	
복잡화	① 상수를 변수로 ③ 비선형관계 이용 ⑤ 우연 요인을 고려	② 변수 첨가 ④ 가정 제약요인 완화

79 성공하려는 욕망 또는 모든 종류의 과제나 직장에서의 업무를 잘 수행하려는 욕망을 무엇이라 하는가?

㉮ 의존동기(Dependency motive)
㉯ 권력동기(Power motive)
㉰ 유친동기(Affiliation motive)
㉱ 성취동기(Achievement motive)

 성취동기는 자신이 속한 직장에서 가치 있는 것으로 생각되는 목표를 보다 높은 수준에서 수행하거나 완성하고 싶어 하는 의욕을 말한다.

80 허즈버그(F.Herzberg)의 2요인 이론에서 동기요인(motivation)에 해당되는 것은?

㉮ 감독   ㉯ 성취감
㉰ 복리후생   ㉱ 작업환경

정답 77. ㉰   78. ㉱   79. ㉱   80. ㉯

허즈버그(F. Herzberg)는 매슬로의 연구를 확대해서 2요인 이론, 또는 동기-위생이론(motivation-hygiene theory)을 전개하였다. 허즈버그는 사람들에게 만족을 주는 직무요인(동기요인)과 불만족을 주는 직무요인(위생요인)이 별개의 군을 형성하고 있다고 주장한다. 동기요인은 성취감, 인정감, 도전감, 책임감, 성장과 발전, 일 그 자체 등을 의미한다.

81 매슬로우의 다섯 가지 욕구 중에서 최상층에 위치하는 것은?

㉮ 생리적 욕구 ㉯ 존경욕구
㉰ 자아실현욕구 ㉱ 안정 및 안전욕구

 매슬로우(A. Maslow)는 인간의 욕구는 생리적 욕구 → 안정 및 안전욕구 → 사회적(애정)욕구 → 존경욕구 → 자아실현욕구의 순서로 진행된다고 주장한다.

82 다음 중 동기부여의 내용이론에 속하지 않는 것은?

㉮ 매슬로우의 욕구단계설 ㉯ 알더퍼의 ERG 이론
㉰ 허즈버그의 2요인이론 ㉱ 애덤스의 공정성이론

 동기이론은 내용이론과 과정이론으로 구분되며, 내용이론은 인간을 동기부여하는 요인이 무엇(what)인가를 밝히고자 하며, 과정이론에서는 어떻게(how)하며 동기부여를 시킬 것인가 하는 과정(process) 중심적 접근법이라고 할 수 있다.

구 분	의 의	이 론
내용이론 (Content Theories)	어떤 요인이 동기부여를 시키는데 크게 작용하게 되는가를 연구	욕구단계설, ERG 이론, 2요인 이론, 성취동기 이론 등
과정이론 (Process Theories)	동기부여가 어떠한 과정을 통해 발생하는가를 연구	기대이론, 공정성이론, 목표설이론, 강화이론 등

83 허즈버그의 2요인이론에 있어서 위생요인에 속하지 않은 것은?

㉮ 작업환경 ㉯ 대인관계
㉰ 임금 ㉱ 인정감

 위생요인은 직무불만족을 초래하는 요인이다. 위생요인에는 임금, 복지후생, 지위, 대인관계, 감독, 안전보건, 회사방침 및 작업환경 등이 있다.
㉱ 인정감은 동기요인에 있다.

정답 81. ㉰ 82. ㉱ 83. ㉱

84 다음 중 동기부여를 설명하는 공정성이론을 체계화한 학자는?

㉮ 아담스(J.S.Adams)   ㉯ 포터(L.W.Porter)
㉰ 브룸(V.Vroom)   ㉱ 롤러(E.Lawler)

 아담스(J.S.Adams)의 공정성이론은 노력과 직무만족이 업무상황의 지각된 공정성에 의해서 결정된다고 주장한다.

85 다음 중 동기부여가 필요한 이유로 적합하지 않은 것은?

㉮ 구성원이 적극적 참여와 창의적 노력이 있어야 목표달성이 가능하므로
㉯ 기업의 형태를 이해하려면 조직구성원을 움직이는 요인을 알아야 하므로
㉰ 기업의 환경이 복잡해짐에 따라 인적자원의 최대 활용이 요구되므로
㉱ 상사의 지시나 명령에 순종하며 업무처리를 빨리 해야 하므로

 동기부여(motivation) 또는 동기유발은 조직의 목표달성을 위한 종업원의 지속적 노력을 효과적으로 발동시키는 것이다. 따라서 동기부여는 종업원의 자발적이고 적극적인 참여와 창의적 노력을 이끌어내어 조직의 목표를 달성하고자 하는 것이다.

86 ERG이론에 대한 설명 중 옳지 않은 것은?

㉮ 알더퍼(Alderfer)에 의해 주장된 욕구단계이론이다.
㉯ 상위욕구가 행위에 영향을 미치기 전에 하위욕구가 먼저 충족되어야 한다.
㉰ Maslow의 욕구단계이론이 직면했던 문제점을 극복하고자 제시되었다.
㉱ 인간의 욕구를 존재욕구, 관계욕구, 성장욕구로 나누었다.

 알더퍼(Alderfer)의 ERG이론에서는 상위욕구가 영향력을 행사하기 전에 하위욕구가 반드시 충족되어야 한다는 매슬로(Maslow)의 욕구 5단계설의 가정을 배제하였다. 즉 한 가지 이상의 욕구가 동시에 작용할 수 있다는 것이다.

87 Maslow의 욕구단계에서 Alderfer의 ERG이론의 성장욕구(G)의 성격에 해당하는 것은?

㉮ 안전욕구   ㉯ 소속감과 애정욕구
㉰ 생리적 욕구   ㉱ 자아실현욕구

정답 84. ㉮ 85. ㉱ 86. ㉯ 87. ㉱

앨더퍼(Alderfer)의 성장욕구는 자신의 성장과 발전을 도모하고자 하는 인간의 기본 욕구를 말한다. 이는 매슬로우(Maslow)의 5단계인 자아실현의 욕구에 해당한다.

88 동기부여이론 중 만족-진행과정에 좌절-퇴행과정을 추가한 것은?

㉮ 매슬로우의 욕구단계설 ㉯ 맥그리거의 X Y이론
㉰ 알더퍼의 ERG이론 ㉱ 브룸의 기대이론

 동기부여의 내용이론 중 매슬로우(A. Maslow)의 욕구단계설은 하위계층의 욕구가 만족됨에 따라 전단계는 더 이상의 동기부여의 역할을 수행하지 못하고 다음 단계의 욕구가 동기유발요인으로 작용한다는 만족-진행(satisfaction-progression)과정의 이론이다.
반면 알더퍼(C. P. Alderfer)의 ERG이론은 하위욕구가 충족될수록 상위욕구에 대한 욕망이 커지고 상위욕구가 충족되지 않을수록 하위욕구에 대한 욕망이 커진다는 이론으로 매슬로의 욕구단계설에 좌절-퇴행(frustration-regression)의 과정을 추가하여 욕구 충족과정을 설명하고 있다.

89 허즈버그의 2요인 이론에 대한 설명으로 적절한 것은?

㉮ 인간의 욕구는 크게 생리욕구와 성취욕구로 나누어진다.
㉯ 위생요인은 작업내용과 관련이 있고, 동기요인은 작업환경과 관련이 있다.
㉰ 하위수준의 욕구가 충족되어야 다음 단계의 욕구가 등장한다.
㉱ 임금수준이 높아진다고 해서 직무에 대한 만족도가 높아지는 것은 아니다.

 허즈버그(Frederick Herzberg)의 2요인 이론의 특징은 인간에게는 상호 독립적인 두 종류의 욕구범주가 존재하고, 이들이 인간의 행동에 각기 다른 방법으로 영향을 미친다는 것이다. 여기서 위생요인은 작업환경과 관련 있고, 동기부여요인은 작업내용과 관련이 있다. 동기부여요인으로는 성취감, 인정, 승진, 직무 그 자체, 성장 발전가능성 등이 있다.
㉱ 임금은 위생요인이다. 따라서 임금수준이 높아지면 만족도가 높아지는 것이 아니라 불만족이 줄어든다는 것이다.

90 개인의 보상체계와 관련한 동기부여이론으로 비교(referent)가 되는 사람과의 투입과 산출비율을 비교함으로써 동기가 유발된다는 이론은?

㉮ 맥클랜드의 성추동기이론 ㉯ 아담스의 공정성이론
㉰ 로크의 목표설정이론 ㉱ 브룸의 기대이론

 아담스(J.S.Adams)의 공정성이론은, 각 개인은 타인의 투입 대 산출과 자신의 투입 대 산출 사이의 불균형을 크게 인지할수록 강하게 동기유발이 된다는 이론이다. 즉 불공정성의 지각 → 개인 내의 긴장 → 긴장감소 쪽으로 동기유발 → 행위가 이루어진다는 것이다.

정답 88. ㉰ 89. ㉱ 90. ㉯

91 동기이론 중 매슬로우(A. H. Maslow)의 욕구위계 5단계를 하위욕구부터 상위욕구까지 바르게 나열한 것은?

㉮ 생리적 욕구-안전욕구-사회적 욕구-존경욕구-자아실현욕구
㉯ 생리적 욕구 - 사회적 욕구 - 안전욕구 - 존경욕구 - 자아실현욕구
㉰ 생리적 욕구 - 안전욕구 - 사회적 욕구 - 자아실현욕구 - 존경욕구
㉱ 생리적 욕구 - 사회적 욕구 - 안전욕구 - 자아실현욕구 - 존경욕구

매슬로우(Maslow)의 5단계 : 생리적 욕구, 안전욕구, 소속과 애정의 욕구, 존경욕구, 자아실현의 욕구

92 다음 중 페이욜이 경영의 관리활동으로 들고 있는 것이 아닌 것은?

㉮ 계획　　　　　　　　　㉯ 통제
㉰ 조정　　　　　　　　　㉱ 재무

프랑스의 사업가인 앙리 페이욜(H.Fayol)은 경영의 활동을 여섯 가지로 구분한다.
① 기술활동(생산, 제조, 가공), ② 상업활동(구매, 판매, 교환), ③ 재무활동(자본의 조달고 운영), ④ 보호활동(재화와 종업원의 보호), ⑤ 회계활동(재산목록, 대차대조표, 원가, 통계), ⑥ 관리활동(계획, 조직, 지휘, 조정, 통제) 등이 그것이다.

93 테일러(F.W.Taylor)의 과학적 관리법의 내용에 해당되지 않는 것은?

㉮ 공정한 일일 작업량 설정
㉯ 시간연구 및 동작연구
㉰ 차별성과 급제
㉱ 사회적 접근

과학적 관리법에서 테일러는 노동자들의 하루 적정작업량, 즉 표준과업을 결정하기 위해서 시간연구(time study)와 동작연구(motion study)를 하였다. 또한 임금률을 두 가지로 나누어 목표량(즉 과업)을 달성한 자에게는 높은 임금률을, 이를 달성하지 못한 자에게는 낮은 임금률을 적용함으로써 능률의 증진을 꾀했다(차별성급제). 이와 함께 공장조직을 종래의 군대식 조직(line organization)에서 직능식 조직(functional organization)으로 전환하고, 직장제도(functional, foremanship)를 채택해서 노동자와 경영자가 직분에 따라 일하며 협동하게 하였다.
㉱ 테일러의 과학적 관리법은 경제적 접근법이고, 사회적 접근법은 메이요(E. Mayo)의 인간관계론에서의 접근법이다.

정답 91. ㉮　92. ㉱　93. ㉱

94 관리활동에서 인적 요소를 다룰 때 인간의 자율성과 합목적성을 관리의 전제로 해야 한다고 하는 맥그리거의 이론은?
㉮ Y이론 ㉯ X이론
㉰ Z이론 ㉱ W이론

더글러스 맥그리거의 Y이론은 인간들은 원래 게으르거나 신뢰할 수 없는 것이 아니라, 적절한 동기만 부여되면 인간은 기본적으로 자기통제적일 수 있으며, 작업에서도 창족적일 수 있다는 인간에 대한 가정이다. 반명 X이론은 Y이론과 대조적인 것으로, 인간은 선천적으로 게으르고 책임지지 않고 무능력하므로 채찍을 가해서 열심히 일하도록 해야 한다는 인간관이다.

95 ZD운동의 실행단계가 아닌 것은?
㉮ 조성단계 ㉯ 출발단계
㉰ 실행 및 운영단계 ㉱ 종합평가단계

ZD 운동은 무결점(ZERO DEFECT)운동으로 다음의 실행단계로 구성된다.
① 조성단계 : 문제점 도출, 방침결정, 교육, 계획수립
② 출발단계 : 계몽완료, 실행
③ 실행 및 운영단계 : 실행, 확인, 분석평가, 통계유지

96 다음 중 Z이론의 특징이 아닌 것은?
㉮ 장기고용 ㉯ 집단의사결정
㉰ 개인책임 ㉱ 빠른 평가와 승진

Z이론은 오우치(W. G. Ouchi) 등이 일본식 경영이론을 미국기업의 경영방식에 접목시킨 것이다. 조직을 참여적이고 협의적인 의사결정의 장으로 만들어 집단적인 의사결정의 분위기가 조성되도록 운영하여야 한다는 것이다. Z형 조직(수정된 미국식)의 특징으로는 ① 장기고용, ② 집단의사결정, ③ 개인책임, ④ 느린 평가와 승진, ⑤ 비명시적이고 비공식적인 통제, ⑥ 적절하게 전문화된 경력경로, ⑦ 가족을 포함한 전인격적 관심 등이다.

97 인간성을 중시하여 기업의 구성원이 자발적으로 활동의욕과 창의를 불러 일으켜 높은 성과를 얻도록 그들 스스로 목표를 설정하고 이를 달성하기 위한 관리를 목표에 의한 관리(MBO)라고 하며, (   )에 의해 주장되었다. 다음의 괄호 안에 들어갈 사람은?
㉮ 테일러 ㉯ 메이요
㉰ 사이몬 ㉱ 드러커

정답 94. ㉮ 95. ㉱ 96. ㉱ 97. ㉱

MBO(management by objective), 즉 목표에 의한 관리 또는 목표경영이라는 용어는 1954년 드럭커의 <경영학 연습>이라는 저서에서 언급된 것으로 오늘날에는 경영계획의 보편적 개념으로 인식되고 있다. 드럭커는 목표경영(MBO)을 충동경영(management by drives)이라는 개념과 비교하고 있다.

98 교통안전교육 교수설계의 3단계과정으로 옳은 것은?

㉮ 설계→분석 및 개발→평가
㉯ 개발→설계 및 분석→평가
㉰ 분석→설계 및 개발→평가
㉱ 설계 및 개발→분석→평가

 교수설계 과정은 분석 → 설계 → 개발 → 실행 → 평가로 이루어지는데 3단계는 분석 → 설계 및 개발 → 평가이다.

99 유사성 비교라는 방법을 이용하여 관계가 있는 것을 서로 관련시키면서 아이디어를 찾아내는 방법은?

㉮ 브레인스토밍(Brain storming) 방법
㉯ 시그니피컨트(Significant) 방법
㉰ 노모그램(Nomogram) 방법
㉱ 바이오닉스(Bionics) 방법

㉯ 시그니피컨트법(Significant technique) : 유사성 비교를 통해 아이디어를 찾는 기법
㉮ 브레인스토밍법(brain storming technique) : 자유분방한 분위기에서 각자 아이디어를 내게 하는 기법
㉰ 노모그램법(nomogram method technique) : 도해적으로 아이디어를 찾는 기법
㉱ 바이오닉스법(bionics technique) : 자연계나 동·식물의 모양·활동 등을 관찰·이용해서 아이디어를 찾는 기법

100 현장안전회의의 구성인원수로 적당한 것은?

㉮ 2~3인 ㉯ 3~4인
㉰ 4~5인 ㉱ 5~6인

 현장안전회의란 직장에서 행하는 안전미팅으로 5~6명이 적당하다.

정답 98. ㉰ 99. ㉯ 100. ㉱

101 안전관리활동 중 현장안전회의(Tool box meeting)에 관한 설명이다. 맞지 않는 것은?

㉮ 짧은 시간을 할애하여 미팅한다.
㉯ 인원수는 5-6인이 적당하다.
㉰ 운행종료 후에도 미팅한다.
㉱ 현장안전회의는 일방적으로 지시하는 것이다.

현장안전회의란 일방적으로 명령을 지시하는 것이 아니라 실제 운행상황에 잠재된 위험을 모두가 말하는 가운데서 스스로 생각하고 납득하는 것이다.

102 효율적인 상담기법이 아닌 것은?

㉮ 상담자는 편견이나 선입관으로부터 탈피되어야 한다.
㉯ 내담자의 말을 경청하고 세밀히 관찰하여야 한다.
㉰ 내담자의 발언을 자주 가로막고 성급한 결론으로 이끌어서는 안된다.
㉱ 내담자가 상담자에게 공격성을 나타내면 무시하고 상담의 주제를 바꾼다.

내담자가 공격적인 성향을 나타내더라도 상담자는 최대한 내담자의 말을 들어주어 내담자로 하여금 공격성이 줄어들도록 하는 것이 바람직하다.

103 소집단활동 관리기법에 있어서의 소집단활동 중 전사적인 품질관리운동을 가리키는 용어로 맞는 것은?

㉮ QC써클활동 ㉯ TQC활동
㉰ ZD활동   ㉱ 상담역활동

ZD(Zero Defects)운동은 무결점 운동으로 QC(품질관리)기법을 일반 관리사무에까지 확대 적용하여 전사적으로 결점이 없애자는 것이다.

104 타인과의 관계에서 자신의 잠재력, 운명, 위치 등을 파악하는 기준이 되는 집단을 무엇이라 하는가?

㉮ 이익집단   ㉯ 우호집단
㉰ 준거집단   ㉱ 소속집단

준거집단은 한 개인이 자신의 신념, 태도, 가치 및 행동방향을 결정하는데 준거기준으로 삼고 있는 사회집단을 말한다.

105 소집단의 구성인원수로 적정한 것은?

㉮ 3 ~ 5명 ㉯ 4 ~ 7명
㉰ 5 ~ 8명 ㉱ 6 ~ 10명

 소집단은 일반적으로 10명 내외의 인원수를 가진 집단이고 교통안전기관에서의 소집단은 주로 5~6명으로 구성된다.

106 소집단활동의 추진방법으로 맞는 것은?

㉮ 테마의 결정 → 문제점의 발견 → 계획의 수립 → 활동의 실시 → 성과의 확인
㉯ 문제점의 발견 → 테마의 결정 → 계획의 수립 → 활동의 실시 → 성과의 확인
㉰ 계획의 수립 → 문제점의 발견 → 테마의 결정 → 활동의 실시 → 성과의 확인
㉱ 계획의 수립 → 활동의 실시 → 테마의 결정 → 문제점의 발견 → 성과의 확인

 소집단이 업무를 추진하는 순서는 문제점의 발견 → 테마의 결정 → 계획의 수립 → 활동의 실시 → 성과 확인의 순이다.

107 교통안전관리의 단계 중 작업장, 사고현장 등을 방문하여 안전지시, 일상적인 감독상태 등을 점검하는 단계는?

㉮ 준비단계 ㉯ 조사단계
㉰ 계획단계 ㉱ 설득단계

 조사단계에서 조사는 대체로 사고기록을 철저히 기록함으로써 시작되고 작업장, 사고현장 등을 방문하여 안전지시, 일상적인 감독상태 등을 점검한다.

108 근로자의 작업능률 등에 영향을 미치는 색채에 대한 설명으로 틀린 것은?

㉮ 명도가 높은 색은 크게, 명도가 낮은 색은 작게 보인다.
㉯ 명도가 높은 색은 진출(進出)하고, 명도가 낮은 색은 후퇴(後退)한다.
㉰ 장파장의 색은 따뜻한 느낌을 주고, 단파장의 색은 차가운 느낌을 준다.
㉱ 배경의 명도가 낮은 경우 명도가 높은 색은 명시도가 낮다.

 명도는 눈에 느껴지는 색의 명암 정도를 말하는 것으로 명도가 낮은 것은 어두워 명시도가 높다.

정답 105. ㉱ 106. ㉯ 107. ㉯ 108. ㉱

109 다음의 경영자기능 중 최고관리층(top management)의 기능으로 보기 어려운 것은?

㉮ 수탁기능　　　　　　　　　㉯ 부문간의 상호조정기능
㉰ 최고인사기능　　　　　　　㉱ 경영전략기능

㉯는 중간관리층의 기능에 해당된다.

110 경영자의 의사결정기능을 뒷받침하기 위하여 요청되는 경영기술로서 종업원에게 동기를 부여할 수 있고, 효과적인 리더십을 발휘할 수 있는 능력은?

㉮ 개념적 기술　　　　　　　㉯ 인간적 기술
㉰ 전문적 기술　　　　　　　㉱ 전략적 기술

인간적 기술은 인간관계기술로 사람과의 의사소통을 하고 동기를 부여하는 기술이다.

111 전략계획에서 제시된 경역목표를 효율적으로 달성하기 위하여 실행해야 하는 구체적 계획으로 전술계획이 있다. 다음 중 전술계획에 해당하지 않는 것은?

㉮ 일정계획(schedule)　　　　㉯ 절차(procedure)
㉰ 방침(policy)　　　　　　　㉱ 이념(mind)

전술계획은 가장 하위의 경영목표로서 단기간 동안 중간 또는 하위관리층에서 일상적으로 추진되어야 할 실천방안으로서 방침, 절차, 규칙 등과 같이 반복적인 성격을 갖는 문제나 상황에 대응하기 위한 지속적 성격의 계획과 예산, 프로그램, 일정계획 등과 같이 비교적 짧은 기간 내에 특정의 목표를 달성하기 위한 일시적 성격의 계획으로 구분할 수 있다.

112 사이몬이 제시한 자기통제(self-control)를 발전시킬 수 있는 방안에 해당되지 않는 것은?

㉮ 조직에 대한 충성심　　　　㉯ 권위에 대한 복종
㉰ 조직에 대한 일체감　　　　㉱ 종업원에 대한 유효성 기준의 설득

사이몬은 버나드와 같이 구성원의 동의를 얻는 것이 조직에서 매우 중요한 일이라 하고, 이를 위해서 조직이 사용할 수 있는 영향력의 유형으로 첫째는 조직에서 부과하는 권위, 둘째는 종업원들의 자기통제를 들었다. 그리고 자기통제를 발전시킬 수 있는 방안으로 ㉮,㉰,㉱를 제시하였다.

113 교통안전증진을 위한 교통안전계획 수립 시 유의사항으로 부적절한 것은?

㉮ 과거의 실적과 현재의 상태를 비교한다.
㉯ 종사원들의 의견을 수렴한다.
㉰ 예상되는 장애요인에 대비한다.
㉱ 추진하고자 하는 대안을 단수로 생각한다.

❋ **교통안전계획 수립 시 유의사항**
1. 과거의 상황과 현재상태를 확실하게 파악
2. 필요한 자료 또는 정보를 수집, 분석, 검토
3. 승무원(운전자, 안내원)의 의견 청취
4. 관련부서의 책임자들과 충분한 협의
5. 추진항목은 상황변동에 대비해서 복수안 마련
6. 낭비방지(물자, 자금)
7. 장래조건을 예측
8. 각 시행 항목은 계획의 목표에 부합되는가 검토
9. 계획안대로 시행가능할 것인가 검토
10. 시행일정은 적절하며, 업무와 중복되는 내용은 없는가 검토

114 계획의 단계에 해당되지 않는 것은?

㉮ 문제의 인식
㉯ 목표의 설정
㉰ 계획전반의 수립
㉱ 대량성 및 공통성

계획의 단계는 다음과 같다.
1. 문제의 인식
2. 목표의 설정
3. 계획 전제의 수립
4. 대안의 검토
5. 대안의 평가
6. 코스의 선정 등이다.

115 목표에 의한 관리(MBO)의 주요 특성이 아닌 것은?

㉮ 상사와 부하간의 협의를 통한 목표설정
㉯ 장기적인 업무목표설정
㉰ 목표의 구체성
㉱ 실적에 대한 피드백

목표에 의한 관리(MBO : Management Objective)는 기존의 상사에 의한 부하의 업적평가 대신 부하가 상사와의 협의하에 양적으로 측정 가능한 구체적이고 단기적인 업적목표를 설정하고 스스로가 그러한 업적(1965)에서 주장한 방법이다. MBO의 특징은 다음과 같이 4가지로 요약할 수 있다. ① 작업에 대한 구체적인 목표를 설정한다. ② 종업원들이 목표설정에 참여한다. ③ 실적평가를 위한 계획기간이 명시되어 있다. ④ 실적에 대한 피드백 기능이 있다.

정답 113. ㉱ 114. ㉱ 115. ㉯

116 다음 중 핵심역량에 대한 설명으로 틀린 것은?

㉮ 핵심역량을 통해 경쟁기업에 대해 차별환 정책을 전개할 수 있다.
㉯ 핵심역량은 아웃소싱의 논리적 근거를 제공한다.
㉰ 핵심역량과 기업의 경쟁력과는 직접적인 연관성이 없다.
㉱ 핵심역량은 기업 내부에 공유된 기업 자체만의 고유한 노하우이다.

㉰ 핵심역량은 기업 내에 산재해 있는 여러 가지 요소 중 기업의 경쟁적 우위를 확보할 수 있는 핵심요소를 명확히 설정하고 이를 의식적으로 통합·관리할 수 있는 방법을 찾아내는 것이 중요하다.

117 MBO(목표에 의한 관리)의 개념이 경영학에 도입되면서 여러 가지 측면에서 그 내용이 발전되어 왔다. 다음 중 MBO에 대하여 잘못 설명하고 있는 것은?

㉮ 피터 드러커에 의해 계획수립시 적용하였고, 맥그리거가 업적평가시에 사용하였다.
㉯ 중앙집권적 목표수립의 효율성을 최대한 활용한 방법으로 새로운 목표수립기법이다.
㉰ 공동목표설정 – 중간피드백 – 기말평가의 과정을 거친다.
㉱ MBO는 동기부여기법으로 발전되기도 하였으며, 계획수립과 통제수단으로 사용되기도 한다.

㉯ 목표에 의한 관리(MBO)는 목표설정과 결과에 대한 평가에 참여의 과정을 도입함으로써 조직의 성과와 종업원의 만족을 증진시키고자 하는 관리기법이다. 따라서 중앙집권적인 목표수립이 아니라, 종업원의 참여를 통한 목표수립 및 달성이 강조된다.

118 직무를 수행하는 데 필요한 기능, 능력, 자격 등 직무수행요건(인적요건)에 초점을 두어 작성한 직무분석의 결과물은?

㉮ 직무명세서 ㉯ 직무평가서
㉰ 직무표준서 ㉱ 직무기술서

직무분석 결과 직무를 수행하는 데 필요한 기능, 능력, 자격 등 직무수행요건(인적요건)에 초점을 두어 작성한 것은 직무명세서이다. 직무명세서는 직무 그 자체의 내용파악에 초점을 둔 것이 아니고 직무를 수행하는 사람의 인적요건에 초점을 맞춘 것이다. 작업자의 교육수준, 육체적 정신적 특성, 지적 능력, 전문적 능력, 경력, 기능 등이 포함된다.

119 직무평가의 방법 중 직무내용의 각 구성요소를 분해하여 가중치를 부여한 후 요소별 점수와 가중치를 곱하여 각 직무의 가치를 평가하는 방법은?

㉮ 점수법　　　　　　　　　　㉯ 관찰법
㉰ 요소비교법　　　　　　　　㉱ 서열법

 직무평가(job evaluation)는 직무분석을 기초로 하여 각직무가 지니고 있는 상대적인 가치를 결정하는 방법이다. 즉 기업이나 기타의 조직에 있어서 각 직무의 중요성 곤란도 위험도 등을 평가하여 다른 직무와 비교한 직무의 상대적 가치를 정하는 체계적 방법이다. 직무내용의 각 구성요소를 분해하여 가중치를 부여한 후 요소별 점수와 가중치를 곱하여 각 직무의 가치를 평가하는 방법은 점수법이다. 점수법은 직무평가방법들 중에서 가장 체계적이고 또한 사용하기도 비교적 쉽기 때문에 널리 사용되고 있다.

120 개인의 일부 특성을 기반으로 그 개인 전체를 평가하는 지각경향은?

㉮ 스테레오타입　　　　　　　㉯ 최근효과
㉰ 자존적 편견　　　　　　　　㉱ 후광효과

 후광효과 또는 현혹효과(halo effect)란 어떤 한 분야에 있어서의 어떤 사람에 대한 호의적 또는 비호의적인 인상이 다른 분야에 있어서의 그 사람에 대한 평가에 영향을 주는 경향을 말한다. 헤일로(halo)는 부처상의 머리 뒤에서 비추는 후광을 가리키는 말인데 그 후광 때문에 부처의 얼굴이 더욱 인자하게, 신성하게 지각될 수 있는 이치와 같다. 이는 한 사람에 대한 전반적인 인상을 구체적인 특징평가에 일반화시키는 오류이다. 예컨대 성실해 보여서 좋은 인상이 드는 사람은 사실 실제의 업무성적과는 관계없이 업무에 능력이 있다고 판단해 버리는 경우이다.

121 운전자가 안전하게 운행할 수 있도록 자동차의 성능 및 구조·고장예지 등에 관한 지식을 숙지시켜주는 지도는?

㉮ 점호관리지도　　　　　　　㉯ 재교육
㉰ 도입교육　　　　　　　　　㉱ 일상점검 방법지도

 운전자에게 안전운행을 위하여 자동차의 성능, 구조, 고장예지 등을 숙지시키는 것은 일상지도에 해당한다.

122 센지(P. M. Senge)가 제시한 학습조직의 기본요소가 아닌 것은?

㉮ 자아완성(Personal Mastery)　　㉯ 개인학습(Private Learning)
㉰ 사고모형(Mental Model)　　　　㉱ 공유비전(Shared Vision)

정답　119. ㉮　120. ㉱　121. ㉱　122. ㉯

1980년대 말 미국 MIT대학의 피터 센지(P. M. Senge) 교수에 의해 처음으로 제시된 학습조직(learning organization : LO)은 급변하는 경영 환경 속에서 승자로 살아남기 위해서는 조직원이 학습할 수 있도록 기업이 모든 기회와 자원을 제공하고 학습 결과에 따라 지속적 변화를 이루어야 한다는 것으로 요약된다. 이는 벤치마킹에서 한 단계 발전된 것이다. 벤치마킹이 다른 기업의 장점을 수용하려는 자세를 강조한 것이라면 학습조직은 벤치마킹을 전사적으로 확대할 수 있는 방법을 집중적으로 다루고 있다.
㉯ 학습조직은 개인학습에 의한 개인적인 지식이 아니라 집단학습에 의한 조직적 지식을 중시한다.

123 직장 내 교육훈련(OJT)에 관한 설명으로 옳지 않은 것은?

㉮ 많은 종업원에게 통일된 훈련을 시킬 수 있다.
㉯ 직장의 직속상사가 직무수행 관련교육을 수행한다.
㉰ 통일된 내용의 훈련이 곤란하고 직무와 훈련이 모두 철저하지 못할 가능성이 있다.
㉱ 종업원의 개인적 능력에 따른 훈련이 가능하다.

 ㉮ 많은 종업원에게 통일된 훈련을 시키기 위해서는 작업현장을 떠나 직업훈련소나 연수원에 종업원을 모아놓고 훈련을 해야 한다. 이를 직장외 훈련(Off JT)이라고 한다.

124 교육(education)과 훈련(training)에 대한 다음 설명으로 옳지 않은 것은?

㉮ 교육은 조직목표를 강조하는 데 반해 훈련은 개인의 목표를 강조한다.
㉯ 교육, 훈련 둘 다 인간의 변화와 학습이론이 적용된다는 점에서는 차이가 없다.
㉰ 오늘날 양자를 종합한 성격으로 개발(development)이라는 개념이 강조되고 있다.
㉱ 훈련은 비교적 단기적인 목표를, 교육은 장기적인 목표를 달성하고자 한다.

 훈련은 특정빌딩의 특정직무수행에 도움을 주기 위한 것이 주된 목적인 데 반하여 교육은 인간으로서 할 수 있는 다양한 역할의 습득에 치중한다. 따라서 훈련은 조직목표를 강조하는 반면 교육은 개인목표를 강조하게 된다.

125 교육훈련방법들이다. 다음 중 그 성격이 다른 하나는?

㉮ 신입자 훈련   ㉯ 일반 종업원 훈련
㉰ 감독자 훈련   ㉱ 직장 내 훈련

 교육훈련 방법은 크게 대상에 따른 분류, 장소에 의한 분류, 내용에 의한 분류로 구분하는 데 ㉮,㉯,㉰ 및 관리자 훈련 등은 대상에 따른 분류방법들이다.

정답 123. ㉮ 124. ㉮ 125. ㉱

126 교육훈련의 형태를 훈련을 받는 대상에 따라 분류하는 경우 그 성격이 다른 하나는?

㉮ 경영자 훈련 ㉯ 감독자 훈련
㉰ 입직훈련 ㉱ 관리자 훈련

 인사행정에서 교육훈련을 받는 대상자를 중심으로 하는 경우 신입자 교육훈련과 현직자 교육훈련으로 분류할 수 있으며, 신입자 교육훈련은 일반적으로 입직훈련, 기초훈련, 실무훈련의 3단계로 구분된다.

127 다음 중 OJT의 장·단점에 관한 설명이다 틀린 것은?

㉮ 훈련이 실제적이지 못하고 추상적이다.
㉯ 직무와 훈련의 양쪽이 모두 철저하지 못할 가능성이 크다.
㉰ 통일된 내용을 가진 훈련실시가 불가능하다.
㉱ 상사와 동료간에 협조적인 분위기를 조성할 수 있다.

 직장 내 교육훈련(OJT)은 직장의 직속상사가 직무수행 관련교육을 수행하는 것으로 훈련이 실제적이다.

128 감독자가 직접 일하는 과정에서 부하 종업원을 개별적으로 실무 또는 기능에 관하여 훈련시키는 것은?

㉮ 프로그램 훈련 ㉯ 실습장 훈련
㉰ 도제훈련 ㉱ 직장 내 훈련(OJT)

- **도제훈련** : 중세기에 발달한 동업조합의 도제제도에 기원을 둔 것으로 피훈련자가 훈련기간 중 감독자로부터 엄격한 통제하에 지도를 받는 훈련방식을 말한다.
- **프로그램 훈련** : 스키너의 조작적 조건화의 원리에 바탕을 두고 있는 것으로 기본적 설명을 끝낸 후 정해진 프로그램에 제시된 문제의 해답을 피훈련자가 가려내고 그 성과에 따라서 기능훈련 정도를 높여 가는 방식인데 프로그램을 어떻게 만드느냐에 따라 그 효과가 결정된다.

129 직장 외 훈련(off job training)을 설명한 것 중 틀린 것은?

㉮ 규모가 작은 기업에서는 사실상 실시하기가 어려운 훈련방법이다.
㉯ 일선 종업원에만 가능한 교육훈련방식이다.
㉰ 빌딩 내의 양성소나 연수원 등과 같은 특정의 시설을 통하여 수행된다.
㉱ 직무부담에서 벗어나 새로운 학습에 전념할 수 있으므로 훈련효과가 높다는 장점이 있다.

정답 126. ㉰ 127. ㉮ 128. ㉰ 129. ㉯

Off JT는 직장 내 교육훈련 이외의 모든 교육훈련을 포함하고 있으므로 일선 종업원뿐만 아니라 감독자 및 경영자 훈련 등에도 적용 가능한 기법이다.

130 다음 중 브레인스토밍의 설명이 아닌 것은?

㉮ 창의성 있는 아이디어 개발을 위한 기법으로 사용되고 있다.
㉯ 오스본에 의해 창안된 것으로 두뇌선풍, 영감법이라고도 한다.
㉰ 아이디어의 양보다 질을 중시한다.
㉱ 리더가 제기한 문제를 회의참가자는 일정한 전제하에서 자유롭게 토론해 가능한 많은 아이디어를 유도해 내기 위한 방법이다.

 브레인스토밍(brain storming)은 여러 사람이 모여 다양한 아이디어를 제시하고, 이러한 아이디어들을 취합 수정 보완하여 새로운 아이디어를 얻는 방법을 말한다.
㉰ 브레인스토밍은 아이디어의 질보다 양을 중시한다.

131 인지부조화이론을 처음으로 주장한 학자는?

㉮ 페스팅거   ㉯ 브 룸
㉰ 로 크   ㉱ 래 윈

 인지부조화이론은 사람들은 태도, 신념, 감정, 행동 간에 일관성을 유지하려고 하며 일관되지 못하는 상황이 나타날 때 심리적으로 부조화를 경험하게 된다고 주장하였는데, 1957년 페스팅거(Leon Festinger)에 의해 처음 제안되었다.

132 평균임금을 가장 적절하게 정의한 것은?

㉮ 한 달의 총임금 중에서 보너스는 제한 것
㉯ 3개월간에 지급된 총임금을 그 기간의 총일수로 나눈 것
㉰ 한 달의 총임금 중에서 성과급을 제한 것
㉱ 2개월간에 지급된 총임금을 그 기간의 총일수로 나눈 것

 평균임금이란 이를 산정하여야 할 사유가 발생한 날 이전 3개월 동안에 그 근로자에게 지급된 임금의 총액을 그 기간의 총일수로 나눈 금액을 말한다(근로기준법 제2조 제1항 제6호).

정답 130. ㉰ 131. ㉮ 132. ㉯

133 보통사람의 정지시의 시야는?

㉮ 좌우 각각 140도(눈 있는 쪽 90, 반대쪽 50)
㉯ 좌우 각각 170도(눈 있는 쪽 120, 반대쪽 50)
㉰ 좌우 각각 150도(눈 있는 쪽 100, 반대쪽 50)
㉱ 좌우 각각 160도(눈 있는 쪽 100, 반대쪽 60)

정상인의 시야는 좌우 각각 160도이고 눈 있는 방향은 100도, 반대 방향은 60도이다.

134 자동차가 빨라지면 운전자가 인식할 수 있는 시야 중 틀린 것은?

㉮ 시야는 넓어지고 전방주시점이 멀어진다.
㉯ 멀리 있는 것은 선명하게 보인다.
㉰ 시야는 좁아지고 전방주시점이 멀어진다.
㉱ 가깝게 있는 것은 흐려서 잘 보이지 않는다.

차의 속도가 빨라지면 운전자의 전방 주시점은 멀어지고 시야가 좁아진다.

135 다음 중 암순응을 가장 잘 설명한 것은?

㉮ 어두운 곳에서 밝은 곳으로 들어가면 조금 있다 눈이 익숙해지는 현상
㉯ 눈부심으로 순간적으로 시력을 잃어버리는 현상
㉰ 밝은 곳에서 어두운 곳으로 들어가면 조금 있다 눈이 익숙해지는 현상
㉱ 눈이 순간적으로 피로한 현상

암순응은 밝은 곳에서 어두운 곳으로 들어갔을 때, 처음에는 보이지 않던 것이 시간이 지남에 따라 차차 보이기 시작하는 현상을 말한다.

136 시각특성 중 명순응이란 무엇인가?

㉮ 어두운 곳에서 밝은 곳으로 들어가면 조금 있다 눈이 익숙해지는 현상
㉯ 눈부심으로 순간적으로 시력을 잃어버리는 현상
㉰ 밝은 곳에서 어두운 곳으로 들어가면 조금 있다 눈이 익숙해지는 현상
㉱ 눈이 순간적으로 피로한 현상

명순응은 어두운 곳으로부터 밝은 곳으로 갑자기 나왔을 때 점차로 밝은 빛에 순응하게 되는 것을 말한다.

정답 133. ㉱ 134. ㉮ 135. ㉰ 136. ㉮

137 표준운전시간이란?
㉮ 정신적 피로도가 적을 때까지의 운전시간
㉯ 육체적 피로도가 적을 때까지의 운전시간
㉰ 운전자가 최대로 운전할 수 있는 시간
㉱ 생리적으로 안전하게 운전할 수 있는 연속시간

 표준운전시간은 사람이 생리적으로 안전하게 운전할 수 있는 연속적인 시간을 말한다.

138 운전자에게 필요한 운전정보의 약 80%를 차지하고 있는 감각기관은?
㉮ 시 각　　　㉯ 육 감
㉰ 촉 각　　　㉱ 청 각

 시각은 운전자에게 필요한 운전정보의 80% 이상을 차지하는 주요 감각기관이다.

139 안전진단의 5단계가 순서대로 나열된 것은?
㉮ 예비조사-안전진단-종합정비-대책강구-개선목표
㉯ 예비조사-종합정비-안전진단-대책강구-개선목표
㉰ 예비조사-종합정비-안전진단-개선목표-대책강구
㉱ 예비조사-종합정비-개선목표-대책강구-안전진단

 안전진단 5단계 : 예비조사, 안전진단, 종합정비, 대책강구, 개선목표

140 타이어가 갖추어야 할 사항이 아닌 것은?
㉮ 타이어 공기압이 적당할 것
㉯ 절연 및 손상이 없을 것
㉰ 홈의 깊이가 충분할 것
㉱ 플라이 수가 많을 것

 플라이는 자동차 타이어 등의 강도를 유지하기 위하여 천을 여러 겹 겹쳐서 성형하는데, 그 겹친 천의 겹을 플라이라고 부른다. 플라이 수가 많을수록 큰 하중을 받는데 사용하므로 플라이 수는 적정하여야 한다.

정답 137. ㉱　138. ㉮　139. ㉮　140. ㉱

141 다음 중 핸들의 점검 사항으로 가장 거리가 먼 것은?

㉮ 제멋대로 핸들이 놀거나 한쪽으로 쏠리는 것을 점검
㉯ 이상하게 흔들리거나 무겁게 느끼는 것을 점검
㉰ 핸들의 높이 점검
㉱ 핸들의 유격 점검

 핸들의 점검사항에는 핸들이 흔들리는 원인점검, 핸들이 무거워지는 원인점검, 핸들이 한쪽으로 쏠리는 원인점검, 핸들의 유격점검 등이다.

142 어떤 요인이 발생시에 그것이 근원이 되어 다음 요인이 생기게 되고 또 그것이 요인을 일어나게 하는 것과 같이 요인이 연쇄적으로 하나하나의 요인을 만들어가는 형태를 무슨 형이라 하는가?

㉮ 집중형　　㉯ 혼합형
㉰ 연쇄형　　㉱ 사고다발형

 어떤 요인의 발생으로 인하여 다음 요인이 생기고 이것이 요인이 되어 연쇄적으로 발생하는 형이 연쇄형이다.

143 종사원의 상호간에 불안전 행동에 대한 안전의식을 높이기 위한 것은?

㉮ 상호간 체크　　㉯ 순찰
㉰ 교육훈련　　㉱ 점호

 종사원 상호간의 안전의식을 높이기 위한 방법은 상호간에 체크하여 사고가 없도록 하는 것이다.

144 인간 또는 장비나 기계에 과오나 동작 상태의 실수가 있어도 사고를 발생시키지 않도록 2중 또는 3중으로 안전대책을 가하는 것을 무엇이라 하는가?

㉮ 페일 세이프　　㉯ 등치성 원리
㉰ 하자드　　㉱ 연쇄반응

 페일 세이프(fail-safe)는 시스템에 고장이 발생하여도 안전한 상태를 유지 또는 안전한 상태로 천이시키는 특성을 말한다.

정답　141. ㉰　142. ㉰　143. ㉮　144. ㉮

145 사고 사상의 연쇄반응에 대한 순서 중 맞는 것은?

㉮ 사회적 결함 – 불안전 행위 – 사고 – 성격상 결함
㉯ 사회적 결함 – 성격상 결함 – 불안전 행위 – 사고
㉰ 사회적 결함 – 사고 – 성격상 결함 – 불안전 행위
㉱ 사회적 결함 – 사고 – 불안전 행위 – 성격상 결함

 사고의 연쇄반응은 사회적 결함과 개인의 성격상 결함으로 불안전한 행위로 사고가 발생한다는 것이다.

146 운행계획의 합리적인 순환도는?

㉮ 계획 – 실시 – 통제 – 조정
㉯ 계획 – 통제 – 실시 – 조정
㉰ 계획 – 조정 – 실시 – 통제
㉱ 계획 – 조정 – 통제 – 실시

 운행계획의 순환은 계획, 실시, 통제, 조정으로 이루어진다.

147 교통사고조사의 분류가 아닌 것은?

㉮ 1차 조사
㉯ 재조사
㉰ 임시 조사
㉱ 공식 조사

148 차량의 브레이크가 작동하여 차가 완전히 정지할 때까지의 차가 움직인 거리는?

㉮ 정지거리
㉯ 제동거리
㉰ 공주거리
㉱ 반응거리

 공주거리란 운전자가 위험을 인지하고 브레이크를 조작하여 차가 제동되기 전까지 움직인 거리를 말하고, 제동거리란 차량이 실제 브레이크의 압력에 의해 제동되어 정지할 때까지 진행한 거리를 말한다. 정지거리는 공주거리+제동거리이다.

149 주행하는 자동차를 감속시키거나 정지시키는 데 필요한 구조 장치는?

㉮ 페일 세이프
㉯ 브레이크
㉰ 조향장치
㉱ 동력발생장치

 브레이크는 운동하고 있는 자동차의 속도를 감속하거나 정지시키는 장치이다.

정답 145. ㉯ 146. ㉮ 147. ㉰ 148. ㉯ 149. ㉯

150 사고로 이어질 수 있는 위험상황에 당면했을 때 운전자가 사고의 발생을 예방하거나 방지할 수 있도록 요구되는 운전은?

㉮ 안전운전 ㉯ 방어운전
㉰ 감속운전 ㉱ 불안전행동운전

방어운전이란 소극적인 운전으로 생각하기 쉬우나 오히려 그와는 반대로 다른 운전자나 보행자가 교통법규를 지키지 않거나 위험한 행동을 하더라도 그에 적절하게 대처하여 사고를 미연에 방지할 수 있도록 하는 적극적인 운전방법이다.

151 운전자의 면허취득, 종별, 면허취득 후의 실제운전경력, 운전차종, 사고의 종류, 회수, 정도에 대한 진단을 무엇이라고 하는가?

㉮ 운전태도 진단 ㉯ 운전기술 진단
㉰ 운전기능 진단 ㉱ 운전경력 진단

운전자의 면허, 운전경력은 운전자의 경력에 관한 진단이다.

152 노면에 나타난 스키드마크(skid mark)로 추정할 수 있는 것은?

㉮ 자동차의 타이어자국이 노면에 찍힌 흔적으로 차량의 추진력을 알 수 있다.
㉯ 자동차 브레이크시 노면에 남긴 흔적으로 길이를 이용하여 속도를 추정할 수 있다.
㉰ 자동차의 앞차륜 정렬상태를 알 수 있다.
㉱ 자동차의 정적・동적 밸런스를 알 수 있다.

스키드마크란 제동시 타이어가 잠기면서(lock) 미끄러질 때 노면에 나타난 마찰자국으로, 그 길이를 이용하여 감속된 속도를 추정할 수 있다.

153 운전자가 색에 의한 자극을 받을 때 긴장과 불안을 느낀 색은?

㉮ 적 색 ㉯ 황 색
㉰ 백 색 ㉱ 녹 색

빨간색은 사람들에게 잘 인식되고 사람에게 위협감을 줄 수 있기 때문에 금지, 정지, 강한 경고, 위험, 긴급, 신속 등을 상징하기도 하여 많은 나라가 긴급 자동차의 경광등 색깔에도 포함시키고 있고 소방차 역시 도색을 빨간색으로 채택하고 있다.

정답 150. ㉯ 151. ㉱ 152. ㉯ 153. ㉮

154 사고예측 및 평가를 위해서 사용되는 영국 런던대학의 스미트 교수가 이용한 교통사고 국제비교 방법에서 Macro적 방법의 변수는?

㉮ 차량보유대수 ㉯ 인 구
㉰ 사고건수 ㉱ 사고분석 및 평가법

155 교통사고 방지를 위한 5단계의 순서로 가장 적절한 것은?

㉮ 안전관리 – 분석 – 사실에 대한 발견 – 설정 – 개선
㉯ 안전관리 – 사실에 대한 발견 – 분석 – 시정방법의 설정 – 개선
㉰ 사실에 대한 발견 – 분석 – 안전관리 – 개선 – 설정
㉱ 사실에 대한 발견 – 안전관리 – 분석 – 시정방법의 설정 – 개선

교통사고 방지를 위한 5단계는 안전관리, 사실에 대한 발견, 분석, 시정방법의 설정, 개선의 순으로 이루어진다.

정답 154. ㉱ 155. ㉯

 **교통안전관리 기출문제**

2016년 출제복원문제

01 바이오리듬이란 다음 중 어느 것에 해당하는 의미인가?
- ㉮ 리듬과 율동에 관한 것
- ㉯ 사람의 신체적 주기
- ㉰ 사람의 생체적 주기
- ㉱ 리듬에 관한 물리적 이론

 바이오리듬(biological rhythm)은 인간의 생체주기 또는 리듬을 말한다.

02 다음은 관리도에 관한 설명이다. 틀린 것은?
- ㉮ 관리도에는 변량관리도와 속성관리도가 있다.
- ㉯ 인간이 만든 제품이라고 할지라도 꼭 같은 경우는 없다.
- ㉰ 관리도는 관찰된 변동이 자연적인 원인에 의한 것이냐, 아니냐 하는 상태를 나타내기 위해 사용한다.
- ㉱ x̄관리도는 이항분포의 원리에 기초하여 작성된다.

 관리도를 현장에서 응용하기 위해서는 품질특성치가 계량치인지 계수치인지에 따라 크게 구분되는데 계량치인 경우는 x̄관리도가 대표적이다.

03 다음에서 교통사고 요인의 등치성 원리에 관계되는 사고요인의 배열형이 아닌 것은?
- ㉮ 집중형
- ㉯ 복합형
- ㉰ 분산형
- ㉱ 연쇄형

 배열형에는 혼합형, 연쇄형(단순연쇄형, 복합연쇄형), 집중형이 있다.

정답 01. ㉰ 02. ㉱ 03. ㉰

04 다음에서 정보의 구조를 결정하는 주요 요소로써 적당하지 못한 것은?

㉮ 현 상   ㉯ 모 델
㉰ 개 념   ㉱ 명 제

 현상은 기본적으로 인식의 객관적 타당성을 주장할 수 있는 대상이나 영역을 의미하는 것으로 정보구조와는 거리가 멀다.

05 다음에서 존슨(Jhonson R. A)이 설명한 시스템 어프로치의 3대 영역에 해당하지 않는 것은?

㉮ 시스템 철학   ㉯ 시스템 관리
㉰ 시스템 분석   ㉱ 시스템 설계

 시스템 어프로치 3대 영역에는 시스템 철학, 시스템 관리, 시스템 분석이다.

06 운전자의 정밀 적성검사의 기기검사에서 동작의 정확성을 측정하는 검사는 다음 중 어느 검사인가?

㉮ 속도추정 반응검사   ㉯ 중복작업 반응검사
㉰ 처치 판단검사   ㉱ 초초 반응검사

 ㉰ 처치판단검사는 주의력, 동작의 정확성, 주의력 배분, 주의의 지속성을 측정한다.
㉮ 속도추정반응검사는 초조감, 정서적 안전도, 속도감각, 공간지각능력을 측정한다.
㉯ 중복작업반응검사는 침착성, 긴장상태의 판단능력(판단속도 및 판단의 정확성)을 측정한다.
㉱ 초초반응검사는 시각과 청각, 수족의 협응에 따른 반응검출을 측정한다.

07 다음에서 노선(구간)평가에 대한 교통사고 분석시 흔히 사용되는 구간 분할 단위로써 맞지 않는 것은?

㉮ 100m   ㉯ 500m
㉰ 1,000m   ㉱ 1,500m

정답 04. ㉮ 05. ㉱ 06. ㉰ 07. ㉱

08 다음에서 교통단속의 투입력과 단속효과 간의 관계가 옳게 나타난 그림은? (단, A : 단속효과, B : 단속투입량)

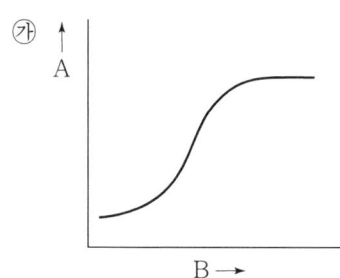
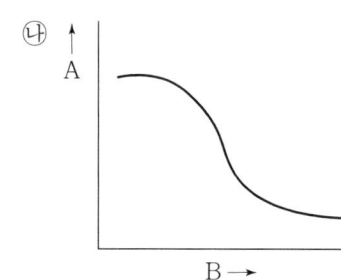
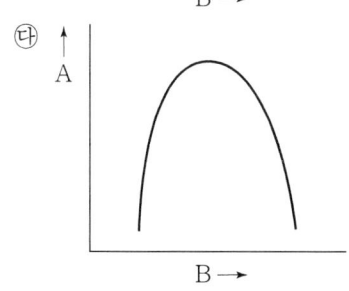
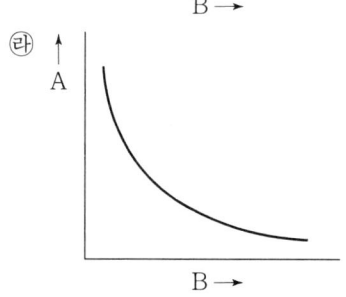

 교통단속을 위한 단속투입량이 증가하면 단속효과도 증가하지만 일정기간이 지나면 더 이상 증가하지 않는다.

09 젖어 있는 아스팔트에서 타이어와 노면과의 마찰계수 μ는 다음 중 어느 것에 해당되는가?
㉮ 0.75 ~ 1.00 ㉯ 0.1 ~ 0.4
㉰ 0.05 ~ 0.10 ㉱ 0.5 ~ 0.7

 건조한 노면의 경우 0.8~0.9, 젖어 있는 노면의 경우 0.5~0.7, 그리고 얼어 있는 노면의 경우 0.2 이하가 보통이다.

10 교통사고 발생시 응급처치와 구급을 위한 안전처리 시스템의 확립에 필수적인 사항으로 가장 거리가 먼 것은?
㉮ 구급의료시설의 정비·강화 ㉯ 구급대원의 양성 및 자질 향상
㉰ 구급약품, 연구비의 증액 ㉱ 구급업무체제의 강화

 연구비의 증액은 안전처리 시스템 확립에 필수적인 사항이 아니다.

정답 08. ㉮ 09. ㉱ 10. ㉰

11 교통사고 조사항목을 선정하기 위한 평가방법은 교통 여건, 자료의 활용도, 조사 가능성 그리고 인력, 장비, 예산 등의 행정적 여건과 인과관계의 규명가능성 등의 기술적 타당성을 종합적으로 고려하면서 현실적 가능성과 활용도에 역점을 두는 방법을 이용하여야 하는데 이러한 방법은 다음 중 어느 방법에 속하겠는가?

㉮ 회귀분석 방법 ㉯ 델파이 방법
㉰ 유사집단 방법 ㉱ 원단위 방법

델파이 기법은 설문조사를 통해 장래에 전개될 교통사고 조사항목을 미리 예측하는 기법으로 예측을 위하여 한 사람의 전문가가 아니라 예측 대상 분야와 관련이 있는 전문가 집단이 동원된다는 점에 특징이 있다.

12 교통사고를 주요 요인별로 분류할 때 이에 해당하지 않는 것은?

㉮ 적성요인 ㉯ 인적요인
㉰ 환경요인 ㉱ 운반구요인

교통사고의 요인별 분류에는 인적요인, 환경적 요인, 차량적(운반구) 요인이 있다.

13 다음에서 교통안전계획에 포함되어야 할 주요 내용으로써 적합하지 못한 것은?

㉮ 교통종사원에 대한 교육훈련 계획
㉯ 점검, 정비 계획
㉰ 노선 및 항로의 점검 계획
㉱ 안전관리조직의 계획

교통안전계획에 포함되어야 할 중요내용 : 교통종사원에 대한 교육·훈련계획, 점검·정비계획, 노선 및 항로의 점검계획 등

14 다음과 같은 조직 형태 가운데서 대규모 조직에 적합한 안전관리 조직형태는?

㉮ 기능형 조직 ㉯ 라인형 조직
㉰ 참모형 조직 ㉱ 라인 스탭형 조직

라인스탭형 조직은 라인형과 스탭형의 장점만을 골라서 혼합한 것으로 대규모조직에 적합하다.

정답 11. ㉯ 12. ㉮ 13. ㉱ 14. ㉱

15 다음 중 변량관리도인 것은?

㉮ $\bar{x}$ 관리도 ㉯ P관리도
㉰ C관리도 ㉱ U관리도

 변량관리도에는 $\bar{x}$ 관리도, R관리도가 있다.

16 도로교통운전자들의 운전 여유시간을 기초로 운전을 서행·정상·과속운전 등으로 나눌 때 정상운전에 해당하는 여유시간은 다음 중 어느 것인가?

㉮ 1초 ㉯ 2초
㉰ 3초 ㉱ 4초

 운전자들의 운전을 서행운전, 정상운전, 과속운전 등으로 나누어 본다면 여유시간을 4초 이상 유지할 수 있는 것이 서행운전이며, 2초 정도의 운전을 정상운전이라고 할 수 있을 것이며, 1초 정도인 경우를 과속운행이라고 볼 수 있다.

17 "( )에는 경영관리기법을 통한 전사적 안전관리, 통계학을 이용한 사고유형 및 원인 분석, 품질관리기법을 원용한 통계적 관리기법, 인간 형태론적 접근, 인체 생리학적 접근 등 다양한 방법이 활용되고 있다."에서 ( ) 속에 들어갈 말은 다음 중 어느 것인가?

㉮ 기술적 접근방법 ㉯ 제도적 접근방법
㉰ 관리적 접근방법 ㉱ 과학적 접근방법

 관리적 접근방법은 교통의 기술면에서 교통기관을 효율적으로 관리하고 통제할 수 있도록 하는 방법론으로 경영관리기법을 통한 전사적 안전관리, 통계학을 이용한 사고유형 또는 원인의 분석, 품질관리기법을 원용한 통계적 관리기법, 인간형태학적 접근, 인체생리학적 접근 등이 있다.

18 다음은 과로운전에 의해 나타나는 증세를 설명한 내용이다. 과로운전의 증세로써 적합하지 못한 것은?

㉮ 운전리듬이 깨짐 ㉯ 운전자의 시야가 좁아짐
㉰ 운전조작의 내용이 증가됨 ㉱ 주의력 상실

 과로한 운전을 하게 되면 운전조작이 줄어들고 주의력이 상실되어 사고의 유발가능성이 커진다.

정답 15. ㉮ 16. ㉯ 17. ㉰ 18. ㉰

19 다음 설명 중 틀린 것은?

㉮ 오늘날 자동차의 시조는 헨리포드이다.
㉯ 칼벤츠는 2싸이클의 가솔린 자동차를 만들었다.
㉰ 우리나라 최초의 철도는 1889년의 노량진-제물포간의 경인선 철도이다.
㉱ 우리나라 최초의 자동차는 1903년에 고종 황제가 구입한 포드 승용차였다.

 세계 최초 내연기관 자동차는 1886년 벤츠가 만든 3륜 특허차이다.

20 교통을 이루고 있는 요소들을 "교통의 장(場)"이라고 한다면 그 구성요소가 아닌 것은 무엇인가?

㉮ 조종자　　　　　　　　　㉯ 운반구
㉰ 이용자　　　　　　　　　㉱ 사용자

 교통의 구성요소에는 운전자, 운반구(교통수단), 교통환경(통로), 이용자 등이 있다.

21 다음에서 서비스기능의 측면에서 현대 교통의 특징이라 할 수 없는 것은?

㉮ 편의성　　　　　　　　　㉯ 보편성
㉰ 경제성　　　　　　　　　㉱ 신속성

 현대교통의 특징 : 편리성, 신속성, 경제성, 공급성, 대량성 등

22 다음 중 교통사고 위험도 평가에 사용되는 일반적인 척도는 어느 것인가?

㉮ 품질관리기법을 이용해서 추출된 사고율
㉯ 회귀분석모형으로부터 추출된 사고율
㉰ 사고건수 및 사고율
㉱ 사고현황도

 교통사고 위험도 평가에서 사용되는 일반적인 척도는 품질관리기법에서 추출된 사고율이다.

정답　19. ㉮　20. ㉱　21. ㉯　22. ㉮

23 교통사고 방지대책을 수립하기 위해서 필요한 과학적이며, 실증적인 분석의 하나로서 사례적 분석의 유형에 속하지 않는 것은?

㉮ 개별적 사고분석 ㉯ 조직별 사고분석
㉰ 교통환경 분석 ㉱ 운전자 적성분석

❀ **사고발생경향과 통계분석**
1. 통계적 분석 : 노선별 분석, 차종별 분석, 조직별 분석
2. 사례적 분석 : 개별적 사고분석, 교통환경분석, 운전자 적성분석, 차량의 안전도분석

24 교육훈련의 전개방향이 아닌 것은?

㉮ 지식 형성 ㉯ 기능 훈련
㉰ 태도 개발 ㉱ 인격 수양

교육훈련은 지식, 기능, 태도를 개발하는 것이고 인격수양은 포함되지 않는다.

25 운동의 실행단계를 열거한 다음 사항 중 해당되지 않는 것은?

㉮ 계획단계 ㉯ 출발단계
㉰ 운영단계 ㉱ 조성단계

계획단계는 실행 이전의 단계에 해당한다.

정답 23. ㉯ 24. ㉱ 25. ㉮

 **2017년 출제복원문제**

01 인간의 행동을 규제하는 외적 환경요인이 아닌 것은?

㉮ 자연조건 ㉯ 심리적 조건
㉰ 물리적 조건 ㉱ 시간적 조건

 ✿ 인간과 환경이 행동을 규제하는 요인

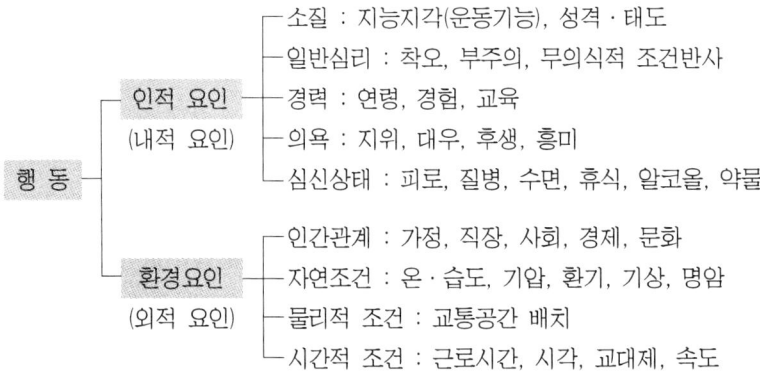

02 위험요소 제거를 위하여 거치는 단계 중 안전관리 책임자를 임명하고, 안전계획을 수립·추진하는 단계는?

㉮ 위험요소의 분석 ㉯ 조직의 구성
㉰ 개선대안 제시 ㉱ 위험요소 탐지

 ✿ 위험요소 제거 6단계
1. 조직의 구성
   안전관리업무를 수행할 수 있는 조직의 구성, 안전관리책임자의 임명, 안전계획의 수립 및 추진 등의 단계이다.
2. 위험요소의 탐지
   안전점검 또는 진단사고, 원인의 규명, 종사원 교통활동 및 태도분석을 통하여 불안전행위와 위험한 환경조건 등 위험요소를 발견하는 단계이다.
3. 원인분석
   발견된 위험요소는 면밀히 분석하여 원인규명을 하는 단계이다.
4. 개선대안의 제시
   분석을 통하여 도출된 원인을 토대로 효과적으로 실현할 수 있는 대안을 제시하는 단계이다.
5. 대안의 채택 및 시행
   당해 기업이 실행하기에 가장 알맞은 대안을 선택하고 시행하는 단계이다.
6. 환류(Feed back)
   과정상의 문제점과 미비점을 보완하여야 하는 단계이다.

03 교통사고 발생에 영향을 미치는 각 요인은 사고발생에 대하여 같은 비중을 지닌다는 원리는?

㉮ 배치성 원리 ㉯ 차등성 원리
㉰ 등치성 원리 ㉱ 동인성 원리

❈ 사고요인의 등치성 원칙
교통사고의 경우, 우선 어떤 요인이 발생한다면 그것이 근원이 되어 다음 요인이 발생하게 되고, 또 그것이 다음 요인을 발생시키는 것과 같이 여러 가지 요인이 유기적으로 관련되어 있다. 그런데 연속된 이 요인들 중에서 어느 하나만이라도 발생하지 않았다면 연쇄반응은 일어나지 않았을 것이며, 따라서 교통사고는 일어나지 않았을 것이다. 다시 말하면 교통사고의 발생에는 교통사고 요인을 구성하는 각종 요소가 똑같은 비중을 지닌다고 볼 수 있으며, 이러한 원리를 사고요인의 등치성 원칙이라고 한다.

04 안전관리활동 중 현장안전회의(Tool box meeting)에 관한 설명이다. 맞지 않는 것은?

㉮ 짧은 시간을 할애하여 미팅한다.
㉯ 인원수는 5 – 6인이 적당하다.
㉰ 운행종료 후에도 미팅한다.
㉱ 현장안전회의는 일방적으로 지시하는 것이다.

현장안전회의란 직장에서 행하는 안전미팅이다. 운행과정에서 발생한 교통사고 가운데 상당한 부분은 주로 운전자의 불안전행위에 기인한다. 이와 같은 사고를 방지하기 위한 방법의 하나로 현장안전회의가 도입된다. 현장안전회의란 일방적으로 명령을 지시하는 것이 아니라 실제 운행 상황에 잠재된 위험을 모두가 말하는 가운데서 스스로 생각하고 납득하는 것이다.

05 조직 내의 직무가 표준화되어 있어야 한다는 원칙은?

㉮ 전문화의 원칙   ㉯ 권한과 책임의 원칙
㉰ 공식화의 원칙   ㉱ 명령통일의 원칙

조직이란 권한과 책임을 분배하여 조직체계를 형성하는 것을 말하며, 조직체계를 형성할 때에는 다음과 같은 원칙들을 지켜야 한다.
1. 전문화의 원칙
   각 구성원은 전문화된 단일 업무를 담당함으로써 직무활동의 능률을 높일 수 있다.
2. 명령통일의 원칙
   조직의 질서를 바르게 유지하기 위해서는 명령계통이 일원화 되어야 한다.
3. 권한 및 책임의 분배 원칙
   구성원 간의 권한 및 책임이 분배됨으로서 직무활동의 능률을 높일 수 있다.

정답 03. ㉰ 04. ㉱ 05. ㉰

4. 공식화의 원칙
   구성원의 직무나 행위를 정형화함으로써 직무활동에 대한 예측 및 조정·통제가 용이하게 된다.
5. 권한의 위임 원칙
   하급자에게 권한을 주게 되면 일에 대해서 창의력을 발휘할 뿐만 아니라 결과에 대해서도 책임감을 가지게 되어 직무활동의 능률을 높일 수 있다.
6. 감독범위의 적정화 원칙
   한 사람의 상급자가 몇 사람의 하급자를 거느리는 것이 감독상 가장 적당한가라는 것을 고려해서 조직을 편성해야 한다.

06 교통안전증진을 위한 교통안전계획 수립 시 유의사항으로 부적절한 것은?

㉮ 과거의 실적과 현재의 상태를 비교한다.
㉯ 종사원들의 의견을 수렴한다.
㉰ 예상되는 장애요인에 대비한다.
㉱ 추진하고자 하는 대안을 단수로 생각한다.

※ **교통안전계획 수립 시 유의사항**
1. 과거의 상황과 현재상태를 확실하게 파악
2. 필요한 자료 또는 정보를 수집, 분석, 검토한다.
3. 승무원(운전자, 안내원)의 의견을 청취한다.
4. 관련부서의 책임자들과 충분한 협의
5. 추진항목은 상황변동에 대비해서 복수안을 생각한다.
6. 낭비방지(물자, 자금)
7. 장래조건을 예측
8. 각 시행 항목은 계획의 목표에 부합되는가 검토
9. 계획안대로 시행가능할 것인가를 검토
10. 시행일정은 적절하며, 업무와 중복되는 내용은 없는가를 검토한다.

07 중간관리자의 주요한 역할로 보기 어려운 것은?

㉮ 현장 최일선의 지도자　　㉯ 상하간의 커뮤니케이션
㉰ 소관부분의 종합조정자　　㉱ 전문가로서의 역할

관리계층은 최고관리층, 중간관리층, 하위관리층으로 나뉜다. 최고관리층은 회장, 사장, 전무, 임원 등으로 구성되고 중간관리층은 국장, 처장, 부장 등으로 구성되며 하위경영층은 과장, 계장 등으로 구성된다. 이 중 중간관리층이 하는 역할은 다음과 같다.
1. 상하간 및 부분상호간의 커뮤니케이션
2. 소관부문의 종합조정자
3. 전문가로서의 직장의 리더

정답　06. ㉱　07. ㉮

08 관리기능에 따른 직무수행방법 중 통제의 특성에 관한 설명으로 부적절한 것은?

㉮ 목표 및 계획과 밀접한 관계에 있다.
㉯ 과도한 통제는 무력감, 불만을 일으킨다.
㉰ 책임을 확보하는 수단이다.
㉱ 일시적인 과정이다.

통제란 관리가 원래의 기준에 따라 진행되고 있는가를 확인하고 나타난 성과 등과 비교하여 그 결과에 따라 일정한 조치를 취하는 것을 말한다. 통제의 특성으로는 다음과 같은 것을 들 수 있다.
1. 목표나 계획 등과의 밀접불가분성
   계획이 없으면 통제도 불가능하고 따라서 통제에 의한 목표달성도도 측정할 수 없다. 그러므로 통제는 계획이나 목표와 밀접한 관련을 가지게 된다.
2. 통제의 정도에 대한 적절성
   과도한 통제는 불만을 야기시켜 능률을 저하시키고, 통제가 없는 경우 혼란이 초래되므로 적절한 정도의 통제의 강도가 요구된다.
3. 책임의 확보수단
   통제는 책임을 확보하는 수단이 된다.
4. 계속적 과정
   통제는 기본목표를 달성할 때까지 계속적으로 진행되는 과정이며 결코 일시적인 것이 아니다.
5. 정보제공기능
   과거나 현재의 성과에 대한 정보가 제공됨으로써 장래의 목표설정이나 의사결정에 좋은 영향을 준다.

09 집단활동의 타성화에 대한 대책으로써 옳지 않은 것은?

㉮ 문제의식 억제   ㉯ 성과를 도표화
㉰ 표어, 포스터의 모집   ㉱ 타집단과 상호교류

집단활동의 타성화에 대한 대책으로 집단구성원의 문제의식을 억제시키는 것보다는 활성화시키는 것이 필요하다.

10 근로자의 작업능률 등에 영향을 미치는 색채에 대한 설명으로 틀린 것은?

㉮ 명도가 높은 색은 크게, 명도가 낮은 색은 작게 보인다.
㉯ 명도가 높은 색은 진출(進出)하고, 명도가 낮은 색은 후퇴(後退)한다.
㉰ 장파장의 색은 따뜻한 느낌을 주고, 단파장의 색은 차가운 느낌을 준다.
㉱ 배경의 명도가 낮은 경우 명도가 높은 색은 명시도가 낮다.

정답 08. ㉱ 09. ㉮ 10. ㉱

11 하인리히의 재해 발생비율을 「중대한 사고 : 경미한 사고 : 재해를 수반하지 않는 사고」의 비율순서로 바르게 나타낸 것은?

㉮ 1 : 29 : 300 ㉯ 1 : 39 : 400
㉰ 1 : 49 : 500 ㉱ 1 : 59 : 600

※ **하인리히**(H. W. Heinrich)**의 법칙**
1930년경에 하인리히란 사람이 노동재해를 분석하면서 인간이 일으키는 같은 종류의 재해에 대하여 330건을 수집한 후 이 가운데 300건은 보통의 상해를 수반하는 재해, 29건은 가벼운 상해를 수반하는 재해, 그리고 1건은 중대한 상해를 수반하는 재해를 낳고 있다는 점을 알아냈다. 이 사실로부터 하인리히는 30건의 상해를 수반하는 재해를 방지하기 위해서는 그 하부에 있는 300건의 상해를 수반하는 재해를 제거해야 한다고 주장했다.
1 : 29 : 300이라는 수치가 과연 타당한가에 대한 의문은 있으나, 이러한 수치의 의미는 특히 사고가 발생한 후 사고방지대책을 강구하는 것이 아니라, 적극적으로 위험을 사전에 예방하려 한다는 점에서 그 중요성을 둘 수 있다.

12 교통안전관리의 3대 기능에 포함되지 않는 것은?

㉮ 계획기능 ㉯ 시행기능
㉰ 개선기능 ㉱ 단속기능

교통안전관리의 3대 기능 : 계획, 개선, 단속기능

13 심리학자 캇츠(D. Katz)가 말하는 '스스로를 더욱 강화시키고, 자기 자신의 정체성을 가지게 하는 태도'의 기능은?

㉮ 적응기능 ㉯ 가치표현적 기능
㉰ 자기방어적 기능 ㉱ 지시적 기능

D. Katz에 의하면 태도는 행위자로 하여금 바람직한 욕구를 달성하게 하는 도구적 기능, 사람들로 하여금 불안이나 위험에서 벗어나 자아를 보호하게 하는 자기 방어적 기능, 타인들에게 자신이 생각하기에 스스로 어떤 사람인가를 나타냄으로써 자기정체성을 형성하거나 강화하는 자기 표현의 기능, 그리고 사람들이 그들의 세계를 이해하는 데 도움을 줄 기준으로 작용하는 환경인식의 기능을 수행한다고 한다.

14 교통사고 예방을 위한 법규나 관리규정 등을 제정하여 안전관리의 효율성을 제고하기 위한 접근방법은?

㉮ 인도적 접근방법 ㉯ 기술적 접근방법
㉰ 과학적 접근방법 ㉱ 제도적 접근방법

정답 11. ㉮ 12. ㉯ 13. ㉯ 14. ㉱

❀ 안전관리의 효율성을 제고하기 위한 접근방법
1. 기술적 접근방법(외적 표현)
   ① 교통기관의 기술개발을 통하여 안전도를 향상시키는 것이다.
   ② 하드웨어의 개발을 통한 안전의 확보라고 할 수 있다.
   ③ 운반구 및 동력제작의 기술발전이 교통수단의 안전도를 향상시킨다.
   ④ 교통수단을 조작하는 교통종사원의 기술숙련도 향상을 위한 또는 통한 안전운행 역시 기술적 접근방법이라 할 수 있다.
2. 관리적 접근방법(정신적·내적 표현)
   ① 소프트웨어
   ② 교통의 기술면에서 교통기관을 효율적으로 관리하고 통제할 수 있도록 적합시키는 방법론이다.
   ③ 경영관리기법을 통한 전사적 안전관리, 통계학을 이용한 사고유형 또는 원인의 분석, 품질관리기법을 원용한 통계적 관리기법, 인간형태학적 접근, 인체생리학적 접근 등이다.
3. 제도적 접근방법
   ① 제도적 접근방법은 기술적(하드웨어) 접근방법이나 관리적 접근방법을 통하여 개발된 기법의 효율성을 제고하기 위하여 제도적 장치를 마련하는 행위이다.
   ② 법령의 제정을 통한 안전기준의 마련이나 안전수칙 또는 원칙을 정하여 준수토록 하면서 제도적으로 안전을 확보하고자 하는 것이다.
   ③ 제도적 접근방법은 기술적·관리적인 면에서 개발된 기법을 효율성있게 제고하기 위한 행위이다.

15 인간의 행동을 규제하는 내적요인이 아닌 것은?
㉮ 소질관계 ㉯ 경력관계
㉰ 인간관계 ㉱ 심신상태

문제 1번 해설 참조

16 교통사업자가 자체적으로 교통사고를 조사하는 본질적인 이유로 옳은 것은?
㉮ 사고발생에 직접·간접적으로 작용했던 요인들을 찾아내어 사고와의 관계를 규명하고, 또 다른 교통사고 예방을 위하여
㉯ 사고발생 원인을 규명하여 책임한계를 명확히 하고, 사고책임자를 처벌하기 위하여
㉰ 경찰의 사고조사가 세밀하지 못하므로
㉱ 교통안전법에 따라 교통사고 상황을 보고하도록 하고 있으므로

정답 15. ㉰ 16. ㉮

17 유사성 비교라는 방법을 이용하여 관계가 있는 것을 서로 관련시키면서 아이디어를 찾아내는 방법은?

㉮ 브레인스토밍(Brain storming) 방법 ㉯ 시그니피컨트(Significant) 방법
㉰ 노모그램(Nomogram) 방법 ㉱ 바이오닉스(Bionics) 방법

❋ 직무상 훈련기법

기 법	내 용
브레인 스토밍법(brain storming technique)	자유분방한 분위기에서 각자 아이디어를 내게 하는 기법
시그니피컨트법 (Significant technique)	유사성 비교를 통해 아이디어를 찾는 기법
노모그램법(nomogram method technique)	도해적으로 아이디어를 찾는 기법
희망열거법	희망사항을 열거함으로써 아이디어를 찾는 기법
체크리스트법 (checklist technique)	항목별로 체크함으로써 조사해 나가는 기법
바이오닉스법 (bionics technique)	자연계나 동·식물의 모양·활동 등을 관찰·이용해서 아이디어를 찾는 기법
고든법 (gordon technique)	문제의 해결책을 그 문제되는 대상 자체가 아닌 그 관련부분에서 찾는 기법
인풋-아웃풋 기법 (input-output technique)	투입되는 것과 산출되는 것의 비교를 통해 아이디어를 찾는 방법으로 자동시스템의 설계에 효과가 있는 기법
초점법	인풋·아웃풋기법과 동일한 기법에 속하는 것으로 먼저 산출쪽을 결정하고 나서 투입쪽은 무결정으로 임의의 것을 강제적으로 결합해 가는 것

18 성공하려는 욕망 또는 모든 종류의 과제나 직장에서의 업무를 잘 수행하려는 욕망을 무엇이라 하는가?

㉮ 의존동기(Dependency motive) ㉯ 권력동기(Power motive)
㉰ 유친동기(Affiliation motive) ㉱ 성취동기(Achievement motive)

❋ 맥클러랜드의 욕구 이론(McClelland's theory of needs)
맥클러랜드는 동기유발에 관여하는 욕구에 크게 세 가지가 있다는 제안을 했다.
1. 성취욕구(achievement need ; nAch) : 탁월해지고자 하는 욕망, 평균을 초과한 결과를 내고 싶어 하는 것, 성공의 욕구
2. 권력욕구(power need ; nPow) : 타인의 행동에 영향을 미쳐 변화를 일으키고 싶어 하는 욕구
3. 제휴욕구(affiliation need ; nAff) : 개인적 친밀함과 우정에 대한 욕구

19 사고의 기본원인을 제공하는 4M에 대한 사고방지대책을 잘못 나타낸 것은?

㉮ 인간(Man) : 능동적인 의욕, 위험예지, 리더십, 의사소통 등
㉯ 기계(Machine) : 안전설계, 위험방호, 표시장치 등
㉰ 매개체(Media) : 작업정보, 작업환경, 건강관리 등
㉱ 관리(Management) : 관리조직, 평가 및 훈련, 직장활동 등

매개체(media) : 작업정보, 작업방법을 몰라서 발생하는 에러이다. 따라서 사고방지대책은 작업에 대한 정보와 방법을 제시하는 것이다.

20 역사적 흐름에 맞게 나열된 인적자원 관리법의 변천사는?

㉮ 인간관계 관리법 – 참여적 관리법 – 과학적 관리법
㉯ 과학적 관리법 – 인간관계 관리법 – 참여적 관리법
㉰ 참여적 관리법 – 과학적 관리법 – 인간관계 관리법
㉱ 과학적 관리법 – 참여적 관리법 – 인간관계 관리법

조직관리는 조직목표를 달성하기 위해 인간과 다른 자원을 이용해서 계획·조직·활성화·통제 등을 수행하는 것으로 구성되는 일련의 과정이다.
경영조직관리 이론에는 2가지의 중요한 조류가 있다. 그 하나는 과학적 관리론, 인간관계론, 관리과정론, 관료제론 등으로 요약하는 전통적 조직관리 이론이고, 또 다른 하나는 의사결정론, 시스템 이론, 행동과학론으로 집약하는 근대적 조직관리 이론이다. 테일러에 의해 대표될 수 있는 과학적 관리론은 생산성의 향상을 중심으로 한 능률증대에만 치중한 나머지 인간의 개성이나 잠재력을 거의 고려하지 않고 인간을 단지 기계적·합리적·비인간적인 도구로 취급하고 관리함으로써 문제를 야기시켰다. 이에 대한 비판으로 인간관계론이 대두했는데, 인간을 사회인 또는 자기실현인으로 간주함으로써 인간에 대한 적절한 동기부여를 시도했다. 인간관계론의 대두 이래 이 양자간에 조화를 이룰 이론들이 연구되면서 현대적 조직관리 이론의 발전에 크게 기여하게 되었다. 의사결정론, 시스템 이론, 행동과학론으로 요약되는 현대적 조직관리 이론은 조직을 개방 시스템으로 본다. 또한 인간을 강조하며 권한의 분권화, 긍정적 환경, 권위보다는 구성원간의 합의, 동기부여욕구, 민주적 접근 등을 그 특징으로 한다.

21 교통안전관리의 단계 중 작업장, 사고현장 등을 방문하여 안전지시, 일상적인 감독상태 등을 점검하는 단계는?

㉮ 준비단계　　　　　　　　　　㉯ 조사단계
㉰ 계획단계　　　　　　　　　　㉱ 설득단계

정답　19. ㉰　20. ㉯　21. ㉯

❀ **교통안전관리의 단계**
1. 준비단계
 안전관리의 준비로써 전문잡지 및 도서의 이용, 회의 및 세미나참석, 각종 안전기구의 활동에 참석하는 것 등이 포함된다.
2. 조사단계
 조사는 대체로 사고기록을 철저히 기록함으로써 시작된다. 또한 작업장, 사고현장 등을 방문하여 안전지시, 일상적인 감독상태 등을 점검하여야 한다.
3. 계획단계
 안전관리자는 대안들을 분석하여 바람직한 행동계획을 수립해야 한다. 여기에는 운전습관, 감독, 근무환경 등의 개선이 필요하게 될 것이다.
4. 설득단계
 안전관리자는 최고 경영진에게 가장 효과적인 안전관리방안을 제시해 주어야 한다.
5. 교육훈련단계
 경영진으로부터 새로운 제도에 대한 승인을 얻고 나면 종업원들을 교육·훈련시켜야 한다.
6. 확인단계
 안전제도는 한번 시행된 후에는 정기적인 확인을 필요로 한다. 이러한 확인은 단순할 수도 있고 심층적일 수도 있다.

22 효율적인 상담기법이 아닌 것은?

㉮ 상담자는 편견이나 선입관으로부터 탈피되어야 한다.
㉯ 내담자의 말을 경청하고 세밀히 관찰하여야 한다.
㉰ 내담자의 발언을 자주 가로막고 성급한 결론으로 이끌어서는 안된다.
㉱ 내담자가 상담자에게 공격성을 나타내면 무시하고 상담의 주제를 바꾼다.

❀ **상담면접의 주요기법**
1. 상담면접의 시작 : 신뢰감, 라포 형성(라포 : 상담자와 내담자 사이의 신뢰감, 친화감)
2. 반영 : 새로운 용어로 부연, 느낌의 반영, 감정의 반영, 행동 및 태도의 반영
3. 수용 : 내담자에게 주의를 기울이고 있으며 내담자의 말을 받아들이고 있다는 상담자의 태도와 반응
4. 구조화 : 상담과정의 본질, 제한조건 및 방향에 대하여 상담자가 정의를 내려주는 것
5. 환언(바꾸어 말하기) : 내담자가 한말을 간략하게 반복함으로써 내담자의 생각을 구체화
6. 경청 : 주의깊게 들음
7. 요약 : 여러 생각과 감정을 상담이 끝날 무렵 정리하는 것
8. 명료화 : 내담자가 말하고자 하는 의미를 상담자가 생각하고 이 생각한 바를 다시 내담자에게 말해준다.
9. 해석 : 내담자로 하여금 자기의 문제를 새로운 각도에서 이해하도록 그의 생활경험과 행동의 의미를 설명하는 것

23 동기이론 중 매슬로우(A. H. Maslow)의 욕구위계 5단계를 하위욕구부터 상위욕구까지 바르게 나열한 것은?

㉮ 생리적 욕구 - 안전욕구 - 사회적 욕구 - 존경욕구 - 자아실현욕구
㉯ 생리적 욕구 - 사회적 욕구 - 안전욕구 - 존경욕구 - 자아실현욕구
㉰ 생리적 욕구 - 안전욕구 - 사회적 욕구 - 자아실현욕구 - 존경욕구
㉱ 생리적 욕구 - 사회적 욕구 - 안전욕구 - 자아실현욕구 - 존경욕구

❀ **매슬로우의 인간욕구단계설**(Hierarchy of human needs)
동기 이론의 개척자인 매슬로우는 인간의 욕구(needs)에 다섯 단계의 계층이 있다고 주장했다.
○ 생리적 욕구(physiological) : 배고픔, 갈증, 성욕
○ 안전의 욕구(safety) : 육체적, 심리적으로 상처받지 않기를 바라는 욕구
○ 사회적 욕구(social) : 애정, 소속감, 우정, 수용되기를 바라는 욕구
○ 존경(esteem) : 자기존중, 자율성(autonomy), 성취감 같은 내적인(상위의) 존경과 사회적 지위, 타인의 인정과 관심에 대한 욕구 등의 외적인(하위의) 존경
○ 자아실현의 욕구(self-actualization) : 존재의 가능성을 완전히 구현하고자 하는 욕구. 잠재력의 완전한 활용, 자기충족적 상태에 이르고자 하는 욕구

physiologic, safety는 외부적 요인에 따라 욕구 충족이 이뤄진다는 측면에서 하위욕구(low-order needs)라 했고 social, esteem, self-actualization은 개인 내부적으로 욕구 충족이 이뤄지는 것으로 상위욕구(high-order needs)라 했다.

매슬로우의 욕구단계설은 이론 자체가 선구적이었고 직관적으로 쉽게 이해가 되기 때문에 광범위하게 퍼졌다. 하지만 실증연구에서는 그의 이론을 뒷받침할 만한 증거가 나타나지 않았다. 욕구가 과연 매슬로우의 주장처럼 5단계로 세분화되어 있느냐도 불확실할 뿐만 아니라 앞 단계가 충족되고 나서야 다음 단계 욕구 충족을 위한 동기유발이 된다는 것도 증명되지 못했다. 하지만 여전히 동기유발 이론의 대명사처럼 언급되는 것이 매슬로우의 욕구단계설이다. 동기유발 이론의 기초를 제공했기 때문이다.

24 타인과의 관계에서 자신의 잠재력, 운명, 위치 등을 파악하는 기준이 되는 집단을 무엇이라 하는가?

㉮ 이익집단　　　　　　　　　㉯ 우호집단
㉰ 준거집단　　　　　　　　　㉱ 소속집단

❀ **사회집단의 종류**
1. 내집단과 외집단
   ① 구분 기준 : 집단에 대한 소속감 여부
   ② 내집단 : 자기 자신이 소속되어 있다고 느끼는 집단으로서 자기 집단에 대한 애착심이 강하게 나타나고, 타 집단에 대한 폐쇄성을 보이기도 함(우리 집단)
   ③ 외집단 : 자신이 소속되어 있지 않은 외부의 집단으로서 이질감을 갖는 집단(그들 집단)
2. 공동 사회와 이익 사회(퇴니스의 분류)
   ① 구분 기준 : 구성원들의 결합 의지 유무

② 공동 사회 : 인간의 의지와 무관하게 자연적으로 형성된 집단으로서 정(情)과 전인적인 인간관계를 중시하고, 전통과 관습에 의해 질서가 유지됨(가족, 촌락 공동체 등)
③ 이익 사회 : 인간의 인위적 의지에 의해 형성된 집단으로서, 합리성, 수단적 인간관계를 중시하고, 공식적인 규율에 의해 질서가 유지됨(회사, 정당 등)
3. 1차 집단과 2차 집단(쿨리의 분류)
① 구분 기준 : 구성원의 접촉 방식
② 1차 집단 : 구성원들 간의 친밀감과 지속적인 상호 작용을 중심으로 함
③ 2차 집단 : 특정 목적을 달성하기 위한 형식적, 수단적 상호 작용을 중심으로 함
4. 준거 집단 : 개인이 살아가는 데 있어서 신념과 가치 판단, 행위의 기준이 되는 집단

25 갈등관계에 있는 두 집단의 대면적 화합을 통해서 갈등을 줄이고자 하는 집단간 갈등 해소방법은?

㉮ 상위의 공동목표 설정

㉯ 문제해결법

㉰ 외부인사의 초빙

㉱ 전제적 명령

❀ **집단갈등의 해결방안**
1. 대면 : 갈등집단끼리 한 번 얼굴을 맞대고 서로 갈등을 감소
2. 협상(타협) : 서로 양보를 통하여 상호이익이 되는 합의점
3. 상위목표의 도입 : 집단들이 서로 힘을 합치지 않고서는 문제해결이 안되는 목표설정
4. 조직구조의 개편
   구성원들의 태도나 사고방식의 변화 등의 행위적인 변화는 일시적인 해결뿐이고 근원적인 갈등의 해결을 위해서 조직구조의 개편 필요
5. 자원증대 : 조직 내의 한정된 자원을 확대 – 현실적 어려움

정답 25. ㉱

2018년 11월 24일 출제복원문제

01 다음 중 "교통사고를 발생시키는 요인의 비중이 동일하다"는 원리를 의미하는 것은?
㉮ 등치성 ㉯ 동인성
㉰ 차등성 ㉱ 배치성

교통사고가 발생되는 요인은 여러 가지가 있는데 그 여러 가지 요인 사이의 경중은 없다는 것이 등치성 원리이며 이러한 등치성 원리는 교통사고의 대책을 수립하는데 아주 중요한 원리가 된다.

02 다음 중 욕조곡선의 원리에 대한 설명으로 옳은 것은?
㉮ 체계 또는 설비 등을 사용하기 시작하여 폐기할 때까지의 고장 발생 상태를 도시한 곡선을 말한다.
㉯ 초기에는 부품 등에 내재하는 결함, 사용자의 미숙 등으로 고장률이 낮게 나타난다.
㉰ 중기에는 부품의 적응 및 사용자의 숙련 등으로 고장률이 점차 증가한다.
㉱ 말기에는 부품의 노화 등으로 고장률이 점차 하락한다.

❀ **욕조곡선의 원리**
초기에는 부품 등에 내재하는 결함, 사용자의 미숙 등으로 고장률이 높게 상승하지만 중기에는 부품의 적응 및 사용자의 숙련 등으로 고장률이 점차 감소하다가 말기에는 부품의 노화 등으로 고장률이 점차 상승한다는 원리로서 그 곡선의 형태가 욕조의 형태를 띤다고 하여 욕조곡선의 원리라고 한다. 욕조 곡선은 설계나 제조상의 결함 또는 불량 부품으로 인하여 발생하는 초기 고장 기간, 제품의 사용 조건의 우발적인 변화에 기인한 우발 고장 기간, 마모, 노화 등의 원인에 의한 마모 고장 기간으로 구분된다.

03 집단의사의 결정 및 의사소통에 대한 설명으로 다음 중 틀린 것은?
㉮ 제안에 대한 자유로운 비판이 가능한 개방적인 분위기를 조성하는 리더십이 필요하다.
㉯ 의사결정이 주체가 누구에 의해 이루어지느냐에 따라서 개인의사결정과 집단의사결정(group decision making)이 있다.
㉰ 의사결정기능을 종업원에게 분산시키는 것이 반드시 필요하다.
㉱ 일단 결정이 내려지더라도 리더는 재차 회의를 소집하여 다시 점검, 논의하는 시간을 갖도록 한다.

정답 01. ㉮ 02. ㉮ 03. ㉰

㈐ 집단의사의 결정은 리더나 관계전문가를 통해서도 이루어질 수 있는바 의사결정기능을 종업원에게 분산시키는 것이 반드시 필요한 것은 아니다.

❀ 집단의사결정
집단의사결정이란 집단이 당면한 문제에 대하여 개인이 아닌 집단에 의하여 이루어지는 의사결정을 말하며 이러한 집단의사결정에 의하면 개인적 의사결정에 비하여 문제 분석을 보다 광범위한 관점에서 할 수 있고, 보다 많은 지식·사실·대안을 활용할 수 있다. 또 집단구성원 사이의 의사전달을 용이하게 하며, 참여를 통해 구성원의 만족과 결정에 대한 지지를 확보할 수 있다. 그러나 집단의사결정에는 많은 사람이 참여하므로 결정과정이 느리고, 타협을 통해 의사결정이 이루어지므로 가장 적절한 방안을 채택하기가 어렵다. 더욱이 의사결정 과정에 집단사고(group thinking)에 영향을 받을 경우 올바른 판단을 할 수가 없게 된다. 한편 집단의사결정은 집단의 특성과 결정의 합리성에 따라 달라질 수 있겠으나 지금까지 제시된 집단의사결정의 대표적인 모형으로는 계층적 관료제에 적합한 조직모형과 회사모형, 대학 조직이나 연구기관에 적합한 쓰레기통 모형, 그리고 앨리슨 모형(Allison 模型) 등을 들 수 있다.

04 교통안전교육의 내용 중 하나인 인간관계의 소통과 관련 다른 교통참가자를 동반자로서 받아 들여 그들과 의사소통을 하게 하거나 적절한 인간관계를 맺도록 하는 것을 의미하는 것은?

㉮ 자기통제(self-control)   ㉯ 타자적응성
㉰ 준법정신   ㉱ 안전운전태도

❀ 교통안전교육의 내용
1. 자기통제(self-control)
 자기통제란 교통수단의 사회적인 의미·기능, 교통참가자의 의무·책임, 각종의 사회적 제한에 대해 충분히 인식하고 자기의 욕구·감정을 통제하게 하는 것을 말한다.
2. 준법정신
 준법정신을 갖게 하기 위해서는 교통법령에 대한 지식과 그 의미를 이해하고 적법한 교통습관을 형성케 해야 한다.
3. 안전운전태도
 안전운전에 대한 심리적 마음가짐을 말한다.
4. 타자적응성
 다른 교통참가자를 동반자로서 받아 들여 그들과 의사소통을 하게 하거나 적절한 인간관계를 맺도록 하는 것을 말한다.
5. 안전운전기술
 안전운전에 대한 인지·판단·결정기능과 위험감수능력과 위험발견의 기능 등을 체득하게 하려는 것이다.
6. 운전(조작)기능
 자동차는 완벽하게 컨트롤할 수 있는 기능과 교통위험을 회피할 수 있는 능력을 배양하게 하려는 것이다.

정답 04. ㉯

05 한 가지 일에만 집중하는 것이 아니라 여러 가지 행동을 같이하는 경우로서 그 결과 집중력이 흐려지는 현상을 의미하는 것은?

㉮ 주의의 집중
㉯ 주의의 배분
㉰ 주의의 분산
㉱ 주의의 완화

한 가지 일에만 집중하는 것이 아니라 여러 가지 행동을 같이하는 경우가 많은데 예를 들면 운전 중 휴대전화를 사용하거나 음식물을 섭취하거나 여성 운전자 중 화장을 하는 경우로서 이러한 주의를 분산시키는 행동은 교통사고의 주된 원인이 된다.

06 다음 중 집합교육의 유형에 해당하지 않는 것은?

㉮ 카운슬링
㉯ 강의
㉰ 실습
㉱ 토론

집합교육이란 개개인이 아닌 교육생 전체를 대상으로 실시하는 교육훈련을 말하며 유형으로는 ① 강의 ② 시범 ③ 토론 ④ 실습 등이 있다. 카운슬링은 개인별 교육훈련 유형에 속한다.

07 "운전환경과 운전조건이 개선되어 운전자가 안심하고 운전할 수 있도록 해야 한다."는 것을 의미하는 것은?

㉮ 운전자의 관리자에 대한 신뢰의 원칙
㉯ 무리한 행동배제의 원칙
㉰ 안전한 환경조성의 원칙
㉱ 사고요인의 등치성 원칙

❋ 교통사고 방지를 위해 요구되는 원칙
1. 정상적인 컨디션과 정돈된 환경유지의 원칙
  마음이 산만하거나 정리정돈이 안된 경우 운전시 정상적인 행동을 취할 수 없다. 따라서 운전자는 항상 심신을 정돈하고, 상쾌하고 맑은 기분을 갖도록 해야 한다.
2. 운전자의 관리자에 대한 신뢰의 원칙
  관리자가 운전자로부터 신뢰를 받지 못하면 통솔력에 치명적인 손상을 가져오므로 관리자는 권위의식보다는 희생과 봉사의 정신으로 솔선수범하는 자세를 견지해야 한다.
3. 안전한 환경조성의 원칙
  운전환경과 운전조건이 개선되어 운전자가 안심하고 운전할 수 있도록 해야 한다.
4. 무리한 행동 배제의 원칙
  과속운전이나 끼어들기 등 무리한 행동은 사고발생이라는 필연적인 결과를 초래하므로 운전자는 이러한 행동을 배제해야 한다.

5. 사고요인의 등치성 원칙
 교통사고의 경우, 우선 어떤 요인이 발생한다면 그것이 근원이 되어 다음 요인이 발생하게 되고, 또 그것이 다음 요인을 발생시키는 것과 같이 여러 가지 요인이 유기적으로 관련되어 있다. 그런데 연속된 이 요인들 중에서 어느 하나만이라도 발생하지 않았다면 연쇄반응은 일어나지 않았을 것이며, 따라서 교통사고는 일어나지 않았을 것이다. 다시 말하면 교통사고의 발생에는 교통사고 요인을 구성하는 각종 요소가 똑같은 비중을 지닌다고 볼 수 있으며, 이러한 원리를 사고요인의 등치성 원칙이라고 한다.
6. 방어확인의 원칙
 운전자는 위험한 자동차를 피하고 위험한 도로에 접근하면 일시정지하고 좌·우를 확인하여 안전한지를 확인한 후 이동해야 한다. 또한 위험한 횡단보도, 커브길, 주택가 이면도로 등 시야가 불량한 지역에서 속도를 줄이고 주의환기하면서 운전하는 것은 방어확인 원칙의 적합한 사례가 된다.

08 다음 중 교통안전관리의 특성에 해당하지 않는 것은?

㉮ 교통안전의 확보
㉯ 교통사고의 예방
㉰ 국민의 생명과 재산보호
㉱ 교통안전관리회사의 홍보

㉱ 교통안전관리란 교통안전을 확보하기 위하여 계획, 조직, 통제 등의 제기능을 통해서 기업의 자원을 교통안전활동에 배분, 조정, 통합하는 과정을 말한다. 교통안전관리를 통하여 교통사고를 예방하면 국민의 생명과 재산이 보호됨으로써 공공복리에 기여하게 된다. 교통안전관리는 교통안전관리회사의 홍보와는 직접적인 관련이 없다.

09 외향적 성격을 지닌 자의 일처리방식으로 다음 중 옳지 않은 것은?

㉮ 주변사람들과의 교감과 협력을 통한 일처리를 한다.
㉯ 혼자 감당하기 어려운 업무를 처리하는 것을 선호한다.
㉰ 공동으로 업무를 수행하는 과정에서 역량을 발휘한다.
㉱ 일처리에 있어서 독자적으로 행동하는 것을 선호하므로 일처리가 장기적이다.

어떤 사람들은 주변사람들과의 교감과 협력을 통해 혼자 감당하기 어려운 업무를 처리하는 것을 선호한다. 또 개미나 벌처럼 한 집단 내에서 몰개성화 되더라도 공동으로 업무를 수행하는 과정에서 역량을 발휘하는 사람들이 있다. 이들은 외향적인 성격을 지닌 자들로 적극적인 외부활동과 인간관계 확대에 적극성을 보인다. 반면 어떤 사람들은 외톨이처럼 따로 떨어져 독자적으로 행동하면서 더 커다란 능력을 발휘한다. 이들은 내성적인 성격의 소유자들이다 이들은 낯익은 공간과 기존의 사회적 관계 속에 안주하며 그 틀에서 벗어나기를 거부한다.

10 다음 중 비공식적 조직의 특성이 아닌 것은?

㉮ 구성원 간의 상호작용에 의해 자연 발생적으로 성립된다.
㉯ 혈연·지연·학연·취미·종교·이해관계 등의 기초 위에 형성된다.
㉰ 능률이나 비용의 논리에 의해 구성 및 운영된다.
㉱ 친숙한 인간관계를 요건으로 하기 때문에 대체로 소집단의 상태를 유지한다.

❀ **공식조직과 비공식조직**
1. 공식조직의 개념과 특성
    공식조직(formal organization)이란 분업과 권한·책임의 계층제를 통하여 일정한 목표를 달성하려는 조직으로서 법률·규칙이나 직제에 의하여 형성된 인위적 조직을 말한다. 공식조직의 특성은 다음과 같다.
    ① 공적인 목표를 추구하기 위하여 인위적으로 조직을 구성한다.
    ② 제도화된 공식 규범의 바탕 위에 성립되며, 권한의 계층, 명료한 책임 분담, 표준화된 업무 수행, 몰인정한 인간관계 등이 특징이다.
    ③ 외면적이고 가시적이며, 건물이나 집무실을 가진다.
    ④ 능률이나 비용의 논리에 의해 구성 및 운영된다.
    ⑤ 피라미드의 정점으로부터 하층에 이르기까지 전체 조직이 인식의 대상이다.
2. 비공식조직의 개념과 특성
    비공식조직(informal organization)이란 구성원 상호간의 접촉이나 친근성으로 말미암아 자연 발생적으로 형성되는 조직으로서 사실상 존재하는 현실적 인간상호관계나 인간의 욕구를 기반으로 하며 구조가 명확하지 않으나 공식조직에 비하여 신축성을 가진 조직이다. 비공식조직의 특성은 다음과 같다.
    ① 구성원 간의 상호작용에 의해 자연 발생적으로 성립된다.
    ② 혈연·지연·학연·취미·종교·이해관계 등의 기초 위에 형성된다.
    ③ 내면적이고, 비가시적이며, 건물이나 집무실이 없다.
    ④ 감정의 논리에 의해 구성·운영되며, 공식적 조직의 일부를 점유하면서 그 속에 산재하고 있다.
    ⑤ 친숙한 인간관계를 요건으로 하기 때문에 대체로 소집단의 상태를 유지한다.

11 안정적인 작업관리를 위해 작업강도를 낮추기 위한 방법으로서 적절하지 못한 것은?

㉮ 대인적 접촉의 감소
㉯ 작업환경의 악화 방지
㉰ 보호구의 적절한 사용
㉱ 충분한 휴식의 보장

대인적 접촉으로 작업강도를 낮출 수 있다.

정답 10. ㉰ 11. ㉮

12 다음 중 교통운용계획의 시행절차를 순서대로 바르게 나열한 것은?

㉮ 계획 ⇨ 실시 ⇨ 통제 ⇨ 조정
㉯ 조정 ⇨ 실시 ⇨ 통제 ⇨ 계획
㉰ 통제 ⇨ 실시 ⇨ 계획 ⇨ 조정
㉱ 실시 ⇨ 통제 ⇨ 조정 ⇨ 계획

과학적이고 합리적인 교통운행계획을 위해서는 P, D, C, A, 즉 계획 → 실시 → 통제 → 조정의 순환이 적절하게 이루어져야 한다.

13 다음 중 교통안전종사원의 업무에 해당하지 않는 것은?

㉮ 시설안전진단의 실행 ㉯ 교통사고 취약지점의 점검
㉰ 교통사고 예방조치 ㉱ 운행기록 등의 분석

㉮ 시설안전진단의 실행은 교통안전종사원의 업무로 볼 수 없다.

14 동체시력은 정지시력에 비해 몇 %가 감소하는가?

㉮ 10% ㉯ 15%
㉰ 30% ㉱ 50%

한국교통연구원이 발표한 고령운전자 교통사고 감소방안에 따르면 고령운전자의 정지시력이 60세 이상부터는 30대였을 때보다 80% 수준으로 떨어진다. 동체시력은 정지시력에 비해서도 30% 정도 낮게 측정되는 것으로 알려져 있다.

15 감각기관에 외부자극이 증가되는 경우의 신체의 반응특성으로 적당한 것은?

㉮ 순응 ㉯ 적응
㉰ 도태 ㉱ 반발

감각기관이 자극의 정도에 따라 감수성이 변화되는 상태를 순응(adaptation)이라고 한다. 특히 명암순응이란 눈이 밝기에 순응해서 물건을 보려고 하는 시각반응을 말한다. 인간의 눈은 빛의 양에 따라 동공의 크기를 조절하고, 밝은 빛에서는 감도가 감소하며, 어두운 빛에서는 감도를 증가시키는 기능이 있다. 이를테면 깜깜한 영화관에 들어갔을 때 눈이 어둠에 익숙해질 때까지 30분쯤 걸리는데, 밖의 밝기에는 1분쯤이면 익숙해진다. 전자를 암순응, 후자를 명순응이라고 하는데, 그것을 총합해서 명암순응이라고 한다.

정답 12. ㉮ 13. ㉮ 14. ㉰ 15. ㉮

16 다음 중 대면적 화합을 통해 갈등을 해소하는 갈등해결방법에 해당하는 것은?

㉮ 문제해결법
㉯ 협상
㉰ 상위목표의 도입
㉱ 조직구조의 개편

❊ 갈등의 해결 기법
1. 문제 해결법
   문제 해결법은 대면전략이라고 하는데, 갈등을 빚는 집단들이 얼굴을 맞대고 회의를 통해서 갈등을 감소시킨다. 회의의 목적은 갈등을 문제를 확인하고 해결하는 것이다. 갈등 집단들은 모든 관련 정보를 동원해서 해결안에 도달할 때까지 논제에 대해 공개적인 토론을 벌인다. 오해나 언어의 장벽 때문에 발생하는 갈등에 대해서는 이 방법이 효과적이다. 문제에 대한 상황 확인과 솔직한 의사표시가 이루어지기 때문이다. 그러나 집단들의 상이한 가치체계를 가지게 되는 복잡한 문제를 해결하는 데는 효과가 있는지 의문이다.
2. 협상
   토론을 통한 타협으로 한쪽에서 제안을 하고 다른 한쪽에서 다른 제안을 해서 상호 양보를 통해 합의점에 도달하는 방법이다. 의 과정에서 합의점이 양쪽 집단에 이상적인 것이 아니기 때문에 승자도 패자도 없다. 갈등해결에는 양쪽이 다소의 양보가 필요하다는 점에서 전통적인 역사를 가진 갈등 해결 방식이다.
3. 상위목표의 도입
   갈등적 집단의 목표보다 더 넓은 개념의 상위목표를 도입하는 방법이다. 상위목표는 집단들이 함께 힘을 합치지 않고는 달성할 수 없는 매력적인 목표이다. 어느 한 집단만으로 달성될 수 없으므로 이 목표를 달성하기 위해서 집단들간에 상호 의존적 상태가 형성되지 않으면 안 된다. 이 방법은 상당히 성공적인 집단간 갈등의 해결방법으로 주목된다.
4. 조직구조의 개편
   어떤 갈등들은 조직구조 자체의 문제 때문에도 발생한다. 이 경우에 구성원들의 태도나 사고 방식의 변화 등의 행위적 변화는 일시적인 해결안 밖에는 안 된다. 근원적인 갈등의 해결은 조직구조를 개편하는 길뿐이다.
5. 자원의 증대
   갈등의 원인 가운데 하나인 한정된 자원을 확대하는 것도 갈등해결의 좋은 전략이 된다. 즉, 복사기를 늘린다든지 차량을 늘려서 대리점에 제품수송을 원활히 함으로써 갈등을 해소할 수 있다. 이는 효과적이기는 하지만 충분한 자원을 가지고 있는 조직이 많지 않다는 점에서 현실적인 제약이 따른다.

17 다른 사람들과 시간을 함께 보내고자 하는 동기로서 다른 사람들을 지배하고자 하는 욕구가 아니라 다른 사람들과 상호작용하는 사회적 관계 안에 있고자 하는 동기를 의미하는 것은?

㉮ 유인동기
㉯ 권력동기
㉰ 성취동기
㉱ 유친동기

정답 16. ㉮ 17. ㉱

※ 유친동기
다른 사람들과 시간을 함께 보내고자 하는 동기로서 다른 사람들을 지배하고자 하는 욕구가 아니라 다른 사람들과 상호작용하는 사회적 관계 안에 있고자 하는 욕구를 말하며 이러한 유친동기가 높은 사람들이 낮은 사람에 비해 리더로 더 많이 지명된다.

18 교통사고 발생원인 중 간접적 원인에 해당하는 것은?

㉮ 교육적 원인
㉯ 음주운전
㉰ 과속운전
㉱ 장비불량

 장비불량 등의 물적 요인이나 음주운전, 과속운전 등의 교통질서위반행위 등은 교통사고를 직접적으로 발생시키는 요인이므로 직접적 원인이라 할 것이고 교육적 원인 등은 별개의 직접적인 원인을 매개로 하여 교통사고를 발생시키므로 간접적 원인이라 할 수 있다.

19 다음 중 교통사고의 원인을 규명하는 궁극적인 목적으로 가장 적절한 것은?

㉮ 부상자의 구호
㉯ 사고확대 방지
㉰ 사고발생원인자 처벌
㉱ 2차사고 예방을 통한 생명과 재산 보호

 ※ 2차사고 예방
교통사고를 조사하는 궁극적인 목적은 부상자의 구호 및 사고의 처리와 교통사고의 원인을 정확히 규명하여 이에 대한 효율적인 교통사고 예방대책을 강구하고 사고확대 방지와 교통소통의 회복을 통하여 교통사고로부터 귀중한 생명과 재산을 보호하기 위함이다.

20 위험요소의 제거 단계 중 관리자 임명이 해당하는 단계는?

㉮ 조직의 구성
㉯ 위험요소의 탐지
㉰ 개선대안의 제시
㉱ 환류(Feed back)

정답 18. ㉮ 19. ㉱ 20. ㉮

❀ 위험요소 제거 6단계
1. 조직의 구성
   안전관리업무를 수행할 수 있는 조직의 구성, 안전관리책임자의 임명, 안전계획의 수립 및 추진 등의 단계이다.
2. 위험요소의 탐지
   안전점검 또는 진단사고, 원인의 규명, 종사원 교통활동 및 태도분석을 통하여 불안전행위와 위험한 환경조건 등 위험요소를 발견하는 단계이다.
3. 원인분석
   발견된 위험요소는 면밀히 분석하여 원인규명을 하는 단계이다.
4. 개선대안의 제시
   분석을 통하여 도출된 원인을 토대로 효과적으로 실현할 수 있는 대안을 제시하는 단계이다.
5. 대안의 채택 및 시행
   당해 기업이 실행하기에 가장 알맞은 대안을 선택하고 시행하는 단계이다.
6. 환류(Feed back)
   과정상의 문제점과 미비점을 보완하여야 하는 단계이다.

21 안전진단의 단계 중 조사단계에 해당하는 것은?

㉮ 교통안전관리체계구성

㉯ 안전지시

㉰ 단계별 안전 점검

㉱ 개선목표 달성 위한 대책강구

 안전진단의 단계 중 조사단계에서는 진단목적을 효율적으로 달성하기 위해 필요한 자료의 정비(교통안전관리체계구성), 진단반의 구성이나 진단일정 등을 준비한다.

22 다음 중 효율적 상담기법에 해당하지 않는 것은?

㉮ 내담자의 공격적인 질문에 대해서는 무조건 회피하고 다른 질문으로 유도한다.

㉯ 내담자가 말하고자 하는 의미를 상담자가 생각하고 이 생각한 바를 다시 내담자에게 말해준다.

㉰ 상담자는 내담자에게 주의를 기울이고 있으며 내담자의 말을 받아들이고 있다는 태도를 유지한다.

㉱ 상담자는 내담자에 관한 비밀을 외부에 누설해서는 안 된다.

 ㉮ 내담자의 공격적인 질문에 대해서 상담자는 무조건 회피하여서는 아니 되고 최대한 질문에 대한 합당한 답변을 하려고 노력한 후 더 이상 상담진행이 어려운 경우 다른 질문으로 유도한다.

23 다음 중 현장안전회의의 단계로서 적당한 것은?

㉮ 도입 ⇨ 운행지시 ⇨ 점검정비 ⇨ 위험예지 ⇨ 확인
㉯ 위험예지 ⇨ 도입 ⇨ 운행지시 ⇨ 점검정비 ⇨ 확인
㉰ 도입 ⇨ 점검정비 ⇨ 운행지시 ⇨ 위험예지 ⇨ 확인
㉱ 위험예지 ⇨ 확인 ⇨ 도입 ⇨ 점검정비 ⇨ 운행지시

❈ 현장안전회의
1. 개 념
   현장안전회의란 직장에서 행하는 안전미팅을 말한다.
2. 회의의 진행
   ① 도입(제1단계) : 직장체조, 무사고기의 게양, 인사, 목표제창으로 시작되는 단계이다.
   ② 점검정비(제2단계) : 자동차나 물품의 정비, 건강 · 복지 등의 점검을 하는 단계를 말한다.
   ③ 운행지시(제3단계) : 전달사항, 연락사항, 당일 기상정보와 운행시 주의사항, 안전수칙 요령주지, 위험장소의 지정, 운행경로의 명시 등이 이루어지는 단계이다.
   ④ 위험예지(제4단계) : 당일 운행에 관한 위험을 가상한 위험예측활동과 위험예지훈련이 이루어지는 단계이다.
   ⑤ 확인(제5단계) : 위험에 대한 대책과 팀목표의 확인이 이루어지는 단계이다. 예컨대, "오늘도 안전운행, 무사고 좋아" 등

24 다음 중 정보처리방법의 하나인 IPDE의 설명으로 바르지 못한 것은?

㉮ 확인(Identify)이란 주변의 모든 것을 빠르게 한눈에 파악하는 것을 말한다.
㉯ 예측(Predict)은 운전 중에 확인한 정보를 취합하여 사고가 발생할 수 있는 지점을 판단하는 것을 말한다.
㉰ 결정(Decision) 단계에서는 잠재적 사고 가능성이 예측되더라도 그대로 진행해야 한다.
㉱ 실행(Execute)에서 중요한 것은 요구되는 시간 안에 필요한 조작을 가능한 부드럽고 신속하게 해내는 것이다.

교통사고의 원인은 대부분은 운전자의 지각 및 판단의 실수라 할 정도로 운전에 있어 지각 및 판단과정은 매우 중요하며, 운전에 있어서 중요한 정보의 90% 이상은 시각정보를 통해 수집하는 것이다. 방어운전자는 시시각각으로 변하는 운전 중의 상황을 눈으로 탐색, 확인하고, 필요한 판단을 하는 행동으로 옮기는 과정을 끊임없이 되풀이한다. 이러한 과정은 0.5초라도 지체되어서는 위험으로 바로 이어질 수 있는 과정이다. 따라서 효율적인 정보탐색과 정보처리는 운전에 있어 매우 중요하다. 운전의 위험을 따르는 효율적인 정보처리 방법의 하나가 바로 확인, 예측, 결정, 실행(IPDE) 과정을 따르는 것이다.
1. 확인(Identify)
   확인이란 주변의 모든 것을 빠르게 한눈에 파악하는 것을 말하며 주행하는 도로의 상황을 조사하여 필요한 운전 단서를 찾아낼 필요가 있다. 이때 중요한 것은 가능한 한 멀리까지, 즉

적어도 12~15초 전방까지 문제가 발생할 가능성이 이 있는지를 미리 확인하는 것이다. 이 거리는 시가지 도로에서 시속 40~60km 정도로 주행할 경우 200m 정도의 거리에 해당된다.
2. 예측(Predict)
예측한다는 것은 운전 중에 확인한 정보를 모으고 사고가 발생할 수 있는 지점을 판단하는 것이다. 사고를 예상하는 능력을 키우기 위해서는 지식, 경험, 그리고 꾸준한 훈련이 필요하다. 변화하는 교통 환경과 교통법규 및 자동차에 대한 지식은 물론이고, 비, 눈, 안개와 같은 다양한 상황에서의 운전경험도 필요하다.
3. 결정(Decision)
상황을 파악하고 문제가 없다면 그대로 진행해야 하지만 잠재적 사고 가능성을 예측한 후에는 사고를 피하기 위한 행동을 결정해야 한다. 그 기본적인 방법은 속도, 가·감속, 차로변경, 신호 등이다.
4. 실행(Execute)
결정된 행동을 실행에 옮기는 단계에서 중요한 것은 요구되는 시간 안에 필요한 조작을 가능한 부드럽고 신속하게 해내는 것이다. 이 과정에서 기본적인 조작기술이지만 가·감속, 제동 및 핸들조작 기술을 제대로 구사하는 것은 매우 중요하다.

25 다음 중 10명 정도가 모여 무작위로 의견을 제시하고 제출된 의견에 대한 상호비판을 금지하면서 의사를 결정하는 기법에 해당하는 것은?

㉮ 브레인스토밍
㉯ 시그니피케이션
㉰ 체크리스트법
㉱ 명목집단법

㉮ 브레인스토밍 : 1939년 A. F. 오즈본에 의해서 제창된 집단 사고에 의한 창조적 묘안의 안출법으로서 여러 명이 한 그룹이 되어서 각자가 많은 독창적인 의견을 서로 제출하는데, 그 자리에서는 그 의견이나 안을 비판하지 않고 최종안의 채택은 별도로 그를 위한 회합을 두고 결정하는 방법이다. 이것을 개인의 사고법에 응용하여 시스템 기술자 등의 창조력 개발의 훈련법에 사용할 때 솔로 브레인스토밍이라고 한다.
㉰ 체크리스트법 : 평정자가 평정표에 열거된 평정요소에 대한 질문에 따라 피평정자에게 해당되는 사항을 체크(check)하는 평정의 방법으로서 근무성적평정의 방법 중 하나이다. 미국의 프로브스트(V.B. Probst)가 고안하였다 하여 '프로브스트식 평정법'이라고도 일컫는다.
㉱ 명목집단법 : 여러 대안들을 토론이나 비평 없이 자유롭게 서면으로 제시하여 그 중 하나를 선택하는 집단의사결정기법이다. 집단의사결정임에도 불구하고 의사결정이 진행되는 동안 팀원들 간의 토론이나 비평이 허용되지 않기 때문에 '명목'이라는 용어가 사용되며 영문 머리글자를 따서 'NGT'라고도 한다.

정답 25. ㉮

2019년 3월 24일 출제복원문제

01 교통사고의 요소와 내용에 대한 설명으로 다음 중 틀린 것은?

㉮ 물리적 요소 : 안전 방호 장치 결함, 복장 등의 결함
㉯ 사회적 요소 : 불안전한 자세 및 동작, 물체 자체의 결함
㉰ 기술적 요소 : 구조·재료의 부적합, 장치 등의 설계 불량
㉱ 심리적 요소 : 주의력의 부족, 안전의식의 부족

> 불안전한 자세 및 동작은 불안전한 행동에 기인하는 사고의 인적요인이고 물체 자체의 결함은 물리적 요소에 해당한다고 할 것이다.

02 인간행동에 영향을 주는 요인과 내용에 대한 연결이 옳지 못한 것은?

㉮ 내적요인(소질) : 지능지각(운동기능), 성격·태도
㉯ 내적요인(심신상태) : 피로, 질병, 알코올, 약물
㉰ 외적요인(인간관계) : 가정, 직장, 사회, 문화
㉱ 외적요인(물리적 조건) : 근로시간, 교대제, 속도

❋ 인간과 환경이 행동을 규제하는 요인

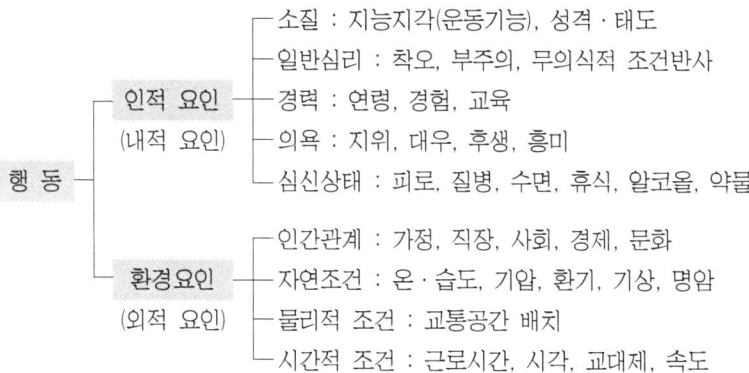

03 운전자가 회사에 정착하기 위해 운전자가 준수해야 할 원칙으로 적절하지 못한 것은?

㉮ 펀-드라이빙 환경조성   ㉯ 무리한 행위 배제
㉰ 방어확인   ㉱ 준법정신

정답 01. ㉯ 02. ㉱ 03. ㉮

펀-드라이빙은 운전자 스스로 기어를 조작하여 속도를 끌어올리는 것으로 운전자가 하지 않아야 할 사안이다.

04 동기이론 중 매슬로우(A. H. Maslow)의 욕구위계 5단계를 하위욕구부터 상위욕구까지 바르게 나열한 것으로 옳은 것은?

㉮ 생리적 욕구 - 안전욕구 - 사회적(소속감과 애정) 욕구 - 존경욕구 - 자아실현욕구
㉯ 생리적 욕구 - 사회적(소속감과 애정) 욕구 - 안전욕구 - 존경욕구 - 자아실현욕구
㉰ 생리적 욕구 - 안전욕구 - 사회적 욕구(소속감과 애정) - 자아실현욕구 - 존경욕구
㉱ 생리적 욕구 - 사회적(소속감과 애정) 욕구 - 안전욕구 - 자아실현욕구 - 존경욕구

 매슬로우(A. H. Maslow)의 욕구5단계 : 생리적 욕구-안전욕구-사회적(소속감과 애정) 욕구-존경욕구-자아실현욕구

05 교육(education)과 훈련(training)에 대한 다음 설명으로 옳지 않은 것은?

㉮ 교육은 조직목표를 강조하는 데 반해 훈련은 개인의 목표를 강조한다.
㉯ 교육, 훈련 둘 다 인간의 변화와 관련한 학습이론이 적용된다는 점에서는 차이가 없다.
㉰ 오늘날 양자를 종합한 성격으로 개발(development)이라는 개념이 강조되고 있다.
㉱ 훈련은 비교적 단기적인 목표를, 교육은 장기적인 목표를 달성하고자 한다.

 교육은 특정직무와 관련되지 않은 일반지식과 기초이론을 가르치는 것을 말하며, 교육효과는 개인으로 하여금 자신의 생활환경에 대한 적응력을 높이고 조직이나 사회생활에 숙달하게 하여 장기적인 학습능력을 키우는 데 도움을 준다. 훈련은 특정직업 또는 직무와 관련된 학문적인 지식, 육체적인 기능 등을 습득시키며 숙달시키는 것을 의미한다. 교육은 개인목표를 강조하는 데 반해 훈련은 조직의 목표를 강조한다.

06 다음 중 국가 간의 교통안전도를 평가하기 위한 자료로서 적절하지 못한 것은?

㉮ 교통수단 전손률
㉯ 인구 10만 명 당 교통사고 사망자 수
㉰ 사고 1만 건 당 교통사고 사망자 수
㉱ 주행거리 1억 킬로미터 당 교통사고 사망자 수

정답 04. ㉮ 05. ㉮ 06. ㉮

교통안전도를 평가하기 위한 자료에는 인구 10만 명 당 교통사고 사망자 수, 사고 1만 건 당 교통사고 사망자 수, 주행거리 1억 킬로미터 당 교통사고 사망자 수, 백만진입차량대수 사고율 등이 있다.

07 다음 중 운전적성을 판단하는 데 있어서 가장 관련이 없는 인간특성은?

㉮ 반응
㉯ 성격
㉰ 청각
㉱ 시각

 운전은 시각, 청각으로 상황을 인지하고 반응하는 것으로 성격과는 직접 연관이 없다.

08 교통안전관리의 단계에서 교통안전관리자가 경영진에 대해 효과적인 안전관리방안을 적시해야 하는 단계로 볼 수 있는 것은?

㉮ 수립단계
㉯ 계획단계
㉰ 설득단계
㉱ 실행단계

 교통안전관리란 교통안전을 확보하기 위하여 계획, 조직, 통제 등의 제기능을 통해서 기업의 자원을 교통안전활동에 배분, 조정, 통합하는 과정을 말한다. 교통안전관리자는 경영진을 설득하여 교통안전활동이 원활하도록 하여야 한다.

09 교통사업자가 교통사고 조사를 하는 본질적인 목적으로 볼 수 있는 것은?

㉮ 교통사고 발생의 책임자를 처벌하기 위해
㉯ 경찰의 교통사고 조사에 대한 신뢰의 부족
㉰ 장기적으로 발생 가능한 교통사고의 예방을 위해
㉱ 교통사업자의 수익구조를 개선하기 위해

 교통사고를 조사하는 근본적인 목적은 조사를 통하여 교통사고를 예방하기 위한 것이다.

10 인적평가에 대한 오류에 대한 설명으로 틀린 것은?

㉮ 상관적 편견 : 평가자가 관련성이 없는 평가항목들 간에 높은 상관성을 인지하거나 또는 이들을 구분할 수 없어서 유사·동일하게 인지할 때 발생

㉯ 현혹효과 : 피고과자를 실제보다 과대 혹은 과소평가하는 것으로서 집단의 평가 결과가 한쪽으로 치우치는 경향

㉰ 상동적 오류 : 타인에 대한 평가가 그가 속한 사회적 집단에 대한 지각을 기초로 해서 이루어지는 것

㉱ 투사 : 자기 자신의 특성이나 관점을 다른 사람에게 전가시키는 것

㉯ 현혹효과(후광효과) : 한 분야에 있어서 어떤 사람에 대한 호의적인 태도가 다른 분야에 있어서의 그 사람에 대한 평가에 영향을 주는 것을 말한다. 예컨대 판단력이 좋은 것으로 인식되어 있으면 책임감 및 능력도 좋은 것으로 판단하는 것을 말한다.

㉮ 상관적 편견 : 평가자가 관련성이 없는 평가항목들 간에 높은 상관성을 인지하거나 또는 이들을 구분할 수 없어서 유사·동일하게 인지할 때 발생한다.

㉰ 상동적 오류 : 타인에 대한 평가가 그가 속한 사회적 집단에 대한 지각을 기초로 해서 이루어지는 것을 말한다. 예컨대, 어느 지역출신 또는 어느 학교출신이기 때문에 어떠할 것이라고 판단하는 것을 말한다.

㉱ 투사 또는 주관의 객관화 : 자기 자신의 특성이나 관점을 다른 사람에게 전가시키는 것을 투사 또는 주관의 객관화라 한다. 이러한 투사는 인사고과의 결과에 대한 왜곡현상을 유발하여 오류가 발생한다.

11 도로의 주행 시 운전자의 시야를 형성하는 정보입수구역의 결정요인으로 볼 수 없는 것은?

㉮ 시력
㉯ 정지거리
㉰ 포장상태
㉱ 속도

도로의 주행 시 운전자의 시야를 형성하는 정보입수구역의 결정요인에는 차량의 속도, 운전자의 시력, 도로의 포장상태이다. 정지거리는 운전자가 정지할 상황을 인식한 순간부터 차가 완전히 멈출 때까지 자동차가 진행한 거리로 운전자의 시야형성과 관련이 없다.

12 교통안전의 계획수립과 관련하여 다음 중 계획단계에 해당하지 않는 것은?

㉮ 교통안전에 대한 정보의 수집
㉯ 계획의 추진일정 결정
㉰ 계획의 수립
㉱ 계획의 집행

교통안전관리자의 직무는 교통안전에 관한 계획의 수립으로부터 출발한다. 교통안전계획은 운수업체의 교통안전업무를 업체 스스로가 추진한다는 기본전제하에 교통안전관리업무의 체계화·조직화하고 추진일정을 부여하여 문서화한 것이다. 따라서 단순히 일상업무의 나열이 아닌 전체 업무 속에서 교통안전업무가 유기적으로 관련을 갖도록 의도적으로 계획되어야 한다.
㉱의 계획의 집행은 계획의 수립단계가 아닌 집행단계에서 이루어지는 행위이다.

13 교통안전관리조직의 개념에 대한 설명으로 다음 중 틀린 것은?

㉮ 교통안전관리조직은 단순해야 한다.
㉯ 환경변화에 순응할 수 있는 유기체로서의 성격을 지녀야 한다.
㉰ 안전관리조직은 구성원 상호간을 연결할 수 있는 비공식적 조직(non-formal organization)이어야 한다.
㉱ 안전관리조직은 그 운영자에게 통제상의 정보를 제공할 수 있어야 한다.

운수업체내에서 교통사고 방지를 위한 안전관리업무를 담당할 기구로 안전관리조직이 필요하다. 안전관리조직은 일반적인 조직론에서와 같이 라인(line)형, 스텝(staff)형, 라인스텝혼합형으로 구분할 수가 있다. 어떠한 형의 안전관리조직이건 다음과 같은 요소들이 고려되어야 한다.
1. 안전관리조직은 안전관리 목적달성의 수단이라는 것
2. 안전관리조직은 안전관리 목적달성에 지장이 없는 한 단순할 것
3. 안전관리조직은 인간을 목적달성을 위한 수단의 요소로 인식할 것
4. 안전관리조직은 구성원을 능률적으로 조절할 수 있어야 할 것
5. 안전관리조직은 그 운영자에게 통제상의 정보를 제공할 수 있어야 할 것
6. 안전관리조직은 구성원 상호간을 연결할 수 있는 공식적 조직(formal organization)이어야 할 것
7. 안전관리조직은 환경의 변화에 끊임없이 순응할 수 있는 유기체조직이어야 할 것

14 교통안전운전요건에 의한 운전자의 분류에 해당하지 않는 것은?

㉮ 안전운전적성
㉯ 태도
㉰ 지식
㉱ 운전자의 가족관계

정답 12. ㉱ 13. ㉰ 14. ㉱

교통안전운전요건에 의한 운전자의 분류에는 안전운전적성, 태도, 습관, 지식, 성격, 심신의 결함, 피로, 음주 등이다. 운전자의 가족관계는 해당하지 않는다.

15 사고원인으로서 4M에 대한 사고방지대책으로 틀린 것은?

㉮ 인간(Man) : 인간관계, 지시, 명령체계의 개선
㉯ 매개체(Media) : 작업환경 및 작업방법의 개선
㉰ 기계(Machine) : 기계설비 및 방호장치 등을 인간공학에 맞게 개선
㉱ 관리(Management) : 인간과 기계설비 간의 상호매개관계의 개선

 ㉱ 인간과 기계설비 간의 상호매개관계의 개선은 사고원인으로서 매개체(Media)에 대한 사고방지대책이며 사고원인으로서 관리(Management)에 대한 사고방지대책은 안전조직이나 법규를 정비하고 교육 · 훈련을 실시하는 것이다.

16 다음 중 괄호 안에 들어갈 용어로 적당한 것은?

> ( )으로 지식과 정보가 쌓이며, ( )으로 일정수준에까지 순응시키며 ( )로 통솔하에 이끌게 된다.

㉮ 교육, 훈련, 지도
㉯ 훈련, 교육, 지도
㉰ 지도, 훈련, 교육
㉱ 교육, 지도, 훈련

 교육을 받게 되면 지식과 정보가 축적되고, 훈련은 일정한 기능이나 행동 등을 획득하기 위해 되풀이하는 실천적 교육활동으로 운전자를 일정수준까지 순응하게 할 수 있다. 지도는 운전자를 안전운전을 가르쳐 이끄는 것이다.

17 재해의 직접원인으로서 교통종사자의 불안전한 행동에 해당하지 않는 것은?

㉮ 불안전한 속도 조작
㉯ 위험물 취급 부주의
㉰ 물체의 배치 및 작업장소 결함
㉱ 불안전한 자세 및 동작

❀ 재해의 원인

유 형		세부 내용	
직접적	불안전한 행동 (인적 요인)	• 위험 장소 접근 • 안전장치의 기능 제거 • 복장·보호구의 잘못 사용 • 기계·기구의 잘못 사용 • 운전 중인 기계장치의 손질	• 불안전한 속도 조작 • 위험물 취급 부주의 • 불안전한 상태 방치 • 불안전한 자세 및 동작
	불안전한 상태 (물적 요인)	• 물체 자체의 결함 • 안전방호장치 결함 • 복장·보호구의 결함 • 물체의 배치 및 작업장소 결함	• 작업환경의 결함 • 생산공정의 결함 • 경계표시·설비의 결함
간접적	기술적 원인	• 건물·기계장치 설계 불량 • 구조·재료의 부적합	• 생산공정의 부적절한 설계 • 점검·정비보전 불량
	교육적 원인	• 안전의식의 부족 • 안전수칙의 오해 • 경험·훈련의 미숙	• 작업방법 교육의 불충분 • 유해위험작업 교육의 불충분
	직업관리상 원인	• 안전관리조직체계 미흡 • 안전수칙 미제정 • 불충분한 작업준비	• 부적절한 인원배치 • 부적절한 작업지시

18 교통안전관리에 대한 설명으로 바르지 못한 것은?

㉮ 교통안전이란 교통수단의 운행과정에서 안전운행에 위협을 주는 내적 및 외적 요소를 사전에 제거하여 교통사고를 미연에 방지하는 행위를 말한다.

㉯ 교통안전조직은 신속한 교통사고의 대처를 위해 교통안전에 참여하는 일부기관만이 포함되어야 하며 참여기관은 교통안전이라는 목적보다는 조직의 존속성에 더 집중해야 한다.

㉰ 운전적성이란 자동차운전을 안전하고 능숙하게 하는 능력을 말한다.

㉱ 자동화된 안전관리체계란 관리활동에서의 Feed Back System(피드백시스템 ; 자동환류체계)이며 사고에 즉응하여 자동적으로 반응하는 체계를 말한다.

㉯ 교통안전조직은 교통안전에 참여하는 모든 기관이 포함되어야 하며 참여기관은 교통안전이라는 목적을 실현하기 위하여 유기적으로 결합되고 조직화되어야 한다.

19 의사결정과 의사소통에 대한 설명으로 다음 중 잘못된 것은?

㉮ 둘 모두 다 조직관리와 관련이 있다.

㉯ 둘 모두 다 구성원 간의 커뮤니케이션이 필요하다고 할 것이다.

㉰ 현장에서 작업을 하거나 업무를 수행하는 데에서 생기는 여러 문제점들을 해결하는 것과 관련된 의사결정을 하는 계층은 최고경영층이다.

㉱ 의사소통은 공식적 의사소통과 비공식 의사소통으로 분류할 수 있다.

❋ 의사결정의 계층별 유형
1. 최고경영층(사장, CEO) : 조직 전체와 관련된 총괄적이고 종합적인 의사결정 및 경영전략과 관련한 의사결정
2. 중간관리층(부장, 과장) : 최고경영층에서 설정한 조직 전체의 목표와 방향을 성공적으로 수행하기 위하여 각 부서에서 어떠한 역할과 활동을 해야 하는지에 대한 의사결정
3. 현장관리층(팀장, 대리) : 현장에서 작업을 하거나 업무를 수행하는 데에서 생기는 여러 문제점들을 해결하는 것과 관련된 의사결정

20 다음 중 산업재해예방과 관련한 하인리히법칙에 대한 설명으로 잘못된 것은?

㉮ 하인리히 법칙(Heinrich's law)은 한 번의 큰 재해가 있기 전에 그와 관련된 작은 사고나 징후들이 먼저 일어난다는 법칙이다.

㉯ 큰 재해와 작은 재해, 사소한 사고의 발생 비율이 1 : 29 : 300이라는 점에서 '1 : 29 : 300 법칙'으로 부르기도 한다.

㉰ 하인리히 법칙은 산업 재해 예방을 포함해 각종 사고나 사회적·경제적 위기 등을 설명하기 위해 의미를 확장해 해석하는 경우도 있다.

㉱ 하인리히는 이 조사 결과를 바탕으로 큰 재해는 우연히 발생하는 것이며, 반드시 그 전에 사소한 사고 등의 징후가 있는 것은 아니라는 것을 실증적으로 밝혀내었다.

하인리히 법칙(Heinrich's law)은 한 번의 큰 재해가 있기 전에 그와 관련된 작은 사고나 징후들이 먼저 일어난다는 법칙이다. 큰 재해와 작은 재해, 사소한 사고의 발생 비율이 1 : 29 : 300이라는 점에서 1 : 29 : 300 법칙으로 부르기도 한다. 하인리히 법칙은 사소한 문제를 내버려둘 경우, 대형 사고로 이어질 수 있다는 점을 밝혀낸 것으로 산업 재해 예방을 위해 중요하게 여겨지는 개념이다. 즉 하인리히는 이 조사 결과를 바탕으로 큰 재해가 우연히 발생하는 것이 아니라, 반드시 그 전에 사소한 사고 등의 징후가 있다는 것을 실증적으로 밝혀내었다고 할 수 있다.

21 운전자가 정보를 수집하고 행동을 결정하며 실행 후 확인과정을 의미하는 것은?

㉮ 행동반응　　　　　　　　　㉯ 인지반응
㉰ 상황반응　　　　　　　　　㉱ 교통반응

정답　19. ㉰　20. ㉱　21. ㉱

교통반응은 운전자가 정보를 수집하고 행동을 결정하며 실행 후 확인하는 것을 의미한다.

22 다음 중 교통사고에 대해 직간접적으로 가장 큰 영향을 주는 것으로 볼 수 있는 것은?

㉮ 교통안전에 대한 운전자의 인식 ㉯ 교통시설
㉰ 교통환경 ㉱ 교통수단

 운전자의 사고요인을 교통법규위반 형태로 분류해 보면 안전운전불이행이 전체 교통사고의 61.3%로 절반이상을 차지하고 있으며 중앙선침범 6.5%, 신호위반 6.3%, 안전거리미확보 5.8%, 교차로통행방법위반 5.4%, 보행자보호의무위반 2.7% 순으로 발생하고 있다. 이러한 통계는 운전에 필요한 도로교통정보의 약 90% 이상을 운전자의 눈을 통해 시각적으로 얻어지기 때문에 인간요인, 즉 운전자요인 중에서도 대부분의 사고는 전방주시태만 등의 안전운전불이행이 주요한 요인으로 작용하고 있다.

23 다음 중 교통사고 발생의 잠재요인으로 가장 볼 수 없는 것은?

㉮ 교통시설 ㉯ 인구통계학적요인
㉰ 성격요인 ㉱ 음주운전

 교통사고의 원인(causes)은 충돌·손상·피해 등 사고의 직접적인 결과를 양산하지만 요인(factor)은 사고의 잠재적인 가능성이 있을 뿐 반드시 사고의 결과를 발생시키지는 않는다. 따라서 교통사고의 발생원인과 발생가능성이 있는 요인과는 구분할 필요가 있다. 예를 들면 음주운전이나 졸음운전도 사고의 잠재적인 요인이 될 수 있으나 반드시 사고의 원인이 되는 것은 아니다. 교통사고는 사람과 차량, 도로환경의 3요소로 구성되기 때문에 교통사고의 원인도 인간요인과 도로환경요인 그리고 차량요인이 개별적 또는 유기적으로 결합되어 발생하게 된다. 또한 이러한 3가지 요인 중 운전자의 발견지연이나 부주의 등 인간요인이 교통사고 원인의 대부분을 차지하고 있다.

24 교통안전의 증진을 위한 3E에 해당하지 않는 것은?

㉮ 공학(Engineering) ㉯ 단속(Enforcement)
㉰ 협력(Effort) ㉱ 교육(Education)

 3E란 하인리히가 재해예방의 중요 요소로 주장한 것으로 기술(Engineering), 교육(Education), 규제(Enforcement)를 말한다.

정답 22. ㉮ 23. ㉯ 24. ㉰

 **2019년 11월 3일 출제복원문제**

01 다음 중 교통안전관리의 목표로 가장 부적합한 것은?

㉮ 교통안전의 확보
㉯ 수송효율의 향상
㉰ 주택보급의 확대
㉱ 교통수단운영자의 이익증대

 교통안전관리의 목표는 국민복지증진을 위한 교통안전의 확보라고 할 수 있으며 교통안전관리의 궁극적인 가치는 복지사회의 실현이고, 복지사회의 실현을 위해서는 교통의 효율화, 주택보급의 확대, 생산성의 향상, 여가시설의 충실화 등이 달성되어야 한다고 할 것이다.

02 다음 중 교통안전관리의 단계를 바르게 나열한 것은?

㉮ 준비단계 ⇨ 조사단계 ⇨ 계획단계 ⇨ 설득단계 ⇨ 교육훈련단계 ⇨ 확인단계
㉯ 준비단계 ⇨ 계획단계 ⇨ 설득단계 ⇨ 조사단계 ⇨ 교육훈련단계 ⇨ 확인단계
㉰ 조사단계 ⇨ 준비단계 ⇨ 계획단계 ⇨ 확인단계 ⇨ 교육훈련단계 ⇨ 설득단계
㉱ 교육훈련단계 ⇨ 준비단계 ⇨ 계획단계 ⇨ 설득단계 ⇨ 조사단계 ⇨ 확인단계

 ※ **교통안전관리의 단계**
1. 준비단계
   안전관리의 준비로써 전문잡지 및 도서의 이용, 회의 및 세미나참석, 각종 안전기구의 활동에 참석하는 것 등이 포함된다.
2. 조사단계
   조사는 대체로 사고기록을 철저히 기록함으로써 시작된다. 또한 작업장, 사고현장 등을 방문하여 안전지시, 일상적인 감독상태 등을 점검하여야 한다.
3. 계획단계
   안전관리자는 대안들을 분석하여 바람직한 행동계획을 수립해야 한다. 여기에는 운전습관, 감독, 근무환경 등의 개선이 필요하게 될 것이다.
4. 설득단계
   안전관리자는 최고 경영진에게 가장 효과적인 안전관리방안을 제시해 주어야 한다.
5. 교육훈련단계
   경영진으로부터 새로운 제도에 대한 승인을 얻고 나면 종업원들을 교육·훈련시켜야 한다.
6. 확인단계
   안전제도는 한번 시행된 후에는 정기적인 확인을 필요로 한다. 이러한 확인은 단순할 수도 있고 심층적일 수도 있다.

정답 01. ㉱ 02. ㉮

03 교통안전관리의 단계 중 작업장, 사고현장 등을 방문하여 안전지시, 일상적인 감독상태 등을 점검하는 단계에 해당하는 것은?

㉮ 준비단계 ㉯ 조사단계
㉰ 계획단계 ㉱ 설득단계

조사단계에서 조사는 대체로 사고기록을 철저히 기록함으로써 시작되며 작업장 및 사고현장 등을 방문하여 안전지시나 일상적인 감독상태 등을 점검하여야 한다.

04 다음 중 교통안전관련 현장안전회의의 단계로서 적당한 것은?

㉮ 도입 ⇨ 운행지시 ⇨ 점검정비 ⇨ 위험예지 ⇨ 확인
㉯ 위험예지 ⇨ 도입 ⇨ 운행지시 ⇨ 점검정비 ⇨ 확인
㉰ 도입 ⇨ 점검정비 ⇨ 운행지시 ⇨ 위험예지 ⇨ 확인
㉱ 위험예지 ⇨ 확인 ⇨ 도입 ⇨ 점검정비 ⇨ 운행지시

❀ 현장안전회의
1. 개 념
   현장안전회의란 직장에서 행하는 안전미팅을 말한다.
2. 회의의 진행
   ① 도입(제1단계) : 직장체조, 무사고기의 게양, 인사, 목표제창으로 시작되는 단계이다.
   ② 점검정비(제2단계) : 자동차나 물품의 정비, 건강·복지 등의 점검을 하는 단계를 말한다.
   ③ 운행지시(제3단계) : 전달사항, 연락사항, 당일 기상정보와 운행시 주의사항, 안전수칙 요령주지, 위험장소의 지정, 운행경로의 명시 등이 이루어지는 단계이다.
   ④ 위험예지(제4단계) : 당일 운행에 관한 위험을 가상한 위험예측활동과 위험예지훈련이 이루어지는 단계이다.
   ⑤ 확인(제5단계) : 위험에 대한 대책과 팀목표의 확인이 이루어지는 단계이다. 예컨대, "오늘도 안전운행, 무사고 좋아" 등

05 교육계획의 수립단계는 조사단계, 계획단계, 실행단계로 구성된다. 다음 중 조사단계에 해당하지 않는 것은?

㉮ 교육대상자분석 ㉯ 환경분석
㉰ 직무분석 ㉱ 교육프로그램의 효과성 검토

■ 조사단계에는 교육대상자분석, 환경분석 그리고 직무분석이 포함된다.
  ① 요구분석에서는 성취해야 할 바람직한 목표수준과 현재 학습자들이 지니고 있는 능력수준 간의 차이를 분석하고, 그 결과에 기초하여 적정한 학습목표를 설정하게 된다.
  ② 교육대상자분석에서는 교육대상자의 일반적 특성, 출발점 능력 등을 분석한다.

정답 03. ㉯ 04. ㉰ 05. ㉱

③ 환경분석에서는 새로운 지식, 기능, 태도를 획득하게 되는 학습환경을 분석하고 획득한 지식, 기능, 태도를 활용하게 되는 수행환경을 분석한다.
④ 직무분석에서는 과제의 구성요소, 즉 지식, 기능, 태도가 무엇인지를 파악하고 그들간의 관련성을 확인한다.

06 다음 중 운전자교육의 1단계의 내용으로 적합한 것은?

㉮ 상호간 신뢰관계의 형성
㉯ 교육의 실행
㉰ 실행교육기법의 평가
㉱ 교육에 대한 ROI(return of investment)분석

07 다음 중 합리적인 의사결정을 위한 의사결정과정을 바르게 나열한 것은?

㉮ 문제의 인식 – 정보의 수집·분석 – 대안의 탐색 및 평가 – 대안 선택 – 실행 – 결과평가
㉯ 문제의 인식 – 대안의 탐색 및 평가 – 정보의 수집·분석 – 대안 선택 – 실행 – 결과평가
㉰ 문제의 인식 – 대안의 탐색 및 평가 – 대안 선택 – 정보의 수집·분석 – 실행 – 결과평가
㉱ 문제의 인식 – 대안 선택 – 대안의 탐색 및 평가 – 정보의 수집·분석 – 실행 – 결과평가

 합리적인 의사결정과정 : 문제의 인식 → 정보의 수집·분석 → 대안의 탐색 및 평가 → 대안 선택 → 실행 → 평가

08 다음 중 교통사고의 3대 요인으로 볼 수 없는 것은?

㉮ 인적 요인   ㉯ 환경적 요인
㉰ 차량적 요인 ㉱ 문화적 요인

 교통사고의 요인별 분류에는 인적 요인, 환경적 요인, 차량적(운반구) 요인이 있다.

정답 06. ㉮ 07. ㉮ 08. ㉱

09 산업재해예방과 관련한 하인리히 법칙(1 : 29 : 300 법칙)에서 29가 의미하는 것은?

㉮ 큰 재해의 발생비율 ㉯ 작은 재해의 발생비율
㉰ 중대한 사고의 발생 비율 ㉱ 사소한 사고의 발생 비율

하인리히 법칙(Heinrich's law)은 한 번의 큰 재해가 있기 전에, 그와 관련된 작은 사고나 징후들이 먼저 일어난다는 법칙이다. 큰 재해와 작은 재해, 사소한 사고의 발생 비율이 1 : 29 : 300 이라는 점에서 '1 : 29 : 300 법칙'으로 부르기도 한다. 하인리히 법칙은 사소한 문제를 내버려 둘 경우, 대형 사고로 이어질 수 있다는 점을 밝혀낸 것으로 산업 재해 예방을 위해 중요하게 여겨지는 개념이다.

10 운전자가 위험을 인식하고 브레이크가 실제로 작동하기까지 걸리는 시간을 의미하는 것은?

㉮ 정지거리 ㉯ 공주거리
㉰ 원심력 ㉱ 제동거리

운전자가 보행자나 정지 표시 등 위험을 시각적으로 인식하고 상황에 대처하여 특정 동작을 실행하는 데까지는 일정한 시간이 걸린다. 여기서 지각 지연 시간은 위험 상황을 시각적으로 받아들인 후 위험하다는 것을 이해하는 데 걸리는 시간이다. 그리고 반응 지연 시간은 상황에 맞는 행동을 결정하고 실제로 그 행동을 수행하는 데 걸리는 시간이다. 자동차의 경우, 이 시간 동안 자동차는 처음 속력 그대로 진행할 수밖에 없다. 또한 브레이크를 밟았다고 하더라도 브레이크의 유격 등에 의해 실제로 브레이크가 작동하기까지는 시간이 지연된다. 이렇게 운전자가 위험을 인식하고 브레이크가 실제로 작동하기까지 걸리는 시간 지연을 공주시간(空走時間)이라 하고, 그 시간 동안 진행한 거리를 공주 거리라고 한다.

11 교통사고예방을 위한 접근방법 중 안전관리규정 등을 제정하여 교통사고를 예방하는 접근방법에 해당하는 것은?

㉮ 기술적 접근방법 ㉯ 관리적 접근방법
㉰ 제도적 접근방법 ㉱ 환경적 접근방법

❀ **사고예방을 위한 접근방법**
첫째, 기술적 접근방법(외적 표현)
　① 교통기관의 기술개발을 통하여 안전도를 향상시키는 것이다.
　② 하드웨어의 개발을 통한 안전의 확보라고 할 수 있다.
　③ 운반구 및 동력제작의 기술발전이 교통수단의 안전도를 향상시킨다.
　④ 교통수단을 조작하는 교통종사원의 기술숙련도 향상을 통한 안전운행 역시 기술적 접근방법이라 할 수 있다.

정답　09. ㉯　10. ㉯　11. ㉰

둘째, 관리적 접근방법(정신적·내적 표현)
　① 교통의 기술면에서 교통기관을 효율적으로 관리하고 통제할 수 있도록 적합시키는 방법론이다.
　② 경영관리기법을 통한 전사적 안전관리, 통계학을 이용한 사고유형 또는 원인의 분석, 품질관리기법을 원용한 통계적 관리기법, 인간형태학적 접근, 인체생리학적 접근 등이다.
셋째, 제도적 접근방법
　① 제도적 접근방법은 기술적(하드웨어) 접근방법이나 관리적 접근방법을 통하여 개발된 기법의 효율성을 제고하기 위하여 제도적 장치를 마련하는 행위이다.
　② 법령(안전관리규정 등)의 제정을 통한 안전기준의 마련이나 안전수칙 또는 원칙을 정하여 준수토록 하면서 제도적으로 안전을 확보하고자 하는 것이다.
　③ 제도적 접근방법은 기술적·관리적인 면에서 개발된 기법을 효율성있게 제고하기 위한 행위이다.

12 다음 중 교통안전관리규정에 포함될 내용이 아닌 것은?

㉮ 보행자의 통행방법에 관한 사항
㉯ 교통수단의 관리에 관한 사항
㉰ 교통안전의 교육·훈련에 관한 사항
㉱ 교통사고 원인의 조사·보고 및 처리에 관한 사항

- 교통안전법 제21조(교통시설설치·관리자등의 교통안전관리규정) ① 대통령령으로 정하는 교통시설설치·관리자 및 교통수단운영자는 그가 설치·관리하거나 운영하는 교통시설 또는 교통수단과 관련된 교통안전을 확보하기 위하여 다음 각 호의 사항을 포함한 규정을 정하여 관할교통행정기관에 제출하여야 한다. 이를 변경한 때에도 또한 같다.
  1. 교통안전의 경영지침에 관한 사항
  2. 교통안전목표 수립에 관한 사항
  3. 교통안전 관련 조직에 관한 사항
  4. 제54조의2에 따른 교통안전담당자 지정에 관한 사항
  5. 안전관리대책의 수립 및 추진에 관한 사항
  6. 그 밖에 교통안전에 관한 중요 사항으로서 대통령령이 정하는 사항

- 교통안전법 시행령 제18조(교통안전관리규정에 포함할 사항) 법 제21조 제1항 제6호에서 "대통령령이 정하는 사항"이란 다음 각 호의 사항을 말한다.
  1. 교통안전과 관련된 자료·통계 및 정보의 보관·관리에 관한 사항
  2. 교통시설의 안전성 평가에 관한 사항
  3. 사업장에 있는 교통안전 관련 시설 및 장비에 관한 사항
  4. 교통수단의 관리에 관한 사항
  5. 교통업무에 종사하는 자의 관리에 관한 사항
  6. 교통안전의 교육·훈련에 관한 사항
  7. 교통사고 원인의 조사·보고 및 처리에 관한 사항
  8. 그 밖에 교통안전관리를 위하여 국토교통부장관이 따로 정하는 사항

정답 12. ㉮

13 다음 중 운전피로에 관한 설명으로 바르지 못한 것은?

㉮ 피로한 상태에서 핸들을 잡으면 운전에 악영향을 미치어 사고의 원인을 제공한다.
㉯ 피로가 누적되면 상황에 대한 인지능력이 떨어져 주의력이나 판단력의 저하된다.
㉰ 한정된 공간과 앉은 자세에서 계속적으로 손과 발만을 사용함으로서 발생하는 피로는 심리적 피로이다.
㉱ 피로가 누적되면 초조해지거나 사소한 일에도 신경질적인 경향으로 인해 난폭운전을 하기 쉽다.

㉰ 운전작업에 있어서 "인지→판단"의 작업은 운전자들에게 심리적 피로를 유발시키고, 자동차의 "조작"은 물리적 피로를 발생시키게 된다. 따라서 한정된 공간과 앉은 자세에서 계속적으로 손과 발만을 사용함으로서 발생하는 피로는 물리적 피로라고 볼 수 있다.

❀ **피로가 운전에 미치는 영향**
① 피로한 상태에서 핸들을 잡으면 운전에 악영향을 미치어 사고의 원인을 제공한다.
② 피로가 누적되면 상황에 대한 인지능력이 떨어져 주의력이나 판단력의 저하로 판단착오가 증가한다.
③ 주행 중 핸들 및 브레이크 조작 등의 실수로 정확성이 떨어지며, 반응시간이 지연되기 쉽다.
④ 주행이 의식이 멍하거나 졸리는 현상이 발생한다.
⑤ 초조해지거나 사소한 일에도 신경질적인 경향으로 인해 난폭운전을 하기 쉽다.

14 다음 중 교통안전관리자의 직무내용으로 볼 수 없는 것은?

㉮ 교통안전관리규정의 시행
㉯ 교통수단의 운행과 관련된 안전점검의 지도 및 감독
㉰ 교통사고원인조사·분석 및 기록 유지
㉱ 교통사고 발생시 손해배상책임

❀ **교통안전관리자의 직무**
1. 교통안전관리규정의 시행 및 그 기록의 작성·보존
2. 교통수단의 운행·운항 또는 항행과 관련된 안전점검의 지도 및 감독
3. 도로조건, 선로조건, 항로조건 및 기상조건에 따른 안전 운행에 필요한 조치
4. 교통수단 차량을 운전하는자등의 운행 중 근무상태 파악 및 교통안전 교육·훈련의 실시
5. 교통사고원인조사·분석 및 기록 유지
6. 교통수단의 운행상황 또는 교통사고상황이 기록된 운행기록지 또는 기억장치 등의 점검 및 관리

정답 13. ㉰ 14. ㉱

15 다음 중 괄호 안에 들어갈 용어로 적당한 것은?

> (　　)으로 지식과 정보가 쌓이며, (　　)으로 일정수준에까지 순응시키며 (　　)로 통솔하에 이끌게 된다.

㉮ 교육, 훈련, 지도　　㉯ 훈련, 교육, 지도
㉰ 지도, 훈련, 교육　　㉱ 교육, 지도, 훈련

교육을 받게 되면 지식과 정보가 축적되고, 훈련은 일정한 기능이나 행동 등을 획득하기 위해 되풀이하는 실천적 교육활동으로 운전자를 일정수준까지 순응하게 할 수 있다. 지도는 운전자에게 안전운전을 가르쳐 이끄는 것이다.

16 다음 중 10명 내외의 소집단교육기법에 해당하지 않는 것은?

㉮ 사례연구법　　㉯ 분할연기법
㉰ 밀봉토의법　　㉱ 카운슬링

소집단교육이란 10명 전후의 소집단을 대상으로 실시하는 교육을 말한다.
1) 사례연구법
　사례연구법의 실시순서는 보통 다음과 같이 이루어진다.
　① 5분 정도의 사례제시
　② 35분간의 사실확정
　③ 20분간 문제점발견
　④ 20분간 원인분석
　⑤ 20분간 대책의 결정
　⑥ 20분간 평가
2) 과제연구법
　보통 세미나방식이라고도 하며 이 방법에서 중요한 역할을 하는 자는 보고자와 조언자이다. 그러나 조언자가 반드시 외부인일 필요는 없다.
3) 분할연기법
　소집단 구성원들에게 서로 다른 역할의 연기를 시킴으로써 하나의 문제에 대한 지식·태도를 체득시키는 방법이다.
4) 밀봉토의법(6·6방식)
　6명의 구성원이 각자 1분씩, 합계 6분간에 마치 꿀벌이 꿀을 모으듯 대화하게 하는 방법이다.
5) 패널 디스커션(panal discussion)
　몇 명의 선발된 사람들이 토론을 통해 문제를 다각도로 검토하는 방법이다.
6) 그 외에 공개토론법, 발견적 토의법, 심포지엄 등이 있다.

정답　15. ㉮　16. ㉱

17 다음의 교육기법 중 집합교육의 형태로 볼 수 없는 것은?

㉮ 강의 ㉯ 토론
㉰ 멘토링 ㉱ 실습

집합교육이란 일정한 장소에 피교육자를 모이게 한 후 집단 전체를 대상으로 실시하는 교육훈련을 말하며 ① 강의 ② 시범 ③ 토론 ④ 실습 등이 있다. 멘토링(mentoring) 및 코칭(coaching)이나 카운슬링(counseling)은 개별교육에 속한다.
특히 멘토링(mentoring)의 개념이 중요한 바 멘토링(mentoring)은 조직 내에서 상급자(mentor)와 하급자(protege 또는 protegee)간의 강력하고도 지속적인 관계발전을 조정하거나 유지시키는 일련의 과정을 의미한다. 선진국에서는 이미 일반화 되어 있는 개념이고 그 효과가 긍정적으로 밝혀지고 있다. 멘토링은 상·하급자간의 관계에 관한 것이지만 시간차원에서 볼 때 장기적인 관계에 초점을 주고 있는 측면에서 공식적 경력개발 프로그램과 유사하나 보다 미시적인 상·하간의 교류에 중점을 둔다는 측면에서 공식적 경력프로그램과는 구별된다.

18 여러 사람이 모여 자유로운 발상으로 아이디어를 내는 아이디어 창조기법에 해당하는 것은?

㉮ 브레인스토밍(Brain storming) 방법
㉯ 시그니피컨트(Significant) 방법
㉰ 노모그램(Nomogram) 방법
㉱ 바이오닉스(Bionics) 방법

브레인 스토밍(brain storming)이란 여러 사람이 모여 자유로운 발상으로 아이디어를 내는 아이디어 창조 기법이다. 정상적인 사고방식으로는 내기 어려운 기발하고 독창적인 아이디어를 도출하는 데 목적이 있다. 한 사람씩 돌아가며 자신의 아이디어를 말하는데 듣는 사람은 그 아이디어를 토대로 자유롭게 발전시키는 것이 이 방법의 요체다. 많은 아이디어가 발표되기 전까지 판단을 보류하고, 질보다 양을 우선시하며, 의외의 아이디어까지 수용하고, 아이디어를 자유롭게 변형하는 식으로 진행된다. 자유롭고 분방한 분위기가 매우 중요하며 일반적으로 사회자와 기록자가 있다. 참가하는 인원은 7명 정도가 적당하고 참여자 출신은 다양한 것이 좋다.

19 교통사고 후의 손해배상액 산정과 관련하여 다음 중 옳은 것은?

㉮ 보험회사가 임의적으로 손해배상액을 산정한다.
㉯ 당사자간의 합의에 의해서만 손해배상액의 산정이 가능하다.
㉰ 일실이익은 교통사고 후의 손해배상액 산정에 있어서 고려하지 않는다.
㉱ 자동차사고로 인한 손해액은 주로 재산적 손해와 정신적 손해로 나뉜다.

정답 17. ㉰ 18. ㉮ 19. ㉱

교통사고로 인하여 사망 또는 부상의 피해를 입은 자는 민법 및 자동차손해배상보장법에 의하여 가해차량의 운전자 또는 소유자에게 손해배상을 청구할 수 있다. 가해차량이 자동차보험에 가입되어 있을 경우 상법 제724조 제2항에 의거하여 보험금액의 한도 내에서 자동차보험사에 직접 보상을 청구할 수 있다. 자동차사고로 인한 손해액은 주로 재산적 손해와 정신적 손해로 나뉜다. 정신적 손해는 통상적으로 이에 대한 금전적 손해배상인 위자료로써 보상되며, 위자료 액수를 산정함에 있어서는 피해자의 연령, 직업, 사회적 지위, 재산 및 생활상태, 피해로 입은 고통의 정도, 피해자의 과실 정도, 가해행위의 동기, 원인 및 사고 후의 가해자의 태도 등을 종합하여 참작한다. 재산적 손해는 적극적 손해와 소극적 손해로 다시 나뉘어지는데, 적극적 손해는 지급치료비, 장례비 등 사고로 인하여 피해자가 지출한 금원에 해당하는 손해액에 해당하며, 소극적 손해는 후유장해로 인한 노동능력 상실 등으로 인해 장래의 이익의 획득이 방해됨으로써 받는 손실을 뜻한다. 특히 소극적 손해는 자동차사고로 인한 신체사고에 대한 손해배상 사건의 경우 손해액의 대부분을 차지하므로 소극적 손해액이 얼마로 산정되어야 하는지에 대하여 사고 당사자 간에 첨예한 의견 대립이 이루어지는 것이 보통이다. 소극적 손해액은 피해자가 사고를 입지 아니하였다면 얻었을 사고 시부터 가동연한까지의 총 소득액에 사고로 인한 노동능력상실률을 곱하여 산정되며, 그중 가동연한에 관하여 최근 대법원은 일용노동자의 가동연한을 60세까지로 인정하였던 기존 판결을 폐기하고 이를 65세까지로 연장하는 전원합의체 판결을 내린 바 있다.

20 인적평가와 관련 발생가능한 오류에 대한 설명으로 틀린 것은?

㉮ 상관적 편견 : 평가자가 관련성이 없는 평가항목들 간에 높은 상관성을 인지하거나 또는 이들을 구분할 수 없어서 유사·동일하게 인지할 때 발생

㉯ 후광효과 : 피고과자를 실제보다 과대 혹은 과소평가하는 것으로서 집단의 평가결과가 한쪽으로 치우치는 경향

㉰ 상동적 오류 : 타인에 대한 평가가 그가 속한 사회적 집단에 대한 지각을 기초로 해서 이루어지는 것

㉱ 투사 : 자기 자신의 특성이나 관점을 다른 사람에게 전가시키는 것

㉯ 후광효과는 한 분야에 있어서 어떤 사람에 대한 호의적인 태도가 다른 분야에 있어서의 그 사람에 대한 평가에 영향을 주는 것을 말한다. 예컨대 판단력이 좋은 것으로 인식되어 있으면 책임감 및 능력도 좋은 것으로 판단하는 것을 말한다. 피고과자를 실제보다 과대 혹은 과소평가하는 것으로서 집단의 평가결과가 한쪽으로 치우치는 경향은 관대화경향의 오류에 속한다.

㉮ 상관적 편견은 평가자가 관련성이 없는 평가항목들 간에 높은 상관성을 인지하거나 또는 이들을 구분할 수 없어서 유사·동일하게 인지할 때 발생한다.

㉰ 상동적 오류는 타인에 대한 평가가 그가 속한 사회적 집단에 대한 지각을 기초로 해서 이루어지는 것을 말한다. 예컨대, 어느 지역출신 또는 어느 학교출신이기 때문에 어떠할 것이라고 판단하는 것을 말한다.

㉱ 자기 자신의 특성이나 관점을 다른 사람에게 전가시키는 것을 투사 또는 주관의 객관화라 한다. 이러한 투사는 인사고과의 결과에 대한 왜곡현상을 유발하여 오류가 발생한다.

정답 20. ㉯

21 다음 중 고령운전자의 특징이 아닌 것은?

㉮ 순발력의 저하 ㉯ 청력약화
㉰ 시력감퇴 ㉱ 민첩성의 확보

❀ 고령 운전자의 시각적 특성
1. 50세를 넘기면 시각, 청각, 지각 등의 감각능력이 감소하기 시작
2. 운전자가 받아들이는 정보의 약 80% 이상이 시각정보인데, 시각적 감도는 50대에 가장 많이 감소
3. 고령화에 따라 색 식별 기능이 저하되고 망막에 도달하는 빛의 양이 감소하여 물체식별 능력이 저하
4. 빠르게 움직이는 차량에 대한 정확한 인지가 저하
5. 눈부심 현상은 60대가 20대에 비해 약 3배 이상 증가하고 야간 눈부심 현상 회복에 더 많은 시간이 소요됨
6. 50세에는 수평 시야각이 170도에서 140도까지 낮아져 운전 중 주변인지 범위가 좁아짐

22 다음 중 음주운전자의 특성으로 볼 수 없는 것은?

㉮ 신체기능의 원활 ㉯ 충동성
㉰ 공격성 ㉱ 비순응성

음주운전자의 특성으로는 과활동성, 충동성, 공격성, 반사회성 등을 의미하는 행동 통제의 부족, 우울이나 불안 등 부정적 정서를 경험하는 상태를 의미하는 부정적 정서성, 권위와의 갈등, 비순응성 등이 있다.

23 다음 중 사고다발자의 일반적인 특성으로 볼 수 없는 것은?

㉮ 충동을 제어하지 못하여 조기 반응을 나타낸다.
㉯ 자극에 민감한 경향을 보이고 흥분을 잘한다.
㉰ 호탕하고 개방적이어서 인간관계에 있어서 협조적 태도를 보인다.
㉱ 정서적으로는 충동적이다.

사고다발자는 정서적으로 충동적이며 자극에 민감하고 흥분을 잘하며 주관적 판단과 자기통제력이 박약하다고 할 것이다.

정답 21. ㉱ 22. ㉮ 23. ㉰

24 운전자의 시력 관련 정보입수범위와 직접적으로 관련되어 있는 것이 아닌 것은?

㉮ 물체의 밝기 ㉯ 주의와의 대비
㉰ 운전자의 상대 속도 ㉱ 운전자의 성별

운전자의 시력관련 정보입수범위는 물체의 밝기, 주의와의 대비, 조명정도, 운전자의 상대 속도 등에 따라 결정된다. 물체를 가장 명확히 볼 수 있는 곳은 시선의 중심선으로부터 양방향 3도 이내이며, 중심선으로부터 약 10도까지는 비교적 양호하게 볼 수 있다. 또한 동체시력은 움직이면서 물체를 보거나 움직이는 물체를 볼 때의 시력을 말하는데 통상 정지시력의 30~40% 정도이다. 즉 시력이 1.2를 갖고 있는 사람이 60Km/h의 속도로 운전할 때는 0.7의 시력과 동일하고, 같은 1.2시력이라도 100Km/h로 운전할 때는 0.4의 시력과 동일하게 된다.

25 도로에서의 운전자의 시력과 관련된 설명으로 다음 중 틀린 것은?

㉮ 야간에 전조등을 깜빡거림으로서 다른 운전자의 운전에 도움을 줄 수 있다.
㉯ 주간에도 전조등을 키고 운행해야하는 경우가 있다.
㉰ 맞은 편에서 자동차가 오거나 바로 앞에 다른 자동차가 주행하고 있을 때는 반드시 상향등을 켜서 다른 운전자의 시야에 도움을 주어야 한다.
㉱ 동체시력은 동일한 조건하에서의 정지시력보다 저하된다.

㉰ 상향등은 전조등의 빛을 비추는 각도가 높아 야간 운행 시 더 넓은 면적에 빛을 비출 수 있지만, 빛을 비추는 각도가 높아지는 만큼 다른 운전자의 눈부심을 유발하여 사고가 일어날 수 있다. 상향등 점등이 필요할 경우, 맞은편에서 자동차가 오거나 바로 앞에 다른 자동차가 주행하고 있을 때는 반드시 상향등을 꺼서 다른 운전자의 시야를 방해하지 않도록 해야 한다.
㉱ 시력은 정지 상태에서 대상물을 보는 정지시력(靜止視力)과 움직이는 대상물을 보는 동체시력(動體視力, 또는 이동시력)으로 구분되는데 움직이는 물체 또는 움직이면서 물체나 상황을 바라볼 때의 동체시력은 동일한 조건하에서의 정지시력보다 저하된다. 즉 정지시력이 1.0인 사람이 이동 상황에서는 1.0 이하로 떨어진다는 것이다. 당연히 운전자의 시력은 동체시력에 속한다.

정답 24. ㉱ 25. ㉰

2020년 11월 1일 출제복원문제

01 교통안전관리의 목표로 볼 수 없는 것은?

㉮ 교통의 효율화
㉯ 여가시설의 충실화
㉰ 주택보급의 확대
㉱ 교통수송량 증가

교통안전관리의 목표는 국민복지증진을 위한 교통안전의 확보라고 할 수 있으며 교통안전관리의 궁극적인 가치는 복지사회의 실현이고, 복지사회의 실현을 위해서는 교통의 효율화, 주택보급의 확대, 생산성의 향상, 여가시설의 충실화 등이 달성되어야 한다고 할 것이다.

02 교통안전관리자의 직무에 해당하지 않는 것은?

㉮ 교통안전관리규정의 시행 및 그 기록의 작성·보존
㉯ 교통시설의 조건 및 기상조건에 따른 안전 운행 등에 필요한 조치
㉰ 운행기록장치 및 차로이탈경고장치 등의 점검 및 관리
㉱ 교통수단 및 교통수단운영체계의 개선 권고

※ **교통안전담당자의 직무**
교통안전담당자의 직무는 다음과 같다(영 제44조의2 제1항).<개정 2018.12.24.>
① 교통안전관리규정의 시행 및 그 기록의 작성·보존
② 교통수단의 운행·운항 또는 항행 또는 교통시설의 운영·관리와 관련된 안전점검의 지도·감독
③ 교통시설의 조건 및 기상조건에 따른 안전 운행 등에 필요한 조치
④ 법 제24조 제1항에 따른 운전자 등의 운행 등 중 근무상태 파악 및 교통안전 교육·훈련의 실시
⑤ 교통사고 원인 조사·분석 및 기록 유지
⑥ 운행기록장치 및 차로이탈경고장치 등의 점검 및 관리

03 교통안전조직의 개념에 대한 설명으로 잘못된 것은?

㉮ 교통안전이라는 목적을 실현하기 위하여 유기적으로 결합되고 조직화되어야 한다.
㉯ 교통안전에 참여하는 모든 기관이 포함되어야 한다.
㉰ 인간을 목적달성을 위한 수단의 요소로 인식하지 않을 것.
㉱ 인간을 목적 달성의 수단으로 생각하고 한다.

정답 01. ㉱   02. ㉱   03. ㉰

교통안전조직은 교통안전에 참여하는 모든 기관이 포함되어야 하며 참여기관은 교통안전이라는 목적을 실현하기 위하여 유기적으로 결합되고 조직화되어야 한다. 교통안전법은 정부 각 부처에 분산되어 있는 교통안전업무를 종합하여 유기적이고 통일적으로 실현하기 위하여 제정된 법이며 관계기관을 통하여 교통기관에 참여하고 있는 기업체를 통제·유도하도록 하고 있다.

운수업체내에서 교통사고 방지를 위한 안전관리업무를 담당할 기구로 안전관리조직이 필요하다. 안전관리조직은 일반적인 조직론에서와 같이 라인(line)형, 스텝(staff)형, 라인스텝혼합형으로 구분할 수가 있다. 어떠한 형의 안전관리조직이건 다음과 같은 요소들이 고려되어야 한다.
1. 안전관리조직은 안전관리 목적달성의 수단이라는 것
2. 안전관리조직은 안전관리 목적달성에 지장이 없는 한 단순할 것
3. 안전관리조직은 인간을 목적달성을 위한 수단의 요소로 인식할 것
4. 안전관리조직은 구성원을 능률적으로 조절할 수 있어야 할 것
5. 안전관리조직은 그 운영자에게 통제상의 정보를 제공할 수 있어야 할 것
6. 안전관리조직은 구성원 상호간을 연결할 수 있는 공식적 조직(formal organization)이어야 할 것
7. 안전관리조직은 환경의 변화에 끊임없이 순응할 수 있는 유기체조직이어야 할 것

04 조직에서 중간관리자의 역할로 볼 수 없는 것은?

㉮ 현장 최일선의 지도자 ㉯ 상하간의 커뮤니케이션
㉰ 소관부분의 종합조정자 ㉱ 전문가로서의 역할

 관리계층은 최고관리층, 중간관리층, 하위관리층으로 나뉜다. 최고관리층은 회장, 사장, 전무, 임원 등으로 구성되고 중간관리층은 국장, 처장, 부장 등으로 구성되며 하위경영층은 과장, 계장 등으로 구성된다. 이 중 중간관리층이 하는 역할은 다음과 같다.
1. 상하간 및 부분상호간의 커뮤니케이션
2. 소관부문의 종합조정자
3. 전문가로서의 직장의 리더

05 현장안전회의에 대한 설명으로 잘못된 것은?

㉮ 직장에서 행하는 안전미팅을 말한다.
㉯ 당일 운행에 관한 위험을 가상한 위험예측활동과 위험예지훈련이 이루어지는 단계이다.
㉰ 위험에 대한 대책과 팀목표의 확인이 이루어지는 단계이다.
㉱ 업무 종료후 장시간의 회의 요구를 한다.

 ❀ 현장안전회의
1. 개 념
   현장안전회의란 직장에서 행하는 안전미팅을 말한다.
2. 회의의 진행
   ① 도입(제1단계) : 직장체조, 무사고기의 게양, 인사, 목표제창으로 시작되는 단계이다.

정답 04. ㉮ 05. ㉱

② 점검정비(제2단계) : 자동차나 물품의 정비, 건강·복지 등의 점검을 하는 단계를 말한다.
③ 운행지시(제3단계) : 전달사항, 연락사항, 당일 기상정보와 운행 시 주의사항, 안전수칙 요령주지, 위험장소의 지정, 운행경로의 명시 등이 이루어지는 단계이다.
④ 위험예지(제4단계) : 당일 운행에 관한 위험을 가상한 위험예측활동과 위험예지훈련이 이루어지는 단계이다.
⑤ 확인(제5단계) : 위험에 대한 대책과 팀목표의 확인이 이루어지는 단계이다. 예컨대, "오늘도 안전운행, 무사고 좋아" 등

06 교통안전관리의 계획수립과 관련하여 다음 중 계획단계에 해당하지 않는 것은?

㉮ 교통안전에 대한 정보의 수집
㉯ 계획의 추진일정 결정
㉰ 계획의 수립
㉱ 계획의 집행

교통안전관리자의 직무는 교통안전에 관한 계획의 수립으로부터 출발한다. 교통안전계획은 운수업체의 교통안전업무를 업체 스스로가 추진한다는 기본전제하에 교통안전관리업무의 체계화·조직화하고 추진일정을 부여하여 문서화한 것이다. 따라서 단순히 일상업무의 나열이 아닌 전체업무 속에서 교통안전업무가 유기적으로 관련을 갖도록 의도적으로 계획되어야 한다.
㉱의 계획의 집행은 계획의 수립단계가 아닌 집행단계에서 이루어지는 행위이다.

07 일상적인 감독상태 등을 점검하는 것은 안전관리의 단계 중 어느 단계에 해당하는가?

㉮ 계획단계
㉯ 준비단계
㉰ 설득단계
㉱ 조사단계

❊ 교통안전관리의 단계
1. 준비단계
   안전관리의 준비로써 전문잡지 및 도서의 이용, 회의 및 세미나참석, 각종 안전기구의 활동에 참석하는 것 등이 포함된다.
2. 조사단계
   조사는 대체로 사고기록을 철저히 기록함으로써 시작된다. 또한 작업장, 사고현장 등을 방문하여 안전지시, 일상적인 감독상태 등을 점검하여야 한다.
3. 계획단계
   안전관리자는 대안들을 분석하여 바람직한 행동계획을 수립해야 한다. 여기에는 운전습관, 감독, 근무환경 등의 개선이 필요하게 될 것이다.
4. 설득단계
   안전관리자는 최고 경영진에게 가장 효과적인 안전관리방안을 제시해 주어야 한다.
5. 교육훈련단계
   경영진으로부터 새로운 제도에 대한 승인을 얻고 나면 종업원들을 교육·훈련시켜야 한다.
6. 확인단계
   안전제도는 한번 시행된 후에는 정기적인 확인을 필요로 한다. 이러한 확인은 단순할 수도 있고 심층적일 수도 있다.

정답 06. ㉱ 07. ㉱

08 안전관리계획의 수립시 고려사항으로 올바른 것은?

㉮ 추진하고자 하는 대안을 단수로 생각한다.
㉯ 관련부서의 책임자들과 충분한 협의한다.
㉰ 승무원(운전자, 안내원)의 의견 청취를 듣지 않는다.
㉱ 현재의 상황과 예정상태를 확실하게 파악한다.

❀ **교통안전계획 수립 시 유의사항**
1. 과거의 상황과 현재상태를 확실하게 파악
2. 필요한 자료 또는 정보를 수집, 분석, 검토
3. 승무원(운전자, 안내원)의 의견 청취
4. 관련부서의 책임자들과 충분한 협의
5. 추진항목은 상황변동에 대비해서 복수 안 마련
6. 낭비방지(물자, 자금)
7. 장래조건을 예측
8. 각 시행 항목은 계획의 목표에 부합되는가 검토
9. 계획안대로 시행가능할 것인가 검토
10. 시행일정은 적절하며, 업무와 중복되는 내용은 없는가 검토

09 교통사고로 인한 피해자나 피해자 가족이 겪는 전신적인 고통의 보상해주는 것은?

㉮ 보험료   ㉯ 손해배상청구
㉰ 법원 소송   ㉱ 고통비용/위자료

10 어떤 현상이 일어날 수 있는 확률로 우발적인 변화에 기인한 고장과 부품의 마모와 결함, 노화 등의 원인에 의한 것과 관련된 이론은?

㉮ 집단의사결정   ㉯ 사고요인의 등치성
㉰ 브레인스토밍   ㉱ 욕조곡선의 원리

❀ **욕조곡선의 원리**
초기에는 부품 등 내재하는 결함, 사용자의 미숙 등으로 고장률이 높게 상승하지만 중기에는 부품의 적응 및 사용자의 숙련 등으로 고장률이 점차 감소하다가 말기에는 부품의 노화 등으로 고장률이 점차 상승한다는 원리로서 그 곡선의 형태가 욕조의 형태를 띤다고 하여 욕조곡선의 원리라고 한다. 욕조 곡선은 설계나 제조상의 결함 또는 불량 부품으로 인하여 발생하는 초기 고장 기간, 제품의 사용 조건의 우발적인 변화에 기인한 우발 고장 기간, 마모, 노화 등의 원인에 의한 마모 고장 기간으로 구분된다.

정답 08. ㉯ 09. ㉱ 10. ㉱

11 하인리히 법칙에 대한 설명으로 바르지 못한 것은?

㉮ 하인리히 법칙(Heinrich's law)은 한 번의 큰 재해가 있기 전에 그와 관련된 작은 사고나 징후들이 먼저 일어난다는 법칙이다.
㉯ 큰 재해와 작은 재해, 사소한 사고의 발생 비율이 1 : 29 : 300이라는 점에서 '1 : 29 : 300 법칙'으로 부르기도 한다.
㉰ 하인리히 법칙은 산업 재해 예방을 포함해 각종 사고나 사회적 · 경제적 위기 등을 설명하기 위해 의미를 확장해 해석하는 경우도 있다.
㉱ 하인리히는 이 조사 결과를 바탕으로 큰 재해는 우연히 발생하는 것이며, 반드시 그 전에 사소한 사고 등의 징후가 있는 것은 아니라는 것을 실증적으로 밝혀내었다.

❋ 하인리히(H. W. Heinrich)의 법칙
1930년경에 하인리히란 사람이 노동재해를 분석하면서 인간이 일으키는 같은 종류의 재해에 대하여 330건을 수집한 후 이 가운데 300건은 보통의 상해를 수반하는 재해, 29건은 가벼운 상해를 수반하는 재해, 그리고 1건은 중대한 상해를 수반하는 재해를 낳고 있다는 점을 알아냈다. 이 사실로부터 하인리히는 30건의 상해를 수반하는 재해를 방지하기 위해서는 그 하부에 있는 300건의 상해를 수반하는 재해를 제거해야 한다고 주장했다.
1 : 29 : 300이라는 수치가 과연 타당한가에 대한 의문은 있으나, 이러한 수치의 의미는 특히 사고가 발생한 후 사고방지대책을 강구하는 것이 아니라, 적극적으로 위험을 사전에 예방하려 한다는 점에서 그 중요성을 둘 수 있다.

12 경영의 활동을 여섯 가지로 구분한다. 관리활동의 단계는?

㉮ 생산, 제조, 가공   ㉯ 구매, 판매, 교환
㉰ 재산목록, 대차대조표, 원가, 통계   ㉱ 계획/조직/지휘/조정/통제

프랑스의 사업가인 앙리 페이욜(H. Fayol)은 경영의 활동을 여섯 가지로 구분한다.
① 기술활동(생산, 제조, 가공), ② 상업활동(구매, 판매, 교환), ③ 재무활동(자본의 조달고 운영), ④ 보호활동(재화와 종업원의 보호), ⑤ 회계활동(재산목록, 대차대조표, 원가, 통계), ⑥ 관리활동(계획, 조직, 지휘, 조정, 통제) 등이 그것이다.

13 차량의 브레이크가 작동하여 차가 완전히 정지할 때까지의 차가 움직인 거리는?

㉮ 정지거리   ㉯ 제동거리
㉰ 공주거리   ㉱ 반응거리

공주거리란 운전자가 위험을 인지하고 브레이크를 조작하여 차가 제동되기 전까지 움직인 거리를 말하고, 제동거리란 차량이 실제 브레이크의 압력에 의해 제동되어 정지할 때까지 진행한 거리를 말한다. 정지거리는 공주거리+제동거리이다.

정답 11. ㉱ 12. ㉱ 13. ㉮

14 시각특성과 도로를 주행하는 관계에 대한 설명으로 틀린 것은?

㉮ 전방주시를 집중하는 것은 안전운전을 실천하는 데 있다.
㉯ 운전에 필요한 교통정보의 약 90% 이상이 운전자의 눈을 통해 시각적으로 얻어지기 때문이다.
㉰ 전방주시 태만이라는 운전자 행위가 직접 또는 간접적으로 연관되어 있다.
㉱ 속도가 빠를수록 시야도 넓어진다.

교통사고의 원인을 흔히 운전자와 차량, 도로환경의 3가지 요인으로 구분하는데 그 중에서 가장 큰 비중을 차지하는 것이 운전자 요인이라는 것은 잘 알려진 사실이다. 운전자는 차량 운행의 주체이므로 당연히 운전 중 이루어지는 교통상황에 대한 운전자의 인지지연이나 판단착오, 부주의 등이 사고 발생의 주된 요인이 될 수밖에 없다. 또한 운전자의 사고원인을 교통법규위반 형태로 분류해 보면 안전운전불이행 사고가 해마다 전체 교통사고의 약 60% 이상을 차지하고 있으며 안전운전불이행 사고의 대부분은 전방주시 태만이라는 운전자 행위가 직접 또는 간접적으로 연관되어 있다. 이것은 운전에 필요한 교통정보의 약 90% 이상이 운전자의 눈을 통해 시각적으로 얻어지기 때문이다. 따라서 운전자의 시력이나 시야 등의 시각특성을 바르게 이해하고 그에 따라 전방주시를 집중하는 것은 안전운전을 실천하는 데 있어 아무리 강조해도 지나치지 않는 핵심 사항이다.

❀ **운전 시계(運轉 視界)의 착각**
고속도로에서 일어나는 추돌사고는 대부분이 대형차가 일으키고 있다. 이러한 원인은 승용차와 대형차의 시계(視界) 차이 때문이다. 대형차의 운전석은 승용차의 운전석에 비하여 약 2배나 높은 위치에 있다. 따라서 대형차 운전자가 내다보는 시점은 승용차보다 약 2배나 높으므로 노면을 내려다보는 것 같이 되는 데 비하여, 승용차는 반대로 약간 쳐다보면서 먼 곳을 내다보는 것 같은 운전 자세가 된다.
이 때 대형차 운전자는 노면 부분이 넓게 보이고, 같은 거리라도 더 길게 느껴지게 되기 때문에 안전거리를 좁혀서 주행하여도 위험하다고 느끼지 않으며, 또한 안전거리를 가깝게 유지하고 주행하는 관계로 앞차가 갑자기 정지하면 추돌 사고를 일으키게 된다.

15 운전자의 시각특성에 대한 설명으로 틀린 것은?

㉮ 일몰 전보다 운전자의 시야가 50% 감소한다.
㉯ 상대방이 전조등을 켰을 때 일몰 전과 비교하여 동체시력에서의 차이는 없다.
㉰ 야간에 과속하면 저하된 시력으로 인해 주변 상황을 원활하게 보기 어렵다.
㉱ 야간 운전자의 시력과 가시거리는 물리적으로 차량의 전조등 불빛에 제한될 수밖에 없다.

야간에는 시력이 주간에 비하여 약 50% 정도 저하되기 때문에 물체를 볼 수 있는 가시거리도 더욱 짧아지며 특히 상대방이 전조등을 켰을 때 일몰 전과 비교하여 동체시력에서의 차이가 크다. 또한 야간 운전자의 시력과 가시거리는 물리적으로 차량의 전조등 불빛에 제한될 수밖에 없다. 일반적으로 전조등 불빛에 의한 전방의 유효한 가시거리는 상향등이 100~150m, 하향등이 약 40~50m이므로, 가로등이 없어 전조등 불빛으로만 주시가 가능한 지방도로에서는 전방의 도로여건이나 교통상황을 먼 거리에서 인지하기 곤란하다. 야간에 과속하면 저하된 시력으로 인해 주변 상황을 원활하게 보기 어려울 뿐만 아니라 전방에서 돌출된 위험과 마주치기라도 한다면 정지거리가 길어져 사고로 이어질 가능성이 높다는 것은 자명하다.

16 운전자의 시력에 대한 설명으로 잘못된 것은?

㉮ 암순응은 일반적으로 명순응보다 장시간 요한다.
㉯ 완전한 암순응에는 30분 혹은 그 이상 걸린다.
㉰ 명순응은 좀 더 빨라서 수초에서 1분 정도에 불과하다.
㉱ 암순응반응보다는 명순응반응시간이 더 길다.

17 교통안전표지의 설치에 대한 설명으로 잘못된 것은?

㉮ 교통안전시설은 도로이용자에 대하여 필요한 정보를 사전에 정확하게 전달해야 한다.
㉯ 도로교통법상에 규정된 신호기, 안전표지, 노면표시 등을 교통안전시설이라 한다.
㉰ 도로법 상에 규정된 도로표지와 그 밖의 도로 부대시설인 중앙분리대, 방호책, 도로반사경 등이 있다.
㉱ 표지판은 일시에 집중할 수 있도록 집중해서 설치하는 것이 좋다.

❋ **교통안전 표지**
도로교통에 관련된 안전시설에는 도로교통법상에 규정된 신호기, 안전표지, 노면표시 등과 도로법 상에 규정된 도로표지와 그 밖의 도로 부대시설인 중앙분리대, 방호책, 도로반사경 등이 있다. 이 가운데 도로교통법상에 규정된 신호기, 안전표지, 노면표시 등을 교통안전시설이라 한다. 교통안전시설은 도로이용자에 대하여 필요한 정보를 사전에 정확하게 전달하고, 또한 통일되고 균일한 행동이 이루어지도록 통제함으로써 교통의 소통을 증진하고, 도로 상의 안전을 보장하는 것이다. 이러한 교통안전시설은 권한이 있는 자에 의해서만 설치·관리되어야 하며 설치·관리 권자가 아닌 자가 임의로 설치한 교통안전시설에 대해서는 즉시 제거하여 도로이용자의 혼란을 방지해야 하고, 또한 함부로 교통안전시설을 조작, 철거, 이전하거나 망가뜨려서는 안 된다.

18 교통안전의 교수설계는 분석-설계 및 개발단계-실행단계로 구분되는바 다음 중 분석단계에 해당하지 않는 것은?

㉮ 요구 분석
㉯ 과제 분석
㉰ 환경 분석
㉱ 수행목표 명세화

정답 16. ㉱ 17. ㉱ 18. ㉱

교수설계 과정은 분석 → 설계 → 개발 → 실행 → 평가로 이루어지는데 3단계는 분석 → 설계 및 개발 → 평가이다

1. 분석 Analysis
   ① 요구 분석 : 바람직한 상태-현재의 상태 간의 차이를 분석하여 최종 교수목적을 도출하는 것
   ② 과제 분석 : 최종 목적을 달성하기 위해 필요한 지식, 기능, 태도 등이 무엇인지
   ③ 학습자 분석 : 일반적 특성, 출발점행동, 학습양식 등 학습자의 특성을 파악하는 것
   ④ 환경분석
2. 설계 Design
   ① 수행목표 명세화 : 학습자가 수업 후 할 수 있기를 기대하는 성과를 구체적인 행동 용어로 진술
   ② 평가도구 개발 : 학습자의 성취수준을 평가할 수 있는 준거지향평가 문항 개발
   ③ 교수전략 및 매체 선정 : 어떻게 가르칠까에 대한 전략과 매체 선정
3. 개발 Development
   ① 교수자료 개발
   ② 형성평가 실시 : 학생들 대상이 아닌 자료에 대한 형성평가 실시
4. 실행 Implement
   ① 교수프로그램 사용 및 질 관리 : 실제 수업에 적용해보고 계속적으로 질 관리
   ② 지원체제 강구
5. 평가 Evaluation
   총괄평가 : 교수프로그램의 효과성과 효율성을 평가

19 다음 중 괄호 안에 들어갈 용어로 적당한 것은?

> (   )으로 지식과 정보가 쌓이며, (   )으로 일정수준에까지 순응시키며 (   )로 통솔하에 이끌게 된다.

㉮ 교육, 훈련, 지도 ㉯ 훈련, 교육, 지도
㉰ 지도, 훈련, 교육 ㉱ 교육, 지도, 훈련

교육을 받게 되면 지식과 정보가 축적되고, 훈련은 일정한 기능이나 행동 등을 획득하기 위해 되풀이하는 실천적 교육활동으로 운전자를 일정수준까지 순응하게 할 수 있다. 지도는 운전자를 안전운전을 가르쳐 이끄는 것이다.

20 외부자극이 행동으로 진행되는 과정을 바르게 나열한 것은?
㉮ 식별-순응-판단-행동 ㉯ 자각-식별-판단-행동
㉰ 자각-판단-행동-식별 ㉱ 식별-자각-판단-행동

정답 19. ㉮ 20. ㉯

※ 외부자극에 의한 운전자의 지각반응시간(PIEV 4단계)
1. 지각(Perception) – 눈, 귀 등 감각기관에서 뇌로 전달하는 과정
2. 식별(Identification) – 중추신경이 정보를 식별하고 여과하는 과정
3. 행동판단(Emotion) – 중추신경이 지식과 경험을 바탕으로 적절한 행동을 선택하는 과정
4. 반응(Volition) – 선택된 행동을 운동기관에 전달하여 차량에 적용하는 과정

21 운전자의 반응특성에 대한 설명으로 잘못된 것은?

㉮ 반응시간은 수용기에서의 정보에 응하여 중추의 지령에 따라 운동기관의 동작이 완료되기까지의 빠르기의 시간을 말한다.
㉯ 단순반응시간은 하나의 자극에 대하여 하나의 동작만 하면 될 경우의 빠르기의 시간을 말한다.
㉰ 단순반응시간은 둘 이상의 자극에 대하여 일정한 양식으로 하나 이상의 동작을 하지 않으면 안 될 때의 빠르기의 시간을 말한다.
㉱ 반응시간을 측정하는 방법은 자극제시장치와 구로노스코프의 지침을 말한다.

 ㉰는 선택반응시간이다.

22 10명 이하의 소집단교육으로 적당하지 못한 것은?

㉮ 사례연구법 ㉯ 분할연기법
㉰ 밀봉토의법 ㉱ 카운슬링

 소집단교육이란 10명 전후의 소집단을 대상으로 실시하는 교육을 말한다.

1) 사례연구법
사례연구법의 실시순서는 보통 다음과 같이 이루어진다.
① 5분 정도의 사례제시
② 35분간의 사실확정
③ 20분간 문제점발견
④ 20분간 원인분석
⑤ 20분간 대책의 결정
⑥ 20분간 평가

2) 과제연구법
보통 세미나방식이라고도 하며 이 방법에서 중요한 역할을 하는 자는 보고자와 조언자이다. 그러나 조언자가 반드시 외부인일 필요는 없다.

3) 분할연기법
소집단 구성원들에게 서로 다른 역할의 연기를 시킴으로써 하나의 문제에 대한 지식·태도를 체득시키는 방법이다.

4) 밀봉토의법(6·6방식)
   6명의 구성원이 각자 1분씩, 합계 6분간에 마치 꿀벌이 꿀을 모으듯 대화하게 하는 방법이다.
5) 패널 디스커션(panal discussion)
   몇 명의 선발된 사람들이 토론을 통해 문제를 다각도로 검토하는 방법이다.
6) 그 외에 공개토론법, 발견적 토의법, 심포지엄 등이 있다.

23 다음 중 10명 정도가 모여 무작위로 의견을 제시하고 제출된 의견에 대한 상호비판을 금지하면서 의사를 결정하는 기법에 해당하는 것은?

㉮ 브레인스토밍 ㉯ 시그니피케이션
㉰ 체크리스트법 ㉱ 명목집단법

㉮ 브레인스토밍 : 1939년 A. F. 오즈본에 의해서 제창된 집단 사고에 의한 창조적 묘안의 안출법으로서 여러 명이 한 그룹이 되어서 각자가 많은 독창적인 의견을 서로 제출하는데, 그 자리에서는 그 의견이나 안을 비판하지 않고 최종안의 채택은 별도로 그를 위한 회합을 두고 결정하는 방법이다. 이것을 개인의 사고법에 응용하여 시스템 기술자 등의 창조력 개발의 훈련법에 사용할 때 솔로 브레인스토밍이라고 한다.
㉰ 체크리스트법 : 평정자가 평정표에 열거된 평정요소에 대한 질문에 따라 피평정자에게 해당되는 사항을 체크(check)하는 평정의 방법으로서 근무성적평정의 방법 중 하나이다. 미국의 프로브스트(V.B. Probst)가 고안하였다 하여 '프로브스트식 평정법'이라고도 일컫는다.
㉱ 명목집단법 : 여러 대안들을 토론이나 비평 없이 자유롭게 서면으로 제시하여 그 중 하나를 선택하는 집단의사결정기법이다. 집단의사결정임에도 불구하고 의사결정이 진행되는 동안 팀원들 간의 토론이나 비평이 허용되지 않기 때문에 '명목'이라는 용어가 사용되며 영문 머리글자를 따서 'NGT'라고도 한다.

24 다음 중 효율적 상담기법에 해당하지 않는 것은?

㉮ 내담자의 공격적인 질문에 대해서는 무조건 회피하고 다른 질문으로 유도한다.
㉯ 내담자가 말하고자 하는 의미를 상담자가 생각하고 이 생각한 바를 다시 내담자에게 말해준다.
㉰ 상담자는 내담자에게 주의를 기울이고 있으며 내담자의 말을 받아들이고 있다는 태도를 유지한다.
㉱ 상담자는 내담자에 관한 비밀을 외부에 누설해서는 안 된다.

㉮ 내담자의 공격적인 질문에 대해서 상담자는 무조건 회피하여서는 아니 되고 최대한 질문에 대한 합당한 답변을 하려고 노력한 후 더 이상 상담진행이 어려운 경우 다른 질문으로 유도한다.

정답 23. ㉮ 24. ㉮

25 다음 중 대면적 화합을 통해 갈등을 해소하는 갈등해결방법에 해당하는 것은?

㉮ 문제해결법
㉯ 협상
㉰ 상위목표의 도입
㉱ 조직구조의 개편

❀ **갈등의 해결 기법**

1. **문제 해결법**
   문제 해결법은 대면전략이라고 하는데, 갈등을 빚는 집단들이 얼굴을 맞대고 회의를 통해서 갈등을 감소시킨다. 회의의 목적은 갈등을 문제를 확인하고 해결하는 것이다. 갈등 집단들은 모든 관련 정보를 동원해서 해결안에 도달할 때까지 논제에 대해 공개적인 토론을 벌인다. 오해나 언어의 장벽 때문에 발생하는 갈등에 대해서는 이 방법이 효과적이다. 문제에 대한 상황 확인과 솔직한 의사표시가 이루어지기 때문이다. 그러나 집단들의 상이한 가치체계를 가지게 되는 복잡한 문제를 해결하는 데는 효과가 있는지 의문이다.

2. **협상**
   토론을 통한 타협으로 한쪽에서 제안을 하고 다른 한쪽에서 다른 제안을 해서 상호 양보를 통해 합의점에 도달하는 방법이다. 의 과정에서 합의점이 양쪽 집단에 이상적인 것이 아니기 때문에 승자도 패자도 없다. 갈등해결에는 양쪽이 다소의 양보가 필요하다는 점에서 전통적인 역사를 가진 갈등 해결 방식이다.

3. **상위목표의 도입**
   갈등적 집단의 목표보다 더 넓은 개념의 상위목표를 도입하는 방법이다. 상위목표는 집단들이 함께 힘을 합치지 않고는 달성할 수 없는 매력적인 목표이다. 어느 한 집단만으로 달성될 수 없으므로 이 목표를 달성하기 위해서 집단들간에 상호 의존적 상태가 형성되지 않으면 안 된다. 이 방법은 상당히 성공적인 집단간 갈등의 해결방법으로 주목된다.

4. **조직구조의 개편**
   어떤 갈등들은 조직구조 자체의 문제 때문에도 발생한다. 이 경우에 구성원들의 태도나 사고 방식의 변화 등의 행위적 변화는 일시적인 해결안 밖에는 안 된다. 근원적인 갈등의 해결은 조직구조를 개편하는 길뿐이다.

5. **자원의 증대**
   갈등의 원인 가운데 하나인 한정된 자원을 확대하는 것도 갈등해결의 좋은 전략이 된다. 즉, 복사기를 늘린다든지 차량을 늘려서 대리점에 제품수송을 원활히 함으로써 갈등을 해소할 수 있다. 이는 효과적이기는 하지만 충분한 자원을 가지고 있는 조직이 많지 않다는 점에서 현실적인 제약이 따른다.

정답 25. ㉮

제3편 철도공학

- 제1장 자주 출제되는 용어 해설
- 제2장 철도공학 예상문제
- 제3장 철도공학 기출문제

제1장 철도공학 자주 출제되는 용어 해설

- **철도의 특징**
  - 장점 : 신속성, 신뢰성, 안정성, 친환경성, 경제성, 에너지효율성, 대량수송성, 장거리성, 편리성 등
  - 단점 : 소량운송에 부적합하다. 직접 수송이 어렵다. 시간과 공간적으로 어려움이 크다. 기동성이 적다.

- **철도의 종류**
  1. **점착철도** : 중력에 의해 생기는 차바퀴와 레일의 점착력(마찰력)을 이용하여 운전하는 철도
  2. **치차철도** : 레일과 차륜에 톱니를 설치하여 주행하게 하는 철도
  3. **강색철도** : 강철 와이어로 판상에 설치한 전동기에 회전력에 의해 견인하는 케이블카 방식의 철도
  4. **단궤열차(모노레일)** : 선로가 한 가닥인 철도

  - **고속철도** : 주요 구간을 시속 200km 이상으로 주행하는 철도
  - **광역철도**
    ① 두 개 이상의 광역자치단체를 연결하는 도시철도 또는 국가철도로서 광역 통근 문제를 해결하기 위해 특별히 광역교통법에 근거하여 중앙정부예산이 투입된 노선
    ② 특별시·광역시·특별자치시 또는 도간의 일상적인 교통수요를 대량으로 신속하게 처리하기 위한 도시철도 또는 철도이거나 이를 연결하는 도시철도 또는 철도일 것
    ③ 대도시권의 범위에 해당하는 지역에 포함될 것
      수도권, 부산·울산권, 대구권, 광주권, 대전권
    ④ 표정속도가 시속 50킬로미터(도시철도를 연장하는 광역철도의 경우에는 시속 40킬로미터) 이상일 것
  - **도시철도** : 도시교통의 원활한 소통을 위하여 도시교통 권역에서 건설·운영하는 철도·모노레일·노면전차·선형유도전동기·자기부상열차 등 궤도(軌道)에 의한 교통시

설 및 교통수단. 대도시에서 교통의 혼잡을 완화하고, 빠른 속도로 운행하기 위하여 땅속에 터널을 파고 부설한 철도. 우리나라에서는 1974년 8월 15일 처음으로 서울역에서 청량리역까지 개통.
- **일반철도** : 고속 철도와 도시 철도를 제외한, 열차가 주요 구간을 시속 200km 미만의 속도로 주행하는 철도

■ **특수철도**
2개의 레일 위를 스스로 움직이는 차량에 의해 수송하는 철도 이외의 철도로 AGT식 철도, 강색철도, 색도, 모노레일, 트롤 버스 등이 있으며, 최근에는 자기부상식 철도와 그 외의 새로운 교통시스템 등도 포함된다.

■ **전기철도의 분류** : 전기철도는 전기방식에 따라 직류전기철도와 교류전기철도로 나뉘고, 전기를 공급하는 방식에 따라서는 직접 급전방식과 흡상변압기(BT) 급전방식, 단권변압기(AT) 급전방식으로 나뉜다.

■ **전기철도** : 운행구간에 따라서 시내전기철도·교외전기철도·도시간전기철도, 전력공급 방식에 따라서 가공선식(catenary)·제3궤조식·자기부상식(magnetic levitation) 등으로 구분된다.
  - 가선방식으로 가공 단선식, 가공 복선식, 제3궤조식이 있다.
  - 수송목적으로는 시가지전철, 도시전철, 교외전철, 도시간전철, 간선전철, 산업선전철 등으로 구분된다.
  - **장점**
    1. 견인력이 크고 가속과 감속이 용이하여 고속성능이 양호하다.
    2. 단위당 동력소비량이 적어 경제성이 뛰어나다.
    3. 에너지 자원을 유효하게 이용할 수 있다.
    4. 동력차의 수선비와 유지비가 저렴하다.
    5. 공기오염의 유발요인이 거의 없고 소음이 적어 공해문제가 발생하지 않아 환경개선상에 장점이 크다.
  - **단점**
    1. 차량비를 포함하여 초기 투자액이 크다.
    2. 변전이나 전차선 설비에 대한 보수비가 크다.

■ **전기철도의 방식**
직류식(直流式)과 교류식(交流式)이 있는데, 표준전압·주파수 등에 따라 여러 종류로 세분화된다.

- **직류방식** : 기동시(起動時)에 견인력이 크고 속도가 상승함에 따라서 견인이 감소하며, 과부하(過負荷)시에도 큰 힘을 낼 수 있다.
- **교류방식** : 상별(相別)과 주파수별로 분류하고 상별에는 단상(單相)과 3상(三相), 주파수별로는 16 2/3 C/S, 25 C/S, 50 C/S, 60 C/S 등의 방식이 있다.

- 효과

  수송력의 증강으로 철도의 수송 능력은 열차당 견인량과 운전속도 등에 의해 결정되는 정해진 구간에서의 열차운행 가능 횟수로 표현된다.

- 에너지 절약과 에너지 자원의 유효 이용

  수송수단별 단위수송량당의 에너지 소비율은 그 운행형태와 운행구간, 이용률에 따라 변동하게 된다. 철도에서 디젤과 전기철도 간의 에너지 소비율 차이는 전기철도의 절약효과는 약 25%이다. 또한 전기철도는 비교적 값싼 에너지를 유효하게 활용할 수 있는 장점이 있다.

- 서비스 향상과 환경개선

  매연이 없고, 소음이 적어 공해의 유발 소지가 적을 뿐 아니라 도로교통의 극심한 체증을 해결해주고 있다.

■ **가공선식** : 단순가선방식(simple catenary)·복합가선방식(compound catenary)·변Y형 가선방식(stitched catenary)·강체가선식 등

■ **직류전기철도와 교류전기철도**

직류전기철도 방식은 교류방식에 비해 높은 전압을 얻기가 어려워 급전계통의 전류가 크게 증가하게 됨으로써 전차선로의 전류용량을 증대시키기 위한 별도의 시설이 필요하며, 전압강하가 커짐에 따라 변전소 간격을 짧게 해야 한다.

■ **전기차**

차량 또는 열차 견인에 필요한 동력을 외부 전력계통에서 공급받는 철도차량을 전기차라고 하며, 전기차를 운행하는 철도가 곧 전기철도이다.

■ **전차선로**

전기차에 전력을 공급해주기 위해 궤도 위에 일정한 높이 4.8~5.8m로 전차선을 시설해야 하는데, 전차선과 이를 지지해주는 구조물을 전차선로라 한다.

- **가공식 전차선로** : 전기차의 팬터그래프(pantograph)와 직접 접촉해 습동하는 전차선과 이를 일정 높이로 지지해주는 전주·브래킷·조가선(弔架線), 그리고 전기적으로 급전계통을 이루는 급전선(給電線)·부급전선(負給電線)·보호선(保護線)으로 구성

■ 변전설비
전력회사측의 전력계통에서 송전선로를 통해 전철변전소까지 전력을 인출하여 전기철도에 알맞은 전력으로 변성하는 일체의 설비를 전철변전설비

■ 철도차량의 종류
1. **동력장치만 가지고 견인·추진에 사용하는 기관차** : 증기·전기·디젤기관차
2. **기관차로 견인·추진되는 객차와 화차 및 동력장치를 갖춘 여객차** : 전차·디젤동차·터빈동차 등

■ 철도차량
여객이나 화물을 수송하기 위해, 궤도상을 기계적·전기적 동력을 이용하여 주행하는 차량을 말한다.
1. **갑종철도차량** : 자기차륜의 회전으로서 운송되는 철도차량을 말하며 전용화차, 대여화차 및 사유화차를 포함한다.
2. **일반철도차량** : 철도 선로 위에서 여객 또는 화물의 운수에 쓰이는 차량을 말하며 동력차, 객차, 화차로 나눈다. 철도차량 중 특수한 용도로 사용되는 차량제설차·보선작업차·사고복구용차·시험측정용차 등을 제외한 영업용 차량을 말한다.
3. **객차** : 여객 또는 수화물을 수송하기 위하여 제조된 철도차량을 말한다.

■ 노면철도
도로에 궤도를 부설하여 일반 교통에 이바지하는 철도로 레일면이 포장되어 일반자동차의 통행에도 지장을 주지 않는 점이 보통철도와 다르다.
1. **노면전차** : 도로상의 일부에 부설한 레일 위를 주행하는 전차를 말한다.
2. **동차** : 전동차나 디젤동차와 같이 동력을 갖고 있으면서 승객이 탑승하는 차량을 말한다.

■ 정거장
여객의 승강, 화물의 적하, 열차의 조성, 차량의 입환, 열차의 교행 또는 대피를 위하여 상용하는 장소. 정거장의 종류에는 역, 조차장, 신호장 등이 있다.
1. **신호장** : 정차장의 한 형태로서 열차교행 또는 대피 등 운전정리를 하기 위하여 설치한 장소를 말한다.
2. **조차장** : 열차의 조성 또는 차량의 입환을 하기 위하여 설치한 장소. 객차와 화차를 열차로 편성 또는 분해하는 곳으로 특별히 차량의 입환이나 열차의 조성만을 위해서 설치한 정거장을 말한다.

■ 화물적하장
화물을 취급하는 정거장에서 차급화물을 적하하기 위해서 여객승강장과는 별도로 설치

하는 홈으로 위치는 역 본체를 향하여 좌측에 두는 것이 보통이다.

■ 전차고와 동차고
1. **전차고** : 전기차의 검사, 수선, 및 수용을 하기 위하여 설치하는 차고로서 일반적으로 장방형이다.
2. **동차고** : 동차의 검사, 수선, 수용을 하기 위하여 설치한 차고이다.

■ 건널목
철도와 도로법에서 정한 도로가 선로와 평면적으로 교차하는 곳으로 시설기준에 따라 1, 2, 3종 건널목으로 분류한다.
1. **1종 건널목** : 열차운행횟수와 도로의 교통량이 많아서 건널목차단기, 경보기 및 철도건널목표지판을 설치하고, 차단기를 주야간 계속 작동하거나 또는 건널목안내원(감시원)이 근무하는 철도건널목을 말한다.
2. **2종 건널목** : 철도와 도로의 교통량이 1종보다는 적고 3종보다는 많아서 차단기를 설치하지 않고 감시원이 배치되지 아니한 것으로 경보기와 철도건널목 교통표지판만 설치한 건널목을 말한다.
3. **3종 건널목** : 철도와 도로의 교통량이 적어서 감시원이나 차단기, 경보기는 설치하지 않고 도로교통표지판 중 '철도건널목'표지판만 설치한 건널목을 말한다.

■ 신호기
1. **주신호기** : 일정한 방호구역을 가지고 있는 상치신호기로서 장내, 출발, 폐색, 유도, 엄호, 입환 신호기를 말한다.
2. **기계식 신호기** : 기계식 완목의 동작위치로 열차의 운전조건을 표시하는 신호기로 주간에는 완목의 위치, 형태, 색깔에 따라 신호를 현시하고, 야간에는 완목에 달려 있는 신호기등 유리의 색깔에 따라 정지 또는 진행신호를 나타내는 것이다.
3. **등열식 신호기** : 등의 점등배열에 의하여 열차의 운전조건을 표시하는 신호기로 백색 등을 두 개 이상 사용하여 수평, 경사, 수직으로 점등하여 신호를 현시하는 것으로 입환, 유도, 중계신호기에 사용한다.
4. **색등식 신호기** : 여러 개의 전등을 설치하여 등 색깔로 신호를 나타낸다.

■ 신호방식
1. **진로표시방식** : 열차가 신호기의 방호구역 내에 진입하는 것의 가부를 나타내는 것으로 매 진로마다 신호기가 많아서 불리한 방식이다.
2. **속도표시방식** : 운전상의 여러 조건을 만족한 신호를 현시하는 방식으로 운전자는 현시대로 운전하면 되고 진로상의 여러 조건의 숙지를 필요로 하지 않는 특징을 갖는다.

■ 현시신호방식
신호현시 방식은 각 운전 상황별, 신호현시 체계, 분기기 제한속도 등을 고려하여 운영되는 신호현시 체계를 말한다.

■ 상치신호기
철도신호체계에서 일정한 장소에 고정 설치되어 있는 신호기로서 주신호기, 종속 신호기, 신호 부속기가 있음. 주신호기는 장내, 출발, 폐색, 유도, 입환, 엄호 신호기가 있고, 종속신호기는 원방, 통과, 중계 신호기가 있으며, 신호 부속기는 진로 표시기가 있다.

■ 폐색구간과 절연구간
1. **폐색구간** : 열차의 충돌 또는 추돌을 방지하기 위하여 1개 이상의 열차가 동시에 진입할 수 없도록 일정한 거리로 분할한 선로 구간으로 2 이상의 열차를 동시에 운전시키지 않기 위하여 정한 구간을 말하며, 자동구간에서는 신호기 상호간, 비자동구간에서는 장내신호기와 인접역 장내신호기간을 말한다.
2. **절연구간** : 궤도회로를 구성하는 궤도의 일부를 열차가 점유하여도 궤도계전기가 동작되지 않는 구간을 말한다.

■ 연동장치
정거장 구내의 열차운행과 차량의 입환을 안전하고 신속하게 하기 위하여 신호기, 선로전환기, 궤도회로 등의 장치를 기계적, 전기적 또는 Software적으로 상호 연동하여 동작하도록 한 장치이다.

■ 입 환
열차의 조성, 차량의 해결, 전선 등을 행하는 방법으로서 기계력에 의한 것(기관차 사용), 자연력에 의한 것(험프구배에 의한 전선), 인력에 의한 것(인력 입환 작업) 등이 있다.
1. **돌방입환** : 기관차 앞에 화차를 연결하여 뒤에서 밀면서 차량을 떼어내는 입환
2. **수동입환** : 인력의 힘으로 차량을 움직여 입환을 하는 것
3. **인력입환** : 인력에 의하여 차량의 연결, 해방 또는 전선을 하는 작업
4. **임시입환** : 입환작업은 조성역에서 하는 것이 원칙이나, 중간정거장에서 임시로 입환 작업을 할 필요가 있을 경우, 운전사령의 승인을 받아 본무기관차로 하는 입환

■ 크로싱(crossing)
1. **다이아몬드 크로싱** : 2개의 선로가 교차하는 장소에 만들어지는 것
2. **시서스 크로싱** : 2조의 건넘선으로 교차하여 중복시킨 것으로 4조의 분기기와 1조의 다이아몬드 크로싱을 조합한 구조이다.

3. **가동 노스 크로싱** : 크로싱 노스 일부가 좌우로 이동할 수 있는 구조로 되어 있어 노스의 선단부가 양측 윙레일 측면에 밀착하여 결손부분을 차량의 진행방향으로 개통시키고 연결시켜 차량통과를 원활하게 한다.
4. **가동 둔단 크로싱** : 천이포인트라고도 하며 깎아 다듬지 않은 전단면 그대로의 단척레일을 사용한 둔단식 가동 크로싱이다.

- **분기기**
  1. **분기기** : 열차 또는 차량을 한 궤도에서 타 궤도로 전환시키기 위해 궤도상에 설치하는 설비
  2. **탈선분기기** : 크로싱이 없는 분기기로 차량을 탈선시키는데 사용하는 분기기
  3. **대향분기기** : 주행하는 열차에서 볼 때 분기기에서 선로가 좌, 우로 갈라지도록 된 구조에 설치된 분기기

- **포인트의 종류**
  1. **둔단 포인트** : 구조가 간단하나 열차가 분기선에 진입할 때 레일의 결선간격은 열차에 충격을 준다.
  2. **첨단 포인트** : 분기기의 포인트 부에 있어서 레일 첨단이 얇게 삭정되어 가동하는 레일이다.
  3. **승월 포인트** : 분기선이 본선에 비하여 중요치 않을 경우 또는 분기선을 사용하는 회수가 드문 경우에 본선에는 2개의 기본레일을 사용하고 분기선에는 한쪽은 보통 첨단레일을 사용하고 한쪽은 특수형상의 레일을 사용하고 궤간 외측에 설치한다.
  4. **스프링 포인트** : 속도가 낮은 단선 지방선의 중간역 등에 사용되며, 전환의 수고를 덜기 위해 강한 스프링 포인트를 일정 방향으로 확보하는 것이다.

- **열차집중제어장치**
  1개소의 사령실에서 수십 개 역을 직접 제어하며 열차의 운전 지시, 감시를 수행하는 신호 보안설비로 중앙집중제어반에 열차의 위치상황이 시시각각으로 자동적으로 표시되어 열차의 운행을 알리고, 각 역의 신호장치와 전철장치를 중앙에서 원격제어 할 수 있다.

- **동력전달장치**
  1. **링크식 동력전달장치** : 전기차량의 동력전달장치이며, 주전동기를 대차의 스프링 위에 탑재하여 스프링 위의 전기자축과 스프링 아래 차축의 중심간의 거리가 약간 변동하여도 전기자축에 부착된 소치차와 차축을 구동하는 대치차의 맞물림이 변화되지 않도록 하는 방책이다.
  2. **액체식 동력전달장치** : 디젤차량의 기관 회전력을 차륜에 전달하기 위해서 펌프 임

펠러와 터빈 임펠러의 조합에 기름을 넣은 액체식 변속기이다.
3. **전기식 동력전달장치** : 디젤차량의 기관 회전력을 차륜에 전달하기 위해서 기관으로 발전기를 돌려 그 전원으로 주전동기로 차륜을 구동하는 방식으로, 약간 복잡한 제어장치가 필요하다.
4. **직각카르단식 동력전달장치** : 대차에 장착한 주전동기와 구동차륜의 상대변위를 허용하고 있는 카르단식 동력전달장치로 전기자축과 피구동차축이 직각인 방식을 말한다.
5. **카르단식 동력전달장치** : 전기차량의 주전동기를 스프링상의 대차틀에 고정 장착하여 구동소치차를 전기자축에 직접 설치하지 않고, 전기자축과 소치차의 사이에 플렉시블 커플링을 설치하여 주전동기와 구동차륜의 상대변위를 허용한 동력전달장치를 말한다.
6. **퀼식 동력전달장치** : 전기차량의 동력전달장치로서 주전동기를 대차 스프링 위에 탑재하여 스프링 위의 전기자축과 스프링 아래 차축의 중심 사이의 거리가 다소 변동하여도 전기자축에 장치된 소치차와 차축을 구동하는 eolck와의 맞물림이 변하지 않는 방책이다.
7. **현수식 동력전달장치** : 전기차량의 대차 탑재 주전동기의 한쪽 끝에 베어링을 개입시켜서 구동차축에 싣고, 다른 끝은 대차 프레임으로 지지하여 치차 사이의 거리를 일정하게 한 동력전달장치를 말한다.

■ **마력의 종류**
1. **제동마력** : 기관의 축 끝에서 계측한 마력이다.
2. **지시마력** : 실제 발생시킨 힘을 말한다.
3. **마찰마력** : 마찰에 의해 손실된 힘을 말한다.
4. **견인마력** : 견인력과 견인속도를 곱하여 얻은 견인 동력을 마력의 단위로 나타낸 것이다.

■ **전기차 전동기 제어방법**
1. **저항제어법** : 기동시에 가속에 따라 저항값을 감소하여 전류를 거의 일정하게 하는 제어방식이다.
2. **계자제어법** : 계자전류를 변화시켜 자속을 변경하여 회전 속도를 변화시키는 방법이다.
3. **직병렬제어법** : 전기차량에서 여러 개의 주 전동기를 직렬 또는 병렬로 접속하여 주회로를 구성하는 것으로, 주전동기의 단자전압을 변화시켜 차량의 속도제어를 하는 방법을 말한다.

■ **집전장치**
전기차량이 전차선로에서 전력을 받아들이는 장치로 가공선(trolley line)에 대해서는 팬터그래프, 지하철의 제3레일에는 집전슈가 사용된다.

■ **중력모델법**
뉴턴의 중력 법칙을 수송에 있어서 교통의 유동에 유사 응용한 것으로 그 지역 상호간의 교통량이 양 지역의 수송수요 인원의 크기에 상승적에 비례하고 양 지역간 거리에 반비례한다는 원리에서 장래의 수송수요를 예측한다.

■ **견인전동기**
주발전기 또는 전차선에서 공급되는 전압을 받아 차량을 견인할 수 있도록 설치된 전동기로 차량을 주행할 수 있도록 힘을 발하는 전동기로서 주발전기 또는 전차선에서 에너지를 받아 동륜을 구동시킬 수 있는 전동기이다. 직류 직권전동기, 유도전동기, 동기전동기 등이 있다.
1. **동기전동기** : 교류 전동기의 일종으로 동기 발전기와 같은 구조의 것을 전동기로서 사용하는 전동기이다.
2. **유도전동기** : 회전하지 않는 고정자와 회전할 수 있는 회전자로 이루어지며 고정자 권선에 회전자계가 발생하는 전류를 공급하면 전자 유도에 의해 회전자 권선에 유도전류가 흘러 토크를 발생하여 회전하는 전동기를 말한다.

■ **제동방식**
1. **공기제동** : 차상(車上)에서 만들어진 압축공기를 동력원으로 하는 제동을 말한다.
2. **유압제동** : 높은 유압을 제동 실린더를 이용하여 제동원으로 하는 제동을 말한다.
3. **기관제동** : 주행 중 액셀러레이터 페달을 놓았을 때 엔진과 변속기에 의해 작동되는 브레이크로 엔진에 브레이크 작용을 하게 하는 장치이다.

■ **견인정수법**
1. **환산량수법(차중환산법)** : 차량의 환산량수에 의하여 견인정수를 정하는 방법이다.
2. **실제톤수법** : 객화차의 중량을 기준으로 견인정수를 구하는 방법이다.
3. **인장봉하중법** : 동력차의 인장봉인장력과 객화차의 열차저항이 균형이 되는 객차차수를 견인정수로 하는 방법이다.
4. **수정톤수법** : 객화차의 톤당 주행저항이 실은차, 빈차별로 다르므로 수정하여 인장봉인장력과 같은 열차저항이 되는 차수로서 견인정수를 정하는 방법이다.
5. **실제량수법** : 현차수로 견인정수를 정하는 방법이다.

■ **선 로**
열차 또는 차량을 운행하기 위한 전용 통로로, 궤도와 구조를 지지하는 데 필요한 기반을 말한다. 즉, 레일, 침목, 도상 및 기타 부속품으로 구성된 궤도와 노반, 선로 구조물까지 포함한다.

- 궤도 - 레일, 침목, 도상으로 이루어진 구조.
- 노반 - 궤도를 지지하고 열차와 궤광의 하중을 넓게 분산시켜 주는 기반.
- 선로 구조물 - 배수로 측구, 전차선/조가선/급전선, 가선주, 통신선, 신호기, 지상자, 선로제표 등 궤도와 노반을 제외한 구조물.
- 조가선 방식 - 전차선을 행거 이어 또는 드로퍼(dropper)를 이용하여 매달기 위하여 전차선 상부에 가설하는 전선 또는 케이블.
- 급전선 방식 - 변전소나 발전소에서 수요지에 이르는 배전 간선(配電幹線)까지의 전선. 송신기로부터 송신안테나에 전력을 공급하거나 수신안테나로부터 수신기에 전력을 공급하는 선로. 전력의 전송능력이 커야 하고 급전선으로부터의 불필요한 전파 복사를 하여 다른 곳에 방해를 주거나 주위의 잡음이나 불필요한 전파가 유도되지 않아야 한다.

■ 선로등급

선로의 중요도를 나타내는 척도로 선로의 건설과 보수에 있어서는 수송량과 열차 속도에 따라 열차의 등급을 정하고 그 등급에 해당하는 선로구조로 하여 경제적인 건설과 유지보수를 한다. 국철에서는 1~4급선까지 4등급으로 구분하고 있다.

■ 선로용량

선로 상에서 운행할 수 있는 1일의 최대 열차 횟수를 말하며 역간 운행시간, 폐색방식, 열차운행속도, 대피시설의 설치 등의 조건에 따라 달라진다.

■ 선로이용률

유효 시간대와 설정열차의 종별, 선로보수 등에 따라 열차를 설정할 수 있는 시간으로 1일 24시간에 대한 비율로 60%를 표준으로 하고 있다.
- 조가선 - 전차선을 행거 이어 또는 드로퍼(dropper)를 이용하여 매달기 위하여 전차선 상부에 가설하는 전선 또는 케이블.

■ 목침목의 방부처리방법
1. 침목을 6개월~1년간 야적하여 건조시킨 후 크레오소트유의 가압주입법을 사용한다.
2. 방부처리방법에는 베셀법(Bethell), 로오리법(Lowry), 루핑법(Rueping), 불톤법(Bouiton) 등이 있다.
3. 방부제 효과를 위해서 주약전에 침목표면에 자상을 내고, 예비천공을 하여 침목 전체의 주입효과를 올려야 한다.
4. 방부제는 크레오소트(Creosote) 50%, 중유 50%를 사용한다.

▪ 레 일

궤도나 철도에서 철도차량이나 노면전차, 광차 따위를 달리게 하기 위하여 땅 위에 까는 가늘고 긴 강철재(鋼鐵材).

1. **요형**

   토대 위에 목제 레일을 깔고, 목재의 상단에 요(凹)자형으로 꺾인 얇은 철판을 두 줄로 설치한다. 철이 귀하던 시절의 아이디어지만, 탈선사고가 심하고 내구성이 떨어진다는 것이 큰 단점.

2. **L자형**

   ㄴ자형으로 꺾인 철제 레일을 토대 위에 두 줄로 설치한다. 현대에는 볼 수 없지만 표준 궤간(1.435m)이 바로 이 L자형 레일에서 유래했다. 내구성은 높였지만 탈선은 여전히 큰 문제였다.

3. **어복**

   레일두부가 평평하고 침목 사이의 아래쪽이 물고기 배처럼 불룩하게 튀어나온 디자인의 레일. '플랜지'라고 불리는 탈선 방지용 돌출부를 레일에서 없애버리고 차륜(바퀴)으로 옮긴, 철로의 패러다임을 획기적으로 바꾼 레일. 이때 이후로 탈선사고는 크게 줄어들었으며, 현대에 이르기까지 플랜지는 차륜 쪽에 있다.

4. **교형**

   ㅅ자형의 브릿지로 가공된 철제 레일. 마찬가지로 현대에는 볼 수 없지만 일부 광궤에서 한때 사용되었다.

5. **쌍두**

   최초의 연철압연기술로 만들어진 레일. 아령 모양의 단면을 하고 있어서 레일두부와 레일저부의 크기가 똑같다. 침목 위에 설치할 때에는 별도의 목제 키(key : 열쇠)의 도움이 필요하다. 아직도 쌍두레일 선로의 흔적이 보존된 터가 있다.

6. **우두**

   쌍두레일의 개량형. 쌍두레일과는 달리, 우두레일은 오히려 레일두부의 크기가 더 큰 가분수 형태를 갖게 된다. 마모를 막고 내구성을 증대시키기 위해 고안되었다.

7. **T자형 평저**

   현대에 확립된 형태의 레일. 레일저부를 넓게 펴서 침목에 안정적으로 체결할 수 있게 했다. 현대에는 강철을 활용해 제작되고 있다.

- **장대레일**(Jointed Rail) - 레일의 이음매부에서 발생하는 바퀴와 레일 간의 충격으로 인한 레일 손상, 소음과 진동 등의 문제점을 해소하기 위해 정척레일을 연속으로 용접하여 이음매를 없앤 것, 25m 단위로 부설

▪ 레일의 종류

1. **쌍두레일** : 단면이 상하좌우 대칭의 레일

2. **우두레일** : 쌍두레일의 밑 부분을 설치하기에 편리하도록 개량한 것
3. **평저레일** : 밑면이 평저형상으로 되어 있으며, 평저형은 열차의 주행하중에 대한 굽힘강도가 높아 마모에도 강하고 횡압에 대해서도 안정성이 우수하다.
4. **어복레일** : 물고기의 배 모양으로 중간이 불룩하도록 고안된 레일
5. **협궤** : 궤간거리가 표준치인 1,435mm보다 좁은 궤도

■ **레일 용접부 검사방법**
1. **경도시험** : 금속 등 재료의 비교 경도를 결정하는 시험
2. **굴곡시험** : 굽힘 작용에 대한 재료의 강도 또는 변형을 측정하기 위하여 행하는 시험

■ **레일 길이에 의한 구분**
1. **장대레일** : 레일의 길이가 200m 이상의 것
2. **장척레일** : 레일의 길이가 50~200m의 것
3. **완충레일** : 장대레일 끝부분의 신축을 보통 이음매의 유간 변화로 처리하기 위해 장대레일 끝부분이 연속해서 부설한 25m 이내의 레일

■ **도 상**
1. **도상** : 선로에서 노반과 침목 사이에 끼워진 부분
2. **도상의 기능** : 열차 하중을 넓게 노반에 전하며 배수를 양호하게 하고 노반의 파괴 및 침목의 이동을 방지하며, 궤도에 탄성을 주어 열차의 진동을 흡수함과 동시에 궤도에 이상이 발생한 경우에 정정하기 편리한 기능을 가지고 있다.
3. **종류** : 보통 도상, 서브 밸러스트(보조 도상), 콘크리트 도상
4. **재료** : 자갈, 부순돌, 콘크리트
5. **도상 저항력** : 밸러스트 도상 중의 침목이 수평 이동할 때 생기는 최대 저항력

■ **대피선**
단선철도에서 열차가 서로 엇갈릴 때 한쪽이 피하기 위하여 옆에 부설한 철로

■ **급사설비**
점착 견인력을 보충하기 위하여 레일에 뿌리는 모래를 기관차에 공급하는 장치로 기관차 기지에 비치된다.

■ **차막이**
1. **차막이** : 선로의 종점에 있어 차량의 일주를 방지하기 위해서 설치하는 설비
2. **차막이선** : 차량의 일주를 방지하기 위하여 설치한 별도 선로

3. **차막이표지** : 기관사와 조차담당자에게 선로의 종단을 알리기 위해 설치하는 표지

■ 탬 퍼

1. **4두 타이 탬퍼** : 궤도정정 작업용 보선장비로 운전과 다지기 작업은 2명이 소요되고 탬퍼 깊이와 작업능률은 라이트 웨이트 타이탬퍼보다 떨어지나 경량이라 기계의 설치와 철거가 용이하다.
2. **멀티플 타이 탬퍼** : 궤도의 고저·수평·평면성 등을 바로잡기 위해 도상을 굳게 다지는 대형기계이다.
3. **발라스트 레귤레이터** : 자갈을 다지는 작업을 하는 선로 작업용 기계이다.
4. **스위치 타이 탬퍼** : 선로의 3대 취약점의 하나인 분기부를 다지는 기계이다.

■ 유간검사

유간의 벌어진 상태를 검사하는 것으로 여름과 겨울 연 2회 시행하는데 복진이 심한 개소 등 요주의 구간은 검사회수를 증가하여 관찰할 필요가 있다.

■ 캔 트

원심력에 의한 악영향을 방지하기 위하여 열차의 주행 속도에 따라 곡선의 외측 레일을 높여주는 것으로 열차의 외측 방향으로 가해지는 횡압을 조절하여 열차가 외측으로 튀어나가려고 하는 현상을 잡아주는 것

제2장 철도공학 예상문제

제1절 철도일반

01 운전에 편리하고 신호기 수가 적은 신호방식은?

㉮ 진로표시방식 ㉯ 속도표시방식
㉰ 방향신호방식 ㉱ 유도신호방식

 속도표시방식은 운전상의 여러 조건을 만족한 신호를 현시하는 방식으로 운전사는 현시대로 운전하면 되므로, 진로상의 여러 조건의 숙지를 필요로 하지 않는 특징을 갖는다.

02 주간에는 신호기에 부착된 안목의 위치, 야간에는 완목에 달려 있는 색등에 따라 신호를 현시하는 신호기는?

㉮ 기계식 신호기 ㉯ 단등식 신호기
㉰ 색등식 신호기 ㉱ 등열식 신호기

 기계식 신호기는 기계신호구간에 사용하는 신호기로 직사각형의 완목(arm)을 신호기 주(柱)에 설치하여 주간에는 완목의 위치, 형태, 색깔에 따라 신호를 현시하고, 야간에는 완목에 달려 있는 신호기등 유리의 색깔에 따라 정지 또는 진행신호를 나타낸다.

03 신호현시방법 중 3위식은?

㉮ 진행, 주의, 정지만을 현시하는 방법
㉯ 열차진로의 2구간의 상태를 표시하는 방법
㉰ 열차진로의 3구간의 상태를 표시하는 방법
㉱ 진행, 경계, 정지만을 현시하는 방법

정답 01. ㉯ 02. ㉮ 03. ㉯

3위식은 열차진로의 2구간의 상태를 표시하는 신호표시방법이다.

04 정차장간의 열차와 열차 사이에 열차의 충돌을 방지하기 위하여 일정한 시간간격 또는 거리간격을 두는 것을 무엇이라 하는가?

㉮ 절연구간　　　　　　　　㉯ 폐색구간
㉰ 운행구간　　　　　　　　㉱ 단전구간

 폐색구간은 열차의 충돌 또는 추돌을 방지하기 위해 1개 이상의 열차가 동시에 진입할 수 없도록 일정한 거리로 분할한 선로 구간을 말한다.

05 연동장치의 작동원리 중 옳은 것은?

㉮ 신호기와 전철기를 서로 연관시켜 동시에 제어되도록 하였다.
㉯ 차량이 궤도회로를 단락시켜 신호기를 제어한다.
㉰ 선행열차가 일정 거리 전방에 있을시 후행열차의 차상에 신호가 현시된다.
㉱ 신호기와 전철기를 일정 장소에서만 동시에 작동되도록 한 것이다.

 연동장치는 정차장 구내에서의 열차운전의 안전을 확보하기 위해서 입구의 장내신호기, 발차선의 출발신호기, 입환운전을 위한 입환신호기 등의 상호간과 이러한 신호기와 전철기의 상호간에 결정된 조건일 때만 작동하도록 한 장치가 연동장치이다.

06 열차집중제어장치(C.T.C.)의 효과와 관계없는 것은?

㉮ 열차운행경비를 절감시킨다.
㉯ 열차의 평균운행속도를 향상시킨다.
㉰ 선로용량을 극대화할 수 있다.
㉱ 열차속도가 높아지면 자동으로 제동시킬 수 있다.

 열차집중제어장치는 철도에서 일정한 구간 내의 신호기·전철기는 물론 열차운행위치의 확인 및 관계지시를 한 곳의 사령실에서 제어반을 통하여 일괄적으로 원격조작하는 장치로 관할구역 내의 열차 운행상태를 한눈에 볼 수 있어 효과적인 운전정리를 할 수 있으며, 전철기·신호기를 한 곳에서 조작할 수 있어 인력이 절약되어 경제적이며 능률적으로 열차의 고밀도화에 기여한다.

07 건널목 보안장치 중 자동경보기만을 설치하고 간수의 배치가 필요 없는 건널목은?

㉮ 제1종 건널목　　　　　　　　㉯ 제2종 건널목
㉰ 제3종 건널목　　　　　　　　㉱ 제4종 건널목

제2종 건널목은 열차의 통과를 통행자에게 경보하는 건널목으로서 건널목 교통안전 표지만 설치한 건널목으로 무인 건널목이다.

08 국철전기철도의 전기방식은?

㉮ 교류 25,000V　　　　　　　　㉯ 직류 25,000V
㉰ 교류 1,500V　　　　　　　　㉱ 직류 1,500V

국철 전기철도의 방식은 교류 25,000V이다.

09 철도차량연결기에 대한 설명으로 옳지 않은 것은?

㉮ 차량연결기의 높이는 일정해야 한다.
㉯ 차량연결기의 연결방식은 같아야 한다.
㉰ 차량연결방식은 수동연결기 또 자동연결기를 사용한다.
㉱ 연결기의 높이는 레일면에서 815～900㎜ 규제한다.

철도 차량연결방식은 밀착식 자동연결, 밀착식 소형 자동연결, 밀착식 연결이 있다.

10 철도차량의 특징을 설명한 것으로 옳은 것은?

㉮ 일반적으로 2축이 평행하게 고정축거에 의하여 강결되어 있다.
㉯ 곡선주행시 내측 차륜이 외측 차륜보다 회전수가 적다.
㉰ 건축한계를 벗어나지 않는 범위 내에서 크기를 적정하게 결정한다.
㉱ 주로 각 차량에 설치된 동력장치에서 발생되는 힘으로 주행한다.

㉯ 곡선 주행시에는 외측 차륜의 회전수가 적다.
㉰ 선로의 크기를 벗어나지 않아야 한다.
㉱ 철도 차량은 동력이 부가된 차량과 부가되지 않은 차량이 있다.

11 디젤 전기기관차의 동력전달장치가 아닌 것은?

㉮ 기어식 ㉯ 전기식
㉰ 액체식 ㉱ 콤파트식

 디젤 전기기관차의 동력전달장치는 액체식, 전기식, 기어식이 있다.

12 차량의 종류 중 다른 셋과 틀리는 분류는 어느 것인가?

㉮ 증기차량 ㉯ 객화차 차량
㉰ 디젤차량 ㉱ 전기차량

 ❈ **철도차량의 종류**
1. 동력장치만 가지고 견인·추진에 사용하는 기관차 : 증기·전기·디젤기관차
2. 기관차로 견인·추진되는 객차와 화차 및 동력장치를 갖춘 여객차 : 전차·디젤동차·터빈동차 등

13 크랭크 축에서 실제로 외부에 전달되는 마력은?

㉮ 지시마력 ㉯ 제동마력
㉰ 마찰마력 ㉱ 견인마력

 ❈ **마력의 종류**
1. 제동마력 : 기관의 축 끝에서 계측한 마력이다.
2. 지시마력 : 실제 발생시킨 힘을 말한다.
3. 마찰마력 : 마찰에 의해 손실된 힘을 말한다.
4. 견인마력 : 견인력과 견인속도를 곱하여 얻은 견인 동력을 마력의 단위로 나타낸 것이다.

14 전기철도에 있어 교류방식이 직류방식보다 유리한 점은?

㉮ 절연이격거리가 짧아 터널 단면이 작다.
㉯ 통신유도장애가 적다.
㉰ 점착성능이 좋아 소형으로 큰 하중을 견인할 수 있다.
㉱ 차량가격이 저렴하다.

 교류방식은 점착성능이 우수하여 변압기의 2차 전압을 직접 주전동기에 가압한 상태에서 기동과 가속을 할 수 있으며, 양호한 점착성능을 가져 실용상 견인력이 높아 소형이라도 대량 하중을 견인할 수 있다.

정답 11. ㉱ 12. ㉯ 13. ㉯ 14. ㉰

15 전기차의 전동기 제어방법으로 전력의 절감에 유리한 것은?
   ㉮ 저항제어법   ㉯ 계자제어법
   ㉰ 쵸파 제어법   ㉱ 직병렬제어법

16 전기차의 집전장치로 볼 수 없는 것은?
   ㉮ 축전지   ㉯ 트롤리 폴(Trolley Pole)
   ㉰ 팬터그래프   ㉱ 뷰겔(Bugel)

 집전장치는 전기차량이 전차선로에서 전력을 받아들이는 장치로 가공선(trolley line)에 대해서는 팬터그래프, 지하철의 제3레일에는 집전수가 사용된다.

17 도로의 폭은 복선궤도 부설폭이 5.5m로서 좌우 각 2차선의 차도쪽 11m에 1/6 이상의 보도폭을 확보하고 정거장은 도심부 200~300m 간격인 특수철도는?
   ㉮ 가공색도   ㉯ 노면철도
   ㉰ 모노레일 철도   ㉱ 트롤리 버스

 노면철도는 도로에 부설된 철도로 레일면이 포장되어 일반 자동차의 통행에도 지장을 주지 않는 점이 특징이다.

18 수송수요의 요인 중 열차횟수, 속도, 차량수, 운임 등의 철도 서비스는 어떤 요인인가?
   ㉮ 자연요인   ㉯ 유발요인
   ㉰ 전기요인   ㉱ 감소요인

19 레일 대신 공중에 강색을 가설하고 여객이나 화물을 운반하는 기구를 매달아서 운반하는 특수철도는 어느 것인가?
   ㉮ 가공철도   ㉯ 모노레일 철도
   ㉰ 트롤리 버스   ㉱ 노면철도

 가공철도는 도시 교통의 혼잡을 덜고 교통소통을 원활히 하기 위하여 땅 위에 높은 구조물을 만들어 그 위에 가설한 철도이다.

정답 15. ㉰   16. ㉮   17. ㉯   18. ㉯   19. ㉮

20 다음 수송수요 예측방법 중 중력 모델법은 어느 것인가?

㉮ 통계량의 시간적 경과에 따른 과거의 변동을 통계적으로 재구성 요소로 분석하고 이들 정보로부터 장래의 수요를 예측하는 방법

㉯ 현상과 몇 개의 요인변수와의 관계를 분석하고, 그 관계로부터 장래의 예측치를 구하는 법

㉰ 각 지역의 여객 또는 화물의 수송경로를 몇 개의 구역으로 분할하고 각 구역 상호간의 교통량을 출발, 도착의 양면에서 작성하는 OD표를 작성하는 법

㉱ 두 지역 상호간의 교통량이 두 지역의 수송수요발생량 크기의 제곱에 비례하고, 양지역간의 거리에 반비례하는 예측 모델법

중력모델법 : 뉴턴의 중력 법칙을 수송에 있어서 교통의 유동에 유사 응용한 것으로 그 지역 상호간의 교통량이 양 지역의 수송수요 인원의 크기에 상승적에 비례하고 양 지역간 거리에 반비례한다는 원리에서 장래의 수송수요를 예측한다.

21 철도의 목적과 거리가 먼 것은?

㉮ 공공의 편리 ㉯ 국토개발
㉰ 영리목적의 투자 ㉱ 산업발전

철도는 공공을 위하여 설치된 것으로 영리목적이 아니다.

22 전차전용선에서의 복선의 선로용량은?

㉮ 70 ~ 100회 ㉯ 120 ~ 140회
㉰ 140 ~ 200회 ㉱ 230 ~ 240회

선로용량은 하루중에 실용적으로 운전할 수 있는 열차 횟수로 역간 거리, 열차 속도, 각역 열차 퇴피 설비, 신호 보안설비 등에 의해 결정되지만 일반적으로는 단선 약 80회, 복선 약 240회 정도이다.

23 철도의 특징이 아닌 것은?

㉮ 안정성 ㉯ 신속성
㉰ 기동성 ㉱ 대량수송성

정답 20. ㉱ 21. ㉰ 22. ㉱ 23. ㉰

철도의 특징 : 신속성, 신뢰성, 안정성, 친환경성, 경제성, 에너지효율성, 대량수송성, 장거리성, 편리성 등

24 철도투자계획시 차량 및 역의 냉난방화 에스컬레이터의 설치 대합시설의 정비 장애자시설 확충 등은 다음 어느 것인가?

㉮ 수송력 증강　　　　　　　　㉯ 기존설비의 근대화
㉰ 수송 서비스의 개량　　　　　㉱ 신선건설계획

 역의 냉난방화, 에스컬레이터 설치 등은 서비스를 강화하기 위한 것이다.

25 육상교통기관으로는 전국에 일관된 운행설비나 영업 시스템이 확보되는 철도의 특징은?

㉮ 대량수송성　　　　　　　　㉯ 장거리성
㉰ 편리성　　　　　　　　　　㉱ 쾌적성

 전국에 일관된 운행설비나 영업 시스템을 확보하는 것은 철도의 장거리성에 관한 내용이다.

26 철도계획의 특징을 설명한 것 중 옳지 않은 것은?

㉮ 장기간에 걸쳐 라이프 사이클(Life cycle)을 가진다.
㉯ 많은 사람들과 직 간접으로 이해관계를 가진다.
㉰ 소규모 투자를 필요로 한다.
㉱ 효과 및 영향이 지역사회에 광범위하고 복잡하게 미친다.

 철도는 선로, 역사 등 초기 투자비용이 많이 소요된다.

27 철도의 설비 중 보안설비에 해당하는 것은 어느 것인가?

㉮ 전신, 유선전화　　　　　　　㉯ 신호, 연동장치
㉰ 역, 조차장　　　　　　　　　㉱ 기술연구 시험설비

 보안설비에는 신호기장치, 선로전환장치, 궤도회로장치, 연동장지, 열차자동정지장치 등이 있다.

정답 24. ㉰ 25. ㉯ 26. ㉰ 27. ㉯

28 철도건설계획시 계획노선을 중심으로 한 노선세력권의 범위 중 불합리한 것은?

㉮ 보행시간 1～2시간의 경우 4～8㎞ 정도
㉯ 자동차 등의 교통편이 다소 불량한 경우 10～30㎞ 정도
㉰ 교통편이 양호한 경우 30～50㎞ 정도
㉱ 교통편이 불편할 경우 10～15㎞ 정도

29 철도의 역사(歷史)에 대한 설명 중 옳은 것은 어느 것인가?

㉮ 세계 최초의 철도영업은 1835년 영국에서 시작되었다.
㉯ 우리나라의 철도영업은 1899년 경인선 제물포～노량진간이 최초이다.
㉰ 1898년 일본인이 경부선 철도부설권을 취득한 것이 한국철도의 시초이다.
㉱ 우리나라 철도는 1899년 미국인에 의해 완공되었다.

우리나라 최초의 철도는 1899년에 제물포(인천)와 노량진(서울)을 잇는 노선이다.
㉮ 1830년 리버풀과 맨체스터 간 일반여객과 화물을 본격적으로 취급하게 된 것이 최초의 여객 운송용 철도이다.
㉰ 경인선 철도가 최초이다.
㉱ 우리나라 최초의 철도는 1899년 일본인에 의하여 완공되었다.

30 수송수요의 요인을 분류하면?

㉮ 자연요인, 유발요인, 전가요인
㉯ 조사요인, 자연요인, 유발요인
㉰ 일반요인, 전가요인, 자연요인
㉱ 전가요인, 유발요인, 예측요인

수송수요의 요인에는 자연요인, 유발요인, 전가요인 등이 있다.

31 우리나라의 경부선이 개통된 연도는?

㉮ 1899년　　　　　　　　　　㉯ 1901년
㉰ 1903년　　　　　　　　　　㉱ 1905년

경부선은 서울과 부산을 잇는 복선철도로 총길이 441.7㎞이고 1904년에 완공되고 1905년에 전 구간을 개통하였다.

32. 수송요인의 예측방법이 아닌 것은?

㉮ 요인분석법
㉯ OD표 작성법
㉰ 시계열분석법
㉱ 선로이용률

선로이용률은 유효 시간대와 설정열차의 종별, 선로보수 등에 따라 열차를 설정할 수 있는 시간으로 1일 24시간에 대한 비율로 60%를 표준으로 하고 있다.

33. 철도의 사명을 수송형태면에서 설명한 것으로 옳지 않은 것은?

㉮ 지방 중핵 도시간을 연결하는 고속수송체계의 확립
㉯ 지방시와 대도시근교에 있어서의 통근통학 비즈니스 수송의 확보
㉰ 생산지와 소비지를 연결하는 중장거리 화물수송의 대단위화 및 고속화
㉱ 개인의 자유스러운 여행을 위한 철도망 형성

철도의 사명은 벽지노선 등 교통 소외지역의 접근성을 포함해 교통약자, 사회적 취약계층 등에 대한 보편적 철도서비스 제공, 지역간 연결은 철도의 핵심적인 사명이다.

34. 철도투자평가 중 투자주체가 완성 후 원활한 운영의 인력조직, 재정사정, 경영기술 등에 대한 평가는 다음 중 어느 것인가?

㉮ 기술평가
㉯ 경제평가
㉰ 경영평가
㉱ 재무평가

투자주체가 재정, 인력, 경영기술 등 전반에 관한 평가는 경영평가에 해당한다.

35. 철도계획의 내용에 해당하지 않는 것은 어느 것인가?

㉮ 목표예측
㉯ 세력권의 설정
㉰ 경제조사 및 현황 분석
㉱ 투자비 소요 판단

철도계획은 철도의 시설이나 운영의 계획, 그렇게 하기 위한 수요 예측, 더 나아가서는 설비 투자의 경영채산이나 사회 경제적 시점에서의 평가 등을 가리킨다.

정답 32. ㉱ 33. ㉱ 34. ㉰ 35. ㉮

36 노면철도의 특징이 아닌 것은 어느 것인가?

㉮ 도로의 노면상에 레일을 부설하고 여기에 차량을 주행시키는 철도이다.
㉯ 모두 전기운전에 의하는 것으로 135년의 역사를 가지고 있다.
㉰ 승객 1인당 점유면적은 $0.2m^2$ 정도이다.
㉱ 1선의 궤도 위를 고무 타이어 또는 강체의 차량에 의해 주행한다.

 노면철도는 2선의 궤도로 운영되며 도로면 위에 부설된 선로를 운전하는 철도이다.

37 철도계획세력권의 조사내용 중 옳지 않은 것은?

㉮ 자연조건   ㉯ 행정구역
㉰ 환경조건   ㉱ 경제조건

 철도노선세력권을 조사하는 내용에는 자연조건, 경제적 조건, 행정조건 등이 있고 철도는 환경의 영향을 거의 받지 않기 때문에 조사내용에 필요하지 않다.

38 다음 중 정거장이 아닌 것은 어느 것인가?

㉮ 역   ㉯ 조차장
㉰ 신호소   ㉱ 신호장

 정거장 : 여객의 승강, 화물의 적하, 열차의 조성, 차량의 입환, 열차의 교행 또는 대피를 위하여 상용하는 장소로 정거장의 종류에는 역, 조차장, 신호장 등이 있다.

39 철도 경제상의 분류 중 간선철도, 주요선 철도, 지선철도 등으로 분류한 것은 수송의 어떤 기준에 의한 것인가?

㉮ 수송대상에 의한 구분
㉯ 수송상의 중요도에 의한 구분
㉰ 수송목적에 의한 구분
㉱ 수송수요에 의한 구분

 철도를 간선철도, 주요선 철도, 지선 철도로 구분하는 것은 철도의 중요도에 따른 분류이다.

정답 36. ㉱ 37. ㉰ 38. ㉰ 39. ㉯

40 철도의 시설 중 궤도와 이를 지지하는 노반으로 구성하고, 분기기, 선로방호설비 노반구조물 등을 무엇이라 하는가?

㉮ 선로
㉯ 정거장
㉰ 운전취급설비
㉱ 시공기면

 선로는 열차를 운전하기 위한 통로로서 필요한 일체의 설비로 노반, 궤도, 교량, 터널은 물론 역의 시설과 신호설비 및 전기운전을 하는 경우의 전차선로까지 포함한다.

41 철도 수송력 증강 투자계획과 거리가 먼 것은?

㉮ 복선화
㉯ 전철화
㉰ 철도 관련법령의 정비
㉱ 차량의 증차

 철도 관련법령의 정비는 수송력 증강과는 직접 관련이 없다.

42 특수철도인 모노레일의 특징이 아닌 것은?

㉮ 타교통기관과 입체 교차하므로 안전도 및 운전속도가 높다.
㉯ 고무 타이어 사용으로 급구배, 급곡선 운전이 용이하다.
㉰ 소음, 진동과 대기오염 등 공해가 많다.
㉱ 지하철에 비해 건설비가 싸고 공사기간이 짧다.

 모노레일은 높은 지주 위에 콘크리트제 빔을 설치하고, 이것을 주행로로 하여 세로 방향으로 복렬의 고무타이어 바퀴를 장비한 차량이 주행하는 것으로 소음과 진동, 대기오염이 거의 없는 것이 특징이다.

43 수송능력산정의 선로용량 중 수송력증강대책의 선택이나 착공시기에 대한 지표가 되는 것으로 최저의 수송원가가 되는 선로의 열차횟수를 나타낸 것은?

㉮ 선로용량평균
㉯ 경제용량
㉰ 실용용량
㉱ 한계용량

정답 40. ㉮ 41. ㉰ 42. ㉰ 43. ㉯

44 모노레일의 문제점이 아닌 것은 어느 것인가?

㉮ 도로나 하천을 따라 통과하므로 불편하다.
㉯ 분기장치가 복잡하고 작동시간이 길다.
㉰ 타교통기관과 승환이 어렵다.
㉱ 차량고장시 피난시간이 장시간 소요된다.

모노레일은 선로가 도로나 하천을 따라 이어지므로 편리한 점이 있다.

45 선로이용률에 영향을 주는 조건이 아닌 것은?

㉮ 선로 물동량의 종류와 주요도시로부터의 거리 및 시간
㉯ 여객열차와 화물열차의 횟수 비례
㉰ 열차의 시간대별 분산도
㉱ 열차횟수 및 인접 역간 운전시분의 차

선로이용률은 유효 시간대와 설정열차의 종별, 선로보수 등에 따라 열차를 설정할 수 있는 시간으로 1일 24시간에 대한 비율로 60%를 표준으로 하고 있다.

46 트롤리 버스(Trolley Bus)와 버스의 비교시 트롤리 버스의 장점이 아닌 것은?

㉮ 운전도의 안전도가 높고 동력비가 적다.
㉯ 공해를 줄이고 화재의 염려가 없다.
㉰ 노면에서 운전의 융통성이 있다.
㉱ 승차기분이 좋고 운전이 용이하다.

트롤리버스(trolleybus)는 가공선에서 트롤리에 의해 집전하고, 모터를 돌려서 주행하는 버스로 운전에 융통성이 없다.

47 디젤 전기기관차에서 차륜에 직접 동력을 전달하는 장치는?

㉮ 주발전기　　　　　　　　㉯ 견인전동기
㉰ 동력접촉기　　　　　　　㉱ 기관차 제어기

견인전동기는 주발전기 또는 전차선에서 공급되는 전압을 받아 차량을 견인할 수 있도록 설치된 전동기로 차량을 주행할 수 있도록 힘을 발하는 전동기로서 주발전기 또는 전차선에서 에너지를 받아 동륜을 구동시킬 수 있는 전동기이다.

정답 44. ㉮ 45. ㉰ 46. ㉰ 47. ㉯

48 철도차량의 제동방식은 어느 것인가?

㉮ 공기제동   ㉯ 유압제동
㉰ 기관제동   ㉱ 기계제동

공기제동은 유압을 이용한 제동장치에 비해 큰 제동력을 발휘하기 때문에, 철도차량이나 중형·대형 트럭, 버스의 브레이크에 사용된다.

49 철도차량의 제동장치에 필요 없는 것은?

㉮ 삼동 밸브   ㉯ 공기통
㉰ 공기압축기   ㉱ 유압관

공기제동장치에는 유압관이 필요하지 않고 제동제어장치, 공기압축기, 중계밸브, 온·오프 전자밸브, 전공변환밸브, 제어밸브, 응하중 밸브, 복식역지밸브, 브레이크 실린더 등으로 구성된다.

50 열차의 제동력과 점착력의 가장 이상적인 관계식은 어느 것인가?

㉮ 점착력≤제동력   ㉯ 점착력＝제동력
㉰ 점착력≥제동력   ㉱ 점착력＜제동력

열차가 가속할 때나 감속할 때는 차륜이 공전하거나 미끄러지는 것을 방지하기 위해서는 점착력의 한계내에서 견인력이나 제동력이 발휘되어야 한다.

51 차량중량을 기준중량으로 나눈 값에 의하여 견인정수를 구하는 방법은?

㉮ 실제량수법   ㉯ 인장봉하중법
㉰ 환산량수법   ㉱ 수정ton수법

❈ 견인정수법
1. 환산량수법(차중환산법) : 차량의 환산량수에 의하여 견인정수를 정하는 방법이다.
2. 실제톤수법 : 객화차의 중량을 기준으로 견인정수를 구하는 방법이다.
3. 인장봉하중법 : 동력차의 인장봉인장력과 객화차의 열차저항이 균형이 되는 객차차수를 견인정수로 하는 방법이다.
4. 수정톤수법 : 객화차의 톤당 주행저항이 실은차, 빈차별로 다르므로 수정하여 인장봉인장력과 같은 열차저항이 되는 차수로서 견인정수를 정하는 방법이다.
5. 실제량수법 : 현차수로 견인정수를 정하는 방법이다.

52 선로용량의 변화요인으로 옳은 것은?

㉮ 열차속도를 크게 변경시켰을 경우
㉯ 이용승객의 수가 급격히 증가할 경우
㉰ 계절적 요인으로 화물이 격감할 경우
㉱ 마모 레일을 교환하였을 경우

선로용량은 열차설정에서 열차를 하루에 몇 대 주행시킬 수 있는가를 말하는 것으로 열차속도를 높이면 선로용량이 증가한다.

53 견인정수 사정에 있어 고려할 사항으로 직접적인 관계가 없는 것은?

㉮ 선로의 상태   ㉯ 선로 및 승강장 유효장
㉰ 사용연료 및 전차선 전압 ㉱ 화물수송량

견인정수는 소정의 구간에서 속도, 종별에 따라서 견인할 수 있는 열차중량의 한도로 화물의 수송량과는 직접 관련이 없다.

54 열차를 정해진 시간 내에 안전하게 운전할 수 있도록 연결하는 객화차 중량의 한도를 구하는 것은?

㉮ 운전선도   ㉯ 균형속도
㉰ 속도정수   ㉱ 견인정수

견인정수는 소정의 구간에서 속도종별에 따라서 견인할 수 있는 열차중량의 한도이다.

55 철도의 정의를 설명한 것 중 옳지 않은 것은?

㉮ 강색철도, 가공색도, 트롤리 버스 등은 특수철도이다.
㉯ 레일을 부설한 선로 위에 동력을 이용한 차량을 운행하여 대량의 여객과 화물을 수송하는 육상교통기관이다.
㉰ 육상기관 중 대량성, 고속성, 확실성, 쾌적성, 저공해성을 가지고 있다.
㉱ 일정한 가이드 웨이에 유도되어 여객 화물운송용 차량을 운전하는 설비이다.

철도의 특징에는 신속성, 신뢰성, 안정성, 친환경성, 경제성, 에너지효율성, 대량수송성, 장거리성, 편리성 등이 있다.

56 선로용량산정시 고려하지 않아도 되는 것은?
㉮ 열차의 운전시분
㉯ 열차의 속도차
㉰ 역간 거리 및 구내배선
㉱ 이용여객의 수

선로용량은 역간 평균 운전시분(단선의 경우), 설정 열차의 속도종별, 열차단위, 신호기의 종별, 선로 이용률 등에 따라서 결정된다.

57 지방자치단체의 장이 도시철도사업을 하고자 할 때 승인권자는 누구인가?
㉮ 기획재정부장관
㉯ 행정안전부장관
㉰ 국토교통부장관
㉱ 철도공사사장

기본계획에 따라 도시철도를 건설하려는 자는 도시철도사업계획을 수립하여 국토교통부장관의 승인을 받아야 한다(도시철도법 제7조 제1항).

58 선로용량의 사정에 있어 기존선구의 수송능력한계를 판단할 때 사용하는 것은?
㉮ 한계용량
㉯ 실용용량
㉰ 경제용량
㉱ 최대용량

수송능력의 한계를 판단할 때에는 한계용량으로 판단하면 된다.

59 철도수송이 구비하고 있는 특성으로 적합하지 않는 것은?
㉮ 다른 수송기관에 비하여 안전하다.
㉯ 수송능력이 높아 저렴한 수송이 제공된다.
㉰ 비교적 기상조건의 영향을 받지 않아 정확성을 확보한다.
㉱ 화물수송에 있어 분산집배수송에 유리하다.

철도수송은 레일을 따라 움직이므로 분산집배송에 불리하고 대량운송에 적합하다.

60 주행 레일 이외의 치형 또는 사다리형의 Rack레일을 부설하고 동력차에 설치한 치차에 의해 급구배 운전을 하는 철도는?
㉮ 점착철도
㉯ 치궤조 철도
㉰ 강색철도
㉱ 모노레일

치궤조 열차는 산악지대의 급경사면에 오를 때 기관차나 동차의 공회전을 방지하기 위하여 일반의 2개 차륜 사이에 톱니형 차륜을 갖추고 톱니형 차륜이 주행되는 특수한 궤도를 일반궤도 중간에 설치한 랙(rack)레일을 설치한 철도이다.

61 철도차량은 차륜지름을 제한하고 있는데, 전기동차와 객차의 지름은 얼마가 표준인가?

㉮ 680mm ㉯ 860mm
㉰ 940mm ㉱ 980mm

 철도차량의 차륜지름은 일반적으로 차바퀴가 직경 860~910mm 정도인데 860mm을 표준으로 사용되고 있다.

62 급구배 철도인 점착철도의 레일과 차륜과의 마찰계수와 구배한도는 얼마인가?

㉮ 마찰계수 0.10 ~ 0.25, 구배한도 83 ~ 100‰
㉯ 마찰계수 0.01 ~ 0.015, 구배한도 20 ~ 50‰
㉰ 마찰계수 0.25 ~ 0.45, 구배한도 83 ~ 100‰
㉱ 마찰계수 0.10 ~ 0.25, 구배한도 20 ~ 50‰

63 보통철도에서 이론적 한계속도는 얼마 정도인가?

㉮ 150km/h ㉯ 200 ~ 250km/h
㉰ 300 ~ 350km/h ㉱ 400 ~ 450km/h

 한계속도는 감아 걸기 전동장치 등에 있어서 최대의 전달동력에 달할 때의 속도로 점착계수가 낮아지는 우천시 등을 고려하면 점착성능의 개선을 전제로 하여도 영업운전의 최고속도는 300km/h대로 보고 있다.

64 전동기에 의해 산악을 오르는 강색철도의 평균구배는 얼마인가?

㉮ 25 ~ 50‰ ㉯ 50 ~ 100‰
㉰ 100 ~ 200‰ ㉱ 200 ~ 250‰

정답 61. ㉯ 62. ㉮ 63. ㉰ 64. ㉱

65 철도를 구동 및 지지방식에 의하여 구별할 때 보통철도는 다음 중 어느 것인가?

㉮ 점착(마찰)철도 ㉯ 치차철도
㉰ 강색철도 ㉱ 단궤철도

보통철도는 점착(마찰)철도로 중력에 의해 생기는 차바퀴와 레일의 점착력(마찰력)을 이용하여 운전하는 철도이다.

66 통계량의 시간적 결과에 따른 과거의 변동을 통계적 제구성요소로 분석하고 이 정보로부터 장래예측을 행하는 수송수요의 예측방법은?

㉮ 시계열분석법 ㉯ 원 단위법
㉰ OD표 작성법 ㉱ 요인분석법

시계열 분석법은 시간의 흐름에 따라 일정한 간격마다 기록한 통계계열을 시계열 데이터를 토대로 장래의 수요를 예측하는 방법이다.

67 철도의 종류 중 법제상의 구별이 아닌 것은?

㉮ 국유철도 ㉯ 지방철도
㉰ 공영철도 ㉱ 전용철도

철도는 법에 따라 국유철도, 지방철도, 경편철도, 전용철도로 구분되고 일반 경영상에 따라 국유철도, 사설철도 등으로 구분된다.

68 일반적인 철도의 수송능력을 표시하는 것은?

㉮ 선로용량
㉯ 선로이용률
㉰ 평균승차 km
㉱ 인구 1인당 하물수송 톤 수

선로용량은 하루중에 실용적으로 운전할 수 있는 열차 횟수로 철도의 수송능력 표시한다.

정답 65. ㉮ 66. ㉮ 67. ㉰ 68. ㉮

69 선로용량을 설명한 것 중 틀린 것은?

㉮ 철도의 수송능력은 선로용량으로 표시한다.
㉯ 선로용량은 1일 최대 설정 가능한 열차 횟수를 말한다.
㉰ 선로용량의 사정에는 한계용량, 실용용량, 경제용량이 있다.
㉱ 선로용량은 열차속도가 낮고 폐색취급이 복잡할수록 크다.

선로용량은 열차속도가 낮으면 작고 또한 폐색취급이 복잡할수록 작다.

70 열차의 공전발생을 방지하는 방법으로 적합하지 않은 것은?

㉮ 레일에 모래를 뿌린다.
㉯ 기관차의 정비상태가 양호하도록 한다.
㉰ 선로보수상태가 좋도록 한다.
㉱ 열차출발시 급가속하여 인장력을 최대화한다.

공전은 차바퀴나 기관이 헛돌면서 바퀴만 고속으로 회전하는 것으로 이 현상의 대책은 무게의 변화를 적게 하고 무게에 따른 인장력을 미리 제어하며 회전력을 크게 감소시키기 위해 공전이 작을 때 재접착하도록 하는 것과, 모래 등을 이용해 접착 계수를 크게 하는 방법 등이 있다.

71 열차의 주행저항에 대한 설명 중 옳은 것은?

㉮ 기계부의 마찰 및 충격에 의한 저항은 속도의 자승에 비례한다.
㉯ 차륜과 레일간의 마찰저항은 속도와 축중에 비례한다.
㉰ 차량동요에 따른 저항은 속도와 축충에 반비례한다.
㉱ 공기저항은 열차속도와 정비례한다.

열차의 주행저항은 열차가 직선 평탄구간을 달릴 때의 저항으로 차륜과 레일 사이에 구름마찰 저항, 차축 베어링과 구동 치차장의 마찰저항, 차체의 공기저항 등이 주된 것이다. 차륜과 레일 간이 마찰저항은 속도와 축중에 비례한다.

72 상치신호기가 아닌 것은?

㉮ 주신호기   ㉯ 종속신호기
㉰ 신호부속기   ㉱ 특수신호기

정답 69. ㉱ 70. ㉱ 71. ㉯ 72. ㉱

상치신호기는 철도신호체계에서 일정한 장소에 고정 설치되어 있는 신호기로서 주신호기, 종속 신호기, 신호 부속기가 있다. 주신호기는 장내, 출발, 폐색, 유도, 입환, 엄호 신호기가 있고, 종속 신호기는 원방, 통과, 중계 신호기가 있으며, 신호 부속기는 진로 표시기가 있다.

73 철도신호기의 구조상 분류가 아닌 것은?
㉮ 기계식 신호기　　㉯ 전기식 신호기
㉰ 색등식 신호기　　㉱ 등렬식 신호기

 철도신호기의 구조상 분류는 완목신호기, 색등식 신호기, 등렬식 신호기가 있고 조작상 분류에는 수동신호기, 자동신호기, 반자동신호기가 있다. 기능별 분류에는 상치신호기가 있다.

74 철도의 상치신호기 중 주신호기가 아닌 것은?
㉮ 장내신호기　　㉯ 출발신호기
㉰ 유도신호기　　㉱ 원방신호기

 주신호기에는 장내, 출발, 폐색, 유도, 입환, 엄호 신호기가 있다.

75 철도의 신설 또는 개량에 소요되는 투자비 분류가 잘못된 것은?
㉮ 용지비 및 건물비　　㉯ 인건비 및 유지비
㉰ 노반비 및 궤도비　　㉱ 통신비 및 차량비

 투자비는 철도에 투자하는 비용으로 인건비나 유지비는 투자비가 아니다.

76 다음 중 차량의 제한이 아닌 것은 어느 것인가?
㉮ 차량한계
㉯ 차축중 및 고정축거
㉰ 건축한계
㉱ 차륜지름 및 차량연결기의 높이

 건축한계는 열차 또는 차량운전에 지장이 없도록 차도상에 일정한 공간을 유지시키기 위하여 설치된 한계로 차량의 제한에 해당하지 않는다.

정답　73. ㉯　74. ㉱　75. ㉯　76. ㉰

77 철도투자 평가항목이 아닌 것은 어느 것인가?

㉮ 기술평가 ㉯ 재무평가
㉰ 경영평가 ㉱ 운용평가

 운용평가는 실제 환경에서 직접 평가하는 것으로 투자평가항목에는 속하지 않는다.

78 건축한계의 설명으로 옳은 것은?

㉮ 차량의 크기를 결정하고 제한하는 범위다.
㉯ 열차가 안전하게 주행하기 위한 공간으로 건축한계 내에는 건조물을 설치하지 못한다.
㉰ 레일 부위는 건축한계와 무관하고 레일 상부만 제한한다.
㉱ 건축한계는 기관차, 동차, 객화차 등이 각각 다르다.

 건축한계는 열차 또는 차량운전에 지장이 없도록 차도상에 일정한 공간을 유지시키기 위하여 설치된 한계를 말한다.

79 다음 중 급구배 철도가 아닌 것은 어느 것인가?

㉮ 점착철도 ㉯ 치궤조 철도(Rack Railway)
㉰ 강색철도 ㉱ 모노레일

 급구배(급경사)철도에는 점착철도, 강색철도, 치궤조(치차) 철도 등이 있다.

80 차축간거리로 선로곡선을 원활히 통과할 수 있도록 축간거리를 제한하고 있는 것은 어느 것인가?

㉮ 차축중 ㉯ 차축한계
㉰ 차량한계 ㉱ 고정축거

 고정축거는 대차 등이 서로 평행한 차륜의 거리로 운수규칙에 따라 기존선의 차량은 곡선의 원활한 주행을 위해 고정축 거리는 4.75m 이하로 하고 있다.

제2절 선로

01 선로구조물의 더돋기높이에 영향을 주는 요인이 아닌 것은 어느 것인가?
㉮ 토질
㉯ 시공방법
㉰ 지반의 토질 및 높이
㉱ 소요예산 및 공사비

선로구조물은 선로구조 중에서 토공(성토, 깍기), 터널, 고가 등으로 이를 더돋기높이에 영향을 미치는 것에는 토질, 시공방법, 높이 등이 있다.

02 터널의 설치가 부적절한 곳은 어느 것인가?
㉮ 산악이나 구릉지대에서 소정의 구배로 건설하기 어려운 곳
㉯ 산악이나 구릉지대에서 소정의 곡선반경으로 건설하기 어려운 곳
㉰ 하저나 교통량이 많고 복잡한 시가지통과를 하기 위한 곳
㉱ 예산의 절감을 위한 곳

터널의 설치가 부적절한 곳과 예산의 절감은 다른 내용이다.

03 소수로 횡단구조물 중 깎기가 깊지 않고 수로면이 높지 않을 때, 철근 콘크리트 구조물을 궤도하부에 매설하는 것은?
㉮ 하수로
㉯ 구교
㉰ 사이폰
㉱ 관하수

사이폰은 용기를 기울이지 않고 높은 곳에 있는 액체를 낮은 곳으로 옮기는 연통관으로 관로의 대부분은 물매선 이상의 높이이고 궤도하부에 매설한다.

04 교량의 사용목적에 의한 분류에 속하지 않는 것은?
㉮ 피일교
㉯ 드와프 거더교
㉰ 가도교
㉱ 과선교

정답 01. ㉱ 02. ㉱ 03. ㉰ 04. ㉯

05 다음 중 궤도에 작용하는 축방향력이 아닌 것은?

㉮ 차량동요에 따른 관성력
㉯ 레일의 온도변화에 의한 축력
㉰ 제동 및 시동하중
㉱ 기울기구간에서 차량중량의 점찹력을 통해 전후로 작용

축방향력은 축방향 추진력으로 예를 들면 터보형 유체기계의 우근차와 다른 회전부분에 작용하는 유체력에 의하여 생기는 축방향의 힘을 말한다.

06 캔트 설정속도보다 실제주행속도가 낮을 때는 곡선내측으로 횡압이 작용하고, 주행속도가 높을 때는 외궤쪽으로 작용하는 횡압은 어느 것인가?

㉮ 차량동요에 의한 횡압
㉯ 궤도틀림에 의한 횡압
㉰ 차량전향에 의한 횡압
㉱ 곡선의 불균형 원심력에 의한 횡압

곡선 내측의 횡압과 외궤쪽의 횡압은 곡선의 불균형 원심력에 의한 횡압이다.

07 레일 앵커 설치방법 중 옳은 것은?

㉮ 침목측면과 밀착시켜 레일 저부에 설치
㉯ 연속하여 집중적으로 설치
㉰ 레일 이음매판에 밀착시켜 설치
㉱ 침목 1개당 4개씩 설치

레일 앵커(Rail Anchor)는 레일의 밑 부분에 부착되고 침목에 지지되어 레일의 미끄러짐을 방지하는 쇠붙이이다.

08 목침목 방부재 주약처리법이 아닌 것은?

㉮ 베셀법
㉯ 루핑법
㉰ 프리텐션 공법
㉱ 로오리법

목치목의 방부처리방법에는 베셀법(Bethell), 로오리법(Lowry), 루핑법(Rueping), 불톤법(Bouiton) 등이 있다.

정답 05. ㉮ 06. ㉱ 07. ㉮ 08. ㉰

09 궤도에 작용하는 수직력의 증감요인으로 볼 수 없는 것은?

㉮ 레일 및 차륜의 점참력
㉯ 차륜답면의 찰상으로 인한 충격력
㉰ 곡선에서의 불평형 원심력
㉱ 차량동요에 따른 관성력

 궤도에 작용하는 수직력의 증감요인에는 곡선부 통과시의 전향횡압에 따른 윤중의 증감, 곡선 통과시의 불평형 원심력에 따른 윤중 증감, 차량동요 관성력의 수직성분, 레일면 또는 차륜답면의 부정에 기인한 충격력 등이 있다.

10 레일의 축방향력 중 그 비중이 가장 큰 것은?

㉮ 차량제동 또는 출발시의 반력
㉯ 온도변화에 의한 축력
㉰ 구배에서의 레일 및 차륜간 점착력
㉱ 차량의 사행동에 따른 관성력

 축방향력은 부재의 재축(材軸) 방향으로 작용하는 외력으로 서로 흡인하는 인장력과 서로 압축하는 압축력이 있는데 온도변화에 따른 축력이 가장 크다.

11 레일의 용접이음매 중 효율이 가장 높은 것은 어느 것인가?

㉮ 플래시 버트 용접
㉯ 가스 압접
㉰ 테르미트 용접
㉱ 엔크로즈드 아크 용접

 플래시 버트 용접(flash butt welding)은 피용접 재료를 가까이 접촉시켜 통전하면 단면 중의 돌기부가 먼저 접촉하여 이 부분이 급격히 가열되고 녹아서 불꽃이 되어 접합 외주로 비산하고, 용접면 전체에 걸쳐 용융점에 도달하였을 때 강한 압력을 가하여 산화물을 밀어내면서 정착을 하게 된다.

12 궤도설계시 허용도상압력은 얼마로 보는가?

㉮ $8kg/cm^2$
㉯ $6kg/cm^2$
㉰ $4kg/cm^2$
㉱ $2kg/cm^2$

 도상압력은 차륜 하중에 의해 침목 밑에서 도상이 받는 압력으로 허용도상압력은 $4kg/cm^2$이다.

정답 09. ㉮ 10. ㉯ 11. ㉮ 12. ㉰

13 곡선에서의 건축한계의 확대요령은?

㉮ 완화곡선 시점부터 일률적으로 확대한다.
㉯ 완화곡선상에서 체감한다.
㉰ 원곡선상에서만 확대한다.
㉱ 복심곡선에서는 큰 값을 일률적으로 적용한다.

건축한계는 열차 또는 차량운전에 지장이 없도록 차도상에 일정한 공간을 유지시키기 위하여 설치된 한계로 폭 4.2m, 높이 5.15m를 기본한계로 정하고 곡선구간에서는 $W = 50,000/R$ 만큼 확대하도록 하고 있다.

14 철도에서 교량으로 분류하지 않는 것은?

㉮ 피일교 ㉯ 구교
㉰ 가도교 ㉱ 과선교

㉮ 피일교 : 홍수의 범람지 내에 만드는 철도교
㉰ 가도교 : 철도와 도로가 입체 교차하는 경우에 철도가 도로의 위를 달리는 모양으로 만들어진 교량
㉱ 과선교 : 철도선로를 가로질러 건너갈 수 있도록 만들어진 교량

15 철도에서 주로 사용하는 레일은?

㉮ 쌍두 레일 ㉯ 우두 레일
㉰ 평저 레일 ㉱ 어복 레일

평저레일 : 밑면이 평저형상으로 되어 있으며, 평저형은 열차의 주행하중에 대한 굽힘강도가 높아 마모에도 강하고 횡압에 대해서도 안정성이 우수하다.

16 N레일의 특징은?

㉮ 타종 레일보다 높이가 커서 단면 2차 모멘트가 효율적이다.
㉯ 내마모성 및 내부식성에 유리하다.
㉰ 레일의 높이와 저폭이 같다.
㉱ 두부와 복부의 연결부 곡선반경을 크게 하여 두부압력을 완화하였다.

N레일은 다른 레일보다 높이가 커서 단면 2차 모멘트를 효율화한 것이다.

정답 13. ㉯ 14. ㉯ 15. ㉰ 16. ㉮

17 궤도에 부담되는 충격률의 크기는?

㉮ 속도에 비례한다.
㉯ 축중에 비례한다.
㉰ 곡선반경에 작을수록 커진다.
㉱ 기울기가 커질수록 커진다.

궤도에 부담되는 충격률은 속도에 비례한다.

18 궤도의 횡압발생원인 중 열차속도의 영향을 받지 않는 것은?

㉮ 차량동요에 의한 횡압
㉯ 궤도틀림에 의한 횡압
㉰ 곡선의 불균형 원심력에 의한 횡압
㉱ 차량전향에 의한 횡압

19 차량이 탈선할 수 있는 횡압의 크기는?

㉮ 수직력의 70~80% 이상
㉯ 수직력의 100% 이상
㉰ 수직력의 50% 이상
㉱ 수직력의 120% 이상

20 다음 중 철도선로에 대하여 설명한 것은 어느 것인가?

㉮ 도상, 침목, 레일과 그 부속품으로 이루어지며 선로의 중심부분이다.
㉯ 열차 또는 차량을 운행하기 위한 전용통로의 총칭이며 궤도, 노반 및 선로구조물 등으로 구성된다.
㉰ 선로의 건설과 보수에 있어서는 수송량과 속도 등에 따라 등급을 정한다.
㉱ 궤간, 열차속도, 차량의 고정축거 등에 따라 결정된다.

철도선로는 열차, 차량의 운행을 위하여 레일에 부설한 선로로 궤도, 노반, 선로구조물 등으로 구성된다.

21 선로의 등급을 결정하는 요인과 그 이유가 아닌 것은?

㉮ 수송량에 따라서 정한다.
㉯ 열차의 속도에 따라서 등급을 결정한다.
㉰ 등급에 따라 경제적인 건설과 유지보수를 하기 위하여 정한다.
㉱ 선로제원 및 구조를 달리하여 투자평가를 위하여 정한다.

선로등급은 선로의 중요도를 나타내는 척도로 선로의 건설과 보수에 있어서는 수송량과 열차 속도에 따라 열차의 등급을 정하고 그 등급에 해당하는 선로구조로 하여 경제적인 건설과 유지 보수를 한다.

22 레일 마모를 경감시키는 방법과 직접적인 관계가 없는 것은?

㉮ 경두 레일을 사용한다.   ㉯ 레일 도유기를 설치한다.
㉰ 중량이 큰 레일을 사용한다.   ㉱ 찰상차륜을 교환한다.

레일의 마모에 영향을 주는 요인에는 표면의 패임, 경화, 재질형상, 마찰방법(패임, 굴절), 접속 압력, 윤활제의 유무(물, 기름), 상대속도, 주변환경 등이다.

23 열차의 주행과 온도변화의 영향으로 레일이 궤도의 전후방향으로 이동하는 현상을 무엇이라 하는가?

㉮ 레일의 좌굴   ㉯ 복진(匐進)
㉰ 분니의 발생   ㉱ 궤도의 변형

복진은 레일이 열차통과에 의하여 궤도방향으로 이동하는 현상으로 레일복진의 원인으로는 레일과 차륜과의 마찰, 특히 제동기 사용 등, 차륜의 레일 이음매 충격, 레일의 온도신축, 차륜회전의 반작용, 열차 진행시의 레일의 파상운동 등이다.

24 목침목의 장점이 아닌 것은 어느 것인가?

㉮ 탄성이 풍부하며 완충성이 크다.
㉯ 보수와 갱환작업이 용이하다.
㉰ 전기절연도가 크다.
㉱ 부식의 염려가 없으며 배수가 불량한 도상에도 적당하다.

목침목은 부식의 우려가 있어 침목을 6개월~1년간 야적하여 건조시킨 후 크레오소드유의 가압 주입법을 사용한다.

정답 21. ㉱ 22. ㉱ 23. ㉯ 24. ㉱

25 콘크리트 침목의 장점이 아닌 것은 어느 것인가?
- ㉮ 잔존가격이 타종에 비해 고가이다.
- ㉯ 기상작용에 대한 저항력이 크다.
- ㉰ 자중이 커서 궤도안정에 효과적이다.
- ㉱ 보수비가 적게 들고 내구년한이 길다.

콘크리트 침목은 콘크리트로 만든 침목으로 나무 침목에 비해 내구성이 있고, 또 무게가 있으므로 궤도부의 안정성이 있다. 고가인 것은 단점이다.

26 다음 중 도상재료로 부적당한 것은?
- ㉮ 깬자갈
- ㉯ 친자갈
- ㉰ 점토모래
- ㉱ 콘크리트

도상재료에는 자갈, 부순돌, 콘크리트 등이 있다.

27 복진의 발생원인이 아닌 것은 어느 것인가?
- ㉮ 열차의 견인과 진동에 있어서 차량과 레일간의 마찰에 의한다.
- ㉯ 차륜이 레일 단부에 부딪쳐 레일을 후방으로 민다.
- ㉰ 기관차 및 전동차의 구동륜이 회전하는 반작용으로 레일이 후방으로 밀리기 쉽다.
- ㉱ 온도의 상승에 따라 레일이 신장되면 양단부가 양측 레일에 밀착한 후 레일의 중간부분이 약간 치솟아 차륜이 레일을 전방으로 떠민다.

레일복진의 원인에는 레일과 차륜과의 마찰, 특히 제동기 사용 등, 차륜의 레일 이음매 충격, 레일의 온도신축, 차륜회전의 반작용, 열차 진행시의 레일의 파상운동 등이다.

28 산화철과 알루미늄과 분말을 혼합한 용재를 사용하여 레일 부설현장에서 직접 용접할 수 있는 레일 용접방법은?
- ㉮ 가스 압접
- ㉯ 전호용접
- ㉰ 플래시 버트 용접
- ㉱ 테르미트 용접

테르미트 용접법(Thermit Welding)은 양 레일을 예열하고 테르미트 용제(산화철+알미늄 분말)를 점화 및 가열시켜 발생된 용 접철분을 흘러내려 용접시키고, 냉각 후 갈아내는 방법으로 현장 용접법으로 적용한다.

정답 25. ㉮ 26. ㉰ 27. ㉯ 28. ㉱

29 중계 레일의 사용목적은?

㉮ 궤도회로의 단락을 방지하기 위하여 이음매부에 사용
㉯ 레일을 전기적으로 분할하기 위하여
㉰ 단면이 각각 다른 두 레일을 연결하기 위하여
㉱ 레일 축력을 감소시켜 유간을 최소화하기 위하여

중계레일은 다른 종류의 레일 접합부에 중계를 위해 사용하는 레일이다.

30 PC침목이 목침목보다 불리한 점은?

㉮ 보수비가 적게 소요되어 경제적이다.
㉯ 전기절연도가 낮다.
㉰ 궤도틀림이 심하다.
㉱ 내구년한이 짧다.

PC침목은 강선을 내장한 콘크리트제 침목으로 나무침목에 비하여 가격이 약 2배이지만 내용연수는 약 5배로 길고 탄성체결에 의해 보수의 경감이 가능하며, 도상저항이 커, 긴 레일의 부설에 대응할 수 있는 등의 이점이 있다. 강선이 내장되어 전기절연도가 낮다.

31 도상자갈의 구비조건으로 적합치 않는 것은?

㉮ 입도는 작을수록 유리
㉯ 견질로서 충격과 마찰에 강할 것
㉰ 능각이 풍부하고 입자간의 마찰력이 클 것
㉱ 점토 및 불순물의 혼입률이 작고 배수가 양호할 것

도상자갈은 침목이 받는 차량 하중을 노반에 전달함과 동시에 침목을 소정 위치에 견고히 잡아주는 역할을 하는 철도에 사용하는 자갈로 입도가 너무 작으면 도상의 기능을 수행하기 어렵다.

32 콘크리트 도상을 부설하는 주된 이유는?

㉮ 지하구간의 소음, 진동 감소
㉯ 건설비 절감 및 레일 수명연장
㉰ 선로보수노력 경감
㉱ 장대 레일의 도상저항력 확보

정답 29. ㉰ 30. ㉯ 31. ㉮ 32. ㉰

콘크리트 도상은 터널 속, 건널목 부분, 배수가 나쁜 구간, 차량 세정선 등에 이용된다. 보수비가 경감되고, 궤도 이상이 적으며 배수는 양호하다.

33 국내철도에서 사용하는 장대 레일 신축이음매 구조형식은?
   ㉮ 양측둔단 중복형　　　　　　㉯ 편측첨단형
   ㉰ 편측첨단부 곡선형　　　　　㉱ 양측첨단형

34 레일의 성분 중 제강시의 탈산제로 작용하므로 강재 중에 반드시 함유되며 양을 증가시킴에 따라 경도와 항장력을 증대시키나 연성이 감소되는 성분은?
   ㉮ 탄소　　　　　　　　　　　㉯ 규소
   ㉰ 망간　　　　　　　　　　　㉱ 인

 소량의 망간을 첨가하면 강철의 강도와 유연성이 증가하므로 현대 강철의 대부분은 망간을 포함하고 있다.

35 레일 훼손의 원인이 아닌 것은 어느 것인가?
   ㉮ 레일 제작 중 강괴 내부의 결함 또는 압연작업이 불량할 때
   ㉯ 레일의 취급 및 부설방법이 불량할 때
   ㉰ 레일의 하중이 강도에 비해 약할 때
   ㉱ 부식, 이음매부 레일 끝처짐 등으로 레일 상태가 악화될 때

 레일의 마모에 영향을 주는 요인에는 표면의 패임, 경화, 재질형상, 마찰방법(패임, 굴절), 접속압력, 윤활제의 유무(물, 기름), 상대속도, 주변환경 등이다.

36 레일의 내구년한에 대한 설명 중 옳지 않은 것은?
   ㉮ 레일은 훼손, 부식, 마모의 3요인 및 피로현상 등에 따라 교체한다.
   ㉯ 레일의 수명은 궤도, 노반, 운전환경, 통과 톤 수 등에 따라 교체한다.
   ㉰ 직선부는 20～30년, 해안은 12～16년, 터널내는 5～10년이 내구년한이다.
   ㉱ 보통 레일의 통과 톤 수는 중량에 관계없이 약 10억 톤이다.

정답　33. ㉯　34. ㉰　35. ㉰　36. ㉱

레일의 내구연한은 레일의 통과 톤수가 2~5억톤 정도가 되면 레일 교환의 표준이 되고 보통은 10~25년을 표준으로 하고 있지만, 실제는 열차속도 등의 조건, 궤도보수의 정도, 경영상황 등에 따라 레일의 수명이 결정된다.

37 레일 이음매의 구비조건에 대한 설명 중 틀린 것은?

㉮ 이음매 이외의 부분보다 강도와 강성이 클 것
㉯ 구조가 간단하고 설치와 철거가 용이할 것
㉰ 레일의 온도신축에 대하여 길이방향으로 이동할 수 있을 것
㉱ 연직하중뿐만 아니라 횡압력에 대해서도 충분히 견딜 수 있을 것

 레일 이음매는 개개의 레일을 이음매판과 볼트너트 등을 사용하여 연결한 구조물로 이음매의 구조는 레일과 동등한 강도를 가져야 하며, 설치와 분리도 용이해야 한다는 등의 조건에서 선정되며, 이음매 판을 레일의 복부 양면에 닿게 하여 볼트로 이것을 긴밀하게 체결하는 방식이 채용되고 있다.

38 다음 중 궤간을 결정하는 요인과 관계없는 것은?

㉮ 수송량   ㉯ 속도
㉰ 지형 및 안전도   ㉱ 선로의 등급

 궤간을 결정하는 요인에는 고속, 대형, 중량, 지형, 안전 등이다.

39 다음 중 협궤의 장점은 어느 것인가?

㉮ 고속도를 낼 수 있으며 수송력을 증대시킬 수 있다.
㉯ 열차의 주행안전도를 증대시키고 동요를 감소시킨다.
㉰ 건설비와 유지비가 적게 소요된다.
㉱ 차량설비를 충분히 할 수 있고 수송효율이 향상된다.

 협궤는 표준궤보다 폭이 좁은 궤간을 가진 철도 선로로 협궤는 부설의 용이성과 저렴함을 배경으로 경편철도용 또는 교통량이 한산한 구간, 산악 등 지형이 열악한 구간의 철도 부설에 널리 이용되었다.

40 다음 중 표준궤간보다 넓은 광궤의 장점은 어느 것인가?

㉮ 고속에 유리하고 차륜의 마모를 경감시킬 수 있다.
㉯ 건설비와 유지비가 적게 소요된다.
㉰ 급곡선을 채택해도 협궤에 비하여 곡선저항이 작다.
㉱ 산악지대에서는 선로선정이 용이하다.

광궤는 대형의 차량 채용을 통한 수송량의 증가 및 여객 편의성의 증가, 고속에서 높은 안정성과 같은 장점을 가진다.

41 완화곡선길이 결정시 고려할 사항이 아닌 것은 어느 것인가?

㉮ 캔트의 체감을 완만하게 하여 차량부상으로 인한 탈선의 위험이 없도록 한다.
㉯ 주행차량이 받는 단위시간당의 캔트량 변화는 일정한 값 이상이어야 한다.
㉰ 고속으로 운전하는 선로의 완화곡선길이는 열차속도에 반비례하여 가능한 한 짧게 해야 한다.
㉱ 캔트부족량의 변화는 승차기분이 나쁘지 않은 범위 내에서 일정한 값 이상이어야 한다.

완화곡선은 열차가 직선에서 곡선으로 진입할 때 발생하는 충격을 방지하기 위해 설계된 특수형태의 곡선을 말하는데 열차운행의 급격한 변화를 완화시킬 수 있다. 따라서 완화곡선의 길이는 열차속도에 비례한다.

42 선로구조물의 돋기방법이 아닌 것은 어느 것인가?

㉮ 수평쌓기법　　　　　　　　　㉯ 전방쌓기법
㉰ 후방쌓기법　　　　　　　　　㉱ 비계쌓기법

제3절 분기기 및 장대 레일

01 레일 용접부의 검사방법이 아닌 것은?
㉮ 침투검사 ㉯ 경도시험
㉰ 인장시험 ㉱ 굴곡시험

레일 용접부 검사방법에는 경도시험(금속 등 재료의 비교 경도를 결정하는 시험), 굴곡시험(굽힘 작용에 대한 재료의 강도 또는 변형을 측정하기 위하여 행하는 시험), 침투검사가 있다.

02 장대 레일의 좌굴저항력에 영향을 주지 않는 요소는?
㉮ 침모고가 도상간의 마찰력 ㉯ 레일과 침목간의 체결력
㉰ 단위길이당 침목의 부설수량 ㉱ 장대 레일의 길이

좌굴저항은 궤도의 좌굴에 저항하는 도상 횡 저항력, 도상 종 저항력으로 장대 레일의 길이는 좌굴저항력에 영향이 없다.

03 완충 레일의 부설방법에 대한 설명 중 옳은 것은?
㉮ 경두 레일과 일반이음매판 볼트를 사용한다.
㉯ 양단부를 텅 레일과 같은 분기재료를 사용하여 신축을 처리한다.
㉰ 일반 레일과 열처리이음매판과 볼트를 사용한다.
㉱ 제작공장에서 일반 레일보다 고강도 특수 레일을 제작하여 사용한다.

완충레일은 장대레일 상간에 부설하는 경척레일을 말하며 특수구조의 이음매를 사용하지 않고 3~5개 정도의 경적레일과 고탄소강, 이음매판과 볼트를 사용한 보통이음매 구조로서 유간변화를 이용하여 장대레일 단부의 신축량을 배분하는 방법이다.

04 완충 레일의 사용목적은?
㉮ 온도변화 또는 복진이 극히 작은 장대 레일의 신축처리
㉯ 장대 레일의 제도회로 단락을 위하여
㉰ 신축이음매 설치가 곤란한 곡선부 등에 장대 레일 신축량을 처리
㉱ 도상저항력이 약한 곳에 부설하여 장대 레일 좌굴방지를 위하여

정답 01. ㉰ 02. ㉱ 03. ㉰ 04. ㉮

완충 레일은 온도 변화가 적고 복진의 염려가 없는 경우 등에 이용된다.

05 신축이음매에 대한 설명 중 옳지 않은 것은?
㉮ 장대 레일 끝에 신축이음매를 사용하여 신축량을 흡수한다.
㉯ 궤간의 변화와 충격은 최소한으로 줄인다.
㉰ 우리나라는 입사각이 없는 텅 레일과 비슷한 신축이음매를 사용한다.
㉱ 신축이음매와 장대 레일간의 이음매처짐이 생기지 않도록 보수해야 한다.

 신축이음매는 철로레일의 이음매부분을 비스듬이 사선으로 겹쳐놓는 것으로 신축이음매를 설치하는 이유는 철로레일의 이음매부분이 추운 겨울에 간격이 벌어져서 기차바퀴가 지나갈 때 발생하는 물리적 충격과 소음을 완화시키고 차체 바퀴의 손상도 예방하기 위한 것이다.

06 가드레일의 백 게이지란 무엇인가?
㉮ 크로싱 노스 레일과 주레일 내측에 부설되어 있는 가드레일 외측과의 거리
㉯ 좌우 텅 레일 내측간의 거리
㉰ 크로싱 가드레일간의 거리
㉱ 포인트 힐부의 텅 레일 내측간의 거리

 백 게이지(back-gauge)는 분기기의 크로싱부에 있어서 노즈 레일(nose rail)과 가드(바퀴 통과측)와의 간격을 말하며, 차량이 다른 레일에 진입하지 못하게 하는 것과 바퀴가 노즈 레일과 날개 레일 사이를 안전하게 통과할 수 있는 관계로부터 결정되는 것이다.

07 분기 가드레일의 부설목적이 아닌 것은?
㉮ 대향으로 차량통과시 이선진입 방지
㉯ 크로싱 노스부의 손상방지
㉰ 크로싱 윙 레일의 마모방지
㉱ 분기부의 결선부 차량통과시 탈선방지

 분기 가드레일은 차량이 대향 분기를 통과할 때 크로싱의 결선부에서 차륜의 플랜지가 다른 방향으로 진입하거나 노스의 단부를 손해시키는 것을 방지하고 차륜을 안전하게 유도하기 위하여 반대 측 주 레일에 부설하는 레일이다.

08 근래 개발된 탄성분기기의 구조적 특징은?

㉮ 포인트를 강력 스프링으로 작동되도록 하여 전황장치가 없다.
㉯ 텅 레일과 리드 레일을 일체화하여 힐 이음매부가 없다.
㉰ 크로싱의 노스 부분을 가동식으로 하여 결선부를 제거하였다.
㉱ 텅 레일을 길게 하여 입사각을 작게 하였다.

탄성분기기는 입사각이 없고 탄성포인트와 망간크로싱을 사용하며, 차량 진입이 원활하고 안정적이다. 텅레일의 입사각을 없애고 체결력 강화 등 기존 분기기의 단점을 개량하였다.

09 탈선분기기에 대한 설명으로 옳은 것은?

㉮ 복선구간에서 많이 사용되는 분기기
㉯ 신호기를 오인하는 경우 열차의 탈선방지를 위해 설치하는 분기기
㉰ 신호기를 오인하는 경우 열차를 고의로 탈선시켜 대향열차 또는 구내진입시 유치열차와 충돌을 방지하기 위한 분기기
㉱ 승월분기기와 비슷하나 분기선을 배향통과 시키지 않는 분기기

탈선분기기 : 크로싱이 없는 분기기로 차량을 탈선시키는데 사용하는 분기기

10 교량상의 장대 레일 부설조건 중 옳지 않은 것은?

㉮ 레일과 침목의 체결은 레일의 복진과 온도신축을 방지할 수 있는 구조로 할 것
㉯ 훅 볼트는 체결력이 우수한 것을 선택하여 침목의 이동을 방지할 것
㉰ 보의 온도와 비슷한 레일 온도에서 장대 레일을 설정할 것
㉱ 연속보의 중앙에 교량용 레일 신축이음매를 설치할 것

장대레일은 여러 개의 레일을 기지 또는 현지에 두고, 주로 용접에 의하여 접합하여 일정 이상의 길이로 한 것으로, 레일은 가능한 한 이음매를 없게 하고 연속해서 균질인 것이 철도 시스템에 유리하고 교량위의 장대레일은 필요한 곳마다 신축이음장치를 두어야 한다.

11 한번 부설한 장대 레일 체결장치를 모두 풀어서 레일의 신축을 자유롭게 한 다음 다시 체결하는 것은?

㉮ 재부설   ㉯ 신축량 조정
㉰ 현장부설   ㉱ 재설정

정답 08. ㉯   09. ㉰   10. ㉱   11. ㉱

장대레일 재설정은 장대레일의 체결장치를 풀어 레일의 신축을 자유롭게 한 다음, 평균 온도 28℃까지 레일을 가열, 그 상태에서 다시 레일을 철도침목과 체결시키는 작업이다.

12 장대 레일 좌굴시의 응급복구조치 중 레일을 절단하는 경우의 작업방법으로 옳지 않은 것은?

㉮ 레일의 현저히 휜 부분 및 손상이 있는 부분은 절단 제거한다.
㉯ 레일 절단은 반드시 레일 절단기를 사용해야 한다.
㉰ 용접 전 초음파탐상기 등으로 검사한 레일을 사용한다.
㉱ 복구완료한 장대 레일은 조속한 시일 내에 재설정한다.

13 크로싱 중 두 선로가 평면교차하는 개소에 사용하며 직각 또는 사각으로 교차하는 크로싱은?

㉮ 다이아몬드 크로싱 ㉯ 시셔스 크로싱
㉰ 가동 노스 크로싱   ㉱ 가동 둔단 크로싱

 다이아몬드 크로싱 : 2개의 선로가 교차하는 장소에 만들어지는 것

14 구조가 간단하고 견고하나 열차가 분기선에 진입할 때 레일의 결선구간이 열차에 충격을 주는 포인트는?

㉮ 둔단 포인트   ㉯ 첨단 포인트
㉰ 승월 포인트   ㉱ 스프링 포인트

 둔단 포인트 : 구조가 간단하나 열차가 분기선에 진입할 때 레일의 결선간격은 열차에 충격을 준다.

15 다음은 조립 크로싱의 변상(變狀)에 대한 설명으로 틀린 것은?

㉮ 사용기간에 따라 노스(Nose)가 마모된다.
㉯ 사용기간에 따라 윙 레일(Wing Rail)이 마모된다.
㉰ 마모되는 부분은 용접육성으로 원형복귀가 불가능하여 교체해야 한다.
㉱ 조립된 볼트, 너트, 리벳트가 이완된다.

정답 12. ㉯ 13. ㉮ 14. ㉮ 15. ㉰

조립 크로싱은 레일을 가공하여 볼트, 간격재 등으로 조립한 크로싱을 말한다.

16 장대 레일의 부동구간이 존재하는 이유는?

㉮ 단면에 비하여 길이가 월등하게 길 때는 중심부에서 신축이 발생하지 않는다.
㉯ 레일강은 재질상 신축이 작아 장대 레일의 중아부에서는 신축이 발생하지 않는다.
㉰ 레일과 침목의 견고한 체결력과 도상저항력이 자유신축을 구속한다.
㉱ 레일 용접기술의 발달로 용접부가 신축을 구속한다.

 장대레일의 부동구간은 롱 레일의 온도 신축할 때에 도상저항력이 작용됨에 따라서 레일의 자유 신축이 구속되어, 양단부에서 어느 정도 떨어진 중앙 부분에서는 전체 신축이 생기지 않는데 이 부분을 부동구간이라고 한다.

17 장대 레일의 부설목적과 거리가 먼 것은?

㉮ 선로보수의 노력과 재료가 절감된다.
㉯ 열차진동 및 충격을 감소한다.
㉰ 승차감을 좋게 한다.
㉱ 건설비를 절감한다.

 장대레일은 정척레일 궤도에 비해서 레일의 이음매에서 충격이 대폭으로 완화되어, 노선상태의 개선, 보수량 저감, 소음·진동대책에 기여한다.

18 도상저항력의 크기를 표시하는 방법은?

㉮ 궤도의 한쪽 1m당 받을 수 있는 힘
㉯ 침목 1개당 받을 수 있는 힘
㉰ 궤도의 양쪽 1m당 받을 수 있는 힘
㉱ 1m에 부설된 침목이 받을 수 있는 힘

 도상저항력은 도상의 횡 또는 종 한 방향 저항력을 측정한다.

정답 16. ㉰ 17. ㉱ 18. ㉮

제4절 선로설비 및 정차장 설비

01 험프입환작업 중 화차가 받는 저항으로 볼 수 없는 것은?
㉮ 주행저항   ㉯ 분기기저항
㉰ 공기저항   ㉱ 제동저항

화차가 받는 저항에는 주행저항, 분기기 저항, 공기저항, 구름저항, 구배저항 등이 있다.

02 정거장분기기의 배치에 대한 설명 중 옳지 않은 것은?
㉮ 분기기는 위치, 방법, 종별에 관하여 충분히 검토해야 한다.
㉯ 조차장 입환선에 설치하는 분기기는 차량의 주행저항을 균일하게 한다.
㉰ 특별분기기는 유지관리 및 보수를 위하여 가급적 많이 설치한다.
㉱ 분기기는 가능하면 집중 배치한다.

분기기는 철도에서 열차 또는 차량을 한 궤도에서 다른 궤도로 옮기기 위하여 선로에 설치한 설비로 많이 설치하면 유지관리와 보수가 어렵다.

03 대피선 설치에 대한 설명으로 옳지 않은 것은?
㉮ 후속열차가 선행열차를 추월할 필요가 있을 때 설치
㉯ 열차밀도가 높아서 선행열차가 출발하기 전에 후속열차의 진입 필요시 설치
㉰ 복선구간의 방향별 운전을 위해서 설치
㉱ 화물열차를 장시간 역에 정차시킬 필요가 있을 때 설치

대피선은 단선철도에서 열차가 서로 엇갈릴 때 한쪽이 피하기 위하여 옆에 부설한 철로이다.

04 화물적하장에 대한 설명으로 옳지 않은 것은?
㉮ 차급화물을 적하하기 위하여 여객승강장과는 별도로 설치해야 한다.
㉯ 화물적하장은 지붕이 필요하다.
㉰ 화물적하장은 역본체 반대편에 설치하는 것이 유리하다.
㉱ 화물적하장은 역본체 좌측에 설치하는 것이 유리하다.

화물적하장은 화물을 취급하는 정거장에서 차급화물을 적하하기 위해서 여객승강장과는 별도로 설치하는 홈으로 위치는 역 본체를 향하여 좌측에 두는 것이 보통이다.

정답 01. ㉱ 02. ㉰ 03. ㉰ 04. ㉰

05 새로운 여객역 검토시 고려사항이 아닌 것은?

㉮ 근대적 영업시설과 업무운영방식의 시스템화
㉯ 타교통기관과 유기적 연계
㉰ 토지공간의 입체적 이용 및 여행 서비스의 능률적인 제공설비
㉱ 화물취급에 대한 연결관계

여객역이므로 화물취급사항은 고려하지 않아도 된다.

06 여객승강장 중 단선구간의 중간역으로 승하차가 편리하며 장래 확장이 용이하고 상하열차 동시착발시 안전운행이 보장되는 형식은?

㉮ 섬식 정거장 ㉯ 상대식 정거장
㉰ 둑식 정거장 ㉱ 혼합식 정거장

상대식 정거장은 차량의 상하행이 한가운데 있고 홈은 상하행 바깥쪽에 있다.

07 전차고와 동차고의 특징은?

㉮ 한 대씩 분리수용이 가능한 소량규모
㉯ 1선에 2편성 이상이 수용될 수 있는 긴 차고
㉰ 편성검사가 가능한 1개 열차편성 수용형식
㉱ 언제나 방향전환이 용이한 원형전차대가 있는 원형차고

전기차의 검사, 수선, 및 수용을 하기 위하여 설치하는 차고로 편성검사가 가능한 1개 열차편성을 수용하는 형식이다.

08 안전 레일에 대한 설명으로 옳지 않은 것은?

㉮ 높은 축제 또는 고가부에 열차탈선의 경우 큰 사고를 최소화하기 위해 부설한다.
㉯ 본선 레일과 180mm 간격으로 부설한다.
㉰ 안전 레일의 위치는 내·외궤쪽 중 차량의 탈선시 피해정도를 비교하여 결정한다.
㉱ 안전 레일은 차량탈선의 위험이 클 경우 내·외궤 양쪽에 본선레일과 65mm 간격으로 부설한다.

안전레일은 열차가 탈선했을 때 전복하는 것을 방지하기 위해 만든 보조 레일로 긴 교량 구간이나 한쪽이 깊은 계곡 등에 설치한다. 본선레일과 최대 간격은 180mm이다.

정답 05. ㉱ 06. ㉯ 07. ㉰ 08. ㉱

09 레일 마모방지 레일에 대한 설명은?

㉮ 급곡선부 외궤 레일의 두부내측은 차륜에 의한 마모가 심하므로 마모방지용 레일을 곡선내측에 부설한다.
㉯ 본선과 마모방지용 레일과의 간격은 탈선방지용 레일보다는 넓어야 한다.
㉰ 레일 마모방지 레일은 급곡선부터 내·외측 레일에 부설한다.
㉱ 마모방지 레일은 본선 레일과 180mm 간격으로 부설한다.

마모방지레일은 급 곡선부 외측 레일의 두부내측은 차륜에 의한 마모가 심하므로 곡선 내측레일의 내측에 마모를 방지하기 위하여 부설한 레일이다.

10 건널목 호륜 레일에 대한 설명으로 옳은 것은?

㉮ 건널목, 공장내 등 횡단로 설비를 위해 레일 두부높이보다 낮게 해야 한다.
㉯ 건널목 호륜 레일은 건널목통행 자동차바퀴의 보호를 위해 설치한다.
㉰ 곡선건널목에는 호륜 레일을 설치하지 않는다.
㉱ 건널목 설비는 레일 두부높이와 같이 차륜 플랜지 보호를 위해 설치하고 직선구간의 본선과 호륜 레일 두부내측간 거리는 65mm가 표준이다.

건널목가드레일은 레일과 같은 높이로 만든 노면이 파손되어 바퀴의 플랜지 웨이가 파손되는 것을 막기 위하여 설치된다.

11 정거장의 분류 중 역본체, 승강장, 과선교, 지하도, 승강기 등은 다음 중 어떤 설비인가?

㉮ 화물설비   ㉯ 여객설비
㉰ 운전설비   ㉱ 궤도설비

여객설비는 여객의 승강에 따른 설비와 여객에 부대되는 설비, 수송 화물 및 우편물의 취급 등에 관한 일체의 설비로 여객 설비에는 역전광장, 역 본체, 승강장, 여객 통로, 수송 화물 설비 등이 있다.

12 다음 정거장 설비 중 본선로가 아닌 것은?

㉮ 도착선 및 출발선   ㉯ 여객 및 화물본선
㉰ 유치선 및 인상선   ㉱ 통과선 및 대피선

정답 09. ㉮ 10. ㉱ 11. ㉯ 12. ㉰

본선로는 정차장에서 열차운전에 상용되는 선로로 사용 목적에 따라 열차의 도착선, 출발선, 상행본선, 하행본선, 통과선, 대피선 등으로 불린다.

13 건널목 입체교차의 종류 중 옳지 않은 것은?
㉮ 도로를 선로 위 통과
㉯ 선로를 도로 위 통과
㉰ 도로와 선로에 건널목 설치
㉱ 한쪽을 어느 높이까지 올려 통과

 입체교차는 도로와 도로, 또는 철도와 도로를 상하로 분리하는 교차 형식으로 건널목 설치는 입체교차에 속하지 않는다.

14 제3종 건널목은 어느 것인가?
㉮ 건널목 교통안전표지판만 설치된 건널목
㉯ 건널목 경보기만 설치된 건널목
㉰ 차단기를 설치하고 일정 시간만 간수를 배치하는 건널목
㉱ 차단기를 설치하고 24시간 교대근무로 상시하는 건널목

 ✿ 건널목 종류
1. 제1종 건널목 : 차단, 경보기, 및 건널목 교통안전표지를 설치하고 그 차단기를 주야간 계속 작동하거나 또는 건널목 안내원이 근무하는 건널목
2. 제2종 건널목 : 경보기와 건널목 교통안전표지만 설치된 건널목
3. 제3종 건널목 : 교통안전표지판만 설치된 건널목

15 열차의 교행 또는 대피를 위하여 설치한 정차장은?
㉮ 역 ㉯ 조차장
㉰ 신호소 ㉱ 신호장

 신호장은 철도의 정거장의 일종으로 열차의 교행 또는 대피를 위하여 설치한 장소이다.

16 정거장 구내의 범위는?
   ㉮ 상하선의 양 장내신호기 설치지점간의 구간
   ㉯ 승강장 시종점간의 구간
   ㉰ 정차장 양단분기기 첨단간의 구간
   ㉱ 상하선 출발신호기 설치지점간의 구간

 정거장 구내는 정차장은 일정 범위가 있으며 상하의 양 장내신호기를 설치한 지점간의 구역 또는 그것이 없을 때는 정차장 구역표 간의 지역이 정차장 구내가 된다.

17 여객역의 서비스 시설이 아닌 것은 어느 것인가?
   ㉮ 대합실 및 화장실
   ㉯ 수소화물 프런트
   ㉰ 은행 및 파출소
   ㉱ 휴대품 운반설비 및 전화

 수화물, 소화물 프런트는 화물역 서비스 시설에 속한다.

18 기관차사무소 위치선정시 고려할 사항이 아닌 것은?
   ㉮ 선로가 분기하지 않는 지점
   ㉯ 열차회수 변화지점 및 열차운행의 기점으로 되는 장소
   ㉰ 수질이 양호하고 풍부해야 함
   ㉱ 타기관차사무소와의 적당한 이격

 선로가 분기하지 않는 지점은 기관차사무소가 위치할 필요가 없는 지역이다.

19 객화차 설비가 아닌 것은 어느 것인가?
   ㉮ 검사수선설비   ㉯ 세차설비
   ㉰ 신호설비   ㉱ 소독설비

 객화 설비에는 소독설비, 세차설비, 수선설비 등이 있다.

정답 16. ㉮ 17. ㉯ 18. ㉮ 19. ㉰

20 운전공급설비 중 급사설비에 대한 설명은?

㉮ 기관차의 화재발생시 소화용으로 급사설비를 해야 한다.
㉯ 기관차의 급사설비는 기관차고에 설치한다.
㉰ 기관차의 급사설비는 겨울철 눈으로 인한 미끄러짐을 방지한다.
㉱ 기관차의 동륜과 레일간 마찰력을 크게 하고 점착력을 보충하기 위해 모래살포용 공급설비를 한다.

급사설비는 점착 견인력을 보충하기 위하여 레일에 뿌리는 모래를 기관차에 공급하는 장치로 기관차 기지에 비치된다.

21 정거장에 2개 이상의 열차를 동시에 진입시킬 때 열차의 충돌 등을 예방하기 위하여 설치하는 선로는?

㉮ 피난측선   ㉯ 인상선
㉰ 대피선   ㉱ 안전측선

안전측선은 철도에서 열차의 사고를 방지하기 위하여 역 구내의 본선(本線)에 부속으로 설치한 특별한 선로이다.

22 화차의 입환작업방법 중 별도의 시설이나 장비가 필요없는 일반적인 방법은?

㉮ 돌방입환   ㉯ 포링입환
㉰ 중력입환   ㉱ 험프입환

돌방입환은 기관차 앞에 화차를 연결하여 뒤에서 밀면서 차량을 떼어내는 입환이다.

23 후속열차가 선행열차를 추월할 경우에 이용하기 위해 설치하는 선로는?

㉮ 피난선   ㉯ 인상선
㉰ 안전측선   ㉱ 대피선

대피선은 정차장에서 열차를 대피시킬 목적으로 부설하여 놓은 선로로 후속열차가 선행열차를 추월할 필요가 있을 때, 열차 밀도가 높아서 선행열차가 출발하기 전에 후속열차를 진입시킬 필요가 있을 때, 화물열차의 조성과 정리를 화물열차를 장시간 역에 정차시킬 필요가 있을 때 등을 위해 설치한 선로를 말한다.

정답 20. ㉱ 21. ㉱ 22. ㉮ 23. ㉱

24 정거장 배선계획수립시 고려할 사항으로 옳지 않은 것은?

㉮ 본선상의 분기기는 배향분기기로 한다.
㉯ 측선의 본선의 양측보다 안쪽으로 배선한다.
㉰ 분기기는 산재시키지 않고 집중적으로 설치한다.
㉱ 유효장의 길이는 균등하게 한다.

유효장은 열차 또는 차량을 정지 또는 유치할 수 있는 선로의 길이로 이 길이를 균등하게 할 필요는 없다.

25 정거장에 인접한 본선에 급구배가 있을 경우 고장차량 등으로 역행하여 정차장 내의 다른 열차와 충돌하는 것을 예방하고자 부설한 선로는?

㉮ 안전측선　　　　　　　　　　㉯ 피난측선
㉰ 인상선　　　　　　　　　　　㉱ 대피선

피난측선은 정차장에 접근하여 본선에 급구배가 있을 경우 만일 차량고장과 운전 부주의 등으로 차량이 일주하거나 연결기 절단이 발생하여 차량이 도중에서 역행하여 정차장 내에 진입함으로서 다른 열차 또는 차량이 충돌하는 사고를 방지하기 위하여 설치하는 측선을 말한다.

26 차막이의 종류가 아닌 것은 어느 것인가?

㉮ 레일식　　　　　　　　　　　㉯ 섬식
㉰ 둑식　　　　　　　　　　　　㉱ 자갈돋기식

차막이는 선로의 종점에 있어 차량의 일주를 방지하기 위해서 설치하는 설비로 도착선의 오일댐퍼 열차정지장치, 안전 측선의 선로 위에 자갈을 쌓는 것, 레일로 구성된 것, 콘크리트로 만든 것 등이 있다.

27 선로방비설비 중 낙석방지용 설비시공법으로 가장 효과적인 것은?

㉮ 줄떼 및 평떼심기　　　　　　㉯ 시멘트 모르타르 뿜어붙이기와 주입
㉰ 돌깔기 및 맹하수　　　　　　㉱ 비탈하수 설치

낙석방지 방법에는 낙석옹벽, 낙석방지책, 낙석방지망, 낙석방지림 등의 낙석방지 시설이 있는데 가장 효과적이 방법은 시멘트 모르타르 뿜어붙이기와 주입이 있다.

28 선로구배표의 건식에 대한 설명으로 옳은 것은?

㉮ 선로구배의 시작점에 건식하며 표지판 한면(열차진행방향)에 표시한다.
㉯ 기관사가 구배표시를 확인할 수 있는 투시거리가 양호한 지점에 설치한다.
㉰ 선로구배의 시종점에 건식한다.
㉱ 선로구배의 변환점에 건식한다.

29 건널목 보안설비 검토사항으로 옳지 않은 것은?

㉮ 열차횟수 및 도로교통량
㉯ 건널목 투시거리 및 건널목 길이
㉰ 열차투시거리 및 열차편성량
㉱ 건널목 길이 및 전후의 지형

건널목 보안설비에는 건널목 경보장치, 건널목 차단기, 건널목 주의표식, 건널목 지장검지장치, 건널목 집중감시장치 등이 있고 보안설비를 설치할 때 열차투시거리는 고려사항으로 볼 수 없다.

30 차단기를 설치하고 교통량이 많은 일정 시간만 안내원을 배치하는 건널목은?

㉮ 제1종 건널목　　　　　㉯ 제2종 건널목
㉰ 제3종 건널목　　　　　㉱ 제4종 건널목

❀ 건널목 종류
1. 제1종 건널목 : 차단, 경보기 및 건널목 교통안전표지를 설치하고 그 차단기를 주·야간 계속 작동하거나 또는 건널목 안내원이 근무하는 건널목
2. 제2종 건널목 : 경보기와 건널목 교통안전표지만 설치된 건널목
3. 제3종 건널목 : 교통안전표지판만 설치된 건널목

정답　28. ㉱　29. ㉰　30. ㉮

제5절 선로보수

01 궤도틀림상태 중 도상저항력의 부족으로 발생하는 틀림상태를 정정하는 작업은?
㉮ 면맞춤과 다지기 작업
㉯ 줄맞춤작업
㉰ 레일 버릇정정
㉱ 이음매처짐 정정작업

 줄맞춤작업은 궤도가 직선부에 있어서는 똑바르고, 곡선부에서는 같은 반경의 곡률을 유지할 필요가 있으며 이를 위한 보수작업을 말한다.

02 동상작업의 내용이 맞는 것은 어느 것인가?
㉮ 패킹 작업과 노반배수작업 등이다.
㉯ 제빙, 제설, 방설공 보수작업이다.
㉰ 시공기면 정리, 비탈면보수, 노반배수, 측구정리 및 제초작업 등이다.
㉱ 건널목작업, 선로제표작업, 매목작업 등이다.

03 보선작업기계화의 장점 중 틀린 것은 어느 것인가?
㉮ 작업능률이 향상되나 열차상간의 시간활용도는 기계작업으로 저하된다.
㉯ 보수요원과 작업비가 절감된다.
㉰ 인력작업에 비하여 질적으로 우수하고 균질작업이 가능하다.
㉱ 보수요원을 중노동에서 해방시키고 인력난을 해소한다.

 보선기계화작업으로 작업능률이 향상되고 열차상간 기계작업으로 시간활용도가 상승한다.

04 선로의 취약부인 분기부를 다지는 대형장비로 작업능력이 높은 장비는?
㉮ 4두 타이 탬퍼   ㉯ 멀티플 타이 탬퍼
㉰ 발라스트 레귤레이터   ㉱ 스위치 타이 탬퍼

 스위치 타이 탬퍼는 선로의 3대 취약점의 하나인 분기부를 다지는 기계이다.

정답 01. ㉯ 02. ㉮ 03. ㉮ 04. ㉱

05 앞으로의 보수방향에 대한 설명 중 옳지 않은 것은?
  ㉮ 궤도구조의 강화와 보선작업의 기계화
  ㉯ 레일의 중량화, 침목의 PC화, 장대 레일화
  ㉰ 열차상간의 확보를 최대화하여 직원들의 휴무로 안전을 생활화 한다.
  ㉱ 전자기술의 이용에 따른 보선경비처리 시스템의 확립

열차상간을 확보하면 선로보수 및 기타 작업을 할 수 있는 시간이 확보된다.

06 궤도검사업무에 대한 올바른 설명은 어느 것인가?
  ㉮ 선로의 양호한 정도를 측정하는 업무
  ㉯ 새로운 선로를 건설했을 때 최초로 시행하는 종합검사
  ㉰ 매년 정기적으로 시행하는 표준측정
  ㉱ 궤도의 노후화 및 궤도틀림을 정확하게 발견, 정량화하는 작업

궤도검사는 궤도의 노후화, 궤도틀림 등을 발견하고 정량화하는 작업이다.

07 궤도노후화의 원인과 관계없는 것은 다음 중 어느 것인가?
  ㉮ 열차의 축중과 속도   ㉯ 열차횟수 및 하중조건
  ㉰ 강우, 강설 등의 자연조건   ㉱ 계속되는 보수와 재료갱환

궤도 노후화에는 강우, 강설, 운행횟수, 하중조건, 축중, 열차속도 등에 영향을 받는다.

08 유간검사에 대한 설명 중 옳지 않은 것은?
  ㉮ 여름과 겨울에 유간이 가장 큰 시기에 시행한다.
  ㉯ 유간의 크기 여부를 검사한다.
  ㉰ 맹유간 연속 3개소 이상인 곳을 검사한다.
  ㉱ 신축이음매의 이동상태 여부를 검사 시행한다.

유간검사는 유간의 상태에 대하여 과대 유간의 유무, 맹유간의 연속상태, 평균 유간의 상태를 적어도 여름과 겨울 이전에 연 2회 실시하는데 복진이 심한 개소 등 요주의 구간은 검사회수를 증가하여 관찰할 필요가 있다.

정답 05. ㉰ 06. ㉱ 07. ㉱ 08. ㉮

09 열차의 운행시 상하 좌우 진동검사를 시행하는 궤도보수검사는?
- ㉮ 유간검사
- ㉯ 선로진동검사
- ㉰ 노반검사
- ㉱ 소음측정검사

 선로진동검사는 열차가 운행할 경우 상하좌우 진동을 검사하는 것을 말한다.

10 PC침목의 연간검사주기가 옳은 것은?
- ㉮ 본선 1회 이상, 측선 2년 1회 이상
- ㉯ 본선 1회 이상, 측선 2회 이상
- ㉰ 본선 3회 이상, 측선 1회 이상
- ㉱ 본선 4회 이상, 측선 2회 이상

 PC침목 본선은 연 1회 이상, PC침목 측선은 2년 1회 이상이다. 목침목은 연 1회 이상 하여야 한다.

11 보선작업계획 중 실행계획으로 작업구간, 작업방법, 작업인원 등을 명확하게 수립하는 계획은?
- ㉮ 일일계획
- ㉯ 주간계획
- ㉰ 월간계획
- ㉱ 연간계획

12 보선작업계획에 대한 설명 중 옳지 않은 것은?
- ㉮ 보선작업계획은 선로의 안전도 향상에 절대적인 영향을 미친다.
- ㉯ 작업계획은 실제작업이 가능한 범위내의 현실작업계획이어야 한다.
- ㉰ 연간을 통하여 작업의 시행시기, 순서, 작업인원을 고려해야 한다.
- ㉱ 작업계획시 선로상태, 계절별 기후상태 등은 크게 영향을 받지 아니한다.

 보선작업은 기후나 선로상태에 따라 크게 영향을 받는다.

13 국철의 보선작업 분류의 구성이 옳은 것은?
- ㉮ 대분류, 중분류, 소분류
- ㉯ 중분류, 소분류
- ㉰ 대분류, 중분류, 소분류, 세분류
- ㉱ 대분류, 소분류, 세분류

정답 09. ㉯ 10. ㉮ 11. ㉯ 12. ㉱ 13. ㉮

14 선로폐쇄에 대한 설명 중 옳은 것은?

㉮ 일정 시간의 사이에 모터 카만 출입할 수 있는 것
㉯ 일정 시간까지는 그 구간에 열차를 운행시키지 않는 것
㉰ 일구간에서 기계작업을 할 때 시행한다.
㉱ 일정 시간까지는 작업자의 지시에 따라 운행한다.

선로폐쇄는 작업 시작 위치의 양측역에 일정기간까지는 그 구간에 열차를 운행시키지 않는 것을 말한다.

15 선로유지작업의 분류 중 작업내용이 틀린 것은?

㉮ 도상다지기 작업   ㉯ 체결장치 보수작업
㉰ 재료교환작업   ㉱ 이음매 볼트 작업

선로유지작업에는 도상작업, 레일유지 및 교체작업, 볼트 조임작업, 체결구 보수작업 등이 있다.

16 분기기검사 중 텅 레일의 밀착, 접착과 백 게이지 및 기타 부속품을 검사하는 검사방법은?

㉮ 일반검사   ㉯ 정밀검사
㉰ 기능검사   ㉱ 구체손상검사

기능검사는 장비에 대하여 기능적인 시험을 하는 방법을 말한다.

17 레일검사 중 연 1회 이상 레일의 손상, 마모, 부식의 정도 등을 검사하는 방법은?

㉮ 일반검사   ㉯ 해체검사
㉰ 초음파탐상검사   ㉱ 레일 탐상차검사

18 거더, 트러스의 검사종류가 아닌 것은 어느 것인가?

㉮ 핀, 볼트 및 리벳트의 이완, 부식의 유무와 정도
㉯ 슈좌면의 청소상태 및 부재 방청도장의 상태
㉰ 교대, 교각의 균열 여부
㉱ 교량대피소의 상태 및 각 부재의 안전성

정답 14. ㉯ 15. ㉰ 16. ㉰ 17. ㉮ 18. ㉰

거더는 교량의 상부구조물이고 트러스는 직선봉을 삼각형으로 조립한 일종의 빔(beam) 재(材). 교량, 건축물 등의 골조 구조물이므로 교대, 교각의 균열을 검사를 할 수 없다.

19 도상검사 사항이 아닌 것은?

㉮ 토사혼입 ㉯ 도상보충 또는 정리여부
㉰ 단면부족 ㉱ 종저항력 유지상태

 도상검사는 선로에 노반과 침목 사이에 끼워진 자갈, 부순돌, 콘크리트 등을 검사하는 것이다.

20 터널 검사 종류 중 틀린 것은 어느 것인가?

㉮ 터널 라이닝의 균열, 낙반, 변위의 유무와 정도
㉯ 차량한계에 대한 터널 시설물의 지장 유무
㉰ 터널 내부 및 갱문부 깎기 비탈 등의 상태
㉱ 터널 누수 및 갱문 상부의 배수상태

 터널검사는 궤도 틀린 부분, 콘크리트 노방과 같은 전체 터널 내의 주요 시설물에 대한 안전검사를 말한다.

21 선로순회검사에 대한 설명 중 옳지 않은 것은?

㉮ 도보순회는 매일 1회 이상 순회하여 궤도 및 선로구조물의 이상 유무 감시를 한다.
㉯ 보선장은 주 2회 이상 도보순회 확인을 해야 한다.
㉰ 분소장은 월 1회 이상 도보순회하여 궤도 및 구조물의 이상 유무를 확인한다.
㉱ 소장은 필요시 관내를 순회하여 선로보수상태를 확인한다.

제3장 철도공학 기출문제

◆ 2020년 11월 1일 출제복원문제

01 철도차량의 특징을 설명한 것으로 옳은 것은?

㉮ 일반적으로 2축이 평행하게 고정축거에 의하여 강결되어 있다.
㉯ 곡선주행시 내측 차륜이 외측 차륜보다 회전수가 적다.
㉰ 건축한계를 벗어나지 않는 범위 내에서 크기를 적정하게 결정한다.
㉱ 주로 각 차량에 설치된 동력장치에서 발생되는 힘으로 주행한다.

㉯ 곡선 주행시에는 외측 차륜의 회전수가 적다.
㉰ 선로의 크기를 벗어나지 않아야 한다.
㉱ 철도 차량은 동력이 부가된 차량과 부가되지 않은 차량이 있다.

02 철도의 설비 중 보안설비에 해당하는 것은 어느 것인가?

㉮ 전신, 유선전화
㉯ 신호, 연동장치
㉰ 역, 조차장
㉱ 기술연구 시험설비

보안설비에는 신호기장치, 선로전환장치, 궤도회로장치, 연동장지, 열차자동정지장치 등이 있다.

03 철도신호기의 구조상 분류로 볼 수 없는 것은?

㉮ 완목식 신호기
㉯ 수동식 신호기
㉰ 색등식 신호기
㉱ 등렬식 신호기

철도신호기의 구조상 분류는 완목신호기, 색등식 신호기, 등열식 신호기가 있고 조작상 분류에는 수동신호기, 자동신호기, 반자동신호기가 있다. 기능별 분류에는 상치신호기가 있다.

 정답 01. ㉮ 02. ㉯ 03. ㉯

04 다음 중 궤도에 작용하는 축방향력이 아닌 것은?

㉮ 차량동요에 따른 관성력
㉯ 레일의 온도변화에 의한 축력
㉰ 제동 및 시동하중
㉱ 기울기구간에서 차량중량의 점참력을 통해 전후로 작용

축방향력은 축방향 추진력으로 예를 들면 터보형 유체기계의 우근차와 다른 회전부분에 작용하는 유체력에 의하여 생기는 축방향의 힘을 말한다.

추전환기
전철기중 가장 간단한 것으로 주로 첨단레일을 기본레일에 밀착시키는 역할을 한다.

축거
전후 또는 대차간에 고정되어 있는 차축 중심간의 거리

축방향력
길이방향으로 작용하는 힘(레일 온도변화에 의한 축력, 제동 및 시동하중 등)

05 열차의 주행하중에 대한 굽힘강도가 높아 마모에도 강하고 횡압에 대해서도 안정성이 우수하여 철도에서 주로 사용하는 레일은?

㉮ 쌍두 레일 ㉯ 우두 레일
㉰ 평저 레일 ㉱ 어복 레일

평저레일 : 밑면이 평저형상으로 되어 있으며, 평저형은 열차의 주행하중에 대한 굽힘강도가 높아 마모에도 강하고 횡압에 대해서도 안정성이 우수하다.

06 열차 운행 중 레일 훼손의 원인이 아닌 것은 어느 것인가?

㉮ 레일 제작 중 강괴 내부의 결함 또는 압연작업이 불량할 때
㉯ 레일의 취급 및 부설방법이 불량할 때
㉰ 레일의 하중이 강도에 비해 약할 때
㉱ 부식, 이음매부 레일 끝처짐 등으로 레일 상태가 악화될 때

레일의 마모에 영향을 주는 요인에는 표면의 패임, 경화, 재질형상, 마찰방법(패임, 굴절), 접속압력, 윤활제의 유무(물, 기름), 상대속도, 주변환경 등이다.

07 다음은 조립 크로싱의 변상(變狀)에 대한 설명으로 틀린 것은?

㉮ 사용기간에 따라 노스(Nose)가 마모된다.
㉯ 사용기간에 따라 윙 레일(Wing Rail)이 마모된다.
㉰ 마모되는 부분은 용접육성으로 원형복귀가 불가능하여 교체해야 한다.
㉱ 조립된 볼트, 너트, 리벳트가 이완된다.

조립 크로싱은 가공한 레일을 볼트나 리벳 간격재 등으로 조립하여 하나로 고정시킨 크로싱을 말한다. ⇒ 규범 표기는 미확정이다

08 다음은 신축이음매를 설치하는 이유에 대한 설명 중 옳지 않은 것은?

㉮ 장대 레일 끝에 신축이음매를 사용하여 신축량을 흡수한다.
㉯ 궤간의 변화와 충격은 최소한으로 줄인다.
㉰ 우리나라는 입사각이 없는 텅 레일과 비슷한 신축이음매를 사용한다.
㉱ 신축이음매와 장대 레일간의 이음매처짐이 생기지 않도록 보수해야 한다.

신축이음매는 철로레일의 이음매부분을 비스듬이 사선으로 겹쳐놓는 것으로 신축이음매를 설치하는 이유는 철로레일의 이음매부분이 추운 겨울에 간격이 벌어져서 기차바퀴가 지나갈 때 발생하는 물리적 충격과 소음을 완화시키고 차체 바퀴의 손상도 예방하기 위한 것이다.

09 여객승강장 중 단선구간의 중간역으로 승하차가 편리하며 장래 확장이 용이하고 상하열차 동시착발시 안전운행이 보장되는 형식은?

㉮ 섬식 정거장   ㉯ 상대식 정거장
㉰ 둑식 정거장   ㉱ 혼합식 정거장

상대식 정거장은 차량의 상하행이 한가운데 있고 홈은 상하행 바깥쪽에 있다.

10 다음은 1종 건널목의 종류로 볼 수 없는 것은?

㉮ 건널목 교통안전표지를 설치하고 그 차단기를 주·야간 계속 작동하는 건널목
㉯ 건널목 경보기 설치된 곳에서 안내원이 근무하는 건널목
㉰ 차단기를 설치하고 교통안전표지판만 설치된 건널목
㉱ 차단기를 설치하고 24시간 교대근무로 상시하는 건널목

정답 07. ㉰ 08. ㉯ 09. ㉯ 10. ㉰

❀ 건널목 종류
1. 제1종 건널목 : 차단, 경보기, 및 건널목 교통안전표지를 설치하고 그 차단기를 주야간 계속 작동하거나 또는 건널목 안내원이 근무하는 건널목
2. 제2종 건널목 : 경보기와 건널목 교통안전표지만 설치된 건널목
3. 제3종 건널목 : 교통안전표지판만 설치된 건널목

11 다음 중 건널목 보안설비 검토사항으로 옳지 않은 것은?

㉮ 열차횟수 및 도로교통량
㉯ 건널목 투시거리 및 건널목 길이
㉰ 열차투시거리 및 열차편성량
㉱ 건널목 길이 및 전후의 지형

건널목 보안설비에는 건널목 경보장치, 건널목 차단기, 건널목 주의표식, 건널목 지장검지장치, 건널목 집중감시장치 등이 있고 보안설비를 설치할 때 열차투시거리는 고려사항으로 볼 수 없다.

12 보선작업계획에 대한 실행으로 설명 중 옳지 않은 것은?

㉮ 보선작업계획은 선로의 안전도 향상에 절대적인 영향을 미친다.
㉯ 작업계획은 실제작업이 가능한 범위내의 현실작업계획이어야 한다.
㉰ 연간을 통하여 작업의 시행시기, 순서, 작업인원을 고려해야 한다.
㉱ 작업계획시 선로상태, 계절별 기후상태 등은 크게 영향을 받지 아니한다.

보선작업은 기후나 선로상태에 따라 크게 영향을 받는다.

13 선로유지작업의 분류 중 작업내용이 틀린 것은?

㉮ 도상다지기 작업
㉯ 체결장치 보수작업
㉰ 재료교환작업
㉱ 이음매 볼트 작업

선로유지작업에는 도상작업, 레일유지 및 교체작업, 볼트 조임작업, 체결구 보수작업 등이 있다.

정답 11. ㉰ 12. ㉱ 13. ㉰

14 대피선은 정차장에서 열차를 대피시킬 목적으로 부설하여 설치하는 선로이다. 아닌 것은?

㉮ 후속열차가 선행열차를 추월할 필요가 있을 때
㉯ 열차 밀도가 높아서 선행열차가 출발하기 전에 후속열차를 진입시킬 필요가 있을 때
㉰ 화물열차의 조성과 정리를 화물열차를 장시간 역에 정차시킬 필요가 있을 때
㉱ 열차의 사고를 방지하기 위하여 역 구내의 본선(本線)에 부속으로 설치한 때

대피선은 정차장에서 열차를 대피시킬 목적으로 부설하여 놓은 선로로 후속열차가 선행열차를 추월할 필요가 있을 때, 열차 밀도가 높아서 선행열차가 출발하기 전에 후속열차를 진입시킬 필요가 있을 때, 화물열차의 조성과 정리를 화물열차를 장시간 역에 정차시킬 필요가 있을 때 등을 위해 설치한 선로를 말한다.
안전측선은 철도에서 열차의 사고를 방지하기 위하여 역 구내의 본선(本線)에 부속으로 설치한 특별한 선로이다.

15 선로의 종점에 있어 차량의 일주를 방지하기 위해서 설치하는 설비로 차막이의 종류가 아닌 것은 어느 것인가?

㉮ 레일식   ㉯ 섬식
㉰ 둑식   ㉱ 자갈돋기식

차막이는 선로의 종점에 있어 차량의 일주를 방지하기 위해서 설치하는 설비로 도착선의 오일 댐퍼 열차정지장치, 안전 측선의 선로 위에 자갈을 쌓는 것, 레일로 구성된 것, 콘크리트로 만든 것 등이 있다.

16 열차상간을 확보하는데 앞으로의 보수방향에 대한 설명 중 옳지 않은 것은?

㉮ 궤도구조의 강화와 보선작업의 기계화
㉯ 레일의 중량화, 침목의 PC화, 장대 레일화
㉰ 열차상간의 확보를 최대화하여 직원들의 휴무로 안전을 생활화 한다.
㉱ 전자기술의 이용에 따른 보선경비처리 시스템의 확립

열차상간을 확보하면 선로보수 및 기타 작업을 할 수 있는 시간이 확보된다.

17 유간의 상태에 대하여 유간검사에 대한 설명 중 옳지 않은 것은?

㉮ 여름과 겨울에 유간이 가장 큰 시기에 시행한다.
㉯ 유간의 크기 여부를 검사한다.
㉰ 맹유간 연속 3개소 이상인 곳을 검사한다.
㉱ 신축이음매의 이동상태 여부를 검사 시행한다.

유간검사는 유간의 상태에 대하여 과대 유간의 유무, 맹유간의 연속상태, 평균 유간의 상태를 적어도 여름과 겨울 이전에 연 2회 실시하는데 복진이 심한 개소 등 요주의 구간은 검사회수를 증가하여 관찰할 필요가 있다.

18 철도에서 일정한 구간 내의 열차집중제어장치(C.T.C.)의 효과와 관계없는 것은?

㉮ 열차운행경비를 절감시킨다.
㉯ 열차의 평균운행속도를 향상시킨다.
㉰ 선로용량을 극대화할 수 있다.
㉱ 열차속도가 높아지면 자동으로 제동시킬 수 있다.

열차집중제어장치는 철도에서 일정한 구간 내의 신호기·전철기는 물론 열차운행위치의 확인 및 관계지시를 한 곳의 사령실에서 제어반을 통하여 일괄적으로 원격조작하는 장치로 관할구역 내의 열차 운행상태를 한눈에 볼 수 있어 효과적인 운전정리를 할 수 있으며, 전철기·신호기를 한 곳에서 조작할 수 있어 인력이 절약되어 경제적이며 능률적으로 열차의 고밀도화에 기여한다.

19 전기차량이 전차선로에서 전력을 받아들이는 장치로 전기차의 집전장치로 볼 수 없는 것은?

㉮ 축전지   ㉯ 트롤리 폴(Trolley Pole)
㉰ 팬터그래프   ㉱ 뷰겔(Bugel)

집전장치는 전기차량이 전차선로에서 전력을 받아들이는 장치로 가공선(trolley line)에 대해서는 팬터그래프, 지하철의 제3레일에는 집전슈가 사용된다.

20 철도의 목적과 거리가 먼 것은?

㉮ 공공의 편리   ㉯ 국토개발
㉰ 영리목적의 투자   ㉱ 산업발전

철도는 공공을 위하여 설치된 것으로 영리목적이 아니다.

21 철도의 시설이나 운영계획의 내용에 해당하지 않는 것은 어느 것인가?

㉮ 목표예측 ㉯ 세력권의 설정
㉰ 경제조사 및 현황 분석 ㉱ 투자비 소요 판단

 철도계획은 철도의 시설이나 운영의 계획, 그렇게 하기 위한 수요 예측, 더 나아가서는 설비 투자의 경영채산이나 사회 경제적 시점에서의 평가 등을 가리킨다.

22 부설된 선로를 운전하는 노면철도의 특징이 아닌 것은 어느 것인가?

㉮ 도로의 노면상에 레일을 부설하고 여기에 차량을 주행시키는 철도이다.
㉯ 모두 전기운전에 의하는 것으로 135년의 역사를 가지고 있다.
㉰ 승객 1인당 점유면적은 $0.2m^2$ 정도이다.
㉱ 1선의 궤도 위를 고무 타이어 또는 강체의 차량에 의해 주행한다.

 노면철도는 2선의 궤도로 운영되며 도로면 위에 부설된 선로를 운전하는 철도이다.

23 모노레일의 문제점이 아닌 것은 어느 것인가?

㉮ 도로나 하천을 따라 통과하므로 불편하다.
㉯ 분기장치가 복잡하고 작동시간이 길다.
㉰ 타 교통기관과 승환이 어렵다.
㉱ 차량고장 시 피난시간이 장시간 소요된다.

 모노레일은 선로가 도로나 하천을 따라 이어지므로 편리한 점이 있다.

24 다음 레일 이음매의 구비조건에 대한 설명 중 틀린 것은?

㉮ 이음매 이외의 부분보다 강도와 강성이 클 것
㉯ 구조가 간단하고 설치와 철거가 용이할 것
㉰ 레일의 온도신축에 대하여 길이방향으로 이동할 수 있을 것
㉱ 연직하중뿐만 아니라 횡압력에 대해서도 충분히 견딜 수 있을 것

 레일 이음매는 개개의 레일을 이음매판과 볼트너트 등을 사용하여 연결한 구조물로 이음매의 구조는 레일과 동등한 강도를 가져야 하며, 설치와 분리도 용이해야 한다는 등의 조건에서 선정되며, 이음매 판을 레일의 복부 양면에 닿게 하여 볼트로 이것을 긴밀하게 체결하는 방식이 채용되고 있다.

정답 21. ㉮ 22. ㉱ 23. ㉮ 24. ㉮

25 철도수송이 구비하고 있는 특성으로 적합하지 않는 것은?

㉮ 다른 수송기관에 비하여 안전하다.
㉯ 수송능력이 높아 저렴한 수송이 제공된다.
㉰ 비교적 기상조건의 영향을 받지 않아 정확성을 확보한다.
㉱ 화물수송에 있어 분산집배수송에 유리하다.

철도수송은 레일을 따라 움직이므로 분산집배송에 불리하고 대량운송에 적합하다.

제4편 철도신호

- □ 제1장 철도신호
- □ 제2장 철도신호 기출예상문제
- □ 제3장 철도신호 실력 테스트

제1장 철도신호

■ 철도신호
1. **개념** : 운전에 종사하는 사람에 대하여 열차의 진행·정지, 속도와 진로 등의 운전 조건을 지시하는 장치로 선로 흐름을 감시하며 올바른 진로와 운전 조건을 설정하여 열차가 목적지까지 안전하게 도달하게 하는 일련의 과정이다. 신호, 전호(sign), 표지(sign marker)로 분류된다.
2. **신호** : 형상, 색, 음 등에 의해 열차 또는 차량에 대하여 일정구간을 운전할 때의 조건을 지시하는 것이므로, 신호를 현시하는 기구를 신호기이다.
3. **전호** : 형상, 색, 음 등으로 관계자 상호간에 의지를 전하는 것이다.
4. **표지** : 형상, 색 등에 의해 사물의 위치, 방향, 조건 등을 표시하는 것을 말한다.

■ 철도신호기
열차의 운행 조건 및 방법을 기관사 및 차량의 제어장치에 전달하기 위한 수단이다. 직접 차내에 설치된 차장장치에 현시시키는 차상신호, 그리고 이를 통해 직접 열차를 통제하는 열차제어가 도입된다.

■ 철도신호기의 구조상 분류
1. **완목 신호기(Semaphore Signal)** : 기계식 신호기로 완목의 위치, 형태, 색깔에 의해 열차의 운전 조건을 지시하는 신호기
2. **색등식 신호기(Color Light Signal)** : 색에 따라 신호를 현시하는 방식으로 주간 및 야간 모두 신호등의 색상 및 배치 위치에 따라 다르다.
3. **등열식 신호기(Position Light Signal)** : 두 개 이상의 백색등을 사용하여 가로, 경사, 세로로 점등하여 신호를 현시하는 것으로 유도신호기, 중계신호기에 사용된다.

■ 철도신호기의 조작상 분류
1. **수동 신호기(Manual Signal)** : 신호취급자에 의하여 신호 레버(Lever)를 조작하여 신호를 현시하는 신호기

2. **자동신호기**(Automatic Signal) : 궤도 회로를 이용하여 열차 또는 차량의 궤도 점유에 따라 자동적으로 신호를 현시하는 것으로서 신호취급자가 조작할 수 없는 신호기
3. **반자동신호기**(Semi-Automatic Signal) : 궤도 회로를 이용하여 열차 또는 차량의 궤도 점유에 따라 자동적으로 신호를 현시하면서 신호취급자가 조작할 수 있는 신호기

■ **철도신호기의 기능별 분류**
1. **상치 신호기**(Fixed Signal) : 일정 방호구역을 가지고 있는 신호기로 신호확인이 쉽도록 지상 또는 지하의 고정된 장소에 설치되어 있는 신호기이다
2. **장내 신호기**(Home Signal) : 정거장 안쪽으로 진입 여부를 지시하며 정거장 안쪽으로 진입하는 선로에는 선로전환기 등이 설치되어 있고, 차량의 입환 등이 있을 수 있으므로 함부로 구내에 진입할 수 없다. 따라서 정거장 역구내에 진입해도 되는지를 지시하는 신호기를 '장내 신호기'라고 한다. 대향 방향으로는 100m 이상 거리 확보, 배향 방향으로는 60m 이상 거리 확보.
3. **출발 신호기** : 정거장에서 출발할 때 진출 여부를 지시하며, 정거장에서 출발하는 열차에게 출발 여부를 지시하는 주신호기. 방호 구간에 지장이 없는가를 확인한 뒤 취급해야 한다. 출발선의 시점에 설치하는 신호기이다.
4. **폐색 신호기**(Block Signal) : 폐색 구간에 열차가 진입해도 좋은지 아닌지를 지시하며, 자동폐색구간에서 열차가 폐색구간에 진입하면 궤도회로에 의해 폐색신호기는 자동으로 정지신호를 현시하고, 열차가 폐색구간을 진출하면 그 신호기에 진행을 지시하는 신호를 현시한다.
5. **엄호 신호기**(Protecting Signal) : 정거장 외에 있어서 방호를 요하는 평면교차분기 또는 기타 특수시설(삼각선) 같은 급곡선 구간 통과하려는 열차에 대하여 그 신호기 내방으로 진입의 가부를 지시하는 신호기.
6. **유도 신호기** : 진행을 지시하는 신호를 장내 신호기에 현시하여서는 안 되지만, 예외적으로 그 신호기의 방호 구역 내에 열차를 진입시켜야 할 때 이러한 경우에 수신호로 유도하는 것과 동일한 지시를 부여할 목적으로 설치하는 신호기이다.
7. **입환신호기**(Shunting Signal) : 입환 차량에 대하여 신호기 안쪽으로의 진입 가부를 지시하는 신호기
8. **종속 신호기**(Subsidiary Signal)는 주신호기가 현시하는 신호의 확인거리를 보충하기 위해 그 외방에 설치하는 신호기
9. **중계신호기**(Repeating Signal) : 주 신호기의 현시 상태를 예고하여 주고 확인거리 부족에 따른 신호를 중계하기 위하여 설치한 신호기
10. **원방신호기**(Distance Signal) : 장내신호기의 현시의 상태를 예고하여 주는 신호기
11. **통과신호기**(Passing Signal) : 기계식 장내신호기의 하단에 설치하여 정거장의 통과 여부를 지시하는 신호기

12. 입환중계신호기(Shunt Repeating Signal) : 입환신호기에 종속되며 그 외방에서 주체신호기의 신호현시를 확인하기 곤란할 경우 설치하는 신호기
13. 임시 신호기(Temporary Signal) : 선로의 고장이나 작업 등으로 인하여 열차가 정상적으로 운행할 수 없을 경우에 임시로 설치하는 신호기

■ **철도신호기의 운영상 분류**
1. 절대신호기(Absolute Signal) : 신호기의 현시조건을 절대적으로 존중하여야 하는 신호기로 장내, 출발, 엄호, 유도, 입환 신호기
2. 허용신호기(Permissive Signal) : 정지신호가 현시 되었을 경우에도 일단 정지한 후 서행으로 주의 운전할 수 있는 신호기

■ **철도신호기의 현시별 분류**
1. 2위식 신호기(Two-Position System) : 현시 방법을 정지 및 진행, 혹은 주의 및 진행으로 점등하는 방식의 신호기
2. 3위식 신호기(Three Position System) : 현시 방법을 정지(적색), 주의(등황색), 진행(녹색) 3색으로 점등시키는 신호기

■ **임시 신호기**(Temporary Signal)
1. 개념 : 선로의 고장이나 작업 등으로 인하여 열차가 정상적으로 운행할 수 없을 경우에 임시로 설치하는 신호기
2. 종류 : 서행예고신호기, 서행신호기, 서행해제신호기

■ **표지의 종류**
1. 출발반응표지 : 역장으로부터 출발신호기의 시야가 곤란한 정차장의 경우 열차를 출발시킬 때 출발신호기의 신호현시를 표시하는 표지
2. 입환표지 : 차량의 입환을 수행할 때 선로의 개통과 관계 전철기의 쇄정을 표시하는 표지
3. 돌방입환표지 : 돌방 작업을 실시하는 선로의 시작 단에 설치되는 표지
4. 입환차량표지 : 구내운전 및 입환을 하는 기관차, 전차, 디젤동차에 게시되는 표지
5. 상치신호기 식별표지 : 동종의 상치신호기가 2개 이상 설치되어 있는 장소에서 신호 오인을 방지하기 위한 표지
6. 자동식별표지 : 자동폐색구간의 폐색신호기 아래에 설치하여 폐색신호기가 정지신호를 현시하더라도 일단 정지 후 15Km/h 이하의 속도로 구간을 운행하여도 좋다는 표시
7. 서행허용표시 : 1000분의 10 이상의 급한 상구배등 정지현시에 열차가 정지할 경우 출발이 힘든 지역, 그밖에 특히 필요하다고 인정되는 지점에 위치한 자동폐색신호기에 설치하는 것

- **특수신호**
  1. 개념 : 건널목 지장, 낙석 등으로 긴급히 열차를 정지시킬 필요가 있을 때, 짙은 안개 등으로 신호현시를 시인할 수 없을 때 등에 사용된다.
  2. 발뢰신호(detonating signal) : 레일에 설치하며 차륜이 밟아 뇌관이 폭발
  3. 발염신호(fusee signal) : 신호염관의 적색화염
  4. 발광신호(light signal) : 특수신호 발광기에 의한 적색등의 움직임

- **선로전환기**
  열차의 진로를 변경하는 장치이다. 열차가 어느 선로를 경유할 지, 어떤 선로에 도착하고 출발할지를 결정하기 위해서는 선로전환기를 동작시켜서 진로를 구성해야 하며, 이러한 진로구성이 이루어져야만이 신호기 등을 통해 열차에 운행을 지시할 수 있게 된다.

- **선로전환기구조별 분류**
  1. 보통 선로전환기 : 텅레일이 2개가 있으며, 좌·우 2개의 분기에 사용하는 선로전환기이다.
  2. 탈선 선로전환기 : 열차 또는 차량이 과주로 인하여 대형 사고가 발생할 우려가 있는 장소에서 열차나 차량을 탈선시킬 목적으로 설치하는 선로전환기
  3. 가동 크로싱부 선로전환기 : 분기기에 있는 크로싱부의 노스레일이 첨단부의 텅레일과 동일한 시간 내에 좌, 우로 움직일 수 있도록 사용하는 선로전환기
  4. 삼지선로전환기 : 텅레일이 4개가 있으며 좌, 중, 우 3개의 분기기에 사용된다.
  5. 전기선로전환기 : 전동기를 이용하여 선로전환기를 전환하는 설비

- **선로전환기의 전환수에 따른 분류**
  1. 단동 선로전환기 : 1개의 취급버튼에 의해 1대의 선로전환기를 전환하는 선로전환기
  2. 쌍동 선로전환기 : 1개의 취급버튼에 의해 2대의 선로전환기를 전환하는 선로전환기
  3. 삼동 선로전환기 : 1개의 취급버튼에 의해 3대의 선로전환기를 전환하는 선로전환기

- **선로전환기의 사용력에 따른 분류**
  1. 수동 선로전환기 : 사람의 힘에 의해 전환되는 선로전환기
  2. 스프링 선로전환기 : 열차가 진행시 차축에 의해 정위, 반위 쪽으로 동작되는 선로전환기
  3. 동력 선로전환기 : 전기 및 압축공기의 힘에 의해 전환되는 선로전환기

- **크로싱**(crossing)
  1. 가동 크로싱 : 일부의 레일이 움직이도록 되어 있는 크로싱으로 날개 레일이 움직이

는 것과 노즈(nose)부가 움직이는 것이 있으며, 어느 것이나 차량이 주행할 때 주행 레일에 결선부가 없도록 하기 위한 것이다.
2. 가동 둔단 크로싱 : 깎아 다듬지 않은 전단면 그대로의 단척 레일을 사용한 크로싱. 한쪽 끝은 크로싱의 교차점에서 제자리 회전만 하고 다른 쪽 끝은 좌우로 움직여서 차량의 진행 방향으로 통하게 하여 열차가 연속된 레일 위를 주행할 수 있도록 한 것이다.

■ 차상선로전환장치

배향 운전의 경우에는 차량의 차륜에 의해 레일 스위치를 밟으면 자동 전환되고, 대향으로 운전할 때는 진행 중인 열차 위에서 수송원 또는 열차 승무원이 조작 리버를 취급하여 분기기를 전환하는 선로전환장치

■ 캔트(cant)

열차가 곡선로를 주행하면 원심력의 작용으로 바깥쪽 레일에 과대한 하중이 걸리고 안쪽 레일의 하중이 감소해서 차량이 불안정하게 되어 전복의 위험성이 생기고 또한 승차 기분을 손상시키므로 이것을 방지하기 위해 바깥쪽 레일을 안쪽 레일보다 높게 부설해서 원심력과 중력의 밸런스를 취해 차량의 안정성을 유지시킬 필요가 있다. 이 내외 레일면의 고저차를 말한다.

■ 슬랙(slack)

곡선부에 있어서 궤간을 표준보다 넓혀서 고정축거를 가진 차량의 통과를 용이하게 하고 있으며 이 확대된 폭의 양을 말한다.

■ 건조방법

1. **일광건조** : 태양빛으로 말리는 것
2. **전기건조** : 전기 저항에 의하여 발생하는 열을 이용하여 말리는 방법
3. **증기건조** : 목재를 건조실에 넣고 증기를 보내어 온도와 습도를 조절해서 건조하는 방법

■ 계전기

1. **자기유지 계전기** : 정위로 되어 있을 때에 여자 전류를 끊더라도 그때까지의 상태를 그대로 유지하고, 반위로 여자 전류를 흘리면 반위 접점이 On으로 되어 그 후 여자 전류를 끊더라도 그 상태를 그대로 유지하는 계전기
2. **완동계전기** : 코일에 전입이 가해져도 즉시 동작하지 않고 어떤 시간을 경과하고부터 동작하는 계전기

3. **완방계전기** : 여자 전류가 차단된 후 접점이 낙하할 때까지 일정한 시간 지연을 갖는 계전기
4. **무극선조 계전기** : 영구 자석의 N극과 S극이 철편을 같은 힘으로 흡인하는 것과 같이 자속의 극성에 관계없이 동작하는 계전기

- **클러치**(clutch)
  1. **전자클러치** : 전기를 통하면 전기 자기의 힘으로 다른 회전체를 같이 물고 도는 장치
  2. **마찰클러치** : 플라이휠과 클러치판과의 마찰력에 의해 동력을 전달 혹은 차단하는 클러치

- **궤도회로**
  1. **개념** : 선로의 레일을 전기회로의 일부분으로 사용하여 선로 위를 달리는 열차를 검지하는 회로와 레일을 전송로로 삼아 지상에서 열차 위로 정보를 전달하는 회로를 말한다.
  2. **궤도회로장치** : 레일에 전기회로로 구성하여 차량의 차축에 의하여 레일 전리회로를 단락 또는 개방함에 따라 열차의 유무를 검지하는 장치
  3. **직류궤도회로**(DC track circuit) : 직류 전원을 이용한 궤도 회로로 전원 장치는 정전에 대비하여 부동식 충전 방식을 사용하며, 궤도 계전기는 직류 궤도 계전기를 사용한다.
  4. **교류궤도회로**(AC track circuit) : 교류 전원의 무정전 확보가 가능한 지역인 비전철 구간이나 직류 전철 구간에서 많이 사용한다.
  5. **정류 궤도회로**(Commutation Track Circuit) : 교류를 정류한 맥류를 전원으로 사용하며 특별한 목적으로만 사용한다.
  6. **코드 궤도회로**(Code Track Circuit) : 궤도에 흐르는 신호정류를 소정 횟수의 코드(부호)수로 단속하고 이 코드 전류가 코드계전기를 동작시킨 다음 복조기를 통하여 정규의 코드수일 때에만 코드반응계전기를 동작시키는 궤도회로이다.
  7. **AF 궤도회로**(AF Track Circuit) : 이 궤도회로 장치는 사람의 귀로 들을 수 있는 가청주파수를 사용하여 열차가 200[km]이상 고속으로 주행할 때 전방열차와의 운행 간격 및 제동거리를 차상으로 직접 전달하는 방식이다.
  8. **한류장치** : 궤도 회로에 접속하여 전류를 조절하는 궤도 리액터, 궤도 저항자 등

- **고압임펄스궤도회로**
  임펄스를 사용한 궤도회로로 고전압 임펄스 궤도회로 장치는 전압 안정기, 송신기, 수신기, 임피던스 본드(송신 또는 수신단), 궤도계전기로 구성되어 있다.

■ 회로
1. **정류회로** : 한 방향으로 전류가 흐르게 하는 회로
2. **발진회로** : 외부에서 입력 신호가 없어도 출력 신호가 나오는 회로
3. **공진회로** : 서로 다른 에너지 사이의 가역적 변환에 의해서 일어나는 자유 진동의 주파수와 외력의 주파수가 매우 가까울 때 발생하는 공진현상을 전기적으로 일으키는 회로
4. **정합회로** : 두 회로를 전기적으로 결합할 때 한 회로의 출력단에서 입력 측을 보았을 때의 임피던스와 다른 회로의 입력단 임피던스의 공액값을 같게 하여 전력 손실을 가장 적게 전송하려고 삽입하는 회로

■ 폐색
1. **개념** : 열차의 안전을 확보하기 위해서 선로의 일정 그 구간에는 1개 열차밖에 운행할 수 없도록 하는 방법으로 둘 이상의 열차를 운전시키지 아니하는 제반 활동을 의미하며 철도에서 안전 확보의 가장 기본이 되는 사항이다.
2. **이동폐색** : 자동신호구간의 열차시격의 기본으로서 뒤에 오는 열차가 진행의 신호현시를 보면서 운전할 수 있도록 앞뒤 열차의 간격은 2이상의 폐색구간을 사이에 둔다. 현재의 신호 방식에서는 앞뒤의 열차의 운전 상황과 관계없이 신호가 표시된다.
3. **고정폐색** : 물리적으로 고정한 폐색이며 열차의 간격을 제어하는 방식
4. **연동폐색** : 역간을 1폐색으로 하고 폐색구간의 양 끝에 폐색 취급버튼을 설치하여 이를 신호기와 연동시켜 신호 현시와 폐색의 이중 취급을 단일화한 방식
5. **자동폐색** : 폐색구간 내 궤도회로 상의 열차 유무를 검지하여 폐색신호기를 자동으로 제어하는 방식
6. **차내신호폐색** : 궤도회로를 이용하여 폐색구간 내의 열차 유무를 자동으로 감지하여 차량의 운전실 제어대의 상태, 속도 표시기에 현시하는 방식
7. **대용폐색** : 상용 폐색 방식을 사고 등의 이유로 사용할 수 없게 되었을 때에 사용되는 폐색 방식
8. **통신식** : 관제사와 기관사 간의 무전이 불가할 때 사용
9. **지도통신식** : 관제사와 기관사 간의 무전이 불가할 때 사용

■ 선로용량
열차설정에서 열차를 하루에 몇 대 주행시킬 수 있는가를 말하며, 선구의 열차 설정능력을 나타내는 수치척도

■ 감속기어장치
전동기는 회전수가 많으므로 3개의 기어(gear)를 사용하여 강한 회전력을 감속하거나

전달하기 위하여 설치한 것으로 1단은 베벨 기어이고 2, 3단은 평 기어이며 3단은 전환 기어라고 한다.

■ 연동장치
1. **개념** : 신호기, 선로전환기 등을 연동하는 논리 회로를 갖추고 fail-safe를 실현해 관제의 오조작으로 인한 사고의 가능성을 차단한다. 역 구내의 열차 운행과 차량의 입환을 안전하고 신속하게 하기 위하여 신호기, 선로전환기, 궤도회로 등의 장치를 기계적, 전기적 또는 소프트웨어적으로 상호 연동하여 동작하도록 한 장치이다.
2. **기계연동장치** : 역 구내의 신호 설비인 신호기, 선로전환기, 신호취급레버 등이 인력에 의해 수동식으로 동작되고 기기들 상호간 연쇄도 기계적으로 이루어지는 장치
3. **전기연동장치** : 신호기, 입환표지, 선로전환기 등의 레버 또는 진로선별 버튼을 집중시키고 상호간의 연쇄를 계전기집단에 의하여 전기적으로 행하도록 하는 장치
4. **진로정자식** : 각 진로마다 한 개씩의 레버를 설치하고 이것을 취급하여 그 진로를 설정하는 방식
5. **단독정자식** : 계전 연동기에서 진로상의 선로전환기를 전철 레버에 의해 개별 전환한 후 신호 레버의 조작으로 진로를 구성하는 방식
6. **진로선별식** : 열차 출발점과 도착점에 각각 1개의 버튼을 설치하는 방식으로 출발점에서 필요한 도착점 버튼을 취급하면 진로선별회로에서 자동으로 필요한 회로를 선택하여 선로전환기가 필요한 방향으로 전환되는 방식의 회로로 구성된 것
7. **전자연동장치** : 계전기방식이던 전기연동장치의 연동논리회로를 전자 논리 회로로 구성하고 컴퓨터와 소프트웨어를 사용하도록 개량한 장치

■ 쇄 정
1. **개념** : 신호기, 선로전환기 등을 전기적 또는 기계적으로 동작하지 않도록 잠금장치
2. **정위 쇄정** : A 또는 B의 신호취급 버튼(레버) 상호간에 한쪽이 반위로 한 경우 다른 한쪽의 취급 버튼(레버)은 반위로 할 수 없도록 정위로 쇄정하도록 하는 것
3. **반위 쇄정** : A 또는 B의 신호취급 버튼(레버) 상호간에 한쪽이 반위로 하고 다른 한쪽의 취급 버튼(레버)가 반위로 되어 있다면 서로 반위로 쇄정하도록 하는 것
4. **정반위 쇄정** : A와 B라는 버튼(레버)이 있을 때, A의 버튼(레버)을 반위로 한 경우 B의 버튼(레버)이 정위 또는 반위 어디에 있던간에 그 위치에서 쇄정되고 A의 버튼(레버)은 B의 버튼(레버)이 정위 또는 반위 어떠한 경우라도 쇄정되지 않는 경우
5. **조건부 쇄정** : A와 B라는 버튼(레버)이 있을 때, A의 버튼(레버)을 반위로 하였을 경우 B의 버튼(레버)은 다른 버튼(레버)의 어느 조건이 만족스럽게 되었을 때만이 쇄정되고 그 조건이 만족스럽지 못하면 쇄정되지 않는 경우

열차 검지
열차의 현재 위치를 파악하는 기술이며 열차검지 기술이 있기에 폐색과 신호기, 연동장치의 정확한 동작을 담보할 수 있게 된다. 궤도 회로 전기회로를 통해 차량이 특정한 궤도 위에 있는 것을 검지하는 방식이다.

검지장치의 종류
1. **적설검지장치** : 폭설이 내릴 경우 열차 운전속도를 제한할 수 있도록 선로변의 적설량을 검지하는 장치
2. **끌림검지장치** : 기지나 기존선에서 고속 선으로의 진입개소 선로의 중앙 또는 교량 및 터널 입구 등에 약 60km 간격으로 설치된 검지장치
3. **강우검지장치** : 집중호우 발생 또는 연속되는 강우로 지반이 침하하거나 노반의 붕괴사고가 우려되는 경우 선로변의 강우량을 측정하여 열차를 정지시키거나 서행 운전함으로서 열차 사고를 방지하기 위한 검지 장치
4. **기상검지장치** : 선로변의 강우, 적설, 풍속을 측정하여 이상 기후 발생 또는 연속되는 강우로 지반이 침하하거나 노반의 붕괴사고가 우려되는 경우 사령에서 열차를 정지시키거나 서행 운전시킬 수 있도록 하기 위해 설치하는 기상검지장치
5. **지장물 검지장치** : 자동차나 낙석 등이 선로로 침범함에 의해 발생 가능한 열차 운행상의 안전저해 또는 재해 등을 조기에 검지해 안전운행을 확보할 수 있는 장치
6. **건널목 지장물 검지장치** : 자동적으로 검지하여 지장 경고등을 발광하여 접근하는 열차에게 건널목에 지장물이 있음을 알리는 장치

차축 계수기
특정 구간에 차축의 통과숫자를 확인하여 진입과 진출, 차량의 잔존을 검지하는 방식이다. 한국에서는 쓰이지 않는다.

전류의 종류
1. **낙하전류** : 동작되고 있는 계전기의 코일전류를 서서히 감소시켜서 N접점이 개방된 순간의 코일 전류
2. **여자전류** : 변압기, 전압 조정기 등에서의 여자를 하기 위한 전류
3. **기동전류** : 전동기가 시동할 때 초기 순간에 흐르는 전류

신호보안장치
1. **개념** : 열차운전의 안전을 확보하기 위해서 설치하는 장치
2. **종류** : 신호 장치, 궤도 회로, 연동 장치, 전철 장치, 폐색 장치, 건널목 보안 장치, ATC, ATS 등

- **고장률곡선**
  1. 개념 : 고장률 곡선은 욕조형태와 닮아있기 때문에 욕조곡선이라고도 하며 초기고장기, 우발고장기, 마모기의 3단계로 구분한다.
  2. 고장률 = 1년간 장애건수/설비수×24시간×365일

- **열차자동감시장치**(Automatic Train Supervision)
  열차의 운행상황을 통제하기 위하여 신호시스템을 제어하고 ATR(Automatic Train Regulation) 기능을 가지며 신호 시스템을 감시할 수 있는 장치로 시스템 상태를 감시하며, 열차 운전 지시를 위한 제어 기능을 제공하고, 트래픽 흐름을 유지하며, 열차 지연으로 인한 영향을 최소화하고, 중앙 집중적인 전송 인터페이스를 제공하는 것을 말한다.

- **열차자동제어장치**(Automatic Train Control)
  열차의 거동과 운행 조건을 파악해 열차의 가감속을 제어하고, 정차위치 조정과 출입문 동작을 기계적으로 시행하는 자동 제어 기술을 의미한다. 열차가 현재 점유하고 있는 궤도회로로부터 속도 정보(ATC 신호)를 수신 받아 그 시점에서 그 구간을 주행할 수 있는 최대 지정속도를 알아내어 열차의 실제속도가 지정 속도보다 빠르면 허용 속도까지 자동적으로 제동이 걸리게 하는 장치를 말한다.

- **열차집중제어장치**(centralized traffic control)
  관제라 불리는 운행관리 업무의 기반으로 열차의 위치를 파악하고, 철도에서 일정한 구간 내의 정확하고 안전한 운행을 할 수 있도록 신호기·전철기는 물론 열차운행위치의 확인 및 관계지시를 한 곳의 사령실에서 제어반을 통하여 일괄적으로 원격조작하는 장치

- **열차자동운전장치**(Automatic Train Operation)
  역간 열차의 출발, 가속, 주행, 감속 및 정위치 정차, 출입문 제어 등 열차자동방호장치의 제 조건 하에서 자동 운행기능을 수행하는 장치

- **열차자동방호장치**(Automatic Train Protection)
  열차의 안전한 운행을 확보하기 위한 설비로서 신호모진이나 과속과 같은 운전으로 열차가 위험한 상태에 빠지는 것을 방지하는 장치이다. 열차 간격조정, 열차속도 결정과 관리, 자동운행, 비상정지 등을 제어하고 열차가 고장이나 오작동으로 멈춰선 경우에 후속 열차의 추돌을 방지하는데 자동 열차운행을 감시하는 장치

- **각종 안전장치**
  철도의 각 설비 및 연선 환경에서 발생하는 이상을 검지하여 열차 운행의 안전을 담보

하기 위한 장치들로, 신호 장치와 연동되거나 여기에 부수되어 동작하는 것들이다.

■ **정격의 종류**
1. **연속정격** : 확립된 표준의 한도 내에서 주어진 시험 조건하에서 정해진 온도 상승 한도를 넘는 일 없이 연속하여 줄 수 있는 최대의 일정 부하
2. **공칭정격** : 규정의 시험 조건하에서 규정온도를 넘는 일 없이 운전할 수 있는 최대 부하
3. **단시간정격** : 기기를 냉각된 상태에서 사용하기 시작하여 지정된 일정한 단시간 지정조건 하에서 사용할 때, 그 기기에 대한 표준규격으로 정하여지는 온도상승 등의 제한을 넘지 않는 정격

■ **터널경보장치**(TACB)
터널 내의 보수자를 보호하기 위해 열차가 일정구역에 진입시 경보하는 장치를 말한다.

[신호설비 용어]
■ **신호제어설비**
신호기장치, 선로전환기장치, 궤도회로장치, 폐색장치, 연동장치, 건널목보안장치, 열차자동정지장치(ATS), 열차자동제어장치(ATC), 통합연동시스템(SEI), 열차집중제어장치(CTC), 신호원격제어장치(RC), 열차자동방호장치(ATP), 통신기반열차제어시스템(CBTC), 고속철도신호설비, 고속철도 안전설비 등을 말하며, 열차 또는 차량의 안전운행과 수송능력 향상을 목적으로 설치한 종합적인 시설을 말한다.

■ **자동구간**
자동폐색장치를 설비한 구간, "비자동구간"이란 그 외의 구간을 말하며 연동 및 통표 폐색구간으로 구분한다.

■ **주신호기**
일정한 방호구역을 가지고 있는 신호기를 말하며, "종속신호기"라 함은 주신호기가 현시하는 신호의 확인거리를 보충하기 위해 그 외방에 설비하는 신호기를 말한다.

■ **신호부속기**
주신호기에 설치하여 그 신호기의 지시조건을 보완하는 장치를 말한다.

■ **등열식**
둘 이상의 등을 한 개의 조로 하여 신호를 현시하는 방식을 말한다.

- **주체의 신호기**
  종속신호기 또는 신호부속기 등이 있을 때 그에 대한 주신호기를 말한다.

- **색등식**
  색에 따라 신호를 현시하는 방식을 말한다.

- **과주여유거리**
  열차 또는 차량이 소정의 정지 위치에 정차하지 못하고 그 위치를 지나칠 경우에 사고를 방지하고자 설비한 구역의 거리를 말한다.

- **신호기의 방호구역**
  해당 신호기에 의해 열차 또는 차량이 운전할 수 있는 구역을 말한다.

- **확인거리**
  신호기에 접근하는 열차 또는 차량에 승차한 기관사가 어느 일정 지점에서 전방 신호기의 신호 현시상태를 정확히 확인할 수 있는 거리를 말한다.

- **상시쇄정**
  평상시 장치를 전기 또는 기계적으로 쇄정하여 두는 것을 말한다.

- **선로전환장치**
  선로전환기를 정위 또는 반위로 전환과 쇄정을 하는 장치를 말한다.

- **선로전환기 쇄정장치**
  선로전환기를 정위 또는 반위로 전환한 후 첨단레일이 기본레일에 밀착된 것을 조사하여 이를 그 위치에 쇄정하는 것을 말한다.

- **정 위**
  각종 신호용 취급버튼 또는 리버(전자연동장치에서 키보드 또는 마우스를 포함한다. 이하 "취급버튼"이라 한다)로 해당 신호설비를 취급하기 전의 상태를 말하며 그 반대인 경우를 "반위"라 한다.

- **쇄 정**
  신호기 또는 선로전환기 등 신호설비를 필요에 따라 전기적 또는 기계적으로 일정한 절차에 의하지 아니하고는 임의로 조작할 수 없도록 하는 것을 말하며 세부적인 용어는 다음과 같다.
1. **정위쇄정** : 갑과 을의 취급버튼 상호간에서 갑의 취급버튼을 반위로 하였을 때 을의 취급버튼은 정위로 쇄정되고, 반대로 을의 취급버튼을 반위로 하였을 때 갑의 취급버튼은 정위로 쇄정되는 것을 말한다.
2. **반위쇄정** : 갑과 을의 취급버튼 상호간에서 을의 취급버튼을 반위로 하고 갑의 취급버튼을 반위로 하였을 경우 을의 취급버튼은 반위로 쇄정되고 반대로 을의 취급버튼이 정위에 있을 경우 갑의 취급버튼은 정위로 쇄정되는 것을 말한다.
3. **정반위쇄정** : 갑과 을의 취급버튼 상호간에 취급버튼을 반위로 한 경우 을의 취급버튼이 정위 또는 반위 어느 위치에서나 그 위치에 쇄정되고 갑의 취급버튼은 을의 취급버튼이 정위 또는 반위 어떠한 경우라도 쇄정되지 않는 것을 말한다.
4. **편쇄정** : 갑과 을의 취급버튼 상호간에 갑의 취급버튼을 반위로 하였을 때 을의 취급버튼은 정위 또는 반위 중 한쪽에만 쇄정되며 정위에 쇄정되는 것은 반위, 반위에 쇄정되는 것은 정위에서 쇄정되지 않으며 갑의 취급버튼은 을의 취급버튼이 정위 또는 반위 어느 위치에서나 쇄정되지 않는 것을 말하며, 정위로 쇄정되는 것을 정위 편쇄정, 반위로 쇄정되는 것을 반위 편쇄정이라 한다.
5. **조건부 쇄정** : 갑과 을의 취급버튼 상호간에 갑의 취급버튼을 반위로 하였을 경우 을의 취급버튼은 다른 취급버튼의 어떠한 조건이 충족되었을 때만 쇄정되고 그 조건이 충족되지 않으면 쇄정되지 않는 것을 말한다.

■ **밀착검지기**
선로전환장치에 설치하여 텅레일이 기본레일에 밀착된 것을 확인하는 장치를 말한다.

■ **진행정위의 신호기**
그 신호기의 방호구역에 열차가 없을 때 상시 진행신호를 현시하는 신호기를 말한다.

■ **정지정위의 신호기**
그 신호기의 방호구역에 열차가 없을 때 상시 정지신호를 현시하는 신호기를 말한다.

■ **방향취급버튼**
열차의 운전방향을 정하기 위해 대향 열차에 대한 폐색구간 양끝의 신호취급소 상호간에 상대적으로 설비하는 취급버튼을 말한다.

■ **폐색취급버튼**
폐색을 취급하기 위해 신호 취급소 상호간에 상대적으로 설비하는 취급버튼을 말한다.

■ 궤도회로
열차의 유무를 검지하거나 연속정보를 차상으로 전송하기 위해 레일을 이용하여 구성한 전기적인 회로를 말한다.

■ 사구간
궤도회로의 일부분에 열차가 점유하여도 궤도계전기가 작동되지 않는 구간을 말한다.

■ 연동장치
신호기, 선로전환기, 궤도회로 등의 제어 또는 조작을 일정한 순서에 따라 상호 쇄정하는 장치를 말한다.

■ 기기집중역
ATC설비 구간에서 선로전환기가 설치되어 있지 않은 역에 ATC 궤도회로 장치만을 설비한 역을 말한다.

■ 폐색구간
2 이상의 열차를 동시에 운전시키지 않기 위하여 정한 구간을 말하며, 자동구간에서는 신호기 상호간, 비자동구간에서는 장내신호기와 인접역 장내신호기간을 말한다.

■ 신호정보분석장치
설비의 작동상태를 현재 시간으로 기록하고 고장을 판단하여 보수담당자에게 경보로 알려주는 설비를 말한다.

■ 열차번호인식기
열차의 행선지에 따라 정당한 방향으로 신호를 현시할 수 있도록 열차번호와 행선지를 운전취급자에게 알려주는 설비를 말한다.

■ 시운전
장치의 신설이나 개량 시에 사용에 앞서 종합적인 기능을 시험하는 것을 말한다.

■ 진입허용표시등
입환신호표지와 절대신호표지에 첨장되어 해당 진로 내로의 진입여부를 지시하는 신호등을 말한다.

- **신호표지**

  폐색구간의 경계 지점에 설치하는 허용신호표지와 절대신호표지, 입환신호표지 등 설비에 종속된 선로변 표지를 말한다.

- **보상콘덴서**

  궤도회로 주파수 레벨이 감쇄되는 것을 보상하기 위해 레일 사이에 설치하는 콘덴서를 말한다.

- **가상선(LF)**

  한 선로에서 열차의 운행 방향에 따라 궤도회로 주파수의 송, 수신측이 바뀌게 되는데 궤도회로가 그 방향에 상관없이 항상 일정한 임피던스를 유지하도록 추가하는 전기적인 회로를 말한다.

- **안전계전기(NS1)**

  궤도계전기, 선로전환기 표시계전기 등 열차의 안전운행과 직접 연결되는 정보를 취급하는 계전기를 말한다.

- **ATC 유지보수 컴퓨터(LME)**

  ATC의 유지보수를 지원하는 컴퓨터를 말하며, 통합연동시스템(SEI)에서는 제39호의 기능을 포함한다.

- **불연속정보전송장치(ITL)**

  특정 지점에 설치하여 열차운행에 부가적으로 필요한 정보를 전송하는 장치를 말한다.

- **역 정보처리장치(FEPOL, CC-RTU)**

  CTC와 LCP의 제어명령을 연동장치와 ATC 등에 전송하고 현장 설비의 표시 정보를 CTC와 LCP로 전송하는 장치를 말한다.

- **전자연동장치**

  연동장치를 전자식으로 모듈화한 장치를 말한다.

- **선로변 기능 모듈(TFM)**

  선로전환기, 진입허용표시등, 쇄정 해제스위치(LCS) 등 현장 설비를 직접 제어하는 모듈을 말한다.

- **유지보수 컴퓨터 시스템(CAMS)**
  유지보수 컴퓨터 보조시스템(CAMZ)과 보수자 단말기(TT)로 구성되어 연동장치의 유지보수를 지원하는 시스템을 말한다.

- **데이터 링크 모듈(DLM)**
  연동장치의 제어 명령을 현장 설비로 전송하고 현장 설비의 표시 정보를 연동장치로 전송하는 모듈을 말한다.

- **차축온도검지장치(HBD)**
  운행하는 열차의 차축 온도를 검지하는 장치를 말한다.

- **터널경보장치(TACB)**
  터널 내의 보수자를 보호하기 위해 열차가 일정구역에 진입시 경보하는 장치를 말한다.

- **보수자 선로횡단장치(PSC)**
  특정 지점을 보수자의 선로 횡단 가능 개소로 지정하여 선로 횡단시 열차의 접근 유무를 확인하게 하는 장치를 말한다.

- **분기기히팅장치**
  동절기에 적설이나 결빙으로 인한 선로전환기의 전환불능을 방지하기 위하여 분기기를 예열하는 장치를 말한다.

- **레일온도검지장치(RTCP)**
  혹서기에 레일의 장출에 의한 사고를 예방할 목적으로 설치하여 레일의 온도를 검지하는 장치를 말한다.

- **지장물검지장치(ID)**
  선로 내에 열차의 안전운행을 지장하는 낙석, 토사, 차량 등의 물체가 침범하는 것을 감지하기 위해 설치한 장치를 말한다.

- **기상검지장치(MD)**
  열차의 안전 운행을 위하여 풍향 및 풍속, 강우량, 적설량을 검지하는 장치를 말한다.

- **끌림검지장치(DD)**
  고속선의 선로상 설비를 보호하기 위해 기지나 기존선에서 진입하는 열차 또는 차량 하부의 끌림물체를 검지하는 장치를 말한다.

■ 무인기계실 원격감시장치
무인 기계실의 출입문에 설치하여 출입자를 감시하고 허가된 자만 출입할 수 있도록 하는 장치를 말한다.

■ 역 조작판 장치(LCP)
관할구역 내의 현장 설비를 제어하고 설비의 상태를 확인하며 열차의 운행 상태를 파악하기 위해 각 역에 설치된 장치를 말한다.

■ 방호 스위치(TZEP, CPT)
보수자가 선로상 작업 시 신변의 안전을 확보할 목적으로 작업구역의 속도를 정지로 설정할 수 있는 스위치를 말한다.

■ 쇄정 해제 스위치(LCS)
취급하고자 하는 진로 내의 구분진로가 단락 등의 사유로 쇄정되어 있을 때 현장에서 레일의 이상 없음을 확인한 후 진로설정 가능 정보를 연동장치로 전송할 수 있는 스위치를 말한다.

■ 속도제한판넬
신호기계실에 설치되어 일정 구역을 정해진 속도로 제한하는 SLP와 LCP 및 CTC에 설치된 원격속도제어장치(ESLP)를 말한다.

■ 열차자동방호장치(ATP)
열차운행에 필요한 각종 정보를 발리스를 통해 차상으로 전송하면 차상의 컴퓨터가 열차의 속도를 감시하여 일정속도 이상 초과하여 운행 시 자동으로 감속, 제어하는 장치를 말한다.

■ 발리스(Balise)
신호현시와 같은 가변정보 또는 선로속도나 구배 등 고정정보를 차상으로 전송하는 장치를 말한다.

■ 선로변제어유니트(LEU)
신호설비의 상태를 검지하여 조건에 맞는 텔레그램을 발리스(Balise)에 전송하는 장치를 말한다.

- **텔레그램**
  지상의 각종 정보를 차상에 전달하는 수단으로 하나의 헤더와 다수의 패킷 및 오류검지 코드로 구성된 파일을 말한다.

- **링킹(Linking)**
  발리스의 위치를 확인하는 방법을 말한다.

- **가변발리스(CBC)**
  신호현시의 조건에 의해 제어되는 정보를 제공하는 정보전송장치를 말한다.

- **고정발리스(CBF)**
  선로조건 등의 변화되지 않는 고정된 정보를 제공하는 정보전송장치를 말한다.

- **절대신호 표지**
  신호를 취급하지 않았을 때 닫힘 상태로 열차의 진입을 불허하고 신호를 취급하여 진로가 설정되었을 때 열림(개방) 상태가 되어 열차의 진입을 허용하는 것으로써 역 조작판에서 색에 의해 그 상태를 확인할 수 있는 마커를 말한다. 〈개정 2015.03.27.〉

- **열차운전감시반**
  운행중인 열차위치를 집중시켜 열차의 운전상태를 감시하는 설비를 말한다.

- **진로예고표시기**
  연결선구간의 장내·출발신호기의 외방에 설치하여 주체신호기의 진로표시기가 현시하는 진로현시상태를 예고하는 장치를 말한다.

- **궤도회로기능검지장치(TLDS)**
  궤도회로의 정보를 실시간으로 표출, 기록하는 장치를 말한다.

- **설비기준정보**
  설비 유지보수를 위하여 전사적자원관리시스템(KOVIS)에서 관리하는 기능위치, 설비, 자재명세서(BOM), 작업장, 직무리스트, 카탈로그, 측정포인트, 클래스 등을 말한다.

- **승강장 비상정지버튼**
  수도권 전철구간 역구내 승강장에서 승객의 선로추락 등 위급상황 발생 시 승강장을 향하여 진행하는 열차 또는 차량에 대하여 경고등을 현시하고, 비상 정지시킬 수 있는 승강장 안전설비를 말한다.

■ 지진감시시스템
지진이 발생한 경우 지진규모에 따라 선로에 미치는 최대 지반가속도 값에 따라 열차를 감속 운행하거나 운행을 중지하기 위한 장치를 말한다.

■ 건널목 보안장치
레일과 도로가 교차되는 곳에 설치하여 열차의 접근 및 통과에 따른 전동 차단기, 경보등, 경보종 등의 동작을 자동제어하며 부속장치로 정보분석장치, 지장물검지장치, 출구측 차단간검지장치 등을 설치하여 건널목에서의 안전을 극대화시키기 위한 장치를 말한다.

제2장 철도신호 기출예상문제

제1절 신호기장치

01 다음 중 철도신호의 궁극적 목적이자 지향하는 목표에 해당하는 것은?   2017 기출

㉮ 열차의 안전운행 확보
㉯ 열차운행 조건의 지시
㉰ 종사원의 의사전달
㉱ 열차의 승객확보

철도신호는 철도에서 일정한 약속에 따라 물체의 형상, 색채, 음향 또는 화염 등에 의하여 시각 또는 청각을 통해서 열차 또는 차량의 승무원에 대하여 정지 또는 진행하여도 좋다거나 신호자 쪽으로 오라고 하거나 서행하게 하라는 등의 운행 조건을 지시하는 표시를 의미한다. 열차의 사고를 방지하기 위하여 열차의 운행 조건을 기관사에게 지시하는 신호, 종사원의 의사를 표시하는 전호, 장소의 상태를 표시하는 표지의 총칭하며 궁극적 목적은 열차의 안전운행을 확보하는 데 있다.

■ 구별개념 : 전호(Sign, 傳號)
철도 운전 통제시 종사원 상호간의 의사전달을 위하여 형, 색, 음으로 상대방에게 의사를 표시하는 것을 말하며, 출발 전호, 비상 전호, 대응 수신호, 현시 전호, 입환 전호 등이 있음.

02 철도신호설비와 관련 가장 우선시해야 하는 사항은?   2017 기출

㉮ 절대안전
㉯ 운전시격의 감소
㉰ 선로용량의 증대
㉱ 수익성

철도신호설비는 무엇보다도 안전해야 한다.

정답   01. ㉮   02. ㉮

03 일반철도에서 방호를 요하는 지점통과열차에 대해 신호기 안쪽 진입가부를 지시하는 신호기는?
2017 기출

㉮ 장내신호기
㉯ 서행신호기
㉰ 엄호신호기
㉱ 입환신호기

❀ 철도 신호기

철도 신호기(鐵道信號機, 영어 : Railway signal)는 기관사에게 열차의 진행, 정지 및 속도나 진로 등의 운전조건을 제시하여 주는 장치이다. 제시하는 방법은 색이나 형태로 표시하는데 열차의 안전운행을 확보하는 데에 목적이 있다.

1. 구조상 분류
   ① 완목 신호기(Semaphore Signal) : 기계식 신호기로 완목의 위치, 형태, 색깔에 의해 열차의 운전 조건을 지시하는 신호기이다. 완목이 수평일 때는 정지신호를 나타내고 45도일 때는 진행신호를 나타내며, 야간에는 완목에 달려 있는 신호기등의 색깔에 따라 정지(적색) 또는 진행(녹색)를 나타낸다. 다시 말하면 주간과 야간에 따라 신호현시 방법이 다르며, 주신호기와 종속신호기에 사용된다.
   ② 색등식 신호기(Color Light Signal) : 색에 따라 신호를 현시하는 방식으로 주간 및 야간 모두 신호등의 색상 및 배치 위치에 따라 다르다. 단등형 신호기와 다등형 신호기가 있다. 전에는 신호기의 발광체로 전구를 많이 사용하였으나 점차적으로 발광다이오드형 신호기로 교체되고 있다.
      ㉠ 단등형 신호기(Search-Light Type Signal) : 신호등이 한 개만 있으며 내부에 고정된 전구에 적색, 등황색, 녹색의 색유리가 좌우로 움직여 신호를 현시하여 주는 신호기로서 현재는 사용하지 않는다.
      ㉡ 다등형 신호기(Multi-Unit Type Signal) : 신호기 주에 녹색, 등황색, 적색 등을 수직으로 설치하여 2현시 이상으로 현시하는 신호기이다.
   ③ 등열식 신호기(Position Light Signal) : 두 개 이상의 백색등을 사용하여 가로, 경사, 세로로 점등하여 신호를 현시하는 것으로 유도신호기, 중계신호기에 사용된다.

2. 조작상 분류
   ① 수동 신호기(Manual Signal) : 신호취급자에 의하여 신호 레버(Lever)를 조작하여 신호를 현시하는 신호기이다. 비자동구간의 신호기가 이에 해당된다.
   ② 자동신호기(Automatic Signal) : 궤도 회로를 이용하여 열차 또는 차량의 궤도 점유에 따라 자동적으로 신호를 현시하는 것으로서 신호취급자가 조작할 수 없는 신호기이다. 자동폐색구간의 폐색신호기가 이에 해당된다.
   ③ 반자동신호기(Semi-Automatic Signal) : 궤도 회로를 이용하여 열차 또는 차량의 궤도 점유에 따라 자동적으로 신호를 현시하면서 신호취급자가 조작할 수 있는 신호기이다. 자동폐색구간의 장내신호기와 출발신호기가 이에 해당된다.

3. 기능별 분류
   ① 상치 신호기(Fixed Signal) : 신호확인이 쉽도록 지상 또는 지하의 고정된 장소에 설치되어 있는 신호기이다. 사용 목적에 따라 주신호기와 종속신호기, 신호부속기로 분류된다.
      ㉠ 주 신호기(Main Signal) : 일정한 방호구역을 가지고 있는 신호기이다.
         • 장내신호기(Home Signal) : 정거장에 진입할 열차에 대하여 정거장 구내로 진입 가부를 지시하는 신호기이다.

정답 03. ㉰

- 출발신호기(Starting Signal) : 정거장에서 출발하는 열차에 대하여 정거장 바깥쪽으로 진출 가부를 지시하는 신호기이다.
- 폐색신호기(Block Signal) : 폐색 구간에 진입할 열차에 대하여 폐색 구간의 진입 가부를 지시하는 신호기이다.
- 엄호신호기(Protecting Signal) : 방호가 필요한 지점을 통과할 열차에 대하여 신호기 안쪽으로의 진입 가부를 지시하는 신호기이다.
- 유도신호기(Caller Signal) : 같은 진로상의 장내신호기가 정지신호를 현시하여도 유도를 받을 열차에 대하여 신호기 안쪽으로 진입할 것을 지시하는 신호기이다.
- 입환신호기(Shunting Signal) : 입환 차량에 대하여 신호기 안쪽으로의 진입 가부를 지시하는 신호기이다.

ⓒ 종속 신호기(Subsidiary Signal)는 주신호기가 현시하는 신호의 확인거리를 보충하기 위해 그 외방에 설치하는 신호기이다.
- 중계신호기(Repeating Signal) : 주 신호기의 현시 상태를 예고하여 주고 확인거리 부족에 따른 신호를 중계하기 위하여 설치한 신호기이다. 자동구간의 장내, 출발, 폐색, 엄호신호기에 종속되며, 요즘 들어서는 비자동 구간에도 중계신호기를 설치한다.
- 원방신호기(Distance Signal) : 장내신호기의 현시의 상태를 예고하여 주는 신호기이다. 비자동구간의 장내신호기에 종속되며, 주신호기가 진행일 때는 진행신호를 현시하고 주신호기가 정지신호를 현시할 때는 주의 신호를 현시한다.
- 통과신호기(Passing Signal) : 기계식 장내신호기의 하단에 설치하여 정거장의 통과 여부를 지시하는 신호기이다. 출발신호기에 종속되어 있다.
- 입환중계신호기(Shunt Repeating Signal) : 입환신호기에 종속되며 그 외방에서 주체신호기의 신호현시를 확인하기 곤란할 경우 설치하는 신호기이다.

ⓒ 신호부속기(Signal Appendant)는 주신호기에 부속하여 그 신호기의 지시조건을 보완하는 장치를 말한다.
- 진로표시기(진로선별등) : 장내, 출발, 입환신호기등에 사용되며 좌진로, 중앙진로, 우진로의 3진로만 표시되는 등렬식과 2진로 이상의 여러 진로를 문자로 표시하는 문자식 진로표시기가 있다. 주로 3개진로 이하일 경우에 등렬식을, 4진로 이상은 문자식을 사용한다.

② 임시 신호기(Temporary Signal) : 선로의 고장이나 작업 등으로 인하여 열차가 정상적으로 운행할 수 없을 경우에 임시로 설치하는 신호기이다.
③ 수신호 : 고장 또는 기타의 사유로 인하여 장내신호기, 출발신호기, 엄호신호기에 진행을 지시하는 신호를 현시할 수 없을 경우에 관계 선로전환기의 개통방향과 쇄정 상태를 확인하고 진행 수신호를 현시하는 것이다.
④ 특수신호(Special Signal) : 낙석, 낙뢰, 강풍, 또는 긴급히 열차를 방호하기 위하여 경계를 필요로 할 때 빛 또는 음향에 의해서 신호를 발생시키는 장치이다.

4. 운영상 분류
① 절대신호기(Absolute Signal) : 신호기의 현시조건을 절대적으로 존중하여야 하는 신호기로 장내, 출발, 엄호, 유도, 입환 신호기가 이에 해당된다.
② 허용신호기(Permissive Signal) : 정지신호가 현시 되었을 경우에도 일단 정지한 후 서행으로 주의 운전할 수 있는 신호기이다. 자동폐색구간의 폐색신호기가 이에 해당되며, 절대신호기와의 구별을 목적으로 신호기 밑에 식별표지가 부착되어 있다.

5. 현시별 분류
① 2위식 신호기(Two-Position System) : 현시 방법을 정지 및 진행, 혹은 주의 및 진행으로 점등하는 방식의 신호이다. 정지 및 진행 방식의 신호기는, 색등식 신호기의 경우 엄호, 유도, 입환 및 비자동구간의 출발신호기가, 완목식 신호기의 경우 장내, 출발 입환 신호기가 해당된다. 주의 및 진행 신호기는 원방신호기가 해당된다.
② 3위식 신호기(Three Position System) : 현시 방법을 정지(적색), 주의(등황색), 진행(녹색) 3색으로 점등시키는 신호기이다. 주로 신호기의 내방과 그 다음 외방구간의 상태를 표시한다.

04 다음 중 임시신호기가 아닌 것은? 2017 기출

㉮ 서행신호기 ㉯ 서행예고신호기
㉰ 중계신호기 ㉱ 서행해제신호기

임시신호기에는 서행신호기, 서행예고신호기, 서행해제신호기가 있다.

05 다음 중 폐색신호기의 확인거리로 옳은 것은?

㉮ 100미터 이상 ㉯ 200미터 이상
㉰ 600미터 이상 ㉱ 800미터 이상

❀ 신호기별 확인거리
- 장내, 출발, 폐색, 엄호 신호기 : 600미터 이상
- 입환, 중계신호기, 주신호용 진로표시기 : 200미터 이상
- 유도신호기 및 입환신호용 진로표시기 : 100미터 이상

06 해당신호기를 취급하기 전의 신호기 현시 상태가 소등인 것은?

㉮ 유도 신호기 ㉯ 폐색 신호기
㉰ 엄호 신호기 ㉱ 원방 신호기

❀ 신호기의 정위
1. 장내, 출발, 입환, 엄호 신호기 : 정지
2. 유도 신호기 : 소등(무현시)
3. 폐색 신호기(복선구간) : 진행
4. 폐색 신호기(단선구간) : 정지
5. 원방 신호기 : 주의

07 사용목적에 따른 상치신호기에 해당하지 않는 것은? 2017 기출

㉮ 입환 신호기 ㉯ 엄호 신호기
㉰ 중계 신호기 ㉱ 등열식 신호기

상치신호기는 철도신호체계에서 일정한 장소에 고정 설치되어 있는 신호기로서 주신호기, 종속신호기, 신호 부속기가 있다. 주신호기에는 장내, 출발, 폐색, 유도, 입환, 엄호 신호기가 있고, 종속신호기에는 원방, 통과, 중계 신호기가 있으며, 신호부속기로는 진로표시기가 있다.

08 장내신호기는 최외방 선로전환기가 열차에 대하여 대향이 되는 경우 첨단레일 끝에서 몇 미터 이상의 거리를 확보해야 하는가?

㉮ 50미터 이상 ㉯ 100미터 이상
㉰ 150미터 이상 ㉱ 200미터 이상

 장내신호, 출발신호기, 엄호신호기, 폐색신호기는 신호기의 확인거리는 600m 이상으로 하되 열차가 시발하는 선로에 대하는 출발산호기는 100m 이상으로 한다.

09 다음 중 승강장 홈 곡선 등으로 인하여 시야에 장애가 있는 경우 역장이나 차장 또는 기관사가 출발신호기의 신호현시를 확인할 수 있도록 설치하는 표지는?

㉮ 출발반응표지 ㉯ 입환표지
㉰ 상치신호기 식별표지 ㉱ 자동식별표지

 출발반응표지는 역장으로부터 출발신호기의 시야가 곤란한 정차장의 경우, 열차를 출발시킬 때는 출발 반응표지에 의해 출발신호기의 신호현시를 표시하고, 출발신호를 실행하기 전에 출발반응표지를 확인한다.

10 다음 중 주간과 야간의 신호현시 방식이 다른 신호기는?

㉮ 단등형 신호기 ㉯ 색등식 신호기
㉰ 등렬식 신호기 ㉱ 완목식 신호기

 ❋ **완목식 신호기**
- 주간 : 수평일 때 정지, 45도일 때 진행신호 현시
- 야간 : 신호기 등의 색깔에 따라 정지 또는 진행신호 현시

11 신호기의 지시할 조건을 보충하기 위해서 신호기와 같이 설치되는 것은?

㉮ 진로표시기 ㉯ 서행예고 신호기
㉰ 원방식 신호기 ㉱ 입환 신호기

 진로표시기는 장내 신호기, 출발 신호기 등의 신호기가 둘 이상의 선로 사이에 있어서 이를 같이 사용할 경우 이들 신호기에 딸려 열차의 진로를 표시한다.

정답 08. ㉯ 09. ㉮ 10. ㉱ 11. ㉮

12 기관사에게 운전조건을 지시하는 것을 무엇이라 하는가?

㉮ 전호 ㉯ 전철
㉰ 신호기 ㉱ 표지

신호기는 기관사에게 열차의 진행, 정지 및 속도나 진로 등의 운전조건을 제시하여 주는 장치이다.

13 다음 중 낙석이나 강풍 등이 불 경우의 특수신호에 해당하지 않는 것은? 2017 기출

㉮ 발뢰신호(發雷信號) ㉯ 발염신호(發焰信號)
㉰ 발광신호(發光信號) ㉱ 발폭신호(發爆信號)

❈ **특수 신호**[特殊信號, special signal]
건널목 지장 · 낙석(落石) 등으로 긴급히 열차를 정지시킬 필요가 있을 때, 짙은 안개[농무(濃霧)] · 눈보라(吹雪) 등으로 신호현시를 시인(視認)할 수 없을 때 등에 사용된다. 발뢰신호(發雷信號, detonating signal, 레일에 설치하며 차륜이 밟아 뇌관이 폭발) · 발염신호(發焰信號, fusee signal, 신호염관의 적색화염) · 발광신호(發光信號, light signal, 특수신호 발광기에 의한 적색등(赤色燈)의 움직임) 등에 의해 정지신호를 현시한다.

14 다음 중 일정한 방호구역을 가진 신호기에 속하지 않는 것은?

㉮ 유도신호기 ㉯ 입환신호기
㉰ 중계신호기 ㉱ 폐색신호기

일정한 방호구역을 가지고 있는 신호기에는 장내신호기, 출발신호기, 엄호신호기, 유도신호기, 입환신호기가 있다.

15 다음 중 반자동 신호기라고 볼 수 없는 것은?

㉮ 장내신호기 ㉯ 출발신호기
㉰ 폐색신호기 ㉱ 입환신호기

폐색신호기는 자동신호기에 속한다.

정답 12. ㉰ 13. ㉱ 14. ㉰ 15. ㉰

제2절 선로전환장치

01 다음 중 선로전환기의 전환수에 의한 분류에 해당하지 않는 것은?   2017 기출

㉮ 단동 선로전환기   ㉯ 삼동 선로전환기
㉰ 수동 선로전환기   ㉱ 쌍동 선로전환기

❈ **선로전환기**(線路轉換器)
하나의 선로에서 다른 선로로 분기하기 위해 설치된 분기기의 방향을 변환시키는 장치를 말한다. 전철기(轉轍器)라고도 한다.
1. 구조별 분류
   ① 보통 선로전환기 : 텅레일이 2개가 있으며, 좌, 우 2개의 분기에 사용하는 선로전환기이다.
   ② 탈선 선로전환기(안전측선) : 열차 또는 차량이 과주로 인하여 대형 사고가 발생할 우려가 있는 장소에서 열차나 차량을 탈선시킬 목적으로 설치하는 선로전환기이다.
   ③ 가동 크로싱부 선로전환기 : 분기기에 있는 크로싱부의 노스레일이 첨단부의 텅레일과 동일한 시간 내에 좌·우로 움직일 수 있도록 사용하는 선로전환기이다. 주로 고속철도 구간에서 사용된다.
   ④ 삼지선로전환기 : 텅레일이 4개가 있으며, 좌, 중, 우 3개의 분기기에 사용된다.
2. 전환수에 따른 분류
   ① 단동 선로전환기 : 1개의 취급버튼에 의해 1대의 선로전환기를 전환하는 선로전환기이다.
   ② 쌍동 선로전환기 : 1개의 취급버튼에 의해 2대의 선로전환기를 전환하는 선로전환기이다.
   ③ 삼동 선로전환기 : 1개의 취급버튼에 의해 3대의 선로전환기를 전환하는 선로전환기이다.
3. 사용력에 따른 분류
   ① 수동 선로전환기 (manual switch) : 사람의 힘에 의해 전환되는 선로전환기이다.
   ② 스프링 선로전환기(spring switch) : 열차가 진행시 차축에 의해 정위·반위 쪽으로 동작되는 선로전환기이다. 강력한 스프링의 작용으로 평상시는 교통이 빈번한 방향으로 개통되어 있으며 개통되지 않은 방향에서 차량이 배향으로 나오는 경우 첨단 레일을 차축으로 밀면서 진행을 하며 통과 후에는 스프링의 힘에 의해 자동으로 복귀된다. 일반 철도에는 위험하기 때문에 사용이 되지 않으며 유니세프 나눔열차나 산림철도 등에서 사용되고 있다.
   ③ 동력 선로전환기(switch machine) : 전기 및 압축공기의 힘에 의해 전환되는 선로전환기이다.
   ④ 기계선로전환기 : 첨단레일을 연결간에 연결시키고 이 연결간을 사람의 힘에 의해서 움직이는 수동식 선로 전환기를 기계선로전환기라 한다.

02 다음 중 철도전환기의 정위결정법으로 옳은 것은?   2017 기출

㉮ 단선에 있어서 상하본선은 열차가 진입하는 방향
㉯ 본선과 측선의 경우에는 측선의 방향
㉰ 본선과 안전측선의 경우에는 본선방향
㉱ 본선과 탈선 선로전환기의 경우에는 본선방향

정답   01. ㉰   02. ㉮

신호기가 항상 보여주어야 하는 신호 또는 분기기가 항상 향하고 있어야 하는 방향을 각 신호기 또는 분기기의 정위라 하며, 그 반대의 상태에 있는 것을 반위(反位)라 한다. 선로전환기의 정위결정법은 다음과 같다.
1. 본선과 본선 또는 측선과 측선의 경우는 주요한 방향
2. 단선에 있어서 상하본선은 열차가 진입하는 방향
3. 본선과 측선의 경우에는 본선의 방향
4. 본선 또는 측선과 안전측선(피난선 포함)의 경우에는 안전측선의 방향
5. 탈선선로전환기는 탈선시키는 방향

03 다음 중 가동크로싱의 특징이 아닌 것은? 2017 기출

㉮ 크로싱의 최대 약점인 결선부의 생성

㉯ 레일을 연속시켜 격심한 차량의 충격, 소음 등의 해소

㉰ 승차감 개선

㉱ 고속열차운행의 안전 향상 도모

❈ **가동크로싱**(movable crossing)
구조에 따른 크로싱의 한 종류로 크로싱의 최대 약점인 결선부를 없게 하여 레일을 연속시켜 격심한 차량의 충격, 동요, 소음 등을 해소하고 승차감을 개선하여 고속열차 운행의 안전 향상을 도모하는데 목적이 있음

❈ **크로싱**(Crossing or Frog)
분기기를 구성하는 일부분으로 궤간선이 교차하는 부분을 말하며 V자형의 노즈레일(nose rail)과 X자형의 윙레일(wing rail)로 구성되어 있다.

04 다음 중 차상선로전환장치의 특징이 아닌 것은? 2017 기출

㉮ 신호취급소의 조작판에서 전환하는 복잡성을 피하기 위함

㉯ 배향 운전의 경우에는 차량의 차륜에 의해 레일 스위치를 밟으면 자동전환

㉰ 대향으로 운전할 때는 진행 중인 열차 위에서 수송원 또는 열차 승무원이 조작 리버를 취급하여 분기기 전환

㉱ 스프링의 압력으로 전환

❈ **차상선로전환장치**(Car Upside Point Device, 車上線路轉換裝置)
조차장 구내 및 입환전용선이 있는 일반 역 구내에서 선로전환기를 신호 취급소의 조작판에서 전환하는 복잡성을 피하기 위하여 배향 운전의 경우에는 차량의 차륜에 의해 레일 스위치를 밟으면 자동 전환되고, 대향으로 운전할 때는 진행 중인 열차 위에서 수송원 또는 열차 승무원이 조작 리버를 취급하여 분기기를 전환하는 선로전환장치를 말한다.

정답 03. ㉮ 04. ㉱

05 다음 중 전기선로전환기의 동작 계통도가 바르게 된 것은?

㉮ 제어계전기 → 전동기 → 마찰연축기 → 감속기어장치 → 회로제어기 → 전환쇄정기
㉯ 제어계전기 → 마찰연축기 → 전동기 → 감속기어장치 → 회로제어기 → 전환쇄정기
㉰ 제어계전기 → 전동기 → 감속기어장치 → 마찰연축기 → 전환쇄정기 → 회로제어기
㉱ 제어계전기 → 전동기 → 마찰연축기 → 감속기어장치 → 전환쇄정기 → 회로제어기

 전기선로전환기의 계통도는 제어버튼 → 제어계전기 → 전동기 → 마찰연축기 → 감속기어장치 → 전환쇄정장치 → 회로제어기 → 표시이다.

06 전기선로전환기의 해정, 전환, 쇄정의 세 가지 작용을 하는 것은?

㉮ 감속치사장치   ㉯ 전환감속장치
㉰ 전환쇄정장치   ㉱ 후렉션클러치

 전환쇄정장치는 전철기를 전환하고 쇄정하는 장치로 전기 전철을 사용하도록 되고 나서는 전철기의 종류에 맞도록 전환, 쇄정, 해정의 기능을 짜 넣어서 구성한 장치이다.

07 다음 중 전기선로전환기의 공회전 조건이 아닌 것은?

㉮ 첨단간의 취부위치가 틀렸을 때
㉯ 쇄정간 홈과 쇄정자가 불일치할 때
㉰ 콘덴서가 물에 접촉했을 때
㉱ 첨단에 이물질이 끼었을 때

08 다음 중 선로전환기의 전동기와 관련이 없는 것은?

㉮ 콘덴서 기동방식이다.
㉯ 동기전동기를 사용한다.
㉰ 단상 4극을 사용한다.
㉱ 베어링은 급유할 필요가 없다.

 선로전환기의 전동기는 선로전환기를 가동하여 분기기의 텅 레일을 좌우로 이동시키는 동력이 되는 것으로 콘덴서 기동형 유도전동기로서 단상 4극이다.

정답 05. ㉱ 06. ㉰ 07. ㉰ 08. ㉯

09 열차가 궤도의 곡선부를 달리고 있을 때 원심력에 의해서 열차를 곡선의 외측으로 비상시켜 벗어나게 하는 힘이 작용하며 이것을 수직방향 힘으로 풀어주기 위해 곡선의 내측 레일보다 외측 레일을 조금 높게 해야 할 필요가 있는바 이러한 고저차를 무엇이라고 하는가?

㉮ 슬랙 ㉯ 쇄정
㉰ 직선반경 ㉱ 캔트

 캔트(cant)는 철도차량이 곡선 지점을 원활하게 통과할 수 있도록 안쪽 레일을 기준으로 바깥쪽 레일을 높게 부설하는 것을 말한다.

10 다음 중 분기기에 대한 설명으로 틀린 것은?

㉮ 상시 개통되어 있는 방향을 정위라 한다.
㉯ 크로싱번호는 각도의 대소에 따라 다르다.
㉰ 대향의 경우 첨단 밀착이 불량일 때 할출사고의 우려가 있다.
㉱ 대향 및 배향은 열차의 통과방향에 따라 정한다.

 첨단 밀착이 불량일 때 대향의 경우 탈선사고위험, 배향의 경우 할출우려가 있다.

11 교류 NS형 전기선로전환기에 사용되는 전동기는?

㉮ 직류분권 전동기 ㉯ 교류3상 유도전동기
㉰ 가동복권 전동기 ㉱ 콘덴서 기동형 유도전동기

 선로전환기의 전동기는 선로전환기를 가동하여 분기기의 텅 레일을 좌우로 이동시키는 동력이 되는 것으로 콘덴서 기동형 유도전동기로서 단상 4극이다.

12 전기선로전환기의 전동기가 침수되었을 경우의 건조방법은?

㉮ 일광건조 ㉯ 전기 건조
㉰ 증기 건조 ㉱ 화기 건조

 권선에 물방울이나 기름이 묻었을 경우 전류를 흘려서 건조시킨다.

13 다음 중 전기선로전환기의 제어 계전기에 사용되는 계전기는?

㉮ 완동 계전기
㉯ 완방 계전기
㉰ 무극선조 계전기
㉱ 자기유지 계전기

전기선로전환기의 제어 계전기는 DC24[v] 삽입형 2위식 자기유지 계전기이다.

14 MJ81형 선로전환기의 전환시간으로 옳은 것은?

㉮ 2초 이하 ㉯ 5초 이하
㉰ 8초 이하 ㉱ 10초 이하

❊ 신호설비 유지보수 세칙 제40조(선로전환기의 전환시간)
1. NS형 : 6초 이하
2. NS-AM형 : 7초 이하
3. MJ81형 : 5초 이하
4. 차상선로 전환기 : 2초 이하

15 다음 중 첨단밀착이 불량할 경우 할출 우려가 있는 선로전환기는?

㉮ 탈선 선로전환기
㉯ 대향 선로전환기
㉰ 배향 선로전환기
㉱ 대향 및 배향선로전환기

배향 선로전환기는 첨단밀착이 불량할 경우 할출의 우려가 있는 선로전환기이다.

16 다음 중 차상선로전환기의 쇄정장치에 해당되지 않는 것은?

㉮ 동작간
㉯ 쇄정간
㉰ 쇄정자
㉱ 마찰클러치

정답 13. ㉱ 14. ㉯ 15. ㉰ 16. ㉱

17 NS형 전기선로전환기의 마찰클러치에 대한 설명으로 틀린 것은?

㉮ 강하게 조정하면 전동기가 정지할 때 충격이 크고 공전할 때는 슬립 전류가 크게 된다.
㉯ 마찰클러치의 조정은 여름에는 약하게, 겨울에는 강하게 한다.
㉰ 전동기가 회전 또는 정지할 때 기어에 충격을 주지 않도록 흡수한다
㉱ 첨단에 이물질이 끼거나 쇄정간이 걸릴 때 전동기를 보호한다.

 마찰클러치의 조정은 여름에는 강하게, 겨울에는 약하게 조정해야 하는 단점이 있다.

18 다음 중 입력측과 출력측의 회전차에 의해 발생하는 소용돌이 모양의 전류에 의해 전달 토크가 발생되는 기능을 가진 선로전환기 부품에 해당하는 것은?

㉮ 전자클러치　　　　　　　　㉯ 마찰클러치
㉰ 회로클러치　　　　　　　　㉱ 전환장치

 전자크러치는 온도변화에 영향을 받지 않는 구조로 동력의 입력 측 회전판에는 영구자석을 설치하고 출력 측에는 전자석을 설치하여 결합력을 갖춘 히스테리시스 크러치의 일종으로서 무보수화 제품이다.

19 다음 중 전기선로전환기의 콘덴서와 관련된 설명 중 옳지 않은 것은?

㉮ 전환 중 콘덴서가 단락되어도 전동기는 회전한다.
㉯ 콘덴서 회로가 단선되면 일단정지 후에는 기동이 불가능하다
㉰ 콘덴서 회로가 단선된 경우 전동기를 회전시키면 전환 불능이다.
㉱ 콘덴서가 단락되면 많은 전류가 흘러 퓨즈가 절단된다.

 콘덴서 기동형 유도전동기를 사용하므로 단락되면 전동기는 회전하지 않는다.

제3절 궤도회로장치

01 다음 중 궤도회로 한류장치의 기능이 아닌 것은? 2017 기출

㉮ 궤도회로 불평형상태 개선
㉯ 전원 장치에 과전류가 흐르는 것의 제한
㉰ 전압의 조정
㉱ 이원형 궤도계전기의 회전역률의 위상 조정

❀ **한류장치**(限流裝置)
열차의 차축에 의하여 궤도 회로의 전원을 단락하였을 때 전원 장치에 과전류가 흐르는 것을 제한하고 전압을 조정하기 위해 설치하는 장치를 말한다. 한류장치는 교류 궤도 회로에 있어서 이원형 궤도계전기의 회전역률의 위상을 조정해 주는 중요한 역할을 한다. 직류 궤도 회로에서는 가변저항기(저항자)가, 교류 궤도 회로에서는 저항 또는 리액터가 한류장치로 사용되고 있다.

02 다음 중 전차선 귀선전류는 흐르게 하면서 인접궤도회로에 신호전류의 흐름을 막는 장치로서 고전압 임펄스 궤도회로에 사용되는 장치는 무엇인가? 2017 기출

㉮ 전압안정기 ㉯ 송신기
㉰ 임피던스본드 ㉱ 궤도계전기

임피던스 본드(impedance bond)는 직류 전화구간에서 레일을 귀선으로 사용하는 경우, 복레일 궤도 회로의 경계에 설치한 레일 연결점 절연 지점에 전차 전류를 흘리고 궤도 회로용의 전류를 통하지 않게 하기 위하여 사용한다.

03 다음 중 궤도회로의 불평형한 상태의 발생 원인이 아닌 것은? 2017 기출

㉮ 열차의 운행장애 ㉯ 레일 절손
㉰ 본드선 또는 점퍼선의 접속불량 ㉱ 임피던스 본드내부의 불균형

㉮ 열차의 운행장애는 궤도회로의 불평형한 상태의 결과이다.

❀ **궤도회로의 불평형**[unbalance of track circuit]
궤도회로에 사용하는 레일을 흐르는 전기차량 전류가 2개의 레일에 같게 흐르지 않고 다르게 되어 있는 상태를 말하며 불평형 전류의 발생 원인으로는 다음과 같은 것이 있다.
1. 레일 절손 : 궤도회로를 구성하는 어느 한 쪽에 균열이 발생한 경우
2. 본드선 또는 점퍼선의 접속불량
3. 임피던스 본드내부의 불균형
4. 레일 한 쪽 지락 발생시

정답 01. ㉮ 02. ㉰ 03. ㉮

04 다음 중 레일에서 누설전류에 의한 전식방지대책으로 틀린 것은? 2017 기출

㉮ 전류의 배류
㉯ 부설물과 전기 철도와의 교차
㉰ 전기 방식(防蝕)의 조치
㉱ 전기철도 건설시 사전적 조사 및 검토

❀ 전식
금속체의 주위가 불순한 물이나 습한 흙과 같은 전해질에 둘러싸인 상태에서 전류가 흐르는 경우, 전해를 일으켜 부근의 금속체를 부식시키는 것을 말한다. 전기철도의 레일에서 땅 속으로 누설되는 전류에 의한 것이 대부분으로 수도관·가스관·전신 전화 케이블 등의 매설 금속체를 부식시킨다. 방지법으로는 부설물과 전기 철도와의 평행, 접근, 교차를 피하고 부득이한 경우에는 전기 방식(防蝕)의 조치를 취한다.

❀ 전류의 배류[-排流, drainage in current]
레일의 전식방지 대책(電蝕防止對策)이나 전압강하 대책 등의 목적으로 레일의 특정 개소를 귀선용(歸線用) 배류장치(排流裝置)로 바다나 대지에 접지하고, 변전소에 유입용(流入用) 배류장치(排流裝置)를 설치하고 귀선전류(歸線電流)의 일부를 흘리는 것을 말한다.

05 다음 중 고압임펄스궤도회로의 구성요소가 아닌 것은? 2017 기출

㉮ 전압 안정기
㉯ 송신기
㉰ 전압차단기
㉱ 궤도계전기

❀ 고압임펄스궤도회로
고압임펄스궤도회로는 임펄스를 사용한 궤도회로를 의미한다. 교류 25,000V 전철 구간에 주로 사용되며 전차선의 귀선 전류(전기차 전류)는 레일을 통하여 변전소로 귀환시키고 신호 전류는 임피던스 본드에서 차단하여 궤도회로의 기능을 실행한다. 이 고전압 임펄스 궤도회로는 전차선과 팬터와의 이선, 낙뢰 등의 발생으로 궤도 회로에 이상 전압의 유기 시에도 절연 내력이 크므로 신호설비 보호 효과가 높을 뿐만 아니라 초퍼(chopper), VVVF차량 운행 시에도 외란(disturbance)에 잘 견디므로 오동작이 발생하지 않는 장점이 있다. 또한 임펄스를 사용하므로 송수신 거리에 따른 전압 강하가 거의 발생하지 않으며 1개 궤도회로의 소비 전력이 50~60VA 정도로 비교적 작아 에너지 절감 효과가 크며 우천시에도 자갈도상(ballast) 누설 저항의 변화가 적어 안정성이 우수하고 장애 발생 시 고장 발견이나 부품의 교환이 용이하다. 고전압 임펄스 궤도회로 장치는 전압 안정기, 송신기, 수신기, 임피던스 본드(송신 또는 수신단), 궤도계전기로 구성되어 있다.

정답 04. ㉯ 05. ㉰

06 다음 중 교류 전철구간에서 직류 단궤조식 궤도회로에 관한 설명으로 옳은 것은?
  ㉮ 궤조식에서 유도경감계수의 절대치가 1보다 크다.
  ㉯ 유도경감계수의 절대치가 복궤조방식보다 약간 많은 정도이다.
  ㉰ 직류궤도회로 방식이라도 복궤조식 궤도회로를 구성할 수는 없다.
  ㉱ 분배주궤도회로보다 비경제적이다.

07 직류궤도회로의 구성기기와 거리가 먼 것은?
  ㉮ 궤조절연   ㉯ 가변콘덴서
  ㉰ 가변저항   ㉱ 착전계전기

08 궤도회로의 사구간은 몇 m를 넘지 않도록 구성하여야 하는가?
  ㉮ 5m   ㉯ 7m
  ㉰ 10m   ㉱ 15m

궤도회로의 사구간은 7m를 넘지 않아야 한다.

09 무절연 궤도회로방식은 궤도임계점에서 상호 주파수에 대한 어떤 회로를 이용한 궤도회로인가?
  ㉮ 정류회로   ㉯ 발진회로
  ㉰ 공진회로   ㉱ 정합회로

공진회로는 서로 다른 에너지 사이의 가역적 변환에 의해서 일어나는 자유 진동의 주파수와 외력의 주파수가 매우 가까울 때 발생하는 공진현상을 전기적으로 일으키는 회로를 말한다.

10 다음 중 직류궤도회로의 단락감도가 측정되는 장소는?
  ㉮ 궤도회로의 상부
  ㉯ 송전단의 레일간
  ㉰ 수전단의 레일 간
  ㉱ 궤도회로의 하부

정답 06. ㉯ 07. ㉯ 08. ㉯ 09. ㉰ 10. ㉯

11 다음 중 진로선별회로의 특징이라고 볼 수 없는 것은?

㉮ 전철제어회로를 간소화시킬 수 있다.
㉯ 접점의 절약을 도모할 수 있으며 장애발생 횟수를 감소시킨다.
㉰ 같은 방향의 지장진로는 쇄정하나 다른 방향의 지장진로는 쇄정하지 않는다.
㉱ 안전도를 향상시킨다.

12 다음 중 궤도회로에서 사구간 보완회로의 역할로 옳은 것은?

㉮ 사구간 연장
㉯ 공급전압의 감소
㉰ 궤도회로의 중계
㉱ 단락감도의 향상

 사구간 보완회로는 사구간의 길이가 특수사정에 의해 규정치인 7m를 넘어서 한 개의 차량이 그 구간을 점유하였을 때 궤도계전기가 동작할 수 있는 개소에 설치하는 회로로 차량이 진입할 때 궤도회로를 무여자 시키고 열차가 그 구간을 빠져 나올 때 다시 여자 되는 회로를 말한다.

13 다음 중 열차의 차축에 의하여 궤도회로가 단락되었을 경우 전원 장치에 과다한 전류가 흐르는 것을 제한하기 위한 장치는?

㉮ 임피던스본드   ㉯ 레일본드
㉰ 절연장치   ㉱ 한류장치

 한류장치는 궤도회로에 접속하여 전류를 조절하는 궤도 리액터, 궤도 저항자 등이다.

14 다음 중 교류전철구간에 사용되지 않는 궤도 회로는?

㉮ 직류궤도회로
㉯ 임펄스궤도회로
㉰ 분배주궤도회로
㉱ AF궤도회로

 직류궤도회로(DC track circuit) : 직류 전원을 이용한 궤도 회로로 전원 장치는 정전에 대비하여 부동식 충전 방식을 사용하며, 궤도 계전기는 직류 궤도 계전기를 사용한다.

정답 11. ㉰ 12. ㉰ 13. ㉱ 14. ㉮

15 임피던스 본드는 인접궤도에 대하여 다음 중 어떤 목적으로 설치되는가?

㉮ 귀선전류의 통과 및 신호전류의 차단
㉯ 귀선전류의 및 신호전류의 통과
㉰ 귀선전류의 및 신호전류의 통과
㉱ 귀선전류의 차단 및 신호전류의 통과

 임피던스 본드(impedance bond)는 직류 전화구간에서 레일을 귀선으로 사용하는 경우에 복레일 궤도 회로의 경계에 설치한 레일 연결점 절연지점에 전차 전류를 흘리고 궤도 회로용의 전류를 통하지 않게 하기 위하여 사용한다.

16 다음 중 궤도회로의 사구간이 발생하는 장소로 적합하지 않은 것은?

㉮ 교량   ㉯ 선로의 분기교차지점
㉰ 터널   ㉱ 크로싱 부분

 사(절연)구간은 교류와 직류, 교류와 직류(상이 다른 경우) 간의 접속부분에 전기가 통하지 않도록 설정한 구간으로 주로 터널, 분기점, 크로싱 부분에 적합하다.

17 열차의 차축에 의하여 PF 궤도회로가 단락되었을 때 전원장치에 과다한 전류가 흐르는 것을 제한하기 위한 장치로 옳은 것은?

㉮ 궤조절연장치   ㉯ 한류장치
㉰ 임피던스본드   ㉱ 궤조본드

 한류장치는 궤도회로에 접속하여 전류를 조절하는 궤도 리액터, 궤도 저항자 등이다.

제4절 폐색장치

01 다음 중 이동폐색의 장점에 해당하지 않는 것은? 2017 기출

㉮ 최소한의 열차간격 제어
㉯ 안전도의 향상
㉰ 열차시격의 단축
㉱ 수송력 감소

❋ **이동폐색**[移動閉塞, movement block system]
MBS선행열차와 후속열차의 열차 간격을 폐색 길이에 의존하지 않고 후속열차의 제동 특성에 의해 열차의 간격을 유지하는 방식으로서 이는 궤도를 점유한 열차의 특성에 의해 폐색구간의 길이가 가변한다. 대도시 전차선구(電車線區)의 혼잡대책 등으로 개발이 기대되는 이동폐색(移動閉塞)은 앞뒤 열차의 운전 상황을 고려하여 안전과 더불어 최소한의 열차간격을 제어할 수 있는 것으로 안전도의 향상과 함께 열차시격의 단축[수송력 증강(增强)]이 기대된다.

❋ **폐색**(Block, 閉塞)
열차와 열차가 충돌하지 않도록 하기 위해, 두 대 이상의 열차를 동시에 운전시키지 않도록 정한 구역을 말한다. 일반적으로 출발신호기와 인접역 장내 신호기까지의 구간을 말한다. 교행설비가 있는 장소에서만 2개 이상의 열차가 존재할 수 있도록 열차의 운전시각을 조정하거나(시간간격법), 선로상에 어떤 구간을 설정하여 그 구간에는 하나의 열차만 존재하도록 하여야 한다(공간간격법, 거리간격법). 여기서 시간간격법에 따라 열차계획을 한 것을 열차운행도표 혹은 열차다이아라 하고 공간간격 법에 따라 열차가 충돌하지 않게 하는 것을 폐색이라 한다.

❋ **폐색구간**(Block Section, 閉塞區間)
열차의 충돌 또는 추돌을 방지하기 위해 1개 이상의 열차가 동시에 진입할 수 없도록 일정한 거리로 분할한 선로 구간을 말한다. 2이상의 열차를 동시에 운전시키지 않기 위하여 정한 구간을 말하며, 자동구간에서는 신호기 상호간, 비자동구간에서는 장내신호기와 인접역 장내신호기 간을 말한다. 폐색구간은 고정폐색과 이동폐색에 따라 폐색구간이 다르다. 고정폐색은 선로를 분할해서 폐색구간을 정하고, 그 구간내에 열차가 선로에 존재하는 여부는 정보만을 근거로 열차간격을 제어하는 방식이다. 이것은 폐색구간이 지상에 고정되어 있다고 하는 의미도 된다. 대부분의 철도가 이러한 방식을 활용하고 있지만, 열차가 폐색구간의 어느 위치(진입직후인지, 탈출직전인지)에 있어서도 다른 열차의 진입은 허용하지 않기 때문에 폐색구간도 함께 이동하는 폐색방식이다. 예를 들어 후속열차가 선행열차의 현재 위치를 항상 파악하고, 주행 중의 선로구배 . 곡선 등의 상황, 자차의 현재위치 . 속도 . 제동 성능 등의 요소에서 선행열차와의 간격을 연속적으로 제어하는 폐색방식이다. 자차가 선행열차의 현재 위치에 여유거리를 확보하여 정지할 수 있는 간격(즉 이동폐색구간)을 항상 계산하여 확보하면서 운전해야 한다.

02 다음 중 상대방 역의 전원에 의하여 폐색취급 및 신호와의 2중 취급을 단일화한 방식에 해당하는 것은?

㉮ 차내신호 폐색식
㉯ 연동 폐색식
㉰ 지도 통신식
㉱ 자동 폐색식

정답 01. ㉱ 02. ㉯

연동폐색 : 역간을 1폐색으로 하고 폐색구간의 양 끝에 폐색 취급버튼을 설치하여 이를 신호기와 연동시켜 신호 현시와 폐색의 이중 취급을 단일화한 방식

03 다음 중 단선구조와 관계없는 폐색 방식은?
㉮ 지도통신식 ㉯ 연동폐색식
㉰ 통신식 ㉱ 자동폐색식

 폐색방식에는 이동폐색, 고정폐색, 연동폐색, 자동폐색, 대용폐색, 차내신호폐색, 통신식, 지도통신식, 통표폐색식 등이 있다.

04 단선구간에 주로 사용하는 상용폐색방식과 거리가 먼 것은?
㉮ 자동폐색 ㉯ 지도통신식
㉰ 연동폐색 ㉱ 통표폐색

 대용폐색방식 : 폐색구간에 변동이 생기거나 일부 장치의 고장 등으로 상용폐색방식을 사용할 수 없게 되었을 때, 그 원인이 없어질 때까지 임시로 사용하는 폐색방식으로 대표적인 방식은 통신식과 지도 통신식이 있으며, 특별한 경우에 시행하는 지도식이 있다.

05 열차운행횟수를 증가시키기 위하여 설치하는 폐색방식에 해당하는 것은?
㉮ 통표폐색 ㉯ 자동폐색
㉰ 통신폐색 ㉱ 연동폐색

 자동폐색 : 폐색구간 내 궤도회로 상의 열차 유무를 검지하여 폐색신호기를 자동으로 제어하는 방식으로 진로(進路)가 많은 폐색구간에 설치한다.

06 다음 중 연동 폐색식에 대한 설명으로 틀린 것은?
㉮ 복선과 단선구간에 모두 사용한다.
㉯ 신호기와 연동시켜 신호현시와 폐색취급을 단일화한 방식이다.
㉰ 연동폐색 승인을 요구할 때 전원은 반드시 출발역의 전원을 통하여 승인한다.
㉱ 폐색장치에는 출발폐색, 진행중폐색, 장내폐색의 3가지 표시등이 있다.

정답 03. ㉯ 04. ㉯ 05. ㉯ 06. ㉰

연동폐색식은 폐색구간의 양쪽 역에 폐색정자를 설치하여 이 폐색정자를 신호기와 연동시켜 신호현시와 폐색취급의 2중 취급을 단일화한 방식으로 관계되는 출발신호기를 폐색장치와 상호 연동시킴으로써 한 가지라도 충족되지 않으면 열차를 출발시킬 수 없으며 통표를 주고 받을 때의 서행운전이 필요하지 않다.

07 다음 중 동일 선로에서 수송능력을 증가시키기 위해 설치한 폐색 방식에 해당하는 것은?

㉮ 연동 폐색식 ㉯ 통표 폐색식
㉰ 차내신호 폐색식 ㉱ 자동 폐색식

 자동폐색 : 폐색구간 내 궤도회로 상의 열차 유무를 검지하여 폐색신호기를 자동으로 제어하는 방식으로 진로(進路)가 많은 폐색구간에 설치한다.

08 다음은 연동폐색식에 관한 설명이다. 잘못 표현된 것은?

㉮ 복선과 단선구간에 사용된다.
㉯ 폐색기에는 출발, 진행중, 장내 폐색의 3가지 표시등이 있다.
㉰ 신호기와 연동시켜 신호현시와 폐색취급을 단일화한 방식이다.
㉱ 연동폐색취급시 전원은 반드시 자역전원을 사용한다.

 연동폐색식은 폐색구간에 열차 또는 차량이 없는 것과 상대방 역장이 폐색레버를 열차를 받는 측으로 취급한 것을 조건으로 열차를 출발시키는 측의 정거장에 표시등이 점등되고, 이것을 확인하여 폐색레버를 열차를 출발시키는 측으로 취급에 의하여 출발 신호기는 진행을 지시하는 신호를 현시하고 폐색의 취급이 완료된다.

09 다음 중 복선구간에서 사용하는 폐색 방식에 해당되지 않는 것은?

㉮ 차내신호 폐색식 ㉯ 통표 폐색식
㉰ 자동 폐색식 ㉱ 연동 폐색식

 통표폐색식은 단선구간 폐색장치의 결정판으로 통표(증표)를 관리하는 기계를 사용하는 철도 폐색 방식이다.

10 다음의 폐색방식 중 열차의 운행횟수를 증가시키기 위한 것은?
- ㉮ 통표폐색
- ㉯ 자동폐색
- ㉰ 차내신호폐색
- ㉱ 지도폐색

자동폐색 : 폐색구간 내 궤도회로 상의 열차 유무를 검지하여 폐색신호기를 자동으로 제어하는 방식으로 진로(進路)가 많은 폐색구간에 설치한다.

11 다음 중 운전시격의 단축방안으로 볼 수 없는 것은?
- ㉮ 도착선을 상호 사용할 수 있도록 신호설비 설치
- ㉯ 가속도와 감속도가 큰 고성능 동력차 사용
- ㉰ 구내 폐색신호기 건식
- ㉱ 선로전환기 상호 쇄정

운전시격은 열차의 시간적인 운전간격으로 운전시격을 단축하려면 1②선 교호착발에 의해 선행열차의 역 정차 시간에 관계없이 후속열차가 역에 진입할 수 있도록 하고, 2폐색구간 길이나 궤도회로를 짧게 하여 선행열차의 위치를 자세하게 검지하며, 3후속열차의 접근 가능 위치를 짧게 하기 위해서 폐색경계 위치를 최적 배치하든지 1단 제동제어로 한다. 4차량의 가속도, 감속도 성능을 향상시키는 등의 운전시격을 단축시키는 대책이 있다.

12 다음 중 1일 편도 최대 열차 운용 횟수를 의미하는 용어는?
- ㉮ 선로질량
- ㉯ 선로용량
- ㉰ 열차용량
- ㉱ 운용역량

선로용량 : 열차설정에서 열차를 하루에 몇 대 주행시킬 수 있는가를 말하며, 선구의 열차 설정 능력을 나타내는 수치척도

13 다음 중 선로용량에 대한 영향이 가장 적은 것은?
- ㉮ 폐색 방식
- ㉯ 기관사의 숙련도
- ㉰ 역 간 열차운행 간격
- ㉱ 열차의 속도

선로용량은 역간 평균 운전시분(단선의 경우), 설정 열차의 속도종별, 열차단위, 신호기의 종별, 선로 이용률 등에 따라서 결정된다.

14 다음 폐색방식 중 단선 및 복선구간에 모두 사용되는 폐색방식은?

㉮ 지도 통신식   ㉯ 차내신호 폐색식
㉰ 연동 폐색식   ㉱ 통표 폐색식

연동폐색식은 상용폐색방식의 하나로서 단선 또는 복선구간에서 역과 그 역에 인접한 역을 1폐색구간으로 하여 출발신호기와 인접역 장내신호기를 연동시킨 폐색방식을 말한다.

15 다음 중 감속기어장치에 속하지 않는 것은?

㉮ 평기어   ㉯ 전환기어
㉰ 베벨기어   ㉱ 쇄정기어

감속기어장치는 전동기는 회전수가 많으므로 3개의 기어(gear)를 사용하여 강한 회전력을 감속하거나 전달하기 위하여 설치한 것으로 1단은 베벨 기어이고 2~3단은 평 기어이며 3단은 전환 기어라고 한다.

16 다음 중 전환쇄정장치의 작용순서가 옳은 것은?

㉮ 전환 – 쇄정 – 해정
㉯ 쇄정 – 전환 – 해정
㉰ 해정 – 전환 – 쇄정
㉱ 해정 – 쇄정 – 전환

전환쇄정장치는 전철기를 전환하고 쇄정하는 장치로 전철기의 종류에 맞도록 해정, 전환, 쇄정의 기능을 짜 넣어서 구성한 장치이다.

정답 14. ㉰   15. ㉱   16. ㉰

제5절 연동장치

01 다음 중 연동장치쇄정의 종류에 해당하지 않는 것은? 2017 기출

㉮ 정위 쇄정 ㉯ 정반위 쇄정
㉰ 반위 쇄정 ㉱ 전기 쇄정

❈ **연동장치**(聯動裝置, 영어 : interlocking)는 역 구내의 열차 운행과 차량의 입환을 안전하고 신속하게 하기 위하여 신호기, 선로전환기, 궤도회로 등의 장치를 기계적, 전기적 또는 소프트웨어적으로 상호 연동하여 동작하도록 한 장치이다.

1. 연동장치 종류
   ① 기계연동장치 : 계연동장치란, 역 구내의 신호 설비인 신호기, 선로전환기, 신호취급레버 등이 인력에 의해 수동식으로 동작되고 기기들 상호간 연쇄도 기계적으로 이루어지는 장치를 말한다. 비교적 열차 운행 횟수가 적은 구내에 설치가 되어 있다.
   ② 전기연동장치 : 전기연동장치란, 신호기, 입환표지, 선로전환기 등의 레버 또는 진로선별 버튼을 집중시키고 상호간의 연쇄를 계전기집단에 의하여 전기적으로 행하도록 하는 장치를 말한다. 계전기를 이용하기 때문에 계전연동장치라고 하며, 진로를 제어하는 방법에 따라 세 가지로 분류한다.
      ㉠ 진로정자식 : 진로레버식이라고도 한다. 이 방식은 각 진로마다 한 개씩의 레버를 설치하고 이것을 취급하여 그 진로를 설정하는 방식이다. 이 방식은 각 진로마다 1개의 레버를 두고 이 레버를 취급하면 진로상의 모든 선로전환기는 정해진 방향으로 개통되며 진로를 방해하는 다른 진로와의 쇄정을 계전기의 동작에 의해 쇄정한 다음 그 진로의 신호를 현시한다.
      ㉡ 단독정자식 : 계전 연동기에서 진로상의 선로전환기를 전철 레버에 의해 개별 전환한 후 신호 레버의 조작으로 진로를 구성하는 방식으로 단독레버식이라고도 한다. 배선이 간단하고 신호기의 진로가 적은 역 구내에 사용된다.
      ㉢ 진로선별식 : 열차 출발점과 도착점에 각각 1개의 버튼을 설치하는 방식으로 출발점에서 필요한 도착점 버튼을 취급하면 진로선별회로에서 자동으로 필요한 회로를 선택하여 선로전환기가 필요한 방향으로 전환되는 방식의 회로로 구성된 것이다. 다시 말하면, 조작반상의 신호기 지점에 설치된 출발점 취급버튼과 도착선 지점에 설치된 도착점 취급 버튼의 조작에 의해 진로를 선별한 후 진로상의 모든 선로전환기를 제어(진로 개통)하고 쇄정하여 신호기에 진행신호를 현시하는 방식이다. 즉, 배선된 선로와 유사한 진로선별회로의 진로선별계전기에 의해 진로를 결정하고 그 후에 선로전환기 단위로 설치한 선로전환기 선별계전기에 의해 선로전환기를 총괄제어하는 방식이다.
   ③ 전자연동장치 : 계전기방식이던 전기연동장치의 연동논리회로를 전자 논리 회로로 구성하고 컴퓨터와 소프트웨어를 사용하도록 개량한 장치이다. 전기연동장치와 비교할 때 기기 구성의 도형, 경량회로, 하드웨어, 소프트웨어에 의한 구현 및 개량 등이 용이하고 중앙전산처리장치의 2중화로 신뢰도, 안정성, 유지보수성이 향상되며 시스템의 자기진단기능이 있고, 제어 및 고장에 관한 것을 자동으로 기록하고 저장한다.

정답 01. ㉱

02 다음 중 쇄정의 종류가 아닌 것은? 2017 기출

㉮ 연속쇄정 ㉯ 조건부쇄정
㉰ 정반위쇄정 ㉱ 정위쇄정

❈ 쇄정
신호기, 선로전환기 등을 전기적 또는 기계적으로 동작하지 않도록 잠금장치를 하는 것을 말하며 기기상호간 일정한 순서에 의해서만 동작되도록 한다.

1. 쇄정의 종류
   ① 정위 쇄정 : A 또는 B의 신호취급 버튼(레버) 상호간에 한쪽이 반위로 한 경우 다른 한쪽의 취급 버튼(레버)은 반위로 할 수 없도록 정위로 쇄정하도록 하는 것을 말한다. 주로 열차가 과주여유거리내에 진로를 공용하고 있을 때 사용한다.
   ② 반위 쇄정 : A 또는 B의 신호취급 버튼(레버) 상호간에 한쪽이 반위로 하고 다른 한쪽의 취급 버튼(레버)가 반위로 되어 있다면 서로 반위로 쇄정하도록 하는 것을 말한다.
   ③ 정반위 쇄정 : A와 B라는 버튼(레버)이 있을 때, A의 버튼(레버)을 반위로 한 경우 B의 버튼(레버)이 정위 또는 반위 어디에 있던간에 그 위치에서 쇄정되고 A의 버튼(레버)은 B의 버튼(레버)이 정위 또는 반위 어떠한 경우라도 쇄정되지 않는 경우를 말한다.
   ④ 조건부 쇄정 : A와 B라는 버튼(레버)이 있을 때, A의 버튼(레버)을 반위로 하였을 경우 B의 버튼(레버)은 다른 버튼(레버)의 어느 조건이 만족스럽게 되었을 때만이 쇄정되고 그 조건이 만족스럽지 못하면 쇄정되지 않는 경우를 말한다.

2. 쇄정의 방법
   ① 철사 쇄정 : 철사 쇄정(detector locking)은 선로전환기를 포함하는 궤도회로에 열차(차량)가 있을 때 열차에 의하여 그 선로전환기가 전환되지 않도록 쇄정함을 말한다.
   ② 진로 쇄정 : 진로 쇄정(route locking)은 신호기에 진행을 현시한 후 열차가 그 진로를 완전히 통과할 때까지 선로전환기를 쇄정하는 것이다.
   ③ 진로 구분 쇄정 : 진로 구분 쇄정(sectional route locking)은 신호기에 진행을 현시하고 열차가 그 진로를 통과 시 통과한 궤도회로내의 선로전환기를 해정하는 것이다.
   ④ 접근 쇄정 : 접근 쇄정(approach locking)은 장내 신호기에 진행신호를 현시 한 후 그 신호기의 외방 일정구간(접근구간)에 열차가 진입하였을 때 또는 열차가 그 신호기의 안쪽에 진입 하던거나 또는 그 신호기를 정지신호로 현시한 후 상당한 시분이 경과하였을 때까지는 열차에 의하여 진로의 선로전환기 등을 전환할 수 없도록 각각 쇄정함을 말한다. 접근 쇄정시의 해정시분은 장내신호기의 경우 90초±10[%]이며, 출발신호기나 입환신호기(입환표지까지)의 경우 30초±10[%]이다.
   ⑤ 보류 쇄정 : 보류 쇄정(stick locking)은 신호기, 입환 표지에 진행신호를 현시한 후 운전취급 절차변경으로 정지현시 했을 경우 신호기 외방에 열차접근 유무에 관계없이 신호기 내방의 선로전환기를 일정시분동안 전환할 수 없도록 쇄정하는 것을 말한다. 해정시분은 접근쇄정시의 해정시분에 준한다.
   ⑥ 시간 쇄정 : 시간 쇄정(time locking)은 A와 B의 취급버튼(레버) 상호간에 쇄정하는 A의 취급버튼(레버)를 정위로 복귀하여도 B의 취급버튼은 일정 시간이 경과할 때까지 해정되지 않은 것을 말한다.
   ⑦ 폐로 쇄정 : 폐로 쇄정(closed locking)은 출발신호기와 입환신호기를 소정의 위치에 설치할 수 없을 경우 열차 및 차량정지표지에서 출발신호기와 입환신호기까지의 궤도회로 내에 열차가 점유하고 있을 때 취급버튼을 정위로 쇄정함을 말한다.
   ⑧ 전기쇄정 : 신호기와 선로전환기의 상호쇄정을 전기적인 방법에 의하여 쇄정이 이루어지도록 하는 쇄정을 말한다.

03 다음 중 자동차나 낙석 등이 선로에 침입하는 것을 검지하여 사고를 예방하는 안전설비는?

㉮ 차축온도 검지장치 ㉯ 지장물 검지장치
㉰ 끌림물체 검지장치 ㉱ 기상검지장치

❀ 지장물 검지장치
지장물 검지장치란 고속철도를 횡단하는 고가차도나 낙석 또는 토사붕괴가 우려되는 개소에 자동차나 낙석 등이 선로에 유입됨으로서 발생할 수 있는 열차 사고를 예방하기 위해 설치한 검지장치를 말한다. 설치장소는 고속철도를 횡단하는 고가도로와 낙석 또는 토사붕괴가 우려되는 개소 및 고속철도와 도로가 인접하여 자동차의 침입이 우려되는 개소이다. 검지선은 병렬 2개선으로 설치되며 지장물 침입 시 단선되는 검지선의 수에 따라 2가지 정보를 중앙사령실에 전송한다. 하나가 단선되면 LCP 및 중앙사령실에 경보만 보내주고 두 개 모두 단선되면 LCP 및 중앙사령실에 경보 전송 및 열차가 열차자동제어장치(ATC)에 의해 자동으로 정지하게 된다. 열차 정지 후 기관사는 선로 확인 후 이상이 없으면 보호해제 버튼을 취급하여 170km/h의 속도 제한으로 이 구간을 통과할 수 있다.

04 다음 중 여자전류가 끊어진 후 일정한 시간이 경과됨에 따라 N접점이 낙하하는 계전기에 해당하는 것은?

㉮ 선별계전기 ㉯ 완동계전기
㉰ 시소계전기 ㉱ 완방계전기

완방계전기는 여자 전류가 차단된 후 접점이 낙하할 때까지 일정한 시간 지연을 갖는 계전기이다.

05 다음 중 전철선별계전기의 여자접점으로 직접 여자시키는 회로에 해당하는 것은?

㉮ 진로쇄정 ㉯ 접근쇄정
㉰ 전철쇄정 ㉱ 차내신호제어

06 다음 선로전환기 중에서 철사쇄정을 하지 않아도 되는 것은?

㉮ 기계연동장치의 선로전환기 ㉯ 전기연동장치의 선로전환기
㉰ 투시곤란 선로전환기 ㉱ 전기선로전환기

철사쇄정은 선로전환기를 포함하는 궤도회로에 열차(차량)가 있을 때 열차에 의하여 그 선로전환기가 전환되지 않도록 쇄정함을 말한다.

정답 03. ㉯ 04. ㉱ 05. ㉰ 06. ㉮

07 다음 중 철도신호제어회로 중 시소계전기가 사용되는 회로에 해당하는 것은?
㉮ 보류 및 접근회로 ㉯ 궤도계전기회로
㉰ 원형계전기회로 ㉱ 선별계전기회로

 시소계전기는 전원이 인가되더라도 정해진 시간이 지나야 여자되는 계전기이다.

08 기계연동장치는 무슨 장치의 상호간을 전기적, 기계적으로 연관시켜 동작하도록 만든 장치인가?
㉮ 궤도회로와 신호기 ㉯ 신호기와 선로전환기
㉰ 선로전환기와 궤도회로 ㉱ 신호기와 조작반

 기계연동장치는 역구내 신호설비인 신호기, 선로전환기, 신호취급레버 등이 인력에 의해 수동식으로 동작되고 기기들 상호간 연쇄도 기계적으로 이루어지는 장치이다.

09 삽입형 계전연동장치에서 전철선별계전기를 제어하여 선로전환기의 전환방향을 결정하는 회로에 해당하는 것은?
㉮ 진로선별회로 ㉯ 전철제어회로
㉰ 접근쇄정회로 ㉱ 신호제어회로

10 상호 대향의 신호기가 동시에 진입하는 경우 발생가능한 중대사고를 방지할 수 있는 쇄정방법은?
㉮ 정위쇄정 ㉯ 반위쇄정
㉰ 정반위쇄정 ㉱ 편쇄정

 정위 쇄정 : A 또는 B의 신호취급 버튼(레버) 상호간에 한쪽이 반위로 한 경우 다른 한쪽의 취급 버튼(레버)은 반위로 할 수 없도록 정위로 쇄정하도록 하는 것으로 중대사고를 방지할 수 있다.

11 다음 중 전자연동장치 시스템의 구성요소가 아닌 것은?
㉮ 표시제어부 ㉯ 광통신부
㉰ LDTS ㉱ 연동논리부

정답 07. ㉮ 08. ㉯ 09. ㉮ 10. ㉮ 11. ㉰

전자연동장치는 계전연동장치의 릴레이(relay) 대신에 마이콤을 사용하여 신호기, 전철기 등의 순서대로 쇄정을 한다.

12 진로조사계전기 회로는 다음 중 어느 회로로 구성되는가?
㉮ 망상 회로 ㉯ 직렬 회로
㉰ 좌행 회로 ㉱ 병렬 회로

 진로조사계전기는 진로에 관계되는 모든 선로전환기가 취급된 방향으로 전환되면 진로조사계전기가 여자된다.

13 코일전류를 서서히 감소시킴에 따라 N접점이 개방되는 순간의 전류에 해당하는 것은?
㉮ 전환전류 ㉯ 낙하전류
㉰ 가동전류 ㉱ 여자전류

 낙하전류 : 동작되고 있는 계전기의 코일전류를 서서히 감소시켜서 N접점이 개방된 순간의 코일 전류

14 다음 중 전철 제어계전기로 사용하기에 가장 적합한 계전기는 무엇인가?
㉮ 무극선조계전기 ㉯ 자기유지계전기
㉰ 유극 2위식 자기유지계전기 ㉱ 바이어스계전기

 전철제어계전기 - 자기유지계전기, 궤도반응계전기 - 무극선조계전기, 우행진로쇄정계전기 - 무극선조계전기, 전철쇄정계전기 - 무극선조계전기, 정위전철선별계전기 - 무극선조계전기, 반위전철선별계전기 - 무극선조계전기

15 다음 중 전기연동장치에서 선로전환기의 전환을 지시하는 회로는 무엇인가?
㉮ 진로선별회로 ㉯ 신호제어회로
㉰ 선별계전기회로 ㉱ 진로조사회로

정답 12. ㉮ 13. ㉯ 14. ㉰ 15. ㉮

16 가장 널리 사용되는 일반적인 직류계전기로서 보통 복수의(N) 접점과 반위(R) 접점을 갖는 계전기는 무엇인가?
   ㉮ 선별계전기   ㉯ 완동계전기
   ㉰ 조사계전기   ㉱ 선조계전기

 선조계전기는 연동장치의 각종회로를 개폐할 목적으로 사용되는 계전기로 가장 대표적인 것으로 직류 무극선조계전기와 직류 유극선조계전기가 있으며 정격전압 DC 24V, 정격전류 120mA 에 동작한다.

17 연동장치의 회로결선을 컴퓨터에 의하여 처리하는 논리제어 장치를 무엇이라 하는가?
   ㉮ 전자연동장치   ㉯ 전기연동장치
   ㉰ 계전연동장치   ㉱ 회로연동장치

18 전기연동장치에서 계전기실내 전철표시계전기(KR)에 해당하는 것은?
   ㉮ 무극선조 계전기   ㉯ 전철표시 계전기
   ㉰ 유극 3위식 계전기   ㉱ 유극 4위식 계전기

 유극 3위 계전기는 계전기의 동작이 N, R, Open의 3가지 형태로 계전기 입력단자에 공급되는 전류의 극성에 따라 동작 방향이 바뀐다. 정위여자의 경우 N접점으로 구성하고, 입력전원의 극성을 반대로 하였을 경우 R접점으로 구성하며 입력단자 전원이 Off될 경우 N, R양 접점 모두 개방된다.

19 다음 중 기계연동장치 연쇄의 기준으로 볼 수 없는 것은?
   ㉮ 신호기 상호간의 연쇄
   ㉯ 신호기와 선로전환기 상호간의 연쇄
   ㉰ 선로전환기와 궤도회로 상호간의 연쇄
   ㉱ 선로전환기 상호간의 연쇄

 기계연동장치는 역구내 신호설비인 신호기, 선로전환기, 신호취급레버 등이 인력에 의해 수동식으로 동작되고 기기들 상호간 연쇄도 기계적으로 이루어지는 장치이다.

정답 16. ㉱ 17. ㉮ 18. ㉰ 19. ㉰

제6절 건널목 보안장치

01 다음 중 철도건널목 설치시 직립형 경보등의 분당 점멸횟수는?

㉮ 분당 30±10회 정도 ㉯ 분당 40±10회 정도
㉰ 분당 50±10회 정도 ㉱ 분당 60±10회 정도

- 건널목 경보기는 적색 경보등, 경보종 또는 혼스피커, 열차진행표시등 및 경광등이 부착되어 열차가 건널목에 접근할 때 일정시간 전에 건널목을 통행하는 보행자나 자동차가 운전자에게 열차의 접근을 알려주는 설비이다.
- 경보기는 1종 및 2종 건널목에 반드시 설치되어야 하며 건널목 경보기는 도로의 우측에 설치하며 부득이할 경우 좌측에 설치할 수 있다. 경보등의 확인거리는 45m 이상을 확보하고 직립형은 점등하며 현수형은 항상 점등한다.
- 경보종은 소리가 크고 밝으며 여음이 길어야 하고 타종수는 분당 70~100회, 전방 1m지점에서 60~130dB로 해야 한다.
- 경보시분은 그 구간의 최고속도를 감안하여 30초를 기준으로 하고 최소 20초를 확보해야 한다.

02 다음 중 전동차단기의 제어전압은 정격값의 몇 배인가? 2017 기출

㉮ 0.5 ~ 0.9배 ㉯ 0.9 ~ 1.2배
㉰ 0.9 ~ 1.5배 ㉱ 1.2 ~ 1.5배

전동차단기란 전기에 의한 동력으로 자동으로 동작되는 건널목 차단기를 말하며, 설치위치는 도로 우측에 궤도중심으로부터 차단봉까지 2.8미터이다. 전동차단기의 제어전압은 정격값의 0.9~1.2배로 한다.

03 다음 중 신호보안장치의 역할이 아닌 것은?

㉮ 열차 운전의 안전 확보
㉯ 페일 세이프(fail-safe) 기능
㉰ 높은 신뢰성 요구
㉱ 무선에 의한 디지털 정보 전송 등의 배제

❈ **신호보안장치**
신호보안장치는 열차 운전의 안전을 확보하기 위해서 설치하는 장치의 총칭한다. 신호장치, 궤도회로, 연동장치, 전철장치, 폐색장치, 건널목보안장치, ATC, ATS 등이 있다. 그 고장이 열차의 안전에 직결하므로 높은 신뢰성, 안전성이 요구된다. 이들은 시스템에 고장이 발생하여도 안전한 상태를 유지 또는 안전한 상태로 천이시키는 특성, 즉 페일 세이프(fail-safe)인 설계사상의 기초로 만들어지고 있다. 무선에 의한 디지털 정보 전송을 기본으로 하는 보다 인텔리전트인 시스템을 베이스로 한 것도 개발되고 있다.

정답 01. ㉰ 02. ㉯ 03. ㉱

04 다음 중 고장률곡선에 대한 설명으로 잘못된 것은?

㉮ 욕조곡선이라고도 한다.
㉯ 초기 고장기, 우발 고장기, 마모기의 3단계로 구분할 수 있다.
㉰ 우발 고장기는 장치나 부품의 고장률이 가장 낮고 안정되어 있는 시기이다.
㉱ 마모 고장기를 유효수명기라고도 한다.

❈ **고장률곡선**[Failure Rate Curve or Bath Tub]
고장률 곡선은 욕조형태와 닮아 있기 때문에 욕조곡선이라고도 하며 초기 고장기, 우발 고장기, 마모기의 3단계로 구분할 수 있다. 초기 고장 시에는 설계의 오류와 제조공정의 잠재적 결함 등에 의해서 높은 고장률이 나타난다. 초기 고장기 다음에는 일반적으로 장시간에 걸쳐 고장률이 일정 기간 계속되는데 이 기간은 우발 고장기라고 한다. 장치나 부품의 고장률이 가장 낮고 안정되어 있는 시기이다. 따라서 이 시기를 유효수명기라고도 한다. 우발 고장기 후에는 고장률이 시간과 함께 증가하는 시기가 계속된다. 이 시기를 마모 고장기라고 하며 마모나 열화 등에 의해 점차 수명이 다해 가는 시기이다.

- 고장률 산출은 다음 식과 같다.
  고장률 = 1년간 장애건수/설비수×24시간×365일

05 철도와 관련한 고장에 대한 설명으로 틀린 것은? 2017 기출

㉮ 제작단계나 취급 운반시 등에 발생하는 고장을 초기고장이라 한다.
㉯ 통제가 되지 않는 외부환경에 의한 고장을 우발고장이라 한다.
㉰ 고장확률이 증가되면 안전도는 급격히 감소하지만 신뢰도에 있어서는 차이가 없다고 할 것이다.
㉱ 물질의 변화나 파손 등과 같이 특성의 저하가 진행 중에 발생하는 고장을 마모고장이라 한다.

고장확률이 증가하면 신뢰도가 줄어든다.

06 다음 중 철도건널목 장치에서 경보를 위해 필요한 계전기에 해당하는 것은?

㉮ 단속계전기   ㉯ 전동계전기
㉰ 시소계전기   ㉱ 연동계전기

단속계전기는 연동장치 조작반 표시회로 또는 섬광식 건널목 경보기의 경보등의 점멸에 사용하는 계전기이다.

07 건널목 제어자방식에서 제어구간 내에 설치를 하여서는 아니 되는 것은?

㉮ 잠바선 ㉯ 본드선
㉰ 지상자 ㉱ 궤조절연

 궤조절연은 궤도회로를 구성하기 위하여 레일을 전기적으로 분리시키기 위한 레일이음매부에 설치하는 절연물이다.

08 건널목 경보기에서 경보종 코일의 전류는 정격값의 몇 퍼센트(%) 이내이어야 하는가?

㉮ ±5% ㉯ ±10%
㉰ ±15% ㉱ ±20%

 경보종 코일의 전류는 정격 값의 ±10% 이내

09 제어자식 건널목 종점에 사용하는 궤도회로로서 차축을 통하여 궤도계전기를 제어하는 기능을 수행하면서도 경제성이 높은 회로에 해당하는 것은?

㉮ 2위식 궤도회로 ㉯ 3위식 궤도회로
㉰ 개전로식 궤도회로 ㉱ 트리거 발생회로

10 건널목 경보기의 경보종 타종수의 범위로 옳은 것은?

㉮ 매분 60~90회 ㉯ 매분 70~100회
㉰ 매분 80~110회 ㉱ 매분 90~120회

 경보종의 타종 수는 기당 매분 70~100회

11 다음 중 건널목 정시간 제어기의 주요기능에 속하지 아니한 것은?

㉮ 차륜검지와 저속열차 처리 ㉯ 열차의 검지
㉰ 풍속 검지 ㉱ 열차속도 변화적용

 제어기는 풍속을 검지하지 않는다. 건널목 지장물 검지장치는 자동적으로 검지하여 지장 경고등을 발광하여 접근하는 열차에게 건널목에 지장물이 있음을 알리는 장치이다.

12 다음 중 건널목 전동차단기의 구성요소에 해당되지 않는 것은?

㉮ 마찰연축기
㉯ 직류 직권전동기
㉰ 감속치차 장치
㉱ 전압검지장치

 전동차단기는 전기에 의한 동력으로 자동으로 동작되는 건널목 차단기로 전압검지장치는 구성 요소가 아니다.

13 건널목 경보장치의 경보제어방법 중 자동신호구간에서는 원칙적으로 어떤 방식을 사용하는가?

㉮ 점제어 방식
㉯ 속도제어식
㉰ 궤도회로식
㉱ 신호현시방식

 건널목 제어방법으로는 궤도회로를 이용한 연속제어법과 건널목제어자를 이용한 점제어방식으로 구분하여 사용하고 있다.

14 다음 중 전동차단기의 설치관리에 관한 사항으로 옳지 않은 것은?

㉮ 윤활유는 기어의 중간부분까지 도달할 정도로 유지한다.
㉯ 차단봉은 전원이 없을 때는 자체 무게에 의하여 20초 이내에 하강하여야 한다.
㉰ 정지할 때에는 차단봉에 충격을 주지 않도록 회로제어기를 조정한다.
㉱ 제어전압은 정격값의 0.9~1.2배로 한다.

 차단봉이 내려오기 시작하여 동작이 완료되어 정지할 때까지 하강시간은 8초±2초, 상승시간은 12초 이하이다.

정답 12. ㉱ 13. ㉰ 14. ㉯

제7절 종합열차운행관리 시스템

01 다음 중 열차간격의 조정 및 제어 등을 수행하는 자동열차운행감시장치는?

2017 기출

㉮ ATC ㉯ ATS
㉰ CTC ㉱ PRC

❋ **열차자동감시장치**[Automatic Train Supervision(ATS)]
열차의 운행상황을 통제하기 위하여 신호시스템을 제어하고 ATR(Automatic Train Regulation) 기능을 가지며 신호 시스템을 감시할 수 있는 장치이다. 시스템 상태를 감시하며, 열차운전 지시를 위한 제어 기능을 제공하고, 트래픽 흐름을 유지하며, 열차 지연으로 인한 영향을 최소화 하고, 중앙 집중적인 전송 인터페이스를 제공하는 기능을 한다.

02 다음 중 전동차운전석에 설치되어 직접 열차운행을 제한하는 장치는? 2017 기출

㉮ ATC ㉯ CTC
㉰ PRC ㉱ ATS

❋ **열차자동제어장치**(Automatic Train Control)
열차자동제어장치(Automatic Train Control)란 Vital 개념의 연동장치, ATP(Automatic Train Protection)와 Non Vital 개념의 ATO(Automatic Train Operation), ATS(Automatic Train Supervision) 장치를 갖춘 종합적인 열차 제어 장치를 말하며 열차가 현재 점유하고 있는 궤도 회로로부터 속도 정보(ATC 신호)를 수신 받아 그 시점에서 그 구간을 주행할 수 있는 최대 지정 속도를 알아내어 열차의 실제 속도가 지정 속도보다 빠르면 허용 속도까지 자동적으로 제동이 걸리게 하는 장치이다. ATC 설비에는 Subsystem으로서 ATP(Automatic Train Protection) 와 ATO(Automatic Train Operation)가 있다

03 F18 이상에서 사용되며 고속열차운행구간 및 기존선과 연결선 구간에 사용되고 있는 분기기로 맞는 것은? 2017 기출

㉮ NS-AM형 전기선로전환기 ㉯ NS형 전기선로전환기
㉰ 노스 가동형 선로전환기 ㉱ 차상선로전환장치

노스 가동형 선로전환기는 프랑스 Alstom에서 개발한 전기선로전환기로서 현재 프랑스 고속철도 TGV와 경부고속선에서 사용되고 있으며 동작전류가 적제 소용되면서도 전환력이 크다는 장점을 가진다. 경부고속철도와 기존선의 연결선에 접속되는 분기기(F26번 이상)는 건넘선의 길이가 길어 많은 전환력을 필요로 하고 고속열차가 통과하여야 하므로 기온변화나 첨단반발에 영향을 받지 않는 노스 가동형 선로전환기를 사용하고 있다.

정답 01. ㉯ 02. ㉮ 03. ㉰

04 다음 중 열차집중제어장치(CTC)의 효과로 거리가 먼 것은? 2017 기출

㉮ 열차운전정리의 신속 정확화
㉯ 선로용량의 증대 및 안전도 향상
㉰ 경영합리화
㉱ 열차운행계획관리의 문서화

❀ **열차집중제어장치(CTC)**는 철도에서의 열차 운전 집중 제어를 하는 것을 말하며, 전자 기기를 주체로 하는 시스템이다. 열차 운전에 필요한 정보를 자동적으로 지령자에게 전하는 동시에 그 위치 조작에 의해서 각 역의 열차 발착이나 진로를 설정할 수 있으므로 수송 효율의 향상에 도움이 되고, 특히 다이어가 혼란되었을 때의 회복 등에 위력을 발휘한다.

❀ **열차집중제어장치(CTC)의 효과**
1. 열차운전정리의 신속 정확화
2. 열차운행상황에 대한 정보수집의 자동화
3. 선로용량의 증대 및 안전도 향상
4. 신호보안장치의 고정파악 용이
5. 경영합리화

❀ **열차집중제어장치(CTC) 주요기능**
1. 열차운행계획관리
2. 신호설비감시제어
3. 열차진로의 자동제어
4. 열차운행상황의 표시

05 다음 중 CTC의 효과로 거리가 먼 것은? 2017 기출

㉮ 열차운전정리의 신속 정확화
㉯ 선로용량의 증대
㉰ 전력손실의 감소
㉱ 안전도 향상

❀ **열차집중제어장치(CTC)의 효과**
1. 열차운전정리의 신속 정확화
2. 열차운행상황에 대한 정보수집의 자동화
3. 선로용량의 증대 및 안전도 향상
4. 신호보안장치의 고정파악 용이
5. 경영합리화

정답 04. ㉱ 05. ㉰

06 신호제어정보를 중앙에서 현장으로 혹은 현장에서 중앙으로 전송하는 장치에 해당하는 것은?
㉮ DTS장치 ㉯ CTC장치
㉰ ARS장치 ㉱ CTS장치

07 열차집중제어장치 중에서 열차번호와 연계하여 열차의 이동을 추적하는 장치는 무엇인가?
㉮ 한류장치 ㉯ 궤도회로장치
㉰ 폐색장치 ㉱ 연동장치

 궤도회로장치는 레일에 전기회로로 구성하여 차량의 차축에 의하여 레일 전리회로를 단락 또는 개방함에 따라 열차의 유무를 검지하는 장치로 열차의 이동을 추적할 수 있다.

08 열차집중제어장치(CTC)에서 LDTS와 CDTS간의 데이터 전송방식으로 옳은 것은?
㉮ 반이중 방식 ㉯ 양방향 통신
㉰ 단방향 통신 ㉱ 전이중 방식

 열차집중제어장치는 철도에서 일정한 구간 내의 신호기·전철기는 물론 열차운행위치의 확인 및 관계지시를 한 곳의 사령실에서 제어반을 통하여 일괄적으로 원격조작하는 장치로 데이터를 양방향으로 전송할 수는 있지만 동시에 양방향으로는 전송할 수 없고, 어느 시점에서는 반드시 어느 한 방향으로만 데이터를 전송할 수 있는 반이중방식을 이용하고 있다.

09 다른 서버 시스템과도 연결하여 열차의 운행을 관리하는 시스템에 해당하는 것은?
㉮ CTC ㉯ PRC
㉰ TTC ㉱ EDP

 EDP(electronic data processing)는 전자정보처리로 컴퓨터를 사용하여 각종 정보를 처리하는 시스템이다. 열차의 운행을 관리하는 시스템이다.

정답 06. ㉮ 07. ㉯ 08. ㉮ 09. ㉱

10 열차집중제어장치(CTC)의 주요기능이 아닌 것은?

㉮ 열차운행 계획 관리
㉯ 열차의 진로 자동 제어
㉰ 승객 및 화물의 예측관리
㉱ 신호설비에 대한 제어 및 감시기능

❀ **열차집중제어장치(CTC) 주요기능**
1. 열차운행계획관리
2. 신호설비감시제어
3. 열차진로의 자동제어
4. 열차운행상황의 표시

11 다음 중 열차집중제어장치(CTC)의 장점에 해당되지 않는 것은?

㉮ 보안도의 향상　　　㉯ 선로용량의 증가
㉰ 운전능률의 향상　　㉱ 고장률의 감소

❀ **열차집중제어장치(CTC)의 장점**
1. 열차운전정리의 신속 정확화
2. 열차운행상황에 대한 정보수집의 자동화
3. 선로용량의 증대 및 안전도 향상
4. 신호보안장치의 고정파악 용이
5. 경영합리화

12 열차집중제어장치(CTC)를 설치하는 선로의 기본 폐색장치에 해당하는 것은?

㉮ DTS장치　　　㉯ 연동폐색장치
㉰ 자동폐색장치　　㉱ 차상신호장치

열차집중제어장치는 역과 역 사이에 궤도회로(전기회로)를 설치하여 이것을 신호기와 관련시켜 신호기의 현시를 열차에 의하여 자동적으로 현시되도록 제어하는 방식(장치)을 사용하고 있다.

정답　10. ㉰　11. ㉱　12. ㉰

제8절 차상신호 등

01 다음 중 ATS장치의 동작 주체가 되는 시설 또는 설비로 가장 적합한 것은?
㉮ 차상자　　　　　　　　　　㉯ 입환표지
㉰ 장내, 폐색 신호기　　　　　㉱ 전자연동장치

열차열차자동감시장치(ATS)는 열차상태감시 및 열차운영패턴을 유지하기 위해 열차운영명령에 대한 적절한 통제를 실행하는 ATC 하부시스템으로 실시간 열차성능 감시, 경보 및 오동작 기록, 진로설정, 스케줄 구성 등의 역할을 한다.

02 속도조사식 ATS장치의 지상자의 설치위치는 신호기 외방 몇 미터(M)를 기준으로 하는가?
㉮ 5미터(M)　　　　　　　　　㉯ 10미터(M)
㉰ 15미터(M)　　　　　　　　 ㉱ 20미터(M)

송신기와 지상자의 간격은 20m 이내이다.

03 다음 중 점 제어식 ATS장치의 동작순서로 옳은 것은?
㉮ 지상자 → 차상자 → BPF → 발진 및 증폭 → 계전기부
㉯ 지상자 → BPF → 발진 및 증폭 → 차상자 → 계전기부
㉰ 지상자 → 차상자 → 발진 및 증폭 → BPF → 계전기부
㉱ 지상자 → 발진 및 증폭 → 차상자 → BPF → 계전기부

04 ATS 지상자를 설치할 때 가드레일과의 간격은 몇 미리(mm) 이상 이격하여야 하는가?
㉮ 200미리(mm) 이상　　　　　㉯ 400미리(mm) 이상
㉰ 600미리(mm) 이상　　　　　㉱ 800미리(mm) 이상

가드레일과의 간격은 400mm 이상이다.

정답 01. ㉰　02. ㉱　03. ㉰　04. ㉯

05 신호기 진행현시시 점제어식 ATS지상장치가 계속 공진을 하는 경우 점검사항이 아닌 것은?

㉮ CR 계전기 신호 현시 시 여자상태 점검
㉯ CR 계전기 동작 전압 측정
㉰ CR 계전기 접점 융착 점검
㉱ 계전기실에서 CR BOX까지 회선 점검

06 속도조사식 ATS장치 지상자는 신호기 외방 몇 mm를 기준으로 설치되는가?

㉮ 200mm   ㉯ 300mm
㉰ 400mm   ㉱ 500mm

 속도조사식은 우측 300mm±10mm 이내이다.

07 다음 중 유럽 각 국에서 신호시스템을 표준화하기 위해 개발 중인 차상신호시스템에 해당하는 것은?

㉮ TGV   ㉯ KVB
㉰ ETCS   ㉱ ZUB

 ETCS(European train control system)은 국제철도연합(UIC)이 중심으로 되어 1991년부터 개발을 진행하고 있는 열차제어시스템(train control system)으로 유럽 각국에 통일적으로 적용 가능한 시스템을 목적으로 한다.

08 다음 중 열차자동제어장치에 해당되는 것은?

㉮ ARS   ㉯ ABS
㉰ ATC   ㉱ CRS

 열차자동제어장치(Automatic Train Control)는 열차가 현재 점유하고 있는 궤도회로로부터 속도 정보(ATC 신호)를 수신 받아 그 시점에서 그 구간을 주행할 수 있는 최대 지정속도를 알아내어 열차의 실제속도가 지정 속도보다 빠르면 허용 속도까지 자동적으로 제동이 걸리게 하는 장치를 말한다.

정답 05. ㉯ 06. ㉯ 07. ㉰ 08. ㉰

09 다음 중 열차의 운행조건에 따라 차상장치로 정보를 송신하여 열차 또는 차량을 자동으로 제어하는 장치에 해당하는 것은?

㉮ ATC ㉯ ARS
㉰ CTS ㉱ CTC

열차자동제어장치(Automatic Train Control)는 열차가 현재 점유하고 있는 궤도회로로부터 속도 정보(ATC 신호)를 수신 받아 그 시점에서 그 구간을 주행할 수 있는 최대 지정속도를 알아내어 열차의 실제속도가 지정 속도보다 빠르면 허용 속도까지 자동적으로 제동이 걸리게 하는 장치를 말한다.

10 다음 중 열차자동제어장치(ATC) 구간의 궤도회로에 전송하는 주파수가 아닌 것은?

㉮ 지시속도 코드 주파수 ㉯ 열차전압 주파수
㉰ 차상신호 주파수 ㉱ 열차검지용 주파수

ATC지상장치 주파수는 열차검지주파수, 속도제어주파수신호파형이 있다.

11 열차자동방호장치(ATP)에서 연속적으로 두 개의 정보전송장치를 설치하고자 할 때 최소 이격 거리는 얼마인가?

㉮ 3m ㉯ 4m
㉰ 6m ㉱ 8m

12 다음 중 열차자동운전장치(ATO)의 역할로 볼 수 없는 것은?

㉮ 정속도 운전제어 ㉯ 정위치 정지제어
㉰ 감속 제어 ㉱ 지상신호 제어

열차자동운전장치(Automatic Train Operation) : 역간 열차의 출발, 가속, 주행, 감속 및 정위치 정차, 출입문 제어 등 열차자동방호장치의 제 조건 하에서 자동 운행기능을 수행하는 장치

13 열차자동방호장치(ATP)에서 현장정보를 열차로 전송하는 장치에 해당하는 것은?

㉮ 차상안테나 ㉯ 발리스(Balise)
㉰ 트랜스폰더 ㉱ 루프코일

정답 09. ㉮ 10. ㉯ 11. ㉮ 12. ㉱ 13. ㉯

발리스(Balise)는 ATP용으로 송신용과 수신용 안테나로 구성되고 함체에는 전자회로가 구성되어 있고 정상적인 열차 운행 방향에 따라 A와 B의 발리스를 설치한다.

14 열차자동방호장치(ATP) 중 지상장치의 구성요소가 아닌 것은?
㉮ 프로그래밍 장치 ㉯ 고정정보전송장치
㉰ 가변정보전송장치 ㉱ 선로변제어유니트

15 전철화 구간에 설치된 신호기기 중 제3종 접지를 하지 않아도 되는 기기는?
㉮ 접속함 및 기구함 ㉯ 건널목 차단기
㉰ 연동기 및 조작반 ㉱ 신호제어계전기

16 회전기의 전격 중에서 다음 중 전기철도용 전원기에만 적용되는 정격에 해당하는 것은?
㉮ 연속정격 ㉯ 공칭정격
㉰ 불연속정격 ㉱ 단시간정격

 공칭정격은 전기 철도용의 전원기기에만 적용되는 정격이며, 그 정격으로 연속 사용하여 기기의 온도가 최종 일정값으로 된 다음 정격출력의 1.5배의 부하로 2시간 연속 사용할 때 권선 및 철심의 온도상승이 표준 정격으로 정해진 한도를 초과하는 것을 말한다.

17 전철구간의 실외설비 중 주요 신호기기에 대한 접지저항은 몇 옴(Ω) 이하로 해야 하는가?
㉮ 30옴(Ω) 이하 ㉯ 50옴(Ω) 이하
㉰ 70옴(Ω) 이하 ㉱ 90옴(Ω) 이하

18 다음 중 사용 중인 신호보안장치의 배선을 점검할 때 사용해서는 안 되는 것은?
㉮ 전압계 ㉯ 회로시험기
㉰ 전류계 ㉱ 선로전환기

정답 14. ㉮ 15. ㉱ 16. ㉯ 17. ㉯ 18. ㉱

19 최근 들어서 직류전기차의 제어에 많이 사용되는 방법은?
- ㉮ 한류제어
- ㉯ 저항제어
- ㉰ 초퍼제어
- ㉱ 섬락제어

 초퍼제어는 직류 전동기가 부착된 전기차량의 동력제어로서 주전류 회로(전기자 회로)를 제어하는 전기자초퍼, 전기자와 계자를 독립적으로 제어하는 4상한초퍼, 복권전동기의 분권계자회로를 제어하는 계자초퍼 등이 있다.

20 선로전환기 제어 및 표시회선과 건널목 제어회선에 대한 절연저항의 측정 주기로 옳은 것은?
- ㉮ 주 1회
- ㉯ 월 1회
- ㉰ 분기 1회
- ㉱ 연 1회

 절연저항에 대한 측정은 연 1회로 한다.

21 일상검사는 신호설비의 정상기능을 확보하기 위하여 시행되는바 이러한 일상검사의 종류가 아닌 것은?
- ㉮ 초기검사
- ㉯ 무작위감사
- ㉰ 특별검사
- ㉱ 순회검사

 무작위검사는 불시점검으로 일상검사가 아니다.

22 다음 중 신호케이블의 절연 저항을 측정하는 계기는?
- ㉮ 절연저항계
- ㉯ 한류장치
- ㉰ 전류계
- ㉱ 오실로스코프

 절연저항계는 전기기기나 배선 등의 검사를 하기 위하여 그 절연저항을 측정하는 계기이다.

정답 19. ㉰ 20. ㉱ 21. ㉯ 22. ㉮

23
다음 중 무선통신이용을 이용하는 CBTC의 특징으로 볼 수 있는 것은? 2017 기출

㉮ 무선통신을 이용한 열차위치 검지방법에 의한 열차제어 방식
㉯ 궤도회로를 이용한 열차위치 검지방법에 의한 열차제어 방식
㉰ 열차의 실제속도와 기준속도의 차이 검출
㉱ 열차운행의 자동 수행

❈ CBTC
Communication Based Train Control의 약자로 "무선통신을 이용한 열차제어"의 의미이다. 열차 사이의 간격을 제어하기 위해서 각 열차의 절대위치를 파악하는 수단으로, 궤도회로를 이용한 열차위치 검지방법이 보통이지만 CBTC는 무선통신을 이용한 열차위치 검지방법에 의한 열차제어 방식이라고 볼 수 있다.

24
통신을 기반으로 하는 열차제어시스템[CBTC]에 대한 설명으로 틀린 것은?
2017 기출

㉮ 궤도회로가 반드시 필요한 것은 아니다.
㉯ 열차제어에 있어서 무선으로 정보를 주고받는다.
㉰ 제어설비 수량의 요구가 증대되어 유지비용이 상승한다.
㉱ 폐색구간의 장단에 제한을 받지 않는다.

무선통신을 이용한 열차제어로 유지비용이 감소한다.

25
다음 중 현재 운영되고 있는 경부고속철도의 열차제어시스템에 해당되지 않는 것은?

㉮ 전자연동장치(IXL)　　㉯ 지능형 열차제어시스템(MBS)
㉰ 고속철도 역조직반(LCP)　　㉱ 열차자동제어장치(ATC)

26
경부고속철도구간 선로변 현장에 설치되는 TUUM71 궤도회로장치 구성기기에 해당하는 것은?

㉮ 거리조정기　　㉯ 궤도계전기
㉰ 방향계전기　　㉱ 동조유닛(TU)

동조유닛(tunning unit)은 TUUM71 궤도회로에서 사용하는 것으로 BU 타입과 BA 타입의 2가지로 분류한다. BU 타입은 무절연 궤도회로에, BA 타입은 유절연 궤도회로에 사용된다.

정답　23. ㉮　24. ㉰　25. ㉰　26. ㉱

27 경부고속철도 보수자 선로횡단장치에서 신호등 제어를 위한 보수자 선로횡단 소요시간 적용기준은 얼마인가?

㉮ 10초
㉯ 20초
㉰ 30초
㉱ 40초

 시소는 20초를 기준으로 하여 조절 가능해야 한다.

28 궤도회로를 통하여 차상으로 전달되는 경부고속철도 열차제어정보의 연속정보내용으로 거리가 가장 먼 것은?

㉮ 폐색구간의 길이
㉯ 열차가 운행 중인 네트워크
㉰ 폐색의 구배정보
㉱ 폐색구간의 위치정보

29 고속철도의 안전설비 중 동절기에 강설과 결빙으로 인한 선로전환기의 전환불능 장애를 방지하는 장치는 무엇인가?

㉮ 지장물 검지장치
㉯ 레일온도 검지장치
㉰ 강우 검지장치
㉱ 분기기 히팅장치

 분기기 히팅장치는 동절기 분기부 적설 및 결빙으로 인한 선로전환기로 전환불능을 방지한다.

30 다음 중 경부고속철도의 루프케이블을 통한 불연속 정보전송사항이 아닌 것은?

㉮ 절대정지 제어 정보
㉯ 전차선 사구간 정보
㉰ 폐색구간 내 속도 정보
㉱ 터널 진·출입 정보

 폐색구간 내의 속도정보는 연속정보에 속한다.

31 고속철도 열차자동제어장치(ATC) 중 지상장치의 구성요소가 아닌 것은?

㉮ 정보전송장치
㉯ 궤도회로장치
㉰ 논리장치
㉱ 한류장치

 한류장치는 궤도 회로에 접속하여 전류를 조절하는 궤도 리액터, 궤도 저항자를 총칭하는 것으로 ATC 지상장치에 속하지 않는다.

정답 27. ㉯ 28. ㉱ 29. ㉱ 30. ㉰ 31. ㉱

32 다음 중 고속철도의 열차속도 제어와 가장 관련이 없는 것은?
  ㉮ 궤도전압조절장치
  ㉯ 폐색구간 방호 스위치
  ㉰ 차축온도 검지 장치
  ㉱ 지장물 검지 장치

33 고속철도의 안전설비 중 보수자를 보호하기 위한 장치는 무엇인가?
  ㉮ 터널경보장치
  ㉯ 끌림검지장치
  ㉰ 교량경보장치
  ㉱ 차축온도검지장치

 보수자를 위한 설비에는 터널경보장치, 선로횡단장치가 있다.

34 고속선에서의 접근 및 보류 해정의 시소는 얼마로 설정하는가?
  ㉮ 3분
  ㉯ 5분
  ㉰ 6분
  ㉱ 8분

35 다음 중 UM71C형 궤도회로에 사용되는 보상용 콘덴서의 기능으로 옳은 것은?
  ㉮ 궤도전압조절
  ㉯ 궤도회로의 길이 연장
  ㉰ 궤도회로의 외양 개선
  ㉱ 잔류전하 방전

 보상용 콘덴서는 인덕턴스 효과를 제한시키고 신호감쇠현상을 줄이기 위해 사용되며 결과적으로 궤도회로 길이를 연장할 수 있다.

정답 32. ㉮ 33. ㉮ 34. ㉮ 35. ㉯

2020년 11월 1일 출제복원문제

01 다음 중 철도신호의 궁극적 목적이자 지향하는 목표에 해당하는 것은?

㉮ 열차의 안전운행 확보
㉯ 열차운행 조건의 지시
㉰ 종사원의 의사전달
㉱ 열차의 승객확보

철도신호는 철도에서 일정한 약속에 따라 물체의 형상, 색채, 음향 또는 화염 등에 의하여 시각 또는 청각을 통해서 열차 또는 차량의 승무원에 대하여 정지 또는 진행하여도 좋다거나 신호자 쪽으로 오라고 하거나 서행하게 하라는 등의 운행 조건을 지시하는 표시를 의미한다. 열차의 사고를 방지하기 위하여 열차의 운행 조건을 기관사에게 지시하는 신호, 종사원의 의사를 표시하는 전호, 장소의 상태를 표시하는 표지의 총칭하며 궁극적 목적은 열차의 안전운행을 확보하는 데 있다.

■ 구별개념 : 전호(Sign, 傳號)
철도 운전 통제시 종사원 상호간의 의사전달을 위하여 형, 색, 음으로 상대방에게 의사를 표시하는 것을 말하며, 출발 전호, 비상 전호, 대응 수신호, 현시 전호, 입환 전호 등이 있음.

02 해당신호기를 취급하기 전의 신호기 현시 상태가 소등인 것은?

㉮ 유도 신호기
㉯ 폐색 신호기
㉰ 엄호 신호기
㉱ 원방 신호기

❀ **신호기의 정위**
1. 장내, 출발, 입환, 엄호 신호기 : 정지
2. 유도 신호기 : 소등(무현시)
3. 폐색 신호기(복선구간) : 진행
4. 폐색 신호기(단선구간) : 정지
5. 원방 신호기 : 주의

03 다음 중 신호기가 항상 보여주어야 하는 선로전환기의 정위결정법으로 틀린 것은?

㉮ 단선에 있어서 상하본선은 열차가 진입하는 방향
㉯ 본선과 측선의 경우에는 본선의 방향
㉰ 본선과 안전측선의 경우에는 본선의 방향
㉱ 탈선 선로전환기의 경우에는 탈선시키는 방향

정답 01. ㉮ 02. ㉮ 03. ㉰

신호기가 항상 보여주어야 하는 신호 또는 분기기가 항상 향하고 있어야 하는 방향을 각 신호기 또는 분기기의 정위라 하며, 그 반대의 상태에 있는 것을 반위(反位)라 한다. 선로전환기의 정위결정법은 다음과 같다.
1. 본선과 본선 또는 측선과 측선의 경우는 주요한 방향
2. 단선에 있어서 상하본선은 열차가 진입하는 방향
3. 본선과 측선의 경우에는 본선의 방향
4. 본선 또는 측선과 안전측선(피난선 포함)의 경우에는 안전측선의 방향
5. 탈선선로전환기는 탈선시키는 방향

04 다음 중 조차장 구내 및 입환전용선이 있는 일반 역 구내에서 차상선로전환장치의 특징이 아닌 것은?

㉮ 신호취급소의 조작판에서 전환하는 복잡성을 피하기 위함
㉯ 배향 운전의 경우에는 차량의 차륜에 의해 레일 스위치를 밟으면 자동전환
㉰ 대향으로 운전할 때는 진행 중인 열차 위에서 수송원 또는 열차 승무원이 조작 리버를 취급하여 분기기 전환
㉱ 스프링의 압력으로 전환하는 선로전환장치를 말한다.

❀ **차상선로전환장치**(Car Upside Point Device, 車上線路轉換裝置)
조차장 구내 및 입환전용선이 있는 일반 역 구내에서 선로전환기를 신호 취급소의 조작판에서 전환하는 복잡성을 피하기 위하여 배향 운전의 경우에는 차량의 차륜에 의해 레일 스위치를 밟으면 자동 전환되고, 대향으로 운전할 때는 진행 중인 열차 위에서 수송원 또는 열차 승무원이 조작 리버를 취급하여 분기기를 전환하는 선로전환장치를 말한다.

05 다음 중 궤도회로의 불평형한 상태의 발생 원인이 아닌 것은?

㉮ 열차의 운행장애　　　　　　㉯ 레일 절손
㉰ 본드선 또는 점퍼선의 접속불량　㉱ 임피던스 본드내부의 불균형

㉮ 열차의 운행장애는 궤도회로의 불평형한 상태의 결과이다.

❀ **궤도회로의 불평형**[unbalance of track circuit]
궤도회로에 사용하는 레일을 흐르는 전기차량 전류가 2개의 레일에 같게 흐르지 않고 다르게 되어 있는 상태를 말하며 불평형 전류의 발생 원인으로는 다음과 같은 것이 있다.
1. 레일 절손 : 궤도회로를 구성하는 어느 한 쪽에 균열이 발생한 경우
2. 본드선 또는 점퍼선의 접속불량
3. 임피던스 본드내부의 불균형
4. 레일 한 쪽 지락 발생시

정답　04. ㉱　05. ㉮

06. 철도분야 종합 관제실에 설치되는 열차종합제어장치 TTC의 구성이 아닌 것은?

㉮ 표시반   ㉯ 연동장치
㉰ 제어용 콘솔   ㉱ 데이터 전송장치

1) 정의
   열차 운행 상태를 원활히 유지하기 위해서는 신속, 정확한 정보의 입수와 지령의 전달이 필요하다. 따라서 역을 통하지 않고 열차의 운행상태를 직접 파악하여 신호기 전철기 등을 중앙으로부터 제어하는 것을 열차종합제어장치(TTC)라 한다.
   이상의 기능에 부가하여 열차 착발시각의 기록, 출발지령신호, 행선안내표시, 안내방송 등의 자동화를 행하기도 한다.
2) 기능
   1. 필요한 열차 다이어그램을 작성한다.
   2. 열차의 진로를 제어한다.
   3. 열차의 다이어그램을 변경한다.
   4. 열차 다이어그램을 안내정보 및 역의 상태를 모니터 한다.
   5. 운전계통을 감시한다.
   6. 운행열차를 추적해서 LDP에 표시하고 모니터 한다.
   7. 각종 고장정보를 모니터한다.
3) 구성
   1. 표시반 : 관제사의 조작을 용이하게 하기 위해 전 구간을 집약해서 열차 안전운행의 흐름을 한눈에 보기 편하게 표시한다.
   2. 제어용 콘솔
   3. 데이터 전송장치
      가) TTC방식 : 평상시에 사용된다.
      나) CTC방식 : TTC방식의 사용이 힘들 때 사용된다.
      다) Local방식 : 관제실이 아닌 현장에서 직접 제어하는 방식이다.

07. 다음 중 레일에서 누설전류에 의한 전식방지대책으로 틀린 것은?

㉮ 전류의 배류   ㉯ 부설물과 전기 철도와의 교차
㉰ 전기 방식(防蝕)의 조치   ㉱ 전기철도 건설시 사전적 조사 및 검토

❉ 전식
금속체의 주위가 불순한 물이나 습한 흙과 같은 전해질에 둘러싸인 상태에서 전류가 흐르는 경우, 전해를 일으켜 부근의 금속체를 부식시키는 것을 말한다. 전기철도의 레일에서 땅 속으로 누설되는 전류에 의한 것이 대부분으로 수도관·가스관·전신 전화 케이블 등의 매설 금속체를 부식시킨다. 방지법으로는 부설물과 전기 철도와의 평행, 접근, 교차를 피하고 부득이한 경우에는 전기 방식(防蝕)의 조치를 취한다.

❉ 전류의 배류[-排流, drainage in current]
레일의 전식방지 대책(電蝕防止對策)이나 전압강하 대책 등의 목적으로 레일의 특정 개소를 귀선용(歸線用) 배류장치(排流裝置)로 바다나 대지에 접지하고, 변전소에 유입용(流入用) 배류장치(排流裝置)를 설치하고 귀선전류(歸線電流)의 일부를 흘리는 것을 말한다.

08
다음 중 열차의 차축에 의하여 궤도회로가 단락되었을 경우 전원 장치에 과다한 전류가 흐르는 것을 제한하기 위한 장치는?

㉮ 임피던스본드 ㉯ 레일본드
㉰ 절연장치 ㉱ 한류장치

한류장치는 궤도회로에 접속하여 전류를 조절하는 궤도 리액터, 궤도 저항자 등이다.

09
다음 중 연동 폐색식에 대한 설명으로 틀린 것은?

㉮ 복선과 단선구간에 모두 사용한다.
㉯ 신호기와 연동시켜 신호현시와 폐색취급을 단일화한 방식이다.
㉰ 연동폐색 승인을 요구할 때 전원은 반드시 출발역의 전원을 통하여 승인한다.
㉱ 폐색장치에는 출발폐색, 진행중폐색, 장내폐색의 3가지 표시등이 있다.

연동폐색식은 폐색구간의 양쪽 역에 폐색정자를 설치하여 이 폐색정자를 신호기와 연동시켜 신호현시와 폐색취급의 2중 취급을 단일화한 방식으로 관계되는 출발신호기를 폐색장치와 상호 연동시킴으로써 한 가지라도 충족되지 않으면 열차를 출발시킬 수 없으며 통표를 주고 받을 때의 서행운전이 필요하지 않다.

10
다음 중 시간적인 운전간격으로 운전시격의 단축방안으로 볼 수 없는 것은?

㉮ 도착선을 상호 사용할 수 있도록 신호설비 설치
㉯ 가속도와 감속도가 큰 고성능 동력차 사용
㉰ 구내 폐색신호기 건식
㉱ 선로전환기 상호 쇄정

운전시격은 열차의 시간적인 운전간격으로 운전시격을 단축하려면 1²선 교호착발에 의해 선행열차의 역 정차 시간에 관계없이 후속열차가 역에 진입할 수 있도록 하고, 2폐색구간 길이나 궤도회로를 짧게 하여 선행열차의 위치를 자세하게 검지하며, 3후속열차의 접근 가능 위치를 짧게 하기 위해서 폐색경계 위치를 최적 배치하든지 1단 제동제어로 한다. 4차량의 가속도, 감속도 성능을 향상시키는 등의 운전시격을 단축시키는 대책이 있다.

11
다음 중 자동차나 낙석 등이 선로에 침입하는 것을 검지하여 사고를 예방하는 안전설비는?

㉮ 차축온도 검지장치 ㉯ 지장물 검지장치
㉰ 끌림물체 검지장치 ㉱ 기상검지장치

❀ 지장물 검지장치
지장물 검지장치란 고속철도를 횡단하는 고가차도나 낙석 또는 토사붕괴가 우려되는 개소에 자동차나 낙석 등이 선로에 유입됨으로서 발생할 수 있는 열차 사고를 예방하기 위해 설치한 검지장치를 말한다. 설치장소는 고속철도를 횡단하는 고가도로와 낙석 또는 토사붕괴가 우려되는 개소 및 고속철도와 도로가 인접하여 자동차의 침입이 우려되는 개소이다. 검지선은 병렬 2개 선으로 설치되며 지장물 침입 시 단선되는 검지선의 수에 따라 2가지 정보를 중앙사령실에 전송한다. 하나가 단선되면 LCP 및 중앙사령실에 경보만 보내주고 두 개 모두 단선되면 LCP 및 중앙사령실에 경보 전송 및 열차가 열차자동제어장치(ATC)에 의해 자동으로 정지하게 된다. 열차 정지 후 기관사는 선로 확인 후 이상이 없으면 보호해제 버튼을 취급하여 170km/h의 속도 제한으로 이 구간을 통과할 수 있다.

12 경부고속철도에 사용중인 UM71C형 무절연궤도회로장치를 구성하고 있는 기기가 아닌 것은?

㉮ 전압안정기 ㉯ 보상용콘덴서
㉰ 동조유니트 ㉱ 매칭유니트

13 다음 중 열차집중제어장치(CTC)의 효과로 거리가 먼 것은?

㉮ 열차운전정리의 신속 정확화
㉯ 선로용량의 증대 및 안전도 향상
㉰ 경영합리화
㉱ 열차운행계획관리의 문서화

❀ 열차집중제어장치(CTC)는 철도에서의 열차 운전 집중 제어를 하는 것을 말하며, 전자 기기를 주체로 하는 시스템이다. 열차 운전에 필요한 정보를 자동적으로 지령자에게 전하는 동시에 그 위치 조작에 의해서 각 역의 열차 발착이나 진로를 설정할 수 있으므로 수송 효율의 향상에 도움이 되고, 특히 다이어가 혼란되었을 때의 회복 등에 위력을 발휘한다.

❀ 열차집중제어장치(CTC)의 효과
1. 열차운전정리의 신속 정확화
2. 열차운행상황에 대한 정보수집의 자동화
3. 선로용량의 증대 및 안전도 향상
4. 신호보안장치의 고정파악 용이
5. 경영합리화

❀ 열차집중제어장치(CTC) 주요기능
1. 열차운행계획관리
2. 신호설비감시제어
3. 열차진로의 자동제어
4. 열차운행상황의 표시

14 다음 폐색방식 중 단선 및 복선구간에 모두 사용되는 폐색방식은?

㉮ 지도 통신식 ㉯ 차내신호 폐색식
㉰ 연동 폐색식 ㉱ 통표 폐색식

 연동폐색식은 상용폐색방식의 하나로서 단선 또는 복선구간에서 역과 그 역에 인접한 역을 1폐색구간으로 하여 출발신호기와 인접역의 장내신호기를 연동시킨 폐색방식을 말한다.

15 다음 중 열차의 차축에 의하여 궤도회로가 단락되었을 경우 전원 장치에 과다한 전류가 흐르는 것을 제한하기 위한 장치는?

㉮ 임피던스본드 ㉯ 레일본드
㉰ 절연장치 ㉱ 한류장치

 한류장치는 궤도회로에 접속하여 전류를 조절하는 궤도 리액터, 궤도 저항자 등이다.

16 자동구간의 장내·출발·폐색 또는 엄호신호기에 종속하며 확인거리 부족에 따른 주체신호기의 신호를 중계하기 위하여 설치하는 신호기는?

㉮ 원방신호기 ㉯ 통과신호기
㉰ 유도신호기 ㉱ 중계신호기

- 원방신호기 : 비자동구간의 장내신호기에 종속하여 장내 신호기의 신호 현시 상태를 예고하는 신호기
- 통과신호기 : 기계연동장치의 완목식 출발신호기에 종속하여 장내 신호기의 하위에 설치하는 신호기로서 정차장의 통과여부를 예고하는 신호기
- 유도신호기 : 주체의 장내신호기가 정지신호를 현시함에도 불구하고 유도를 받을 열차에 대하여 신호기 내방으로 진입할 것을 지시하는 신호기

17 다음 중 전기선로전환기의 마찰클러치에 대한 설명으로 옳지 않은 것은?

㉮ 전동기가 회전 또는 정지할 때 기어에 충격을 완화 해 준다.
㉯ 과부하 또는 전환도중에 방해를 받을 경우 전동기 보호를 위해 설치한다.
㉰ 강하게 조정하면 공회전 할 때 슬립 전류가 크게 된다.
㉱ 겨울에도 전환력이 약해져 클러치를 조였다가 여름에는 풀어준다.

 온도 변화의 차가 큰 여름과 겨울에 대비하여 늦은 봄과 가을에 조정한다.
여름에는 전환력이 약해져 클러치를 조였다가 겨울에는 풀어주어야 한다.

18 고속철도 선로전환기의 개통방향 확인에 대한 설명 중 바르지 않은 것은?

㉮ 첨단부 텅레일의 한쪽 방향 밀착과 반대편 방향 개방 상태를 모두 확인
㉯ 밀착검지기 부분에서의 한쪽 방향 밀착과 반대편 방향 개방상태를 모두 확인한다.
㉰ 수동 취급 위치에서 표시회로는 구성되지 않아야 한다.
㉱ 여러 개의 밀착 검지기는 직렬회로로 구성되어 있다.

선로전환기의 표시회로는 첨단부에서 한쪽 방향의 밀착과 반대편의 개방을 확인하며 밀착검지기 부분에서는 밀착 상태만을 확인한다.

19 고속철도에서 궤도회로에 의해 차상으로 전송하는 정보가 아닌 것은?

㉮ 절대정지제어　　　　　　　㉯ 속도정보
㉰ 목표거리　　　　　　　　　㉱ 열차가 운행중인 네트워크

궤도 회로에 의해 차상으로 전송되는 정보로는 속도정보, 구배정보, 목포거리, 열차가 운행중인 선구별, 에러검색 등이다. 절대정지제어는 루프케이블에 의한 불연속정보중의 일종이다

20 다음 중 진로선별회로의 특징이라고 볼 수 없는 것은?

㉮ 전철제어회로를 간소화 시킬 수 있다.
㉯ 접점의 절약을 도모할 수 있으며 장애발생횟수를 감소시킨다.
㉰ 같은 방향의 지장진로는 쇄정하나 다른 방향의 지장진로는 쇄정하지 않는다.
㉱ 안전도를 향상시킨다.

진로선별회로는 대향 또는 같은 방향의 지장진로를 쇄정하는 것 이외에도 다른 방향의 지장진로도 쇄정한다.

21 다음 중 고장감시장치의 설명 중 맞지 않은 것은?

㉮ 무경보 장애를 복구한 후에는 복귀 스위치를 눌러 검지카드 기능을 정상화 시킨다.
㉯ 각 검지카드의 고장검지 계전기 중 하나라도 낙하 할 때는 송신카드내의 송신계전기는 낙하한다.
㉰ 감시장치는 정상상태에서 적색표시등이 점등되어야하고 고장발생시 경보음과 함께 녹색등이 점등되어야 한다.
㉱ 고장표시등은 경보기주에 설치하며 해당 건널목이 계속 경보할 때 작동되도록 한다.

철도신호규정 제174조(건널목고장감지장치) 제3항
감시장치는 정상 상태에서 녹색표시등이 점등되어야 하고 고장 발생 시 경보음과 함께 적색등이 점등되어야 한다.

22 다음에서 건널목 경보제어방식에 대한 설명 중 가장 거리가 먼 것은?

㉮ 건널목의 제어는 궤도회로방식으로 한다. 다만 불가피한 경우 점제어방식으로 한다.
㉯ 수동제어방식은 궤도회로를 건널목 폭보다 좌, 우 25[m] 이상 크게 구성한다.
㉰ 장내신호기에 인접한 건널목은 통과열차와 출발선에서 발차하는 열차 및 입환열차에 대하여 제어되도록 회로를 구성하여야 한다.
㉱ 역구내 제어조건은 수동제어로 하고 불가피한 경우에 한하여 자동제어로 한다.

건널목 제어방식에서 역구내 제어조건은 자동제어로 하고 불가피한 경우에 한하여 수동제어로 한다.

23 경보장치 동작 중 차단기 하강 직전에 차량 등이 진입하여 통과하지 못하고 정차 시 자동차의 운전방향을 검지하여 차단기 하강을 일시 정지시켜 차량이 건널목을 통과할 수 있도록 하는 기기는?

㉮ 지장물검지장치 ㉯ 고장감시장치
㉰ 출구 측 차단간감시기 ㉱ 정시간 제어기

교행이 불가능한 건널목은 차단봉 하강 직전 진입하는 차량을 검지하여 출구 측 차단봉 하강시간을 조정할 수 있는 장치를 설치할 수 있다.

24 다음 중 고속철도 CTC 사령실에 설치되어 있는 장치가 아닌 것은?

㉮ 운용자용 콘솔
㉯ LCP(Local Control Panel)
㉰ 보수자용 콘솔
㉱ 표시반

LCP(Local Control Panel)는 현장역에 설치되는 역조작표시판을 말한다.

정답 22. ㉱ 23. ㉰ 24. ㉯

25 고속철도 안전설비 중 동절기에 강설과 결빙 등으로 인한 선로전환기의 전환불능 등의 장애를 방지하여 열차의 안전운행을 확보하는 장치는?

㉮ 적설검지장치

㉯ 차축온도검지장치

㉰ 분기기 히팅 장치

㉱ 방호스위치

- 차축온도검지장치 : 열차의 차축온도를 일정거리마다 측정하여 차축의 과열로 인한 탈선 사고를 사전에 예방하기 위한 장치
- 적설검지장치 : 선로변의 적설량을 측정하여 폭설이 내릴 경우 열차 운전 속도를 제한할 수 있도록 하는 장치

정답 25. ㉰

제3장 철도신호 실력 테스트

01 사이리스터의 명칭에 관한 설명 중 틀린 것은?

① SCR은 역저지 3극 사이리스터이다.
② SSS는 2극 쌍방향 사이리스터이다.
③ SCS는 역저지 2극 사이리스터이다.
④ TRIAC은 3극 쌍방향 사이리스터이다.

02 신호현시가 열차 또는 차량에 의해 자동적으로 제어되는 것으로 신호 취급자도 조작할 수 있는 신호기는?

① 자동 신호기
② 수동 신호기
③ 반자동 신호기
④ 자동원격 신호기

03 철도건널목에 사용하는 전동차단기의 전동기의 클러치 조정은 차단봉 교체 시 시행하여야 하며 전동기 슬립 전류는 몇 A 이하인가?

① 10
② 8
③ 7
④ 5

04 2중 농형 유도전동기가 보통 농형 유도전동기와 다른 점은?

① 기동 전류가 크고 기동 토크도 크다.
② 기동 전류가 적고 기동 토크도 적다.
③ 기동 전류가 크고 기동 토크가 적다.
④ 기동 전류가 적고 기동 토크는 크다.

정답 01. ③ 02. ③ 03. ④ 04. ④

05 변압기의 전일 효율을 좋게 하려고 할 때 철손(P_i)과 전부하동손(P_c)과의 관계는?
① 무관
② $P_i < P_c$
③ $P_i > P_c$
④ $P_i = P_c$

06 건널목 경보기의 경보종 타종수의 범위는 기당 어떻게 되는가?
① 매분 50 ~ 80회
② 매분 60 ~ 90회
③ 매분 70 ~ 100회
④ 매분 80 ~ 120회

07 전기자 철심을 규소강판으로 성층하는 이유는?
① 철손을 적게 할 수 있다.
② 가공을 쉽게 할 수 있다.
③ 기계적 강도가 좋아진다.
④ 기계손을 적게 할 수 있다.

08 직류전동기의 기계손과 가장 관계가 깊은 것은?
① 전압
② 전류
③ 자속
④ 회전수

09 전부하에 있어 철손과 동손의 비율이 1 : 4인 변압기의 효율이 최대인 부하는 전부하의 대략 몇 %인가?
① 50
② 60
③ 70
④ 80

10 권수비 60인 단상변압기의 전부하 2차 전압 200V, 전압변동률 3%일 때 1차 단자 전압(V)은?
① 12000
② 12180
③ 12360
④ 12720

정답 05. ② 06. ③ 07. ① 08. ④ 09. ① 10. ③

11 다음 계전기 기호의 명칭은?

① 거치형 완동계전기
② 거치형 완방계전기
③ 삽입형 완방계전기
④ 삽입형 자기유지계전기

12 NS형 선로전환기 밀착은 기본레일이 움직이지 않는 상태에서 1mm를 넓히는데 정위, 반위를 균등하게 몇 kg을 기준으로 하는가?

① 50   ② 100
③ 120   ④ 150

13 전기 선로전환기에 사용하는 전동기의 슬립전류는 동작전류의 몇 배 이하가 되지 않도록 하여야 하는가?

① 1.1   ② 1.2
③ 1.3   ④ 1.4

14 주로 저압 전로에 사용하는 과전류 차단기로 개폐 기구와 차단 장치를 몰드 케이스 내에 내장하여 전로를 수동 또는 외부 조작 기구에 의하여 개폐할 수 있는 동시에 과부하, 단락 시 자동으로 전로를 차단하는 보호기기는?

① 기중차단기   ② 진공차단기
③ 가스차단기   ④ 배선용차단기

15 3현시 폐색구간에서 열차속도 100km/h, 제동거리 800m, 제동여유거리 100m, 열차길이 200m, 신호현시 확인 최소거리 30m, 선행열차가 1의 신호기를 통과할 때부터 3의 신호기가 진행신호를 현시할 때까지의 시간이 60초일 때 최소운전시격은 약 얼마인가?

① 63 sec   ② 83 sec
③ 133 sec   ④ 150 sec

정답 11. ① 12. ② 13. ② 14. ④ 15. ③

16 60Hz인 3상 8극 및 2극의 유도전동기를 차동종속으로 접속하여 운전할 때의 무부하 속도(rpm)는?

① 720
② 900
③ 1200
④ 3600

17 건널목고장감시장치의 송신카드에 대한 특성 중 송신전압레벨은 선로저항 600Ω에서 몇 mV 이상이어야 하는가?

① 100
② 200
③ 300
④ 400

18 용량 100kVA의 단상 변압기가 역률 85%에서 전부하 효율이 95%라면 역률 0.5의 전부하에서의 효율은 약 몇 %인가?

① 90
② 92
③ 96
④ 99

19 다음 중 전기 선로전환기의 공회전 조건이 아닌 것은?

① 콘덴서가 단락되었을 때
② 첨단에 다른 물질이 끼었을 때
③ 쇄정간 홈과 쇄정자가 불일치 되었을 때
④ 선로전환기와 첨단간의 취부위치가 틀릴 때

20 어떤 정류회로의 부하전압이 200V이고, 맥동률이 4%일 때 교류분은 몇 V 포함되어 있는가?

① 4
② 8
③ 12
④ 18

정답   16. ③   17. ③   18. ②   19. ①   20. ②

21 60Hz인 3상 8극 및 2극의 유도전동기를 차동종속으로 접속하여 운전할 때의 무부하 속도(rpm)는?

① 720
② 900
③ 1200
④ 3600

22 3상 전원으로부터 2상 전원을 얻고자 할 때 사용되는 변압기의 결선방식이 아닌 것은?

① 포크(fork) 결선
② 스콧(scott) 결선
③ 메이어(meyer) 결선
④ 우드브리지(wood brige) 결선

23 직류 직권전동기의 토크 특성 곡선은?

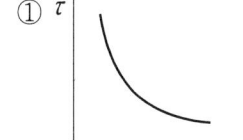
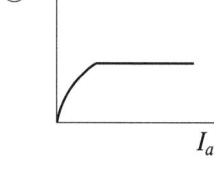
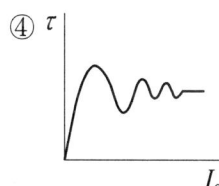

24 사이클로 컨버터란?

① 직류 제어 소자이다.
② 전류 제어 소자이다.
③ 실리콘 양방향성 소자이다.
④ 제어 정류기를 사용한 주파수 변환기이다.

정답 21. ③ 22. ① 23. ③ 24. ④

25 철도분야 종합 관제실에 설치되는 열차종합제어장치(TTC)의 구성이 아닌 것은?

① 표시반
② 연동장치
③ 제어용 콘솔
④ 데이터 전송장치

26 건널목 제어기의 종점제어자용 2440형의 제어회로 구성방식과 발진주파수로 옳은 것은?

① 개전로식 : 20 kHz ± 2 kHz
② 폐전로식 : 20 kHz ± 2 kHz
③ 개전로식 : 40 kHz ± 2 kHz
④ 폐전로식 : 40 kHz ± 2 kHz

27 자극수 4, 슬롯 수 40, 슬롯 내부 코일변수 4인 단중 중권 정류자편 수는?

① 10
② 20
③ 40
④ 80

28 철도 건널목 전동차단기에서 회로제어기의 특징 중 옳은 것은? (단, 접점 수 = N, 접점용량 = P_m, 접점압력 = P_T)

① N = 5접점, P_m = DC24V−0.4A, P_T = 60−100 g
② N = 6접점, P_m = DC24V−0.4A, P_T = 60−100 g
③ N = 4접점, P_m = DC60V−0.9A, P_T = 60−100 g
④ N = 6접점, P_m = DC60V−0.9A, P_T = 50−120 g

29 부흐홀츠(Buchholz) 계전기로 보호되는 기기는?

① 변압기
② 발전기
③ 동기전동기
④ 회전변류기

정답 25. ② 26. ③ 27. ④ 28. ② 29. ①

30 임펄스형 궤도회로에서 사용하는 펄스의 주기는 몇 Hz인가?
① 3   ② 10
③ 20 ④ 60

31 궤도회로의 단락감도를 높이기 위하여 사용되는 계전기에 대한 설명 중 틀린 것은?
① 한류장치의 임피던스는 높을 것
② 계전기 코일의 임피던스는 높을 것
③ 동작전압과 낙하전압의 차가 클 것
④ 계전기 동작전압은 최소한일 것

32 계전기 접점의 기호 결선도이다. 유극 또는 3위 계전기 접점이 아닌 것은?

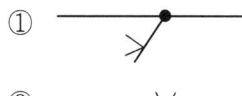
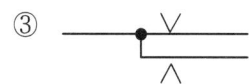
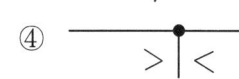

33 정격전압 24V, 저항 192Ω 계전기의 낙하전류는 몇 mA 이상인가?
① 37.5   ② 87.5
③ 112.5 ④ 125

34 단상 유도전동기의 기동방법 중 브러시가 필요한 구조인 것은?
① 반발 기동형   ② 분상 기동형
③ 셰이딩 코일형 ④ 콘덴서 기동형

35 AC NS형 전기 선로전환기의 정격전압에서 최대 전환력은 얼마 이상인가?
① 90 kg   ② 100 kg
③ 200 kg ④ 300 kg

정답 30. ① 31. ③ 32. ③ 33. ① 34. ① 35. ④

36 철도 건널목 보안설비의 종류에 따른 설비구성이 아닌 것은?
① 경광등
② 조명장치
③ 전동차단기
④ 유도신호기

37 전력소비가 적고 철손과 동손만을 공급하여 변압기 온도 상승 시험을 하는 방법은?
① 반환부하법
② 전부하시험
③ 무부하시험
④ 충격전압시험

38 CTC의 주파수분할 다중화방식의 특징 중 틀린 것은?
① 비동기식만 가능하다.
② 간섭파의 영향에 강하다.
③ 별도의 모뎀이 필요 없다.
④ 한 전송로를 일정한 시간 폭으로 나누어 사용한다.

39 유도기에서 저항속도제어법과 관계가 없는 것은?
① 비례추이
② 농형 유도전동기
③ 속도 조정범위가 적다.
④ 속도제어가 간단하고 원활하다.

40 3상 변압기 2대를 병렬 운전하고자 할 때, 병렬 운전이 불가능한 결선 방식은?
① Δ-Y 와 Y-Δ
② Δ-Y 와 Y-Y
③ Δ-Y 와 Δ-Y
④ Δ-Δ 와 Y-Y

41 레일 전위가 50V인 레일의 누설저항이 100Ω·km일 때 누설전류는 몇 A/km인가?
① 0.5
② 2
③ 5
④ 20

정답 36. ④ 37. ① 38. ④ 39. ② 40. ② 41. ①

42 직류 직권전동기가 전동차에 사용되는 이유는?

① 속도가 빠를 때 토크가 크다.
② 가변속도이고 토크가 작다.
③ 토크가 클 때 속도가 느리다.
④ 불변속도이고 기동 토크가 크다.

43 전동차단기에서 전동기의 클러치 조정은 차단봉 교체시 시 행하여야 하며 전동기의 슬립전류는 몇 A 이하로 하여야 하는가?

① 5
② 6
③ 7
④ 8

44 건널목 전동차단기의 동작 제어전압 범위로 옳은 것은?

① 정격값의 0.8 ~ 1.1배로 한다.
② 정격값의 0.9 ~ 1.2배로 한다.
③ 정격값의 1.0 ~ 1.3배로 한다.
④ 정격값의 1.1 ~ 1.4배로 한다.

45 3300V, 60Hz용 변압기의 와류손이 720W이다. 이 변압기를 2750V, 50Hz의 주파수에 사용할 때 와류손(W)은?

① 600
② 500
③ 350
④ 250

46 고압임펄스궤도회로의 설비는 어느 궤도회로의 구성방식인가?

① AF식
② 코드식
③ 단궤조식
④ 복궤조식

정답 42. ③ 43. ① 44. ② 45. ② 46. ④

47 변압기의 부하가 증가할 때의 현상으로 틀린 것은?
① 동손이 증가한다. ② 철손이 증가한다.
③ 온도가 상승한다. ④ 여자 전류는 변함없다.

48 전력용 반도체 소자 중 사이리스터에 속하지 않는 것은?
① SCR ② GTO
③ Diode ④ SSS

49 회전자 입력 10kW, 슬립 4%인 3상 유도전동기의 2차 동손은 몇 kW인가?
① 0.4 ② 1.6
③ 4.0 ④ 9.6

50 열차의 차축에 의하여 궤도회로의 전원을 단락하였을 때 전원장치에 과전류가 흐르는 것을 제한하고 전압을 조정하기 위해서 설치하는 것은?
① 점퍼선 ② 레일본드
③ 전원장치 ④ 한류장치

51 직류전동기의 회전속도에 관한 설명으로 틀린 것은?
① 공급전압이 감소하면 회전속도도 증가한다.
② 자속이 증가하면 회전속도도 증가한다.
③ 전기자 저항이 증가하면 회전속도는 감소한다.
④ 전기자 전류가 증가하면 회전속도는 감소한다.

52 직류전동기의 속도 제어법에서 정출력 제어에 속하는 것은?
① 전압 제어법 ② 계자 제어법
③ 전기자 저항법 ④ 워드 레오나드 제어법

정답 47. ② 48. ③ 49. ① 50. ④ 51. ② 52. ②

53 복선구간 건널목경보장치에서, 바깥쪽 궤도의 중심으로부터 통행인의 정지위치까지의 거리 5m, 선로간격 5m, 자동차길이 15m, 안전확인에 필요한 시간 5초, 건널목횡단속도 5m/s일 때 건널목 횡단에 필요한 시간(초)은?

① 10　　② 11
③ 13　　④ 20

54 전기 선로전환기의 쇄정장치에 해당되지 않는 것은?

① 동작간　　② 쇄정간
③ 쇄정자　　④ 마찰클러치

55 다음 그림(도식) 기호의 명칭은?

① 삽입형 완방 계전기
② 거치형 완동 계전기
③ 거치형 유극 계전기
④ 삽입형 자기유지 계전기

56 건널목 전동차단기에 사용하는 계전기의 특성에 관한 설명으로 옳은 것은?

① 정격전류 62mA, 접점 수 NR2
② 정격전류 92mA, 접점 수 NR2
③ 정격전류 62mA, 접점 수 NR3
④ 정격전류 92mA, 접점 수 NR3

57 신호용 계전기 접점에 대한 설명으로 틀린 것은?

① C는 공통 접점
② N은 정위 또는 여자 접점
③ R은 반위 또는 무여자 접점
④ N은 가동 접점, C는 고정 접점

정답　53. ②　54. ④　55. ①　56. ④　57. ④

58 교류 NS형 전기선로전환기 장치 내부에 없는 것은?
① 제어 계전기
② 회로 제어기
③ 전철제어 계전기
④ 유도 전동기

59 건널목 단선 궤도회로방식에서 평상시 동작 상태에 있는 계전기가 아닌 것은?
① R1
② APR
③ BPR
④ SLR

60 건널목 제어유니트의 전원부 정격특성 중 균등 충전전압은?
① 1.2 V/Cell
② 1.6 V/Cell
③ 2 V/Cell
④ 2.4 V/Cell

61 단상 반파정류회로의 정류 효율(%)은?
① 30.6
② 40.6
③ 61.2
④ 81.2

62 유극 3위 계전기에 대한 설명으로 옳은 것은?
① 전원이 차단되면 구성되는 접점은 없다.
② 무여자일 때에는 반위 접점만 구성된다.
③ 여자일 때에는 정위 접점만 구성된다.
④ 흡인되었을 때 구성되는 접점을 반위접점이라 한다.

63 4극 중권, 도체수 220개, 1극당의 자속 0.02Wb의 직류전동기가 있다. 부하 전류가 80A일 때 토크(N·m)는 약 얼마인가?
① 56.02
② 65.04
③ 74.04
④ 82.02

정답 58. ③ 59. ④ 60. ④ 61. ② 62. ① 63. ①

64 일반적으로 3상 변압기의 병렬 운전이 불가능한 결선은?

① △-Y 와 Y-△
② △-Y 와 △-Y
③ Y-△ 와 Y-△
④ △-Y 와 Y-Y

65 출력 150kW, 4극 60Hz인 3상 유도전동기를 전부하운전할 때의 슬립이 4%이다. 전부하시의 토크(N·m)는 약 얼마인가?

① 84.64
② 94.64
③ 104.81
④ 114.81

66 NS형 전기 선로전환기가 정위에서 반위로 동작 후 제어전원이 차단되었다. 이 때 제어계전기의 동작 설명으로 옳은 것은? (단, 다른 모든 기능은 정상)

① 동작을 멈춘다.
② 정위로 된다.
③ 반위로 유지된다.
④ 기동이 안 된다.

67 3상 유도전동기가 주파수 50Hz, 회전수 500rpm으로 운전하고 있다. 이 전동기의 극수는?

① 10극
② 12극
③ 14극
④ 16극

68 농형 유도전동기의 기동법으로 틀린 것은?

① 기동보상기법
② Y-△ 기동법
③ 2차저항법
④ 전전압기동

69 권수비가 30인 변압기의 1차에 6300V를 가했을 경우 2차전압(V)은? (단, 변압기의 저항, 누설리액턴스, 여자전류, 철손 등은 무시한다.)

① 105
② 210
③ 230
④ 420

정답 64. ④ 65. ① 66. ③ 67. ② 68. ③ 69. ②

70 종속신호기의 종류에 속하지 않는 것은?
① 출발신호기
② 원방신호기
③ 중계신호기
④ 통과신호기

71 직류를 교류로 변환하는 기기는?
① 인버터
② 사이클로 컨버터
③ 초퍼
④ 회전 변류기

72 직류전동기에서 사용하는 속도제어 방법이 아닌 것은?
① 저항제어법
② 계자제어법
③ 전압제어법
④ 2차여자법

73 2420형 건널목제어자의 회로구성 방식은?
① 개전로식
② 폐전로식
③ 궤도회로식
④ 개폐전로식

74 건널목전동차단기에서 건널목을 차단했을 때 차단봉의 높이는? (단, 차단봉은 일반형이고 도로면에서 차단봉 중심까지의 높이를 구한다.)
① 600 ± 100mm
② 700 ± 100mm
③ 800 ± 100mm
④ 900 ± 100mm

75 건널목 보안장치의 제어 방법 중 궤도회로를 이용하는 연속 제어법의 특징으로 틀린 것은?
① 열차 점유에 따라 궤도계전기가 무여자하는 특성을 이용한다.
② 단선 구간 제어에 궤도연동계전기 또는 궤도계전기를 사용한다.
③ 비자동, 비전철 구간에 주로 사용된다.
④ 고주파를 사용 근거리에서 감쇄되는 특성을 이용한다.

정답 70. ① 71. ① 72. ④ 73. ② 74. ③ 75. ④

76 정전 시 무정전전원장치(UPS)의 출력 전압 변동 범위는 정격 전압의 몇 % 이내로 유지되어야 하는가?

① 10% ② 20%
③ 30% ④ 40%

77 어떤 주상 변압기가 과부하의 4/5부하일 때, 최대 효율이 된다고 한다. 최대 효율에서의 철손과 동손의 비(P_i/P_c)는 약 얼마인가?

① 1.25 ② 1.56
③ 1.64 ④ 1.75

78 변압기의 내부고장 보호용으로 사용되는 계전기는?

① 역상 계전기 ② 과전류 계전기
③ 비율차동 계전기 ④ 과전압 계전기

79 전기선로전환기별 동작시분으로 옳은 것은?

① 차상선로전환기 : 2초 이하
② MJ81형 : 6초 이하
③ 침목형 : 6초 이하
④ NS형(마찰클러치형) : 8초 이하

80 건널목 제어유니트 중 복선 제어자용으로 사용되는 제어유니트는?

① DC형 제어유니트 ② STB형 제어유니트
③ DTB형 제어유니트 ④ SC형 제어유니트

81 경부고속철도 UM71 궤도회로 구성 기기 중 송신기와 수신기 케이블의 길이가 동일하게 구성되도록 전류를 감쇄시키기 위하여 사용되는 것은?

① 방향계전기 ② 거리조정기
③ 동조유니트 ④ 정합변성기

정답 76. ① 77. ② 78. ③ 79. ① 80. ① 81. ②

82 고속철도 지장물검지장치에 대한 설명으로 틀린 것은?
① 검지선은 절연 바인드선을 이용하여 각 절연애자에 부착한다.
② 고속철도를 횡단하는 과선교나 낙석, 토사붕괴가 우려되는 개소에 설치하여 낙석 등이 고속철도로 침입하는 것을 검지한다.
③ 낙석 검지용 보조 접속함(SDC)은 검지망의 시점 기주에 설치한다.
④ 검지선 간의 간격은 400 ~ 600mm로 한다.

83 ATP(Automatic Train Protection)의 기능과 가장 거리가 먼 것은?
① 과속도 방어
② 열차 출입문 제어
③ 열차 상호간 거리 유지
④ 궤도 및 열차 감시

84 단선구간의 선로용량에 관한 표현식으로 옳은 것은? (단, N은 역 사이의 선로용량, T는 역 사이의 평균열차운행시간[분], C는 폐색취급시간[분], f는 선로 이용률이다.)

① $N = \dfrac{1440}{T-C} \times f$
② $N = \dfrac{1440}{T+C} \times f$
③ $N = \dfrac{T+C}{1440} \times f$
④ $N = \dfrac{T \times C}{1440} \times f$

85 다음 중 궤도회로의 불평형률은? (U_B : 불평형률[%], I_1, I_2 : 각 레일의 전류)

① $U_B = \dfrac{|I_1 - I_2|}{I_1 + I_2} \times 100(\%)$
② $U_B = \dfrac{|I_1 - I_2|}{|I_1 - I_2|} \times 100(\%)$
③ $U_B = \dfrac{|I_1 + I_2|}{|I_1 - I_2|} \times 100(\%)$
④ $U_B = \dfrac{|I_1 + I_2|}{I_1 + I_2} \times 100(\%)$

86 고속선의 운전취급실에서 취급된 제어명령의 연동 논리를 처리하는 장치는?
① 역정보전송장치(FEPOL)
② 연동처리장치(SSI)
③ 선로변 기능모듈(TFM)
④ 컴퓨터 지원 유지보수 시스템(CAMS)

정답 82. ④ 83. ② 84. ② 85. ① 86. ②

87 신호기 외방접근 궤도에 열차의 점유 유·무에 관계없이 신호기 정지신호를 현시한 후 상당시분이 경과할 때까지 진로내 선로전환기 등을 전환할 수 없도록 하는 것은?
① 철사쇄정
② 진로쇄정
③ 보류쇄정
④ 진로구분쇄정

88 신호용 계전기 중 여자 전류가 흐르고서부터 N접점이 닫힐(접촉함)때까지 다소간 시소를 갖는 계전기는?
① 완동계전기
② 완방계전기
③ 자기유지계전기
④ 선조계전기

89 고속철도 표지에 대한 설명으로 거리가 먼 것은?
① 신호표지 또는 입환신호 표지에는 표지 번호표를 설치
② 절대표지와 고속선입환표지에는 진입허용표시등을 첨장
③ 폐색경계표지의 절대표지와 허용표지의 황색삼각형이 선로의 폐색경계지점을 표시
④ 거리예고표지는 곡선 등으로 확인거리가 짧은 신호기 또는 표지 앞에 약 500m 간격으로 1개 이상 설치

90 궤도회로에서 구간내의 열차 유무만을 조사하는 기능을 가진 것을 무엇이라 하는가?
① 2위식 궤도회로
② 3위식 궤도회로
③ 2위식 계전기
④ 3위식 계전기

91 ATS 지상자 경보지점 계산식으로 옳은 것은? (단, V : 폐색구간 운행속도의 최댓값[km/h], l : 신호기에서 경보지점까지의 거리[m], 열차종별 : 전동차)
① $l = \dfrac{V}{15} + \dfrac{11V}{3.6}$
② $l = \dfrac{V^2}{20} - \dfrac{\sqrt{8V}}{3.6}$
③ $l = \dfrac{0.7V^2}{20} + \dfrac{7V}{3.6}$
④ $l = \dfrac{V^2}{15} + \dfrac{\sqrt{8V}}{3.6}$

정답 87. ③ 88. ① 89. ④ 90. ① 91. ③

92 원방신호기의 확인거리는 몇 m 이상인가?
① 80
② 200
③ 350
④ 500

93 단선구간의 상용폐색방식이 아닌 것은?
① 통표폐색식
② 지정폐색식
③ 연동폐색식
④ 자동폐색식

94 ATS의 지상자 설치에 대한 설명으로 틀린 것은?
① 점제어식 지상자의 설치거리는 신호기 바깥쪽으로부터 열차 제동거리의 1.2배 범위로 한다.
② 레일 하부로 지나가는 리드선은 보호관을 설치한다.
③ 지상자 밑면과 자갈과의 간격은 50mm이상으로 한다.
④ 점제어식에서 레일 상면으로부터 지상자 상면까지의 높이는 10~30mm 범위로 한다.

95 NS-AM형 전기선로전환기에 대한 설명으로 옳은 것은?
① 전자클러치는 영구 자석을 이용한 접촉 구조이다.
② 전자클러치의 입력측과 출력측 모두 마그네틱 구조이다.
③ 일정 전압시 최대 400kg의 일정부하가 가능하다.
④ 운전 전류는 2.5A 이하를 사용한다.

96 연동도표에 기재할 사항이 아닌 것은?
① 소속선명
② 연동장치종별
③ 배선약도
④ 운전취급자

정답 92. ② 93. ② 94. ④ 95. ③ 96. ④

97 정류기로부터 축전지와 부하를 병렬로 접속하여 그 회로 전압을 축전지의 전압보다 약간 높게 유지시켜 사용하는 충전방식은?

① 부동충전 ② 균등충전
③ 초충전 ④ 세류충전

98 신호전구 설비수가 100개일 때 연간 장애건수가 50건이라면 고장률은?

① 57×10^{-6} ② 137×10^{-6}
③ 0.5 ④ 0.2

99 경부고속철도에서 사용하는 ATC장치에서 궤도회로에 흐르는 연속정보에 대한 설명으로 틀린 것은?

① 실행속도 ② 폐색구배
③ 예고속도 ④ 절대정지구간 제어정보

100 경부고속철도에 사용중인 UM71C형 무절연궤도회로장치를 구성하고 있는 기기가 아닌 것은?

① 전압안정기 ② 보상용콘덴서
③ 동조유니트 ④ 매칭유니트

101 고속철도 UM71 궤도회로장치의 현장 선로 간에 일정간격으로 설치된 보상용 콘덴서가 하는 역할은?

① 송전 및 착전 전압값을 다르게 한다.
② 궤도송신기와 수신기 사이의 임피던스를 증가시킨다.
③ 선로의 인덕턴스를 보상하여 전송을 개선한다.
④ 고조파 성분을 제한한다.

정답 97. ① 98. ① 99. ④ 100. ① 101. ③

102 행선지가 분기되는 역에서 열차의 행선지에 따라 정당한 방향으로 진로를 현시할 수 있도록 열차번호와 행선지를 운전취급자에게 알려주는 설비는?

① 열차자동방호장치
② 신호정보분석장치
③ 선로전환기
④ 열차번호인식기

103 궤도회로를 구성함에 있어 부득이 사구간이 발생되었을 때, 사구간의 길이가 1210[mm] 이상의 경우 사구간 상호간 또는 다른 궤도회로와 몇 [m] 이상 이격하여야 하는가?

① 5
② 7
③ 10
④ 15

104 장내신호기 접근쇄정의 해정시분은?

① 20초±10%
② 60초±10%
③ 90초±10%
④ 120초±10%

105 복선구간에 사용하는 대용폐색 방식은?

① 연동폐색식
② 자동폐색식
③ 지도식
④ 통신식

106 복궤조 궤도회로의 각 레일에 흐르는 전류를 측정한 결과 525[A] 와 475[A] 로 불평형 상태였다. 이 궤도회로의 불평형률은?

① 3[%]
② 5[%]
③ 7[%]
④ 10[%]

107 AF 궤도회로(T121형 제외)에서 궤도회로 단락감도는 맑은날 몇 [Ω] 이상 확보하여야 하는가?

① 0.01
② 0.03
③ 0.04
④ 0.06

정답 102. ④ 103. ④ 104. ③ 105. ④ 106. ② 107. ④

108 다음 도식기호의 명칭은?

① 원방 신호기
② 입환 신호기
③ 폐색 신호기
④ 중계 신호기

109 3현시 구간에서 폐색구간의 거리가 1200[m], 열차의 길이가 100[m], 신호 현시 확인에 필요한 최소거리가 200[m], 신호기가 주의신호에서 진행신호를 현시할 때까지의 시간이 1초라면 최소운전시격은 몇 초인가? (단, 열차의 속도는 90[km/h]이다.)

① 100
② 109
③ 113
④ 119

110 열차 최고속도가 150[km/h]로 운행하는 선구에 건널목 경보시간을 30초로 할 때 적정한 경보제어 거리는?

① 850 [m]
② 1000 [m]
③ 1250 [m]
④ 1450 [m]

111 전기 선로전환기 내부에 설치된 회로제어기의 역할은?

① 전동기의 전원을 차단하여 표시회로 구성
② 전동기의 회전력을 감소시키거나 전달
③ 전동기의 회전 시 충격 방지
④ 전동기 회전방향 변경

112 경부고속철도 구간에서 터널경보장치의 터널 내 경보등의 가시거리는?

① 200[m] 이상
② 250[m] 이상
③ 300[m] 이상
④ 350[m] 이상

정답 108. ④ 109. ② 110. ③ 111. ① 112. ②

113 유럽 각국의 열차제어시스템을 상호 호환이 가능하도록 표준화한 차상신호시스템은?

① LZB
② ZUB Series
③ KVB
④ ERTMS/ETCS

114 분기각이 적고 리드 곡선반경이 크며 포인트에서 크로싱 후단까지 일정한 곡률을 유지하는 분기기는?

① 시셔스 분기기
② 승월 분기기
③ 노스가동 분기기
④ 편개 분기기

115 일반철도 단선구간의 역간 열차평균운전 시분이 5분이고 폐색취급 시분이 3분일 경우 이 구간의 선로용량은? (단, 선로 이용률은 0.8이다.)

① 124
② 128
③ 136
④ 144

116 장내신호기의 위치는 진입선 최외방 선로전환기가 열차에 대하여 대향이 되는 경우 그 첨단 레일의 선단에서 몇 [m] 이상의 거리를 확보하여야 하는가? (단, 상시 쇄정된 선로전환기는 제외)

① 100
② 130
③ 150
④ 200

117 철도신호제어설비의 안전측 동작원칙에 대한 설명으로 틀린 것은?

① 계전기 회로는 여자시 기기를 쇄정하는 방식
② 궤도회로는 폐전로식
③ 전원과 계전기의 위치를 양단으로 하는 방식
④ 계전기는 양선(+, -) 모두를 제어하는 방식

정답 113. ④ 114. ③ 115. ④ 116. ① 117. ①

118 전차선 절연구간 예고지상장치에 대한 설명으로 틀린 것은?

① 송신기와 지상자의 간격은 70[m] 이내로 설치한다.
② 고장표시반은 송신기 1, 2계의 운용, 동작상태 및 고장감시 기능을 가져야 한다.
③ 지상자 설치위치는 ATS지상자 설치와 동일하게 한다.
④ 지상자는 속도조사식에 의하되 송신기의 출력주파수를 차상장치로 전송하여야 한다.

119 열차집중제어장치의 주요기능으로 거리가 먼 것은?

① 열차운행계획관리
② 수송수요예측관리
③ 열차의 진로 자동제어
④ 신호설비의 감시제어

120 궤도계전기 성능에 대한 요건으로 틀린 것은?

① 다른 전기회로에 영향을 미치지 않아야 한다.
② 제어구간의 길이가 길고 소비전력이 적어야 한다.
③ 연동회로 구성을 위해 접점수가 많아야 한다.
④ 여자전류가 다소 변동하여도 확실히 여자 되어야 한다.

121 건널목 지장물검지장치에서 수광기와 발광기 간의 거리 상한치(m)는?

① 30
② 35
③ 40
④ 45

122 열차자동제어장치(ATC)는 속도정보와 열차운행과 관련된 정보를 연속, 불연속으로 전송하기 위한 장치이다. 다음 중 불 연속으로 전송되는 정보가 아닌 것은?

① 실제운행 속도와 허용 속도의 비교 검토 정보 제공
② 양방향 운전을 허용하기 위한 운행방향 변경
③ 터널 진 출입시 차량 내 기밀장치 동작
④ 절대 정지구간 제어

정답 118. ① 119. ② 120. ③ 121. ③ 122. ①

123 열차운행 진로 내의 선로전환시가 열차 도착 전에 해정될 수 있는 선로전환기를 쇄정시키는데 알맞은 쇄정법은?
① 진로구분쇄정 ② 접근쇄정
③ 시간쇄정 ④ 철사쇄정

124 신호기의 확인거리로 옳은 것은?
① 수신호등 : 600m 이상 ② 원방신호기 : 200m 이상
③ 유도신호기 : 500m 이상 ④ 진로표시기 : 주신호용 250m 이상

125 선로전환기의 정·반위 결정법 중 옳은 것은?
① 본선과 측선의 경우 본선 방향이 반위
② 탈선 선로전환기는 탈선하는 방향이 반위
③ 본선과 안전측선의 경우 본선이 정위
④ 본선과 본선의 경우 주요한 방향이 정위

126 전자연동장치(SSI) 중 신호의 기본연동을 관리하는 컴퓨터 모듈은?
① 조작판처리모듈 ② 다중처리모듈
③ 진단모듈 ④ 선로변기능모듈

127 자동진로제어장치(PRC)의 진로 제어 구조로 볼 수 없는 것은?
① 열차 추적 ② DIA 관리
③ 고장구간 판정 ④ 진로 제어

128 궤도회로 기능의 양부를 판단할 목적으로 궤도회로 내의 임의의 레일 사이를 저항으로 단락하여 궤도계전기의 여자상태를 시험하는 것은?
① 단락 저항 ② 단락 감도
③ 단락 계수 ④ 단락 임피던스

정답 123. ③ 124. ② 125. ④ 126. ② 127. ③ 128. ②

129 고속철도신호 안전설비 차축온도검지장치에 대한 설명으로 거리가 먼 것은?
① 차축온도검지장치 설치간격은 40km로 한다.
② 차축 검지기는 레일의 내측에 설치한다.
③ 차축온도 측정용 센서는 레일의 외측에 설치한다.
④ 전자랙은 궤도의 방향에 따라 주소를 정확히 설정한다.

130 신호용 정류기의 효율시험시 입력전압을 규정값으로 유지하고 출력측을 조정하여 출력전압과 전류를 정격값으로 놓았을 때의 효율(%)의 산출식은?

① 효율 = $\dfrac{\text{직류전력(출력)}}{\text{교류전력(입력)}} \times 100$

② 효율 = $\dfrac{\text{교류전력(출력)}}{\text{직류전력(입력)}} \times 100$

③ 효율 = $\dfrac{\text{직류전력(입력)}}{\text{교류전력(출력)}} \times 100$

④ 효율 = $\dfrac{\text{교류전력(입력)}}{\text{직류전력(출력)}} \times 100$

131 장내신호기를 설치할 때 가장 바깥쪽 선로전환기가 열차에 대하여 배향이 되는 경우 또는 선로의 교차가 있을 때 이에 부대하는 차량접촉한계표지에서 몇 m 이상의 간격을 두어야 하는가?
① 5   ② 10
③ 30   ④ 60

132 폐색취급시간 2분, 선로이용률 0.5, 역 사이의 평균 열차운행시간이 4분일 때 단선구간의 선로용량은?
① 120   ② 220
③ 320   ④ 420

정답 129. ① 130. ① 131. ④ 132. ①

133 ATS 지상자 공진주파수 f_0 = 800Hz, 주파수 밴드폭 BW(Bandwidth) = 200Hz일 경우 ATS 지상자의 선택도는?

① 1
② 2
③ 3
④ 4

134 건널목 보안장치의 경보기와 전동차단기를 병설하고자 한다. 경보기의 설치위치는 내측궤도 중심에서 몇 m 위치에 설치하여야 하는가?

① 2.5
② 3.5
③ 4.0
④ 4.5

135 MJ81형 전기선로전환기에서 텅레일 전환에 따른 분기기의 전환력은 몇 daN을 초과하지 않아야 하는가?

① 50
② 150
③ 400
④ 600

136 ATS 지상자를 설치할 때 가드레일과의 간격은 몇 mm 이상 이격하여야 하는가?

① 100
② 200
③ 300
④ 400

137 연동 도표 기재사항으로 거리가 먼 것은?

① 출발점 및 도착점의 취급버튼
② 접근 또는 보류쇄정
③ 신호기 명칭
④ 전원공급장치의 종류

138 경부고속선 분기기에 설치된 MJ81형 전기선로전환기에 관한 내용으로 틀린 것은?

① 사용전원은 3상 교류 380V 또는 단상 교류 220V이다.
② 사용전원이 교류 380V이고 부하가 200kg일 때 정격전류는 7A 이하이다.
③ 최대동정은 260mm 이다.
④ 전동기의 절연등급은 F종 절연이다.

정답 133. ④ 134. ② 135. ③ 136. ④ 137. ④ 138. ②

139 고전압 임펄스 궤도회로장치의 구성기기가 아닌 것은?
① 임피던스본드
② 전압안정기
③ 수신기
④ 동조유니트

140 전철 쇄정 계전기를 나타낸 기호는?
① WLR
② WR
③ ZR
④ KR

141 궤도회로 내의 임의의 점 X에서 단락감도의 표현식은? (단, G : X점에서 본 회로 전체의 어드미턴스, F : 동작전압/낙하전압)
① $\left(\dfrac{G \times F}{(F-1)}\right)$
② $\left(\dfrac{F}{(G-1)}\right)$
③ $\left(\dfrac{1}{(F-1)G}\right)$
④ $\left(\dfrac{1}{(F+1)G}\right)$

142 속도 72km/h로 운행 중인 열차를 정차시키고자 한다. 공주시간이 5초일 때 공주거리(m)는?
① 25
② 100
③ 360
④ 400

143 출발신호기의 경우 통과신호 취급을 할 수 없거나 장내신호기 진입속도를 제한하는 경우에 확인 거리는 몇 m 이상으로 해야 하는가?
① 100
② 200
③ 300
④ 400

144 건널목 보안장치에서 일반형 전동차단기의 제어전압은 정격값의 몇 %로 하는가?
① 20~50%
② 60~80%
③ 90~120%
④ 150~190%

정답 139. ④ 140. ① 141. ③ 142. ② 143. ② 144. ③

145 연동도표의 부호 중 쇄정에 대한 설명으로 틀린 것은?

① ○를 붙인 것은 반위 쇄정되어지는 것을 표시
② [ ]를 붙인 것은 철사쇄정임을 표시
③ { }를 붙인 것은 취급버튼이 전기적인 연쇄에 의한 것을 표시
④ ◎은 전기 또는 전자연동장치에 있어서 일괄제어되는 것을 표시

146 복선구간에 사용되는 상용폐색방식이 아닌 것은?

① 자동폐쇄식
② 차내신호폐색식
③ 연동폐쇄식
④ 통표폐쇄식

147 연동장치의 쇄정방법 중 "갑"과 "을"의 취급버튼 상호간에 쇄정하는 "갑"의 취급버튼을 정위로 복귀하여도 "을"의 취급버튼은 일정 시간이 경과할 때까지 해정되지 않도록 하는 쇄정은?

① 진로구분쇄정
② 보류쇄정
③ 시간쇄정
④ 폐로쇄정

148 고전압 임펄스 궤도회로의 주요 구성이 아닌 것은?

① 임피더스본드
② 전압안정기
③ 커플링 유니트
④ 송·수신기

149 시스템의 가용성을 나타내는 식으로 옳은 것은?

① $\left(\text{가용성} = \dfrac{\text{동작가능시간}}{\text{동작가능시간} + \text{동작불가능시간}}\right)$

② $\left(\text{가용성} = \dfrac{\text{동작가능시간}}{\text{동작가능시간} - \text{동작불가능시간}}\right)$

③ $\left(\text{가용성} = \dfrac{\text{동작불가능시간}}{\text{동작가능시간} - \text{동작불가능시간}}\right)$

④ $\left(\text{가용성} = \dfrac{\text{동작불가능시간}}{\text{동작가능시간} + \text{동작불가능시간}}\right)$

정답 145. ② 146. ④ 147. ③ 148. ③ 149. ①

150 신호기의 정위에 대한 설명으로 옳은 것은?

① 장내신호기 : 진행
② 엄호신호기 : 진행
③ 원방신호기 : 정지
④ 유도신호기 : 소등

151 선로전환기 정위 결정법에 대한 설명으로 틀린 것은?

① 본선과 본선 또는 측선과 측선의 경우 주요한 방향
② 탈선 선로전환기는 탈선시키는 방향
③ 본선 또는 측선과 안전측선이 경우 안전측선 방향
④ 본선과 측선의 경우는 측선방향

152 3현시 ATS 장치의 성능 중 지상장치의 성능에 대한 설명으로 옳은 것은?

① 공진주파수 : 102MHz
② Q(선택도) : 126±15
③ 제어케이블 : 6m
④ 지상자 제어계전기 : DC 10V, 0.12A, 접점수 N2

153 고속철도안전설비 중 차측온도 검지장치에 대한 설명으로 틀린 것은?

① 약 30km 간격으로 상·하행선에 설치한다.
② 유지보수가 용이한 개소에 설치한다.
③ 중간기계실로부터 2km 이내에 설치한다.
④ 상시제동구간은 설치 간격을 좁힌다.

154 엄호신호기에서 접근쇄정의 해정시분은?

① 40초±10% ② 50초±10%
③ 60초±10% ④ 90초±10%

정답 150. ④ 151. ④ 152. ④ 153. ④ 154. ④

155 고속철도 UM71궤도회로 구성 기기 중 전류를 감쇄시키기 위하여 사용하며 송신기와 수신기 케이블의 길이가 동일하게 구성하도록 하는 것은?

① 방향계전기
② 거리조정기
③ 동조유니트
④ 정합변성기

156 궤도회로 사구간에 대한 설명으로 옳은 것은?

① 역구간 분기부 사구간의 길이는 10m로 한다.
② 사구간이 1200mm인 경우에는 궤도회로를 10m 이상 이격시킨다.
③ 사구간의 길이는 7m 이하로 한다.
④ 사구간이 7m인 경우에는 궤도회로를 5m 이상 이격시킨다.

157 다음 그림과 같은 방법으로 구성한 궤도회로는?

① AF 궤도회로
② 개전로식 궤도회로
③ 3위식 궤도회로
④ 폐전로식 궤도회로

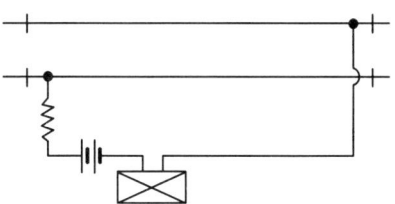

158 열차자동감시장치(ATS)가 수행하는 기능으로 틀린 것은?

① 실시간 열차성능감시
② 경보 및 오동작 기록
③ 스케줄 구성
④ 승강장 혼잡도 분산제어

159 철도건널목 설치 시 적용하는 철도교통량 환산율로 옳은 것은? (단, 철도차량 종류는 열차이다.)

① 0.2
② 0.6
③ 0.8
④ 1.0

160 열차종합제어장치(TTC)의 기능이 아닌 것은?

① 열차의 진로를 제어한다.
② 열차의 다이어그램을 변경한다.
③ 입환스케줄을 자동으로 제어한다.
④ 운행 열차를 추적하여 표시 및 모니터한다.

정답 159. ④ 160. ③

 **철도차량운전규칙**

제1장 총 칙

제1조(목적) 이 규칙은 「철도안전법」 제39조의 규정에 의하여 열차의 편성, 철도차량의 운전 및 신호방식 등 철도차량의 안전운행에 관하여 필요한 사항을 정함을 목적으로 한다.

제2조(정의) 이 규칙에서 사용하는 용어의 정의는 다음과 같다. 〈개정 2010. 10. 18.〉

1. "정거장"이라 함은 여객의 승강(여객 이용시설 및 편의시설을 포함한다), 화물의 적하(積下), 열차의 조성(組成, 철도차량을 연결하거나 분리하는 작업을 말한다), 열차의 교행(交行) 또는 대피를 목적으로 사용되는 장소를 말한다.
2. "본선"이라 함은 열차의 운전에 상용하는 선로를 말한다.
3. "측선"이라 함은 본선이 아닌 선로를 말한다.
4. "철도차량"이라 함은 동력차·객차·화차 및 특수차(제설차, 궤도시험차, 전기시험차, 사고구원차 그 밖에 특별한 구조 또는 설비를 갖춘 철도차량을 말한다)를 말한다.
5. "열차"라 함은 본선을 운행할 목적으로 조성된 철도차량을 말한다.
6. "차량"이라 함은 열차의 구성부분이 되는 1량의 철도차량을 말한다.
7. "전차선로"라 함은 전차선 및 이를 지지하는 공작물을 말한다.
8. "완급차(緩急車)"라 함은 관통제동기용 제동통·압력계·차장변(車掌弁) 및 수(手)제동기를 장치한 차량으로서 열차승무원이 집무할 수 있는 차실이 설비된 객차 또는 화차를 말한다.
9. "철도신호"라 함은 제76조의 규정에 의한 신호·전호(傳號) 및 표지를 말한다.
10. "진행지시신호"라 함은 진행신호·감속신호·주의신호·경계신호·유도신호 및 차내신호(정지신호를 제외한다) 등 차량의 진행을 지시하는 신호를 말한다.
11. "폐색"이라 함은 일정 구간에 동시에 2 이상의 열차를 운전시키지 아니하기 위하여 그 구간을 하나의 열차의 운전에만 점용시키는 것을 말한다.
12. "구내운전"이라 함은 정거장내 또는 차량기지 내에서 입환신호에 의하여 열차 또는 차량을 운전하는 것을 말한다.
13. "입환(入換)"이라 함은 사람의 힘에 의하거나 동력차를 사용하여 차량을 이동·연결 또는 분리하는 작업을 말한다.

14. "조차장(操車場)"이라 함은 차량의 입환 또는 열차의 조성을 위하여 사용되는 장소를 말한다.
15. "신호소"라 함은 상치신호기 등 열차제어시스템을 조작·취급하기 위하여 설치한 장소를 말한다.
16. "동력차"라 함은 기관차(機關車), 전동차(電動車), 동차(動車) 등 동력발생장치에 의하여 선로를 이동하는 것을 목적으로 제조한 철도차량을 말한다.
17. "위험물"이라 함은 「철도안전법」제44조 제1항의 규정에 의한 위험물을 말한다.
18. "무인운전"이란 사람이 열차 안에서 직접 운전하지 아니하고 관제실에서의 원격조종에 따라 열차가 자동으로 운행되는 방식을 말한다.

제3조(적용범위) 철도에서의 철도차량의 운행에 관하여는 다른 법령에 특별한 규정이 있는 경우를 제외하고는 이 규칙이 정하는 바에 의한다.

제4조(업무규정의 제정) ① 철도운영자 및 철도시설관리자(이하 "철도운영자등"이라 한다)는 이 규칙에서 정하지 아니한 사항이나 지역별로 상이한 사항 등 열차운행의 안전관리 및 운영에 필요한 세부기준 및 절차를 이 규칙의 범위 안에서 따로 정할 수 있다.
② 철도운영자등은 철도운영자등이 관리하는 구간이 서로 다른 구간에서 열차를 계속하여 운행하고자 하는 경우에는 다른 철도운영자 등과 사전에 협의하여야 한다.

제5조(철도운영자등의 책무) 철도운영자등은 열차 또는 차량을 운행함에 있어 철도사고를 예방하고 여객과 화물을 안전하고 원활하게 운송할 수 있도록 필요한 조치를 하여야 한다.

제2장 철도종사자

제6조(교육 및 훈련 등) ① 철도운영자등은 다음 각 호의 어느 하나에 해당하는 자에 대하여 「철도안전법」 등 관계법령에 따라 필요한 교육을 실시하여야 하고, 해당 철도종사자가 해당 업무 수행에 필요한 지식과 기능을 보유한 것을 확인한 후 해당업무를 수행하도록 하여야 한다. 〈개정 2010. 10. 18.〉
1. 철도차량운전업무에 종사하는 자(운전업무보조자를 포함한다)
2. 열차에 승무하여 열차의 방호, 제동장치의 조작 또는 각종 전호를 취급하는 업무를 수행하는 자
3. 정거장에서 신호와 선로전환기 또는 조작판을 취급하는 자
4. 정거장에서 철도차량을 연결·분리하는 업무를 수행하는 자
5. 정거장에서 열차의 출발·도착에 관한 업무를 수행하는 자
6. 무인운전되는 열차의 운행을 관제하는 사람(이하 "무인운전 관제업무종사자"라 한다)

② 철도운영자등은 철도차량운전업무에 종사하는 자(운전업무보조자를 포함한다), 열차에 승무하여 열차의 방호(防護), 제동장치의 조작 등 철도차량의 운전과 관련된 업무를 수행하는 자 등이 철도차량에 탑승하기 전 또는 철도차량의 운행중에 필요한

사항에 대한 보고·지시 또는 감독 등을 적절히 수행할 수 있도록 안전관리체제를 갖추어야 한다.
③ 철도운영자등은 제2항의 규정에 의한 업무를 수행하는 자가 과로 등으로 인하여 당해 업무를 적절히 수행하기 어렵다고 판단되는 경우에는 그 업무를 수행하도록 하여서는 아니된다.

제7조(열차에 탑승하여야 하는 철도종사자) ① 열차에는 철도차량운전자와 열차에 승무하여 여객에 대한 안내, 열차의 방호, 제동장치의 조작 또는 각종 전호를 취급하는 업무를 수행하는 자를 탑승시켜야 한다. 다만, 당해 선로의 상태, 열차에 연결되는 차량의 종류, 철도차량의 구조 및 장치의 수준 등을 고려할 때 열차운행의 안전에 지장이 없다고 인정되는 경우에는 철도차량운전자외의 다른 철도종사자를 탑승시키지 아니하거나 인원을 조정할 수 있다. 〈개정 2010. 10. 18.〉
② 제1항에도 불구하고 무인운전의 경우에는 철도차량운전자를 탑승시키지 아니한다. 〈신설 2010. 10. 18.〉

제3장 적재제한 등

제8조(차량의 적재 제한 등) ① 차량에 화물을 적재할 경우에는 차량의 구조와 설계강도 등을 고려하여 허용할 수 있는 최대적재량을 초과하지 아니하도록 하여야 한다.
② 차량에 화물을 적재할 경우에는 중량의 부담이 균등히 되도록 하여야 하며, 운전중의 흔들림으로 인하여 무너지거나 넘어질 우려가 없도록 하여야 한다.
③ 차량에는 철도차량의 길이와 너비 및 높이의 한계(이하 "차량한계"라 한다)를 초과하여 화물을 적재·운송하여서는 아니된다. 다만, 열차의 안전운행에 필요한 조치를 하고 차량한계 및 건축한계(차량이 안전하게 운행될 수 있도록 궤도상에 설정한 일정 공간을 말한다)를 초과하는 화물(이하 "특대화물"이라 한다)을 운송하는 경우에는 차량한계를 초과하여 화물을 운송할 수 있다.

제9조(특대화물의 수송) 철도운영자등은 제8조 제3항 단서의 규정에 의하여 특대화물등을 운송하고자 하는 경우에는 사전에 당해 구간에 열차운행에 지장을 초래하는 장애물이 있는지의 여부 등을 조사·검토한 후 운송하여야 한다.

제4장 열차의 운전
제1절 열차의 조성

제10조(열차의 최대연결차량수 등) 열차의 최대연결차량수는 이를 조성하는 동력차의 견인력, 차량의 성능·차체(Frame) 등 차량의 구조 및 연결장치의 강도와 운행선로의 시설현황에 따라 이를 정하여야 한다.

제11조(동력차의 연결위치) 열차의 운전에 사용하는 동력차는 열차의 맨 앞에 연결하여야 한다. 다만, 다음 각 호의 어느 하나에 해당하는 경우에는 그러하지 아니하다.
1. 기관차를 2 이상 연결한 경우로서 열차의 맨 앞에 위치한 기관차에서 열차를 제어하는 경우
2. 보조기관차를 사용하는 경우
3. 선로 또는 열차에 고장이 있는 경우
4. 구원열차·제설열차·공사열차 또는 시험운전열차를 운전하는 경우
5. 정거장과 그 정거장 외의 본선 도중에서 분기하는 측선과의 사이를 운전하는 경우
6. 그 밖에 특별한 사유가 있는 경우

제12조(여객열차의 연결제한) ① 여객열차에는 화차를 연결할 수 없다. 다만, 회송의 경우와 그 밖에 특별한 사유가 있는 경우에는 그러하지 아니하다.
② 제1항 단서의 규정에 의하여 화차를 연결하는 경우에는 화차를 객차의 중간에 연결하여서는 아니된다.
③ 파손차량, 동력을 사용하지 아니하는 기관차 또는 2차량 이상에 무게를 부담시킨 화물을 적재한 화차는 이를 여객열차에 연결하여서는 아니된다.

제13조(열차의 운전위치) ① 열차는 운전방향 맨 앞 차량의 운전실에서 운전하여야 한다.
② 제1항에도 불구하고 다음 각 호의 어느 하나에 해당하는 경우에는 운전방향 맨 앞 차량의 운전실 외에서도 열차를 운전할 수 있다. 〈개정 2010. 10. 18.〉
  1. 철도종사자가 차량의 맨 앞에서 전호를 하는 경우로서 그 전호에 의하여 열차를 운전하는 경우
  2. 선로·전차선로 또는 차량에 고장이 있는 경우
  3. 공사열차·구원열차 또는 제설열차를 운전하는 경우
  4. 정거장과 그 정거장 외의 본선 도중에서 분기하는 측선과의 사이를 운전하는 경우
  5. 철도시설 또는 철도차량을 시험하기 위하여 운전하는 경우
  6. 사전에 정한 특정한 구간을 운전하는 경우
  6의2. 무인운전을 하는 경우
  7. 그 밖에 부득이한 경우로서 운전방향 맨 앞 차량의 운전실에서 운전하지 아니하여도 열차의 안전한 운전에 지장이 없는 경우

제14조(열차의 제동장치) 2량 이상의 차량으로 조성하는 열차에는 모든 차량에 연동하여 작용하고 차량이 분리되었을 때 자동으로 차량을 정차시킬 수 있는 제동장치를 구비하여야 한다. 다만, 다음 각 호의 어느 하나에 해당하는 경우에는 그러하지 아니하다.
1. 정거장에서 차량을 연결·분리하는 작업을 하는 경우
2. 차량을 정지시킬 수 있는 인력을 배치한 구원열차 및 공사열차의 경우
3. 그 밖에 차량이 분리된 경우에도 다른 차량에 충격을 주지 아니하도록 안전조치를

취한 경우

제15조(열차의 제동력) ① 열차는 선로의 굴곡정도 및 운전속도에 따라 충분한 제동능력을 갖추어야 한다.
② 철도운영자등은 연결축수(연결된 차량의 차축 총수를 말한다)에 대한 제동축수(소요 제동력을 작용시킬 수 있는 차축의 총수를 말한다)의 비율(이하 "제동축비율"이라 한다)이 100이 되도록 열차를 조성하여야 한다. 다만, 긴급상황 발생 등으로 인하여 열차를 조성하는 경우 등 부득이한 사유가 있는 경우에는 그러하지 아니하다.
③ 열차를 조성하는 경우에는 모든 차량의 제동력이 균등하도록 차량을 배치하여야 한다. 다만, 고장 등으로 인하여 일부 차량의 제동력이 작용하지 아니하는 경우에는 제동축비율에 따라 운전속도를 감속하여야 한다.

제16조(완급차의 연결) ① 관통제동기를 사용하는 열차의 맨 뒤(추진운전의 경우에는 맨 앞)에는 완급차를 연결하여야 한다. 다만, 화물열차에는 완급차를 연결하지 아니할 수 있다.
② 제1항 단서의 규정에 불구하고 군전용열차 또는 위험물을 운송하는 열차 등 열차승무원이 반드시 탑승하여야 할 필요가 있는 열차에는 완급차를 연결하여야 한다.

제17조(제동장치의 시험) 열차를 조성하거나 열차의 조성을 변경한 경우에는 당해 열차를 운행하기 전에 제동장치를 시험하여 정상작동여부를 확인하여야 한다.

제2절 열차의 운전

제18조(철도신호와 운전의 관계) 철도차량은 신호·전호 및 표지가 표시하는 조건에 따라 운전하여야 한다.

제19조(정거장의 경계) 철도운영자등은 정거장 내·외에서 운전취급을 달리하는 경우 이를 내·외로 구분하여 운영하고 그 경계지점과 표시방식을 지정하여야 한다.

제20조(열차의 운전방향 지정 등) ① 철도운영자등은 상행선·하행선 등으로 노선이 구분되는 선로의 경우에는 열차의 운행방향을 미리 지정하여야 한다.
② 다음 각 호의 어느 하나에 해당되는 경우에는 제1항의 규정에 의하여 지정된 선로의 반대선로로 열차를 운행할 수 있다.
  1. 제4조 제2항의 규정에 의하여 철도운영자등과 상호 협의된 방법에 따라 열차를 운행하는 경우
  2. 정거장내의 선로를 운전하는 경우
  3. 공사열차·구원열차 또는 제설열차를 운전하는 경우
  4. 정거장과 그 정거장 외의 본선 도중에서 분기하는 측선과의 사이를 운전하는 경우
  5. 입환운전을 하는 경우
  6. 선로 또는 열차의 시험을 위하여 운전하는 경우
  7. 퇴행(退行)운전을 하는 경우

8. 양방향 신호설비가 설치된 구간에서 열차를 운전하는 경우
9. 철도사고 또는 운행장애(이하 "철도사고등"이라 한다)의 수습 또는 선로보수공사 등으로 인하여 부득이하게 지정된 선로방향을 운행할 수 없는 경우

③ 철도운영자등은 제2항의 규정에 의하여 반대선로로 운전하는 열차가 있는 경우 후속 열차에 대한 운행통제 등 필요한 안전조치를 하여야 한다.

제21조(정거장외 본선의 운전) 차량은 이를 열차로 하지 아니하면 정거장외의 본선을 운전할 수 없다. 다만, 입환작업을 하는 경우에는 그러하지 아니하다.

제22조(열차의 정거장외 정차금지) 열차는 정거장외에서는 정차하여서는 아니된다. 다만, 다음 각 호의 어느 하나에 해당하는 경우에는 그러하지 아니하다.
1. 경사도가 1000분의 30 이상인 급경사 구간에 진입하기 전의 경우
2. 정지신호의 현시(現示)가 있는 경우
3. 철도사고등이 발생하거나 철도사고등의 발생 우려가 있는 경우
4. 그 밖에 철도안전을 위하여 부득이 정차하여야 하는 경우

제23조(열차의 운행시각) 철도운영자등은 정거장에서의 열차의 출발·통과 및 도착의 시각을 정하고 이에 따라 열차를 운행하여야 한다. 다만, 긴급하게 임시열차를 편성하여 운행하는 경우 등 부득이한 경우에는 그러하지 아니하다.

제24조(운전정리) 철도사고등의 발생 등으로 인하여 열차가 지연되어 열차의 운행일정의 변경이 발생하여 열차운행상 혼란이 발생한 때에는 열차의 종류·등급·목적지 및 연계수송 등을 고려하여 운전정리를 행하고, 정상운전으로 복귀되도록 하여야 한다. 〈개정 2019. 1. 2.〉

제25조(열차 출발시의 사고방지) 철도운영자등은 열차를 출발시키는 경우 여객이 객차의 출입문에 끼었는지의 여부, 출입문의 닫힘 상태 등을 확인하는 등 여객의 안전을 확보할 수 있는 조치를 하여야 한다.

제26조(열차의 퇴행 운전) ① 열차는 퇴행하여서는 아니된다. 다만, 다음 각 호의 어느 하나에 해당하는 경우에는 그러하지 아니하다.
1. 선로·전차선로 또는 차량에 고장이 있는 경우
2. 공사열차·구원열차 또는 제설열차가 작업상 퇴행할 필요가 있는 경우
3. 뒤의 보조기관차를 활용하여 퇴행하는 경우
4. 철도사고등의 발생 등 특별한 사유가 있는 경우

② 제1항 단서의 규정에 의하여 퇴행하는 경우에는 다른 열차 또는 차량의 운전에 지장이 없도록 조치를 취하여야 한다.

제27조(열차의 재난방지) 폭풍우·폭설·홍수·지진·해일 등으로 열차에 재난 또는 위험이 발생할 우려가 있는 때에는 그 상황을 고려하여 열차운전을 일시 중지하거나 운전속

도를 제한하는 등의 재난·위험방지조치를 강구하여야 한다.

제28조(열차의 동시 진출·입 금지) 2 이상의 열차가 정거장에 진입하거나 정거장으로부터 진출하는 경우로서 열차 상호간 그 진로에 지장을 줄 염려가 있는 경우에는 2 이상의 열차를 동시에 정거장에 진입시키거나 진출시킬 수 없다. 다만, 다음 각 호의 어느 하나에 해당하는 경우에는 그러하지 아니하다.
1. 안전측선·탈선선로전환기·탈선기가 설치되어 있는 경우
2. 열차를 유도하여 서행으로 진입시키는 경우
3. 단행기관차로 운행하는 열차를 진입시키는 경우
4. 다른 방향에서 진입하는 열차들이 출발신호기 또는 정차위치로부터 200미터(동차·전동차의 경우에는 150미터) 이상의 여유거리가 있는 경우
5. 동일방향에서 진입하는 열차들이 각 정차위치에서 100미터 이상의 여유거리가 있는 경우

제29조(열차의 긴급정지 등) 철도사고등이 발생하여 열차를 급히 정지시킬 필요가 있는 경우에는 지체없이 정지신호를 표시하는 등 열차정지에 필요한 조치를 취하여야 한다.

제30조(선로의 일시 사용중지) ① 선로의 개량 또는 보수 등으로 열차의 운행에 지장을 주는 작업 또는 공사가 시행중인 구간에는 열차를 진입시켜서는 아니된다.
② 제1항의 규정에 의한 작업 또는 공사가 완료된 경우에는 열차의 운행에 지장이 없는지를 확인하고 열차를 운행시켜야 한다.

제31조(구원열차 요구 후 이동금지) ① 철도사고등의 발생으로 인하여 정거장외에서 열차가 정차하여 구원열차를 요구하였거나 구원열차 운전의 통보가 있는 경우에는 당해 열차를 이동하여서는 아니된다. 다만, 다음 각 호의 어느 하나에 해당하는 경우에는 그러하지 아니하다.
1. 철도사고등이 확대될 염려가 있는 경우
2. 응급작업을 수행하기 위하여 다른 장소로 이동이 필요한 경우
② 철도종사자는 제1항 단서의 규정에 의하여 열차 또는 차량을 이동시키는 경우에는 지체없이 구원열차의 운전자와 관제업무종사자 또는 차량운전취급책임자에게 그 이동내용과 이동사유를 통보하여야 하며, 상당거리를 이동시킨 때에는 정지수신호 등 안전조치를 취하여야 한다.

제32조(화재발생시의 운전) ① 열차에 화재가 발생한 경우에는 조속히 소화의 조치를 하고 여객을 대피시키거나 화재가 발생한 차량을 다른 차량에서 격리시키는 등의 필요한 조치를 하여야 한다.
② 열차에 화재가 발생한 장소가 교량 또는 터널 안인 경우에는 우선 철도차량을 교량 또는 터널 밖으로 운전하는 것을 원칙으로 하고, 지하구간인 경우에는 가장 가까운 역 또는 지하구간 밖으로 운전하는 것을 원칙으로 한다.

제32조의2(무인운전 시의 안전확보 등) 열차를 무인운전하는 경우에는 다음 각 호의 사항을 준수하여야 한다.
1. 철도운영자등이 지정한 철도종사자는 차량을 차고에서 출고하기 전 또는 무인운전 구간으로 진입하기 전에 운전방식을 무인운전 모드(mode)로 전환하고, 무인운전 관제업무종사자로부터 무인운전 기능을 확인받을 것
2. 무인운전 관제업무종사자는 열차의 운행상태를 실시간으로 감시하고 필요한 조치를 할 것
3. 무인운전 관제업무종사자는 열차가 정거장의 정지선을 지나쳐서 정차한 경우 다음 각 목의 조치를 할 것
   가. 후속 열차의 해당 정거장 진입 차단
   나. 철도운영자등이 지정한 철도종사자를 해당 열차에 탑승시켜 수동으로 열차를 정지선으로 이동
   다. 나목의 조치가 어려운 경우 해당 열차를 다음 정거장으로 재출발
4. 철도운영자등은 여객의 승하차 시 안전을 확보하고 시스템 고장 등 긴급상황에 신속하게 대처하기 위하여 정거장 등에 안전요원을 배치하거나 순회하도록 할 것

[본조신설 2010. 10. 18.]

제33조(특수목적열차의 운전) 철도운영자등은 특수한 목적으로 열차의 운행이 필요한 경우에는 당해 특수목적열차의 운행계획을 수립·시행하여야 한다.

제3절 열차의 운전속도

제34조(열차의 운전 속도) ① 열차는 선로 및 전차선로의 상태, 차량의 성능, 운전방법, 신호의 조건 등에 따라 안전한 속도로 운전하여야 한다.
② 철도운영자등은 다음 각 호를 고려하여 선로의 노선별 및 차량의 종류별로 열차의 최고속도를 정하여 운용하여야 한다.
   1. 선로에 대하여는 선로의 굴곡의 정도 및 선로전환기의 종류와 구조
   2. 전차선에 대하여는 가설방법별 제한속도

제35조(운전방법 등에 의한 속도제한) 철도운영자등은 다음 각 호의 어느 하나에 해당하는 때에는 열차 또는 차량의 운전제한속도를 따로 정하여 시행하여야 한다.
1. 서행신호 현시구간을 운전하는 때
2. 추진운전을 하는 때(총괄제어법에 의하여 열차의 맨 앞에서 제어되는 경우를 제외한다)
3. 열차를 퇴행운전을 하는 때
4. 쇄정(鎖錠)되지 아니한 선로전환기를 대향(對向)으로 운전하는 때
5. 입환운전을 하는 때
6. 제74조의 규정에 의한 전령법(傳令法)에 의하여 열차를 운전하는 때

7. 수신호 현시구간을 운전하는 때
8. 지령운전을 하는 때
9. 폭음신호 또는 화염신호 등 특수신호에 의하여 운전하는 때
10. 그 밖에 철도안전을 위하여 필요하다고 인정되는 때

제36조(열차 또는 차량의 정지) ① 열차 또는 차량은 정지신호가 현시된 경우에는 그 현시지점을 넘어서 진행할 수 없다. 다만, 다음 각 호의 어느 하나에 해당하는 경우에는 그러하지 아니하다.
1. 폭음신호 또는 화염신호의 현시가 있는 경우
2. 수신호에 의하여 정지신호의 현시가 있는 경우
3. 신호기 고장 등으로 인하여 정지가 불가능한 거리에서 정지신호의 현시가 있는 경우

② 제1항의 규정에 불구하고 자동폐색신호기의 정지신호에 의하여 일단 정지한 열차 또는 차량은 정지신호 현시중이라도 운전속도의 제한 등 안전조치에 따라 서행하여 그 현시지점을 넘어서 진행할 수 있다.

③ 서행허용표지를 추가하여 부설한 자동폐색신호기가 정지신호를 현시하는 때에는 정지신호 현시중이라도 정지하지 아니하고 운전속도의 제한 등 안전조치에 따라 서행하여 그 현시지점을 넘어서 진행할 수 있다.

제37조(열차 또는 차량의 진행) 열차 또는 차량은 진행을 지시하는 신호가 현시된 때에는 신호종류별 지시에 따라 지정속도 이하로 그 지점을 지나 다음 신호가 있는 지점까지 진행할 수 있다.

제38조(열차 또는 차량의 서행) ① 열차 또는 차량은 서행신호의 현시가 있을 때에는 그 속도를 감속하여야 한다.

② 열차 또는 차량이 서행해제신호가 있는 지점을 통과한 때에는 정상속도로 운전할 수 있다.

제4절 입 환

제39조(입환) ① 철도운영자등은 입환작업을 하려면 다음 각 호의 사항을 포함한 입환작업계획서를 작성하여 기관사, 운전취급담당자, 입환작업자에게 배부하고 입환작업에 대한 교육을 실시하여야 한다. 다만, 단순히 선로를 변경하기 위하여 이동하는 입환의 경우에는 입환작업계획서를 작성하지 아니할 수 있다.
1. 작업 내용
2. 대상 차량
3. 입환 작업 순서
4. 작업자별 역할
5. 입환전호 방식
6. 입환 시 사용할 무선채널의 지정

7. 그 밖에 안전조치사항

② 입환작업자(기관사를 포함한다)는 차량과 열차를 입환하는 경우 다음 각 호의 기준에 따라야 한다.
   1. 차량과 열차가 이동하는 때에는 차량을 분리하는 입환작업을 하지 말 것
   2. 입환 시 다른 열차의 운행에 지장을 주지 않도록 할 것
   3. 여객이 승차한 차량이나 화약류 등 위험물을 적재한 차량에 대하여는 충격을 주지 않도록 할 것

[전문개정 2018. 7. 18.]

제40조(선로전환기의 쇄정 및 정위치 유지) ① 본선의 선로전환기는 이와 관계된 신호기와 그 진로내의 선로전환기를 연동쇄정하여 사용하여야 한다. 다만, 상시 쇄정되어 있는 선로전환기 또는 취급회수가 극히 적은 배향(背向)의 선로전환기의 경우에는 그러하지 아니하다.

② 쇄정되지 아니한 선로전환기를 대향으로 통과할 때에는 쇄정기구를 사용하여 텅레일(Tongue Rail)을 쇄정하여야 한다.

③ 선로전환기를 사용한 후에는 지체없이 미리 정하여진 위치에 두어야 한다.

제41조(차량의 정차시 조치) 차량을 측선 등에 정차시켜 두는 경우에는 차량이 움직이지 아니하도록 필요한 조치를 하여야 한다.

제42조(열차의 진입과 입환) ① 다른 열차가 정거장에 진입할 시각이 임박한 때에는 다른 열차에 지장을 줄 수 있는 입환을 할 수 없다. 다만, 다른 열차가 진입할 수 없는 경우 등 긴급하거나 부득이한 경우에는 그러하지 아니하다.

② 열차의 도착 시각이 임박한 때에는 그 열차가 정차 예정인 선로에서는 입환을 할 수 없다. 다만, 열차의 운전에 지장을 주지 아니하도록 안전조치를 한 후에는 그러하지 아니하다.

제43조(정거장외 입환) 다른 열차가 인접정거장 또는 신호소를 출발한 후에는 그 열차에 대한 장내신호기의 바깥쪽에 걸친 입환을 할 수 없다. 다만, 특별한 사유가 있는 경우로서 충분한 안전조치를 한 때에는 그러하지 아니하다.

제44조 삭제 〈2018. 7. 18.〉

제45조(인력입환) 본선을 이용하는 인력입환은 관제업무종사자 또는 차량운전취급책임자의 승인을 얻어야 하며, 차량운전취급책임자는 그 작업을 감시하여야 한다.

제5장 열차간의 안전확보
제1절 총 칙

제46조(열차간의 안전 확보) ① 열차는 열차간의 안전을 확보할 수 있도록 다음 각 호의

어느 하나의 방법으로 운전하여야 한다. 다만, 정거장 내에서 철도신호의 현시·표시 또는 그 정거장의 운전을 관리하는 자의 지시에 따라 운전하는 경우에는 그러하지 아니하다.
1. 폐색에 의한 방법
2. 제66조의 규정에 의한 열차간의 간격을 확보하는 장치(이하 "자동열차제어장치"라 한다)에 의한 방법
3. 시계운전에 의한 방법

② 단선(單線)구간에서 폐색을 한 경우 상대역의 열차가 동시에 당해 구간에 진입하도록 하여서는 아니된다.

③ 구원열차를 운전하는 경우 또는 공사열차가 있는 구간에서 다른 공사열차를 운전하는 등의 특수한 경우로서 열차운행의 안전을 확보할 수 있는 조치를 취한 경우에는 제1항 및 제2항의 규정에 의하지 아니할 수 있다.

제47조(진행지시신호의 금지) 열차 또는 차량의 진로에 지장이 있는 경우에는 이에 대하여 진행을 지시하는 신호를 현시할 수 없다.

제2절 폐색에 의한 방법

제48조(폐색에 의한 방법) 폐색에 의한 방법을 사용하는 경우에는 당해 열차의 진로상에 있는 폐색구간의 조건에 따라 신호를 현시하거나 다른 열차의 진입을 방지할 수 있어야 한다.

제49조(폐색에 의한 열차 운행) ① 폐색에 의한 방법으로 열차를 운행하는 경우에는 본선을 폐색구간으로 분할하여야 한다. 다만, 정거장내의 본선은 이를 폐색구간으로 하지 아니할 수 있다.

② 한 폐색구간에는 2 이상의 열차를 동시에 운전할 수 없다. 다만, 다음 각 호의 어느 하나에 해당하는 때에는 그러하지 아니하다.
1. 제36조 제2항 및 동조 제3항의 규정에 의하여 열차를 진입시키는 때
2. 고장열차가 있는 폐색구간에 구원열차를 운전하는 때
3. 선로가 불통된 구간에 공사열차를 운전하는 때
4. 폐색구간에서 뒤의 보조기관차를 열차로부터 떼었을 때
5. 열차가 정차되어 있는 폐색구간으로 다른 열차를 유도하는 때
6. 폐색에 의한 방법으로 운전을 하고 있는 열차를 자동열차제어장치에 의한 방법 또는 시계운전이 가능한 노선에서 열차를 서행하여 운전하는 때
7. 그 밖에 특별한 사유가 있는 때

제50조(폐색방식의 구분) 폐색방식은 각 호와 같이 구분한다.
1. 상용(常用)폐색방식 : 자동폐색식·연동폐색식·차내신호폐색식·통표폐색식

2. 대용(代用)폐색방식 : 통신식・지도통신식・지도식

제51조(자동폐색장치의 구비조건) 자동폐색식을 시행하는 폐색구간의 폐색신호기・장내신호기 및 출발신호기는 다음 각 호의 조건을 구비하여야 한다.
1. 폐색구간에 열차 또는 차량이 있을 때에는 자동으로 정지신호를 현시할 것
2. 폐색구간에 있는 선로전환기가 정당한 방향으로 개통되지 아니한 때 또는 분기선 및 교차점에 있는 차량이 폐색구간에 지장을 줄 때에는 자동으로 정지신호를 현시할 것
3. 폐색장치에 고장이 있을 때에는 자동으로 정지신호를 현시할 것
4. 단선구간에 있어서는 하나의 방향에 대하여 진행을 지시하는 신호를 현시한 때에는 그 반대방향의 신호기는 자동으로 정지신호를 현시할 것

제52조(연동폐색장치의 구비조건) 연동폐색식을 시행하는 폐색구간 양끝의 정거장 또는 신호소에는 연동폐색기를 설치하되, 다음 각 호의 조건을 구비하여야 한다.
1. 신호기와 연동하여 자동으로 다음 각 목의 표시를 할 수 있을 것
    가. 열차폐색구간에 있음
    나. 열차폐색구간에 없음
2. 열차가 폐색구간에 있을 때에는 그 구간의 신호기에 진행을 지시하는 신호를 현시할 수 없을 것
3. 폐색구간에 진입한 열차가 그 구간을 통과한 후가 아니면 "열차폐색구간에 있음"의 표시를 변경할 수 없을 것
4. 단선구간에 있어서 하나의 방향에 대하여 폐색이 이루어지면 그 반대방향의 신호기는 자동으로 정지신호를 현시할 것

제53조(열차를 연동폐색구간에 진입시킬 경우의 취급) ① 열차를 폐색구간에 진입시키고자 하는 때에는 "열차폐색구간에 없음"의 표시를 확인하고 전방의 정거장 또는 신호소의 승인을 얻어야 한다.
② 제1항의 규정에 의한 승인은 "열차 폐색구간에 있음"의 표시로써 하여야 한다.
③ 폐색구간에 열차 또는 차량이 있을 때에는 제1항의 규정에 의한 승인을 할 수 없다.

제54조(차내신호폐색장치의 구비조건) 차내신호폐색식을 시행하는 구간의 차내신호는 다음 각 호의 어느 하나에 해당하는 경우에는 자동으로 정지신호를 현시하여야 한다.
1. 폐색구간에 열차 또는 다른 차량이 있는 경우
2. 폐색구간에 있는 선로전환기가 정당한 방향에 있지 아니한 경우
3. 다른 선로에 있는 열차 또는 차량이 폐색구간을 진입하고 있는 경우
4. 열차자동제어장치의 지상장치에 고장이 있는 경우
5. 열차 정상운행선로의 방향이 다른 경우

제55조(통표폐색장치의 구비조건) ① 통표폐색식을 시행하는 폐색구간 양끝의 정거장 또는 신호소에는 다음 각 호의 조건을 구비한 통표폐색장치를 설치하여야 한다.

1. 통표는 폐색구간 양끝의 정거장 또는 신호소에서 협동하여 취급하지 아니하면 이를 꺼낼 수 없을 것
2. 폐색구간 양끝에 있는 통표폐색기에 넣은 통표는 1개에 한하여 꺼낼 수 있으며, 꺼낸 통표를 통표폐색기에 넣은 후가 아니면 다른 통표를 꺼내지 못하는 것일 것
3. 인접 폐색구간의 통표는 넣을 수 없는 것일 것

② 제1항의 규정에 의한 통표폐색기에는 그 구간 전용의 통표만을 넣어야 한다.
③ 인접폐색구간의 통표는 그 모양을 달리하여야 한다.
④ 열차는 당해 구간의 통표를 휴대하지 아니하면 그 구간을 운전할 수 없다. 다만, 특별한 사유가 있는 경우에는 그러하지 아니하다.

제56조(열차를 통표폐색구간에 진입시킬 경우의 취급) ① 열차를 통표폐색구간에 진입시키고자 하는 때에는 폐색구간에 열차가 없는 것을 확인하고 운행하고자 하는 방향의 정거장 또는 신호소 운전취급책임자의 승인을 얻어야 한다.

② 열차의 운전에 사용하는 통표는 통표폐색기에 넣은 후가 아니면 이를 다른 열차의 운전에 사용할 수 없다. 다만, 고장열차가 있는 폐색구간에 구원열차를 운전하는 경우 등 특별한 사유가 있는 경우에는 그러하지 아니하다.

제57조(통신식 대용폐색 방식의 통신장치) 통신식을 시행하는 구간에는 전용의 통신설비를 설치하여야 한다. 다만, 다음 각 호의 어느 하나에 해당하는 경우에는 다른 통신설비로서 이를 대신할 수 있다.
1. 운전이 한산한 구간인 경우
2. 전용의 통신설비에 고장이 있는 경우
3. 철도사고등의 발생 그 밖에 부득이한 사유로 인하여 전용의 통신설비를 설치할 수 없는 경우

제58조(열차를 통신식 폐색구간에 진입시킬 경우의 취급) ① 열차를 통신식 폐색구간에 진입시키려 하는 경우에는 관제업무종사자 또는 차량운전취급책임자의 승인을 얻어야 한다.

② 관제업무종사자 또는 차량운전취급책임자는 폐색구간에 열차 또는 차량이 없음을 확인하지 아니하고서는 열차의 진입을 승인하여서는 아니된다.

제59조(지도통신식의 시행) ① 지도통신식을 시행하는 구간에는 폐색구간 양끝의 정거장 또는 신호소의 통신설비를 사용하여 서로 협의한 후 시행한다.

② 지도통신식을 시행하는 경우 폐색구간 양끝의 정거장 또는 신호소가 서로 협의한 후 지도표를 발행하여야 한다.

③ 제2항의 규정에 의한 지도표는 1폐색구간에 1매로 한다.

제60조(지도표와 지도권의 사용구별) ① 지도통신식을 시행하는 구간에서 동일방향의 폐색구간으로 진입시키고자 하는 열차가 하나뿐인 경우에는 지도표를 교부하고, 연속하여

2 이상의 열차를 동일방향의 폐색구간으로 진입시키고자 하는 경우에는 최후의 열차에 대하여는 지도표를, 나머지 열차에 대하여는 지도권을 교부한다.

② 지도권은 지도표를 가지고 있는 정거장 또는 신호소에서 서로 협의를 한 후 발행하여야 한다.

제61조(열차를 지도통신식 폐색구간에 진입시킬 경우의 취급) 열차는 당해구간의 지도표 또는 지도권을 휴대하지 아니하면 그 구간을 운전할 수 없다. 다만, 고장열차가 있는 폐색구간에 구원열차를 운전하는 경우 등 특별한 사유가 있는 경우에는 그러하지 아니하다.

제62조(지도표ㆍ지도권의 기입사항) ① 지도표에는 그 구간 양끝의 정거장명ㆍ발행일자 및 사용열차번호를 기입하여야 한다.

② 지도권에는 사용구간ㆍ사용열차ㆍ발행일자 및 지도표 번호를 기입하여야 한다.

제63조(지도식의 시행) 지도식은 철도사고등의 수습 또는 선로보수공사 등으로 현장과 가장 가까운 정거장 또는 신호소간을 1폐색구간으로 하여 열차를 운전하는 경우에 후속열차를 운전할 필요가 없을 때에 한하여 시행한다.

제64조(지도표의 발행) ① 지도식을 시행하는 구간에는 지도표를 발행하여야 한다.

② 지도표는 1폐색구간에 1매로 하며, 열차는 당해구간의 지도표를 휴대하지 아니하면 그 구간을 운전할 수 없다.

제3절 자동열차제어장치에 의한 방법

제65조(자동열차제어장치에 의한 방법) 열차간의 간격을 자동으로 확보하는 자동열차제어장치는 운행하는 열차와 동일 진로상의 다른 열차와의 간격 및 선로 등의 조건에 따라 자동적으로 당해 열차를 감속시키거나 정지시킬 수 있는 것이어야 한다.

제66조(자동열차제어장치의 구분) 자동열차제어장치는 다음 각 호와 같이 구분한다.
1. 지상제어식 자동열차제어장치
2. 1단 제동제어식(Uni-Breaking) 자동열차제어장치
3. 차상제어식 자동열차제어장치

제67조(지상제어식 자동열차제어장치의 구비조건) 지상제어식 자동열차제어장치의 지상설비는 열차에 대하여 당해 열차의 진로 상에 있는 선행열차와의 간격 또는 선로 등의 조건에 따라 운전속도를 지시하는 제어정보를 연속하여 전송하여야 한다.

제68조(1단 제동제어식 자동열차제어장치의 구비조건) ① 1단 제동 제어식 자동열차제어장치의 지상설비는 선로 굴곡, 선로전환기 등 선로의 조건에 따라 운전속도를 지시하는 제어정보를 전송하여 열차의 운전속도를 자동적으로 1단으로 감속할 수 있어야 한다.

② 1단 제동제어식 자동열차제어장치의 차상(車上)설비는 다음 각 호의 기준에 적합하

여야 한다.
1. 제1항의 규정에 의한 제어정보에 따라서 열차의 운전속도와 제어정보를 실시간으로 나타낼 수 있을 것
2. 선로의 굴곡, 선로전환기 등 선로의 조건에 따라 제어정보가 지시하는 열차의 속도로 자동적으로 1단으로 감속시킬 것
3. 제어정보에 따라 자동적으로 제동장치를 작동하여 정지목표에 열차를 1단으로 정지시킬 수 있을 것

제69조(차상제어식 자동열차제어장치의 구비조건) ① 차상제어식 자동열차제어장치의 지상설비는 다음 각 호의 기준에 적합하여야 한다.
1. 열차에 대하여 당해 열차를 진입시킬 수 있는 구간의 종점(정지목표)을 나타내는 제어정보를 연속하여 전송할 것
2. 당해 열차의 진로상에 있는 구간 중 선행열차 등이 점유하고 있어 당해 열차의 진로가 개통되지 아니하는 경우 그 정보를 전송할 것

② 차상제어식 자동열차제어장치의 차상설비는 다음 각 호의 기준에 적합하여야 한다.
1. 지상설비의 제어정보와 열차의 속도를 실시간으로 나타내 줄 것
2. 열차의 제어정보가 지시하는 운전속도로 자동으로 제동장치를 작용시켜 열차의 속도를 감속시킬 것. 다만, 지상설비의 제어정보가 열차의 정지를 지시하는 경우에는 지정위치에 열차가 정지할 수 있도록 제동장치를 작동시킬 것

③ 제1항의 규정에 의한 제어정보를 나타내는 구간의 길이는 제어정보가 지시하는 운전속도에 따라서 열차가 감속하거나 정지할 수 있는 거리 이상으로 하며, 다음 각 호의 기능을 갖추어야 한다.
1. 선행 열차와의 간격에 따라서 자동적으로 열차의 속도를 감속시키거나 열차를 정지시킬 수 있을 것
2. 제1호의 규정에 의하여 발생된 제어정보에 따라 운전속도와 당해 열차의 실제속도를 실시간으로 나타내 줄 것
3. 선로의 굴곡·선로전환기 등 선로의 조건에 따라 운전속도가 제한되는 구간의 시점까지 당해 구간의 제어정보가 지시하는 운전속도로 열차의 속도를 자동적으로 감속시킬 것
4. 정지목표까지 제동장치를 자동으로 작용시켜 확실히 정지할 수 있을 것
5. 열차 스스로 선로상의 위치를 인식하는 것일 것

제4절 시계운전에 의한 방법

제70조(시계운전에 의한 방법) ① 시계운전에 의한 방법은 신호기 또는 통신장치의 고장 등으로 제50조 제1호 및 제2호 외의 방법으로 열차를 운전할 필요가 있는 경우에 한하

여 시행하여야 한다.

② 철도차량의 운전속도는 전방 가시거리 범위 내에서 열차를 정지시킬 수 있는 속도 이하로 운전하여야 한다.

③ 동일 방향으로 운전하는 열차는 선행 열차와 충분한 간격을 두고 운전하여야 한다.

제71조(단선구간에서의 시계운전) 단선구간에서는 하나의 방향으로 열차를 운전하는 때에 반대방향의 열차를 운전시키지 아니하는 등 사고예방을 위한 안전조치를 하여야 한다.

제72조(시계운전에 의한 열차의 운전) 시계운전에 의한 열차운전은 다음 각 호의 어느 하나의 방법으로 시행하여야 한다. 다만, 협의용 단행기관차의 운행 등 철도운영자등이 특별히 따로 정한 경우에는 그러하지 아니하다.

1. 복선운전을 하는 경우
   가. 격시법
   나. 전령법
2. 단선운전을 하는 경우
   가. 지도격시법
   나. 전령법

제73조(격시법 또는 지도격시법의 시행) ① 격시법 또는 지도격시법을 시행하는 경우에는 최초의 열차를 운전시키기 전에 폐색구간에 열차 또는 차량이 없음을 확인하여야 한다.

② 격시법은 폐색구간의 한끝에 있는 정거장 또는 신호소의 차량운전취급책임자가 시행한다.

③ 지도격시법은 폐색구간의 한끝에 있는 정거장 또는 신호소의 차량운전취급책임자가 적임자를 파견하여 상대의 정거장 또는 신호소 차량운전취급책임자와 협의한 후 이를 시행하여야 한다. 다만, 지도통신식 시행중의 구간에서 전화불통이 된 경우 지도표를 가지고 있는 정거장 또는 신호소에서 최초의 열차를 운행하는 때에는 그러하지 아니한다.

제74조(전령법의 시행) ① 열차 또는 차량이 정차되어 있는 폐색구간에 다른 열차를 진입시킬 때에는 전령법에 의하여 운전하여야 한다.

② 전령법은 그 폐색구간 양끝에 있는 정거장 또는 신호소의 차량운전취급책임자가 협의하여 이를 시행하여야 한다. 다만, 다음 각 호의 어느 하나에 해당하는 경우에는 그러하지 아니하다.

1. 선로고장 등으로 지도식을 시행하는 폐색구간에 전령법을 시행하는 경우
2. 제1호 외의 경우로서 전화불통으로 협의를 할 수 없는 경우

③ 제2항 제2호에 해당하는 경우에는 당해 열차 또는 차량이 정차되어 있는 곳을 넘어서 열차 또는 차량을 운전할 수 없다.

제75조(전령자) ① 전령법을 시행하는 구간에는 전령자를 선정하여야 한다.

② 제1항의 규정에 의한 전령자는 1폐색구간 1인에 한한다.
③ 제1항의 규정에 의한 전령자는 흰 바탕에 붉은 글씨로 전령자 임을 표시한 완장을 착용하여야 한다.
④ 전령법을 시행하는 구간에서는 당해구간의 전령자가 동승하지 아니하고는 열차를 운전할 수 없다.

제6장 철도신호
제1절 총 칙

제76조(철도신호) 철도의 신호는 다음 각 호와 같이 구분하여 시행한다.
1. 신호는 모양·색 또는 소리 등으로 열차나 차량에 대하여 운행의 조건을 지시하는 것으로 할 것
2. 전호는 모양·색 또는 소리 등으로 관계직원 상호간에 의사를 표시하는 것으로 할 것
3. 표지는 모양 또는 색 등으로 물체의 위치·방향·조건 등을 표시하는 것으로 할 것

제77조(주간 또는 야간의 신호) 주간과 야간의 현시방식을 달리하는 신호·전호 및 표지는 일출부터 일몰까지는 주간의 방식, 일몰부터 일출까지는 야간의 방식에 의하여야 한다. 다만, 일출부터 일몰까지의 사이에도 기상상태에 의하여 상당한 거리로부터 주간의 방식에 의한 신호·전호 또는 표지를 확인하기 곤란할 때에는 야간의 방식에 의한다.

제78조(지하구간 및 터널 안의 신호) 지하구간 및 터널 안의 신호·전호 및 표지는 야간의 방식에 의하여야 한다. 다만, 길이가 짧아 빛이 통하는 지하구간 또는 조명시설이 설치된 터널 안 또는 지하 정거장 구내의 경우에는 그러하지 아니하다.

제79조(제한신호의 추정) ① 신호를 현시할 소정의 장소에 신호의 현시가 없거나 그 현시가 정확하지 아니할 때에는 정지신호의 현시가 있는 것으로 본다.
② 상치신호기 또는 임시신호기와 수신호가 각각 다른 신호를 현시한 때에는 그 운전을 최대로 제한하는 신호의 현시에 의하여야 한다. 다만, 사전에 통보가 있을 때에는 통보된 신호에 의한다.

제80조(신호의 겸용금지) 하나의 신호는 하나의 선로에서 하나의 목적으로 사용되어야 한다. 다만, 진로표시기를 부설한 신호기는 그러하지 아니하다.

제2절 상치신호기

제81조(상치신호기) 상치신호기는 일정한 장소에서 색등(色燈) 또는 등열(燈列)에 의하여 열차 또는 차량의 운전조건을 지시하는 신호기를 말한다.

제82조(상치신호기의 종류) 상치신호기의 종류와 용도는 다음 각 호와 같다.

1. 주신호기
    가. 장내신호기 : 정거장에 진입하려는 열차에 대하여 신호를 현시하는 것
    나. 출발신호기 : 정거장을 진출하려는 열차에 대하여 신호를 현시하는 것
    다. 폐색신호기 : 폐색구간에 진입하려는 열차에 대하여 신호를 현시하는 것
    라. 엄호신호기 : 특히 방호를 요하는 지점을 통과하려는 열차에 대하여 신호를 현시하는 것
    마. 유도신호기 : 장내신호기에 정지신호의 현시가 있는 경우 유도를 받을 열차에 대하여 신호를 현시하는 것
    바. 입환신호기 : 입환차량 또는 차내신호폐색식을 시행하는 구간의 열차에 대하여 신호를 현시하는 것
2. 종속신호기
    가. 원방신호기 : 장내신호기·출발신호기 및 폐색신호기에 종속하여 열차에 대하여 주신호기가 현시하는 신호의 예고신호를 현시하는 것
    나. 통과신호기 : 출발신호기에 종속하여 정거장에 진입하는 열차에 대하여 신호기가 현시하는 신호를 예고하며, 정거장을 통과할 수 있는지의 여부에 대한 신호를 현시하는 것
    다. 중계신호기 : 장내신호기·출발신호기 및 폐색신호기에 종속하여 열차에 대하여 주 신호기가 현시하는 신호를 중계하는 신호를 현시하는 것
3. 신호부속기
    가. 진로표시기 : 장내신호기·출발신호기·진로개통표시기 및 입환신호기에 부속하여 열차 또는 차량에 대하여 그 진로를 표시하는 것
    나. 진로예고기 : 장내신호기·출발신호기에 종속하여 다음 장내신호기 또는 출발신호기에 현시하는 진로를 열차에 대하여 예고하는 것
    다. 진로개통표시기 : 차내신호기를 사용하는 본 선로의 분기부에 설치하여 진로의 개통상태를 표시하는 것

제83조(차내신호) 차내신호의 종류 및 그 제한속도는 다음 각 호와 같다.
1. 정지신호 : 열차운행에 지장이 있는 구간으로 운행하는 열차에 대하여 정지하도록 하는 것
2. 15신호 : 정지신호에 의하여 정지한 열차에 대한 신호로서 1시간에 15킬로미터 이하의 속도로 운전하게 하는 것
3. 야드신호 : 입환차량에 대한 신호로서 1시간에 25킬로미터 이하의 속도로 운전하게 하는 것
4. 진행신호 : 열차를 지정된 속도 이하로 운전하게 하는 것

제84조(신호현시방식) 상치신호기의 현시방식은 다음 각 호와 같다.

1. 장내신호기·출발신호기·폐색신호기 및 엄호신호기

종 류	신호현시방식					
	5현시	4현시	3현시	2현시		
	색등식	색등식	색등식	색등식	완목식	
					주간	야간
정지신호	적색등	적색등	적색등	적색등	완·수평	적색등
경계신호	상위 : 등황색등 하위 : 등황색등					
주의신호	등황색등	등황색등	등황색등			
감속신호	상위 : 등황색등 하위 : 녹색등	상위 : 등황색등 하위 : 녹색등				
진행신호	녹색등	녹색등	녹색등	녹색등	완·좌하향 45도	녹색등

2. 유도신호기(등열식) : 백색등열 좌·하향 45도
3. 입환신호기

종 류	신호현시방식		
	등열식	색등식	
		차내신호폐색구간	그 밖의 구간
정지신호	백색등열 수평 무유도등 소등	적색등	적색등
진행신호	백색 등열 좌하향 45도 무유도등 점등	등황색등	청색등 무유도등 점등

4. 원방신호기(통과신호기를 포함한다)

종 류	신호현시방식		
	색등식	완목식	
		주간	야간
주신호기가 정지신호를 할 경우	주의신호 등황색등	완·수평	등황색등
주신호기가 진행을 지시하는 신호를 할 경우	진행신호 녹색등	완·좌하향 45도	녹색등

5. 중계신호기

종 류	등열식		색등식
주신호기가 정지신호를 할 경우	정지중계	백색등열(3등)수평	적색등
주신호기가 진행을 지시하는 신호를 할 경우	제한중계	백색등열(3등) 좌하향 45도	주신호기가 진행을 지시하는 색등
	진행중계	백색등열(3등) 수직	

6. 차내신호기

종 류	신호현시방식
정지신호	적색사각형등 점등
15신호	적색원형등 점등("15" 지시)
야드신호	노란색 직사각형등과 적색원형등(25등신호) 점등
진행신호	적색원형등(해당신호등) 점등

제85조(신호현시의 정위) ① 별도의 작동이 없는 상태에서의 상치신호기의 정위(正位)는 다음 각 호와 같다.
1. 장내신호기 : 정지신호
2. 출발신호기 : 정지신호
3. 폐색신호기(자동폐색신호기를 제외한다) : 정지신호
4. 엄호신호기 : 정지신호
5. 유도신호기 : 신호를 현시하지 아니한다.
6. 입환신호기 : 정지신호
7. 원방신호기 : 주의신호

② 자동폐색신호기 및 반자동폐색신호기는 진행을 지시하는 신호를 현시함을 정위로 한다. 다만, 단선구간의 경우에는 정지신호를 현시함을 정위로 한다.

③ 차내신호기는 진행신호를 현시함을 정위로 한다.

제86조(배면광 설비) 상치신호기의 현시를 후면에서 식별할 필요가 있는 경우에는 배면광(背面光)을 설비하여야 한다.

제87조(신호의 배열) 기둥 하나에 같은 종류의 신호 2 이상을 현시할 때에는 맨 위에 있는 것을 맨 왼쪽의 선로에 대한 것으로 하고, 순차적으로 오른쪽의 선로에 대한 것으로 한다.

제88조(신호현시의 순위) 원방신호기는 그 주된 신호기가 진행신호를 현시하거나, 3위식 신호기는 그 신호기의 배면쪽 제1의 신호기에 주의 또는 진행신호를 현시하기 전에 이에 앞서 진행신호를 현시할 수 없다.

제89조(신호의 복위) 열차가 상치신호기의 설치지점을 통과한 때에는 그 지점을 통과한 때마다 유도신호기는 신호를 현시하지 아니하며 원방신호기는 주의신호를, 그 밖의 신호기는 정지신호를 현시하여야 한다.

제3절 임시신호기

제90조(임시신호기) 선로의 상태가 일시 정상운전을 할 수 없는 상태인 경우에는 그 구역의 바깥쪽에 임시신호기를 설치하여야 한다.

제91조(임시신호기의 종류) 임시신호기의 종류와 용도는 다음 각 호와 같다.
1. 서행신호기 : 서행운전할 필요가 있는 구간에 진입하려는 열차 또는 차량에 대하여 당해구간을 서행할 것을 지시하는 것
2. 서행예고신호기 : 서행신호기를 향하여 진행하려는 열차에 대하여 그 전방에 서행신호의 현시 있음을 예고하는 것
3. 서행해제신호기 : 서행구역을 진출하려는 열차에 대하여 서행을 해제할 것을 지시하는 것

제92조(신호현시방식) ① 임시신호기의 신호현시방식은 다음과 같다.

종 류	신호현시방식	
	주 간	야 간
서행신호	백색테두리를 한 등황색 원판	등황색등
서행예고신호	흑색삼각형 3개를 그린 백색삼각형	흑색삼각형 3개를 그린 백색등
서행해제신호	백색테두리를 한 녹색원판	녹색등

② 서행신호기 및 서행예고신호기에는 서행속도를 표시하여야 한다.

제4절 수신호

제93조(수신호의 현시방법) 신호기를 설치하지 아니하거나 이를 사용하지 못하는 경우에 사용하는 수신호는 다음 각 호와 같이 현시한다.
1. 정지신호
  가. 주간 : 적색기. 다만, 적색기가 없을 때에는 양팔을 높이 들거나 또는 녹색기외의 것을 급히 흔든다.
  나. 야간 : 적색등. 다만, 적색등이 없을 때에는 녹색등 외의 것을 급히 흔든다.
2. 서행신호
  가. 주간 : 적색기와 녹색기를 모아쥐고 머리 위에 높이 교차한다.
  나. 야간 : 깜박이는 녹색등
3. 진행신호
  가. 주간 : 녹색기. 다만, 녹색기가 없을 때는 한 팔을 높이 든다.
  나. 야간 : 녹색등

제94조(선로지장시의 수신호) 선로에서의 정상 운행이 어려워 열차를 정지 또는 서행시켜야 하는 경우로서 임시신호기에 의할 수 없을 때에는 수신호로 다음 각 호와 같이 방호하여야 한다. 다만, 열차 무선전화로 열차를 정지 또는 서행시키는 조치를 한 때에는 이를 생략할 수 있다.
1. 정지시켜야 하는 경우
  가. 지장지점의 외방 200미터 이상의 지점에 정지 수신호를 현시하여야 하며, 미리

통고를 하지 못한 때에는 정지수신호 현시지점의 외방 상당한 거리에 폭음신호 현시를 위한 신호뇌관을 장치할 것
　　나. 열차 고장으로 인하여 도중에 열차가 정지하여 다른 열차를 정지시켜야 할 경우에는 이에 대한 폭음신호·정지수신호 등 상당한 방호조치를 할 것
　2. 서행시켜야 하는 경우
　　가. 서행구역의 시작지점에 서행수신호를 현시하고 서행구역이 끝나는 지점에 진행수신호를 현시할 것
　　나. 가목의 규정에 의한 수신호를 미리 통고하지 못한 때에는 서행수신호를 현시한 지점의 외방으로부터 상당한 거리에 신호뇌관을 장치할 것

제5절 특수신호

제95조(폭음신호) ① 기상상태로 정지신호를 확인하기 곤란한 경우 또는 예고하지 아니한 지점에 열차를 정지시키는 경우에는 신호뇌관의 폭음으로 정지신호를 현시하여야 한다. 다만, 지하구간에서는 이를 생략할 수 있다.
② 제1항의 규정에 의한 신호뇌관은 상당한 거리를 두고 2개 이상 장치하여야 한다.

제96조(화염신호) ① 예고하지 아니한 지점에 열차를 정지시킬 경우에는 신호염관의 적색 화염으로 정지신호를 현시하여야 한다.
② 제1항의 규정에 의한 화염신호는 정지대상 열차 외의 다른 열차가 오인하지 아니하도록 장치하여야 한다.

제97조(특별신호에 의한 정지신호) 특별신호에 의한 정지신호의 현시가 있을 때에는 즉시 열차 또는 차량을 정지하여야 한다.

제6절 전 호

제98조(전호현시) 열차 또는 차량에 대한 전호는 전호기로 현시하여야 한다. 다만, 전호기가 설치되어 있지 아니하거나 고장이 난 경우에는 수전호 또는 무선전화기로 현시할 수 있다.

제99조(출발전호) 열차를 출발시키고자 할 때에는 출발전호를 하여야 한다.

제100조(기적전호) 다음 각 호의 어느 하나에 해당하는 경우에는 기관사는 기적전호를 하여야 한다.
　1. 위험을 경고하는 경우
　2. 비상사태가 발생한 경우

제101조(입환전호 방법) ① 입환작업자(기관사를 포함한다)는 서로 육안으로 확인할 수 있도록 다음 각 호의 방법으로 입환전호하여야 한다.
　1. 오너라전호

가. 주간 : 녹색기를 좌우로 흔든다. 다만, 부득이한 경우에는 한 팔을 좌우로 움직임으로써 이를 대신할 수 있다.
나. 야간 : 녹색등을 좌우로 흔든다.
2. 가거라전호
가. 주간 : 녹색기를 위·아래로 흔든다. 다만, 부득이 한 경우에는 한 팔을 위·아래로 움직임으로써 이를 대신할 수 있다.
나. 야간 : 녹색등을 위·아래로 흔든다.
3. 정지전호
가. 주간 : 적색기. 다만, 부득이한 경우에는 두 팔을 높이 들어 이를 대신할 수 있다.
나. 야간 : 적색등
② 제1항에도 불구하고 다음 각 호의 어느 하나에 해당하는 경우에는 무선전화기를 사용하여 입환전호를 할 수 있다.
1. 무인역 또는 1인이 근무하는 역에서 입환하는 경우
2. 1인이 승무하는 동력차로 입환하는 경우
3. 신호를 원격으로 제어하여 단순히 선로를 변경하기 위하여 입환하는 경우
4. 지형 및 선로여건 등을 고려할 때 입환전호하는 작업자를 배치하기가 어려운 경우
[전문개정 2018. 7. 18.]

제102조(작업전호) 다음 각 호의 어느 하나에 해당하는 때에는 전호의 방식을 정하여 그 전호에 따라 작업을 하여야 한다.
1. 여객 또는 화물의 취급을 위하여 정지위치를 지시할 때
2. 퇴행 또는 추진운전시 열차의 맨 앞 차량에 승무한 직원이 철도차량운전자에 대하여 운전상 필요한 연락을 할 때
3. 검사·수선연결 또는 해방을 하는 경우에 당해 차량의 이동을 금지시킬 때
4. 신호기 취급직원 또는 입환전호를 하는 직원과 선로전환기취급 직원간에 선로전환기의 취급에 관한 연락을 할 때
5. 열차의 관통제동기의 시험을 할 때

제7절 표 지

제103조(열차의 표지) 열차 또는 입환 중인 동력차는 표지를 게시하여야 한다.

제104조(안전표지) 열차 또는 차량의 안전운전을 위하여 안전표지를 설치하여야 한다.

부칙 〈제575호, 2019. 1. 2.〉 (일본식 용어 정비를 위한 6개 법령의 일부개정에 관한 국토교통부령)
이 규칙은 공포한 날부터 시행한다.

철도안전법 중요 출제 포인트

▌철도 준사고에 해당하는 것은?

► 법 제2조 12. "철도준사고"란 철도안전에 중대한 위해를 끼쳐 철도사고로 이어질 수 있었던 것으로 국토교통부령으로 정하는 것을 말한다.

칙 제1조의3(철도준사고의 범위) 법 제2조 제12호에서 "국토교통부령으로 정하는 것"이란 다음 각 호의 어느 하나에 해당하는 것을 말한다.
1. 운행허가를 받지 않은 구간으로 열차가 주행하는 경우
2. 열차가 운행하려는 선로에 장애가 있음에도 진행을 지시하는 신호가 표시되는 경우. 다만, 복구 및 유지 보수를 위한 경우로서 관제 승인을 받은 경우에는 제외한다.
3. 열차 또는 철도차량이 승인 없이 정지신호를 지난 경우
4. 열차 또는 철도차량이 역과 역사이로 미끄러진 경우
5. 열차운행을 중지하고 공사 또는 보수작업을 시행하는 구간으로 열차가 주행한 경우
6. 안전운행에 지장을 주는 레일 파손이나 유지보수 허용범위를 벗어난 선로 뒤틀림이 발생한 경우
7. 안전운행에 지장을 주는 철도차량의 차륜, 차축, 차축베어링에 균열 등의 고장이 발생한 경우
8. 철도차량에서 화약류 등 「철도안전법 시행령」(이하 "영"이라 한다) 제45조에 따른 위험물 또는 제78조 제1항에 따른 위해물품이 누출된 경우
9. 제1호부터 제8호까지의 준사고에 준하는 것으로서 철도사고로 이어질 수 있는 것

▌운행장애에 대한 것을 모두 고른 것은?

► 법 제2조 13. "운행장애"란 철도사고 및 철도준사고 외에 철도차량의 운행에 지장을 주는 것으로서 국토교통부령으로 정하는 것을 말한다.

칙 제1조의4(운행장애의 범위) 법 제2조 제13호에서 "국토교통부령으로 정하는 것"이란 다음 각 호의 어느 하나에 해당하는 것을 말한다.
1. 관제의 사전승인 없는 정차역 통과

2. 다음 각 목의 구분에 따른 운행 지연. 다만, 다른 철도사고 또는 운행장애로 인한 운행 지연은 제외한다.
   가. 고속열차 및 전동열차 : 20분 이상
   나. 일반여객열차 : 30분 이상
   다. 화물열차 및 기타열차 : 60분 이상

■ 철도종사자의 준수사항

▶ 제40조의2(철도종사자의 준수사항)
① 운전업무종사자는 철도차량의 운전업무 수행 중 다음 각 호의 사항을 준수하여야 한다.
   1. 철도차량 출발 전 국토교통부령으로 정하는 조치 사항을 이행할 것
   2. 국토교통부령으로 정하는 철도차량 운행에 관한 안전 수칙을 준수할 것
② 관제업무종사자는 관제업무 수행 중 다음 각 호의 사항을 준수하여야 한다.
   1. 국토교통부령으로 정하는 바에 따라 운전업무종사자 등에게 열차 운행에 관한 정보를 제공할 것
   2. 철도사고, 철도준사고 및 운행장애(이하 "철도사고등"이라 한다) 발생 시 국토교통부령으로 정하는 조치 사항을 이행할 것
③ 작업책임자는 철도차량의 운행선로 또는 그 인근에서 철도시설의 건설 또는 관리와 관련된 작업 수행 중 다음 각 호의 사항을 준수하여야 한다.
   1. 국토교통부령으로 정하는 바에 따라 작업 수행 전에 작업원을 대상으로 안전교육을 실시할 것
   2. 국토교통부령으로 정하는 작업안전에 관한 조치 사항을 이행할 것
④ 철도운행안전관리자는 철도차량의 운행선로 또는 그 인근에서 철도시설의 건설 또는 관리와 관련된 작업 수행 중 다음 각 호의 사항을 준수하여야 한다.
   1. 작업일정 및 열차의 운행일정을 작업수행 전에 조정할 것
   2. 제1호의 작업일정 및 열차의 운행일정을 작업과 관련하여 관할 역의 관리책임자(정거장에서 철도신호기·선로전환기 또는 조작판 등을 취급하는 사람을 포함한다) 및 관제업무종사자와 협의하여 조정할 것
   3. 국토교통부령으로 정하는 열차운행 및 작업안전에 관한 조치 사항을 이행할 것
⑤ 철도사고등이 발생하는 경우 해당 철도차량의 운전업무종사자와 여객승무원은 철도사고등의 현장을 이탈하여서는 아니 되며, 철도차량 내 안전 및 질서유지를 위하여 승객 구호조치 등 국토교통부령으로 정하는 후속조치를 이행하여야 한다. 다만, 의료기관으로의 이송이 필요한 경우 등 국토교통부령으로 정하는 경우에는 그러하지 아니하다.

안전관리체계 관련 과징금으로 사망자가 10명 이상일 경우는?
▶ 안전관리체계 관련 과징금

안전관리체계 관련 과징금의 부과기준(제6조 관련)

1. 일반기준
   가. 위반행위의 횟수에 따른 과징금의 가중된 부과기준은 최근 2년간 같은 위반행위로 과징금 부과처분을 받은 경우에 적용한다. 이 경우 기간의 계산은 위반행위에 대하여 과징금 부과처분을 받은 날과 그 처분 후 다시 같은 위반행위를 하여 적발된 날을 기준으로 한다.
   나. 가목에 따라 가중된 부과처분을 하는 경우 가중처분의 적용 차수는 그 위반행위 전 부과처분 차수(가목에 따른 기간 내에 과징금 부과처분이 둘 이상 있었던 경우에는 높은 차수를 말한다)의 다음 차수로 한다.
   다. 위반행위가 둘 이상인 경우로서 각 처분내용이 모두 업무정지인 경우에는 각 처분기준에 따른 과징금을 합산한 금액을 넘지 않는 범위에서 무거운 처분기준에 해당하는 과징금 금액의 2분의 1의 범위에서 가중할 수 있다.
   라. 국토교통부장관은 다음의 어느 하나에 해당하는 경우에는 제2호의 개별기준에 따른 과징금 금액의 2분의 1 범위에서 그 금액을 줄일 수 있다. 다만, 과징금을 체납하고 있는 위반행위자의 경우에는 그렇지 않다.
      1) 위반행위가 사소한 부주의나 오류로 인한 것으로 인정되는 경우
      2) 위반행위자가 법 위반상태를 시정하거나 해소하기 위한 노력이 인정되는 경우
      3) 그 밖에 사업 규모, 사업 지역의 특수성, 위반행위의 정도, 위반행위의 동기와 그 결과 및 위반 횟수 등을 고려하여 과징금 금액을 줄일 필요가 있다고 인정되는 경우
   마. 국토교통부장관은 다음의 어느 하나에 해당하는 경우에는 제2호의 개별기준에 따른 과징금 금액의 2분의 1 범위에서 그 금액을 늘릴 수 있다. 다만, 법 제9조의2 제1항에 따른 과징금 금액의 상한을 넘을 경우 상한금액으로 한다.
      1) 위반의 내용 및 정도가 중대하여 공중에게 미치는 피해가 크다고 인정되는 경우
      2) 법 위반상태의 기간이 6개월 이상인 경우
      3) 그 밖에 사업 규모, 사업 지역의 특수성, 위반행위의 정도, 위반행위의 동기와 그 결과 및 위반 횟수 등을 고려하여 과징금 금액을 늘릴 필요가 있다고 인정되는 경우

2. 개별기준

(단위 : 백만원)

위반행위	근거법조문	과징금 금액
가. 법 제7조 제3항을 위반하여 변경승인을 받지 않고 안전관리체계를 변경한 경우	법 제9조 제1항 제2호	
1) 1차 위반		120
2) 2차 위반		240
3) 3차 위반		480
4) 4차 이상 위반		960

위반행위	근거 법조문	과징금 금액(단위: 백만원)
나. 법 제7조 제3항을 위반하여 변경신고를 하지 않고 안전관리체계를 변경한 경우	법 제9조 제1항 제2호	
1) 1차 위반		경고
2) 2차 위반		120
3) 3차 이상 위반		240
다. 법 제8조 제1항을 위반하여 안전관리체계를 지속적으로 유지하지 않아 철도운영이나 철도시설의 관리에 중대한 지장을 초래한 경우	법 제9조 제1항 제3호	
1) 철도사고로 인한 사망자 수		
가) 1명 이상 3명 미만		360
나) 3명 이상 5명 미만		720
다) 5명 이상 10명 미만		1,440
라) 10명 이상		2,160
2) 철도사고로 인한 중상자 수		
가) 5명 이상 10명 미만		180
나) 10명 이상 30명 미만		360
다) 30명 이상 50명 미만		720
라) 50명 이상 100명 미만		1,440
마) 100명 이상		2,160
3) 철도사고 또는 운행장애로 인한 재산피해액		
가) 5억원 이상 10억원 미만		180
나) 10억원 이상 20억원 미만		360
다) 20억원 이상		720
라. 법 제8조 제3항에 따른 시정조치명령을 정당한 사유 없이 이행하지 않은 경우	법 제9조 제1항 제4호	
1) 1차 위반		240
2) 2차 위반		480
3) 3차 위반		960
4) 4차 이상 위반		1,920

비고
1. "사망자"란 철도사고가 발생한 날부터 30일 이내에 그 사고로 사망한 사람을 말한다.
2. "중상자"란 철도사고로 인해 부상을 입은 날부터 7일 이내 실시된 의사의 최초 진단결과 24시간 이상 입원 치료가 필요한 상해를 입은 사람(의식불명, 시력상실을 포함)를 말한다.
3. "재산피해액"이란 시설피해액(인건비와 자재비등 포함), 차량피해액(인건비와 자재비등 포함), 운임환불 등을 포함한 직접손실액을 말한다.
4. 위 표의 다목 1)부터 3)까지의 규정에 따른 과징금을 부과하는 경우에 사망자, 중상자, 재산피해가 동시에 발생한 경우는 각각의 과징금을 합산하여 부과한다. 다만, 합산한 금액이 법 제9조의2 제1항에 따른 과징금 금액의 상한을 초과하는 경우에는 법 제9조의2 제1항에 따른 상한금액을 과징금으로 부과한다.
5. 위 표 및 제4호에 따른 과징금 금액이 해당 철도운영자등의 전년도(위반행위가 발생한 날이 속하는 해의 직전 연도를 말한다) 매출액의 100분의 4를 초과하는 경우에는 전년도 매출액의 100분의 4에 해당하는 금액을 과징금으로 부과한다.

철도안전법 제정 일자는?
► 철도안전법 [시행 2005. 1. 1.] [법률 제7245호, 2004. 10. 22., 제정]

철도종사자가 아닌 것은?
► 법 제2조 "철도종사자"란 다음 각 목의 어느 하나에 해당하는 사람을 말한다.
가. 철도차량의 운전업무에 종사하는 사람(이하 "운전업무종사자"라 한다)
나. 철도차량의 운행을 집중 제어·통제·감시하는 업무(이하 "관제업무"라 한다)에 종사하는 사람
다. 여객에게 승무(乘務) 서비스를 제공하는 사람(이하 "여객승무원"이라 한다)
라. 여객에게 역무(驛務) 서비스를 제공하는 사람(이하 "여객역무원"이라 한다)
마. 철도차량의 운행선로 또는 그 인근에서 철도시설의 건설 또는 관리와 관련한 작업의 협의·지휘·감독·안전관리 등의 업무에 종사하도록 철도운영자 또는 철도시설관리자가 지정한 사람(이하 "작업책임자"라 한다)
바. 철도차량의 운행선로 또는 그 인근에서 철도시설의 건설 또는 관리와 관련한 작업의 일정을 조정하고 해당 선로를 운행하는 열차의 운행일정을 조정하는 사람(이하 "철도운행안전관리자"라 한다)
사. 그 밖에 철도운영 및 철도시설관리와 관련하여 철도차량의 안전운행 및 질서유지와 철도차량 및 철도시설의 점검·정비 등에 관한 업무에 종사하는 사람으로서 대통령령으로 정하는 사람

열차운행을 일시 중지할 수 있는 경우
► 법 제40조(열차운행의 일시 중지)
① 철도운영자는 다음 각 호의 어느 하나에 해당하는 경우로서 열차의 안전운행에 지장이 있다고 인정하는 경우에는 열차운행을 일시 중지할 수 있다.
  1. 지진, 태풍, 폭우, 폭설 등 천재지변 또는 악천후로 인하여 재해가 발생하였거나 재해가 발생할 것으로 예상되는 경우
  2. 그 밖에 열차운행에 중대한 장애가 발생하였거나 발생할 것으로 예상되는 경우
② 철도종사자는 철도사고 및 운행장애의 징후가 발견되거나 발생 위험이 높다고 판단되는 경우에는 관제업무종사자에게 열차운행을 일시 중지할 것을 요청할 수 있다. 이 경우 요청을 받은 관제업무종사자는 특별한 사유가 없으면 즉시 열차운행을 중지하여야 한다.
③ 철도종사자는 제2항에 따른 열차운행의 중지 요청과 관련하여 고의 또는 중대한 과실이 없는 경우에는 민사상 책임을 지지 아니한다.
④ 누구든지 제2항에 따라 열차운행의 중지를 요청한 철도종사자에게 이를 이유로 불이익한 조치를 하여서는 아니 된다.

철도종사자의 음주 측정 기준

▶ 제41조(철도종사자의 음주 제한 등)

① 다음 각 호의 어느 하나에 해당하는 철도종사자(실무수습 중인 사람을 포함한다)는 술(「주세법」 제3조 제1호에 따른 주류를 말한다. 이하 같다)을 마시거나 약물을 사용한 상태에서 업무를 하여서는 아니 된다.
 1. 운전업무종사자 2. 관제업무종사자 3. 여객승무원
 4. 작업책임자   5. 철도운행안전관리자
 6. 정거장에서 철도신호기·선로전환기 및 조작판 등을 취급하거나 열차의 조성(組成 : 철도차량을 연결하거나 분리하는 작업을 말한다)업무를 수행하는 사람
 7. 철도차량 및 철도시설의 점검·정비 업무에 종사하는 사람

② 국토교통부장관 또는 시·도지사(「도시철도법」 제3조 제2호에 따른 도시철도 및 같은 법 제24조에 따라 지방자치단체로부터 도시철도의 건설과 운영의 위탁을 받은 법인이 건설·운영하는 도시철도만 해당한다. 이하 이 조, 제42조, 제45조, 제46조 및 제82조 제6항에서 같다)는 철도안전과 위험방지를 위하여 필요하다고 인정하거나 제1항에 따른 철도종사자가 술을 마시거나 약물을 사용한 상태에서 업무를 하였다고 인정할 만한 상당한 이유가 있을 때에는 철도종사자에 대하여 술을 마셨거나 약물을 사용하였는지 확인 또는 검사할 수 있다. 이 경우 그 철도종사자는 국토교통부장관 또는 시·도지사의 확인 또는 검사를 거부하여서는 아니 된다.

③ 제2항에 따른 확인 또는 검사 결과 철도종사자가 술을 마시거나 약물을 사용하였다고 판단하는 기준은 다음 각 호의 구분과 같다.
 1. 술 : 혈중 알코올농도가 0.02퍼센트(제1항 제4호부터 제6호까지의 철도종사자는 0.03퍼센트) 이상인 경우
 2. 약물 : 양성으로 판정된 경우

④ 제2항에 따른 확인 또는 검사의 방법·절차 등에 관하여 필요한 사항은 대통령령으로 정한다.

1천만원 이하 과태료에 관한 사항

▶ 법 제82조(과태료)

① 다음 각 호의 어느 하나에 해당하는 자에게는 1천만원 이하의 과태료를 부과한다.
 1. 제7조 제3항(제26조의8 및 제27조의2 제4항에서 준용하는 경우를 포함한다)을 위반하여 안전관리체계의 변경승인을 받지 아니하고 안전관리체계를 변경한 자
 2. 제8조 제3항(제26조의8 및 제27조의2 제4항에서 준용하는 경우를 포함한다)을 위반하여 정당한 사유 없이 시정조치 명령에 따르지 아니한 자
 2의2. 제9조의4 제4항을 위반하여 시정조치 명령을 따르지 아니한 자
 4. 제26조 제2항(제27조 제4항에서 준용하는 경우를 포함한다)을 위반하여 변경승인

을 받지 아니한 자
5. 제26조의5 제2항(제27조의2 제4항에서 준용하는 경우를 포함한다)에 따른 신고를 하지 아니한 자
6. 제27조의2 제3항을 위반하여 형식승인표시를 하지 아니한 자
7. 제31조 제2항을 위반하여 조사·열람·수거 등을 거부, 방해 또는 기피한 자
8. 제32조 제2항 또는 제4항을 위반하여 시정조치계획을 제출하지 아니하거나 시정조치의 진행 상황을 보고하지 아니한 자
9. 제38조 제2항에 따른 개선·시정 명령을 따르지 아니한 자
9의2. 제38조의5 제3항을 위반한 다음 각 목의 어느 하나에 해당하는 자
　　가. 이력사항을 고의로 입력하지 아니한 자
　　나. 이력사항을 위조·변조하거나 고의로 훼손한 자
　　다. 이력사항을 무단으로 외부에 제공한 자
9의3. 제38조의7 제2항을 위반하여 변경인증을 받지 아니한 자
9의4. 제38조의9에 따른 준수사항을 지키지 아니한 자
9의5. 제38조의12 제2항에 따른 정밀안전진단 명령을 따르지 아니한 자
9의6. 제38조의14 제2항 후단을 위반하여 특별한 사유 없이 자료를 제출하지 아니하거나 거짓으로 제출한 자
10. 제39조의2 제3항에 따른 안전조치를 따르지 아니한 자
10의2. 제39조의3 제1항을 위반하여 영상기록장치를 설치·운영하지 아니한 자
13의2. 제48조의3 제1항을 위반하여 국토교통부장관의 성능인증을 받은 보안검색장비를 사용하지 아니한 자
14. 제49조 제1항을 위반하여 철도종사자의 직무상 지시에 따르지 아니한 사람
15. 제61조제 1항 및 제61조의2 제1항·제2항에 따른 보고를 하지 아니하거나 거짓으로 보고한 자
16. 제73조 제1항에 따른 보고를 하지 아니하거나 거짓으로 보고한 자
17. 제73조 제1항에 따른 자료제출을 거부, 방해 또는 기피한 자
18. 제73조 제2항에 따른 소속 공무원의 출입·검사를 거부, 방해 또는 기피한 자

② 다음 각 호의 어느 하나에 해당하는 자에게는 500만원 이하의 과태료를 부과한다.
1. 제7조 제3항(제26조의8 및 제27조의2 제4항에서 준용하는 경우를 포함한다)을 위반하여 안전관리체계의 변경신고를 하지 아니하고 안전관리체계를 변경한 자
2. 제24조 제1항을 위반하여 안전교육을 실시하지 아니한 자 또는 제24조 제2항을 위반하여 직무교육을 실시하지 아니한 자
2의2. 제24조 제3항을 위반하여 안전교육 실시 여부를 확인하지 아니하거나 안전교육을 실시하도록 조치하지 아니한 철도운영자등

3. 제26조 제2항(제27조 제4항에서 준용하는 경우를 포함한다)을 위반하여 변경신고를 하지 아니한 자
4. 제38조의2 제2항 단서를 위반하여 개조신고를 하지 아니하고 개조한 철도차량을 운행한 자
5. 제38조의5 제3항 제1호를 위반하여 이력사항을 과실로 입력하지 아니한 자
6. 제38조의7 제2항을 위반하여 변경신고를 하지 아니한 자
7. 제40조의2에 따른 준수사항을 위반한 자
8. 제47조 제1항 제1호 또는 제3호를 위반하여 여객출입 금지장소에 출입하거나 물건을 여객열차 밖으로 던지는 행위를 한 사람
8의2. 제47조 제3항을 위반하여 여객열차에서의 금지행위에 관한 사항을 안내하지 아니한 자
9. 제48조 제5호를 위반하여 철도시설(선로는 제외한다)에 승낙 없이 출입하거나 통행한 사람
10. 제48조 제7호·제9호 또는 제10호를 위반하여 철도시설에 유해물 또는 오물을 버리거나 열차운행에 지장을 준 사람
11. 제48조의3 제2항에 따른 보안검색장비의 성능인증을 위한 기준·방법·절차 등을 위반한 인증기관 및 시험기관
12. 제61조 제2항에 따른 보고를 하지 아니하거나 거짓으로 보고한 자

③ 다음 각 호의 어느 하나에 해당하는 자에게는 300만원 이하의 과태료를 부과한다.
1. 제9조의4 제3항을 위반하여 우수운영자로 지정되었음을 나타내는 표시를 하거나 이와 유사한 표시를 한 자
4. 제20조 제3항(제21조의11 제2항에서 준용하는 경우를 포함한다)을 위반하여 운전면허증을 반납하지 아니한 사람

④ 다음 각 호의 어느 하나에 해당하는 자에게는 100만원 이하의 과태료를 부과한다.
1. 제47조 제1항 제4호를 위반하여 여객열차에서 흡연을 한 사람
2. 제48조 제5호를 위반하여 선로에 승낙 없이 출입하거나 통행한 사람

⑤ 다음 각 호의 어느 하나에 해당하는 자에게는 50만원 이하의 과태료를 부과한다.
1. 제45조 제4항을 위반하여 조치명령을 따르지 아니한 자
2. 제47조 제1항 제7호를 위반하여 공중이나 여객에게 위해를 끼치는 행위를 한 사람

⑥ 제1항부터 제5항까지에 따른 과태료는 대통령령으로 정하는 바에 따라 국토교통부장관 또는 시·도지사(이 조 제1항 제14호·제16호 및 제17호, 제2항 제8호부터 제10호까지, 제4항 제1호·제2호 및 제5항 제1호·제2호만 해당한다)가 부과·징수한다.

몇 일 안에 사망해야 철도사고인가?
▶ '사망자' - 철도사고가 발생한 날로부터 30일 이내 그 사고로 사망한 사람.
  '중상자' - 철도사고로 인해 부상을 입은 날부터 7일 이내 실시한 의사의 최초 진단 결과 24시간 이상 입원치료가 필요한 상해를 입은 사람(의식불명, 시력상실 포함)을 말한다.

열차운행체계와 관련한 서류
▶ 제2조(안전관리체계 승인 신청 절차 등) ① 철도운영자 및 철도시설관리자(이하 "철도운영자등"이라 한다)가 법 제7조 제1항에 따른 안전관리체계(이하 "안전관리체계"라 한다)를 승인받으려는 경우에는 철도운용 또는 철도시설 관리 개시 예정일 90일 전까지 별지 제1호 서식의 철도안전관리체계 승인신청서에 다음 각 호의 서류를 첨부하여 국토교통부장관에게 제출하여야 한다.
1. 「철도사업법」 또는 「도시철도법」에 따른 철도사업면허증 사본
2. 조직·인력의 구성, 업무 분장 및 책임에 관한 서류
3. 다음 각 호의 사항을 적시한 철도안전관리시스템에 관한 서류
   가. 철도안전관리시스템 개요 나. 철도안전경영 다. 문서화 라. 위험관리
   마. 요구사항 준수 바. 철도사고 조사 및 보고 사. 내부 점검 아. 비상대응
   자. 교육훈련 차. 안전정보 카. 안전문화
4. 다음 각 호의 사항을 적시한 열차운행체계에 관한 서류
   가. 철도운영 개요 나. 철도사업면허 다. 열차운행 조직 및 인력
   라. 열차운행 방법 및 절차 마. 열차 운행계획 바. 승무 및 역무
   사. 철도관제업무 아. 철도보호 및 질서유지 자. 열차운영 기록관리
   차. 위탁 계약자 감독 등 위탁업무 관리에 관한 사항
5. 다음 각 호의 사항을 적시한 유지관리체계에 관한 서류
   가. 유지관리 개요 나. 유지관리 조직 및 인력
   다. 유지관리 방법 및 절차(법 제38조에 따른 종합시험운행 실시 결과(완료된 결과를 말한다. 이하 이 조에서 같다)를 반영한 유지관리 방법을 포함한다)
   라. 유지관리 이행계획 마. 유지관리 기록 바. 유지관리 설비 및 장비
   사. 유지관리 부품 아. 철도차량 제작 감독
   자. 위탁 계약자 감독 등 위탁업무 관리에 관한 사항
6. 법 제38조에 따른 종합시험운행 실시 결과 보고서

안전관리체계의 경미한 사항 변경
▶ 제3조(안전관리체계의 경미한 사항 변경)
① 법 제7조 제3항 단서에서 "국토교통부령으로 정하는 경미한 사항"이란 다음 각 호의

어느 하나에 해당하는 사항을 제외한 변경사항을 말한다.
1. 안전 업무를 수행하는 전담조직의 변경(조직 부서명의 변경은 제외한다)
2. 열차운행 또는 유지관리 인력의 감소
3. 철도차량 또는 다음 각 목의 어느 하나에 해당하는 철도시설의 증가
    가. 교량, 터널, 옹벽
    나. 선로(레일)
    다. 역사, 기지, 승강장안전문
    라. 전차선로, 변전설비, 수전실, 수·배전선로
    마. 연동장치, 열차제어장치, 신호기장치, 선로전환기장치, 궤도회로장치, 건널목보안장치
    바. 통신선로설비, 열차무선설비, 전송설비
4. 철도노선의 신설 또는 개량
5. 사업의 합병 또는 양도·양수
6. 유지관리 항목의 축소 또는 유지관리 주기의 증가
7. 위탁 계약자의 변경에 따른 열차운행체계 또는 유지관리체계의 변경칙 제3조

▌안전관리체계의 승인 취소

▶ 제9조(승인의 취소 등)

① 국토교통부장관은 안전관리체계의 승인을 받은 철도운영자등이 다음 각 호의 어느 하나에 해당하는 경우에는 그 승인을 취소하거나 6개월 이내의 기간을 정하여 업무의 제한이나 정지를 명할 수 있다. 다만, 제1호에 해당하는 경우에는 그 승인을 취소하여야 한다.
1. 거짓이나 그 밖의 부정한 방법으로 승인을 받은 경우
2. 제7조 제3항을 위반하여 변경승인을 받지 아니하거나 변경신고를 하지 아니하고 안전관리체계를 변경한 경우
3. 제8조 제1항을 위반하여 안전관리체계를 지속적으로 유지하지 아니하여 철도운영이나 철도시설의 관리에 중대한 지장을 초래한 경우
4. 제8조제 3항에 따른 시정조치명령을 정당한 사유 없이 이행하지 아니한 경우
② 제1항에 따른 승인 취소, 업무의 제한 또는 정지의 기준 및 절차 등에 관하여 필요한 사항은 국토교통부령으로 정한다.

▌철도차량운전면허의 종류

▶ 제11조(운전면허 종류)
① 법 제10조 제3항에 따른 철도차량의 종류별 운전면허는 다음 각 호와 같다.

1. 고속철도차량 운전면허
2. 제1종 전기차량 운전면허
3. 제2종 전기차량 운전면허
4. 디젤차량 운전면허
5. 철도장비 운전면허
6. 노면전차(路面電車) 운전면허

② 제1항 각 호에 따른 운전면허(이하 "운전면허"라 한다)를 받은 사람이 운전할 수 있는 철도차량의 종류는 국토교통부령으로 정한다.

▮ 운전적성검사를 받을 수 없는 경우

▶ 제15조(운전적성검사)

① 운전면허를 받으려는 사람은 철도차량 운전에 적합한 적성을 갖추고 있는지를 판정받기 위하여 국토교통부장관이 실시하는 적성검사(이하 "운전적성검사"라 한다)에 합격하여야 한다.

② 운전적성검사에 불합격한 사람 또는 운전적성검사 과정에서 부정행위를 한 사람은 다음 각 호의 구분에 따른 기간 동안 운전적성검사를 받을 수 없다. 〈개정 2015. 7. 24.〉
1. 운전적성검사에 불합격한 사람 : 검사일부터 3개월
2. 운전적성검사 과정에서 부정행위를 한 사람 : 검사일부터 1년

▮ 운전교육훈련기관 지정기준

▶ 제17조(운전교육훈련기관 지정기준)

① 운전교육훈련기관 지정기준은 다음 각 호와 같다.
1. 운전교육훈련 업무 수행에 필요한 상설 전담조직을 갖출 것
2. 운전면허의 종류별로 운전교육훈련 업무를 수행할 수 있는 전문인력을 확보할 것
3. 운전교육훈련 시행에 필요한 사무실·교육장과 교육 장비를 갖출 것
4. 운전교육훈련기관의 운영 등에 관한 업무규정을 갖출 것

② 제1항에 따른 운전교육훈련기관 지정기준에 관한 세부적인 사항은 국토교통부령으로 정한다.

▮ 운전업무종사자의 신체검사 기준

▶ 제21조(신체검사 등을 받아야 하는 철도종사자)

법 제23조 제1항에서 "대통령령으로 정하는 업무에 종사하는 철도종사자"란 다음 각 호의 어느 하나에 해당하는 철도종사자를 말한다.
1. 운전업무종사자
2. 관제업무종사자
3. 정거장에서 철도신호기·선로전환기 및 조작판 등을 취급하는 업무를 수행하는 사람

신체검사 항목 및 불합격 기준 (제12조 제2항 및 제40조 제4항 관련) (규칙 별표2)

1. 운전면허 또는 관제자격증명 취득을 위한 신체검사

검사 항목	불합격 기준
가. 일반 결함	1) 신체 각 장기 및 각 부위의 악성종양 2) 중증인 고혈압증(수축기 혈압 180mmHg 이상이고, 확장기 혈압 110mmHg 이상인 사람) 3) 이 표에서 달리 정하지 아니한 법정 감염병 중 직접 접촉, 호흡기 등을 통하여 전파가 가능한 감염병
나. 코·구강·인후 계통	의사소통에 지장이 있는 언어장애나 호흡에 장애를 가져오는 코, 구강, 인후, 식도의 변형 및 기능장애
다. 피부 질환	다른 사람에게 감염될 위험성이 있는 만성 피부질환자 및 한센병 환자
라. 흉부 질환	1) 업무수행에 지장이 있는 급성 및 만성 늑막질환 2) 활동성 폐결핵, 비결핵성 폐질환, 중증 만성천식증, 중증 만성기관지염, 중증 기관지확장증 3) 만성폐쇄성 폐질환
마. 순환기 계통	1) 심부전증 2) 업무수행에 지장이 있는 발작성 빈맥(분당 150회 이상)이나 기질성 부정맥 3) 심한 방실전도장애 4) 심한 동맥류 5) 유착성 심낭염 6) 폐성심 7) 확진된 관상동맥질환(협심증 및 심근경색증)
바. 소화기 계통	1) 빈혈증 등의 질환과 관계있는 비장종대 2) 간경변증이나 업무수행에 지장이 있는 만성 활동성 간염 3) 거대결장, 게실염, 회장염, 궤양성 대장염으로 고치기 어려운 경우
사. 생식이나 비뇨기 계통	1) 만성 신장염 2) 중증 요실금 3) 만성 신우염 4) 고도의 수신증이나 농신증 5) 활동성 신결핵이나 생식기 결핵 6) 고도의 요도협착 7) 진행성 신기능장애를 동반한 양측성 신결석 및 요관결석 8) 진행성 신기능장애를 동반한 만성신증후군
아. 내분비 계통	1) 중증의 갑상샘 기능 이상 2) 거인증이나 말단비대증 3) 애디슨병 4) 그 밖에 쿠싱증후근 등 뇌하수체의 이상에서 오는 질환 5) 중증인 당뇨병(식전 혈당 140 이상) 및 중증의 대사질환(통풍 등)
자. 혈액이나 조혈 계통	1) 혈우병 2) 혈소판 감소성 자반병 3) 중증의 재생불능성 빈혈

	4) 용혈성 빈혈(용혈성 황달) 5) 진성적혈구 과다증 6) 백혈병
차. 신경 계통	1) 다리·머리·척추 등 그 밖에 이상으로 앉아 있거나 걷지 못하는 경우 2) 중추신경계 염증성 질환에 따른 후유증으로 업무수행에 지장이 있는 경우 3) 업무에 적응할 수 없을 정도의 말초신경질환 4) 머리뼈 이상, 뇌 이상이나 뇌 순환장애로 인한 후유증(신경이나 신체증상)이 남아 업무수행에 지장이 있는 경우 5) 뇌 및 척추종양, 뇌기능장애가 있는 경우 6) 전신성·중증 근무력증 및 신경근 접합부 질환 7) 유전성 및 후천성 만성근육질환 8) 만성 진행성·퇴행성 질환 및 탈수조성 질환(유전성 무도병, 근위축성 측색경화증, 보행실조증, 다발성경화증)
카. 사지	1) 손의 필기능력과 두 손의 악력이 없는 경우 2) 난치의 뼈·관절 질환이나 기형으로 업무수행에 지장이 있는 경우 3) 한쪽 팔이나 한쪽 다리 이상을 쓸 수 없는 경우(운전업무에만 해당한다)
타. 귀	귀의 청력이 500Hz, 1000Hz, 2000Hz에서 측정하여 측정치의 산술평균이 두 귀 모두 40dB 이상인 사람
파. 눈	1) 두 눈의 나안(맨눈) 시력 중 어느 한쪽의 시력이라도 0.5 이하인 경우(다만, 한쪽 눈의 시력이 0.7 이상이고 다른 쪽 눈의 시력이 0.3 이상인 경우는 제외한다)로서 두 눈의 교정시력 중 어느 한쪽의 시력이라도 0.8 이하인 경우(다만, 한쪽 눈의 교정시력이 1.0 이상이고 다른 쪽 눈의 교정시력이 0.5 이상인 경우는 제외한다) 2) 시야의 협착이 1/3 이상인 경우 3) 안구 및 그 부속기의 기질성·활동성·진행성 질환으로 인하여 시력 유지에 위협이 되고, 시기능장애가 되는 질환 4) 안구 운동장애 및 안구진탕 5) 색각이상(색약 및 색맹)
하. 정신 계통	1) 업무수행에 지장이 있는 지적장애 2) 업무에 적응할 수 없을 정도의 성격 및 행동장애 3) 업무에 적응할 수 없을 정도의 정신장애 4) 마약·대마·향정신성 의약품이나 알코올 관련 장애 등 5) 뇌전증 6) 수면장애(폐쇄성 수면 무호흡증, 수면발작, 몽유병, 수면 이상증 등)이나 공황장애

비고
1. 철도차량 운전면허 소지자가 다른 종류의 철도차량 운전면허를 취득하려는 경우에는 운전면허 취득을 위한 신체검사를 받은 것으로 본다.
2. 도시철도 관제자격증명을 취득한 사람이 철도 관제자격증명을 취득하려는 경우에는 관제자격증명 취득을 위한 신체검사를 받은 것으로 본다.
3. 철도차량 운전면허 소지자가 관제자격증명을 취득하려는 경우 또는 관제자격증명 취득자가 철도차량 운전면허를 취득하려는 경우에는 관제자격증명 또는 운전면허 취득을 위한 신체검사를 받은 것으로 본다.

2. 운전업무종사자 등에 대한 신체검사

검사 항목	불합격 기준	
	최초검사·특별검사	정기검사
가. 일반 결함	1) 신체 각 장기 및 각 부위의 악성종양 2) 중증인 고혈압증(수축기 혈압 180 mmHg 이상이고, 확장기 혈압 110 mmHg 이상인 경우) 3) 이 표에서 달리 정하지 아니한 법정 감염병 중 직접 접촉, 호흡기 등을 통하여 전파가 가능한 감염병	1) 업무수행에 지장이 있는 악성종양 2) 조절되지 아니하는 중증인 고혈압증 3) 이 표에서 달리 정하지 아니한 법정 감염병 중 직접 접촉, 호흡기 등을 통하여 전파가 가능한 감염병
나. 코·구강·인후 계통	의사소통에 지장이 있는 언어장애나 호흡에 장애를 가져오는 코·구강·인후·식도의 변형 및 기능장애	의사소통에 지장이 있는 언어장애나 호흡에 장애를 가져오는 코·구강·인후·식도의 변형 및 기능장애
다. 피부 질환	다른 사람에게 감염될 위험성이 있는 만성 피부질환자 및 한센병 환자	
라. 흉부 질환	1) 업무수행에 지장이 있는 급성 및 만성 늑막질환 2) 활동성 폐결핵, 비결핵성 폐질환, 중증 만성천식증, 중증 만성기관지염, 중증 기관지확장증 3) 만성 폐쇄성 폐질환	1) 업무수행에 지장이 있는 활동성 폐결핵, 비결핵성 폐질환, 만성 천식증, 만성 기관지염, 기관지확장증 2) 업무수행에 지장이 있는 만성 폐쇄성 폐질환
마. 순환기 계통	1) 심부전증 2) 업무수행에 지장이 있는 발작성 빈맥(분당 150회 이상)이나 기질성 부정맥 3) 심한 방실전도장애 4) 심한 동맥류 5) 유착성 심낭염 6) 폐성심 7) 확진된 관상동맥질환(협심증 및 심근경색증)	1) 업무수행에 지장이 있는 심부전증 2) 업무수행에 지장이 있는 발작성 빈맥(분당 150회 이상)이나 기질성 부정맥 3) 업무수행에 지장이 있는 심한 방실전도장애 4) 업무수행에 지장이 있는 심한 동맥류 5) 업무수행에 지장이 있는 유착성 심낭염 6) 업무수행에 지장이 있는 폐성심 7) 업무수행에 지장이 있는 관상동맥질환(협심증 및 심근경색증)
바. 소화기 계통	1) 빈혈증 등의 질환과 관계있는 비장종대 2) 간경변증이나 업무수행에 지장이 있는 만성 활동성 간염 3) 거대결장, 게실염, 회장염, 궤양성 대장염으로 난치인 경우	업무수행에 지장이 있는 만성 활동성 간염이나 간경변증

사. 생식이나 비뇨기 계통	1) 만성 신장염 2) 중증 요실금 3) 만성 신우염 4) 고도의 수신증이나 농신증 5) 활동성 신결핵이나 생식기 결핵 6) 고도의 요도협착 7) 진행성 신기능장애를 동반한 양측성 신결석 및 요관결석 8) 진행성 신기능장애를 동반한 만성 신증후군	1) 업무수행에 지장이 있는 만성 신장염 2) 업무수행에 지장이 있는 진행성 신기능장애를 동반한 양측성 신결석 및 요관결석
아. 내분비 계통	1) 중증의 갑상샘 기능 이상 2) 거인증이나 말단비대증 3) 애디슨병 4) 그 밖에 쿠싱증후근 등 뇌하수체의 이상에서 오는 질환 5) 중증인 당뇨병(식전 혈당 140 이상) 및 중증의 대사질환(통풍 등)	업무수행에 지장이 있는 당뇨병, 내분비질환, 대사질환(통풍 등)
자. 혈액이나 조혈 계통	1) 혈우병 2) 혈소판 감소성 자반병 3) 중증의 재생불능성 빈혈 4) 용혈성 빈혈(용혈성 황달) 5) 진성적혈구 과다증 6) 백혈병	1) 업무수행에 지장이 있는 혈우병 2) 업무수행에 지장이 있는 혈소판 감소성 자반병 3) 업무수행에 지장이 있는 재생불능성 빈혈 4) 업무수행에 지장이 있는 용혈성 빈혈(용혈성 황달) 5) 업무수행에 지장이 있는 진성적혈구 과다증 6) 업무수행에 지장이 있는 백혈병
차. 신경 계통	1) 다리·머리·척추 등 그 밖에 이상으로 앉아 있거나 걷지 못하는 경우 2) 중추신경계 염증성 질환에 따른 후유증으로 업무수행에 지장이 있는 경우 3) 업무에 적응할 수 없을 정도의 말초신경질환 4) 머리뼈 이상, 뇌 이상이나 뇌 순환장애로 인한 후유증(신경이나 신체증상)이 남아 업무수행에 지장이 있는 경우 5) 뇌 및 척추종양, 뇌기능장애가 있는 경우 6) 전신성·중증 근무력증 및 신경근 접합부 질환	1) 다리·머리·척추 등 그 밖에 이상으로 앉아 있거나 걷지 못하는 경우 2) 중추신경계 염증성 질환에 따른 후유증으로 업무수행에 지장이 있는 경우 3) 업무에 적응할 수 없을 정도의 말초신경질환 4) 머리뼈 이상, 뇌 이상이나 뇌 순환장애로 인한 후유증(신경이나 신체증상)이 남아 업무수행에 지장이 있는 경우 5) 뇌 및 척추종양, 뇌기능장애가 있는 경우 6) 전신성·중증 근무력증 및 신경근 접합부 질환

		7) 유전성 및 후천성 만성근육질환 8) 만성 진행성·퇴행성 질환 및 탈수조성 질환(유전성 무도병, 근위축성 측색경화증, 보행 실조증, 다발성 경화증)	7) 유전성 및 후천성 만성근육질환 8) 업무수행에 지장이 있는 만성 진행성·퇴행성 질환 및 탈수조성 질환(유전성 무도병, 근위축성 측색경화증, 보행 실조증, 다발성 경화증)
카. 사지		1) 손의 필기능력과 두 손의 악력이 없는 경우 2) 난치의 뼈·관절 질환이나 기형으로 업무수행에 지장이 있는 경우 3) 한쪽 팔이나 한쪽 다리 이상을 쓸 수 없는 경우(운전업무에만 해당한다)	1) 손의 필기능력과 두 손의 악력이 없는 경우 2) 난치의 뼈·관절 질환이나 기형으로 업무수행에 지장이 있는 경우 3) 한쪽 팔이나 한쪽 다리 이상을 쓸 수 없는 경우(운전업무에만 해당한다)
타. 귀		귀의 청력이 500Hz, 1000Hz, 2000Hz에서 측정하여 측정치의 산술평균이 두 귀 모두 40dB 이상인 경우	귀의 청력이 500Hz, 1000Hz, 2000Hz에서 측정하여 측정치의 산술평균이 두 귀 모두 40dB 이상인 경우
파. 눈		1) 두 눈의 나안 시력 중 어느 한쪽의 시력이라도 0.5 이하인 경우(다만, 한쪽 눈의 시력이 0.7 이상이고 다른 쪽 눈의 시력이 0.3 이상인 경우는 제외한다)로서 두 눈의 교정시력 중 어느 한쪽의 시력이라도 0.8 이하인 경우(다만, 한쪽 눈의 교정시력이 1.0 이상이고 다른 쪽 눈의 교정시력이 0.5 이상인 경우는 제외한다) 2) 시야의 협착이 1/3 이상인 경우 3) 안구 및 그 부속기의 기질성, 활동성, 진행성 질환으로 인하여 시력 유지에 위협이 되고, 시기능장애가 되는 질환 4) 안구 운동장애 및 안구진탕 5) 색각이상(색약 및 색맹)	1) 두 눈의 나안 시력 중 어느 한쪽의 시력이라도 0.5 이하인 경우(다만, 한쪽 눈의 시력이 0.7 이상이고 다른 쪽 눈의 시력이 0.3 이상인 경우는 제외한다)로서 두 눈의 교정시력 중 어느 한쪽의 시력이라도 0.8 이하인 경우(다만, 한쪽 눈의 교정시력이 1.0 이상이고 다른 쪽 눈의 교정시력이 0.5 이상인 경우는 제외한다) 2) 시야의 협착이 1/3 이상인 경우 3) 안구 및 그 부속기의 기질성, 활동성, 진행성 질환으로 인하여 시력 유지에 위협이 되고, 시기능장애가 되는 질환 4) 안구 운동장애 및 안구진탕 5) 색각이상(색약 및 색맹)
하. 정신 계통		1) 업무수행에 지장이 있는 지적장애 2) 업무에 적응할 수 없을 정도의 성격 및 행동장애 3) 업무에 적응할 수 없을 정도의 정신장애 4) 마약·대마·향정신성 의약품이나 알코올 관련 장애 등 5) 뇌전증 6) 수면장애(폐쇄성 수면 무호흡증, 수면발작, 몽유병, 수면 이상증 등)이나 공황장애	1) 업무수행에 지장이 있는 지적장애 2) 업무에 적응할 수 없을 정도의 성격 및 행동장애 3) 업무에 적응할 수 없을 정도의 정신장애 4) 마약·대마·향정신성 의약품이나 알코올 관련 장애 등 5) 뇌전증 6) 업무수행에 지장이 있는 수면장애(폐쇄성 수면 무호흡증, 수면발작, 몽유병, 수면 이상증 등)이나 공황장애

■ 철도교통 관제업무 대상이 아닌 것

▶ 제76조(철도교통관제업무의 대상 및 내용 등)

① 다음 각 호의 어느 하나에 해당하는 경우에는 법 제39조의2에 따라 국토교통부장관이 행하는 철도교통관제업무(이하 "관제업무"라 한다)의 대상에서 제외한다.
1. 정상운행을 하기 전의 신설선 또는 개량선에서 철도차량을 운행하는 경우
2. 「철도산업발전 기본법」 제3조 제2호 나목에 따른 철도차량을 보수·정비하기 위한 차량정비기지 및 차량유치시설에서 철도차량을 운행하는 경우

② 법 제39조의2 제4항에 따라 국토교통부장관이 행하는 관제업무의 내용은 다음 각 호와 같다.
1. 철도차량의 운행에 대한 집중 제어·통제 및 감시
2. 철도시설의 운용상태 등 철도차량의 운행과 관련된 조언과 정보의 제공 업무
3. 철도보호지구에서 법 제45조제1항 각호의 어느 하나에 해당하는 행위를 할 경우 열차운행 통제 업무
4. 철도사고등의 발생 시 사고복구, 긴급구조·구호 지시 및 관계 기관에 대한 상황 보고·전파 업무
5. 그 밖에 국토교통부장관이 철도차량의 안전운행 등을 위하여 지시한 사항

③ 철도운영자등은 철도사고등이 발생하거나 철도시설 또는 철도차량 등이 정상적인 상태에 있지 아니하다고 의심되는 경우에는 이를 신속히 국토교통부장관에 통보하여야 한다.

④ 관제업무에 관한 세부적인 기준·절차 및 방법은 국토교통부장관이 정하여 고시한다.

■ 철도차량 형식 승인 경미한 사항 변경

▶ 제47조(철도차량 형식승인의 경미한 사항 변경)

① 법 제26조 제2항 단서에서 "국토교통부령으로 정하는 경미한 사항을 변경하려는 경우"란 다음 각 호의 어느 하나에 해당하는 변경을 말한다.
1. 철도차량의 구조안전 및 성능에 영향을 미치지 아니하는 차체 형상의 변경
2. 철도차량의 안전에 영향을 미치지 아니하는 설비의 변경
3. 중량분포에 영향을 미치지 아니하는 장치 또는 부품의 배치 변경
4. 동일 성능으로 입증할 수 있는 부품의 규격 변경
5. 그 밖에 철도차량의 안전 및 성능에 영향을 미치지 아니한다고 국토교통부장관이 인정하는 사항의 변경

② 법 제26조 제2항 단서에 따라 경미한 사항을 변경하려는 경우에는 별지 제27호 서식의 철도차량 형식변경신고서에 다음 각 호의 서류를 첨부하여 국토교통부장관에게 제출하여야 한다.
1. 해당 철도차량의 철도차량 형식승인증명서
2. 제1항 각 호에 해당함을 증명하는 서류

3. 변경 전후의 대비표 및 해설서
4. 변경 후의 주요 제원
5. 철도차량기술기준에 대한 적합성 입증자료(변경되는 부분 및 그와 연관되는 부분에 한정한다)
③ 국토교통부장관은 제2항에 따라 신고를 받은 때에는 제2항 각 호의 첨부서류를 확인한 후 별지 제27호의2 서식의 철도차량 형식변경신고확인서를 발급하여야 한다.

철도차량 형식 승인 검사구분
▶ 제48조(철도차량 형식승인검사의 방법 및 증명서 발급 등)
① 법 제26조 제3항에 따른 철도차량 형식승인검사는 다음 각 호의 구분에 따라 실시한다.
1. 설계적합성 검사 : 철도차량의 설계가 철도차량기술기준에 적합한지 여부에 대한 검사
2. 합치성 검사 : 철도차량이 부품단계, 구성품단계, 완성차단계에서 제1호에 따른 설계와 합치하게 제작되었는지 여부에 대한 검사
3. 차량형식 시험 : 철도차량이 부품단계, 구성품단계, 완성차단계, 시운전단계에서 철도차량기술기준에 적합한지 여부에 대한 시험
② 국토교통부장관은 제1항에 따른 검사 결과 철도차량기술기준에 적합하다고 인정하는 경우에는 별지 제28호 서식의 철도차량 형식승인증명서 또는 별지 제28호의2 서식의 철도차량 형식변경승인증명서에 형식승인자료집을 첨부하여 신청인에게 발급하여야 한다.
③ 제2항에 따라 철도차량 형식승인증명서 또는 철도차량 형식변경승인증명서를 발급받은 자가 해당 증명서를 잃어버렸거나 헐어 못쓰게 되어 재발급을 받으려는 경우에는 별지 제29호서식의 철도차량 형식승인증명서 재발급 신청서에 헐어 못쓰게 된 증명서(헐어 못쓰게 된 경우만 해당한다)를 첨부하여 국토교통부장관에게 제출하여야 한다.
④ 제1항에 따른 철도차량 형식승인검사에 관한 세부적인 기준·절차 및 방법은 국토교통부장관이 정하여 고시한다.

운전취급주의 위험물은?
▶ 제45조(운송취급주의 위험물)
법 제44조 제1항에서 "대통령령으로 정하는 위험물"이란 다음 각 호의 어느 하나에 해당하는 것으로서 국토교통부령으로 정하는 것을 말한다.
1. 철도운송 중 폭발할 우려가 있는 것
2. 마찰·충격·흡습(吸濕) 등 주위의 상황으로 인하여 발화할 우려가 있는 것
3. 인화성·산화성 등이 강하여 그 물질 자체의 성질에 따라 발화할 우려가 있는 것
4. 용기가 파손될 경우 내용물이 누출되어 철도차량·레일·기구 또는 다른 화물 등을 부식시키거나 침해할 우려가 있는 것

5. 유독성 가스를 발생시킬 우려가 있는 것
6. 그 밖에 화물의 성질상 철도시설·철도차량·철도종사자·여객 등에 위해나 손상을 끼칠 우려가 있는 것

■ 즉시보고 대상 철도사고는?
▶ 제57조(국토교통부장관에게 즉시 보고하여야 하는 철도사고등)
법 제61조 제1항에서 "사상자가 많은 사고 등 대통령령으로 정하는 철도사고등"이란 다음 각 호의 어느 하나에 해당하는 사고를 말한다.
1. 열차의 충돌이나 탈선사고
2. 철도차량이나 열차에서 화재가 발생하여 운행을 중지시킨 사고
3. 철도차량이나 열차의 운행과 관련하여 3명 이상 사상자가 발생한 사고
4. 철도차량이나 열차의 운행과 관련하여 5천만원 이상의 재산피해가 발생한 사고

■ 철도보호 및 질서유지의 금지행위
▶ 제48조(철도 보호 및 질서유지를 위한 금지행위)
누구든지 정당한 사유 없이 철도 보호 및 질서유지를 해치는 다음 각 호의 어느 하나에 해당하는 행위를 하여서는 아니 된다.
1. 철도시설 또는 철도차량을 파손하여 철도차량 운행에 위험을 발생하게 하는 행위
2. 철도차량을 향하여 돌이나 그 밖의 위험한 물건을 던져 철도차량 운행에 위험을 발생하게 하는 행위
3. 궤도의 중심으로부터 양측으로 폭 3미터 이내의 장소에 철도차량의 안전 운행에 지장을 주는 물건을 방치하는 행위
4. 철도교량 등 국토교통부령으로 정하는 시설 또는 구역에 국토교통부령으로 정하는 폭발물 또는 인화성이 높은 물건 등을 쌓아 놓는 행위
5. 선로(철도와 교차된 도로는 제외한다) 또는 국토교통부령으로 정하는 철도시설에 철도운영자등의 승낙 없이 출입하거나 통행하는 행위
6. 역시설 등 공중이 이용하는 철도시설 또는 철도차량에서 폭언 또는 고성방가 등 소란을 피우는 행위
7. 철도시설에 국토교통부령으로 정하는 유해물 또는 열차운행에 지장을 줄 수 있는 오물을 버리는 행위
8. 역시설 또는 철도차량에서 노숙(露宿)하는 행위
9. 열차운행 중에 타고 내리거나 정당한 사유 없이 승강용 출입문의 개폐를 방해하여 열차운행에 지장을 주는 행위
10. 정당한 사유 없이 열차 승강장의 비상정지버튼을 작동시켜 열차운행에 지장을 주는 행위

11. 그 밖에 철도시설 또는 철도차량에서 공중의 안전을 위하여 질서유지가 필요하다고 인정되어 국토교통부령으로 정하는 금지행위

여객 출입금지 장소
▶ 제79조(여객출입 금지장소)
법 제47조 제1항 제1호에서 "국토교통부령으로 정하는 여객출입 금지장소"란 다음 각 호의 장소를 말한다.
1. 운전실
2. 기관실
3. 발전실
4. 방송실

폭발물 적치금지구역
▶ 제81조(폭발물 등 적치금지 구역)
법 제48조 제4호에서 "국토교통부령으로 정하는 구역 또는 시설"이란 다음 각 호의 구역 또는 시설을 말한다.
1. 정거장 및 선로(정거장 또는 선로를 지지하는 구조물 및 그 주변지역을 포함한다)
2. 철도 역사
3. 철도 교량
4. 철도 터널

운송금지 위험물의 운송을 위탁하거나 그 위험물을 운송한 자의 벌칙
▶ 제79조(벌칙)
② 다음 각 호의 어느 하나에 해당하는 자는 3년 이하의 징역 또는 3천만원 이하의 벌금에 처한다.
1. 제7조 제1항을 위반하여 안전관리체계의 승인을 받지 아니하고 철도운영을 하거나 철도시설을 관리한 자
2. 제26조의3 제1항을 위반하여 철도차량 제작자승인을 받지 아니하고 철도차량을 제작한 자
3. 제27조의2 제1항을 위반하여 철도용품 제작자승인을 받지 아니하고 철도용품을 제작한 자
3의2. 제38조의2 제2항을 위반하여 개조승인을 받지 아니하고 철도차량을 임의로 개조하여 운행한 자
3의3. 제38조의2 제3항을 위반하여 적정 개조능력이 있다고 인정되지 아니한 자에게 철도차량 개조 작업을 수행하게 한 자

3의4. 제38조의3 제1항을 위반하여 국토교통부장관의 운행제한 명령을 따르지 아니하고 철도차량을 운행한 자
4. 철도사고등 발생 시 제40조의2 제2항 제2호 또는 제5항을 위반하여 사람을 사상(死傷)에 이르게 하거나 철도차량 또는 철도시설을 파손에 이르게 한 자
5. 제41조 제1항을 위반하여 술을 마시거나 약물을 사용한 상태에서 업무를 한 사람
6. 제43조를 위반하여 운송 금지 위험물의 운송을 위탁하거나 그 위험물을 운송한 자
7. 제44조 제1항을 위반하여 위험물을 운송한 자
8. 제48조 제2호부터 제4호까지의 규정에 따른 금지행위를 한 자

철도차량운전면허를 받지 않고 운전한 자의 벌칙

▶ 법 제79조

④ 다음 각 호의 어느 하나에 해당하는 자는 1년 이하의 징역 또는 1천만원 이하의 벌금에 처한다.

1. 제10조 제1항을 위반하여 운전면허를 받지 아니하고(제20조에 따라 운전면허가 취소되거나 그 효력이 정지된 경우를 포함한다) 철도차량을 운전한 사람
2. 거짓이나 그 밖의 부정한 방법으로 운전면허를 받은 사람
2의2. 거짓이나 그 밖의 부정한 방법으로 관제자격증명을 받은 사람
2의3. 거짓이나 그 밖의 부정한 방법으로 철도차량정비기술자로 인정받은 사람
2의4. 제19조의2를 위반하여 운전면허증을 다른 사람에게 빌려주거나 빌리거나 이를 알선한 사람
3. 제21조를 위반하여 실무수습을 이수하지 아니하고 철도차량의 운전업무에 종사한 사람
3의2. 제21조의2를 위반하여 운전면허를 받지 아니하거나(제20조에 따라 운전면허가 취소되거나 그 효력이 정지된 경우를 포함한다) 실무수습을 이수하지 아니한 사람을 철도차량의 운전업무에 종사하게 한 철도운영자등
3의3. 제21조의3을 위반하여 관제자격증명을 받지 아니하고(제21조의11에 따라 관제자격증명이 취소되거나 그 효력이 정지된 경우를 포함한다) 관제업무에 종사한 사람
3의4. 제21조의10을 위반하여 관제자격증명서를 다른 사람에게 빌려주거나 빌리거나 이를 알선한 사람
4. 제22조를 위반하여 실무수습을 이수하지 아니하고 관제업무에 종사한 사람
4의2. 제22조의2를 위반하여 관제자격증명을 받지 아니하거나(제21조의11에 따라 관제자격증명이 취소되거나 그 효력이 정지된 경우를 포함한다) 실무수습을 이수하지 아니한 사람을 관제업무에 종사하게 한 철도운영자등
5. 제23조 제1항을 위반하여 신체검사와 적성검사를 받지 아니하거나 같은 조 제3항을 위반하여 신체검사와 적성검사에 합격하지 아니하고 같은 조 제1항에 따른 업무를 한 사람 및 그로 하여금 그 업무에 종사하게 한 자

5의2. 제24조의3을 위반한 다음 각 목의 어느 하나에 해당하는 사람
　가. 다른 사람에게 자기의 성명을 사용하여 철도차량정비 업무를 수행하게 하거나 자신의 철도차량정비경력증을 빌려 준 사람
　나. 다른 사람의 성명을 사용하여 철도차량정비 업무를 수행하거나 다른 사람의 철도차량정비경력증을 빌린 사람
　다. 가목 및 나목의 행위를 알선한 사람
6. 제26조 제1항 또는 제27조 제1항에 따른 형식승인을 받지 아니한 철도차량 또는 철도용품을 판매한 자
6의2. 제31조 제6항에 따른 이행 명령에 따르지 아니한 자
7. 제38조 제1항을 위반하여 종합시험운행 결과를 허위로 보고한 자
7의2. 제38조의7 제1항을 위반하여 정비조직의 인증을 받지 아니하고 철도차량정비를 한 자
8. 제39조의2 제1항에 따른 지시를 따르지 아니한 자
9. 제39조의3 제3항을 위반하여 설치 목적과 다른 목적으로 영상기록장치를 임의로 조작하거나 다른 곳을 비춘 자 또는 운행기간 외에 영상기록을 한 자
10. 제39조의3 제4항을 위반하여 영상기록을 목적 외의 용도로 이용하거나 다른 자에게 제공한 자
11. 제39조의3 제5항을 위반하여 안전성 확보에 필요한 조치를 하지 아니하여 영상기록장치에 기록된 영상정보를 분실·도난·유출·변조 또는 훼손당한 자
12. 제47조 제6호를 위반하여 술을 마시거나 약물을 복용하고 다른 사람에게 위해를 주는 행위를 한 사람
13. 거짓이나 부정한 방법으로 철도운행안전관리자 자격을 받은 사람
14. 제69조의2 제1항을 위반하여 철도운행안전관리자를 배치하지 아니하고 철도시설의 건설 또는 관리와 관련한 작업을 시행한 철도운영자
15. 제69조의3 제1항 및 제2항을 위반하여 정기교육을 받지 아니하고 업무를 한 사람 및 그로 하여금 그 업무에 종사하게 한 자
16. 제69조의4를 위반하여 철도안전 전문인력의 분야별 자격을 다른 사람에게 빌려주거나 빌리거나 이를 알선한 사람

■ 폭행 협박으로 철도종사자의 직무집행을 방해한 자의 벌칙

▶ 제79조(벌칙)
① 제49조 제2항을 위반하여 폭행·협박으로 철도종사자의 직무집행을 방해한 자는 5년 이하의 징역 또는 5천만원 이하의 벌금에 처한다.

철도차량 운전면허의 기능 교육시간

운전면허 취득을 위한 교육훈련 과정별 교육시간 및 교육훈련과목(규칙 별표7)

1. 일반응시자

교육과정	교육과목 및 시간	
	이론교육	기능교육
가. 디젤차량 운전면허 (810)	• 철도관련법(50) • 철도시스템 일반(60) • 디젤 차량의 구조 및 기능(170) • 운전이론 일반(30) • 비상시 조치(인적오류 예방 포함) 등(30)	• 현장실습교육 • 운전실무 및 모의운행 훈련 • 비상시 조치 등
	340시간	470시간
나. 제1종 전기 차량 운전면허 (810)	• 철도관련법(50) • 철도시스템 일반(60) • 전기기관차의 구조 및 기능(170) • 운전이론 일반(30) • 비상시 조치(인적오류 예방 포함) 등(30)	• 현장실습교육 • 운전실무 및 모의운행 훈련 • 비상시 조치 등
	340시간	470시간
다. 제2종 전기 차량 운전면허 (680)	• 철도관련법(50) • 도시철도시스템 일반(50) • 전기동차의 구조 및 기능(110) • 운전이론 일반(30) • 비상시 조치(인적오류 예방 포함) 등(30)	• 현장실습교육 • 운전실무 및 모의운행 훈련 • 비상시 조치 등
	270시간	410시간
라. 철도장비 운전면허 (340)	• 철도관련법(50) • 철도시스템 일반(40) • 기계・장비의 구조 및 기능(60) • 비상시 조치(인적오류 예방 포함) 등(20)	• 현장실습교육 • 운전실무 및 모의운행 훈련 • 비상시 조치 등
	170시간	170시간
마. 노면전차 운전면허 (440)	• 철도관련법(50) • 노면전차 시스템 일반(40) • 노면전차의 구조 및 기능(80) • 비상시 조치(인적오류 예방 포함) 등(30)	• 현장실습교육 • 운전실무 및 모의운행 훈련 • 비상시 조치 등
	200시간	240시간

* 이론교육의 과목별 교육시간은 100분의 20 범위 내에서 조정 가능.

2. 운전면허 소지자

( ) : 시간

소지면허	교육과목 및 시간		
	교육과정	이론교육	기능교육
가. 디젤차량운전면허·제1종전기차량 운전면허·제2종전기차량 운전면허	고속철도 차량 운전면허 (420)	• 고속철도 시스템 일반(15) • 고속전기차량의 구조 및 기능(85) • 고속철도 운전이론 일반(10) • 고속철도 운전관련 규정(20) • 비상시 조치(인적오류 예방 포함) 등(10)	• 현장실습교육 • 운전실무 및 모의운행 훈련 • 비상시 조치 등
		140시간	280시간
나. 디젤차량 운전면허	1) 제1종 전기 차량 운전면허 (85)	• 전기기관차의 구조 및 기능(40) • 비상시 조치(인적오류 예방 포함) 등(10)	• 현장실습교육 • 운전실무 및 모의운행 훈련
		50시간	35시간
	2) 제2종 전기 차량 운전면허 (85)	• 도시철도 시스템 일반(10) • 전기동차의 구조 및 기능(30) • 비상시 조치(인적오류 예방 포함) 등(10)	• 현장실습교육 • 운전실무 및 모의운행 훈련
		50시간	35시간
	3) 노면전차 운전면허 (60)	• 노면전차 시스템 일반(10) • 노면전차의 구조 및 기능(25) • 비상시 조치(인적오류 예방 포함) 등(5)	• 현장실습교육 • 운전실무 및 모의운행 훈련
		40시간	20시간
다. 제1종 전기 차량 운전면허	1) 디젤차량 운전면허 (85)	• 디젤 차량의 구조 및 기능(40) • 비상시 조치(인적오류 예방 포함) 등(10)	• 현장실습교육 • 운전실무 및 모의운행 훈련
		50시간	35시간
	2) 제2종 전기 차량 운전면허 (85)	• 도시철도 시스템 일반(10) • 전기동차의 구조 및 기능(30) • 비상시 조치(인적오류 예방 포함) 등(10)	• 현장실습교육 • 운전실무 및 모의운행 훈련
		50시간	35시간
	3) 노면전차 운전면허 (50)	• 노면전차 시스템 일반(10) • 노면전차의 구조 및 기능(15) • 비상시 조치(인적오류 예방 포함) 등(5)	• 현장실습교육 • 운전실무 및 모의운행 훈련
		30시간	20시간

라. 제2종 전기 차량 운전면허	1) 디젤차량 운전면허 (130)	• 철도시스템 일반(10) • 디젤 차량의 구조 및 기능(45) • 비상시 조치(인적오류 예방 포함) 등(5)		• 현장실습교육 • 운전실무 및 모의운행 훈련
		60시간		70시간
	2) 제1종 전기 차량 운전면허 (130)	• 철도시스템 일반(10) • 전기기관차의 구조 및 기능(45) • 비상시 조치(인적오류 예방 포함) 등(5)		• 현장실습교육 • 운전실무 및 모의운행 훈련
		60시간		70시간
	3) 노면전차 운전면허 (50)	• 노면전차 시스템 일반(10) • 노면전차의 구조 및 기능(15) • 비상시 조치(인적오류 예방 포함) 등(5)		• 현장실습교육 • 운전실무 및 모의운행 훈련
		30시간		20시간
마. 철도장비 운전면허	1) 디젤차량 운전면허 (460)	• 철도관련법(30) • 철도시스템 일반(30) • 디젤차량의 구조 및 기능(100) • 운전이론(30) • 비상시 조치(인적오류 예방 포함) 등(10)		• 현장실습교육 • 운전실무 및 모의운행 훈련 • 비상시 조치 등
		200시간		260시간
	2) 제1종 전기 차량 운전면허 (460)	• 철도관련법(30) • 철도시스템 일반(30) • 전기기관차의 구조 및 기능(100) • 운전이론(30) • 비상시 조치(인적오류 예방 포함) 등(10)		• 현장실습교육 • 운전실무 및 모의운행 훈련 • 비상시 조치 등
		200시간		260시간
	3) 제2종 전기 차량 운전면허 (340)	• 철도관련법(30) • 도시철도시스템 일반(30) • 전기동차의 구조 및 기능(70) • 운전이론(30) • 비상시 조치(인적오류 예방 포함) 등(10)		• 현장실습교육 • 운전실무 및 모의운행 훈련 • 비상시 조치 등
		170시간		170시간
	4) 노면전차 운전면허 (220)	• 철도관련법(30) • 노면전차시스템 일반(20) • 노면전차의 구조 및 기능(60) • 비상시 조치(인적오류 예방 포함) 등(10)		• 현장실습교육 • 운전실무 및 모의운행 훈련 • 비상시 조치 등
		120시간		100시간

바. 노면전차 운전면허	1) 디젤차량 운전면허 (320)	• 철도관련법(30) • 철도시스템 일반(30) • 디젤 차량의 구조 및 기능(100) • 운전이론(30) • 비상시 조치(인적오류 예방 포함) 등(10)	• 현장실습교육 • 운전실무 및 모의운행 훈련 • 비상시 조치 등
		200시간	120시간
	2) 제1종 전기 차량 운전면허 (320)	• 철도관련법(30) • 철도시스템 일반(30) • 전기기관차의 구조 및 기능(100) • 운전이론(30) • 비상시 조치(인적오류 예방 포함) 등(10)	• 현장실습교육 • 운전실무 및 모의운행 훈련 • 비상시 조치 등
		200시간	120시간
	3) 제2종 전기 차량 운전면허 (275)	• 철도관련법(30) • 도시철도시스템 일반(30) • 전기동차의 구조 및 기능(70) • 운전이론(30) • 비상시 조치(인적오류 예방 포함) 등(10)	• 현장실습교육 • 운전실무 및 모의운행 훈련 • 비상시 조치 등
		170시간	105시간
	4) 철도장비 운전면허 (165)	• 철도관련법(30) • 철도시스템 일반(20) • 기계·장비의 구조 및 기능(60) • 비상시 조치(인적오류 예방 포함) 등(10)	• 현장실습교육 • 운전실무 및 모의운행 훈련 • 비상시 조치 등
		120시간	45시간

*이론교육의 과목별 교육시간은 100분의 20 범위 내에서 조정 가능.

3. 관제자격증명 취득자   ( ) : 시간

소지면허	교육과목 및 시간		
	교육과정	이론교육	기능교육
가. 철도 관제 자격증명	1) 디젤차량 운전면허 (260)	• 디젤 차량의 구조 및 기능(100) • 운전이론(30) • 비상시 조치(인적오류 예방 포함) 등(10)	• 현장실습교육 • 운전실무 및 모의운행 훈련 • 비상시 조치 등
		140시간	120시간

		이론교육	기능교육
	2) 제1종 전기 차량 운전면허 (260)	• 전기기관차의 구조 및 기능(100) • 운전이론(30) • 비상시 조치(인적오류 예방 포함) 등(10)	• 현장실습교육 • 운전실무 및 모의운행 훈련 • 비상시 조치 등
		140시간	120시간
	3) 제2종 전기 차량 운전면허 (215)	• 전기동차의 구조 및 기능(70) • 운전이론(30) • 비상시 조치(인적오류 예방 포함) 등(10)	• 현장실습교육 • 운전실무 및 모의운행 훈련 • 비상시 조치 등
		110시간	105시간
	4) 철도장비 운전면허 (115)	• 기계·장비의 구조 및 기능(60) • 비상시 조치(인적오류 예방 포함) 등(10)	• 현장실습교육 • 운전실무 및 모의운행 훈련 • 비상시 조치 등
		70시간	45시간
	5) 노면전차 운전면허 (170)	• 노면전차의 구조 및 기능(60) • 비상시 조치(인적오류 예방 포함) 등(10)	• 현장실습교육 • 운전실무 및 모의운행 훈련 • 비상시 조치 등
		70시간	100시간
나. 도시철도 관제자격증명	1) 디젤차량 운전면허 (290)	• 철도시스템 일반(30) • 디젤 차량의 구조 및 기능(100) • 운전이론(30) • 비상시 조치(인적오류 예방 포함) 등(10)	• 현장실습교육 • 운전실무 및 모의운행 훈련 • 비상시 조치 등
		170시간	120시간
	2) 제1종 전기 차량 운전면허 (290)	• 철도시스템 일반(30) • 전기기관차의 구조 및 기능(100) • 운전이론(30) • 비상시 조치(인적오류 예방 포함) 등(10)	• 현장실습교육 • 운전실무 및 모의운행 훈련 • 비상시 조치 등
		170시간	120시간
	3) 제2종 전기 차량 운전면허 (215)	• 전기동차의 구조 및 기능(70) • 운전이론(30) • 비상시 조치(인적오류 예방 포함) 등(10)	• 현장실습교육 • 운전실무 및 모의운행 훈련 • 비상시 조치 등
		110시간	105시간
	4) 철도장비 운전면허 (135)	• 철도시스템 일반(20) • 기계·장비의 구조 및 기능(60) • 비상시 조치(인적오류 예방 포함) 등(10)	• 현장실습교육 • 운전실무 및 모의운행 훈련 • 비상시 조치 등
		90시간	45시간

	5) 노면전차 운전면허 (170)	• 노면전차의 구조 및 기능(60) • 비상시 조치(인적오류 예방 포함) 등(10)	• 현장실습교육 • 운전실무 및 모의운행 훈련 • 비상시 조치 등
		70시간	100시간

* 이론교육의 과목별 교육시간은 100분의 20 범위 내에서 조정 가능

4. 철도차량 운전 관련 업무경력자   ( ) : 시간

경력	교육과목 및 시간		
	교육과정	이론교육	기능교육
가. 철도차량 운전업무 보조 경력 1년 이상(철도장비의 경우 철도장비운전 업무수행경력 3년 이상)	디젤 또는 제1종 차량 운전면허 (290)	• 철도관련법(30) • 철도시스템 일반(20) • 디젤 차량 또는 전기기관차의 구조 및 기능(100) • 운전이론 일반(20) • 비상시 조치(인적오류 예방 포함) 등(20)	• 현장실습교육 • 운전실무 및 모의운행 훈련 • 비상시 조치 등
		190시간	100시간
나. 철도차량 운전업무 보조 경력 1년 이상 또는 전동차 차장 경력이 2년 이상	1) 제2종 전기 차량 운전면허 (290)	• 철도관련법(30) • 도시철도시스템 일반(30) • 전기동차의 구조 및 기능(90) • 운전이론 일반(30) • 비상시 조치(인적오류 예방 포함) 등(10)	• 현장실습교육 • 운전실무 및 모의운행 훈련 • 비상시 조치 등
		190시간	100시간
	2) 노면전차 운전면허 (140)	• 철도관련법(20) • 노면전차시스템 일반(10) • 노면전차의 구조 및 기능(40) • 비상시 조치(인적오류 예방 포함) 등(10)	• 현장실습교육 • 운전실무 및 모의운행 훈련 • 비상시 조치 등
		80시간	60시간
다. 철도차량 운전업무 보조 경력 1년 이상	철도장비 운전면허 (100)	• 철도관련법(20) • 철도시스템 일반(10) • 기계·장비의 구조 및 기능(40) • 비상시 조치(인적오류 예방 포함) 등(10)	• 현장실습교육 • 운전실무 및 모의운행 훈련 • 비상시 조치 등
		80시간	20시간

라. 철도건설 및 유지보수에 필요한 기계 또는 장비작업경력 1년 이상	철도장비 운전면허 (185)	• 철도관련법(20) • 철도시스템 일반(20) • 기계·장비의 구조 및 기능(70) • 비상시 조치(인적오류 예방 포함) 등(10)	• 현장실습교육 • 운전실무 및 모의운행 훈련 • 비상시 조치 등
		120시간	65시간

*이론교육의 과목별 교육시간은 100분의 20 범위 내에서 조정 가능.

5. 철도 관련 업무경력자   ( ) : 시간

경력	교육과목 및 시간		
	교육과정	이론교육	기능교육
철도운영자에 소속되어 철도 관련 업무에 종사한 경력 3년 이상인 사람	1) 디젤 또는 제1종 차량 운전면허(395)	• 철도관련법(30) • 철도시스템 일반(30) • 디젤 차량 또는 전기기관차의 구조 및 기능(150) • 운전이론 일반(20) • 비상시 조치(인적오류 예방 포함) 등(20)	• 현장실습교육 • 운전실무 및 모의운행 훈련 • 비상시 조치 등
		250시간	145시간
	2) 제2종 전기차량 운전면허(340)	• 철도관련법(30) • 도시철도시스템 일반(30) • 전기동차의 구조 및 기능(100) • 운전이론 일반(20) • 비상시 조치(인적오류 예방 포함) 등(20)	• 현장실습교육 • 운전실무 및 모의운행 훈련 • 비상시 조치 등
		200시간	140시간
	3) 철도장비 운전면허(215)	• 철도관련법(30) • 철도시스템 일반(20) • 기계·장비의 구조 및 기능(70) • 비상시 조치(인적오류 예방 포함) 등(10)	• 현장실습교육 • 운전실무 및 모의운행 훈련 • 비상시 조치 등
		130시간	85시간
	4) 노면전차 운전면허(215)	• 철도관련법(30) • 노면전차시스템 일반(20) • 노면전차의 구조 및 기능(70) • 비상시 조치(인적오류 예방 포함) 등(10)	• 현장실습교육 • 운전실무 및 모의운행 훈련 • 비상시 조치 등
		130시간	85시간

*이론교육의 과목별 교육시간은 100분의 20 범위 내에서 조정 가능.

6. 버스 운전 경력자   ( ) : 시간

경 력	교육과목 및 시간		
	교육과정	이론교육	기능교육
「여객자동차운수사업법 시행령」 제3조 제1호에 따른 노선 여객자동차운송사업에 종사한 경력이 1년 이상인 사람	노면전차 운전면허 (250)	• 철도관련법(30) • 노면전차시스템 일반(20) • 노면전차의 구조 및 기능 (70) • 비상시 조치(인적오류 예방 포함) 등(10)	• 현장실습교육 • 운전실무 및 모의운행 훈련 • 비상시 조치 등
		130시간	120시간

* 이론교육의 과목별 교육시간은 100분의 20 범위 내에서 조정 가능.

7. 일반사항
　가. 철도관련법은 「철도안전법」과 그 하위법령 및 철도차량운전에 필요한 규정을 말한다.
　나. 고속철도차량 운전면허를 취득하기 위해 교육훈련을 받으려는 사람은 법 제21조에 따른 디젤차량, 제1종 전기차량 또는 제2종 전기차량의 운전업무 수행경력이 3년 이상 있어야 한다. 이 경우 운전업무 수행경력이란 운전업무종사자로서 운전실에 탑승하여 전방 선로감시 및 운전관련 기기를 실제로 취급한 기간을 말한다.
　다. 모의운행훈련은 전(全) 기능 모의운전연습기를 활용한 교육훈련과 병행하여 실시하는 기본기능 모의운전연습기 및 컴퓨터지원교육시스템을 활용한 교육훈련을 포함한다.
　라. 노면전차 운전면허를 취득하기 위한 교육훈련을 받으려는 사람은 「도로교통법」 제80조에 따른 운전면허를 소지하여야 한다.
　마. 법 제16조 제3항에 따른 운전훈련교육기관으로 지정받은 대학의 장은 해당 대학의 철도운전 관련 학과의 정규과목 이수를 제1호부터 제5호까지의 규정에 따른 이론교육의 과목 이수로 인정할 수 있다.
　바. 제1호부터 제6호까지에 동시에 해당하는 자에 대해서는 이론교육·기능교육 훈련 시간의 합이 가장 적은 기준을 적용한다.

철도안전 전문인력 분야별 자격의 취소·정지

▶ 제69조의5(철도안전 전문인력 분야별 자격의 취소·정지)

① 국토교통부장관은 철도운행안전관리자가 다음 각 호의 어느 하나에 해당할 때에는 철도운행안전관리자 자격을 취소하거나 1년 이내의 기간을 정하여 철도운행안전관리자 자격을 정지시킬 수 있다. 다만, 제1호부터 제3호까지의 규정에 해당할 때에는 철도운행안전관리자 자격을 취소하여야 한다. 〈개정 2020. 12. 22.〉
1. 거짓이나 그 밖의 부정한 방법으로 철도운행안전관리자 자격을 받았을 때
2. 철도운행안전관리자 자격의 효력정지기간 중에 철도운행안전관리자 업무를 수행하였을 때
3. 제69조의4를 위반하여 철도운행안전관리자 자격을 다른 사람에게 빌려주었을 때

4. 철도운행안전관리자의 업무 수행 중 고의 또는 중과실로 인한 철도사고가 일어났을 때
5. 제41조 제1항을 위반하여 술을 마시거나 약물을 사용한 상태에서 철도운행안전관리자 업무를 하였을 때
6. 제41조 제2항을 위반하여 술을 마시거나 약물을 사용한 상태에서 업무를 하였다고 인정할 만한 상당한 이유가 있음에도 불구하고 국토교통부장관 또는 시·도지사의 확인 또는 검사를 거부하였을 때

② 국토교통부장관은 철도안전전문기술자가 제69조의4를 위반하여 철도안전전문기술자 자격을 다른 사람에게 빌려주었을 때에는 그 자격을 취소하여야 한다. 〈신설 2020. 12. 22.〉
③ 제1항에 따른 철도운행안전관리자 자격의 취소 또는 효력정지의 기준 및 절차 등에 관하여는 제20조 제2항부터 제6항까지를 준용한다. 이 경우 "운전면허"는 "철도운행안전관리자 자격"으로, "운전면허증"은 "철도운행안전관리자 자격증명서"로 본다.

▌과태료 부과기준에 관한 사항

과태료 부과기준(영 별표6)

1. 일반기준
   가. 위반행위의 횟수에 따른 과태료의 가중된 부과기준은 최근 1년간 같은 위반행위로 과태료 부과처분을 받은 경우에 적용한다. 이 경우 기간의 계산은 위반행위에 대하여 과태료 부과처분을 받은 날과 그 처분 후 다시 같은 위반행위를 하여 적발된 날을 기준으로 한다.
   나. 가목에 따라 가중된 부과처분을 하는 경우 가중처분의 적용 차수는 그 위반행위 전 부과처분 차수(가목에 따른 기간 내에 과태료 부과처분이 둘 이상 있었던 경우에는 높은 차수를 말한다)의 다음 차수로 한다.
   다. 하나의 행위가 둘 이상의 위반행위에 해당하는 경우에는 그 중 무거운 과태료의 부과기준에 따른다.
   라. 부과권자는 다음의 어느 하나에 해당하는 경우에는 제2호에 따른 과태료 금액의 2분의 1 범위에서 그 금액을 줄일 수 있다. 다만, 과태료를 체납하고 있는 위반행위자의 경우에는 그렇지 않다.
      1) 삭제 〈2020. 10. 8.〉
      2) 위반행위가 사소한 부주의나 오류로 인한 것으로 인정되는 경우
      3) 위반행위자가 법 위반상태를 시정하거나 해소하기 위해 노력한 것이 인정되는 경우
      4) 그 밖에 위반행위의 정도, 위반행위의 동기와 그 결과 등을 고려하여 과태료를 줄일 필요가 있다고 인정되는 경우
   마. 부과권자는 다음의 어느 하나에 해당하는 경우에는 제2호의 개별기준에 따른 과태료 금액의 2분의 1 범위에서 그 금액을 늘릴 수 있다. 다만, 법 제82조 제1항부터 제5항까지의 규정에 따른 과태료 금액의 상한을 넘을 수 없다.
      1) 위반의 내용·정도가 중대하여 공중(公衆)에게 미치는 피해가 크다고 인정되는 경우
      2) 그 밖에 위반행위의 정도, 위반행위의 동기와 그 결과 등을 고려하여 늘릴 필요가 있다고 인정되는 경우

2. 개별기준

위반행위	근거 법조문	과태료 금액 (단위 : 만원)		
		1회 위반	2회 위반	3회 이상 위반
가. 법 제7조 제3항(법 제26조의8 및 제27조의2 제4항에서 준용하는 경우를 포함한다)을 위반하여 안전관리체계의 변경승인을 받지 않고 안전관리체계를 변경한 경우	법 제82조 제1항 제1호	300	600	900
나. 법 제7조 제3항(법 제26조의8 및 제27조의2 제4항에서 준용하는 경우를 포함한다)을 위반하여 안전관리체계의 변경신고를 하지 않고 안전관리체계를 변경한 경우	법 제82조 제2항 제1호	150	300	450
다. 법 제8조 제3항(법 제26조의8 및 제27조의2 제4항에서 준용하는 경우를 포함한다)을 위반하여 정당한 사유 없이 시정조치 명령에 따르지 않은 경우	법 제82조 제1항 제2호	300	600	900
라. 법 제9조의4 제3항을 위반하여 우수운영자로 지정되었음을 나타내는 표시를 하거나 이와 유사한 표시를 한 경우	법 제82조 제3항 제1호	90	180	270
마. 법 제9조의4 제4항을 위반하여 시정조치 명령을 따르지 않은 경우	법 제82조 제1항 제2호의2	300	600	900
바. 법 제20조 제3항(법 제21조의11 제2항에서 준용하는 경우를 포함한다)을 위반하여 운전면허증을 반납하지 않은 경우	법 제82조 제3항 제4호	90	180	270
사. 법 제24조 제1항을 위반하여 안전교육을 실시하지 않거나 같은 조 제2항을 위반하여 직무교육을 실시하지 않은 경우	법 제82조 제2항 제2호	150	300	450
아. 법 제24조 제3항을 위반하여 철도운영자 등이 안전교육 실시 여부를 확인하지 않거나 안전교육을 실시하도록 조치하지 않은 경우	법 제82조 제2항 제2호의2	150	300	450
자. 법 제26조 제2항 본문(법 제27조 제4항에서 준용하는 경우를 포함한다)을 위반하여 변경승인을 받지 않은 경우	법 제82조 제1항 제4호	300	600	900
차. 법 제26조 제2항 단서(법 제27조 제4항에서 준용하는 경우를 포함한다)를 위반하여 변경신고를 하지 않은 경우	법 제82조 제2항 제3호	150	300	450
카. 법 제26조의5 제2항(법 제27조의2 제4항에서 준용하는 경우를 포함한다)에 따른 신고를 하지 않은 경우	법 제82조 제1항 제5호	300	600	900
타. 법 제27조의2 제3항을 위반하여 형식승인 표시를 하지 않은 경우	법 제82조 제1항 제6호	300	600	900

파. 법 제31조 제2항을 위반하여 조사·열람·수거 등을 거부, 방해 또는 기피한 경우	법 제82조 제1항 제7호	300	600	900
하. 법 제32조 제2항 또는 제4항을 위반하여 시정조치계획을 제출하지 않거나 시정조치의 진행 상황을 보고하지 않은 경우	법 제82조 제1항 제8호	300	600	900
거. 법 제38조 제2항에 따른 개선·시정 명령을 따르지 않은 경우	법 제82조 제1항 제9호	300	600	900
너. 법 제38조의2 제2항 단서를 위반하여 개조신고를 하지 않고 개조한 철도차량을 운행한 경우	법 제82조 제2항 제4호	150	300	450
더. 제38조의5 제3항을 위반한 다음의 어느 하나에 해당하는 경우 1) 이력사항을 고의로 입력하지 않은 경우 2) 이력사항을 위조·변조하거나 고의로 훼손한 경우 3) 이력사항을 무단으로 외부에 제공한 경우	법 제82조 제1항 제9호의2	300	600	900
러. 법 제38조의5 제3항 제1호를 위반하여 이력사항을 과실로 입력하지 않은 경우	법 제82조 제2항 제5호	150	300	450
머. 법 제38조의7 제2항을 위반하여 변경인증을 받지 않은 경우	법 제82조 제1항 제9호의3	300	600	900
버. 법 제38조의7 제2항을 위반하여 변경신고를 하지 않은 경우	법 제82조 제2항 제6호	150	300	450
서. 법 제38조의9에 따른 준수사항을 지키지 않은 경우	법 제82조 제1항 제9호의4	300	600	900
어. 법 제38조의12 제2항에 따른 정밀안전진단 명령을 따르지 않은 경우	법 제82조 제1항 제9호의5	300	600	900
저. 법 제38조의14 제2항 후단을 위반하여 특별한 사유 없이 자료를 제출하지 않거나 거짓으로 제출한 경우	법 제82조 제1항 제9호의6	300	600	900
처. 법 제39조의2 제3항에 따른 안전조치를 따르지 않은 경우	법 제82조 제1항 제10호	300	600	900
커. 법 제39조의3 제1항을 위반하여 영상기록장치를 설치·운영하지 않은 경우	법 제82조 제1항 제10호의2	300	600	900
터. 법 제40조의2에 따른 준수사항을 위반한 경우	법 제82조 제2항 제7호	150	300	450
퍼. 법 제40조의3을 위반하여 업무에 종사하는 동안에 열차 내에서 흡연을 한 경우	법 제82조 제4항 제1호	30	60	90
허. 법 제45조 제4항을 위반하여 조치명령을 따르지 않은 경우	법 제82조 제5항 제1호	15	30	45

고. 법 제47조 제1항 제1호 또는 제3호를 위반하여 여객출입 금지장소에 출입하거나 물건을 여객열차 밖으로 던지는 행위를 한 경우	법 제82조 제2항 제8호	150	300	450
노. 법 제47조 제1항 제4호를 위반하여 여객열차에서 흡연을 한 경우	법 제82조 제4항 제2호	30	60	90
도. 법 제47조 제1항 제7호를 위반하여 공중이나 여객에게 위해를 끼치는 행위를 한 경우	법 제82조 제5항 제2호	15	30	45
로. 법 제47조 제3항에 따른 여객열차에서의 금지행위에 관한 사항을 안내하지 않은 경우	법 제82조 제2항 제8호의2	150	300	450
모. 법 제48조 제5호를 위반하여 철도시설(선로는 제외한다)에 승낙 없이 출입하거나 통행한 경우	법 제82조 제2항 제9호	150	300	450
보. 법 제48조 제5호를 위반하여 선로에 승낙 없이 출입하거나 통행한 경우	법 제82조 제4항 제3호	30	60	90
소. 법 제48조 제7호·제9호 또는 제10호를 위반하여 철도시설에 유해물 또는 오물을 버리거나 열차운행에 지장을 준 경우	법 제82조 제2항 제10호	150	300	450
오. 법 제48조의3 제1항을 위반하여 국토교통부장관의 성능인증을 받은 보안검색장비를 사용하지 않은 경우	법 제82조 제1항 제13호의2	300	600	900
조. 인증기관 및 시험기관이 법 제48조의3 제2항에 따른 보안검색장비의 성능인증을 위한 기준·방법·절차 등을 위반한 경우	법 제82조 제2항 제11호	150	300	450
초. 법 제49조 제1항을 위반하여 철도종사자의 직무상 지시에 따르지 않은 경우	법 제82조 제1항 제14호	300	600	900
코. 법 제61조 제1항에 따른 보고를 하지 않거나 거짓으로 보고한 경우	법 제82조 제1항 제15호	300	600	900
토. 법 제61조 제2항에 따른 보고를 하지 않거나 거짓으로 보고한 경우	법 제82조 제2항 제12호	150	300	450
포. 법 제61조의2 제1항·제2항에 따른 보고를 하지 않거나 거짓으로 보고한 경우	법 제82조 제1항 제15호	300	600	900
호. 법 제73조 제1항에 따른 보고를 하지 않거나 거짓으로 보고한 경우	법 제82조 제1항 제16호	300	600	900
구. 법 제73조 제1항에 따른 자료제출을 거부, 방해 또는 기피한 경우	법 제82조 제1항 제17호	300	600	900
누. 법 제73조 제2항에 따른 소속 공무원의 출입·검사를 거부, 방해 또는 기피한 경우	법 제82조 제1항 제18호	300	600	900

철도 운전면허 종류별 운전이 가능한 철도차량

철도차량 운전면허 종류별 운전이 가능한 철도차량(제11조 관련)

운전면허의 종류	운전할 수 있는 철도차량의 종류
1. 고속철도차량 운전면허	가. 고속철도차량 나. 철도장비 운전면허에 따라 운전할 수 있는 차량
2. 제1종 전기차량 운전면허	가. 전기기관차 나. 철도장비 운전면허에 따라 운전할 수 있는 차량
3. 제2종 전기차량 운전면허	가. 전기동차 나. 철도장비 운전면허에 따라 운전할 수 있는 차량
4. 디젤차량 운전면허	가. 디젤기관차 나. 디젤동차 다. 증기기관차 라. 철도장비 운전면허에 따라 운전할 수 있는 차량
5. 철도장비 운전면허	가. 철도건설과 유지보수에 필요한 기계나 장비 나. 철도시설의 검측장비 다. 철도·도로를 모두 운행할 수 있는 철도복구장비 라. 전용철도에서 시속 25킬로미터 이하로 운전하는 차량 마. 사고복구용 기중기 바. 입환(入換)작업을 위해 원격제어가 가능한 장치를 설치하여 시속 25킬로미터 이하로 운전하는 동력차
6. 노면전차 운전면허	노면전차

[비고]
1. 시속 100킬로미터 이상으로 운행하는 철도시설의 검측장비 운전은 고속철도차량 운전면허, 제1종 전기차량 운전면허, 제2종 전기차량 운전면허, 디젤차량 운전면허 중 어느 하나의 운전면허가 있어야 한다.
2. 선로를 시속 200킬로미터 이상의 최고운행 속도로 주행할 수 있는 철도차량을 고속철도차량으로 구분한다.
3. 동력장치가 집중되어 있는 철도차량을 기관차, 동력장치가 분산되어 있는 철도차량을 동차로 구분한다.
4. 도로 위에 부설한 레일 위를 주행하는 철도차량은 노면전차로 구분한다.
5. 철도차량 운전면허(철도장비 운전면허는 제외한다) 소지자는 철도차량 종류에 관계없이 차량기지 내에서 시속 25킬로미터 이하로 운전하는 철도차량을 운전할 수 있다. 이 경우 다른 운전면허의 철도차량을 운전하는 때에는 국토교통부장관이 정하는 교육훈련을 받아야 한다.
6. "전용철도"란 「철도사업법」 제2조 제5호에 따른 전용철도를 말한다.

전면개정7판

철도교통안전관리자
- 기출예상문제집 -

1990년 1월 25일 초판 발행
2018년 8월 6일 개정판
2019년 5월 20일 전면개정판
2019년 9월 6일 전면개정2판
2020년 6월 20일 전면개정3판
2021년 2월 20일 전면개정4판
2023년 1월 20일 전면개정5판
2024년 1월 20일 전면개정6판
2025년 3월 20일 전면개정7판

편 저   교통안전관리자교재편찬회
발행인   이 종 의

발행처   도서출판 **범 론 사**
주   소   서울특별시 영등포구 대림로27가길 12-1
전   화   02)847-3507
팩   스   02)845-9079
등   록   1979년 4월 3일 제1-181호
www.bumronsa.com

▫ 파본은 교환해 드립니다.
▫ 본서의 무단 인용·전재·복제를 금합니다.

정가 35,000원